国家出版基金项目
NATIONAL PUBLICATION FOUNDATION

中国蝗灾发生防治史

第二卷

中国蝗灾史编年

朱恩林　主编

中国农业出版社
北　京

总目

序

前言

第一卷　中国历代蝗灾发生防治概论

第一章　历史蝗灾发生概况

第二章　历史蝗灾发生统计与危害影响

第三章　对蝗虫的认识与研究简史

第四章　历代蝗灾应对措施

第五章　蝗虫文化与人物

第六章　古代治蝗书籍史料荟萃

第七章　近代治蝗书籍史料集要

附录一　新中国成立以来蝗虫防治有关领导讲话报告选编

附录二　新中国成立以来蝗虫防治工作部署文件选编

附录三　2000—2019 年中国与哈萨克斯坦治蝗合作活动实录

附录四　农业部表彰全国治蝗先进集体和先进工作者名单

附录五　中国蝗虫词汇 100 例

附录六　蝗灾相关难检字表

附录七　二十五史蝗灾记载勘误

第二卷　中国蝗灾史编年

第一章　唐前时期蝗灾

第二章　唐代（含五代十国）蝗灾

第三章　宋代（含辽、金）蝗灾

第四章　元代蝗灾

第五章　明代蝗灾

第六章　清代蝗灾

第七章　民国时期蝗灾

第八章　中华人民共和国时期蝗灾

第九章　正史中的蝗灾叙录

第十章　其他史书史料中的蝗灾叙录

第三卷 分省蝗灾史志

第一章 山东省历史蝗灾

第二章 河北省历史蝗灾

第三章 河南省历史蝗灾

第四章 江苏省历史蝗灾

第五章 安徽省历史蝗灾

第六章 陕西省历史蝗灾

第七章 山西省历史蝗灾

第八章 浙江省历史蝗灾

第九章 北京市历史蝗灾

第十章 天津市历史蝗灾

第十一章 湖北省历史蝗灾

第十二章 广东省历史蝗灾

第十三章 湖南省历史蝗灾

第十四章 甘肃省历史蝗灾

第十五章 江西省历史蝗灾

第十六章 广西壮族自治区历史蝗灾

第十七章 辽宁省历史蝗灾

第十八章 上海市历史蝗灾

第十九章 新疆维吾尔自治区历史蝗灾

第二十章 福建省历史蝗灾

第二十一章 海南省历史蝗灾

第二十二章 内蒙古自治区历史蝗灾

第二十三章 贵州省历史蝗灾

第二十四章 西藏自治区历史蝗灾

第二十五章 其他省（区、市）历史蝗灾

第四卷 地方志蝗灾集成

第一章 山东省地方志中的蝗灾记载

第二章 河北省地方志中的蝗灾记载

第三章 河南省地方志中的蝗灾记载

第四章 江苏省地方志中的蝗灾记载

第五章 安徽省地方志中的蝗灾记载

第六章 陕西省地方志中的蝗灾记载

第七章 山西省地方志中的蝗灾记载

第八章 浙江省地方志中的蝗灾记载

第九章 北京市地方志中的蝗灾记载

第十章 天津市地方志中的蝗灾记载

第十一章 湖北省地方志中的蝗灾记载

第十二章 广东省地方志中的蝗灾记载

第十三章 江西省地方志中的蝗灾记载

第十四章 湖南省地方志中的蝗灾记载

第十五章 甘肃省地方志中的蝗灾记载

第十六章 广西壮族自治区地方志中的蝗灾记载

第十七章 辽宁省地方志中的蝗灾记载

第十八章 新疆维吾尔自治区地方志中的蝗灾记载

第十九章 上海市地方志中的蝗灾记载

第二十章 福建省地方志中的蝗灾记载

第二十一章 贵州省地方志中的蝗灾记载

第二十二章 重庆市地方志中的蝗灾记载

第二十三章 海南省地方志中的蝗灾记载

第二十四章 宁夏回族自治区地方志中的蝗灾记载

第二十五章 其他省（区）地方志中的蝗灾记载

参考文献

后记

目 录

第一章　唐前时期蝗灾 ……………………………………………………（1）

第二章　唐代（含五代十国）蝗灾 ………………………………………（45）

第三章　宋代（含辽、金）蝗灾 …………………………………………（86）

第四章　元代蝗灾 …………………………………………………………（144）

第五章　明代蝗灾 …………………………………………………………（201）

第六章　清代蝗灾 …………………………………………………………（406）

第七章　民国时期蝗灾 ……………………………………………………（632）

第八章　中华人民共和国时期蝗灾 ………………………………………（751）

第九章　正史中的蝗灾叙录 ………………………………………………（794）

一、《史记》 ………………………………………………………………（795）

二、《汉书》 ………………………………………………………………（796）

三、《后汉书》 ……………………………………………………………（802）

四、《三国志》 ……………………………………………………………（811）

五、《晋书》 ………………………………………………………………（812）

六、《宋书》 ………………………………………………………………（816）

七、《陈书》 ………………………………………………………………（818）

八、《魏书》 ………………………………………………………………（818）

九、《北齐书》 ……………………………………………………………… (821)

十、《周书》 ………………………………………………………………… (822)

十一、《隋书》 ……………………………………………………………… (822)

十二、《南史》 ……………………………………………………………… (823)

十三、《北史》 ……………………………………………………………… (824)

十四、《旧唐书》 …………………………………………………………… (825)

十五、《新唐书》 …………………………………………………………… (833)

十六、《旧五代史》 ………………………………………………………… (839)

十七、《新五代史》 ………………………………………………………… (843)

十八、《宋史》 ……………………………………………………………… (844)

十九、《辽史》 ……………………………………………………………… (863)

二十、《金史》 ……………………………………………………………… (864)

二十一、《元史》 …………………………………………………………… (869)

二十二、《明史》 …………………………………………………………… (890)

二十三、《清史稿》 ………………………………………………………… (901)

二十四、正史人物传记中的蝗灾 …………………………………………… (925)

第十章　其他史书史料中的蝗灾叙录 …………………………………… (965)

一、《诗经集传》 …………………………………………………………… (966)

二、《春秋三传》 …………………………………………………………… (968)

三、《吕氏春秋校释》 ……………………………………………………… (970)

四、《西汉会要》 …………………………………………………………… (972)

五、《论衡》 ………………………………………………………………… (973)

六、《艺文类聚》 …………………………………………………………… (975)

七、《唐会要》 ……………………………………………………………… (983)

八、《救荒活民书》 ………………………………………………………… (985)

九、《五代会要》 …………………………………………………………… (986)

十、《文献通考》 …………………………………………………………… (988)

十一、《续文献通考》 ……………………………………………………… (1014)

十二、《资治通鉴》 ·········· (1024)

十三、《续资治通鉴》 ·········· (1036)

十四、《十国春秋》 ·········· (1051)

十五、《明实录类纂·自然灾异卷》 ·········· (1052)

十六、《明会要》 ·········· (1070)

十七、《名山藏》 ·········· (1073)

十八、《古今图书集成·庶征典·蝗灾部》 ·········· (1077)

十九、《中国历代蝗患之记载》 ·········· (1133)

二十、《中国历代天灾人祸表》 ·········· (1142)

第一章
唐前时期蝗灾

序号	公元纪年	历史纪年	蝗灾情况	资料来源
1	前707年	鲁桓公五年	秋，大雩，螽。	《春秋三传》
		周桓王十三年	秋，鲁螽。	《古今图书集成·庶征典·蝗灾部汇考》
			秋，鲁螽。	《济宁市志》
			秋，大雩，曲阜螽。	乾隆《曲阜县志》
2	前645年	鲁僖公十五年	八月，螽。	《春秋三传》
		周襄王七年	秋八月，鲁有螽。	宣统《山东通志》
			秋八月，曲阜螽。	乾隆《曲阜县志》
3	前624年	鲁文公三年	秋，雨螽于宋①。	《春秋三传》
			秋，雨螽于宋。	康熙《商丘县志》
		周襄王二十八年	周口大旱，蝗灾。	《周口地区志》
			豫东旱蝗。沈丘蝗。	《沈丘县志》
			夏，鹿邑蝗。	《鹿邑县志》
4	前619年	鲁文公八年	冬十月，螽。	《春秋三传》
		周襄王三十三年	鲁螽。	《古今图书集成·庶征典·蝗灾部汇考》
			曲阜螽。	乾隆《曲阜县志》

---

① 宋：古国名，建都今河南商丘。

（续）

序号	公元纪年	历史纪年	蝗灾情况	资料来源
5	前603年	鲁宣公六年	秋八月，螽。	《春秋三传》
		周定王四年	秋八月，鲁有螽。	宣统《山东通志》
			秋八月，曲阜螽。	乾隆《曲阜县志》
6	前601年	鲁宣公八年	山东蝗。	《中国历代蝗患之记载》
		周定王六年	鲁螽。	《古今图书集成·庶征典·蝗灾部汇考》
7	前596年	鲁宣公十三年	秋，螽。	《春秋三传》
		周定王十一年	秋，鲁有螽。	宣统《山东通志》
			秋，曲阜螽。	乾隆《曲阜县志》
8	前594年	鲁宣公十五年	秋，螽。冬，蝝生[①]，饥。	《春秋三传》
		周定王十三年	秋，鲁有螽，鲁初税亩，蝝生，饥。	宣统《山东通志》
			冬，单县蝝生，饥。是时宣公初税亩，乱先王制而为食，故有是应。	康熙《单县志》
			冬，兖州蝝生，饥。	康熙《兖州府志》
			秋，曲阜螽，初税亩。冬，蝝生，饥。	乾隆《曲阜县志》
9	前592年	周定王十五年	山东又蝗。	《中国历代蝗患之记载》
10	前566年	鲁襄公七年	秋八月，螽。	《春秋三传》
		周灵王六年	八月，鲁有螽。	宣统《山东通志》
			八月，曲阜螽。	乾隆《曲阜县志》
11	前483年	鲁哀公十二年	冬十有二月，螽。	《春秋三传》
		周敬王三十七年	秋冬，鲁有螽。	宣统《山东通志》
			冬十有二月，单县螽。	康熙《单县志》
			冬十有二月，兖州螽。	康熙《兖州府志》
			冬十有二月，曲阜螽。	乾隆《曲阜县志》
12	前482年	鲁哀公十三年	九月，螽。十有二月，螽。	《春秋三传》

---

① 黄仲炎曰："螽始生为蝝，螽飞蔽天或来自他处。"孙复曰："秋之螽未息，冬又生子，重为灾。"孙觉曰："蝝者螽之子，一岁而再为灾，故谨志之。"

（续）

序号	公元纪年	历史纪年	蝗灾情况	资料来源
12	前482年	鲁哀公十三年 周敬王三十八年	九月，螽。十有二月，螽。刘歆以为，周十二月，夏十月也，周九月，夏七月，故《传》曰："火犹西流，司历过也。"	《文献通考·物异考》
			鲁螽。	《古今图书集成·庶征典·蝗灾部汇考》
			秋九月，曲阜螽。冬十有二月，螽。	乾隆《曲阜县志》
13	前243年	秦王政四年	十月，蝗虫从东方来，蔽天。	《史记·秦始皇本纪》
			七月，蝗，疫。注曰："蝗子始生曰蝝，翅成而飞曰蝗，以食苗为灾。"	《资治通鉴·秦纪》
			七月，秦国大蝗，饥。	《眉县志》
			西安蝗灾，饥。	《西安市志》
			七月，未央区蝗灾，大饥荒。	《未央区志》
			十月，咸阳蝗虫蔽天。	《咸阳市志》
			关中地区蝗虫蔽天。	《乾县志》
			宝鸡蝗虫从东方来，蔽天。	《宝鸡市志》
			大荔蝗从东方来，蔽天遍野。	《大荔县志》
			七月，礼泉蝗飞蔽天，食糜谷苗，歉收。	《礼泉县志》
			秋，庆阳蝗，疫。	民国《庆阳县志》
			望都蝗虫蔽天。	《望都县志》
14	前242年	秦王政五年	扶风大蝗，疫。	顺治《扶风县志》
			岐山大蝗，疫。	《岐山县志》
			眉县蝗灾。	《眉县志》
15	前158年	西汉后元六年	天下旱蝗，帝加惠，发仓庾以振贫民。	《史记·孝文本纪》

（续）

序号	公元纪年	历史纪年	蝗灾情况	资料来源
15	前158年	西汉后元六年	夏四月，大旱蝗。	《汉书·文帝本纪》
			夏四月，大旱蝗。师古曰："蝗，即螽也，食苗为灾。"	《资治通鉴·汉纪》
			长安旱，蝗虫为灾。	《长安县志》
			白水蝗虫食禾。	《白水县志》
			秋，河北大名蝗灾，民饥。	《中国历代蝗患之记载》
16	前154年	西汉前元三年	彗星出，蝗虫起，此万世一时，而愁劳圣人所以起也。	《资治通鉴·汉纪》
17	前147年	西汉中元三年	秋，河北蝗灾。	《中国历代蝗患之记载》
			秋九月，陕西蝗。	《陕西蝗区勘察与治理》
			秋九月，蝗。	《汉书·景帝本纪》
			秋，单县蝗。	《山东蝗虫》
18	前146年	西汉中元四年	大蝗。	《史记·孝景本纪》
			夏，蝗。	《汉书·景帝本纪》
			河北蝗灾。	《中国历代蝗患之记载》
			夏，陕西大蝗。	《陕西蝗区勘察与治理》
19	前136年	西汉建元五年	夏五月，大蝗。	《汉书·武帝本纪》
			夏，河北蝗灾大发生。	《中国历代蝗患之记载》
			夏，海兴蝗。	《海兴县志》
			五月，陕西大蝗。	《陕西蝗区勘察与治理》
			五月，高陵大蝗。	《高陵县志》
20	前130年	西汉元光五年	秋，河北蝗。	《中国历代蝗患之记载》
			秋，海兴蝗。	《海兴县志》
			关中①蝗虫。	《兴平县志》
			十一月，沈丘蝗。	《沈丘县志》
			八月，平舆蝗虫遍地。	《平舆县志》
			六月，单县蝗。秋，蝗。	《山东蝗虫》

---

① 关中：古地区名，泛指今陕西关中盆地。

（续）

序号	公元纪年	历史纪年	蝗灾情况	资料来源
21	前 129 年	西汉元光六年	夏，大旱蝗。	《汉书·武帝本纪》
			夏，河北蝗。	《中国历代蝗患之记载》
			夏，海兴蝗。	《海兴县志》
			夏，蔚州蝗。	光绪《蔚州志》
			夏，怀来蝗。	光绪《怀来县志》
			夏，陕西蝗。秋，蝗。	《陕西蝗区勘察与治理》
			夏，山西大旱蝗。	雍正《山西通志》
22	前 112 年	西汉元鼎五年	秋，河北蝗。	《中国历代蝗患之记载》
			秋，蝗。	《汉书·五行志》
			秋，陕西蝗。	《陕西蝗区勘察与治理》
23	前 105 年	西汉元封六年	秋，大旱蝗。	《汉书·武帝本纪》
			秋，河北蝗。	《中国历代蝗患之记载》
			秋，海兴蝗。	《海兴县志》
			陕西蝗。	《陕西蝗区勘察与治理》
			关中蝗虫。	《兴平县志》
24	前 104 年	西汉太初元年	秋八月，蝗从东方飞至敦煌。	《汉书·武帝本纪》
			关东[①]蝗大起，飞西至敦煌。	《资治通鉴·汉纪》
			是岁，蝗大起。	《史记·孝武本纪》
			陕西、甘肃敦煌等处蝗。	《中国历代蝗患之记载》
			秋，蝗从东方飞至敦煌。	雍正《陕西通志》
			蝗从东方飞至高陵。	《高陵县志》
			夏，关东蝗虫飞至扶风。	顺治《扶风县志》
			夏，酒泉蝗伤禾。	《酒泉市志》
			夏，蝗虫从关东飞到山丹等地。	《山丹县志》
			弘农[②]飞蝗成灾。	《灵宝县志》

① 关东：关，指玉门关，西汉置，六朝后，已迁至今甘肃瓜州县东双塔堡，而称汉时玉门关为故关。此指今甘肃瓜州县以东。

② 弘农：旧县名，治所函谷关，在今河南灵宝东北。

（续）

序号	公元纪年	历史纪年	蝗灾情况	资料来源
25	前103年	西汉太初二年	秋，蝗。	《汉书·武帝本纪》
			秋，甘肃蝗。	《中国历代蝗患之记载》
			秋，陕西蝗。	《陕西蝗区勘察与治理》
26	前102年	西汉太初三年	秋，复蝗。	《汉书·五行志》
			秋，甘肃蝗。	《中国历代蝗患之记载》
			秋，陕西蝗。	《陕西蝗区勘察与治理》
			夏，单县蝗。	《山东蝗虫》
27	前90年	西汉征和三年	秋，蝗。	《汉书·五行志》
			秋，甘肃蝗。	《中国历代蝗患之记载》
			秋，陕西蝗。	《陕西蝗区勘察与治理》
			秋，单县蝗。	《山东蝗虫》
			鹿邑蝗害。	《鹿邑县志》
28	前89年	西汉征和四年	夏，蝗。	《汉书·五行志》
			夏，单县蝗。	《山东蝗虫》
			夏，甘肃蝗。	《中国历代蝗患之记载》
			夏，陕西蝗。	《陕西蝗区勘察与治理》
29	前58年	西汉神爵四年	河南界中又有蝗虫，府丞义出行蝗。还，见延年，延年曰："此蝗岂凤皇食耶？"	《资治通鉴·汉纪》
30	前53年	西汉甘露元年	开封蝗。	《开封县志》
31	前42年	西汉永光二年	临川蝗虫为患。	《临川县志》
32	前29年	西汉建始四年	长武蝗虫害稼。	《长武县志》
33	公元1年	西汉元始元年	平凉连年旱蝗。	《平凉市志》
34	公元2年	西汉元始二年	夏四月，郡国大旱蝗，青州尤甚，民流亡。遣使者捕蝗，民捕蝗诣吏，以石斗受钱。	《汉书·平帝本纪》
			秋，蝗遍天下。	《汉书·五行志》
			秋，陕西未央区蝗遍天下。	《未央区志》
			甘肃全省蝗食禾稼，麦歉收。广河蝗。	《广河县志》

（续）

序号	公元纪年	历史纪年	蝗灾情况	资料来源
34	公元2年	西汉元始二年	秋，武山蝗害，食禾稼，麦歉收。	《武山县志》
			秋，武都全境蝗害，食禾稼，麦歉收。	《武都县志》
			秋，静宁蝗为害。	《静宁县志》
			泾川蝗虫为害，麦歉收。	《泾川县志》
			秋，永昌蝗害，歉收。	《永昌县志》
			秋，山丹蝗害，食禾稼，歉收。	《山丹县志》
			山东青州、益都，河北大名蝗大发生，饥。	《中国东亚飞蝗蝗区的研究》
			冀县蝗灾。	《冀县志》
			南和蝗虫蔽天。	《南和县志》
			邱县大旱蝗。	《邱县志》
			夏，山东大旱蝗，青州尤甚。	宣统《山东通志》
			夏旱，青州蝗灾，官府令百姓捕蝗，按数量给钱。	《青州市志》
			临朐大旱蝗，民流亡，诏民捕蝗诣吏，以石斗受钱。	光绪《临朐县志》
			潍县大旱蝗。	民国《潍县志稿》
			秋，蝗遍天下。河南受蝗灾20个县，官府为鼓励捕蝗，派使者督促捕杀，送官的以石斗计算数量给予奖励。	《河南省志·农业志》
			秋，淮阳蝗，民捕蝗以斗受钱。	《淮阳县志》
			四月至秋，长葛旱，蝗灾。	《长葛县志》
			秋，新蔡蝗虫遍野，民捕蝗以石斗缴官领钱。	《新蔡县志》
			潢川旱，蝗虫成灾，民捕蝗交官按升斗计钱。	《潢川县志》

（续）

序号	公元纪年	历史纪年	蝗灾情况	资料来源
34	公元2年	西汉元始二年	秋，阜阳蝗虫为害，颗粒无收。	《阜阳县志》
35	公元4年	西汉元始四年	秋，长垣蝗。	嘉庆《长垣县志》
36	11年	新莽始建国三年	濒河诸郡蝗虫生。	《汉书·王莽传》
			山东濒河郡蝗生。	宣统《山东通志》
			夏，西安蝗飞蔽日，自东方来，至长安，草木尽食。	《西安市志》
			夏，陕西未央区蝗飞蔽日，自东方来，至长安，草木食尽。	《未央区志》
37	17年	新莽天凤四年	枯旱、蝗虫相因。	《资治通鉴·汉纪》
			宣武区蝗旱，饥荒遍野。	《北京市宣武区志》
			房山蝗旱，饥馑遍野。	《北京市房山区志》
			望都旱蝗。	《望都县志》
			海兴旱蝗。	《海兴县志》
			武邑大旱，蝗灾，饥民遍地。	《武邑县志》
			南和蝗灾，饥民遍地。	《南和县志》
			磁县旱蝗成灾，饥民遍地。	《磁县志》
			邱县大旱蝗。	《邱县志》
38	20年	新莽地皇元年	七月，莽曰："数遇枯旱、蝗螟为灾。"	《汉书·王莽传》
39	21年	新莽地皇二年	秋，关东大饥，蝗。	《汉书·王莽传》
			秋，灵宝又发蝗灾。	《灵宝县志》
40	22年	新莽地皇三年	夏，蝗从东方来，飞蔽天，至长安，入未央宫，缘殿阁，草木尽。	《文献通考·物异考》
			夏，蝗从东方来，飞蔽天，至长安，入未央宫，缘殿阁，莽发吏民设购赏捕击，流民入关者数十万人，乃置养赡官禀食之。使者监领，与小吏共盗其禀，饥死者十七八。	《汉书·王莽传》

（续）

序号	公元纪年	历史纪年	蝗灾情况	资料来源
40	22年	新莽地皇三年	陕西长安以东及河南蝗从东方来，庄稼吃光。	《中国历代蝗患之记载》
			王莽乃下诏曰："予遭阳九之阸，百六之会，枯旱霜蝗，饥馑荐臻，百姓流离。予甚悼之，害气将究矣。"岁为此言，以至于亡。	《汉书·食货志》
			夏，长安飞蝗蔽天。	《长安县志》
			秋，关东蝗群飞到西安，爬满未央宫诸殿阁。	《西安市志》
			高陵蝗自东方来，草木尽食。	《高陵县志》
			夏，扶风蝗飞蔽天。	顺治《扶风县志》
			阜阳蝗虫为害。	《阜阳县志》
			临清域内旱蝗成灾，粟一斤黄金一斤。	《临清市志》
			临西蝗虫成灾。	《临西县志》
			邱县大旱蝗，民饥。	《邱县志》
			函谷关东蝗灾，十万灾民涌入函谷关，饿死十之七八。	《三门峡市志》
			南召旱，蝗灾。	《南召县志》
			新野旱，蝗灾。	《新野县志》
41	23年	新莽地皇四年	莽末，天下连岁灾蝗。初，王莽末，天下旱蝗，黄金一斤易粟一斛。	《后汉书·光武帝纪》
42	26年	东汉建武二年	泾阳大旱，蝗虫成灾，人相食。	《泾阳县志》
43	29年	东汉建武五年	夏四月，旱蝗。	《后汉书·光武帝纪》
			陕西长安及河南蝗灾。	《中国历代蝗患之记载》
			夏四月，关中蝗灾。	《宝鸡市志》
			四月，高陵旱蝗。	《高陵县志》
			四月，华阴旱蝗。	《华阴县志》

（续）

序号	公元纪年	历史纪年	蝗灾情况	资料来源
43	29 年	东汉建武五年	四月，陇县旱，蝗灾。	《陇县志》
			四月，眉县蝗灾。	《眉县志》
			五月，颍川①旱蝗伤麦。	《长葛县志》
			夏四月，洛阳旱蝗。	乾隆《洛阳县志》
			新安蝗灾。	《新安县志》
44	30 年	东汉建武六年	春正月，诏曰："往岁水、旱、蝗虫为灾，谷价腾跃，人用困乏，朕惟百姓无以自赡，恻然愍之。其命郡国有谷者，给禀高年、鳏、寡、孤、独及笃癃、无家属贫不能自存者，如《律》。二千石勉加循抚，无令失职。"夏，蝗。	《后汉书·光武帝纪》
45	46 年	东汉建武二十二年	三月，京师、郡国十九蝗。	《后汉书·五行志》
			山东、河南等十九郡县蝗灾。	《中国历代蝗患之记载》
			青州蝗。	《后汉书·光武帝纪》
			匈奴中连年旱蝗，赤地数千里，草木尽枯，人畜饥疫，死耗太半。	《后汉书·南匈奴列传》
			北海安丘蝗。	雍正《山东通志》
			寿光蝗。	《寿光县志》
			昌乐蝗。	嘉庆《昌乐县志》
			临朐蝗。	光绪《临朐县志》
			胶州蝗。	民国《增修胶志》
			青州潍县蝗。	民国《潍县志稿》
			涉县大蝗。	《涉县志》
46	47 年	东汉建武二十三年	京师、郡国十八大蝗旱，草木尽。	《后汉书·五行志》
			河南复大旱蝗，草木尽。	乾隆《河南府志》
			夏，扶沟蝗，禾稼食尽。	《扶沟县志》

① 颍川：旧郡名，治所在今河南禹州。

（续）

序号	公元纪年	历史纪年	蝗灾情况	资料来源
46	47 年	东汉建武二十三年	孟县旱蝗，草木尽枯。	《河南东亚飞蝗及其综合治理》
47	48 年	东汉建武二十四年	九江①飞蝗遍野，宋均为守，蝗悉出境。	同治《九江府志》
48	49 年	东汉建武二十五年	山东青州、平原蝗，大发生。	《中国东亚飞蝗蝗区的研究》
49	51 年	东汉建武二十七年	臧宫与马武上书曰：匈奴贪利，无有礼信，穷则稽首，安则侵盗。虏今人畜疫死，旱蝗赤地，疫困之力，不当中国一郡。岂宜固守文德而堕武事乎？命将攻其左、击其右。如此，北虏之灭，不过数年。	《后汉书·臧宫传》
50	52 年	东汉建武二十八年	三月，郡国八十蝗。	《后汉书·五行志》
			河南等八十郡县蝗灾。	《中国历代蝗患之记载》
			邱县蝗。	《邱县志》
51	53 年	东汉建武二十九年	四月，武威、酒泉、清河、京兆、魏郡②、弘农蝗。	《后汉书·五行志》
			甘肃武威、酒泉蝗，河北清河蝗，河南、陕西蝗。	《中国历代蝗患之记载》
			四月，邱县又蝗。	《邱县志》
			永年蝗。	《永年县志》
			四月，河南蝗。	雍正《河南通志》
			夏四月，祥符③蝗。	光绪《祥符县志》
			陕县蝗灾。	《陕县志》
			夏四月，古浪蝗虫为害禾稼。	《古浪县志》
			四月，永昌蝗害。	《永昌县志》
52	54 年	东汉建武三十年	六月，郡国十二大蝗。	《后汉书·五行志》

---

① 九江：旧郡名，治所在今安徽寿县。
② 清河：旧郡、国名，治所在今山东临清东北；魏郡：旧郡名，治所在今河北临漳西南。
③ 祥符：旧县名，治所在今河南开封。

（续）

序号	公元纪年	历史纪年	蝗灾情况	资料来源
53	55年	东汉建武三十一年	夏，蝗。	《后汉书·光武帝纪》
			郡国大蝗。	《后汉书·五行志》
			蝗时至，蔽天如雨，集地食物，不择谷草。蝗起太山郡，西南过陈留、河南，遂人夷狄①。所集乡县以千百数。蝗食谷草，连日老极，或飞徙去，或止枯死。	《论衡·商虫篇》
			蝗虫时至，或飞或集，所集之地，谷草枯索。吏卒部民，堑道作坎，榜驱内于堑坎，杷蝗积聚以千斛数。正攻蝗之身，蝗犹不止。	《论衡·顺鼓篇》
54	56年	东汉中元元年	三月，郡国十六大蝗。	《后汉书·五行志》
			秋，郡国三蝗。	《后汉书·光武帝纪》
			山阳、楚、沛②多蝗，其飞至九江界者，辄东西散去。	《后汉书·宋均传》
			江苏徐州、萧县、淮安，安徽，江西九江蝗灾。	《中国历代蝗患之记载》
55	61年	东汉永平四年	酒泉大蝗，从塞外入。	《后汉书·五行志》
			酒泉大蝗，伤禾甚。	《酒泉市志》
56	66年	东汉永平九年	夏秋间，新蔡蝗。	《新蔡县志》
57	67年	东汉永平十年	郡国十八雨雹，蝗。	《后汉书·五行志》
58	72年	东汉永平十五年	蝗起泰山，弥行兖、豫，未数年豫章③遭蝗，谷不收，民饥死县数千百人。	《后汉书·五行志》
			蝗起泰山，流被郡国，过邹界不集。郡因以状闻，	《后汉书·郑弘传》

---

① 陈留：旧县名，治所在今河南开封陈留镇；夷狄：《新唐书·史孝章传》载"天下指河朔若夷狄"，意指黄河以北地区。

② 山阳：古郡、国名，治所在今山东巨野东南；楚：古国名，治所在今江苏徐州；沛：古国名，治所在今安徽淮北市西北。

③ 泰山：旧郡名，治所在今山东泰安东北；豫章：旧郡名，治所在今江西南昌。

（续）

序号	公元纪年	历史纪年	蝗灾情况	资料来源
58	72年	东汉永平十五年	诏书以为不然，遣使案行，如言也。	
			蝗发泰山，流徙郡国，荐食五谷，过寿张①界，飞逝不集。	《后汉书·谢夷吾传》
			曲阜蝗。	乾隆《曲阜县志》
			山东泰山、河南息县蝗虫大发生。	《中国东亚飞蝗蝗区的研究》
			临颍蝗。	民国《重修临颍县志》
			七月，新蔡蝗起，谷不收。	《新蔡县志》
59	75年	东汉永平十八年	豫章遭蝗，谷不收，民饥死，县数千百人。	同治《南昌府志》
			豫章大蝗灾，谷不收，民饥死数千百十人。	《南昌市郊区志》
			奉新蝗灾严重，谷物多无收成。	《奉新县志》
60	82年	东汉建初七年	中牟蝗不入境。	民国《中牟县志》
61	87年	东汉章和元年	《东观汉记》曰：棱在广陵②，蝗虫入江海，化为鱼虾。	《后汉书·马棱传》
			淮安蝗灾。	《中国历代蝗患之记载》
62	91年	东汉永元三年	夏，山东兖州蝗灾。	《中国历代蝗患之记载》
63	92年	东汉永元四年	六月，旱蝗。	《资治通鉴·汉纪》
			夏，旱蝗，诏："今年郡国秋稼为旱蝗所伤，其什四以上勿收田租、刍稿；有不满者，以实除之。"	《后汉书·和帝纪》
			汝南蝗灾。	《驻马店地区志》
			夏四月，青州蝗。潍县蝗。	民国《潍县志稿》
			武昌旱蝗。	康熙《武昌府志》
			安陆旱蝗。	道光《安陆县志》

---

① 寿张：旧县名，治所在今山东东平县西南，明时迁治今山东阳谷寿张镇。

② 广陵：旧县名，治所在今江苏扬州西北。

（续）

序号	公元纪年	历史纪年	蝗灾情况	资料来源
63	92 年	东汉永元四年	四川蝗灾，害稼。	《中国历代蝗患之记载》
64	96 年	东汉永元八年	五月，河内①、陈留蝗。九月，京师蝗。吏民言事者，多归责有司。诏曰："蝗虫之异，殆不虚生，万方有罪，在予一人，而言事者专咎自下，非助我者也。刺史、二千石详刑辟，理冤虐，恤鳏寡，矜孤弱，思惟致灾兴蝗之咎。"	《后汉书·孝和帝纪》
			夏，河北大名蝗。	《中国历代蝗患之记载》
			洛都蝗。	雍正《河南通志》
			长垣蝗。	嘉庆《长垣县志》
65	97 年	东汉永元九年	六月，蝗旱。诏："今年秋稼为蝗虫所伤，皆勿收租、更、刍稿；若有损失，以实除之，余当收租者亦半入。其山林饶利，陂池渔采，以赡元元。勿收假税。"秋七月，蝗虫飞过京师。	《后汉书·孝和帝纪》
			蝗从夏至秋。	《后汉书·五行志》
			陇西②蝗。	《中国历代天灾人祸表》
66	105 年	东汉元兴元年	秋八月，青州蝗食生草尽。	《山东蝗虫》
67	108 年	东汉永初二年	关东蝗大起，途经河西今永昌县，西飞至敦煌。	《永昌县志》
68	109 年	东汉永初三年	鲁山蝗灾，此后连续七年蝗害，民不聊生。	《鲁山县志》
			宝丰蝗灾，此后连续七年蝗害，民不聊生。	《宝丰县志》
			夏四月，胶南蝗，疫。	《胶南县志》
69	110 年	东汉永初四年	夏四月，司隶、豫、兖、徐、青、冀六州蝗。	《后汉书·安帝纪》

① 河内：旧郡名，治所在今河南武陟西南。
② 陇西：旧郡名，治所在今甘肃临洮南。

（续）

序号	公元纪年	历史纪年	蝗灾情况	资料来源
69	110年	东汉永初四年	夏，河南，河北，山东青州、兖州，江苏徐州蝗灾。	《中国历代蝗患之记载》
			夏四月，曲阜蝗。	乾隆《曲阜县志》
			夏四月，安丘蝗。	万历《安丘县志》
			夏四月，寿光蝗。	《寿光县志》
			夏四月，诸城蝗。	乾隆《诸城县志》
			太康、扶沟、陈州、项城、沈丘旱蝗。	《周口地区志》
			新蔡大蝗。	《新蔡县志》
			夏四月，枣强蝗。	嘉庆《枣强县志》
			夏六月，饶阳蝗。	《饶阳县志》
70	111年	东汉永初五年	羌既转盛，朝廷遂移陇西徙襄武，安定徙美阳，北地徙池阳，上郡徙衙①。时连旱蝗饥荒。	《后汉书·西羌传》
			九州蝗，诏曰："重以蝗虫滋生，害及成麦，秋稼方收，甚可悼也。公、卿、大夫将何以匡救？其令三公、特进、侯、中二千石、二千石、郡守、诸侯相，举贤良方正、有道术、达于政化、能直言极谏之士各一人，及至孝与众卓异者，并遣诣公车。"	《后汉书·安帝纪》
			夏，河南、山东曲阜等蝗灾。	《中国历代蝗患之记载》
			夏，宁津蝗。	光绪《宁津县志》
			夏，商丘旱蝗。	《商丘县志》
			夏，鹿邑蝗。	《鹿邑县志》
			新蔡大蝗。	《新蔡县志》

---

① 安定：旧郡名，治所在今甘肃镇原东南；北地：旧郡名，治所在今甘肃庆阳西北；上郡：旧郡名，治所在今陕西北部一带。

（续）

序号	公元纪年	历史纪年	蝗灾情况	资料来源
70	111年	东汉永初五年	固始蝗灾。	《固始县志》
			泾川蝗虫为害，发生饥荒。	《泾川县志》
			临洮等地旱，蝗灾，百姓饥荒。	《甘南州志》
			陇西、安定蝗为害，民饥。	《陇西县志》
			安定诸郡内徙，时连年旱蝗，饥荒，百姓流离。	民国《重修镇原县志》
			安定连遭蝗害，民众饥荒。	《固原地区志》
71	112年	东汉永初六年	三月，去蝗处复蝗子生。郡国四十八蝗。	《后汉书·五行志》
			十州蝗。	《后汉书·安帝纪》
			夏，河南、山东等四十八县蝗灾。	《中国历代蝗患之记载》
			春三月，陈州①螽生。	乾隆《陈州府志》
			新蔡大蝗。	《新蔡县志》
			霍邱旱蝗，民大饥。	《霍邱县志》
72	113年	东汉永初七年	八月，京师大风，蝗虫飞过洛阳。诏："郡国被蝗伤稼十五以上，勿收今年田租；不满者，以实除之。"	《后汉书·安帝纪》
			秋，蝗虫飞过洛阳，毁稼；江苏邳州蝗灾。	《中国历代蝗患之记载》
			夏，蝗。	《文献通考·物异考》
			秋，蝗。	《资治通鉴·汉纪》
			秋，鹿邑蝗。	《鹿邑县志》
			霍邱连续旱蝗，民大饥。	《霍邱县志》
73	114年	东汉元初元年	夏四月，京师及郡国五旱蝗。	《后汉书·安帝纪》
			夏，河南洛阳等蝗灾。	《中国历代蝗患之记载》
			汝州旱蝗。	《汝州市志》
			夏，运城蝗害。	《运城市志》

---

① 陈州：旧州名，治所在今河南淮阳。

（续）

序号	公元纪年	历史纪年	蝗灾情况	资料来源
74	115年	东汉元初二年	五月，河南及郡国十九蝗。诏曰："被蝗以来，七年于兹，而州郡隐匿，裁言顷亩。今群飞蔽天，为害广远，所言所见，宁相副邪？三司之职，内外是监，既不奏闻，又无举正。天灾至重，欺罔罪大。今方盛夏，且复假贷，以观厥后。其务消救灾眚，安辑黎元。"	《后汉书·安帝纪》
			夏五月，陈州蝗。	乾隆《陈州府志》
			马融上《广成颂》以讽谏，其辞曰："尚颇有蝗虫。"	《后汉书·马融传》
75	122年	东汉延光元年	六月，郡国蝗。	《后汉书·安帝纪》
			夏，河南十九郡县蝗灾。	《中国历代蝗患之记载》
			六月，郡国蝗，是岁，尚书仆射陈忠上疏曰："兖、豫蝗蝝滋生。"	《资治通鉴·汉纪》
76	129年	东汉永建四年	杨厚上言："今夏必盛寒，尚有疾疫、蝗虫之害。"是岁，果六州大蝗。	《后汉书·杨厚传》
77	130年	东汉永建五年	夏四月，京师及郡国十二蝗。	《后汉书·顺帝纪》
			夏，河南洛阳等十二郡县蝗灾。	《中国历代蝗患之记载》
			新安蝗灾。	《新安县志》
78	136年	东汉永和元年	秋七月，偃师蝗。	《后汉书·顺帝纪》
			秋，河南开封、偃师蝗灾。	《中国历代蝗患之记载》
79	137年	东汉永和二年	山东黄县蝗灾。	《中国历代蝗患之记载》
80	139年	东汉永和四年	清河郡蝗。	民国《清河县志》
81	142年	东汉永和七年	偃师蝗。	《艺文类聚·灾异部》
82	150年	东汉和平元年	大将军冀妻孙寿为襄城君，水及蝗虫为害。	《资治通鉴·汉纪》

（续）

序号	公元纪年	历史纪年	蝗灾情况	资料来源
83	153年	东汉永兴元年	秋七月，郡国三十二蝗，百姓饥穷，流者数十万户，冀州尤甚。	《资治通鉴·汉纪》
			秋七月，郡国三十二蝗。	《后汉书·桓帝纪》
			郡国少半遭蝗，所在廪给。	《晋书·食货志》
			秋七月，冀州蝗，民饥。	宣统《山东通志》
			秋七月，临清等三十二郡蝗灾。	《临清市志》
			七月，望都蝗，饥。	《望都县志》
			秋七月，枣强蝗。	嘉庆《枣强县志》
			武邑蝗灾。	《武邑县志》
			南和多蝗虫，百姓流离失所。	《南和县志》
			七月，邱县蝗。	《邱县志》
			秋七月，郡国三十二蝗，天津蝗，诏所在赈给之。	光绪《重修天津府志》
			七月，郡国三十二蝗，百姓饥，民流亡。淮阳蝗。	《淮阳县志》
			新蔡蝗飞蔽天，为害广远。	《新蔡县志》
84	154年	东汉永兴二年	六月，京师蝗。诏："蝗灾为害，水变仍至，五谷不登，人无宿储。其令所伤郡国种芜菁，以助人食。"九月，又诏："蝗螽孳蔓，残我百谷，饥馑荐臻。其不被害郡县，当为饥馁者储。天下一家，趣不糜烂，则为国宝。其禁郡国不得卖酒，祠祀裁足。"	《后汉书·桓帝纪》
			夏，蝗。	《资治通鉴·汉纪》
			夏，洛阳蝗灾。	《中国历代蝗患之记载》
			邱县旱蝗。	《邱县志》

（续）

序号	公元纪年	历史纪年	蝗灾情况	资料来源
84	154 年	东汉永兴二年	六月，彭城、泗水①水蝗。	民国《沛县志》
			江西蝗，大饥。	光绪《江西通志》
85	155 年	东汉永寿元年	弘农蝗灾。	《三门峡市志》
			新安蝗灾。	《新安县志》
86	157 年	东汉永寿三年	六月，京师蝗。	《后汉书·桓帝纪》
			夏，洛阳蝗灾。	《中国历代蝗患之记载》
87	158 年	东汉延熹元年	夏五月，京师蝗。	《后汉书·桓帝纪》
			六月，彭城、泗水蝗虫为害。	《微山县志》
88	166 年	东汉延熹九年	扬州六郡②连水、旱、蝗害。	《后汉书·五行志》
			安徽、江苏扬州等蝗灾。	《中国历代蝗患之记载》
			淮阳蝗灾。	《淮阳县志》
89	175 年	东汉熹平四年	时频有蝗虫之害。	《后汉书·蔡邕传》
			七月，关中蝗，延及秦、陇。	《长武县志》
			六月，三辅旱蝗。	《高陵县志》
			秋，大荔蝗发，食禾稼、草木尽。	《大荔县志》
			六月，弘农郡蝗灾。	《三门峡市志》
90	177 年	东汉熹平六年	夏四月，大旱，七州蝗。	《后汉书·灵帝纪》
			平乡大旱，蝗灾。	《平乡县志》
			广平大旱蝗。	光绪《永年县志》
			四月，邱县大旱蝗。	《邱县志》
			夏四月，鸡泽大旱蝗。	民国《鸡泽县志》
			夏，周口地区蝗。	《周口地区志》
			夏，沈丘蝗。	《沈丘县志》
91	178 年	东汉光和元年	诏策问曰："连年虫蝗至冬踊，其咎焉在？"	《后汉书·五行志》
			河北广平蝗灾。	《中国历代蝗患之记载》

---

① 彭城：古郡、国名，治所在今江苏徐州；泗水：旧郡名，治所在今江苏沛县。
② 扬州：旧州名，治所在今安徽和县，时辖九江、丹阳、庐江、会稽、吴郡、豫章六郡。

（续）

序号	公元纪年	历史纪年	蝗灾情况	资料来源
92	179年	东汉光和二年	郎中梁人审忠上书曰："故蝗虫为之生。"	《资治通鉴·汉纪》
93	191年	东汉初平二年	陕县蝗灾。	《陕县志》
94	194年	东汉兴平元年	夏六月，大蝗。	《后汉书·献帝纪》
			大名府蝗起，大饥。	咸丰《大名府志》
			四至七月，邱县蝗虫起，百姓大饥。	《邱县志》
			夏，交河①大蝗。	民国《交河县志》
			夏，盐山大蝗为灾。	《盐山县志》
			夏，海兴大蝗为灾。	《海兴县志》
			单县蝗虫起，百姓大饥，是岁，谷一斛五十余万钱，人相食。	《山东蝗虫》
			夏，宁津大蝗。	光绪《宁津县志》
			夏，东昌②府东郡蝗。	嘉庆《东昌府志》
			夏，聊城东郡蝗。	宣统《聊城县志》
			布为兖州牧，据濮阳。曹操闻而引军击布，累战，相持百余日。是时旱蝗少谷，百姓相食。	《后汉书·吕布传》
			滑县蝗虫起，百姓大饥。	《滑县志》
			夏，鹿邑大蝗。	《鹿邑县志》
95	195年	东汉兴平二年	是时旱蝗谷贵，民相食。	《后汉书·公孙瓒传》
			阌乡蝗虫起，旱，五谷不收，从官者枣菜充饥。	《河南东亚飞蝗及其综合治理》
			滑县蝗虫起，百姓大饥。	《滑县志》
96	197年	东汉建安二年	夏，五月蝗。	《后汉书·献帝纪》
			夏，河北交河、山东东昌蝗灾。	《中国历代蝗患之记载》

---

① 交河：旧县名，治所在今河北泊头西交河镇。
② 东昌：旧府名，治所在今山东聊城。

（续）

序号	公元纪年	历史纪年	蝗灾情况	资料来源
96	197年	东汉建安二年	袁术在寿春①，谷石百余万，载金钱之市求籴，市无米，而弃钱去，百姓饥穷，以桑葚、蝗虫为干饭。	《艺文类聚·灾异部》
			霍邱蝗虫食麦。	《安徽省志·农业志》
97	198年	东汉建安三年	惇从征吕布，为流矢所中，伤左目。复领陈留、济阴太守，加建武将军，封高安乡侯。时大旱，蝗虫起。	《三国志·魏书·夏侯惇传》
98	203年	东汉建安八年	辛毗对曹曰："国分为二，连年战伐，介胄生虮虱，加以旱蝗，饥馑并臻，此乃天亡尚之时也。今往攻邺②，尚不还救，即不能自守。"	《资治通鉴·汉纪》
99	220年	三国魏黄初元年	太史丞许芝条魏代汉曰："今蝗虫见，应之也。"	《三国志·魏书·文帝纪》
			帝欲徙冀州士卒家十万户实河南，时天旱蝗，民饥，群司以为不可，而帝意甚盛。	《资治通鉴·魏纪》
			饶阳旱蝗，民饥。	《饶阳县志》
100	221年	三国魏黄初二年	冀州大蝗，民饥，遣使开仓赈之。	光绪《重修天津府志》
101	222年	三国魏黄初三年	秋七月，冀州大蝗，民饥，使尚书杜畿持节开仓廪以赈之。	《三国志·魏书·文帝纪》
			七月，蠡县大蝗。	光绪《保定府志》
			七月，望都大蝗，民饥。	《望都县志》
			安新境内蝗灾，粮无收，民无食。	《安新县志》
			秋七月，饶阳大蝗，民饥。	《饶阳县志》

---

① 寿春：旧县名，治所在今安徽寿县。

② 邺：旧县名，治所在今河北临漳西南。

（续）

序号	公元纪年	历史纪年	蝗灾情况	资料来源
101	222年	三国魏黄初三年	七月，南和大蝗，民饥。	《南和县志》
			秋七月，成安大蝗，饥。	民国《成安县志》
			七月，邱县大蝗，饥。	《邱县志》
			秋七月，冀州大蝗，民饥，持节开仓赈之。	光绪《重修天津府志》
102	227年	三国魏太和元年	夏，高陵蝗，自关东来。	《高陵县志》
103	234年	三国魏太和八年	夏四月，济、光、齐等州蝗。	雍正《山东通志》
104	271年	西晋泰始七年	幽州①蝗，延袤千里。	《阳原县志》
105	274年	西晋泰始十年	六月，大蝗。	《晋书·武帝纪》
			夏，河北保定等蝗灾。	《中国历代蝗患之记载》
			六月，新河蝗。	民国《新河县志》
106	275年	西晋咸宁元年	秋九月，青州螟。	《山东蝗虫》
			秋，山东安丘蝗灾。	《中国历代蝗患之记载》
107	277年	西晋咸宁三年	并、司②、秦、雍等州大蝗，食草木、牛马毛皆尽。	《临潼县志》
			未央区大蝗，草木、牛马毛皆食尽。	《未央区志》
			陕西及并、司、秦、雍诸州大蝗，食草木、牛马毛皆尽。	《西安市志》
			安塞大蝗，饥民食草木、牛马毛尽。	《安塞县志》
			眉县大蝗，食草木、牛马毛皆尽。	《眉县志》
			陇县大蝗，百草殆尽。	《陇县志》
			高陵大蝗，食草木、牛马毛皆尽。	《高陵县志》
			延安大蝗。	《延安地区志》
			定边蝗虫成灾，草茎、树叶、牛马毛皆被食尽。	《定边县志》

---

①　幽州：旧州名，西晋移治今河北涿州，时辖阳原，北魏移治今北京西南。

②　并：并州，旧州名，治所在今山西太原西南晋源区；司：司州，旧州名，治所在今河南洛阳东北，时辖山西西南大部分地区；雍：雍州，旧州名，治所长安，在今陕西西安市西北。

（续）

序号	公元纪年	历史纪年	蝗灾情况	资料来源
108	278年	西晋咸宁四年	封丘蝗害禾稼。	顺治《封丘县志》
			夏，祥符蝗。	光绪《祥符县志》
			九月，浚县蝗灾。	《浚县志》
			固始蝗灾。	《固始县志》
			七月，任丘蝗灾。	《任丘市志》
109	279年	西晋咸宁五年	稷山大蝗。	《稷山县志》
110	280年	西晋咸宁六年	六月，清苑蝗。	民国《清苑县志》
111	281年	西晋太康二年	夏，江苏徐州等蝗灾。	《中国历代蝗患之记载》
112	285年	西晋太康六年	良乡飞蝗过境。	《北京市房山区志》
113	288年	西晋太康九年	是时，故有虫蝗之灾。	《晋书·五行志》
114	294年	西晋元康四年	河津大蝗。	《河津县志》
115	301年	西晋永宁元年	郡国六蝗。	《晋书·惠帝纪》
			七月，梁州①蝗。	《汉中市志》
			显美②蝗。	《武威市志》
			七月，永昌蝗害。	《永昌县志》
116	304年	西晋永兴元年 西晋永安元年	五月，秦、雍大蝗灾，草木、牛马毛鬣毁尽，民众荒饥。	《秦安县志》
			静宁蝗虫为重，民饥。	《静宁县志》
			五月，平凉大蝗，草木叶、牛马毛皆尽，民饥。	《平凉市志》
			五月，新兴③县遍地蝗虫，禾草食尽，民大饥。	《武山县志》
			夏五月，张家川大蝗，草木皆尽，民饥疫。	《张家川回族自治县志》
			夏五月，山丹大蝗，草木叶、马毛皆尽。	《山丹县志》
			秋，山东平原蝗灾。	《中国历代蝗患之记载》
			河津大蝗。	《河津县志》

————————

① 梁州：旧州、郡名，治所在今陕西汉中市东。

② 显美：旧县名，治所在今甘肃永昌东南。

③ 新兴：旧县名，治所在今甘肃武山西北。

（续）

序号	公元纪年	历史纪年	蝗灾情况	资料来源
117	305 年	西晋永兴二年	南昌府蝗，大饥。	同治《南昌府志》
			豫章蝗，大饥。	《南昌市志》
			南昌蝗灾，饥荒严重。	《南昌县志》
			新建蝗，大饥。	《新建县志》
			弋阳蝗灾。	《弋阳县志》
			波阳蝗，饥。	《波阳县志》
118	310 年	西晋永嘉四年	五月，幽、并、司、冀、秦、雍等六州大蝗，食草木、牛马毛皆尽。	《晋书·怀帝纪》
			河北保定、大名，河南，山西，甘肃秦州蝗灾，草木叶皆尽。	《中国历代蝗患之记载》
			夏四月，冀州大蝗。山东蝗。	宣统《山东通志》
			五月，常山①蝗。	光绪《正定县志》
			五月，灵寿严重蝗灾，草木叶及牛马毛皆食尽。	《灵寿县志》
			五月，清苑大蝗。	民国《清苑县志》
			五月，新城②蝗。	道光《新城县志》
			五月，望都大蝗，草木皆尽。	《望都县志》
			五月，蠡县大蝗，草木、牛马毛皆尽。	光绪《蠡县志》
			五月，满城大蝗，草木、牛马毛皆尽。	光绪《保定府志》
			东光蝗灾。	《东光县志》
			武邑蝗灾，食草木、牛马毛皆尽。	《武邑县志》
			五月，枣强蝗，草木、牛马毛皆尽。	嘉庆《枣强县志》

---

① 常山：旧郡名，治所在今河北石家庄东北。
② 新城：旧县名，治所在今河北高碑店东南新城镇。

（续）

序号	公元纪年	历史纪年	蝗灾情况	资料来源
118	310 年	西晋永嘉四年	五月，临西大蝗，草木皆尽。	《临西县志》
			南和大蝗，食草木、牛马毛皆尽。	《南和县志》
			五月，宁晋大蝗，食草木、牛马毛皆尽。	民国《宁晋县志》
			夏五月，新河大蝗，草木、牛马毛皆尽。	民国《新河县志》
			五月，邱县大蝗，草木食尽。	《邱县志》
			五月，河南大蝗，草木、牛马毛皆尽。	乾隆《河南府志》
			弘农大蝗，人食草木、牛马毛皆尽。	《灵宝县志》
			弘农、湖县①大蝗灾，食草木、牛马毛殆尽。	《三门峡市志》
			六月，太原大蝗，食草木、牛马毛皆尽。	道光《太原县志》
			六月，太原南郊区蝗，草木叶皆尽。	《太原市南郊区志》
			五月，榆次大蝗，食草木及牛马毛皆尽。	《榆次市志》
			五月，翔山②大蝗。	《翼城县志》
			交城大蝗，草木、牛马毛皆尽。	《交城县志》
			整个黄河流域遭受大蝗灾，草茎、树叶、牛马毛被食殆尽。	《定边县志》
			五月，未央区大蝗，草木、牛马毛皆尽。	《未央区志》
			六月，延安大蝗。	《延安地区志》

---

① 湖县：旧县名，治所在今河南灵宝西北原阌乡县旧城。

② 翔山：山名，海拔 1 290 米，位于今山西翼城县二曲乡东北。

（续）

序号	公元纪年	历史纪年	蝗灾情况	资料来源
118	310 年	西晋永嘉四年	礼泉大蝗，民食草木。	《礼泉县志》
			六月，陇县大蝗，百草无遗。	《陇县志》
			六月，眉县蝗，草木、牛马毛皆尽。	《眉县志》
			夏，平凉大蝗，草木叶、牛马毛鬣被食殆尽，民饥。	《平凉市志》
			五月，枹罕①蝗灾，禾稼、牛马毛被食尽，民饥。	《广河县志》
			夏，甘肃蝗食草木、牛马毛皆尽。	乾隆《甘肃通志》
119	311 年	西晋永嘉五年	司州螽。	雍正《山西通志》
120	313 年	西晋建兴元年	望都大蝗。	《望都县志》
121	315 年	西晋建兴三年	河东②大蝗。	雍正《山西通志》
122	316 年	西晋建兴四年	六月，大蝗。	《晋书·愍帝纪》
			河东大蝗，唯不食黍豆。靳准率部人收而埋之，哭声闻于十余里，后乃钻土飞出，复食黍豆。平阳③、冀、雍尤甚。	《晋书·刘聪载记》
			秋七月，河东、平阳大蝗，民流殍者什五六。	《资治通鉴·晋纪》
			夏，河北保定、河南、陕西蝗灾。	《中国历代蝗患之记载》
			凤台④大蝗，民多流殍。	乾隆《凤台县志》
			曲沃大蝗。	民国《新修曲沃县志》
			侯马大蝗。	《侯马市志》
			秋七月，临汾大蝗。	民国《临汾县志》
			泽州⑤大蝗，民流殍过半。	雍正《泽州府志》

---

① 枹罕：旧县名，治所在今甘肃临夏东南。
② 河东：旧郡名，治所在今山西夏县西北。
③ 平阳：旧郡、县、府名，治所在今山西临汾。
④ 凤台：旧县名，治所在今山西晋城。
⑤ 泽州：旧州名，治所在今山西晋城。

（续）

序号	公元纪年	历史纪年	蝗灾情况	资料来源
122	316 年	西晋建兴四年	芮城大蝗，民流殍者殆半。	《芮城县志》
			六月，陕西大蝗。	雍正《陕西通志》
			未央区大蝗。	《未央区志》
			高陵大蝗。	《高陵县志》
			六月，略阳大蝗。	《略阳县志》
			陇县大蝗。	《陇县志》
			七月，新河大旱，蝗蝻并生。	民国《新河县志》
			秋七月，高阳大旱蝗，石勒竟取百姓禾。	雍正《高阳县志》
			七月，蠡县螽蝗，石勒竟取百姓禾，人谓之"胡蝗"。	光绪《蠡县志》
			时大蝗，中山、常山尤甚。	《晋书·石勒载记》[①]
			六月，河南府大蝗。	乾隆《河南府志》
			七月，平凉螽蝗食禾。	《平凉市志》
			七月，山丹螽蝗食禾。	《山丹县志》
123	317 年	西晋建兴五年 东晋建武元年	秋七月，司、冀、青、雍四州螽蝗，石勒亦竟取百姓禾，时人谓之"胡蝗"。	《晋书·愍帝纪》
			秋七月，大旱，司、冀、并、青、雍州大蝗。	《资治通鉴·晋纪》
			河北大名、河南、山东青州、沂州、安丘、陕西、甘肃蝗灾。	《中国历代蝗患之记载》
			五月，聪所居螽斯则百堂灾；河朔[②]大蝗，初穿地而生，二旬化状若蚕，七八日而卧，四日蜕而飞，	雍正《山西通志》

---

① 《晋书·石勒载记》中无发生日期，但在其大蝗前有石虎攻刘演于廪丘，邵续使文鸯救之。石虎陷廪丘，刘演奔文鸯军，虎获演弟刘启的记载。据《资治通鉴·晋纪》考证，此事发生在晋建兴四年（316 年）四月。中山：旧郡名，治所在今河北定州。

② 河朔：区域名，泛指黄河以北地区。

（续）

序号	公元纪年	历史纪年	蝗灾情况	资料来源
123	317年	西晋建兴五年 东晋建武元年	弥亘百草，唯不食三豆及麻，并州尤甚。七月，司州螽蝗，聪境内大蝗，平阳尤甚。	
			稷山大蝗。	同治《稷山县志》
			七月，河东大蝗，靳准率部人收而埋之，后钻土飞出，复食黍豆。	民国《洪洞县志》
			秋七月，临汾大蝗，唯不食黍豆，靳准率部人收而埋之，哭声闻十余里。	民国《临汾县志》
			河津大蝗。	光绪《河津县志》
			七月，高陵大蝗。	《高陵县志》
			七月，同州①大蝗。	《华阴县志》
			七月，陇县大蝗。	《陇县志》
			眉县大蝗。	《眉县志》
			七月，延安大蝗。	《延安地区志》
			七月，子长大蝗。	《子长县志》
			七月，安塞大蝗。	《安塞县志》
			定边蝗虫大起，食百草无遗。	《定边县志》
			七月，弘农、湖县旱，蝗灾。	《三门峡市志》
			七月，平原大蝗。	乾隆《平原县志》
			秋七月，昌乐大旱，螽蝗。	嘉庆《昌乐县志》
			寿光螽。	《寿光县志》
			潍坊境西部蝗灾严重。	《潍坊市志》
			秋七月，安丘大旱，螽蝗。	万历《安丘县志》
			秋七月，平凉螽蝗。	《平凉市志》
			秋七月，饶阳大蝗。	《饶阳县志》

---

① 同州：旧州名，治所在今陕西大荔。

（续）

序号	公元纪年	历史纪年	蝗灾情况	资料来源
123	317年	西晋建兴五年 东晋建武元年	七月，南和大蝗，弥亘百草，惟不食豆麻。	《南和县志》
			七月，邱县大旱蝗。	《邱县志》
124	318年	东晋太兴元年	六月，兰陵、合乡蝗，害禾稼，东莞蝗虫纵广三百里，害苗稼。七月，东海、彭城、下邳、临淮①四郡蝗虫害禾豆。八月，冀、青、徐三州蝗，食生草尽，至于二年。	《晋书·五行志》
			河北，山东青州、沂州、东昌、寿光，江苏徐州、邳州、淮安，安徽盱眙等广泛发生蝗灾。	《中国历代蝗患之记载》
			乐安、高密二国蝗。	雍正《山东通志》
			平原大蝗。	乾隆《平原县志》
			秋八月，曲阜蝗。	乾隆《曲阜县志》
			八月，徐州蝗。	乾隆《曹州府志》
			潍坊又遭蝗灾，禾苗被吃光。	《潍坊市志》
			秋八月，昌乐蝗食苗尽。	嘉庆《昌乐县志》
			秋八月，临朐蝗食生草尽，至于二年。	光绪《临朐县志》
			八月，安丘蝗食生草尽。	万历《安丘县志》
			秋八月，沂州蝗。	乾隆《沂州府志》
			八月，沂水蝗。	道光《沂水县志》
			六月，莒南一带蝗灾，方圆300里。	《莒南县志》
			七月，滕县蝗害禾菽，食生草俱尽。	道光《滕县志》

---

① 兰陵：旧县名，治所在今山东兰陵县兰陵镇；合乡：旧县名，治所在今山东滕州市东；东莞：旧县名，治所在今山东沂水；东海：旧郡名，治所在今山东郯城；下邳：旧郡名，治所在今江苏睢宁西北；临淮：旧郡名，治所在今江苏盱眙东北。

（续）

序号	公元纪年	历史纪年	蝗灾情况	资料来源
124	318年	东晋太兴元年	七月，淮南郡蝗灾，伤禾豆。	《定远县志》
			七月，淮南郡阴陵蝗，禾苗受损。	《滁县地区志》
			九月，丰县蝗灾，部分禾苗吃光。	《丰县志》
			八月，铜山蝗食生草尽。	《铜山县志》
			礼泉旱，蝗灾，民食野草、树皮。	《礼泉县志》
			九月，雍州大蝗。	《宝鸡市志》
125	319年	东晋太兴二年	五月，淮陵、临淮、淮南、安丰、庐江等五郡蝗食秋麦。是月，徐州及扬州、江西诸郡蝗，吴郡百姓多饿死。[①]	《晋书·五行志》
			江苏徐州、淮安、南京、扬州，浙江杭州、湖州，安徽庐州、盱眙，江西蝗灾，民饥死。	《中国历代蝗患之记载》
			夏五月，仪征蝗食麦禾。	道光《仪征县志》
			铜山蝗灾。	《铜山县志》
			蒙城蝗灾。	《蒙城县志》
			宿州蝗。	嘉靖《宿州志》
			五月，徐州及江西诸郡蝗。	嘉庆《萧县志》
			三月，颍州[②]山桑县蝗。	乾隆《颍州府志》
			五月，定远蝗害，禾苗受损。	《定远县志》
			怀宁蝗食秋麦。	民国《怀宁县志》
			四月，庐江郡潜山旱蝗。	康熙《潜山县志》
			宿松蝗。	民国《宿松县志》
			五月，湖州蝗灾。	《湖州市志》

———————

① 淮陵：旧县名，治所在今安徽明光市东北；淮南：旧郡名，治所在今安徽寿县；安丰：旧郡名，治所在今安徽霍邱西南；庐江：旧郡名，治所在今安徽舒城；扬州：刺史部名，治所在今江苏南京；江西：古代泛指长江下游以北的广大区域为江西；吴郡：旧郡名，治所在今江苏苏州。

② 颍州：旧州、府名，治所在今安徽阜阳。

（续）

序号	公元纪年	历史纪年	蝗灾情况	资料来源
125	319年	东晋太兴二年	夏五月，江西蝗。	光绪《江西通志》
			夏五月，豫章蝗。	《南昌市志》
			五月，南昌蝗灾。	《南昌县志》
			夏五月，新建蝗。	《新建县志》
			夏五月，武宁蝗。	《武宁县志》
			临川郡蝗。	光绪《抚州府志》
			五月，安福蝗虫成灾。	《安福县志》
			冀州蝗。	乾隆《冀州志》
			五月，淮陵、临淮、淮南、安丰、庐江等五郡蝗食秋麦。	乾隆《重修固始县志》
			九月，陇县大蝗。	《陇县志》
126	320年	东晋太兴三年	五月，徐州及扬州、江西诸郡蝗，吴民多饿死。	《宋书·五行志》
			江苏徐州、扬州、镇江，安徽，江西蝗灾。	《中国历代蝗患之记载》
			抚州蝗灾。	《抚州市志》
			六月，句容水蝗。	《句容县志》
			铜山蝗灾。	《铜山县志》
			蒙城蝗灾。	《蒙城县志》
			河间蝗。	《肃宁县志》
127	330年	东晋咸和五年	幽州蝗，延袤千里。	《隆化县志》
128	332年	东晋咸和七年	夏，河北蝗灾。	《中国历代蝗患之记载》
		后赵石勒十四年	五月，飞蝗穿地而生，二十日化如蚕，七八日作虫，四日则飞，周遍河朔，百草无遗，唯不食三豆及麻。	《艺文类聚·灾异部》
129	333年	东晋咸和八年	广阿①有蝗，虎密使其子冀州刺史邃帅骑三千游于蝗所。	《资治通鉴·晋纪》
130	337年	东晋咸康三年	夏，冀州八郡大蝗。	嘉庆《东昌府志》

---

① 广阿：旧县名，治所在今河北隆尧东。

（续）

序号	公元纪年	历史纪年	蝗灾情况	资料来源
130	337 年	东晋咸康三年	夏，河北冀州、山东东昌蝗灾大发生。	《中国历代蝗患之记载》
			五月，蓟县大蝗。	《蓟县志》
131	338 年	东晋咸康四年 后赵建武四年	五月，冀州八郡大蝗，赵司隶请坐守宰。赵王虎曰："此朕失政所致，而欲委咎守宰，其罪己之意邪！司隶不进谠言，佐朕不逮，而欲妄陷无辜，可白衣领职。"	《资治通鉴·晋纪》
			冀州大蝗，初穿地生，二旬化状若蚕，七八日而卧，四日蜕而飞，食百草，惟不食二豆及麻。	乾隆《冀州志》
			赵郡大蝗。	《赵县志》
			饶阳大蝗。	《饶阳县志》
			武邑大蝗。	《武邑县志》
			夏五月，雄县大蝗。	民国《雄县新志》
			夏五月，高阳大蝗。	雍正《高阳县志》
			五月，清苑大蝗。	民国《清苑县志》
			五月，任丘大蝗，司隶请坐守宰。	《任丘县志》
			河间诸郡大蝗。	乾隆《河间府新志》
			五月，献县大蝗灾。	《献县志》
			吴桥大蝗。	《吴桥县志》
			东光蝗灾。	《东光县志》
			冀州魏郡蝗。	咸丰《大名府志》
			平乡大蝗成灾。	《平乡县志》
			秋，南和大蝗蔽天，庄稼受害严重。	《南和县志》
			五月，邱县大蝗。	《邱县志》
132	340 年	东晋咸康六年	冀县蝗。	《冀县志》

（续）

序号	公元纪年	历史纪年	蝗灾情况	资料来源
133	352年	东晋永和八年	五月，燕人斩冉闵于龙城①，会大旱蝗。	《资治通鉴·晋纪》
			蝗虫大起。	《晋书·石季龙载记》
			五月，龙城旱，遭蝗灾。	《朝阳市志》
134	353年	前凉张重华九年	张祚自称凉州②牧，有螽斯虫集安昌门外，缘壁逆行。	《魏书·私署凉州牧张寔传附张祚传》
135	354年	东晋永和十年	蝗虫大起，自华泽至陇山③，食百草无遗，牛马相啖毛。蠲百姓租税。	《晋书·苻坚载记》
			关中蝗大起，自华阴至陇山，食百草无遗。	《麟游县志》
136	355年	东晋永和十一年	二月，秦大蝗，百草无遗。	《资治通鉴·晋纪》
			陕西凤翔、富平、华阴、千阳蝗灾。	《中国历代蝗患之记载》
			陕西蝗虫大起，自华阴至陇山，食百草无遗，牛马相啖毛。	雍正《陕西通志》
			关中蝗大起，自华泽至陇山，食草无遗。	《西安市志》
			未央区大蝗灾，百草无遗。	《未央区志》
			高陵蝗大起，食百草无遗。	《高陵县志》
			周至蝗遍地，禾草尽食。	《周至县志》
			雍州蝗虫大起，食草木无遗。	《宝鸡市志》
			凤翔蝗虫大起，食草木无遗。	《凤翔县志》
			陇县蝗大起，食百草无遗。	《陇县志》
			眉县蝗灾，百草无遗。	《眉县志》
			秋，大荔蝗虫大发，禾稼、百草尽食。	《大荔县志》

---

① 龙城：旧县名，治所在今辽宁朝阳。
② 凉州：前凉都城，治所在今甘肃武威。
③ 华泽：湿地大洼名，在今陕西华阴市西；陇山：山名，在今陕西陇县西北。

（续）

序号	公元纪年	历史纪年	蝗灾情况	资料来源
136	355 年	东晋永和十一年	富平蝗虫为害，百草无遗。	《富平县志》
			柞水蝗从东而西，田禾一空。	《柞水县志》
			铜川北地郡县蝗害，百草皆光。	《铜川市志》
			张家川蝗大起。	《张家川回族自治县志》
137	356 年	前秦寿光二年	崞县大蝗，百草无遗。	乾隆《崞县志》
138	359 年	东晋升平三年	单县大旱，蝗虫大起，自五月不雨至十二月。	《山东蝗虫》
139	363 年	东晋升平七年	夏五月，庆阳蝗。	民国《庆阳县志》
140	374 年	东晋宁康二年	万全蝗虫成灾。	《万全县志》
			怀来发生蝗灾。	《怀来县志》
			察哈尔①宣化蝗灾。	《中国历代蝗患之记载》
141	381 年	东晋太元六年	九江飞蝗从南来，集江州②界，害苗稼。	同治《九江府志》
142	382 年	东晋太元七年 前秦建元十年	幽州蝗，广袤千里，坚遣其散骑常侍刘兰持节为使者，发青、冀、幽、并百姓讨之。所司奏刘兰讨蝗幽州，经秋冬不灭，请征下廷尉诏狱。坚曰："灾降自天，殆非人力所能除也。此自朕之失政所致，兰何罪焉！"	《晋书·苻坚载记》
			河北清苑、阳原蝗灾。	《中国历代蝗患之记载》
			夏五月，雄县蝗。	民国《雄县新志》
			夏五月，高阳蝗。	雍正《高阳县志》
			五月，望都蝗生遍野。	《望都县志》
			五月，清苑蝗。	民国《清苑县志》
			河间郡大蝗。	乾隆《河间府新志》
			夏五月，任丘蝗，不为灾。	《任丘县志》

① 察哈尔：旧省名，治所在今河北张家口市万全区。
② 江州：旧州名，治所在今江西九江。

（续）

序号	公元纪年	历史纪年	蝗灾情况	资料来源
142	382年	东晋太元七年 前秦建元十年	吴桥大蝗。	《吴桥县志》
			东光蝗灾。	《东光县志》
			宁河蝗祸，广袤千里，至秋，蝗害如故。	《宁河县志》
143	390年	东晋太元十五年 后凉麟嘉二年	八月，兖州①蝗。	《晋书·五行志》
			秋，山东沂州、曲阜，江苏扬州等蝗灾。	《中国历代蝗患之记载》
			八月，沂州府蝗。	乾隆《沂州府志》
			且渠罗仇为西宁太守。往年蝗虫所到之处，产子地中，是月尽生，或一顷二顷，覆地跳跃，宿昔变异。王乃躬临扑虫。	《艺文类聚·灾异部》
144	391年	东晋太元十六年	五月，飞蝗从南来，集堂邑②县界，害禾稼。	《晋书·五行志》
			六合飞蝗集县界，害苗稼。	光绪《六合县志》
145	426年	南朝宋元嘉三年	秋，旱且蝗。	《南史·宋本纪》
			秋，旱蝗。范泰又上表曰："有蝗之处，县官多课民捕之。"	《宋书·范泰传》
			秋，山东堂邑等，江苏六合蝗灾。	《中国历代蝗患之记载》
			九月，大旱蝗。	《资治通鉴·宋纪》
146	431年	南朝宋元嘉八年	五月，波阳蝗。	《波阳县志》
147	450年	北魏太平真君十一年	六月，枹罕蝗虫为害，伤禾稼。	《广河县志》
148	452年	北魏兴安元年	十有二月，诏："以营州③蝗，开仓赈恤。"	《魏书·高宗纪》
			河北邢州蝗灾。	《中国历代蝗患之记载》

---

① 兖州：旧州名，治所在今山东郓城西。

② 堂邑：旧郡名，治所在今江苏六合北。

③ 营州：旧州名，治所在今辽宁朝阳。

（续）

序号	公元纪年	历史纪年	蝗灾情况	资料来源
149	456年	北魏兴光三年	十二月，州镇五蝗，百姓饥，开仓赈给之。	《古今图书集成·庶征典·蝗灾部汇考》
150	457年	北魏太安三年	十有二月，以州镇五蝗，民饥，使使者开仓以赈之。	《魏书·高宗纪》
151	458年	北魏太安四年	六月，河州①等地蝗虫为害，伤禾稼。	《积石山保安族东乡族撒拉族自治县志》
152	464年	北魏和平五年	蝗虫为害。	周尧《中国昆虫学史》
153	477年	北魏太和元年	十有二月，诏："以州郡八水、旱、蝗，民饥，开仓赈恤。"	《魏书·高祖纪》
			六月，掖县②蝗害稼。	《山东蝗虫》
			夏四月，平凉蝗。	《平凉市志》
154	478年	北魏太和二年	夏四月，京师蝗。	《魏书·高祖纪》
			夏，山西大同蝗灾。	《中国历代蝗患之记载》
			夏四月，代京③蝗。	乾隆《山西通志》
			四月，平凉蝗食稼。	《平凉市志》
			四月，雍州蝗食稼。	《武都县志》
			山丹蝗食稼。	《山丹县志》
			凉城遭蝗灾和旱灾。	《凉城县志》
155	481年	北魏太和五年	七月，敦煌镇蝗，秋稼略尽。	《魏书·灵征志》
			顺天蝗。	光绪《顺天府志》
			八月，金乡蝗害稼。	咸丰《金乡县志略》
156	482年	北魏太和六年南朝齐建元四年	八月，徐、东徐、兖、济、平、豫、光七州，平原、枋头、广阿、临济④四镇蝗害稼。	《魏书·灵征志》
			秋，洪泽境内蝗灾。	《洪泽县志》

① 河州：旧州名，治所在今甘肃临夏，时辖积石山保安族东乡族撒拉族自治县。
② 掖县：旧县名，1988年改设今山东莱州市。
③ 代京：北魏旧称代国，398年建都平城（今山西大同）。
④ 东徐：旧州名，治所在今山东沂水；济：济州，治所在今山东茌平西南；平：平州，旧州名，治所在今河北卢龙北；豫：豫州，旧州名，治所在今河南汝南；光：光州，旧州名，治所在今山东莱州；枋头：即枋堰，在今河南浚县西南；临济：旧县名，在今山东高青西南，隋朝迁治今山东章丘西北。

（续）

序号	公元纪年	历史纪年	蝗灾情况	资料来源
156	482 年	北魏太和六年 南朝齐建元四年	秋，江苏徐州、泗阳、宿迁，山东曲阜、平原、掖县等，河南，河北，辽宁蝗灾。	《中国历代蝗患之记载》
			八月，魏东徐州泗阳蝗害稼。	民国《泗阳县志》
			八月，兖、济等州蝗害稼。	乾隆《曹州府志》
			八月，光州蝗害稼。	乾隆《掖县志》
157	483 年	北魏太和七年	四月，相①、豫二州蝗害稼。	《魏书·灵征志》
			驻马店蝗灾。	《驻马店地区志》
158	484 年	北魏太和八年	夏，陕西、山西、山东、河北、辽宁蝗灾。	《中国历代蝗患之记载》
			四月，济、光、幽、肆、雍、齐②、平七州蝗。	《魏书·灵征志》
			六月，济南好蝗害稼。	道光《济南府志》
			平州抚宁有飞蝗。	《抚宁县志》
			四月，未央区蝗。	《未央区志》
			四月，高陵雨蝗。	《高陵县志》
			凤翔蝗灾。	《凤翔县志》
			眉县蝗。	《眉县志》
			四月，富平蝗。	《富平县志》
159	492 年	北魏太和十六年	十月，枹罕镇蝗害稼。	《魏书·灵征志》
			积石山蝗害，伤稼。	《积石山保安族东乡族撒拉族自治县志》
160	503 年	北魏景明四年	六月，河州大蝗。	《魏书·灵征志》
161	504 年	北魏正始元年	六月，夏③、司二州蝗害稼。	《魏书·灵征志》
			凉州蝗虫为害。	《武威市志》
			泾川蝗为害。	《泾川县志》

———————————

① 相：相州，旧州名，治所在今河北临漳西南邺镇。

② 肆：肆州，旧州名，治所在今山西忻州；齐：齐州，治所在今山东济南。

③ 夏：夏州，旧州名，治所在今陕西靖边北。

（续）

序号	公元纪年	历史纪年	蝗灾情况	资料来源
161	504 年	北魏正始元年	秋八月，平凉蝗虫为害。	《平凉市志》
			八月，古浪蝗虫成灾。	《古浪县志》
			六月，安塞蝗害稼。	《安塞县志》
			六月，定边县东部蝗虫为害，损坏庄稼。	《定边县志》
			陕西榆林、横山，山西，山东，河北大名蝗灾。	《中国历代蝗患之记载》
			六月，司州阳平①等郡俱蝗。	雍正《山东通志》
162	506 年	北魏正始三年	秋八月，凉州蝗。	《武威市志》
163	507 年	北魏正始四年	八月，泾州②蝗虫，凉州、司州恒农郡蝗虫为灾。	《魏书·灵征志》
			陕县蝗虫为灾。	民国《陕县志》
			八月，古浪蝗虫为害。	《古浪县志》
			八月，武威蝗。	乾隆《武威县志》
			秋，山西蝗灾。	《中国历代蝗患之记载》
164	508 年	北魏永平元年	六月，凉州蝗害稼。	《魏书·灵征志》
165	510 年	北魏永平三年	八月，寿光蝗害稼。	《寿光县志》
			夏，凉州蝗害稼。	《武威市志》
			夏，古浪蝗虫为害。	《古浪县志》
166	512 年	北魏永平五年	七月，蝗虫。	《魏书·灵征志》
			夏，凉州蝗灾，害稼。	《中国历代蝗患之记载》
167	516 年	北魏熙平元年	夏，山东齐州蝗灾。	《中国历代蝗患之记载》
168	530 年	北魏永安三年	山东齐州蝗虫大发生，树叶尽。	《中国历代蝗患之记载》
169	537 年	南朝梁大同三年③	大蝗，篱门松柏叶皆尽。	《隋书·五行志》
			江宁大蝗，松柏叶皆食。	康熙《江宁县志》
170	549 年	南朝梁太清三年	江南旱蝗。	《资治通鉴·梁纪》

---

① 阳平：旧县名，治所在今山东莘县，隶属阳平郡。

② 泾州：旧州名，治所在今甘肃泾川北。

③ 原文为梁大同初，据《梁书·武帝纪》，梁大同三年记载有"九月，南兖州大饥"和"是岁饥"等语，大同初应为大同三年。

（续）

序号	公元纪年	历史纪年	蝗灾情况	资料来源
171	550年	南朝梁大宝元年 北齐天保元年	夏四月，江南连年旱蝗，江、扬尤甚，百姓流亡，相与入山谷、江湖，采草根、木叶、菱芡而食之，所在皆尽，死者蔽野。富室无食，皆鸟面鹄形，衣罗绮，怀珠玉，俯伏床帷，待命听终。千里绝烟，人迹罕见，白骨成聚，如丘陇焉。	《资治通鉴·梁纪》
			吴江蝗。	《吴江县志》
			苏州蝗灾，大饥。	《中国历代蝗患之记载》
			夏，诏：定、冀、赵、瀛①、沧等九州螽水伤稼，遣使周恤。	乾隆《天津府志》
			夏，东安②县蝗，赈之。	乾隆《东安县志》
			四月，河间、东光等九州蝗、水连伤时稼，遣使分涂赈恤。	乾隆《河间府新志》
			吴桥蝗。	《吴桥县志》
172	551年	北齐天保二年	赵州螽涝损田，免其年租赋。	光绪《赵州志》
173	554年	北齐天保五年	秋，大名蝗灾。	《中国历代蝗患之记载》
			冀县蝗。	《冀县志》
174	556年	北齐天保七年 南朝梁绍泰二年	广平③、清河二郡螽涝损田。	光绪《永年县志》
			长子蝗虫。	《长子县志》
175	557年	北齐天保八年	自夏至九月，河北六州、河南十二州、畿内八郡大蝗，是月，飞至京师，蔽日，声如风雨。诏："今年遭蝗之处，免租。"	《北齐书·文宣帝纪》

---

① 赵：赵州，旧州名，治所在今河北隆尧东；瀛：瀛州，旧州名，治所在今河北河间。
② 东安：旧县名，治所在今河北廊坊东南光荣村。
③ 广平：旧郡名，治所在今河北鸡泽东南。

（续）

序号	公元纪年	历史纪年	蝗灾情况	资料来源
175	557年	北齐天保八年	秋七月，河南、北大蝗。齐王问魏郡丞崔叔瓒曰："何故致蝗？"对曰："《五行志》：土功不时，蝗虫为灾。今外筑长城，内兴三台，殆以此乎！"齐王怒，使左右殴之，擢其发，以溷沃其头，曳足以出。	《资治通鉴·陈纪》
			河北保定、天津蝗灾。	《中国历代蝗患之记载》
			孟县蝗，河北温县蝗，汜水①蝗灾。	《河南东亚飞蝗及其综合治理》
			荥阳蝗。	民国《续荥阳县志》
			六月，杞县大蝗。	《杞县志》
			尉氏大蝗。	道光《尉氏县志》
			获嘉蝗。	民国《获嘉县志》
			卫辉蝗。	乾隆《卫辉府志》
			汲县蝗。	乾隆《汲县志》
			河北蝗。	道光《辉县志》
			怀庆②蝗。	乾隆《怀庆府志》
			武陟蝗。	道光《武陟县志》
			济源蝗灾。	《济源市志》
			安阳大蝗飞至京师，蔽日，声如风雨。	《安阳县志》
			彰德③州郡大蝗，飞至邺，蔽日，声如风雨。	乾隆《彰德府志》
			淇县蝗灾。	顺治《淇县志》
			自夏至九月，陈州大蝗，人皆祭之。	乾隆《陈州府志》
			七月，黄河以南大蝗，起飞蔽日，声如风雨。	《长葛县志》

---

① 汜水：旧县名，治所在今河南荥阳西北。

② 怀庆：旧府名，治所在今河南沁阳。

③ 彰德：旧路、府名，治所在今河南安阳。

（续）

序号	公元纪年	历史纪年	蝗灾情况	资料来源
175	557 年	北齐天保八年	汝州大蝗。	道光《汝州全志》
			宝丰蝗灾，自夏之秋，蝗虫遍野。	《宝丰县志》
			泽州蝗。	雍正《泽州府志》
			凤台蝗。	乾隆《凤台县志》
			新绛蝗。	《新绛县志》
			七月，齐河南北大蝗。	宣统《山东通志》
			夏，昌乐大蝗。	嘉庆《昌乐县志》
			夏六月，安丘大蝗。	万历《安丘县志》
			七月，冀州蝗灾，所到之处遮天蔽日，声如风雨。	《临清市志》
			秋，赵县蝗蔽日，声如风雨。	《赵县志》
			夏及秋，赞皇蝗大害，成灾。	《赞皇县志》
			定兴蝗。	光绪《定兴县志》
			蠡县蝗。	光绪《蠡县志》
			夏，望都大蝗。	《望都县志》
			唐县蝗。	光绪《唐县志》
			新城蝗。	民国《新城县志》
			高阳蝗。	雍正《高阳县志》
			新河蝗。	民国《新河县志》
			青县大蝗。	《青县志》
			献县蝨涝。	民国《献县志》
			七月，任丘蝗虫为灾。	《任丘市志》
			夏秋，海兴蝗。	《海兴县志》
			七月，冀县大蝗蔽日，声如风雨。	《冀县志》
			九月，饶阳大蝗。	《饶阳县志》
			七月，威县蝗虫成灾，声如风雨。	《威县志》

（续）

序号	公元纪年	历史纪年	蝗灾情况	资料来源
175	557年	北齐天保八年	七月，临西大蝗，遮天蔽日。	《临西县志》
			七月，南和大蝗，飞鸣如风。	《南和县志》
			清河螽涝。	民国《清河县志》
			秋七月，大名府蝗。	咸丰《大名府志》
			七月，魏县蝗。	《魏县志》
			磁县旱，蝗蔽日，声如风雨。	《磁县志》
			七月，邱县大蝗，铺天盖地，声如风雨。	《邱县志》
			曲周蝗灾。	《曲周县志》
			西青区境内皆蝗灾。	《西青区志》
			静海蝗虫成灾。	《静海县志》
			营州螽斯虫害。	《朝阳市志》
176	558年	北齐天保九年 南朝陈永定二年	夏四月，山东大蝗，差夫役捕而坑之。秋七月，诏："赵、燕、瀛、定、南营①五州及司州广平、清河二郡去年螽涝损田，免今年租赋。"	《北齐书·文宣帝纪》
			羊烈除阳平②太守。是时，频有灾蝗，犬牙不入阳平境，敕书褒美焉。	《北齐书·羊烈传》
			河北六州蝗。	光绪《广平府志》
			定兴又蝗。	光绪《定兴县志》
			高阳又蝗。	雍正《高阳县志》
			新城又蝗。	民国《新城县志》
			七月，献县去年螽涝损田，免今年租。	乾隆《献县志》
			饶阳大蝗，差夫役捕而坑之。	《饶阳县志》

---

① 南营：旧州名，治所在今河北徐水西遂城镇。

② 阳平：旧郡名，治所在今河北馆陶。

（续）

序号	公元纪年	历史纪年	蝗灾情况	资料来源
176	558 年	北齐天保九年	临西大蝗。	《临西县志》
		南朝陈永定二年	夏，南和大蝗，民扑而坑杀。	《南和县志》
			夏，邱县大旱蝗。	《邱县志》
			山东又蝗。济南蝗。	道光《济南府志》
			山东大蝗。无棣蝗。	民国《无棣县志》
			潍县蝗，差人夫捕而坑之。	民国《潍县志稿》
			山东大旱蝗。胶州蝗。	民国《增修胶志》
			夏，黄县蝗。	光绪《黄县志》
			吴州、缙州①蝗旱。	《陈书·高祖本纪》
			金华大蝗，民捕蝗而埋之。	《中国历代蝗患之记载》
			东阳旱蝗。	《东阳市志》
177	559 年	北齐天保十年	幽州大蝗。	《隋书·五行志》
			河北顺天、保定、清苑蝗灾。	《中国历代蝗患之记载》
			高阳又大蝗。	雍正《高阳县志》
			定兴大蝗。	光绪《定兴县志》
			新城蝗。	光绪《保定府志》
		南朝陈永定三年	四月，波阳旱蝗，饥。	《波阳县志》
178	560 年	北齐乾明元年	夏四月，河北定、冀、赵、瀛、沧，河南南青、胶②、光、青九州，往因蚕水，颇伤时稼，遣使分涂赈恤。	《北史·齐本纪》
			四月，献县蚕水伤稼，赈恤之。	民国《献县志》
			四月，盐山蚕伤稼。	《盐山县志》
			蠡县又大蝗。	光绪《蠡县志》
			新绛蝗。	《新绛县志》
			夏四月，益都境内往因蚕水伤稼，遣使赈恤。	光绪《益都县图志》

---

① 吴州：旧州名，治所在今江西鄱阳；缙州：旧州名，治所在今浙江金华。

② 沧：沧州，治所在今河北盐山千童镇；南青：旧州名，治所在今山东沂水；胶：胶州，旧州名，治所在今山东诸城。

（续）

序号	公元纪年	历史纪年	蝗灾情况	资料来源
178	560年	北齐乾明元年	夏四月，光、青等九州蟊水伤稼，遣使赡恤。	民国《潍县志稿》
			黄县蟊水伤稼。	同治《黄县志》
179	563年	北齐河清二年	四月，浮山蝗虫害稼。	《浮山县志》
180	571年	北周天和六年	灾蝗，年谷不登。	《北史·周本纪》
181	573年	北周建德二年	八月，关内大蝗。	《周书·武帝本纪》
			八月，关中大蝗。	《北史·周本纪》
			陕西潼关以西蝗灾大发生。	《中国历代蝗患之记载》
			八月，高陵大蝗。	《高陵县志》
			凤翔大蝗。	《凤翔县志》
			七月，眉县大蝗。	《眉县志》
			九月，陇县大蝗。	《陇县志》
182	580年	北周大象二年	竟无雨雪，川枯蝗暴，卉木烧尽，饥疫死亡，人畜相半。	《北史·突厥传》
183	594年	隋开皇十四年	并州大蝗。	雍正《山西通志》
			太原蝗。	道光《太原县志》
184	596年	隋开皇十六年	六月，并州大蝗。	《隋书·高祖本纪》
			太原南郊区蝗虫泛滥。	《太原市南郊区志》
185	612年	隋大业八年	胶州大旱蝗，疫。	民国《增修胶志》
			胶南大旱蝗。	《胶南县志》
186	613年	隋大业九年	高阳大蝗。	雍正《高阳县志》
187	614年	隋大业十年	保定府大蝗。	光绪《保定府志》
			蠡县大蝗。	光绪《蠡县志》
			高阳大蝗。	雍正《高阳县志》
			幽州大蝗。	《河北省农业厅·志源》

⋯第二章⋯
唐代（含五代十国）蝗灾

序号	公元纪年	历史纪年	蝗灾情况	资料来源
188	623 年	唐武德六年	夏州蝗。	《新唐书·五行志》
			秋，陕西、甘肃、宁夏蝗。	《中国历代蝗患之记载》
			夏州蝗虫成灾。	《定边县志》
189	627 年	唐贞观元年	六月，鲁山蝗灾。	《鲁山县志》
			六月，宝丰蝗灾，大饥荒。	《宝丰县志》
190	628 年	唐贞观二年	六月，京畿旱蝗。太宗在苑中掇蝗，祝之曰："人以谷为命，百姓有过，在予一人，但当蚀我，无害百姓。"遂吞之。是岁，蝗不为灾。	《新唐书·五行志》
			六月，终南①等县蝗。	《唐会要·螟蜮》
			天下蝗。诏："今兹旱蝗，赦天下。"	《资治通鉴·唐纪》
			六月，河南、河北、终南等县蝗。	《中国历代天灾人祸表》
			蓟县蝗。	民国《蓟县志》
			海兴蝗。	《海兴县志》
			六月，武陟、孟县蝗。	《河南东亚飞蝗及其综合治理》

---

① 终南：旧县名，治所在今陕西周至东终南镇。

（续）

序号	公元纪年	历史纪年	蝗灾情况	资料来源
190	628年	唐贞观二年	虢州①旱蝗连灾。	《灵宝县志》
			新野蝗甚。	《新野县志》
			昌乐蝗。	嘉庆《昌乐县志》
			潍县蝗。	民国《潍县志稿》
			莱阳旱，飞蝗蔽日，食禾稼、草木尽。	民国《莱阳县志》
			六月，畿内蝗灾。	《陕西省志·大事记》
			京畿旱蝗。	《富平县志》
			六月，关中旱蝗。	《宝鸡市志》
			潼关蝗灾。	《潼关县志》
			六月，眉县旱蝗。	《眉县志》
			泉州蝗。	乾隆《泉州府志》
			晋江、南安蝗害。	《泉州市志》
191	629年	唐贞观三年	五月，徐州蝗。秋，德、戴、廓②等州蝗。	《新唐书·五行志》
			江苏淮安、山东、甘肃蝗灾。	《中国历代蝗患之记载》
			新野蝗。	《新野县志》
192	630年	唐贞观四年	秋，观、兖、辽等州③蝗。	《新唐书·五行志》
			秋，山东、山西蝗灾。	《中国历代蝗患之记载》
			五月，单县蝗。	《山东蝗虫》
			五月，曹州④蝗。	乾隆《曹州府志》
			秋，乐平蝗。	光绪《平定州志》
			秋，昔阳蝗。	民国《昔阳县志》
193	638年	唐贞观十二年	河北平陆、陕州⑤蝗。	民国《陕县志》
194	641年	唐贞观十五年	五月，戴州蝗。	《山东蝗虫》

① 虢州：旧州名，治所在今河南灵宝。
② 戴：戴州，旧州名，治所在今山东成武；廓：廓州，旧州名，治所在今青海化隆西。
③ 观：观州，旧州名，治所在今河北阜城东北；辽：辽州，旧州名，治所在今山西左权。
④ 曹州：旧州名，治所在今山东曹县西北。
⑤ 陕州：旧州名，治所在今河南陕县。

（续）

序号	公元纪年	历史纪年	蝗灾情况	资料来源
195	646 年	唐贞观二十年	秋，福建泉州蝗灾。	《中国历代蝗患之记载》
196	647 年	唐贞观二十一年	秋，渠①、泉二州蝗。	《新唐书·五行志》
197	650 年	唐永徽元年	夔、绛、雍、同等州②蝗。	《新唐书·五行志》
			是岁，雍、绛、同等九州旱蝗。	《旧唐书·高宗本纪》
			京畿旱蝗。	《未央区志》
			高陵旱蝗。	《高陵县志》
			夏，千阳旱蝗。	《千阳县志》
			秋，宛丘③、项城、沈丘蝗。	《周口地区志》
			秋，陈州蝗。	乾隆《陈州府志》
			秋，沈丘蝗。	《沈丘县志》
			秋，河东④旱蝗。	光绪《永济县志》
			秋，芮城旱蝗。	《芮城县志》
			四月，新绛旱蝗。	民国《新绛县志》
			稷山旱蝗。	同治《稷山县志》
			万荣蝗灾。	《万荣县志》
			曲沃旱蝗。	民国《新修曲沃县志》
			侯马蝗。	《侯马市志》
			六月，榆中蝗灾。	《榆中县志》
			平凉水、旱、蝗灾。	《平凉市志》
			河西⑤蝗虫成灾。	《酒泉市志》
			山丹蝗害。	《山丹县志》
198	651 年	唐永徽二年	兰考蝗。	《兰考县志》
199	653 年	唐永徽四年	平原蝗。	乾隆《平原县志》

---

① 渠：渠州，旧州名，治所在今四川渠县。

② 夔：夔州，治所在今四川奉节；绛：绛州，治所在今山西新绛；雍：雍州，治所在今陕西西安。

③ 宛丘：旧县名，治所在今河南淮阳。

④ 河东：旧县名，治所在今山西永济市蒲州镇。

⑤ 河西：唐方镇名，治所在今甘肃武威。

（续）

序号	公元纪年	历史纪年	蝗灾情况	资料来源
199	653 年	唐永徽四年	长山①蝗。	嘉庆《长山县志》
200	676 年	唐仪凤元年	河西蝗，独不入肃州。	《新唐书·王方翼传》
			河西蝗伤禾。	《酒泉市志》
201	677 年	唐仪凤二年	宛丘、太康、沈丘、项城旱蝗。	《周口地区志》
			秋，淮阳蝗。	《淮阳县志》
202	682 年	唐永淳元年	三月，京畿蝗，无麦苗。六月，雍、岐、陇②等州蝗。	《新唐书·五行志》
			五月，关中先水后旱蝗，斗米四百，两京间死者枕路，人相食。	《资治通鉴·唐纪》
			六月，大蝗，人相食。	《新唐书·高宗本纪》
			六月，京兆、岐、陇螟蝗食苗并尽。	《旧唐书·高宗本纪》
			陕西白河、白水蝗灾，小麦吃光；甘肃蝗。	《中国历代蝗患之记载》
			三月，京畿蝗，无麦苗。未央区蝗虫成灾。	《未央区志》
			高陵旱蝗。	《高陵县志》
			五月，户县旱蝗，饥。	《户县志》
			夏五月，白水蝗虫遍地。	《白水县志》
			礼泉旱蝗。	《礼泉县志》
			眉县蝗虫食禾苗并尽。	《眉县志》
			四月，陕南蝗，无麦。	《南郑县志》
			三月，汉中蝗。	《汉中市志》
			三月，西乡蝗。	《西乡县志》
			三月，勉县蝗。	《勉县志》
			三月，留坝蝗灾。	《留坝县志》

---

① 长山：旧县名，1956 年并入今山东邹平县。

② 岐：岐州，治所在今陕西凤翔；陇：陇州，治所在今陕西陇县。

（续）

序号	公元纪年	历史纪年	蝗灾情况	资料来源
202	682年	唐永淳元年	六月，山南①二十六州蝗，饥。	《旬阳县志》
			白河蝗灾，民饥。	《白河县志》
			六月，榆中蝗灾。	《榆中县志》
			武山全县螟蝗遍野，民大饥。	《武山县志》
			六月，陇右螟蝗食禾苗。	《通渭县志》
			六月，河陇螟蝗灾，禾苗被食殆尽。	《和政县志》
			六月，静宁螟蝗为害，食苗并尽。	《静宁县志》
			六月，平凉螟蝗，食苗殆尽。	《平凉市志》
			闰七月，山丹蝗害。	《山丹县志》
203	692年	武周如意元年	建宁②府蝗。	康熙《建宁府志》
			秋，松溪蝗伤稼。	《松溪县志》
			建瓯蝗。	民国《建瓯县志》
204	693年	唐武周长寿二年	台、建等州③蝗。	《新唐书·五行志》
			黄岩蝗灾。	《中国历代蝗患之记载》
			临海蝗。	《临海县志》
205	710年	唐景云元年	霜蝗为灾。	《中国历代天灾人祸表》
206	711年	唐景云二年	辛替否上疏："自顷以来，水旱相继，兼以霜蝗，人无所食。"	《资治通鉴·唐纪》
207	712年	唐太极元年	夏，山东诸州蝗。	《山东蝗虫》
		唐先天元年	安阳、磁州蝗。	《安阳县志》
208	713年	唐开元元年	河南开封、太康蝗灾，食稼声如风雨。	《中国历代蝗患之记载》
			陈州蝗食禾稼，声如风雨。	乾隆《陈州府志》

① 山南：唐山南东道名，治所在今湖北襄阳，时辖今陕西旬阳。
② 建宁：旧府名，治所在今福建建瓯。
③ 台：台州，旧州名，治所在今浙江临海；建：建州，旧州名，治所在今福建建瓯。

（续）

序号	公元纪年	历史纪年	蝗灾情况	资料来源
208	713年	唐开元元年	宛丘、太康、扶沟、西华、沈丘、项城蝗食禾。	《周口地区志》
209	714年	唐开元二年	宛丘、太康、扶沟、西华、沈丘、项城蝗食禾。	《周口地区志》
			七月，河北蝗。	康熙《河间府志》
			七月，三河蝗。	光绪《顺天府志》
			七月，盐山蝗。	同治《盐山县志》
			七月，海兴蝗灾。	《海兴县志》
			七月，阜城蝗。	雍正《阜城县志》
			魏县蝗。	《魏县志》
			七月，大港区蝗灾。	《大港区志》
			七月，静海蝗灾。	《静海县志》
210	715年	唐开元三年	六月，山东诸州大蝗，飞则蔽景，下则食苗稼，声如风雨。紫微令姚崇奏请差御史下诸道，促官吏遣人驱、扑、焚、瘗，以救秋稼，从之。是岁，田收有获，人不甚饥。	《旧唐书·玄宗本纪》
			七月，河南、河北蝗。	《新唐书·五行志》
			五月，山东诸州大蝗，河南、河北人流亡殆尽。	《中国历代天灾人祸表》
			秋，山东青州、泰安、曲阜蝗灾。	《中国历代蝗患之记载》
			金乡蝗。	咸丰《金乡县志略》
			夏六月，莱芜蝗。	民国《续修莱芜县志》
			长山大蝗，从姚崇请，始下捕蝗令。	嘉庆《长山县志》
			夏，昌乐大蝗。	嘉庆《昌乐县志》
			沂州[①]府蝗。	乾隆《沂州府志》
			胶州大蝗。	民国《增修胶志》

---

① 沂州：旧州、府名，治所在今山东临沂。

（续）

序号	公元纪年	历史纪年	蝗灾情况	资料来源
210	715年	唐开元三年	胶南大蝗。	《胶南县志》
			日照大蝗。	康熙《日照县志》
			河南水蝗。	乾隆《河南府志》
			荥阳蝗。	民国《续荥阳县志》
			兰考蝗。	《兰考县志》
			尉氏蝗。	道光《尉氏县志》
			获嘉蝗。	民国《获嘉县志》
			卫辉府蝗。	乾隆《卫辉府志》
			汲县蝗。	乾隆《汲县志》
			河北蝗。辉县蝗。	道光《辉县志》
			长垣蝗。	嘉庆《长垣县志》
			怀庆府蝗。	乾隆《怀庆府志》
			七月，河内蝗。	道光《河内县志》
			七月，武陟蝗。	道光《武陟县志》
			济源蝗。	乾隆《济源县志》
			浚县蝗灾。	《浚县志》
			宛丘、太康、扶沟、西华、沈丘、项城蝗食禾。	《周口地区志》
			夏，陈州多蝗。	乾隆《陈州府志》
			桐柏蝗。	乾隆《桐柏县志》
			秋七月，正阳蝗飞蔽天。	民国《重修正阳县志》
			四月，河北蝗，遣御史督州县瘗之。	民国《大名县志》
			三月，灵寿蝗虫遍野，食苗声如风雨，飞起遮住太阳。	《灵寿县志》
			七月，保定府蝗。	光绪《保定府志》
			秋七月，新城蝗。	民国《新城县志》
			望都蝗大起，苗稼尽，人流亡。	《望都县志》
			秋七月，定兴蝗。	光绪《定兴县志》
			七月，高阳蝗。	雍正《高阳县志》

（续）

序号	公元纪年	历史纪年	蝗灾情况	资料来源
210	715年	唐开元三年	七月，蠡县蝗。	光绪《蠡县志》
			东光蝗灾，飞则蔽天。	《东光县志》
			七月，海兴蝗灾。	《海兴县志》
			武邑蝗。	《武邑县志》
			夏，鸡泽、滏阳①大蝗。七月，河北蝗。	光绪《广平府志》
			五月，临西大蝗，飞则蔽天，下则食苗，声如风雨。	《临西县志》
			七月，新河蝗。	民国《新河县志》
			磁州蝗。	康熙《磁州志》
			五月，邱县大蝗。	《邱县志》
			永年蝗。	《永年县志》
211	716年	唐开元四年	山东大蝗，民祭且拜，坐视食苗不敢捕。崇奏："《诗》云：'秉彼蟊贼，付畀炎火。'汉光武诏曰：'勉顺时政，劝督农桑。去彼螟蜮，以及蟊贼。'此除蝗谊也。且蝗畏人易驱，又田皆有主，使自救其地，必不惮勤。请夜设火，坎其旁，且焚且瘗，蝗乃可尽。古有讨除不胜者，特人不用命耳。"乃出御史为捕蝗使，分道杀蝗。汴州刺史倪若水上言："除天灾当以德，昔刘聪除蝗不克而害愈甚。"拒御史不应命。崇移书诮之曰："聪伪主，德不胜祆，今祆不胜德。古者良守，蝗避其境，谓修德可免，彼将无德致然乎？今坐视食苗，忍而不救，因以无年，刺史其	《新唐书·姚崇传》

---

① 滏阳：旧县名，治所在今河北磁县。

（续）

序号	公元纪年	历史纪年	蝗灾情况	资料来源
211	716 年	唐开元四年	谓河？"若水惧，乃纵捕得蝗十四万石。时议者喧哗，帝疑，复以问崇，对曰："昔魏世山东蝗，小忍不除，至人相食；后秦有蝗，草木皆尽，牛马至相啖毛。今飞蝗所在充满，加复蕃息。且河南、河北家无宿藏，一不获则流离，安危系之。且讨蝗纵不能尽，不愈于养以遗患乎？"帝然之。黄门监卢怀慎曰："凡天灾，安可以人力制也！"崇曰："昔楚王吞蛭而厥疾瘳，叔敖断蛇福乃降。今蝗幸可驱，若纵之，谷且尽，如百姓何？杀虫救人，祸归于崇，不以诿公也。"蝗害讫息。	
			夏，山东、河南、河北蝗虫大起，遣使分捕而瘗之。	《旧唐书·玄宗本纪》
			五月，山东蝝蝗害稼，分遣御史捕而埋之。汴州行埋瘗之法，获蝗十四万石，乃投之汴河，流者不可胜数。八月，敕河南、河北检校捕蝗使待虫尽而刈禾将毕，即入京奏事。	《旧唐书·五行志》
			夏，山东蝗蚀稼，声如风雨。	《新唐书·五行志》
			夏，山东蝗，遣使分捕瘗之。	宣统《山东通志》
			夏，单县蝗虫，食生稼，声如风雨。	《山东蝗虫》
			夏，巨野蝗食稼，声如风雨。	道光《巨野县志》
			山东曲阜、青州蝗灾。	《中国历代蝗患之记载》

（续）

序号	公元纪年	历史纪年	蝗灾情况	资料来源
211	716 年	唐开元四年	东阿蝗食禾稼，声如风雨。	道光《东阿县志》
			金乡蝗又起。	咸丰《金乡县志略》
			泰安蝗食稼，声如风雨。	乾隆《泰安府志》
			春，昌乐复大蝗食稼。	嘉庆《昌乐县志》
			寿光蝗食稼。	《寿光县志》
			山东蝗食稼，声如风雨。潍县蝗。	民国《潍县志稿》
			沂州府蝗。	乾隆《沂州府志》
			夏，日照蝗虫成灾，食稼声如风雨。	《日照县志》
			山东连年旱、蝗灾，宰相姚崇督捕蝗虫，莱州民始捕蝗。	《莱州市志》
			胶州蝗食稼，声如风雨。	民国《增修胶志》
			胶南蝗食稼，声如风雨。	《胶南县志》
			望都蝗大起，苗稼尽，人流亡。	《望都县志》
			夏，武邑蝗。	《武邑县志》
			夏，鸡泽复大蝗。	民国《鸡泽县志》
			临西蝗，民捕杀之。	《临西县志》
			夏，南和蝗害严重，朝廷派使者详察州县扑蝗情况。	《南和县志》
			夏，邱县复大蝗。	《邱县志》
			夏，黄河北蝗虫大起，孟县、武陟蝗。	《河南东亚飞蝗及其综合治理》
			宛丘、太康、扶沟、西华、沈丘、项城蝗食禾。	《周口地区志》
			夏，陈州蝗。	乾隆《陈州府志》
212	717 年	唐开元五年	二月，河南、河北遭涝及蝗虫处，无出今年地租。	《旧唐书·玄宗本纪》
			免河北蝗水县今岁租。	光绪《重修天津府志》
			夏，金乡螽蝗食稼。	《金乡县史志》

（续）

序号	公元纪年	历史纪年	蝗灾情况	资料来源
213	721 年	唐开元九年	江夏①飞蝗害稼。	《中国历代天灾人祸表》
214	726 年	唐开元十四年	七月，怀庆蝗。	《河南东亚飞蝗及其综合治理》
215	737 年	唐开元二十五年	贝州②蝗食苗，有白鸟数万群飞食蝗，一夕而尽。	《旧唐书·五行志》
			故城蝗，有白鸟数千只食蝗尽。	《故城县志》
			贝州蝗，有白鸟数十万群飞食之，一夕而尽，禾稼不伤。恩县③蝗。	宣统《重修恩县志》
			山东东昌蝗灾。	《中国历代蝗患之记载》
216	745 年	唐天宝四年	寿张蝗不入境。	康熙《兖州府志》
			台前蝗不入境。	《台前县志》
217	761 年	唐上元二年	秋，单县蝗。	《山东蝗虫》
218	762 年	唐宝应元年	关中旱、蝗灾。	《西安市志》
			高陵旱蝗。	《高陵县志》
			韩城旱蝗。	《韩城市志》
			眉县旱蝗。	《眉县志》
			秋，礼泉蝗灾。	《礼泉县志》
			三原旱蝗。	《三原县志》
219	763 年	唐广德元年	夏，长安蝗飞蔽天。	《长安县志》
			秋，临潼蝗害稼，关中尤甚。	《临潼县志》
			关中旱、蝗、疫交织。	《乾县志》
			眉县蝗。	《眉县志》
			洛川蝗害。	《延安地区志》
220	764 年	唐广德二年	秋，蝗，关辅④尤甚，米斗千钱。	《新唐书·五行志》

---

① 江夏：旧县名，治所在今湖北武昌。
② 贝州：旧州名，治所在今河北清河西北，时辖今山东临清、武城、夏津等县。
③ 恩县：旧县名，治所在今山东平原恩城镇。
④ 关辅：地区名，泛指潼关以西今陕西中、东部地区。

（续）

序号	公元纪年	历史纪年	蝗灾情况	资料来源
220	764 年	唐广德二年	九月，关中虫蝗，斗米千余钱。	《资治通鉴·唐纪》
			陕西、福建大蝗。	《中国历代蝗患之记载》
			秋七月，未央区蝗，斗米千钱。	《未央区志》
			秋，周至蝗灾。	《周至县志》
			户县蝗。	《户县志》
			秋，富平蝗。	《富平县志》
			凤翔蝗灾。	《凤翔县志》
			七月，眉县蝗食田苗。	《眉县志》
			洛川蝗害。	《延安地区志》
221	784 年	唐兴元元年	秋，螟蝗蔽野，草木无遗。冬闰十月，诏："宋亳、淄青、泽潞、河东、恒冀、幽、易定、魏博[①]等八节度，螟蝗为害，蒸民饥馑，每节度赐米五万石，河阳、东畿各赐三万石。"	《旧唐书·德宗本纪》
			秋，螟蝗自山而东，际于海，晦天蔽野，草木叶皆尽。	《新唐书·五行志》
			秋，关辅大蝗，田稼食尽，百姓饥。捕蝗为食，蒸，曝，扬去足翅而食之。	《旧唐书·五行志》
			蝗遍远近，草木无遗，惟不食稻，大饥，道馑相望。	《中国历代天灾人祸表》
			山东东昌，江苏淮安、淮阴，安徽蝗灾。	《中国历代蝗患之记载》
			时天下蝗旱，谷价翔贵，选人不能赴调。	《旧唐书·刘滋传》
			八月，关中蝗灾，草木无遗。	《西安市志》

---

　　① 宋亳：方镇名，治所在今河南商丘；淄青：方镇名，治所在今山东青州；泽潞：方镇名，治所在今山西长治；河东：方镇名，治所在今山西太原西南；恒冀：方镇名，治所在今河北正定；易定：方镇名，治所在今河北定州；魏博：方镇名，治所在今河北大名东北。

（续）

序号	公元纪年	历史纪年	蝗灾情况	资料来源
221	784 年	唐兴元元年	秋，长安蝗灾，秋田殆尽，饥民捕蝗为食。	《长安县志》
			秋，未央区大蝗灾，饥民捕蝗为食。	《未央区志》
			凤翔蝗虫遍地，草木无遗，饥民捕蝗，蒸曝而食。	《凤翔县志》
			四月，高陵蝗灾，饥民蒸蝗而食。	《高陵县志》
			秋，眉县大蝗，田禾尽食，百姓捕蝗为食。	《眉县志》
			应山①飞蝗遍地，吃尽草木，大饥。	《应山县志》
			山东蝗，食少。	《新唐书·王武俊传》
			秋，平原蝗。	乾隆《平原县志》
			秋，博州②蝗。	宣统《聊城县志》
			秋，长山蝗。	嘉庆《长山县志》
			秋，昌乐蝗食草皆尽，大饥。	嘉庆《昌乐县志》
			秋，寿光大蝗。	民国《寿光县志》
			秋，安丘大蝗，自山而东，际于海，晦天蔽野，草木皆尽。	万历《安丘县志》
			秋，螟蝗自山而东，际于海，晦天蔽野，草木叶皆尽。潍县蝗。	民国《潍县志稿》
			秋，黄县螟蝗。	同治《黄县志》
			长子蝗虫为害，饥荒。	《长子县志》
			晋城螟蝗成灾，大饥。	《晋城市志》
			绛县螟蝗为害，蒸民饥馑。	光绪《绛县志》
			稷山蝗，民饥，诏赈之。	同治《稷山县志》
			万荣蝗灾。	《万荣县志》
			河津蝗灾，民饥。	光绪《河津县志》

---

① 应山：旧县名，1988 年改名今湖北广水市。
② 博州：旧州名，治所在今山东聊城东南。

（续）

序号	公元纪年	历史纪年	蝗灾情况	资料来源
221	784年	唐兴元元年	孟县旱，蝗遍远近，草木无遗。	《孟县志》
			焦作蝗虫遍地，远近草木无遗，大饥荒。	《焦作市志》
			沈丘、项城蝗，大饥。	《周口地区志》
			灵寿螟蝗遍野，草木吃光。	《灵寿县志》
			秋，赵县蝗，晦天蔽野，草木叶皆尽。	《赵县志》
			秋，赞皇飞蝗晦天蔽野，禾稼大受其害。	《赞皇县志》
222	785年	唐贞元元年	天下蝗旱，物价腾踊。	《旧唐书·马燧传》
			夏，蝗，东自海，西尽河、陇，群飞蔽天，旬日不息，所至草木叶及畜毛靡有孑遗，饿馑枕道。民蒸蝗，曝，扬去翅足而食之。	《新唐书·五行志》
			夏四月，关中饥民蒸蝗虫而食之。五月，蝗自海而至，飞蔽天，每下则草木及畜毛无复孑遗，谷价腾踊。秋七月，关中蝗食草木都尽。诏："虫蝗继臻，弥亘千里。菽粟翔贵，稼穑枯瘁，嗷嗷蒸人，聚泣田亩，兴言及此，实切痛伤。遍祈百神，曾不获应，方悟祷祠非救灾之术。朕自今视朝不御正殿，有司供膳并宜减省，不急之务，一切停罢。除诸军将士外，应食粮人诸色用度，本司本使长官商量减罢，以救凶荒。"	《旧唐书·德宗本纪》
			陕西、山西、河南、江苏、山东沂州蝗灾，飞蔽天。	《中国历代蝗患之记载》
			四月，陕西旱，蝗灾，关东饥民煮蝗而食之。	《陕西省志·大事记》

（续）

序号	公元纪年	历史纪年	蝗灾情况	资料来源
222	785年	唐贞元元年	四月，西安旱蝗，饥民蒸蝗而食。五月，蝗飞蔽天，草木、畜毛无遗。	《西安市志》
			七月旱，未央区蝗灾。	《未央区志》
			五月，高陵蝗灾更重，群飞蔽日。	《高陵县志》
			夏，渭南蝗灾，所至草木叶及畜毛食尽。	《渭南地区志》
			朝邑①连年蝗灾。	咸丰《同州府志》
			六月，礼泉飞蝗遮天蔽日。	《礼泉县志》
			夏，宝鸡蝗，群飞蔽天，旬日不息，所至草木叶及畜毛靡有孑遗。	《宝鸡市志》
			夏，凤翔蝗飞蔽天，旬日不息，草木叶食尽，饥民食蝗。	《凤翔县志》
			夏，扶风蝗虫从东来，群飞蔽天，旬日不息，禾稼、杂草、树皮皆尽。	《扶风县志》
			夏，眉县蝗自东来，群飞蔽天，旬日不息，草木俱尽，民蒸蝗而食。	《眉县志》
			夏，洛川蝗。	嘉庆《洛川县志》
			夏州蝗虫群飞蔽天，旬日不息。	《定边县志》
			灵宝连年旱蝗。	《灵宝县志》
			夏，涟水飞蝗蔽日，所到处草木、畜毛尽。	《涟水县志》
			河北旱蝗。	民国《大名县志》
			夏，赵县蝗，群飞蔽天，旬日不息，民大饥，蒸蝗，去翅足而食之。	《赵县志》

---

① 朝邑：旧县名，治所在今陕西大荔东朝邑镇。

（续）

序号	公元纪年	历史纪年	蝗灾情况	资料来源
222	785年	唐贞元元年	夏，海兴蝗。	《海兴县志》
			魏县蝗。	《魏县志》
			邱县大旱蝗。	《邱县志》
			乾封①、安丘、莒三县蝗，大饥。	雍正《山东通志》
			夏，莱芜蝗灾，群飞蔽天，禾稼皆食尽，饥荒。	《莱芜市志》
			夏六月，滨州蝗，大饥，斗米千钱，饿殍载道。	咸丰《滨州志》
			滨、棣②蝗，大饥。	咸丰《武定府志》
			夏六月，惠民蝗，大饥。	光绪《惠民县志》
			六月，长山蝗飞蔽天，旬日不息，所至草木叶及畜毛靡有孑遗，饿殍枕道，料千钱，民蒸蝗，曝干食之。	嘉庆《长山县志》
			夏，潍坊蝗灾，从东海到陇山，几千里内，飞蝗遮天蔽日，庄稼、树叶吃光。	《潍坊市志》
			夏，寿光大旱，蝗食草木、畜毛皆尽。	民国《寿光县志》
			夏，昌乐大旱蝗。	嘉庆《昌乐县志》
			夏，安丘大旱蝗，群飞蔽天，旬日不息。	万历《安丘县志》
			夏，莒县旱蝗。	乾隆《沂州府志》
			夏，日照蝗，群飞蔽天，十日不息，所至庄稼、草木无存。	《日照市志》
			秋，登州螟蝗自山而东，际于海，晦天蔽野，草木叶皆尽。	光绪《增修登州府志》
			夏，黄县旱蝗。	同治《黄县志》

---

① 乾封：旧县名，治所在今山东泰安东南。
② 棣：棣州，旧州名，治所在今山东惠民东南。

（续）

序号	公元纪年	历史纪年	蝗灾情况	资料来源
222	785 年	唐贞元元年	夏，曲沃蝗。	民国《新修曲沃县志》
			夏，侯马蝗。	《侯马市志》
			夏，甘肃蝗，西尽河、陇，群飞蔽天，旬日不息，草木叶及畜毛皆尽，饿殍枕道，民蒸蝗，去翅而食之。	光绪《甘肃新通志》
			夏，榆中蝗，而尽河、陇，群飞蔽天，旬日不息，所至草木叶及畜毛皆尽。	《榆中县志》
			夏，河陇间白昼蝗飞蔽天，旬日不息，树木叶及畜毛皆尽。	《陇西县志》
			夏，成县蝗，东自海，西尽河、陇，群飞蔽天，旬日不息，所至草木叶及畜毛靡有孑遗，饿殍枕道，民蒸蝗，曝，扬去翅足而食之。	《成县志》
			春旱，河、陇发生蝗灾，群飞蔽天，草木叶及畜毛均被吃光，饥荒。	《泾川县志》
			夏，静宁飞蝗蔽天。	《静宁县志》
			夏，宁州等地蝗群蔽天，旬日不息，所至草木叶苗及畜毛皆尽，靡有孑遗。	《宁县志》
			夏，秦州①蝗飞蔽天，旬日不息，所至草木及畜毛皆尽，民蒸蝗，去翅足而食之。	光绪《重纂秦州直隶州新志》
			酒泉蝗伤禾。	《酒泉市志》
			夏，河湟②地区飞蝗蔽天，旬日不息，草木茎叶皆尽，饥民蒸蝗虫为食。	《平安县志》

---

① 秦州：旧州名，治所在今甘肃天水。
② 河湟：区域名，泛指今青海黄河与湟水之间广大区域。

（续）

序号	公元纪年	历史纪年	蝗灾情况	资料来源
223	786年	唐贞元二年	河北蝗旱，斗米一千五百文。	《旧唐书·张孝忠传》
			邱县又蝗旱，饿殍相枕。	《邱县志》
			夏，东阿蝗，群飞蔽天，旬日，食禾稼、草木叶俱尽，饿殍枕野。	道光《东阿县志》
			夏，登州旱蝗，东自海，西尽河、陇，群飞蔽天，旬日不息，草木叶及畜毛靡有孑遗，民蒸蝗而食之。	光绪《增修登州府志》
			夏，泰安蝗，群飞蔽天，食草木叶俱尽，饿殍枕野。	乾隆《泰安府志》
			六月，通渭飞蝗蔽日，成灾。	《通渭县志》
			玉门蝗伤禾。	《玉门市志》
224	788年	唐兴元五年	夏，长山螟蝗害稼。	乾隆《长山县志》
225	798年	唐兴元十五年	七月，凤翔等州蝗。	乾隆《凤翔府志》
226	805年	唐永贞元年	秋，陈州蝗。	《新唐书·五行志》
			七月，关东蝗食田稼。	《旧唐书·顺宗本纪》
			山东淄州、青州蝗灾。	《中国历代蝗患之记载》
			秋，宛丘、太康、沈丘、西华、项城旱蝗。	《周口地区志》
			扶沟旱蝗。	《扶沟县志》
			秋，淮阳蝗。	《淮阳县志》
			夏六月，淄青蝗。	咸丰《青州府志》
			六月，淄博飞蝗蔽天，旬日不息，所至草木尽。	《淄博市志》
			六月，徐州飞蝗蔽天而下，旬日不息，木叶、畜毛俱尽，民蒸蝗，曝，扬去足翅而食之。	民国《江苏省通志稿》

（续）

序号	公元纪年	历史纪年	蝗灾情况	资料来源
226	805 年	唐永贞元年	六月，丰县蝗灾，蔽天而下，十余天不息，禾稼、树叶吃尽，百姓蒸炒蚂蚱吃。	《丰县志》
227	806 年	唐元和元年	夏，镇①、冀等州蝗害稼。	《旧唐书·五行志》
			河北、陕西蝗灾。	《中国历代蝗患之记载》
			夏州蝗害稼。	《横山县志》
			夏，枣强蝗。	嘉庆《枣强县志》
			夏，饶阳蝗害稼。	《饶阳县志》
			夏，武邑蝗灾。	《武邑县志》
			保定府蝗。	光绪《保定府志》
			高阳蝗。	雍正《高阳县志》
			夏，正定蝗。	光绪《正定县志》
			新河蝗。	民国《新河县志》
228	807 年	唐元和二年	秋，灵寿蝗灾。	《灵寿县志》
229	808 年	唐元和三年	淮南②有蝗。	《扬州市郊区志》
230	809 年	唐元和四年	夏，河阳③蝗害稼。	《焦作市志》
231	810 年	唐元和五年	曹县螟蝗害稼。	光绪《曹州府曹县志》
			夏，安徽淮南等州螟蝗害稼。	光绪《盱眙县志稿》
232	812 年	唐元和七年	夏，周至蝗灾。	《周至县志》
233	813 年	唐元和八年	成州蝗，饥。	《成县志》
234	818 年	唐元和十三年	夏，丹凤蝗灾。	《丹凤县志》
235	822 年	唐长庆二年	夏，山东曲阜蝗灾。	《中国历代蝗患之记载》
			临海蝗为害。	《台州地区志》
			宁海蝗。	《宁海县志》
			秋，洪州④旱，螟蝗害稼八万顷。	《旧唐书·五行志》

---

① 镇州：旧州名，治所在今河北正定。
② 淮南：唐方镇名，治所在今江苏扬州。
③ 河阳：旧县名，治所在今河南孟州南。
④ 洪州：旧州名，治所在今江西南昌。

（续）

序号	公元纪年	历史纪年	蝗灾情况	资料来源
236	823 年	唐长庆三年	秋，江西蝗灾，毁稼。	《中国历代蝗患之记载》
			武宁螟蝗害稼。	《武宁县志》
237	824 年	唐长庆四年	夏，淄青螟蝗害稼。	咸丰《青州府志》
			定陶蝗虫伤稼。	《定陶县志》
			稷山蝗蝻害稼。	《稷山县志》
238	825 年	唐宝历元年	夏，江都①蝗。	《江都县志》
			夏，仪征蝗。	道光《仪征县志》
			夏，山东济阴、江苏扬州蝗灾。	《中国历代蝗患之记载》
			夏，曹、濮螟蝗害稼。	康熙《曹州志》
			定陶螟蝗害稼。	民国《定陶县志》
239	827 年	唐大和元年	澄城蝗虫害稼。	《澄城县志》
			山东济阴蝗灾。	《中国历代蝗患之记载》
240	828 年	唐大和二年	魏、濮等州蝗蝻。范县蝗。	《范县志》
			观城②蝗生。	道光《观城县志》
241	830 年	唐大和四年	河南洛宁蝗灾，无收。	《中国历代蝗患之记载》
			新安蝗食禾。	乾隆《新安县志》
			宜阳旱蝗为灾，歉收。	《宜阳县志》
242	831 年	唐大和五年	秋，观城螟蝗害稼。	道光《观城县志》
			夏，淮阳螟蝗害稼。	《淮阳县志》
			夏，沈丘螟蝗害稼。	《沈丘县志》
243	833 年	唐大和七年	夏，周至蝗灾。	《周至县志》
			秋，郓③、曹、濮等州螟蝗害稼。	民国《单县志》
244	835 年	唐大和九年	秋，正定蝗害稼。	光绪《正定县志》

① 江都：旧县名，治所在今江苏扬州。
② 观城：旧县名，治所在今山东莘县观城镇。
③ 郓州：旧州名，治所在今山东东平西北。

（续）

序号	公元纪年	历史纪年	蝗灾情况	资料来源
245	836年	唐开成元年	夏，镇州、河中①蝗害稼。	《新唐书·五行志》
			夏，正定蝗。	光绪《正定县志》
			盐山蝗，草木叶皆尽。	同治《盐山县志》
			夏秋，海兴蝗，草木皆尽。	《海兴县志》
			孟村蝗灾，草木、树叶皆尽。	《孟村回族自治县志》
			吴桥蝗灾，庄稼、树叶皆尽。	《吴桥县志》
			七月，武邑蝗。	《武邑县志》
			夏，冀县蝗虫为灾。	《冀县志》
			夏，邱县蝗成灾。	《邱县志》
			宁河旱蝗，草木皆空。	《宁河县志》
			大港区蝗灾，草木叶俱食。	《大港区志》
			夏，山东平原蝗灾，害稼。	《中国历代蝗患之记载》
			夏，郓、曹、青、兖四州螟蝗害稼。	《兖州府志》
			庆云蝗食草叶尽。	民国《庆云县志》
			夏，芮城蝗灾。	《芮城县志》
			虞乡②蝗害稼。	光绪《虞乡县志》
			许州③螟蝗害稼。	道光《许州志》
246	837年	唐开成二年	六月，魏博、昭义、淄青、沧州、兖海④、河南蝗。	《新唐书·五行志》
			六月，魏博、泽潞、淄青、沧、德、兖海、河南府等州蝗害稼，郓州蝗得雨自死。秋七月，以蝗旱诏诸司遣使下诸道巡复蝗虫；汴州⑤蝗虫入境，不食田苗，	《旧唐书·文宗本纪》

---

① 河中：唐方镇名，治所在今山西永济蒲州镇。
② 虞乡：旧县名，治所在今山西永济东虞乡镇。
③ 许州：旧州名，治所在今河南许昌市。
④ 昭义：唐方镇名，治所在今山西长治；兖海：唐方镇名，治所在今山东临沂。
⑤ 汴州：旧州名，治所在今河南开封。

（续）

序号	公元纪年	历史纪年	蝗灾情况	资料来源
246	837年	唐开成二年	诏书褒美，仍刻石于相国寺。	
			河南、河北、京师旱，蝗害稼。	《中国历代天灾人祸表》
			是岁夏，蝗。	《旧唐书·天文志》
			未央区蝗害稼，京师尤甚。	《未央区志》
			高陵蝗害稼。	《高陵县志》
			夏六月，寿光蝗。	民国《寿光县志》
			夏六月，安丘蝗。	万历《安丘县志》
			夏六月，青州蝗。潍县蝗。	民国《潍县志稿》
			夏五月，益都蝗害稼，诏以本处常平仓赈贷。郓、曹、濮蝗虫害物偏甚。	光绪《益都县图志》
			六月，海州、兖州、河南蝗灾。	《连云港市志》
			秋，孟津蝗虫成灾。	《孟津县志》
			荥阳蝗。	民国《续荥阳县志》
			秋，尉氏蝗。	道光《尉氏县志》
			秋，新乡蝗甚，草木皆尽，饥民甚多。	《新乡县志》
			秋，卫辉蝗，草木皆尽。	乾隆《卫辉府志》
			秋，汲县蝗，草木皆尽。	乾隆《汲县志》
			秋，武陟蝗。	道光《武陟县志》
			浚县蝗。	《浚县志》
			秋，扶沟蝗食草木叶皆尽。	《扶沟县志》
			桐柏蝗。	乾隆《桐柏县志》
			秋，汝南蝗蝻害稼。	《汝南县志》
			夏，新蔡大蝗，草木皆尽。	《新蔡县志》
			夏，河北大名蝗灾，害稼。	《中国历代蝗患之记载》
			六月，海兴蝗。	《海兴县志》

（续）

序号	公元纪年	历史纪年	蝗灾情况	资料来源
246	837 年	唐开成二年	南皮蝗。	《南皮县志》
			六月，青县蝗灾。	《青县志》
			平乡蝗害稼。	《平乡县志》
			秋，南和蝗虫食苗皆尽。	《南和县志》
			六月，魏县蝗。	《魏县志》
			邱县蝗虫为害，田禾被毁。	《邱县志》
			六月，静海蝗灾。	《静海县志》
			平凉旱，蝗食田。	《平凉市志》
			玉门蝗伤禾。	《玉门市志》
			张家川旱，蝗食田。	《张家川回族自治县志》
247	838 年	唐开成三年	秋，河南、河北镇、定等州蝗，草木叶皆尽。	《新唐书·五行志》
			八月，魏博六州蝗食秋苗并尽。	《旧唐书·文宗本纪》
			秋，河北大名、山东益都、江苏扬州蝗灾，庄稼叶吃光。	《中国历代蝗患之记载》
			江都螟蝗害稼。	《江都县志》
			仪征螟蝗害稼。	道光《仪征县志》
			秋，郑县蝗。	《河南东亚飞蝗及其综合治理》
			秋，河南、北蝗。兰考蝗。	《兰考县志》
			秋，辉县蝗。	道光《辉县志》
			安阳、磁州蝗。	《安阳县志》
			八月，朝歌①蝗食草木叶皆尽。	《淇县志》
			夏，太康、西华、扶沟、宛丘、沈丘、项城蝗蝻害稼，草木叶皆尽。	《周口地区志》
			秋，河南蝗，草木皆尽。	《淮阳县志》

---

① 朝歌：旧县名，治所在今河南淇县。

（续）

序号	公元纪年	历史纪年	蝗灾情况	资料来源
247	838 年	唐开成三年	秋，正阳大蝗，草木叶皆尽。	民国《重修正阳县志》
			新蔡蝗蝻害稼。	《新蔡县志》
			夏，魏博等六州蝗。	宣统《山东通志》
			齐州蟓蝗害稼。宁津蝗。	光绪《宁津县志》
			潍县蝗。	民国《潍县志稿》
			正定蝗，草木叶皆尽。	光绪《正定县志》
			藁城蝗灾，庄稼、树叶均食尽。	《藁城县志》
			保定府大蝗，草木叶皆尽。	光绪《保定府志》
			定州蝗，草木之叶皆尽。	《定县志》
			定兴大蝗，草木之叶皆尽。	光绪《定兴县志》
			望都旱蝗为灾，野草、树枝皆尽。	《望都县志》
			安新旱，遇蝗灾，草木叶尽被食光。	《安新县志》
			新城大蝗，草木之叶皆尽。	民国《新城县志》
			高阳蝗，草木叶皆尽。	雍正《高阳县志》
			蠡县蝗，草木叶皆尽。	光绪《蠡县志》
			河间蝗，草木叶皆尽。	康熙《河间府志》
			沧州蟓蝗害稼。	民国《沧县志》
			沧、齐等州蟓蝗害稼。	光绪《东光县志》
			黄骅蝗灾。	《黄骅县志》
			海兴蝗。	《海兴县志》
			阜城蝗食草木叶尽。	民国《阜城县志》
			新河大蝗。	民国《新河县志》
			秋，磁县蝗。	康熙《磁州志》
			邱县蝗虫为害，田禾被毁。	《邱县志》
			静海蝗灾，草木尽食。	《静海县志》
			夏，连江蝗，疫。	民国《连江县志》

（续）

序号	公元纪年	历史纪年	蝗灾情况	资料来源
248	839 年	唐开成四年	五月，天平①、魏博、易定等管内蝗食稼。八月，镇、冀四州蝗食稼，至于野草、树叶皆尽。	《旧唐书·文宗本纪》
			六月，天下旱，蝗食田。河南、河北蝗害稼都尽。镇、定等州田稼既尽，至于野草、树叶、细枝亦尽。	《旧唐书·五行志》
			全国蝗。	《乾县志》
			历城蝗害稼都尽。	乾隆《历城县志》
			未央区蝗。	《未央区志》
			临潼蝗。	《临潼县志》
			宝鸡蝗虫为害。	《宝鸡市志》
			凤翔蝗灾。	《凤翔县志》
			眉县蝗害。	《眉县志》
			延安蝗虫成灾。	《延安地区志》
			定边蝗。	《定边县志》
			七月，开封、郑州等蝗。	《河南东亚飞蝗及其综合治理》
			新乡螟蝗为害田禾。	《新乡县志》
			滑县生蝗虫。	《滑县志》
			八月，灵寿蝗灾，庄稼及草木叶吃光。	《灵寿县志》
			望都旱蝗为灾，野草、树枝皆尽。	《望都县志》
			定州蝗虫为灾。	《定州市志》
			曲阳蝗灾严重，庄稼、野草、树叶被吃光。	《曲阳县志》
			八月，武邑蝗食禾稼、野草、树叶皆尽。	《武邑县志》
			临西蝗虫食稼。	《临西县志》

---

① 天平：旧军名，治所在今山东东平州城镇。

（续）

序号	公元纪年	历史纪年	蝗灾情况	资料来源
248	839年	唐开成四年	邱县蝗虫为害，田禾被毁。	《邱县志》
			六月，湖州旱，蝗食禾苗。	《湖州市志》
			长兴旱，蝗食禾苗。	《长兴县志》
			新昌蝗食禾苗。	《新昌县志》
			六月，东阳蝗灾。	《东阳市志》
249	840年	唐开成五年	六月，河北、河南、淮南、浙东、福建蝗，疫，除其徭。	《新唐书·武宗本纪》
			夏，幽、魏博、郓、曹、濮、沧、齐、德、淄青、兖海、河阳、淮南、虢、陈、许、汝等州螟蝗害稼。	《新唐书·五行志》
			四月，郓州蝗，临沂等五县有蝗虫于土中生子，食田苗。六月，登、莱等州蝗虫，沂、密两州，易、定、陕府等县蝗。	《唐会要·螟蜮》
			陕西、河南、天津、河北顺天、大名、山东泰安、浙江兰溪、安徽凤阳蝗灾，害稼。	《中国历代蝗患之记载》
			海州、扬州螟蝗害稼。	民国《江苏省通志稿》
			江都螟蝗害稼。	《江都县志》
			夏，仪征螟蝗害稼。	道光《仪征县志》
			六月，磐安蝗灾。	《磐安县志》
			浦江蝗，疫。	《浦江县志》
			长垣螟蝗害稼。	嘉庆《长垣县志》
			武陟、河阳蝗害稼尽。	《河南东亚飞蝗及其综合治理》
			夏，台前螟蝗害稼。	《台前县志》
			滑县雨、雹、蝗。	同治《滑县志》
			夏，淮阳螟蝗害稼。	民国《淮阳县志》

（续）

序号	公元纪年	历史纪年	蝗灾情况	资料来源
249	840 年	唐开成五年	夏，沈丘螟蝗害稼。	《沈丘县志》
			六月，许昌螟蝗害稼。	《许昌县志》
			夏，临颍蝗害稼。	民国《重修临颍县志》
			夏，历城螟蝗害稼。	乾隆《历城县志》
			庆云蝗蝻害稼。	民国《庆云县志》
			夏，平原螟蝗害稼。	乾隆《平原县志》
			夏，东阿螟蝗。	道光《东阿县志》
			秋，观城螟蝗害稼。	道光《观城县志》
			朝城①蝗。	康熙《朝城县志》
			夏，寿张螟蝗害稼。	光绪《寿张县志》
			菏泽螟蝗害稼。	光绪《新修菏泽县志》
			夏，鱼台蝗。	光绪《鱼台县志》
			四月，鄄城蝗虫成灾。	《鄄城县志》
			秋，巨野螟蝗害稼。	道光《巨野县志》
			夏，益都螟蝗害稼。	光绪《益都县图志》
			夏，淄青等螟蝗害稼。	民国《潍县志稿》
			夏，郓、曹、青、兖四州蝗害稼。	康熙《兖州府志》
			夏，曲阜螟蝗害稼。	乾隆《曲阜县志》
			望都旱蝗为灾，野草、树枝皆尽。	《望都县志》
			夏，新城螟蝗害稼。	民国《新城县志》
			定州蝗虫为灾。	《定州市志》
			夏，沧州等二十九处螟蝗害稼。	康熙《河间府志》
			夏，盐山螟蝗害稼。	同治《盐山县志》
			夏，海兴螟蝗害稼。	《海兴县志》
			阜城蝗害稼。	雍正《阜城县志》

① 朝城：旧县名，治所在今山东莘县西南朝城镇。

（续）

序号	公元纪年	历史纪年	蝗灾情况	资料来源
249	840年	唐开成五年	邱县蝗虫为害，田禾被毁，野草、树枝皆尽。	《邱县志》
			夏，大港螟蝗成灾。	《大港区志》
			武清螟蝗害稼。	《武清县志》
			夏，静海螟蝗害稼。	《静海县志》
			六月，河南、北蝗，除其徭。	咸丰《大名府志》
			夏，福州蝗；延平府沙县蝗，疫。	乾隆《福建通志》
250	841年	唐会昌元年	七月，关东、山南邓、唐①等州蝗。	《新唐书·五行志》
			秋，湖北、陕西、河南唐县、南阳蝗灾。	《中国历代蝗患之记载》
			七月，山南、陕南等州蝗。	《南郑县志》
			七月，山南等州蝗。	《旬阳县志》
			七月，留坝蝗灾，禾草俱尽。	《留坝县志》
251	844年	唐开成九年	仪征蝗，民饥。	道光《仪征县志》
252	846年	唐会昌六年	八月，同、华等州，大荔、韩城、合阳、白水、澄城、蒲城、华阴、渭南、临潼蝗。	《陕西蝗区勘察与治理》
253	851年	唐大中五年	德州螟蝗害稼。	光绪《陵县志》
			夏，历城蝗害稼。	崇祯《历乘》
			夏，齐州、德州、淄州螟蝗害稼。	道光《济南府志》
			平原螟蝗害稼。	乾隆《平原县志》
			夏，长山蝗害稼。	嘉庆《长山县志》
			夏，淄川螟蝗害稼。	乾隆《淄川县志》
254	854年	唐大中八年	七月，剑南东川②蝗。	《新唐书·五行志》

① 唐州：旧州名，治所在今河南泌阳。
② 剑南东川：唐方镇名，治所在今四川三台。

（续）

序号	公元纪年	历史纪年	蝗灾情况	资料来源
255	861 年	唐咸通二年	夏，宛丘、沈丘、项城、鹿邑旱蝗，大饥。	《周口地区志》
256	862 年	唐咸通三年	六月，淮南、河南蝗。	《新唐书·五行志》
			夏，河北大名，河南正阳，安徽凤阳、盱眙，江苏蝗灾。	《中国历代蝗患之记载》
			五月，历城蝗旱，民饥。	乾隆《历城县志》
			六月，东都蝗。	乾隆《河南府志》
			新安蝗。	乾隆《新安县志》
			固始蝗灾。	乾隆《重修固始县志》
			五月，光山蝗。	《光山县志》
			夏，仪征蝗。	道光《仪征县志》
257	863 年	唐咸通四年	夏，虢、陕等州蝗。	《河南东亚飞蝗及其综合治理》
258	865 年	唐咸通六年	八月，东都、同、华、陕、虢等州蝗。	《新唐书·五行志》
			秋，河南洛阳、陕西长安蝗灾。	《中国历代蝗患之记载》
			韩城蝗。	《韩城市志》
			八月，合阳蝗害。	《合阳县志》
			八月，澄城蝗灾。	《澄城县志》
259	866 年	唐咸通七年	夏，东都、同、华、陕、虢及京畿蝗。	《新唐书·五行志》
			秋，河南洛阳、陕西长安蝗灾。	《中国历代蝗患之记载》
			韩城、合阳蝗。	《韩城市志》
			夏，华阴蝗。	《华阴县志》
			夏，临潼蝗。	《临潼县志》
			夏，澄城蝗。	《澄城县志》
260	868 年	唐咸通九年	江淮、关内及东都①蝗。	《新唐书·五行志》

① 关内：亦称关中，今陕西关中盆地；东都：唐代两京之一，指今河南洛阳。

（续）

序号	公元纪年	历史纪年	蝗灾情况	资料来源
260	868年	唐咸通九年	陕西、河南洛阳、江苏南京、安徽盱眙蝗灾。	《中国历代蝗患之记载》
			六月，关中蝗灾，人饥。	《宝鸡市志》
			秋，未央区蝗，关内饥。	《未央区志》
			六月，眉县蝗灾，人饥。	《眉县志》
			六月，陇县蝗。	《陇县志》
			富县飞蝗食禾。	《富县志》
			洛川蝗，饥。	嘉庆《洛川县志》
			江夏飞蝗害稼。	《唐会要·螟蜮》
			仪征旱蝗。	道光《仪征县志》
			舒州①旱蝗。	康熙《安庆府志》
			舒州旱蝗，江淮皆旱蝗。	康熙《潜山县志》
			江淮宿松旱蝗。	民国《宿松县志》
			平凉蝗害，民饥。	《平凉市志》
261	869年	唐咸通十年	夏，陕、虢等州蝗。	《新唐书·五行志》
			六月，陕西蝗。	《陕西蝗区勘察与治理》
			六月，陕虢中使回，方知蝗旱有损处，诸道长史，分忧共理，宜各推公，共思济物。	《旧唐书·懿宗本纪》
262	875年	唐乾符二年	秋七月，蝗自东而西蔽天，所过赤地，京兆尹奏："蝗入京畿不食稼，皆抱荆棘而死。"	《资治通鉴·唐纪》
			蝗自东而西蔽天。	《新唐书·五行志》
			七月，以蝗避正殿，减膳。	《新唐书·僖宗本纪》
			秋，河南、陕西蝗灾。	《中国历代蝗患之记载》
			秋七月，山东蝗自东而西，所过赤地。	宣统《山东通志》
			秋七月，临朐大蝗。	光绪《临朐县志》

①　舒州：旧州名，治所在今安徽潜山。

（续）

序号	公元纪年	历史纪年	蝗灾情况	资料来源
262	875 年	唐乾符二年	七月，鄄城蝻群遍野，飞蝗蔽天，所过处田禾一空。	《鄄城县志》
			七月，陕西蝗灾，蝗自东而西，遮天蔽日，所过一片赤荒。	《陕西省志·大事记》
			关中蝗虫遮天蔽日，所过之处一片赤土。	《乾县志》
			八月，安塞蝗虫铺天盖地，作物吃光。	《延安地区志》
			礼泉蝗虫遮天蔽日，所过一片赤荒。	《礼泉县志》
263	876 年	唐乾符三年	潼关蝗灾。	《潼关县志》
			单县蝗，自东而西蔽天。	《山东蝗虫》
264	877 年	唐乾符四年	旱蝗。	《资治通鉴·唐纪》
265	878 年	唐乾符五年	夏四月，连岁旱蝗。	《资治通鉴·唐纪》
266	885 年	唐光启元年	秋，蝗自东方来，群飞蔽天。	《新唐书·五行志》
			江苏扬州、高邮蝗蔽天。	《中国历代蝗患之记载》
			荆、襄①岁蝗，斗米三十千，人相食。	《中国历代天灾人祸表》
			淮南蝗。	光绪《寿州志》
			秋，陕西蝗自东方来，群飞蔽天。	《陕西蝗区勘察与治理》
267	886 年	唐光启二年	荆、襄蝗，斗米钱三千，人相食。淮南蝗，自西来，行而不飞，浮水缘城入扬州府署，竹树幢节，一夕如剪，幡帜画像，皆啮去其首，扑不能止。旬日，自相食尽。	《新唐书·五行志》
			五月，荆南、襄阳岁蝗旱，米斗三十千，人多相食。	《旧唐书·僖宗本纪》

---

① 荆：荆州，治所在今湖北荆州市荆州区；襄：襄州，治所在今湖北襄阳市襄阳城。

（续）

序号	公元纪年	历史纪年	蝗灾情况	资料来源
267	886年	唐光启二年	湖北江陵、江苏扬州、安徽蝗灾，害稼。	《中国历代蝗患之记载》
			新野旱，蝗灾，大饥。	《新野县志》
			淮南蝗。	乾隆《重修固始县志》
			仪征蝗。	道光《仪征县志》
268	907年	后梁开平元年	六月，许、陈、汝、蔡①、颍五州蟓生，有野禽群飞蔽空，食之皆尽。	《旧五代史·五行志》
			秋，河南正阳蝗灾，有野禽食之尽。	《中国历代蝗患之记载》
			河南诸郡蝗。兰考蝗。	《兰考县志》
			六月，许、陈、汝、蔡等州蝻生。	《淮阳县志》
			许州蝗蝻为害。	《许昌县志》
			六月，汝南、上蔡蝗蝻，有野禽群飞，食之尽净。	《上蔡县志》
			六月，息县蟓生，野禽群飞，食之皆尽。	嘉庆《息县志》
			确山蝗，寻为野禽啄食。	民国《确山县志》
			阜阳蝗虫为灾。	《阜阳县志》
			八月，澄城蝗灾。	《澄城县志》
269	910年	后梁开平四年	七月，陈、许、汝、蔡、颍五州境内有蟓为灾。许州有野禽群飞蔽空，旬日之间，食蟓皆尽，是岁乃大有秋。	《旧五代史·梁书·太祖纪》
270	920年	后梁贞明六年	磁县蝗。	《河北省农业厅·志源（3）》
			河南中牟蝗灾。	《中国历代蝗患之记载》
271	921年	后梁龙德元年	五月，制曰：虫蝗作沴。	《旧五代史·梁书·末帝纪》
272	925年	后唐同光三年	八月，青州大水蝗。	《旧五代史·唐书·庄宗纪》

---

① 蔡：蔡州，旧州名，治所在今河南汝南。

（续）

序号	公元纪年	历史纪年	蝗灾情况	资料来源
272	925 年	后唐同光三年	九月，镇州飞蝗害稼。	《旧五代史·五行志》
			正定蝗害稼。	光绪《正定县志》
			九月，镇、魏博、徐、宿州飞蝗害稼。	《中国历代天灾人祸表》
			饶阳飞蝗害稼。	《饶阳县志》
273	927 年	后唐天成二年	七月，灵石雨露调匀，稼穑滋茂，尖阳山上蝗虫队队，家家忧惧。	《灵石县志》
274	928 年	后唐天成三年	夏六月，吴越①大旱，有蝗蔽日而飞，昼为之黑，庭户衣帐悉充塞，是夕大风，蝗坠浙江而死。	《十国春秋·吴越世家》
			浙江杭州蝗飞蔽天。	《中国历代蝗患之记载》
			六月，临安有蝗蔽日而飞，昼为之黑。	《临安县志》
			六月，新昌蝗蔽天而飞，昼为之黑。	《新昌县志》
			六月，平阳旱，有蝗飞蔽天。	《平阳县志》
			六月，义乌旱，有蝗群飞蔽天而行，昼为之黑，庭户衣帐悉充塞。	《义乌县志》
275	930 年	杨吴大和二年	句容蝗灾，积地尺许。	《句容县志》
276	932 年	杨吴大和四年	钟山②之阳，积飞蝗尺余厚，有数千僧白昼聚首，啗之尽。	《十国春秋·吴本纪》
277	939 年	后晋天福四年	七月，山东、河南、关西③诸郡蝗害稼。	《旧五代史·五行志》
			正定大旱蝗。	光绪《正定县志》
			七月，沈丘、项城蝗害稼。	《周口地区志》
			潍县蝗。	民国《潍县志稿》

---

① 吴越：五代十国之一，建都今浙江杭州，时辖浙江全省及江苏、福建一部分地区。

② 钟山：又称紫金山，在今江苏南京东。

③ 关西：地区名，泛指今陕西潼关以西广大区域。

（续）

序号	公元纪年	历史纪年	蝗灾情况	资料来源
277	939 年	后晋天福四年	七月，山丹蝗害稼。	《山丹县志》
			七月，张家川蝗害稼。	《张家川回族自治县志》
278	940 年	后晋天福五年	夏，四川蝗。	《中国历代蝗患之记载》
			河南、北蝗。兰考蝗。	《兰考县志》
279	941 年	后晋天福六年	夏四月，蝗。	《十国春秋·后蜀本纪》
			镇州大旱蝗。	《新五代史·安重荣传》
			行唐飞蝗成灾。	《行唐县志》
			七月，关西诸郡蝗伤禾。	《玉门市志》
280	942 年	后晋天福七年	春，郓、曹、澶、博、相、洺诸州蝗。夏四月，州郡十六处蝗。五月，州郡十八蝗。六月，河南、河北、关西蝗害稼。秋七月，州郡十七蝗。帝宣制："天下有虫蝗处，并与除放租税。"八月，河中、河东、河西、徐、晋、商、汝等州蝗。①	《旧五代史·晋书》
			闰三月，天兴②蝗食麦。	《新五代史·晋高祖纪》
			六月，淮北③大蝗，蔽空而至，命州县捕蝗瘗之。	《古今图书集成·庶征典·蝗灾部汇考》
			四月，山东、河南、关西诸郡蝗害稼。	《旧五代史·五行志》
			陕西，安徽，江苏徐州、扬州，山东青州蝗灾。	《中国历代蝗患之记载》
			时天下大蝗，惟不入河东界。	《旧五代史·汉书·高祖纪》
			睢宁蝗自淮北蔽空而来。	光绪《睢宁县志稿》
			四月，关西诸郡皆蝗，人死者十有七八。	雍正《陕西通志》

① 澶：澶州，旧州名，治所在今河南濮阳；相：相州，旧州名，治所在今河南安阳；洺：洺州，旧州名，治所在今河北永年东南；晋：晋州，旧州名，治所在今山西临汾。

② 天兴：旧县名，治所在今陕西凤翔。

③ 淮北：地区名，泛指今安徽凤台至亳州东南淮河以北地区。

序号	公元纪年	历史纪年	蝗灾情况	资料来源
280	942年	后晋天福七年	四月，关中诸州皆蝗，人死者十有七八。	《西安市志》
			四月，未央区蝗，人死者十有七八。	《未央区志》
			凤翔蝗灾，人死十有七八。	《凤翔县志》
			周至蝗灾。	《周至县志》
			四月，宝鸡蝗害。	《宝鸡市志》
			四月，陇县蝗。	《陇县志》
			四月，定边皆蝗，人死者十有七八。	《定边县志》
			天下大旱，继又蝗灾，人民流徙。	《清水县志》
			张家川飞蝗害田，食草木皆尽。时蝗旱相继，人民流徙，饥者盈路。	《张家川回族自治县志》
			通渭蝗虫成灾，民大饥。	《通渭县志》
			平凉飞蝗害田，食草木皆尽。	《平凉市志》
			四月，武威诸郡皆蝗，民饥。	《武威市志》
			四月，永昌蝗虫为害。	《永昌县志》
			酒泉蝗伤禾。	《酒泉市志》
			四月，嘉峪关外各地飞蝗成灾，田禾、草木皆尽，饥民流徙，死者十之七八。	《玉门市志》
			山丹飞蝗害田，食草木皆尽，人民流徙，饥者盈路。	《山丹县志》
			东昌旱蝗。	嘉庆《东昌府志》
			夏四月，昌乐蝗害稼。	嘉庆《昌乐县志》
			沂州府蝗。	乾隆《沂州府志》
			日照蝗害稼。	康熙《日照县志》
			夏四月，陈州蝗害稼。	乾隆《陈州府志》
			四月，沈丘蝗害稼。	《沈丘县志》

（续）

序号	公元纪年	历史纪年	蝗灾情况	资料来源
280	942 年	后晋天福七年	六月，舞阳旱蝗。	《舞阳县志》
			秋，鲁山蝗灾。	《鲁山县志》
			四月，新蔡飞蝗害田，食草木皆尽。	《新蔡县志》
			望都旱蝗害稼，草木叶尽。	《望都县志》
			飞蝗为灾，诏有虫蝗处，不论军民人等，捕蝗一斗即以粟一斗易之，有司官员捕蝗使者不得少有撎滞。	《治蝗全法》
281	943 年	后晋天福八年	正月，时州郡蝗旱，百姓流亡，饿死者千万计。夏四月，河南、河北、关西诸州旱蝗，分命使臣捕之。五月，飞蝗自北翳天而南，所在旱蝗。六月，以螟蝗为害，诏侍卫往皋门祭告，遣诸司使分往开封府界捕之。宿州飞蝗抱草干死。开封府界飞蝗自死，河南府飞蝗大下，遍满山野，草苗、木叶食之皆尽，人多饿死。陕州飞蝗入界，伤食禾稼及竹木之叶，逃户凡八千一百。是月，诸州郡大蝗，所至草木皆尽。九月，州郡二十七蝗，饿死数十万。	《旧五代史·晋书·少帝纪》
			三月，蝗。四月，威顺军捕蝗于陈州。五月，泰宁军捕蝗于中都①。六月，祭蝗于皋门。奉国军捕蝗于京畿，括借民粟，杀藏粟者。八月，募民捕蝗，易以粟。	《新五代史·晋出帝纪》

---

① 中都：旧县名，治所在今山东汶上。

（续）

序号	公元纪年	历史纪年	蝗灾情况	资料来源
281	943 年	后晋天福八年	四月，天下诸州飞蝗害田，食草木叶皆尽，诏州县长吏捕蝗。华州、雍州节度使命百姓捕蝗一斗，以禄粟一斗偿之。时蝗旱相继，人民流移，饥者盈路，关西饿殍尤甚，死者十七八。朝廷以军食不充分，命使臣诸道括粟麦，晋祚自兹衰矣。	《旧五代史·五行志》
			是岁，蝗大起，东自海壖，西距陇坻，南逾江淮，北抵幽蓟，原野、山谷、城郭、庐舍皆满，竹木叶俱尽。重以官括民谷，使者督责严急，至封碓磑，不留其食，有坐匿谷抵死者。县令往往以督趣不办，纳印自劾去。民馁死者数十万口，流亡不可胜数。	《资治通鉴·后晋纪》
			是时，天下旱蝗。	《新五代史·四夷附录》
			河南开封、洛阳、中牟、封丘、阳武，山西浮山蝗灾。	《中国历代蝗患之记载》
			春，杞县大蝗，草木食尽，派员督民捕杀。	《杞县志》
			长垣蝗食稼、草木皆尽。	嘉庆《长垣县志》
			夏，台前蝗虫遍境，禾叶食尽。	《台前县志》
			七月，扶沟、淮阳、沈丘旱蝗。	《周口地区志》
			五月，汝州旱蝗，百姓流亡。	《汝州市志》
			春，鹿邑大旱，遍地蝗患，官府促民捕杀。	《鹿邑县志》
			四月，新蔡复蝗。	《新蔡县志》
			春夏间，光州旱蝗，庄稼、树叶全被吃光。	《潢川县志》

（续）

序号	公元纪年	历史纪年	蝗灾情况	资料来源
281	943年	后晋天福八年	六月，宣供奉官朱彦威等七人各部领奉国兵士于封丘、长垣、阳武、浚仪、酸枣①、中牟、开封等县捕蝗。	《古今图书集成·庶征典·蝗灾部汇考》
			赵县蝗虫遍野，草木叶皆尽。	《赵县志》
			秋，石家庄蝗虫大起，庄稼及草木叶吃光，民众饥馑。	《石家庄市志》
			正定蝗大起，判官王绪谋括民谷百万斛，民死不可胜数。	光绪《正定县志》
			蝗遍全国，民馁死数十万，流亡不可胜数。	《栾城县志》
			秋，赞皇蝗虫作害，饥。	《赞皇县志》
			饶阳蝗大起。	《饶阳县志》
			秋，定州蝗大起。	雍正《直隶定州志》
			秋，顺平蝗虫铺天盖地，庄稼、树叶吃光，百姓流离。	《顺平县志》
			望都旱，蝗害稼，食草木尽。	《望都县志》
			清河大蝗伤田，人食草木、树叶尽，百姓捕蝗一斗，官给粟一斗。	《清河县志》
			临西蝗。	《临西县志》
			六月，邱县大旱蝗。	《邱县志》
			东昌旱蝗。	嘉庆《东昌府志》
			临朐旱蝗，大饥。	光绪《临朐县志》
			是年，昌乐蝗大起。	嘉庆《昌乐县志》

---

①　阳武：旧县名，治所在今河南原阳东南；浚仪：旧县名，治所在今河南开封；酸枣：旧县名，治所在今河南延津。

（续）

序号	公元纪年	历史纪年	蝗灾情况	资料来源
281	943 年	后晋天福八年	夏四月，天下诸州飞蝗害田，食草木叶皆尽。	民国《潍县志稿》
			莱州蝗成灾，庄稼、树叶吃光。	《莱州市志》
			晋州①大蝗。	《临汾市志》
			洪洞飞蝗害稼。	民国《洪洞县志》
			翼城蝗虫食草害稼十分严重。	《翼城县志》
			陕西旱蝗相继。	《清涧县志》
			三原旱蝗相继。	《三原县志》
			武功旱蝗相继，饿殍盈路。	《武功县志》
			千阳旱蝗相继。	《千阳县志》
			宝鸡旱蝗相继，人流徙。	《宝鸡市志》
			眉县旱蝗相继，民流徙，饿殍遍野。	《眉县志》
			陇县旱蝗相继，民流徙，饥死者十之八九。	《陇县志》
			秋，平凉蝗虫大起，原野、山谷、城郭、庐舍皆满，竹木叶被食殆尽，人口流亡不可胜数，命百姓捕蝗一斗赏粟一斗。	《平凉市志》
282	944 年	后晋天福九年	夏，周口蝗害稼。	《周口地区志》
283	946 年	后晋开运三年	是时，天下旱蝗。	《新五代史·晋家人传·延煦》
284	947 年	后汉天福十二年	山东曹县蝝生。	《中国历代蝗患之记载》
285	948 年	后汉乾祐元年	七月，青、郓、兖、齐、濮、沂、密、邢、曹皆言蝝生。开封府阳武、雍丘、襄邑②等县蝗，寻为鸲鹆食之皆尽。敕"禁罗弋鸲鹆"，以其有吞蝗之异。	《旧五代史·五行志》

---

① 晋州：旧州名，治所在今山西临汾，北宋升为平阳府。
② 雍丘：旧县名，治所在今河南杞县；襄邑：旧县名，治所在今河南睢县。

（续）

序号	公元纪年	历史纪年	蝗灾情况	资料来源
285	948年	后汉乾祐元年	七月，河南蝗。	《河南东亚飞蝗及其综合治理》
			七月，怀庆蝗。	《怀庆府志》
			七月，杞县蝗。	《杞县志》
			七月，原武蝗。	乾隆《原武县志》
			临西蝗。	《临西县志》
			定陶蝝生，寻为鸲鹆食之殆尽。	民国《定陶县志》
			秋，东昌旱蝗，有鸲鹆食蝗，禁捕鸲鹆。	嘉庆《东昌府志》
			七月，郓州蝝生。	光绪《东平州志》
			秋七月，青、兖、齐、密皆言蝝生。	咸丰《青州府志》
			秋七月，临朐蝝生。	光绪《临朐县志》
			秋七月，寿光蝝生。	民国《寿光县志》
			秋七月，安丘蝝生。	万历《安丘县志》
			秋七月，昌乐蝝生。	嘉庆《昌乐县志》
			潍县蝝生。	民国《潍县志稿》
			夏六月，益都蝗。秋七月，蝝生。	光绪《益都县图志》
			七月，日照蝝生。	康熙《日照县志》
286	949年	后汉乾祐二年	五月，博州博平县界蝝生，弥亘数里。兖、郓、齐三州蝝生。宋州蝗抱草而死。六月，兖州捕蝗二万斛，魏、博、宿三州蝗抱草而死。滑、濮、澶、曹、兖、淄、青、怀、齐、宿、相、卫、博、陈等州蝗[1]，分命中使致祭于所在川泽山林之神。开封府滑、曹等州	《旧五代史·汉书·隐帝纪》

---

[1]　宋州：旧州名，治所在今河南商丘南；滑州：旧州名，治所在今河南滑县东南城关镇；卫州：旧州名，治所在今河南卫辉。

（续）

序号	公元纪年	历史纪年	蝗灾情况	资料来源
286	949 年	后汉乾祐二年	蝗甚，遣使捕之。七月，兖州捕蝗四万斛。	
			河北蝗灾。	《中国历代蝗患之记载》
			夏六月，益都蝗。	光绪《益都县图志》
			七月，鄄城蝝虫为灾。	《鄄城县志》
			杞县飞蝗，一夜尽死，祭之。	《杞县志》
			扶沟蝗虫为害。	《扶沟县志》
			六月，宿地蝗灾严重，至秋，蝗抱草死。	《宿县县志》
287	953 年	后周广顺三年	六月，南唐旱蝗，民饥。	《十国春秋·南唐本纪》
			江苏、安徽蝗大发生，饥。	《中国东亚飞蝗蝗区的研究》
			溧水旱蝗。	《溧水县志》
			句容旱蝗。	《句容县志》
288	954 年	后周显德元年	濮州蝝生。	宣统《濮州志》
			六月，兰考蝗。	《兰考县志》

第三章
宋代（含辽、金）蝗灾

序号	公元纪年	历史纪年	蝗灾情况	资料来源
289	960年	宋建隆元年	七月，澶州蝗。	《宋史·五行志》
			秋，河北大名、山东陵县①蝗。	《中国东亚飞蝗蝗区的研究》
			曲阜蝝生。	乾隆《曲阜县志》
			范县旱蝗成灾。	《范县志》
			濮阳旱蝗。	《濮阳县志》
			七月，泽州蝗。	《中国历代天灾人祸表》
			六月，广武乡②蝗虫为害。	《中宁县志》
290	961年	宋建隆二年 后蜀广政二十四年	五月，范县蝗。	《宋史·五行志》
			螟蝗见成都。	《十国春秋·后蜀本纪》
			五月，濮州蝗。	宣统《濮州志》
			五月，观城蝗。	道光《观城县志》
291	962年	宋建隆三年	是岁，河北、陕西、京东诸州旱蝗，悉蠲其租。	《续资治通鉴·宋纪》
			七月，兖、济、德、磁、洺五州蝝。	《宋史·太祖本纪》

---

① 陵县：旧县名，治所在今山东德州，明永乐七年（1409年）移治今山东陵县。
② 广武乡：即广武营，在今宁夏青铜峡市西南。

（续）

序号	公元纪年	历史纪年	蝗灾情况	资料来源
291	962年	宋建隆三年	七月，深州蝻虫生。	《宋史·五行志》
			栾城旱蝗，免除租税。	《栾城县志》
			七月，饶阳蝻虫生。	《饶阳县志》
			冀县旱蝗。	《冀县志》
			七月，磁州、相州、深州及山东等地蝻虫生。	《深县志》
			临西蝗。	《临西县志》
			南和蝗灾严重，庄稼绝收，朝廷下诏免租。	《南和县志》
			七月，临漳蝗。	《临漳县志》
			七月，邱县旱蝗。	《邱县志》
			七月，永年蝗。	《永年县志》
			七月，曲周蝗灾。	《曲周县志》
			范县连续三年旱蝗成灾。	《范县志》
			秋七月，曲阜蝼生。	乾隆《曲阜县志》
			济、郓等十余州蝼生。	咸丰《金乡县志略》
			七月，平原蝼生。	乾隆《平原县志》
			济州等十余州苗皆稿，蝼生。	道光《巨野县志》
			陕西旱蝗，飞入蓝田。	《蓝田县志》
			思邛①地闹蝗灾，遍地飞蝗，粮食减产六成。	《印江土家族苗族自治县志》
292	963年	宋建隆四年	六月，澶、濮、曹、绛等州有蝗。七月，怀州②蝗生。	《宋史·五行志》
			新乡旱蝗成灾。	《新乡县志》
			七月，武陟蝗。	道光《武陟县志》
			濮阳蝗。	《濮阳县志》
			六月，新绛蝗。	民国《新绛县志》
			夏六月，太平蝗。	光绪《太平县志》

① 思邛：旧县名，治所在今贵州印江土家族苗族自治县。
② 怀州：旧州名，治所在今河南沁阳。

（续）

序号	公元纪年	历史纪年	蝗灾情况	资料来源
292	963年	宋建隆四年	河北大名、甘肃平番①蝗。	《中国历代蝗患之记载》
			夏六月，广武②县蝗。	光绪《甘肃新通志》
293	964年	宋乾德二年	六月，河南、北及秦诸州蝗，惟赵州不食稼。	《宋史·太祖本纪》
			四月，相州螟虫食桑。五月，昭庆③县有蝗，东西四十里，南北二十里。是时，河北、河南、陕西诸州有蝗。	《宋史·五行志》
			夏六月，赵州蝗。	《赵县志》
			六月，宁晋蝗。	《宁晋县志》
			五月，南和蝗虫生。	《南和县志》
			磁县蝗灾。	《磁县志》
			夏，平原蝗。	乾隆《平原县志》
			河内蝗，郑县大旱蝗，秋禾被吃光，大饥。	《河南东亚飞蝗及其综合治理》
			荥阳蝗。	民国《续荥阳县志》
			中牟蝗。	民国《中牟县志》
			五月，河南府诸州蝗。	乾隆《河南府志》
			尉氏蝗。	道光《尉氏县志》
			河南、北皆有蝗灾。	《兰考县志》
			夏，卫辉蝗。	乾隆《卫辉府志》
			夏，辉县蝗。	道光《辉县志》
			怀庆蝗。	乾隆《怀庆府志》
			济源蝗。	乾隆《济源县志》
			夏，安阳旱蝗。四月，项州螟。	《安阳县志》
			夏，沈丘、淮阳、项城、太康旱蝗。	《周口地区志》

---

① 平番：旧县名，治所在今甘肃永登。
② 广武：旧县名，治所在今甘肃永登。
③ 昭庆：旧县名，治所在今河北隆平东旧城乡。

（续）

序号	公元纪年	历史纪年	蝗灾情况	资料来源
293	964 年	宋乾德二年	夏，陈州蝗。	乾隆《陈州府志》
			新野唐河、白河流域蝗。	《新野县志》
			桐柏蝗。	乾隆《桐柏县志》
			陕西诸州有蝗。	雍正《陕西通志》
			秋，同州蝗。	《韩城市志》
			长武蝗伤禾，秋无收。	《长武县志》
			永寿蝗虫伤禾，秋无收。	《永寿县志》
			汉中蝗。	《汉中市志》
			六月，延安地区蝗害稼。	《延安地区志》
			洛川蝗虫成灾。	嘉庆《洛川县志》
			五月，耀州有蝗。	《耀县志》
			五月，府谷蝗。	《府谷县志》
			六月，秦州蝗。	光绪《重纂秦州直隶州新志》
294	965 年	宋乾德三年	七月，诸路有蝗。	《宋史·五行志》
			秋，山东青州蝗灾。	《中国历代蝗患之记载》
			荥阳旱蝗。	《荥阳县志》
			七月，海兴蝗。	《海兴县志》
			永寿蝗虫伤禾。	《永寿县志》
			七月，陇西①诸路有蝗，食禾苗。	《通渭县志》
			七月，榆中蝗食禾苗。	《榆中县志》
			七月，陇右诸路有蝗，禾苗被食。	《和政县志》
			静宁蝗食禾苗。	《静宁县志》
295	966 年	宋乾德四年	六月，濮州、澶州蝗。	宣统《濮州志》
			二月，鹿邑蝗。	《鹿邑县志》
			菏泽有蝗。	光绪《菏泽县志》
			曹州有蝗。	康熙《曹州志》

---

① 陇西：地区名，又称陇右，泛指今甘肃陇山以西广大区域。

（续）

序号	公元纪年	历史纪年	蝗灾情况	资料来源
295	966年	宋乾德四年	秋九月，东阿、须城①县蝗，不为灾。	民国《续修东阿县志》
296	968年	宋开宝元年	八月，磁县蝗灾。	《磁县志》
297	969年	宋开宝二年	八月，冀、磁二州蝗。	《宋史·五行志》
			秋八月，新河蝗。	民国《新河县志》
			八月，武邑蝗。	《武邑县志》
			八月，安阳、磁州蝗。	《安阳县志》
298	972年	宋开宝五年	秋，河北大名蝗灾。	《中国历代蝗患之记载》
			六月，大名府澶州蝗。	咸丰《大名府志》
299	974年	宋开宝七年	河北大名、安徽亳县蝗灾。	《中国历代蝗患之记载》
			滑州蝗。	同治《滑县志》
			亳州蝗。	乾隆《颍州府志》
300	975年	宋开宝八年	浚县蝗灾。	《浚县志》
301	977年	宋太平兴国二年	闰七月，卫州螟虫生。	《宋史·五行志》
			八月，巨鹿步螟生。	《宋史·太宗本纪》
			河南汲县、洛阳螟虫生。	《中国历代蝗患之记载》
			七月，辉县蝗螟生。	道光《辉县志》
302	981年	宋太平兴国六年	七月，河南府、宋州蝗。	《宋史·五行志》
			秋，河南洛阳蝗灾。	《中国历代蝗患之记载》
			七月，商丘蝗旱。	《商丘县志》
303	982年	宋太平兴国七年	四月，北阳②县螟虫生，有飞鸟食之尽。滑州螟虫生。是月，大名府、陕州、陈州蝗。七月，阳谷县螟虫生。	《宋史·五行志》
			三月，北阳县蝗，飞鸟数万食之尽。五月，陕州蝗。秋七月，阳谷县蝗。九月，	《宋史·太宗本纪》

---

①　须城：旧县名，治所在今山东东平州城镇。
②　北阳：即比阳县，旧县名，治所在今河南泌阳。

（续）

序号	公元纪年	历史纪年	蝗灾情况	资料来源
303	982年	宋太平兴国七年	邠州①蝗。	
			五月，峡州②蝗。	民国《湖北通志》
			河南南阳，湖北宜昌、长阳、东湖③蝗。	《中国历代蝗患之记载》
			四月，比阳县蝻生，有飞鸟食之尽。	嘉庆《南阳府志》
			夏，沈丘蝗。	《沈丘县志》
			五月，陈州蝗。	《淮阳县志》
			七月，郓州蝗蝻生。	光绪《东平州志》
		辽乾亨四年	滦州旱蝗，赈济灾民。	《滦县志》
			秋九月，滦南旱，蝗灾。	《滦南县志》
			四月，大名蝗。	民国《大名县志》
			四月，魏县蝗。	《魏县志》
304	983年	宋太平兴国八年	九月，辽以东京④、平州旱蝗，暂停关征，以通山西籴易。	《续资治通鉴·宋纪》
		辽乾亨五年	五稼不登，开帑而代民税。螟蝗为灾，罢徭役以恤饥贫。	《辽史·食货志》
			秋，河北永平、滦州、辽宁蝗灾。	《中国历代蝗患之记载》
			九月，平州旱，抚宁蝗灾。	《抚宁县志》
			四月，滑州蝻生。	同治《滑县志》
			四月，浚县生蝗蝻。	《浚县志》
305	984年	宋太平兴国九年	七月，泗州蝥虫食桑。	《文献通考·物异考》
306	985年	宋雍熙二年	五月，天长⑤军蝥生。	《宋史·太宗本纪》
			秋八月，平凉蝗灾。	《平凉市志》

---

① 邠州：旧州名，治所在今陕西彬县。
② 峡州：旧州名，治所在今湖北宜昌。
③ 东湖：旧县名，治所在今湖北宜昌。
④ 东京：辽五京道之一，治所在今辽宁辽阳老城。
⑤ 天长：旧军名，治所在今安徽天长。

（续）

序号	公元纪年	历史纪年	蝗灾情况	资料来源
307	986年	宋雍熙三年	七月，鄄城县有蛾蝗，自死。	《宋史·五行志》
			濮州蝗。	《宋史·太宗本纪》
			德彝嗣侯，判沂州。属飞蝗入境，吏民请坎瘗、火焚之。	《续资治通鉴·宋纪》
			秋，河北大名蝗。	《中国历代蝗患之记载》
308	989年	宋端拱二年	春，息县大旱蝗。	嘉庆《息县志》
			确山、正阳、汝南飞蝗蔽天。	《驻马店地区志》
			四月，新蔡飞蝗遍野。	《新蔡县志》
			春，汝南旱蝗，民多饥死。	《汝南县志》
309	990年	宋淳化元年	七月，淄、澶、濮州、乾宁①军蝗，沧州蝗蝻虫食苗，棣州飞蝗自北来，害稼。	《宋史·五行志》
			曹、单二州蝗，不为灾。	《宋史·太宗本纪》
			四月，郓州中都县蝻虫生。七月，单州砀山②县蝗，曹州济阴县有蝗自北来，飞亘天有声。	《文献通考·物异考》
			秋，鲁山蝗灾。	《鲁山县志》
			七月，新蔡复蝗。	《新蔡县志》
			秋，河北蝗食苗稼。	《中国历代蝗患之记载》
			南皮蝗害禾稼。	《南皮县志》
			七月，盐山蝗蝻伤苗。	《盐山县志》
			七月，黄骅旱，蝗蝻成灾，食尽草木叶。	《黄骅县志》
			七月，青县蝗食禾。	民国《青县志》
			七月，静海蝗灾。	《静海县志》
			七月，大港旱，蝗蝻成灾，草木叶尽食。	《大港区志》

---

① 淄：淄州，旧州名，治所在今山东淄博淄川区；乾宁：旧军名，治所在今河北青县。

② 砀山：旧县名，在今安徽砀山东，时属单州管辖。

（续）

序号	公元纪年	历史纪年	蝗灾情况	资料来源
309	990年	宋淳化元年	七月，棣州飞蝗并起害稼。宁津蝗。	光绪《宁津县志》
			七月，淄州蝗。	乾隆《淄川县志》
			秋七月，惠民蝗。	光绪《惠民县志》
			七月，观城蝗。	道光《观城县志》
			七月，长山蝗。	嘉庆《长山县志》
310	991年	宋淳化二年	闰二月，鄄城县蝗。三月，以岁蝗旱祷雨弗应，手诏宰相等："朕将自焚，以答天谴。"翌日而雨，蝗尽死。六月，楚丘①、鄄城、淄川三县蝗。七月，乾宁军蝗。	《宋史·太宗本纪》
			三月，亳州蝻虫生，遇雨而死。六月，淄、澶、濮州、乾宁军蝗生。七月，宁边②军蝻，沧州蝻虫食苗，棣州飞蝗北来，害稼。	《文献通考·物异考》
			大名、博、贝等州蝗。	嘉庆《东昌府志》
			山东东昌、河南祥符、河北蝗。	《中国历代蝗患之记载》
			春，河南大旱蝗。	雍正《河南通志》
			春，郑县蝗旱。	《河南东亚飞蝗及其综合治理》
			春，荥阳大旱蝗。	民国《续荥阳县志》
			春，开封府大旱蝗。	康熙《开封府志》
			开封蝗灾严重。	《开封县志》
			三月，祥符大旱蝗。	光绪《祥符县志》
			春，杞县旱，蝗灾。	《杞县志》
			春，尉氏大旱蝗。	道光《尉氏县志》

---

① 楚丘：旧县名，治所在今山东曹县东南。
② 宁边：旧军名，治所在今河北蠡县。

（续）

序号	公元纪年	历史纪年	蝗灾情况	资料来源
310	991年	宋淳化二年	春，鹿邑旱，蝗虫为害。	《鹿邑县志》
			春，沈丘旱蝗。	《沈丘县志》
			七月，海兴蝗。	《海兴县志》
			三月，诏以旱蝗自焚，翌日雨。	至正《金陵新志》
311	992年	宋淳化三年	六月，飞蝗自东北来蔽天，经西南而去，是夕大雨，蝗尽死。秋七月，许、汝、兖、单、沧、蔡、齐、贝八州蝗。	《宋史·太宗本纪》
			六月，京师有蝗起东北，趣至西南，蔽空如云翳日。七月，贝、许、沧、沂、蔡、汝、商、兖、单等州，淮阳军、平定、彭城蝗，蛾抱草自死。	《宋史·五行志》
			山西、河南开封蝗灾，飞蔽天；江苏徐州、邳州蝗，多抱草死。	《中国历代蝗患之记载》
			六月，京师有蝗起东北，趣西南，蔽空，如云翳日。七月，贝、许、沧、沂、蔡、汝、商、兖、单等州蝗，淮阳、平定、静戎①军蝗，俄抱草自死。	《文献通考·物异考》
			夏，旱蝗。	《宋史·李昉传》
			七月，历城蝗。	乾隆《历城县志》
			秋七月，曲阜蝗。	乾隆《曲阜县志》
			七月，阳泉蝗，俄抱草自死。	《阳泉市志》
			七月，昔阳蝗，俄抱草自死。	民国《昔阳县志》
			七月，许昌蝗。	《许昌县志》

① 淮阳：旧军名，治所在今江苏睢宁西北；静戎：旧军名，治所在今河北徐水。

（续）

序号	公元纪年	历史纪年	蝗灾情况	资料来源
311	992 年	宋淳化三年	临颍蝗。	民国《重修临颍县志》
			七月，汝州旱，蝗虫抱枯草而死。	《汝州市志》
			七月，蔡州蝗灾。	《驻马店地区志》
			汝南旱蝗。	《汝南县志》
			七月，新蔡蝗，蛾抱草自死。	《新蔡县志》
			东光蝗，俄抱草死。	《东光县志》
			盐山蝗，抱草死。	《盐山县志》
			七月，海兴蝗。	《海兴县志》
			七月，大港蝗虫成灾，蔽空遮日。	《大港区志》
312	993 年	宋淳化四年	江、浙、淮、陕比岁旱蝗，遣使分路巡抚。	至正《金陵新志》
313	995 年	宋至道元年	夏六月，鹿邑蝗虫为害。	《鹿邑县志》
314	996 年	宋至道二年	六月，亳州、宿、密州蝗生，食苗。七月，长葛、阳翟①二县有蝻虫食苗，历城、长清等县有蝗。	《宋史·五行志》
			六月，亳州蝗。秋七月，许、宿、齐三州蝗抱草死。八月，密州言蝗不为灾。	《宋史·太宗本纪》
			六月，胶州蝗食生苗。	民国《增修胶志》
			七月，许州蝻食秋苗。	《许昌县志》
			安徽亳县、宿州、凤阳，河南长葛、密县②，山东济宁、济南、齐州蝗害。	《中国东亚飞蝗蝗区的研究》
315	997 年	宋至道三年	七月，单州蝻虫生。	《宋史·五行志》
316	999 年	宋咸平二年	八月，惠民蝗。	光绪《惠民县志》
317	1001 年	宋咸平四年	河南开封蝗灾。	《中国历代蝗患之记载》

① 阳翟：旧县名，治所在今河南禹州。
② 密县：旧县名，1994 年改设今河南新密市。

（续）

序号	公元纪年	历史纪年	蝗灾情况	资料来源
317	1001 年	宋咸平四年	陈留蝗。	康熙《开封府志》
			河南蝗。兰考蝗。	《兰考县志》
318	1004 年	宋景德元年	陕、滨、棣州蝗害稼，命使振之。	《宋史·真宗本纪》
			九月，商河大蝗。	民国《重修商河县志》
			九月，临邑大蝗。	民国《临邑县志》
319	1005 年	宋景德二年	六月，京东诸州蝻虫生。	《宋史·五行志》
			夏，山东、河南蝗蝻生。	《中国历代蝗患之记载》
			八月，棣州蝗。九月，商河大蝗。	咸丰《武定府志》
			春，郑县蝗。	《河南东亚飞蝗及其综合治理》
320	1006 年	宋景德三年	八月，德、博蝝生。	《宋史·五行志》
			秋，山东平原、青州、沂州，河北大名蝻虫生。	《中国历代蝗患之记载》
			八月，河北蝝。	民国《大名县志》
			八月，平原蝝生。	乾隆《平原县志》
			胶州蝗蝻生。	民国《增修胶志》
			密州、莒县蝗。	乾隆《沂州府志》
			日照蝻生。	康熙《日照县志》
321	1007 年	宋景德四年	九月，宛丘、东阿、须城三县蝗。	《宋史·五行志》
			六月，荥阳蝗。	民国《续荥阳县志》
			秋，淮阳蝗。	《淮阳县志》
			八月，沈丘蝗。	《沈丘县志》
			秋，山东泰安蝗灾。	《中国历代蝗患之记载》
322	1008 年	宋大中祥符元年	六月，通许蝗。	乾隆《通许县志》
323	1009 年	宋大中祥符二年	五月，雄州蝻虫食苗。	《宋史·五行志》
			八月，陈留蝗。	宣统《陈留县志》

（续）

序号	公元纪年	历史纪年	蝗灾情况	资料来源
323	1009 年	宋大中祥符二年	七月，杞县蝗。	《杞县志》
			八月，封丘蝗。	顺治《封丘县志》
			秋，宛丘等三县蝗。	《淮阳县志》
324	1010 年	宋大中祥符三年	六月，开封府尉氏县螟虫生。	《宋史·五行志》
			六月，开封府咸平^①、尉氏二县螟虫生。	《文献通考·物异考》
			七月，马鞍山蝗虫为灾。	《马鞍山市志》
325	1011 年	宋大中祥符四年	六月，祥符县蝗。七月，河南府及京东蝗生，食苗叶。八月，开封府祥符、咸平、中牟、陈留、雍丘、封丘六县蝗。	《宋史·五行志》
			河南洛阳、尉氏、开封、祥符、中牟，河北大名蝗。	《中国历代蝗患之记载》
			畿内蝗。	《宋史·真宗本纪》
			六月，河南蝗。	雍正《河南通志》
			六月，河南府蝗生，食苗叶。	乾隆《河南府志》
			七月，新安蝗。	乾隆《新安县志》
			八月，杞县蝗。	《杞县志》
			六月，尉氏生蝗。	道光《尉氏县志》
			六月，通许蝗继生。	乾隆《通许县志》
			兖属巨野有蝗，青色。	道光《巨野县志》
			秋七月，诸城蝗。	乾隆《诸城县志》
			七月，胶州蝗。	民国《增修胶志》
326	1012 年	宋大中祥符五年	万荣飞蝗蔽空，及霜寒始毙。	《万荣县志》
327	1013 年	宋大中祥符六年	九月，澄城蝗食苗。	《澄城县志》
328	1016 年	宋大中祥符九年	六月，京畿、京东西、河北路蝗螟继生，弥覆郊野，	《宋史·五行志》

① 咸平：旧县名，治所在今河南通许。

（续）

序号	公元纪年	历史纪年	蝗灾情况	资料来源
328	1016 年	宋大中祥符九年	食民田殆尽，入公私庐舍。七月，过京师，群飞蔽空，延至江、淮南，趣河东，及霜寒始毙。	
			六月，京畿蝗。秋七月，开封府祥符县蝗附草死者数里。以畿内蝗下诏戒郡县，诏京城禁乐一月。八月，磁、华、瀛、博等州蝗，不为灾。九月，督诸路捕蝗；青州飞蝗赴海死，积海岸百余里。	《宋史·真宗本纪》
			天下大蝗，使人于野得死蝗，帝以示大臣。明日，执政遂袖死蝗进曰："蝗实死矣，请示于朝，率百官贺。"旦独不可。后数日方奏事，飞蝗蔽天，帝顾旦曰："使百官方贺，而蝗如此，岂不为天下笑耶？"	《宋史·王旦传》
			山西郏县、山东青州、江苏江都蝗灾。	《中国历代蝗患之记载》
			秋七月，飞蝗过京城，帝诣玉清昭应宫、开宝寺、灵感塔焚香祈祷，禁宫城音乐五日。先是帝出死蝗以示大臣曰："朕遣人遍于郊野视蝗，多自死者。"翌日，执政有袖死蝗以进者曰："蝗实死矣，请示于朝。"率百官贺。王旦曰："蝗出为灾，灾弭，幸也，又何贺焉？"众力请，旦固称不可，乃止。于是，二府方奏事，飞蝗蔽天，有坠于殿廷间者。帝顾谓旦曰："使百官方贺而蝗若	《续资治通鉴·宋纪》

（续）

序号	公元纪年	历史纪年	蝗灾情况	资料来源
328	1016 年	宋大中祥符九年	此，岂不为天下笑邪！"是月，诏曰："近以蝗蝝伤于苗稼，仍令所在官司谨察视之。"八月，中使等言分路检视，蝗伤民田约十之一二，帝命所定蠲税分数，更加优厚。九月，令诸路转运使督民捕蝗。诏："诸州蝗旱，今始得雨，方在劝农，罢诸营造。""诸州县七月以后诉灾伤者，准格例不许；今岁蝗旱，特听受其牒诉。"青州言飞蝗投海死。先是京畿、京东、西、河北路蝗生，弥覆郊野。七月，过京师，延至江、淮，及霜寒始尽。飞蝗之过京城也，帝方坐便殿，左右以告，帝起，临轩仰视，则蝗势连云障日，莫见其际。帝默然还坐，意甚不怿，乃命撤膳。	
			长垣旱，蝗食民田殆尽。	嘉庆《长垣县志》
			秋，如皋蝗灾。	《如皋县志》
			广陵蝗灾。	《广陵区志》
			七月，盱眙蝗飞翳空，延至江、淮，及霜寒始毙。	光绪《盱眙县志稿》
			七月，仪征蝗。	道光《仪征县志》
			霍邱蝗灾，食田稼尽，入公私庐舍。	《霍邱县志》
			六月，保定府蝗蝻生。	光绪《保定府志》
			六月，高阳蝗蝻继生，弥覆郊野，食民田殆尽。	雍正《高阳县志》
			六月，望都蝗生，入公私庐舍。	《望都县志》

（续）

序号	公元纪年	历史纪年	蝗灾情况	资料来源
328	1016 年	宋大中祥符九年	六月，蠡县蝗蝻继生，弥覆郊野，食民田殆尽，入公私庐舍，及霜寒始毙。	光绪《蠡县志》
			六月，安新蝗灾，食尽田中庄稼，飞入公私庐舍。	《安新县志》
			冀县蝗滋生，弥漫郊野。	《冀县志》
			六月，临西蝗蝻继生，食田殆尽。	《临西县志》
			六月，南和蝗蝻继生，弥漫郊野，食田禾殆尽。	《南和县志》
			六月，新河蝻继生，食民田殆尽。	民国《新河县志》
			六月，魏县蝗蝻继生，食田殆尽。	《魏县志》
			六月，平原蝗生弥野，食民田殆尽，入公私庐舍，及霜寒始毙。	乾隆《平原县志》
			五月，潍坊飞蝗弥覆郊野，食民田殆尽。	《潍坊市志》
			夏六月，诸城蝗。	乾隆《诸城县志》
			六月，胶州蝗。	民国《增修胶志》
			六月，山西蝗。	《山西通志》
			六月，绛县蝗蝻趣河东，及霜寒始毙。	光绪《绛县志》
			解州①蝗飞蔽空，及霜寒始毙。	光绪《解州志》
			虞乡蝗飞蔽天，及霜寒始毙。	光绪《虞乡县志》
			七月，安邑蝗。	乾隆《安邑县志》
			六月，稷山蝗蝻生，至霜寒始毙。	同治《稷山县志》
			七月，永济蝗群飞翳天，趣河东，及霜寒始毙。	《永济县志》

---

① 解州：旧州名，治所在今山西运城西南解州镇。

（续）

序号	公元纪年	历史纪年	蝗灾情况	资料来源
328	1016 年	宋大中祥符九年	秋七月，曲沃蝗。	民国《新修曲沃县志》
			七月，万荣蝗群飞蔽空，及霜寒始尽。	《万荣县志》
329	1017 年	宋天禧元年	二月，开封府、京东西、河北、河东、陕西、两浙、荆湖百三十州军蝗蝻复生，多去岁蛰者；和州蝗生卵，如稻粒而细。六月，江、淮大风，多吹蝗入江海，或抱草木僵死。	《宋史·五行志》
			五月，诸路蝗食苗，诏遣内臣分捕，命使安抚。六月，陕西、江、淮南蝗，并言自死。九月，以蝗罢秋宴。是岁，诸路蝗，民饥，诏发廪振之，蠲租赋，贷其种粮。	《宋史·真宗本纪》
		辽开泰六年	六月，南京诸县蝗。	《辽史·圣宗本纪》
			夏四月，查道知虢州。时虢州蝗灾。道既至，不俟报，出官廪米设糜粥赈饥者，发州麦四千斛给农民种，所全活万余人。五月，诏以仍岁蝗旱，遣使分路安抚。开封府及京东、陕西、江、淮、两浙、荆湖路百三十州军并言二月后蝗蝻食苗，诏："遣使臣与本县官吏焚捕，每三五州命内臣一人提举之。"六月，辽南京①诸县蝗。秋七月，以蝗蝻再生，遣官分祷京城宫观、寺庙，仍令诸州公署设祭坛。九月，时旱蝗之灾，以蝗罢秋宴。	《续资治通鉴·宋纪》

---

① 据《辽史·地理志》，辽南京：古冀州之地，汉为燕国，辽升为南京，统宛平、昌平、安次、武清、香河、蓟州、涿州、固安、易州、三河、永清、容城、玉田、景州等地。

（续）

序号	公元纪年	历史纪年	蝗灾情况	资料来源
329	1017年	宋天禧元年	四月，虢州蝗灾。	《续资治通鉴·宋纪》
			河北顺天、大名，河南开封，山西稷山，江苏江都、东台，浙江杭州、嘉兴、吴兴、余姚，安徽凤阳、盱眙、和县，湖北长阳、江陵等130郡县蝗灾。	《中国历代蝗患之记载》
			陈州蝗蝻复生。	乾隆《陈州府志》
			淮宁①蝗蝻复生。	《淮阳县志》
			春，沈丘蝗蝻复生。	《沈丘县志》
			南京蝗。	《大兴县志》
			二月，魏县蝗。	《魏县志》
			山东诸路蝗，民饥。	宣统《山东通志》
			春，平原蝗蝻复生，多去岁蛰者。	乾隆《平原县志》
			春，诸城蝗蝻复生。	乾隆《诸城县志》
			二月，胶州蝗蝻生。	民国《增修胶志》
			二月，万荣蝗蝻复生。	《万荣县志》
			安邑蝗蝻复生。	乾隆《安邑县志》
			芮城蝗灾。	《芮城县志》
			二月，蒲县境内部分地区蝗虫成灾，遮天蔽日，草木尽食。	《蒲县志》
			稷山蝗蝻复生，多去岁蛰者。	同治《稷山县志》
			河津蝗蝻生。	光绪《河津县志》
			曲沃蝗蝻复生。	民国《新修曲沃县志》
			侯马蝗蝻交生。	《侯马市志》
			陕西百三十州县蝗灾。	《陕西省志·大事记》
			六月，汉中蝗蝻复生，多去岁蛰者。	《汉中市志》

---

① 淮宁：旧府、县名，治所在今河南淮阳。

（续）

序号	公元纪年	历史纪年	蝗灾情况	资料来源
329	1017 年	宋天禧元年	洛川蝗灾。	《延安地区志》
			夏，泰兴旱蝗。	《泰兴县志》
			六月，如皋蝗灾，大风吹蝗入海或抱草木僵死。	《如皋县志》
			六月，仪征蝗，大风吹蝗入江或抱草木僵死。	道光《仪征县志》
			广陵连年蝗灾。	《广陵区志》
			泗阳蝗，不为灾。	民国《泗阳县志》
			霍邱连续蝗灾，食民田禾稼，入公私庐舍。	《霍邱县志》
			含山蝗生卵，如稻粒而细。	康熙《含山县志》
			湖州蝗灾，民饥。	《湖州市志》
			东阳蝗灾。	《东阳市志》
			六月，浦江蝗飞五日。	《浦江县志》
			荆州蝗蝻生。	康熙《湖广通志》
			随县蝗蝻为灾。	《随州志》
			桃源①蝗，江淮大风吹蝗入江海或抱草木僵死。	乾隆《重修桃源县志》
			湘潭蝗。	光绪《湖南通志》
			二月，湘阴蝗蝻复生，多去岁蛰者。	《湘阴县志》
			思邛地蝗灾甚重，饥荒。	《印江土家族苗族自治县志》
			夏六月，河州蝗灾。	《和政县志》
			静宁蝗雹为灾，民饥。	《静宁县志》
			张家川蝗害。	《张家川回族自治县志》
330	1018 年	宋天禧二年	四月，江阴军蝻虫生。	《宋史·五行志》
			浙江杭州、山西稷山及安徽蝻。	《中国历代蝗患之记载》
			河东蝗蝻复生，多去岁蛰者。	光绪《绛县志》

---

① 桃源：旧县名，治所在今江苏泗阳。

（续）

序号	公元纪年	历史纪年	蝗灾情况	资料来源
331	1019 年	宋天禧三年	秋七月，屯田员外郎上言：诸州长吏才境内雨足苗生，即奏丰稔，其后蝗螟灾沴，皆隐而不言，请自今诸州有灾伤处，即时腾奏，命官检视。隐而不言，则论其罪。	《续资治通鉴·宋纪》
332	1020 年	宋天禧四年	河北洺州蝗灾。	《中国历代蝗患之记载》
333	1022 年	宋乾兴元年	江苏蝗。	《中国历代蝗患之记载》
			范讽通判淄州，岁旱蝗，他谷皆不粒，民以蝗不食菽，犹可艺，而患无种，讽行县至邹平，发官廪贷民，即出三万斛。比秋，民皆先期而输。	《续资治通鉴·宋纪》
			泗县蝗，江淮大风吹蝗入水。	光绪《泗虹合志》
			泗洪蝗，江淮大风吹蝗入水。	《泗洪县志》
334	1024 年	宋天圣二年	山西，河南开封，河北邢州、洺州、赵县蝗灾，食稼。	《中国历代蝗患之记载》
			辉县大旱蝗。	道光《辉县志》
			酸枣旱蝗，百姓流亡。	《延津县志》
			汲县大旱蝗。	乾隆《汲县志》
			七月，万荣蝗生。	《万荣县志》
			濮州蝗。	《河北省农业厅·志源（2）》
335	1026 年	宋天圣四年	六月，魏县蝗。	《魏县志》
336	1027 年	宋天圣五年	七月，邢、洺州蝗，赵州蝗。十一月，京兆①府旱蝗。	《宋史·五行志》
			十一月，以陕西旱蝗，减其民租赋。是岁，京兆府、邢、洺州蝗。	《宋史·仁宗本纪》
			未央区旱蝗。	《未央区志》

---

①　京兆：旧府名，治所在今陕西西安。

（续）

序号	公元纪年	历史纪年	蝗灾情况	资料来源
336	1027 年	宋天圣五年	户县蝗。	《户县志》
			周至蝗灾。	《周至县志》
			高陵旱蝗。	《高陵县志》
			镇安蝗灾。	《镇安县志》
			澄城旱蝗。	《澄城县志》
			赵州蝗损禾稼。	《赵县志》
			七月，曲周蝗灾。	《曲周县志》
			七月，南和蝗生。	《南和县志》
			春，考城①旱蝗。	《河南东亚飞蝗及其综合治理》
337	1028 年	宋天圣六年	五月，河北、京东蝗。	《宋史·五行志》
			夏，河北大名、河南郏县蝗灾。	《中国历代蝗患之记载》
			夏五月，高阳蝗。	雍正《高阳县志》
			五月，蠡县蝗。	光绪《蠡县志》
			五月，临西蝗蝻生。	《临西县志》
			南和蝗灾，百姓困苦。	《南和县志》
			五月，邱县蝗。九月，蝗。	《邱县志》
			五月，武陟、孟县蝗。六月，考城蝗。	《河南东亚飞蝗及其综合治理》
			六月，兰考蝗。	《兰考县志》
			五月，辉县大蝗。	道光《辉县志》
			汲县大蝗。	乾隆《汲县志》
			五月，芮城蝗灾。	《芮城县志》
			五月，平原蝗。	乾隆《平原县志》
			五月，临清蝗灾。九月，冀州蝗灾。	《临清市志》
			夏五月，诸城蝗。	乾隆《诸城县志》
			澄城蝗食苗。	《澄城县志》

---

① 考城：旧县名，治所在今河南民权东北。

（续）

序号	公元纪年	历史纪年	蝗灾情况	资料来源
338	1030 年	宋天圣八年	兰考飞蝗蔽天。	《兰考县志》
339	1032 年	宋明道元年	十月，濠州①蝗。	《文献通考·物异考》
			欧阳修尝行县视旱蝗。	《中国昆虫学史》
340	1033 年	宋明道二年	秋七月，诏以蝗旱去尊号"睿圣文武"四字，以告天地宗庙，仍令中外直言阙政。是岁，畿内、京东西、河北、河东、陕西蝗。	《宋史·仁宗本纪》
			夏四月，范讽出知青州，时山东旱蝗，讽发取数千斛济饥民，因请遣使安抚。	《续资治通鉴·宋纪》
			是岁，旱蝗。士逊请降官一级，以答天变，帝慰勉之。	《宋史·张士逊传》
			太后崩，仲淹召为右司谏。岁大蝗旱，江、淮、京东滋甚，仲淹请遣使循行，未报。乃请间曰："宫掖中半日不食，当何如？"帝恻然，乃命仲淹安抚江、淮，所至开仓振之，且禁民淫祀。	《宋史·范仲淹传》
			秋，河北大名，河南郏县，山西浮山、绛县和陕西蝗灾。	《中国历代蝗患之记载》
			七月，平原蝗。	乾隆《平原县志》
			七月，临清境内蝗灾，草木殆尽，免租。	《临清市志》
			秋七月，临沂旱蝗。	民国《临沂县志》
			孟津蝗虫为灾。	《河南东亚飞蝗及其综合治理》
			河南、北蝗。	雍正《河南通志》
			荥阳蝗。	民国《续荥阳县志》

---

① 濠州：旧州名，治所在今安徽凤阳东北。

（续）

序号	公元纪年	历史纪年	蝗灾情况	资料来源
340	1033 年	宋明道二年	七月，辉县蝗。	道光《辉县志》
			七月，汲县蝗。	乾隆《汲县志》
			焦作蝗灾。	《焦作市志》
			怀州沁阳蝗灾。	《沁阳市志》
			河北蝗。河内蝗。	道光《河内县志》
			怀庆蝗。	乾隆《怀庆府志》
			武陟蝗。	道光《武陟县志》
			安阳等州蝗灾。	《安阳县志》
			夏四月，陈州蝗。	乾隆《陈州府志》
			四月、七月，沈丘蝗。	《沈丘县志》
			桐柏蝗。	乾隆《桐柏县志》
			七月，临西蝗食草木殆尽。	《临西县志》
			南和蝗食草木殆尽，官府免租税。	《南和县志》
			磁县蝗。	《磁县志》
			魏县蝗。	《魏县志》
			河东蝗。万荣蝗。	《万荣县志》
			七月，芮城蝗灾。	《芮城县志》
			河津蝗灾。	光绪《河津县志》
			稷山蝗。	同治《稷山县志》
			曲沃蝗。	民国《新修曲沃县志》
			侯马蝗灾。	《侯马市志》
			周至蝗灾。	《周至县志》
			洛川蝗。	嘉庆《洛川县志》
341	1034 年	宋景祐元年	春正月，诏募民掘蝗种，给菽米。是岁，开封府、淄州蝗。	《宋史·仁宗本纪》
			六月，开封府、淄州蝗，诸路募民掘蝗种万余石。	《宋史·五行志》

（续）

序号	公元纪年	历史纪年	蝗灾情况	资料来源
341	1034年	宋景祐元年	三月，开封府判官谢绛言："蝗亘田野，坌入郭郭，跳掷官寺、井匽皆满，而使者数出，府县监捕驱逐，蹂践田舍，民不聊生。以臣愚所闻，似吏不甚称职而召其变。"	《续资治通鉴·宋纪》
			春正月，诏："去岁飞蝗所至遗种，恐春夏滋长，其令民掘蝗子，每一升给菽五斗。"既而诸州言得蝗种万余石。	光绪《盱眙县志稿》
			开封、尉氏令民掘蝗卵万余石。	《中国历代蝗患之记载》
			六月，尉氏蝗。	道光《尉氏县志》
			夏，周口连续两年旱蝗。	《周口地区志》
			七月，淮宁蝗。	《淮阳县志》
			七月，沈丘蝗。	《沈丘县志》
			淄州诸路蝗，募民掘蝗种万余石。济南蝗。	道光《济南府志》
			长山蝗。	嘉庆《长山县志》
342	1035年	宋景祐二年	濮州蝗。	宣统《濮州志》
			观城蝗。	道光《观城县志》
			秋七月，陈州蝗。	乾隆《陈州府志》
			范县蝗。	《河南东亚飞蝗及其综合治理》
343	1037年	宋景祐四年	淮南旱蝗。	光绪《盱眙县志稿》
344	1038年	宋宝元元年	六月，曹、濮、单三州蝗。	《文献通考·物异考》
			河北大蝗。怀庆蝗。	乾隆《怀庆府志》
345	1039年	宋宝元二年	六月，曹、濮、单三州蝗。	《宋史·五行志》
			夏，河北大名蝗灾。	《中国历代蝗患之记载》
			京师飞蝗蔽天。	《开封县志》
			六月，范县蝗。	《河南东亚飞蝗及其综合治理》

（续）

序号	公元纪年	历史纪年	蝗灾情况	资料来源
345	1039 年	宋宝元二年	夏，菏泽蝗。	光绪《新修菏泽县志》
			六月，扬州旱蝗。	民国《江苏省通志稿》
346	1040 年	宋宝元三年	蝗食粟。	《古诗类编·徭役》
			泰兴旱蝗。	《泰兴县志》
347	1041 年	宋庆历元年	淮南旱蝗。是岁，京师飞蝗蔽天。	《宋史·五行志》
			河南开封，安徽盱眙，江苏泰兴、江都蝗灾大发生。	《中国历代蝗患之记载》
			春，仪征旱蝗。	道光《仪征县志》
348	1043 年	宋庆历三年	时有旱蝗，蔡襄以为："灾害之来，皆由人事。"	《宋史·蔡襄传》
349	1044 年	宋庆历四年	春，淮南旱蝗，京师飞蝗蔽天。	《文献通考·物异考》
			夏六月，开封府大旱蝗。	康熙《开封府志》
			六月，祥符大旱蝗。	光绪《祥符县志》
			尉氏大旱蝗。	道光《尉氏县志》
			五月，诏："淮南比年谷不登，今春又旱蝗，其募民纳粟与官，已备赈贷。"	光绪《盱眙县志稿》
350	1048 年	宋庆历八年	河南汝南、正阳蝗灾。	《中国历代蝗患之记载》
351	1051 年	宋皇祐三年	新河县蝗。	民国《新河县志》
352	1052 年	宋皇祐四年	淮南旱蝗。是岁，京师飞蝗蔽天。	《中国历代天灾人祸表》
353	1053 年	宋皇祐五年	建康①府蝗。	《宋史·五行志》
			冬十月，诏："以蝗旱，令监司谕亲民官上民间利害。"	《宋史·仁宗本纪》
			夏，江苏南京、苏州蝗灾。	《中国历代蝗患之记载》
354	1054 年	宋皇祐六年	夏，陕西蝗。	《陕西蝗区勘察与治理》
			蝗飞蔽天，不见天日。	《古诗类编》

---

① 建康：旧府名，治所在今江苏南京。

（续）

序号	公元纪年	历史纪年	蝗灾情况	资料来源
355	1056年	宋嘉祐元年	六月，辽南京蝗蝻为灾。	《续资治通鉴·宋纪》
		辽清宁二年	大兴蝗。	《大兴县志》
			夏，热河①蝗蝻为灾。	《中国历代蝗患之记载》
			六月，中京②蝗蝻为灾。	《宁城县志》
356	1060年	宋嘉祐五年	三月，诏："以蝗涝相仍，敕转运使、提点刑狱督州县振济，仍察不称职者。"	《宋史·仁宗本纪》
357	1066年	宋治平三年	司马光奏曰："今岁飞蝗害稼，请下诏书，广开言路，求转灾为福之道。"	《续资治通鉴·宋纪》
358	1067年	宋治平四年	辽南京旱蝗。	《续资治通鉴·宋纪》
			河北顺天蝗灾。	《中国历代蝗患之记载》
			顺义旱蝗。	《顺义县志》
		辽咸雍三年	南京蝗。	《大兴县志》
359	1068年	宋熙宁元年	秀州③蝗。	《宋史·五行志》
			浙江嘉兴蝗灾。	《中国历代蝗患之记载》
			青县蝗灾。	《青县志》
360	1070年	宋熙宁三年	两浙旱蝗，湖州蝗。	《湖州市志》
			浙江杭州蝗灾。	《中国历代蝗患之记载》
			东阳蝗灾。	《东阳市志》
361	1071年	宋熙宁四年	临安旱蝗。	《临安县志》
			五月，固安蝗灾。	《固安县志》
362	1072年	宋熙宁五年	闰七月，监察御史言："判刑部立法，凡蝗蝻为灾，须捕尽乃得闻奏。今大名府、祁、保、邢、莫州、顺安④、保定军所奏，凡四	《续资治通鉴·宋纪》

---

① 热河：旧厅、省名，治所在今河北承德。
② 中京：辽五京道之一，治所在今内蒙古宁城西大明城。
③ 秀州：旧州名，治所在今浙江嘉兴。
④ 祁：祁州，旧州名，治所在今河北安国；保：保州，旧州名，治所在今河北保定；邢：邢州，旧州名，治所在今河北邢台；莫州：旧州名，治所在今河北任丘；顺安：旧军名，治所在今河北高阳东旧城镇。

（续）

序号	公元纪年	历史纪年	蝗灾情况	资料来源
362	1072年	宋熙宁五年	十九状，而三十九状除捕未尽，进奏院以不应法，不敢通奏。夫蝗蝻几遍河朔，而邸吏拘文，封还奏牍，必俟其扑尽方许上闻，陛下即欲此时恐惧修省，以上答天戒而下恤民隐，亦晚矣。"御批："进奏院遍指挥诸路转运、安抚司，今后有灾伤，令所在画时奏闻。"是岁，河北大蝗。	
		辽咸雍八年	六月，安州①蝗。	光绪《保定府志》
			高阳大蝗。	雍正《高阳县志》
			蠡县大蝗。	光绪《蠡县志》
			定兴大蝗。	光绪《定兴县志》
			新城大蝗。	民国《新城县志》
			饶阳大蝗。	《饶阳县志》
			临西大蝗。	《临西县志》
			六月，南和蝗蝻遍地。	《南和县志》
			魏县大蝗。	《魏县志》
			平原大蝗。	乾隆《平原县志》
			河北蝗。	雍正《河南通志》
			辉县大蝗。	道光《辉县志》
			汲县大蝗。	乾隆《汲县志》
			武陟蝗。	《武陟县志》
			河北怀庆府蝗。	乾隆《怀庆府志》
			昆山蝗虫在滩荡芦丛集结，官府命割芦苇灭蝗。	《昆山县志》
363	1073年	宋熙宁六年	四月，河北诸路蝗。是岁，江宁府飞蝗自江北来。	《宋史·五行志》

---

① 安州：旧州名，1913年与新安县合并为今河北安新。

（续）

序号	公元纪年	历史纪年	蝗灾情况	资料来源
363	1073年	辽咸雍九年	秋七月，南京奏归义[①]、涞水两县蝗飞入宋境，余为蜂所食。	《辽史·道宗本纪》
		宋熙宁六年	江苏南京、安徽滁县蝗灾。	《中国历代蝗患之记载》
			高阳又蝗。	雍正《高阳县志》
			蠡县又蝗。	光绪《蠡县志》
			四月，新河蝗。	民国《新河县志》
			临西大蝗。	《临西县志》
			南和大蝗。	《南和县志》
			汲县蝗。	乾隆《汲县志》
			辉县蝗。	道光《辉县志》
			平原复蝗。	乾隆《平原县志》
			全椒旱，百姓捕食蝗虫。	《全椒县志》
			安庆府大蝗。	康熙《安庆府志》
			潜山大蝗。	康熙《潜山县志》
			宿松大蝗害稼。	民国《宿松县志》
364	1074年	宋熙宁七年	夏，开封府界及河北路蝗。七月，咸平县鸲鹆食蝗。	《宋史·五行志》
			秋七月，诏河北两路捕蝗。又诏开封、淮南提点、提举司检覆蝗旱。以米十五万石振河北西路灾伤。冬十月，以常平米于淮南西路易饥民所掘蝗种。	《宋史·神宗本纪》
			四月，王安石罢相，镇金陵。是岁，江左[②]大蝗，有无名子题诗曰："青苗免役两妨农，天下嗷嗷怨相公。唯有蝗虫感恩德，又随钧旆过江东。"	《古今图书集成·庶征典·蝗灾部纪事》

---

① 归义：旧县名，治所在今河北雄县。

② 江左：即江东，古指安徽芜湖至江苏南京段长江以东。

（续）

序号	公元纪年	历史纪年	蝗灾情况	资料来源
364	1074年	宋熙宁七年	夏四月，光州①司法参军郑侠乃绘所见为图。上之银台司。其略曰："去年大蝗，秋冬亢旱，麦苗焦枯，五种不入，群情惧死。愿陛下开仓廪，赈贫乏，取有司掊克不道之政。"帝反复观图，长吁数四，遂命开封体放免行钱，三司察市易，司农发常平仓。	《续资治通鉴·宋纪》
			吴江蝗蝻生。	《吴江县志》
			临安又蝗。	《临安县志》
			淮南诸路旱，全椒民捕蝗为食。	民国《全椒县志》
			河北大名、江苏扬州蝗灾。	《中国历代蝗患之记载》
		辽咸雍十年	春夏旱，保定府又蝗。	光绪《保定府志》
			夏，定兴旱蝗。	光绪《定兴县志》
			夏，新城旱蝗。	光绪《新城县志》
			高阳又蝗。	雍正《高阳县志》
			夏，蠡县旱蝗。	光绪《蠡县志》
			河北旱蝗，民多饿殍。	民国《南皮县志》
			新河大旱蝗。	民国《新河县志》
			夏，河间蝗。	《河间县志》
			秋七月，海兴蝗。	《海兴县志》
			秋七月，成安蝗，饥。	民国《成安县志》
			春，魏县蝗。	《魏县志》
			河北路皆蝗，民多饿殍。宁津蝗。	光绪《宁津县志》
			七月，通许鸲鹆食蝗。	乾隆《通许县志》
			长垣蝗。	嘉庆《长垣县志》
			夏，太康、沈丘旱蝗成灾。	《周口地区志》

---

① 光州：旧州名，治所在今河南潢川。

（续）

序号	公元纪年	历史纪年	蝗灾情况	资料来源
365	1075 年	宋熙宁八年	八月，淮西①蝗，陈、颍州蔽野。	《宋史·五行志》
			八月，募民捕蝗易粟，苗损者偿之，仍复其赋。	《宋史·神宗本纪》
			安徽颍州、江苏扬州蝗灾。	《中国历代蝗患之记载》
			陕西蝗。	《陕西蝗区勘察与治理》
			青县蝗。	《河北省农业厅·志源（3）》
			淮西泰县②连岁旱蝗，民艰食。	道光《泰州志》
			八月，淮阳、沈丘飞蝗蔽野。	《周口地区志》
			八月，蔡州蝗灾。	《驻马店地区志》
			淮南诸路旱，全椒民捕蝗为食。	民国《全椒县志》
366	1076 年	宋熙宁九年	夏，开封府畿、京东、河北、陕西蝗。	《宋史·五行志》
			秋七月，关以西蝗蝻生。	《宋史·神宗本纪》
			夏秋，河北大名、顺天，安徽全椒蝗灾。	《中国历代蝗患之记载》
			七月，玉门蝗蝻成灾。	《玉门市志》
		辽大康二年	九月，以南京蝗，免明年租税。	《辽史·道宗本纪》
			夏，户县蝗灾。	《户县志》
			夏，陕西富平蝗。	《富平县志》
			夏，洛川蝗。	嘉庆《洛川县志》
			夏，河间蝗。	《河间县志》
			夏，魏县蝗。	《魏县志》
			南京蝗，免明年租。	《大兴县志》
367	1077 年	宋熙宁十年	三月，诏州县捕蝗。	《宋史·神宗本纪》

---

① 淮西：淮南西路名，治所在今安徽凤台。
② 泰县：旧县名，治所在今江苏泰州。

（续）

序号	公元纪年	历史纪年	蝗灾情况	资料来源
367	1077 年	宋熙宁十年	三月，诏州县捕蝗。五月，赵抃知越州①时，两浙旱蝗，米价踊贵，饿死者什五六。诸州皆榜衢路，立告赏，禁人增米价。抃独榜衢路，令有米者任增价粜之，于是诸州米商辐辏诣越，米价更贱，民无饿死者。帝问曰："闻滁、和民食蝗以济，有之乎？"对曰："有之。民饥甚，死者相枕籍。"是月，辽玉田、安次县有蝝伤稼。	《续资治通鉴·宋纪》
		辽大康三年	五月，玉田、安次蝝伤稼。	《辽史·道宗本纪》
368	1079 年	宋元丰二年	河北大名蝗灾。	《中国历代蝗患之记载》
369	1080 年	宋元丰三年	河北大名府蝗。	咸丰《大名府志》
370	1081 年	宋元丰四年	五月，辽永清、武清、固安三县蝗。六月，河北诸郡蝗生。诏曰："闻河北飞蝗极盛，渐已南来，速令开封府界提举司，京东、西路转运司遣官督捕；仍告谕州县，收获先熟禾稼。"	《续资治通鉴·宋纪》
			六月，河北蝗。秋，开封府界蝗。	《宋史·五行志》
			五月，固安蝗灾。	《固安县志》
			夏，河北大名、永清、武清、宛平②、承德，河南开封，山东沂州蝗。	《中国东亚飞蝗蝗区的研究》
			临西蝗生。	《临西县志》
			六月，南和蝗。	《南和县志》
			魏县蝗。	《魏县志》

---

① 越州：旧州名，治所在今浙江绍兴。

② 宛平：旧县名，治所在今北京西南隅。

（续）

序号	公元纪年	历史纪年	蝗灾情况	资料来源
370	1081年	宋元丰四年	秋，太康、沈丘、淮阳、扶沟飞蝗为灾。	《周口地区志》
			秋，陈州蝗。	乾隆《陈州府志》
			秋，淮宁蝗。	《淮阳县志》
			秋，沈丘蝗。	《沈丘县志》
			秋，扶沟蝗。	光绪《扶沟县志》
			六月，平原蝗。	乾隆《平原县志》
			芮城蝗灾。	《芮城县志》
371	1082年	宋元丰五年	夏，河北大名、永清、武清、宛平、承德，河南开封，山东沂州蝗。	《中国东亚飞蝗蝗区的研究》
			六月，周口地区蝗。	《周口地区志》
			六月，沈丘蝗。	《沈丘县志》
372	1083年	宋元丰六年	五月，沂州蝗。夏，河北路及开封府界又蝗。	《宋史·五行志》
			夏，河北大名、永清、武清、宛平、承德，河南开封，山东沂州蝗。	《中国东亚飞蝗蝗区的研究》
			夏，兰考蝗。	《兰考县志》
			魏县蝗。	《魏县志》
373	1088年	辽大安四年	八月，有司奏宛平、永清蝗为飞鸟所食。	《辽史·道宗本纪》
374	1094年	宋绍圣元年	夏，荥阳蝗灾，大饥。	《河南东亚飞蝗及其综合治理》
375	1098年	宋元符元年	八月，高邮军蝗抱草死。	《宋史·五行志》
			秋，江苏扬州蝗灾。	《中国历代蝗患之记载》
			易州属县有蝗。	《易县志》
			辽国舅萧文知易州兼西南面安抚使，高阳属县有蝗。方议捕除，萧文曰："蝗天灾捕之何益！"但反躬自责，蝗尽飞去，遗者亦不食苗，散在草莽，为鸟鹊所食。	《续资治通鉴·宋纪》

（续）

序号	公元纪年	历史纪年	蝗灾情况	资料来源
376	1100 年	宋元符三年	山东黄县蝗灾。	《中国历代蝗患之记载》
377	1101 年	宋建中靖国元年	京畿蝗。	《宋史·徽宗本纪》
			开封蝗灾。	《中国历代蝗患之记载》
		辽乾统元年	五月，固安蝗。	光绪《顺天府志》
378	1102 年	宋崇宁元年	夏，开封府界、京东、河北、淮南等路蝗。	《宋史·五行志》
			京师蝗。	《宋史·王庠传》
			夏，河北大名，江苏泰兴、江都、高邮，安徽凤阳、盱眙蝗灾。	《中国历代蝗患之记载》
			夏，仪征蝗。	道光《仪征县志》
			夏，广陵蝗灾。	《广陵区志》
			夏，平原蝗。	乾隆《平原县志》
			保定府蝗。	光绪《保定府志》
			定兴蝗。	光绪《定兴县志》
			高阳蝗。	雍正《高阳县志》
			蠡县蝗。	光绪《蠡县志》
			望都大蝗，其飞蔽天。	《望都县志》
			新河蝗。	民国《新河县志》
			夏，南和蝗灾。	《南和县志》
			魏县蝗。	《魏县志》
			夏，辉县蝗。	道光《辉县志》
			夏，汲县蝗。	乾隆《汲县志》
379	1103 年	宋崇宁二年	诸路蝗，命有司酺祭。	《宋史·五行志》
			湖州乌程、归安①蝗灾。	《湖州市志》
			平凉蝗虫灾。	《平凉市志》
			静宁蝗害。	《静宁县志》
			张家川蝗害。	《张家川回族自治县志》
		辽乾统三年	七月，南京蝗。	光绪《顺天府志》

---

① 乌程、归安：均为旧县名，治所在今浙江湖州。

（续）

序号	公元纪年	历史纪年	蝗灾情况	资料来源
379	1103 年	宋崇宁二年	河北大名、顺天、交河蝗灾。	《中国历代蝗患之记载》
		辽乾统三年	河北蝗，令有司酺祭。	咸丰《大名府志》
			河北诸路皆蝗，命有司酺祭勿捕，及至官舍之馨香来焉，而田间之苗已无矣。	民国《交河县志》
			定兴又大蝗。	光绪《定兴县志》
			望都连岁大蝗，其飞蔽天。	《望都县志》
			顺义蝗。	民国《顺义县志》
			临朐蝗。	光绪《临朐县志》
			安丘蝗。	万历《安丘县志》
			寿光蝗生。	民国《寿光县志》
			潍县蝗。	民国《潍县志稿》
			昌乐蝗。	嘉庆《昌乐县志》
380	1104 年	宋崇宁三年	连岁大蝗，其飞蔽日，来自山东及府界，河北尤甚。	《宋史·五行志》
			诸路蝗。	《宋史·徽宗本纪》
			湖州乌程、归安、长兴大蝗，其飞蔽日。	《湖州市志》
			秋，富阳飞蝗遍野，田禾俱尽。	《富阳县志》
			盱眙大旱，蝗飞蔽天。	光绪《盱眙县志稿》
		辽乾统四年	秋七月，南京蝗。	《辽史·天祚本纪》
			河北大名、山东平原蝗灾。	《中国历代蝗患之记载》
			保定飞蝗蔽天。	光绪《保定府志》
			蠡县大蝗，其飞蔽日。	光绪《蠡县志》
			定兴又大蝗。	光绪《定兴县志》
			望都连岁大蝗，其飞蔽天。	《望都县志》
			高阳蝗飞蔽日。	雍正《高阳县志》
			河北南皮大蝗，野无青草。	民国《南皮县志》
			新河大蝗，飞蔽日。	民国《新河县志》

（续）

序号	公元纪年	历史纪年	蝗灾情况	资料来源
380	1104 年	宋崇宁三年 辽乾统四年	四月，魏县大蝗。	《魏县志》
			南京蝗。	《大兴县志》
			辉县大蝗。	道光《辉县志》
			汲县大蝗。	乾隆《汲县志》
			怀庆大蝗。	乾隆《怀庆府志》
			武陟大蝗。	道光《武陟县志》
			太康、沈丘、淮阳大蝗。	《周口地区志》
			陈州大蝗。	乾隆《陈州府志》
			寿光旱蝗。	《寿光县志》
			宁津大蝗，其飞蔽日，山东、河北野无青草。	光绪《宁津县志》
381	1105 年	宋崇宁四年	连岁大蝗，其飞蔽日，来自山东及府界，河北尤甚。	《宋史·五行志》
			湖州乌程、归安、长兴连岁大蝗，其飞蔽日。	《湖州市志》
			盱眙旱蝗。	光绪《盱眙县志稿》
			河北大名、河南开封蝗灾。	《中国历代蝗患之记载》
			保定飞蝗蔽天。	光绪《保定府志》
			河北连岁大蝗，野无青草。	民国《南皮县志》
			新河大蝗，飞蔽日。	民国《新河县志》
			高阳蝗飞蔽日。	雍正《高阳县志》
			望都连岁大蝗，其飞蔽天。	《望都县志》
			蠡县大蝗，其飞蔽日。	光绪《蠡县志》
			孟村蝗灾，野无青草。	《孟村回族自治县志》
			武邑蝗飞蔽日。	《武邑县志》
			冀县大蝗，其飞蔽日。	《冀县志》
			临西大蝗，其飞蔽日。	《临西县志》
			南和大蝗，其飞蔽日。	《南和县志》
			辉县蝗。	道光《辉县志》
			汲县连岁大蝗。	乾隆《汲县志》

（续）

序号	公元纪年	历史纪年	蝗灾情况	资料来源
381	1105年	宋崇宁四年	武陟连岁大蝗。	道光《武陟县志》
			平原连岁大蝗，尤甚。	乾隆《平原县志》
			宁津连岁大蝗，其飞蔽日，野无青草。	光绪《宁津县志》
			沂州府蝗。	乾隆《沂州府志》
			临沂蝗。	民国《临沂县志》
			河南北诸州连岁大蝗，山东尤甚。	乾隆《曹州府志》
382	1112年	辽天庆二年	新城蝗。	民国《新城县志》
383	1113年	辽天庆三年	新城蝗。	民国《新城县志》
384	1114年	宋政和四年	清州蝗。	民国《青县志》
		辽天庆四年	新城又大蝗。	民国《新城县志》
385	1120年	宋宣和二年	山西浮山蝗灾。	《中国历代蝗患之记载》
386	1121年	宋宣和三年	诸路蝗。	《宋史·五行志》
			湖州乌程、归安蝗灾。	《湖州市志》
			山东诸路蝗。	宣统《山东通志》
			汝州蝗。	《汝州市志》
			山西诸路蝗。	雍正《山西通志》
			诸路蝗。	雍正《平阳府志》
387	1123年	宋宣和五年	蝗。	《宋史·五行志》
			浙江湖州等蝗灾。	《中国历代蝗患之记载》
		金天辅七年	左云蝗。	《左云县志》
388	1124年	宋宣和六年	吉林蝗灾，食稼。	《中国历代蝗患之记载》
389	1128年	宋建炎二年	六月，京畿、淮甸蝗。秋七月，以春霖、夏旱蝗诏监司、郡守条上阙政，州郡灾甚者蠲田赋。	《宋史·高宗本纪》
			浙江杭州，江苏扬州，安徽盱眙、泗县蝗灾，害稼。	《中国历代蝗患之记载》
			五河蝗。	光绪《五河县志》
			泗县大蝗。	光绪《泗虹合志》
			夏，仪征蝗。	道光《仪征县志》

（续）

序号	公元纪年	历史纪年	蝗灾情况	资料来源
390	1129 年	宋建炎三年	六月，淮甸大蝗。	《古今图书集成·庶征典·蝗灾部汇考》
			安徽盱眙、泗县大蝗。	《中国历代蝗患之记载》
			五月，余姚蝗暴至，害稼。	《宁波市志》
			慈溪蝗虫害稼。	《慈溪县志》
391	1135 年	宋绍兴五年	秋浙江兰溪蝗灾。	《中国历代蝗患之记载》
			八月，含山蝗。	《含山县志》
			八月，和州蝗。	光绪《直隶和州志》
			八月，金华旱蝗。	光绪《金华县志》
			八月，东阳蝗灾。	《东阳市志》
			八月，磐安蝗灾。	《磐安县志》
392	1139 年	金天眷二年	定兴大蝗。	光绪《保定府志》
393	1141 年	金皇统元年	秋，蝗。	《金史·五行志》
			秋，金境多蝗。	《续资治通鉴·宋纪》
			秋，赵州蝗。	《赵县志》
			秋，丰台蝗。	《北京市丰台区志》
			秋，甘肃蝗灾。	《中国历代蝗患之记载》
			秋，熙州①蝗。	光绪《甘肃新通志》
			洮河流域蝗。	《临潭县志》
			秋，熙河蝗，岁馑。	《临洮县志》
394	1142 年	金皇统二年	七月，北京、广宁②府蝗。	《金史·熙宗本纪》
			秋，辽宁广宁府蝗灾。	《中国历代蝗患之记载》
395	1148 年	宋绍兴十八年	余杭、钱塘、仁和③蝗灾。	《余杭县志》
			叶衡知临安府於潜④县，岁灾，蝗不入境。	《宋史·叶衡传》

---

① 熙州：旧州名，治所在今甘肃临洮。

② 北京：金路名，治所在今内蒙古巴林左旗南，1153 年改迁今内蒙古宁城西；广宁：旧府名，治所在今辽宁北镇市。

③ 钱塘、仁和：均为旧县名，1912 年两县合并为杭县，治所在今浙江杭州。

④ 於潜：旧县名，治所在今浙江临安市西於潜镇。

（续）

序号	公元纪年	历史纪年	蝗灾情况	资料来源
396	1149年	宋绍兴十九年	夏，丽水蝗。	《丽水市志》
397	1156年	宋绍兴二十六年	秋，如皋蝗，有鹭食之尽。	民国《江苏省通志稿》
			秋，南通蝗灾。	《南通市志》
398	1157年	金正隆二年	六月，蝗飞入京师。秋，中都、山东、河东蝗。	《金史·五行志》
		宋绍兴二十七年	北平、顺天、大名、绛县蝗灾大发生，飞入京师。	《中国历代蝗患之记载》
			秋，历城蝗。	乾隆《历城县志》
			秋，齐河蝗灾。	《齐河县志》
			秋，东明蝗。	民国《东明县新志》
			山东潍县蝗。	民国《潍县志稿》
			六月，黄县蝗。	同治《黄县志》
			秋，胶州蝗。	民国《增修胶志》
			秋，曲沃蝗。	民国《新修曲沃县志》
			秋，侯马蝗。	《侯马市志》
			秋，河津蝗。	光绪《河津县志》
			秋，稷山多蝗。	同治《稷山县志》
			大兴蝗。	《大兴县志》
399	1158年	金正隆三年	六月，蝗入京师。	《金史·海陵本纪》
		宋绍兴二十八年	北平及邻县蝗灾。	《中国历代蝗患之记载》
			大兴蝗。	《大兴县志》
			武康①蝗飞蔽天。	《德清县志》
400	1159年	宋绍兴二十九年	七月，盱眙军、楚州②金界三十里，蝗为风所坠，风止，复飞还淮北。	《宋史·五行志》
			九月，蠲江、浙蝗潦州县租。	《宋史·高宗本纪》
			秋七月，淮东安抚司言：	《续资治通鉴·宋纪》

---

① 武康：旧县名，治所在今浙江德清。
② 楚州：旧州名，治所在今江苏淮安。

（续）

序号	公元纪年	历史纪年	蝗灾情况	资料来源
400	1159年	宋绍兴二十九年	"北边蝗虫为风所吹，有至盱眙军、楚州境上者，然不食稼，比复飞过淮北，皆已净尽。"九月，诏："浙东、江西①民田为螟螣损稻者，其租赋皆蠲之。"	
			秋，浙江杭州、兰溪及江苏、安徽蝗灾。	《中国历代蝗患之记载》
			绍兴旱蝗。	乾隆《绍兴府志》
401	1160年	宋绍兴三十年	十月，江浙郡国螟蝾。	雍正《浙江通志》
			浙江杭州、嘉兴、湖州、兰溪蝾虫生。	《中国历代蝗患之记载》
			十月，乌程螟蝾。	光绪《乌程县志》
			秋，南宫大蝗蔽天，数日散去，不为灾。	民国《南宫县志》
402	1162年	宋绍兴三十二年	六月，江东、淮南北郡县蝗，飞入湖州境，声如风雨。至七月，遍于畿县，余杭、仁和、钱塘皆蝗。蝗入京城。八月，山东大蝗，颁祭酺礼式。	《宋史·五行志》
			六月，蝗。秋七月，以雨水、飞蝗，令侍从、台谏条上民间利害。	《宋史·孝宗本纪》
			建康府张浚言："访得东北今岁蝗虫大作，米价踊贵，中原之人，极艰于食。"诏以米万石予之。	《续资治通鉴·宋纪》
			山东青州，江苏泰兴，安徽凤阳、盱眙，浙江杭州、长兴飞蝗大发生。	《中国历代蝗患之记载》
			六月，扬州、通州蝗。	民国《江苏省通志稿》
			夏，仪征蝗。	光绪《仪征县志》

① 浙东：两浙东路名，治所在今浙江绍兴；江西：江南西路名，治所在今江西南昌。

（续）

序号	公元纪年	历史纪年	蝗灾情况	资料来源
402	1162年	宋绍兴三十二年	如皋蝗灾。	《如皋县志》
			六月，富阳大蝗。	《富阳县志》
			桐乡蝗伤禾稼，民饥。	《桐乡县志》
			武康蝗飞遍境。	《德清县志》
			八月，济南府大蝗。	道光《济南府志》
			牟平蝗害稼，民多饿死者。	《牟平县志》
			宁海蝗害稼，民殍没者众。	同治《宁海州志》
403	1163年	金大定三年	三月，中都以南八路蝗，诏尚书省遣官捕之。五月，中都蝗，诏参知政事完颜守道按问大兴府捕蝗官。	《金史·世宗本纪》
			大兴蝗。	《大兴县志》
			梁肃坐捕蝗不如期，贬川州刺史，削官一阶，解职。	《金史·梁肃传》
			三月，金中都以南八路蝗，诏尚书省遣官捕之。五月，中都蝗，命参知政事完颜守道按问大兴府捕蝗官。秋七月，以旱蝗、星变，诏侍从、台谏、两省官条上时政阙失。八月，以飞蝗、风、水为灾，避殿、减膳，罢借诸路职田之令。是岁，两浙旱蝗，悉蠲其赋。	《续资治通鉴·宋纪》
		宋隆兴元年	七月，大蝗。八月，飞蝗过都，蔽天日，徽、宣①、湖三州及浙东郡县蝗害稼。京东大蝗，襄、随尤甚，民为乏食。	《宋史·五行志》
			秋七月，以旱蝗、星变，诏侍从、台谏、两省官条上时政阙失。八月，以飞	《宋史·孝宗本纪》

---

① 徽：徽州，旧州名，治所在今安徽歙县；宣：宣州，旧州名，治所在今安徽宣城。

（续）

序号	公元纪年	历史纪年	蝗灾情况	资料来源
403	1163 年	宋隆兴元年	蝗、风、水为灾，避殿、减膳，罢借诸路职田之令。是岁，两浙旱蝗，悉蠲其租。浙江湖州、崇德、余杭、杭州，安徽旌德，河北交河、北平、顺天飞蝗害稼，民缺食，悉蠲其租。	《中国历代蝗患之记载》
			保定府蝗。	光绪《保定府志》
			新城蝗。	民国《新城县志》
			定兴蝗。	光绪《定兴县志》
			沧州蝗。	民国《沧县志》
			盐山蝗。	《盐山县志》
			三月，海兴蝗。	《海兴县志》
			三月，邱县蝗害麦。	《邱县志》
			荣河①旱蝗。	乾隆《蒲州府志》
			芮城蝗灾。	《芮城县志》
			七月，金陵旱蝗。	至正《金陵新志》
			七月，富阳旱，蝗灾。	《富阳县志》
			八月，德清、武康飞蝗蔽日。	《德清县志》
			会稽蝗灾，民大饥。	《绍兴县志》
			八月，金华飞蝗害稼。	光绪《金华县志》
			八月，兰溪飞蝗害禾稼。	《兰溪市志》
			八月，东阳蝗灾。	《东阳市志》
			七月，歙县蝗害稼。	《歙县志》
			七月，宁国飞蝗蔽天，害稼。	《宁国县志》
			七月，泾县飞蝗蔽天，害稼。	嘉庆《泾县志》
			七月，绩溪飞蝗蔽天，害稼。	《绩溪县志》
			随州蝗，大饥，蕲春螟蝗杀稼。	康熙《湖广通志》
			九月，襄阳蝗甚。	同治《襄阳县志》

---

① 荣河：旧县名，1954 年与万泉县合并为今山西万荣县。

（续）

序号	公元纪年	历史纪年	蝗灾情况	资料来源
403	1163 年	宋隆兴元年	秋，黄梅螟蝗遍野，吃尽庄稼。	《黄梅县志》
			四月，菏泽飞蝗自北来，蔽天有声。	光绪《新修菏泽县志》
404	1164 年	宋隆兴二年	夏，畿县余杭大蝗，令捕之。	《文献通考·物异考》
		金大定四年	九月，上谓宰臣曰："平、蓟二州近复蝗旱，百姓艰食，父母、兄弟不能相保，多昌鬻为奴，朕甚悯之。可速遣使阅实其数，出内库物赎之。"	《金史·世宗本纪》
			八月，中都以南八路蝗飞入京畿。归德蝗，督民捕蝗，死蝗一斗给粟一斗，数日捕绝。	《古今图书集成·庶征典·蝗灾部汇考》
			从夏至秋，浙江杭州、河北永平等大蝗。	《中国历代蝗患之记载》
			七月，钱塘大蝗。	康熙《钱塘县志》
			荣河旱蝗。	乾隆《蒲州府志》
			保定府蝗。	光绪《保定府志》
			定兴又蝗。	光绪《定兴县志》
			新城蝗。	民国《新城县志》
			九月，平州旱，蝗灾。	《抚宁县志》
405	1165 年	宋乾道元年	六月，淮西蝗，宪臣姚岳贡死蝗为瑞，以佞坐黜。	《宋史·五行志》
			六月，以淮南转运判官姚岳言境内飞蝗自死，夺一官罢之。	《宋史·孝宗本纪》
			夏，江苏、安徽、河南正阳蝗。	《中国历代蝗患之记载》
		金大定五年	正月，复命有司，旱、蝗、水溢之处，与免租赋。	《金史·世宗本纪》

（续）

序号	公元纪年	历史纪年	蝗灾情况	资料来源
406	1166 年	宋乾道二年	安徽太平①府蝗灾大发生。	《中国历代蝗患之记载》
			八月，宣城飞蝗蔽天，害稼。	《宣城县志》
407	1167 年	宋乾道三年	江东西、湖南北路蝗，振之。	《宋史·孝宗本纪》
			江苏及山东青州、湖北荆州蝗灾大发生。	《中国历代蝗患之记载》
			湖南蝗，赈之。	道光《永州府志》
			湘阴蝗灾。	《湘阴县志》
			岳阳蝗灾。	《岳阳县志》
			会同蝗虫成灾。	《会同县志》
		金大定七年	九月，右三部检法官韩赟以捕蝗受赂，除名。诏："吏人但犯赃罪，虽会赦，非特旨不叙。"	《金史·世宗本纪》
408	1170 年	金大定十年	齐河旱，蝗灾。	《齐河县志》
409	1173 年	宋乾道九年	浙江湖州蝗灾。	《中国历代蝗患之记载》
410	1174 年	宋淳熙元年	山东泰安、浙江湖州及江苏蝗灾，伤稼。	《中国历代蝗患之记载》
		金大定十四年	四月，东平蝗。	光绪《东平州志》
			四月，曹州有蝗自北来，其飞蔽日有声。	康熙《曹州志》
			四月，曹州济阴蝗自北来，亘天有声。	康熙《兖州府志》
			四月，菏泽有蝗自北来，其飞亘天有声。	光绪《菏泽县志》
			汶上蝗灾。	《汶上县志》
			秋七月，砀山蝗。	乾隆《砀山县志》
411	1176 年	宋淳熙三年	八月，淮北飞蝗入楚州、盱眙军界，如风雷者，逾时遇大雨，皆死，稼用不害。	《宋史·五行志》

---

① 太平：旧府名，治所在今安徽当涂。

（续）

序号	公元纪年	历史纪年	蝗灾情况	资料来源
411	1176 年	宋淳熙三年	江苏扬州、南通、泰兴，山东沾化，河北大名、顺天、交河，河南正阳，陕西中部及山西、辽宁、热河大蝗。	《中国历代蝗患之记载》
			七月，如皋大蝗，东台蝗，楚州界飞蝗声如雷，逾时大雨，蝗皆死，禾稼不伤。	民国《江苏省通志稿》
			江都蝗灾。	《江都县志》
			七月，如皋蝗灾，每日捕蝗数十车。	《如皋县志》
			七月，海安蝗虫大发，日捕蝗数十车。	《海安县志》
			盐城蝗灾。	《盐城市志》
			五月，飞蝗入盱眙。	《盱眙县志》
		金大定十六年	中都、河北、山东、陕西、河东、辽东等十路旱蝗。	《金史·五行志》
			历城旱蝗。	乾隆《历城县志》
			章丘旱蝗。	道光《章丘县志》
			商河大蝗。	民国《重修商河县志》
			德州旱蝗，免租赋。	乾隆《德州志》
			平原旱蝗。	乾隆《平原县志》
			临邑大蝗。	同治《临邑县志》
			夏，东明旱蝗，诏免去年租赋。	民国《东明县新志》
			东明、长垣、内黄诸境旱蝗。	咸丰《大名府志》
			四月，东平蝗。	《东平县志》
			长山旱蝗。	嘉庆《长山县志》
			山东旱蝗。沾化蝗。	民国《沾化县志》
			山东旱蝗。惠民蝗。	光绪《惠民县志》
			无棣蝗。	民国《无棣县志》

（续）

序号	公元纪年	历史纪年	蝗灾情况	资料来源
411	1176 年	宋淳熙三年	夏六月，诸城蝗，免租赋。	乾隆《诸城县志》
			胶州蝗。	民国《增修胶志》
			莱阳蝗。	民国《莱阳县志》
			黄县旱蝗。	同治《黄县志》
			登州旱蝗。	光绪《增修登州府志》
			文登旱蝗。	光绪《文登县志》
			新乐蝗。	《新乐县志》
			定兴旱蝗。	民国《定兴县志》
			新城旱蝗。	民国《新城县志》
			望都大旱蝗。	《望都县志》
			沧州旱蝗。	民国《沧县志》
			盐山蝗。	《盐山县志》
			海兴旱蝗。	《海兴县志》
			黄骅旱蝗并为灾。	《黄骅县志》
			武邑旱，蝗灾。	《武邑县志》
			饶阳旱蝗。	《饶阳县志》
			大兴蝗。	《大兴县志》
			万荣旱蝗。	《万荣县志》
			五月，陕西富平旱蝗。	《富平县志》
			七月，洛川、黄陵蝗虫成灾。	《延安地区志》
		金大定十六年	婆速路①大旱，遭蝗灾。	《丹东市志》
			辽宁金县旱，蝗灾重发生。	《金县志》
			东京路蝗灾。	《辽阳市志》
			凉城遭蝗灾，免除租税。	《凉城县志》
			酒泉大蝗起，禾稼殆尽。	《酒泉市志》
			七月，河西蝗大起，食稼殆尽。	《玉门市志》

---

① 婆速路：即婆速府路，金路名，治所在今辽宁丹东市九连城镇。

（续）

序号	公元纪年	历史纪年	蝗灾情况	资料来源
411	1176 年	宋淳熙三年	山丹蝗大起，食稼殆尽。	《山丹县志》
412	1177 年	宋淳熙四年	五月，盱眙军报淮北多蝗。	《续资治通鉴·宋纪》
		金大定十七年	辽宁辽东多蝗。	《中国历代蝗患之记载》
			武威蝗。	《武威市志》
			春三月，以旱蝗免山东等十路租税。	嘉庆《昌乐县志》
			春三月，临朐旱蝗，免租税。	光绪《临朐县志》
			春，免诸城去年被灾旱蝗租赋。	乾隆《诸城县志》
413	1178 年	宋淳熙五年	昭州①荐有螟螣。	《宋史·五行志》
			平乐荐有螟螣。	光绪《平乐县志》
			蒙山螟、蝗虫灾害。	《蒙山县志》
414	1180 年	宋淳熙七年	江西大旱蝗，民饥。	光绪《江西通志》
			奉新大旱蝗，民饥。	同治《奉新县志》
			高安蝗。	《高安县志》
415	1181 年	宋淳熙八年	八月，飞蝗为灾。	《中国昆虫学史》
			螟蝗残宿麦。	《陆游诗选》
			秋，江苏常熟蝗灾，食稼尽。	《中国历代蝗患之记载》
			通州、如皋旱蝗害稼。	《南通市志》
			淮南北自七月不雨，至十一月，盱眙蝗食禾苗、草木皆尽。	光绪《盱眙县志稿》
			泰县旱蝗，民艰食。	《泰县志》
416	1182 年	金大定二十二年	五月，庆都②蝗蝻生，散漫十余里，一夕大风，蝗皆不见。	《金史·五行志》

---

① 昭州：旧州名，治所在今广西平乐。
② 庆都：旧县名，治所在今河北望都。

（续）

序号	公元纪年	历史纪年	蝗灾情况	资料来源
416	1182 年	宋淳熙九年	六月，滁州全椒县，和州历阳、乌江县蝗。飞蝗过都，遇大雨，坠仁和县芦荡茅穗。令徙瘗之。七月，淮甸大蝗，真①、扬、泰州窖捕蝗五千斛，余郡或日捕数十车，群飞绝江，坠镇江府，皆害稼。令淮、浙郡国捕除。	《文献通考·物异考》
			六月，临安府蝗，诏守臣亟加焚瘗。八月，淮东、浙西②蝗。壬子，定诸州官捕蝗之罚。	《宋史·孝宗本纪》
			从夏至秋，浙江杭州、临安、湖州，安徽盱眙、凤阳，江苏丹徒、高邮，河北保定蝗灾大发生，害稼。	《中国历代蝗患之记载》
			如皋、泰兴蝗。	民国《江苏省通志稿》
			七月，六合蝗。	万历《应天府志》
			七月，邗江蝗群害稼。	《邗江县志》
			秋，吴江蝗食稻，大饥。	《吴江县志》
			句容蝗害稼。	《句容县志》
			秋，全椒蝗害稼，令所在捕除。	民国《全椒县志》
			余杭蝗灾。	《余杭县志》
			八月，乌程蝗。	光绪《乌程县志》
			固始蝗灾。	《固始县志》
417	1183 年	宋淳熙十年	春正月，命州县掘蝗。	《宋史·孝宗本纪》
			六月，蝗遗种于淮、浙，害稼。	《宋史·五行志》
			六月，淮、浙旧蝗遗育害稼。	《文献通考·物异考》

---

① 历阳：旧县名，治所在今安徽和县；乌江：旧县名，治所在今安徽和县乌江镇；真：真州，治所在今江苏仪征。
② 临安：旧府名，治所在今浙江杭州；淮东：宋路名，治所在今江苏扬州；浙西：宋路名，治所在今浙江杭州。

（续）

序号	公元纪年	历史纪年	蝗灾情况	资料来源
417	1183年	宋淳熙十年	浙江杭州、吴兴，江苏南通、江都，安徽盱眙蝗害稼。	《中国历代蝗患之记载》
			江苏旧蝗遗育害稼；仪征蝗，有鹜食之。	民国《江苏省通志稿》
			夏旱，高邮旧蝗遗种害稼。	乾隆《高邮州志》
			如皋蝗害稼。	《如皋县志》
			六月，江淮旧蝗遗育害稼。	光绪《寿州志》
			湖州蝗遗种害稼。	《湖州市志》
			东阳蝗灾。	《东阳市志》
418	1187年	宋淳熙十四年	秋七月，命临安府捕蝗，募民输米振济。	《宋史·孝宗本纪》
			浙江杭州、湖北兴国蝗。	《中国历代蝗患之记载》
			七月，畿县仁和县蝗。蝗始生，令捕除之，不为灾。	《文献通考·物异考》
			七月，吴江蝗，岁饥。	《吴江县志》
			富阳蝗。	《富阳县志》
			秋，阳新蝗。	《阳新县志》
419	1191年	宋绍熙二年	七月，高邮县蝗，至于泰州。	《宋史·五行志》
			秋，江苏扬州、东台蝗灾。	《中国历代蝗患之记载》
			如皋蝗灾。	《如皋县志》
			泰兴大旱蝗。	《泰兴县志》
			横州旱，蝗灾。	《广西通志·大事记》
			横州旱蝗。	道光《南宁府志》
420	1194年	宋绍熙五年	八月，楚、和州蝗。	《宋史·五行志》
			秋，安徽和县、江苏淮阴蝗灾。	《中国历代蝗患之记载》
			八月，含山蝗灾。	《含山县志》
421	1196年	宋庆元二年	磐安蝗虫为灾。	《磐安县志》
			秋，江苏蝗。	《中国东亚飞蝗蝗区的研究》

（续）

序号	公元纪年	历史纪年	蝗灾情况	资料来源
421	1196 年	宋庆元二年	秋七月，高邮飞蝗戴蛆死。是夏，旱，飞蝗起，自凌塘俄遍四野，继皆抱草死，每一蝗有一蛆食其脑。陈造诗云："使君手有垂云帚，虐魃妖螟扫不余。千顷飞蝗戴蛆死，已濡银笔为君书。"	乾隆《高邮州志》
422	1197 年	宋庆元三年	夏五月，山东无棣蝗。	《无棣县志》
			永兴蝗。	康熙《湖广通志》
			秋，嘉兴府皆蝗。	《桐乡县志》
423	1198 年	宋庆元四年	随州旱蝗。	民国《湖北通志》
424	1200 年	宋庆元六年	五月，旱蝗。	《续资治通鉴·宋纪》
			浙江杭州蝗灾大发生。	《中国历代蝗患之记载》
		金承安五年	大兴蝗。	《大兴县志》
425	1201 年	宋嘉泰元年	浙江大蝗。	《湖州市志》
			东阳蝗灾。	《东阳市志》
426	1202 年	宋嘉泰二年	浙西诸县大蝗。自丹阳入武进，若烟雾蔽天，其坠亘十余里。常之三县捕八千余石，湖之长兴捕数百石。时浙东近郡亦蝗。	《宋史·五行志》
			浙江杭州、嘉兴、湖州、长兴、绍兴、余姚蝗灾，若烟雾蔽天，民捕蝗。	《中国历代蝗患之记载》
			江北旱，江都蝗虫害稼。	《江都县志》
			镇江蝗，自丹阳入武进，群飞蔽天。	乾隆《镇江府志》
			常州府大蝗。	康熙《常州府志》
			蝗自丹阳、武进入无锡境，若烟雾蔽天。	《无锡市志》
			乌程大蝗灾，若烟雾蔽天，其坠亘十余里。	《湖州市志》

（续）

序号	公元纪年	历史纪年	蝗灾情况	资料来源
426	1202 年	宋嘉泰二年	会稽蝗。	《绍兴县志》
			慈溪蝗。	《慈溪县志》
			钱塘大蝗。	康熙《钱塘县志》
427	1204 年	金泰和四年	山东连年旱蝗，潍、密等五州尤甚。	《寒亭区档案》
428	1205 年	宋开禧元年	山东旱蝗。	《续资治通鉴·宋纪》
			浙江杭州蝗灾，飞蔽天。	《中国历代蝗患之记载》
			秋，钱塘大蝗，群飞蔽天。	康熙《钱塘县志》
429	1206 年	宋开禧二年	九月，山东连岁旱蝗，沂、密、莱、莒、潍[①]五州尤甚。	《续资治通鉴·宋纪》
			浙江杭州、山东掖县蝗灾。	《中国历代蝗患之记载》
			余杭蝗灾。	《余杭县志》
		金泰和六年	六月，定"除飞蝗入境虽不损苗稼亦坐罪法"。	《金史·章宗本纪》
			沂州府旱蝗。	乾隆《沂州府志》
			临沂旱蝗。	民国《临沂县志》
430	1207 年	宋开禧三年	夏秋久旱，大蝗，群飞蔽天，浙西豆粟皆既于蝗。	《宋史·五行志》
			浙西旱蝗。	《宋史·宁宗本纪》
			浙江杭州、河南蝗灾。	《中国历代蝗患之记载》
			夏，江阴飞蝗蔽天。	民国《江苏省通志稿》
			吴江蝗飞蔽天，豆粟皆既于蝗。	《吴江县志》
			夏，海宁旱，蝗飞蔽天，浙西豆粟皆既于蝗。	《海宁市志》
			慈溪大蝗，飞则蔽天日，集地厚四五寸，食禾稼一空，继食草木，遣人捕之，且焚且瘗。	《慈溪县志》

---

　①　密：密州，旧州名，今山东诸城；莒：莒州，旧州名，今山东莒县；潍：潍州，旧州名，今山东潍坊。

（续）

序号	公元纪年	历史纪年	蝗灾情况	资料来源
430	1207 年	宋开禧三年	夏秋，湖州飞蝗蔽天，浙西豆粟皆被食尽，长兴捕蝗三千余石。	《湖州市志》
		金泰和七年	三月，初定"虫蝻生发地主及邻主首不申之罪"。六月，遣使捕蝗。	《金史·章宗本纪》
			河南旱蝗，诏维翰体究田禾分数以闻。七月雨，复诏维翰曰："雨虽沾足，秋种过时，使多种蔬菜，犹愈于荒莱也。蝗蝻遗子，如何可绝？旧有蝗处来岁宜菽麦，谕百姓使知之。"	《金史·王维翰传》
			大兴蝗。	《大兴县志》
431	1208 年	金泰和八年	四月，河南路蝗。六月，飞蝗入京畿。	《金史·五行志》
			夏四月，诏谕有司："以苗稼方兴，宜速遣官分道巡行农事，以备虫蝻。"五月，遣使分路捕蝗。六月，飞蝗入京畿。秋七月，诏："更定蝗虫生发坐罪法。"朝献于衍庆宫。诏："颁《捕蝗图》于中外。"	《金史·章宗本纪》
		宋嘉定元年	五月，江、浙大蝗。六月，有事于圆丘、方泽祭醀。七月，又醀，颁醀式于郡县。	《宋史·五行志》
			五月，以飞蝗为灾，减常膳。诏侍从、台谏疏奏阙政，监司、守令条上民间利害。六月，以蝗祷于天地、社稷。秋七月，以飞蝗为灾，诏三省疏奏宽恤未尽之事	《宋史·宁宗本纪》

（续）

序号	公元纪年	历史纪年	蝗灾情况	资料来源
431	1208年	宋嘉定元年	浙江杭州、嘉兴、湖州，河北北平、顺天及河南、福建蝗灾。	《中国历代蝗患之记载》
			霍邱旱蝗，民大饥。	《霍邱县志》
			歙县蝗灾。	《歙县志》
			五月，浙江大蝗。	雍正《浙江通志》
			夏，江、浙、淮大蝗。	《嘉兴市志》
			五月，海盐旱，大蝗。	《海盐县志》
			九月，金华蝗。	光绪《金华县志》
			九月，兰溪蝗灾。	《兰溪市志》
			九月，东阳蝗灾。	《东阳市志》
			抚州蝗灾。	光绪《抚州市志》
			临川大面积蝗虫为害。	《临川县志》
			金溪大蝗。	《金溪县志》
			五月，金遣使分路捕蝗。	宣统《山东通志》
			五月，山东无棣蝗。	民国《无棣县志》
			灵石飞蝗腾至。	《灵石县志》
432	1209年	宋嘉定二年	夏四月，诏诸路监司督州县捕蝗。五月，申命州县捕蝗。是岁，诸路旱蝗。	《宋史·宁宗本纪》
			四月，又蝗。五月，令诸郡修酺祀。六月，飞蝗入畿县。	《宋史·五行志》
			浙江杭州、长兴，江苏丹阳、武进蝗虫如烟似雾，飞蔽天。	《中国历代蝗患之记载》
			金坛蝗飞蔽天。	《古今图书集成·庶征典·蝗灾部纪事》
			夏，建康旱蝗，大饥。	万历《应天府志》
			建康旱蝗，饥，诏："收养弃道小儿。"	康熙《上元县志》
			秋，句容蝗虫为灾。	《句容县志》
			秋，吴县飞蝗入境，大灾。	《吴县志》

（续）

序号	公元纪年	历史纪年	蝗灾情况	资料来源
432	1209 年	宋嘉定二年	当涂旱蝗，大饥，人食草木。	《当涂县志》
			六月，临安蝗。	《临安县志》
			六月，富阳蝗。	《富阳县志》
			湖州大蝗，长兴捕蝗数百石。	《湖州市志》
			明溪旱，蝗虫为害。	《明溪县志》
433	1210 年	宋嘉定三年	五月，以去岁旱蝗，百官应诏封事，命两省择可行者以闻。八月，临安府蝗。	《宋史·宁宗本纪》
			秋，浙江杭州、江苏南京蝗灾。	《中国历代蝗患之记载》
			建康旱蝗，赈之。	同治《上江两县志》
			句容旱蝗。	《句容县志》
434	1211 年	宋嘉定四年	近岁以来，旱蝗频仍，饥馑相踵。	《续资治通鉴·宋纪》
435	1213 年	金至宁元年	大兴蝗。	《大兴县志》
436	1214 年	宋嘉定七年	六月，浙郡蝗。	《宋史·五行志》
			浙江杭州、湖州蝗害，民饥。	《中国历代蝗患之记载》
			池州旱蝗。	乾隆《池州府志》
			贵池旱蝗。	光绪《贵池县志》
			常州府大蝗。	康熙《常州府志》
			秋，吴江旱蝗，令饥民捕蝗，计斗易粟米。	《吴江县志》
			无锡蝗遍于野。	《无锡市志》
437	1215 年	宋嘉定八年	四月，飞蝗越淮而南。江、淮郡蝗，食禾苗、山林、草木皆尽。飞蝗入畿县，祭醮，令郡县有蝗者如式以祭。自夏至秋，诸道捕蝗者以千百石计，饥民竞捕，官出粟易之。	《宋史·五行志》
			两浙、江东西路旱蝗。	《宋史·宁宗本纪》

（续）

序号	公元纪年	历史纪年	蝗灾情况	资料来源
437	1215 年	宋嘉定八年	八月，蝗，祷于霍山。	《宋史·礼志五》
			六月，以飞蝗入临安界，诏差官祭告。又诏两浙、淮东西路州县，遇有蝗入境，守臣祭告醋神。	《宋史·礼志六》
			江苏南京、盱眙，湖北荆州、江陵，河南洛阳及河北蝗灾，食禾稼、山林、草木皆尽。	《中国历代蝗患之记载》
			扬州蝗食禾稼、山林、草木皆尽。	嘉庆《重修扬州府志》
			四月，仪征蝗食禾苗、草木叶皆尽，饥。	道光《仪征县志》
			高邮飞蝗食禾苗、草木叶皆尽。	乾隆《高邮州志》
			夏，如皋蝗灾。	《如皋县志》
			夏秋，百泉皆竭，杭、嘉、苏，江、浙、淮、闽蝗。	《嘉兴市志》
			八月，乌程、归安飞蝗蔽天，饥。	《湖州市志》
			奉化飞蝗蔽天。	《奉化市志》
			鄞县林村飞蝗蔽野，民艰食。	同治《鄞县志》
			余杭蝗灾。	《余杭县志》
			新城①飞蝗入境，被灾。	《富阳县志》
		金贞祐三年	夏四月，河南路蝗，遣官分捕。上谕宰臣曰："朕在潜邸，闻捕蝗者止及道旁，使者不见处即不加意，当以此意戒之。"	《金史·宣宗本纪》
			夏五月，陈州大蝗。	乾隆《陈州府志》
			五月，淮阳大蝗。	《淮阳县志》

---

① 新城：旧县名，治所在今浙江富阳西南新登镇。

（续）

序号	公元纪年	历史纪年	蝗灾情况	资料来源
438	1216 年	宋嘉定九年	春正月，罢诸路旱蝗州县和籴。	《宋史·宁宗本纪》
			五月，浙东蝗，令郡国酺祭。是岁，饥，官以粟易蝗者千百斛。	《宋史·五行志》
		金贞祐四年	夏四月，河南、陕西蝗。五月，凤翔及华、汝等州蝗，京兆、同、华、邓、裕①、汝、亳、宿、泗等州蝗。六月，河南大蝗伤稼，遣官分道捕之。秋七月，飞蝗过京师，以旱蝗诏中外。	《金史·宣宗本纪》
			六月，蝗，祷群祀。	《宋史·礼志五》
			赤地千里，蝗飞蔽天，如此可畏。	《宋史·陈宓传》
			浙江绍兴、处州、兰溪，河南洛阳、临汝，陕西大荔及河北蝗虫害稼，民饥，官府以粟易蝗上千斛。	《中国历代蝗患之记载》
			浙江蝗。	《新昌县志》
			东阳蝗灾。	《东阳市志》
			五月，周至大蝗灾。	《周至县志》
			五月，凤翔、岐山、扶风蝗灾。	《宝鸡市志》
			五月，汉中大蝗。	《汉中市志》
			洛川大蝗。	嘉庆《洛川县志》
			夏六月，陈州大蝗伤稼。	乾隆《陈州府志》
			夏，沈丘旱蝗伤稼。	《沈丘县志》
			六月，鹿邑蝗伤田禾。	《鹿邑县志》
439	1217 年	金兴定元年	三月，宫中见蝗，遣官分道督捕。	《金史·宣宗本纪》
			四月，楚州蝗。	《宋史·五行志》

① 裕：裕州，旧州名，治所在今河南方城。

（续）

序号	公元纪年	历史纪年	蝗灾情况	资料来源
439	1217 年	宋嘉定十年	江苏淮阴、淮安及北平蝗灾。	《中国历代蝗患之记载》
			九月，宁都蝗虫害稼。	《宁都县志》
440	1218 年	金兴定二年	五月，诏遣官督捕河南诸路蝗。	《金史·宣宗本纪》
		宋嘉定十一年	夏四月，陈州蝗。	乾隆《陈州府志》
			四月，尉氏蝗。	道光《尉氏县志》
			孟津蝗灾。	《河南东亚飞蝗及其综合治理》
			太康、淮阳、沈丘旱蝗。	《周口地区志》
441	1221 年	宋嘉定十四年	明、台、温、婺、衢①蟊螣为灾。	《宋史·五行志》
			浙江宁波、镇海、金华、江山蝗害稼。	《中国历代蝗患之记载》
			台州蟊螣为灾。	《台州地区志》
			临海大旱，蝗灾。	《临海县志》
			夏慈溪旱，蟊螣为灾。	《慈溪县志》
			瑞安旱，蟊螣成灾。	《瑞安市志》
			永嘉旱，蟊螣为灾。	《永嘉县志》
			夏，东阳蟊螣为灾。	《东阳市志》
			兰溪蟊螣为灾。	《兰溪市志》
			永康蟊螣为灾。	《永康县志》
			岱山蟊螣害稼。	《岱山县志》
			遂川旱蝗，大饥。	《遂川县志》
			吉安蝗灾。	《吉安县志》
442	1226 年	金正大三年	夏四月，遣使捕蝗。六月，京东大雨雹，蝗尽死。	《金史·哀宗本纪》
		宋宝庆二年	夏，河北蝗灾。	《中国历代蝗患之记载》

① 明：明州，旧州名，治所在今浙江宁波；台：台州，旧州名，治所在今浙江临海；婺：婺州，旧州名，治所在今浙江金华。

（续）

序号	公元纪年	历史纪年	蝗灾情况	资料来源
442	1226 年	宋宝庆二年	四月，开封蝗。	《河南东亚飞蝗及其综合治理》
443	1227 年	宋宝庆三年	夏秋，浙西旱蝗，群飞蔽天。	《中国历代天灾人祸表》
444	1230 年	宋绍定三年	福建蝗。	《宋史·五行志》
			福州蝗。	乾隆《福建通志》
			沙县蝗。	乾隆《延平府志》
445	1234 年	宋端平元年	五月，当涂县蝗。	《宋史·五行志》
			侨与诸贤俱被召，趣入觐。帝顾见其衣履垢敝，愀然谓曰："卿可谓清贫。"侨对曰："臣不贫，陛下乃贫耳。"帝曰："朕何以贫？"侨曰："陛下国本未建，疆域日蹙；权幸用事，将帅非材；旱蝗相仍，盗贼并起；经用无艺，帑藏空虚；民困于横敛，军怒于掊克，群臣养交而子孤立，国势阽危而陛下不悟；臣不贫，陛下乃贫耳。"帝为之感动改容，而赐侨金帛甚厚。侨固辞不受。	《宋史·徐侨传》
			荆、襄连年水涝、螟蝗之灾。	《宋史·史嵩之传》
446	1235 年	宋端平二年	藁城旱蝗，民不聊生。	《元史·董文炳传》
447	1238 年	宋嘉熙二年	秋八月，陈时可等言诸路旱蝗，诏："免今年田租，仍停旧未输纳者，俟丰岁议之。"	《元史·太宗本纪》
			八月，蒙古诸路旱蝗，诏免今年田租。	《续资治通鉴·宋纪》
			武陟、孟县旱蝗。	《河南东亚飞蝗及其综合治理》
			南和蝗灾。	《南和县志》

（续）

序号	公元纪年	历史纪年	蝗灾情况	资料来源
448	1240 年	宋嘉熙四年	六月，江、浙、福建大旱蝗。秋七月，诏："今夏六月恒阳，飞蝗为孽，朕德未修，民瘼尤甚，中外臣僚其直言阙失毋隐。"又诏："有司振灾恤刑。"	《宋史·理宗本纪》
			夏，安徽太平蝗灾。	《中国历代蝗患之记载》
			夏，杭、嘉，江、浙、闽湖竭，蝗。	《嘉兴市志》
			六月，乌程、归安大旱蝗，人相食。	《湖州市志》
			浙东宁波大旱蝗。	《宁波市志》
			平阳旱蝗。	《平阳县志》
			六月，东阳蝗灾。	《东阳市志》
			六月，江西大旱蝗。	光绪《江西通志》
			六月，当涂旱蝗。	乾隆《当涂县志》
			六合蝗。	《六合县志》
			建康蝗，平江①大市人肉。	民国《江苏省通志稿》
			七月，嘉定旱。八月，蝗灾，食秋稻、木叶、屋茅。	光绪《嘉定县志》
			松溪蝗。	《松溪县志》
			六月，建瓯旱，蝗虫毁稼。	《建瓯县志》
			六月，安福大旱蝗。	同治《安福县志》
			夏六月，吉安旱，蝗灾。	《吉安市志》
			高安蝗。	《高安县志》
			六月，遂川大旱蝗。	《遂川县志》
			弋阳蝗灾。	《弋阳县志》
			波阳旱，蝗虫为害。	《波阳县志》
			上高蝗灾甚烈。	《上高县志》

---

① 平江：旧府名，治所在今江苏苏州。

（续）

序号	公元纪年	历史纪年	蝗灾情况	资料来源
449	1241 年	宋淳祐元年	六月，以旱蝗录行在系囚。	《续资治通鉴·宋纪》
			两浙新昌旱蝗。	《新昌县志》
450	1242 年	宋淳祐二年	五月，两淮蝗。	《宋史·五行志》
			夏，安徽凤阳、盱眙，江苏扬州蝗灾。	《中国历代蝗患之记载》
			泰兴蝗。	民国《江苏省通志稿》
451	1243 年	宋淳祐三年	八月，余姚蝗。	《宁波市志》
			八月，慈溪蝗。	《慈溪县志》
452	1245 年	宋淳祐五年	浙江余姚蝗灾。	《中国历代蝗患之记载》
			乐平蝗，禾穗及松竹叶皆食尽。	同治《乐平县志》
			波阳蝗食禾穗及松竹叶。	《波阳县志》
453	1246 年	宋淳祐六年	六月，泰兴、如皋飞蝗蔽天。	民国《江苏省通志稿》
			夏，江都蝗灾，飞蔽天。	《中国历代蝗患之记载》
			霍邱蝗。	乾隆《颍州府志》
			六月，江淮飞蝗蔽天，集食禾豆。	万历《应天府志》
			广陵飞蝗蔽天。	《广陵区志》

···第四章···
元代蝗灾

序号	公元纪年	历史纪年	蝗灾情况	资料来源
454	1262年	蒙古中统三年	五月，真定、顺天①、邢州蝗。	《元史·五行志》
		宋景定三年	江苏昆山蝗灾。	《中国历代蝗患之记载》
			夏五月，行唐蝗。	乾隆《行唐县志》
			曲阳蝗灾。	《曲阳县志》
			五月，饶阳蝗。	《饶阳县志》
			南和蝗灾。	《南和县志》
			磁县蝗灾。	《磁县志》
			八月，两浙蝗。	《宋史·五行志》
			平江蝗，不为灾。	民国《江苏省通志稿》
			八月，湖州蝗。	《湖州市志》
			嵊县蝗。	《新昌县志》
455	1263年	蒙古中统四年	六月，燕京、河间、益都②、真定、东平蝗。八月，滨、棣等州蝗。	《元史·五行志》
		宋景定四年	夏至秋，河北顺天、交河，山东沾化、泰安蝗灾。	《中国历代蝗患之记载》

---

① 真定：元路名，治所在今河北正定；顺天：元路名，治所在今河北保定。
② 燕京：元路名，治所在今北京市西南隅；益都：元路名，治所在今山东青州。

（续）

序号	公元纪年	历史纪年	蝗灾情况	资料来源
455	1263年	蒙古中统四年 宋景定四年	秋八月，商河蝗。	民国《重修商河县志》
			夏六月，东平诸路蝗。	民国《续修东阿县志》
			秋八月，蒲台①蝗。	乾隆《蒲台县志》
			秋八月，惠民蝗。	光绪《惠民县志》
			黄县蝗。	同治《黄县志》
			赞皇旱蝗。	《赞皇县志》
			六月，新乐蝗。	《新乐县志》
			饶阳又蝗。	《饶阳县志》
			六月，沧州蝗。	民国《沧县志》
			六月，献县蝗。	民国《献县志》
			六月，海兴蝗。	《海兴县志》
			盐山蝗。	《盐山县志》
			顺义蝗。	民国《顺义县志》
			六月，宁河蝗。	《宁河县志》
			六月，大港蝗灾。	《大港区志》
456	1264年	蒙古至元元年 宋景定五年	大名路大水蝗。滑县蝗。	同治《滑县志》
			六月，全椒飞蝗集食禾豆。	民国《全椒县志》
			安徽滁县蝗灾。	《中国历代蝗患之记载》
457	1265年	蒙古至元二年	秋七月，益都大蝗，饥，命减价粜官粟以赈。是岁，西京、北京、益都、真定、东平、顺德、河间、徐、宿、邳蝗旱。②	《元史·世祖本纪》
			陈祐改南京③路治中。适东方大蝗，徐、邳尤甚，责捕至急，祐部民丁数万人至其地，谓左右曰："捕蝗虑其伤稼，今蝗虽盛，而谷以熟，不如令早刈之，庶力省而有得。"	《元史·陈祐传》

① 蒲台：旧县名，治所在今山东滨州东南蒲城乡。
② 西京：元路名，治所在今山西大同；北京：元路名，治所在今内蒙古宁城西；顺德：元路名，治所在今河北邢台；邳：邳州，旧州名，治所在今江苏睢宁西北。
③ 南京：元路名，治所在今河南开封，至元二十五年（1288年）改称汴梁路。

（续）

序号	公元纪年	历史纪年	蝗灾情况	资料来源
457	1265 年	蒙古至元二年	河北邢台，江苏萧县、宿迁、淮安、靖江、泰兴及辽宁蝗灾大发生。	《中国历代蝗患之记载》
		宋咸淳元年	丰县蝗食禾稼。	民国《江苏省通志稿》
			瑞安蝗虫为灾。	《瑞安市志》
			夏五月，大名路旱蝗。	咸丰《大名府志》
			献县蝗。	民国《献县志》
			青县闹蝗虫。	《青县志》
			饶阳蝗旱。	《饶阳县志》
			魏县蝗。	《魏县志》
			大同蝗。	道光《大同县志》
			德州旱蝗。	乾隆《德州志》
			益都、东平旱蝗。东阿蝗。	民国《续修东阿县志》
			秋七月，临朐蝗。	光绪《临朐县志》
			凉城蝗灾。	《凉城县志》
458	1266 年	蒙古至元三年	东平、济南、益都、平滦、真定、洺磁、顺天、中都、河间、北京蝗。①	《元史·世祖本纪》
		宋咸淳二年	六月，怀庆蝗。	道光《河内县志》
			河北永年、滦州、北平及辽宁蝗灾，毁稼。	《中国历代蝗患之记载》
			六月，武陟、孟县蝗。	《河南东亚飞蝗及其综合治理》
			怀庆阳武蝗。	乾隆《怀庆府志》
			舞钢蝗虫为害。	《舞钢市志》
			舞阳蝗虫为害。	《舞阳县志》
			平原蝗。	乾隆《平原县志》
			益都、东平旱蝗。东阿蝗。	民国《续修东阿县志》

---

① 平滦：元路名，治所在今河北卢龙；洺磁：元路名，治所在今河北永年；中都：元路名，治所在今北京西南隅。

（续）

序号	公元纪年	历史纪年	蝗灾情况	资料来源
458	1266 年	蒙古至元二年	夏五月，行唐蝗。	乾隆《行唐县新志》
			抚宁起蝗虫。	《抚宁县志》
			献县蝗。	民国《献县志》
		宋咸淳二年	吴桥蝗灾。	《吴桥县志》
			饶阳蝗。	《饶阳县志》
			鸡泽蝗。	民国《鸡泽县志》
			洺州、磁州蝗灾。	《邯郸县志》
			秋，成安大蝗。	民国《成安县志》
			曲周蝗灾。	《曲周县志》
			大兴蝗。	《大兴县志》
			北京蝗。	《宁城县志》
459	1267 年	蒙古至元四年	山东、河南北诸路蝗。	《元史·世祖本纪》
		宋咸淳三年	归德①府永城、亳州蝗。	乾隆《归德府志》
			商丘蝗旱。	《商丘县志》
			稷山蝗。	《稷山县志》
			山东诸路蝗。东阿蝗。	民国《续修东阿县志》
			无棣蝗。	民国《无棣县志》
			胶州蝗。	民国《增修胶志》
			四月，行唐蝗。	乾隆《行唐县新志》
			四月，正定蝗。	光绪《正定县志》
			望都大蝗。	《望都县志》
			饶阳蝗。	《饶阳县志》
			冀县蝗灾。	《冀县志》
			临西蝗。	《临西县志》
			南和蝗灾。	《南和县志》
			邱县蝗灾。	《邱县志》
			两浙蝗。	《新昌县志》
460	1268 年	蒙古至元五年	六月，东平等郡蝗。	《元史·五行志》
		宋咸淳四年	山东泰安蝗灾。	《中国历代蝗患之记载》

① 归德：旧府名，治所在今河南商丘睢阳区。

（续）

序号	公元纪年	历史纪年	蝗灾情况	资料来源
460	1268年	蒙古至元五年	灵寿蝗。	《河北省农业厅·志源（3）》
		宋咸淳四年	七月，新乡鸲鹆食蝗。	乾隆《新乡县志》
			秋七月，卫辉鸲鹆食蝗。	乾隆《卫辉府志》
			秋七月，辉县蝗生，鸲鹆食蝗尽。	道光《辉县志》
			七月，朝歌鸲鹆食蝗。	《淇县志》
			秋七月，鹿邑蝗。	光绪《鹿邑县志》
			七月，亳州蝗。	乾隆《颍州府志》
461	1269年	蒙古至元六年	六月，河南、河北、山东诸郡蝗。敕："真定等路旱蝗，其代输、筑城役夫户赋悉免之。"	《元史·世祖本纪》
		宋咸淳五年	山东诸郡蝗。	宣统《山东通志》
			六月，平原蝗。	乾隆《平原县志》
			无棣蝗。	民国《无棣县志》
			胶州蝗。	民国《增修胶志》
			六月，望都大蝗。	《望都县志》
			冀县蝗灾。	《冀县志》
			六月，临西蝗。	《临西县志》
			六月，南和蝗灾。	《南和县志》
			六月，邱县大旱蝗。	《邱县志》
			洧川①县达鲁花赤贪暴，盛夏役民捕蝗，禁不得饮水，民不胜忿，击之而毙。	《元史·袁裕传》
			六月，通许蝗。	乾隆《通许县志》
			徐州、邳州蝗。	民国《泗阳县志》
462	1270年	蒙古至元七年	三月，益都、登、莱蝗旱，诏："减其今年包银之半。"五月，南京、河南等路蝗，减今年银丝十之三。秋七	《元史·世祖本纪》

---

① 洧川：旧县名，治所在今河南长葛东北，明初移治今河南尉氏西南洧川镇。

（续）

序号	公元纪年	历史纪年	蝗灾情况	资料来源
462	1270 年	蒙古至元七年	月，山东诸路旱蝗，免军户田租，戍边者给粮。冬十月，以南京、河南两路旱蝗，减今年差赋十之六。	
			是年，又颁农桑之制一十四条，第十四条曰："每年十月，令州县正官一员巡视境内，有虫蝗遗子之地，多方设法除之。"	《元史·食货志》
			帝以蝗旱为忧，命德辉录囚山西、河东。	《元史·李德辉传》
			五月，尚书省奏括天下户口，御史台言："所在捕蝗，百姓劳扰，括户事宜缓。"遂止。	《元史·阿合马传》
			河北、河南及山东掖县蝗害，减田租。	《中国历代蝗患之记载》
			七月，历城旱蝗，免军户田租。	乾隆《历城县志》
			七月，平原旱蝗。	乾隆《平原县志》
			七月，金乡旱蝗。	《金乡县史志》
			无棣蝗。	民国《无棣县志》
			安丘旱蝗。	万历《安丘县志》
			秋七月，胶州旱蝗。	民国《增修胶志》
			三月，平度旱蝗。	道光《平度州志》
			黄县旱蝗，减其年包银之半。	同治《黄县志》
			六月，莱州蝗灾，诏减租赋银之半。	《莱州市志》
			大同遭蝗灾。	《大同市志》
			七月，洛阳大蝗。	乾隆《洛阳县志》
			四月，延津蝗。	《延津县志》

（续）

序号	公元纪年	历史纪年	蝗灾情况	资料来源
463	1271 年	元至元八年	蝗起真定，朝廷遣使者督捕，役夫四万人，以为不足，欲牒邻道助之。磐曰："四万人多矣，何烦他郡。"使者怒，责磐状，期三日尽捕蝗。磐不为动，亲率役夫走田间，设方法督捕之，三日而蝗尽灭。	《元史·王磐传》
			夏，河南洛阳、山西临汾、河北张家口、沽源、北平，内蒙古多伦及甘肃蝗灾。	《中国历代蝗患之记载》
			六月，上都、中都、河间、济南、淄莱、真定、卫辉、洺磁、顺德、大名、河南、南京、彰德、益都、顺天、怀孟、平阳、归德诸州县蝗。①	《元史·世祖本纪》
			六月，历城蝗。	乾隆《历城县志》
			德州蝗。	乾隆《德州志》
			德县蝗。	民国《德县志》
			六月，平原蝗。	乾隆《平原县志》
			临清蝗灾。	《临清市志》
			长山蝗。	嘉庆《长山县志》
			淄川蝗。	乾隆《淄川县志》
			六月，莱州蝗。	乾隆《掖县志》
			曲沃蝗。	民国《新修曲沃县志》
			大同又遭蝗灾。	《大同市志》
			六月，长垣蝗。	嘉庆《长垣县志》
			武陟蝗。	道光《武陟县志》
			三月，宁陵飞蝗入境，伤禾数百亩。	《宁陵县志》

---

① 上都：旧路名，治所在今内蒙古正蓝旗东；淄莱：旧路名，治所在今山东淄博淄川区；怀孟：旧路名，治所在今河南沁阳。

（续）

序号	公元纪年	历史纪年	蝗灾情况	资料来源
463	1271年	元至元八年	六月，鹿邑蝗。	光绪《鹿邑县志》
			孟县蝗灾。	《河南东亚飞蝗及其综合治理》
			六月，灵寿蝗灾。	《灵寿县志》
			夏，行唐蝗，蒙古宣抚使王磐扑灭之。	乾隆《行唐县新志》
			献县蝗。	民国《献县志》
			饶阳蝗。	《饶阳县志》
			南和蝗虫。	《南和县志》
			洺州、磁州蝗灾。	《邯郸县志》
			六月，魏县蝗。	《魏县志》
			六月，邱县蝗。	《邱县志》
			永年蝗。	《永年县志》
			六月，曲周蝗灾。	《曲周县志》
			隆化兴州地大面积蝗灾。	《隆化县志》
			顺义蝗害稼。	民国《顺义县志》
			大兴蝗。	《大兴县志》
			静海蝗灾。	《静海县志》
			夏六月，河州蝗。	光绪《甘肃新通志》
			六月，积石山蝗虫伤禾稼。	《积石山保安族东乡族撒拉族自治县志》
			凉城蝗灾。	《凉城县志》
464	1272年	元至元九年	二月，以去岁东平及西京等州县旱、蝗、水潦，免其租赋。	《元史·世祖本纪》
			东平等州县旱蝗，免其租赋。	宣统《山东通志》
			五月，许州蝗。	《许昌县志》
465	1273年	元至元十年	诸路虫螟灾五分。	《元史·世祖本纪》
			山东诸路蝗螟灾，赈之。	宣统《山东通志》
			无棣蝗螟为灾。	民国《无棣县志》

（续）

序号	公元纪年	历史纪年	蝗灾情况	资料来源
465	1273年	元至元十年	夏，正定大水蝗，诏所在赈米。	光绪《正定县志》
			大兴蝗。	《大兴县志》
			襄垣蝗。	乾隆《潞安府志》
466	1275年	元至元十二年	东明水旱蝗，大饥，给钞赈之。	《山东蝗虫》
467	1276年	元至元十三年	巨鹿饥民食蝗。	《巨鹿县志》
468	1278年	元至元十五年	秋七月，濮州蝗。	《元史·世祖本纪》
			盐城旱，蝗灾。	《盐城市志》
			建湖旱，蝗虫为灾。	《建湖县志》
			卢龙蝗。	《河北省农业厅·志源（3）》
			秋，安阳旱，蝗灾。	《安阳县志》
469	1279年	元至元十六年	夏四月，大都等十六路蝗。六月，左、右卫屯田蝗蝻生。①	《元史·世祖本纪》
			夏，河北永清等蝗灾。	《中国历代蝗患之记载》
			京畿蝗灾，民大饥。	《通县志》
			四月，海兴蝗。	《海兴县志》
470	1280年	元至元十七年	五月，真定、咸平、忻州、涟、海②、邳、宿诸州郡蝗。	《元史·世祖本纪》
			夏，江苏徐州及辽宁、河北蝗灾。	《中国历代蝗患之记载》
			建湖蝗害。	《建湖县志》
			海州、邳州、宿迁蝗害。	《连云港市志》
			赣州蝗。	乾隆《赣州府志》
			赣州蝗。	同治《定南厅志》
471	1281年	元至元十八年	山东武城蝗灾，害稼，免税。	《中国历代蝗患之记载》

---

① 大都：元路名，治所在今北京市西南；左、右卫屯田：即左卫屯田和右卫屯田，均中统三年（1262年）置，分布在今河北廊坊、永清、霸州一带。

② 咸平：旧府名，治所在今辽宁开原东北；海：海州，元路名，在今江苏连云港西南。

（续）

序号	公元纪年	历史纪年	蝗灾情况	资料来源
471	1281年	元至元十八年	秋，广平①蝗，人相食。	光绪《广平府志》
			永年蝗，人相食。	《永年县志》
			顺德九县民食蝗。	万历《顺德府志》
			巨鹿民食蝗。	光绪《巨鹿县志》
			秋，曲周蝗灾，人相食。	《曲周县志》
			无棣县蝗。	《海丰县志》
			夏，胶州蝗。	民国《增修胶志》
			夏，归德之永城蝗。	乾隆《归德府志》
472	1282年	元至元十九年	四月，别十八里②部东三百余里蝗害麦。	《元史·五行志》
			八月，大同路蝗。	雍正《山西通志》
			潞城、壶关、襄垣蝗虫伤稼、草木尽，饥民捕蝗为食，或曝干备荒，人相食。	《潞城市志》
			襄垣蝗食禾稼、草木叶俱尽，饥民相食。	《襄垣县志》
			五月，河东蝗飞蔽天，人马不能行，所落沟堑尽平，民大饥。	光绪《永济县志》
			汾阳蝗虫成灾，收成减少，民大饥。	《汾阳县志》
			西京蝗灾，飞蔽天，人马不能行，沟堑被蝗虫填满，民大饥，捕蝗为食，并曝干储食之。	《大同市志》
			秋八月，大同南郊区蝗灾，稼伤八九。	《大同市南郊区志》
			河南中牟及陕西蝗灾。	《中国历代蝗患之记载》
			开封蝗灾严重。	《开封县志》
			杞县旱，飞蝗蔽天，人马不能行，沟堑尽平，草木俱尽，大饥，人相食。	《杞县志》

①　广平：元路名，治所在今河北永年东南广府镇。
②　别十八里：亦称别失八里，古地名，在今新疆吉木萨尔北。

（续）

序号	公元纪年	历史纪年	蝗灾情况	资料来源
472	1282年	元至元十九年	五月，尉氏蝗食禾稼、草木叶皆尽，所至蔽日，碍人马不能行，填坑堑皆盈，饥民捕蝗以食，或曝干积之，又尽，则人相食。	道光《尉氏县志》
			兰考大蝗，飞蔽天。	《兰考县志》
			原武蝗。	乾隆《怀庆府志》
			浚县蝗虫为害甚烈，禾稼不登，民捕蝗充饥，乃至人相食。	《浚县志》
			夏，柘城飞蝗蔽天，沟堑皆平，食禾稼俱尽。	《柘城县志》
			五月，淮阳、扶沟、沈丘、鹿邑旱，飞蝗蔽天，人马不能行，沟堑皆平。	《周口地区志》
			夏五月，陈州蝗蔽天，人马不能行，所落沟堑尽平。	乾隆《陈州府志》
			五月，鹿邑蝗飞蔽天，落满沟堑。	《鹿邑县志》
			郾城蝗所至蔽日，人马不能行。	《郾城县志》
			五月，扶沟飞蝗蔽天，所落沟堑尽平。	光绪《扶沟县志》
			舞阳飞蝗成灾，所至蔽日，庄稼、草木被吃光。	《舞阳县志》
			许地蝗食禾稼、草木俱尽，所至蔽日，碍人马不能行，饥民捕蝗以食，或曝干积之，又尽，人相食。	道光《许州志》
			襄城蝗灾严重，禾草俱尽，所至蔽日，碍人马不能行，饥民初食蝗，继而人相食。	《襄城县志》

（续）

序号	公元纪年	历史纪年	蝗灾情况	资料来源
472	1282年	元至元十九年	长葛蝗食苗、草木俱尽，所至蔽日，碍人马不能行，填坑堑皆盈，饥民捕蝗以食，或曝干而积之，又尽，人相食。	《长葛县志》
			大都、燕南、燕北、河间、山东、河南等六十余处皆蝗，食苗稼、草木俱尽，所至蔽日，碍人马不能行，填坑堑皆盈，饥民捕蝗以食，或曝干积之，又尽，则人相食。	康熙《河间府志》
			沧州蝗食苗稼、草木叶俱尽，民捕蝗为食，曝干积之，尽，则人相食。	民国《沧县志》
			东光蝗食苗稼、草木叶俱尽，民捕蝗为食，曝干积之，又尽，人相食。	光绪《东光县志》
			盐山蝗食草木尽，民捕蝗为食，又尽，人相食。	《盐山县志》
			吴桥蝗食苗稼皆尽。	《吴桥县志》
			阜城蝗害稼，食草木俱尽，民捕蝗以食，尽，人相食。	雍正《阜城县志》
			海兴蝗食禾稼、草木叶俱尽，所至蔽日，碍人马不能行，填坑堑皆盈，饥民捕蝗为食，或曝干积之，又尽，人相食。	《海兴县志》
			大厂蝗虫成灾，禾稼尽食。	《大厂回族自治县志》
			三河蝗食苗稼、草木俱尽。	乾隆《三河县志》
			涉县蝗食禾稼、草木俱尽，所至蔽日，碍人马不能行，填坑堑皆盈，饥民捕蝗为食。	《涉县志》

（续）

序号	公元纪年	历史纪年	蝗灾情况	资料来源
472	1282 年	元至元十九年	清河蝗飞蔽天自西北来，凡经七日，禾稼俱尽。	民国《清河县志》
			宁河蝗食禾稼，所至蔽日，人马不能行，入人屋室，乃大饥。	《宁河县志》
			宝坻蝗食禾稼，所至蔽日，人不能行，入人屋室，乃大饥。	《宝坻县志》
			静海蝗食苗稼、草木皆尽，蝗群起飞遮天蔽日，碍人马不能行。是年，人相食。	《静海县志》
			德州蝗。	《德州市志》
			东阿大蝗。	道光《东阿县志》
			益都蝗食禾稼、草木俱尽。	光绪《益都县图志》
			五月，山东、河南、直隶、京师飞蝗蔽天，人马难行，大饥。博兴蝗食禾稼、草木俱尽。无棣蝗。	《山东蝗虫》
			七月，清河飞蝗蔽天自西北来，凡经七日，禾稼俱尽。	民国《江苏省通志稿》
			盐城飞蝗蔽日，所过禾稼俱尽。	《盐城市志》
			建湖飞蝗蔽日，所过禾稼俱尽。	《建湖县志》
			凉城蝗灾。	《凉城县志》
473	1283 年	元至元二十年	秋，陕西凤翔、岐山蝗灾。	《中国历代蝗患之记载》
			四月，燕京、河间等路蝗。	康熙《河间府志》
			四月，河间蝗。	乾隆《河间县志》
474	1284 年	元至元二十一年	六月，东安县蝗。	康熙《东安县志》
			山东蝗。	《无棣县志》
			六月，中卫屯田①蝗。	《元史·世祖本纪》

---

① 中卫屯田：元世祖于至元四年（1267 年）置，在今天津武清、河北香河等县，为田 1 000 余顷。

序号	公元纪年	历史纪年	蝗灾情况	资料来源
475	1285 年	元至元二十二年	夏四月，大都、汴梁、益都、庐州、河间、济宁、归德、保定蝗。[①] 秋七月，京师蝗。	《元史·世祖本纪》
			无棣蝗。	《山东蝗虫》
			德州蝗。	乾隆《德州志》
			秋，许州蝗。	《许昌县志》
			大兴蝗。	《大兴县志》
476	1286 年	元至元二十三年	五月，霸州、漷州[②]蝻生。	《元史·世祖本纪》
			许州又蝗灾。	《许昌县志》
477	1288 年	元至元二十五年	六月，资国、富昌等十六屯雨水、蝗害稼。秋七月，真定、汴梁路蝗。八月，赵、晋、冀三州蝗。	《元史·世祖本纪》
			东平路须城等六县蝗。	宣统《山东通志》
			东平路须城、东阿等六县蝗。	民国《续修东阿县志》
			无棣蝗蝻为灾。	《山东蝗虫》
			八月，武邑蝗。	《武邑县志》
			饶阳蝗。	《饶阳县志》
			夏至秋，河南及陕西凤翔、岐山蝗害稼。	《中国历代蝗患之记载》
478	1289 年	元至元二十六年	七月，东平、济宁、东昌、益都、真定、广平、归德、汴梁、怀孟蝗。	《元史·世祖本纪》
			夏秋，山东、河南、河北蝗。	《中国东亚飞蝗蝗区的研究》
			七月，河南蝗，沁阳蝗。	《河南东亚飞蝗及其综合
			七月，武陟蝗。	道光《武陟县志》
			秋七月，孟州蝗。	《孟县志》
			秋七月，微山蝗。	《微山县志》

---

① 庐州：元路名，治所在今安徽合肥；济宁：元路名，治所在今山东巨野。
② 漷州：旧州名，治所在今北京通州东南漷县镇。

（续）

序号	公元纪年	历史纪年	蝗灾情况	资料来源
478	1289年	元至元二十六年	秋七月，安丘蝗。	万历《安丘县志》
			四月，河北十七郡蝗，诏发常平仓米一万五千石赈保定饥。	民国《清苑县志》
			秋七月，饶阳蝗。	《饶阳县志》
			曲周蝗灾。	《曲周县志》
			七月，永年蝗。	《永年县志》
479	1290年	元至元二十七年	四月，河北十七郡蝗。	《元史·五行志》
			夏，河南汲县及山东曲阜蝗灾。	《中国历代蝗患之记载》
			泽州蝗。	雍正《山西通志》
			凤台蝗。	乾隆《凤台县志》
			长子蝗虫。	《长子县志》
			夏四月，河北蝗。	雍正《河南通志》
			夏四月，卫辉府蝗。	乾隆《卫辉府志》
			辉县蝗。	道光《辉县志》
			四月，延津旱蝗。	《延津县志》
			长垣蝗。	嘉庆《长垣县志》
			四月，怀庆府蝗。	乾隆《怀庆府志》
			四月，武陟蝗。	道光《武陟县志》
			四月，汤阴大旱蝗。	《汤阴县志》
			夏，宁津蝗。	光绪《宁津县志》
			河北东昌等十七郡蝗。	嘉庆《东昌府志》
			雄县大蝗。	民国《雄县新志》
			四月，临西蝗。	《临西县志》
			四月，邱县蝗灾。	《邱县志》
480	1292年	元至元二十九年	闰六月，东昌路蝗，济南、般阳蝗。八月，以广济署屯田既蝗复水，免今年田租九千二百十八石。[①]	《元史·世祖本纪》

---

① 般阳：元路名，治所在今山东淄博淄川区；广济署屯田：元屯田署名，在今河北沧州、青县一带。

（续）

序号	公元纪年	历史纪年	蝗灾情况	资料来源
480	1292 年	元至元二十九年	六月，东昌、济南、般阳、归德等郡蝗。	《元史·五行志》
			秋，孟县旱蝗，饥。	《孟县志》
			新野蝗。	《新野县志》
			六月，历城蝗。	乾隆《历城县志》
			济阳蝗。	民国《济阳县志》
			闰六月，夏津蝗。	乾隆《夏津县志》
			六月，长山蝗。	嘉庆《长山县志》
			六月，淄川蝗。	乾隆《淄川县志》
			黄县蝗。	同治《黄县志》
			湖北广济蝗。	《中国历代蝗患之记载》
481	1293 年	元至元三十年	秋，北平、顺天蝗灾。	《中国历代蝗患之记载》
			六月，大兴县蝗。九月，登州蝗。是岁，真定、宁晋等处蝗。	《元史·世祖本纪》
			九月，登州蝗。	光绪《增修登州府志》
			九月，栖霞蝗。	光绪《栖霞县志》
			通潞蝗食禾稼、草木几尽。	光绪《通州志》
			六月，大兴蝗灾。	《大兴县志》
482	1294 年	元至元三十一年	六月，东安州蝗。	《元史·五行志》
			河北安次及山东沾化蝗灾。	《中国历代蝗患之记载》
			六月，济南郡蝗。	咸丰《武定府志》
483	1295 年	元元贞元年	六月，汴梁陈留、太康、考城等县，睢、许等州蝗。	《元史·五行志》
			六月，陈留蝗。	宣统《陈留县志》
			六月，汴、陈等州蝗。	《淮阳县志》
			定兴蝗。	《定兴县志》
			五月，济宁之济州蝗。六月，济宁、鱼台、东平、汶上县、德州蝗。八月，东明旱蝗。	《山东蝗虫》

（续）

序号	公元纪年	历史纪年	蝗灾情况	资料来源
483	1295 年	元元贞元年	七月，平阳蝗。	雍正《平阳府志》
			七月，浮山旱蝗。	民国《浮山县志》
			江苏丹徒蝗灾。	《中国历代蝗患之记载》
			芜湖蝗灾。	《芜湖县志》
484	1296 年	元元贞二年	六月，大都、真定、保定、太平、常州、镇江、绍兴、建康、澧州、岳州、庐州、汝宁、龙阳①州、汉阳、济宁、东平、大名、滑州、德州蝗。秋七月，平阳、大名、归德、真定蝗。八月，德州、彰德、太原蝗。	《元史·成宗本纪》
			六月，济宁任城、鱼台县，东平须城、汶上县，开州长垣、清丰县，德州齐河县，滑州，太和县，内黄县蝗。②八月，平阳、大名、归德、真定等郡蝗。	《元史·五行志》
			河北顺天、清苑，山东泰安，浙江湖州等大蝗伤稼。	《中国历代蝗患之记载》
			六月，当涂大蝗，民饥，赈之。	乾隆《当涂县志》
			芜湖蝗灾。	《芜湖县志》
			六月，金乡蝗。	《金乡史志》
			秋，平原蝗。	乾隆《平原县志》
			六月，德州一带蝗灾。临清蝗。	《临清市志》
			六月，巨野蝗。	道光《巨野县志》
			夏六月，曲阜蝗。颁官吏受赇格。	乾隆《曲阜县志》
			六月，东明蝗。八月，旱蝗。	《东明县志》

① 岳州：旧州、府名、治所在今湖南岳阳；龙阳：旧州名，治所在今湖南汉寿。
② 任城：旧县名，治所在今山东济宁南；开州：旧州名，治所在今河南濮阳。

（续）

序号	公元纪年	历史纪年	蝗灾情况	资料来源
484	1296 年	元元贞二年	八月，曲沃蝗。	民国《新修曲沃县志》
			秋八月，侯马蝗。	《侯马市志》
			蠡县蝗。	光绪《蠡县志》
			九月，高阳蝗。	雍正《高阳县志》
			六月，临西蝗。	《临西县志》
			八月，魏县蝗。	《魏县志》
			顺义蝗。	民国《顺义县志》
			滑、开诸州县旱蝗。	咸丰《大名府志》
			六月，南乐旱蝗。	民国《南乐县志》
			浚县蝗灾。	《浚县志》
			八月，商丘蝗。	《商丘县志》
			秋，沈丘旱蝗。	《沈丘县志》
			六月，泰和州蝗。	光绪《江西通志》
			吉安蝗害。	《吉安市志》
			六月，澧州路蝗。	道光《直隶澧州志》
485	1297 年	元大德元年	六月，归德、邳州、徐州蝗。	《元史·五行志》
			夏秋，河北顺天、邢台、江苏镇江飞蝗蔽空。	《中国历代蝗患之记载》
			七月，大都涿州、顺义、固安蝗。	光绪《顺天府志》
			正定路各州蝗。	《赵县志》
			赞皇蝗灾。	《赞皇县志》
			七月，新乐蝗。	《新乐县志》
			顺德旱蝗。	乾隆《顺德府志》
			夏，迁西闹蝗虫。	《迁西县志》
			扬州旱蝗，以粮赈济。	《扬州市志》
			八月，兴化大蝗。	《兴化市志》
			六月，五河蝗生蔽野。	光绪《五河县志》

（续）

序号	公元纪年	历史纪年	蝗灾情况	资料来源
486	1298 年	元大德二年	二月，归德等处蝗。夏四月，江南、山东、江浙、两淮、燕南属县百五十处蝗。六月，山东、河南、燕南及山北辽东道大宁路金源①县蝗。十二月，扬州、淮安两路旱蝗，赈之。	《元史·成宗本纪》
			安徽滁县、太平、盱眙，浙江湖州，江苏高邮，山东平原、沾化、商河，河南洛阳及河北、辽宁等150县蝗虫大发生。	《中国历代蝗患之记载》
			四月，历城蝗。	乾隆《历城县志》
			四月，惠民蝗。	光绪《惠民县志》
			四月，阳信蝗。	民国《阳信县志》
			沂州府蝗。	乾隆《沂州府志》
			四月，长山蝗。	嘉庆《长山县志》
			四月，安丘蝗。	万历《安丘县志》
			山东诸行省属县蝗。	民国《潍县志稿》
			江宁等邑大蝗。	康熙《江宁县志》
			广陵旱，蝗虫成灾。	《广陵区志》
			四月，江都蝗虫甚多。	《江都县志》
			夏，仪征蝗。	道光《仪征县志》
			河南睢州等处蝗。	光绪《续修睢州志》
			夏四月，当涂大蝗。	乾隆《当涂县志》
			全椒蝗。	民国《全椒县志》
			四月，乌程蝗。	光绪《乌程县志》
			浙江新昌蝗。	《新昌县志》
			四月，东阳蝗灾。	《东阳市志》
			夏，汉川蝗。	同治《汉川县志》

---

①　大宁：元路名，治所在今内蒙古宁城西大明镇；金源：旧县名，治所在今辽宁建平东北喀喇沁镇，元属大宁路。

（续）

序号	公元纪年	历史纪年	蝗灾情况	资料来源
486	1298年	元大德二年	望都蝗虫猖獗。	《望都县志》
			四月，临西蝗。	《临西县志》
			四月，邱县蝗。	《邱县志》
487	1299年	元大德三年	五月，江陵路旱蝗。秋七月，扬州、淮安属县蝗，在地者为鹜啄食，飞者以翅击死，诏禁捕鹜。冬十月，陇、陕蝗，并免其田租。十一月，江陵路蝗，并发粟赈之。	《元史·成宗本纪》
			湖北荆州、江苏高邮、安徽盱眙、陕西千阳及甘肃大蝗。	《中国历代蝗患之记载》
			以旱蝗，除扬州、淮安两路税粮。	《元史·食货志》
			十月，陕西蝗灾。	《陕西省志·大事记》
			陇县蝗。	《陇县志》
			广陵旱，蝗虫成灾。	《广陵区志》
			邗江蝗灾。	《邗江县志》
			十月，汴梁、归德蝗。	《古今图书集成·庶征典·蝗灾部汇考》
			六月，邢台蝗。	民国《邢台县志》
			平凉蝗虫灾。	《平凉市志》
			静宁蝗灾。	《静宁县志》
488	1300年	元大德四年	五月，扬州、南阳、顺德、东昌、归德、济宁、徐、濠、芍陂旱蝗。	《元史·成宗本纪》
			山东曲阜及安徽蝗灾。	《中国历代蝗患之记载》
			临清蝗。	《临清市志》
			五月，济宁蝗。微山县蝗。	《微山县志》
			邗江蝗灾。	《邗江县志》
			魏县蝗。	《魏县志》

（续）

序号	公元纪年	历史纪年	蝗灾情况	资料来源
488	1300 年	元大德四年	三月，邱县旱蝗。	《邱县志》
			五月，商丘旱蝗。	《商丘县志》
			南召蝗灾。	《南召县志》
489	1301 年	元大德五年	六月，顺德路、淇州蝗。七月，广平、真定等路蝗。八月，河南、淮南、睢、陈、唐、和等州，新野、汝阳、江都、兴化等县蝗。	《元史·五行志》
			江苏武进、河南洛阳及河北永年蝗灾。	《中国历代蝗患之记载》
			六月，顺德、怀孟蝗。秋七月，广平、真定蝗。是岁，汴梁、归德、南阳、邓州、唐州、陈州、和州、襄阳、汝宁、高邮、扬州、常州蝗。	《元史·成宗本纪》
			八月，含山蝗。	《含山县志》
			八月，邗江蝗灾。	《邗江县志》
			怀孟路蝗。	乾隆《怀庆府志》
			六月，怀孟蝗。	《焦作市志》
			六月，孟县蝗。	《孟县志》
			六月，怀孟蝗。	道光《河内县志》
			陈州府蝗。	乾隆《陈州府志》
			沈丘蝗灾。	《沈丘县志》
			八月，项城蝗。	民国《项城县志》
			南阳蝗。	光绪《南阳县志》
			八月，唐州新野蝗。	嘉庆《南阳府志》
			八月，新野蝗。	《新野县志》
			秋，汝南蝗。	《汝南县志》
			南召蝗旱两灾相加。	《南召县志》
			汝宁、唐州蝗灾。	《驻马店地区志》
			固始蝗灾。	《固始县志》

（续）

序号	公元纪年	历史纪年	蝗灾情况	资料来源
489	1301年	元大德五年	七月，临西蝗。	《临西县志》
			南和蝗虫食桑。	《南和县志》
			邱县旱蝗。	《邱县志》
			七月，永年蝗。	《永年县志》
			曲周蝗灾。	《曲周县志》
			八月，金县蝗灾。	《金县志》
490	1302年	元大德六年	夏四月，真定、大名、河间等路蝗。五月，扬州、淮安路蝗。秋七月，大都诸县及镇江、安丰①、濠州蝗。	《元史·成宗本纪》
			四月，真定、大名、河间等路蝗。七月，大都涿、顺、固安三州及濠州钟离、镇江丹徒二县蝗。	《元史·五行志》
			江苏高邮、淮阴，安徽凤阳，河北顺天、交河蝗灾。	《中国历代蝗患之记载》
			长垣蝗。	嘉庆《长垣县志》
			孟县蝗。	《孟县志》
			河南武陟蝗。	《河南东亚飞蝗及其综合治理》
			四月，河间属县宁津蝗。	《宁津县志》
			德平蝗。	《德平县志》
			四月，献县蝗。	民国《献县志》
			饶阳蝗。	《饶阳县志》
			四月，临西蝗。	《临西县志》
			四月，邱县蝗。	《邱县志》
			大兴蝗。	《大兴县志》
			顺义蝗。	民国《顺义县志》
			四月，静海蝗灾。	《静海县志》

---

① 安丰：元路名，治所在今安徽寿县。

（续）

序号	公元纪年	历史纪年	蝗灾情况	资料来源
490	1302 年	元大德六年	盐城蝗虫遍野，食禾尽。	《盐城市志》
			秋，仪征蝗。	道光《仪征县志》
			大宁路蝗虫成灾。	《朝阳市志》
491	1303 年	元大德七年	夏，辽宁蝗灾。	《中国历代蝗患之记载》
			五月，东平、益都、济南等路蝗。六月，大宁路蝗。	《元史·成宗本纪》
			四月，河间属县宁津蝗。	《宁津县志》
			保定路蝗。	民国《清苑县志》
			定兴蝗。	光绪《定兴县志》
			蠡县蝗。	光绪《蠡县志》
			七月，宁河蝗。	《宁河县志》
			五月，益都、济南等路蝗。六月，大宁路蝗。	《中国历代天灾人祸表》
			夏，曲阜蝗。	乾隆《曲阜县志》
			夏四月，潍县蝗。	民国《潍县志稿》
			夏五月，龙兴①路蝗，饥。	《新建县志》
			五月，南昌蝗灾，饥荒。	《南昌县志》
			高安蝗虫成灾，百姓大饥。	《高安县志》
			六月，星子蝗害。	《星子县志》
492	1304 年	元大德八年	四月，益都临朐、德州齐河县蝗。六月，益津②县蝗。	《元史·五行志》
			雷州境内蝗害稼。	《元史·吴国宝传》
			夏，山东益都、临朐、平原、齐河、德州、青州，河南孟津、南阳蝗灾。	《中国历代蝗患之记载》
			四月，平原蝗。	乾隆《平原县志》
			南皮蝗。	民国《南皮县志》
			盐山蝗。	《盐山县志》
			四月，海兴蝗。	《海兴县志》

---

① 龙兴：元路名，治所在今江西南昌。
② 益津：旧县名，治所在今河北霸州。

（续）

序号	公元纪年	历史纪年	蝗灾情况	资料来源
492	1304 年	元大德八年	河间蝗。	乾隆《河间县志》
			四月，静海蝗灾。	《静海县志》
			夏，宿县蝗虫遍地，禾稼殆尽。	《宿县县志》
493	1305 年	元大德九年	六月，通、泰、靖海、武清等州县蝗。七月，桂阳郡蝝。八月，涿州良乡①、河间南皮、泗州天长等县及东安、海盐等州蝗。	《元史·五行志》
			六月，通、泰、靖海、武清蝗。八月，涿州、东安州、河间、嘉兴蝗。	《元史·成宗本纪》
			河北顺天、清苑、静海，江苏东台、泰兴、松江，浙江杭州及安徽盱眙蝗灾。	《中国历代蝗患之记载》
			六月，通、泰等处蝗，上海旱蝗。	民国《江苏省通志稿》
			六月，通、泰等处蝗。	嘉庆《重修扬州府志》
			八月，泗州蝗。	光绪《盱眙县志稿》
			如皋蝗灾。	《如皋县志》
			华亭旱蝗。	光绪《重修华亭县志》
			娄县②旱蝗。	乾隆《娄县志》
			南汇旱蝗。	民国《南汇县续志》
			六月，龙兴路蝗灾。	《南昌市志》
			夏六月，龙兴蝗。奉新蝗。	同治《奉新县志》
			秀水蝗。	康熙《秀水县志》
			保定路蝗。	民国《清苑县志》
			蠡县蝗。	光绪《蠡县志》
			徐水蝗灾。	《徐水县志》
			高阳蝗。	雍正《高阳县志》

---

① 通：通州，旧州名，治所在今江苏南通；靖海：旧县名，今天津静海；良乡：旧县名，今北京房山区良乡镇。
② 娄县：旧县名，1914 年改名松江，今上海松江区。

（续）

序号	公元纪年	历史纪年	蝗灾情况	资料来源
493	1305 年	元大德九年	八月，东安蝗。	康熙《东安县志》
			四月，静海蝗灾。	《静海县志》
			秋七月，临武县蝝。	嘉庆《临武县志》
494	1306 年	元大德十年	四月，大都、真定、河间、保定、河南等郡蝗。六月，龙兴、南康①等郡蝗。	《元史·五行志》
			夏，河北顺天、交河及上海蝗灾。	《中国历代蝗患之记载》
			七月，平原蝗。	乾隆《平原县志》
			四月，定兴蝗。	光绪《定兴县志》
			四月，新城蝗。	民国《新城县志》
			四月，阜城蝗。	雍正《阜城县志》
			四月，武邑蝗。	《武邑县志》
			五月，饶阳蝗。	《饶阳县志》
			四月，沧县蝗。	民国《沧县志》
			四月，献县蝗。	民国《献县志》
			四月，河间等郡蝗。	兴绪《东光县志》
			四月，静海蝗灾。	《静海县志》
			八月，吴县高乡蝗灾。	民国《吴县志》
			婺源蝗灾。	《上饶地区志》
			星子蝗虫害稼。	《星子县志》
495	1307 年	元大德十一年	五月，真定、河间、顺德、保定等郡蝗。六月，保定属县蝗。七月，德州蝗。八月，河间、真定等郡蝗。	《元史·武宗本纪》
			武宗临御，旱蝗为灾。	《元史·敬俨传》
			山西晋宁大蝗，浙江诸暨飞蝗抱竹死。	《中国历代蝗患之记载》

---

① 南康：元路名，治所在今江西星子。

（续）

序号	公元纪年	历史纪年	蝗灾情况	资料来源
495	1307年	元大德十一年	汝宁府各县旱蝗并发。	《驻马店地区志》
			五月，献县蝗。八月，蝗。	民国《献县志》
			五月，正定蝗。八月，又蝗。	光绪《正定县志》
			八月，饶阳蝗。	《饶阳县志》
			南和蝗。	《南和县志》
			大名路东明旱蝗，民饥，诏并赈之。	《东明县志》
			七月，德州蝗，延及宁津县境。	光绪《宁津县志》
			婺源蝗灾。	《上饶地区志》
			绩溪蝗自西北至，蔽空，风雨交加，蝗尽灭。	《绩溪县志》
			诸暨飞蝗害稼。	《诸暨县志》
496	1308年	元至大元年	二月，汝宁、归德二路旱蝗，民饥，给钞万锭赈之。五月，晋宁①等处蝗；东平、东昌、益都蝝。六月，保定、真定蝗。八月，扬州、淮安蝗。	《元史·武宗本纪》
			五月，晋宁路蝗，东平、东昌、益都等郡蝝。六月，保定、真定二郡蝗。八月，淮东②蝗。	《元史·五行志》
			山西浮山、河北清苑及宁夏蝗，伤稼，大饥。	《中国历代蝗患之记载》
			新乡旱蝗俱灾。	《新乡县志》
			灵宝水、旱、蝗灾。	《灵宝县志》
			二月，商丘旱蝗，民饥。	《商丘地区志》
			蔡境旱蝗成灾。	《上蔡县志》

---

① 晋宁：元路名，治所在今山西临汾。

② 淮东：元道名，治所在今江苏扬州。

（续）

序号	公元纪年	历史纪年	蝗灾情况	资料来源
496	1308 年	元至大元年	太康、沈丘旱蝗，大饥，民采树皮、草根为食。	《周口地区志》
			新蔡蝗。	《新蔡县志》
			遂平旱蝗，大饥，民采树皮、草根为食，父子相食。	《遂平县志》
			澶、曹、濮、高唐等处蝗入州境，临清与焉。	乾隆《临清直隶州志》
			五月，夏津蝝生。	乾隆《夏津县志》
			武城蝗。	嘉靖《武城县志》
			朝城蝗。	康熙《朝城县志》
			观城蝗。	道光《观城县志》
			东明旱蝗，民饥。	《东明县志》
			夏五月，临朐蝝。	光绪《临朐县志》
			夏五月，昌乐蝝。	嘉庆《昌乐县志》
			五月，胶州蝝。	民国《增修胶志》
			夏五月，曲沃蝗。	民国《新修曲沃县志》
			夏五月，侯马蝗。	《侯马市志》
			文安蝗。	民国《文安县志》
			蠡县蝗。	光绪《蠡县志》
			六月，新城蝗。	民国《新城县志》
			徐水蝗灾。	《徐水县志》
			高阳蝗。	雍正《高阳县志》
			八月，河间蝗。	康熙《河间县志》
			八月，景州蝗。	乾隆《景州志》
			故城南地发生蝗灾。	《故城县志》
			八月，阜城蝗。	雍正《阜城县志》
			六月，武邑蝗。	《武邑县志》
			馆陶蝗灾。	民国《馆陶县志》
			邱县蝗灾。	《邱县志》

（续）

序号	公元纪年	历史纪年	蝗灾情况	资料来源
496	1308 年	元至大元年	曲周蝗灾。	《曲周县志》
			八月，静海蝗灾。	《静海县志》
			武进旱，蝗灾，食草木叶尽。	《武进县志》
			秋，仪征旱蝗，大饥。	道光《仪征县志》
			常州府旱蝗。	康熙《常州府志》
			庐州蝗，民饥，无为蝗尤甚。	光绪《续修庐州府志》
			八月，安庆府诸路旱蝗，饥。	康熙《安庆府志》
			八月，潜山诸路旱蝗，饥。	康熙《潜山县志》
			九月，望江旱，蝗灾。	乾隆《望江县志》
			宿松诸路水、旱、蝗，江淮民采草木为食。	民国《宿松县志》
			诸暨蝗及境，皆抱竹死。	乾隆《绍兴府志》
			八月，英山旱蝗，饥。	《英山县志》
497	1309 年	元至大二年	夏四月，诏中都创皇城角楼。中书省臣曰："今农事正殷，蝗蝝遍野，百姓艰食，乞依前旨罢其役。"帝曰："皇城若无角楼，何以壮观？先毕其功，余者缓之。"益都、东平、东昌、济宁、河间、顺德、广平、大名、汴梁、卫辉、泰安、高唐、曹、濮、德、扬、滁、高邮等处蝗。六月，霸州、檀州①、涿州、良乡、舒城、历阳、合肥、六安、江宁、句容、溧水、上元等处蝗。秋七月，济南、济宁、般阳、曹、濮、德、高唐、河中、解、绛、	《元史·武宗本纪》

---

① 檀州：旧州名，治所在今北京密云。

（续）

序号	公元纪年	历史纪年	蝗灾情况	资料来源
497	1309 年	元至大二年	耀、同、华等州蝗。八月，真定、保定、河间、顺德、广平、彰德、大名、卫辉、怀孟、汴梁等处蝗。	
			七月，耀、同、华、韩城蝗。	《韩城市志》
			七月，同官①蝗灾。	《铜川市志》
			河北顺天、邢台、清苑，河南开封、沁阳、郏县，江苏南京，浙江丽水及察哈尔大蝗。	《中国历代蝗患之记载》
			七月，合阳蝗害。	《合阳县志》
			七月，澄城蝗灾。	《澄城县志》
			六月，江宁、上元、句容、溧水、高邮、高淳蝗。	民国《江苏省通志稿》
			祁门蝗。	道光《徽州府志》
			和州蝗。	光绪《直隶和州志》
			四月，济南蝗。	崇祯《历乘》
			四月，德州、厌次②、般阳蝗。	道光《济南府志》
			四月，陵县蝗生。	光绪《陵县志》
			四月，平原蝗。七月，又蝗。	乾隆《平原县志》
			六月，菏泽蝗。	光绪《新修菏泽县志》
			七月，鄄城蝗虫为灾。	《鄄城县志》
			七月，巨野蝗，大饥。	道光《巨野县志》
			四月，金乡、汶上蝗。七月，济宁、金乡、汶上蝗，大饥。	《济宁市志》
			四月，农事正殷，临清蝗虫遍野，百姓困苦。	《临清市志》

① 同官：旧县名，在今陕西铜川市西北。

② 厌次：旧县名，治所在今山东惠民。

（续）

序号	公元纪年	历史纪年	蝗灾情况	资料来源
497	1309 年	元至大二年	四月、七月，汶上蝗灾。	《汶上县志》
			七月，嘉祥蝗，大饥。	《嘉祥县志》
			七月，淄川蝗。	乾隆《淄川县志》
			四月，长山蝗。	嘉庆《长山县志》
			夏四月，昌乐蝗。	嘉庆《昌乐县志》
			夏四月，临朐蝗。	光绪《临朐县志》
			七月，黄县蝗。	同治《黄县志》
			河津蝗旱。	光绪《河津县志》
			稷山蝗。	同治《稷山县志》
			八月，保定府蝗。	光绪《保定府志》
			秋八月，定兴蝗。	光绪《定兴县志》
			秋八月，蠡县蝗。	光绪《蠡县志》
			秋八月，新城蝗。	民国《新城县志》
			八月，高阳蝗。	雍正《高阳县志》
			夏四月，沧州蝗。	乾隆《沧州志》
			任丘蝗伤稼，民饥，命有司赈之。	乾隆《任丘县志》
			四月，献县蝗。八月，复蝗。	民国《献县志》
			盐山蝗毁稼。	《盐山县志》
			四月，河间、沧州等十八处蝗。至八月，东光蝗蝻大作。	光绪《东光县志》
			四月，海兴大蝗，庄稼被毁。	《海兴县志》
			阜城蝗。	雍正《阜城县志》
			饶阳蝗。	《饶阳县志》
			四月，农事正殷，南和蝗虫遍野，百姓艰食。	《南和县志》
			四月，农事正殷，临西蝗虫遍野，百姓艰食。	《临西县志》
			四月，魏县蝗。	《魏县志》

（续）

序号	公元纪年	历史纪年	蝗灾情况	资料来源
497	1309 年	元至大二年	七月，磁州、威州、滏阳蝗。	光绪《广平府志》
			夏四月，成安大蝗。八月，又大蝗。	民国《成安县志》
			邱县蝗灾。	《邱县志》
			永年蝗。	《永年县志》
			曲周蝗灾。	《曲周县志》
			六月，怀柔蝗。	民国《怀柔县新志》
			四月，大港蝗灾。	《大港区志》
			八月，静海又蝗灾。	《静海县志》
			四月，兰考蝗。	《兰考县志》
			八月，怀孟郡河内蝗。	道光《河内县志》
			八月，怀孟路武陟蝗。	道光《武陟县志》
			八月，孟县蝗。	《孟县志》
			八月，新蔡蝗。	《新蔡县志》
			八月，汝南蝗。	《汝南县志》
498	1310 年	元至大三年	夏四月，盐山、宁津、堂邑①、茌平、阳谷、高唐、禹城等县蝗。五月，合肥、舒城、历阳、蒙城、霍邱、怀宁等县蝗。秋七月，磁州、威州诸县旱蝗。八月，汴梁、怀孟、卫辉、彰德、归德、汝宁、南阳、河南等路蝗。	《元史·武宗本纪》
			四月，宁津、堂邑、茌平、阳谷、平原、齐河、禹城七县蝗。七月，磁州、威州、饶阳、元氏、平棘、滏阳、元城②、无棣等县蝗。	《元史·五行志》

---

① 堂邑：旧县名，治所在今山东聊城西北堂邑镇。
② 平棘：旧县名，治所在今河北赵县东南；元城：旧县名，治所在今河北大名东北。

（续）

序号	公元纪年	历史纪年	蝗灾情况	资料来源
498	1310 年	元至大三年	九月，监察御史上时政书，其略曰："累年山东、河南诸郡，蝗旱洊臻，郊关之外十室九空，民之扶老携幼就食他所者络绎道路，其他父子、兄弟、夫妇至相与鬻为食者，比比皆是。"	《续资治通鉴·元纪》
			河北宁晋、河南洛阳、山东东昌、安徽庐州蝗灾。	《中国历代蝗患之记载》
			堂邑、茌平、须城三县蝗。	雍正《山东通志》
			七月，商河蝗。	民国《重修商河县志》
			庆云蝗，大饥，有父子相食者。	民国《庆云县志》
			怀孟蝗。	乾隆《怀庆府志》
			八月，怀孟路河内蝗。	道光《河内县志》
			新野蝗食稼。	《新野县志》
			八月，新蔡蝗。	《新蔡县志》
			南召蝗灾。	《南召县志》
			五月，密云蝗，怀柔蝻。	光绪《顺天府志》
			七月，海兴大蝗灾，庄稼绝收，人相食。	《海兴县志》
			秋七月，大名路旱，蝗生。	咸丰《大名府志》
			邱县蝗灾。	《邱县志》
			曲周蝗灾。	《曲周县志》
			五月，和州蝗。	光绪《直隶和州志》
499	1311 年	元至大四年	新城①辖固里蝗。	民国《重修新城县志》
			浚县蝗灾。	《浚县志》
			邱县蝗灾。	《邱县志》
			曲周蝗灾。	《曲周县志》
500	1312 年	元皇庆元年	夏四月，彰德安阳县蝗。	《元史·仁宗本纪》
			是岁，宁海州蝗，赈之。	同治《宁海州志》

---

① 新城：旧县名，治所在今山东桓台西新城镇。

（续）

序号	公元纪年	历史纪年	蝗灾情况	资料来源
501	1313年	元皇庆二年	五月，檀州及获鹿县蝻。七月，兴国①属县蝻，发米赈之。	《元史·仁宗本纪》
			复申秋耕之令："盖秋耕之利，掩阳气于地中，蝗蝻遗种，皆为日所晒死，次年所种，必盛于常禾也。"	《元史·食货志》
			顺天蝗灾。	《中国历代蝗患之记载》
			七月，阳新蝗。	《阳新县志》
502	1315年	元延祐二年	秋，河南陕州诸县蝗灾。	《中国历代蝗患之记载》
			浚县水、旱、蝗灾并作，饥荒严重。	《浚县志》
			飞蝗独不入芜湖境。	《元史·欧阳玄传》
503	1316年	元延祐三年	怀孟路蝗。	乾隆《怀庆府志》
504	1317年	元延祐四年	怀孟路旱蝗。	乾隆《怀庆府志》
505	1319年	元延祐六年	六月，济宁路蝻虫害稼。	《微山县志》
			六月，济宁路沛县大蝻害稼。	民国《沛县志》
506	1320年	元延祐七年	夏四月，左卫屯田旱蝗。秋七月，霸州及堂邑县蝻。	《元史·英宗本纪》
			六月，益都路蝗。七月，霸州及堂邑县蝻。	《元史·五行志》
			河北顺天及山东东昌蝗灾。	《中国历代蝗患之记载》
			夏六月，昌乐蝗。	嘉庆《昌乐县志》
			夏六月，临朐蝗。	光绪《临朐县志》
507	1321年	元至治元年	五月，霸州蝗。六月，卫辉、汴梁等处蝗。秋七月，卫辉路胙城②县蝗，通许、临淮、盱眙等县蝗，清池县蝗。八月，泰兴、江都等县蝗。十二月，宁海州蝗。	《元史·英宗本纪》

① 获鹿：旧州、县名，1994年改名今可北鹿泉市；兴国：元路名，治所在今湖北阳新。
② 胙城：旧县名，治所在今河南延津北。

（续）

序号	公元纪年	历史纪年	蝗灾情况	资料来源
507	1321 年	元至治元年	河北顺天，江苏扬州、南通，浙江宁海蝗。	《中国历代蝗患之记载》
			宁海州蝗。	宣统《山东通志》
			六月，濮、郓等处蝗。	《中国历代天灾人祸表》
			牟平蝗。	《牟平县志》
			洪泽、芍陂屯田旱蝗。	光绪《凤阳府志》
			广陵旱蝗，饥。	《广陵区志》
			赣州临江霖雨、潦蝗相继。	乾隆《赣州府志》
			兴国水灾、蝗灾相继发生，百姓大饥。	《兴国县志》
508	1322 年	元至治二年	四月，洪泽、芍陂屯田去年旱蝗，并免其租。十二月，汴梁、顺德、河间、保定、庆元①、济宁、濮州、益都诸属县及诸卫屯田蝗。	《元史·英宗本纪》
			汴梁祥符县蝗，有群鹜食蝗，既而复吐，积如丘垤。	《元史·五行志》
			河北清苑，河南开封，浙江宁海、慈溪蝗灾。	《中国历代蝗患之记载》
			河南开封蝗灾。	《中国历代蝗患之记载》
			祥符、兰阳②诸县蝗。	《兰考县志》
			夏，宁陵护城堤外蝗虫云集，继生蝻，大雨，蝗灭。	《宁陵县志》
			通许蝗蝻继生，有群鹜食之，既而复吐，积如丘陵。	乾隆《通许县志》
			德州蝗。	《德州市志》
			济宁、濮州、益都诸县卫及诸卫屯田蝗。微山县蝗。	《微山县志》
			夏，安丘蝗。	万历《安丘县志》
			四月，蠡县蝗。	光绪《蠡县志》

---

① 庆元：元路名，治所在今浙江宁波。
② 兰阳：旧县名，治所在今河南兰考。

（续）

序号	公元纪年	历史纪年	蝗灾情况	资料来源
508	1322年	元至治二年	徐水大蝗灾，所经之地禾叶尽食。	《徐水县志》
			献县水蝗。	民国《献县志》
			海兴蝗。	《海兴县志》
			景州蝗。	《景州志》
			南和蝗。	《南和县志》
			广陵旱蝗，饥。	《广陵区志》
509	1323年	元至治三年	五月，保定路归信①县蝗。秋七月，真定路诸州属县蝗。	《元史·英宗本纪》
			河间等十二郡蝗。清池县蝗。	康熙《河间府志》
			海兴蝗。	《海兴县志》
			景县蝗。	民国《景县志》
			南阳蝗。	嘉庆《南阳府志》
			南召蝗灾。	《南召县志》
			广陵旱蝗，饥。	《广陵区志》
510	1324年	元泰定元年	六月，大都、顺德、东昌、卫辉、保定、益都、济宁、彰德、真定、般阳、广平、大名、河间、东平等郡蝗。	《元史·五行志》
			六月，顺德、大名、河间、东平等二十一郡蝗。	《元史·泰定本纪》
			河北顺天，山东曲阜、德州及湖南蝗灾。	《中国历代蝗患之记载》
			六月，济南蝗。	崇祯《历乘》
			夏六月，济南、般阳蝗。	民国《重修新城县志》
			夏六月，巨野蝗。	道光《巨野县志》
			夏六月，曲阜蝗。	乾隆《曲阜县志》
			六月，淄川蝗。	乾隆《淄川县志》

---

① 归信：旧县名，治所在今河北雄县。

（续）

序号	公元纪年	历史纪年	蝗灾情况	资料来源
510	1324 年	元泰定元年	汶上蝗灾。	《汶上县志》
			六月，嘉祥蝗。	《嘉祥县志》
			六月，长山蝗。	嘉庆《长山县志》
			夏六月，东平、济阴蝗。	康熙《兖州府志》
			夏六月，临朐蝗。	光绪《临朐县志》
			夏六月，昌乐蝗。	嘉庆《昌乐县志》
			新乡旱、蝗、水灾甚重。	《新乡县志》
			六月，长垣蝗。	嘉庆《长垣县志》
			六月，献县旱蝗。	民国《献县志》
			吴桥蝗。	《吴桥县志》
			六月，新城蝗。	民国《新城县志》
			饶阳蝗。	《饶阳县志》
			六月，临西蝗。	《临西县志》
			六月，南和蝗虫。	《南和县志》
			六月，魏县蝗。	《魏县志》
			六月，邱县蝗。	《邱县志》
			六月，永年蝗。	《永年县志》
			湖南永兴旱，蝗灾，收成大减。	《永兴县志》
511	1325 年	元泰定二年	五月，彰德路蝗。六月，德、濮、曹、景等州，历城、章丘、淄川、柳城①、茌平等县蝗。九月，济南、归德等郡蝗。	《元史·五行志》
			五月，彰德路蝗。六月，济南、河间、东昌等九州蝗。秋七月，般阳新城县蝗。十二月，董煟所编《救荒活民书》颁州县。	《元史·泰定本纪》
			山东平原蝗灾。	《中国历代蝗患之记载》

---

① 柳城：旧郡、县名，治所在今辽宁朝阳。

（续）

序号	公元纪年	历史纪年	蝗灾情况	资料来源
511	1325 年	元泰定二年	六月，长山蝗。	嘉庆《长山县志》
			六月，德州蝗。	乾隆《德州志》
			六月，平原蝗。	乾隆《平原县志》
			六月，齐东①蝗。	康熙《齐东县志》
			安阳等县蝗。	《安阳县志》
			六月，柳城等县蝗虫成灾。	《朝阳市志》
512	1326 年	元泰定三年	六月，东平属县蝗。秋七月，大名、顺德、卫辉、淮安等路，睢、赵、涿、霸等州及诸卫屯田蝗。九月，庐州、怀庆二路蝗。	《元史·泰定本纪》
			六月，东平须城县、兴国永兴②县蝗。七月，大名、顺德、广平等路，赵州、曲阳、满城、庆都、修武等县蝗，淮安、高邮二郡，睢、泗、雄、霸等州蝗。八月，永平、汴梁、怀庆等郡蝗。	《元史·五行志》
			河北顺天、永年，河南沁阳，陕西蒲城，山东泰安，江苏扬州，安徽盱眙蝗灾。	《中国历代蝗患之记载》
			四月，孟县蝗。	《河南东亚飞蝗及其综合治理》
			怀孟路蝗灾。	《沁阳市志》
			内黄旱蝗。	乾隆《彰德府志》
			六月，保定郡蝗。	民国《清苑县志》
			六月，高阳蝗。	雍正《高阳县志》
			六月，清苑蝗。	光绪《保定府志》
			六月，蠡县蝗。	光绪《蠡县志》
			八月，献县蝗。	民国《献县志》

① 齐东：旧县名，治所在今山东邹平西北。
② 永兴：旧县名，治所在今湖北阳新。

（续）

序号	公元纪年	历史纪年	蝗灾情况	资料来源
512	1326 年	元泰定三年	阜城蝗。	雍正《阜成县志》
			南和蝗，民饥。	《南和县志》
			鸡泽蝗。	民国《鸡泽县志》
			五月，济宁蝗。	道光《济宁直隶州志》
			万荣旱蝗。	《万荣县志》
			七月，阳新蝗。	《阳新县志》
513	1327 年	元泰定四年	五月，洛阳县有蝗五亩，群鸟尽食之，越数日，蝗又集，又食之。七月，籍田蝗。八月，冠州、恩州蝗。十二月，保定、济南、卫辉、济宁、庐州五路，南阳、河南二府蝗，博兴、临淄、胶西①等县蝗。	《元史·五行志》
			河北顺天、清苑，山东青州及陕西蝗灾。	《中国历代蝗患之记载》
			五月，大都、南阳、汝宁、庐州等路属县旱蝗。河南路洛阳县有蝗可五亩，群鸟食之既，数日蝗再集，又食之。六月，大都、河间、济南、大名、峡州属县蝗。秋七月，内郡、江南旱蝗荐至，籍田蝗。八月，大都、河间、奉元②、怀庆等路蝗。是岁，济南、卫辉、济宁、南阳八路属县蝗。	《元史·泰定本纪》
			夏，封丘蝗虫吃毁秋苗。	《封丘县志》
			八月，怀庆路河内蝗。	道光《河内县志》
			八月，怀庆路武陟蝗。	道光《武陟县志》
			六月，汝宁、南阳各地蝗灾严重。	《驻马店地区志》

---

① 胶西：旧县名，治所在今山东胶州。
② 奉元：元路名，治所在今陕西西安。

（续）

序号	公元纪年	历史纪年	蝗灾情况	资料来源
513	1327年	元泰定四年	新野蝗。	《新野县志》
			五月，南召旱、蝗、雨灾相加，蝗蝻遍地。	《南召县志》
			夏，汝南旱蝗，民死者无数。	《汝南县志》
			新蔡蝗。	《新蔡县志》
			是岁，历城旱蝗，免田租之半。	乾隆《历城县志》
			六月，平原旱蝗，免田租之半。	乾隆《平原县志》
			巨野蝗。	万历《巨野县志》
			微山县蝗。	《微山县志》
			夏，博兴大旱，蝗骤起，旦夕满野。秋，又蝗。	民国《重修博兴县志》
			秋，曲阜蝗。	乾隆《曲阜县志》
			胶州蝗。	民国《增修胶志》
			胶南蝗。	《胶南县志》
			蠡县蝗。	光绪《蠡县志》
			新城蝗。	民国《新城县志》
			六月，临西蝗。	《临西县志》
			六月，魏县蝗。	《魏县志》
			六月，邱县旱蝗。	《邱县志》
			大兴蝗。	《大兴县志》
			静海蝗灾。	《静海县志》
			万荣相继旱蝗。	《万荣县志》
			溧阳蝗。	至正《金陵新志》
			四月，安庆旱蝗，大饥。	康熙《安庆府志》
			四月，潜山旱蝗，大饥。	康熙《潜山县志》
			夏四月，宿松旱蝗，大饥。	民国《宿松县志》
514	1328年	元致和元年	十一月，汴梁、河南等路及南阳府频有蝗旱，禁其境内酿酒。	《元史·文宗本纪》

（续）

序号	公元纪年	历史纪年	蝗灾情况	资料来源
514	1328 年	元致和元年	夏四月，蓟州及岐山、石城①二县蝗。五月，汝宁府颍州、卫辉路汲县蝗。	《元史·泰定本纪》
			四月，大都蓟州、永平路石城县蝗。凤翔岐山县蝗，无麦苗。五月，颍州及汲县蝗。六月，武功县蝗。	《元史·五行志》
			河北顺天、滦州，陕西千阳及江苏金坛蝗灾。	《中国历代蝗患之记载》
			七月，嘉兴蝗。	《桐乡县志》
			四月，眉县蝗食麦苗。	《眉县志》
			四月，凤翔蝗灾，无麦苗。	《凤翔县志》
			武功蝗食禾稼、草木皆尽，所至蔽日，荒。	《武功县志》
			五月，界首蝗灾。	《界首县志》
			五月，阜阳蝗。	道光《阜阳县志》
			东明旱蝗。	《东明县志》
			五月，济宁蝗。	《微山县志》
			莒州蝗。	嘉庆《莒州志》
			四月，孟州旱蝗，大饥。	《河南东亚飞蝗及其综合治理》
			夏，沈丘、太康、淮阳旱蝗，人相食。	《周口地区志》
			汝南蝗灾。	《汝南县志》
			新蔡蝗。	《新蔡县志》
			夏五月，息县蝗。	嘉庆《息县志》
			广平三次蝗。	康熙《广平县志》
			宁河蝗。	《宁河县志》
515	1329 年	元天历二年	夏四月，黄河以西所部旱蝗，凡千五百户，命赈粮	《元史·文宗本纪》

① 石城：旧县名，治所在今河北唐山市开平区。

（续）

序号	公元纪年	历史纪年	蝗灾情况	资料来源
515	1329 年	元天历二年	两月。大宁路兴中州、怀庆孟州、庐州无为州蝗。六月，益都莒、密二州夏旱、蝗，饥民三万一千四百户，赈粮一月。永平屯田府昌国、济民、丰赡诸署，以蝗及水灾，免今年租。[①] 汴梁蝗。秋七月，真定、河间、汴梁、永平、淮安、大宁、庐州诸属县及辽阳之盖州蝗。八月，保定之行唐县蝗。	
			淮安、庐州、安丰三路属县蝻。	《元史·五行志》
			山东沂州、青州、曲阜，山西大宁，陕西蒲城、奉元蝗灾。	《中国历代蝗患之记载》
			四月，孟州蝗。	《孟县志》
			四月，怀庆河内蝗，饥。	道光《河内县志》
			浚县蝗虫孳生，岁大饥。	《浚县志》
			滑州蝗。	同治《滑县志》
			新蔡蝗。	《新蔡县志》
			七月，白水蝗食秋禾，大饥，人相食。	《白水县志》
			五月，平原蝗。	乾隆《平原县志》
			东明旱蝗。	《东明县志》
			夏六月，曲阜旱蝗，饥。	乾隆《曲阜县志》
			夏，诸城旱蝗，饥，民采草木食之。	乾隆《诸城县志》
			夏，昌乐旱蝗，饥。	嘉庆《昌乐县志》
			夏，胶南旱蝗，饥，民采草木食之。	《胶南县志》

---

① 兴中：旧州名，治所在今辽宁朝阳；昌国、济民、丰赡：均为屯田署名，在今河北乐亭东南。

（续）

序号	公元纪年	历史纪年	蝗灾情况	资料来源
515	1329 年	元天历二年	七月，灵寿蝗灾。	《灵寿县志》
			秋七月，行唐蝗。	乾隆《行唐县新志》
			夏四月，雄县旱蝗，民饥。	民国《雄县新志》
			夏，献县旱蝗。	民国《献县志》
			任丘蝗灾。	《任丘市志》
			七月，武邑蝗。	《武邑县志》
			七月，大宁属县蝗。	《宁城县志》
			七月，抚宁蝗灾。	《抚宁县志》
			七月，辽阳属县蝗，盖州蝗。	民国《奉天通志》
			七月，奉天献蝗。	光绪《奉天县志》
516	1330 年	元至顺元年	五月，广平、河南、大名、般阳、南阳、济宁、东平、汴梁等路，高唐、开、濮、辉、德、冠、滑等州及大有、千斯等屯田蝗。六月，大都、益都、真定、河间诸路，献、景、泰安诸州及左都威卫屯田蝗。秋七月，奉元、晋宁、兴国、扬州、淮安、怀庆、卫辉、益都、般阳、济南、济宁、河南、河中、保定、河间等路及武卫、宗仁卫、左卫率府诸屯田蝗。①	《元史·文宗本纪》
			五月，广平、大名、般阳、济宁、东平、汴梁、南阳、河南等郡，辉、德、濮、开、高唐五州蝗。六月，漷、蓟、固安、博兴等州蝗。七月，解州、华州及河内、灵宝、延津等二十二县蝗。	《元史·五行志》

① 大有、千斯：均为仓库名，为京师二十二仓之一。左都威卫屯田：在今北京通州及天津武清和河北廊坊一带；武卫屯田：在今河北涿州、霸州、保定、定兴一带；宗仁卫屯田：在今内蒙古宁城一带。

（续）

序号	公元纪年	历史纪年	蝗灾情况	资料来源
516	1330年	元至顺元年	河北顺天、清苑、交河，河南正阳及安徽蝗灾。	《中国历代蝗患之记载》
			七月，邗江蝗灾。	《邗江县志》
			夏，祁门旱蝗。秋，复蝗，民饥。	道光《徽州府志》
			四月，孟州蝗。七月，河内蝗。	乾隆《怀庆府志》
			夏五月，大名路及开、滑诸州蝗，饥。	咸丰《大名府志》
			夏，新乡遭蝗。	《新乡县志》
			七月，延津蝗。	《延津县志》
			沈丘旱蝗。	《沈丘县志》
			五月，南阳蝗。	光绪《南阳县志》
			夏，新野蝗。	《新野县志》
			五月，南召蝗灾。	《南召县志》
			五月，唐州蝗。	嘉庆《南阳府志》
			新蔡连续四年蝗灾。	《新蔡县志》
			七月，未央区蝗。	《未央区志》
			七月，万荣蝗。	《万荣县志》
			七月，稷山蝗。	同治《稷山县志》
			七月，浮山蝗。	民国《浮山县志》
			临县又蝗。	民国《临县志》
			五月，平原蝗。	乾隆《平原县志》
			五月，高唐、冠等州蝗。	嘉庆《东昌府志》
			东明又旱蝗。	《东明县志》
			汶上蝗灾。	《汶上县志》
			黄县蝗。	同治《黄县志》
			五月，巨野蝗。	道光《巨野县志》
			夏五月，曲阜蝗。	乾隆《曲阜县志》
			高阳蝗。	雍正《高阳县志》

（续）

序号	公元纪年	历史纪年	蝗灾情况	资料来源
516	1330 年	元至顺元年	七月，望都蝗害稼。	《望都县志》
			蠡县蝗。	光绪《蠡县志》
			阜城蝗食禾尽。	雍正《阜城县志》
			饶阳蝗。	《饶阳县志》
			魏县蝗灾。	《魏县志》
			永年蝗。	《永年县志》
			四月，邱县蝗。	《邱县志》
			夏，西青区旱，蝗灾。	《西青区志》
			宁河蝗。	《宁河县志》
			六月，武清蝗灾。	《武清县志》
			静海蝗灾。	《静海县志》
517	1331 年	元至顺二年	三月，陕州诸县蝗。夏四月，衡州路属县比岁旱蝗，民食草木殆尽，又疫疠，死者十九，赈粮米万石。河中府蝗。六月，河南、晋宁二路诸属县蝗。秋七月，河南、奉元属县蝗。	《元史·文宗本纪》
			三月，陕州诸路蝗。六月，孟州济源县蝗。七月，河南阌乡、陕县，奉元蒲城、白水等蝗。	《元史·五行志》
			河北大名、河南洛阳蝗灾。	《中国历代蝗患之记载》
			六月，芮城蝗灾。	《芮城县志》
			六月，临猗蝗。	《临猗县志》
			六月，稷山蝗。	同治《稷山县志》
			六月，河津蝗。	光绪《河津县志》
			六月，浮山蝗。	民国《浮山县志》
			夏，长垣旱蝗。	咸丰《大名府志》
			六月，孟州蝗。	《孟县志》
			夏，河间蝗。	《河间县志》

（续）

序号	公元纪年	历史纪年	蝗灾情况	资料来源
517	1331 年	元至顺二年	夏，清苑蝗。	《清苑县志》
			静海蝗灾。	《静海县志》
			秋，祁门蝗，大饥。	同治《祁门县志》
			四月，衡州蝗灾，民食草木殆尽。	《衡阳市志》
			耒阳发生蝗灾。	《耒阳市志》
			常宁水、旱、蝗灾为害严重。	《常宁县志》
518	1332 年	元至顺三年	夏，河南濮阳蝗灾。	《中国历代蝗患之记载》
			夏五月，大名路开州蝗。	咸丰《大名府志》
			五月，大名路蝗。	民国《大名县志》
			威县一年三次蝗。	《威县志》
			河间路等处屯田蝗。	乾隆《河间县志》
			静海蝗灾。	《静海县志》
			济宁蝗。	道光《济宁直隶州志》
			夏，巨野蝗。	道光《巨野县志》
519	1333 年	元元统元年	河北、山东旱蝗为灾。	《元史·朵尔直班传》
			六月，宿州蝗生于野。	嘉靖《宿州志》
			六月，潜山旱蝗。	康熙《潜山县志》
			六月，安庆府旱蝗。	康熙《安庆府志》
520	1334 年	元元统二年	六月，大宁、广宁、辽阳、开元、沈阳、懿州①水、旱、蝗，大饥，诏以钞二万锭遣官赈之。八月，南康路诸县旱蝗，民饥。	《元史·顺帝本纪》
			江西星子及吉林、热河蝗灾。	《中国历代蝗患之记载》
			夏，宿县蝗虫遍野。	《宿县县志》
			八月，灵宝旱蝗连灾，民饥。	《灵宝县志》
521	1335 年	元至元元年	五月，顺天蝗。	《北京市丰台区志》

---

① 开元：元路名，治所在今吉林农安；懿州：旧州名，治所在今辽宁阜新东北。

（续）

序号	公元纪年	历史纪年	蝗灾情况	资料来源
521	1335 年	元至元元年	定兴蝗。	光绪《定兴县志》
			东明旱蝗。	《东明县志》
			益都蝗。	咸丰《青州府志》
			是岁，临朐大蝗。	光绪《临朐县志》
			嵩州飞蝗蔽空，所落沟壑皆平。	《嵩县志》
			怀宁蝗灾。	民国《怀宁县志》
522	1336 年	元至元二年	秋七月，黄州蝗，督民捕之，人日五斗。	《元史·顺帝本纪》
			安庆府旱蝗。	康熙《安庆府志》
			潜山旱蝗。	康熙《潜山县志》
			至八月不雨，宿松旱蝗，大饥。	民国《宿松县志》
			徐、邳等州蝗。	同治《徐州府志》
			丰县蝗灾，禾稼被害。	《丰县志》
			至秋不雨，瑞安蝗灾。	《瑞安市志》
			杞县蝗食禾、草木几尽，沟堑皆平，人马不能行，大饥，人相食。	《杞县志》
			永城旱，蝗灾，草禾皆尽。	《永城县志》
523	1337 年	元至元三年	六月，怀庆温县①、汴梁阳武县蝗。	《元史·五行志》
			秋七月，河南武陟县禾将熟，有蝗自东来，俄有鱼鹰群飞啄食之。	《元史·顺帝本纪》
			孟县蝗。	民国《孟县志》
			中都蝗。	光绪《顺天府志》
			怀孟路蝗灾。	《沁阳市志》
			夏，太康、扶沟、沈丘旱蝗。	《周口地区志》

---

① 温县：原作温州，怀庆无温州而有温县，今改。

（续）

序号	公元纪年	历史纪年	蝗灾情况	资料来源
523	1337年	元至元三年	浙江温州蝗灾。	《中国历代蝗患之记载》
			禄丰蝗。	光绪《续云南通志稿》
524	1338年	元至元四年	六月，巨野蝗。	万历《巨野县志》
525	1339年	元至元五年	七月，胶州即墨县蝗。	《元史·五行志》
			六月，东平蝗。	光绪《东平州志》
526	1340年	元至元六年	时帝数以历代珍宝分赐近侍，崔敬又上疏曰："臣闻世皇时，大臣有功，所赐不过盘革，重惜天物。今山东大饥，燕南亢旱，京畿南北蝗飞蔽天，正当圣主恤民之日。乞追回所赐，以示恩不可滥。"	《元史·崔敬传》
			秋七月，蝗旱相仍。	《元史·顺帝本纪》
			大兴蝗。	《大兴县志》
			洛川旱，蝗虫为灾。	《洛川县志》
527	1341年	元至正元年	京畿南北蝗飞蔽天。	《续资治通鉴·元纪》
			河间等路旱蝗缺食，累蒙赈恤。	《元史·食货志》
			安阳旱蝗为害。	《安阳县志》
528	1342年	元至正二年	王思诚上书言："京畿去年秋不雨，方春首月蝗生。"	《元史·王思诚传》
			禄丰蝗灾，粮食歉收。	《禄丰县志》
529	1343年	元至正三年	夏，怀庆蝗。七月，武陟蝗。	乾隆《怀庆府志》
			河间行盐地方旱蝗相仍。	《元史·食货志》
			八月，江宁、上元蝗。	同治《上江两县志》
			八月，金陵蝗。	至正《金陵新志》
530	1344年	元至正四年	归德府永城县及亳州蝗。	《元史·五行志》
			旱蝗，大饥疫。	《明史·太祖本纪》
			河南永城，安徽凤阳、亳州蝗大发生。	《中国东亚飞蝗蝗区的研究》

（续）

序号	公元纪年	历史纪年	蝗灾情况	资料来源
530	1344 年	元至正四年	禹城蝗。	嘉庆《禹城县志》
			凤阳旱蝗，大饥。	乾隆《凤阳县志》
			亳州蝗。	光绪《亳州志》
531	1345 年	元至正五年	夏秋，山东禹城、河南汲县蝗。	《中国东亚飞蝗蝗区的研究》
			秋七月，卫辉府蝗，鸲鹆食蝗。	雍正《卫辉府志》
			六月，禹城县蝗。	乾隆《山东通志》
532	1346 年	元至正六年	长子蝗伤稼。	光绪《长子县志》
533	1348 年	元至正八年	永年、威县蝗，人相食。	光绪《永年县志》
			东明旱蝗。	《东明县志》
534	1350 年	元至正十年	七月，澄城蝗食稼。	《澄城县志》
535	1351 年	元至正十一年	山东嘉祥蝗。	《嘉祥县志》
			昌平大蝗。	《河北省农业厅·志源（3）》
			襄垣遭蝗灾。	《襄垣县志》
536	1352 年	元至正十二年	六月，大名路开、滑、浚三州，元城十一县水、旱、虫蝗，饥民七十一万六千九百八十口，给钞十万锭赈之。	《元史·顺帝本纪》
			长垣旱蝗，大饥。	嘉庆《长垣县志》
			六月，南乐蝗，诏给钞赈之。	民国《南乐县志》
			六月，临西蝗，民饥。	《临西县志》
			六月，邱县蝗。	《邱县志》
			东明水、旱、蝗灾，大饥。	《东明县志》
537	1354 年	元至正十四年	甲午冬十月，四方割据，称雄者众，战争无虚日，又旱蝗相仍。	《明实录·太祖实录》
538	1357 年	元至正十七年	东昌茌平县蝗。	《元史·五行志》
			东明旱蝗。	《东明县志》
			六月，邳州蝗。	同治《徐州府志》

（续）

序号	公元纪年	历史纪年	蝗灾情况	资料来源
539	1358年	元至正十八年	五月，辽州蝗。秋七月，京师大水蝗，民大饥。	《元史·顺帝本纪》
			夏，蓟州、辽州、潍州昌邑县、胶州高密县蝗。秋，大都、广平、顺德及潍州之北海[①]、莒州之蒙阴、汴梁之陈留、归德之永城皆蝗。顺德九县民食蝗，广平人相食。	《元史·五行志》
			北平蝗灾。	《中国历代蝗患之记载》
			伊川飞蝗蔽空。	《伊川县志》
			夏，安阳大蝗。	《安阳县志》
			荥阳蝗飞蔽天，后连续四年大旱蝗，集蝗处沟堑皆平，人马不能行，食稼尽净，人自相食。	《荥阳县志》
			嵩州飞蝗蔽空，沟堑尽平。	乾隆《嵩县志》
			伊阳蝗。	道光《伊阳县志》
			陈留蝗。	宣统《陈留县志》
			汤阴大旱蝗，人相食。	《汤阴县志》
			秋，商丘飞蝗蔽天，自东入境。	《商丘县志》
			沈丘旱蝗。	《沈丘县志》
			鹿邑蝗虫为害作物。	《鹿邑县志》
			汝南蝗灾，庄稼被吃严重。	《驻马店地区志》
			新蔡蝗飞蔽日如云涌，所落沟堑尽平，农田一空。	《新蔡县志》
			广宗民食蝗。	《广宗县志》
			平乡蝗飞蔽天，人马不能行，大饥。	《平乡县志》
			曲周蝗。	同治《曲周县志》

① 北海：旧县名，治所在今山东潍坊。

（续）

序号	公元纪年	历史纪年	蝗灾情况	资料来源
539	1358 年	元至正十八年	七月，南和蝗，民食蝗，人相食。	《南和县志》
			七月，大兴水后蝗灾，百姓大饥。	《大兴县志》
			春，宁河蝗。	《宁河县志》
			潍州蝗食禾稼、草木俱尽。	《寒亭区志》
540	1359 年	元至正十九年	五月，山东、河东、河南、关中等处飞蝗蔽天，人马不能行，所落沟堑尽平，民大饥。秋七月，霸州及介休、灵石县蝗。八月，蝗自河北飞渡汴梁，食田禾一空。是月，大同路蝗，襄垣螟蜂。	《元史·顺帝本纪》
			大都霸州、通州，真定、彰德、怀庆、东昌、卫辉，河间之临邑、东平之须城、东阿、阳谷三县，山东益都、临淄二县，潍州、胶州、博兴州，大同、冀宁二郡，文水、榆次、寿阳、徐沟四县，忻、汾二州及孝义、平遥、介休三县，晋宁潞州及壶关、潞城、襄垣三县，霍州赵城、灵石二县①，隰之永和，沁之武乡，辽之榆社、奉元及汴梁之祥符、原武、鄢陵、扶沟、杞、尉氏、洧川七县，郑之荥阳、汜水，许之长葛、郾城、襄城、临颍，钧之新郑、密县皆蝗，食禾稼、草木俱尽，所至蔽日，碍人马不能行，	《元史·五行志》

---

① 冀宁：元路名，治所在今山西太原；徐沟：旧县名，治所在今山西清徐东南；潞州：旧州名，治所在今山西长治；赵城：旧县名，治所在今山西洪洞北赵城镇。

（续）

序号	公元纪年	历史纪年	蝗灾情况	资料来源
540	1359 年	元至正十九年	填坑堑皆盈。饥民捕蝗以为食，或曝干而积之，又罄，则人相食。五月，济南章丘、邹平二县蝻，五谷不登。七月，淮安清河县飞蝗蔽天，自西北来，凡经七日，禾稼俱尽。	
			西安蝗食禾稼、草木尽，所至蔽日，碍人马不能行，填坑堑皆盈。	《西安市志》
			未央区蝗，禾稼、草木俱被食尽，所至蔽日，碍人马不能行，填坑堑皆盈。	《未央区志》
			周至蝗虫吃尽庄稼，飞蔽日，路难行，百姓捕蝗为食。	《周至县志》
			高陵蝗食禾稼、草木俱尽，所至蔽日，碍人马不能行，饥民捕蝗为食。	《高陵县志》
			乾县蝗食禾苗、草木俱尽，所至蔽日，碍人马不能行，填坑堑皆满，饥民捕蝗以为食。	《乾县志》
			礼泉蝗食禾稼、草木俱尽，飞蔽日，人难行，饥民捕蝗而食之。	《礼泉县志》
			华县蝗虫遮天蔽日，庄稼、草木吃光，饥民捕蝗而食。	《华县志》
			夏，澄城蝗入境，遍野。	《澄城县志》
			五月，凤翔蝗飞蔽天，落地成堆，人马不能行，民大饥，人相食。	《凤翔县志》
			五月，关西蝗飞蔽天，人马不能行，民大饥，捕蝗为食。	《眉县志》

（续）

序号	公元纪年	历史纪年	蝗灾情况	资料来源
540	1359 年	元至正十九年	泾阳蝗食禾稼、草木俱尽，饥民捕蝗为食。	《泾阳县志》
			夏，富县蝗群飞蔽天，食禾苗尽。	《富县志》
			阳曲蝗灾，致禾稼尽，民捕蝗虫以食之。	《阳曲县志》
			五月，冀宁路徐沟等县蝗灾甚重，遮天蔽日，人马不能行，所过沟堑皆平，禾稼俱尽。	《清徐县志》
			秋七月，介休蝗。八月，复蝗，食禾稼、草木尽，所至蔽日，碍人马不能行。	民国《介休县志》
			五月，永济蝗灾，民大饥。	光绪《永济县志》
			五月，万荣蝗飞蔽天，人马不能行，所落沟堑尽平。	《万荣县志》
			五月，解州蝗群飞蔽天，人马不能行，沟堑为平，大饥，人相食。	光绪《解州志》
			五月，临晋、猗氏蝗飞蔽天，人马不能行，所落沟堑尽平。	《临猗县志》
			五月，芮城蝗飞蔽天，大饥。	《芮城县志》
			五月，稷山蝗。	同治《稷山县志》
			五月，河津蝗。	光绪《河津县志》
			夏五月，曲沃飞蝗蔽天，人马不能行，所落沟堑尽平，大饥，人相食。	民国《新修曲沃县志》
			乡宁蝗灾。	《乡宁县志》
			夏五月，侯马飞蝗蔽天，所落沟堑尽平，大饥，人相食。	《侯马市志》
			五月，临汾蝗，大饥。	《临汾县志》

（续）

序号	公元纪年	历史纪年	蝗灾情况	资料来源
540	1359 年	元至正十九年	隰县蝗灾。	《隰县志》
			翼城蝗飞蔽天，人马皆不能行，沟堑被蝗虫填平，庄稼吃光。	《翼城县志》
			八月，孝义蝗食禾稼、草木俱尽，蝗飞蔽日，碍人马不能行，死蝗填坑堑皆盈，饥民捕蝗为食。	《孝义县志》
			夏，原平蝗飞蔽天，人马不能行，沟堑尽平。	《原平县志》
			夏，崞县①蝗飞蔽天，人马不能行，沟堑尽平。	乾隆《崞县志》
			夏四月，平定州蝗食禾稼、草木俱尽，所至蔽日，人马不能行，填坑堑皆盈，饥民捕蝗以为食，干而积之，又尽，则人相食。	光绪《平定州志》
			八月，朔平②府蝗。	雍正《朔平府志》
			八月，平鲁蝗虫遍境，灾。	《平鲁县志》
			太康蝗。	雍正《河南通志》
			五月，中牟蝗。	民国《中牟县志》
			栾川飞蝗蔽天，食禾一空，大饥。	《栾川县志》
			五月，辉县大蝗，飞则蔽天，止则满堑，人马不能行。	道光《辉县志》
			五月，获嘉大蝗，飞蔽天。	《获嘉县志》
			怀庆蝗食禾稼、草木俱尽，所至蔽日，碍人马不能行，填坑堑皆盈，饥民捕蝗以食，或曝干积之，又尽，则人相食。	道光《河内县志》

---

① 崞县：旧县名，治所在今山西原平崞阳镇。
② 朔平：旧府名，治所在今山西右玉。

（续）

序号	公元纪年	历史纪年	蝗灾情况	资料来源
540	1359 年	元至正十九年	怀庆府蝗，草木俱尽，人相食。	乾隆《怀庆府志》
			河内蝗灾。	《沁阳市志》
			温县蝗食禾稼、草木俱尽，所至蔽日，碍人马不能行，填坑堑皆盈，饥民捕蝗以食，或曝干积之。	乾隆《温县志》
			博爱蝗灾，赤地千里，饥民捕蝗为食。	《博爱县志》
			怀庆（武陟）蝗食禾。	道光《武陟县志》
			台前蝗虫成灾。	《台前县志》
			汤阴蝗食禾稼、草木俱尽，所至蔽日，碍人马不能行。	《汤阴县志》
			商丘夏蝻秋蝗，草木皆尽，人相食。	《商丘县志》
			虞城蝗灾，庄稼受害严重，大饥。	《虞城县志》
			禹州蝗灾。	《禹州市志》
			夏，鄢陵蝗灾，所至蔽日，秋禾、草木被食殆尽。	民国《鄢陵县志》
			正阳蝗飞蔽天，所落沟堑尽平，民大饥。	嘉庆《正阳县志》
			新蔡蝗飞蔽日如云涌，所落沟堑尽平，农田一空。	《新蔡县志》
			五月，山东、河南、直隶、京师飞蔽天日，所落沟堑尽平，人马难行，民大饥。宁津大蝗。	光绪《宁津县志》
			济南蝻生。	崇祯《历乘》
			淄川蝗，大饥。	道光《济南府志》
			德平旱蝗，大饥，饿殍盈野。	光绪《德平县志》
			五月，汶上蝗飞蔽天。	《汶上县志》

（续）

序号	公元纪年	历史纪年	蝗灾情况	资料来源
540	1359年	元至正十九年	莱芜、须城、东阿蝗食禾稼、草木俱尽，人相食。	乾隆《泰安府志》
			长山蝗，大饥。	嘉庆《长山县志》
			潍坊蝗虫遮天蔽日，人马难行。	《潍坊市志》
			五月，益都、临淄、高苑、博兴州蝗食禾稼、草木尽，人相食。	咸丰《青州府志》
			夏五月，安丘大蝗，所落沟堑皆平，人马不能行。	万历《安丘县志》
			保定府飞蝗蔽天，民大饥。	光绪《保定府志》
			徐水蝗灾极重，飞蔽天，所落沟堑尽平。	《徐水县志》
			夏五月，高阳大蝗。	雍正《高阳县志》
			夏五月，蠡县大蝗。	光绪《蠡县志》
			夏五月，雄县飞蝗蔽天，沟堑尽平，大饥，有杀子而食者。	民国《雄县新志》
			安新蝗灾严重，飞蝗蔽日，所落沟堑皆满，民饥无食。	《安新县志》
			五月，新城大蝗。	民国《新城县志》
			永清蝗食禾稼、草木皆尽，人相食。	光绪《续永清县志》
			四月，香河蝗食禾稼、草木皆尽，饥民捕蝗以食。	《香河县志》
			五月，交河大蝗。山东、河南、直隶、京师飞蝗蔽天，沟堑皆平，人马难行，民大饥。	民国《交河县志》
			广宗民食蝗。	《广宗县志》
			南和蝗虫食禾一空。	《南和县志》
			四月，磁县蝗灾，食禾稼、草木殆尽，饥民捕蝗以食。	《磁县志》

（续）

序号	公元纪年	历史纪年	蝗灾情况	资料来源
540	1359 年	元至正十九年	四月，临漳大蝗，食禾稼、草木俱尽，饥民捕蝗为食。	《临漳县志》
			鸡泽飞蝗蔽路，人马不能行，大饥。	《鸡泽县志》
			秋八月，蔚县大蝗。	《蔚县志》
			昌平蝗。	光绪《昌平州志》
			大兴大蝗灾，食禾稼、草木俱尽，百姓大饥，人相食。	《大兴县志》
			宝坻蝗食禾稼，所至蔽道，人不能行，入民屋室，大饥。	《宝坻县志》
			宁河蝗食禾稼，所至蔽道，人不能行，入人屋室，大饥。	乾隆《宁河县志》
			蒙城蝗。	乾隆《颍州府志》
			凉城遭蝗灾，禾稼、草木吃尽，蝗虫遮天蔽日，碍人马不能行，饥民以蝗虫为食。	《凉城县志》
			辽宁蝗灾。	《中国历代蝗患之记载》
541	1360 年	元至正二十年	益都临朐、寿光二县，凤翔岐山县蝗。	《元史·五行志》
			陕西千阳蝗灾。	《中国历代蝗患之记载》
			四月，河北十七郡蝗。	《河北省农业厅·志源（3）》
542	1361 年	元至正二十一年	六月，河南巩县蝗，食稼俱尽。七月，卫辉及汴梁荥泽县、郑州蝗。①	《元史·五行志》
			夏，巩县、卫辉、荥泽、郑州蝗灾。	《中国历代蝗患之记载》
543	1362 年	元至正二十二年	秋，卫辉及汴梁开封、扶沟、洧川三县，许州及钧之新郑、密二县蝗。	《元史·五行志》

① 巩县：旧县名，治所在今河南巩义市老城；荥泽：旧县名，治所在今河南郑州西北。

（续）

序号	公元纪年	历史纪年	蝗灾情况	资料来源
543	1362年	元至正二十二年	秋，孟津旱，飞蝗蔽天，落地沟满壕平，道路阻塞，人马难行。	《孟津县志》
			秋，新郑蝗。	乾隆《新郑县志》
			秋，洛阳飞蝗蔽天，沟满壕平，人马不能行。	《洛阳市志》
			许州蝗食禾稼、草木俱尽。	《许昌县志》
544	1365年	元至正二十五年	凤翔岐山县蝗。	《元史·五行志》
			陕西千阳蝗灾，安徽绩溪蝗自西北蔽空而来。	《中国历代蝗患之记载》
			八月，赵州蝗。	《赵县志》
545	1366年	元至正二十六年	济南府飞蝗蔽天，所过沟堑尽平，民大饥。	道光《济南府志》
546	1367年	元至正二十七年	六月，济南府蝗生。	道光《济南府志》
			东明旱蝗。	《东明县志》
			六月，长山蝗生。	嘉庆《长山县志》

··· 第五章 ···

明代蝗灾

序号	公元纪年	历史纪年	蝗灾情况	资料来源
547	1368 年	明洪武元年	河南蝗。	《河南东亚飞蝗及其综合治理》
			原武①蝗。	乾隆《原武县志》
548	1369 年	明洪武二年	河南开封府及襄城蝗灾。	《中国历代蝗患之记载》
			六月，保定蝗。	光绪《保定府志》
			盐山蝗灾。	《盐山县志》
			海兴蝗灾。	《海兴县志》
			六月，淄川蝗。	乾隆《淄川县志》
549	1370 年	明洪武三年	七月，青州蝗。	《明实录·太祖实录》
			六月，寿光蝗。	民国《寿光县志》
			秋七月，诸城蝗。	乾隆《诸城县志》
550	1371 年	明洪武四年	溧阳蝗虫遍野，免税粮。	万历《应天府志》
551	1372 年	明洪武五年	六月，济南属县及青、莱二府蝗。七月，徐州、大同蝗。	《明史·五行志》
			六月，济南府历城等县蝗。	《明实录·太祖实录》
			夏六月，开封府诸县蝗。	雍正《河南通志》
			夏，中牟、尉氏蝗灾。	《中国历代蝗患之记载》

---

① 原武：旧县名，1949 年与阳武县合并为今河南原阳县。

（续）

序号	公元纪年	历史纪年	蝗灾情况	资料来源
551	1372 年	明洪武五年	商丘蝗。	《商丘县志》
			周口旱蝗。	《周口地区志》
			夏六月，淮阳蝗。	《淮阳县志》
			夏，扶沟蝗。	光绪《扶沟县志》
			许州蝗。	《许昌县志》
			禹城蝗，大饥，食草木、树皮皆尽。	嘉庆《禹城县志》
			六月，齐河蝗，大饥，草籽、树皮食之尽。	《齐河县志》
			夏六月，益都蝗。	光绪《益都县图志》
			夏六月，临朐蝗。	光绪《临朐县志》
			夏六月，诸城蝗。	乾隆《诸城县志》
			夏，胶州旱蝗。	民国《增修胶志》
			七月，山西蝗。	《天镇县志》
552	1373 年	明洪武六年	五月，开封府封丘县蝗。六月，北平河间、河南开封、陕西延安诸州府县蝗。八月，华州临潼、咸阳、渭南、高陵四县蝗，诏免其田租。	《明实录·太祖实录》
			七月，北平、河南、山西、山东蝗。	《明史·五行志》
			河南洛阳、山东曲阜蝗灾。	《中国历代蝗患之记载》
			七月，陕北诸州县蝗。	《横山县志》
			子长蝗灾严重，蠲免田租。	《子长县志》
			七月，安塞蝗灾。	《安塞县志》
			七月，禹州蝗灾。	《禹州市志》
			六月，原武蝗，怀庆蝗，孟县蝗灾。	《河南东亚飞蝗及其综合治理》
			顺义蝗，免田租。	民国《顺义县志》
			七月，齐河蝗。	《齐河县志》
			七月，平原蝗。	乾隆《平原县志》

（续）

序号	公元纪年	历史纪年	蝗灾情况	资料来源
552	1373年	明洪武六年	七月，山东蝗。无棣蝗。	民国《无棣县志》
			六月，诸城蝗。	乾隆《诸城县志》
			秋七月，山东潍县蝗。	民国《潍县志稿》
			七月，胶州蝗。	民国《增修胶志》
			七月，长治蝗灾。	《长治县志》
			七月，万荣蝗。	《万荣县志》
553	1374年	明洪武七年	二月，平阳、太原、汾州、历城、汲县蝗。六月，怀庆、真定、保定、河间、顺德、山东、山西蝗。	《明史·五行志》
			二月，平阳、太原、汾州、历城、汲县旱蝗，并免租税。六月，山西、山东、北平、河南蝗，并蠲田租。	《明史·太祖本纪》
			二月，平阳、太原、汾州、历城、汲县蝗。六月，怀庆、真定、保定、河间、顺德、山东、山西蝗。	《中国历代天灾人祸表》
			三月，西安府咸宁、华阴二县，济南府长清县，北平府武清县并蝗，命有司捕之。四月，顺德府平乡县、任县，保定府雄县，青州府寿光县、胶州，河南府巩县，永平府乐亭县，河间府莫州、清州，东昌府聊城县并蝗，命捕之。五月，河间府任丘、宁津二县，永平府昌黎县，保定府安肃县，真定府宁晋县，济南府海丰县，北平府文安县，顺德府唐山县并蝗，命捕之。[①] 九月，河间府河间县蝗。	《明实录·太祖实录》

---

① 咸宁：旧县名，治所在今陕西西安；清州：旧州名，治所在今河北青县；安肃：旧县名，治所在今河北徐水。

（续）

序号	公元纪年	历史纪年	蝗灾情况	资料来源
553	1374 年	明洪武七年	三月，未央区蝗。	《未央区志》
			户县蝗。	《户县志》
			眉县蝗害稼。	《眉县志》
			六月，凤翔蝗害稼。	《凤翔县志》
			六月，长治蝗灾，伤禾。	《长治县志》
			二月，万荣蝗。	《万荣县志》
			六月，平定蝗。	光绪《平定州志》
			六月，昔阳蝗，诏免其租。	民国《昔阳县志》
			曲沃蝗。	民国《新修曲沃县志》
			侯马旱蝗，免租税。	《侯马市志》
			孟县蝗灾，免田租。	《河南东亚飞蝗及其综合治理》
			六月，河内蝗。	道光《河内县志》
			灵宝蝗灾，免田租。	《灵宝县志》
			沈丘旱蝗。	《沈丘县志》
			夏，乐亭蝗，饥。	光绪《乐亭县志》
			夏，昌黎蝗。	民国《昌黎县志》
			六月，新城蝗。	民国《新城县志》
			沧州蝗。	民国《沧县志》
			海兴蝗。	《海兴县志》
			河间蝗灾。	《河间县志》
			任丘蝗灾。	《任丘市志》
			六月，献县蝗。	民国《献县志》
			饶阳蝗。	《饶阳县志》
			八月，南和蝗虫，民饥，官府免租，赈恤。	《南和县志》
			六月，武邑蝗。	《武邑县志》
			六月，齐河蝗。	《齐河县志》
			夏六月，曲阜蝗。	乾隆《曲阜县志》
			夏六月，山东潍县蝗。	民国《潍县志稿》

（续）

序号	公元纪年	历史纪年	蝗灾情况	资料来源
554	1375 年	明洪武八年	夏，北平、真定、大名、彰德诸府属县蝗。	《明史·五行志》
			四月，彰德府安阳等县、大名府内黄等县蝗。五月，真定府平山等县蝗。八月，涿州房山、赵州宁晋等县蝗。十二月，诏以北平府宛平县蝗，免其田租。	《明实录·太祖实录》
			夏，河北顺天蝗灾。	《中国历代蝗患之记载》
			夏四月，免大名蝗灾田租。	咸丰《大名府志》
			夏，磁县蝗灾。	《磁县志》
			夏，魏县蝗，免田租。	《魏县志》
			夏，武邑蝗。	乾隆《武邑县新志》
			五月，行唐蝗。	《行唐县志》
			汤阴蝗。	《汤阴县志》
			东明旱蝗。	《东明县志》
555	1377 年	明洪武十年	四月，济宁府蝗。	《明实录·太祖实录》
556	1378 年	明洪武十一年	播州①蝗。	乾隆《贵州通志》
			七月，绥阳蝗灾流行。	《绥阳县志》
			龙里蝗灾。	《龙里县志》
			平凉府华亭县霜蝗害稼。	《明实录·太祖实录》
557	1382 年	明洪武十五年	温岭蝗自北来，禾穗、木叶尽食。	《温岭县志》
			三月，密云蝻祸。	《密云县志》
			四月，怀柔蝻祸。	《怀柔县志》
558	1384 年	明洪武十七年	兰溪河东大蝗。	《兰溪市志》
559	1386 年	明洪武十九年	六月，开封府郑州旱蝗，赈济。	《明实录·太祖实录》
			九月，郡县旱蝗，赈之。	《古今图书集成·庶征典·蝗灾部汇考》

---

① 播州：旧州名，治所在今贵州遵义。

（续）

序号	公元纪年	历史纪年	蝗灾情况	资料来源
560	1390 年	明洪武二十三年	夏秋，天台旱蝗。	《天台县志》
561	1391 年	明洪武二十四年	山东蝗，大饥，免田租。莱阳蝗。	民国《莱阳县志》
			即墨蝗，大饥。	同治《即墨县志》
			江西吉安府龙泉①县旱蝗。	《明实录·太祖实录》
562	1392 年	明洪武二十五年	桐庐蝗灾，禾穗、竹叶几被吃光。	《桐庐县志》
			台州飞蝗北来，禾稼、竹木俱毁。	《台州地区志》
			临海有蝗自北来，禾稼、竹木皆尽。	《临海县志》
563	1397 年	明洪武三十年	龙游蝗。	《衢州市志》
564	1398 年	明洪武三十一年	浑源县大蝗，飞他境。	《古今图书集成·庶征典·蝗灾部纪事》
565	1399 年	明建文元年	秋七月，江北蝗。	《古今图书集成·庶征典·蝗灾部汇考》
			登州各属蝗。	光绪《增修登州府志》
			福山蝗。	民国《福山县志稿》
			登州各属蝗。莱阳蝗。	民国《莱阳县志》
566	1400 年	明建文二年	夏，行唐蝗。	《河北省农业厅·志源（3）》
			登州各属蝗。	光绪《增修登州府志》
			福山蝗。	民国《福山县志稿》
567	1401 年	明建文三年	登州各属复蝗。	光绪《增修登州府志》
			登州各属复蝗。莱阳蝗。	民国《莱阳县志》
			福山蝗。	民国《福山县志稿》
			常州飞蝗蔽空。	康熙《常州府志》
			无锡飞蝗蔽空。	《无锡市志》
			溧阳飞蝗遍野。	乾隆《镇江府志》
			六月，衢州蝗自北来，食禾稼。	《衢州市志》

---

① 龙泉：旧县名，治所在今江西遂川。

（续）

序号	公元纪年	历史纪年	蝗灾情况	资料来源
567	1401 年	明建文三年	六月，常山蝗食禾穗、竹叶皆尽。	《常山县志》
			七月，江山蝗自北来，食禾穗、竹木叶。	《江山市志》
568	1402 年	明建文四年	夏，京师①飞蝗蔽天，旬余不息。	《明史·五行志》
			江苏南京，浙江黄岩、天台、仙居、临海、兰溪蝗灾。	《中国历代蝗患之记载》
			冬十月，诸城蝗，诏赈恤。	乾隆《诸城县志》
			常州蝗。	康熙《常州府志》
			四月，句容蝗飞蔽天。	《句容县志》
			溧阳飞蝗遍野。	嘉庆《溧阳县志》
			六月，富阳蝗灾，禾木叶尽食。	《富阳县志》
			六月，兰溪飞蝗自北来，食禾穗、竹叶几尽。	雍正《浙江通志》
			六月，桐庐县蝗自北来，禾穗及竹木叶食尽。	光绪《严州府志》
			六月，台州蝗害，禾稼、竹叶尽毁。	《台州地区志》
			六月，台州蝗自北向各县飞来，禾穗、竹叶食尽。	《三门县志》
			宁海蝗灾，减免税粮一半。	《宁波市志》
569	1403 年	明永乐元年	夏，山东、山西、河南蝗。	《明史·五行志》
			五月，捕山东蝗。河南蝗，免今年夏税。	《明史·成祖本纪》
			大名府清丰等县蝗；陕西乾州蝗，田稼无收。四月，直隶淮安及安庆等府蝗。五月，河南蝗，阌乡县蝗	《明实录·太宗实录》

① 京师：明建都应天府，今江苏南京，永乐十九年（1421 年）迁都顺天府，今北京市。

（续）

序号	公元纪年	历史纪年	蝗灾情况	资料来源
569	1403 年	明永乐元年	旱。十二月，真定府枣强县蝗旱，河南、陕西连岁蝗旱。	
			夏，山东曲阜、浙江湖州、江苏吴县蝗灾。	《中国历代蝗患之记载》
			河南蝗，有司不以闻，劾治之。	《明史·郁新传》
			九月，吏部奉太宗皇帝旨：各处有司，多不得人所，以前日敕恁吏部教内外文职官员荐举贤才，且如今年山东等处蝗蝻生时，有司官合当随即打捕，却乃坐视不理。虽有几处打捕，亦不用心，致朝廷得知，差人打捕，方才尽绝。这便见得那有司官不得人处，若是得人处肯用心，见蝗初生便设法打捕，如何得这滋蔓。恁吏部便行文书与各处有司知道，明年春初惊蛰之时，所在官司差人巡视境内，遇有蝗蝻初生时，随即设法扑捕，务要尽绝。如是仍前坐视，致使滋蔓，伤损禾稼，为民患害，拿来罪他。若布政司、按察司官不行严督所属巡视打捕，拿来也问他罪。行文书去，到十一月间再行去，恐有怠慢的，到明年正月又行一遍也。着户部知道，军卫家着兵部行文书去一般打捕。钦此。	嘉靖《宿州志》
			六月，衢州、金华、兰溪、台州飞蝗自北来，禾稼及竹木叶皆尽。	《古今图书集成·庶征典·蝗灾部汇考》

（续）

序号	公元纪年	历史纪年	蝗灾情况	资料来源
569	1403 年	明永乐元年	长兴大旱蝗。	《长兴县志》
			乌程大旱蝗。	光绪《乌程县志》
			饶州蝗灾，民大饥。	《上饶地区志》
			秋，波阳旱蝗。	《波阳县志》
			秋，饶州府旱蝗，民大饥。	同治《饶州府志》
			凤阳蝗。	天启《凤阳新书》
			灵璧蝗。	乾隆《灵璧志略》
			铜陵飞蝗入境。	乾隆《铜陵县志》
			飞蝗入池州①境。	乾隆《池州府志》
			秋，青阳蝗灾严重。	《青阳县志》
			夏，济南府蝗。	道光《济南府志》
			五月，历城蝗。	乾隆《历城县志》
			德州蝗，饥。	乾隆《德州志》
			夏，齐河蝗，饥。	《齐河县志》
			夏五月，诸城蝗。	乾隆《诸城县志》
			夏，山东潍县蝗。	民国《潍县志稿》
			夏五月，胶州蝗。	民国《增修胶志》
			夏，长治蝗灾。	《长治县志》
			夏，万荣蝗。	《万荣县志》
			夏，安阳蝗。	《安阳县志》
			夏，禹州蝗灾。	《禹州市志》
			七月，金州旱蝗。	《新金县志》
			金州卫蝗。	《金县志》
			六月，临高蝗灾。八月，又蝗灾。	光绪《临高县志》
			夏，凉城蝗灾。	《凉城县志》
570	1404 年	明永乐二年	河南郑州荥泽县蝗蝻伤稼。	《明实录·太宗实录》

---

① 池州：旧府名，治所在今安徽贵池。

（续）

序号	公元纪年	历史纪年	蝗灾情况	资料来源
570	1404 年	明永乐二年	五月，延川蝗灾。	《延川县志》
			兴业①蝗害稼。	《玉林市志》
			安新发生大面积蝗灾。	《安新县志》
			临西蝗，民饥。	《临西县志》
			五月，历城蝗。	乾隆《历城县志》
			临清连遭旱灾、蝗灾，民众饥荒。	《临清市志》
			六月，琼山蝗虫成灾。	《琼山县志》
			六月，儋州雨，蝗发，禾不收，民饥。	康熙《续修儋州志》
571	1405 年	明永乐三年	五月，延安、济南蝗。	《明史·五行志》
			五月，甘泉蝗。	《甘泉县志》
			怀庆蝗。	《中国历代蝗患之记载》
			禹城蝗。	嘉庆《禹城县志》
			五月，齐河蝗。	《齐河县志》
572	1406 年	明永乐四年	八月，济南府蝗。	道光《济南府志》
			八月，历城蝗，赈饥。	乾隆《历城县志》
			济宁蝗，发粟赈之。	道光《济宁直隶州志》
			嘉祥蝗。	《嘉祥县志》
			金乡蝗，诏发粟赈之。	咸丰《金乡县志略》
573	1407 年	明永乐五年	七月，山东兖州府武城等处蝗。	《明实录·太宗实录》
574	1408 年	明永乐六年	五月，山东青州蝗。	《明实录·太宗实录》
			五月，诸城蝗，布政使遣官督捕。	乾隆《诸城县志》
			五月，济南蝗。	《齐河县志》
575	1409 年	明永乐七年	河南汲县、江苏沛县、广东琼州蝗虫大发生。	《中国历代蝗患之记载》

① 兴业：旧县名，治所在今广西玉林西北石南镇。

（续）

序号	公元纪年	历史纪年	蝗灾情况	资料来源
575	1409 年	明永乐七年	夏，德平蝗。	光绪《德平县志》
			卫辉旱蝗。	乾隆《卫辉府志》
			故城北地大蝗，遣使捕之。	《故城县志》
			八月，儋州蝗发，遣官沿田捕之。	康熙《续修儋州志》
			惠安遭蝗虫灾害，知县组织百姓扑灭之。	《惠安县志》
			八月，琼山蝗虫成灾，官府令民捕捉。	《琼山县志》
576	1411 年	明永乐九年	贵溪螟蝗害稼。	《贵溪县志》
577	1412 年	明永乐十年	六月，山西平阳、荣河、太原、交城县蝗，督捕已绝。	《明实录·太宗实录》
			四月，山东蝗伤稼。	宣统《山东通志》
			四月，无棣蝗。	民国《无棣县志》
			四月，山东蝗，饥。胶州蝗。	民国《增修胶志》
578	1413 年	明永乐十一年	五月，山东诸城等县蝗，淮安府盐城县蝗。	《明实录·太宗实录》
			九月，诏："自今郡县官每岁春行视境内，蝗蝻害稼即捕绝之，不如诏者，二司并罪。"	《明史·成祖本纪》
			山东曲阜蝗灾。	《中国历代蝗患之记载》
			五月，诸城蝗，命有司捕瘗。	乾隆《诸城县志》
579	1414 年	明永乐十二年	安化蝗灾。	光绪《湖南通志》
			安化蝗，姜子万作《咒蝗文》以咒之。	同治《安化县志》
580	1416 年	明永乐十四年	秋七月，遣使捕北京、河南、山东州县蝗。	《明史·成祖本纪》

（续）

序号	公元纪年	历史纪年	蝗灾情况	资料来源
580	1416 年	明永乐十四年	七月，河南卫辉府新乡县，山东乐安①州，北京通州及顺义、宛平二县蝗，遣人捕瘗；彰德府属县蝗。	《明实录·太宗实录》
			河南，山东平原、曲阜、济南，河北北京、宛平蝗；济南严重猖獗。	《中国东亚飞蝗蝗区的研究》
			七月，长垣蝗。	嘉庆《长垣县志》
			七月，禹州蝗灾。	《禹州市志》
			七月，济南府蝗，赈之。	道光《济南府志》
			七月，历城蝗。	乾隆《历城县志》
			七月，德州蝗，遣使捕蝗。	乾隆《德州志》
			七月，德县蝗，遣使捕之。	民国《德县志》
			七月，平原蝗。	乾隆《平原县志》
			七月，齐河蝗。	《齐河县志》
			秋七月，山东潍县蝗。	民国《潍县志稿》
			河北永年蝗灾。	《中国历代蝗患之记载》
			大城蝗。	光绪《大城县志》
			七月，畿内蝗。	《北京市丰台区志》
			顺义蝗，遣使捕蝗。	民国《顺义县志》
			静海蝗灾。	《静海县志》
581	1417 年	明永乐十五年	五月，山东蝗。	《古今图书集成·庶征典·蝗灾部汇考》
			莱芜旱蝗。	乾隆《泰安府志》
			五月，吏部奉太宗皇帝旨：今山东、河南来奏，蝗蝻生发，已令户部差人去督察打捕。恐所在军卫、有司不行用心打捕尽绝，以致滋蔓，伤害禾稼，恁户部再差人将文书去说与各处	嘉靖《宿州志》

---

① 乐安：旧州名，治所在今山东惠民县，明宣德元年（1426 年）改武定州。

（续）

序号	公元纪年	历史纪年	蝗灾情况	资料来源
581	1417 年	明永乐十五年	军卫、有司知道，但有蝗蝻生发，不即设法打捕尽绝，致有飞蝗延蔓者，当该官吏与蝗蝻一般罪。钦此。	
			灵璧蝗。	乾隆《灵璧志略》
			凤阳蝗。	天启《凤阳新书》
582	1419 年	明永乐十七年	浚县蝗，有鸟食蝗殆尽。	咸丰《大名府志》
583	1422 年	明永乐二十年	荥阳、荥泽旱蝗。	《河南东亚飞蝗及其综合治理》
584	1423 年	明永乐二十一年	夏，河南洛宁蝗灾。	《中国历代蝗患之记载》
			夏秋，宜阳旱蝗相继为灾，麦禾俱枯。	《宜阳县志》
585	1424 年	明永乐二十二年	五月，大名府浚县蝗蝻生，有鸟万数食之尽。	《古今图书集成·庶征典·蝗灾部汇考》
			浑源蝗虫孳生蔓延。	《浑源县志》
			五月，惠安有蝗蠓伤稼。	《泉州市志》
586	1425 年	明洪熙元年	四月，寿光、昌乐、安丘蝗旱。	咸丰《青州府志》
			夏四月，临朐旱蝗，诏免田租之半。	光绪《临朐县志》
			四月，寿光旱蝗，免租赋之半。	民国《寿光县志》
			夏四月，昌乐旱蝗，免租赋之半。	嘉庆《昌乐县志》
			夏四月，潍县旱蝗。	民国《潍县志稿》
			夏，千阳蝗害稼，民艰食。	《千阳县志》
587	1426 年	明宣德元年	六月，顺天①府霸州及固安、永清二县、保定府新城县蝗蝻生，上命有司急捕勿缓，河南安阳、临漳二	《明实录·宣宗实录》

---

① 顺天：旧府名，治所在今北京市。

（续）

序号	公元纪年	历史纪年	蝗灾情况	资料来源
587	1426年	明宣德元年	县蝗。七月，保定府安肃县、顺天府顺义县、真定府新乐县蝗蝻生。	
			夏，北平、河南蝗灾。	《中国历代蝗患之记载》
			磁州大蝗，秃鹙啄蝗殆尽。	《古今图书集成·庶征典·蝗灾部纪事》
588	1428年	明宣德三年	如皋蝗，有鹙食之。	民国《江苏省通志稿》
			六月，良乡蝻。	《北京市房山区志》
			浚县蝗虫为害。	《浚县志》
			兴县旱蝗，饥民流徙。	《兴县志》
589	1429年	明宣德四年	六月，顺天州县蝗。	《明史·五行志》
			顺义蝗。	民国《顺义县志》
			五月，永清县蝗蝻生。六月，顺天府通州、蓟州、霸州并东安、武清、良乡蝗蝻生。	《明实录·宣宗实录》
590	1430年	明宣德五年	六月，遣官捕近畿蝗。谕户部曰："往年捕蝗之使，害民不减于蝗，宜知此弊。"因作《捕蝗诗》示之。	《明史·宣宗本纪》
			四月，易州、满城蝗蝻生；定兴蝗涝，禾谷不收。六月，永平兴州左屯卫①及河间府静海县蝗蝻生。九月，浚县蝻生。	《明实录·宣宗实录》
			六月，宁津蝗，御制《捕蝗诗》宣示畿甸。	光绪《宁津县志》
			夏，曲阜、寒亭区蝗。	《曲阜县志》
			四月，户部奉宣宗皇帝旨：恁户部便行文书着各处军卫、有司知道，但有蝗蝻生	嘉靖《宿州志》

---

① 兴州左屯卫：旧卫名，治所在今河北玉田县。

（续）

序号	公元纪年	历史纪年	蝗灾情况	资料来源
590	1430 年	明宣德五年	发，着他遵依原奉太宗皇帝圣旨，务要打捕尽绝，敢有怠慢的，拿来不饶。钦此。	
			灵璧蝗。	乾隆《灵璧志略》
			凤阳蝗。	天启《凤阳新书》
			浚县蝻，命有司督捕。	咸丰《大名府志》
			顺天蝗灾。	《中国历代蝗患之记载》
			河间蝗灾。	《河间县志》
			顺义蝗。	民国《顺义县志》
			宁河蝗。	《宁河县志》
591	1431 年	明宣德六年	六月，山东济宁及滋阳①蝗蝻生。七月，鱼台蝗蝻生，命督捕。	《明实录·宣宗实录》
			东明境蝗蝻伤稼，虽悉力捕瘗，而日加烦。	《东明县志》
			夏，曲阜蝗。	《曲阜县志》
592	1432 年	明宣德七年	沛县大蝗灾，蠲免租税。	民国《沛县志》
593	1433 年	明宣德八年	大名府境内蝗，遣官驰驿督捕。	同治《元城县志》
			河津蝗灾。	《明史·李贤传》
			八月，济宁、东平及汶上、阳信、长山、历城、淄川蝗蝻生。	《明实录·宣宗实录》
			大名府东明境内蝗，遣官督捕。	乾隆《东明县志》
594	1434 年	明宣德九年	七月，两畿②、山东、山西、河南蝗蝻覆地尺许，伤稼。	《明史·五行志》

---

① 滋阳：旧县名，治所在今山东兖州。
② 两畿：指今江苏南京市和今北京市两城市附近的地区。

（续）

序号	公元纪年	历史纪年	蝗灾情况	资料来源
594	1434 年	明宣德九年	秋七月，遣给事中、御史、锦衣卫官督捕两畿、山东、山西、河南蝗，蠲秋粮十之四。	《明史·宣宗本纪》
			五月，山东济宁州、滋阳、邹县及河南祥符县蝗蝻生。七月，济南府历城、长清、齐河、齐东、禹城、肥城、平原、邹平、商河九县，登州府文登县，直隶淮安府沭阳、盐城县，山西平阳府蒲州、河津县蝗蝻生。八月，杨州府高邮州蝗蝻生，发民捕瘗。是年，南、北直隶府州县及山东水、旱、蝗蝻灾伤。	《明实录·宣宗实录》
			河北永年、山东曲阜及河南洛阳蝗灾。	《中国历代蝗患之记载》
			七月，济南蝗蝻覆地尺许，伤稼。	道光《济南府志》
			七月旱，德州蝗伤禾稼，饥。	乾隆《德州志》
			秋七月，诸城蝗。	乾隆《诸城县志》
			七月，宁津蝗，诏遣官督捕。	光绪《宁津县志》
			秋七月，山东蝗蝻覆地尺许，伤稼。潍县蝗。	民国《潍县志稿》
			长垣蝗蝻害稼。	嘉庆《长垣县志》
			南乐蝗，遣官督捕。	民国《南乐县志》
			滑县蝗，遣官督捕。	同治《滑县志》
			夏，柘城、永城、夏邑旱，蝗蝻覆地尺许，禾苗尽毁，民大饥。	《商丘地区志》
			七月，禹州蝗蝻盖地尺余厚，伤害庄稼。	《禹州市志》

（续）

序号	公元纪年	历史纪年	蝗灾情况	资料来源
594	1434 年	明宣德九年	七月，望都蝗蝻害稼。	《望都县志》
			大名府境内蝗，诏遣官督捕。户部奏大名府境内蝗蝻覆地伤稼，虽悉力捕瘗，日加繁盛。上叹曰："民以谷为命，蝗不尽，则民何所望。"遂遣御史、给事中、锦衣卫分往督捕。	咸丰《大名府志》
			魏县蝗蝻覆地伤稼。	《魏县志》
			七月，通县蝗虫覆地伤稼，州府督捕。	《通县志》
			京畿蝗蝻覆地尺许。	《大兴县志》
			七月，长治蝗灾，伤稼。	《长治县志》
			七月，万荣蝗。	《万荣县志》
			松江蝗灾。	《松江县志》
			上元①、江宁蝗，遣官捕蝗，敕南京各官行视灾伤。	同治《上江两县志》
			洪泽蝗蝻覆地尺许，伤禾稼。	《洪泽县志》
			鹰潭旱蝗。	《鹰潭市志》
			贵溪旱蝗。	《贵溪县志》
			七月，凉城蝗虫覆地尺许，庄稼尽伤。	《凉城县志》
595	1435 年	明宣德十年	夏四月，遣给事中、御史捕畿南、山东、河南、淮安蝗。	《明史·英宗本纪》
			四月，两京②、山东、河南蝗蝻伤稼。	《明史·五行志》
			四月，山东、河南、顺天府，直隶保定、真定、顺德、淮安等府蝗蝻伤稼。	《明实录·英宗实录》

① 上元：旧县名，治所在今江苏南京。
② 两京：明代对今江苏南京和今北京的合称。

（续）

序号	公元纪年	历史纪年	蝗灾情况	资料来源
595	1435 年	明宣德十年	五月，应天、凤阳、庐州、太平、池州、扬州、淮安等府俱蝗旱灾伤；广平府邯郸旱蝗相继。六月，应天府六合等县，扬州府高邮等州，兴化、宝应、泰兴等县蝗。九月，保定蝗势滋甚。	《明实录·英宗实录》
			河北永年、山东曲阜及江苏江宁、淮阴蝗灾。	《中国历代蝗患之记载》
			四月，遣官捕山东蝗。	宣统《山东通志》
			四月，济南府蝗蝻伤稼。	道光《济南府志》
			四月，历城蝗。	乾隆《历城县志》
			四月，德州蝗蝻伤稼。	《德州市志》
			禹城蝻复生。	嘉庆《禹城县志》
			四月，平原县又蝗，遣锦衣卫官督捕。	乾隆《平原县志》
			四月，齐河蝗蝻伤稼。	《齐河县志》
			桓台蝗灾。	《桓台县志》
			四月，山东蝗蝻伤稼。	民国《潍县志稿》
			武邑蝗。	《武邑县志》
			四月，禹州蝗蝻成灾，伤害庄稼。	《禹州市志》
			淮安蝗。	光绪《淮安府志》
			四月，句容蝗蝻害稼。	《句容县志》
			四月，南京蝗蝻伤稼。	民国《江苏省通志稿》
596	1436 年	明正统元年	四月，保定清苑县蝗。闰六月，静海蝗蝻遍野，顺天府所属州县蝗蝻伤稼。七月，辽东广宁等卫、直隶高邮州、山西平定州、山东兖州府蝗蝻生发。十月，保定府唐县蝗蝻生发，田禾灾伤。	《明实录·英宗实录》

（续）

序号	公元纪年	历史纪年	蝗灾情况	资料来源
596	1436 年	明正统元年	四月，两畿、山东、河南蝗蝻伤稼；河北旱蝗，遣官督捕之；畿内蝗。六月，静海县蝗，饥。	《古今图书集成·庶征典·蝗灾部汇考》
			江苏南京、河南汲县蝗灾。	《中国历代蝗患之记载》
			四月，都御史鲁穆巡视正定蝗蝻。	光绪《正定县志》
			四月，大城蝗旱。	光绪《大城县志》
			南和蝗灾。	《南和县志》
			夏五月，成安蝗。	民国《成安县志》
			嘉祥旱蝗。	《嘉祥县志》
			夏，登州各属蝗。	光绪《增修登州府志》
			夏，莱阳蝗。	民国《莱阳县志》
			夏，福山蝗。	民国《福山县志稿》
			卫辉蝗旱。	乾隆《卫辉府志》
			辉县旱蝗。	道光《辉县志》
597	1437 年	明正统二年	四月，广平、顺德二府属县蝗。五月，河南等处、淮安、邳州蝗。六月，陕西西安等府、秦州卫、阶州①右千户所、河南怀庆府蝗蝻伤稼。	《明实录·英宗实录》
			四月，北畿、山东、河南蝗。	《明史·五行志》
			夏，山东曲阜捕蝗。	《中国历代蝗患之记载》
			历城蝗。	乾隆《历城县志》
			四月，德州蝗。	《德州市志》
			四月，平原蝗。	乾隆《平原县志》
			四月，齐河蝗。	《齐河县志》
			四月，无棣蝗。	民国《无棣县志》
			四月，寿光旱蝗。	民国《寿光县志》

---

① 秦州：旧卫名，治所在今甘肃天水；阶州：旧州名，治所在今甘肃陇南武都区。

（续）

序号	公元纪年	历史纪年	蝗灾情况	资料来源
597	1437 年	明正统二年	夏，昌乐旱蝗，饥。	嘉庆《昌乐县志》
			夏四月，山东蝗，饥。潍县蝗。	民国《潍县志稿》
			夏四月，胶州蝗。	民国《增修胶志》
			七月，保定等处蝗灾，遣御史督守令捕之。	民国《满城县志略》
			秋，易州蝗。	乾隆《直隶易州志》
			文安蝗。	光绪《顺天府志》
			四月，禹州蝗灾。	《禹州市志》
			六月，未央区久不雨，蝗蝻伤稼。	《未央区志》
			高陵蝗蝻伤害庄稼。	《高陵县志》
			六月，华县蝗蝻滋生，庄稼受害。	《华县志》
598	1438 年	明正统三年	七月，归德州蝗。	《明实录·英宗实录》
599	1439 年	明正统四年	五月，凤阳、淮安府、徐州、河南开封府、山东兖州、济南府蝗。七月，顺天蓟州、遵化县、保定易州、涞水县境内有蝗，宿州、徐州并浙江萧山境内蝗；寿州蝗，命多集军民捕瘗。	《明实录·英宗实录》
			河北北平及山西蝗灾。	《中国历代蝗患之记载》
			夏，济南蝗。齐河蝗。	《齐河县志》
			六月，正定蝗。	光绪《正定县志》
			六月，无极蝗，民饥。	民国《重修无极县志》
			保定府大蝗。	光绪《保定府志》
			清苑大蝗，遣吏部侍郎魏骥捕之。	民国《清苑县志》
			蠡县大蝗。	光绪《蠡县志》
			定兴大蝗。	光绪《定兴县志》
			高阳大蝗。	雍正《高阳县志》

（续）

序号	公元纪年	历史纪年	蝗灾情况	资料来源
599	1439 年	明正统四年	新城大蝗。	民国《新城县志》
			大城大蝗。	光绪《大城县志》
			河间州县蝗。	乾隆《肃宁县志》
			夏，枣强蝗。	嘉庆《枣强县志》
			新河大蝗。	民国《新河县志》
			六月，宁晋蝗，捕之。	民国《宁晋县志》
			五月，洪泽蝗。	《洪泽县志》
600	1440 年	明正统五年	夏，顺天、河间、真定、顺德、广平、应天、凤阳、淮安、开封、彰德、兖州蝗。	《明史·五行志》
			四月，两畿、河南、山东蝗。	《古今图书集成·庶征典·蝗灾部汇考》
			四月，保定府清苑县蝗生，河南开封、彰德并山东兖州府所属州县俱蝗。五月，顺天、广平、顺德、河间府蝗，应天、凤阳、淮安府多蝗。六月，山东清平①、观城、临清、馆陶、范县、冠县、邱县、恩县蝗。七月，河南怀庆、卫辉蝗生，安肃蝗。	《明实录·英宗实录》
			河北永年、山东曲阜、江苏江宁、安徽盱眙蝗灾。	《中国历代蝗患之记载》
			夏，定远蝗。	道光《定远县志》
			夏，句容蝗。	《句容县志》
			夏，洪泽蝗。	《洪泽县志》
			兖州单县蝗。	民国《单县志》
			六月，东昌、兖州诸府蝗。	《成武县大事记》
			夏，项城蝗，民饥。	民国《项城县志》
			夏，淮阳、沈丘旱蝗，民饥。	《周口地区志》

———————————

① 清平：旧县名，治所在今山东高唐西南清平镇。

（续）

序号	公元纪年	历史纪年	蝗灾情况	资料来源
600	1440 年	明正统五年	六月，永平府蝗，吏部侍郎抚安永平等府蝗灾。	光绪《永平府志》
			夏，卢龙蝗，吏部侍郎魏骥抚永平等府蝗灾。	民国《卢龙县志》
			六月，迁安蝗灾。	《迁安县志》
			霸县①蝗，遣侍郎魏骥捕之。	民国《霸县新志》
			夏，行唐蝗。	乾隆《行唐县新志》
			雄县蝗，遣吏部侍郎魏骥捕之。	民国《雄县新志》
			蠡县蝗，吏部侍郎魏骥巡行捕之。	光绪《蠡县志》
			新城蝗，遣吏部侍郎魏骥捕之。	民国《新城县志》
			定兴又蝗，遣吏部侍郎魏骥捕之。	光绪《定兴县志》
			高阳蝗，遣吏部侍郎魏骥巡捕之。	雍正《高阳县志》
			秋，唐县蝗。	光绪《唐县志》
			夏，沧州蝗。	民国《沧县志》
			夏，献县蝗。	民国《献县志》
			吴桥蝗。	光绪《吴桥县志》
			盐山蝗食野草、树叶、果菜。	《盐山县志》
			海兴蝗食野草、树叶、果菜。	《海兴县志》
			五月，南和蝗虫。	《南和县志》
			夏，永年蝗。	光绪《永年县志》
			魏县蝗。	《魏县志》
			顺义蝗。	民国《顺义县志》
			夏，宁河蝗。	《宁河县志》

---

① 霸县：旧县名，1990 年改设今河北霸州市。

（续）

序号	公元纪年	历史纪年	蝗灾情况	资料来源
601	1441年	明正统六年	夏，顺天、保定、真定、河间、顺德、广平、大名、淮安、凤阳蝗。秋，彰德、卫辉、开封、南阳、怀庆、太原、济南、东昌、青、莱、兖、登诸府及辽东广宁前、中屯二卫①蝗。	《明史·五行志》
			春夏间，山西旱蝗。五月，应天府江浦县蝗，山东武城县、直隶静海县蝗旱相继。六月，山东乐陵、阳信、海丰蝗飞入境，延及章丘、历城、新城并青、莱等府、博兴等县，寿光、临淄旱蝗，大同、蓟州、永平蝗捕灭已尽，顺天府捕蝗，涿州等十一州县谷麦间有伤损，房山县蝗多，麦苗殆尽。七月，直隶东胜、兴州卫蝗生。八月，河南所属蝗灾。九月，保定、大名、广平、永平诸府，德州、卢龙、山海、兴州、东胜、抚宁蝗伤禾稼；顺天府蝗，房山尤甚，宛平等七县并隆庆等卫所俱蝗，蓟州秋苗稼又为蝗蝻所伤；河间府所属县蝗，伤禾稼；淄川县蝗灾，宁远卫屯田被飞蝗伤食。②	《明实录·英宗实录》
			河北北平、交河，河南汲县、夏邑，山东蓬莱、曲阜，安徽盱眙及广东南海蝗虫严重。	《中国历代蝗患之记载》

① 广宁前屯卫：旧卫名，治所在今辽宁绥中西南；广宁中屯卫：旧卫名，治所在今辽宁锦州。
② 直隶东胜：旧卫名，分东胜左卫（治所在今河北卢龙）和东胜右卫（治所在今河北遵化）；兴州：旧卫名，治所在今河北承德滦河西南；隆庆：旧卫名，治所在今北京昌平西北；宁远：旧卫名，治所在今辽宁兴城。

（续）

序号	公元纪年	历史纪年	蝗灾情况	资料来源
601	1441年	明正统六年	南京江北蝗。	《古今图书集成·庶征典·蝗灾部汇考》
			五河旱蝗。	光绪《五河县志》
			夏，定远旱蝗。	道光《定远县志》
			嵊县旱蝗。	民国《嵊县志》
			秋，平原蝗。	乾隆《平原县志》
			秋，齐河蝗。	《齐河县志》
			巨野蝗。	道光《巨野县志》
			秋，临朐蝗生，免税粮。	光绪《临朐县志》
			夏，青、莱诸府蝗。潍县蝗。	民国《潍县志稿》
			秋，牟平蝗。	民国《牟平县志》
			秋，登州各属蝗。	光绪《增修登州府志》
			秋，黄县蝗。	同治《黄县志》
			秋，福山蝗。	民国《福山县志稿》
			秋，河内蝗。	道光《河内县志》
			秋，汤阴蝗。	《汤阴县志》
			商丘旱蝗交织，二麦不收。	《商丘地区志》
			秋，项城蝗。	民国《项城县志》
			秋，沈丘蝗。	《沈丘县志》
			秋，南召蝗灾。	《南召县志》
			新城蝗，大饥，赈之。	民国《新城县志》
			吴桥蝗。	光绪《吴桥县志》
			沧县蝗食草叶皆尽。	民国《沧县志》
			盐山蝗食野草、树叶、果菜。	《盐山县志》
			海兴蝗食野草、树叶、果菜。	《海兴县志》
			夏，献县蝗。	民国《献县志》
			夏，武邑蝗。	《武邑县志》

（续）

序号	公元纪年	历史纪年	蝗灾情况	资料来源
601	1441 年	明正统六年	饶阳蝗。	《饶阳县志》
			永年蝗。	光绪《永年县志》
			顺义蝗。	民国《顺义县志》
			夏，宁河蝗。	《宁河县志》
			二月，广东蝗。	光绪《广州府志》
			二月，广州蝗。	《东莞市志》
			锦县旱蝗，无收。	《锦县志》
			阜新旱，蝗灾。	《阜新蒙古族自治县志》
602	1442 年	明正统七年	五月，顺天、广平、大名、河间、凤阳、开封、怀庆、河南蝗。	《明史·五行志》
			淮安蝗，分巡天下有蝗处，通政司命往淮安。	光绪《淮安府志》
			山阳①有蝗，命大臣分巡天下有蝗处。	同治《重修山阳县志》
			夏，两畿、山东、山西、河南、陕西旱蝗。	《明会要》
			沧州连岁涝蝗旱相仍。四月，开封所属州县蝗蝻生发，伤害禾苗。五月，顺天府并广平、大名、凤阳、开封、怀庆、河南等府蝗蝻生发。七月，陕西同州蝗虫伤透，河南水、旱、蝗虫相仍。	《明实录·英宗实录》
			夏，河北交河、江苏如皋蝗灾。	《中国历代蝗患之记载》
			夏，定远旱蝗。	道光《定远县志》
			五月，洛阳蝗。	乾隆《洛阳县志》
			五月，河内蝗。	民国《河内县志》
			七月，彰德蝗。	《安阳县志》

---

① 山阳：旧县名，治所在今江苏淮安市淮安区。

（续）

序号	公元纪年	历史纪年	蝗灾情况	资料来源
602	1442 年	明正统七年	七月，汤阴蝗。	《汤阴县志》
			五月，项城蝗。	民国《项城县志》
			夏，沈丘蝗。	《沈丘县志》
			五月，孟县蝗，麦歉收。	《河南东亚飞蝗及其综合治理》
			四月，陕西蝗。	《旬阳县志》
			夏四月，昌乐蝗。	咸丰《青州府志》
			桓台旱蝗。	《桓台县志》
			四月，山东无棣蝗。	民国《无棣县志》
			夏四月，胶州旱蝗。	民国《增修胶志》
			夏四月，莱阳旱蝗，免被灾税粮。	民国《莱阳县志》
			安次①蝗，蔽天而行，所过野无青草。	民国《安次县志》
			吴桥连岁蝗。	光绪《吴桥县志》
			永年蝗。	光绪《永年县志》
			魏县蝗。	《魏县志》
			顺义蝗。	民国《顺义县志》
			五月，宁河蝗。	《宁河县志》
603	1443 年	明正统八年	夏，两畿蝗。	《明史·五行志》
			四月，济南等府、长清、历城等县蝗蝻生发，已委官督捕，所掘蝗种少有一二百石，多至一二千石。六月，山东邹平县飞蝗骤盛，上命遣官覆视以闻。	《明实录·英宗实录》
			夏，京畿蝗。	《北京市丰台区志》
			五月，通州旱蝗。	光绪《通州志》

---

① 安次：旧县名，治所在今河北廊坊东南光荣村。

（续）

序号	公元纪年	历史纪年	蝗灾情况	资料来源
603	1443 年	明正统八年	永年蝗。	光绪《永年县志》
			夏，句容蝗。	《句容县志》
			夏，南畿蝗。	同治《上江两县志》
			骥立法捕蝗，停不急务，蠲逋发廪，民赖以济。	《明史·张骥传》
604	1444 年	明正统九年	金乡旱蝗。	《山东蝗虫》
			遣官分往南畿捕蝗。	《古今图书集成·庶征典·蝗灾部汇考》
605	1445 年	明正统十年	陕西连年旱蝗灾伤。七月，保定、真定等府、清苑等县、山东兖州府济宁州曹县等蝗蝻间发。	《明实录·英宗实录》
			五月，陕西所属州县旱蝗伤禾。	《乾县志》
			五月，西安府属蝗虫成灾。	《临潼县志》
			六月，关中蝗灾。	《宝鸡市志》
			五月，未央区旱，蝗灾伤稼。	《未央区志》
			高陵旱蝗伤稼。	《高陵县志》
			夏，华县旱，蝗虫成灾。	《华县志》
			长武蝗害稼，民缺食。	《长武县志》
			六月，凤翔旱蝗。	《凤翔县志》
			五月，眉县旱蝗伤稼。	《眉县志》
			千阳旱蝗。	《千阳县志》
			安康旱蝗灾伤。	《安康县志》
606	1446 年	明正统十一年	卫辉府蝗。	乾隆《卫辉府志》
			台州蝗害。	《台州地区志》
607	1447 年	明正统十二年	夏，保定、淮安、济南、开封、河南、彰德蝗。秋，永平、凤阳蝗。	《明史·五行志》

（续）

序号	公元纪年	历史纪年	蝗灾情况	资料来源
607	1447年	明正统十二年	七月，真定、大名蝗。八月，应天、安庆、广德府，建阳、新安等卫①，兖州府、济宁州旱蝗相仍；莱州、青州府雨涝、蝗生。江西新昌、高安、上高旱蝗灾伤。	《明实录·英宗实录》
			浙江吴兴及安徽蝗灾。	《中国历代蝗患之记载》
			夏，江浦大蝗，淮安蝗，饥。	民国《江苏省通志稿》
			五月，六合蝗。	万历《应天府志》
			洪泽蝗。	《洪泽县志》
			余姚蝗。	乾隆《绍兴府志》
			乌程、归安、长兴旱蝗，饥。	《湖州市志》
			历城蝗。	乾隆《历城县志》
			夏，齐河蝗。	《齐河县志》
			济宁旱蝗。	道光《济宁直隶州志》
			金乡旱蝗，岁饥。	咸丰《金乡县志略》
			嘉祥旱蝗。	《嘉祥县志》
			九月，莱州雨涝、蝗生，民饥。	《莱州市志》
			四月，南京、北京、山东、河南、湖广旱蝗。	《栾城县志》
			七月，正定蝗灾，都御史督守令捕之。	光绪《正定县志》
			文安、涿州蝗。	光绪《顺天府志》
			夏，新城蝗。	道光《新城县志》
			七月，枣强蝗。	嘉庆《枣强县志》
			大城蝗。	光绪《大城县志》

① 应天：旧府名，治所在今江苏南京；建阳：旧卫名，治所在今安徽当涂；新安：旧卫名，治所在今安徽歙县。

（续）

序号	公元纪年	历史纪年	蝗灾情况	资料来源
607	1447 年	明正统十二年	七月，定州蝗。	雍正《直隶定州志》
			七月，宁晋蝗。	民国《宁晋县志》
608	1448 年	明正统十三年	五月，遣使捕山东蝗。	《明史·英宗本纪》
			四月，南北直隶凤阳、保定等捕蝗。六月，淮安府海州等十一州县连岁水涝、蝗害相仍，开封府及汝阳县蝗，有秃鹜万余食之尽，禾稼无损。七月，京师飞蝗蔽天。是岁，邢台县蝗蝻，发民捕瘞。	《明实录·英宗实录》
			秋七月，京师飞蝗蔽天。	光绪《顺天府志》
			七月，宣武区飞蝗蔽天。	《北京市宣武区志》
			河北顺天、河南、山东、江苏、安徽凤阳蝗；顺天大发生，迁移。	《中国东亚飞蝗蝗区的研究》
			七月，东光飞蝗蔽天。	光绪《东光县志》
			七月，望都蝗飞蔽天。	《望都县志》
			五月，历城蝗。	乾隆《历城县志》
			宁津旱蝗。	光绪《宁津县志》
			夏，桓台蝗。	《桓台县志》
			夏五月，诸城蝗。	咸丰《青州府志》
			掖县飞蝗蔽天。	光绪《三续掖县志》
			五月，牟平蝗。	《牟平县志》
			秋，定远蝗。	道光《定远县志》
609	1449 年	明正统十四年	夏，顺天、永平、济南、青州蝗。	《明史·五行志》
			六月，开封府诸县蝗，淮安府上年飞蝗遗种。南北直隶并山东、河南间有蝗蝻。	《明实录·英宗实录》
			夏，历城蝗。	乾隆《历城县志》

（续）

序号	公元纪年	历史纪年	蝗灾情况	资料来源
609	1449年	明正统十四年	夏，齐河蝗。	《齐河县志》
			宁津连岁旱蝗。	光绪《宁津县志》
			曹州飞蝗蔽天，岁大饥。	康熙《曹州志》
			城武①飞蝗蔽天。	道光《城武县志》
			定陶飞蝗蔽天。	民国《定陶县志》
			菏泽蝗。	光绪《新修菏泽县志》
			夏，临朐蝗。	光绪《临朐县志》
			顺义蝗。	民国《顺义县志》
			夏，宁河蝗。	《宁河县志》
610	1450年	明景泰元年	畿辅旱蝗相仍，请加宽恤。	《明史·叶盛传》
			四月，京师飞蝗蔽天。六月，丰润、直隶兴州前屯卫②蝗生。	《明实录·英宗实录》
			秋，通许蝗灾。	乾隆《通许县志》
611	1451年	明景泰二年	六月，畿内蝗。	《古今图书集成·庶征典·蝗灾部汇考》
			夏，北平蝗灾。	《中国历代蝗患之记载》
			通州蝗。	光绪《通州志》
612	1452年	明景泰三年	六月，山东济南府历城、长清蝗生，宣府前等卫③所屯蝗。	《明实录·英宗实录》
			六月，济南蝗。	道光《济南府志》
613	1453年	明景泰四年	夏，大城蝗。	光绪《大城县志》
			夏，松江府蝗蝻生发。	《明实录·英宗实录》
614	1454年	明景泰五年	六月，宁国④、安庆、池州蝗。	《明史·五行志》
			浙江杭州蝗伤稼。	《中国历代蝗患之记载》
			六月，定远大旱蝗。	道光《定远县志》

① 城武：旧县名，1958年改名今山东成武。
② 兴州前屯卫：旧卫名，治所在今河北丰润。
③ 宣府前卫：旧卫名，治所在今河北宣化，清代改为宣化府。
④ 宁国：旧府名，治所在今安徽宣城。

（续）

序号	公元纪年	历史纪年	蝗灾情况	资料来源
615	1455 年	明景泰六年	五月，庆元并苏、松等府，建阳等卫田禾被水、旱、蝗灾。	《明实录·英宗实录》
			五月，山东旱蝗。	《古今图书集成·庶征典·蝗灾部汇考》
			七月，历城蝗。	乾隆《历城县志》
			江苏常州、金坛大蝗。	《中国历代蝗患之记载》
			江阴、武进旱蝗。	民国《江苏省通志稿》
			镇江府三县旱蝗，丹阳尤盛。	乾隆《镇江府志》
616	1456 年	明景泰七年	五月，畿内蝗蝻延蔓。六月，淮安、扬州、凤阳大旱蝗。九月，应天及太平七府蝗。	《明史·五行志》
			山东、河南并直隶等处虫蝻。	《明实录·英宗实录》
			河北永年，江苏东台、江宁，安徽盱眙、当涂蝗灾，迁移。	《中国历代蝗患之记载》
			五月，河间蝗灾。	《河间县志》
			五月，武邑蝗蝻延蔓。	《武邑县志》
			五月，南和蝗虫。	《南和县志》
			夏五月，大名蝗。	咸丰《大名府志》
			长垣蝗，饥。	嘉庆《长垣县志》
			六月，淮安、扬州大蝗，仪征、通州、如皋、泰兴旱蝗。九月，应天蝗。	民国《江苏省通志稿》
			秋，无锡蝗。	《无锡市志》
			南通旱蝗。	《南通市志》
			洪泽蝗。	《洪泽县志》
617	1457 年	明天顺元年	七月，济南、杭州、嘉兴蝗。	《明史·五行志》

（续）

序号	公元纪年	历史纪年	蝗灾情况	资料来源
617	1457年	明天顺元年	山东济南、兖州、青州蝗蝻生发，泰安并禹城旱蝗伤稼；泗州并天长、石埭、青阳县旱蝗。	《明实录·英宗实录》
			浙江嘉善蝗灾。	《中国历代蝗患之记载》
			余杭蝗灾。	《余杭县志》
			秋七月，钱塘蝗害稼。	康熙《钱塘县志》
			七月，历城蝗。	乾隆《历城县志》
			平阴蝗。	乾隆《泰安府志》
			七月，齐河蝗灾。	《齐河县志》
			平原蝗，民饥，父子相食，发仓银以赈。	乾隆《平原县志》
			东明大蝗。	《东明县志》
			上蔡蝗虫为害。	《上蔡县志》
			六月，天长旱蝗伤稼。	《天长县志》
618	1458年	明天顺二年	夏四月，济南、兖州、青州蝗。	《明史·五行志》
			平山卫蝗生，伤麦。五月，户部右侍郎年富奏顺天府武清县、河间府沧州、静海、兴济、东光、吴桥、青县蝗生，山东平原、乐陵、海丰、阳信蝗皆延蔓。[①]	《明实录·英宗实录》
			大名府大蝗。	咸丰《大名府志》
			魏县大蝗。	《魏县志》
			长垣蝗遍野，抱草死臭不可近。	嘉庆《长垣县志》
			汝南蝗虫满地，残害禾苗。	《汝南县志》
			四月，历城蝗。	乾隆《历城县志》
			平阴复蝗。	光绪《平阴县志》
			四月，齐河蝗灾。	《齐河县志》

---

① 平山：旧卫名，治所在今山东聊城东；兴济：旧县名，治所在今河北沧县兴济镇。

（续）

序号	公元纪年	历史纪年	蝗灾情况	资料来源
618	1458 年	明天顺二年	四月，曲阜蝗。	乾隆《曲阜县志》
			四月，兖属巨野蝗。	道光《巨野县志》
			四月，金乡蝗。	《山东蝗虫》
			东明大蝗，既而抱草死，臭不可近。	《东明县志》
			四月，兖州单县蝗。	民国《单县志》
			夏四月，益都蝗。	光绪《益都县图志》
			夏四月，临朐蝗，免秋粮。	光绪《临朐县志》
			吴郡甫里①旱蝗。	清代《吴郡甫里志》
619	1460 年	明天顺四年	夏，平阴复蝗。	乾隆《泰安府志》
			夏，齐河蝗灾。	《齐河县志》
620	1461 年	明天顺五年	夏，余姚旱，蝗灾。	《宁波市志》
			夏，慈溪旱蝗。	《慈溪县志》
621	1462 年	明天顺六年	合肥、舒城蝗。	光绪《续修庐州府志》
			铜陵蝗。	乾隆《铜陵县志》
			六月，安庆蝗灾。	民国《怀宁县志》
			秋，桐城蝗飞蔽天，坠落满地，食禾苗。	《桐城县志》
			秋，潜山蝗。	康熙《潜山县志》
			望江蝗。	乾隆《望江县志》
			秋，宿松螽害稼。	民国《宿松县志》
			浙江新登蝗灾。	《中国历代蝗患之记载》
			富阳蝗。	《富阳县志》
			新会蝗。	光绪《广州府志》
622	1464 年	明天顺八年	大名府蝗，遣官督捕。	咸丰《大名府志》
			金湖旱蝗。	《金湖县志》
623	1465 年	明成化元年	禄丰蝗，无秋。	光绪《续云南通志稿》
			八月，禹城旱蝗，民大饥，人相食。	嘉庆《禹城县志》

① 甫里：乡镇名，在今江苏苏州东南甪直镇。

（续）

序号	公元纪年	历史纪年	蝗灾情况	资料来源
624	1466年	明成化二年	通许蝗灾。	乾隆《通许县志》
625	1467年	明成化三年	七月，开封、彰德、卫辉蝗。	《明史·五行志》
			秋，河南汲县和山东曲阜蝗灾。	《中国历代蝗患之记载》
			陈州蝗蝻伤稼。	乾隆《陈州府志》
			项城蝗伤稼。	民国《项城县志》
			秋，商丘旱蝗。	《商丘县志》
			秋，沈丘旱蝗伤禾。	《沈丘县志》
			黄陵大蝗灾。	《黄陵县志》
626	1468年	明成化四年	秋，淮安旱蝗，愈捕愈甚，大雨，蝗尽死。	民国《江苏省通志稿》
			秋，江苏淮阴蝗灾。	《中国历代蝗患之记载》
			秋，洪泽蝗。	《洪泽县志》
			秋，山阳旱蝗，捕之。	同治《重修山阳县志》
627	1469年	明成化五年	石门旱蝗，饥。	康熙《湖广通志》
628	1470年	明成化六年	夏，睢宁旱，蝗灾，降雨，蝗皆死。	光绪《睢宁县志稿》
			禄丰地区蝗灾，粮食歉收。	《禄丰县志》
629	1471年	明成化七年	盐城旱，蝗食稼。	民国《江苏省通志稿》
			浏阳蝗。	同治《浏阳县志》
630	1472年	明成化八年	河南孟津蝗虫大发生，盖地，伤稼。	《中国历代蝗患之记载》
			六月，大城蝗。	光绪《大城县志》
			六月，静海蝗灾。	《静海县志》
			嘉祥虫蝗。	《嘉祥县志》
631	1473年	明成化九年	六月，河间蝗。七月，真定蝗。八月，山东旱蝗。	《明史·五行志》
			河北顺天，山东沂州、青州蝗。	《中国历代蝗患之记载》
			六月，献县蝗。	民国《献县志》

（续）

序号	公元纪年	历史纪年	蝗灾情况	资料来源
631	1473 年	明成化九年	大城蝗。	光绪《大城县志》
			六月，武邑蝗。	《武邑县志》
			八月，济南府旱蝗。	道光《济南府志》
			八月，齐河蝗。	《齐河县志》
			平原大旱蝗，民饥。	乾隆《平原县志》
			临邑蝗。	《临邑县志》
			秋八月，胶州旱蝗。	民国《增修胶志》
632	1474 年	明成化十年	秋，白水蝗食禾稼、草木俱尽。	《陕西省志·大事记》
			歙县旱蝗。	《歙县志》
633	1475 年	明成化十一年	台州蝗食禾苗。	《台州地区志》
			浙江黄岩、仙居、温岭蝗灾。	《中国历代蝗患之记载》
			四月，太平蝗。	光绪《太平县志》
			临海蝗灾。	《临海县志》
			白水蝗食禾、草木尽，所到处遮天蔽日，人马不能行，饥民捕蝗以食。	《白水县志》
634	1477 年	明成化十三年	浙江处州①蝗灾。	《中国历代蝗患之记载》
635	1479 年	明成化十五年	盐城旱，蝗食禾尽。	《盐城市志》
			常州旱蝗。	康熙《常州府志》
636	1480 年	明成化十六年	东台旱，飞蝗自东北来，蔽空翳日。	民国《江苏省通志稿》
			扬州旱，蝗从东北来，遮天蔽日。	《江都县志》
			盐城又旱，蝗虫为灾。	《盐城市志》
			大丰旱蝗。	《大丰县志》
637	1481 年	明成化十七年	江苏常州、苏州、太湖蝗灾。	《中国历代蝗患之记载》
			夏，常熟旱，蝗食禾稼。	《常熟县志》

---

① 处州：旧府名，治所在今浙江丽水。

（续）

序号	公元纪年	历史纪年	蝗灾情况	资料来源
637	1481年	明成化十七年	夏，太仓大旱，蝗食禾。	民国《太仓州志》
638	1482年	明成化十八年	通许蝗食禾稼尽，飞积民舍。	乾隆《通许县志》
			秋，虞城蝗蔽天，自东入境。	光绪《虞城县志》
			秋，固始大蝗。	乾隆《重修固始县志》
			绥阳蝗食稻禾。	《绥阳县志》
639	1483年	明成化十九年	五月，河南蝗。	《明史·五行志》
			夏，河南洛阳蝗灾。	《中国历代蝗患之记载》
			怀庆蝗。	乾隆《怀庆府志》
			温县蝗蝻生，食禾稼殆尽。	乾隆《温县志》
			焦作蝗蝻食禾殆尽。	《焦作市志》
			柘城蝗灾，五谷不收。	《柘城县志》
			五月，河南蝗，陈地尤甚，大饥。	《淮阳县志》
			沈丘旱蝗，人相食。	《沈丘县志》
			五月，禹州蝗灾。	《禹州市志》
			顺德府蝗。	万历《顺德府志》
			邢台蝗。	民国《邢台县志》
			任县蝗。	民国《任县志》
			平乡大蝗。	《平乡县志》
			内丘蝗。	道光《内邱县志》
			赞皇蝗。	乾隆《赞皇县志》
			六月，临城蝗伤稼。	《临城县志》
640	1484年	明成化二十年	宁夏①大蝗。	《古今图书集成·庶征典·蝗灾部汇考》
			六月，银川地区蝗虫大作，禾稼殆尽，饥。	《银川市志（上）》
			延津大旱蝗，民饥死者十之七八。	《延津县志》

---

① 宁夏：旧府名，治所在今宁夏银川。

（续）

序号	公元纪年	历史纪年	蝗灾情况	资料来源
641	1485 年	明成化二十一年	太平①、垣曲县蝗，群飞蔽天，民流亡，人相食。	《古今图书集成·庶征典·蝗灾部汇考》
			襄汾蝗群飞蔽日，禾穗、树叶食之殆尽，民不聊生。	《襄汾县志》
			台前至秋不雨，蝗虫遍野。	《台前县志》
			新安蝗。	乾隆《新安县志》
			至秋不雨，兖州蝗蝻遍野，人相食。	康熙《兖州府志》
			至秋不雨，阳谷蝗蝻遍地，人相食。	光绪《阳谷县志》
			秋，沂州蝗灾，人相食。	乾隆《沂州府志》
			至秋不雨，临沂蝗灾，人相食。	《临沂县志》
			鱼台不雨，蝗蝻遍地，人相食。	《微山县志》
			七月，宁河蝗。	《宁河县志》
642	1486 年	明成化二十二年	三月，平阳蝗。四月，河南蝗。七月，顺天蝗。	《明史·五行志》
			山西临汾蝗灾。	《中国历代蝗患之记载》
			顺义蝗。	民国《顺义县志》
			新安蝗。	《新安县志》
			伊川蝗灾。	《伊川县志》
643	1487 年	明成化二十三年	六月，徐州蝗。	《明实录·宪宗实录》
			六月，伊川旱，蝗虫为害庄稼。	《伊川县志》
			汝阳蝗。	《汝阳县志》
			嵩县蝗，督民捕之易谷，仓廪皆满。	乾隆《嵩县志》
			柘城旱蝗。	光绪《柘城县志》

---

① 太平：旧县名，治所在今山西襄汾西南汾城镇。

（续）

序号	公元纪年	历史纪年	蝗灾情况	资料来源
643	1487年	明成化二十三年	伊阳①蝗。	道光《汝州全志》
			鹿邑旱蝗。	光绪《鹿邑县志》
			秋，河北唐县蝗。	《唐县志》
644	1488年	明弘治元年	广东蝗。	《古今图书集成·庶征典·蝗灾部汇考》
			正月，广州有蝗。	光绪《广州府志》
			阳春有蝗。	《阳春县志》
			五月，南海蝗虫灾害。	《南海县志》
			广西蝗灾。	《广西通志·大事记》
			桂林蝗灾。	《桂林市志》
			正月，桂平蝗灾。	《桂平县志》
			苍梧蝗灾。	《苍梧县志》
			来宾蝗灾。	《来宾县志》
			正月，蒙山水稻遭蝗虫灾害。	《蒙山县志》
			春正月，平乐蝗。	光绪《平乐县志》
			冀县境乃蝗。	《冀县志》
645	1489年	明弘治二年	五月，定边等四卫岁旱蝗。	《陕西蝗区勘察与治理》
			肃州②大蝗。	光绪《甘肃新通志》
			玉门蝗大起。	《玉门市志》
646	1490年	明弘治三年	北畿蝗。	《明史·五行志》
			两畿、河南、山西、陕西旱蝗。	《明史·刘吉传》
			京畿蝗。	《北京市丰台区志》
			永年蝗。	光绪《永年县志》
			河北北京、甘肃蝗。	《中国东亚飞蝗蝗区的研究》
			肃州大蝗，免税。	乾隆《重修肃州新志》
			酒泉大蝗为害甚重，减免租赋。	《酒泉市志》

---

① 伊阳：旧县名，1959年改名今河南汝阳。
② 肃州：旧州名，治所在今甘肃酒泉。

（续）

序号	公元纪年	历史纪年	蝗灾情况	资料来源
647	1491年	明弘治四年	夏，淮安、扬州蝗。	《明史·五行志》
			夏，河北顺天、江苏扬州、淮安蝗。	《中国东亚飞蝗蝗区的研究》
			夏，邗江蝗灾。	《邗江县志》
			五月，永平府蝗。	光绪《永平府志》
			五月，卢龙蝗。	民国《卢龙县志》
			五月，乐亭蝗。	光绪《乐亭县志》
			五月，抚宁蝗灾。	《抚宁县志》
			五月，密云蝗。	光绪《顺天府志》
			五月，通州蝗。	光绪《通州志》
648	1492年	明弘治五年	沂州府飞蝗蔽日。	乾隆《沂州府志》
			临沂旱蝗，人相食。	民国《临沂县志》
			迁安蝗灾。	《迁安县志》
			阜新旱发生严重蝗灾。	《阜新蒙古族自治县志》
649	1493年	明弘治六年	六月，飞蝗过京师，自东南而西北，日为掩者三日，遣顺天督捕。	《明会要》
			夏四月，迁安蝗灾，免去年田租。	《迁安县志》
			夏四月，迁西蝗虫成灾。	《迁西县志》
			四月，抚宁蝗灾，免去年田租。	《抚宁县志》
			四月，以蝗蝻免永平府迁安、抚宁及兴州右屯卫、建昌营、河流口等分粮草子粒有差。①	《明实录·孝宗实录》
			六月，望都蝗自东南而西北，日为掩者三日。	《望都县志》
			河间蝗。	《肃宁县志》
			六月，武邑蝗。	《武邑县志》

① 兴州右屯卫：旧卫名，治所在今河北迁安；建昌营：治所在今河北迁安东北建昌营镇；河流口：长城关口之一，在今河北迁安市东北。

（续）

序号	公元纪年	历史纪年	蝗灾情况	资料来源
649	1493 年	明弘治六年	威县、清河蝗，禾稼尽伤。	光绪《广平府志》
			四月，宽城蝗，免上年田租。	《宽城县志》
			六月，丰台飞蝗自东南向西北，日为掩者三日。	《北京市丰台区志》
			六月，京畿旱，飞蝗过北京，蔽日达三日。	《通县志》
			费县蝗。	光绪《费县志》
650	1494 年	明弘治七年	两畿蝗，捕蝗一斗给米倍之。	《明会要》
			马兰峪[①]等营堡蝗灾。	《明实录·孝宗实录》
			永年蝗。	光绪《永年县志》
			五月，武邑蝗。	《武邑县志》
			三月，京师捕蝗一斗给米二斗。	《北京市房山区志》
			三月，京畿蝗。	《北京市丰台区志》
			三月，京畿蝗，捕蝗一斗给米倍之。	《大兴县志》
			西青区蝗灾，民捕蝗给米，蝗蝻一斗给米二斗。	《西青区志》
			春，江苏南京、江宁捕蝗虫。	《中国历代蝗患之记载》
			三月，句容蝗灾。	《句容县志》
651	1495 年	明弘治八年	四月，当涂县蝗。	《明实录·孝宗实录》
			夏，河北保定蝗灾。	《中国历代蝗患之记载》
			宝坻蝗。	光绪《顺天府志》
			夏四月，永平府蝗。	光绪《永平府志》
			夏四月，乐亭蝗。	光绪《乐亭县志》
			夏五月，洧川蝗飞蔽天。	嘉庆《洧川县志》
			高平蝗。	雍正《山西通志》

---

① 马兰峪：长城关口之一，在今河北遵化西马兰峪镇。

（续）

序号	公元纪年	历史纪年	蝗灾情况	资料来源
651	1495 年	明弘治八年	霍邱飞蝗蔽天。	《霍邱县志》
652	1496 年	明弘治九年	五月，山东青州蝗灾。	《明实录·孝宗实录》
			秋，浙江崇德蝗灾。	《中国历代蝗患之记载》
653	1497 年	明弘治十年	三河旱，蝗灾。	《三河县志》
			七月，延安地区蝗灾。	《延安地区志》
654	1500 年	明弘治十三年	大城蝗。	光绪《大城县志》
			八月，固始蝗。	乾隆《重修固始县志》
655	1501 年	明弘治十四年	夏，大城蝗。	光绪《大城县志》
			夏，文安蝗。	光绪《顺天府志》
			临西蝗虫遍野。	《临西县志》
			邱县蝗生遍野。	《邱县志》
			嘉祥虫蝗。	《嘉祥县志》
			余姚蝗。	《古今图书集成·庶征典·蝗灾部汇考》
			秋，慈溪旱蝗，饥。	《慈溪县志》
656	1502 年	明弘治十五年	盐城旱，蝗灾。	《盐城县志》
			射阳蝗食禾苗尽。	《射阳县志》
			建湖蝗食苗尽，野有饿殍。	《建湖县志》
657	1503 年	明弘治十六年	四月，济南、青州、兖州、登州水、旱、蝗虫，免粮草子粒有差。	《明实录·孝宗实录》
658	1505 年	明弘治十八年	高邮、通州旱蝗，饥。	民国《江苏省通志稿》
			江苏东台蝗灾。	《中国历代蝗患之记载》
			扬州大旱，蝗飞蔽天，食禾苗尽。	《扬州市郊区志》
			如皋蝗灾。	《如皋县志》
			江都旱，蝗飞蔽天，食尽田稼。	《江都县志》
			宝应旱蝗。	《宝应县志》
			广陵飞蝗蔽日，食禾稼尽。	《广陵区志》

（续）

序号	公元纪年	历史纪年	蝗灾情况	资料来源
658	1505 年	明弘治十八年	海安旱，蝗飞蔽天，食禾苗殆尽，岁大饥。	《海安县志》
			盐城飞蝗蔽日，食禾苗尽。	《盐城市志》
			大丰大旱，蝗飞蔽天，食禾稼尽。	《大丰县志》
			金湖大旱，蝗食禾稼尽，民饥。	《金湖县志》
659	1506 年	明正德元年	六月，河曲蝗。	雍正《山西通志》
			嘉兴府蝗飞蔽天，食稻如剪。	《桐乡县志》
			海盐蝗飞蔽天，食稻如剪。	《海盐县志》
660	1507 年	明正德二年	福建建宁、邵武旱、涝、蝗虫递作。	《明实录·武宗实录》
			万荣蝗。	《万荣县志》
			秋，东昌府蝗蝻害稼。	嘉庆《东昌府志》
			秋，夏津蝻生。	乾隆《夏津县志》
			茌平博平蝗蝻害稼。	《茌平县志》
			夏，邱县旱蝗。	《邱县志》
			凤阳大水蝗。	天启《凤阳新书》
			长沙飞蝗蔽天。	《长沙县志》
			湘阴蝗灾。	《湘阴县志》
			常宁旱，蝗灾严重。	《常宁县志》
661	1508 年	明正德三年	新宁[①]蝗。	光绪《广州府志》
			秋，沈丘、项城、淮阳旱蝗。	《周口地区志》
			东台大旱蝗。	民国《江苏省通志稿》
			宝应大旱蝗。	《宝应县志》
			大丰旱，蝗飞蔽天，禾食尽。	《大丰县志》

① 新宁：旧县名，治所在今广东台山。

（续）

序号	公元纪年	历史纪年	蝗灾情况	资料来源
661	1508年	明正德三年	霍邱蝗灾，民大饥，人相食。	《霍邱县志》
			舒城蝗灾，民饥。	《舒城县志》
			秋，临泉蝗虫为害。	《临泉县志》
			临淮①蝗，大饥，疫。	康熙《临淮县志》
			夏，临海蝗，大饥，民殍。	《临海县志》
			夏，三门蝗虫为灾，民饥。	《三门县志》
			夏，仙居旱蝗，饥。	光绪《仙居县志》
			宁乡蝗伤稼。	同治《宁乡县志》
662	1509年	明正德四年	漳浦蝗入境，食禾稼。	乾隆《福建通志》
			安徽凤阳、盱眙，福建漳浦蝗；凤阳严重大发生，另地迁飞至福建。	《中国东亚飞蝗蝗区的研究》
			夏，永城旱，蝗飞蔽天。	光绪《永城县志》
			夏，夏邑旱蝗。	民国《夏邑县志》
			夏，凤阳旱，蝗飞蔽日，大饥，人相食。	光绪《凤阳府志》
			夏，寿州蝗飞蔽日，大饥，人相食。	光绪《寿州志》
			舒城大旱蝗。	《舒城县志》
			夏，濉溪旱蝗，遮天蔽日，大饥，人相食。	《濉溪县志》
			夏，宿州旱，蝗自北来，遮天蔽日，所过五谷殆尽，草木皆空。	《宿县县志》
			夏，灵璧旱，蝗飞蔽天，大饥，人相食。	乾隆《灵璧志略》
			夏，泗县大旱，蝗飞蔽日。	光绪《泗虹合志》
			夏，固镇旱蝗，庄稼无收，人相食。	《固镇县志》
			夏，五河大旱，蝗飞蔽日。	光绪《五河县志》

① 临淮：旧县名，治所在今安徽凤阳东北临淮镇。

（续）

序号	公元纪年	历史纪年	蝗灾情况	资料来源
662	1509 年	明正德四年	夏，盱眙旱，蝗飞蔽日。	光绪《盱眙县志稿》
			夏，泗洪旱，蝗飞蔽日。	《泗洪县志》
			济南府淄川、新城蝗。	道光《济南府志》
			济宁旱蝗。	道光《济宁直隶州志》
			金乡旱蝗。	咸丰《金乡县志略》
			桓台旱蝗。	《桓台县志》
			陕西西镇①番卫蝗灾。	《明实录·武宗实录》
663	1510 年	明正德五年	蒲圻、崇阳蝗。	民国《湖北通志》
			荣昌发生蝗灾。	《荣昌县志》
			永川与荣昌交界处今永荣乡一带蝗虫为害。	《永川县志》
			行唐旱蝗。	《行唐县志》
664	1511 年	明正德六年	夏，遵化旱蝗，岁饥。	《直隶遵化州志》
			怀远蝗飞蔽天，岁大饥，人相食。	嘉庆《怀远县志》
			春，新会、增城蝗。	道光《广东通志》
			秋，潮州蝗虫成群吃庄稼，歉收，饥荒。	《潮州市志》
665	1512 年	明正德七年	平阴、泰安、长清、曹县蝗灾，飞蔽天。	《中国历代蝗患之记载》
			齐河飞蝗蔽天。	道光《济南府志》
			武定②飞蝗蔽天。	咸丰《武定府志》
			惠民飞蝗蔽天。	光绪《惠民县志》
			无棣蝗。	民国《无棣县志》
			濮州观城蝗。	道光《观城县志》
			秋八月，菏泽飞蝗蔽天。	光绪《新修菏泽县志》
			曹州定陶蝗。	康熙《兖州府志》
			秋七月，成武飞蝗蔽日，食稼殆尽。	《成武县志》

① 西镇：山名，指陕西吴山，在今陕西陇县西南。

② 武定：旧州、府名，治所在今山东惠民。

（续）

序号	公元纪年	历史纪年	蝗灾情况	资料来源
665	1512年	明正德七年	七月，曹县飞蝗蔽天，食禾殆尽。	光绪《曹州府曹县志》
			六月，濮州、清平、博平蝗害。	宣统《濮州志》
			以蝗灾免保定、河间等府并沧州等卫秋税。	《明实录·武宗实录》
			六月，阜城大水蝗。	雍正《阜城县志》
			六月，武强蝗蝻食稼殆尽。	道光《武强县志》
			三月，容城地生蝗蝻，二麦食残。	《容城县志》
			秋，考城蝗，饥。	民国《考城县志》
			临颍蝗。	民国《重修临颍县志》
			五月，南阳蝗，大饥，人相食。	嘉庆《南阳府志》
			六月，均州蝗。	民国《湖北通志》
			惠州飞蝗蔽天。	道光《广东通志》
			秋七月，归善①蝗，其多蔽野，食田禾殆尽。	光绪《惠州府志》
			惠阳蝗虫蔽天，食禾殆尽。	《惠阳县志》
666	1513年	明正德八年	北流蝗，大饥。	《北流县志》
			郁林②州蝗灾，庄稼吃光。	《玉林市志》
			六月，泽州阳城、荣河蝗。	雍正《山西通志》
			六月，凤台蝗。	乾隆《凤台县志》
			七月，盂县飞蝗翳日。	《阳泉市志》
			六月，通许蝗。	乾隆《通许县志》
			秋，商丘蝗蝻食谷。	《商丘县志》
			夏，陈州大蝗。	乾隆《陈州府志》
			虞城大蝗。	光绪《虞城县志》
			周口蝗灾。	《周口地区志》

---

① 归善：旧县名，治所在今广东惠阳。
② 郁林：旧县名，治所在今广西玉林市。

（续）

序号	公元纪年	历史纪年	蝗灾情况	资料来源
666	1513年	明正德八年	夏，扶沟大蝗。	光绪《扶沟县志》
			夏，许昌大旱蝗。	《许昌县志》
			新野蝗食二麦。	《新野县志》
			河北滦州蝗灾；河南永城、夏邑蝗虫大发生，伤稼。	《中国历代蝗患之记载》
			夏四月，永平路蝗。	光绪《永平府志》
			丰润旱，蝗灾。	《丰润县志》
			夏四月，卢龙蝗。	民国《卢龙县志》
			四月，抚宁蝗灾。	《抚宁县志》
			昌黎蝗害禾，民大饥。	民国《昌黎县志》
			博野蝗灾。	《河北省农业厅·志源（1）》
			六月，衡水蝗灾。	《衡水市志》
			秋，齐河蝗蝻生。	《齐河县志》
			夏六月，莱阳飞蝗蔽日。	民国《莱阳县志》
			海阳各属飞蝗蔽日。	乾隆《海阳县志》
			登州飞蝗蔽日。	光绪《增修登州府志》
			文登飞蝗蔽日。	光绪《文登县志》
			夏，福山飞蝗蔽日。	民国《福山县志稿》
			荣成飞蝗蔽日。	道光《荣成县志》
			菏泽飞蝗蔽天。	《菏泽县志》
			淮安旱蝗。	民国《江苏省通志稿》
			山阳旱蝗。	同治《重修山阳县志》
			盐城旱，蝗灾，庄稼无收。	《盐城县志》
			大丰蝗灾，禾失收。	《大丰县志》
			三月，增城蝗害稼。	道光《广东通志》
			秋，增城又遭蝗害。	《增城县志》
			河源蝗。	光绪《惠州府志》
667	1514年	明正德九年	浙江桐乡、崇德，湖北襄阳、石门，广东增城，广西北流及湖南蝗灾。	《中国历代蝗患之记载》

（续）

序号	公元纪年	历史纪年	蝗灾情况	资料来源
667	1514 年	明正德九年	东莞蝗害稼。	道光《广东通志》
			夏六月，河源蝗而不害。	光绪《惠州府志》
			宝应大旱蝗。	《宝应县志》
			金湖大旱蝗。	《金湖县志》
			乌程蝗，不为灾。	光绪《乌程县志》
			秋，枣阳旱蝗害稼。	康熙《湖广通志》
			秋，随州蝗。	《随州志》
			都匀蝗。	乾隆《贵州通志》
			东光遭蝗灾。	《东光县志》
			河间诸州县蝗食苗稼皆尽，所至蔽日，人马不能行，民捕蝗以食，或曝干积之，又尽，则人相食。	光绪《吴桥县志》
668	1515 年	明正德十年	新河临邑蝗为患，独不入新河界。	民国《新河县志》
669	1516 年	明正德十一年	辰州①蝗。	康熙《湖广通志》
			怀化蝗虫满地。	《怀化市志》
			辰溪蝗。	道光《辰溪县志》
			均州②蝗。	民国《湖北通志》
			秋，宁海州蝗。	光绪《增修登州府志》
			牟平蝗。	民国《牟平县志》
			民权蝗虫食禾殆尽，生蛹，平地尺许。	《民权县志》
670	1517 年	明正德十二年	四川永川、荣昌界蝗。	雍正《四川通志》
			平定蝗。	雍正《山西通志》
			四月，通州蝗。	光绪《通州志》
			秋，潮州蝗，稻禾无存。	《潮州市志》
			秋，澄海蝗虫为害。	《澄海县志》

---

① 辰州：旧府名，治所在今湖南沅陵。
② 均州：旧州名，治所在今湖北丹江口均县镇。

（续）

序号	公元纪年	历史纪年	蝗灾情况	资料来源
670	1517 年	明正德十二年	秋，宣化①蝗。	《邕宁县志》
671	1518 年	明正德十三年	顺德府蝗。	万历《顺德府志》
			邢台蝗。	民国《邢台县志》
			任县蝗。	民国《任县志》
			临城蝗，大饥。	《临城县志》
			饶阳蝗，大饥。	《饶阳县志》
			夏六月，迁西蝗虫。	《迁西县志》
			益都蝗。	光绪《益都县图志》
			长清蝗生。	道光《长清县志》
672	1519 年	明正德十四年	六月，滦州蝗。	光绪《永平府志》
			六月，昌黎蝗。	民国《昌黎县志》
			夏六月，迁安蝗。	《迁安县志》
			滑县蝗。	同治《滑县志》
			泗水飞蝗蔽天，害稼。	光绪《泗水县志》
			六月，泰县蝗。	《泰县志》
			溆浦县蝗。	乾隆《辰州府志》
673	1520 年	明正德十五年	夏，米脂蝗飞蔽天。	《陕西省志·大事记》
			滑县复蝗，食禾且尽。	同治《滑县志》
			舞阳蝗灾。	《舞阳县志》
			郾城蝗。	民国《郾城县记》
			秋，单县飞蝗蔽天，蝻遍野。	民国《单县志》
674	1521 年	明正德十六年	单县飞蝗蔽天，尤甚。	民国《单县志》
675	1522 年	明嘉靖元年	夏，山东兖州、莘县蝗灾。	《中国历代蝗患之记载》
			夏，凤阳蝗。	光绪《凤阳府志》
			临淮蝗。	康熙《临淮县志》
			夏，嘉山②蝗。	《嘉山县志》
			夏，寿州蝗。	光绪《寿州志》

① 宣化：旧县名，治所在今广西南宁。
② 嘉山：旧县名，1994 年改设今安徽明光市。

（续）

序号	公元纪年	历史纪年	蝗灾情况	资料来源
675	1522 年	明嘉靖元年	夏，霍邱、蒙城蝗。	乾隆《颍州府志》
			怀远蝗，大饥。	嘉庆《怀远县志》
			夏，五河蝗。	光绪《五河县志》
			宁国旱蝗。	《宣城地区志》
			夏，南召蝗虫蔽日，大饥，民相食。	《南召县志》
676	1523 年	明嘉靖二年	四月，畿内旱蝗，赈之。	《古今图书集成·庶征典·蝗灾部汇考》
			北平、陕西蝗灾。	《中国历代蝗患之记载》
			六月，永平府蝗。	光绪《永平府志》
			六月，抚宁蝗灾。	《抚宁县志》
			八月，嘉祥旱蝗。	《嘉祥县志》
			秋，东阿有蝗。	道光《东阿县志》
			秋，陈州蝗。	乾隆《陈州府志》
			秋，沈丘蝗。	《沈丘县志》
			六月，丹阳蝗灾，芦荡一空。	《丹阳县志》
			涟水旱蝗。	《涟水县志》
677	1524 年	明嘉靖三年	六月，顺天、保定、河间、徐州蝗。	《明史·五行志》
			以旱蝗，免辽东广宁、宁远屯粮。	《明实录·世宗实录》
			蝗螟之害，殆遍天下。	《明史·韦商臣传》
			河北交河、陕西咸阳、江苏苏州、上海及河南蝗灾。	《中国历代蝗患之记载》
			秋，萧山飞蝗入境，歉收。	《萧山县志》
			余姚蝗。	乾隆《绍兴府志》
			六月，徐州蝗，安东^①旱蝗。	民国《江苏省通志稿》
			六合旱蝗。	光绪《六合县志》

---

① 安东：旧县名，治所在今江苏涟水。

（续）

序号	公元纪年	历史纪年	蝗灾情况	资料来源
677	1524 年	明嘉靖三年	安东旱蝗，令纳蝗子五斗，准入三等吏缺。	光绪《安东县志》
			秋八月，永平府旱蝗，免岁税。	光绪《永平府志》
			六月，新城蝗。	民国《新城县志》
			六月，南皮旱蝗。	民国《南皮县志》
			夏，任丘蝗。	乾隆《任丘县志》
			夏，沧县旱蝗。	民国《沧县志》
			夏，青县飞蝗翳空。	民国《青县志》
			东光旱蝗。	《东光县志》
			夏，盐山蝗为灾。	《盐山县志》
			夏，孟村飞蝗成灾，大饥。	《孟村回族自治县志》
			夏，黄骅旱，蝗灾。	《黄骅县志》
			夏，海兴蝗虫为灾。	《海兴县志》
			夏，兴济蝗。	民国《兴济县志书》
			六月，献县蝗。	民国《献县志》
			秋，威县、清河复蝗。	光绪《广平府志》
			秋，邱县蝗。	《邱县志》
			七月，万全蝗虫为灾。	《万全县志》
			顺义蝗。	民国《顺义县志》
			夏，静海蝗灾。	《静海县志》
			秋，淇县周边县有蝗，未犯淇县，禾大熟。	《淇县志》
			秋，考城蝗飞蔽天，蝻生，食禾殆尽。	民国《考城县志》
			秋，杞县蝗飞蔽天，遗种生蝻，食禾殆尽。	《民权县志》
			乐陵蝗蝻遍野。	咸丰《武定府志》
			六月，河间属县宁津蝗。	光绪《宁津县志》
			七月，利津飞蝗伤稼。	光绪《利津县志》
			陵县蝗蝻遍野。	光绪《陵县志》

（续）

序号	公元纪年	历史纪年	蝗灾情况	资料来源
677	1524 年	明嘉靖三年	三月，平原大旱，蝗蝻遍野。	乾隆《平原县志》
			禄丰中村发生蝗灾，村人建蝗虫塔禳之。	《禄丰县志》
678	1525 年	明嘉靖四年	夏四月，昌黎蝗。	民国《昌黎县志》
			无锡蝗。	《无锡市志》
			沛县蝗灾，田无庄稼。	乾隆《沛县志》
			八月，广德、建平①蝗灾。	《宣城地区志》
			秋，嘉兴蝗蝻生，如蚁。	《桐乡县志》
			余杭蝗灾。	《余杭县志》
			七月，利津蝗。	咸丰《武定府志》
679	1526 年	明嘉靖五年	七月，武定府蝗生。	咸丰《武定府志》
			七月，惠民蝗生。	光绪《惠民县志》
			武定府无棣蝗生，害稼。	民国《无棣县志》
			七月，桓台蝗灾。	《桓台县志》
			南阳蝗，大饥，人相食。	《南阳市志》
			以蝗灾，免镇江丹徒、丹阳钱粮。	《明实录·世宗实录》
			六月，镇江蝗，芦荻叶一空，未食苗稼。	乾隆《镇江府志》
			金坛飞蝗蔽天，庄稼、芦荻食之一空，自此连续七年蝗灾。	《金坛县志》
			阳新蝗食禾几尽。	《阳新县志》
			夏，奉化大旱，蝗起，禾稼无收。	《宁波市志》
			义乌旱，蝗飞蔽天。	《义乌县志》
			西安②、龙游、江山、常山旱，蝗飞蔽天。	《衢州市志》

---

① 建平：旧县名，治所在今安徽郎溪。
② 西安：旧县名，治所在今浙江衢州。

（续）

序号	公元纪年	历史纪年	蝗灾情况	资料来源
679	1526 年	明嘉靖五年	龙游蝗飞蔽天，所到处禾苗尽食。	《龙游县志》
			夏，宿州旱蝗。秋，遗蝗复生。	光绪《宿州志》
			延长蝗蔽天。	嘉庆《延安府志》
			汉中蝗虫食禾。	《汉中市志》
			白河蝗食禾稼，五谷不登。	《白河县志》
			兴国蝗。	康熙《武昌府志》
			七月，南昌府蝗。	同治《南昌府志》
			七月，进贤蝗灾。	《南昌市志》
			秋，顺德蝗虫伤稼。	光绪《广州府志》
680	1527 年	明嘉靖六年	六月，河西蝗飞蔽天，伤稼。七月，蝻生，华阴飞蝗蔽天，诸暨蝗。	《古今图书集成·庶征典·蝗灾部汇考》
			江苏东台、丹徒，辽宁河西蝗；河南永城、夏邑蝗虫发生，伤稼。	《中国历代蝗患之记载》
			夏，盐城蝗。	《盐城市志》
			金坛蝗灾。	《金坛县志》
			夏，大丰旱蝗。	《大丰县志》
			诸暨飞蝗害稼，成灾。	《诸暨县志》
			陕西蝗飞蔽天。	雍正《陕西通志》
			富平飞蝗蔽天，自河南来。	《富平县志》
			白河蝗食禾稼，五谷不收。	《白河县志》
			旬阳蝗蝻生，五谷不登。	《旬阳县志》
			夏，灵璧旱蝗。	乾隆《灵璧志略》
			夏，宿州大旱，蝗飞蔽天，来自徐、邳，生小蝻遍野，厚数寸。	嘉靖《宿州志》
			夏，固镇旱蝗，麦无收。	《固镇县志》
			来安旱蝗，人多饥死。	道光《来安县志》

（续）

序号	公元纪年	历史纪年	蝗灾情况	资料来源
680	1527年	明嘉靖六年	平阴蝗。	乾隆《泰安府志》
			德平蝗。	光绪《德平县志》
			肥城蝗。	光绪《肥城县志》
			秋，费县蝗。	光绪《费县志》
			六月，商丘蝗螟为害。	《商丘县志》
			夏，淮阳、项城、沈丘、太康旱蝗，大饥。	《周口地区志》
			七月，宁陵蝗灾，黍稷一空。	《宁陵县志》
			固安旱蝗，东安大旱，蝗飞蔽天。	光绪《顺天府志》
			易县、涞水、任丘旱蝗。	《河北省农业厅·志源（1）》
			六月，柏乡蝗飞过境。	《柏乡县志》
			霸县蝗旱。	民国《霸县新志》
			安次旱，蝗飞蔽天。	《安次县志》
			武强蝗飞蔽日，灾。	道光《武强县志》
			饶阳蝗。	《饶阳县志》
			良乡蝗。	《北京市房山区志》
			西青旱，飞蝗成灾。	《西青区志》
			武清旱，蝗飞蔽天。	《武清县志》
			六月，金县河西飞蝗蔽天。七月，螟生，平地深数尺。	《金县志》
681	1528年	明嘉靖七年	江苏江都，河南汲县、夏邑，湖北均州蝗灾。	《中国历代蝗患之记载》
			平阳诸州县蝗，阳城旱蝗。	《古今图书集成·庶征典·蝗灾部汇考》
			七月，泽州阳城、稷山蝗。	雍正《山西通志》
			凤台旱蝗。	乾隆《凤台县志》
			稷山飞蝗蔽天，食禾稼为赤地。	同治《稷山县志》
			临晋蝗灾。	《临猗县志》

（续）

序号	公元纪年	历史纪年	蝗灾情况	资料来源
681	1528年	明嘉靖七年	新绛蝗，饥。	《新绛县志》
			秋，翼城大旱蝗。	光绪《翼城县志》
			秋，临汾大旱蝗。	民国《临汾县志》
			襄陵①大旱蝗，二麦无收，开仓赈济。	光绪《襄陵县志》
			襄汾蝗灾。	《襄汾县志》
			永寿蝗飞蔽天。	《陕西蝗区勘察与治理》
			高陵蝗，大饥。	《高陵县志》
			夏，丹凤飞蝗蔽天。	《丹凤县志》
			商州蝗飞蔽天。	乾隆《直隶商州志》
			商南蝗飞蔽天，禾稼被食。	《商南县志》
			夏，东台蝗。七月，盐城旱蝗，民饥；常州旱蝗。	民国《江苏省通志稿》
			金坛蝗灾。	《金坛县志》
			吴郡甫里旱蝗。	清代《吴郡甫里志》
			夏，如皋蝗灾。	《如皋县志》
			宝应大旱蝗。	《宝应县志》
			七月，建湖蝗大起，食禾苗及衣书，饥。	《建湖县志》
			夏，大丰旱蝗。	《大丰县志》
			七月，淮阴蝗大起，食禾苗、衣物，民饥。	《淮阴县志》
			金湖大旱蝗。	《金湖县志》
			盱眙蝗。	光绪《盱眙县志稿》
			泗洪蝗。	《泗洪县志》
			秋，合肥、舒城蝗。	光绪《续修庐州府志》
			八月，舒城飞蝗落地尺许，谷尽食人。	《舒城县志》
			来安旱蝗，人多饥死。	道光《来安县志》

---

① 襄陵：旧县名，治所在今山西襄汾西北襄陵镇。

（续）

序号	公元纪年	历史纪年	蝗灾情况	资料来源
681	1528 年	明嘉靖七年	八月，六安蝗自西北来，落地尺许，食谷无遗。	同治《六安州志》
			和州蝗。	光绪《直隶和州志》
			秋，随州蝗。	《随州志》
			远安蝗飞蔽日。	《远安县志》
			秋，枣阳蝗灾，颗粒无收。	民国《枣阳县志》
			夏，郑县飞蝗蔽天，田禾尽没；温县蝗飞蔽天，蝗蝻结块成团；仪封①大旱，蝗飞蔽天。	《河南东亚飞蝗及其综合治理》
			新郑遍地皆蝗，大饥。	乾隆《新郑县志》
			中牟飞蝗蔽天，田禾尽没。	民国《中牟县志》
			荥阳连续三年蝗蝻大祲。	《荥阳县志》
			伊川蝗灾。	《伊川县志》
			兰考飞蝗蔽空。	《兰考县志》
			六月，通许飞蝗蔽空，平地厚二三寸，禾稼尽。	乾隆《通许县志》
			新乡蝗，寸草皆无。	《新乡县志》
			卫辉大旱蝗，野无青草。	《卫辉市志》
			辉县大旱蝗。	道光《辉县志》
			原武大蝗，大饥，人相食。	乾隆《原武县志》
			秋七月，阳武蝗蝻生，害稼殆尽。	乾隆《阳武县志》
			延津旱蝗，路有饿殍。	《延津县志》
			封丘大旱蝗，民多饥死。	顺治《封丘县志》
			秋，焦作蝗蝻结块如斗，飞行蔽日。	《焦作市志》
			秋，修武蝗结块如斗，飞集入屋院遍满。	道光《修武县志》
			怀庆蝗结块如球。	乾隆《怀庆府志》
			武陟多蝗。	道光《武陟县志》

---

① 仪封：旧县名，治所在今河南兰考东仪封乡。

（续）

序号	公元纪年	历史纪年	蝗灾情况	资料来源
681	1528 年	明嘉靖七年	七月，汤阴蝗。	《汤阴县志》
			秋，台前蝗遍野。	《台前县志》
			伊阳蝗，大饥。	道光《汝州全志》
			宝丰旱蝗，大饥。	《宝丰县志》
			秋，舞阳旱，蝗虫为害。	嘉庆《舞阳县志》
			南阳蝗，大饥，人相食。	《南阳县志》
			秋，新野旱，蝗灾，民多饿死。	《新野县志》
			平舆旱，飞蝗蔽天，民饿死大半。	《平舆县志》
			秋，裕州蝗食稼，大饥，父子相食。	乾隆《裕州志》
			秋，方城蝗食禾，民大饥。	《方城县志》
			南召蝗灾，大饥，人死徙过半。	《南召县志》
			新蔡蝗食禾穗殆尽。	《新蔡县志》
			汝阳蝗飞蔽空，饥民死者大半。	《汝阳县志》
			光山旱，蝗食禾苗殆尽。	《光山县志》
			章丘、长清、齐东、德平大蝗。	道光《济南府志》
			平阴又蝗。	乾隆《泰安府志》
			夏津飞蝗害稼。	乾隆《夏津县志》
			平原旱蝗。	乾隆《平原县志》
			秋，恩县蝗飞蔽天。	宣统《重修恩县志》
			堂邑蝗害稼。	康熙《堂邑县志》
			秋，寿张蝗遍野。	光绪《寿张县志》
			博平飞蝗害稼。	道光《博平县志》
			茌平蝗灾重。	《茌平县志》
			鱼台蝗虫毁麦。秋，幼蝗羽化遮天蔽日，作物尽毁。	《鱼台县志》

（续）

序号	公元纪年	历史纪年	蝗灾情况	资料来源
681	1528 年	明嘉靖七年	肥城蝗。	光绪《肥城县志》
			昌乐蝗，大饥，人相食。	嘉庆《昌乐县志》
			诸城飞蝗蔽天，宿集如冢，生息至十六年方止。	乾隆《诸城县志》
			春，安丘大蝗，饥，人相食。	万历《安丘县志》
			春，费县蝗蝻食麦殆尽。秋，蝗飞蔽天，害稼。	光绪《费县志》
			胶南飞蝗蔽日，宿集如冢，生息至十六年方止。	《胶南县志》
			平度大旱蝗。	乾隆《莱州府志》
			永平旱蝗。	《河北省农业厅·志源（1）》
			秋，徐水蝗。	民国《徐水县新志》
			夏，盐山蝗。	乾隆《天津府志》
			夏，海兴蝗。	《海兴县志》
			秋，任丘蝗。	乾隆《任丘县志》
			武邑蝗。	《武邑县志》
			阜城蝗。	雍正《阜城县志》
			深县、武强、饶阳蝗灾。	《深县志》
			冀州蝗。	乾隆《冀州志》
			邱县蝗。	康熙《邱县志》
			永年旱蝗。	光绪《永年县志》
			魏县大蝗，知县以蝗易谷，捕灭殆尽。	民国《大名县志》
			巨鹿大蝗，食禾稼，地赤。	乾隆《顺德府志》
			隆尧蝗灾。	《隆尧县志》
			夏，顺德蝗虫严重为害稻田。	《顺德县志》
			秋，康县蝗损害庄稼。	《康县志》
682	1529 年	明嘉靖八年	五月，费县蝗蝻。六月，山西代州、阳城，直隶凤	《明实录·世宗实录》

（续）

序号	公元纪年	历史纪年	蝗灾情况	资料来源
682	1529年	明嘉靖八年	阳、淮安、扬州府属州县，山东济南、兖州、东昌、青州、莱州各州县及平山卫旱蝗。以旱蝗，免顺天、永平夏税；以蝗灾，免开封府州县并宣武卫秋粮。	
			六月，山西垣曲、太原、平阳、潞州飞蝗蔽天，食民田将尽，蝗自相食，民大饥。陕西飞蝗蔽天，自河南来。余姚蝗。河西飞蝗蔽天，害禾稼，七月，蝻生。长洲、吴县蝗。①蔡、颍间蝗，食禾穗殆尽，及经陕、阌、潼关，晚禾无遗，流民载道。济南郡县蝗。	《古今图书集成·庶征典·蝗灾部汇考》
			河南洛宁、沁阳，山西潞安，陕西华阴、咸阳，甘肃兰州，湖北德安、咸宁，江苏苏州、无锡、宝应、泰县、宝山、川沙，浙江杭州、昌化②、嘉善、海盐、崇德及贵州、云南河西蝗灾。	《中国历代蝗患之记载》
			七月，巩县飞蝗自东南来，飞蔽日，止栖阔长四十里，五谷、苗草食尽，后蝻生，地皮尽赤，民流移。	《河南东亚飞蝗及其综合治理》
			荥阳旱，蝗大祲。	《荥阳县志》
			六月，洛阳蝗虫成灾，秋苗殆尽。	《洛阳市志·农业志》
			宜阳飞蝗蔽日。	《宜阳县志》

---

① 河西：旧县名，治所在今云南通海西河西镇；长洲：旧县名，治所在今江苏苏州。
② 昌化：旧县名，1960年并入今浙江临安。

（续）

序号	公元纪年	历史纪年	蝗灾情况	资料来源
682	1529 年	明嘉靖八年	新安飞蝗蔽天，复生蝻遍地，入民屋，上延瓦檐，日流一瓮。	乾隆《新安县志》
			六月，孟津蝗虫成灾，秋苗被食殆尽，人多饿死。	《孟津县志》
			夏，仪封蝗。	乾隆《仪封县志》
			夏，兰考蝗。	《兰考县志》
			六月，尉氏蝗飞蔽天。	道光《尉氏县志》
			七月，杞县蝗飞蔽天。	《杞县志》
			秋，长垣大蝗。	嘉庆《长垣县志》
			怀庆蝗，大饥。	乾隆《怀庆府志》
			河内蝗蝻生。	道光《河内县志》
			武陟蝗蝻生。	道光《武陟县志》
			济源蝗蝻生。	乾隆《济源县志》
			孟县旱蝗，民饥。	《孟县志》
			陕县蝗。	民国《陕县志》
			阌乡蝗。	民国《阌乡县志》
			范县蝗灾，巡抚命官以粟易蝗，民捕之，日足千石。	《范县志》
			浚、滑、东明、长垣蝗。	咸丰《大名府志》
			林县蝗灾。	《林县志》
			七月，淇境大蝗，禾尽食，民大饥。	《淇县志》
			秋八月，归德府蝗飞蔽天，秋禾无收。	乾隆《归德府志》
			八月，商丘蝗飞蔽天。	康熙《商丘县志》
			秋八月，柘城蝗飞蔽天，人马不能驰，食禾几尽。	光绪《柘城县志》
			春，陈州蝗。六月，飞蝗蔽空，早禾俱伤，复生蝻，平地盈尺，晚禾亦损。	乾隆《陈州府志》
			七月，鹿邑蝗飞蔽天。	光绪《鹿邑县志》

（续）

序号	公元纪年	历史纪年	蝗灾情况	资料来源
682	1529 年	明嘉靖八年	项城蝗，民饥。	民国《项城县志》
			沈丘飞蝗。	《沈丘县志》
			夏六月，扶沟大蝗，早、晚禾俱伤。	光绪《扶沟县志》
			禹州蝗虫遍四境，约厚一尺，令民捕蝗一斗给粮一斗，秋无大伤。	《禹州市志》
			六月，临颍蝗飞蔽天。	民国《重修临颍县志》
			驻马店旱蝗。	《驻马店市志》
			上蔡、确山旱，蝗蝻遍野。	《驻马店地区志》
			七月，新蔡蝗飞蔽天。	《新蔡县志》
			秋，平舆旱，飞蝗蔽天。	《平舆县志》
			秋，息县旱蝗，岁饥。	嘉庆《息县志》
			七月，光山蝗飞蔽天，凡能充饥草木顷刻皆尽。	《光山县志》
			商城旱蝗，禾不登，民饥。	《商城县志》
			固始蝗灾。	《固始县志》
			六月，太原、榆次、祁县蝗食稼。	乾隆《太原府志》
			六月，洪洞、临汾、曲沃、河津、垣曲、荣河螟蝗食稼。	雍正《山西通志》
			七月，太原南郊区飞蝗蔽日。	《太原市南郊区志》
			夏，潞安①蝗自河南来，食稼。	乾隆《潞安府志》
			六月，潞城飞蝗入境。七月，蝗蝻生，食禾，岁饥。	《潞城市志》
			黎城螟蝗食稼。	《黎城县志》
			六月，襄垣蝗从河南飞来，遮天蔽日，庄稼吃尽。	《襄垣县志》

① 潞安：旧府名，治所在今山西长治。

（续）

序号	公元纪年	历史纪年	蝗灾情况	资料来源
682	1529 年	明嘉靖八年	六月，侯马大蝗。	《侯马市志》
			六月，汾州螟蝗食稼。	乾隆《汾州府志》
			六月，汾阳螟蝗泛滥，秋稼遭灾。	《汾阳县志》
			夏六月，寿阳螟蝗，饥；盂县飞蝗蔽天。	乾隆《平定州志》
			陕西飞蝗蔽天，自河南来。	《旬阳县志》
			秋，关中东部蝗灾。	《陕西省志·大事记》
			西安蝗飞蔽天，自河南来，食禾无遗。	《西安市志》
			七月，陕西佥事齐之鸾言："潼关蝗食晚禾无遗，流民载道，偶见居民刈获，喜而问之，答曰：'蓬也，有绵刺，种子可以为面。'饥民仰此而活者已五年矣。见有面食者取而啖之，螫口涩腹，呕逆移日，民困苦可胜道哉。"	雍正《陕西通志》
			七月，临潼蝗飞蔽天，自河南来，食禾无遗。	《临潼县志》
			高陵，蝗飞蔽天自河南来。	《高陵县志》
			渭南蝗飞蔽天，大饥。	《渭南县志》
			同州飞蝗蔽天。	咸丰《同州府志》
			华县蝗飞蔽天，自河南来。	《华县志》
			大荔蝗飞蔽天，大饥。	《大荔县志》
			白水蝗食禾，民饥。	《白水县志》
			夏，澄城大蝗，飞蔽日，食稼。	《澄城县志》
			咸阳蝗飞蔽天。	《咸阳市志》
			乾县飞蝗蔽天。	《乾县志》
			永寿蝗飞蔽天。	《永寿县志》

（续）

序号	公元纪年	历史纪年	蝗灾情况	资料来源
682	1529年	明嘉靖八年	凤翔、千阳蝗灾，群飞蔽天。	《宝鸡市志》
			陇县蝗飞蔽天。	《陇县志》
			眉县蝗自东来，群飞蔽天。	《眉县志》
			延安蝗飞蔽日，大饥，人相食。	嘉庆《延安府志》
			六月，子长蝗，饥。	《子长县志》
			黄陵蝗灾。	《黄陵县志》
			延长飞蝗蔽天。	《延长县志》
			德安①、咸宁蝗大起。	民国《湖北通志》
			秋，应山飞蝗蔽天，落地堵塞小河沟。	《应山县志》
			郴州螣食禾。	光绪《湖南通志》
			秋，章丘蝻生。	道光《章丘县志》
			济阳蝗蝻生。	民国《济阳县志》
			平原蝗，大饥。	乾隆《平原县志》
			秋，武城飞蝗蔽天，岁大饥。	嘉靖《武城县志》
			观城蝗飞蔽日。	道光《观城县志》
			朝城大蝗。	康熙《朝城县志》
			临清飞蝗蔽日。	乾隆《临清直隶州志》
			鄄城飞蝗蔽天，食尽田禾，大饥。	《鄄城县志》
			濮州、观城等处飞蝗蔽天。	宣统《濮州志》
			秋，东明蝗。	《东明县志》
			济宁旱蝗。	道光《济宁直隶州志》
			嘉祥旱蝗。	《嘉祥县志》
			金乡旱蝗。	咸丰《金乡县志略》
			泰安、莱芜蝗。	乾隆《泰安府志》
			七月，淄川蝗。	乾隆《淄川县志》

---

① 德安：旧府名，治所在今湖北安陆。

（续）

序号	公元纪年	历史纪年	蝗灾情况	资料来源
682	1529 年	明嘉靖八年	七月，桓台飞蝗蔽天。	《桓台县志》
			蒲台蟹。	乾隆《蒲台县志》
			七月，长山飞蝗蔽天，捕之，弥月而止。	嘉庆《长山县志》
			夏，昌乐旱蝗。	咸丰《青州府志》
			潍县旱蝗。	民国《潍县志稿》
			六月，莱州旱蝗成灾。	《莱州市志》
			平度旱蝗。	道光《平度州志》
			莱阳旱蝗。	民国《莱阳县志》
			七月，平山蝗飞蔽天，蝻生，食稼尽，民饥。	咸丰《平山县志》
			八月，赞皇飞蝗蔽天，半月遍地蝻生，势如穴蚁，五谷秸秆俱尽，大水巨河不能限，旬日物尽，自相啖食。	乾隆《赞皇县志》
			四月，灵寿蝗灾，有鸟如鸦成群飞来啄食。七月，又蝗灾。	《灵寿县志》
			夏，栾城大旱蝗。	《栾城县志》
			夏，获鹿大旱蝗，岁大饥，每斗米千余钱，饿殍满路。	光绪《获鹿县志》
			六月，无极蝗，民饥。	民国《重修无极县志》
			新乐大蝗，食禾殆尽，民大饥。	光绪《重修新乐县志》
			定州大蝗。	雍正《直隶定州志》
			春，博野蝗蝻遍野，麦苗受灾。	《博野县志》
			任丘大蝗。	乾隆《任丘县志》
			六月，深州蝗蝻食禾稼殆尽，民饥，人相食，诏赈之。	康熙《直隶深州志》

（续）

序号	公元纪年	历史纪年	蝗灾情况	资料来源
682	1529年	明嘉靖八年	武强蝗蝻食禾稼。	道光《武强县志》
			秋，故城南地蝗飞蔽天，民大饥。	《故城县志》
			夏五月，永平府蝗。七月，乐亭蝗。九月，永平府旱蝗，免夏税。	光绪《永平府志》
			夏五月，滦县捕蝗。	《滦县志》
			夏五月，滦南蝗灾严重，群飞蔽天，落地尺厚。	《滦南县志》
			七月，抚宁蝗灾。	《抚宁县志》
			顺德府民食蝗。	乾隆《顺德府志》
			邢台民食蝗。	民国《邢台县志》
			隆尧蝗蝻食尽田苗，民饥，人相食。	乾隆《隆平县志》
			南和大灾，民食蝗。	《南和县志》
			巨鹿蝗。	光绪《巨鹿县志》
			柏乡大蝗。	《柏乡县志》
			六月，宁晋旱蝗，民相食，赈粥。	民国《宁晋县志》
			六月，临城蝗蝻食尽禾稼，民饥，人相食。	《临城县志》
			秋，内邱大蝗，野无遗禾。	《内邱县志》
			夏，邯郸、磁州蝗，大饥。	光绪《广平府志》
			邯郸蝗灾，蝗遮天蔽日，庄稼被吃光，饥荒。	《邯郸县志》
			曲周旱蝗。	同治《曲周县志》
			邱县旱蝗。	《邱县志》
			六月，昆山、嘉定、江阴、仪征、常州蝗食草木、竹、芦荻殆尽。七月，高邮、东台、如皋、泰兴、松江蝗飞蔽天，蝻满民庐。八月，扬州蝗飞蔽天。	民国《江苏省通志稿》

（续）

序号	公元纪年	历史纪年	蝗灾情况	资料来源
682	1529年	明嘉靖八年	八月，上海飞蝗蔽天，食稻。	《上海县志》
			七月，奉贤飞蝗蔽天，适飓风作，驱蝗入海。	光绪《奉贤县志》
			七月，金山飞蝗蔽天。	《金山县志》
			松江飞蝗蔽天，飓风大作，驱蝗入海。	《松江县志》
			六月，嘉定蝗。	光绪《嘉定县志》
			七月，青浦飞蝗蔽天，飓风作，蝗入于海，其遗种化为蟹，伤稻。	光绪《青浦县志》
			秋七月，南汇飞蝗蔽天，适飓风作，驱蝗入海。	民国《南汇县续志》
			秋七月，娄县飞蝗蔽天，飓风大作，驱蝗入海。	光绪《娄县志》
			秋七月，华亭飞蝗蔽天，飓风大作，驱蝗入海。	光绪《重修华亭县志》
			秋，六合大蝗，群飞蔽天。	《六合县志》
			金坛蝗灾。	《金坛县志》
			六月，吴县飞蝗入境，伤禾稼。	《吴县志》
			秋，太仓大旱蝗。	民国《太仓州志》
			常熟蝗虫为灾。	《常熟市志》
			七月，如皋飞蝗蔽天，落地厚数寸。	《如皋县志》
			六月，靖江蝗自西北来，遮天蔽日，禾稼尽食。	《靖江县志》
			六月，扬州蝗积厚数寸，长十余里，食禾草殆尽。	嘉庆《重修扬州府志》
			八月，蝗自北来，群飞蔽天，绵延百里，厚尺许，山行者衣履皆黄，禾稼不登。	

（续）

序号	公元纪年	历史纪年	蝗灾情况	资料来源
682	1529 年	明嘉靖八年	夏六月，仪征蝗，积地厚尺许，长数十里，食草木殆尽，数日飞渡江，食芦荻亦尽。八月，蝗复自北来，群飞蔽天。	道光《仪征县志》
			七月，兴化飞蝗蔽空，至十七年每年皆蝗。	《兴化市志》
			夏，宝应蝗甚。	《宝应县志》
			七月，金湖飞蝗蔽天，积地厚数寸，禾稼不登。	《金湖县志》
			秋，萧山飞蝗入境。	《萧山县志》
			七月，海宁蝗。	《海宁市志》
			六月，桐乡大蝗，遮天蔽日。	《桐乡县志》
			夏，湖州蝗。	《湖州市志》
			夏，武康、德清蝗。	《德清县志》
			余姚、萧山蝗。	乾隆《绍兴府志》
			余姚蝗害稼。	《宁波市志》
			慈溪蝗害稼。	《慈溪县志》
			霍邱大旱，蝗飞蔽天。	《霍邱县志》
			宿州连岁旱蝗，民多流亡。	嘉靖《宿州志》
			灵璧旱蝗，多流亡。	乾隆《灵璧志略》
			固镇旱蝗。	《固镇县志》
			滁州蝗自西北来，蔽天，所至禾黍辄尽。	光绪《滁州志》
			来安旱蝗，人多饥死。	道光《来安县志》
			凤阳蝗飞蔽天。	天启《凤阳新书》
			全椒蝗，禾稼、草木食尽。	民国《全椒县志》
			六月，建平蝗飞蔽天。	《宣城地区志》
			秋，万宁雨，有蝗虫。	《万宁县志》
			甘肃蝗飞蔽天，临洮、庄浪[①]、固原、秦州、清水、秦安、礼县俱大饥。	乾隆《甘肃通志》

---

① 庄浪：旧卫名，治所在今甘肃永登。

（续）

序号	公元纪年	历史纪年	蝗灾情况	资料来源
682	1529 年	明嘉靖八年	秦州飞蝗蔽天。	光绪《重纂秦州直隶州新志》
			陇西蝗飞蔽天。	《陇西县志》
			平凉飞蝗蔽天，岁大饥，民食草木，人相食。	《平凉市志》
			七月，秦安飞蝗蔽天，大伤禾苗，无收，人皆食野草、榆树皮。	《秦安县志》
			临洮府旱，飞蝗蔽天，伤禾苗，民大饥，人相食。	《康乐县志》
			七月，清水飞蝗蔽天，禾苗无存，民饥，人皆食野菜、榆树皮。	《清水县志》
			礼县蝗虫蔽天，大饥。	《礼县志》
			张家川旱，飞蝗蔽天，大伤禾苗，无收，民饥。	《张家川回族自治县志》
			宁夏飞蝗遍野，残害庄稼，民饥。	《平罗县志》
			隆德、固原等地旱，飞蝗蔽天，民不聊生。	《固原地区志》
			海原旱，飞蝗蔽天，民不聊生。	《海原县志》
			六月，河西飞蝗蔽天，害禾稼。	《锦州市志·综合卷》
683	1530 年	明嘉靖九年	山东沂州、安徽滁县蝗灾。	《中国历代蝗患之记载》
			四月，盐山蝗，不为灾。	同治《盐山县志》
			夏四月，海兴蝗。	《海兴县志》
			巨鹿蝗，疫。	光绪《巨鹿县志》
			平乡蝗。	《平乡县志》
			隆平蝗大作。	乾隆《隆平县志》
			秋，新河飞蝗蔽天，食禾稼。	乾隆《冀州志》

（续）

序号	公元纪年	历史纪年	蝗灾情况	资料来源
683	1530 年	明嘉靖九年	五月，正定大旱蝗。	《河北省农业厅·志源（1）》
			潼关蝗蝻生，食苗。	《潼关县志》
			夏，汉中蝗食禾。	《汉中市志》
			秋，东台、如皋、泰兴、仪征蝗。	民国《江苏省通志稿》
			金坛蝗灾。	《金坛县志》
			靖江蝗灾。	光绪《靖江县志》
			合肥蝗。	光绪《续修庐州府志》
			宿州连岁蝗旱，民多流亡。	嘉靖《宿州志》
			灵璧旱蝗，多流亡。	乾隆《灵璧志略》
			来安旱蝗，人多饥死。	道光《来安县志》
			武康又有飞蝗入境。	《德清县志》
			昌化蝗入境，不害稼。	《临安县志》
			五月，东昌飞蝗自兖郡来，所至无遗稼，北至莘，忽黑蜂满野，啮蝗尽死。	嘉庆《东昌府志》
			泰安又蝗。	乾隆《泰安府志》
			夏五月，莘县蝗蝻自兖郡来，群队如云，所过无遗稼，忽黑蜂满野，啮蝗尽死，田禾不至损伤。	光绪《莘县志》
			荥阳大蝗蝻。	乾隆《荥阳县志》
			夏，尉氏蝗。秋，复生蝻。	道光《尉氏县志》
			陕县蝗伤禾。	民国《陕县志》
			春，阌乡蝻伤禾。	民国《阌乡县志》
			夏，陈州飞蝗蔽天，食稼，民饥。	乾隆《陈州府志》
			英德、乐昌、翁源、乳源蝗虫为害，民采竹笋充饥。	《韶关市志》
			顺德旱，蝗虫杀稼，大饥。	光绪《广州府志》
			黄陂大蝗。	《汉阳府志》

（续）

序号	公元纪年	历史纪年	蝗灾情况	资料来源
684	1531 年	明嘉靖十年	以旱蝗，免扬州、淮安田粮；庐州、凤阳、淮安、扬州及徐州、滁州、和州水旱、虫蝗。	《明实录·世宗实录》
			山东商河、沾化，湖北枣阳，湖南常德，江苏苏州蝗灾。	《中国历代蝗患之记载》
			麻城蝗杀稼，谷城蝗蝻并生。	康熙《湖广通志》
			麻城蝗自河南商城来，其飞蔽日，食稻粟立尽。	民国《麻城县志前编》
			济南府蝗。	道光《济南府志》
			历城蝗。	乾隆《历城县志》
			济阳复生蝗。	民国《济阳县志》
			章丘蝗。	道光《章丘县志》
			平原蝗。	乾隆《平原县志》
			临邑蝗。	同治《临邑县志》
			八月，夏津蝗。	乾隆《夏津县志》
			济南诸路邑蝗。沾化蝗。	民国《沾化县志》
			泰安、莱芜蝗。	乾隆《泰安府志》
			惠民蝗。	光绪《惠民县志》
			长山蝗。	嘉庆《长山县志》
			尉氏蝗伤稼殆尽。	道光《尉氏县志》
			永城大蝗。	光绪《永城县志》
			夏，陈州蝗飞蔽天。九月，蝻生，食麦苗。	乾隆《陈州府志》
			裕州蝗蝻，知州率民捕打三万余石，蝗遂息。	乾隆《裕州志》
			方城蝗蝻，岁大饥，有父子相食。	《方城县志》
			秋七月，长子蝗。	雍正《山西通志》
			西安等六府蝗食苗尽。	《西安市志》
			未央区旱，蝗食苗尽。	《未央区志》

（续）

序号	公元纪年	历史纪年	蝗灾情况	资料来源
684	1531年	明嘉靖十年	高陵旱，蝗食苗尽。	《高陵县志》
			永寿蝗灾。	《永寿县志》
			七月，洛川大蝗。	嘉庆《洛川县志》
			夏，萧县蝗，东台、如皋蝗蝻生。	民国《江苏省通志稿》
			七月，仪征蝗。	仪征《仪征县志》
			金坛蝗灾。	《金坛县志》
			淮安府属县旱蝗。	《涟水县志》
			洪泽蝗。	《洪泽县志》
			六月，泗洪大旱蝗。	《泗洪县志》
			丰县蝗灾，飞蝗遮天蔽地，食禾稼苗。	《丰县志》
			宿州连岁旱蝗，民多流亡。	嘉靖《宿州志》
			灵璧旱蝗，多流亡。	乾隆《灵璧志略》
			来安旱蝗，人多饥死。	道光《来安县志》
			南陵飞蝗食稼。	民国《南陵县志》
			宣城飞蝗蔽天，食禾稼。	《宣城地区志》
			泾县飞蝗食禾稼。	《泾县志》
			五月，绩溪飞蝗至，禾稼遭害。	《绩溪县志》
			秋，随州蝗。	《随州志》
			秋，任丘大蝗，免田租之半。	《任丘县志》
			七月，南宫飞蝗蔽天，食稼大饥，死者载道。	《南宫县志》
			六月，沅江蝗，适有�鹆食之飞去。	嘉庆《沅江县志》
			秋八月，博罗蝗。	乾隆《博罗县志》
685	1532年	明嘉靖十一年	夏，建昌①蝗，崇阳、襄郡县蝗，庆阳飞蝗蔽天。	《古今图书集成·庶征典·蝗灾部汇考》

① 建昌：旧府名，治所在今江西南城。

（续）

序号	公元纪年	历史纪年	蝗灾情况	资料来源
685	1532 年	明嘉靖十一年	庐州、凤阳、淮安、扬州及徐州、滁州、和州旱蝗。	《明实录·世宗实录》
			江苏萧县蝗。夏，浙江海盐蝗，大风吹蝗入海死。	《中国历代蝗患之记载》
			赵州蝗蝻成灾。	《赵县志》
			九月，东安旱蝗。	光绪《顺天府志》
			内丘大蝗。	道光《内邱县志》
			任丘蝗水，民饥，命有司赈之。	乾隆《任丘县志》
			肃宁蝗蝻生。	《肃宁县志》
			河间、真定、保定、顺德属县水、蝗蝻，免税粮。	《河北省农业厅·志源（1）》
			宁河蝗蝻。	《宁河县志》
			九月，武清旱、蝗、水涝。	《武清县志》
			长清蝗生。	道光《长清县志》
			六月，东昌府蝗起。	嘉庆《东昌府志》
			六月，堂邑蝗起。	康熙《堂邑县志》
			六月，朝城蝗，禾尽伤。	康熙《朝城县志》
			夏，安丘大蝗，蔽天映日，田禾一空。	万历《安丘县志》
			夏，潍县大蝗。	民国《潍县志稿》
			即墨飞蝗蔽日，大伤禾稼。	同治《即墨县志》
			尉氏大蝗，知县以粟召民捕之，升斗相易，不数日，积满诸仓。	道光《尉氏县志》
			焦作飞蝗遍野。	《焦作市志》
			修武飞蝗遍野。	道光《修武县志》
			温县蝗飞蔽天。	《河南东亚飞蝗及其综合治理》
			夏，鲁山飞蝗蔽日。秋，遍地蝗蝻，食禾无遗。	《鲁山县志》

（续）

序号	公元纪年	历史纪年	蝗灾情况	资料来源
685	1532 年	明嘉靖十一年	裕州蝗蝻生，捕打三万石遂息。	乾隆《裕州志》
			方城蝗。	《方城县志》
			新野蝗飞蔽天。	《新野县志》
			陕北蝗飞蔽天，人取食之。	《甘泉县志》
			四月，延安蝗飞蔽天，人取食之。	嘉庆《延安府志》
			延长蝗飞蔽天。	《延长县志》
			四月，榆林蝗飞蔽天，人取食之。	道光《榆林府志》
			夏，庆阳大旱，蝗飞蔽天。	乾隆《甘肃通志》
			夏，华池大旱，蝗虫群飞，遮天蔽日。	《华池县志》
			环县蝗灾。	《环县志》
			真宁①蝗灾。	《正宁县志》
			宁县旱，飞蝗盈野，害稼成灾，民饥。	《宁县志》
			五月，仪征、丰县、常州蝗食禾苗、草木殆尽。秋，溧水蝗。	民国《江苏省通志稿》
			武进蝗食稻叶、芦苇俱尽。	康熙《常州府志》
			夏秋，六合、溧水蝗。	万历《应天府志》
			夏，六合蝗，知县令民捕蝗，照斗给谷。	光绪《六合县志》
			金坛蝗灾。	《金坛县志》
			靖江蝗自西北来，蔽天，所集禾苗立尽。	光绪《靖江县志》
			丰县蝗。	同治《徐州府志》
			英山②向无蝗，忽自北蔽空而来，食禾且尽。	同治《六安州志》

---

① 真宁：旧县名，治所在今甘肃正宁。
② 英山：今湖北英山，明清时属安徽庐州府管辖，1932 年划归今湖北省。

（续）

序号	公元纪年	历史纪年	蝗灾情况	资料来源
685	1532 年	明嘉靖十一年	宿州连岁旱蝗，民多流亡。	嘉靖《宿州志》
			灵璧旱蝗，多流亡。	乾隆《灵璧志略》
			来安旱蝗，人多饥死。	道光《来安县志》
			五月，婺源、绩溪蝗。	道光《徽州府志》
			歙县蝗灾。	《歙县志》
			夏，石台飞蝗入境，遮天蔽日，庄稼被毁。	《石台县志》
			安庆蝗虫为害。	《安庆地区志》
			夏六月，太湖蝗害稼。	民国《太湖县志》
			潜山大旱蝗。	康熙《潜山县志》
			四月，望江不雨，有螽，疫。	乾隆《望江县志》
			宿松大旱，蝗害稼。	民国《宿松县志》
			襄阳、光化①、均州蝗。九月，汉川蝗蔽天。	民国《湖北通志》
			崇阳蝗飞蔽天，逾月乃止。	同治《崇阳县志》
			蝗入石门县境。	隆庆《岳州府志》
			六月，龙阳②蝗，有鸲鹆食之。	光绪《湖南通志》
			七月，南昌府蝗灾。	《南昌市志》
			七月，南昌蝗灾。	《南昌县志》
			四月，安义大蝗。	同治《安义县志》
			秋七月，新建蝗。	《新建县志》
			四月，永修大蝗蔽日。	《永修县志》
			夏，建昌蝗。	同治《建昌府志》
			南城蝗灾。	《南城县志》
			六月，峡江蝗虫为灾。	《峡江县志》
			五月，婺源蝗虫飞蔽天。	《婺源县志》

---

① 光化：旧县名，治所在今湖北老河口东北。
② 龙阳：旧县名，治所在今湖南汉寿。

（续）

序号	公元纪年	历史纪年	蝗灾情况	资料来源
685	1532年	明嘉靖十一年	南丰蝗虫集田间如雨，庄稼受灾。	《南丰县志》
686	1533年	明嘉靖十二年	山东费县、云南河西及辽宁蝗灾。	《中国历代蝗患之记载》
			河西大旱，飞蝗蔽天。	《古今图书集成·庶征典·蝗灾部汇考》
			七月，顺天、永平、开封旱蝗。	《明实录·世宗实录》
			春，永平府蝗。六月，滦州蝗，落地尺许。七月，免永平府夏税。	光绪《永平府志》
			至六月不雨，昌黎蝗，落地尺厚，蝝生。	民国《昌黎县志》
			六月，抚宁蝗，落地尺厚。	《抚宁县志》
			秋，博野蝗，三冬未衰。	《博野县志》
			夏，兴济飞蝗翳空。	民国《兴济县志书》
			夏，青县飞蝗翳空。	民国《青县志》
			临西蝗，民大饥。	《临西县志》
			邻县蝗蝻复生，独裕州无害。	乾隆《裕州志》
			长清旱蝗。	道光《长清县志》
			山东旱蝗，临清大饥。	《临清市志》
			秋七月，兖州飞蝗蔽野。	康熙《兖州府志》
			嘉祥旱蝗，民饥。	《嘉祥县志》
			秋，寿光、益都、临朐等县蝗灾，禾稼殆尽。	《潍坊市志》
			潍县蝗食禾稼殆尽。	民国《潍县志稿》
			青州蝗食禾稼殆尽。	咸丰《青州府志》
			夏，临朐蝗，知县祷于沂山[①]，天乃大雨，蝗尽飞去。	光绪《临朐县志》

① 沂山：山名，又称东泰山，在今山东临朐县南部。

（续）

序号	公元纪年	历史纪年	蝗灾情况	资料来源
686	1533年	明嘉靖十二年	寿光蝗为灾。	民国《寿光县志》
			登州各属蝗，禾稼尽食。	光绪《增修登州府志》
			莱阳蝗。	民国《莱阳县志》
			海阳蝗灾，禾稼殆尽。	乾隆《海阳县志》
			福山蝗，禾稼尽食。	民国《福山县志稿》
			东台、砀山蝗。	民国《江苏省通志稿》
			颍州、亳州蝗。	乾隆《颍州府志》
			宿州连岁旱蝗，民多流亡。	嘉靖《宿州志》
			灵璧旱蝗，多流亡。	乾隆《灵璧志略》
			来安旱蝗，人多饥死。	道光《来安县志》
			春三月，应山蝗蝻生。六月，飞蝗入境。	《应山县志》
			夏六月，蝗飞入贵池、铜陵、石埭[①]境。	乾隆《池州府志》
			奉新蝗大至，遮天蔽日，落田食谷辄尽数十亩，道院临县设法捕之，民卖炒死蝗一石给米一石。	同治《南昌府志》
			安义蝗虫为害，满空皆是。	《南昌市志》
			万安蝗灾，禾苗尽。	《万安县志》
			秋七月，吉安府蝗虫满野。	光绪《吉安府志》
			六月，白水蝗食禾苗。	《白水县志》
			北镇蝗。	《北镇县志》
			金县蝗飞蔽天。	《金县志》
687	1534年	明嘉靖十三年	山东长清、江苏苏州、湖北谷城、甘肃肃州蝗虫大发生，伤稼。	《中国历代蝗患之记载》
			阜阳蝗害，田无遗穗。	《阜阳市志》
			太和旱，大蝗，跳蝻塞路，食禾殆尽。	《太和县志》

---

① 石埭：旧县名，治所在今安徽石台。

（续）

序号	公元纪年	历史纪年	蝗灾情况	资料来源
687	1534 年	明嘉靖十三年	濉溪蝗自北入境，蔓延至秋，禾稼无收。	《濉溪县志》
			六月，宿州飞蝗从东北来，延蔓不绝，至七月始去，秋稼无收。	嘉靖《宿州志》
			临泉飞蝗蔽日，田无遗穗。	《临泉县志》
			界首大蝗，田无遗穗。	《界首县志》
			五河旱蝗，禾稼不登。	光绪《五河县志》
			庐江蝗自北来，聚集成片，农田毁于一旦。	《庐江县志》
			夏，谷城蝗蝻生，害稼。	康熙《湖广通志》
			枣阳蝗。	民国《湖北通志》
			夏，随州蝗。	《随州志》
			益都蝗。	咸丰《青州府志》
			秋，惠民蝗，民饥。	光绪《惠民县志》
			桓台蝗，民饥。	《桓台县志》
			莱阳蝗。	民国《莱阳县志》
			黄县蝗，禾稼尽食。	同治《黄县志》
			登州各属蝗，禾稼尽食。	光绪《增修登州府志》
			海阳蝗灾，禾稼殆尽。	乾隆《海阳县志》
			福山蝗，禾稼尽食。	民国《福山县志稿》
			濮阳旱蝗，无收，民大饥。	《濮阳县志》
			蝗从嘉峪关西飞来，至肃州蔽天。	光绪《甘肃新通志》
			玉门蝗，蔽日而过。	《玉门市志》
			肃州蝗从嘉峪关西来，至肃州蔽日，免田粮四分。	乾隆《重修肃州新志》
			酒泉蝗大起，伤禾甚。	《酒泉市志》
688	1535 年	明嘉靖十四年	河北大名，河南，山东，山西，江苏东台、高邮，安徽盱眙、泗县蝗，严重猖獗。	《中国东亚飞蝗蝗区的研究》

（续）

序号	公元纪年	历史纪年	蝗灾情况	资料来源
688	1535 年	明嘉靖十四年	通州、如皋、泰兴、江浦旱蝗。	民国《江苏省通志稿》
			溧阳、江浦、六合旱蝗，赈之。	万历《应天府志》
			夏，高邮旱，蝗飞蔽天。	乾隆《高邮州志》
			秋，仪征旱蝗。	道光《仪征县志》
			六月，泰州蝗灾。	道光《泰州志》
			六月，江淮旱，赤地千里，飞蝗蔽日，禾草无存。	《盐城市志》
			六月，大丰蝗飞蔽天，禾草无存。	《大丰县志》
			夏，金湖旱，飞蝗蔽天。	《金湖县志》
			泗洪大旱蝗。	《泗洪县志》
			庐江、无为蝗。	光绪《续修庐州府志》
			颍州蝗，田无遗穗。	乾隆《颍州府志》
			阜阳蝗害，田无遗穗。	《阜阳市志》
			临泉飞蝗蔽日，田无遗穗。	《临泉县志》
			宿州连岁飞蝗遍野。	嘉靖《宿州志》
			五月不雨，泗县蝗生不绝，入民房室吃衣服。	光绪《泗虹合志》
			五月，五河旱蝗，禾稼不登。	光绪《五河县志》
			含山蝗。	康熙《含山县志》
			和州蝗。	光绪《直隶和州志》
			当涂飞蝗蔽天。	乾隆《当涂县志》
			九月，宣城飞蝗虫大作。	《宣城地区志》
			九月，广德蝗大作，成灾。	《广德县志》
			德清新市飞蝗蔽日，白昼忽暗。	《德清县志》
			夏，随州蝗。	《随州志》
			七月，应城蝗伤禾稼，岁饥。	《应城县志》

（续）

序号	公元纪年	历史纪年	蝗灾情况	资料来源
688	1535 年	明嘉靖十四年	六月，冠县飞蝗骤至，食禾苗几半，至末旬蝻生积地至三五寸。	光绪《增修冠县志》
			阳谷飞蝗蔽天，苗稼灾。	康熙《兖州府志》
			桓台蝗，饥。	《桓台县志》
			秋，武定蝗生，民饥。	咸丰《武定府志》
			秋，无棣蝗生。	民国《无棣县志》
			秋，沾化蝗。	民国《沾化县志》
			利津蝗伤稼，大饥。	光绪《利津县志》
			高密大蝗。	民国《高密县志》
			莱阳蝗食禾稼尽。	民国《莱阳县志》
			乳山蝗灾，禾稼殆尽。	《乳山市志》
			登州各属蝗，禾稼尽食。	光绪《增修登州府志》
			海阳蝗灾，禾稼殆尽。	乾隆《海阳县志》
			福山蝗，禾稼尽食。	民国《福山县志稿》
			夏，保定蝗。	光绪《保定府志》
			夏，清苑蝗，赈之。	民国《清苑县志》
			夏，定兴蝗，大饥。	民国《定兴县志》
			夏，高阳蝗，赈之。	雍正《高阳县志》
			夏，蠡县蝗，赈之。	光绪《蠡县志》
			夏，新城蝗，大饥。	民国《新城县志》
			夏，易县蝗，大饥。	《易县志》
			夏，大城蝗。	光绪《大城县志》
			秋，海兴蝗甚重。	《海兴县志》
			大名蝗。	咸丰《大名府志》
			寿阳大蝗。	雍正《山西通志》
			秋，清源①飞蝗蔽日，为民患。	顺治《清源县志》
			平定大蝗，禾稼殆尽。	乾隆《平定州志》

---

① 清源：旧县名，1952 年与徐沟合并为今山西清徐县。

（续）

序号	公元纪年	历史纪年	蝗灾情况	资料来源
688	1535 年	明嘉靖十四年	清涧蝗飞蔽天。	《清涧县志》
			内黄飞蝗蔽天。	光绪《内黄县志》
			开州①蝗。	光绪《开州志》
			南乐蝗。	民国《南乐县志》
			清丰蝗飞蔽天。	民国《清丰县志》
			秋七月，陈州蝗。	乾隆《陈州府志》
			七月，淮阳蝗。	《淮阳县志》
			舞阳群鸦食蝗，禾不为害。	道光《舞阳县志》
689	1536 年	明嘉靖十五年	以旱蝗，免山西大同、山东济南等府税粮。	《明实录·世宗实录》
			山东滨县、河北宣化、山西太原、江苏苏州、湖北荆州蝗灾。	《中国历代蝗患之记载》
			六月，高邮旱蝗，不为灾；仪征蝗蝻生。	民国《江苏省通志稿》
			常熟蝗。	康熙《常熟县志》
			夏四月，仪征蝗蝻生，县令民掘取其子，每升赏以斗米，成蝻者谷半之，积数百斗，蝗尽灭。	道光《仪征县志》
			吴郡甫里旱蝗。	清代《吴郡甫里志》
			四月，句容蝗生。	《句容县志》
			宿州连岁飞蝗遍野。	嘉靖《宿州志》
			五河连岁旱蝗，禾稼不登。	光绪《五河县志》
			三月，郎溪蝗虫食麦。	《郎溪县志》
			济南府蝗，饥，免被灾税粮。	道光《济南府志》
			阳谷蝗蝻遍生，知县驱民捕之。	光绪《阳谷县志》
			六月，临清旱，蝗灾。	《临清市志》

---

① 开州：旧州名，治所在今河南濮阳。

（续）

序号	公元纪年	历史纪年	蝗灾情况	资料来源
689	1536 年	明嘉靖十五年	夏，桓台蝗为灾，禾殆尽。	《桓台县志》
			六月，淄川蝗。七月，蝻生。	乾隆《淄川县志》
			六月，利津、滨州蝗。	咸丰《武定府志》
			夏，昌乐、安丘蝗。	咸丰《青州府志》
			夏，潍县蝗。	民国《潍县志稿》
			七月，杞县蝗。	乾隆《杞县志》
			七月，兰考生蝻。	《兰考县志》
			夏，阳武旱蝗，禾殆尽。	乾隆《阳武县志》
			开州蝗伤稼。	光绪《开州志》
			清丰复蝗，禾且尽。	民国《清丰县志》
			南乐复蝗，禾且尽。	民国《南乐县志》
			台前蝗虫遍野。	《台前县志》
			秋，内黄大蝗。	光绪《内黄县志》
			淮阳蝗蝻生，害稼。	《淮阳县志》
			新野蝗飞蔽天。	乾隆《新野县志》
			米脂蝗飞蔽日。绥德蝗。	《子洲县志》
			绥德蝗虫成灾。	《绥德县志》
			七月，大同、阳高、灵丘、广灵蝗飞蔽天，伤稼；文水蝗，不为灾。	雍正《山西通志》
			夏，祁县蝗。	《祁县志》
			秋七月，大同蝗，群飞蔽天，食稼殆尽，边境从无蝗，见者大骇。	雍正《朔平府志》
			七月，大同蝗飞蔽天，伤稼。	道光《大同县志》
			七月，天镇蝗飞蔽天，食稼殆尽。	《天镇县志》
			七月，阳高蝗自境外至，群飞蔽天，伤稼殆尽，边土旧无蝗，见者大骇。	《阳高县志》
			夏，清苑蝗，民捕蝗入官二千石。	民国《清苑县志》

（续）

序号	公元纪年	历史纪年	蝗灾情况	资料来源
689	1536 年	明嘉靖十五年	滦州、乐亭蝗。	光绪《永平府志》
			夏，定兴蝗。	光绪《定兴县志》
			夏，蠡县蝗。	光绪《蠡县志》
			夏，高阳蝗。	雍正《高阳县志》
			夏，新城蝗。	民国《新城县志》
			夏，易县蝗。	《易县志》
			夏，雄县蝗。	民国《雄县新志》
			夏，任丘蝗，不为灾。	乾隆《任丘县志》
			衡水蝗蝻生，令民捕之，纳仓给谷，不为灾。	《衡水县志》
			夏，威县蝗飞蔽日。	《威县志》
			六月，隆平蝗蝻生。	乾隆《隆平县志》
			平乡、巨鹿蝗。	乾隆《顺德府志》
			六月，临西蝗。	《临西县志》
			秋，大名大蝗，食禾且尽。	民国《大名县志》
			武安蝗虫遍地，田禾被毁。	民国《武安县志》
			六月，馆陶旱，蝗蔽天。	民国《馆陶县志》
			六月，邱县旱，蝗飞蔽天。	《邱县志》
			七月，保安州①蝗。	道光《保安州志》
			秋七月，怀来蝗。	光绪《怀来县志》
			秋七月，万全蝗。	乾隆《万全县志》
			七月，阳原蝗。	民国《阳原县志》
			秋七月，怀安旱蝗。	《怀安县志》
			秋七月，蔚县蝗。	《蔚县志》
			南靖旱，并发蝗灾。	《漳州市志》
690	1537 年	明嘉靖十六年	河北滦州、阳原大蝗，飞蔽天。	《中国历代蝗患之记载》
			太谷、岢岚、保德、临汾、泽州蝗。	雍正《山西通志》

———————

① 保安州：旧州名，治所在今河北涿鹿。

（续）

序号	公元纪年	历史纪年	蝗灾情况	资料来源
690	1537年	明嘉靖十六年	凤台蝗。	乾隆《凤台县志》
			八月，洛川、黄陵蝗。	《陕西蝗区勘察与治理》
			富县蝗飞蔽天，声如雷鸣，食禾苗尽。	《富县志》
			八月，蝗自洛河飞至宜君，其势蔽天，其声如雷，大食田禾，平川尤甚。	《铜川市志》
			八月，飞蝗入甘泉洛河川，食田穗。	《甘泉县志》
			府谷飞蝗蔽天，饥民塞路。	《府谷县志》
			蝗之为灾，甚于水旱，凡所过处，草枯地赤，六畜无以为饲，不惟伤禾稼而已。	嘉靖《宿州志》
			五月，舒城大旱，飞蝗蔽天，沟堑尽平。	《舒城县志》
			夏，安新蝗灾严重，出内帑赈济。	《安新县志》
			秋七月，保安州蝗。	道光《保安州志》
			七月，阳原蝗。	民国《阳原县志》
			秋七月，怀来蝗，人捕食之。	光绪《怀来县志》
			秋七月，怀安蝗，人捕食之。	《怀安县志》
			七月，蔚县蝗，人捕食之。	乾隆《蔚县志》
691	1538年	明嘉靖十七年	安徽舒城大蝗伤稼，饥。	《中国历代蝗患之记载》
			夏四月，滦州、昌黎蝗。	光绪《永平府志》
			登封蝗，人相食。	乾隆《登封县志》
			宜阳蝗。	《宜阳县志》
			卫辉大蝗。	乾隆《卫辉府志》
			辉县大蝗。	道光《辉县志》
			汤阴蝗灾。	《汤阴县志》
			夏，平原大旱，蝗蝻食禾殆尽。	乾隆《平原县志》
			六月，蝗自东入长山境，越城渡河而西，所过田禾一空。	嘉庆《长山县志》

（续）

序号	公元纪年	历史纪年	蝗灾情况	资料来源
691	1538 年	明嘉靖十七年	泗水飞蝗蔽天，害稼。	光绪《泗水县志》
			滕县飞蝗蔽天，害稼。	《枣庄市志》
			春，富县遍地生蝗子，食豆苗，有司捕治不能止，忽大雨，蝗子尽光。	康熙《鄘州志》
			上高飞蝗蔽天，树叶被吃尽。	《上高县志》
			惠州蝗不伤稼。	光绪《惠州府志》
			兴宁蝗虫成灾。	《梅州市志》
692	1539 年	明嘉靖十八年	山东岁歉，令民捕蝗者倍予谷，蝗绝而饥者济。	《明史·李中传》
			夏，河南沁阳、江苏松江蝗灾。	《中国历代蝗患之记载》
			嘉兴大蝗。	《古今图书集成·庶征典·蝗灾部汇考》
			七月，高淳蝗，大雾三日，蝗尽死；青浦蝗食禾几尽。	民国《江苏省通志稿》
			吴郡甫里旱蝗。	清代《吴郡甫里志》
			青浦蝗食禾几尽。	光绪《青浦县志》
			德清有蝗。	《湖州市志》
			六月，安陆飞蝗弥彰天日。	道光《安陆县志》
			六月，咸宁飞蝗弥彰天日。	同治《咸宁县志》
			黄石蝗。	《黄石市志》
			大冶旱蝗。	《大冶县志》
			通城蝗灾。	《通城县志》
			嘉鱼蝗虫为灾。	《嘉鱼县志》
			徐水蝗灾。	《徐水县志》
			陵县蝗蝻食禾殆尽。	光绪《陵县志》
			瑞昌大水，飞蝗蔽日。	同治《瑞昌县志》
			微山蝗蝻害稼尤甚，室庐床榻皆满。	《微山县志》

（续）

序号	公元纪年	历史纪年	蝗灾情况	资料来源
692	1539 年	明嘉靖十八年	枣庄蝗虫害稼尤甚，室庐床榻皆满。	《枣庄市志》
			滕县蝗蝝害稼尤甚，室舍床榻皆满。	道光《滕县志》
			濮阳蝗伤稼。秋，郑县蝗。	《河南东亚飞蝗及其综合治理》
			河阴①蝗大祲。	民国《河阴县志》
			汝阳大旱，飞蝗蔽天。	康熙《汝阳县志》
			河内蝗蝻生。	道光《河内县志》
			秋，尉氏蝗。	道光《尉氏县志》
			秋，杞县蝗。	乾隆《杞县志》
			夏，永城蝗。	光绪《永城县志》
			秋，宁陵蝗伤禾菽尽。	《宁陵县志》
			秋，鲁山蝗灾。	《鲁山县志》
			驻马店大旱蝗。	《驻马店市志》
			遂平大旱，飞蝗蔽天。	《遂平县志》
			上蔡大旱，飞蝗蔽天。	《上蔡县志》
			确山旱，飞蝗蔽天。	民国《确山县志》
			新蔡蝗飞蔽天。	《新蔡县志》
			秋，固始蝗灾。	《固始县志》
			平舆旱，飞蝗蔽天。	《平舆县志》
			汝南大旱，飞蝗蔽天。	《汝南县志》
			潢川大旱，蝗灾。	《潢川县志》
			息县大旱蝗。	《息县志》
693	1540 年	明嘉靖十九年	嘉兴、湖州、衢州、会稽、诸暨、余姚、新昌、处州大蝗，黄陂、襄阳蝗。	《古今图书集成·庶征典·蝗灾部汇考》
			以旱蝗，免济南等府、德州等州、历城等县、涿鹿等卫并宣府、大同各民屯军粮。	《明实录·世宗实录》

① 河阴：旧县名，治所在今河南荥阳东北广武镇。

（续）

序号	公元纪年	历史纪年	蝗灾情况	资料来源
693	1540 年	明嘉靖十九年	江苏扬州、苏州，浙江吴兴、桐庐、严州，安徽巢县①蝗灾。	《中国历代蝗患之记载》
			七月，高邮、东台、通州、如皋、泰兴旱蝗。	民国《江苏省通志稿》
			吴郡甫里旱蝗。	清代《吴郡甫里志》
			靖江蝗灾。	光绪《靖江县志》
			夏，盐城飞蝗伤禾苗。	《盐城市志》
			夏，大丰飞蝗伤禾苗。	《大丰县志》
			夏，舒城、巢县蝗。	光绪《续修庐州府志》
			夏，英山蝗。秋，六安、霍山俱蝗，落地二尺，树枝压损。	同治《六安州志》
			夏秋，金寨蝗灾，树枝压弯，地面蝗厚六十厘米。	《金寨县志》
			太和、霍邱蝗。	乾隆《颍州府志》
			界首大蝗。	《界首县志》
			八月，舒城飞蝗落地二尺许，树枝压折。	《舒城县志》
			和州蝗。	光绪《直隶和州志》
			含山蝗。	康熙《含山县志》
			六月，浙江飞蝗蔽天，食芦苇、禾草无遗。	雍正《浙江通志》
			六月，嘉善蝗飞蔽天，芦苇、竹叶无遗。	光绪《嘉善县志》
			海盐飞蝗蔽天，食稻叶如剪。	《海盐县志》
			平湖大旱，蝗飞蔽天，食稼，饥。	《平湖县志》
			桐乡蝗飞蔽天，伤禾大半。	光绪《桐乡县志》
			武康、德清蝗灾，苇叶俱尽。	《德清县志》

① 巢县：旧县名，治所在今安徽巢湖市。

（续）

序号	公元纪年	历史纪年	蝗灾情况	资料来源
693	1540 年	明嘉靖十九年	长兴飞蝗蔽天，伤禾稼大半。	《长兴县志》
			夏，余姚蝗灾。	《宁波市志》
			夏，慈溪蝗。	《慈溪县志》
			丽水蝗。	《丽水市志》
			缙云蝗。	光绪《缙云县志》
			西安、龙游、江山蝗灾。	《衢州市志》
			夏，揭阳蝗害稼。	乾隆《揭阳县志》
			四月，大埔蝗灾，早稻绝收。	《梅州市志》
			十月，以旱蝗免山东济南、东昌等卫秋粮。	《聊城地区农牧渔业志资料》
			灵石蝗。	雍正《山西通志》
			濮阳旱蝗伤秋禾，民大饥。	《濮阳县志》
			秋，南乐蝗，大饥。	民国《南乐县志》
			卫辉府蝗。	乾隆《卫辉府志》
			辉县蝗。	道光《辉县志》
			秋，商城蝗虫为灾。	《商城县志》
			玉田蝗虫自西南飞来，铺天盖地，禾苗食尽，禾无收。	《玉田县志》
			平乡飞蝗蔽天，食禾殆尽，民饥食蝗。	《平乡县志》
			十月，临西蝗。	《临西县志》
			秋，大名府旱蝗伤稼，民大饥。	咸丰《大名府志》
			三河蝗自南而来，铺天盖地，阻碍交通，人马不能行。	《三河县志》
			大厂蝗自南来，铺天盖地，人马不能行，沟堑尽平，禾草俱尽。	《大厂回族自治县志》

（续）

序号	公元纪年	历史纪年	蝗灾情况	资料来源
694	1541 年	明嘉靖二十年	浙江嘉兴、江山、桐庐、寿昌、瑞安、奉化蝗灾。	《中国历代蝗患之记载》
			夏，通州、如皋、泰兴旱蝗。	民国《江苏省通志稿》
			武康又蝗灾。	《德清县志》
			建德大旱，蝗食禾稼不可胜计。	《建德县志》
			夏，诸暨蝗灾。	《诸暨县志》
			淳安蝗食禾不可胜计。	《淳安县志》
			汉川、沔阳①、麻城、钟祥、松滋、荆门、广济蝗。	民国《湖北通志》
			八月，麻城蝗自河南光山来，飞声如雷，所过田禾无遗。	民国《麻城县志前编》
			夏，遂宁蝗害。	《遂宁县志》
			夏，潼南蝗灾。	《潼南县志》
			夏，中牟蝗蝻食禾尽。	民国《中牟县志》
			秋，仪封蝻。	乾隆《仪封县志》
			秋，兰考蝗。	《兰考县志》
			秋，杞县蝻。	《杞县志》
			夏，通许蝗，民大饥。	乾隆《通许县志》
			洧川飞蝗蔽野。	嘉庆《洧川县志》
			卫辉府大蝗。	乾隆《卫辉府志》
			辉县大蝗。	道光《辉县志》
			秋，长垣大旱蝗，禾稼俱尽。	嘉庆《长垣县志》
			延津蝗翳天日，遍于郊野。	《延津县志》
			夏秋，陈州蝗。	乾隆《陈州府志》
			秋，淮阳蝗。	《淮阳县志》
			七月，禹州飞蝗蔽天。	《禹州市志》

---

① 沔阳：旧县名，治所在今湖北仙桃西南。

（续）

序号	公元纪年	历史纪年	蝗灾情况	资料来源
694	1541年	明嘉靖二十年	长葛旱，飞蝗遍野。	《长葛县志》
			六月，淄川蝗。	乾隆《淄川县志》
			夏六月，蒲台蝗。	乾隆《蒲台县志》
			秋，茌平蝗灾，官府令民以蝗易粮。	《茌平县志》
			秋，博平大蝗，令民捕蝗易粟。	道光《博平县志》
			秋，日照飞蝗自北来，食苗几尽。	康熙《日照县志》
			夏五月，大名府飞蝗蔽天。	咸丰《大名府志》
			鸡泽、成安、广平飞蝗蔽天，食禾殆尽。	光绪《广平府志》
			魏县飞蝗蔽天，饥，人相食。	《魏县志》
			永年飞蝗蔽天，食禾殆尽。	《永年县志》
			夏，易州旱蝗。	乾隆《直隶易州志》
			密云、怀柔飞蝗蔽天，食禾尽。	光绪《顺天府志》
			平乡、广宗民食蝗。	乾隆《顺德府志》
695	1542年	明嘉靖二十一年	六月，江山飞蝗自北来遮天蔽日，禾粟吃光。	《江山市志》
			夏六月，衢县多蝗。	民国《衢县志》
			六月，龙游蝗灾。	《龙游县志》
			靖江蝗灾。	光绪《靖江县志》
			怀庆蝗。	乾隆《怀庆府志》
			秋，浚县蝗虫为害。	《浚县志》
			商丘蝗蝻食麦苗。	《商丘县志》
			夏，虞城蝗蝻食麦。	光绪《虞城县志》
			五月，夏邑蝗蝻食麦。	民国《夏邑县志》
			温县蝗蝻结块如球。	《河南东亚飞蝗及其综合治理》

（续）

序号	公元纪年	历史纪年	蝗灾情况	资料来源
695	1542 年	明嘉靖二十一年	夏，冠县旱蝗，不为灾。	民国《冠县志》
			泰安蝗，不为灾。	乾隆《泰安府志》
			黄县旱蝗相仍。	同治《黄县志》
			四月，永平府蝗蝝遍地，大饥。	光绪《永平府志》
			丰南蝗蝻遍地，五谷歉收。	《丰南县志》
			丰润蝗蝻遍地，粮食歉收。	《丰润县志》
			夏四月，卢龙蝗蝻遍地，大饥。	民国《卢龙县志》
			抚宁蝗蝻遍地，大饥。	光绪《抚宁县志》
			清苑蝗。	民国《清苑县志》
			夏，定兴旱蝗。	光绪《定兴县志》
			蠡县蝗。	光绪《蠡县志》
			高阳蝗。	雍正《高阳县志》
			夏，武强遍地蝻生。	道光《武强县志》
			大城蝗，饥疫，人相食。	光绪《大城县志》
			秋，翁源蝗灾。	《翁源县志》
696	1543 年	明嘉靖二十二年	夏，定陶飞蝗蔽天，禾不能擎，栖于树，枝为之折。	康熙《兖州府志》
			新野大蝗，食禾殆尽。	《新野县志》
			义乌蝗复为灾。	《义乌县志》
			临高大旱，蝗伤稼，民饥。	光绪《临高县志》
697	1544 年	明嘉靖二十三年	江苏常熟、河南郑州蝗虫大发生。	《中国历代蝗患之记载》
			徐州府蝗，未入睢宁境。	同治《徐州府志》
			宝应大旱蝗。	《宝应县志》
			金湖大旱蝗。	《金湖县志》
			秋，泗州旱蝗，民饥。	《泗洪县志》
			吴郡甫里旱蝗。	清代《吴郡甫里志》
			霍邱旱蝗。	乾隆《颍州府志》

（续）

序号	公元纪年	历史纪年	蝗灾情况	资料来源
697	1544 年	明嘉靖二十三年	凤阳旱蝗，民流亡。	天启《凤阳新书》
			怀庆蝗，大疫。	乾隆《怀庆府志》
			武陟蝗。	道光《武陟县志》
			温县蝗。	《河南东亚飞蝗及其综合治理》
			夏，定陶飞蝗蔽天，禾不能擎，集树，枝为所折。	民国《定陶县志》
			夏，郴州蝗。	康熙《湖广通志》
			宜章县旱蝗，大饥。	万历《郴州志》
			秋，衡州①蝗作，民大饥。	光绪《衡州府志》
			春夏，安仁大旱，蝗作，民大饥。	同治《安仁县志》
			夏，衡南蝗虫大发，禾稼毁伤严重。	《衡南县志》
			夏，耒阳蝗灾，民饥馑。	《耒阳市志》
698	1545 年	明嘉靖二十四年	江苏常熟、浙江崇德蝗灾。	《中国历代蝗患之记载》
			常州大旱蝗。	民国《江苏省通志稿》
			无锡蝗。	《无锡市志》
			吴郡甫里旱蝗。	清代《吴郡甫里志》
			宝应大旱蝗。	《宝应县志》
			沭阳蝗。	民国《沭阳县志》
			河由野鸡岗决，南至泗州合淮入海，夏，盱眙大蝗。	光绪《盱眙县志稿》
			金湖大旱蝗。	《金湖县志》
			夏，河由野鸡岗决，泗洪大蝗。	《泗洪县志》
			八月，海州蝗灾严重，禾稼受害，民苦。	《连云港市志》
			八月，赣榆大蝗，落地厚三寸。	《赣榆县志》

---

① 衡州：旧府名，治所在今湖南衡阳。

（续）

序号	公元纪年	历史纪年	蝗灾情况	资料来源
698	1545 年	明嘉靖二十四年	桐乡石门①蝗，民大饥。	《桐乡县志》
			宜黄蝗食禾稼。	嘉靖《抚州府志》
			夏旱，沂州蝗灾。	乾隆《沂州府志》
			四月，临沂旱蝗。	民国《临沂县志》
			罗山飞蝗蔽天，禾黍食尽。	《罗山县志》
			六月，沙县旱蝗。	道光《沙县志》
699	1546 年	明嘉靖二十五年	杭州大蝗。	《古今图书集成·庶征典·蝗灾部汇考》
			余杭蝗灾。	民国《余杭县志》
			泗洪蝗。	《泗洪县志》
			盱眙蝗。	光绪《盱眙县志稿》
			吴郡甫里连被旱蝗，野多饿殍。	清代《吴郡甫里志》
			五月，济南大蝗。	道光《济南府志》
			五月，淄川蝗。	乾隆《淄川县志》
			五月，桓台大蝗。	《桓台县志》
			无棣蝗。	民国《无棣县志》
			六月，海丰旱蝗。	咸丰《武定府志》
			河北滦州蝗灾。	《中国历代蝗患之记载》
			秋，威县蝗。	光绪《广平府志》
			隆平蝗蝻生。	乾隆《隆平县志》
			海兴大蝗灾。	《海兴县志》
			舞阳大旱，蝗灾。	《舞阳县志》
700	1547 年	明嘉靖二十六年	六月，长垣蝰遍野，食稼，有蛤蟆遍野食蝰尽。	嘉庆《长垣县志》
			驻马店蝗。	《驻马店市志》
			六月，富源旱、蝗、雹灾严重，禾苗毁损严重。	《富源县志》
			石屏坝区旱，蝗虫成灾。	《石屏县志》

---

① 石门：旧县名，1958 年并入今浙江桐乡。

（续）

序号	公元纪年	历史纪年	蝗灾情况	资料来源
701	1548年	明嘉靖二十七年	秋，饶阳大蝗，食禾尽，发仓粟易之。	《河北省农业厅·志源（1）》
			德平蝗蝻生。	光绪《德平县志》
702	1549年	明嘉靖二十八年	秋，贵州旱蝗，诏免秋粮。	乾隆《贵州通志》
			夏，长山、淄川、平原旱蝗。	道光《济南府志》
			秋七月，蒲台大螣。	乾隆《蒲台县志》
			肥城蝗。	光绪《肥城县志》
			夏，桓台旱蝗。	《桓台县志》
703	1550年	明嘉靖二十九年	以旱蝗免南京英武[①]并寿州等卫屯粮有差。	《明实录·世宗实录》
			山东东平蝗伤稼。	《中国历代蝗患之记载》
			开州旱蝗害稼。	光绪《开州志》
			滑县蝗伤稼。	同治《滑县志》
			赵州诸县蝗飞蔽天。	《赵县志》
			大名旱蝗伤稼。	民国《大名县志》
			肥乡旱蝗。	光绪《广平府志》
			七月，六合蝗。	万历《应天府志》
704	1551年	明嘉靖三十年	香河飞蝗蔽天，食禾尽，民间男女捕蝗作餔。	光绪《顺天府志》
			兴济蝗。	民国《兴济县志书》
			青县蝗。	民国《青县志》
			夏，高阳蝗，不为灾。	雍正《高阳县志》
			秋，遵化蝗。	《直隶遵化州志》
			德州蝗，饥。	乾隆《德州志》
			陵县蝗入境。	光绪《陵县志》
			平原飞蝗入境。	乾隆《平原县志》
			秋，高苑蝗。	乾隆《高苑县志》

---

① 英武：旧卫名，治所在今安徽定远东北。

（续）

序号	公元纪年	历史纪年	蝗灾情况	资料来源
704	1551 年	明嘉靖三十年	夏，潼关蝗，遮天障日。秋，蝻生，禾被害。	《潼关县志》
			夏，陕县蝗飞蔽天。秋，蝻生，大饥。	民国《陕县志》
			夏，阌乡飞蝗蔽天。秋，蝻生，大饥。	民国《阌乡县志》
705	1552 年	明嘉靖三十一年	七月，兰溪飞蝗为灾，禾穗尽落。	《兰溪市志》
			七月，兴城蝗虫成灾，歉收。	《兴城县志》
706	1553 年	明嘉靖三十二年	富民蝗飞蔽天。	光绪《续云南通志稿》
			秋，德州飞蝗蔽天。	乾隆《德州志》
			广平旱蝗。	《古今图书集成·庶征典·蝗灾部纪事》
			顺德蝗虫为害早稻。	《顺德县志》
			肃州蝗大起，飞去关西，未伤禾稼。	乾隆《重修肃州新志》
			酒泉大蝗起，禾苗殆尽。	《酒泉市志》
707	1554 年	明嘉靖三十三年	温县蝗，大疫。	《河南东亚飞蝗及其综合治理》
			怀庆蝗，大疫。	乾隆《怀庆府志》
			原武大蝗。	乾隆《原武县志》
			春，兴化蝗蝻生。秋，蝗虫又至，田无谷物，食屋草尽。	《兴化市志》
			九月，麻城蝗自东山入境，无食，自去。	民国《麻城县志前编》
			山东曲阜蝗灾。	《中国历代蝗患之记载》
			六月，淄川蝗生。	乾隆《淄川县志》
708	1555 年	明嘉靖三十四年	九月，以蝗灾免山东济南、兖州、东昌、青州秋粮有差。	《明实录·世宗实录》
			河南孟县蝗灾。	《中国历代蝗患之记载》

（续）

序号	公元纪年	历史纪年	蝗灾情况	资料来源
708	1555 年	明嘉靖三十四年	秋，费县蝗。	光绪《费县志》
			肥城旱，蝗食禾殆尽。	光绪《肥城县志》
			秋，泰州、东台蝗食草无遗；江浦蝗，不为灾。	民国《江苏省通志稿》
			春，兴化蝗。秋，又蝗，食屋草殆尽。	《兴化市志》
			夏，来安蝗。秋，蝗害稼。	道光《来安县志》
			和州蝗。	光绪《直隶和州志》
			七月，河南蝗蝻生。	《河南东亚飞蝗及其综合治理》
			新乡蝗。	《新乡县志》
			秋七月，阳武蝗蝻生。	乾隆《阳武县志》
			濮阳蝗。	《濮阳县志》
			夏六月，开州大水蝗。	光绪《开州志》
			滑县蝗生。	同治《滑县志》
			罗山飞蝗蔽天，禾黍食尽。	《罗山县志》
			息县蝗，民饥。	嘉庆《息县志》
			夏六月，大名府蝗蝻生。	咸丰《大名府志》
			魏县蝗蝻生。	《魏县志》
709	1556 年	明嘉靖三十五年	盐山蝗，不为灾。	同治《盐山县志》
			海兴蝗。	《海兴县志》
			大港蝗灾。	《大港区志》
			秋，青城①大蝗。	乾隆《青城县志》
			罗山飞蝗蔽天，禾黍食尽。	《罗山县志》
710	1557 年	明嘉靖三十六年	汝宁②飞蝗蔽野。	雍正《河南通志》
			汝宁府汝阳飞蝗蔽天。	康熙《汝阳县志》
			秋，上蔡飞蝗蔽天。	《上蔡县志》

① 青城：旧县名，治所在今山东高青西青城段，1948 年与高苑县合并为今山东高青县。
② 汝宁：旧府名，治所在今河南汝南。

（续）

序号	公元纪年	历史纪年	蝗灾情况	资料来源
710	1557 年	明嘉靖三十六年	新蔡飞蝗蔽天。	《新蔡县志》
			秋，平舆旱，飞蝗蔽天。	《平舆县志》
			确山飞蝗蔽天。	民国《确山县志》
			八月，固始蝗灾。	《固始县志》
			秋，息县飞蝗蔽天。	嘉庆《息县志》
			潞州蝗食苗几尽。	光绪《顺天府志》
			潞州①蝗蝻食苗几尽。	光绪《通州志》
			秋七月，滦州蝗。	光绪《永平府志》
711	1558 年	明嘉靖三十七年	河北滦县、江苏徐州蝗。	《中国东亚飞蝗蝗区的研究》
			秋七月，永平府蝗，岁饥。	光绪《永平府志》
			秋七月，卢龙蝗，岁饥。	民国《卢龙县志》
			七月，抚宁蝗灾。	《抚宁县志》
			秋七月，临榆②蝗。	民国《临榆县志》
			七月，山海关闹蝗虫。	《山海关志》
			九月，北畿蝗。	《北京市丰台区志》
			泗水蝗害稼，入人家舍，床榻皆满。	光绪《泗水县志》
			河南水、旱、大蝗。	《河南东亚飞蝗及其综合治理》
			三月，顺德旱，蝗虫为害作物。	《顺德县志》
			七月，宁远③蝗虫成灾，人食树皮、糠秕。	《兴城县志》
			秋七月，绥中生蝗虫，庄稼歉收，贫困百姓剥树皮、吃糠菜度荒。	《绥中县志》
712	1559 年	明嘉靖三十八年	夏秋，河北宛平、山东莒州、江苏东台蝗。	《中国东亚飞蝗蝗区的研究》

① 潞州：旧州名，治所在今北京市通州区潞县镇，又称通潞。
② 临榆：旧县名，治所在今河北秦皇岛市山海关区。
③ 宁远：旧卫、州名，治所在今辽宁兴城。

（续）

序号	公元纪年	历史纪年	蝗灾情况	资料来源
712	1559年	明嘉靖三十八年	八月，永平府蝗。	光绪《永平府志》
			秋，平乡蝗，民大饥。	《平乡县志》
			夏，莒州蝗飞蔽日，入人家舍啮食衣物。	嘉庆《莒州志》
			夏，昌乐、安丘大旱蝗。	咸丰《青州府志》
			六月，潍县大蝗。	民国《潍县志稿》
			新泰旱蝗。	乾隆《泰安府志》
			驻马店旱，飞蝗蔽天。	《驻马店市志》
			夏秋，兴化蝗。	《兴化市志》
			宿州旱蝗。	光绪《宿州志》
			秭归大蝗，伤禾稼，饥。	《秭归县志》
			庄浪螟螣食稼几尽。	光绪《甘肃新通志》
713	1560年	明嘉靖三十九年	河北滦县、山东蒲台、山西、甘肃、湖北、安徽蝗，严重大发生。	《中国东亚飞蝗蝗区的研究》
			九月，以水灾、蝗蝻免南京锦衣卫并连阳①、泗州等卫所屯粮。以旱蝗免山东济南等府税。	《明实录·世宗实录》
			东阿旱，有蝗。	道光《东阿县志》
			寿张大旱，飞蝗蔽天。	光绪《寿张县志》
			秋，茌平蝗灾。	《茌平县志》
			秋，博平大蝗，令民捕蝗易粟，出官粟数千石。	道光《博平县志》
			秋，汶上蝗灾，平地厚寸许，禾稼、树叶一空。	万历《汶上县志》
			东平蝗伤禾稼。	《东平州志》
			新泰旱蝗。	乾隆《新泰县志》
			八月，淄川蝗蝻害稼。	乾隆《淄川县志》
			桓台旱蝗，田无禾。	《桓台县志》

---

① 连阳：今广东连州、连南、连山、阳山的简称。

（续）

序号	公元纪年	历史纪年	蝗灾情况	资料来源
713	1560 年	明嘉靖三十九年	秋七月，青州蝻自西北来，所过田禾一空。	咸丰《青州府志》
			秋，丰县蝗蝻遍生。	《丰县志》
			泗州大水蝗。	《泗洪县志》
			亳州蝗。	乾隆《颍州府志》
			宿州旱蝗。	光绪《宿州志》
			松滋大蝗。	民国《湖北通志》
			八月，定襄飞蝗害稼。	雍正《山西通志》
			平定大旱蝗。	光绪《平定州志》
			七月，昔阳大旱蝗。	民国《昔阳县志》
			寿阳大旱蝗。	光绪《寿阳县志》
			以水旱、蝗蝻，免彰德、卫辉、怀庆、归德四府州县税。孟县旱，蝗灾。	《河南东亚飞蝗及其综合治理》
			秋，阳武蝗蝻生。	乾隆《阳武县志》
			汤阴旱，蝗蝻生。	《汤阴县志》
			台前大旱，飞蝗蔽天。	《台前县志》
			商丘旱蝗。	《商丘县志》
			安州蝗害禾，民饥。灵寿旱蝗，民饥。深泽旱，蝗蔽天，食禾殆尽，民流离。	《河北省农业厅·志源（1）》
			赵州诸县旱蝗，流移载道。	光绪《赵州志》
			晋州大旱，蝗蝻生，道馑相望，民多流徙河南。	康熙《晋州志》
			赞皇大旱，蝗飞蔽天，流离载道。	乾隆《赞皇县志》
			六月，无极蝗旱，西南境尤甚。	民国《重修无极县志》
			七月，栾城大旱，飞蝗生蝻，寸草无遗，民流入河南就食。	同治《栾城县志》
			秋九月，免永平府旱蝗田租。	光绪《永平府志》

（续）

序号	公元纪年	历史纪年	蝗灾情况	资料来源
713	1560 年	明嘉靖三十九年	秋，遵化蝗。	《遵化县志》
			玉田旱，飞蝗积地。	光绪《玉田县志》
			抚宁飞蝗蔽天，大饥。	光绪《抚宁县志》
			春，丰润旱，飞蝗蔽空，庄稼所剩无几，民食野草度日。	《丰润县志》
			丰南飞蝗蔽空，民大饥。	《丰南县志》
			三河蝗自南来，如水越城北行，碍人马不得行，坑堑皆盈，禾草俱尽。	乾隆《三河县志》
			夏，大城蝗。	光绪《大城县志》
			霸县旱蝗。	民国《霸县新志》
			夏，文安蝗。	《文安县志》
			满城蝗蝻遍地，害稼，民大饥。	光绪《保定府志》
			易州春夏不雨，虫蝥满野。	乾隆《直隶易州志》
			夏，定兴蝗蝻盈野，大无麦。	光绪《定兴县志》
			清苑蝗蝻遍地，害稼，民大饥，人相食。	民国《清苑县志》
			新城至夏不雨，螽蝥盈野，无麦。	民国《新城县志》
			蠡县蝗，民大饥。	光绪《蠡县志》
			安新蝗蝻遍地，残噬禾苗，民大饥，父子相食。	《安新县志》
			高阳蝗，民大饥。	雍正《高阳县志》
			完县①大蝗，颗粒无收，至有父子相食者。	民国《完县新志》
			吴桥飞蝗蔽天，食禾殆尽。	光绪《吴桥县志》
			东光蝗飞蔽天，食禾殆尽。	《东光县志》
			肃宁蝗蔽天，禾穗殆尽。	乾隆《肃宁县志》

---

① 完县：旧县名，1993 年改名今河北顺平县。

（续）

序号	公元纪年	历史纪年	蝗灾情况	资料来源
713	1560 年	明嘉靖三十九年	夏，任丘大蝗，蔽天，禾尽食。	乾隆《任丘县志》
			河间飞蝗蔽天，禾穗殆尽。	乾隆《河间县志》
			献县蝗飞蔽天，食禾尽。	民国《献县志》
			夏，饶阳旱蝗，野无青草，民多流亡。	《饶阳县志》
			顺德府旱蝗。	乾隆《顺德府志》
			邢台旱蝗。	民国《邢台县志》
			清河遍地蝗生，大饥，民采草木、根叶为食，多饿死者。	民国《清河县志》
			柏乡蝗飞蔽天。	《柏乡县志》
			唐山①大旱，蝗飞蔽天。	光绪《唐山县志》
			隆平蝗飞蔽天，大饥。	乾隆《隆平县志》
			夏六月，南宫蝗，不为灾。	民国《南宫县志》
			任县旱蝗。	民国《任县志》
			平乡蝗飞蔽天。	《平乡县志》
			夏，广宗蝗飞蔽天，大饥。	《广宗县志》
			内丘蝗飞蔽天，民食草根、树皮，或剥殍肉，或呻吟气尚未绝而操刀剥之，流离四方不可胜纪。	道光《内邱县志》
			临城飞蝗蔽天，岁大饥，民流移河南过半。	《临城县志》
			曲周、鸡泽、成安、清河旱蝗，民大饥。	光绪《广平府志》
			秋，鸡泽蝗，民大饥。	民国《鸡泽县志》
			成安旱，大蝗，诏赈饥。	民国《成安县志》
			秋，邱县大旱蝗。	《邱县志》
			曲周旱，蝗灾。	《曲周县志》

---

① 唐山：旧县名，治所在今河北隆尧西南尧山乡。

（续）

序号	公元纪年	历史纪年	蝗灾情况	资料来源
713	1560 年	明嘉靖三十九年	怀柔飞蝗蔽天，日为不明，禾稼殆尽，县南高庄、郑庄居民鸣锣、焚火、掘地挡之，须臾蝗积如山，不分男女尽出焚埋，二庄独不受害。	民国《怀柔县新志》
			顺天府蝗，大饥。三河蝻南来如水，越城北飞，碍人马不能行，坑堑尽盈，禾草俱尽。	光绪《顺天府志》
			顺义蝗，大饥，赈济。	民国《顺义县志》
			七月，密云蝗食禾几尽。	《密云县志》
			天津河西区蝗灾，啃食禾苗。	《河西区志》
			宝坻蝗食麦禾殆尽。	《宝坻县志》
			宁河蝗食麦禾殆尽。	《宁河县志》
714	1561 年	明嘉靖四十年	顺德飞蝗蔽天，饥。贵州蝗飞蔽天，伤禾稼。	《古今图书集成·庶征典·蝗灾部汇考》
			五月，延安蝗灾。	《延安地区志》
			内黄蝗，大饥。	光绪《内黄县志》
			夏，抚宁蝗，人食树皮、草根。	光绪《永平府志》
			夏，卢龙蝗，饥。	民国《卢龙县志》
			春，昌黎捕蝗。	民国《昌黎县志》
			玉田旱，蝻生。	光绪《玉田县志》
			六月，抚宁蝗蝻生，食稼殆尽，人食草根、树皮。	光绪《抚宁县志》
			遵化蝗蝻生，米价腾贵。	《遵化县志》
			丰润旱，蝗虫积地数寸，绵亘百里，庄稼几乎绝收。	《丰润县志》
			雄县旱蝗。	民国《雄县新志》
			青县蝗，连年饥馑，至人相食。	民国《青县志》

（续）

序号	公元纪年	历史纪年	蝗灾情况	资料来源
714	1561年	明嘉靖四十年	兴济蝗。	民国《兴济县志书》
			夏，大名府蝗伤麦禾，民饥。	咸丰《大名府志》
			巨鹿蝗飞蔽天，大饥。	光绪《巨鹿县志》
			沙河蝗飞蔽天，大饥。	民国《沙河县志》
			蔚州蝗，饥。	光绪《蔚州志》
			密云、怀柔大旱，蝗蝻生。	光绪《顺天府志》
			北镇蝗灾发生。	《北镇县志》
715	1562年	明嘉靖四十一年	浙江桐庐蝗灾。	《中国历代蝗患之记载》
			安康蝗。	《安康县志》
			旬阳蝗。	《旬阳县志》
			乐亭蝗入境，不为灾。	光绪《永平府志》
			香河蝗蝻食田禾殆尽。	光绪《顺天府志》
			清苑蝗。	民国《清苑县志》
			新城蝗，大饥。	民国《新城县志》
			蠡县蝗。	光绪《蠡县志》
			夏四月，易州蝗。	乾隆《直隶易州志》
			秋，汶上螣虫生，食禾殆尽。	《汶上县志》
716	1564年	明嘉靖四十三年	庆云蝗，民饥，流移十之三。	民国《庆云县志》
			嘉祥旱蝗。	《嘉祥县志》
			昌邑飞蝗蔽天，食田禾殆尽。	乾隆《莱州府志》
			海兴蝗。	《海兴县志》
			崞县蝗，不为灾。	乾隆《崞县志》
717	1565年	明嘉靖四十四年	山东莱芜、肥城、沂州，湖北麻城，河南孟县蝗灾。	《中国历代蝗患之记载》
			紫阳蝗灾。	《紫阳县志》

(续)

序号	公元纪年	历史纪年	蝗灾情况	资料来源
717	1565 年	明嘉靖四十四年	七月，邗江蝗灾。	《邗江县志》
			秋，丰县蝗虫成灾。	《丰县志》
			萧县旱蝗。	同治《徐州府志》
			四月，桓台大蝗。	《桓台县志》
			夏四月，青州大蝗。	咸丰《青州府志》
			夏四月，昌乐大蝗。	嘉庆《昌乐县志》
			夏，潍县大蝗。	民国《潍县志稿》
			夏，莒县蝗灾。	《莒县志》
			六月，禹州蝗灾。	《禹州市志》
718	1566 年	明嘉靖四十五年	山东新泰、莱芜、肥城蝗害稼。	《中国历代蝗患之记载》
			远安雨蝗杀稼。	康熙《湖广通志》
			至六月不雨，丰南飞蝗遍地，禾尽。	《丰南县志》
			北畿旱蝗。	《北京市丰台区志》
			万泉蝗蝻为灾，秋无收。	《山西蝗虫》
			夏，祁县蝗。	雍正《山西通志》
			舒城蝗，禾稼尽枯。	光绪《续修庐州府志》
719	1567 年	明隆庆元年	七月，枣强蝗。	乾隆《冀州志》
720	1568 年	明隆庆二年	夏六月，永平府飞蝗蔽空。	光绪《永平府志》
			六月，抚宁飞蝗蔽空。	光绪《抚宁县志》
			阜城大蝗蝻，不为灾。	雍正《阜城县志》
			夏，德州大旱蝗。	道光《济南府志》
			德县旱蝗。	民国《德县志》
			临邑飞蝗蔽天，东西亘数里，伤禾几尽。	同治《临邑县志》
			秋七月，蒲台蝗。	乾隆《蒲台县志》
			六月，翼城蝗。	雍正《山西通志》
			浮山旱蝗。	民国《浮山县志》

（续）

序号	公元纪年	历史纪年	蝗灾情况	资料来源
721	1569 年	明隆庆三年	六月，山东旱蝗。	《明史·五行志》
			山东曲阜、东昌蝗灾。	《中国历代蝗患之记载》
			六月，济南府旱蝗。	道光《济南府志》
			六月，历城蝗。	乾隆《历城县志》
			六月，齐河旱蝗。	《齐河县志》
			夏六月，恩县蝗飞蔽天，后蝻生遍野，伤禾殆尽。	宣统《重修恩县志》
			秋，茌平白头雀，蝗灾情减轻。	《茌平县志》
			秋，博平蝗，白头雀群飞田间，蝗不为灾。	道光《博平县志》
			嘉祥旱蝗。	《嘉祥县志》
			汶上蝗生。	万历《汶上县志》
			夏六月，山东无棣蝗。	民国《无棣县志》
			夏，新城蝗。	民国《重修新城县志》
			夏，长山蝗。	嘉庆《长山县志》
			夏五月，昌乐、安丘蝗。	咸丰《青州府志》
			夏，肥城蝗。	乾隆《泰安府志》
			七月，昌邑有蝗，民大饥。	乾隆《昌邑县志》
			闰六月，胶州旱蝗。	民国《增修胶志》
			夏，霸州蝗。	光绪《顺天府志》
			夏，大城蝗。	光绪《大城县志》
			夏，文安蝗。	《文安县志》
			六月，丰润飞蝗骤起，遮空蔽日。	《丰润县志》
			六月，河间蝗灾。	《明实录·穆宗实录》
			夏六月，海兴大旱，飞蝗蔽空，蠲夏麦之半。	《海兴县志》
			夏六月，南宫蝗，不为灾。	乾隆《冀州志》
			夏六月，蝗。	咸丰《大名府志》

（续）

序号	公元纪年	历史纪年	蝗灾情况	资料来源
721	1569 年	明隆庆三年	魏县蝗。	《魏县志》
			六月，飞蝗蔽天，后蝻生遍野，伤禾殆尽。	嘉庆《东昌府志》
			六月，大港蝗灾。	《大港区志》
			石门、慈利旱蝗。	光绪《湖南通志》
722	1570 年	明隆庆四年	石门、慈利旱蝗。	康熙《湖广通志》
			湖北螟蝗害稼。	民国《湖北通志》
			湖北竹溪蝗灾。	《中国历代蝗患之记载》
			济南府新城蝗。	道光《济南府志》
			蓬莱蝗蝻生。	道光《蓬莱县志》
723	1571 年	明隆庆五年	旬阳、白河飞蝗害稼。	《旬阳县志》
			安康蝗。	《安康县志》
			兴安①、紫阳蝗。	乾隆《兴安府志》
			夏六月，蒲台旱，螣生。	乾隆《蒲台县志》
			桂阳蝗，大饥。	光绪《湖南通志》
724	1572 年	明隆庆六年	江陵、松滋大水蝗。	康熙《湖广通志》
			夏，江夏、江陵、枝江、松滋蝗。	民国《湖北通志》
			枝江蝗虫成灾。	《枝江县志》
			江永蝗害。	《江永县志》
725	1573 年	明万历元年	松滋、宜都蝗。	康熙《湖广通志》
			松滋、长阳、枝江、宜都蝗。	民国《湖北通志》
			会同蝗虫成灾，饥荒。	《会同县志》
			安康蝗食稻。	《安康县志》
			旬阳蝗食稻，叶尽穗落。	《旬阳县志》
			白河蝗食稻叶尽。	《白河县志》
			冀州飞蝗蔽天，官宅、民房一片黄赤。	《河北省农业厅·志源（3）》

① 兴安：旧州、府名，治所在今陕西安康南。

（续）

序号	公元纪年	历史纪年	蝗灾情况	资料来源
725	1573 年	明万历元年	夏，惠来蝗害稼。	雍正《惠来县志》
726	1574 年	明万历二年	江陵大水蝗。	康熙《湖广通志》
			东明蝗。	《东明县志》
			白河蝗发。	《白河县志》
			丰都蝻虫生，禾根如刈。	光绪《丰都县志》
727	1576 年	明万历四年	将乐蝗。	乾隆《延平府志》
			六月，丹阳飞蝗入境。	《治蝗全法》
728	1577 年	明万历五年	夏，兴安复生蝗。	乾隆《兴安府志》
			陕西白河蝗复生。	光绪《白河县志》
			夏，旬阳蝗复生。	《旬阳县志》
			淄川旱，蝗蝻食禾殆尽。	道光《济南府志》
			武隆蝗虫，禾根如刈。	民国《涪陵县续修涪州志》
			七月，顺德蝗灾，禾苗食尽。	《顺德县志》
729	1578 年	明万历六年	秋，浙江长兴蝗伤稼。	《中国历代蝗患之记载》
730	1579 年	明万历七年	福建蝗。	《古今图书集成·庶征典·蝗灾部汇考》
			泉州大旱蝗，民饥馑。	乾隆《泉州府志》
			同安大旱蝗，饥。	《同安县志》
			南安旱，蝗灾，民饥馑。	《南安县志》
			泉州大旱蝗，民饥馑。	乾隆《福建通志》
			稷山蝗。	同治《稷山县志》
			夏，泗水蝻遍野，害稼民饥。	光绪《泗水县志》
			兰溪蝗虫害稼。	《兰溪市志》
731	1580 年	明万历八年	怀庆济源县蝗。	乾隆《怀庆府志》
			河南沁阳蝗灾。	《中国历代蝗患之记载》
			河内蝗。	道光《河内县志》
			夏，兴国蝗。	民国《湖北通志》

（续）

序号	公元纪年	历史纪年	蝗灾情况	资料来源
731	1580年	明万历八年	武昌蝗。	康熙《武昌府志》
			六月，秭归飞蝗食禾。	《秭归县志》
			夏，阳新蝗虫遍野。	《阳新县志》
732	1581年	明万历九年	安新县蝗蝻遍野，百姓捕捉，收蝗八九石。	《安新县志》
			临邑蝗。	同治《临邑县志》
			陈州蝗。	乾隆《陈州府志》
			扶沟蝗。	光绪《扶沟县志》
			许州蝗。	道光《许州志》
			夏，新野唐、白河流域蝗，饥。	《新野县志》
			临颍蝗。	民国《重修临颍县志》
			东台蝗灾，群鹜和海鸽食之。	《中国历代蝗患之记载》
			台州旱蝗。	雍正《浙江通志》
			临海旱，蝗虫食苗。	《临海县志》
			仙居旱，蝗食苗，根节俱尽。	光绪《仙居县志》
			黄陂大水蝗，大饥。	同治《黄陂县志》
			潮阳蝗。	《潮阳县志》
733	1582年	明万历十年	卫辉旱蝗。	雍正《河南通志》
			中牟蝗蝻伤禾。	民国《中牟县志》
			七月，杞县大蝗。	《杞县志》
			汲县旱蝗。	乾隆《汲县志》
			辉县旱蝗。	道光《辉县志》
			秋，原武螽。	乾隆《怀庆府志》
			长垣蝗。	嘉庆《长垣县志》
			秋，商丘地区大蝗，声如风雨，所至草木皆空。	《商丘地区志》
			虞城大蝗。	光绪《虞城县志》
			永城大蝗。	光绪《永城县志》

（续）

序号	公元纪年	历史纪年	蝗灾情况	资料来源
733	1582 年	明万历十年	夏邑大蝗。	民国《夏邑县志》
			夏秋，陈州蝗蝻害稼。	乾隆《陈州府志》
			秋，淮阳蝗蝻害稼。	《淮阳县志》
			秋，长葛蝗食庄稼。	《长葛县志》
			郾城蝗。	民国《郾城县记》
			安新蝗灾。	《安新县志》
			交河蝗，长垣蝗。	《中国历代蝗患之记载》
			涉县蝗灾。	《涉县志》
			沭阳大旱蝗；铜山蝗，不为灾。	民国《江苏省通志稿》
			秋，徐州蝗，不为灾。	同治《徐州府志》
			沭阳旱蝗。	民国《沭阳县志》
			安塞蝗虫遍野，民大饥。	《安塞县志》
			夏六月，昌乐、安丘蝗。	咸丰《青州府志》
734	1583 年	明万历十一年	夏，扬州大旱蝗，有鹜及海鹘食之，淮安、睢宁蝗。	民国《江苏省通志稿》
			夏，泰州旱，多蝗，鹜鹕食之。	道光《泰州志》
			六月，永平府蝗。	光绪《永平府志》
			六月，卢龙蝗。	民国《卢龙县志》
			青县蝗。	民国《青县志》
			兴济蝗。	民国《兴济县志书》
			东光蝗灾。	光绪《东光县志》
			献县蝗，不为灾。	民国《献县志》
			大名府旱蝗。	咸丰《大名府志》
			魏县蝗。	《魏县志》
			濮阳旱蝗。	《濮阳县志》
			怀远沘河南北蝗起，有野鹳及群鸦万余食之殆尽。	嘉庆《怀远县志》

（续）

序号	公元纪年	历史纪年	蝗灾情况	资料来源
734	1583年	明万历十一年	来安旱蝗。	道光《来安县志》
			夏，茌平蝗蝻满地。	《茌平县志》
			八月，滨州蝗。	咸丰《武定府志》
			夏六月，昌乐、安丘、诸城大蝗。	咸丰《青州府志》
			夏四月，莒州蝗。	乾隆《沂州府志》
			霍州蝗食禾如扫。	道光《霍州直隶州志》
			吉县旱，蝗灾。	《吉县志》
735	1584年	明万历十二年	十月，以水、旱、蝗灾，诏免湖广、山东各被灾伤地方屯钱粮。	《明实录·神宗实录》
			嘉祥旱蝗。	《嘉祥县志》
			淄川蝗虫伤谷。	乾隆《淄川县志》
			榆次蝗。	《榆次市志》
			沧州蝗。	乾隆《沧州志》
			沧州青县蝗。	乾隆《天津府志》
			海兴蝗。	《海兴县志》
			夏，泗洪旱蝗。	《泗洪县志》
736	1585年	明万历十三年	盐山大旱，飞蝗蔽空，特加赈恤，蠲夏麦之半。	乾隆《天津府志》
			海兴大旱，飞蝗蔽空。	《海兴县志》
			孟村大旱，飞蝗蔽空。	《孟村回族自治县志》
			大名府大旱蝗。	咸丰《大名府志》
			大名旱蝗，诏免田租十之三。	民国《大名县志》
			大港大旱，蝗飞蔽空。	《大港区志》
			长垣旱蝗。	嘉庆《长垣县志》
			夏，光山旱蝗，人相食。	《光山县志》
			固始蝗灾。	《固始县志》
			夏，商城旱蝗。	《商城县志》
			潢川旱，蝗灾严重，人相食。	《潢川县志》

（续）

序号	公元纪年	历史纪年	蝗灾情况	资料来源
736	1585 年	明万历十三年	秋，榆次蝗食禾。	雍正《山西通志》
			夏，泗县旱，蝗蝻盖地数寸。	光绪《泗虹合志》
			五河飞蝗蔽天。	光绪《五河县志》
			夏，泗州旱，蝗盖地。	乾隆《泗州志》
			夏，泗洪旱，蝗蝻生，盖地数寸。	《泗洪县志》
			英德县蝗虫食禾，大饥。	《韶关市志》
737	1586 年	明万历十四年	宝坻飞蝗蔽空，邑令捕蝗三十石，大饥，民相食。	《宝坻县志》
			春，香河旱，蝗灾。	《香河县志》
			七月，阳武蝗生。	乾隆《阳武县志》
			怀庆大旱蝗。	乾隆《怀庆府志》
			六月，同官蝗飞蔽天，向西飞去，不为灾。	《铜川市志》
			莒州蝗害稼。	《山东蝗虫》
			应城飞蝗入境。	《应城县志》
			桂阳蝗害稼，忽风雷大作，蝗灭。	乾隆《衡州府志》
738	1587 年	明万历十五年	七月，江北蝗。	《明史·五行志》
			夏，淮安大旱蝗，草木皆空。	民国《江苏省通志稿》
			江苏淮阴蝗灾。	《中国历代蝗患之记载》
			夏，山阳大旱蝗，草木皆空。	同治《重修山阳县志》
			夏秋，嘉山大旱蝗。	《嘉山县志》
			夏，怀远连月不雨，禾损于蝗。	嘉庆《怀远县志》
			秋，衢州蝗食禾几尽。	《衢州市志》
			秋，开化飞蝗蔽野，晚禾蚕食殆尽。	《开化县志》

（续）

序号	公元纪年	历史纪年	蝗灾情况	资料来源
738	1587 年	明万历十五年	当阳蝗虫为害，民不聊生，人食草木。	《当阳县志》
			春，铜川蝗蝻食禾。	《铜川市志》
			临晋、猗氏①蝗。	雍正《山西通志》
			临晋、猗氏蝗灾。	《临猗县志》
			永济蝗灾，民大饥，有弃婴儿于野，赈之。	《永济县志》
			陈州蚄蝗害稼。	乾隆《陈州府志》
			秋，平原螣食晚禾。	乾隆《平原县志》
			秋七月，恩县螣生遍野，食禾伤穗。	宣统《重修恩县志》
			莱芜蝗。	乾隆《泰安府志》
			四月，武清先旱后蝗，知县令乘其初产未翅，出示军民，有能捕获者以粟抵易，男妇争先掘坑捕取二百余石，蝗不为灾。	乾隆《武清县志》
			永清旱蝗。	光绪《顺天府志》
			威县蝗伤稼。	光绪《广平府志》
			徐闻蝗灾，庄稼受损。	《徐闻县志》
			海康蝗杀稼。	《海康县志》
			佛冈蝗虫食禾，大饥。	《佛冈县志》
			遂溪蝗杀稼。	《遂溪县志》
			文昌蝗虫食稻殆尽。	《文昌县志》
739	1588 年	明万历十六年	七月，绛县蝗飞蔽天，食禾殆尽。	《古今图书集成·庶征典·蝗灾都汇考》
			七月，新绛蝗飞蔽天，食禾殆尽。	民国《新绛县志》
			卢氏大蝗。	光绪《卢氏县志》
			交河蝗飞蔽日，蝻子厚积数寸。	民国《交河县志》

---

　①　临晋、猗氏：均为旧县名，1954 年合并为今山西临猗县。

（续）

序号	公元纪年	历史纪年	蝗灾情况	资料来源
739	1588 年	明万历十六年	夏，桓台旱蝗。	《桓台县志》
			宝应旱蝗。	《宝应县志》
			安东蝗，大饥。	光绪《安东县志》
			浙江吴兴、长兴蝗灾。	《中国历代蝗患之记载》
			五月，湖州蝗灾，饥殍载道。	《湖州市志》
			孝丰①旱蝗。	同治《孝丰县志》
			东阳蝗灾，民饥。	《东阳市志》
			宜章旱蝗。	光绪《湖南通志》
			海康县境飞蝗杀稼。	《海康县志》
			六月，建阳蝗灾。	《建阳县志》
740	1589 年	明万历十七年	安邑②大蝗。	雍正《山西通志》
			秋，萧县、扬州、东台旱蝗。	民国《江苏省通志稿》
			夏，泰县旱蝗。	《泰县志》
			商州蝗伤禾。	《陕西蝗区勘察与治理》
			获嘉蝗，草木皆枯。	民国《获嘉县志》
			青县蝗。	乾隆《天津府志》
			新河飞蝗蔽日。	民国《新河县志》
			饶阳蝗食禾稼尽。	《饶阳县志》
			武强蝗。	道光《武强县志》
			兴济蝗。	民国《兴济县志书》
741	1590 年	明万历十八年	秋八月，新城飞蝗蔽日。	民国《重修新城县志》
			八月，高苑蝗飞蔽日。	乾隆《高苑县志》
			六月，蒲台螣生。	乾隆《蒲台县志》
			夏，天津大蝗，群飞蔽天，声若风雨，流粪遍地，禾稼被食几尽。	《东丽区志》

---

① 孝丰：旧县名，1958 年并入今浙江安吉。
② 安邑：旧县名，治所在今山西运城东北。

（续）

序号	公元纪年	历史纪年	蝗灾情况	资料来源
741	1590 年	明万历十八年	夏，北辰境内飞蝗蔽天，禾稼被食殆尽。	《北辰区志》
			解州安邑蝗。	雍正《山西通志》
			扬州、仪征、东台旱蝗。	民国《江苏省通志稿》
			泰县旱蝗相仍，田尽成赤地。	道光《泰县志》
			五月，安东蝗灾。	《涟水县志》
742	1591 年	明万历十九年	夏，顺德、广平、大名蝗。	《明史·五行志》
			真定被蝗旱灾伤。	《明实录·神宗实录》
			是年，畿内蝗。	《明史·神宗本纪》
			五月，新乐蝗生县东，未几，蝻滋生遍野。	光绪《重修新乐县志》
			遵化蝗飞蔽天。	《遵化县志》
			满城蝗蝻生，官出仓谷易之。	民国《满城县志略》
			秋，安新蝗虫为灾，令百姓捕捉，用斗蝗换斗米。	《安新县志》
			秋七月，易州蝻生。	乾隆《直隶易州志》
			五月，定州蝗灾，所过禾无遗穗。	雍正《直隶定州志》
			兴济蝗。	民国《兴济县志书》
			青县蝗。	民国《青县志》
			夏，河间大蝗，食禾几尽。	康熙《河间府志》
			夏，献县蝗食禾几尽。	民国《献县志》
			夏，肃宁大蝗，食禾几尽。	乾隆《肃宁县志》
			夏，东光蝗食禾几尽。	《东光县志》
			吴桥蝗食禾尽。	《吴桥县志》
			六月，武邑蝼食禾。	《武邑县志》
			安平蝗蝻遍野，无稼。	《安平县志》
			深州蝗蝻遍野，禾稼一空。	道光《深州直隶州志》
			秋，枣强飞蝗蔽日，蝻生遍野。	乾隆《冀州志》

（续）

序号	公元纪年	历史纪年	蝗灾情况	资料来源
742	1591 年	明万历十九年	夏六月，衡水蝗蝻生，邻境盈尺，知县令民缴蝗给谷，日得数石。	《衡水市志》
			平乡旱蝗。	乾隆《顺德府志》
			永年蝗。	光绪《永年县志》
			秋，鸡泽蝗，禾稼尽伤。	民国《鸡泽县志》
			邱县蝗。	康熙《邱县志》
			顺义蝗。	民国《顺义县志》
			夏，天津大蝗，群飞蔽天，声如雷雨，禾稼被食几尽。	《天津通志·大事记》
			夏，西青大蝗，群飞蔽天，声若风雨，流粪遍地，食禾稼几尽。	《西青区志》
			夏，津南蝗灾，庄稼几尽。	《津南区志》
			河东蝗虫群飞蔽天蔽日，声如雷雨，流粪满地，稻谷几乎吃尽。	《河东区志》
			夏，宁河大蝗，群飞蔽天，声如雷雨，食禾几尽。	《宁河县志》
			夏，静海蝗飞蔽天，声若雷雨，食禾苗几尽。	《静海县志》
			保定①蝗。	康熙《保定县志》
			霸县蝗。	民国《霸县新志》
			夏，德平大蝗。	道光《济南府志》
			夏六月，恩县蝗入境，食苗殆尽，后蝻复作。	宣统《重修恩县志》
			夏六月，夏津蝗。	乾隆《夏津县志》
			夏六月，东昌府蝗。	嘉庆《东昌府志》
			夏六月，聊城蝗。	宣统《聊城县志》
			八月，桓台飞蝗蔽天。	民国《桓台县志》

---

① 保定：旧县名，治所在今河北文安县西北新镇镇。

（续）

序号	公元纪年	历史纪年	蝗灾情况	资料来源
742	1591年	明万历十九年	四月，大埔蝗害，禾苗被食殆尽。	《梅州市志》
			四月，揭西蝗虫食苗殆尽。	《揭西县志》
			四月，揭阳蝗虫食苗殆尽。	《揭阳县志》
743	1592年	明万历二十年	春，保定蝗。	光绪《保定府志》
			春，容城蝗。	《容城县志》
			二月中，枣强蝻复生，忽雨雪厚四寸许，蝻尽冻死。	嘉庆《枣强县志》
			安庆府螽。	康熙《安庆府志》
			秋，潜山旱蝗。	康熙《潜山县志》
			秋不雨，宿松螽。	《宿松县志》
			宁都蝗蝻蔽野，饥民流离。	《宁都县志》
744	1593年	明万历二十一年	利津飞蝗蔽天。	光绪《利津县志》
			正阳蝗，人相食。	嘉庆《正阳县志》
			城步螟蝗害稼。	光绪《湖南通志》
745	1594年	明万历二十二年	南和县蝗。	乾隆《南和县志》
			六月，利津蝗。	咸丰《武定府志》
			夏，滕县旱蝗。	道光《滕县志》
			泗县蝗食禾稼，赤地如焚。	《泗虹合志》
			夏四月，内黄蝗。	咸丰《大名府志》
			汝南、新蔡、正阳旱，蝗灾。	《驻马店地区志》
			夏，汝南旱，飞蝗蔽天。	《汝南县志》
746	1596年	明万历二十四年	江苏宿迁、沭阳，河南商丘、沁阳、荥泽蝗灾。	《中国历代蝗患之记载》
			河南旱蝗。	《河南东亚飞蝗及其综合治理》
			秋，卫辉蝗食禾稼殆尽，至啮人衣。	雍正《河南通志》

（续）

序号	公元纪年	历史纪年	蝗灾情况	资料来源
746	1596 年	明万历二十四年	中牟蝗，惟韩庄里、板桥、高黄里、郭泽里、鲁庙、白沙里、蒋家冲、大庄里等处蝗最多。	民国《中牟县志》
			七月，杞县蝗。	《杞县志》
			秋，新乡遭蝗灾，民饥苦。	《新乡县志》
			秋，汲县蝗食禾殆尽。	乾隆《汲县志》
			阳武蝗蝻生。	乾隆《阳武县志》
			延津大蝗。	《延津县志》
			七月，焦作旱蝗大作，沟堑尽平，禾无遗穗。	《焦作市志》
			七月，怀庆大蝗，伤禾稼。	乾隆《怀庆府志》
			河内蝗蝻生。	道光《河内县志》
			秋七月，修武旱蝗大作，沟堑尽平，禾无遗。	道光《修武县志》
			济源大旱，蝗蝻生。	乾隆《济源县志》
			秋，滑县蝗。	同治《滑县志》
			内黄大蝗。	光绪《内黄县志》
			夏邑蝗。	民国《夏邑县志》
			永城蝗。	光绪《永城县志》
			汝州大旱蝗。	道光《汝州全志》
			宝丰蝗灾。	《宝丰县志》
			郏县大旱蝗。	《郏县志》
			夏，汝南蝗。	《汝南县志》
			上蔡蝗蝻为害。	《上蔡县志》
			夏秋间，新蔡蝗蝻毁稼。	《新蔡县志》
			息县蝗蝻毁稼。	嘉庆《息县志》
			宁河大蝗。	《宁河县志》
			秋，沛县蝗。	乾隆《沛县志》
			海州蝗灾。	《连云港市志》

（续）

序号	公元纪年	历史纪年	蝗灾情况	资料来源
746	1596年	明万历二十四年	是年，赣榆蝗。	《赣榆县志》
			宿州蝗之为灾，甚于水旱，凡所过处，草枯地赤，伤禾杀稼。	嘉靖《宿州志》
			莱芜蝗。	乾隆《泰安府志》
			泗水蝗蝻出境。	光绪《泗水县志》
			汶上蝗灾。	《汶上县志》
			临淄仔蝗生，不入境。	康熙《临淄县志》
			淄川蝻伤禾。	乾隆《淄川县志》
747	1597年	明万历二十五年	秋，汶上蝗生。	万历《汶上县志》
			郾城蝗。	民国《郾城县记》
			秋，鲁山旱，蝗灾。	《鲁山县志》
			芜湖蝗灾，养鸭除蝗。	《农史研究》1983年第3辑
			宿迁蝗灾。	《宿迁市志》
748	1598年	明万历二十六年	夏，鹤庆旱蝗。	光绪《续云南通志稿》
			八月，文安蝗灾。	光绪《顺天府志》
			大城蝗。	光绪《大城县志》
			邱县旱蝗。	康熙《邱县志》
			溧水旱蝗。	民国《江苏省通志稿》
			仪封飞蝗蔽天，声如大风。	乾隆《仪封县志》
			兰考飞蝗蔽天，声如风雨。	《兰考县志》
749	1599年	明万历二十七年	五月，博平蝗。	嘉庆《东昌府志》
			平原旱蝗。	乾隆《平原县志》
			夏，宁津螟蝗害稼。	光绪《宁津县志》
			冠县飞蝗蔽天，庄稼严重受灾。	《冠县志》
			嵩县飞蝗蔽日，食禾苗殆尽。	乾隆《嵩县志》

（续）

序号	公元纪年	历史纪年	蝗灾情况	资料来源
749	1599 年	明万历二十七年	兰考飞蝗蔽天，平地三寸厚，伤禾。	《兰考县志》
			春，深州旱蝗。	道光《深州直隶州志》
			武邑螽食禾，饥。	同治《武邑县志》
			文安蝗。	光绪《顺天府志》
			秋，威县蝗伤禾。	光绪《广平府志》
			九月，冯琦偕尚书李戴上言：水、旱、蝗灾，流离载道。	《明史·冯琦传》
750	1600 年	明万历二十八年	七月，畿内荒疫、旱蝗相继为虐。	《明实录·神宗实录》
			平山大旱蝗，岁大饥。	咸丰《平山县志》
			五月，新乐蝗生，未几蝻滋生遍野。	《新乐县志》
			文安蝗。	《文安县志》
			深州旱蝗复作，民大饥。	道光《深州直隶州志》
			夏，饶阳旱，蝗损禾。	乾隆《饶阳县志》
			武强旱，蝗食禾尽，积尸满野，或弃子女，或鬻妻自缢。	道光《武强县志》
			献县旱蝗损禾。	《河北省农业厅·志源(1)》
			大名府大蝗。	咸丰《大名府志》
			威县蝻生。	光绪《广平府志》
751	1602 年	明万历三十年	夏，新城旱蝗。	民国《新城县志》
			夏，定兴蝗。	光绪《定兴县志》
			清河蝗虫为灾。	《清河县志》
			夏津飞蝗遍野。	乾隆《夏津县志》
			秋，新乡蝗。	乾隆《新乡县志》
			夏六月，陈州蝗食稼，民大饥。	乾隆《陈州府志》
			六月，沈丘蝗食禾，民大饥。	《沈丘县志》

（续）

序号	公元纪年	历史纪年	蝗灾情况	资料来源
751	1602 年	明万历三十年	天津岁比不登，旱蝗、大水相继，玮多方赈救，帝亦时出内帑佐之。	《明史·孙玮传》
752	1603 年	明万历三十一年	七月，清苑县蝗蝻甚生，蚕食禾稼，聚若蚁，起如蜂。	《明实录·神宗实录》
			浚县蝗蝻生遍野。	咸丰《大名府志》
753	1604 年	明万历三十二年	焦作连年旱蝗，夺民稼，大饥。	《焦作市志》
754	1605 年	明万历三十三年	七月，清苑、安肃、清河等处蝗蝻食残稼。	《明实录·神宗实录》
			台州旱蝗。	《中国历代天灾人祸表》
			临海旱，蝗虫食豆。	《临海县志》
			仙居旱蝗，粟豆亦尽。	光绪《仙居县志》
			容城蝗，黑小如蚁。	光绪《保定府志》
			青县蝗。	民国《青县志》
			兴济蝗。	民国《兴济县志书》
			隆尧蝗生。	《隆尧县志》
			清河蝗。	光绪《广平府志》
			夏四月，大名府旱蝗。	咸丰《大名府志》
			四月，魏县蝗。	《魏县志》
			德平蝗。	光绪《德平县志》
			六月，堂邑蝗。七月，蝻害稼。	康熙《堂邑县志》
			东明大旱蝗。	《东明县志》
			五月，桓台旱蝗。秋，蝻生。	《桓台县志》
			广饶大旱，蝗灾严重。	《广饶县志》
			夏五月，乐安、昌乐、安丘大蝗。秋，蝻生。	咸丰《青州府志》
			五月，乐安旱蝗。秋，蝻生。	民国《乐安县志》

（续）

序号	公元纪年	历史纪年	蝗灾情况	资料来源
754	1605年	明万历三十三年	五月，安丘蝗。秋，蝻生蔽地，田禾食尽，哭声遍野。	康熙《续安丘县志》
			长垣大旱蝗。	嘉庆《长垣县志》
			洛南蝗飞蔽天。	《陕西蝗区勘察与治理》
			山阳蝗灾。	《山阳县志》
			商南飞蝗入境，粮无收。	《商南县志》
755	1606年	明万历三十四年	六月，畿内大蝗。	《明史·神宗本纪》
			六月，顺天文安、永清、武清、三河、宝坻等县大蝗。是岁，东昌、兖州蝗灾。	《明实录·神宗实录》
			新乐蝗蝻。	光绪《重修新乐县志》
			夏秋，保定府蝗。	光绪《保定府志》
			新城蝗飞蔽天。	民国《新城县志》
			夏，蠡县蝗。秋，蝻生，奉文捕剿乃灭，民不为灾。	光绪《蠡县志》
			夏四月，定兴蝗飞蔽天。	光绪《定兴县志》
			青县蝗。	民国《青县志》
			兴济蝗。	民国《兴济县志书》
			六月，东光大蝗，食苗殆尽。	光绪《东光县志》
			六月，景县大蝗，食苗殆尽。	民国《景县志》
			秋九月，永平府蝗。	光绪《永平府志》
			九月，临榆蝗。	民国《临榆县志》
			抚宁蝗飞蔽天。	光绪《抚宁县志》
			唐山大旱蝗。	乾隆《顺德府志》
			隆平蝗生。	乾隆《隆平县志》
			武安蝗蝻。	民国《武安县志》
			三月，魏县蝗。	《魏县志》

（续）

序号	公元纪年	历史纪年	蝗灾情况	资料来源
755	1606年	明万历三十四年	春三月，大名府旱蝗，民饥。	咸丰《大名府志》
			元城蝗。	同治《元城县志》
			至夏不雨，顺天府文安、永清、三河、宝坻诸县大蝗。	光绪《顺天府志》
			北方屡有蝗灾，当时天津人遇有蝗蝻就行捕食，或相互赠送，也有做熟制干出卖者，是为天津人吃"炸蚂蚱"风俗之最早记载。	《天津通志·大事记》
			秋，原阳蝗，无稼；荥阳蝗自北而南，群飞蔽天，秋禾被毁，大饥。	《河南东亚飞蝗及其综合治理》
			郑州蝗飞蔽天，自北而南，食禾几尽。	乾隆《郑州志》
			秋，新乡大蝗伤禾稼，民饥。	《新乡县志》
			新郑飞蝗蔽日，自北而南，食禾稼尽。	《新郑县志》
			阳武蝗，无稼。	乾隆《阳武县志》
			秋，汲县大蝗，伤稼。	乾隆《汲县志》
			怀庆蝗。	乾隆《怀庆府志》
			济源蝗。	乾隆《济源县志》
			孟县蝗灾。	《孟县志》
			六月，开州飞蝗。	光绪《开州志》
			六月，台前飞蝗蔽天，食禾过半。七月，蝗蝻复生，伤禾。	《台前县志》
			长葛飞蝗自北而南，食禾几尽。	《长葛县志》
			确山蝗食禾稼殆尽。	《确山县志》
			新蔡蝗。	《新蔡县志》

（续）

序号	公元纪年	历史纪年	蝗灾情况	资料来源
755	1606 年	明万历三十四年	息县蝗，大饥，民流亡。	嘉庆《息县志》
			德平蝗。	光绪《德平县志》
			六月，寿张飞蝗蔽日，食禾过半。七月，蝻复生，田禾被伤。	光绪《寿张县志》
			冠县飞蝗蔽天，稼大伤。	民国《冠县志》
			夏，东阿蝗。秋，蝻生。	道光《东阿县志》
			夏，汶上飞蝗蔽天。秋，螣生。	万历《汶上县志》
			夏，丹凤蝗灾。	《丹凤县志》
			榆林蝗害。	《榆林地区志》
			宿迁飞蝗食禾。	同治《徐州府志》
			海州、沭阳、赣榆蝗。	民国《江苏省通志稿》
756	1607 年	明万历三十五年	秋，成安大蝗。	光绪《广平府志》
			六月，封丘飞蝗过野，投河而死。	顺治《封丘县志》
			六月，延津蝗。	《延津县志》
			濮阳蝗。	《濮阳县志》
			夏至秋，长葛蝗蝻弥漫四野，食禾稼俱尽，大饥。	《长葛县志》
			驻马店蝗蝻遍野，大饥。	《驻马店地区志》
			秋，新蔡蝗蝻遍野。	《新蔡县志》
			东明飞蝗东北来，遮天蔽日，二十日不尽，蝗蝻复生。	《东明县志》
			春，寿光蝗灾。	民国《寿光县志》
757	1608 年	明万历三十六年	东明大蝗。	《东明县志》
			平原蝗。	乾隆《平原县志》
			遵化蝗蝻遍野，禾稼如扫。	《遵化县志》
			南皮蝗。	民国《南皮县志》

（续）

序号	公元纪年	历史纪年	蝗灾情况	资料来源
757	1608 年	明万历三十六年	盐山蝗灾。	《盐山县志》
			海兴蝗灾。	《海兴县志》
			长葛蝗蝻复生为灾。	《长葛县志》
			海州蝗蝻肆虐，赤地千里，饥民流徙。	《连云港市志》
758	1609 年	明万历三十七年	九月，北畿、徐州、山东蝗。	《明史·五行志》
			畿辅旱蝗特甚，畿南六郡及济、青等郡蝗。	《明实录·神宗实录》
			新蔡蝗。	《新蔡县志》
			息县大旱蝗，民流亡。	嘉庆《息县志》
			秋八月，济南、青州诸府蝗。	宣统《山东通志》
			山东曲阜蝗灾。	《中国历代蝗患之记载》
			夏秋，济阳大旱，蝗飞蔽天，大无麦禾。	民国《济阳县志》
			九月，齐河蝗灾。	《齐河县志》
			五月，堂邑蝗。七月，蝻害稼。	康熙《堂邑县志》
			容城大旱蝗。	《容城县志》
			至秋无雨，安新蝗蝻食菽殆尽。	《安新县志》
			望都旱蝗。	《望都县志》
			徐水蝗灾，大饥。	《徐水县志》
			永年蝗。	光绪《永年县志》
			秋，通州蝗。	光绪《通州志》
			九月，畿内蝗。	《北京市丰台区志》
			阜阳蝗。	道光《阜阳县志》
			太和大旱蝗。	《太和县志》
			临泉蝗灾。	《临泉县志》
			亳州蝗。	光绪《亳州志》
			怀远蝗。	嘉庆《怀远县志》

（续）

序号	公元纪年	历史纪年	蝗灾情况	资料来源
759	1610 年	明万历三十八年	河北任丘，山东滕县、邹县、曲阜、昭阳湖、吕孟湖[①]，江苏淮阴，湖南新化蝗灾。	《中国历代蝗患之记载》
			夏，大名府蝗。	咸丰《大名府志》
			元城飞蝗蔽日。	《元城县志》
			夏，唐山大旱蝗。	乾隆《顺德府志》
			魏县蝗。	《魏县志》
			容城旱蝗继续为害，民大饥。	《容城县志》
			徐水蝗灾，大饥。	《徐水县志》
			范县飞蝗蔽野，官以粟米易蝗，民捕之甚多。	《范县志》
			内黄飞蝗蔽日。	光绪《内黄县志》
			六月，山东德州、平原、禹城、齐河蝗蝻为灾。	《明实录·神宗实录》
			平阴蝗，岁大饥。	光绪《平阴县志》
			曹县大蝗，为灾。	光绪《曹州府曹县志》
			东明大蝗。	《东明县志》
			五月，淮安蝗飞蔽天，海州、赣榆、沭阳旱蝗。	民国《江苏省通志稿》
			五月，安东飞蝗蔽天，食禾苗尽。	《涟水县志》
			海州蝗蝻肆虐，赤地千里，饥民流徙，赈济。	《海州区志》
			五月，山阳飞蝗蔽天。	同治《重修山阳县志》
			五月，泗阳蝗飞蔽天，禾苗尽食。	民国《泗阳县志》
			洪泽蝗灾。	《洪泽县志》
			太和、蒙城俱蝗。	乾隆《颍州府志》

---

① 吕孟湖：在今山东微山湖内，现通称为微山湖。

（续）

序号	公元纪年	历史纪年	蝗灾情况	资料来源
759	1610年	明万历三十八年	夏，颍上蝗，不为灾。	同治《颍上县志》
			界首大蝗。	《界首县志》
			固镇旱蝗，庄稼枯死。	《固镇县志》
			宿县蝗灾，禾枯死，令民捕蝗一石给粮一石。	《宿县县志》
			来安旱蝗。	道光《来安县志》
			灌南飞蝗遮天蔽日，蝗蝻结伴迁徙，遇河结球而过，所到处禾草、树木吃光。	《灌南县志》
			武宁大水蝗。	同治《南昌府志》
			秋，新化雨蝗，伤谷。	光绪《湖南通志》
			五月，桃源飞蝗蔽天。	乾隆《重修桃源县志》
			秋九月，廉州①境内蝗伤禾稼。	康熙《廉州府志》
760	1611年	明万历三十九年	春夏，蓟州镇团营旱蝗。六月，徐州蝗飞蔽天，所过之处，千里如扫，淮安、凤阳蝗旱灾伤。夏，开、归、汝等处飞蝗蔽野。	《明实录·神宗实录》
			四月，通州蝗食麦苗。	光绪《通州志》
			秋，肥乡飞蝗害稼。	民国《肥乡县志》
			九月，齐河蝗灾。	《齐河县志》
			巨野蝗。	道光《巨野县志》
			秋，青城旱蝗。	咸丰《武定府志》
			秋，高青蝗食谷，人无食。	《高青县志》
			九月，桓台蝗。	《桓台县志》
			泗洪蝗蝻遍野，食禾苗尽。	《泗洪县志》
			盱眙蝗蝻遍野，禾苗尽食。	光绪《盱眙县志稿》
			六月，铜山飞蝗蔽天，所过赤地，千里如扫。	《铜山县志》
			陕北蝗灾。	《米脂县志》

---

① 廉州：旧府名，治所在今广西合浦。

（续）

序号	公元纪年	历史纪年	蝗灾情况	资料来源
760	1611年	明万历三十九年	延安府蝗。	嘉庆《延安府志》
			子长蝗灾。	《子长县志》
			安塞蝗灾。	《安塞县志》
			榆林府蝗。	道光《榆林府志》
			绥德蝗灾。	《绥德县志》
			清涧蝗。	《清涧县志》
			秋，石城^①蝗伤稼。	光绪《高州府志》
761	1612年	明万历四十年	河北大名，江苏赣榆、海州及山东蝗灾。	《中国历代蝗患之记载》
			凤阳、泗州、淮安、徐州蝗旱。	《明实录·神宗实录》
			三月，尉氏蝗。	道光《尉氏县志》
			三月，杞县蝗。	《杞县志》
			秋，新乡蝗蔽天，食谷殆尽。	《新乡县志》
			永城蝗。	光绪《永城县志》
			夏邑蝗蝻生，食一小儿。	民国《夏邑县志》
			六月，沈丘飞蝗食禾。	《沈丘县志》
			秋，隰县大蝗，头翅尽赤。	《隰县志》
			巨野蝗。	道光《巨野县志》
			山东、河南大蝗，距东明不远，忽有乌鸦数万啮食之，未入境。	《东明县志》
			六月，涟水旱蝗。	《涟水县志》
			界首大蝗。	《界首县志》
762	1613年	明万历四十一年	秋，洛阳飞蝗蔽天，食禾尽，草木叶一空。	雍正《河南通志》
			新安蝗灾。	《新安县志》
			汝南飞蝗蔽天。	《汝南县志》

---

① 石城：旧县名，治所在今广东廉江。

（续）

序号	公元纪年	历史纪年	蝗灾情况	资料来源
762	1613年	明万历四十一年	夏六月，蒲县旱，蝗食苗尽。	乾隆《蒲县志》
			临晋蝗灾。	《临猗县志》
			秋，大宁蝗虫食禾至尽。	《大宁县志》
			夏，泰兴大蝗，无禾；通州飞蝗害稼。	民国《江苏省通志稿》
			浙江余姚蝗灾。	《中国历代蝗患之记载》
			夏，余杭大蝗，人共捕之集以千斛，投于通济桥下。	嘉庆《余杭县志》
763	1614年	明万历四十二年	浙江湖州、温岭，湖北安陆，山东东昌蝗灾。	《中国历代蝗患之记载》
			罗田蝗食苗；德安蝗入城，岁大祲。	康熙《湖广通志》
			咸宁、德安、罗田蝗。	民国《湖北通志》
			应城飞蝗入境。	《应城县志》
			泗洪旱蝗，飞蝗蔽天。	《泗洪县志》
			建湖飞蝗蔽日，声如雷，食稼尽。	《建湖县志》
			颍上蝗。	乾隆《颍州府志》
			五河旱，飞蝗伤稼。	光绪《五河县志》
			太平县①蝗灾，伤禾稼。	《台州地区志》
			莘县旱蝗。	嘉庆《东昌府志》
			菏泽旱蝗，大饥。	光绪《新修菏泽县志》
			曹州蝗，岁饥。	康熙《曹州志》
			夏，莒地发生蝗灾。	《莒县志》
			尉氏蝗蝻食禾稼，民饥。	道光《尉氏县志》
			怀庆府蝗。	乾隆《怀庆府志》
			馆陶旱蝗，令民捕蝗，照蝗给谷。	民国《馆陶县志》
			秋，正定蝗。	乾隆《正定府志》

---

① 太平：旧县名，治所在今浙江温岭。

（续）

序号	公元纪年	历史纪年	蝗灾情况	资料来源
763	1614 年	明万历四十二年	容城蝗黑小如蚁。	《容城县志》
			秋，蠡县蝗。	光绪《蠡县志》
			安新蝗灾。	《安新县志》
			临猗蝗灾。	《临猗县志》
764	1615 年	明万历四十三年	七月，山东旱蝗。	《明史·五行志》
			夏，沁州蝗飞蔽天日，禾稼大损；黄安①蝗。	《古今图书集成·庶征典·蝗灾部汇考》
			山西万泉、江苏赣榆蝗灾。	《中国历代蝗患之记载》
			秋七月，历城蝗。	乾隆《历城县志》
			平阴旱蝗。	光绪《平阴县志》
			七月，齐河蝗灾，饥，人相食。	《齐河县志》
			春夏，平原大旱蝗，千里如焚，民饥，或父子相食。	乾隆《平原县志》
			秋，朝城多蝗。	康熙《朝城县志》
			菏泽又旱蝗，大饥。	光绪《新修菏泽县志》
			曹州旱蝗，岁大饥。	康熙《曹州志》
			夏，巨野旱蝗，大饥，民相食。	道光《巨野县志》
			嘉祥旱蝗。	《嘉祥县志》
			七月，单县旱蝗。	《单县志》
			秋，曲阜旱蝗，留税粮赈之。	乾隆《曲阜县志》
			肥城旱蝗。	光绪《肥城县志》
			淄川遍地皆蝗螭，庄稼根苗被食尽。	《淄川区志》
			秋八月，滨州螣，岁大饥，人相食。	咸丰《滨州志》
			秋八月，蒲台螣，大饥，人相食。	乾隆《蒲台县志》

---

① 黄安：旧县名，治所在今湖北红安。

（续）

序号	公元纪年	历史纪年	蝗灾情况	资料来源
764	1615 年	明万历四十三年	秋七月，山东蝗，无棣旱。	民国《无棣县志》
			阳信蝗蝻满地，禾麦全无。	民国《阳信县志》
			长山蝗，御史过庭训建议纳谷纳蝗者给衣巾送学，始有谷生、蝗生之名。	嘉庆《长山县志》
			秋，东营蝗严重，树木、房草食尽。	《东营市志》
			秋，潍坊蝗灾，树木、房草被食尽。	《潍坊市志》
			昌邑蝗旱，大饥，妇女南贩。	乾隆《昌邑县志》
			寿光旱蝗，大饥，人相食，赈荒。	民国《寿光县志》
			夏，昌乐旱蝗，大饥，御史过庭训赈荒。	嘉庆《昌乐县志》
			夏，临朐旱蝗。	光绪《临朐县志》
			夏，潍县旱蝗。秋，大饥，米价涌贵，民刮木皮和糠秕而食，林木为之尽，饥死者道相枕藉，有割尸肉而食者，法不能止，又有奸民掠卖男女，贩至远方，辄获重利，谓之贩销，往来络绎不绝，号哭之声震动天地。	民国《潍县志稿》
			高密大蝗，饥，人相食。	民国《高密县志》
			夏，诸城大旱蝗，大饥，人相食，鬻子女，至有人市。	乾隆《诸城县志》
			沂州大旱蝗，蠲赈。	乾隆《沂州府志》
			临沂大旱蝗，蠲赈之。	民国《临沂县志》
			郯城蝗蝻为灾，大饥，人相食。	乾隆《郯城县志》
			夏，莒南旱，蝗灾。	《莒南县志》

（续）

序号	公元纪年	历史纪年	蝗灾情况	资料来源
764	1615 年	明万历四十三年	夏，胶州旱蝗。	民国《增修胶志》
			夏，胶南旱，有蝗复起，禾稼尽，人相食。	《胶南县志》
			日照大旱蝗，赤地千里，人相食，子女贩者若牛羊，枕籍于道。	康熙《日照县志》
			至九月不雨，福山千里如焚，蝗蝻遍野。	民国《福山县志稿》
			至九月不雨，栖霞蝗蝻生。	乾隆《栖霞县志》
			至九月不雨，登州府蝗蝻遍野。	光绪《增修登州府志》
			春，掖县大旱蝗，岁大饥。	乾隆《掖县志》
			至九月不雨，牟平蝗蝻遍野。	《牟平县志》
			秋，文登蝗蝻遍野，伤禾。	光绪《文登县志》
			至九月无雨，乳山赤地千里，蝗蝻遍野。	《乳山市志》
			秋，荣成蝗蝻遍野，食禾几尽。	道光《荣成县志》
			修武蝗。	道光《修武县志》
			南阳蝗食禾。	光绪《南阳县志》
			南召蝗蝻大盛，禾稼被食。	《南召县志》
			方城蝗蝻食禾。	《方城县志》
			新蔡蝗蝻遍野，纠缠相抱如磙，渡河延城而进，久则生羽飞去。	《新蔡县志》
			裕州蝗蝻大盛。	乾隆《裕州志》
			四月，武乡蝗自东南来，飞蔽天日，庄稼吃光，民饿死过半。	《武乡县志》
			四月，蒲州诸县大旱蝗。	乾隆《蒲州府志》
			解县蝗，大灾。	《运城市志》

（续）

序号	公元纪年	历史纪年	蝗灾情况	资料来源
764	1615年	明万历四十三年	临猗蝗灾。	《临猗县志》
			四月，万荣大旱蝗。	《万荣县志》
			浮山蝗蝻害稼。	民国《浮山县志》
			翼城蝗蝻害稼。	光绪《翼城县志》
			七月，临西蝗。	《临西县志》
			七月，邱县蝗。	《邱县志》
			夏，沭阳蝗。	《沭阳县志》
			建湖飞蝗蔽日，其声如雷，食禾稼尽。	《建湖县志》
			六安旱蝗，谷价腾贵。	同治《六安州志》
			霍山蝗灾，谷价腾贵。	光绪《霍山县志》
			襄阳、黄安、罗田蝗。	民国《湖北通志》
765	1616年	明万历四十四年	四月，山东复蝗。七月，常州、镇江、淮安、扬州、河南蝗。九月，江宁、广德蝗蝻大起，禾黍、竹树俱尽。	《明史·五行志》
			六月，山西平阳府蝗，蒲、解方甚；河南蝗灾；江宁、广德蝗蝻大起，按臣骆骎曾疏陈其状云："垂天蔽日而来，集于田而禾黍尽，集于地而菽粟尽，集于山林而草皮不实，柔桑、疏竹之属条干、枝叶都尽。"	《明实录·神宗实录》
			河北滦州、保定，河南沁阳、渑池，山东曲阜，湖南零陵，江苏高淳、宜兴，浙江吴兴、长兴蝗灾。	《中国历代蝗患之记载》
			五月，淮安飞蝗蔽天。秋，通州、如皋蝗；江宁蝗蝻大起，禾黍、竹树皆尽；江浦蝗，不为灾。	民国《江苏省通志稿》

（续）

序号	公元纪年	历史纪年	蝗灾情况	资料来源
765	1616 年	明万历四十四年	七月，六合蝗从山东来，飞蔽天，声如雷，布县境遍野，伤稼过半，濒江芦苇如刈。	光绪《六合县志》
			九月，句容蝗起，禾麦、竹树皆尽。	《句容县志》
			秋，江阴旱蝗。	光绪《江阴县志》
			靖江蝗从西北来，田禾立尽。	《靖江县志》
			盐城蝗蔽日，声如雷，伤稼。	《盐城市志》
			建湖飞蝗蔽天，饥民外逃。	《建湖县志》
			淮阴飞蝗蔽日，声如雷，食禾尽，赤地如焚。	《淮阴县志》
			夏，安东飞蝗遍野，城市盈尺，草木俱尽。	《涟水县志》
			山阳飞蝗蔽天。	同治《重修山阳县志》
			泗洪蝗食禾稼，赤地如焚。	《泗洪县志》
			泗州蝗。	乾隆《泗州志》
			六月，文水、蒲州、安邑、闻喜、稷山、猗氏、万泉飞蝗蔽天，复生蝻，禾稼立尽。开封蝗。临晋蝗，禾稼一空。垣曲飞蝗自东来，遮天蔽日，捕之易粟，次年蝻生遍野，民饥，困饿死甚多。蓝田飞蝗蔽天。襄阳飞蝗食稼。	《古今图书集成·庶征典·蝗灾部汇考》
			户县蝗，大饥。	《户县志》
			六月，蓝田飞蝗蔽天，食田禾，遇雨蝗皆死。	《蓝田县志》
			周至飞蝗遍地，大饥。	《周至县志》
			七月，富平大蝗，伤稼。	《富平县志》

（续）

序号	公元纪年	历史纪年	蝗灾情况	资料来源
765	1616 年	明万历四十四年	六月，潼关飞蝗自东南来，食禾苗，蝻成灾。	《潼关县志》
			七月，蒲城飞蝗蔽天自东南来，秋禾大损。	《蒲城县志》
			澄城蝗害稼。	《澄城县志》
			秋八月，白水有蝗。	《白水县志》
			秋，永寿蝗虫伤禾。	《永寿县志》
			麟游飞蝗蔽天。	《麟游县志》
			延安旱蝗。	嘉庆《延安府志》
			黄陵蝗灾。	《黄陵县志》
			六月，耀县蝗自关东来，声如风雨，大毁秋禾。	《耀县志》
			榆林旱蝗。	道光《榆林府志》
			清涧旱蝗。	《清涧县志》
			八月，飞蝗自北来，合肥、庐江、无为、巢县蝗食稻过半。	光绪《续修庐州府志》
			六安蝗亦如之。	同治《六安州志》
			霍山蝗复如之。	光绪《霍山县志》
			夏，滁县蝗灾。	《滁县地区志》
			夏，来安旱，飞蝗蔽天。	道光《来安县志》
			四至八月不雨，天长蝗生，民流亡。	嘉庆《备修天长县志稿》
			七月，和州旱蝗。	光绪《直隶和州志》
			夏，当涂大蝗。	乾隆《当涂县志》
			九月，郎溪蝗虫大起，禾叶、竹树俱尽。	《郎溪县志》
			太湖蝗灾。	民国《太湖县志》
			襄阳、光化、随州蝗。	民国《湖北通志》
			八月，麻城蝗飞蔽日。	民国《麻城县志前编》
			八月，钟祥飞蝗蔽天，禾稼尽。	民国《钟祥县志》

（续）

序号	公元纪年	历史纪年	蝗灾情况	资料来源
765	1616 年	明万历四十四年	夏，永州蝗，复大水。	光绪《湖南通志》
			夏，永明①蝗。	道光《永州府志》
			山东蝗，御史过庭训《山东赈饥疏》："捕蝗男妇，皆饥饿之人，如一面捕蝗，一面归家吃饭，未免稽迟时候。遂向市上买现成面做饼，担至有蝗去处，不论远近大小男妇，但能捉得蝗虫与蝗子一升者，换饼三十个。又查得崮山邻近两厂领粮饥民一千二十名，可乘机拨用，能将近地蝗虫或虫子捕得半升者，方给米面一升为五日之粮，如无，不许准给。"	《捕蝗集要》
			四月，济南府蝗，饥甚，人相食，赈之。	道光《济南府志》
			长清蝗杀禾稼。	道光《长清县志》
			四月，历城复蝗，大饥，蠲赈有差。	乾隆《历城县志》
			夏，德县大蝗，大饥。	民国《德县志》
			四月，齐河复蝗，饥甚，人相食。	《齐河县志》
			平原旱蝗。	乾隆《平原县志》
			朝城大旱，多蝗，所落沟堑尽平，复生蝻，晚禾尽食。	康熙《朝城县志》
			四月，临清蝗灾，民大饥。	《临清市志》
			曹县大旱，蝗起，流离载道。	光绪《曹州府曹县志》
			巨野蝗蝻生。	道光《巨野县志》

① 永明：旧县名，治所在今湖南江永。

（续）

序号	公元纪年	历史纪年	蝗灾情况	资料来源
765	1616年	明万历四十四年	城武旱蝗，青、齐尤甚，妇女贩卖，流亡载道。	道光《城武县志》
			沾化旱，蝗生。	咸丰《武定府志》
			七月，莱芜、肥城旱蝗。	乾隆《泰安府志》
			夏，益都蝗。	光绪《益都县图志》
			沂州府蝗，许有力者纳粟捕蝗补庠生。	乾隆《沂州府志》
			临沂旱，大蝗，御史过庭训赈济，许有力者纳粟捕蝗补庠生。	民国《临沂县志》
			夏四月，胶州蝗，大饥。	民国《增修胶志》
			莱州蝗灾。	《莱州市志》
			掖县蝗旱，大饥。	乾隆《掖县志》
			四月，文水、长治、潞城、临汾、安邑、闻喜、稷山、临晋、猗氏、万泉、芮城、垣曲、蒲、解、绛诸州县飞蝗蔽天，食禾立尽。	雍正《山西通志》
			夏，永济蝗飞蔽日，禾稼一空，官斗粟易斗蝗，犹不能尽。至秋，复生蝻遍野，人不能捕，多于垄首掘坑瘞之。	光绪《永济县志》
			解州飞蝗蔽天，食禾立尽，人马不能行，所落沟堑尽平。	《解州全志》
			四月，绛县飞蝗蔽天，食禾立尽。	光绪《绛县志》
			河津大蝗，飞蔽天，食禾尽。	光绪《河津县志》
			夏，芮城旱蝗，飞蔽日，禾稼一空。至秋，复生蝗蝻遍野，食禾立尽，人不能捕，多于垄首掘坑驱埋，为害不已。	《芮城县志》

（续）

序号	公元纪年	历史纪年	蝗灾情况	资料来源
765	1616 年	明万历四十四年	春旱，万荣蝗飞蔽日，庄稼一空。至秋，蝻生遍野，寸草无遗，人不能捕，多于垄首掘坑驱之，秋无禾。	《万荣县志》
			潞安府蝗。	乾隆《潞安府志》
			乡宁蝗灾。	《乡宁县志》
			新郑大蝗，蔽天匝地，寸草不留。	乾隆《新郑县志》
			密县蝗。	民国《密县志》
			夏六月，开封蝗食谷黍殆尽，生蝻甚多，官以谷易之，蝗堆积如山。	康熙《开封府志》
			夏六月，祥符蝗。	光绪《祥符县志》
			六月，仪封蝗；孟津旱，蝗灾，颗粒无收。	《河南东亚飞蝗及其综合治理》
			六月，尉氏蝗。	道光《尉氏县志》
			六月，兰考蝗。	《兰考县志》
			阳武蝗，无秋。	乾隆《阳武县志》
			怀庆府蝗。	乾隆《怀庆府志》
			河内蝗蝻生。	道光《河内县志》
			济源蝗。	乾隆《济源县志》
			孟县蝗。	《孟县志》
			陕县、灵宝、阌乡蝗灾，蝗蝻食尽田禾。	《三门峡市志》
			七月，清丰蝗蝻遍野，食禾殆尽。	民国《清丰县志》
			彰德府大蝗。	《安阳县志》
			内黄蝗蝻遍野，食禾殆尽。	光绪《内黄县志》
			夏六月，柘城蝗飞蔽天。	光绪《柘城县志》
			五月，陈州大蝗，飞蔽天。六月，蝗自北来，厚积寸许。	乾隆《陈州府志》

（续）

序号	公元纪年	历史纪年	蝗灾情况	资料来源
765	1616 年	明万历四十四年	西华蝗食禾殆尽。	《西华县志》
			夏，淮阳蝗害稼。	《淮阳县志》
			夏六月，鹿邑蝗。	《鹿邑县志》
			五月，沈丘蝗食禾。	《沈丘县志》
			六月，扶沟蝗。	光绪《扶沟县志》
			许州蝗飞蔽天，蝻遍野，逾屋越城，禾稼尽伤。	道光《许州志》
			秋，长葛蝗蝻遍野，禾稼俱尽。	《长葛县志》
			六月，禹州蝗。七月，得雨自死。	道光《禹州志》
			襄城飞蝗蔽天，蝻遍野，逾屋越城。	乾隆《襄城县志》
			六月，鄢陵蝗自东南来，城内外积厚寸余，秋无禾。	民国《鄢陵县志》
			郾城蝗。	民国《郾城县记》
			临颍蝗飞蔽天。	民国《重修临颍县志》
			驻马店蝗食禾稼尽。	《驻马店市志》
			确山蝗食禾稼殆尽。	民国《确山县志》
			上蔡蝗虫为害田禾。	《上蔡县志》
			新蔡蝗蝻害稼。	《新蔡县志》
			汝南旱蝗。	《汝南县志》
			六月，新野蝗，不为灾。	《新野县志》
			方城蝗蝻大盛，伤禾无遗。	《方城县志》
			汝阳蝗食禾稼殆尽。	康熙《汝阳县志》
			罗山蝗。	《罗山县志》
			息县旱蝗。	嘉庆《息县志》
			抚宁蝗蝻灾。	光绪《抚宁县志》
			秋七月，永平府飞蝗蔽天，落地尺余，诏发仓粟赈之。	光绪《永平府志》
			七月，卢龙飞蝗蔽天，落地尺余，大饥，赈之。	民国《卢龙县志》

（续）

序号	公元纪年	历史纪年	蝗灾情况	资料来源
765	1616 年	明万历四十四年	秋，昌黎飞蝗蔽天，赈之。	民国《昌黎县志》
			七月，乐亭蝗，落地尺余，食禾稼。	光绪《乐亭县志》
			夏四月，迁西蝗。七月，飞蝗蔽天，落地盈尺，害稼甚重，饥荒。	《迁西县志》
			夏四月，迁安蝻生。七月，飞蝗蔽天，积地尺余，沟堑尽平，大伤禾稼，后蝻生，复食豆蔬，民饥。	《迁安县志》
			雄县蝗。	民国《雄县新志》
			新安①蝗。	乾隆《新安县志》
			定州邻县多蝗。	雍正《直隶定州志》
			夏，故城北地蝗灾。	《故城县志》
			内丘蝗伤稼。	道光《内邱县志》
			临城蝗。	《临城县志》
			四月，临西蝗灾，大饥。	《临西县志》
			秋七月，大名府旱，蝗食禾殆尽。	咸丰《大名府志》
			七月，元城蝗蝻蔽野，食禾殆尽。	同治《元城县志》
			涉县大蝗。	《彰德府志》
			七月，魏县蝗蔽野，食禾殆尽。	《魏县志》
			四月，邱县旱蝗，大饥。	《邱县志》
			四月，宽城蝻生。七月，飞蝗蔽日，积地尺余，沟堑皆平，大伤禾稼，后蝻生，复食豆菽，民饥馑。	《宽城县志》
766	1617 年	明万历四十五年	北畿旱蝗。	《明史·五行志》

---

① 新安：旧县名，1913 年与安州合并为今河北安新县。

（续）

序号	公元纪年	历史纪年	蝗灾情况	资料来源
766	1617 年	明万历四十五年	七月，北直隶、山东、山西、河南、江西以及大江南北或大旱、或大水、或蝗蝻，又或水而旱、旱而复蝗。九月，沈丘等五十州县旱蝗为虐。十一月，畿南六郡蝗蝻为虐。	《明实录·神宗实录》
			城武飞蝗蔽天，赈荒直使过庭训奏以捕蝗应格亦许入庠，谓之蝗生。七月，岳阳①、蒲州、绛州、稷山、闻喜、安邑、沁州蝗，蔽天翳日。黄安飞蝗蔽天，襄阳、谷城飞蝗害稼，汉阳蝗。	《古今图书集成·庶征典·蝗灾部汇考》
			河南渑池、孟津，湖南零陵、岳阳，安徽和县蝗灾。	《中国历代蝗患之记载》
			秋，关、陕、邠、岐之间遍地皆蝗。	《农政全书》
			礼泉蝗从东南来，食禾尽，蝻生。商县蝗。	《陕西蝗区勘察与治理》
			夏，丹凤蝗灾。	《丹凤县志》
			六月，眉县蝗飞蔽天，旋向西飞去。	《眉县志》
			四月，宜兴、江阴蝗，高淳、泰州旱蝗，江浦、常州蝗不为灾，东台蝗食禾尽。夏，如皋蝗，高邮大旱蝗。	民国《江苏省通志稿》
			六合旱蝗。	《六合县志》
			常州蝗生，知府设法捕捉坑杀殆尽。五月，他境蝗虫飞集府境，分遣各官督民捕捉，来献者计户给钱，	康熙《常州府志》

---

① 岳阳：旧县名，治所在今山西古县。

（续）

序号	公元纪年	历史纪年	蝗灾情况	资料来源
766	1617年	明万历四十五年	武进坑杀蝗虫二十五万五千石，不为灾；靖江蝗虫从西北飞来，集地厚尺许。	
			江阴飞蝗集聚亘数十里。	光绪《江阴县志》
			海安旱，飞蝗蔽天，野草不留，蝗飞入民居，爬满床帐，平地积半尺。秋，蝗复至，禾苗吃尽。	《海安县志》
			扬州旱，飞蝗蔽天，入民室，床帐皆满。	嘉庆《重修扬州府志》
			宝应大旱蝗。	《宝应县志》
			五月，靖江飞蝗自西北来，蔽天，集地厚尺许。	光绪《靖江县志》
			盐城旱，蝗灾，禾草无遗。	《盐城市志》
			东台蝗灾，捕得蝗七十五石。	嘉庆《东台县志》
			大丰旱，蝗飞蔽天，食禾苗及草无遗。	《大丰县志》
			安东蝗。	光绪《安东县志》
			金湖大旱蝗。	《金湖县志》
			合肥、无为、庐江、舒城蝗。	光绪《续修庐州府志》
			夏，舒城旱蝗，禾稼尽。	《舒城县志》
			蒙城蝗。	乾隆《颍州府志》
			滁州蝗旱交作，流殍载道。	光绪《滁州志》
			全椒蝗飞蔽天，县令捐俸金六十两、籴粮三百石，谕民捕蝗，每百斤蝗虫给谷一石，蝗绝。	泰昌《全椒县志》
			至八月不雨，天长蝗复生。	嘉庆《备修天长县志稿》
			夏，马鞍山蝗灾，县令捕之，患始息。	《马鞍山市志》

(续)

序号	公元纪年	历史纪年	蝗灾情况	资料来源
766	1617 年	明万历四十五年	夏,当涂蝗灾,县令捕之,里纳数石,如数受赏,蝗乃息。	乾隆《当涂县志》
			建平旱,飞蝗蔽天。	《宣城地区志》
			夏,铜陵旱蝗,不为灾。	乾隆《铜陵县志》
			潜山蝗灾严重,减赋一年。	《潜山县志》
			汉阳、罗田、黄安、襄阳、谷城、当阳蝗害稼。	民国《湖北通志》
			天门大旱,蝗虫遍野。	道光《天门县志》
			秭归旱,蝗食禾稼尽。	《秭归县志》
			老河口飞蝗害稼。	《老河口市志》
			永州蝗。	光绪《湖南通志》
			永明蝗。	道光《永州府志》
			曹县大旱,蝗飞蔽天,奏以入粟为庠生,谓之粟生,又以捕蝗应格亦许入庠,时谓之蝗生。	光绪《曹州府曹县志》
			城武大旱,蝗飞蔽天,赈荒直指使过庭训奏,以粟为庠生,时谓之粟生,又以捕蝗应格亦许入庠,时谓之蝗生。	道光《城武县志》
			新泰、莱芜、肥城复蝗,田禾俱尽,饿殍枕野。	乾隆《泰安府志》
			新泰蝗,田禾尽伤。	乾隆《新泰县志》
			新城蝗,大饥,是岁,蝗灾遍山东,饿死甚众,御史过庭训建议纳谷、纳蝗者给衣巾送学,始有谷生、蝗生之名。	民国《重修新城县志》
			桓台蝗,大饥。	《桓台县志》
			无棣蝗。	民国《无棣县志》
			夏,海丰、阳信旱蝗为灾。	咸丰《武定府志》
			阳信旱蝗为灾,民饥。	民国《阳信县志》

（续）

序号	公元纪年	历史纪年	蝗灾情况	资料来源
766	1617 年	明万历四十五年	六月，齐东蝗大至，禾尽扫。秋七月，蝗蝻复生。	康熙《齐东县志》
			广饶蝗灾严重，官府令捕蝗三百石者得充儒学生员。	《广饶县志》
			垦利蝗灾严重，官府令捕蝗三百石者得充儒学生员。	《垦利县志》
			秋，潍坊蝗灾，朝廷令有捕得蝗虫三百石者准予成为儒学生员。	《潍坊市志》
			昌邑大蝗，捕蝗三百石准充附生。	乾隆《昌邑县志》
			秋，临淄、乐安、寿光、昌乐、安丘、诸城大蝗，奉檄捕蝗三百石，准给儒学生员。	咸丰《青州府志》
			临朐旱蝗，奉文捕蝗三百石，准充儒学生员。	光绪《临朐县志》
			费县蝗。	光绪《费县志》
			六月，河南蝗飞蔽天；孟津蝗灾，歉收，免征税赋。	《河南东亚飞蝗及其综合治理》
			新郑蝗蝻复生，捕近千石，有瘗蝗处。	乾隆《新郑县志》
			密县大蝗。	民国《密县志》
			秋，辉县蝗食禾殆尽。	道光《辉县志》
			陕、灵、阌蝗蝻蔽野，伤禾殆尽。	民国《陕县志》
			五月，陈州蝗食禾。六月，蝗自东南来，如烟雾蔽天，至城东分二股，一股由牟家集入南顿，一股由任兴集至马庄店飞坠禾田，死者甚多，余向西北飞去，二十二日，蝗从西北飞回，始集境内，所经之处生子，旬日出蝻蔽野，伤禾。	乾隆《陈州府志》

（续）

序号	公元纪年	历史纪年	蝗灾情况	资料来源
766	1617年	明万历四十五年	三门峡市再次蝗灾。	《三门峡市志》
			沈丘、扶沟、太康、项城、陈州蝗食禾。	《周口地区志》
			七月，项城飞蝗蔽天，声如风雨，蝻生，食谷殆尽。	民国《项城县志》
			六月，许州蝗。	道光《许州志》
			长葛蝗复生为灾。	《长葛县志》
			鄢陵蝗。	民国《鄢陵县志》
			六月，临颍蝗。	民国《重修临颍县志》
			六月，襄城蝗，至秋蝻生。	乾隆《襄城县志》
			郾城蝗。	民国《郾城县记》
			舞阳飞蝗蔽日，田禾如扫。	《舞阳县志》
			泌阳旱，蝗遍野。	道光《泌阳县志》
			方城飞蝗蔽天，食尽禾稼。	《方城县志》
			六月，郏县蝗虫生，谷物吃光。	《郏县志》
			六月，新野蝗飞蔽天。七月，蝻生遍野，食禾稼一空。	《新野县志》
			裕州蝗飞蔽天，遗子遍野，食禾稼如扫。	乾隆《裕州志》
			新蔡蝗蝻害稼。	《新蔡县志》
			罗山旱蝗，大饥。	《罗山县志》
			夏五月，蒲、解、绛、隰、沁州，岳阳、万泉、稷山、闻喜、安邑、阳城、长子复蝗，头翅尽赤，翳空蔽天；沁源蝗，不为灾。	雍正《山西通志》
			七月，沁源蝗自东南来，飞蔽天，有群鸦食之，禾稼不致大损。	民国《沁源县志》
			春，垣曲蝻生，食麦苗。	光绪《垣曲县志》
			新绛旱蝗。	民国《新绛县志》

（续）

序号	公元纪年	历史纪年	蝗灾情况	资料来源
766	1617 年	明万历四十五年	稷山飞蝗自南来，十二日不断，虫蝻满地，害苗稼更甚。	同治《稷山县志》
			夏六月，平陆飞蝗蔽天。	《平陆县志》
			乡宁仍生蝗虫。	《乡宁县志》
			古县蝗虫食谷，岁大饥。	《古县志》
			安泽飞蝗食禾成灾。	《安泽县志》
			新乐蝗。	光绪《重修新乐县志》
			保定府旱蝗。	光绪《保定府志》
			新安蝗。	乾隆《新安县志》
			春，望都蝗生，令民捕之，以捕蝇蝻一斗给粟一斗，捕蝻二斗给粟一斗，捕飞蝗三斗给粟一斗，不为灾。	民国《望都县志》
			七月，蠡县蝗飞蔽日。	光绪《蠡县志》
			定州蝗灾。	雍正《直隶定州志》
			夏，海兴庄稼被蝗虫吃尽，民大量外逃关东。	《海兴县志》
			邱县旱，蝗蝻遍地，钦差赈济，山东以捕蝗给衣巾，邱有十余人。	康熙《邱县志》
			永年蝗。	光绪《广平府志》
			鸡泽蝗，入民居。	民国《鸡泽县志》
			涉县蝗灾。	嘉庆《涉县志》
			昌平、东安旱蝗。	光绪《顺天府志》
			安次旱蝗。	《安次县志》
			春，西青旱，大蝗。	《西青区志》
			武清大旱，蝗飞蔽天。	乾隆《武清县志》
767	1618 年	明万历四十六年	畿南四府又蝗。	《明史·五行志》
			山东济属武定、滨州等十四州县蝗蝻，东、兖、青三府亦然。	《明实录·神宗实录》

343

（续）

序号	公元纪年	历史纪年	蝗灾情况	资料来源
767	1618年	明万历四十六年	安徽滁县，江苏东台、泰县蝗。	《中国历代蝗患之记载》
			永年蝗。	光绪《永年县志》
			夏，江苏旱，蝗生。	民国《江苏省通志稿》
			夏，扬州旱蝗。	嘉庆《重修扬州府志》
			阜阳蝗灾。	《阜阳市志》
			临泉蝗灾。	《临泉县志》
			亳州蝗。	光绪《亳州志》
			秋，宿州旱蝗。	光绪《宿州志》
			秋，宿县旱，蝗食稼殆尽，大饥。	《宿县县志》
			秋，固镇蝗起，庄稼无收，饥。	《固镇县志》
			怀远蝗。	嘉庆《怀远县志》
			来安蝗，忽自灭，有年。	道光《来安县志》
			黄州、汉阳蝗。	民国《湖北通志》
			黄安蝗复为灾，汉阳蝗。	康熙《湖广通志》
			四月，平陆、蒲州、曲沃蝗。	雍正《山西通志》
			荣河蝗。	民国《荣河县志》
			六月，永济蝗。	光绪《永济县志》
			临猗飞蝗蔽天。	《临猗县志》
			六月，侯马飞蝗蔽天，食禾几尽。	《侯马市志》
			郿州飞蝗蔽天经过，不为灾。	《郿州志》
			新乡蝗飞蔽天，食谷殆尽。	乾隆《新乡县志》
			卢氏大蝗。	乾隆《直隶陕州志》
			卫辉飞蝗蔽天，食谷殆尽。	乾隆《卫辉府志》
			汲县飞蝗蔽天。	乾隆《汲县志》
			渑池蝗灾，人相食。	《渑池县志》
			滑县蝗飞蔽天，食谷殆尽。	同治《滑县志》

（续）

序号	公元纪年	历史纪年	蝗灾情况	资料来源
767	1618 年	明万历四十六年	浚县飞蝗蔽天日，谷被吃尽。	《浚县志》
			郾城蝗食竹树殆尽。	《郾城县记》
			新野蝗灾。	《新野县志》
			方城蝗。	《方城县志》
			新蔡蝗蝻害稼。	《新蔡县志》
			息县蝗。	嘉庆《息县志》
			商城飞蝗蔽天，民大饥。	《商城县志》
			成武旱，蝗蔽天，赈荒。	《山东蝗虫》
768	1619 年	明万历四十七年	八月，济南、东昌、登州蝗。	《明史·五行志》
			秋八月，山东蝗。	《明史·神宗本纪》
			八月，历城蝗。	乾隆《历城县志》
			八月，齐河蝗。	《齐河县志》
			秋八月，曲阜蝗。	《曲阜县志》
			八月，黄县蝗。	同治《黄县志》
			秋八月，莱阳蝗。	《莱阳县志》
			八月，福山蝗。	民国《福山县志稿》
			蒲、解、绛等十五州县飞蝗蔽天。	《运城市志》
			万荣蝗飞蔽天。	《万荣县志》
			子长蝗食禾成灾。	《子长县志》
			南阳蝗食稼，蝗蝻遍野。	嘉庆《南阳府志》
			新野蝗灾。	《新野县志》
			息县蝗。	嘉庆《息县志》
			方城蝗。	《方城县志》
			镇平蝗食禾。	光绪《镇平县志》
			南召蝗虫毁稼，跳蝻遍野。	《南召县志》
			高淳蝗。	民国《江苏省通志稿》
			安东旱，蝗灾。	《涟水县志》
			江阴蝗。	光绪《江阴县志》

（续）

序号	公元纪年	历史纪年	蝗灾情况	资料来源
768	1619年	明万历四十七年	句容蝗，平地尺许。	《句容县志》
			阜阳蝗灾。	道光《阜阳县志》
			临泉蝗灾。	《临泉县志》
			秋，太和蝗。	《太和县志》
			亳州蝗。	光绪《亳州志》
			九月，五河旱蝗，禾苗皆枯。	《五河县志》
			怀远蝗。	嘉庆《怀远县志》
			远安蝗飞蔽天。	《远安县志》
			秭归蝗飞蔽天。	《秭归县志》
			永州蝗。	光绪《湖南通志》
			零陵蝗灾。	《零陵县志》
			独山飞蝗食禾穗、竹叶皆尽。	《独山县志》
769	1620年	明万历四十八年	八月，山东登、莱两郡今且苦水、苦蝗。	《明实录·光宗实录》
			东明旱蝗。	《东明县志》
			五月，夏县蝗，饥。	《山西通志》
			运城复蝗。	《运城市志》
			高淳蝗，不为灾。	民国《江苏省通志稿》
			太和旱蝗。	乾隆《颍州府志》
			夏，灵璧旱蝗。	乾隆《灵璧志略》
			夏，固镇旱蝗。	《固镇县志》
			六月，固安蝗害成灾。	《固安县志》
			交河旱，蝗飞蔽日，害稼，民饥。	《交河县志》
			大名府旱蝗。	咸丰《大名府志》
			太康蝗。	道光《太康县志》
			陈州蝗食禾殆尽，沿墙登屋，无处不入。	乾隆《陈州府志》
			通许蝗。	乾隆《通许县志》

（续）

序号	公元纪年	历史纪年	蝗灾情况	资料来源
769	1620年	明万历四十八年	新野蝗灾。	乾隆《新野县志》
			秋，汝阳蝗。	康熙《汝阳县志》
			秋，汝南蝗。	《汝南县志》
			方城蝗。	《方城县志》
			秋，驻马店蝗起。	《驻马店市志》
			秋，上蔡蝗灾。	《上蔡县志》
			秋，确山蝗。	民国《确山县志》
			罗山蝗。	《罗山县志》
			秋，平舆蝗灾。	《平舆县志》
			息县旱蝗。	嘉庆《息县志》
			濮阳蝗。	《濮阳县志》
			长垣旱蝗。	《长垣县志》
			中牟蝗。	《河南东亚飞蝗及其综合治理》
			秋，定安飞蝗遍地，禾稼一空，陌上草根均食尽。	光绪《定安县志》
770	1621年	明天启元年	七月，顺天蝗。	《明史·五行志》
			七月，顺天等处旱蝗。	《明实录·熹宗实录》
			顺义蝗。	《顺义县志》
			湖州蝗灾。	《中国昆虫学史》
			夏，沭阳飞蝗过境，遮天蔽日，禾稼、树叶吃尽。	《沭阳县志》
			灵璧、双沟蝗灾。	《泗洪县志》
			泗州蝗。	乾隆《泗州志》
			四月，六安蝗。	《六安州志》
			夏，临泉蝗灾。	《临泉县志》
			泗县蝗灾。	《泗虹合志》
			泌阳大蝗成灾。	《泌阳县志》
			新野蝗灾。	《新野县志》
			秋，汝南旱，蝗灾。	《汝南县志》
			新蔡蝗虫伤禾。	《新蔡县志》

（续）

序号	公元纪年	历史纪年	蝗灾情况	资料来源
770	1621年	明天启元年	方城大蝗。	《方城县志》
			罗山水、旱、蝗灾相继发生。	《罗山县志》
			夏秋，商城飞蝗又起，苗尽伤。	《商城县志》
			七月，济阳蝗。	民国《济阳县志》
			堂邑旱蝗。	嘉庆《东昌府志》
			淄川旱蝗。	乾隆《淄川县志》
			七月，阳信蝗。	民国《阳信县志》
			齐东旱蝗。	康熙《齐东县志》
			七月，武定、沾化旱蝗。	咸丰《武定府志》
			七月，惠民旱蝗。	光绪《惠民县志》
			邹平旱蝗。	民国《邹平县志》
			牟平蝗。	民国《牟平县志》
			宁海州[①]蝗。	光绪《增修登州府志》
			栖霞蝗。	乾隆《栖霞县志》
			秋，儋州[②]涝，禾尽，蝗。	康熙《续修儋州志》
771	1622年	明天启二年	夏，大名府蝗，飞扬蔽日。	咸丰《大名府志》
			八月，新泰蝗，有秃鹙食之。	乾隆《泰安府志》
			秋七月，泰安蝗。	民国《重修泰安县志》
			单县蝗食禾苗，岁饥。	民国《单县志》
			文登蝗。	光绪《增修登州府志》
			栖霞蝗。	乾隆《栖霞县志》
			荣成蝗。	道光《荣成县志》
			内乡蝗。	康熙《内乡县志》
			新野蝗灾。	《新野县志》
			新蔡蝗虫伤禾。	《新蔡县志》
			三月，杞县蝗。	《杞县志》

---

　① 宁海州：旧州名，治所在今山东烟台市牟平区。
　② 儋州：旧州名，治所在今海南儋州西北中和镇。

（续）

序号	公元纪年	历史纪年	蝗灾情况	资料来源
771	1622年	明天启二年	方城大蝗。	《方城县志》
			上蔡旱，蝗灾。	《上蔡县志》
			唐县①大蝗。	乾隆《唐县志》
			裕州蝗。	乾隆《裕州志》
			罗山旱蝗。	《罗山县志》
			固始旱蝗。	《固始县志》
			息县旱蝗。	嘉庆《息县志》
			商城旱蝗伤禾。	《商城县志》
			洛南蝗。	《陕西蝗区勘察与治理》
			八月，无为蝗灾。	光绪《续修庐州府志》
			七月，六安蝗灾。	同治《六安州志》
			临泉蝗灾。	《临泉县志》
772	1623年	明天启三年	洛南蝗。	《洛南县志》
			商县蝗。	《陕西蝗区勘察与治理》
			秋七月，安丘、昌乐大蝗。	咸丰《青州府志》
			秋七月，潍县大蝗。	民国《潍县志稿》
			汝南旱蝗。	《汝南县志》
			河南内乡蝗灾，害稼。	《中国历代蝗患之记载》
			新野蝗。	《新野县志》
			六合蝗蝻丛生，禾麦俱伤。	《六合县志》
773	1624年	明天启四年	赣榆蝗。	民国《江苏省通志稿》
			盐城旱，蝗灾。	《盐城县志》
			五月，颍上大旱蝗。	同治《颍上县志》
			天长大旱，蝗蔽天。	嘉庆《备修天长县志稿》
			定兴蝗食苗叶尽。	光绪《定兴县志》
774	1625年	明天启五年	六月，济南飞蝗蔽天，田禾俱尽。	《明史·五行志》
			六月，历城飞蝗蔽天，田禾俱尽。	乾隆《历城县志》

————————————

① 唐县：旧县名，治所在今河南唐河。

（续）

序号	公元纪年	历史纪年	蝗灾情况	资料来源
774	1625 年	明天启五年	六月，禹城蝗飞蔽天。	嘉庆《禹城县志》
			六月，平原蝗。	乾隆《平原县志》
			六月，齐河飞蝗蔽天，田禾俱尽。	《齐河县志》
			秋，东明飞蝗大至，啮禾稼。	《东明县志》
			泗水蝗蝻害稼。	光绪《泗水县志》
			新泰蝗。	乾隆《新泰县志》
			秋，桓台飞蝗蔽天。	《桓台县志》
			夏，胶州大蝗。	乾隆《莱州府志》
			九月，定兴等处飞蝗蔽天；十月，天津等处旱蝗。	《明实录·熹宗实录》
			新安蝗。	乾隆《新安县志》
			夏，东光蝗飞蔽天。	光绪《东光县志》
			夏，南皮蝗。	民国《南皮县志》
			六月，固安蝗。	光绪《顺天府志》
			夏，景县蝗飞蔽天。	民国《景县志》
			青县、静海蝗飞蔽天，蝗蝻积地盈尺。	乾隆《天津府志》
			良乡蝗。	《北京市房山区志》
			高邮、盐城旱蝗。	民国《江苏省通志稿》
			泗洪飞蝗遍野。	《泗洪县志》
			五河蝗飞蔽天。	光绪《五河县志》
			天长又旱，蝗生更甚，草不生。	嘉庆《备修天长县志稿》
775	1626 年	明天启六年	夏，江北、山东旱蝗。秋，河南蝗。	《明史·熹宗本纪》
			十月，开封旱蝗。	《明史·五行志》
			五月，北直苦蝗，淮、扬、庐、凤各府春夏旱蝗为灾。	《明实录·熹宗实录》
			山东曲阜，江苏丹徒、淮阴、东台蝗灾。	《中国历代蝗患之记载》

（续）

序号	公元纪年	历史纪年	蝗灾情况	资料来源
775	1626 年	明天启六年	夏，江北旱蝗，淮安、泰州旱蝗，海州蝗。	民国《江苏省通志稿》
			六月，丹阳蝗灾。	《丹阳县志》
			六月，金坛飞蝗南飞，蔽天不绝者八日。	《金坛县志》
			六月，江阴大旱蝗。	光绪《江阴县志》
			高邮蝗飞蔽天。	乾隆《高邮州志》
			宝应旱蝗。	《宝应县志》
			七月，淮安、扬州、庐州、凤阳各府属旱蝗为灾。	光绪《盱眙县志稿》
			金湖旱蝗。	《金湖县志》
			夏，洪泽蝗灾，禾草俱尽。	《洪泽县志》
			夏，安东蝗生盈尺，禾草俱尽。	《涟水县志》
			山阳蝗害稼。	同治《重修山阳县志》
			宿迁蝗灾。	《宿迁市志》
			夏，泗洪旱，蝗灾。	《泗洪县志》
			沭阳蝗。	《沭阳县志》
			夏，沛县蝗遍野，田损十之七八。	乾隆《沛县志》
			临淮旱蝗。	康熙《临淮县志》
			蒙城旱蝗。	乾隆《颖州府志》
			舒城蝗虫成灾。	《舒城县志》
			湖州蝗灾，飞集蔽野。	《湖州市志》
			项城旱蝗。	民国《项城县志》
			沈丘旱蝗。	《沈丘县志》
			秋，新蔡飞蝗蔽天，食禾殆尽。	《新蔡县志》
			六月，历城旱蝗。	乾隆《历城县志》
			六月，商河旱蝗。	民国《重修商河县志》
			山东临清蝗。	《临清市志》

（续）

序号	公元纪年	历史纪年	蝗灾情况	资料来源
775	1626年	明天启六年	微山遍地起蝗，损田十之七八。	《微山县志》
			夏，城武旱，蝗大起，遮天蔽日，所过处禾苗一空。	道光《城武县志》
			夏，曹县旱，蝗大起，冲天翳日，禾苗一空。	光绪《曹州府曹县志》
			夏，诸城蝗。秋，临淄、乐安蝻。	咸丰《青州府志》
			秋，广饶蝗蝻为害。	《广饶县志》
			夏六月，胶州旱蝗。	民国《增修胶志》
			五月，新乐蝗。	光绪《重修新乐县志》
			七月，永平府飞蝗遍野，伤稼。	光绪《永平府志》
			秋七月，迁安飞蝗蔽天，伤禾稼。	《迁安县志》
			秋七月，迁西飞蝗遮盖四野，严重损害庄稼。	《迁西县志》
			七月，保定府飞蝗蔽天。	光绪《保定府志》
			秋，蠡县蝗。	光绪《蠡县志》
			七月，雄县蝗飞蔽天。	民国《雄县新志》
			夏五月，阜平旱蝗。	同治《阜平县志》
			大城蝗。	光绪《大城县志》
			文安蝗。	民国《文安县志》
			固安蝗灾。	《固安县志》
			保定蝗。	康熙《保定县志》
			吴桥旱蝗。	《河北省农业厅·志源（1）》
			景县旱，蝗灾。	《景县志》
			临西蝗。	《临西县志》
			春，广平府属县旱蝗。	光绪《广平府志》
			六月，永年蝗伤禾。	光绪《永年县志》
			曲周蝗伤稼。	同治《曲周县志》

（续）

序号	公元纪年	历史纪年	蝗灾情况	资料来源
775	1626 年	明天启六年	六月，鸡泽蝗伤禾。	民国《鸡泽县志》
			五月，成安蝗灾。	《成安县志》
			邱县旱蝗。	《邱县志》
			静海蝗灾。	《静海县志》
776	1627 年	明天启七年	三月，仪封蝗。	《河南东亚飞蝗及其综合治理》
			三月，杞县蝗。	乾隆《杞县志》
			三月，兰考蝗。	《兰考县志》
			永城蝗。	光绪《永城县志》
			夏邑大旱蝗。	民国《夏邑县志》
			新野蝗食禾。	光绪《新野县志》
			虞城大旱蝗。	《虞城县志》
			八月，临颍蝗飞蔽天。	民国《重修临颍县志》
			江苏江阴、无锡蝗灾。	《中国历代蝗患之记载》
			秋，丰县蝗灾。	民国《江苏省通志稿》
			临淮水蝗。	康熙《临淮县志》
			滕县蝗。	道光《滕县志》
			赞皇蝗。	乾隆《赞皇县志》
			秋，保定府蝗，秋禾殆尽。	光绪《保定府志》
			秋八月，定兴蝗。	光绪《定兴县志》
			容城飞蝗蔽天，春麦、秋禾殆尽。	《容城县志》
			五月麦熟，雄县蝗蝻遍野，食黍谷，掘壕堑捕之，后翅成飞去。	民国《雄县新志》
			秋八月，新城蝗。	民国《新城县志》
			平乡蝗食麦。	乾隆《顺德府志》
			永年蝗。	光绪《永年县志》
			麦熟，鸡泽蝗吃禾穗。	民国《鸡泽县志》
			黄平兴隆[①]蝗。	道光《黄平州志》

---

① 兴隆：旧卫名，治所在今贵州黄平。

（续）

序号	公元纪年	历史纪年	蝗灾情况	资料来源
777	1628 年	明崇祯元年	江苏铜山、淮阴，浙江遂昌蝗。	《中国历代蝗患之记载》
			夏，江苏蝗伤麦。	民国《江苏省通志稿》
			夏，徐州、萧县、丰县蝗伤麦。	同治《徐州府志》
			广宗大旱蝗。	《广宗县志》
			秋，康县蝗。	《康县志》
778	1629 年	明崇祯二年	铜川飞蝗从东南来，天日为暗，触人面目挥之不去，禾苗立尽，岁大饥。	《陕西省志·大事记》
			五月，栾城蝗。	同治《栾城县志》
			内乡旱蝗。	康熙《内乡县志》
			西峡旱蝗。	《西峡县志》
779	1630 年	明崇祯三年	益都、寿光、昌乐蝗害稼。	咸丰《青州府志》
			昌邑蝗。	乾隆《昌邑县志》
			隆德蝗飞蔽天，大饥。	《固原地区志》
780	1631 年	明崇祯四年	同官旱蝗。	《铜川市志》
			六月，榆社大蝗。	雍正《山西通志》
			长子蝗飞蔽日，集树枝折。	《长子县志》
			临猗蝗灾。	《临猗县志》
			临汾蝗，赈济。	《临汾市志》
			七月，广灵蝗。	《广灵县志》
			阳高蝗灾。	《阳高县志》
			黄平兴隆蝗。	道光《黄平州志》
			东明蝗蝻复作，二麦俱尽。	《东明县志》
781	1632 年	明崇祯五年	交河旱蝗，飞蔽日，横占十余里，树叶、禾秸俱尽。	民国《交河县志》
			广灵又蝗。	《广灵县志》
			阳高仍蝗灾。	《阳高县志》
			江苏淮阴蝗入屋啮毁衣物。	《中国历代蝗患之记载》
			秋，徐州蝗。	同治《徐州府志》

（续）

序号	公元纪年	历史纪年	蝗灾情况	资料来源
781	1632年	明崇祯五年	秋，铜山飞蝗越城渡河，禾稼、草木尽，入室啮毁衣物。	《铜山县志》
			秋，萧县有蝗。	嘉庆《萧县志》
			砀山有蝗，饥。	乾隆《砀山县志》
			龙门螽伤稼。	光绪《广州府志》
782	1633年	明崇祯六年	安塞境内有蝗。	嘉庆《延安府志》
			延川蝗灾，大饥。	乾隆《延川县志》
			陈州蝗蝻遍野。	《陈州府志》
			淮阳蝗蝻蔽野。	《淮阳县志》
			临颍蝗。	民国《重修临颍县志》
			郾城蝗。	民国《郾城县记》
			五月，迁安蝗虫伤禾稼，大饥。	《迁安县志》
			秋，菏泽旱，蝗灾，民大饥。	《菏泽市志》
			蒲县蝗灾，禾苗、树叶尽伤。	《蒲县志》
783	1634年	明崇祯七年	秋，陕西大蝗，饥。	雍正《陕西通志》
			秋，长安飞蝗成灾，饥。	《长安县志》
			秋，未央区蝗，大饥。	《未央区志》
			澄城蝗。	《澄城县志》
			秋，咸阳蝗蝻为灾，大饥。	《咸阳市志》
			乾县蝗，大饥。	《乾县志》
			永寿蝗伤禾，大饥。	《永寿县志》
			秋，汉中蝗，大饥。	民国《重刻汉中府志》
			秋，南郑蝗。	《南郑县志》
			秋，略阳蝗，大饥。	《略阳县志》
			秋，城固蝗，大饥。	康熙《城固县志》
			秋，柞水蝗食禾尽，民饥。	《柞水县志》
			秋，同官蝗虫成灾，饥。	《铜川市志》

（续）

序号	公元纪年	历史纪年	蝗灾情况	资料来源
783	1634年	明崇祯七年	延安蝗。	《延安地区志》
			秋，洛川蝗，饥。	《洛川县志》
			志丹飞蝗蔽天。	《志丹县志》
			黄陵蝗灾，民大饥。	《黄陵县志》
			定边蝗。	《定边县志》
			江苏南通蝗灾。	《中国历代蝗患之记载》
			萧县、丰县飞蝗食禾木，啮人衣。	民国《江苏省通志稿》
			徐州属县飞蝗蔽天，越城渡河，食禾稼皆尽，入民室吃毁衣物。	同治《徐州府志》
			七月，丹阳蝗虫为灾。	《丹阳县志》
			六合竹镇①旱蝗相并。	乾隆《竹镇纪略》
			五月，太和大蝗。秋，飞蝗至。	《太和县志》
			界首大蝗。	《界首县志》
			蒙城大蝗。	乾隆《颍州府志》
			七月，萧县大雨，飞蝗蔽天，食禾稼、树叶皆尽，入屋室吃毁衣物。	嘉庆《萧县志》
			通城蝗。	民国《湖北通志》
			随州蝗。	《随州志》
			陈州蝗。	乾隆《陈州府志》
			淮阳蝗。	民国《淮阳县志》
			五月，杞县蝗。	《杞县志》
			密县蝗飞蔽天。	民国《密县志》
			六月，尉氏蝗自东南来，落地尺余。	道光《尉氏县志》
			内乡蝗蝻生无数。	康熙《内乡县志》

---

① 竹镇：乡镇名，在今江苏南京市六合区西北。

（续）

序号	公元纪年	历史纪年	蝗灾情况	资料来源
783	1634 年	明崇祯七年	八月，临颍旱蝗。	民国《重修临颍县志》
			五月，郏县蝗。	《郏县志》
			夏，邓州旱蝗。	乾隆《邓州志》
			鹿邑蝗。	光绪《鹿邑县志》
			孟津蝗灾，人流逃过半。	《孟津县志》
			秋，历城飞蝗忽生，各邑皆受其害，历独无之。	崇祯《历乘》
			夏，青州府属尽蝗。	雍正《山东通志》
			夏，临朐、昌乐、安丘大蝗。	咸丰《青州府志》
			夏，大旱，安丘、昌乐、寿光蝗蝻生。潍县蝗。	民国《潍县志稿》
			寿光大蝗，食禾黍皆尽。	民国《寿光县志》
			沂州府蝗。	乾隆《沂州府志》
			临沂蝗。	民国《临沂县志》
			东光旱蝗。	光绪《东光县志》
			秋，甘肃蝗，大饥。	光绪《重纂秦州直隶州新志》
			秋，全省飞蝗遍野，大饥。	《榆中县志》
			秋，康县蝗，大饥。	《康县志》
			秋，阶州及文县蝗灾，大饥。	《武都县志》
784	1635 年	明崇祯八年	七月，河南蝗。	《明史·五行志》
			稷山、垣曲蝗。汤阴县蝗。	《古今图书集成·庶征典·蝗灾部汇考》
			夏，郑州旱，蝗飞蔽日，禾枯粮绝。	乾隆《郑州志》
			荥阳旱蝗。	《河南东亚飞蝗及其综合治理》
			秋，密县复大蝗，飞蔽天。	民国《密县志》
			新安大旱，飞蝗蔽日，室无隙地。	乾隆《新安县志》

（续）

序号	公元纪年	历史纪年	蝗灾情况	资料来源
784	1635 年	明崇祯八年	通许蝗。	乾隆《通许县志》
			洧川飞蝗蔽空，谷菽俱尽。	嘉庆《洧川县志》
			卫辉大蝗。	乾隆《卫辉府志》
			辉县大蝗。	道光《辉县志》
			汲县蝗。	乾隆《汲县志》
			济源蝗。	乾隆《济源县志》
			陕县蝗飞蔽天。	民国《陕县志》
			阌乡蝗飞蔽天。	民国《阌乡县志》
			秋，彰德大蝗损禾，复蝻生，食禾叶一空。	乾隆《彰德府志》
			汤阴旱蝗。	《汤阴县志》
			滑县大蝗。	同治《滑县志》
			浚县飞蝗蔽天遮日，草木尽光。	《浚县志》
			陈州旱蝗，至十三年不食于蝗则苦于旱，连岁灾祲。	乾隆《陈州府志》
			长葛飞蝗蔽天，为灾。	乾隆《长葛县志》
			禹州旱，蝗虫成灾。	《禹州市志》
			郾城旱蝗。	民国《郾城县记》
			舞阳旱，蝗虫为害。	《舞阳县志》
			舞钢蝗虫为害。	《舞钢市志》
			夏，邓州蝗旱，民大饥。	乾隆《邓州志》
			七月，济南府旱蝗。	道光《济南府志》
			秋七月，历城旱蝗。	乾隆《历城县志》
			八月，平阴飞蝗蔽天，害稼。	光绪《平阴县志》
			七月，桓台旱蝗。	《桓台县志》
			肥城蝗飞蔽天，害稼。	光绪《肥城县志》
			泗水蝗蝻害稼。	光绪《泗水县志》
			费县蝗。	光绪《费县志》
			华县蝗灾。	《华县志》

（续）

序号	公元纪年	历史纪年	蝗灾情况	资料来源
784	1635 年	明崇祯八年	华阴蝗蝻生，延至十年。	《华阴县志》
			潼关蝗食禾苗。	《潼关县志》
			澄城蝗。	《澄城县志》
			韩城蝗。	《韩城市志》
			同州府蝗。	咸丰《同州府志》
			蝗自眉县来，遍满天地，秋谷尽食。	《宝鸡市志》
			洋县蝗害稼，无收。	《洋县志》
			秋，汉阴蝗蔽日，遍落城郊害稼。	《汉阴县志》
			万荣蝗蝻食禾尤甚。	《万荣县志》
			稷山飞蝗弥漫四野，秋禾一过如扫。	同治《稷山县志》
			闻喜蝗虫为害，食禾殆尽。	《闻喜县志》
			五月，垣曲蝗食禾尽，继生蝻，野无青草。	光绪《垣曲县志》
			七月，辽州蝗。	雍正《辽州志》
			江苏铜山、淮阴、东台蝗灾。	《中国历代蝗患之记载》
			七月，徐州雨蝗，萧县蝗甚。	同治《徐州府志》
			七月，泰县蝗灾。	《泰县志》
			涟水蝗虫遍野，食草木尽。	《涟水县志》
			五月，太和大蝗。	《太和县志》
			界首飞蝗复至。	《界首县志》
			七月，砀山蝗。	乾隆《砀山县志》
			通城蝗。	民国《湖北通志》
			会宁飞蝗遍野。	道光《会宁县志》
785	1636 年	明崇祯九年	七月，山东蝗，大饥，斗米千钱。稷山蝻害甚于蝗。潞安蝗食禾，生蝻。八月，钟祥蝗。	《古今图书集成·庶征典·蝗灾部汇考》

（续）

序号	公元纪年	历史纪年	蝗灾情况	资料来源
785	1636年	明崇祯九年	河北顺天、永平、滦州，江苏铜山，浙江海盐蝗灾。	《中国历代蝗患之记载》
			秋七月，青州蝗，斗粟千钱，大饥。	咸丰《青州府志》
			十一月，临朐蝗蝻生，草木皆尽。	光绪《临朐县志》
			泗水蝗蝻害稼。	光绪《泗水县志》
			秋七月，栖霞大水蝗。	光绪《增修登州府志》
			夏，郑州旱，蝗飞蔽天。	乾隆《郑州志》
			阌乡蝗灾。	民国《阌乡县志》
			陕县飞蝗蔽日。	民国《陕县志》
			濮阳飞蝗蔽日。	《濮阳县志》
			九月，河南大蝗。	《河南东亚飞蝗及其综合治理》
			卢氏飞蝗蔽天。	光绪《卢氏县志》
			新安旱蝗。	乾隆《新安县志》
			怀庆府蝗。	乾隆《怀庆府志》
			原武大蝗。	乾隆《原武县志》
			洧川飞蝗蔽空，谷菽俱尽。	嘉庆《洧川县志》
			陈州旱，蝗灾。	乾隆《陈州府志》
			通许蝗。	乾隆《通许县志》
			获嘉旱蝗。	民国《获嘉县志》
			七月，郾城蝗。	民国《郾城县记》
			长葛飞蝗为灾。	乾隆《长葛县志》
			夏，邓州蝗旱，民相食。	乾隆《邓州志》
			正阳蝗，大饥，人相食。	民国《重修正阳县志》
			交城、长治、潞城、襄垣、长子蝗蝻伤稼，稷山蝻害甚于蝗。	民国《山西通志》
			七月，屯留蝗食稼，大饥。	《屯留县志》
			万荣蝗蝻食禾尤甚。	《万荣县志》

（续）

序号	公元纪年	历史纪年	蝗灾情况	资料来源
785	1636 年	明崇祯九年	闻喜蝗灾。	民国《闻喜县志》
			五月，徐州、高淳、沭阳蝗，赣榆蝗，有鹜食之。	民国《江苏省通志稿》
			秋，无锡旱蝗。	《无锡市志》
			四月，连云港蝗蝻大作，有鹜千群食之；赣榆、沭阳蝗害。	《连云港市志》
			八月，钟祥蝗虫遍野，野草俱尽。	《钟祥县志》
			通城蝗。	《通城县志》
			麻城飞蝗蔽日，林薮遍集。	民国《麻城县志前编》
			安化旱，继而蝗灾。	《安化县志》
			商县蝗，大饥。	《陕西省志·大事记》
			商南飞蝗入境，遮天蔽日。	《商南县志》
			山阳蝗灾，民饥。	《山阳县志》
			潼关蝗发，食禾苗。	《潼关县志》
			汉中旱蝗。	民国《重刻汉中府志》
			南郑蝗。	《南郑县志》
			略阳旱蝗。	《略阳县志》
			夏，丹凤蝗，饥。	《丹凤县志》
			九月，泾川旱，蝗虫为灾。	《泾川县志》
			广宗、平乡大旱蝗。	乾隆《顺德府志》
			秋，昌黎蝗，大饥。	民国《昌黎县志》
			秋，卢龙蝗。	《河北省农业厅·志源（1）》
786	1637 年	明崇祯十年	六月，山东、河南蝗。	《明史·五行志》
			秋七月，山东、河南蝗，民大饥。	《明史·庄烈帝纪》
			陕西千阳，山东商河，湖北钟祥，江苏铜山、淮阴蝗灾。	《中国历代蝗患之记载》
			荣河蝗。	雍正《山西通志》
			荣河复蝗，临晋如之。	乾隆《蒲州府志》

（续）

序号	公元纪年	历史纪年	蝗灾情况	资料来源
786	1637 年	明崇祯十年	秋，绛县蝗，禾叶食尽，茎折穗干。	光绪《绛县志》
			夏，郑州旱蝗，飞蔽日，绝收。	乾隆《郑州志》
			新安旱蝗。	乾隆《新安县志》
			通许蝗。	乾隆《通许县志》
			洧川飞蝗蔽天，食谷菽尽。	嘉庆《洧川县志》
			获嘉旱蝗。	民国《获嘉县志》
			焦作飞蝗从东南来，起飞如云，田禾受害。	《焦作市志》
			修武蝗。	乾隆《怀庆府志》
			陕州蝗。	《陕州志》
			陕县飞蝗蔽日。	《陕县志》
			阌乡蝗灾。	《阌乡县志》
			濮阳飞蝗蔽日。	《濮阳县志》
			夏邑蝗。	民国《夏邑县志》
			永城蝗灾，人相食。	光绪《永城县志》
			陈州旱，蝗灾。	乾隆《陈州府志》
			商水蝗。	《商水县志》
			项城蝗。	民国《项城县志》
			许昌大蝗灾。	乾隆《许昌县志》
			长葛飞蝗为灾。	《长葛县志》
			六月，鄢陵蝗自山东来蔽野，饥。	民国《鄢陵县志》
			七月，禹州蝗虫成灾。	《禹州市志》
			内乡蝗虫集地，厚尺许。	康熙《内乡县志》
			西峡飞蝗集地，死蝗厚尺许。	《西峡县志》
			正阳蝗。	民国《重修正阳县志》
			夏，新蔡蝗虫食禾。	《新蔡县志》
			济南蝗。	《山东蝗虫》

（续）

序号	公元纪年	历史纪年	蝗灾情况	资料来源
786	1637 年	明崇祯十年	平原旱蝗。	乾隆《平原县志》
			五月，山东商河蝗。	民国《重修商河县志》
			六月，齐河蝗。	《齐河县志》
			城武大旱蝗。	道光《城武县志》
			秋七月，曲阜蝗，大饥。	《曲阜县志》
			滨州蝗。	《滨州志》
			蒲台螣。	乾隆《蒲台县志》
			桓台旱蝗，民大饥。	《桓台县志》
			诸城蝗，大饥。	乾隆《诸城县志》
			夏，安丘大蝗。	康熙《续安丘县志》
			夏六月，潍县大蝗，大饥。	《潍县志稿》
			夏六月，胶州蝗，民大饥。	民国《增修胶志》
			夏六月，胶南蝗，民大饥。	《胶南县志》
			八月，凤翔蝗飞蔽天。	雍正《陕西通志》
			关中蝗灾，民饥；洛南蝗蝻食禾苗及穗，啮田间人衣。	《陕西省志·大事记》
			秋，黄陵飞蝗蔽天，食禾无遗。	《黄陵县志》
			永寿蝗，伤禾稼。秋，泾阳蝗食禾尽。洋县飞蝗蔽天，食禾。	《陕西蝗区勘察与治理》
			潼关蝗发，食禾苗。	《潼关县志》
			洛南飞蝗食禾稼尽。	《洛南县志》
			秋，保定飞蝗蔽天，遗子复生；陕西蝗飞蔽天，食禾无遗。	《古今图书集成·庶征典·蝗灾部汇考》
			秋，徐水蝗飞蔽天，遗子遍地。	《徐水县志》
			秋，望都飞蝗蔽天。	《望都县志》
			大城旱蝗。	光绪《顺天府志》

（续）

序号	公元纪年	历史纪年	蝗灾情况	资料来源
786	1637 年	明崇祯十年	文安旱蝗。	《文安县志》
			枣强蝻生。	《枣强县志》
			南和蝗。	《南和县志》
			夏，威县蝗蝻遍野，田禾尽伤。	《威县志》
			六月，邱县蝗，禾苗尽伤。	《邱县志》
			任丘旱蝗。	《河北省农业厅·志源（1）》
			秋，无锡旱，蝗灾。	《无锡市志》
			徐州属县蝗，饥。	同治《徐州府志》
			萧县旱蝗。	嘉庆《萧县志》
			龙门蝗，谷贵。	光绪《广州府志》
			宁夏、平凉等处大旱，蝗飞蔽天，禾谷立尽。	光绪《甘肃新通志》
			七月，平凉飞蝗蔽天，禾谷立尽。	乾隆《甘肃通志》
			隆德等处飞蝗蔽天，禾苗立尽。	《固原地区志》
			秋七月，灵台蝗自东南来，其飞蔽天，遗尿如雨，到处禾谷立尽。	《灵台县志》
			静宁旱，飞蝗蔽天，秋禾立尽。	《静宁县志》
			浏阳螟螣蟊贼皆备。	《浏阳县志》
787	1638 年	明崇祯十一年	六月，两京、山东、河南大旱蝗。	《明史·五行志》
			山东濮县、商河、曲阜、平原、曹县、蒲台，河南洛宁、渑池，陕西千阳、商州，江苏淮阴、江宁、金坛、吴江、丹徒，浙江吴兴，安徽天长，湖北罗田及湖南岳阳蝗灾。	《中国历代蝗患之记载》
			六月，邹平、齐河、历城蝗。	道光《济南府志》

（续）

序号	公元纪年	历史纪年	蝗灾情况	资料来源
787	1638 年	明崇祯十一年	五月，济阳飞蝗蔽野，禾苗立尽。	民国《济阳县志》
			平原大旱蝗，谷苗尽枯。	乾隆《平原县志》
			齐河旱蝗。	《齐河县志》
			观城蝗。	道光《观城县志》
			春，朝城大旱蝗，落处树摧屋损。秋七月，复蝗。	康熙《朝城县志》
			菏泽旱蝗。	光绪《新修菏泽县志》
			曹州旱蝗。	康熙《曹州志》
			濮州蝗。	乾隆《曹州府志》
			嘉祥旱蝗。	《嘉祥县志》
			泰安旱蝗，大饥，人相食。	《泰安县志》
			新泰有蝗。	乾隆《新泰县志》
			桓台大蝗。	《桓台县志》
			滨州蝗。	咸丰《滨州志》
			夏，海丰、阳信、商河、蒲台蝗。	《武定府志》
			六月，无棣大蝗，食禾殆尽。	民国《无棣县志》
			夏五月，沾化蝗。	民国《沾化县志》
			夏，齐东蝗。	《齐东县志》
			夏，邹平旱蝗。	《邹平县志》
			夏六月，昌乐、安丘、诸城大旱蝗。	咸丰《青州府志》
			夏六月，胶州大旱蝗。	民国《增修胶志》
			夏，福山飞蝗蔽天，食谷殆尽，螽蝝遍野，蝗复大起，无禾。	民国《福山县志稿》
			栖霞蝗。	乾隆《栖霞县志》
			夏，莱阳蝗食谷殆尽。秋，螽蝝遍野，蝗大起，无禾。	民国《莱阳县志》

（续）

序号	公元纪年	历史纪年	蝗灾情况	资料来源
787	1638年	明崇祯十一年	海阳蝗旱。	乾隆《海阳县志》
			牟平蝗。	《牟平县志》
			夏，黄县蝗飞蔽天，食谷殆尽。秋，螽蝝遍野，丛集禾穗累累如贯珠，无禾。	同治《黄县志》
			夏，登州蝗飞蔽天，食禾殆尽。秋，螽蝝遍野，蝗复大起，无禾。	光绪《增修登州府志》
			夏，文登飞蝗蔽天，食谷殆尽。秋，螽蝝遍野，蝗复大起，无禾。	光绪《文登县志》
			四月，汜水大蝗；孟津旱，蝗灾，秋禾被毁殆尽。六月，河南大蝗，赤地千里。	《河南东亚飞蝗及其综合治理》
			夏，郑州旱，蝗飞蔽天，绝收。	乾隆《郑州志》
			密县大旱蝗。	民国《密县志》
			新安旱蝗。	乾隆《新安县志》
			洛阳大旱，赤地千里，蝗蛹集地厚寸余。	乾隆《洛阳县志》
			宜阳飞蝗为灾，大饥。	《宜阳县志》
			嵩县旱，蝗飞蔽天，所过禾苗立尽。	乾隆《嵩县志》
			考城蝗食禾尽，生蛹，平地尺许。	《兰考县志》
			四月，杞县蝗。	《杞县志》
			洧川飞蝗蔽天，食谷菽俱尽。	嘉庆《洧川县志》
			秋，新乡蝗蔽天翳日，五谷食尽，啮及竹芦。	《新乡县志》
			获嘉旱蝗。	民国《获嘉县志》

（续）

序号	公元纪年	历史纪年	蝗灾情况	资料来源
787	1638 年	明崇祯十一年	辉县蝗。	道光《辉县志》
			秋，汲县蝗飞蔽天，五谷尽食。	乾隆《汲县志》
			原武大蝗。	乾隆《原武县志》
			延津蝗。	《延津县志》
			长垣飞蝗蔽天，食禾几尽。	嘉庆《长垣县志》
			秋，焦作蝗灾，伤稼甚重。	《焦作市志》
			六月，河内蝗。	道光《河内县志》
			六月，怀庆府蝗。	乾隆《怀庆府志》
			修武蝗。	道光《修武县志》
			博爱旱，蝗灾，民不聊生。	《博爱县志》
			六月，济源蝗。	乾隆《济源县志》
			温县蝗。	乾隆《温县志》
			六月，孟县蝗。	《孟县志》
			陕、卢飞蝗蔽天，食禾殆尽。	乾隆《直隶陕州志》
			灵宝旱蝗。	《灵宝县志》
			秋，阌乡蝗食禾。	民国《阌乡县志》
			濮阳飞蝗蔽日。	《濮阳县志》
			夏，清丰飞蝗蔽天，禾偃折枝。	民国《清丰县志》
			内黄飞蝗蔽天。	光绪《内黄县志》
			秋，滑县蝗，五谷殆尽。	同治《滑县志》
			秋，浚县蝗，谷尽光。	《浚县志》
			秋七月，柘城大蝗，无禾。	光绪《柘城县志》
			睢州旱蝗。	光绪《续修睢州志》
			五月，虞城大蝗。	光绪《虞城县志》
			夏邑大蝗，令捕之。	民国《夏邑县志》
			永城蝗。	光绪《永城县志》
			陈州旱，蝗灾。	乾隆《陈州府志》

（续）

序号	公元纪年	历史纪年	蝗灾情况	资料来源
787	1638 年	明崇祯十一年	商水蝗。	《商水县志》
			项城蝗。	民国《项城县志》
			许州城郊生蝗，农作物吃光。	《许昌市志》
			长葛飞蝗为灾。	乾隆《长葛县志》
			六月，禹州旱，蝗灾。	《禹州市志》
			鄢陵蝗复生，倍之。	民国《鄢陵县志》
			秋，鲁山旱，蝗灾。	《鲁山县志》
			秋，郏县旱蝗。	《郏县志》
			汝州大旱蝗。	道光《汝州全志》
			新野蝗，民多饥死。	《新野县志》
			五月，内乡蝗。	康熙《内乡县志》
			五月，西峡蝗虫为害。	《西峡县志》
			夏，汝南旱蝗。	《汝南县志》
			泌阳旱蝗。	《泌阳县志》
			山西旱蝗。	《代县志》
			六月，襄陵、太平、临晋、安邑、沁水、解、蒲、绛等州县蝗。	民国《山西通志》
			永济蝗飞蔽天，禾立尽。	光绪《永济县志》
			六月，临猗蝗。	《临猗县志》
			六月，垣曲蝗蝻生，食禾如扫。	《垣曲县志》
			襄汾飞蝗蔽日，食禾殆尽。	《襄汾县志》
			汾西蝗。	《汾西县志》
			六月，蒲州蝗。秋，交城蝗伤禾，洛阳蝗。是岁，陕西蝗。	《古今图书集成·庶征典·蝗灾部汇考》
			长安蝗蝻生，草木尽食。	《长安县志》
			潼关蝗发，食禾苗。	《潼关县志》
			六月，高陵蝗从东南来，伤稼，野无青草。	《高陵县志》

（续）

序号	公元纪年	历史纪年	蝗灾情况	资料来源
787	1638 年	明崇祯十一年	澄城蝗。	《澄城县志》
			六月，武功蝗自东来，群飞蔽天，禾苗、草木尽伤，大饥。	《武功县志》
			春，凤翔蝻生食麦。六月，蝗食禾。	乾隆《凤翔府志》
			六月，扶风蝗飞蔽日，草木、苗稼俱尽。	顺治《扶风县志》
			六月，眉县蝗食禾苗，大饥。	《眉县志》
			麟游蝗食禾苗、草木尽。	《麟游县志》
			夏，汉中飞蝗蔽天，禾苗、木叶尽，伤稼，饥。	民国《重刻汉中府志》
			夏，南郑蝗飞蔽天，禾稼尽伤。	《南郑县志》
			夏，略阳飞蝗蔽天，禾苗、木叶尽伤，大饥。	《略阳县志》
			夏，城固飞蝗蔽天，禾苗、木叶俱尽，大饥。	康熙《城固县志》
			夏，西乡、镇巴蝗食苗；永寿飞蝗入境，大伤禾稼；城固蝗飞蔽天，禾苗俱尽。	《陕西蝗区勘察与治理》
			洛南飞蝗食禾苗尽。	《洛南县志》
			曹州旱蝗。	康熙《曹州志》
			宜君蝗自东南来遮天蔽日，伤稼。	《宜君县志》
			六月，耀县蝗自关东来，草木叶皆尽。	《耀县志》
			黄陵蝗蝻生，大饥。	《黄陵县志》
			灵台、庄浪、环县、河西蝗蝻食禾。	光绪《甘肃新通志》
			河西诸郡蝗蝻食禾，势如流水，禾苗殆尽。	《玉门市志》

（续）

序号	公元纪年	历史纪年	蝗灾情况	资料来源
787	1638 年	明崇祯十一年	灵台蝗，有子名曰蝻，势如流水，食麦。秋，蝻成蝗，食禾谷。	《灵台县志》
			环县飞蝗蔽天，饲食田苗几尽。	乾隆《庆阳府志》
			民勤蝗灾。	《民勤县志》
			永昌蝗食禾殆尽。	《永昌县志》
			溧阳飞蝗蔽野。	乾隆《镇江府志》
			夏，徐州、丰县蝗食禾苗尽，南京、砀山蝗，饥；溧水、嘉定旱蝗。秋八月，仪征、常州蝗，宜兴、泰州旱蝗，东台、江阴蝗飞蔽天，草木无遗。	民国《江苏省通志稿》
			夏，六合蝻从天长县北来，大如蜂蝇，结团渡城河，循女墙入城，县堂内衙盈尺许，民相视震恐。	光绪《六合县志》
			五月，六合竹镇大蝗，蝗集处有异鸟如鹳大，啄食之。秋七月，又大蝗。	道光《竹镇纪略》
			丹阳蝗灾，大饥。	光绪《丹阳县志》
			无锡蝗大至。	《无锡市志》
			八月，江阴飞蝗蔽天，食禾豆、草木叶殆尽，捕不能绝。	光绪《江阴县志》
			八月，太仓飞蝗蔽天，伤禾。	民国《太仓州志》
			九月，海安飞蝗蔽天，禾草无遗。	《海安县志》
			八月，靖江飞蝗入境，声如烈风，漫天遍野，食禾苗俱尽，县出资购蝗四百余石，每石三百文。	光绪《靖江县志》
			秋，盐城蝗灾，食尽草木。	《盐城市志》

（续）

序号	公元纪年	历史纪年	蝗灾情况	资料来源
787	1638年	明崇祯十一年	夏，徐、沛、丰县蝗飞蔽天，食禾苗尽。	同治《徐州府志》
			夏，铜山蝗飞蔽天，食禾苗尽。	民国《铜山县志》
			夏，嘉定旱蝗。	光绪《嘉定县志》
			砀山蝗，饥。	乾隆《砀山县志》
			芜湖蝗飞蔽天，庄稼尽食。	《芜湖县志》
			当涂旱蝗。	乾隆《当涂县志》
			广德大旱蝗。	《宣城地区志》
			郎溪旱，蝗害，广德亦然。	《郎溪县志》
			六月，萧山飞蝗入境，田禾无收。	《萧山县志》
			夏，桐乡旱蝗。	光绪《桐乡县志》
			秋，湖州旱，蝗灾。	《湖州市志》
			黄石蝗飞蔽天自西南来，凡七日，向东去。	《黄石市志》
			大冶蝗飞蔽天自西南来，稻棉叶俱尽。	《大冶县志》
			七月，武昌有蝗，大冶禾棉俱尽。	康熙《武昌府志》
			文安蝗。	民国《文安县志》
			七月，永清蝗飞蔽天，食禾殆尽。	光绪《顺天府志》
			望都旱蝗，大饥。	民国《望都县志》
			秋七月，定兴蝗飞蔽天，遗子复生遍地。	光绪《定兴县志》
			秋七月，新城蝗飞蔽天，遗子复生遍地。	民国《新城县志》
			沧县大旱蝗。	民国《沧县志》
			盐山蝗。	同治《盐山县志》
			海兴蝗。	《海兴县志》
			交河旱蝗害稼，民饥。	民国《交河县志》

（续）

序号	公元纪年	历史纪年	蝗灾情况	资料来源
787	1638年	明崇祯十一年	九月，平乡飞蝗食麦苗。	同治《平乡县志》
			七月，威县飞蝗蔽天。	《威县志》
			夏六月，广平蝗飞蔽天，积地厚尺许。	光绪《广平府志》
			夏，大名大蝗，飞蔽日，食禾殆尽。	咸丰《大名府志》
			七月，馆陶飞蝗蔽天，食树叶，蝻入人室。	民国《馆陶县志》
			永年蝗。	《永年县志》
			夏六月，鸡泽蝗飞蔽天，积地尺厚。	民国《鸡泽县志》
			魏县大蝗，飞扬蔽日，食禾殆尽。	《魏县志》
			邱县大旱蝗，飞蝗落处，房损树摧。	康熙《邱县志》
			大港旱，蝗虫成灾，饥民捕蝗为食。	《大港区志》
			西青飞蝗蔽天，大饥，人捕蝗以为食。	《西青区志》
788	1639年	明崇祯十二年	六月，畿内、山东、河南、山西旱蝗。	《明史·庄烈帝纪》
			七月，益都旱，大蝗，饥，人相食。秋，太平、闻喜、安邑、绛州、霍州、孝义、垣曲、蒲州蝗；怀庆旱，蝗蝻结块渡河，物尽食；嘉兴、诸暨大蝗。	《古今图书集成·庶征典·蝗灾部汇考》
			河南洛宁，山东曲阜，山西汾城，江苏宝山，浙江杭州、余杭、嘉兴蝗灾。	《中国历代蝗患之记载》
			秋，孝义、介休、清源、太平、闻喜、安邑、垣曲、翼城、绛、霍、蒲蝗食禾如扫。	雍正《山西通志》

（续）

序号	公元纪年	历史纪年	蝗灾情况	资料来源
788	1639 年	明崇祯十二年	清徐蝗灾。	《清徐县志》
			六月，昔阳旱蝗。	民国《昔阳县志》
			夏，沁水旱蝗，蝝生累累，蔓延伏地如鳞。	雍正《泽州府志》
			六月，运城蝗蝻大伤禾稼，扑杀不绝，安、解大灾。	《运城市志》
			永济又蝗。	光绪《永济县志》
			解州蝗蝻大伤禾。	光绪《解州志》
			浮山蝗蝻食禾。	民国《浮山县志》
			绛县蝗食禾如扫。	光绪《绛县志》
			六月，蒲县蝗虫为灾，庄稼草木被食一净。	乾隆《蒲县志》
			大宁蝗灾，流民死者甚重。	《大宁县志》
			襄汾蝗灾。	《襄汾县志》
			栾城螽起，人相食。	同治《栾城县志》
			望都旱蝗，大饥。	民国《望都县志》
			保定飞蝗蔽日，人相食。	康熙《保定县志》
			秋，盐山蝗飞蔽天，食禾殆尽。	乾隆《天津府志》
			秋，孟村蝗蝻遍野，食稼殆尽。	《孟村回族自治县志》
			秋，海兴蝗蝻遍野，食稼殆尽。	《海兴县志》
			交河旱蝗，大伤田稼，民饥。	民国《交河县志》
			平乡旱蝗。	同治《平乡县志》
			夏，广平旱，大蝗，草尽，集于树，树为之枯。	光绪《广平府志》
			六月，大名府大蝗，飞扬散落，未几蝻子复发，伤稼殆尽。	咸丰《大名府志》

（续）

序号	公元纪年	历史纪年	蝗灾情况	资料来源
788	1639 年	明崇祯十二年	邯郸蝗灾严重，平地蝗虫一尺多厚，草被吃光。	民国《邯郸县志》
			馆陶蝗蝻食麦。	民国《馆陶县志》
			肥乡大旱，蝗蔽天隔日，暗如黑夜，行人路阻，草尽集树，枝皆折。	民国《肥乡县志》
			夏，曲周蝗蔽天，伤稼。	同治《曲周县志》
			夏六月，元城飞蝗生蝻。	同治《元城县志》
			磁县大旱，蝗灾。	《磁县志》
			魏县蝗。	《魏县志》
			邱县蝗，颗粒不收，人相食。	康熙《邱县志》
			武安旱，蝗灾。	《武安县志》
			夏，永年旱蝗，草尽，皆集于树，树为之枯。	光绪《永年县志》
			夏，鸡泽大旱蝗。	民国《鸡泽县志》
			六月，密云蝗蝻食禾几尽。	光绪《顺天府志》
			六月，畿内旱蝗。七月，捕蝗。	《北京市海淀区志》
			秋，天津蝗虫蔽天，食禾殆尽。	乾隆《天津县志》
			秋，天津河东闹蝗虫，蝗虫遮天蔽日，食禾殆尽。	《河东区志》
			秋，宁河蝗。	乾隆《宁河县志》
			秋，静海蝗飞蔽天，食禾殆尽。	同治《静海县志》
			长清旱蝗。	道光《长清县志》
			齐河蝗旱。	民国《齐河县志》
			平原大旱蝗，谷苗尽枯。	乾隆《平原县志》
			济南郡县旱蝗，民饥。临邑蝗。	《临邑县志》
			高唐蝗。	光绪《高唐州志》

（续）

序号	公元纪年	历史纪年	蝗灾情况	资料来源
788	1639 年	明崇祯十二年	寿张旱，蝗食禾草、树叶一空，饥，人相食。	光绪《寿张县志》
			夏，朝城旱蝗。八月，蝻生。	康熙《朝城县志》
			菏泽旱，蝗飞蔽天，蝻生遍地。	光绪《新修菏泽县志》
			山东单县大旱蝗。	《单县志》
			嘉祥旱蝗。	《嘉祥县志》
			鄄城旱蝗。	《鄄城县志》
			曹县旱，蝗飞蔽天，状如黑云，声如风雨。至秋，蝗蝻复生，为害更重。	光绪《曹州府曹县志》
			郓城蝗灾，平地尺许，禾草、树叶一空，大饥，人相食。	光绪《郓城县志》
			泗水螽蝝害稼，野无青草，大饥，人相食。	光绪《泗水县志》
			泰安旱蝗，大饥，人相食。	民国《重修泰安县志》
			蒲台飞蝗蔽天，食禾殆尽。	乾隆《蒲台县志》
			夏四月，阳信蝗蝻入城，行如流水。	民国《阳信县志》
			长山旱蝗，民饥。	嘉庆《长山县志》
			夏六月，临朐、诸城旱蝗，益都蝗，大饥。	咸丰《青州府志》
			至七月不雨，临朐蝗蝻盈野。	光绪《临朐县志》
			蒙阴蝗蝻灾，禾食尽，民相食。	宣统《蒙阴县志》
			夏六月，胶州旱蝗。	民国《增修胶志》
			春，莱阳蝗，饥。	民国《莱阳县志》
			海阳蝗旱。	乾隆《海阳县志》
			宁海、文登飞蝗蔽空。	光绪《增修登州府志》

（续）

序号	公元纪年	历史纪年	蝗灾情况	资料来源
788	1639年	明崇祯十二年	夏，荣成旱，飞蝗蔽空，饥。	道光《荣成县志》
			怀庆旱蝗，蝻结块渡河。	雍正《河南通志》
			夏，郑州旱，飞蝗蔽天，禾枯粮绝。	乾隆《郑州志》
			密县大旱蝗。	民国《密县志》
			巩县连年蝗。	民国《巩县志》
			登封旱蝗，人相食。	乾隆《登封县志》
			新安旱蝗。	乾隆《新安县志》
			宜阳旱蝗交加。	《宜阳县志》
			嵩县飞蝗蔽天，蝻虫继生，食禾几尽。	乾隆《嵩县志》
			春，伊川无雨，蝗灾，民相食。	《伊川县志》
			四月，汝州蝗，卢氏、嵩县、伊阳尤甚。	康熙《汝阳县志》
			夏四月，伊阳蝗。八月，蝝生。	道光《伊阳县志》
			夏，杞县旱蝗。	乾隆《杞县志》
			兰阳飞蝗盈野蔽天，其势更甚，生子入土，十八日成蝝，稠密如蚁，稍长，无翅不能高飞，禾稼瞬息一空，焚之以火，堙之以坑，终不能制。	康熙《兰阳县志》
			通许蝗。	乾隆《通许县志》
			洧川飞蝗蔽天，谷菽俱食。	嘉庆《洧川县志》
			秋，新乡蝗。	乾隆《新乡县志》
			卫辉旱蝗，大荒。	乾隆《卫辉府志》
			汲县旱蝗，大荒。	乾隆《汲县志》
			获嘉旱蝗。	民国《获嘉县志》
			焦作蝗蝻遍野，蔽城垣入房宇。	《焦作市志》

（续）

序号	公元纪年	历史纪年	蝗灾情况	资料来源
788	1639 年	明崇祯十二年	河内蝗飞蔽天，缘堞入城，结块渡河。	道光《河内县志》
			武陟大旱，蝗食秋禾，缘墙壁入户食物，结块渡河。	道光《武陟县志》
			温县蝗蝻遍野，逾城垣入户宇。	乾隆《温县志》
			博爱旱，蝗灾，民不聊生。	《博爱县志》
			夏，济源蝗蝻遍野，拥入庐舍。至九月，草尽树赭，蝗蝻自相食。	乾隆《济源县志》
			七月，孟县蝻越城垣东南走，及河结块以渡。	《孟县志》
			沁阳蝗灾。	《沁阳市志》
			陕州蝗甚，积地厚尺许，陕、灵、阌、卢蝗蝻食麦。	乾隆《直隶陕州志》
			夏，阌乡蝗蝻生。	民国《阌乡县志》
			渑池境内蝗飞蔽天，集地盈尺。	《渑池县志》
			六月，濮阳蝗飞蔽日。	《濮阳县志》
			清丰蝗蝻为灾，秋禾尽没。	民国《清丰县志》
			秋，南乐飞蝗遍野，食稼几尽。	民国《南乐县志》
			曹、濮二州连年旱蝗，大饥，人相食。	光绪《范县志》
			台前蝗食禾尽。	《台前县志》
			濮州旱蝗。	宣统《濮州志》
			八月，内黄蝗蝻食禾尽。	乾隆《彰德府志》
			夏秋，柘城蝗蝻为害，大饥。	光绪《柘城县志》
			夏，宁陵大面积蝗灾，农作物损失严重。	宣统《重刻宁陵县志》
			睢州大蝗。	光绪《续修睢州志》

（续）

序号	公元纪年	历史纪年	蝗灾情况	资料来源
788	1639 年	明崇祯十二年	永城大蝗。	光绪《永城县志》
			夏邑大旱蝗。	民国《夏邑县志》
			陈州旱蝗。	乾隆《陈州府志》
			项城大旱蝗。	民国《项城县志》
			春，商水大旱蝗。	《商水县志》
			夏六月，鹿邑蝗。秋，蝻生。	光绪《鹿邑县志》
			春，沈丘大旱蝗。	《沈丘县志》
			许州大蝗，秋禾尽伤。	道光《许州志》
			长葛飞蝗为害。	乾隆《长葛志》
			襄城蝗，秋禾伤。	乾隆《襄城县志》
			郏县大旱，蝗灾。	《郏县志》
			四月，汝州蝗。秋八月，蝼生。	道光《汝州全志》
			南阳蝗食草木尽，岁大饥，蝗蝻结块自北向南数十里并排而行，山河、城垣无阻挡，草木无遗。	光绪《南阳县志》
			镇平蝗食稼。	光绪《镇平县志》
			桐柏蝗飞蔽天。	乾隆《桐柏县志》
			内乡旱蝗。	康熙《内乡县志》
			南召大蝗灾，飞蝗如雨，继而跳蝻结块，自北向南，数十里结排而进，所过草木无遗。	《南召县志》
			西峡旱蝗。	《西峡县志》
			泌阳蝗飞蔽天，落地寸草不生。	道光《泌阳县志》
			夏秋间，新蔡飞蝗蔽天，蝗蝻为害。	《新蔡县志》
			商城飞蝗蔽天，禾尽，民大饥。	《商城县志》

（续）

序号	公元纪年	历史纪年	蝗灾情况	资料来源
788	1639 年	明崇祯十二年	罗山飞蝗入境，五谷、衣物尽食。	《罗山县志》
			陕西蝗。	《子洲县志》
			西安蝗自东而西将禾苗食尽。	《西安市志》
			五月，高陵复蝗，糜谷三种三食。	《高陵县志》
			户县蝗，大饥。	《户县志》
			周至蝗自东而西，食禾苗尽。	《周至县志》
			夏，潼关蝻食禾苗。	《潼关县志》
			七月，白水蝗，草木皆空。	《白水县志》
			澄城蝗。	《澄城县志》
			咸阳蝗蝻食禾。	《咸阳市志》
			旬邑旱，蝗虫灾害。	《旬邑县志》
			乾县旱蝗相织，草木俱尽，饥民相食。	《乾县志》
			永寿飞蝗入境，大伤禾稼。	《陕西蝗区勘察与治理》
			凤翔府遗蝻遍野。	乾隆《凤翔府志》
			扶风蝻生遍地，麟游蝗蝻食麦，岐山蝗食秋禾。	《宝鸡市志》
			秋，汉中府蝗，禾草俱尽，大饥。	民国《重刻汉中府志》
			夏秋，南郑蝗。	《南郑县志》
			秋，略阳蝗，禾草皆尽，大饥。	《略阳县志》
			秋，留坝蝗。	《留坝县志》
			秋，城固蝗食禾草俱尽，大饥。	康熙《城固县志》
			秋，洛南蝗。	乾隆《直隶商州志》
			宜君蝗灾。	《宜君县志》
			陕北蝗灾。	《米脂县志》

（续）

序号	公元纪年	历史纪年	蝗灾情况	资料来源
788	1639 年	明崇祯十二年	延安蝗。	嘉庆《延安府志》
			延长蝗。	《延长县志》
			子长蝗。	《子长县志》
			榆林府蝗。	道光《榆林府志》
			定边蝗虫为灾。	《定边县志》
			绥德蝗虫灾害。	《绥德县志》
			是年，秦州属县蝗，官民捕之，禾苗得以无害。	光绪《甘肃新通志》
			庆阳飞蝗蔽天，落地如冈阜。	乾隆《庆阳府志》
			环县蝗灾，田禾被食一空。	《环县志》
			正宁飞蝗蔽天，落地如冈阜。	《正宁县志》
			静宁旱蝗成灾，民饥。	《静宁县志》
			张家川蝗灾。	《张家川回族自治县志》
			四月，高淳蝗。五月，江阴、常州旱蝗。夏，砀山蝗，通州、泰兴、如皋、泰州、东台旱蝗。	民国《江苏省通志稿》
			四月，镇江蝗。	乾隆《镇江府志》
			丹阳蝗灾，大饥。	《丹阳县志》
			四月，句容蝗，民饥。	乾隆《句容县志》
			七月，无锡飞蝗蔽天，大饥。	《无锡市志》
			南通旱，蝗飞蔽天，民大饥。	《南通市志》
			夏，涟水蝗食麦禾。	《涟水县志》
			宝应飞蝗自北来，天日为昏，禾苗尽食。	《宝应县志》
			八月，金湖旱，飞蝗北来，天日为暗，禾苗尽食。	《金湖县志》
			夏，沛县蝗食尽田禾。	乾隆《沛县志》

（续）

序号	公元纪年	历史纪年	蝗灾情况	资料来源
788	1639 年	明崇祯十二年	八月，崇明有蝗自江北来，食禾如刈。	光绪《崇明县志》
			舒城、巢县旱蝗，无为遍地皆蝻，人不得行。	光绪《续修庐州府志》
			屯溪蝗虫盛行，饥。	《屯溪市志》
			郎溪旱，蝗虫为害。	《郎溪县志》
			铜陵蝗灾。	《铜陵市志》
			五月，杭州蝗从东南来，几蔽天。八月，蝗大积二三寸。	雍正《浙江通志》
			萧山皆有蝗。	《萧山县志》
			六月，桐乡蝗飞蔽天。	光绪《桐乡县志》
			秋，诸暨飞蝗蔽天，害稼。	《诸暨县志》
			夏，江陵、钟祥旱蝗。	民国《湖北通志》
			远安蝗虫。	《远安县志》
			澧州安福蝗。	光绪《湖南通志》
			秋，澧县蝗飞蔽日，集响如雷，所过草木、谷豆、衣服无有存者。	《澧县志》
			秋，华容蝗群飞蔽日，聚响如雷，所过秧苗及草木一空，衣服亦尽食。	光绪《华容县志》
			秋，安乡蝗虫自石首过青苔渡来，蔽日若云，聚响成雷，所过草木、禾稻无有存者，经明公寺下县凡四，歇集琴堂厚尺许。	乾隆《安乡县志》
789	1640 年	明崇祯十三年	五月，两京、山东、河南、山西、陕西大旱蝗。	《明史·五行志》
			山东寿光、临淄、昌乐、即墨，陕西千阳，江苏江宁、丹徒、东台、松江、泰兴、宜兴及浙江嘉兴、海盐、吴兴蝗灾。	《中国历代蝗患之记载》

（续）

序号	公元纪年	历史纪年	蝗灾情况	资料来源
789	1640 年	明崇祯十三年	七月，畿内捕蝗，发帑赈被蝗州县。	《明史·庄烈帝纪》
			栾城蝗，大饥，民食木皮、草籽、蒺藜。	同治《栾城县志》
			望都旱蝗，大饥。	民国《望都县志》
			雄县有蝗。	民国《雄县新志》
			秋，徐水蝗虫食禾几尽。	《徐水县志》
			容城飞蝗蔽天。	光绪《保定府志》
			霸县蝗旱，大饥。	民国《霸县志》
			大城旱蝗。	光绪《大城县志》
			沧州蝗，人相食。	乾隆《沧州志》
			夏秋，天津飞蝗蔽天，禾苗枯槁，民饥死十之八九。	乾隆《天津府志》
			孟村大旱，飞蝗遍野，木皮树根剥掘俱尽，人相食。	《孟村回族自治县志》
			五月，肃宁蝗。	乾隆《肃宁县志》
			海兴大旱蝗，人相食。	《海兴县志》
			兴济旱蝗。	民国《兴济县志书》
			秋，深州蝗，民多道死。	道光《深州直隶州志》
			阜城大旱蝗，人相食。	雍正《阜城县志》
			秋后，安平蝗。	《安平县志》
			秋，饶阳蝗。	《饶阳县志》
			临榆旱蝗。	民国《临榆县志》
			山海关旱，蝗虫为害。	《山海关志》
			秋，遵化蝗蝻遍野。	《遵化县志》
			玉田蝗。	光绪《玉田县志》
			夏，昌黎蝗。	民国《昌黎县志》
			抚宁旱，蝗灾。	光绪《抚宁县志》
			夏五月，迁西蝗虫伤稼。	《迁西县志》
			五月，迁安蝗伤禾稼，饥荒。	民国《迁安县志》

（续）

序号	公元纪年	历史纪年	蝗灾情况	资料来源
789	1640 年	明崇祯十三年	宁晋大旱蝗，人相食。	民国《宁晋县志》
			临城大旱蝗。	《临城县志》
			临西蝗。	《临西县志》
			秋，南和蝗，无禾稼，人食草根、树皮，饿殍载道。	乾隆《南和县志》
			五月，大名府蝗，斗米千钱，人相食，命官赈济。	咸丰《大名府志》
			大名旱蝗，大饥，斗粟千钱，鬻妻卖子，人相食，赈之。	民国《大名县志》
			魏县蝗，人相食。	《魏县志》
			五月，馆陶大旱蝗。	民国《馆陶县志》
			邱县连年旱蝗，颗粒不收，人相食。	康熙《邱县志》
			五月，宽城蝗伤禾稼，民大饥。	《宽城县志》
			卢龙、东光旱蝗。	《河北省农业厅·志源（1）》
			五月，京师蝗。七月，顺天府发钞六十锭收蝗。	《大兴县志》
			五月，昌平蝗。六月，蝻生。	光绪《顺天府志》
			夏旱，天津河西区飞蝗遍野，百姓剥掘树皮、草根为食。	《河西区志》
			大港区旱，飞蝗遍野，饥民食树皮、草根，人相食。	《大港区志》
			夏五月，历城大旱蝗。	乾隆《历城县志》
			夏，平原大旱蝗，斗米千钱无籴处，人相食。	乾隆《平原县志》
			五月，齐河旱蝗，大饥，人相食。	民国《齐河县志》
			春，冠县蝗蝻生。	民国《冠县志》

（续）

序号	公元纪年	历史纪年	蝗灾情况	资料来源
789	1640 年	明崇祯十三年	鄄城旱蝗。	《鄄城县志》
			单县旱蝗，大饥，斗米价银三两，人相食。	民国《单县志》
			六月，曹州飞蝗蔽天，继而蝗蝻生，禾尽食草，草尽食树叶，屋垣、井灶皆满。	康熙《曹州志》
			六月，菏泽蝗飞蔽天，继而蝗蝻相生，禾尽食草，草尽食树叶，屋垣、井灶皆满。	光绪《菏泽县志》
			济宁旱蝗，大饥。	道光《济宁直隶州志》
			嘉祥旱，蝗灾，民饥死十之八九。	《嘉祥县志》
			金乡旱蝗，大饥。	咸丰《金乡县志略》
			滋阳旱蝗，大饥。	光绪《滋阳县志》
			兖州连岁旱蝗，斗米银三两，父子相食。	康熙《兖州府志》
			夏，微山旱，湖水涸，蝗蝻遍野。	《微山县志》
			夏，曲阜旱蝗，大饥。	《曲阜市志》
			泗水螽蝝害稼，野无青草，大饥，人相食。	光绪《泗水县志》
			汶上大旱蝗，斗米三金，父子、兄弟相食。	康熙《续修汶上县志》
			泰安、新泰、莱芜、肥城、平阴旱蝗，禾稼俱尽。	乾隆《泰安府志》
			泰安旱蝗，大饥，人相食。	民国《重修泰安县志》
			宁阳大旱蝗。	光绪《宁阳县志》
			六月，桓台飞蝗蔽天，蝗蝻孳生，屋垣、井灶皆满，禾苗、草木被食尽，民大饥。	民国《桓台县志》

（续）

序号	公元纪年	历史纪年	蝗灾情况	资料来源
789	1640 年	明崇祯十三年	秋，沾化大旱蝗，野无青草，人相食。	民国《沾化县志》
			利津蝗伤麦。	光绪《利津县志》
			临朐大旱蝗，斗粟千二钱。	光绪《临朐县志》
			安丘大蝗，蝻从平地涌出，道路、场圃皆满，乘壁渡河，不可捕截，田禾食尽，亦有啮人衣物及小儿者。	康熙《续安丘县志》
			夏，益都蝗旱。	光绪《益都县图志》
			高密旱蝗，大饥，人相食。	民国《高密县志》
			沂州府蝗。	乾隆《沂州府志》
			临沂大旱，蝗蝻塞厩舍，大饥，人相食。	民国《临沂县志》
			春麦间，郯城飞蝗遍野，害禾一空，未几又生小蝻，附壁入室，衣物尽蛀，缘城进县，民舍、官廨悉为塞满，釜灶掩闭不敢开，捕获数百千石，蝗愈盛，合境大饥，人相食。	乾隆《郯城县志》
			费县旱，蝗飞蔽天，害稼，饥，人相食。	光绪《费县志》
			临沭旱，蝗蝻塞庭舍，遍野盈尺，百树无叶，赤地千里。	《临沭县志》
			蒙阴蝗蝻灾，禾食尽，民相食。	宣统《蒙阴县志》
			峄县①旱蝗。	《枣庄市志》
			台儿庄蝗灾频年，民大饥。	《台儿庄区志》
			日照蝗旱，大饥，人相食。	康熙《日照县志》
			莒州蝗。	嘉庆《莒州志》
			平度旱蝗，饥，人相食。	道光《平度州志》

---

① 峄县：旧县名，治所在今山东枣庄市峄城区。

（续）

序号	公元纪年	历史纪年	蝗灾情况	资料来源
789	1640 年	明崇祯十三年	夏五月，胶州大旱蝗。	民国《增修胶志》
			夏五月，胶南旱蝗。	《胶南县志》
			莱州旱蝗，民饥，人相食。	《莱州市志》
			掖县旱蝗，大饥，人相食。	乾隆《掖县志》
			栖霞旱，蝗飞蔽天，伤稼，大饥，人相食。	乾隆《栖霞县志》
			海阳连年蝗旱。	乾隆《海阳县志》
			夏，莱阳旱蝗。	民国《莱阳县志》
			夏，登州各属大旱，飞蝗蔽天，伤禾，大饥。	光绪《增修登州府志》
			文登旱，飞蝗蔽天，伤稼，大饥。	光绪《文登县志》
			河南汝宁、洛阳蝗，草木、兽皮、虫蝇皆食尽，父子、兄弟、夫妇相食，死亡载道。	《古今图书集成·庶征典·蝗灾部汇考》
			秋，仪封蝗遍野，蔽天。孟津旱蝗。孟县旱蝗，野无青草。荥阳旱蝗，野无青草，骨肉相食，有食新埋死人者。	《河南东亚飞蝗及其综合治理》
			夏，郑州旱，飞蝗蔽天，禾枯粮绝。	乾隆《郑州志》
			新郑蝗蝻遍野。	乾隆《新郑县志》
			密县大旱蝗，人相食。	民国《密县志》
			荥阳蝗过蝻生，荒野断青。	乾隆《荥阳县志》
			巩县蝗旱，饥馑。	民国《巩县志》
			河阴蝗蝻生，饿殍枕藉，人相食。	民国《河阴县志》
			嵩县连年大旱，赤地千里，蝗飞蔽天，田苗立尽。	乾隆《嵩县志》
			登封大旱，蝗蝝为灾。	乾隆《登封县志》

（续）

序号	公元纪年	历史纪年	蝗灾情况	资料来源
789	1640 年	明崇祯十三年	新安旱蝗，野无青草，民以树皮、雁矢充饥，骨肉相食，死者相继。	乾隆《新安县志》
			夏四月，开封蝗食麦。秋七月，旱蝗，禾草皆枯。	康熙《开封府志》
			夏四月，祥符蝗。	光绪《祥符县志》
			夏，陈留蝗，麦颗粒无收。	宣统《陈留县志》
			秋，兰阳有蝗，入土生子。	康熙《兰阳县志》
			秋，兰考蝗。	《兰考县志》
			四月，通许蝗，无麦。	乾隆《通许县志》
			四月，尉氏蝗食禾尽。七月，大旱蝗。	道光《尉氏县志》
			夏，新乡旱蝗，麦尽食，无秋禾。	《新乡县志》
			获嘉旱蝗。	民国《获嘉县志》
			辉县大蝗。	道光《辉县志》
			夏，卫辉有蝗灾，民大饥。	《卫辉市志》
			汲县旱蝗，大饥，人相食。	乾隆《汲县志》
			六月，长垣蝗生蝻。	嘉庆《长垣县志》
			博爱旱，蝗灾，民不聊生。	《博爱县志》
			夏，陕、灵、阌、卢旱蝗，蝻生，食禾殆尽，人相食。	乾隆《直隶陕州志》
			夏，灵宝旱，蝗蝻生，禾苗被食几尽。	光绪《灵宝县志》
			濮州蝗，大饥，人相食。	宣统《濮州志》
			滑县蝗虫起，麦苗吃尽。	同治《滑县志》
			秋，夏邑蝗，大饥。	民国《夏邑县志》
			睢州大旱蝗，野无青草。	光绪《续修睢州志》
			陈州旱蝗。	乾隆《陈州府志》
			许州大旱蝗，秋禾尽伤人相食。	道光《许州志》

（续）

序号	公元纪年	历史纪年	蝗灾情况	资料来源
789	1640 年	明崇祯十三年	许昌大旱蝗，秋禾尽伤。	《许昌县志》
			长葛飞蝗连岁为灾。	乾隆《长葛县志》
			襄城大旱蝗，秋禾伤。	乾隆《襄城县志》
			秋，郾城蝗。	民国《郾城县记》
			秋，舞阳蝗虫遍野，大饥。	道光《舞阳县志》
			秋，临颍蝗。	民国《重修临颍县志》
			秋，鲁山蝗灾。	《鲁山县志》
			秋，汝州蝗虫为害。	《汝州市志》
			秋，舞钢蝗虫为害。	《舞钢市志》
			郏县大旱，蝗灾。	《郏县志》
			内乡蝗，饥民蒸蝗而食。	《内乡县志》
			西峡大饥，民蒸蝗而食。	《西峡县志》
			桐柏飞蝗蔽天。	乾隆《桐柏县志》
			遂平特大旱蝗，麦秋不收，大饥，人相食。	《遂平县志》
			西平蝗蝻积地盈尺，飞蝗蔽日，田禾立食，野无青草，人相食。	民国《西平县志》
			七月，汝南飞蝗。	《汝南县志》
			夏秋间，新蔡飞蝗蔽天，蝗蝻为害。	《新蔡县志》
			罗山旱、蝗灾并发。	《罗山县志》
			光州旱，蝗灾严重，粮食减产。	《潢川县志》
			光山旱蝗，人相食。	乾隆《光山县志》
			息县大旱蝗。	嘉庆《息县志》
			商城旱蝗，无禾。	《商城县志》
			固始大旱，蝗灾。	《固始县志》
			秋七月，太谷蝗。	雍正《山西通志》
			阳曲旱，蝗灾严重，遣官赈济。	道光《阳曲县志》

（续）

序号	公元纪年	历史纪年	蝗灾情况	资料来源
789	1640 年	明崇祯十三年	高平旱蝗，大饥，人相食。	《高平县志》
			闻喜连续蝗灾。	民国《闻喜县志》
			五月，山西大旱，安邑、解县蝗飞蔽日，伤禾。	《运城市志》
			夏县大旱，蝗蝻食苗，岁大饥。	《夏县志》
			霍州蝻。	《霍州直隶州志》
			隰县蝗灾，大饥，人相食。	《隰县志》
			平定旱蝗。	光绪《平定州志》
			西安蝗蝻增生，食禾尽，饥死者十之六七。	《西安市志》
			周至蝗蝻增生，庄稼尽伤。	《周至县志》
			户县蝗食禾殆尽，大饥，人相食。	《户县志》
			渭南旱蝗，人相食。	《渭南县志》
			夏，潼关蝻食禾苗，饥，人相食。	《潼关县志》
			七月，华阴蝗，饥，人相食。	《华阴县志》
			七月，华县蝗从东来，食尽田苗，大饥。	《华县志》
			澄城蝗。	《澄城县志》
			韩城蝗蝻生。	《韩城市志》
			合阳蝗蝻生，食苗。	《合阳县志》
			乾县旱蝗相织，草木俱尽，饥民相食。	《乾县志》
			旬邑旱，蝗虫灾害。	《旬邑县志》
			凤翔旱蝗，岁饥，人相食。	《凤翔府志》
			麟游旱，蝗为灾，人相食。	《麟游县志》
			扶风大旱蝗，岁饥。	顺治《扶风县志》
			眉县蝗灾，饥，人相食。	《眉县志》

（续）

序号	公元纪年	历史纪年	蝗灾情况	资料来源
789	1640年	明崇祯十三年	秋，洋县蝗飞蔽日，食禾苗尽。	《洋县志》
			定边旱蝗，人相食。	《定边县志》
			五月，南京蝗。	民国《江苏省通志稿》
			上元旱蝗，大饥，斗米千钱。	康熙《上元县志》
			五月，溧水旱蝗，大饥。	光绪《溧水县志》
			镇江旱蝗。	乾隆《镇江府志》
			五月，句容旱蝗，大饥，斗米千钱。	光绪《句容县志》
			丹阳蝗灾。	光绪《丹阳县志》
			秋，常州蝗，大饥。	康熙《常州府志》
			秋，金坛旱蝗食禾尽。	民国《金坛县志》
			秋，无锡旱蝗。	《无锡市志》
			吴江大旱，蝗灾。	《吴江县志》
			六月，昆山飞蝗蔽天。	康熙《昆山县志稿》
			扬州旱，飞蝗食草木、竹叶皆尽。	嘉庆《重修扬州府志》
			广陵飞蝗食草木、竹叶尽。	《广陵区志》
			八月，宝应旱，飞蝗蔽野，禾苗如扫。	《宝应县志》
			江都飞蝗蔽天，草木、竹叶食尽。	乾隆《江都县志》
			南通旱，蝗食草木叶皆尽，民饥。	《南通市志》
			海安蝗大发，食草木叶尽，大饥，人相食。	《海安县志》
			八月，靖江蝗生蔽野，路难行。	光绪《靖江县志》
			兴化旱，蝗飞蔽天，食草木叶皆尽，道殣相望。	《兴化市志》
			七月，盐城蝗飞蔽天。	《盐城县志》

（续）

序号	公元纪年	历史纪年	蝗灾情况	资料来源
789	1640 年	明崇祯十三年	建湖蝗虫飞蔽天日。	《建湖县志》
			夏，安东大旱蝗。	光绪《安东县志》
			淮阴蝗蝻遍野，民饥。	《淮阴县志》
			盱眙大旱，蝗蝻遍野，民饥。	光绪《盱眙县志》
			八月，金湖旱蝗，禾苗一扫罄空，草木无遗。	《金湖县志》
			洪泽旱，蝗虫遍野，民饥。	《洪泽县志》
			泗洪旱，飞蝗遍野，民饥。	《泗洪县志》
			秋，邳县蝗蔽空而来，声如风雨，庄稼、树叶吃光。	《邳县志》
			夏秋，徐州蝗蝻遍野，积道旁成丘，臭闻十余里，大饥，斗米千钱，徐、邳人相食，流亡载道。	同治《徐州府志》
			夏，沛县大蝗，饥，人相食，斗米千钱，以子妇易饭。	民国《沛县志》
			秋初，丰县蝗蝻遍生田间，百姓捕打，积死蝗如丘，其臭味传播数十里。	《丰县志》
			夏秋，铜山蝗蝻遍野，人相食，流亡载道，或以妇子易钱百文，米数升即去不顾。	民国《铜山县志》
			青浦飞蝗蔽天。	光绪《青浦县志》
			舒城、合肥旱蝗。	光绪《续修庐州府志》
			夏，六安、霍山旱，飞蝗蔽天，人相食。	同治《六安州志》
			金寨旱蝗交集，民饥。	《金寨县志》
			霍山旱蝗，盈尺，飞扑人面，堆衢塞路，践之有声，田禾尽食。	光绪《霍山县志》

（续）

序号	公元纪年	历史纪年	蝗灾情况	资料来源
789	1640 年	明崇祯十三年	霍邱旱蝗，民大饥，斗米千钱，人相食。	《霍邱县志》
			秋，舒城旱，飞蝗塞路，禾尽食，民多饿死。	《舒城县志》
			阜阳大旱蝗。	道光《阜阳县志》
			颍上、霍邱、蒙城大旱蝗。	乾隆《颍州府志》
			临泉旱，蝗灾。	《临泉县志》
			秋，宿县蝗虫遍野，田无遗穗，大饥。	《宿县县志》
			秋，萧县蝗蔽野，田无遗穗，大饥，人相食，以妇子易米三升无有受者，人争吃干蝗、树根、灰苋、牛皮皆尽。	嘉庆《萧县志》
			秋，五河旱蝗，饥，人相食。	光绪《五河县志》
			全椒旱，蝗飞蔽天，大饥。	民国《全椒县志》
			夏秋，嘉山大旱蝗，饥疫，人相食，草木、树皮食尽，飞蝗塞路，秋禾尽食。	《嘉山县志》
			当涂大水蝗。	乾隆《当涂县志》
			南陵蝗虫起，大疫。	民国《南陵县志》
			夏，宣城旱蝗起。	《宣城地区志》
			秋，池州蝗，民大饥。	乾隆《池州府志》
			秋，贵池蝗，民大饥。	光绪《贵池县志》
			铜陵市蝗灾。	《铜陵市志》
			秋，铜陵蝗，饥殍遍野。	乾隆《铜陵县志》
			秋，湖州蝗灾，害稼。	《湖州市志》
			八月，武康蝗害稼。	《德清县志》
			五月，长兴蝗害稼，草根、树皮俱尽，人相食。	同治《长兴县志》

（续）

序号	公元纪年	历史纪年	蝗灾情况	资料来源
789	1640 年	明崇祯十三年	四月，山阴、会稽①蝗。	乾隆《绍兴府志》
			五月，东阳蝗灾，民饥。	《东阳市志》
			七月，武昌蝗自西北来，食八乡田禾俱尽，蒲圻、枣阳亦蝗。	民国《湖北通志》
			麻城大旱蝗。	民国《麻城县志前编》
			夏，英山旱，蝗飞蔽天，草根、树皮俱尽。	《英山县志》
			秋，随州蝗。	《随州志》
			当阳旱，蝗飞蔽天，民大饥。	《当阳县志》
			八月，秭归蝗飞蔽日。	《秭归县志》
			八月，远安蝗虫。	《远安县志》
			是年，全陕平、庆等处蝗飞蔽天，落地如冈阜。	光绪《甘肃新通志》
			清水旱蝗为灾。	乾隆《清水县志》
			秦州旱蝗，巡道率民捕之，禾苗无害。	光绪《重纂秦州直隶州新志》
			庆阳蝗飞蔽天，落地如冈阜，大饥，民十死八九，有易子而食者。	民国《庆阳县志》
			静宁旱蝗成灾，大饥。	《静宁县志》
			宁州大旱，飞蝗蔽野，落地如冈阜。	《宁县志》
			合水大旱，蝗飞蔽天，落地如冈阜，有易子而食者。	乾隆《合水县志》
			隆德飞蝗蔽天。	《固原地区志》
			秋八月，西吉大旱，飞蝗蔽日，伤禾，民大饥，父子相食。	《西吉县志》
			绥中蝗虫为害。	《绥中县志》

① 山阴、会稽：均为旧县名，1912 年两县合并为今浙江绍兴市。

（续）

序号	公元纪年	历史纪年	蝗灾情况	资料来源
789	1640年	明崇祯十三年	锦县久旱不雨，飞蝗成灾。	《锦县志》
			四月，凉城大蝗灾。	《凉城县志》
790	1641年	明崇祯十四年	六月，两畿、山东、河南、浙江、湖广旱蝗。	《明史·庄烈帝纪》
			河南内乡、密县，江苏淮阴、东台、南通、丹徒、川沙，浙江长兴、崇德、嘉善、吴兴，安徽太平蝗灾。	《中国历代蝗患之记载》
			望都旱蝗，大饥。	民国《望都县志》
			文安旱蝗。	《文安县志》
			河间蝗飞蔽天，人相食。	乾隆《河间县志》
			肃宁旱，蝗飞蔽天，夫妇、父子相食，死者略尽。	乾隆《肃宁县志》
			任丘旱，蝗飞蔽天，人相食。	乾隆《任丘县志》
			吴桥大旱，飞蝗蔽天，死徙流亡略尽。	光绪《吴桥县志》
			武邑蝗饥，斗米千钱，人相食。	同治《武邑县志》
			六月，南和蝗虫，民饥，人死，取以食。	乾隆《南和县志》
			六月，威县旱，蝗虫成灾，百姓饥甚。	《威县志》
			五月，清河飞蝗至，饥民捕而代食。	民国《清河县志》
			六月，临西蝗。	《临西县志》
			夏，大名府大旱，蝗飞扬蔽日，食麦几尽，复疫气盛行，人死大半，斗米千钱，民饥，互相杀食。	咸丰《大名府志》
			大名大旱，飞蝗食麦。	民国《大名县志》
			邯郸、磁县、临漳、武安旱蝗。	《河北省农业厅·志源（1）》

（续）

序号	公元纪年	历史纪年	蝗灾情况	资料来源
790	1641 年	明崇祯十四年	魏县飞蝗食麦。	《魏县志》
			邱县大旱蝗，人死，取以食。	康熙《邱县志》
			宝坻旱，蝗飞蔽空，邑令捕蝗三十石，民饥者食之。蓟州旱蝗。	光绪《顺天府志》
			塘沽旱，飞蝗蔽空。	《塘沽区志》
			宁河旱，飞蝗蔽空，邑令捕蝗。	乾隆《宁河县志》
			六月，济南府大旱蝗。	道光《济南府志》
			历城大旱蝗。	乾隆《历城县志》
			平阴旱蝗。	光绪《平阴县志》
			平原复旱蝗，父子、夫妇相食，村落间杳无人烟。	乾隆《平原县志》
			秋，东昌府蝗起，人有饥死者。	嘉庆《东昌府志》
			六月，畿内旱蝗。临清蝗。	《临清市志》
			六月，冠县飞蝗骤至，食苗几半，至末旬蝻子生，积地三五寸。	民国《冠县志》
			秋，堂邑蝗起蔽天。	康熙《堂邑县志》
			秋，莘县大蝗，来自东南，平地丛积尺余，越城逾屋，所过树木压折，草禾皆空。	光绪《莘县志》
			夏，朝城复蝗，啮食麦穗。	康熙《朝城县志》
			茌平蝗蝻遍野，大饥。	《茌平县志》
			夏，菏泽蝗蝻遍地，野无禾稼，大饥。	光绪《新修菏泽县志》
			东明蝻虫复作，二麦俱尽。	乾隆《东明县志》
			夏，曹州蝗蝻遍地，蚕食二麦及禾黍。	康熙《曹州志》
			单县大旱蝗。	《单县志》

（续）

序号	公元纪年	历史纪年	蝗灾情况	资料来源
790	1641年	明崇祯十四年	巨野蝗虫遍野。	道光《巨野县志》
			济宁旱蝗，大饥，人相食。	道光《济宁直隶州志》
			嘉祥旱蝗。	《嘉祥县志》
			夏六月，曲阜旱蝗，大饥。	乾隆《曲阜县志》
			夏六月，诸城旱蝗。	乾隆《诸城县志》
			沂州府蝗，大饥。	乾隆《沂州府志》
			临沂蝗，大饥。	《临沂县志》
			蒙阴蝗蝻连灾，禾食尽，民相食。	《蒙阴县志》
			日照秃鹜食蝗，旋吐旋食。	光绪《日照县志》
			莒州蝗害稼。	嘉庆《莒州志》
			夏六月，胶州大旱蝗，洊饥。	民国《增修胶志》
			秋，新郑蝗复至，无收。	乾隆《新郑县志》
			陈留蝗，麦无收，人相食。	《河南东亚飞蝗及其综合治理》
			夏，兰考有蝗食麦，生蝻。	《兰考县志》
			夏五月，仪封蝗食麦。	乾隆《仪封县志》
			夏，新乡蝗复生食麦，忽有群蜂逐之，啮其背，穴土掩之，逾日幼蜂出于蝗腹，旬余满郊原蝗遂绝。	《新乡县志》
			四月，阳武蝗蝻生，无麦。	乾隆《阳武县志》
			卫辉大蝗，食麦，野无青草。	乾隆《卫辉府志》
			辉县大蝗，食麦。	道光《辉县志》
			汲县大蝗，食麦。	乾隆《汲县志》
			封丘蝗蝻蔽野，斗米数金，有父子相食者。	顺治《封丘县志》
			延津蝗蝻蔽野，民以树皮、草根充饥。	康熙《延津县志》
			长垣飞蝗食麦，人相食。	嘉庆《长垣县志》

（续）

序号	公元纪年	历史纪年	蝗灾情况	资料来源
790	1641 年	明崇祯十四年	秋，焦作蝗灾，山区一带绝收。	《焦作市志》
			武陟蝗食麦，人相食。	道光《武陟县志》
			河内蝗灾。	《沁阳市志》
			博爱旱，蝗灾，民不聊生。	《博爱县志》
			四月，济源蝗蝻食麦。	乾隆《济源县志》
			修武蝗。	道光《修武县志》
			夏，范县蝗蝻为害，食麦禾皆尽。	嘉庆《范县志》
			春，南乐蝗蝻食麦，岁大歉。	民国《南乐县志》
			濮阳飞蝗食麦。	《濮阳县志》
			彰德大蝗。	乾隆《彰德府志》
			汤阴大蝗。	《汤阴县志》
			春无雨，滑县蝗蝻食麦尽。	《滑县志》
			浚县至夏无雨，蝗虫起，春苗无存。	《浚县志》
			许州旱蝗。	道光《许州志》
			长葛连年旱蝗，民大饥。	《长葛县志》
			襄城大旱蝗。	乾隆《襄城县志》
			七月，临颍蝗。	民国《重修临颍县志》
			六月，舞阳旱，蝗灾，大饥。	《舞阳县志》
			六月，舞钢蝗灾。	《舞钢市志》
			郏县旱蝗。	《郏县志》
			方城蝗。	《方城县志》
			西峡旱蝗。	《西峡县志》
			内乡旱蝗。	康熙《内乡县志》
			泌阳旱蝗为灾。	道光《泌阳县志》
			春，潢川旱蝗交作。	《潢川县志》

（续）

序号	公元纪年	历史纪年	蝗灾情况	资料来源
790	1641年	明崇祯十四年	六月，榆次飞蝗蔽日，食禾至尽，民大饥。	《榆次市志》
			阳曲旱，蝗灾严重，遣官赈济。	道光《阳曲县志》
			解州、芮城旱蝗，无禾，父子相食。	《运城地区志》
			芮城连年旱蝗，无禾。	《芮城县志》
			关中属郡旱蝗。	《明史·傅宗龙传》
			华县蝗虫生子，为害禾稼。	《华县志》
			夏六月，白水有蝗。	《白水县志》
			乾县旱蝗相织，草木俱尽，饥民相食。	《乾县志》
			宜君又蝗灾。	《宜君县志》
			六月，南京、苏州、溧水旱蝗。夏，松江、常州、盐城、赣榆、沭阳、高邮、徐州旱蝗，嘉定蝗飞蔽天。八月，高淳大旱蝗。秋，昆山蝗。	民国《江苏省通志稿》
			五月，镇江、溧阳蝗飞蔽天，饿殍载道。	乾隆《镇江府志》
			六月，句容大旱，蝗蝻遍野，民饥。	《句容县志》
			丹阳蝗飞蔽天，禾稼被食，饿殍载道。	光绪《丹阳县志》
			无锡又蝗，人相食，饥死者众。	《无锡市志》
			六月，吴县旱蝗，蝗复生蝻，禾稼尽食。	民国《吴县志》
			至八月不雨，吴江蝗飞蔽天。	《吴江县志》
			太仓大旱蝗。	《太仓州志》
			夏，常熟旱蝗，米粟涌贵。	康熙《常熟县志》

（续）

序号	公元纪年	历史纪年	蝗灾情况	资料来源
790	1641 年	明崇祯十四年	泰县蝗，疫。	《泰县志》
			泰兴旱，蝗蝻复生，民大饥。	光绪《泰兴县志》
			大丰旱蝗。	《大丰县志》
			三月，安东蝗蝻生。	光绪《安东县志》
			泗洪蝗生，大饥。	《泗洪县志》
			沛县蝗，大饥。	乾隆《沛县志》
			丰县蝗灾，颗粒无收，大饥，人相食。	《丰县志》
			铜山又大旱，蝗灾，饥，人相食。	《铜山县志》
			四至八月无雨，上海庄稼被蝗虫食尽，饿殍载道，婴儿多被人食。	同治《上海县志》
			夏，奉贤大旱，飞蝗食稼。	光绪《奉贤县志》
			金山蝗，饿殍载道。	《金山县志》
			七月，嘉定飞蝗蔽天，蝗积数寸。	《嘉定县志》
			夏至秋，宝山旱，飞蝗蔽天，积数寸厚。	光绪《宝山县志》
			夏，华亭大旱蝗。	光绪《重修华亭县志》
			夏，南汇大旱蝗，米粟涌贵，道殣相望。	《南汇县志》
			合肥旱蝗。	《肥西县志》
			夏，六安蝗蝻所至草无遗根，民间衣被皆穿、羹釜俱秽。	同治《六安州志》
			霍山旱，蝗虫更甚，野无青草，人相食。	《霍山县志》
			夏，舒城旱蝗，野无青草，大饥，人相食。	《舒城县志》
			五河蝗，大饥，死者众。	光绪《五河县志》

（续）

序号	公元纪年	历史纪年	蝗灾情况	资料来源
790	1641 年	明崇祯十四年	八月，嘉山蝗飞蔽天。	《嘉山县志》
			和州飞蝗蔽天。	光绪《直隶和州志》
			无为蝗，树皮、草根皆枯。	《无为县志》
			含山蝗飞蔽天，饥民枕藉。	康熙《含山县志》
			芜湖旱蝗，大饥，死者枕藉。	《芜湖市志》
			宣城大旱蝗。	《宣城地区志》
			郎溪大旱，蝗害，斗米千钱。	《郎溪县志》
			蝗虫来宁国，弥天遍野，禾稼少收，饥民成群。	《宁国县志》
			广德蝗灾。	《广德县志》
			秋，绩溪蝗自宁国入境，蔽天，至雄路、临溪一路害稼。	《绩溪县志》
			铜陵旱蝗尤甚。	乾隆《铜陵县志》
			安庆府大旱螽。	康熙《安庆府志》
			潜山旱螽。	康熙《潜山县志》
			宿松大旱螽，疫。	《宿松县志》
			八月，太湖飞蝗蔽天，民大饥。	民国《太湖县志》
			夏，望江大旱螽，疫。	乾隆《望江县志》
			六月，嘉兴、杭州蝗飞蔽天，食禾、草根殆尽。	雍正《浙江通志》
			余杭蝗灾。	嘉庆《余杭县志》
			六月，大旱，飞蝗蔽天不断者五日，食禾草殆尽；杭、嘉、苏、湖、松、常、镇等20余县，江、淮塘涸，蝗。	《嘉兴市志》
			六月，石门飞蝗自北来，障天蔽日，食禾几尽。	光绪《桐乡县志》

（续）

序号	公元纪年	历史纪年	蝗灾情况	资料来源
790	1641 年	明崇祯十四年	六月，海宁大旱蝗，民饥。	《海宁市志》
			七月，海盐蝗食苗尽，民大饥。	光绪《海盐县志》
			五月，平湖飞蝗蔽天，道殣相望。	《平湖县志》
			湖州大旱蝗。	《湖州市志》
			诸暨飞蝗蔽野，斗米千钱。	《诸暨县志》
			六月，上虞飞蝗蔽天，害稼。	光绪《上虞县志》
			六月，余姚蝗灾，大饥。	《宁波市志》
			浙江嘉、湖旱蝗，乡民捕蝗饲鸭、畜猪，蝗可供猪、鸭无怪也。无锡蝗灾。	《治蝗全法》
			秋，襄阳、荆门蝗，蕲春、黄安等处蝗飞蔽天。	民国《湖北通志》
			四月，湖北飞蝗入境，飞蔽天。八月，沔阳、钟祥、京山大蝗，岳州飞蝗蔽天，禾苗、草木叶皆尽。	康熙《湖广通志》
			咸宁蝗入城，岁大祲。	同治《咸宁县志》
			麻城大旱蝗。	民国《麻城县志前编》
			秋，长阳蝗飞蔽天，经旬不停，小蝗复起，食禾苗尽，民多殍死。	同治《长阳县志》
			黄安蝗，民谣："草无实，树无皮，宰却耕牛罢却犁，辜负蝗虫来盛意，可怜枵腹过黄陂。"	同治《黄安县志》
			秋，宜都蝗飞蔽日，经旬不停，后小蝗复起，食苗禾尽。	《宜都县志》
			秋，秭归蝗飞蔽日，经旬不停，蝻复生，食禾殆尽，民殍死。	《秭归县志》

（续）

序号	公元纪年	历史纪年	蝗灾情况	资料来源
790	1641年	明崇祯十四年	六至九月，枝江蝗虫成灾，禾苗尽食。	《枝江县志》
			孝感蝗，遍入民宅及釜灶。	光绪《孝感县志》
			夏，英山旱，蝗害，饥。	《英山县志》
			夏，应城飞蝗入境。	《应城县志》
			六月，新洲飞蝗食苗，阴影蔽天。	《新洲县志》
			安陆蝗入城，女墙为满，岁大祲。	道光《安陆县志》
			岳州蝗，飞蝗蔽天，食草木叶俱尽。	光绪《湖南通志》
			八月，岳阳飞蝗成群，所过之处草木叶啃食精光。	《岳阳县志》
			澧县蝗灾，民饥。	《澧县志》
			临湘飞蝗蔽天。	同治《临湘县志》
			八月，湘阴飞蝗蔽天，食草木殆尽。	《湘阴县志》
			伏羌县飞蝗蔽天。	光绪《甘肃新通志》
			甘肃全省蝗虫成灾。	《榆中县志》
			平凉旱蝗，成重灾。	《平凉市志》
			庆阳飞蝗蔽天，落地如冈阜。	乾隆《庆阳府志》
			环县蝗灾。	《环县志》
			山丹蝗虫成灾。	《山丹县志》
			会宁旱蝗，大饥。	《会宁县志》
			静宁旱蝗成灾，民大饥，人相食甚至有父子、夫妇相食者，十室九空，城外积尸如山。	《静宁县志》
			甘谷飞蝗蔽日。	《甘谷县志》
			张家川地区大旱，蝗虫成灾，大饥，人相食。	《张家川回族自治县志》

（续）

序号	公元纪年	历史纪年	蝗灾情况	资料来源
791	1642 年	明崇祯十五年	夏，大城蝗，如烟似雾，草木叶一过如扫。	光绪《大城县志》
			山东飞蝗蔽天。六月，万泉、处州、黄州郡县蝗，大饥，人相食。	《古今图书集成·庶征典·蝗灾部汇考》
			江苏南通、丹徒、高淳、常州、上海、川沙，浙江吴兴蝗灾。	《中国历代蝗患之记载》
			夏，东明螽生，麦无遗，忽有黑蜂攫螽而食之，或入土化为蜂，螽尽灭。	民国《东明县新志》
			滋阳飞蝗蔽日，集树枝折。	光绪《滋阳县志》
			沾化旱蝗。	咸丰《武定府志》
			麦大熟，曹州蝗螽复生，随有黑蜂群起嗛其脑而毙之。	康熙《曹州志》
			四月，菏泽蝗螽复生，随有黑蜂群起啮其脑而毙之。	光绪《菏泽县志》
			巨野蝗虫遍野。	道光《巨野县志》
			微山有蝗灾。	《微山县志》
			阳曲旱，蝗灾严重，遣官赈济。	《阳曲县志》
			秋，长安飞蝗蔽天，食禾尽。	《长安县志》
			乾县旱蝗相织，草木俱尽，饥民相食。	《乾县志》
			汲县蝗食苗，有黑头蜂食蝗，蝗灭。	乾隆《汲县志》
			灵宝又遭旱蝗灾害。	《灵宝县志》
			春，滑县蝗食苗。	同治《滑县志》
			春，淇县细腰蜂降蝗，其种始绝。	顺治《淇县志》
			浚县蝗虫食春苗。	《浚县志》

（续）

序号	公元纪年	历史纪年	蝗灾情况	资料来源
791	1642年	明崇祯十五年	内乡蝗。	康熙《内乡县志》
			西峡蝗。	《西峡县志》
			四月，松江、赣榆蝗蝻生，食禾尽。	民国《江苏省通志稿》
			镇江蝗。	乾隆《镇江府志》
			丹阳蝗灾，人相食。	光绪《丹阳县志》
			六月，金坛蝗蝻生，积地寸余。	《金坛县志》
			常熟蝗蝻生。	康熙《常熟县志》
			春，华亭蝗蝻生。	光绪《重修华亭县志》
			春，青浦蝗蝻生。	光绪《青浦县志》
			秋，铜陵旱蝗，米价腾贵，饥疾殍路者无算。	《铜陵县志》
			夏，石台蝗虫为灾。	《石台县志》
			杭州复旱蝗。	雍正《浙江通志》
			临安於潜旱，飞蝗集地数寸。	《临安县志》
			富阳入秋而蝗，草不留。	《富阳县志》
			夏秋，杭、嘉、湖、苏、松、常、镇20余县塘涸，蝗。	《嘉兴市志》
			海宁旱蝗。	《海宁市志》
			湖州旱，蝗蔽天而下，所集处禾立尽。	《湖州市志》
			德清新市蝗灾。	《德清县志》
			六月，长兴蝗飞蔽天，禾立尽。	《长兴县志》
			诸暨蝗遍野，斗米千钱，邑人以火照水，蝗赴水，死者十之三，余姚、上虞皆蝗。	乾隆《绍兴府志》
			黄石蝗，疫。	《黄石市志》
			阳新飞蝗蔽天。	《阳新县志》

（续）

序号	公元纪年	历史纪年	蝗灾情况	资料来源
791	1642 年	明崇祯十五年	大冶旱蝗。	《大冶县志》
792	1643 年	明崇祯十六年	七月，枣强蝗飞蔽天，不伤稼。	嘉庆《枣强县志》
			秋，大名府蝻生，旋有黑虫状如蜂食蝻殆尽。	咸丰《大名府志》
			魏县蝻生。	《魏县志》
			巨野蝗虫遍野。	道光《巨野县志》
			秋，开州蝗，不为灾。	光绪《开州志》
			郏县蝗。	《郏县志》
			春，泾县飞蝗遍野，雨霖百日，蝗乃绝。	嘉庆《泾县志》
			夏，通城、公安旱蝗。	民国《湖北通志》
			公安旱蝗，蔽日无光。	同治《公安县志》
			三月，临桂飞蝗蔽天，野无青草，米贵。	《临桂县志》
793	1644 年	明崇祯十七年	六月，大名府蝗。	咸丰《大名府志》
			魏县蝗。	《魏县志》
			禹州蝗灾。	《禹州市志》
			六月，介休蝗食稼。	民国《介休县志》
			吴堡蝗虫吃田稼。	《吴堡县志》
			甘肃蝗从中卫东来，未降田间，西飞边界，食莎草尽。	《中国历代蝗患之记载》

·第六章·

清代蝗灾

序号	公元纪年	历史纪年	蝗灾情况	资料来源
794	1645年	清顺治二年	富平蝗，不为灾。	乾隆《富平县志》
			秋，咸阳蝗，不为灾。	民国《重修咸阳县志》
			九月，冠县蝗蝻食麦苗。	民国《冠县志》
			商城蝗疫交加，民不聊生。	《商城县志》
			岳阳蝗。	雍正《平阳府志》
			古县飞蝗食禾，岁大饥。	《古县志》
			三月，安泽飞蝗食禾，成灾。	《安泽县志》
			六月，应县蝗从西南来，禾食尽。	《应县志》
			三月，岳阳飞蝗食禾。	《岳阳县志》
795	1646年	清顺治三年	七月，延安蝗；安定蝗；栾城蝗，蔽天而来；元氏蝗，初蝗来时，先有大鸟类鹤蔽空而来，各吐蝗数升。浑源州蝗。九月，洪洞蝗，宁乡蝗。①	《清史稿·灾异志》
			文水、祁县蝗。	乾隆《太原府志》
			七月，长治蝗飞蔽天。	《长治市志》

① 安定：旧县名，治所在今陕西子长安定镇；宁乡：旧县名，治所在今山西中阳。

（续）

序号	公元纪年	历史纪年	蝗灾情况	资料来源
795	1646 年	清顺治三年	潞安蝗飞蔽天，向西南飞去。	乾隆《潞安府志》
			七月，襄垣蝗飞蔽天。	《襄垣县志》
			秋，洪洞飞蝗蔽日，绵亘三十里，所过穗叶立尽。	民国《洪洞县志》
			宁乡蝗。	乾隆《汾州府志》
			中阳蝗。	《中阳县志》
			应县蝗出，复食禾。	《应县志》
			六月，泌阳大蝗，自东来，有秃鹜食之尽。	《泌阳县志》
			夏，阌乡蝗。	民国《阌乡县志》
			七月，冠县飞蝗过境三日，不为大害。	民国《冠县志》
			陕北蝗。	《神木县志》
			陕北绥德、榆林、延安府属州县蝗灾。	《陕西省志·大事记》
			八月，子长、延安、洛川蝗伤禾稼。	《延安地区志》
			安塞蝗灾。	《安塞县志》
			子长蝗灾，赤地数百里。	《子长县志》
			靖边蝗虫轻灾。	《靖边县志》
			佳县蝗灾。	《佳县志》
			米脂蝗灾。	《米脂县志》
			定边蝗虫为灾。	《定边县志》
			七月，绥德飞蝗蔽天。	《绥德县志》
			文水飞蝗蔽日，禾稼多伤。	光绪《文水县志》
			庆阳蝗。	乾隆《庆阳府志》
			真宁蝗灾。	《正宁县志》
			环县蝗灾。	《环县志》
			合水飞蝗如前，不大为害。	乾隆《合水县志》
			华池蝗灾。	《华池县志》

（续）

序号	公元纪年	历史纪年	蝗灾情况	资料来源
795	1646年	清顺治三年	夏，中卫蝗自东来，飞蔽天日，不落田间，有飞过河南者，有飞过边墙者，边外数十里沙草尽吃，而中卫田苗不伤，异事也。	道光《中卫县志》
			七月，石家庄飞蝗蔽天，栾城及邻县庄稼食尽。	《石家庄市志》
			七月，正定飞蝗蔽天，禾稼尽损。	光绪《正定县志》
			井陉蝗。	民国《井陉县志料》
			七月，栾城飞蝗蔽天，蝻生匝地，禾稼尽食。	同治《栾城县志》
			七月，束鹿①飞蝗自南来，望之黑黄，如烟至，落地，树枝干皆折，不食苗，信宿飘去。	乾隆《束鹿县志》
			秋七月，新乐蝗。	光绪《重修新乐县志》
			秋七月，行唐飞蝗蔽日，禾稼吃尽。	《行唐县志》
			七月，定州蝗。	雍正《直隶定州志》
			威县蝗虫遍野，禾苗尽伤。	《威县志》
			九月，鸡泽蝗，成安蝗蝻食禾几尽。	光绪《广平府志》
			宜城蝻生，飞蝗害稼，岁大无。	民国《湖北通志》
796	1647年	清顺治四年	是岁，山、陕蝗见，全才为捕蝗法授州县吏。蝗至，如法捕辄尽，不伤稼，因以其法上闻，命传示诸省直。	《清史稿·胡全才传》
			三月，元氏、无极、邢台、内丘、保定蝗。六月，益	《清史稿·灾异志》

---

① 束鹿：旧县名，治所在今河北辛集市东南新城镇。

（续）

序号	公元纪年	历史纪年	蝗灾情况	资料来源
796	1647 年	清顺治四年	都、定陶旱蝗，介休蝗，山阳、商州雹蝗。七月，太谷、祁县、徐沟、岢岚蝗；静乐飞蝗蔽天，食禾殆尽；定襄蝗，坠地尺许；吉州、武乡、陵州、辽州、大同蝗；广灵、潞安蝗；长治飞蝗蔽天，集树枝折；灵石飞蝗蔽天，杀稼殆尽。八月，宝鸡蝗，延安、榆林蝗，泾州、庄浪等处蝗。九月，交河蝗，落地积尺许。	《清史稿·灾异志》
			河北真定、顺德、宣化，山西平阳蝗灾。	《中国历代蝗患之记载》
			秋，归德大蝗，集树枝折。	乾隆《归德府志》
			秋，商丘大蝗，集树枝皆折。	康熙《商丘县志》
			六月，阌乡飞蝗蔽天。	民国《阌乡县志》
			六月，陕县飞蝗蔽天。	民国《陕县志》
			七月，榆林、延安府属及宝鸡、周至、北山、潼关、商县、洛南诸县蝗飞蔽天，毁秋。	《陕西省志·大事记》
			白水蝗食禾，民饥。	《白水县志》
			秋，澄城蝗灾。	《澄城县志》
			六月，兴平蝗由秦岭而下，蔽天而行，食稼。	《兴平县志》
			秋，宁陕蝗，大饥。	《宁陕县志》
			商州山阳飞蝗蔽天。	乾隆《直隶商州志》
			陕北蝗。	《神木县志》
			安塞、志丹、子长、延安、延川、延长飞蝗成灾。	《延安地区志》

（续）

序号	公元纪年	历史纪年	蝗灾情况	资料来源
796	1647 年	清顺治四年	甘泉蝗。	《甘泉县志》
			横山飞蝗突至，天日不见，禾苗立尽。	《横山县志》
			靖边蝗虫，轻灾。	《靖边县志》
			定边蝗。	《定边县志》
			佳县蝗灾。	《佳县志》
			六月，清涧飞蝗突至，天日不见，禾苗立尽。	《清涧县志》
			泾州及庄浪卫等处飞蝗食苗稼。	光绪《甘肃新通志》
			平凉飞蝗食稼。	《平凉市志》
			镇原飞蝗遍野，食禾殆尽。	道光《镇原县志》
			静乐、岢岚、河曲、潞安、介休、临县、陵川、太平、临汾、灵石、汾西、临晋、猗氏、大同、武乡、太谷、定襄、祁县、五台、辽、朔、蒲、吉、隰州蝗，赈济；交城、徐沟、长治、潞城蝗，不食稼。	雍正《山西通志》
			秋，太原蝗灾，徐沟蝗食禾。	《太原市志》
			七月，蝗由寿阳过徐沟，向西南飞去，遮天蔽日，集义、楚王等村遭蝗，伤损禾苗。	《清徐县志》
			娄烦飞蝗食禾殆岁，岁大饥。	《娄烦县志》
			左权飞蝗蔽日，食禾几尽。	《左权县志》
			秋，平顺飞蝗蔽空，食禾罄尽。	《平顺县志》
			长子飞蝗蔽日，集树枝折。	光绪《长子县志》
			陵川蝗飞蔽天，食苗几尽，民流亡。	雍正《泽州府志》

（续）

序号	公元纪年	历史纪年	蝗灾情况	资料来源
796	1647 年	清顺治四年	六月，永济蝗。	光绪《永济县志》
			四月大雨，安邑多蛤蟆，蝗，不为灾。	乾隆《安邑县志》
			六月，芮城蝗灾。	《芮城县志》
			解州蝗，不为灾。	光绪《解州志》
			万泉有蝗。	民国《万泉县志》
			六月，吉州飞蝗骤至，食苗几尽。	康熙《吉州志》
			文水蝗蝻复生，民掘坎捕之立尽。	光绪《文水县志》
			静乐飞蝗食禾殆尽，岁大饥。	《静乐县志》
			保德飞蝗，禾稼甚伤。	康熙《保德州志》
			朔平府蝗，大饥。	雍正《朔平府志》
			怀仁蝗，奉旨赈饥。	光绪《怀仁县新志》
			秋，右玉蝗虫伤禾，收成大减。	《右玉县志》
			阳高蝗虫灾害。	《阳高县志》
			七月，左云飞蝗蔽日，食秋禾尽。	《左云县志》
			七月，广灵飞蝗。	《广灵县志》
			赵州蝗。	光绪《赵州志》
			八月，晋州飞蝗蔽天。	康熙《晋州志》
			柏乡蝗灾。	《柏乡县志》
			行唐飞蝗过境，漫天蔽日，声如骤雨烈风。	《行唐县志》
			秋，高邑蝗。	《高邑县志》
			元氏飞蝗四至，如红云丽天，蔽日无光，落树折枝，集禾仆地厚尺许，食禾顷刻立尽，奉文豁免灾伤粮银。	民国《元氏县志》

（续）

序号	公元纪年	历史纪年	蝗灾情况	资料来源
796	1647 年	清顺治四年	七月，定兴蝗。	光绪《保定府志》
			易州广昌蝗，不为灾。	乾隆《直隶易州志》
			七月，徐水蝗灾，所集树叶吃光，枝折。	《徐水县志》
			完县蝗飞蔽天，禾稼伤大半。	民国《完县新志》
			清苑飞蝗蔽天，大损禾稼。	民国《清苑县志》
			涞源蝗灾。	《涞源县志》
			秋，博野蝗蔽日，所落处庄稼尽食。	《博野县志》
			六月，望都飞蝗蔽天，食禾几尽，赈之。	民国《望都县志》
			冀州蝗。	《冀州志》
			枣强蝗。	《枣强县志》
			饶阳蝗。	《饶阳县志》
			武邑蝗。	《武邑县志》
			七月，安平飞蝗蔽天。	康熙《安平县志》
			阜城蝗，禾秸、树叶并尽。	雍正《阜城县志》
			盐山旱蝗。	乾隆《天津府志》
			海兴旱蝗。	《海兴县志》
			孟村大蝗。	《孟村回族自治县志》
			交河飞蝗掩日，落地厚尺余，禾秸尽食。	民国《交河县志》
			河间飞蝗蔽天。	康熙《河间府志》
			献县飞蝗蔽天。	民国《献县志》
			肃宁飞蝗蔽天。	乾隆《肃宁县志》
			吴桥飞蝗蔽日。	《吴桥县志》
			七月，东光蝗飞蔽日，树木坠折。	光绪《东光县志》
			南和飞蝗蔽天。	《南和县志》
			四月，新河蝗飞过境。	民国《新河县志》

（续）

序号	公元纪年	历史纪年	蝗灾情况	资料来源
796	1647 年	清顺治四年	七月，临漳蝗为灾。	光绪《临漳县志》
			秋七月，怀安飞蝗蔽天。	《怀安县志》
			七月，保安州飞蝗从西南来，禾稼立尽，灾无甚于此者。	道光《保安州志》
			七月，蔚州飞蝗。	光绪《蔚州志》
			八月，万全蝗虫成灾。	《万全县志》
			春，宜城蝗蝻又作，饥殍横野。	民国《湖北通志》
			七月，三亚蝗灾，禾苗被蝗虫吃光。	《三亚市志》
			秋七月，崖州①蝗食禾苗几尽。	《崖州志》
			海原蝗虫为害，蝗虫从关桥西飞来，到关桥、双河等地，布罩百余里，作物一空。	《固原地区志》
			七月，丰镇蝗灾。	《丰镇市志》
797	1648 年	清顺治五年	五月，衡水蝗。	《清史稿·灾异志》
			河南禹县、孟县和以南州县及山东夏津蝗灾。	《中国历代蝗患之记载》
			三月，阳武蝗蝻生。	乾隆《阳武县志》
			六月，禹州，有鸟食蝗。	道光《禹州志》
			孟县、永和、蒲县、大同、朔州蝗。	雍正《山西通志》
			春，阳城蝝生，未害稼。	同治《阳城县志》
			隰县飞蝗蔽天，谷黍尽食。	《隰县志》
			秋，永和蝗飞蔽日，所过谷黍无存。	民国《永和县志》
			秋，大宁蝗飞蔽日，所过谷黍食尽。	《大宁县志》

---

① 崖州：旧州名，治所在今海南三亚市崖城镇。

（续）

序号	公元纪年	历史纪年	蝗灾情况	资料来源
797	1648 年	清顺治五年	保德蝗，禾稼甚伤。	康熙《保德州志》
			河曲蝗灾稍减。	《河曲县志》
			朔平府又蝗。	《朔平府志》
			右玉又有蝗灾。	《右玉县志》
			秋，盂县蝗。	光绪《盂县志》
			阳高蝗虫灾害。	《阳高县志》
			天镇蝗灾。	《天镇县志》
			广灵蝗子炽盛，损田严重。	《广灵县志》
			铜川蝗灾。	《陕西省志·大事记》
			同官飞蝗蔽天。	《铜川市志》
			七月，凤翔蝗灾。	《宝鸡市志》
			三月，定兴螨生如蝇，一夕为风飘去。	光绪《定兴县志》
			容城大蝗食稼殆尽，岁饥。	《容城县志》
			夏六月，蠡县飞蝗西南来，飞蔽日，宽十余里，长四十余里，城西北伤稼。	光绪《蠡县志》
			蔚州蝗子炽盛，逢河越渡。	光绪《蔚州志》
			怀安蝗螨生。	《怀安县志》
			良乡蝗。	《北京市房山区志》
			丰镇蝗灾严重。	《丰镇市志》
798	1649 年	清顺治六年	三月，阳曲蝗，盂县蝗。五月，阳信蝗害稼。六月，德州、堂邑、博兴蝗。	《清史稿·灾异志》
			山西广灵、浙江海宁蝗灾。	《中国历代蝗患之记载》
			四月，阳曲、灵石蝗。	雍正《山西通志》
			河曲蝗灾稍减。	《河曲县志》
			朔平府又蝗。	雍正《朔平府志》
			右玉又有蝗灾。	《右玉县志》
			大同发生特大蝗灾，饥荒，人死大半。	《大同市志》

（续）

序号	公元纪年	历史纪年	蝗灾情况	资料来源
798	1649 年	清顺治六年	阳高蝗虫灾害。	《阳高县志》
			七月，凤翔蝗灾。	乾隆《凤翔府志》
			七月，眉县蝗灾。	《眉县志》
			山阳蝗飞蔽天。	《山阳县志》
			广平蝗，免田租。	光绪《广平府志》
			广昌蝗。	乾隆《直隶易州志》
			春，蠡县蝻始生如蝇，方圆五里宽。	光绪《蠡县志》
			八月，晋州蝻皆黑色，自南而北，东西宽数里，缘屋过壁势若流水，至滹沱南岸结聚斗大，浮水竟过至南门下，不入城。	康熙《晋州志》
			八月，束鹿蝻皆黑色，北来，东西十余里，缘屋过壁如流水，南至黄河，结聚斗大，浮水而过。	乾隆《束鹿县志》
			邱县旱蝗。	《邱县志》
			夏，曲周旱，蝗灾，麦无收。	《曲周县志》
			保安州南山被蝗。	道光《保安州志》
			蔚州蝗。	光绪《蔚州志》
			泗县大水蝗。	光绪《泗虹合志》[①]
			天台蝗灾，庄稼殆尽。	《台州地区志》
			丰镇蝗灾严重。	《丰镇市志》
799	1650 年	清顺治七年	七月，太平、岢岚蝗，介休、宁乡蝗。	《清史稿·灾异志》
			山东莱芜、山西阳曲蝗灾。	《中国历代天灾人祸表》
			岢岚、永宁[②]、太谷、介休、宁乡蝗。	雍正《山西通志》

① 泗虹：泗县与虹县的合称，旧称虹县，1912 年改称今安徽泗县。
② 永宁：旧州名，治所在今山西离石。

（续）

序号	公元纪年	历史纪年	蝗灾情况	资料来源
799	1650 年	清顺治七年	和顺蝗。	民国《和顺县志》
			襄垣蝗食禾稼，民大饥。	《襄垣县志》
			六月，武乡雨、雹、蝗。	乾隆《武乡县志》
			七月，离石蝗灾，大饥。	《离石县志》
			七月，中阳蝗。	《中阳县志》
			河曲蝗灾稍减。	《河曲县志》
			阳高连年蝗虫灾害，群飞蔽天，食禾殆尽。	《阳高县志》
			清丰飞蝗蔽天，不为灾。	民国《清丰县志》
			夏邑旱蝗。	民国《夏邑县志》
			虞城大蝗。	光绪《虞城县志》
			韩城蝗。	《陕西蝗区勘察与治理》
			泰州旱蝗。	民国《江苏省通志稿》
			夏，沛县蝗。	乾隆《沛县志》
			平山飞蝗食禾，民大饥，流亡载道。	咸丰《平山县志》
			六月，唐县蝗。	光绪《唐县志》
			枣强蝗。	嘉庆《枣强县志》
			南和飞蝗蔽天。	《南和县志》
			夏，大名旱蝗。	咸丰《大名府志》
			夏，元城旱蝗。	同治《元城县志》
			七月，新泰蝗伤稼。	乾隆《新泰县志》
			茌平飞蝗遍野。	《茌平县志》
			桓台飞蝗害稼。	《桓台县志》
800	1651 年	清顺治八年	五月，武乡蝗。	乾隆《武乡县志》
			临淮蝗，有鸟高二尺许，状如秃鹙，飞食蝗虫，是岁，大有年。	光绪《凤阳府志》
			东至蝗虫食禾苗，歉收。	《东至县志》
			冬，信宜蝗虫为害。	《茂名市志》

（续）

序号	公元纪年	历史纪年	蝗灾情况	资料来源
800	1651 年	清顺治八年	春夏间，博白蝗食田禾殆尽。	《博白县志》
801	1652 年	清顺治九年	陕西镇安蝗灾。	《镇安县志》
			六月，陕县飞蝗蔽天。	《陕县志》
			费县蝗。	光绪《费县志》
			秋，龙门有蝗。	光绪《广州府志》
			八月，增城蝗害庄稼。	《增城县志》
			八月，开平蝗虫食禾苗。	《开平县志》
802	1653 年	清顺治十年	十一月，文安、府谷蝗。	《清史稿·灾异志》
			府谷飞蝗自西南来，伤禾稼殆尽。	道光《榆林府志》
			宝应大旱蝗。	《宝应县志》
			金湖大旱蝗。	《金湖县志》
			舒城蝗灾严重，禾尽枯。	《舒城县志》
			怀远旱蝗。	嘉庆《怀远县志》
			七月，武宁中晚稻蝗。	《武宁县志》
803	1654 年	清顺治十一年	无锡蝗。	《昆虫与植病》1936 年第 4 卷第 18 期
			湖广天门蝗。	《中国历代天灾人祸表》
			六月，黄河决口，茌平飞蝗遍野。	《茌平县志》
			博平飞蝗遍野，蜂啮蝗死。	道光《博平县志》
			秋，临西蝗。	《临西县志》
804	1655 年	清顺治十二年	夏，直隶蝗。	《中国历代天灾人祸表》
			秋七月，曲周蝗。	光绪《广平府志》
			六月，临西蝗飞蔽天。	《临西县志》
			六月，邱县旱，蝗飞蔽天。	康熙《邱县志》
			深泽蝗为灾。	雍正《直隶定州志》
			七月，衡水蝗自东来，蛹由北来，县东南尤甚，歉收。	《衡水市志》

（续）

序号	公元纪年	历史纪年	蝗灾情况	资料来源
804	1655 年	清顺治十二年	五月，安平蝗灾，禾苗被食咬过半。	《安平县志》
			任丘蝗。	《河北省农业厅·志源（1）》
			夏四月，曲沃蝗。	雍正《山西通志》
			侯马蝗。	《侯马市志》
			淄川、滨州、堂邑等县蝗。	宣统《山东通志》
			长清飞蝗蔽日。	道光《长清县志》
			六月，临清大旱，蝗飞蔽天。	《临清市志》
			六月，宜兴旱蝗。	民国《江苏省通志稿》
805	1656 年	清顺治十三年	正月，徐沟蝗。三月，玉田大旱蝗。五月，定陶大旱蝗。七月，昌平、密云、新乐、临榆蝗，滦河①蝗，东平蝗。冬，昌黎大雨蝗。	《清史稿·灾异志》
			直隶新乐、河南彰德蝗，玉田、定陶蝗。	《中国历代天灾人祸表》
			河北曲周、滦州、北平及附近县和河南卫辉、孟县蝗灾。	《中国历代蝗患之记载》
			六月，荥阳飞蝗蔽日。	《河南东亚飞蝗及其综合治理》
			阳武蝗。	乾隆《怀庆府志》
			获嘉飞蝗蔽天，蝗生蝻，蝻复成蝗，秋稼如扫。	民国《获嘉县志》
			六月，封丘飞蝗北来，蔽川塞野。七月，遗蝻悉抱草棘僵死。	顺治《封丘县志》
			秋，彰德大蝗。	乾隆《彰德府志》
			秋，汤阴大蝗。	《汤阴县志》
			夏，虞城油蚂蚱害稼。	光绪《虞城县志》
			许州蝗不入境。	道光《许州志》

---

① 滦河：旧县名，治所在今河北迁西北。

（续）

序号	公元纪年	历史纪年	蝗灾情况	资料来源
805	1656 年	清顺治十三年	八月，汝州蝗伤稼。	《汝州市志》
			六月，临颍蝗。	民国《重修临颍县志》
			博山蝗，大饥。	民国《续修博山县志》
			淄川蝗，无秋。	乾隆《淄川县志》
			五月，冠县飞蝗至，无大害。	民国《冠县志》
			夏五月，保定府大蝗。	光绪《保定府志》
			五月，唐县蝗。	光绪《唐县志》
			夏，雄县蝗。	民国《雄县新志》
			夏五月，定兴大蝗。	光绪《定兴县志》
			望都蝗蝻生，食禾几尽。	《望都县志》
			六月，永平府蝗。	光绪《永平府志》
			山海关蝗虫为害成灾。	《山海关志》
			夏，抚宁蝗。	《抚宁县志》
			遵化蝗。	《遵化县志》
			青县麦禾皆遗蝗食。	民国《青县志》
			兴济蝗食麦。	民国《兴济县志书》
			盐山飞蝗蔽天，不为灾。	《天津府志》
			深州蝗，不为灾。	康熙《直隶深州志》
			闰五月，馆陶蝗。	民国《馆陶县志》
			闰五月，邱县飞蝗食禾。	康熙《邱县志》
			内丘蝗。	道光《内邱县志》
			八月，畿辅附近自夏至秋飞蝗。	《北京市海淀区志》
			徐沟、盂县蝗，不为害。	雍正《山西通志》
			六月，清徐飞蝗食苗。	《清徐县志》
			六月，海宁蝗。	《浙江省农业志》
			锦县久旱不雨，飞蝗成灾。	《锦县志》
			绥中蝗虫为害。	《绥中县志》
			宁远州蝗灾。	《兴城县志》

（续）

序号	公元纪年	历史纪年	蝗灾情况	资料来源
806	1657年	清顺治十四年	如皋旱蝗。	民国《江苏省通志稿》
			八月，蓝田飞蝗食禾。	《蓝田县志》
			户县旱蝗。	《户县志》
			秋，东安蝗。	民国《顺天府志》
			秋，安次蝗灾。	《安次县志》
			汤阴蝗灾，秋禾吃光。	《汤阴县志》
807	1658年	清顺治十五年	三月，邢台、交河、清河大旱，蝗害稼。	《清史稿·灾异志》
			永年、鸡泽蝗，饥，赈之。	光绪《广平府志》
			秋，汤阴蝗蝻成灾。	《汤阴县志》
808	1659年	清顺治十六年	交河蝗伤稼，民饥。	民国《交河县志》
			遵化蝗。	《遵化县志》
			夏，莱芜蝗。	民国《续修莱芜县志》
			邵阳、新化稼生䗔。	光绪《湖南通志》
			定远①蝻食苗。	光绪《续云南通志稿》
809	1660年	清顺治十七年	湖北广济、湖南湘潭及浙江寿昌蝗灾。	《中国历代蝗患之记载》
			天台蝗灾。	《台州地区志》
			春三月，湖南飞蝗蔽天。	光绪《湖南通志》
			三月，常宁飞蝗蔽天。	《常宁县志》
			三月，茶陵飞蝗蔽天。	《茶陵县志》
			三月，湘阴飞蝗蔽天。	《湘阴县志》
			汨罗飞蝗遍野。	《汨罗市志》
			三月，桃江飞蝗蔽天。	《桃江县志》
			三月，安化蝗飞蔽天。	《安化县志》
			芷江蝗灾。	《芷江县志》
			牟定蝻虫食苗。	《牟定县志》
810	1661年	清顺治十八年	铜山、萧县、砀山蝗蝻生；江阴蝗，不为灾。	民国《江苏省通志稿》

---

① 定远：旧县名，治所在今云南牟定。

（续）

序号	公元纪年	历史纪年	蝗灾情况	资料来源
810	1661年	清顺治十八年	泗洪蝗食禾尽。	《泗洪县志》
			秋，徐州蝗。	同治《徐州府志》
			泗州蝗食禾尽，蠲灾三分。	乾隆《泗州志》
			秋，嘉山蝗灾。	《嘉山县志》
			秋，五河蝗灾。	《五河县志》
			秋，汝南蝗。	《汝南县志》
			秋，平舆旱蝗。	《平舆县志》
			河北庆云、永平蝗灾。	《中国历代蝗患之记载》
			七月，迁安蝗。	《河北省农业厅·志源（1）》
			昌邑蝗生，有鸟数万啄食之。	乾隆《昌邑县志》
			浏阳飞蝗蔽野伤稼，民有因害自缢者。	同治《浏阳县志》
811	1662年	清康熙元年	溧阳旱蝗。	《昆虫与植病》1936年第4卷第18期
			秋，安东蝗。	《安东县志》
			八月，阜阳蝗。	道光《阜阳县志》
			八月，颍州蝗。	乾隆《颍州府志》
			八月，临泉蝗灾。	《临泉县志》
812	1663年	清康熙二年	广平县蝗。	光绪《广平府志》
			七月，陈州旱蝗。	乾隆《陈州府志》
			七月，沈丘旱蝗。	乾隆《沈邱县志》
			密县蝗蛹遍野。	民国《密县志》
813	1664年	清康熙三年	山东东平、福山，湖北石首等3县蝗灾。	《中国历代蝗患之记载》
			秋，盐山蝗遍野，免税十之二。	《重修天津府志》
			秋，海兴旱蝗。	《海兴县志》
			漷地蝗灾。	《通县志》
			夏旱，阳武蝻生，秋，蝗害稼。七月，武陟飞蝗。	《河南东亚飞蝗及其综合治理》

（续）

序号	公元纪年	历史纪年	蝗灾情况	资料来源
813	1664 年	清康熙三年	七月，原武蝗害稼，谷价腾贵。	乾隆《原武县志》
			尉氏大旱，蝗成灾。	道光《尉氏县志》
			秋，怀庆蝗害稼。	乾隆《怀庆府志》
			扶沟蝗。	光绪《扶沟县志》
			长葛至秋不雨，蝗蝻为灾，麦秋无收。	《长葛县志》
			六月，东阿大旱，飞蝗蔽天。	民国《续修东阿县志》
			秋，含山蝗入境，不为灾。	康熙《含山县志》
			秋，永明蝗。	光绪《湖南通志》
			江永蝗害。	《江永县志》
814	1665 年	清康熙四年	四月，东平、真定、日照大旱蝗。	《清史稿·灾异志》
			夏，沂州府大旱蝗。	乾隆《沂州府志》
			夏，临沂蝗。	民国《临沂县志》
			秋，福山有蝗，大饥。	民国《福山县志稿》
			七月，武陟蝗。	道光《武陟县志》
			夏，柘城蝗。	光绪《柘城县志》
			八月，长葛飞蝗过境，为害。	《长葛县志》
			七月，汝南蝗。	《汝南县志》
			七月，平舆蝗。	《平舆县志》
			秋七月，汝阳蝗。	康熙《汝阳县志》
			修武蝗自东南来，次日即去。	道光《修武县志》
			夏，商县蝗。秋，大荔大蝗，自东北来。	《陕西蝗区勘察与治理》
			夏，商南旱蝗。	《商南县志》
			四月，赣榆旱蝗。	《赣榆县志》
			醴陵蝗。	光绪《湖南通志》

（续）

序号	公元纪年	历史纪年	蝗灾情况	资料来源
814	1665 年	清康熙四年	九月，开平旱，蝗灾。	《开平县志》
815	1666 年	清康熙五年	五月，萧县蝗；任县飞蝗自东来蔽日，伤禾；日照、江浦大旱蝗。	《清史稿·灾异志》
			五月，保定蝗自东来，蔽日伤禾。	光绪《顺天府志》
			五月，保定蝗自东来，蔽日伤禾。	康熙《保定县志》
			七月，长葛蝗蝻成灾。	《长葛县志》
			齐东县蝗。	宣统《山东通志》
			日照蝗。	乾隆《沂州府志》
			秋，新泰蝗过境，未食禾。	乾隆《新泰县志》
			赣榆、桃源蝗，江浦大旱蝗。	民国《江苏省通志稿》
			五月，赣榆大旱蝗，免蝗灾额税。	《赣榆县志》
			十一月，崇明蝗，不为灾。	民国《崇明县志》
			阜阳蝗。	道光《阜阳县志》
			颍州蝗。	乾隆《颍州府志》
			临泉蝗。	《临泉县志》
			六月，宁海旱，蝗灾。	《宁波市志》
			青田蝗虫食稻。	《青田县志》
			秋，仙居蝗灾。	《台州地区志》
816	1667 年	清康熙六年	六月，杭州大旱蝗；灵寿、高邑大旱，蝗害稼。八月，东明、滦州、灵寿蝗。	《清史稿·灾异志》
			河南沁阳，山东齐东、莱阳，江苏徐州蝗灾。	《中国历代蝗患之记载》
			东台、邳县蝗。高淳、靖江、淮阴旱蝗。	《昆虫与植病》1936 年第 4 卷第 18 期

（续）

序号	公元纪年	历史纪年	蝗灾情况	资料来源
816	1667 年	清康熙六年	夏，清河蝗食草尽；东台蝗飞蔽天；高淳蝗，不为灾。八月，仪征蝗。	民国《江苏省通志稿》
			临淮、怀远、泗州、颍州、霍邱蝗蝻为灾。	乾隆《江南通志》
			夏，沭阳大旱，蝗害。	《沭阳县志》
			夏，盱眙蝗灾。	《淮阴市志》
			夏，泗洪蝗。	《泗洪县志》
			春，安东卫蝗复起，捕灭之，禾无害。	《赣榆县志》
			夏，凤阳、临淮、怀远、泗州、颍州、合肥、六安、霍邱等地蝗灾。	《安徽省志·大事记》
			合肥、巢县、无为蝗。	光绪《续修庐州府志》
			合肥蝗，禾麦皆空。	《肥西县志》
			六月，六安蝗起。	同治《六安州志》
			夏，萧县蝗。	《萧县志》
			夏，泗县蝗。	光绪《泗虹合志》
			全椒蝗。	民国《全椒县志》
			阜阳蝗。	道光《阜阳县志》
			颍州、霍邱县旱蝗。	乾隆《颍州府志》
			颍上旱蝗。	《颍上县志》
			临泉蝗。	《临泉县志》
			怀远旱蝻。	嘉庆《怀远县志》
			夏，凤阳、临淮、怀远蝗蝻为灾。	光绪《凤阳府志》
			巢县蝗。	道光《巢县志》
			夏，杭州蝗，不为灾。	雍正《浙江通志》
			萧山蝗。	乾隆《绍兴府志》
			麻城螽害稼。	民国《麻城县志前编》
			五月，桃江蝗食禾。	《桃江县志》

（续）

序号	公元纪年	历史纪年	蝗灾情况	资料来源
816	1667 年	清康熙六年	常宁旱，蝗虫为灾，民无半收。	《常宁县志》
			夏，济阳蝗害稼。	民国《济阳县志》
			夏，商河旱蝗。	民国《重修商河县志》
			五月，德州旱蝗，不伤禾。	乾隆《德州志》
			五月，德县旱蝗，不伤禾。	民国《德县志》
			六月，东昌府蝗。	嘉庆《东昌府志》
			六月，堂邑蝗。	康熙《堂邑县志》
			阳谷旱，蝗蝻遍野，田禾尽损。	光绪《阳谷县志》
			秋，东明蝗。	《东明县志》
			夏，无棣蝗。	民国《无棣县志》
			秋七、八月，海丰复有蝗虫，多损田禾。	乾隆《海丰县志》
			夏，阳信蝗害稼。	民国《阳信县志》
			博兴蝗蝻起，县令捕之。	民国《重修博兴县志》
			峄县蝗，不害稼。	光绪《峄县志》
			春，海阳蝗生，数日皆自死。	乾隆《海阳县志》
			六月，垣曲飞蝗东来，不为害。	光绪《垣曲县志》
			洧川、考城、辉县、罗山、宝丰旱蝗。	雍正《河南通志》
			秋八月，新乡蝗。	乾隆《新乡县志》
			七月，辉县蝗自东来，数十里如水西流，厚三尺，遍野满城，无处不到。	道光《辉县志》
			卫辉府蝗。	乾隆《卫辉府志》
			河内蝗自西南来，往东北去。	道光《河内县志》
			台前旱，蝗蝻遍地，食禾殆尽。	《台前县志》

（续）

序号	公元纪年	历史纪年	蝗灾情况	资料来源
816	1667年	清康熙六年	内黄旱蝗。	光绪《内黄县志》
			八月，滑县蝗生。	同治《滑县志》
			七月，陈州蝗蝻遍野，秋禾尽没。	乾隆《陈州府志》
			秋旱，商水飞蝗蔽天，食稼殆尽。	《商水县志》
			夏，西华蝗虫成灾。	《西华县志》
			六月，淮阳飞蝗蔽天，蝗蝻蔽野，食禾殆尽。	《淮阳县志》
			秋，项城飞蝗蔽天，无禾。	民国《项城县志》
			七月，沈丘飞蝗蔽天，无禾。	《沈丘县志》
			扶沟蝗食禾殆尽。	光绪《扶沟县志》
			汝州蝗。	道光《汝州全志》
			六月，鲁山蝗。	《鲁山县志》
			驻马店飞蝗蔽天。	《驻马店市志》
			确山飞蝗蔽天，未伤禾。	民国《确山县志》
			汝阳蝗。	《汝阳县志》
			八月，固始蝗灾。	《固始县志》
			息县飞蝗蔽天。	《息县志》
			秋，永平府蝗。	光绪《永平府志》
			秋，卢龙蝗。	《卢龙县志》
			六月，束鹿蝗自西来，障天蔽日，有食苗尽者，有不食而飞去者。	乾隆《束鹿县志》
			灵寿大蝗，诏免租税十之三。	同治《灵寿县志》
			赞皇蝗虫蔽天漫野，大伤禾稼。	《赞皇县志》
			武强蝗害稼。	道光《武强县志》
			秋七月，唐县蝗。	光绪《唐县志》

（续）

序号	公元纪年	历史纪年	蝗灾情况	资料来源
816	1667年	清康熙六年	夏，海兴蝗虫成灾。	《海兴县志》
			秋七月，大名蝗，遣官扑捕。	咸丰《大名府志》
			武安飞蝗蔽天，食禾，大饥。	民国《武安县志》
			广平蝗食禾。	《广平县志》
817	1668年	清康熙七年	河南洛宁蝗灾。	《中国历代蝗患之记载》
			宜阳飞蝗损禾折半。	《宜阳县志》
			八月，铜山蝗蝻成灾。	民国《江苏省通志稿》
			秋，盱眙蝗灾。	《淮阴市志》
			秋，泗洪蝗。	《泗洪县志》
			徐州蝗。	同治《徐州府志》
			泗县蝗。	光绪《泗虹合志》
			四月，宣城蝗大发。	《宣城地区志》
			秋，桐城遍地蝗蝻，群鸦啄食立尽。	《桐城县志》
			广平蝗。	光绪《广平府志》
818	1669年	清康熙八年	八月，海宁飞蝗蔽天而至，食稼殆尽。	《清史稿·灾异志》
			秋，万载蝗集民居，醮禳之。	民国《万载县志》
819	1670年	清康熙九年	七月，阳信大旱，蝗食稼殆尽；丽水、桐乡、江山、常山大旱蝗。	《清史稿·灾异志》
			山东潍县蝗害稼，阳谷旱蝗害稼。	《中国历代天灾人祸表》
			秋，济阳蝗害稼，免夏秋钱粮五分。	民国《济阳县志》
			齐东旱，蝗灾，免钱粮十之二。	康熙《齐东县志》
			秋，阳信蝗害稼，免夏税五分。	民国《阳信县志》

（续）

序号	公元纪年	历史纪年	蝗灾情况	资料来源
819	1670年	清康熙九年	六月，台州蝗虫为灾。	《三门县志》
			夏，宿县蝗。	《宿县县志》
820	1671年	清康熙十年	六月，宁海、天台、仙居大旱蝗，定陶大旱蝗，虹县、凤阳、巢县、合肥、溧水大旱蝗。七月，全椒、含山、六安州、吴山大旱蝗，济南府属旱蝗害稼，丽水蝗，桐乡、海盐、淳安大旱蝗，元城、龙门①、武邑蝗。	《清史稿·灾异志》
			江宁、徐、海等州府蝗，秋，直隶文安、徐水蝗。	《中国历代天灾人祸表》
			七月，南和蝗灾。	《南和县志》
			秋七月，大名府旱蝗。	咸丰《大名府志》
			邱县旱蝗。	《邱县志》
			六月，馆陶蝗食禾。	民国《馆陶县志》
			济南府诸县蝗。	雍正《山东通志》
			济南府属济阳旱蝗。	民国《济阳县志》
			历城旱蝗，蠲免钱粮。	乾隆《历城县志》
			七月，平原蝱蝻害稼。	乾隆《平原县志》
			济南府属临邑旱蝗。	同治《临邑县志》
			七月，夏津蝱蝻害稼。	乾隆《夏津县志》
			七月，临清蝱蝻害稼。	乾隆《临清直隶州志》
			蒙阴蝗，有蛤蟆食蝗殆尽。	乾隆《沂州府志》
			汝州蝗。	道光《汝州全志》
			六月，鲁山蝗害，秋作物被啮食，歉收。	《鲁山县志》
			七月，芮城蝗。	《运城地区志》
			府谷蝗灾。	《陕西省志·大事记》

① 吴山：旧县名，治所在今安徽长丰西南；龙门：旧县名，治所在今河北赤城西南。

（续）

序号	公元纪年	历史纪年	蝗灾情况	资料来源
820	1671年	清康熙十年	昆山蝗，江宁、溧水、青浦、仪征、宝应、东海、赣榆旱蝗。	《昆虫与植病》1936年第4卷第18期
			洪泽大旱，蝗虫食田禾尽。	《洪泽县志》
			八月，盱眙蝗食禾稼尽，民剥树皮、掘石粉而食之。	光绪《盱眙县志稿》
			秋，泗州蝗，民食树皮，停征丁赈粮之半。	乾隆《泗洲志》
			金湖旱，蝗虫发生，食禾稼殆尽。	《金湖县志》
			泗洪旱，飞蝗蔽天，麦禾尽，饥。	《泗洪县志》
			夏，泗县、五河、怀远、蒙城、滁县、凤阳、全椒、天长、来安、合肥、舒城、六安、和县、含山、无为、庐江、巢县、宿松、望江、桐城、潜山、太湖、怀宁、贵池、东流、建德、石埭、当涂、芜湖、繁昌、南陵、泾县、宣城、宁国等地旱，蝗飞蔽天，民大饥。	《安徽省志·大事记》
			夏，肥西蝗。	《肥西县志》
			六安大旱蝗。	同治《六安州志》
			秋，泗县蝗灾，民食树皮。	《泗县志》
			夏，凤阳大旱蝗，禾麦皆无，人食树皮。	光绪《凤阳府志》
			夏，临淮大旱蝗，禾麦皆无，人食树皮。	康熙《临淮县志》
			蒙城县旱蝗。	乾隆《颍州府志》
			夏，滁州旱蝗。	光绪《滁州志》
			怀远旱蝗。	嘉庆《怀远县志》
			七月，全椒蝗飞蔽天，禾苗殆尽，民大饥。	民国《全椒县志》

（续）

序号	公元纪年	历史纪年	蝗灾情况	资料来源
820	1671年	清康熙十年	九月，来安螽蝑并作。	道光《来安县志》
			大旱不雨至九月，天长飞蝗蔽天，人民相食，鬻子女，奉旨发帑恤蠲。	嘉庆《备修天长县志稿》
			七月，嘉山蝗飞蔽天，禾麦皆无，人相食。	《嘉山县志》
			和州旱，蝗生卵。	光绪《直隶和州志》
			秋，含山蝗食禾，蝗生卵。	康熙《含山县志》
			巢县蝗。	道光《巢县志》
			丽水县旱蝗。	雍正《浙江通志》
			淳安、遂安①两县蝗食禾。	《淳安县志》
			七月，桐乡旱蝗。	《桐乡县志》
			七月，湖州旱蝗。	《湖州市志》
			长兴蝗。	《长兴县志》
			夏六月，乐清螽。	光绪《乐清县志》
			秋，仙居蝗食苗、根节俱尽。	《台州地区志》
			五月，平阳有蝗食沿江田稼。八月，螣生遍野，大风三日，尽灭。	民国《平阳县志》
			九月不雨，缙云蝗虫食稻几尽。	康熙《缙云县志》
			五月，青田蝗虫食稻，田无收。	《青田县志》
			江山、常山、开化蝗。	《衢州市志》
			秋，常宁蝗虫成灾。	《常宁县志》
			夏，汝城旱，螟螣为灾。	民国《汝城县志》
			秋，萍乡旱蝗。	同治《萍乡县志》
			广丰旱蝗交侵。	同治《广丰县志》
			吉水蝗灾。	《吉水县志》

---

① 遂安：旧县名，治所在今浙江淳安。

序号	公元纪年	历史纪年	蝗灾情况	资料来源
820	1671年	清康熙十年	夏，弋阳蝗灾。	《弋阳县志》
821	1672年	清康熙十一年	二月，武定、阳信蝗害稼。三月，献县、交河蝗。五月，平度、益都飞蝗蔽天，行唐、南宫、冀州蝗。六月，长治、邹县、邢台、东安、文安、广平蝗，定州、东平、南乐蝗。七月，黎城、芮城蝗，昌邑蝗飞蔽天，莘县、临清、解州、冠县、沂水、日照、定陶、菏泽蝗。	《清史稿·灾异志》
			河南汲县，山东泰安，江苏丹徒，浙江杭州、嘉兴、吴兴、长兴、崇德，湖南泸溪蝗灾。	《中国历代蝗患之记载》
			秋七月，长治蝗不入境；平顺蝗，多不食稼。	雍正《山西通志》
			七月，潞城飞蝗入境，逾月蝻生，麦苗尽。	光绪《潞城县志》
			屯留飞蝗入境。	《屯留县志》
			七月，解州蝗。	光绪《解州志》
			秋七月，芮城有蝗自灵宝来，旋飞而南，不为灾。	乾隆《解州芮城县志》
			秋七月，太平蝗，多不食禾。	雍正《平阳府志》
			镇江、丹阳、松江、川沙、太仓、崇明、吴县、昆山、吴江、武进、江阴、南通、如皋、泰兴、盐城、东台、赣榆蝗。	《昆虫与植病》1936年第4卷第18期
			夏，常州蝗。六月，东台、江阴飞蝗蔽天。七月，苏州、松江蝗自北来，半月悉去。	民国《江苏省通志稿》

（续）

序号	公元纪年	历史纪年	蝗灾情况	资料来源
821	1672年	清康熙十一年	镇江蝗飞蔽天。	乾隆《镇江府志》
			夏，无锡有蝗，不为灾。	《无锡市志》
			七月，苏州蝗飞蔽天，未伤稼。	同治《苏州府志》
			江南大蝗。七月，苏州蝗。	《治蝗全法》
			五月，建湖蝗虫起。	《建湖县志》
			五月，淮安旱，蝗灾严重。	《淮阴市志》
			五月，盱眙蝗蝻遍地，不食禾稼而蝗尽。	光绪《盱眙县志稿》
			五月，赣榆蝗大作，千里云集，日照、赣榆半罹其灾。	《赣榆县志》
			秋七月，南汇飞蝗自西北蔽天而来，草根、树叶立尽，独不食稻，半月悉去，农人欢呼罗拜。	民国《南汇县续志》
			七月，上海蝗自西北蔽天而来，草根、木叶立尽，不食稻，半月南去。	同治《上海县志》
			秋七月，华亭蝗，不为灾。	光绪《重修华亭县志》
			秋七月，青浦飞蝗过境，不为灾。	民国《青浦县志》
			七月，金山飞蝗蔽天，自北而南。	《金山县志》
			安徽蝗，不为灾。	光绪《重修安徽通志》
			合肥蝗。	《肥西县志》
			春，六安蝗蝻遍生，蔓延数百里。	同治《六安州志》
			四月，蒙城蝗蝻遍地，为灾。	《蒙城县志》
			秋，宿州蝗扑地弥天，下令焚捕，皆抱藁死，民获有秋。	光绪《宿州志》

（续）

序号	公元纪年	历史纪年	蝗灾情况	资料来源
821	1672 年	清康熙十一年	夏，怀远蝗起蔽天，不为灾。	嘉庆《怀远县志》
			夏，滁州蝗蝻生，郡守令民捕之，纳蝗一石给米三升，蝗势顿杀。	光绪《滁州志》
			凤阳旱蝗。	光绪《凤阳府志》
			临淮麦穗两岐，蝗不为灾。	康熙《临淮县志》
			天长飞蝗入境，不为灾。	嘉庆《备修天长县志稿》
			夏，全椒蝗蝻生。	民国《全椒县志》
			四月，和州蝗，不伤苗。	光绪《直隶和州志》
			春，含山蝥生。	康熙《含山县志》
			旱蝗，停征九年分摊米。	道光《来安县志》
			巢县蝗蝻食麦及秧苗。	道光《巢县志》
			余杭蝗灾。	《余杭县志》
			七月，海宁蝗。	《海宁市志》
			海盐飞蝗过境。	《海盐县志》
			桐乡飞蝗自西北来，食草根、树叶殆尽。	《桐乡县志》
			七月，嘉兴飞蝗自西北来，食草根、木叶殆尽，独不食稻。	光绪《嘉兴县志》
			夏，嘉善飞蝗蔽天，食芦叶殆尽。秋，西塘多蝗，自西北来，昼夜不停，蝻生伤稼，民饥。	《嘉善县志》
			秋，湖州蝗集于太湖滨芦苇上。	《湖州市志》
			资溪蝗虫入境，禾稼无收，民饥，疫。	《资溪县志》
			罗田旱，蝗蝻遍生。	光绪《罗田县志》
			博平等五县蝗。	宣统《山东通志》
			历城旱蝗。	乾隆《历城县志》

（续）

序号	公元纪年	历史纪年	蝗灾情况	资料来源
821	1672 年	清康熙十一年	七月，平阴蝗虫作。	光绪《平阴县志》
			秋，章丘旱蝗。	道光《章丘县志》
			商河飞蝗自东入境。	民国《重修商河县志》
			秋，夏津蝗。	《夏津县志》
			长清蝗为灾。	道光《长清县志》
			庆云旱蝗，免税十之二。	民国《庆云县志》
			莘县蝗，免钱粮十之一。	光绪《莘县志》
			观城蝗，不为灾。	道光《观城县志》
			夏，朝城蝗。秋，蝻生，食稼几尽。	康熙《朝城县志》
			六月，冠县飞蝗至，谷田有未食者，有食既者。闰七月，蝻生，食晚苗殆尽。	民国《冠县志》
			六月，菏泽蝗自东南来，群飞蔽天。七月，蝻生遍地，秋禾大损。	光绪《新修菏泽县志》
			濮州蝗，不为灾。	宣统《濮州志》
			夏，东明飞蝗蔽日，蝗蝻复生。	《东明县志》
			六月，曹县飞蝗蔽日。秋，蝻生，未甚伤稼。	光绪《曹州府曹县志》
			夏，蝗蝻生，自徐淮来，入邹县境，飞则蔽天掩日，止则集野折枝，官民惊惧，急督民捕捉，蝗被鞭死者积地盈尺，麦无伤。	康熙《邹县志》
			夏，宁阳蝗。	光绪《宁阳县志》
			六月，莱芜飞蝗蔽天，不可胜计。	《莱芜市志》
			夏，淄川蝗蝻伤谷。	乾隆《淄川县志》
			六月，高苑飞蝗蔽天，不大为灾。	乾隆《高苑县志》

（续）

序号	公元纪年	历史纪年	蝗灾情况	资料来源
821	1672 年	清康熙十一年	青州益都、博山、临淄、博兴、高苑、乐安、寿光、昌乐、临朐、安丘、诸城十一县皆蝗，益都、临淄、高苑蝗不为灾。	咸丰《青州府志》
			秋七月，潍县蝗。	民国《潍县志稿》
			秋七月，沂州府蝗。	乾隆《沂州府志》
			秋七月，临沂蝗。	民国《临沂县志》
			六月，费县蝗。	《费县志》
			六月，蒙阴蝗灾，食田禾之半。	宣统《蒙阴县志》
			日照高家庄有蛹甚盛，县尹率民捕之，忽有蛤蟆数万成群食蛹殆尽。	康熙《日照县志》
			五月，即墨大蝗蔽天。	同治《即墨县志》
			秋七月，莱阳蝗不为灾。	民国《莱阳县志》
			六月，莱州大蝗，飞蔽日。	乾隆《莱州府志》
			秋七月，海阳飞蝗投海死。	乾隆《海阳县志》
			六月，掖县大旱，蝗飞蔽天。	乾隆《掖县志》
			夏，开州蝗，不为灾。	《开州志》
			秋，清丰飞蝗蔽野，禾稼殆尽。	民国《清丰县志》
			春，南乐蝗。秋，复蝗，厚盈尺，禾稼尽。	民国《南乐县志》
			秋七月，陕县蝗。	民国《陕县志》
			七月，灵宝蝗飞蔽天，食禾殆尽。	《灵宝县志》
			七月，济源飞蝗来。	乾隆《济源县志》
			夏，阳武蝗蛹生。	乾隆《阳武县志》
			原武蝗。	乾隆《原武县志》

（续）

序号	公元纪年	历史纪年	蝗灾情况	资料来源
821	1672 年	清康熙十一年	七月，杞县蝗。	乾隆《杞县志》
			密县蝗飞蔽天。	民国《密县志》
			夏，新郑有蝗。	乾隆《新郑县志》
			确山蝗蝻生。	民国《确山县志》
			夏六月，鹿邑蝗。	光绪《鹿邑县志》
			驻马店蝗蝻遍生。	《驻马店市志》
			春，大名旱蝗。夏五月，南乐复蝗，厚盈尺，食禾无遗；清丰、东明蝗蝻生。	咸丰《大名府志》
			六月，晋州蝗。	康熙《晋州志》
			大城旱蝗。	光绪《大城县志》
			安次旱蝗。	民国《安次县志》
			蠡县旱蝗。	光绪《蠡县志》
			新城蝗蝻伤稼。	民国《新城县志》
			清苑等十九州县蝗。	《徐水县志》
			秋，盐山蝗，不为灾。	同治《盐山县志》
			秋，海兴旱蝗。	《海兴县志》
			青县蝗。	民国《青县志》
			肃宁蝗。	《肃宁县志》
			河间旱蝗，蠲免钱粮。	乾隆《河间县志》
			任丘蝗。	乾隆《任丘县志》
			武邑蝗蝻灾。	《武邑县志》
			南和蝗灾。	《南和县志》
			七月，清河飞蝗蔽日。	民国《清河县志》
			七月，邱县蝗。	《邱县志》
			七月，馆陶飞蝗蔽日，悬赏令民掩捕，数日集蝗如阜，秋禾赖焉。	民国《馆陶县志》
			五月，广平蝗食禾。七月，威县飞蝗蔽天。	光绪《广平府志》
			魏县蝗。	《魏县志》

（续）

序号	公元纪年	历史纪年	蝗灾情况	资料来源
822	1673 年	清康熙十二年	潍县蝗。	民国《潍县志稿》
			阌乡县飞蝗蔽天，民饥。	民国《阌乡县志》
			四月，屯留蝗蝻食禾。	《屯留县志》
			秋八月，平陆飞蝗入境，食禾尽。	乾隆《平陆县志》
			蒙城蝗蝻生。	乾隆《颍州府志》
			五月，洪泽蝗灾。	《洪泽县志》
823	1674 年	清康熙十三年	盐城旱蝗。	民国《江苏省通志稿》
			夏，灵璧旱蝗。	乾隆《灵璧志略》
			来安旱蝗。	道光《来安县志》
			乐安蝗灾。	雍正《乐安县志》
			广饶蝗灾为害。	《广饶县志》
			春，昌邑蝗旱。	乾隆《昌邑县志》
			八月，平陆飞蝗入境，食禾尽。	《平陆县志》
			洛阳旱蝗，无禾。	乾隆《河南府志》
824	1675 年	清康熙十四年	恩县蝗从南来。	宣统《重修恩县志》
			五月，冠县飞蝗至。六月，蝻生，无大害。	民国《冠县志》
825	1676 年	清康熙十五年	沧州旱蝗。	《沧州志》
			八月，府谷蝗灾。	《府谷县志》
			新泰蝗不入境。	乾隆《新泰县志》
			永州蝗食稼殆尽。	光绪《湖南通志》
826	1677 年	清康熙十六年	三月，来安蝗，三河、内丘蝗。	民国《清史稿·灾异志》
			沧州蝗。	乾隆《沧州志》
			秋，盐山蝗，不为灾。	《盐山县志》
			海兴旱蝗。	《海兴县志》
			卢龙有蝗。	《卢龙县志》
			遵化蝗。	《遵化县志》
			三月，宜城飞蝗蔽日。	民国《湖北通志》

（续）

序号	公元纪年	历史纪年	蝗灾情况	资料来源
826	1677年	清康熙十六年	夏，永明蝗食稼殆尽。	道光《永州府志》
			湖州蝗飞蔽天，过而不下。	《湖州市志》
			连平多蝗。	光绪《惠州府志》
			秋，漳州蝗，晚禾无收。	乾隆《福建通志》
827	1678年	清康熙十七年	安徽滁县、全椒，湖南泸溪蝗灾。	《中国历代蝗患之记载》
			沧州蝗。	乾隆《沧州志》
			秋，盐山蝗，不为灾。	同治《盐山县志》
			秋，大港蝗灾。	《大港区志》
			秋，海丰蝗害稼。	康熙《海丰县志》
			密县螣食谷禾。	民国《密县志》
			仪征旱蝗，大饥。	道光《仪征县志》
			清河、桃源、盱眙蝗灾。	《淮阴市志》
			安东蝗。	光绪《安东县志》
			泗洪旱蝗。	《泗洪县志》
			泗县旱蝗。	光绪《泗虹合志》
			来安旱蝗。	道光《来安县志》
			湖南桃源旱，蝗蝻生，食菽几尽。	乾隆《重修桃源县志》
			七月，资溪蝗虫入境，禾稼遭灾。	《资溪县志》
828	1679年	清康熙十八年	正月，苏州飞蝗蔽天。夏，全椒蝗。七月，宁津、抚宁、五河、含山蝗。	《清史稿·灾异志》
			江苏川沙、松江蝗，浙江处州蝗灾。	《中国历代蝗患之记载》
			上海、青浦、嘉定、吴县、常熟、昆山、南通、如皋、淮阴、盐城、东台、兴化、高邮、宝应、铜山、砀山旱蝗。	《昆虫与植病》1936年第4卷第18期
			秋，吴郡甫里旱蝗，米贵。	清代《吴郡甫里志》

（续）

序号	公元纪年	历史纪年	蝗灾情况	资料来源
828	1679年	清康熙十八年	常熟旱，蝗飞蔽天，赤地无苗。	康熙《常熟县志》
			如皋飞蝗蔽天。	《如皋县志》
			宝应旱，蝗遍野，田无遗穗。	《宝应县志》
			高邮旱，飞蝗食禾殆尽。	乾隆《高邮州志》
			泰县旱蝗。	《泰县志》
			兴化旱，蝗飞蔽天。	《兴化市志》
			盐城蝗伤禾。	《盐城市志》
			建湖蝗虫食苗，五谷歉收。	《建湖县志》
			骆马湖蝗灾。	《淮阴市志》
			清河旱蝗。	光绪《清河县志》
			洪泽蝗灾。	《洪泽县志》
			金湖旱蝗，野无遗禾。	《金湖县志》
			盱眙旱，飞蝗渡淮，散漫民居，食壁纸。	光绪《盱眙县志稿》
			夏，泗洪旱，蝗食禾尽。	《泗洪县志》
			徐州府旱蝗。	同治《徐州府志》
			八月，上海蝎蝗食芦，禾稻无恙，二麦、蚕豆无收。	同治《上海县志》
			八月，宝山蝗大发，来时如风雨交加，田无遗留。	光绪《宝山县志》
			秋八月，青浦旱蝗，岁祲。	光绪《青浦县志》
			八月，南汇蝎蝗食芦势如火燃，禾稻无恙，二日而去，二麦、蚕豆无收。	民国《南汇县续志》
			华亭蝗，不为灾。	光绪《重修华亭县志》
			娄县蝗飞蔽天，自北而南，所过或食竹叶，或食芦，无食禾者，后蝗皆抱穗而死。	乾隆《娄县志》

（续）

序号	公元纪年	历史纪年	蝗灾情况	资料来源
828	1679年	清康熙十八年	砀山、来安、六安、五河、和县、含山旱，蝗蔽天，野无青草。	《安徽省志·大事记》
			宣城、建平旱蝗。	《宣城地区志》
			泗县大旱，蝗食草根、禾稼尽。	《泗虹县志》
			舒城旱蝗，野无青草。秋，蝗蔽日，大饥，人相食。	《舒城县志》
			和州旱蝗。	光绪《直隶和州志》
			秋，嘉山蝗飞蔽天，饥，人相食。	《嘉山县志》
			来安旱蝗。	道光《来安县志》
			旌德旱蝗，大饥。	《旌德县志》
			仙居旱，蝗灾。	光绪《仙居县志》
			缙云蝗。	光绪《缙云县志》
			湖南桃源蝗蝻生，食菽几尽。	乾隆《重修桃源县志》
			秋八月，湘乡螽。	同治《湘乡县志》
			临武旱，蝗虫大面积为害庄稼。	嘉庆《临武县志》
			泸溪[①]有蝗。	同治《建昌府志》
			九月，南海蝗。	光绪《广州府志》
			夏，沾化旱蝗。	民国《沾化县志》
			秋，淄川蝗灾，禾苗荒废。	《淄川区志》
			夏，沧州旱，蝗蝻遍野，民多流亡。	乾隆《沧州志》
			东光蝗。	光绪《东光县志》
			夏，海兴蝗。	《海兴县志》
			七月，深州旱蝗。	道光《深州直隶州志》
			滦县旱蝗。	《河北省农业厅·志源（1）》

① 泸溪：旧县名，治所在今江西资溪。

（续）

序号	公元纪年	历史纪年	蝗灾情况	资料来源
828	1679 年	清康熙十八年	夏六月，抚宁飞蝗自西北来，蔽天漫野，损晚禾十之二。	光绪《抚宁县志》
			七月，迁安蝗。	《迁安县志》
			七月，迁西蝗。	《迁西县志》
			七月，卢龙蝗。	民国《卢龙县志》
			大港旱，蝗起，蝗蝻遍野，人多流亡。	《大港区志》
			七月，宽城蝗，民疫。	《宽城县志》
			七月，兴隆蝗伤稼。	《兴隆县志》
829	1680 年	清康熙十九年	淮阴蝗。	《昆虫与植病》1936 年第 4 卷第 18 期
			清河蝗。	光绪《清河县志》
			洪泽蝗灾严重，野无遗禾。	《洪泽县志》
			三月，六安蝗蝻生，至夏大盛，忽降大雨，蝗皆抱枝死。	同治《六安州志》
			春，舒城旱蝗。	《舒城县志》
			秋，宿州飞蝗蔽天。	光绪《宿州志》
			夏，大名府蝗不入境。	咸丰《大名府志》
			夏，元城蝗不入境。	同治《元城县志》
			秋七月，新乡蝗。	《新乡县志》
			六月，滑县蝗不入境。	同治《滑县志》
			夏秋，唐县大蝗。	乾隆《唐县志》
			夏，上饶旱，蝗虫成灾。	《上饶地区志》
			夏，弋阳蝗灾。	《弋阳县志》
			夏，广信府旱，蝗生。	同治《广信府志》
			夏五月，连州蝗灾。	同治《连州志》
830	1681 年	清康熙二十年	江苏、安徽蝗灾。	《中国历代蝗患之记载》
			七月，邹平蝗生遍地。	民国《邹平县志》
			盱眙蝗虫遍地，庄稼吃光。	《盱眙县志》

（续）

序号	公元纪年	历史纪年	蝗灾情况	资料来源
830	1681 年	清康熙二十年	奉化蝗食禾稼。	《奉化市志》
831	1682 年	清康熙二十一年	信阳、莒州蝗。	民国《清史稿·灾异志》
			莒州蝻害稼，督民扑灭。	嘉庆《莒州志》
			阳信、沾化旱蝗。	咸丰《武定府志》
			龙里蝗灾。	《龙里县志》
832	1683 年	清康熙二十二年	永年旱，蝗飞蔽天，无秋，人食树皮。威县大旱蝗。	《河北省农业厅·志源（1）》
			开封府有螣食麦。	康熙《开封府志》
			兰考有蝗食麦。	《兰考县志》
			尉氏有螣食麦，歉收。	道光《尉氏县志》
			原武蝗。	乾隆《原武县志》
			郏西有螣。	民国《郏西县志》
			十月，宁都蝗蝻伤稼。	《宁都县志》
			田州蝗。	民国《隆山县志》[①]
833	1684 年	清康熙二十三年	四月，东安蝗，永年蝗。	《清史稿·灾异志》
			安次蝗。	民国《安次县志》
			武邑蝝生。	同治《武邑县志》
			永年、威县旱蝗，免田租。	光绪《广平府志》
			临漳飞蝗蔽天，麦苗多损。	光绪《临漳县志》
			四月，邱县大旱蝗。	《邱县志》
			武清蝗蝻为灾，田禾无获，免田租十之二三。	乾隆《武清县志》
			太和县蝗。	乾隆《颍州府志》
			夏，界首飞蝗大至。	《界首县志》
			六月，渠县有虫似蝗黑色、头锐、有翅足飞集，大訾。	康熙《顺庆府志》
834	1685 年	清康熙二十四年	三月，邱县西北有蝗食禾，复蝗飞蔽天。	《邱县志》

---

① 隆山：旧县名，1951 年与那马县合并为今广西马山县；田州：旧州名，今广西田阳。

（续）

序号	公元纪年	历史纪年	蝗灾情况	资料来源
834	1685 年	清康熙二十四年	秋，沛县蝗。	乾隆《沛县志》
			当阳蝗虫为害。	《当阳县志》
			夏，连江有蝗。	民国《连江县志》
835	1686 年	清康熙二十五年	春，章丘、德平蝗。六月，平定、无极、饶阳、井陉蝗。	民国《清史稿·灾异志》
			江苏徐州、萧县、沛县、六合、浙江金华及廉州蝗灾。	《中国历代蝗患之记载》
			历城蝗，蠲免钱粮。	乾隆《历城县志》
			五月，章丘飞蝗布天，经七日夜，南山稼伤。	道光《章丘县志》
			长山蝗，巡抚檄倡所属捐俸买瘗。	嘉庆《长山县志》
			新城蝗蝝生。	康熙《新城县志》
			七月，博山大蝗。	民国《续修博山县志》
			七月，淄川蝗害稼。	乾隆《淄川县志》
			秋，汶上蝗蝻生。	康熙《续修汶上县志》
			秋，嘉祥蝗蝻生。	《嘉祥县志》
			唐山蝻生遍生，苗草尽。	《顺德府志》
			七月，武安飞蝗食禾。	民国《武安县志》
			临城螽虫。	《临城县志》
			深州旱蝗，民乏食。	道光《直隶深州志》
			大名府蝗不入境。	咸丰《大名府志》
			滑县蝗不入境。	同治《滑县志》
			夏，长葛旱，蝗灾。	《长葛县志》
			七月，睢州蝗自东来，过境如云蔽天。	光绪《续修睢州志》
			夏六月，鹿邑蝗。	光绪《鹿邑县志》
			夏，上蔡旱，蝗灾。	《上蔡县志》
			安东蝗蝻生。	民国《江苏省通志稿》
			泗阳、涟水旱蝗。	《昆虫与植病》1936 年第 4 卷第 18 期

（续）

序号	公元纪年	历史纪年	蝗灾情况	资料来源
835	1686 年	清康熙二十五年	安东蝗蝻生，泗州旱蝗。	乾隆《江南通志》
			夏，盱眙蝗灾。	《淮阴市志》
			泗洪旱蝗。	《泗洪县志》
			九月，合浦蝗害。	《合浦县志》
			六月，渠县治内出虫似蝗，黑色，头锐，有翼。	民国《渠县志》
			四月，平定蝗不入境。	光绪《平定州志》
836	1687 年	清康熙二十六年	东明、藁城蝗。	《清史稿·灾异志》
			浙江吴兴蝗灾。	《中国历代蝗患之记载》
			宝丰蝗自东北来，鹳雀食之尽。	雍正《河南通志》
			六月，项城蝗飞蔽天，未食禾。	乾隆《陈州府志》
			五月，许州蝗。	道光《许州志》
			五月，长葛飞蝗蔽野。	乾隆《长葛县志》
			舞阳蝗不为灾。	道光《舞阳县志》
			秋七月，鹿邑蝗。	《鹿邑县志》
			秋，柘城蝗。	光绪《柘城县志》
			鲁山蝗。	《鲁山县志》
			八月，上元蝗。	康熙《上元县志》
			秋，仪征大旱蝗。	道光《仪征县志》
			秋，盱眙大旱蝗，饥。	光绪《盱眙县志稿》
			夏秋，泗洪大旱，蝗食禾苗几尽。	《泗洪县志》
			宿迁蝗，蛤蟆食之，不为灾。	同治《徐州府志》
			泗州旱，蝗食苗尽，蠲灾三分。	乾隆《泗州志》
			泗县大旱，蝗食禾尽。	乾隆《泗虹合志》
			玉屏遭蝗灾。	《玉屏侗族自治县志》
837	1688 年	清康熙二十七年	安东蝗蝻生。	乾隆《江南通志》

（续）

序号	公元纪年	历史纪年	蝗灾情况	资料来源
837	1688年	清康熙二十七年	山东东昌、浙江宣平①蝗灾。	《中国历代蝗患之记载》
			陈州旱蝗。	乾隆《陈州府志》
			沈丘旱蝗。	《沈丘县志》
			长葛蝗不入境。	乾隆《长葛县志》
			罗山蝗。	《罗山县志》
838	1689年	清康熙二十八年	夏，丰润旱，蝗飞蔽天，岁大饥。	《河北省农业厅·志源（1）》
			东光旱，蝗蝻遍野。	光绪《东光县志》
			河北永年蝗灾。	《中国历代蝗患之记载》
			夏，武清旱，蝗灾。	《武清县志》
			夏，宁河蝗飞蔽天，岁大饥。	《宁河县志》
			春，西青旱，蝗灾。	《西青区志》
			夏，新泰蝗损禾。	乾隆《新泰县志》
			夏六月，青州蝗。秋七月，蝻生。	咸丰《青州府志》
			六月，益都蝗。七月，蝻生。	光绪《益都县图志》
			秋七月，安丘蝻生。	民国《安丘新志》
			陈州旱蝗。	乾隆《陈州府志》
			沈丘旱蝗。	《沈丘县志》
			商水大旱蝗，野无青草，民饥。	《商水县志》
			五月，漳州海滨蝗渐入内地，至近郊。	乾隆《福建通志》
839	1690年	清康熙二十九年	五月，临邑、东昌、章丘蝗。七月，平陆、武清蝗。	《清史稿·灾异志》
			河北武清、河南正阳及安徽凤阳蝗灾。	《中国历代蝗患之记载》

---

① 宣平：旧县名，治所在今浙江武义西南柳城镇。

（续）

序号	公元纪年	历史纪年	蝗灾情况	资料来源
839 年	1690	清康熙二十九年	八月，白水蝗蝻遍地。	《白水县志》
			关中蝗灾。	《咸阳市志》
			关中蝗害，泾阳、三原、乾县、礼泉、兴平、武功一带最为严重。	《乾县志》
			七月，泾阳蝗入境，蔽日。	《泾阳县志》
			武功蝗。	《陕西蝗区勘察与治理》
			蒲县蝗飞蔽天，自东而西，食禾过半。	乾隆《蒲县志》
			秋，扶风蝗自东南来蔽天，遗蝻。	《宝鸡市志》
			邱县旱蝗。	《邱县志》
			秋，宿州蝗，大饥。	乾隆《江南通志》
			八月，宝应旱蝗。	《宝应县志》
			宿迁旱蝗。	同治《宿迁县志》
			秋，沛县蝗。	乾隆《沛县志》
			盱眙蝗生遍野，食麦一空。	《淮阴市志》
			含山蝗。	《含山县志》
			聊城旱蝗。	宣统《聊城县志》
			嘉祥蝗灾。	《嘉祥县志》
			汶上蝗灾。	康熙《续修汶上县志》
			夏秋，新泰蝗虫成灾。	《新泰市志》
			秋，新乡生蝗。	《新乡县志》
			七月，阳武蝗蝻生。	乾隆《阳武县志》
			原武蝗食麦苗殆尽。	乾隆《原武县志》
			六月，兰考蝗从邻县入，飞蔽日，平地尺余，食禾尽。	《兰考县志》
			长垣飞蝗东来，害稼。	嘉庆《长垣县志》
			秋，温县蝗灾。	《温县志》
			陕县飞蝗蔽日。	民国《陕县志》
			秋，柘城有蝗。	光绪《柘城县志》

（续）

序号	公元纪年	历史纪年	蝗灾情况	资料来源
839	1690 年	清康熙二十九年	秋，郾城蝗蝻成灾，知县下令捕蝗，得蝗一斗给制钱一文，民积极捕打，蝗害方止。	《郾城县志》
			陈州旱蝗。	乾隆《陈州府志》
			沈丘旱蝗。	《沈丘县志》
			新蔡飞蝗食禾。	《新蔡县志》
			秋，息县旱蝗。	嘉庆《息县志》
			秋，商城飞蝗蔽天。	《商城县志》
			八月，河南孟县蝗食麦苗殆尽，武陟蝗旱。	《河南东亚飞蝗及其综合治理》
840	1691 年	清康熙三十年	五月，登州府属蝗。六月，浮山、翼城、岳阳蝗，万泉飞蝗蔽天，沁州、高平蝗落地积五寸，乾州飞蝗蔽天，宁津、邹平、蒲台、莒州飞蝗蔽天。七月，昌邑、潍县、真定、卢龙、平度、曲沃、临汾、襄陵蝗，平阳、猗氏、安邑、河津、蒲县、稷山、绛县、垣曲、中部、宁乡、抚宁等县蝗。	《清史稿·灾异志》
			河北喜峰口①，河南汲县、沁阳、洛宁、临汝，陕西千阳，江苏宿迁蝗灾。	《中国历代蝗患之记载》
			平阳府及泽州沁水、介休俱旱蝗，民饥，长子蝗飞十日，禾不为害。	雍正《山西通志》
			平遥蝗虫为灾，大荒，平阳、安邑、夏县更甚。	光绪《平遥县志》
			六月，长治旱蝗。	《长治市志》

---

① 喜峰口：长城关口之一，明置，属遵化，在今河北迁西县北。

（续）

序号	公元纪年	历史纪年	蝗灾情况	资料来源
840	1691年	清康熙三十年	秋，长子飞蝗蔽日十天，所到处禾苗叶尽，民多流亡。	《长子县志》
			六月，沁州蝗自东南来，飞蔽天，禾稼大损。八月，蝻生，禾稼啮食几尽，民饥。	乾隆《沁州志》
			六月，泽州蝗食苗稼。七月，蝝生，入人家舍，与民争食，民死徙殆半，诏免租赈济。	雍正《泽州府志》
			沁源蝗入境，随即远去。	民国《沁源县志》
			六月，凤台蝗食苗。七月，蝝生，岁大饥，民流亡，发粟赈济，免田租。	乾隆《凤台县志》
			夏六月，高平飞蝗蔽日，自南而北落地积五寸，田禾一空，东南刘庄、双井、李门至西北高良、柳林、通义等35村被灾独甚。	《高平县志》
			秋，安邑飞蝗蔽天，禾立尽。	乾隆《安邑县志》
			秋，解州飞蝗食禾。	光绪《解州志》
			芮城旱蝗。	《芮城县志》
			秋，夏县蝗蝻为灾，大伤民禾，遗蝻繁生，尽食禾苗，人民卖妻溺子，道馑相望。	《夏县志》
			七月，新绛蝗。	民国《新绛县志》
			六月，闻喜蝗。七月，蝻生，赈之。	民国《闻喜县志》
			六月，临汾蝗，赈之。	民国《临汾县志》
			六月，浮山大旱蝗，免田租。	民国《浮山县志》
			乡宁蝗。	《乡宁县志》
			六月，襄汾蝗灾。	《襄汾县志》
			六月，安泽飞蝗入境，继蝻生遍野，禾苗一空。	《安泽县志》

（续）

序号	公元纪年	历史纪年	蝗灾情况	资料来源
840	1691年	清康熙三十年	古县飞蝗入境，蝻子弥山，苗吃一空。	《古县志》
			隰县蝗灾，民饥。	《隰县志》
			江南飞蝗蔽江而飞，旋绕江岸不入境，大雨毙蝗，如丘积。	乾隆《江南通志》
			夏，武进飞蝗蔽天。	光绪《武进阳湖县志》
			夏，常州蝗自京口①蔽天而来，旋绕江岸飞去，未入境。	康熙《常州府志》
			仪征蝗入境，未伤禾稼。	道光《仪征县志》
			五月，盱眙蝗生遍野，食麦一空。	光绪《盱眙县志稿》
			五月，泗洪蝗遍野，食禾一空。	《泗洪县志》
			太和蝗蝻为灾。	《太和县志》
			六月，界首蝗蝻生。	《界首县志》
			淳安县东南大蝗。	《淳安县志》
			孝感白、郭二乡多蝗。	《孝感县志》
			陕西蝗，江南兴化蝗。	《中国历代天灾人祸表》
			六月，延安、凤翔府属及耀州、同州、乾州蝗飞蔽天，民饥。	《陕西省志·大事记》
			七月，渭南飞蝗蔽天，岁歉。	《渭南县志》
			七月，华阴飞蝗蔽天，歉收。	《华阴县志》
			白水蝗食禾，民饥。	《白水县志》
			七月，合阳蝗害稼。	《合阳县志》
			七月，大荔飞蝗东南来；礼泉飞蝗蔽天；韩城蝗蝻食禾苗尽。	《陕西蝗区勘察与治理》

————————

① 京口：今江苏镇江市的旧称。

（续）

序号	公元纪年	历史纪年	蝗灾情况	资料来源
840	1691年	清康熙三十年	咸阳、乾州飞蝗蔽天，树叶、杂草几尽。	《咸阳市志》
			乾县旱、蝗、疫相加，饿殍载道。	《乾县志》
			永寿旱，飞蝗蔽天，民饥。	《永寿县志》
			秋，关中蝗飞蔽天，树叶、禾草几尽。	《淳化县志》
			眉县蝗自东来，蔽天，大饥。	《眉县志》
			宝鸡蝗自东南来，集树枝折；眉县蝗飞蔽天，食禾尽。	《宝鸡市志》
			夏，同官飞蝗蔽天，岁饥。	《铜川市志》
			黄陵、延川、宜川飞蝗遮天盖地，秋苗尽食。	《延安地区志》
			德平旱蝗。	光绪《德平县志》
			嘉祥蝗灾。	《嘉祥县志》
			汶上蝗灾。	康熙《续修汶上县志》
			滨州、沾化旱蝗。	咸丰《武定府志》
			六月，沾化蝗为灾。七月，蝻生，晚禾无。	民国《沾化县志》
			夏六月，青州蝗。	咸丰《青州府志》
			夏，寿光蝗为灾，蝻生。	民国《寿光县志》
			夏，昌乐蝗蝻为灾。	嘉庆《昌乐县志》
			夏六月，福山蝗。	民国《福山县志稿》
			秋七月，莱阳蝗，不为灾。	民国《莱阳县志》
			七月，海阳飞蝗遍天，后自死。	乾隆《海阳县志》
			七月，登州蝗飞蔽天，伤禾稼。	光绪《增修登州府志》
			六月，栖霞飞蝗自西南来，蔽天。八月，蝻生，扑灭之。	乾隆《栖霞县志》

（续）

序号	公元纪年	历史纪年	蝗灾情况	资料来源
840	1691 年	清康熙三十年	掖县飞蝗蔽天，食禾叶殆尽。	乾隆《掖县志》
			七月，文登飞蝗突至，食禾。	光绪《文登县志》
			开封、彰德、怀庆、河南、南阳、汝宁、汝州所属旱蝗。	雍正《河南通志》
			六月，登封蝗自东南来，障日蔽天，积地厚尺许，食秋禾立尽，蝻生，至十月不绝。	乾隆《登封县志》
			洛阳大旱，蝗飞蔽天。	乾隆《洛阳县志》
			宜阳蝗蝻迭出，损禾几尽。	《宜阳县志》
			夏，孟津飞蝗蔽天，落地厚尺许。	《孟津县志》
			偃师蝗灾。	《偃师县志》
			夏六月，开封府蝗飞蔽天。秋七月，蝻生，蠲免钱粮。	康熙《开封府志》
			六月，兰考蝗飞蔽天。七月，生蝻。	《兰考县志》
			七月，尉氏蝗蔽天，继生蝻，食禾殆尽。	道光《尉氏县志》
			七月，洧川飞蝗蔽天，继生蝻，食禾尽。	嘉庆《洧川县志》
			秋，新乡旱，蝗飞蔽天，止则积地数尺，田苗尽伤，大饥，赈之。	《新乡县志》
			秋，获嘉蝗，免赋十之三。	民国《获嘉县志》
			秋，卫辉蝗，民饥。	乾隆《卫辉府志》
			秋，阳武蝗蝻生，民饥。	乾隆《阳武县志》
			六月，焦作飞蝗蔽天，食禾殆尽。	《焦作市志》
			六月，河内蝗。	道光《河内县志》

（续）

序号	公元纪年	历史纪年	蝗灾情况	资料来源
840	1691年	清康熙三十年	秋，修武蝗。	道光《修武县志》
			秋，武陟旱蝗，无麦。	道光《武陟县志》
			夏六月，孟县飞蝗蔽天，落地尺许，食禾殆尽。	《孟县志》
			秋，阌乡飞蝗蔽天，食禾几尽。	民国《阌乡县志》
			秋，汤阴蝗。	《汤阴县志》
			秋，林县发生蝗虫灾害。	《林县志》
			秋，内黄蝗。	咸丰《大名府志》
			秋，滑县旱，蝗食田苗尽，大饥。	同治《滑县志》
			夏六月，归德府蝗。	乾隆《归德府志》
			六月，睢州蝗。	《续修睢州志》
			麦始收，陈州有蝗自南而北，日暮则飞，夜静则止，所落处盈尺，用火攻之，继生蝻，掘坑埋瘞。	乾隆《陈州府志》
			沈丘旱蝗。	《沈丘县志》
			夏，淮阳蝗，不为灾。	《淮阳县志》
			秋，项城飞蝗遍野，捕之，不为灾。	《项城县志》
			夏，禹州蝗。秋，复蝗，禾苗食尽。	《禹州市志》
			六月，许州蝗飞蔽天，忽大雨，蝗不为灾。	道光《许州志》
			六月，长葛旱，蝗蔽飞天，忽大雨，蝗死。	乾隆《长葛县志》
			六月，舞阳蝗虫为害。	《舞阳县志》
			七月，鲁山蝗，蠲免税粮。	《鲁山县志》
			六月，叶县蝗。	同治《叶县志》
			闰七月，新野蝗食草，不食苗。	《新野县志》

（续）

序号	公元纪年	历史纪年	蝗灾情况	资料来源
840	1691年	清康熙三十年	方城蝗蝻生。	《方城县志》
			秋，内乡蝗。	《内乡县志》
			裕州蝗蝻生。	乾隆《裕州志》
			五月，汝阳蝗自北来，不为灾。	康熙《汝阳县志》
			五月，上蔡旱，蝗灾。	《上蔡县志》
			夏，汝南旱蝗。	《汝南县志》
			平舆蝗。	《平舆县志》
			罗山蝗灾。	《罗山县志》
			春夏间，潢川旱蝗。	《潢川县志》
			赞皇旱蝗。	乾隆《赞皇县志》
			九月，丰润蝗虫。	《畿辅通志》
			遵化大蝗。	《遵化县志》
			七月，南和蝗虫。	《南和县志》
			春夏，武安大旱，蝗蝻遍生。	民国《武安县志》
			六月，涉县飞蝗蔽天漫野，青苗啮伤俱尽，大饥。	嘉庆《涉县志》
			良乡蝗。	《北京市房山区志》
			秋，福州蝗为灾。	乾隆《福建通志》
841	1692年	清康熙三十一年	春，洪洞、临汾、襄陵、河津蝗。夏，浮山蝗。	《清史稿·灾异志》
			河北大名蝗灾。	《中国历代蝗患之记载》
			平阳又旱蝗，民饥。	雍正《山西通志》
			吉县旱蝗，大饥，免钱粮。	《吉县志》
			襄汾蝗害。	《襄汾县志》
			稷山旱蝗，民饥，蠲免田租。	《稷山县志》
			乾县旱、蝗、疫相加，饿殍载道。	《乾县志》

（续）

序号	公元纪年	历史纪年	蝗灾情况	资料来源
841	1692年	清康熙三十一年	城固蝗遍野食禾，令驱之不止。	康熙《城固县志》
			汉中蝗虫遍野，禾苗尽食，驱之不尽。	《汉中市志》
			仪征蝗蝻食草，不伤稼，群鸟争食之。	道光《仪征县志》
			秋，安徽西北部旱，遭蝗灾。	《安徽省志·大事记》
			太和县蝗。	乾隆《颍州府志》
			宿州飞蝗蔽天。	光绪《凤阳府志》
			宿、萧之间飞蝗蔽天。	光绪《宿州志》
			界首大蝗。	《界首县志》
			赵县旱蝗。	《河北省农业厅·志源（1）》
			莒州蝻。	乾隆《沂州府志》
			莱州飞蝗蔽天，食禾叶殆尽。	《莱州市志》
			夏，孟津旱，蝗蝻孳生，禾苗被食，免征。	《孟津县志》
			阌乡县蝻食麦。	民国《阌乡县志》
			灵宝蝗灾。	《三门峡市志》
			沈丘连岁旱蝗。	《陈州府志》
			六月，鄢陵复生蝗蝻，秋禾吃光。	《许昌市志》
			沈丘旱蝗。	《沈丘县志》
			内黄蝗蝻生。	《内黄县志》
			内乡蝗。	康熙《内乡县志》
			西峡蝗虫为害。	《西峡县志》
842	1693年	清康熙三十二年	山西平阳、泽州、沁州蝗。	《中国历代天灾人祸表》
			九月，山东蝗螟丛生，上谕内阁命户部速牒直隶、山东、河南、山西、陕西	《古今图书集成·庶征典·蝗灾部汇考》

（续）

序号	公元纪年	历史纪年	蝗灾情况	资料来源
842	1693 年	清康熙三十二年	巡抚等，示所领郡县咸令悉知，田则必于今岁来春皆勉力耕耨，蝗螟之灾务令消灭。	
			河北大城、河南正阳及陕西蝗灾。	《中国历代蝗患之记载》
			秋八月，德平蝗。	光绪《德平县志》
			恩县有蝗。	宣统《重修恩县志》
			高苑县飞蝗伤稼。	《山东蝗虫》
			嘉祥蝗虫遍野。	《嘉祥县志》
			夏，大名蝗。	民国《大名县志》
			魏县蝗。	《魏县志》
			漳河东有蝗。	《冀州志》
			六月，中牟蝗食禾殆尽。	民国《中牟县志》
			孟津蝗灾，县令捕打蝗虫。	《孟津县志》
			六月，阳武蝗蝻遍野。	乾隆《阳武县志》
			夏，获嘉蝗。	民国《获嘉县志》
			内黄飞蝗蔽天。	光绪《内黄县志》
			沈丘旱蝗。	乾隆《陈州府志》
			沈丘连岁旱蝗。	乾隆《沈丘县志》
			秋，鲁山旱，蝗灾。	《鲁山县志》
			三月，邓州螽蝥生。	乾隆《邓州志》
			夏，盱眙旱，蝗食苗。	光绪《盱眙县志稿》
			春夏，泗洪旱，蝗食苗。	《泗洪县志》
843	1694 年	清康熙三十三年	五月，高苑、乐安蝗，宁阳蝗。	《清史稿·灾异志》
			诏直隶、山东、河南、山西、陕西、江南捕蝗，凤阳未能尽捕。	《古今图书集成·庶征典·蝗灾部汇考》
			汶上蝗虫遍野。	康熙《续修汶上县志》
			夏，宁阳蝗蝻生，知县率民扑灭。	光绪《宁阳县志》

（续）

序号	公元纪年	历史纪年	蝗灾情况	资料来源
843	1694年	清康熙三十三年	四月，邹平蝗蝻生。	民国《邹平县志》
			广饶蝗灾。	《广饶县志》
			临汾旱，蝗灾。	《临汾市志》
			沁县旱蝗，灾伤。	《沁县志》
			河南蝗，遣官谕地方吏民捕蝗蝻殆尽。	雍正《河南通志》
			秋，荥阳飞蝗蔽日，食禾尽。	《河南东亚飞蝗及其综合治理》
			河南正阳、太康、汲县蝗灾。	《中国历代蝗患之记载》
			闰五月，登封有蝗，奉旨扑灭，知县率民设法捕打殆尽，继而蝻生，督民众掘坑且焚且埋，未成灾。	乾隆《登封县志》
			夏，开封蝗生。	康熙《开封府志》
			夏，尉氏蝗，遣官谕吏民捕蝗殆尽。	道光《尉氏县志》
			秋，卫辉府蝗，不为灾。	乾隆《卫辉府志》
			夏，封丘蝗蔽天，捕蝗九十余石。	康熙《封丘县续志》
			清丰蝗为灾。	民国《清丰县志》
			汤阴蝗。	《汤阴县志》
			夏秋，滑县蝗。	同治《滑县志》
			夏秋，浚县蝗虫成灾。	《浚县志》
			陈州飞蝗蔽天，奉文捕逐，乡民平列数里，举号鸣炮并加喊扑，蝗惊飞去。六月，蝻生，悬示捕捉，每斗给钱十文，远乡各集收埋，近乡赴县，收于演武场，掘大坑埋瘗数百石。	乾隆《陈州府志》
			虞城蝗不入境。	光绪《虞城县志》

（续）

序号	公元纪年	历史纪年	蝗灾情况	资料来源
843	1694 年	清康熙三十三年	夏，西华飞蝗食稼。	《西华县志》
			六月，淮阳螅，飞蝗蔽野，奉文捕逐。	《淮阳县志》
			秋，郾城蝗自东来，蔽天。	民国《郾城县记》
			夏，汝州蝗。	道光《汝州全志》
			夏，汝阳蝗。	《汝阳县志》
			秋，汲县有蝗，不成灾。	乾隆《汲县志》
			五月，晋州飞蝗蔽天，落地尺深，禾尽伤。六月，蝗螅生。	康熙《晋州志》
			夏，武邑螽生。	乾隆《冀州志》
			大城蝗，不为灾。	光绪《大城县志》
			青县蝗，不为灾。	民国《青县志》
			遵化蝗螅遍野。	《遵化县志》
			宝山旱蝗。	《昆虫与植病》1936 年第 4 卷第 18 期
			春夏，泗洪旱，蝗食苗。	《泗洪县志》
			洪泽蝗灾。	《洪泽县志》
			镇安蝗灾。	《镇安县志》
			八月，南陵飞蝗蔽天，声如雷震，过七八昼夜。	民国《南陵县志》
			秋，衢县螟螣为灾。	民国《衢县志》
844	1695 年	清康熙三十四年	蝗起武清、宝坻界。	光绪《顺天府志》
			蝗起武宝界，遣官协捕。	《宝坻县志》
			宁河蝗起。	《宁河县志》
			涉县大蝗。	《涉县志》
			夏，襄汾蝗害。	《襄汾县志》
			夏，邹县蝗西南来，落地尺厚，令民捕之，赏以钱，以示鼓励，不为灾。	康熙《邹县志》
			河南太康蝗虫大发生。	《中国历代蝗患之记载》

（续）

序号	公元纪年	历史纪年	蝗灾情况	资料来源
844	1695 年	清康熙三十四年	陈州飞蝗蔽野，驱捕之，秋禾无损。	乾隆《陈州府志》
			秋，鄢城蝗。	民国《鄢城县记》
845	1696 年	清康熙三十五年	夏，陈州西华县飞蝗食稼，扑灭之。	乾隆《陈州府志》
			夏，禹州旱，蝗虫成灾。	《禹州市志》
			郧西有蝝。	民国《湖北通志》
			翁源上乡蝗灾。	《翁源县志》
846	1697 年	清康熙三十六年	文安、元氏蝗。	《清史稿·灾异志》
			元氏蝗食禾殆尽，民大饥，县令为民放饭。	民国《元氏县志》
			文安蝗。	《文安县志》
			枣强蝻生遍野。	嘉庆《枣强县志》
			夏六月，莒州蝗飞蔽日，伤禾。	嘉庆《莒州志》
			八月，禹州蝗灾。	《禹州市志》
			秋，信宜蝗虫为害。	《茂名市志》
847	1698 年	清康熙三十七年	秋，天津蝗，城南捕蝗人声闻数里。	同治《续天津县志》
			秋，河西蝗灾，捕蝗人声闻数里。	《河西区志》
			崇明有蝗，岁饥。	光绪《崇明县志》
			陕西中部蝗灾，伤稼。	《中国历代蝗患之记载》
848	1699 年	清康熙三十八年	遵化州、晋州、卢龙、抚宁蝗。	《清史稿·灾异志》
			河北永平蝗灾。	《中国历代蝗患之记载》
			文安蝗灾。	《文安县志》
			七月，晋州蝗自东北来，公率乡民捕捉。闰七月，蝗蝻生，复命掘坑驱埋，禾稼半伤。	康熙《晋州志》

（续）

序号	公元纪年	历史纪年	蝗灾情况	资料来源
848	1699 年	清康熙三十八年	七月，蓟县飞蝗遍野，奉旨捕捉，阖郡官民无分昼夜扑灭罄尽，禾稼不伤。	民国《蓟县志》
			夏，山西太平蝱。	光绪《太平县志》
			夏，通州、泰兴、如皋大旱蝗。秋，江阴蝗不为灾。	民国《江苏省通志稿》
			夏，宿州蝗。	光绪《宿州志》
			瑞昌蝗灾。	《瑞昌县志》
849	1700 年	清康熙三十九年	秋，祁州、卢龙、抚宁蝗。	《清史稿·灾异志》
			河北永平蝗灾。	《中国历代蝗患之记载》
			秋，保定府飞蝗伤稼。	光绪《保定府志》
			五月，灵璧蝗伤麦。	乾隆《灵璧志略》
850	1701 年	清康熙四十年	秋，抚宁蝗。	《抚宁县志》
			昔阳大旱，蝗飞至松子岭，抱草木死。	民国《昔阳县志》
			乐平飞蝗至松子岭，俱抱树死。	乾隆《平定州志》
851	1702 年	清康熙四十一年	盐城蝗灾。	《盐城县志》
			长泰蝗，早禾失收。	乾隆《长泰县志》
852	1703 年	清康熙四十二年	盐城蝗，宝应旱蝗。	《昆虫与植病》1936 年第 4 卷第 18 期
			和顺蝗食苗。	民国《和顺县志》
			莲花蝗虫为害。	《莲花县志》
			夏六月，潮州府蝗灾，食及松叶。	乾隆《潮州府志》
			潮阳蝗灾，谷大贵。	《潮阳县志》
			五月，惠州蚱蜢害禾。	光绪《惠州府志》
			五月，惠阳蚱蜢害禾。	《惠阳县志》
			夏六月，开平蝗害稼。	《开平县志》
853	1704 年	清康熙四十三年	武定、滨州蝗。	《清史稿·灾异志》

（续）

序号	公元纪年	历史纪年	蝗灾情况	资料来源
853	1704 年	清康熙四十三年	沾化旱蝗，大饥，斗米千钱，民食草木。	民国《沾化县志》
			博兴蝗蝻遍野，起飞蔽日，绝产。	《博兴县志》
			夏，乐安大旱蝗。	雍正《乐安县志》
			淄川蝗，岁歉。	乾隆《淄川县志》
			井陉蝗蝻遍野。	《井陉县志料》
			五月，江夏螽。	民国《湖北通志》
			广东海阳蝗灾。	《中国历代蝗患之记载》
			四月，潮州蝗食禾茎。	《潮州市志》
854	1705 年	清康熙四十四年	九月，密云、卢龙、新乐、保安州蝗。	《清史稿·灾异志》
			河北永平、广西容县蝗灾。	《中国历代蝗患之记载》
			六月，新乐飞蝗蔽天。	《重修新乐县志》
			赞皇旱蝗。	乾隆《赞皇县志》
			晋州旱蝗。	《河北省农业厅·志源（1）》
			夏，定州飞蝗蔽天，随扑灭。	雍正《直隶定州志》
			六月，阳原蝗。	民国《阳原县志》
			蔚县飞蝗。	《蔚县志》
			涿鹿蝗虫成灾。	《涿鹿县志》
			七月，涞水飞蝗遍野，数日飞去，不为灾。	光绪《涞水县志》
			涞源蝗灾。	《涞源县志》
			闰四月，天津蝗食麦俱尽。	《天津通志大事纪》
			八月，三河蝗，不为灾。	光绪《顺天府志》
			春，沾化旱蝗，诏免租。	民国《沾化县志》
			广灵飞蝗。	《广灵县志》
			秋，嘉善蝗蝻食禾。	《嘉善县志》
855	1706 年	清康熙四十五年	江苏宿迁蝗；湖南武冈蝗，有千鸟食蝗。	《中国历代蝗患之记载》

（续）

序号	公元纪年	历史纪年	蝗灾情况	资料来源
855	1706 年	清康熙四十五年	春夏，肃宁蝗。	乾隆《肃宁县志》
			宿迁有蝻。	同治《宿迁县志》
			秋，彭水禾生蝻。	光绪《彭水县志》
			武冈虫蝻食稼。	同治《武冈州志》
856	1707 年	清康熙四十六年	邢台、肃宁、平乡蝗。	《清史稿·灾异志》
			隆平蝗蝻害稼。	乾隆《隆平县志》
			武冈蝗灾，大饥。	《武冈县志》
857	1708 年	清康熙四十七年	邢台旱蝗，饥。	民国《邢台县志》
			平乡旱蝗，大饥。	《平乡县志》
			夏秋，肃宁蝗。	乾隆《肃宁县志》
			禹州旱蝗。	道光《禹州志》
			夏，商河蝗伤稼。	咸丰《武定府志》
			春，沾化蝗蝻生。	民国《沾化县志》
			广饶蝗灾。	《广饶县志》
			乐安蝗灾。	雍正《乐安县志》
			茌平旱，蝗灾。	《茌平县志》
			绥德、米脂、清涧旱蝗成灾。	《陕西省志·大事记》
858	1709 年	清康熙四十八年	秋，昌邑、卢龙、昌黎蝗。	《清史稿·灾异志》
			河北滦州、迁安，安徽盱眙，浙江杭州蝗虫大发生。	《中国历代蝗患之记载》
			秋，钱塘飞蝗遍野。	光绪《杭州府志》
			四月，东安蝗。秋，昌平蝗蝻为灾。	光绪《顺天府志》
			四月，安次蝗。	民国《安次县志》
			秋，海淀蝗蝻为灾。	《北京市海淀区志》
			秋，昌平蝗蝻为灾，调怀来知县带丁夫六百名赴桥子村一带捕蝗。	光绪《昌平州志》
			秋，巨鹿蝗，捕瘗两月始尽，不为灾。	光绪《巨鹿县志》

（续）

序号	公元纪年	历史纪年	蝗灾情况	资料来源
858	1709年	清康熙四十八年	夏六月，博兴、寿光蝗。秋七月，螟生。	咸丰《青州府志》
			夏六月，益都蝗。秋七月，螟生。	光绪《益都县图志》
			夏，寿光蝗。	民国《寿光县志》
			夏六月，博兴蝗食稼。	民国《重修博兴县志》
			七月，沾化螟生。	民国《沾化县志》
			曲阜蝗，严捕蝗不力之例。	乾隆《曲阜县志》
859	1710年	清康熙四十九年	庆云蝗。	民国《庆云县志》
			七月，来安飞蝗至。	道光《来安志》
			阜城蝗。	雍正《阜城县志》
			秋，新河蝗为灾，蠲免天下钱粮。	民国《新河县志》
			夏，获嘉蝗伤苗。	民国《获嘉县志》
860	1711年	清康熙五十年	夏，莘县、邹县、庐州蝗。	《清史稿·灾异志》
			六月，邹县飞蝗南来，落山阴等村约十余里，经宿遗子而去，旬日后，知县督官民在烈日盛暑中昼夜扑捕数日尽灭，禾稼无伤。	康熙《邹县志》
			秋，滕县飞蝗蔽天。	道光《滕县志》
			六月，泌阳蝗旱，捕之。	道光《泌阳县志》
			裕州邻县蝗生，食稼，不犯境。	乾隆《裕州志》
			息县飞蝗蔽天，害禾苗。	《息县志》
			驻马店飞蝗遍野。	《驻马店市志》
			罗山旱，飞蝗蔽天，食麦禾，大饥。	《罗山县志》
			确山飞蝗遍野，官民捕之。	民国《确山县志》
			安东旱蝗。	乾隆《江南通志》
			夏，合肥、庐江、无为旱蝗；六安旱，飞蝗蔽天。	《安徽省志·大事记》
			肥西旱蝗。	《肥西县志》

（续）

序号	公元纪年	历史纪年	蝗灾情况	资料来源
860	1711 年	清康熙五十年	无为旱蝗。	《无为县志》
			夏，盱眙飞蝗过境，未食稼。	光绪《盱眙县志稿》
			泗洪飞蝗过境。	《泗洪县志》
			夏秋，杭、嘉、湖、苏、松、常、镇 20 余县长江下游太湖涸，蝗。	《嘉兴市志》
861	1712 年	清康熙五十一年	六月，固安蝗。	光绪《顺天府志》
			夏六月，陈州蝗。	乾隆《陈州府志》
			夏六月，淮阳蝗。	《淮阳县志》
			四月，泌阳蝗复生，捕焚瘗之，盘古山有乌鸦数千食蝗尽。	道光《泌阳县志》
			秋，许昌大蝗。	《许昌县志》
			春，安徽北部旱蝗成灾，合肥南部遭蝗灾。	《安徽省志·大事记》
			春，肥西蝗。	《肥西县志》
862	1713 年	清康熙五十二年	盐城蝗。	民国《江苏省通志稿》
			四月，固安蝗。	光绪《顺天府志》
			夏四月，佛冈蝗灾，饥。	《佛冈县志》
863	1714 年	清康熙五十三年	秋，沛县、合肥、庐江、舒城、无为、巢县蝗。	《清史稿·灾异志》
			秋，六安旱蝗，报灾请赈。	同治《六安州志》
			霍山旱蝗。	光绪《霍山县志》
			秋，滁县蝗灾。	《滁县地区志》
			秋，来安旱，多蝗蝻。	道光《来安县志》
			固始蝗灾。	《固始县志》
			罗平蝗虫成灾，千百累累结成绳状，大饥。	《罗平县志》
			五月，琼海亢旱，蝗虫食秧。	《琼海县志》
864	1715 年	清康熙五十四年	桐城滨江之地遍生蝗蝻，聚集盈尺，捕除殆尽。	《桐城县志》

（续）

序号	公元纪年	历史纪年	蝗灾情况	资料来源
864	1715 年	清康熙五十四年	六月，长山飞蝗过境，不害稼。	嘉庆《长山县志》
865	1716 年	清康熙五十五年	江苏宿迁及附近县蝗灾。	《中国历代蝗患之记载》
			秋，蝗发邳州，徐州邻县蝗抱草死。	民国《江苏省通志稿》
			铜山、邳县蝗。	《昆虫与植病》1936 年第 4 卷第 18 期
			秋，邳、宿水蝗，入徐州，皆抱草死。	同治《徐州府志》
			秋，蝗未入睢宁境。	光绪《睢宁县志稿》
			夏五月，益都旱蝗。	光绪《益都县图志》
			峄县蝗。	光绪《峄县志》
866	1717 年	清康熙五十六年	夏，宿州蝗，官民协捕，有秋。	光绪《宿州志》
			广东海阳蝗灾。	《中国历代蝗患之记载》
			九月，潮州市蝗。	《潮州市志》
			秋九月，潮阳蝗虫四野，害禾稼；揭阳、澄海、普宁蝗。	乾隆《潮州府志》
			冬十月，德庆螣。	《德庆州志》
867	1718 年	清康熙五十七年	二月，江浦、天镇蝗。	《清史稿·灾异志》
			沧州遭蝗灾。	乾隆《沧州志》
			六月，博兴有蝗，不为灾。	民国《重修博兴县志》
			夏，安东蝗。	《涟水县志》
			颍上蝗不入境。	同治《颍上县志》
868	1719 年	清康熙五十八年	沧州屡遭蝗灾。	乾隆《沧州志》
			沧州、静海、青县等飞蝗蔽天。	光绪《广平府通志》
			南漳蝗。	民国《湖北通志》
869	1720 年	清康熙五十九年	胶州、掖县蝗。	《清史稿·灾异志》
			兴安蝗虫为害。	《兴安县志》

（续）

序号	公元纪年	历史纪年	蝗灾情况	资料来源
869	1720 年	清康熙五十九年	九月，掖县飞蝗自南来，食麦苗尽。	乾隆《掖县志》
			九月，莱州飞蝗自南来，食麦苗。	《莱州市志》
			铜山蝗。	《昆虫与植病》1936 年第 4 卷第 18 期
870	1721 年	清康熙六十年	丹阳旱蝗交加。	《丹阳县志》
			新安蝗伤禾，斗米五百五十钱。	乾隆《新安县志》
			阳信蝗食稼。	咸丰《武定府志》
			新泰、莱芜旱蝗。	乾隆《泰安府志》
			开建①蝗食早禾。	道光《开建县志》
871	1722 年	清康熙六十一年	秋，溧水蝗自南来，害禾苗。	民国《江苏省通志稿》
			江苏金坛蝗灾。	《中国历代蝗患之记载》
			秋，溧阳蝗蝻遍野，田禾被灾。	乾隆《镇江府志》
			卫辉、怀庆蝗，扑灭之。	雍正《河南通志》
			秋，怀庆蝗食禾殆尽。	乾隆《怀庆府志》
			河内蝗，旋捕灭。	道光《河内县志》
			秋，济源蝗食禾殆尽。	乾隆《济源县志》
			归德府蝗。	乾隆《归德府志》
			虞城蝗灾。	光绪《虞城县志》
			乡宁蝗灾。	《乡宁县志》
			秋，襄汾蝗害。	《襄汾县志》
			邹县蝗。	光绪《邹县续志》
			鱼台湖水尽涸，蝗虫遍地，人多饿死。	《微山县志》
			秋七月，郯城蝗。	《沂州府志》
			涉县虫蝗。	《涉县志》

---

① 开建：旧县名，治所在今广东封开东北南丰镇。

（续）

序号	公元纪年	历史纪年	蝗灾情况	资料来源
872	1723 年	清雍正元年	四月，铜陵、无为蝗，乐安、临朐大旱蝗，江浦、高淳旱蝗，栖霞、临朐蝗。	《清史稿·灾异志》
			河南永城、江西广信蝗灾。	《中国历代蝗患之记载》
			任县蝗，扑灭之。	《捕蝻历效》
			七月，密云蝻生，逾夕抱黍自死。	光绪《顺天府志》
			夏，高淳蝗伤稼。秋，江浦蝗，江阴飞蝗四塞。	民国《江苏省通志稿》
			高淳、镇江、金坛、溧阳、昆山、江阴旱蝗。	《昆虫与植病》1936 年第 4 卷第 18 期
			六合旱蝗为灾。	《六合县志》
			丹阳旱蝗交加。	《丹阳县志》
			五月，仪征飞蝗过境，落新洲食芦苇，官令民捕之。	道光《仪征县志》
			八月，舒城蝗飞蔽天，落地厚尺许。	光绪《重修安徽通志》
			无为、巢县大旱蝗。	光绪《续修庐州府志》
			六月，太和蝗。七月，蝻生。	《太和县志》
			六月，界首飞蝗大至。七月，蝻生。	《界首县志》
			五月，宿州蝗。	光绪《宿州志》
			秋，天长大旱，飞蝗蔽天。	嘉庆《备修天长县志稿》
			宣城北乡飞蝗入境。	《宣城县志》
			郎溪飞蝗蔽天自北而南，禾稼无损。	《郎溪县志》
			九月，铜陵飞蝗入境。	乾隆《铜陵县志》
			永丰①县蝗虫伤稼。	《上饶地区志》
			吴川、石城蝗，饥。	光绪《高州府志》

---

① 永丰：旧县名，治所在今江西广丰。

（续）

序号	公元纪年	历史纪年	蝗灾情况	资料来源
872	1723 年	清雍正元年	四月，飞蝗过齐东，不为灾。	道光《济南府志》
			八月，齐河飞蝗入境。	《齐河县志》
			七月，曲阜蝗，平地深数尺。	乾隆《曲阜县志》
			新泰、东阿旱蝗，泰安蝗，不为灾。	乾隆《泰安府志》
			濮州蝗，不为灾。	宣统《濮州志》
			六月，沂州府蝗，饥。	乾隆《沂州府志》
			六月，费县蝗，饥。	光绪《费县志》
			六月，临沂蝗，饥。	民国《临沂县志》
			沂水蝗。	道光《沂水县志》
			秋，莒南蝗灾。	《莒南县志》
			蒙阴大旱蝗。	宣统《蒙阴县志》
			九月，栖霞蝗食麦苗殆尽。	乾隆《栖霞县志》
			濮州范县蝗，不为灾。秋，孟县蝗食禾尽。	《河南东亚飞蝗及其综合治理》
			秋，焦作飞蝗蔽天，食禾殆尽。	《焦作市志》
			春，陈州西华县蝗。	乾隆《陈州府志》
			怀庆大旱，蝗飞蔽天。	乾隆《怀庆府志》
			杞县大旱蝗。	《杞县志》
			夏，新乡蝗生，民多迁徙河南。	《新乡县志》
			秋，郾城蝗。	民国《郾城县记》
			七月，柘城蝗虫害稼。	光绪《柘城县志》
			鹿邑旱，蝗蝻生，免钱粮。	光绪《鹿邑县志》
			秋，温县蝗飞蔽天，食禾殆尽。	乾隆《温县志》
			秋，许州蝗蝻生。	道光《许州志》

（续）

序号	公元纪年	历史纪年	蝗灾情况	资料来源
873	1724 年	清雍正二年	五月，苏州、昆山、金山、青浦、通州、如皋、嘉定蝗，高淳蝻生，不为灾。	民国《江苏省通志稿》
			河北北平，江苏宝山、上海、松江，浙江分水①蝗灾。	《中国历代蝗患之记载》
			夏，建湖蝗食禾稼。	《建湖县志》
			川沙、崇明、吴县、常熟、南通、如皋、盐城旱蝗。	《昆虫与植病》1936 年第 4 卷第 18 期
			夏五月，青浦蝗。	光绪《青浦县志》
			夏，太仓蝗伤禾数十顷。	民国《太仓州志》
			舒城蝗蝻遍野，沟堑尽平，压树坠如球。	光绪《重修安徽通志》
			五月，铜陵洋湖蝗蝻生，扑灭之。	乾隆《铜陵县志》
			三月，天长蝗蝻食禾秧，大雨杀蝻，苗盛倍于初。	嘉庆《备修天长县志稿》
			七月，太湖湖中飞蝗蔽天，食芦苇叶殆尽。	《湖州市志》
			山东境旱蝗，捕蝗略尽。	《清史稿·陈世倌传》
			四月，临邑旱蝗。	同治《临邑县志》
			泰安蝗，不为灾。	民国《重修泰安县志》
			夏四月，临朐蝗蝻遍野，知府亲至，督捕。	光绪《临朐县志》
			昌邑蝗。	乾隆《昌邑县志》
			莒州蝻生。	嘉庆《莒州志》
			十一月，掖县蝗自东来，集海堧，食麦苗，至腊月殆尽。	乾隆《掖县志》
			十一月，莱州蝗自东来，食麦苗，至腊始尽。	《莱州市志》

---

① 分水：旧县名，治所在今浙江桐庐西北分水镇。

（续）

序号	公元纪年	历史纪年	蝗灾情况	资料来源
873	1724 年	清雍正二年	六月，枣强蝗。	嘉庆《枣强县志》
			邢台、巨鹿蝗。	乾隆《顺德府志》
			任县蝗，扑灭之。	《捕蝻历效》
874	1725 年	清雍正三年	冬，海阳、普宁①蝗。	《清史稿·灾异志》
			冬，潮州蝗，蔬菜果木皆伤，是年，大饥。	《潮州市志》
			冬，普宁有蝗，菜蔬、木叶皆贼。	乾隆《普宁县志》
			冬，揭阳蝗，蔬果、木叶皆贼。	乾隆《揭阳县志》
			泰兴蝗。	民国《江苏省通志稿》
			秋，盱眙大旱蝗，饥。	光绪《盱眙县志稿》
875	1726 年	清雍正四年	句容蝗。	乾隆《句容县志》
			秋，盱眙飞蝗过境，未伤禾稼。	光绪《盱眙县志稿》
			南和、平乡蝗。	乾隆《顺德府志》
876	1727 年	清雍正五年	淄川蝗，不为灾。	道光《济南府志》
			春，齐河蝗。	《齐河县志》
			武陟蝗蝻生。	道光《武陟县志》
			河南旱蝗。	《河南东亚飞蝗及其综合治理》
877	1728 年	清雍正六年	秋，江苏江阴蝗伤稼。	《中国历代蝗患之记载》
			夏，南通旱蝗。	《南通市志》
878	1729 年	清雍正七年	江都蝗，南通、如皋、东台、兴化、泰县旱蝗。	《昆虫与植病》1936 年第 4 卷第 18 期
			七月，江都瓜洲②忽集蝗蝻无数，知县往捕。	嘉庆《重修扬州府志》
			夏，泰州旱蝗。	《扬州市志》
879	1730 年	清雍正八年	七月，南和蝗。	乾隆《南和县志》

---

① 海阳：旧县名，治所在今广东潮州；普宁：原作普宣，查无此地名，今据乾隆《普宁县志》改。

② 瓜洲：乡镇名，在今江苏邗江西南。

（续）

序号	公元纪年	历史纪年	蝗灾情况	资料来源
879	1730 年	清雍正八年	敕永州有司翦除蝗蝻。	道光《永州府志》
			黄冈有蝗，官扑灭之。	光绪《黄冈县志》
880	1731 年	清雍正九年	铜山蝗。	《昆虫与植病》1936 年第 4 卷第 18 期
			七月，金山、青浦蝗蟓食禾。	民国《江苏省通志稿》
			秋，松江蝗灾，伤稼。	《中国历代蝗患之记载》
			秋七月，娄县蟓生，饥。	乾隆《娄县志》
			秋七月，青浦蟓生。	光绪《青浦县志》
			阜阳、霍邱旱蝗。	乾隆《颍州府志》
			山东济宁州南乡新店蝗蝻生。	《授时通考》
881	1732 年	清雍正十年	秋，江苏松江、浙江景宁蝗灾。	《中国历代蝗患之记载》
			江南淮安之山阳、阜宁及海州之沭阳、扬州之宝应蝗蝻生。	《授时通考》
			泗阳蝗，兴化旱蝗。	《昆虫与植病》1936 年第 4 卷第 18 期
			泗阳蝗蝻遍野，厚数寸，旋抱草木僵死。	民国《泗阳县志》
			秋七月，金山蟓生食禾，岁大饥。	光绪《金山县志》
			秋七月，娄县蟓生食禾，岁大饥。	乾隆《娄县志》
			华亭蟓食禾，岁大饥。	光绪《重修华亭县志》
			夏县蝗生，降雨随灭。	《夏县志》
			春夏，隆平蝗灾。	乾隆《隆平县志》
882	1733 年	清雍正十一年	夏，夏津蝻生，令捕之，忽有山鹊数千飞集啄食殆尽。	乾隆《夏津县志》
			获嘉蝗蝻生，捕灭之。	民国《获嘉县志》

（续）

序号	公元纪年	历史纪年	蝗灾情况	资料来源
883	1734 年	清雍正十二年	泗阳蝗。	《昆虫与植病》1936 年第 4 卷第 18 期
			隆平蝗食麦。	乾隆《隆平县志》
			新泰蝗不入境。	乾隆《新泰县志》
			秋，泰安蝗。	民国《重修泰安县志》
			夏，山东济阳蝗。六月，直隶河间、天津属县蝗生，飞至乐陵及商河。	《治蝗全法》
884	1735 年	清雍正十三年	九月，东光、获鹿、蒲台蝗。	《清史稿·灾异志》
			秋后，栾城旱蝗。	《栾城县志》
			七月，武安蝗虫为灾。	民国《武安县志》
			隆平飞蝗为灾。	乾隆《隆平县志》
			夏，天津蝗食麦俱尽。	同治《续天津县志》
			夏，河西区蝗灾，禾苗大部被食。	《河西区志》
			获嘉蝗蝻生，扑灭之。	民国《获嘉县志》
			青城蝗害稼。	乾隆《青城县志》
			江苏淮阴蝗灾。	《中国历代蝗患之记载》
			淮安、阜宁、砀山旱蝗。	《昆虫与植病》1936 年第 4 卷第 18 期
			六月，山阳蝗害稼。	同治《重修山阳县志》
			滨海旱，遍地蝗虫。	《滨海县志》
885	1736 年	清乾隆元年	溧水蝗。	民国《江苏省通志稿》
			邹平、长山蝗。	道光《济南府志》
			桓台蝗。	《桓台县志》
			三亚大蝗灾。	《三亚市志》
			崖州蝗食苗。	民国《崖州志》
886	1737 年	清乾隆二年	巨鹿蝗。	光绪《巨鹿县志》
			安徽当涂、江苏高淳蝗灾。	《中国历代蝗患之记载》
			宣城北乡蝗伤稼。	《宣城县志》

（续）

序号	公元纪年	历史纪年	蝗灾情况	资料来源
886	1737 年	清乾隆二年	武昌蝗。	民国《湖北通志》
			大冶蝗。	《大冶县志》
			富川蝗虫成灾。	《富川瑶族自治县志》
			八月，钟山蝗虫成群为害农作物。	《钟山县志》
			七月，连山蝗灾。	《连山壮族瑶族自治县志》
			七月，连南蝗灾，庄稼歉收。	《连南瑶族自治县志》
887	1738 年	清乾隆三年	六月，震泽①、日照旱蝗。	《清史稿·灾异志》
			八月，江苏海州、山东郯城等州县蝗。	《清史稿·高宗本纪》
			山东济南、兰山、淄川、桓台，浙江吴兴，甘肃古浪蝗灾；河南洛阳蝗不入境。	《中国历代蝗患之记载》
			临沂旱蝗。	民国《临沂县志》
			吴江、江阴、淮阴旱蝗。	《昆虫与植病》1936 年第 4 卷第 18 期
			江南蝗灾。	《中国历代天灾人祸表》
			夏，清河、山阳、盐城旱蝗。秋七月，高淳、宜兴、溧水蝗蝻生。	民国《江苏省通志稿》
			七月，江阴东乡蝗生于芦苇中。	光绪《江阴县志》
			秋，宿州蝗，不为灾。	光绪《宿州志》
			夏，河南蝗不入境。	乾隆《河南府志》
			获嘉蝗蝻生，扑灭之。	民国《获嘉县志》
			秋，温县蝗蝻生。	乾隆《温县志》
			平番县蝗灾，民饥。	《永登县志》

---

① 震泽：旧县名，治所在今江苏吴江。

（续）

序号	公元纪年	历史纪年	蝗灾情况	资料来源
888	1739年	清乾隆四年	六月，山东济南等七府蝗。秋七月，江苏淮安、安徽凤阳等府州蝗。	《清史稿·高宗本纪》
			六月，东平、宁津蝗。	《清史稿·灾异志》
			四月，饬直隶、江南捕蝗。	《中国历代天灾人祸表》
			溧水、镇江、溧阳、盐城蝗。	《昆虫与植病》1936年第4卷第18期
			溧水白鹿乡蝗。	《溧水县志》
			夏，溧阳蝗，扑灭，不为灾。	嘉庆《溧阳县志》
			四月，盐城蝗大起。	《盐城县志》
			建湖蝗灾。	《建湖县志》
			盱眙蝗。	光绪《盱眙县志稿》
			六月，舒城旱，蝗灾，秋半收。	《舒城县志》
			铜陵螟螣害稼。	乾隆《铜陵县志》
			夏，夏津城东蝗自西北来，散落张家集等处，督民扑灭之，不为灾。	乾隆《夏津县志》
			直隶青县、静海等县蝻子萌生。	《中国荒政全书》
			夏五月，隆平蝗灾。	《隆尧县志》
			夏，深州蝗，诏免田租。	道光《深州直隶州志》
			武邑蝗。	乾隆《冀州志》
			安新蝗。	乾隆《新安县志》
			曲周蝗。	同治《曲周县志》
			五月，隆化四旗厅等地蝗灾，兵民以蝗易米进行捕捉。	《隆化县志》
889	1740年	清乾隆五年	六月，命山东、江苏、安徽捕蝻子。	《清史稿·高宗本纪》
			八月，三河飞蝗来境，抱禾稼而毙，不为灾。	《清史稿·灾异志》

（续）

序号	公元纪年	历史纪年	蝗灾情况	资料来源
889	1740 年	清乾隆五年	濮州蝗，不为灾。	宣统《濮州志》
			定陶蝗蝻生。	民国《定陶县志》
			东明蝗。	《东明县志》
			夏津杨家洼等地蝗，扑灭之。	乾隆《夏津县志》
			繁峙东乡诸村飞蝗食禾，知县率众捕捉，未成大害。	《繁峙县志》
			河南太康蝗灾。	《中国历代蝗患之记载》
			夏，兰阳有蝗，不为灾。	乾隆《兰阳县续志》
			秋，尉氏蝗。	道光《尉氏县志》
			杞县蝗蝻生。	乾隆《杞县志》
			七月，洧川蝗食秋禾。	嘉庆《洧川县志》
			夏，新乡蝗入城，扑灭之。	《新乡县志》
			获嘉蝗蝻生，扑灭之。	民国《获嘉县志》
			五月，阳武蝗蝻生，食禾。	乾隆《阳武县志》
			六月，原武蝗。	乾隆《原武县志》
			夏，滑县蝗蝻生。	同治《滑县志》
			浚县水蝗为灾。	《浚县志》
			夏四月，陈州蝗，扑灭之，一夕抱草而死。	乾隆《陈州府志》
			春，鹿邑蝗蝻生。	光绪《鹿邑县志》
			四月，沈丘蝗。	《沈丘县志》
			扶沟蝗。	光绪《扶沟县志》
			六月，鄢陵遍地皆蝗，县南尤甚，秋禾损伤。	民国《鄢陵县志》
			郾城蝗。	民国《郾城县记》
			三月，汝州螽。	道光《汝州全志》
			秋，如皋蝗灾。	《如皋县志》
			无为蝗。	光绪《续修庐州府志》
			秋，宿州蝗。	光绪《宿州志》

（续）

序号	公元纪年	历史纪年	蝗灾情况	资料来源
889	1740 年	清乾隆五年	夏，大名府蝗。	咸丰《大名府志》
			夏，元城蝗。	同治《元城县志》
			武清蝗，不为灾。	乾隆《武清县志》
			六月，元氏螟生遍野，乡民竭力捕之，数日净尽，未成灾。	民国《元氏县志》
			夏，沿河蝗虫灾重，秋粮歉收。	《沿河土家族自治县志》
890	1741 年	清乾隆六年	宁津蝗。	光绪《宁津县志》
			秋七月，德庆蝗。	《德庆县志》
			夏，淮宁蝗螟生，督夫役扑灭。	道光《淮宁县志》
891	1742 年	清乾隆七年	辉县蝗。	道光《辉县志》
			三亚旱，大蝗灾。	《三亚市志》
			崖州旱蝗，米价愈贵。	民国《崖州志》
892	1743 年	清乾隆八年	安徽及其邻近县蝗灾。	《中国历代蝗患之记载》
			靖江蝗。	《昆虫与植病》1936 年第 4 卷第 18 期
			沭阳蝗灾横行，禾无收。	《沭阳县志》
			巨鹿蝗。	光绪《巨鹿县志》
			夏五月，曲阜蝗来，不为灾。	乾隆《曲阜县志》
893	1744 年	清乾隆九年	九月，江南、河南、山东蝗。	《清史稿·高宗本纪》
			七月，阜阳、亳州、滕县、滋阳、宁阳、鱼台蝗，献县、景州蝗。	《清史稿·灾异志》
			五月，淮安蝗，不为灾。秋，铜山、如皋蝗，东台旱蝗。	民国《江苏省通志稿》
			盱眙蝗，扑灭，禾稼无伤。夏六月，有蝗自昭阳湖经山阳而来，遮蔽天日，适	光绪《盱眙县志稿》

（续）

序号	公元纪年	历史纪年	蝗灾情况	资料来源
893	1744 年	清乾隆九年	讷公同督湖二宪入境目击，谕以扑捕为急，县令躬率隶氓遍历四乡，五鼓乘露翅未起扑捉，计升给钱，匝月而蝗报净，未几蝻子旋生，复周流无闲，扑灭如法。来安令妄报蝗生盱野，羽檄频下，幸士民同心协扑，并未伤禾。	
			秋，徐州府蝗。	同治《徐州府志》
			南通、如皋、泰兴、东台、兴化、泰县旱蝗。	《昆虫与植病》1936 年第 4 卷第 18 期
			临泉蝗灾。	《临泉县志》
			七月，颍上蝗，不为灾。	同治《颍上县志》
			宿州蝗。	光绪《宿州志》
			和州蝗。	光绪《直隶和州志》
			河南太康蝗灾。	《中国历代蝗患之记载》
			秋，陈州所在多蝗不入境。	乾隆《陈州府志》
			秋，项城飞蝗过境。	民国《项城县志》
			获嘉蝻生，扑灭之。	民国《获嘉县志》
			长垣蝗，不为灾。	嘉庆《长垣县志》
			七月，江南飞蝗入固始境，不为灾。	乾隆《重修固始县志》
			兰阳蝗飞蔽天，不入境，邑人宋之范作《蝗不入境》诗。	乾隆《兰阳县续志》
			东平、东阿蝗。	乾隆《泰安府志》
			六月，河间飞蝗从山东来，凡三四日，翛翛然昼夜不停，是岁，稔。	乾隆《河间县志》
			六月，吴桥飞蝗自山东来。	《吴桥县志》
			六月，肃宁蝗自山东来，翳空不下，凡三四日。	《肃宁县志》

（续）

序号	公元纪年	历史纪年	蝗灾情况	资料来源
893	1744 年	清乾隆九年	六月，献县飞蝗从山东来，蔽空不下，二四日乃绝，秋稔。	民国《献县志》
			六月，景县飞蝗成群自山东来，凡三四日，翛翛然北去，昼夜不停，不曾下损一禾。	民国《景县志》
			八月，化州蝗虫蚕食田禾殆尽。	光绪《化州志》
			秋八月，化州、吴川大水蝗。	光绪《高州府志》
894	1745 年	清乾隆十年	靖江蝗。	《昆虫与植病》1936 年第 4 卷第 18 期
			铜陵青将军滩蝗生，不入境。	《铜陵县志》
			四月，罗山蝗蝻遍发。	《罗山县志》
			五月，息县蝗蝻遍发。	《息县志》
895	1746 年	清乾隆十一年	秋，山西解县蝗灾。	《中国历代蝗患之记载》
			七月，解州蝗。	光绪《解州志》
			安化蝗。	光绪《湖南通志》
			秋，安化蝗为害。	《安化县志》
896	1747 年	清乾隆十二年	是岁，登州旱蝗，饥。	宣统《山东通志》
			夏，黄县蝗食谷叶殆尽，大饥。	同治《黄县志》
			夏，汶上旱蝗，民大饥。	《汶上县志》
897	1748 年	清乾隆十三年	夏，兰山、郯城、费县、沂水、蒙阴旱蝗；诸城、福山、栖霞、文登、荣成蝗；高密、栖霞尤甚，平地涌出，道路皆满。	《清史稿·灾异志》
			兰山、郯城、费县、沂水、蒙阴旱蝗，赈济。	乾隆《沂州府志》
			春，潍县大蝗。	民国《潍县志稿》

（续）

序号	公元纪年	历史纪年	蝗灾情况	资料来源
897	1748 年	清乾隆十三年	春，安丘大蝗。	民国《安丘新志》
			平度蝗蔽日，麦禾无遗，赈之。	道光《平度州志》
			五月，即墨旱蝗，饥，民流亡。	同治《即墨县志》
			三月，胶州蝗蝻生。	民国《增修胶志》
			胶南蝗、疫、涝三灾并起，大饥。	《胶南县志》
			四月，莱州蝗，至八月始尽，民饥。	《莱州市志》
			莱阳飞蝗蔽日，麦禾无遗，诏免田租并赈饥民。	民国《莱阳县志》
			南昌蝗灾。	《南昌市志》
			秋，怀集有蝗，不为灾。	乾隆《梧州府志》
898	1749 年	清乾隆十四年	余江蝗灾。	《余江县志》
899	1750 年	清乾隆十五年	夏，掖县飞蝗蔽天。	《清史稿·灾异志》
			汶上蝗。	乾隆《兖州府志》
			夏，莱州飞蝗蔽天，害稼。	《莱州市志》
			郾城蝗。	《郾城县志》
			乐清螽。	光绪《乐清县志》
			南昌蝗害稼。	《南昌市志》
			余江蝗灾。	《余江县志》
900	1751 年	清乾隆十六年	六月，诸城、交河、祁州蝗。河间蝗，有鸟数千自西南来，尽食之。	《清史稿·灾异志》
			五月，直隶河间等州县蝗。	《清史稿·高宗本纪》
			七月，望都蝗伤禾。	《保定府志》
			夏，吴桥飞蝗集境，捕不能尽，有鸟数千自西南来啄食之。	《吴桥县志》
			六月，交河、河间等处发生蝗灾，数千只鸟从东南飞来，将蝗虫全部吃掉。	《泊头市志》

（续）

序号	公元纪年	历史纪年	蝗灾情况	资料来源
900	1751 年	清乾隆十六年	夏，献县蝗集境，捕不能尽，有鸟自西南来啄食之。	民国《献县志》
			夏，河间飞蝗集境，捕不能尽，有鸟数千自西南来啄食之。	乾隆《河间县志》
			景县飞蝗集境，有鸟数千西南来食之尽。	民国《景县志》
			山东旱蝗为灾，督吏捕治，昼夜巡阅，未及旬，蝗尽。	《清史稿·吴士功传》
			辉县蚜蝗生，食禾殆尽。	道光《辉县志》
			汝阳蝗。	《汝阳县志》
			南昌市近郊蝗灾，禾尽死。	《南昌市郊区志》
			余江连遭蝗灾。	《余江县志》
			丰顺蝗虫为害晚稻。	《梅州市志》
			丰顺溜隍、葛布等地蝗害。	《丰顺县志》
901	1752 年	清乾隆十七年	五月，直隶东光、武清等四十三州县蝗，山东济南等八府蝗，江南上元等十二州县蝻生。	《清史稿·高宗本纪》
			四月，柏乡、鸡泽、元氏、东明、祁州蝗。七月，东阿、乐陵、惠民、商河、滋阳、范县、定陶、东昌蝗。	《清史稿·灾异志》
			三河蝗，不为灾。	光绪《顺天府志》
			六月初旬，元氏飞蝗自北来，数日向南而去，至七月，蝗蝻大发，城西北诸村几遍原野，扑之不灭，秋尽乃消。	民国《元氏县志》
			六月，灵寿蝗蝻并生。	《灵寿县志》
			七月，祁州蝗蝻遍生，禾稼尽伤，甚于十六年。	乾隆《祁州志》
			容城蚂蚱生。	光绪《容城县志》

（续）

序号	公元纪年	历史纪年	蝗灾情况	资料来源
901	1752年	清乾隆十七年	夏，大名大蝗，积地盈尺，禾稼尽，督捕之。	民国《大名县志》
			七月，广平府属县蝗，扑灭之。	光绪《广平府志》
			五月，隆平蝗生。	乾隆《隆平县志》
			七月，鸡泽飞蝗自南来，过境去。是岁，广平、大名、天津多蝗。	民国《鸡泽县志》
			夏，魏县大蝗。	《魏县志》
			五月，武清、宝坻、静海、盐山、庆云、沧州等县蝗蝻萌生，乾隆帝令侍郎前往天津、河间督率捕除。六月，天津总兵至天津县募民捕蝗，一斗给钱百文，一日扑灭，随即赴静海、青县、沧州等处募民捕蝗，收效颇高。	《天津通志·大事记》
			津南蝗灾。	《津南区志》
			六月，天津总兵吉庆至西青境内募民捕蝗，一斗给钱一百文，一日扑灭。	《西青区志》
			五月，宝坻境内蝗灾。	《宝坻县志》
			夏，聊城蝗。	宣统《聊城县志》
			蒲台蝗，扑灭之。	乾隆《蒲台县志》
			无棣蝗蝻生。	民国《无棣县志》
			夏五月，阳信蝗蝻生发。	民国《阳信县志》
			长山蝗，不害稼。	嘉庆《长山县志》
			莒州旱蝗。	嘉庆《莒州志》
			濮州蝗，不为灾。	宣统《濮州志》
			夏，获嘉邻邑蝗生，不入境。	民国《获嘉县志》
			四月，卫辉蝗，不为灾。	乾隆《卫辉府志》

（续）

序号	公元纪年	历史纪年	蝗灾情况	资料来源
901	1752年	清乾隆十七年	六月，滑县蝗。	同治《滑县志》
			秋，禹州蝗灾。	《禹州市志》
			西华生蝗，知县率民用布墙法扑打，并捐钱收买蝗蜻，蝗灭。	《西华县志》
			凤阳旱蝗。	光绪《凤阳府志》
			旱蝗，成灾五分。	乾隆《凤阳县志》
			秋，灵璧蝗。	乾隆《灵璧志略》
902	1753年	清乾隆十八年	五月，山东济宁、汶上等州县蜻。六月，天津等州县蝗。七月，顺天宛平等三十二州县卫蝗。	《清史稿·高宗本纪》
			秋，永年、临榆、乐亭蝗。	《清史稿·灾异志》
			近畿蝗，秀先请御制文以祭，州县募捕蝗。	《清史稿·曹秀先传》
			蝗起，通永道王楷等不力捕，皆夺职。	《清史稿·李因培传》
			夏，永平蝗。秋七月，蝗蜻复生，食禾殆尽。是年，乐亭、临榆捕蝗得力，岁大丰。	光绪《永平府志》
			丰南飞蝗漫山塞野，落地盈尺。	《丰南县志》
			丰润蝗灾，漫山遍野，高可盈尺，飞则蔽天，官率夫役捕之，连车不尽。陈宫山一带忽有异鸟千万，长喙，黑白色，猛如鹰隼，飞掠食蝗。王兰庄等处有巨蟆无数，跃而食蝗，越日蝗尽，死蝗坟积，洗然空矣。	光绪《丰润县志》
			六月，遵化蝗飞蔽天，扑灭之。	《遵化县志》

（续）

序号	公元纪年	历史纪年	蝗灾情况	资料来源
902	1753 年	清乾隆十八年	夏，卢龙蝗不为灾。七月，蝻复生，食稼殆尽。	民国《卢龙县志》
			蔚县蝗。	《蔚县志》
			津南蝗灾。	《津南区志》
			四月，津、沧等处蝗孽复萌。五月，直隶总督奏报天津、沧州、静海等处蝗，用以米易蝗办法，分路设立厂局，凡捕蝗一斗给米五升，村民踊跃搜捕。	《天津通志·大事记》
			春，天津李七庄等处蝗灾严重。	《西青区志》
			夏，章丘蝗生，不为灾。	道光《章丘县志》
			惠民、乐陵、商河等县蝗蝻生，旋即扑灭。	乾隆《乐陵县志》
			春，黄县蝻生，募民捕之，不为灾。	同治《黄县志》
			天镇边墙蚂蚱。	《天镇县志》
			广灵蚂蚱多，杜鹃来食之。	《广灵县志》
			江南属县蝗孽萌生，上谕州县，捕蝗不力必重治其罪，著为令。	《治蝗全法·卷三》
			江苏沛县、海州、涟水、宝山蝗灾。	《中国历代蝗患之记载》
			夏，泗洪蝗。	《泗洪县志》
			夏，灵璧蝗。	乾隆《灵璧志略》
			四月，固镇蝗灾。	《固镇县志》
			夏，泗县旱，蝗灾。	《泗县志》
			清水河蝗虫作祟，食禾不留叶穗。	《清水河县志》
903	1754 年	清乾隆十九年	夏，井陉蝗。	乾隆《正定府志》
904	1755 年	清乾隆二十年	六月，苏州大雨蝗。	《清史稿·灾异志》
			吴县蝗，吴江旱蝗。	《昆虫与植病》1936 年第 4 卷第 18 期

（续）

序号	公元纪年	历史纪年	蝗灾情况	资料来源
904	1755 年	清乾隆二十年	六月，吴县蝗蝻生，伤稼。	民国《吴县志》
			秋七月，霍山有蝗自州入境，止集林木，不伤禾稼。	光绪《霍山县志》
			宣城、建平蝗害稼。	《宣城地区志》
			湖州蝗蝻生。	《湖州市志》
			长兴蝗蝻生。	《长兴县志》
			秋七月，都昌螽害稼。	同治《都昌县志》
			青浦、奉贤、松江蝗灾。	《中国历代蝗患之记载》
			秋，华亭蝽生，五谷、木棉皆不实。	光绪《重修华亭县志》
			秋，娄县蝽生，五谷、木棉皆不实。	乾隆《娄县志》
			七月，沂州蝻生，禾为灾。	《中国历代天灾人祸表》
			无棣蝗生，不为灾。	民国《无棣县志》
			阳信蝗生，无害。	民国《阳信县志》
			沾化蝗生，未害稼。	民国《沾化县志》
905	1757 年	清乾隆二十二年	夏，大城蝗虫为灾。	光绪《大城县志》
			涟水蝗灾。	《涟水县志》
906	1758 年	清乾隆二十三年	夏，德平、泰安蝗，群鸟食之，不为灾。	《清史稿·灾异志》
			六月，直隶元城等州县蝗。	《清史稿·高宗本纪》
			灵寿蝗伤麦。	《河北省农业厅·志源（1）》
			肥城旱蝗。	光绪《肥城县志》
			秋，垣曲螣食禾稼。	光绪《垣曲县志》
			方城蝗蝻丛生，为巨灾。	《方城县志》
			丰县飞蝗过县境。	《丰县志》
			秋，合水螽。	乾隆《合水县志》
907	1759 年	清乾隆二十四年	三月，江苏淮安等三府州县蝗。六月，江苏海州等州县、山东兰山等县蝗。七月，山西平定等州县蝗。	《清史稿·高宗本纪》

（续）

序号	公元纪年	历史纪年	蝗灾情况	资料来源
907	1759年	清乾隆二十四年	夏，高邮大旱，蝗集数寸。	《清史稿·灾异志》
			南通、如皋、江都、高邮旱蝗。	《昆虫与植病》1936年第4卷第18期
			秋八月，怀宁蝗。	光绪《重修安徽通志》
			和州飞蝗入境，不伤禾。	光绪《直隶和州志》
			江南、山东蝗，京畿捕蝗。京畿道御史史茂上捕蝗事宜疏，户部议准捕蝗法六条。	《治蝗全法》
			济南府旱蝗。	道光《济南府志》
			商河蝗不入境。	民国《重修商河县志》
			六月，乐陵蝗蝻生，夹堤群鸟食之尽。	乾隆《乐陵县志》
			平原旱蝗。	《平原县志》
			桓台蝗。	《桓台县志》
			东昌府蝗蝻害稼。	嘉庆《东昌府志》
			聊城蝗蝻害稼。	宣统《聊城县志》
			夏，新泰蝗，不为灾。	乾隆《新泰县志》
			六月，泰安蝗。秋，蝻生，寻扑灭之。	民国《重修泰安县志》
			肥城蝗，民艰食。	光绪《肥城县志》
			淄川蝗。	乾隆《淄川县志》
			六月，长山飞蝗过境，不害稼。	嘉庆《长山县志》
			七月，项城蝗蔽野，未几蝻生，乡民扑灭之。	民国《项城县志》
			秋，和顺淫雨，蝗蝻生。	民国《和顺县志》
			寿阳大蝗，未害稼。	光绪《寿阳县志》
			昔阳侯家地、黄得寨等村蝗，知县督兵役民扑灭。	民国《昔阳县志》
			夏，束鹿蝗食麦。	乾隆《束鹿县志》

（续）

序号	公元纪年	历史纪年	蝗灾情况	资料来源
907	1759 年	清乾隆二十四年	夏，灵寿蝗灾，小麦受害。	《灵寿县志》
			栾城蝗。	同治《栾城县志》
			赞皇蝗。	光绪《续修赞皇县志》
			夏，大城蝗虫为灾。	光绪《大城县志》
			沧州、南皮、献县、交河、青县、盐山蝗。	《河北省农业厅·志源（1）》
			海兴蝗灾。	《海兴县志》
			五月，遵化州属毗连永平地方亦有蝻生。	《畿辅通志》
			夏，卢龙螣。	民国《卢龙县志》
			夏，抚宁蝗，庄稼几乎吃尽。	光绪《抚宁县志》
			夏，滦县螣。	《滦县志》
			六月，南宫蝗飞蔽天，蝻生，食禾几尽。	民国《南宫县志》
			邢台蝗虫成灾。	《邢台市志》
			春，蓟县旱，有螣伤禾。	民国《蓟县志》
908	1760 年	清乾隆二十五年	夏四月，山东兰山等县蝻生。七月，谕热河捕蝗，山西宁远①等厅、直隶广昌等州县蝗。	《清史稿·高宗本纪》
			五月，顺天府尹至通州督捕蝗虫。	《通县志》
			因通州等处捕蝗之失，直督饬司道议设护田之夫，轮流巡查蝗虫。②	《治蝗全法》
			广宗蝗虫为灾。	《广宗县志》
			六月，固始蝗灾。	《固始县志》
			和州飞蝗蔽日。	光绪《直隶和州志》

———————

① 宁远：旧府、厅名，治所在今内蒙古凉城西南。

② 据《治蝗全法》，乾隆二十五年通州等处蝗，直隶总督方观承饬司道议设护田夫，其议三家出夫一名，十名设一夫头，百夫立一牌头，每年二月为始，七月底止，令各村按日轮流巡查。

（续）

序号	公元纪年	历史纪年	蝗灾情况	资料来源
908	1760 年	清乾隆二十五年	含山飞蝗蔽日。	《含山县志》
			六月，凉城蝗灾。	《凉城县志》
909	1761 年	清乾隆二十六年	潍县一带蝗灾，蝗落处树枝压折。	《潍坊市志》
			春，永寿蝗伤麦，无收。	《永寿县志》
910	1762 年	清乾隆二十七年	窦光鼐授顺天府府尹，坐属县蝗不以时捕，旋赴三河、怀柔督捕蝗。	《清史稿·窦光鼐传》
911	1763 年	清乾隆二十八年	三月，临邑、静海、滦州、文安、霸州、蒲台飞蝗七日不绝。	《清史稿·灾异志》
			六月，山东历城等州县蝗。秋七月，顺直大城、沧州等州县蝗。	《清史稿·高宗本纪》
			黑龙江呼兰及其邻县蝗灾，蝗群沿黑龙江向南飞去，令军队官兵灭蝗。	《中国历代蝗患之记载》
			南皮、东光、吴桥蝗。	《畿辅通志》
			文安飞蝗。	《文安县志》
			七月，沧州蝗灾严重。	《沧县志》
			交河蝗。	《中国历代天灾人祸表》
			夏，永平府蝗蝝生。	光绪《永平府志》
			夏，卢龙蝗蝝生。	民国《卢龙县志》
			夏，滦南蝗生。	《滦南县志》
			秋，定兴蝗。	光绪《保定府志》
			夏，永年旱蝗，岁大饥。	光绪《广平府志》
			夏，蓟县蝻生，七月始尽。	民国《蓟县志》
			静海庄稼将熟时，飞蝗自东北来，一朝食尽。	《静海县志》
			秋，东昌府蝗。	嘉庆《东昌府志》
			秋，聊城蝗。	宣统《聊城县志》

（续）

序号	公元纪年	历史纪年	蝗灾情况	资料来源
912	1764 年	清乾隆二十九年	六月，奉天①、宁远等州县蝗。	《清史稿·高宗本纪》
			夏，吴川大旱，蝗损禾；东昌、安丘蝗。	《清史稿·灾异志》
			河北交河蝗。	《中国历代蝗患之记载》
			定兴蝗。	光绪《保定府志》
			秋，聊城蝗。	宣统《聊城县志》
			淄川蝗。	乾隆《淄川县志》
			六月，安丘蝗，逢王、杞城尤甚。	民国《安丘新志》
			夏，益都蝗。	光绪《益都县图志》
			五月，西南乡蝗蝻生，未驱，尽入海死。	同治《即墨县志》
			茂名、吴川蝗。	光绪《高州府志》
			六月，锦县蝗灾。	《锦县志》
913	1765 年	清乾隆三十年	三月，黄安、宁阳、滋阳蝗。	《清史稿·灾异志》
			夏，红安飞蝗屡入境，扑灭之。	同治《黄安县志》
			蝗起通许邻邑，群鸦啄食之。	乾隆《通许县志》
			秋，榆次县东南等村有蝗生。	同治《榆次县志》
			秋，沛县蝗不入境。	民国《沛县志》
			四月，哈密蝗从西北飞来。	《新疆通志》
914	1766 年	清乾隆三十一年	八月，伊犁蝗。	《清史稿·高宗本纪》
			锡伯索伦等十佐领兵丁耕种地亩被蝗。	《新疆通志》
			喀什河两岸发生大面积蝗灾，田禾受损。	《尼勒克县志》

① 奉天：旧府名，治所在今辽宁沈阳。

（续）

序号	公元纪年	历史纪年	蝗灾情况	资料来源
914	1766 年	清乾隆三十一年	伊犁发生蝗灾，回屯田禾受损。	《伊宁县志》
			靖江蝗。	《昆虫与植病》1936 年第 4 卷第 18 期
915	1767 年	清乾隆三十二年	秋，山东东昌蝗蝻生。	《中国历代蝗患之记载》
			秋，嘉山大旱蝗。	《嘉山县志》
			八月，杞县蝗灾，豆禾皆毁。	《杞县志》
916	1768 年	清乾隆三十三年	七月，武清、庆云蝗。	《清史稿·灾异志》
			夏，海兴蝗。	《海兴县志》
			江苏扬州蝗灾。	《中国历代蝗患之记载》
			江都、东台旱蝗。	《昆虫与植病》1936 年第 4 卷第 18 期
			秋，霍邱大旱蝗。	光绪《重修安徽通志》
			凤阳旱蝗成灾。	光绪《凤阳府志》
			怀远飞蝗蔽野，集于房屋皆满，令督捕之。	嘉庆《怀远县志》
			夏，天长旱蝗。	嘉庆《备修天长县志稿》
			大埔晚稻几乎被蝗虫吃光。	《梅州市志》
			秋，兴宁蝗害甚烈。	《兴宁县志》
917	1769 年	清乾隆三十四年	秋，灵寿蝗。	《河北省农业厅·志源（3）》
			秋，宿迁蝗，大伤禾稼。	同治《徐州府志》
			山东蝗起，命曰修捕治。畿南蝗，复命捕治。	《清史稿·裘曰修传》
918	1770 年	清乾隆三十五年	三月，天津蝗，命杨廷璋督捕。闰五月，命裘曰修赴蓟州、宝坻一带捕蝗，以捕蝗不力免。六月，河南永城、江苏砀山、安徽宿州等州县蝗。	《清史稿·高宗本纪》
			河北永平、密云及安徽凤阳蝗灾。	《中国历代蝗患之记载》

（续）

序号	公元纪年	历史纪年	蝗灾情况	资料来源
918	1770 年	清乾隆三十五年	闰五月，武清、东安飞蝗起，诏令该管上司及二县知县革职，三河、顺义蝗。	光绪《畿辅通志》
			大城大蝗。	光绪《大城县志》
			望都蝻生，县令陈洪书捐米三百石，资民扑灭之，禾无伤。	民国《望都县志》
			完县飞蝗入境，蝻旋孳生。	民国《完县新志》
			六月，永城飞蝗成灾。	《永城县志》
			六月，固始蝗灾。	《固始县志》
			秋，德平蝗，不为灾。	道光《济南府志》
			八月，聊城蝗。	宣统《聊城县志》
			八月，东昌府蝗。	嘉庆《东昌府志》
			胶州蝗。	民国《增修胶志》
			沭阳蝗。	民国《沭阳县志》
			仪征旱蝗。	《昆虫与植病》1936 年第 4 卷第 18 期
			亳州飞蝗过境。	光绪《亳州志》
			夏，宿州飞蝗遍野蔽天。	光绪《宿州志》
			来安蝗。	道光《来安县志》
			天长蝗。	《天长县志》
			定远蝗。	道光《定远县志》
			七月，麻城飞蝗由县东入境，官民齐捕，患遂息。	民国《麻城县志前编》
			楚雄螽，饥。	光绪《续云南通志稿》
919	1771 年	清乾隆三十六年	夏，完县蝗。	民国《完县新志》
			邻邑有蝗，至望都皆死。	民国《望都县志》
			夏，东昌府蝗。	嘉庆《东昌府志》
			夏，聊城蝗。	宣统《聊城县志》
			夏，即墨旱蝗。	同治《即墨县志》

（续）

序号	公元纪年	历史纪年	蝗灾情况	资料来源
919	1771 年	清乾隆三十六年	卫辉府蝗。	乾隆《卫辉府志》
920	1772 年	清乾隆三十七年	二月，景宁飞蝗蔽天，大可骈三尺；淄川、新城蝗；凤阳旱蝗。	《清史稿·灾异志》
			淄川、新城蝗。	道光《济南府志》
			内黄蝗灾。	光绪《内黄县志》
921	1773 年	清乾隆三十八年	安徽凤阳蝗灾，伤稼十之七。	《中国历代蝗患之记载》
			六月，沂水蝗，至九月方止。	道光《沂水县志》
			蒙阴蝗。	宣统《蒙阴县志》
			春三月，昔阳忽生蝗蝻，扑灭之。	民国《昔阳县志》
			宜丰竹蝗食竹叶殆尽。	《宜丰县志》
			辽中蝗虫猝起，侵害田苗。	民国《奉天通志》
			秋七月，齐齐哈尔蝗。	《清史稿·高宗本纪》
922	1774 年	清乾隆三十九年	二月，安丘、寿光、沂水蝗。八月，文登蝗。	《清史稿·灾异志》
			夏四月，顺天大兴等州县蝗。七月，乌鲁木齐额鲁特部蝗。	《清史稿·高宗本纪》
			夏秋，济南府旱蝗。	道光《济南府志》
			齐河旱蝗。	《齐河县志》
			夏秋，桓台蝗。	《桓台县志》
			蒙阴蝗。	宣统《蒙阴县志》
			六月，潍坊蝗灾，致使有人迷路，误入蝗群被咬死。	《潍坊市志》
			夏秋，淄川旱蝗。	乾隆《淄川县志》
			费县飞蝗蔽天，食禾殆尽。	光绪《费县志》
			江阴、靖江、仪征旱蝗。	《昆虫与植病》1936 年第 4 卷第 18 期
			八月，仪征飞蝗入境，伤禾稼，饥。	道光《仪征县志》
			凤阳旱蝗。	光绪《凤阳府志》

（续）

序号	公元纪年	历史纪年	蝗灾情况	资料来源
922	1774 年	清乾隆三十九年	广宁蝗蝻成灾，诏谕周围地区一体收捕。	《北镇县志》
923	1775 年	清乾隆四十年	宜兴、仪征、东台、泰县旱蝗。	《昆虫与植病》1936 年第 4 卷第 18 期
			泰州、宜兴、江阴、荆溪①蝗。	民国《江苏省通志稿》
			来安、合肥、六安、寿县、霍山、桐城、贵池、东至、芜湖、宣城、广德大旱，且有蝗灾。	《安徽省志·大事记》
			秋，池州旱，飞蝗入境，旋飞投江。	乾隆《池州府志》
			秋，东至飞蝗入境。	《东至县志》
			宿松旱蝗。	《宿松县志》
			夏秋，济南府复旱蝗。	道光《济南府志》
			秋，平原旱蝗。	《平原县志》
			夏秋，淄川旱蝗。	乾隆《淄川县志》
			秋，黄县、招远螟蝗害稼。	光绪《增修登州府志》
			辉县大蝗。	道光《辉县志》
			奉新螽伤稼。	同治《奉新县志》
924	1776 年	清乾隆四十一年	秋八月，诸城蝗，集树树折，近十余里禾黍一空。	道光《诸城县续志》
			庆云蝗。	民国《庆云县志》
			德平蝗。	光绪《德平县志》
			秋八月，胶南蝗，集树枝折，近十里禾黍一空。	《胶南县志》
			秋，海兴蝗灾严重。	《海兴县志》
			南汇塘外芦地生蝻，不数日皆抱草死。	民国《南汇县续志》
			浙江杭州蝗灾。	《中国历代蝗患之记载》

---

① 荆溪：旧县名，治所在今江苏宜兴。

（续）

序号	公元纪年	历史纪年	蝗灾情况	资料来源
925	1777年	清乾隆四十二年	庆云蝗。	民国《庆云县志》
			海兴蝗。	《海兴县志》
			广西部分州县蝗灾，歉收。	《广西通志·大事记》
			兴业蝗灾，大饥。	《玉林市志》
			罗城旱，蝗灾，加之旱，颗粒无收。	《罗城仫佬族自治县志》
			榴江①县遭蝗虫为害，农作物失收，饥荒。	《鹿寨县志》
			田州蝗灾，大饥。	《田阳县志》
			桂平蝗灾。	《桂平县志》
			秋，高州府大旱蝗。	光绪《高州府志》
			夏，潮州蝗。	《潮州市志》
			秋，信宜蝗虫为害。	《茂名市志》
			夏，潮阳蝗。	《潮阳县志》
926	1778年	清乾隆四十三年	三月，黄安、南陵旱蝗。九月，武昌蝗，江夏县、潜江大旱蝗。	《清史稿·灾异志》
			湖南洞庭湖及廉州蝗灾。	《中国历代蝗患之记载》
			江夏、汉川、潜江蝗。	民国《湖北通志》
			湘阴蝗蝻为灾，民艰于食，饥荒尤甚。	《湘阴县志》
			钦州旱，大蝗，饥。	道光《钦州志》
			秋，合浦大受蝗害。	《合浦县志》
			夏，卫辉蝗，不为灾。	乾隆《卫辉府志》
			秋，鲁山蝗灾。	《鲁山县志》
			电白蝗虫为害农作物，歉收。	《茂名市志》
927	1779年	清乾隆四十四年	山东武定蝗灾，免租。	《中国历代蝗患之记载》

① 榴江：旧县名，治所在今广西鹿寨东寨沙镇。

（续）

序号	公元纪年	历史纪年	蝗灾情况	资料来源
928	1780 年	清乾隆四十五年	东光蝗蝻为灾。	光绪《东光县志》
			茌平旱，蝗灾。	《茌平县志》
929	1781 年	清乾隆四十六年	夏，获鹿飞蝗生。	光绪《获鹿县志》
			沭阳蝗。	民国《沭阳县志》
930	1782 年	清乾隆四十七年	阜宁、宝应旱蝗。	《昆虫与植病》1936 年第 4 卷第 18 期
			金湖旱蝗。	《金湖县志》
			宝应旱蝗。	《宝应县志》
			六月不雨，阜宁蝗。	光绪《阜宁县志》
			沭阳旱蝗害稼。	民国《沭阳县志》
			滨海蝗虫大发生。	《滨海县志》
			七月，响水飞蝗蔽天，大荒。	《响水县志》
			射阳蝗飞蔽天。	《射阳县志》
			夏，叶县蝗。	同治《叶县志》
			秋，德州蝗。	宣统《山东通志》
			平原旱蝗。	《平原县志》
931	1783 年	清乾隆四十八年	景宁蝗入境。	同治《景宁县志》
			天长大蝗。	嘉庆《备修天长县志稿》
			六月，静海蝗灾。	《静海县志》
932	1784 年	清乾隆四十九年	冬，济南大旱蝗。	《清史稿·灾异志》
			平原旱蝗，麦禾俱无，饥。	《平原县志》
			齐河旱，继以蝗。	《齐河县志》
			秋，桓台蝗生，大饥。	《桓台县志》
			夏，费县蝗蝻为灾。	光绪《费县志》
			峄县旱，有蝗。	光绪《峄县志》
			夏，开封旱蝗。	《河南东亚飞蝗及其综合治理》
			汤阴旱，蝗虫成灾，大饥。	《汤阴县志》

（续）

序号	公元纪年	历史纪年	蝗灾情况	资料来源
932	1784 年	清乾隆四十九年	秋，郯城禾苗与草被蝗虫吃光。	《郯城县志》
			四月，宿迁蝗食麦。	同治《徐州府志》
			沭阳旱蝗。	民国《沭阳县志》
933	1785 年	清乾隆五十年	六月，日照大旱，飞蝗蔽天，食稼；苏州、湖州、泰州大旱蝗。	《清史稿·灾异志》
			吴县、常熟、吴江、东台、泰县、宝应蝗，溧阳旱蝗。	《昆虫与植病》1936 年第 4 卷第 18 期
			泰县大旱蝗，无麦禾，民大饥。	《泰县志》
			夏，东台蝗生，无收。	《东台市志》
			金湖大旱蝗。	《金湖县志》
			沭阳旱蝗。	《沭阳县志》
			春，宿州旱蝗。	《宿州志》
			春，固镇旱，蝗灾。	《固镇县志》
			嘉山蝗，所过处草木尽食，人死十之四。	《嘉山县志》
			含山蝗所过处野草无遗，民死十之四。	《含山县志》
			南陵大旱蝗。	民国《南陵县志》
			建平蝗灾，所过寸草不留。	《宣城地区志》
			旌德旱蝗，所过野无青草。	《旌德县志》
			安庆蝗灾，民饥死十之四。	《安庆地区志》
			浙江吴兴蝗灾。	《中国历代蝗患之记载》
			湖州大旱蝗。	《长兴县志》
			乌程、归安、长兴、德清旱蝗。	《湖州市志》
			桐乡蝗蝻生，大饥。	《桐乡县志》
			春，潮州蝗。	《潮州市志》
			春，潮阳蝗。	《潮阳县志》
			汝阳旱蝗，岁大饥。	《汝阳县志》

（续）

序号	公元纪年	历史纪年	蝗灾情况	资料来源
933	1785年	清乾隆五十年	夏，新乡飞蝗蔽日，食尽秋禾。	《新乡县志》
			秋，郾城蝗。	《郾城县记》
			汝州旱蝗，岁大饥。	道光《汝州全志》
			七月，潍县大蝗，有人不辨路而为蝗所食。	民国《潍县志稿》
			夏，安丘大蝗，飞蔽天，落地辄数尺，有人不辨路而陷入沟渠不能自出，遂为蝗所食，真奇灾。	民国《安丘新志》
			即墨蝗旱，饿殍遍野。	同治《即墨县志》
			夏，台儿庄蝗虫食禾苗殆尽。	《台儿庄区志》
934	1786年	清乾隆五十一年	五月，房县、宜城、枣阳、阳春旱蝗，罗田、麻城大旱蝗。	《清史稿·灾异志》
			湖北郧阳及湖南洞庭湖蝗灾。	《中国历代蝗患之记载》
			泰兴旱蝗。	《昆虫与植病》1936年第4卷第18期
			秋，沭阳旱蝗。	民国《沭阳县志》
			秋，霍邱蝗。	《霍邱县志》
			霍山蝗蝻大作，缀树塞途，愈扑愈多，忽有黑鹊、青蛙啮之殆尽。	光绪《霍山县志》
			湖州蝗食禾殆尽。	《湖州市志》
			夏秋，长兴蝗食禾殆尽。	《长兴县志》
			秋，当阳蝗食禾苗殆尽。	《当阳县志》
			七月，随州飞蝗蔽日。	《随州志》
			七月，谷城蝗，大饥。	《谷城县志》
			七月，房县蝗自谷城来，遮天蔽野，所过一空。房县自古无蝗，自是始见，遇大雨，蝗附草木死。	同治《房县志》

（续）

序号	公元纪年	历史纪年	蝗灾情况	资料来源
934	1786年	清乾隆五十一年	八月，湘阴蝗自湖西来，遍满城乡。	《湘阴县志》
			七月，垣曲飞蝗蔽天，食禾几尽，仅余豆苗。	《运城地区志》
			巩县蝗食苗尽。	民国《巩县志》
			夏秋之交，祥符蝗生蔽野，伤禾。	光绪《祥符县志》
			秋，杞县飞蝗伤禾，赈之。	乾隆《杞县志》
			洧川蝗虫食秋稼。	嘉庆《洧川县志》
			夏，卫辉飞蝗蔽日，食秋禾尽。	乾隆《卫辉府志》
			封丘旱蝗，饥，赈之。	民国《封丘县续志》
			秋，济源蝗食稼几尽。	《济源市志》
			夏，汤阴飞蝗蔽日，大饥。	《汤阴县志》
			夏，商丘旱蝗，赤地千里。	《商丘地区志》
			春，永城旱，飞蝗蔽日，饥馑。	《永城县志》
			扶沟、西华、商水、淮阳、项城、鹿邑、沈丘旱蝗，大饥。	《周口地区志》
			秋，淮阳飞蝗蔽野，坠地盈尺，禾尽伤。	《淮阳县志》
			扶沟飞蝗蔽天，未为灾。	光绪《扶沟县志》
			秋，许州大蝗。	道光《许州志》
			七月，郏县蝗自西南来，群飞蔽天，食禾尽。	《郏县志》
			秋，鄢陵蝗生遍野，伤禾。	民国《鄢陵县志》
			秋，临颍大旱蝗。	民国《重修临颍县志》
			秋，舞阳蝗，不为灾。	道光《舞阳县志》
			秋，南阳蝗灾，食禾殆尽。	《南阳市志》
			秋，新野蝗食稼殆尽。	《新野县志》

（续）

序号	公元纪年	历史纪年	蝗灾情况	资料来源
934	1786 年	清乾隆五十一年	秋，南召蝗虫食禾殆尽。	《南召县志》
			秋，驻马店全区蝗灾。	《驻马店地区志》
			秋，泌阳蝗食禾尽。	道光《泌阳县志》
			秋，正阳蝗。	嘉庆《正阳县志》
			八月，固始飞蝗入境，不为灾。	《固始县志》
			宝安蝗虫食稻，歉收。	《宝安县志》
935	1787 年	清乾隆五十二年	四月，麻城蝗，积地寸许。七月，黄冈、宜都、麻城、罗田、荆门州蝗。	《清史稿·灾异志》
			九月，泗州知州叶兰附记曰："按，蝗性飞落成群，喙不停啮，其为害较烈于水旱。泗境湖薮数十，水至为湖，水退成滩，每岁春夏之交，湿热蒸郁，飞蝗落子，循环相生，故前志于蝗之害稼三致意焉。自我世宗宪皇帝于捕蝗不力之地方官重治其罪，我皇上于捕蝗一切费用准其动公，义尽仁至，数十年来蝗亦少减矣。兰署篆兹土，昨冬今春，叠奉督抚两大宪严饬挖捕蝻子，入夏以来，藩宪思患预防，增定安省《挖捕蝗蝻规条》，分为二册，发各州县，时兰督查蝻孽已三阅月，兹复巡行阡陌，于乡之父老子弟讲求蝻所以生、蝗所以灭，而窃叹章程所载真明于物，而熟于计者矣，然非收买易换，则小民无由生其感愧奋励，而乡保农长亦不能督率以有功。"	乾隆《泗州志》

（续）

序号	公元纪年	历史纪年	蝗灾情况	资料来源
935	1787年	清乾隆五十二年	沭阳蝗。	民国《沭阳县志》
			宿迁蝗蝻伤麦。	同治《徐州府志》
			睢宁蝗伤麦。	光绪《睢宁县志稿》
			开封蝗灾严重。	《开封县志》
			辉县蝗。	道光《辉县志》
			六月，祥符蝗生遍地，厚积三寸，秋禾尽伤。	光绪《祥符县志》
			六月，鄢陵遍地生蝗，秋禾尽伤。	民国《鄢陵县志》
			秋，开州蝗，不为灾。	光绪《开州志》
			湖北郧阳蝗灾。	《中国历代蝗患之记载》
			房县蝗蝻大伤麦苗，严捕之。五月，飞蝗蔽空，罗田、荆州蝗，不为灾。	民国《湖北通志》
936	1788年	清乾隆五十三年	六月，平度县大旱，飞蝗蔽天，田禾俱尽。	《清史稿·灾异志》
			春，新蔡蝗蝻生，食禾稼一空。	《新蔡县志》
			夏，密县多螣，不为灾。	民国《密县志》
			秋，潮州蝗。	《潮州市志》
			秋，潮阳蝗，谷大贵。	《潮阳县志》
937	1789年	清乾隆五十四年	秋，东台有蝗。	《东台市志》
			泰县蝗，寻灭。	《泰县志》
			秋，临武县螽。	嘉庆《临武县志》
938	1791年	清乾隆五十六年	六月，宁津、东光大旱，飞蝗蔽天，田禾俱尽。	《清史稿·灾异志》
			天津旱蝗。	同治《续天津县志》
			交河旱蝗。	民国《交河县志》
			秋，黄县蝗。	同治《黄县志》

（续）

序号	公元纪年	历史纪年	蝗灾情况	资料来源
939	1792 年	清乾隆五十七年	五月，武城、黄县、高唐旱蝗。	《清史稿·灾异志》
			七月，顺直宛平、玉田等州县蝗。	《清史稿·高宗本纪》
			八月，顺天各属县飞蝗蚕食禾稼。	光绪《畿辅通志》
			河北三河、通县、蓟县蝗。	《中国历代蝗患之记载》
			七月，北京四周各州县蝗虫肆虐。	《大兴县志》
			七月，遵化飞蝗过境。	《遵化县志》
			唐县大旱蝗，寸草尽枯。	光绪《唐县志》
			林县蝗害。	《林县志》
940	1793 年	清乾隆五十八年	春，历城旱蝗，有虫如蜂附于蝗背，蝗立毙，不成灾。七月，安丘、章丘、临邑、德平蝗。	《清史稿·灾异志》
			夏，天津有蝗。	同治《续天津县志》
			秋，束鹿蝗，不为灾。	嘉庆《束鹿县志》
			秋，祁州蝗食禾稼殆尽。	光绪《祁州续志》
			齐河蝗，不为灾。	民国《齐河县志》
			七月，邹平蝗生。	《邹平县志》
			秋九月，安丘蝗生，有鸟食之。	民国《安丘新志》
941	1794 年	清乾隆五十九年	夏，天津有蝗。	同治《续天津县志》
			秋，兴宁蝗灾，水稻歉收。	《梅州市志》
942	1795 年	清乾隆六十年	六月，天津旱蝗。	同治《续天津县志》
			景县旱蝗。	民国《景县志》
			交河旱蝗。	民国《交河县志》
			秋，静海蝗蝻为灾。	《静海县志》
			东光旱蝗。	光绪《东光县志》

（续）

序号	公元纪年	历史纪年	蝗灾情况	资料来源
942	1795年	清乾隆六十年	秋，商河蝗伤稼。	咸丰《武定府志》
			平原蝗蝻生。	《平原县志》
			秋，长山蝗害稼。	《邹平县志》
943	1796年	清嘉庆元年	天津蝗，不为灾。	《续天津县志》
			夏，密县蝗飞蔽天，不为灾。	民国《密县志》
			秋七月，扶沟蝗，未为灾。	光绪《扶沟县志》
			七月，许州蝗。	道光《许州志》
			七月，临颍蝗。	民国《重修临颍县志》
			五月，鄢陵蝗自东来，蔽野，不为灾。	民国《鄢陵县志》
			秋，沭阳蝗食麦苗。	民国《沭阳县志》
944	1797年	清嘉庆二年	七月，黄梅蝗灾。	《黄梅县志》
945	1798年	清嘉庆三年	五月，怀宁大蝗，至冬不绝。	光绪《重修安徽通志》
			夏六月，宿松洲地蝗。	《宿松县志》
946	1799年	清嘉庆四年	定兴蝗。	光绪《定兴县志》
			夏，青县蝗蝻初生遍野，忽大风，次日蝗净。	民国《青县志》
			东光蝗蝻为灾。	光绪《东光县志》
			新城蝻，大饥。	民国《新城县志》
			景县蝗。	民国《景县志》
			六月，夏邑蝗害稼。	民国《夏邑县志》
			六月，德县旱，蝗不入境。	民国《德县志》
			颍上蝗。	同治《颍上县志》
			亳州蝗。	光绪《亳州志》
			怀宁蝗灾。	民国《怀宁县志》
			七月，九江蝗虫入境，湖口、彭泽禾稼多伤。	同治《九江府志》
			七月，湖口蝗虫入境，中、下乡禾稼多伤。	同治《湖口县志》

（续）

序号	公元纪年	历史纪年	蝗灾情况	资料来源
947	1800年	清嘉庆五年	河北蓟县蝗害稼。	《中国历代蝗患之记载》
			春，东光蝻复生。	光绪《东光县志》
			九月，祁门蝗。	道光《徽州府志》
948	1801年	清嘉庆六年	五月，天津蝗。	同治《续天津县志》
			五月，河西区飞蝗遍野。	《河西区志》
			费县蝗。	光绪《费县志》
			蓬莱蝗。	光绪《增修登州府志》
			沭阳蝗。	民国《沭阳县志》
			五月，龙门大水蝗。	光绪《广州府志》
949	1802年	清嘉庆七年	蓬莱、莘县、高唐、邹平、诸城、即墨、文登、招远、黄县蝗。	《清史稿·灾异志》
			和瑛以匿山西蝗灾事觉，谴戍乌鲁木齐。	《清史稿·和瑛传》
			禹城蝗。	嘉庆《禹城县志》
			夏，博平飞蝗入境，西北乡蝻生。	道光《博平县志》
			秋，阳谷飞蝗入境，蝗蝻复生。	光绪《阳谷县志》
			济宁蝗，不为灾。	道光《济宁直隶州志》
			秋，宁阳蝻生。	光绪《宁阳县志》
			费县蝗，饥。	光绪《费县志》
			夏，台儿庄飞蝗蔽天，禾豆几尽。	《台儿庄区志》
			峄县旱，蝗飞蔽天，食禾豆几尽，大饥。	《峄县志》
			八月，黄县蝗自西飞来，蚕食麦苗，命民捕之，斗蝗易以十钱。	同治《黄县志》
			八月，莱州飞蝗蔽天，害稼。	《莱州市志》
			十月，文登蝗食麦苗殆尽。	光绪《文登县志》

（续）

序号	公元纪年	历史纪年	蝗灾情况	资料来源
949	1802 年	清嘉庆七年	沭阳旱蝗。	民国《沭阳县志》
			怀远蝗。	嘉庆《怀远县志》
			秋，宁海蝗虫为灾。	《宁波市志》
			栾城蝗伤禾稼。	同治《栾城县志》
			夏，正定大蝗，禾稼一空。	光绪《正定县志》
			藁城蝗。	《藁城县志》
			河北满城、交河蝗灾。	《中国历代蝗患之记载》
			春，永平府蝻。夏，蝗，至秋不绝。	光绪《永平府志》
			六月，新城蝗，安肃、定兴、景州、任丘蝗。七月，遵化、丰润、玉田、卢龙、迁安、抚宁飞蝗过境，三河蝗。	光绪《畿辅通志》
			八月，滦州自边城至海蝗蔽天。	光绪《滦州志》
			临榆蝗。	民国《临榆县志》
			夏，抚宁蝗。	《抚宁县志》
			保定府飞蝗伤稼。	光绪《保定府志》
			秋，清苑蝗。	民国《清苑县志》
			秋，唐县蝗。	光绪《唐县志》
			秋，定县蝗。	道光《直隶定州志》
			完县蝗。	民国《完县新志》
			望都飞蝗伤禾。	民国《望都县志》
			容城飞蝗遍地。	《容城县志》
			青县蝗。	民国《青县志》
			六月，深州蝗。	道光《深州直隶州志》
			六月，武强蝗。	道光《武强县志》
			邢台蝗飞蔽天，声如雷，落地不见土，无禾。	民国《邢台县志》

（续）

序号	公元纪年	历史纪年	蝗灾情况	资料来源
949	1802 年	清嘉庆七年	夏，任县旱蝗。	民国《任县志》
			隆尧蝗飞蔽天。	《隆尧县志》
			广宗旱，飞蝗遍野，大饥。	《广宗县志》
			邱县蝗旱。	《邱县志》
			七月，平谷蝗。	光绪《顺天府志》
			蓟县大蝗。	民国《蓟县志》
			夏，密县飞蝗过境。	民国《密县志》
			秋，绥中生蝗虫。	《绥中县志》
			秋，宁远州蝗随潮至，飞蔽天日，生蝻，禾苗食尽。	《兴城县志》
950	1803 年	清嘉庆八年	商河蝗伤禾稼。	民国《重修商河县志》
			秋，章丘飞蝗蔽日。	道光《章丘县志》
			秋，宁阳蝗。	光绪《宁阳县志》
			东平蝗，不为灾。	光绪《东平州志》
			济宁蝗，不为灾。	道光《济宁直隶州志》
			秋，汶上蝻虫生，庄稼几尽。	《汶上县志》
			邹平旱蝗。	民国《邹平县志》
			春三月，诸城蝗。	咸丰《青州府志》
			夏，费县蝗。	光绪《费县志》
			夏，枣庄不雨，蝗败稼。	《枣庄市志》
			夏，峄县弥月不雨，蝗败稼。	光绪《峄县志》
			夏，登州蝝蝗交作。	光绪《增修登州府志》
			夏，黄县蝝蝗交作。	同治《黄县志》
			自三月至五月，莱州遍地生蝗，食禾叶殆尽。	《莱州市志》
			黎城飞蝗蔽日，大饥。	《黎城县志》
			郑县、孟县、武陟旱蝗，成灾五分。汜水、荥阳蝗虫成灾。	《河南东亚飞蝗及其综合治理》

（续）

序号	公元纪年	历史纪年	蝗灾情况	资料来源
950	1803 年	清嘉庆八年	洧川飞蝗蔽天，不为灾。	嘉庆《洧川县志》
			七月，宜阳蝗虫蔽天，秋禾损毁大半。	《宜阳县志》
			延津旱蝗。	《延津县志》
			秋，辉县蝗。	道光《辉县志》
			温县旱、蝗灾迭至，收成大减。	《温县志》
			滑县蝗。	同治《滑县志》
			靖江蝗。	《昆虫与植病》1936 年第 4 卷第 18 期
			海州蝗蝻繁生，捕蝗蝻一斤给银三钱，民踊跃，蝗遂灭。	《海州区志》
			平山蝻为灾，岁大饥。	咸丰《平山县志》
			八月，井陉飞蝗遍野，麦苗尽食。	民国《井陉县志料》
			青县蝗，不为灾。	民国《青县志》
			春，滦州蝻。夏，蝗复生，至秋不绝。	光绪《滦州志》
			夏，滦南蝗。	《滦南县志》
			三月，邢台蝻生，无容足地。四月，热风，蝻突不见。	《邢台县志》
			秋，临漳、成安、涉县旱蝗，被灾五分。	《河北省农业厅·志源（1）》
			夏，天津旱蝗。	同治《续天津县志》
			春，蓟县蝻。夏，蝗复生蝻，至秋不绝。	民国《蓟县志》
			五月，锦州蝗灾，清廷派员协同锦州都统到山海关扑除飞蝗。	《锦州市志》
			五月，锦县蝗灾，清政府派德文、成林赴锦州督办捕蝗一事。	《锦县志》

（续）

序号	公元纪年	历史纪年	蝗灾情况	资料来源
951	1804 年	清嘉庆九年	近畿飞蝗，广渠门外田禾被食害十分之四。六月，宫内飞蝗落案上，太监扑获十数个。顺天府属飞蝗。	光绪《畿辅通志》
			双窑洼蝻孽蠕动，蔓延数十里，扑捕甚难，一夜烈风忽作，吹蝻无踪。	同治《静海县志》
			夏，章丘、新城蝗蝻生。	道光《济南府志》
			商河蝗伤稼，有收买蝻子之令，民争掘数日而尽。	民国《重修商河县志》
			夏，桓台蝗。	《桓台县志》
			夏，寿光蝗。	《寿光县志》
			临朐旱蝗。	光绪《临朐县志》
			夏，益都蝗，知县督民急捕之，又以钱购蝗，民争捕送，数日蝗灭。	光绪《益都县图志》
			春，栖霞旱蝗，厚不见地，知县令民捕埋，不为灾。	乾隆《栖霞县志》
			浚县飞蝗蔽日，田禾毁之殆尽。	《浚县志》
			九月，宣城飞蝗过境，未伤禾稼。	《宣城县志》
952	1805 年	清嘉庆十年	春，博兴、昌邑、诸城蝗，临榆蝻生。夏，滕县飞蝗蔽天，食草皆尽。秋，昌邑蝗食稼，宁海蝗。	《清史稿·灾异志》
			夏，抚宁生蝻。	《抚宁县志》
			夏六月，怀安蝗蝻生。	《怀安县志》
			桓台蝗。	《桓台县志》
			寿光蝗，饥。	民国《寿光县志》
			秋，安丘旱蝗。	民国《安丘新志》

（续）

序号	公元纪年	历史纪年	蝗灾情况	资料来源
952	1805 年	清嘉庆十年	秋七月，益都飞蝗为灾。采访：蝗自西来，飞蔽日月，所过禾稼一空，刈而藏之于室，多方保护者，尚有所获。	光绪《益都县图志》
			秋，昌乐旱，蝗害稼。	嘉庆《昌乐县志》
			秋，潍县旱，蝗害稼。	民国《潍县志稿》
			秋七月，峄县蝗。	光绪《峄县志》
			秋，牟平蝗。	《牟平县志》
953	1806 年	清嘉庆十一年	静海蝗灾。	《静海县志》
			夏，新泰有蝗。	乾隆《新泰县志》
			宁海州蝗蝻生。	光绪《增修登州府志》
			冬，潮阳蝗。	《潮阳县志》
954	1807 年	清嘉庆十二年	兴化旱蝗。	《昆虫与植病》1936 年第 4 卷第 18 期
			冬，潮州蝗。	《潮州市志》
			夏，邕宁旱。秋，蝗成灾。	《邕宁县志》
955	1808 年	清嘉庆十三年	兴业蝗害稼，民饥。	《玉林市志》
			灵山旱蝗。	民国《灵山县志》
			六月，广宁蝗害。	《广宁县志》
956	1809 年	清嘉庆十四年	光化旱蝗。	《昆虫与植病》1936 年第 4 卷第 18 期
			夏，天长蝗，有翅不飞，多抱食芦草而死。	嘉庆《备修天长县志稿》
957	1810 年	清嘉庆十五年	山东利津及江西清江蝗灾。	《中国历代蝗患之记载》
958	1811 年	清嘉庆十六年	飞蝗由北飞至江苏江阴，河流堵塞，河岸、山坡牧草吃光。	《中国历代蝗患之记载》
			邹县旱，有蝗。	邹县《吴志》
			临清、高唐、邱县、清平等八县旱，蝗灾，饥荒。	《临清市志》
			邱县旱蝗交加，大饥。	《邱县志》

（续）

序号	公元纪年	历史纪年	蝗灾情况	资料来源
958	1811 年	清嘉庆十六年	林县蝗灾。	《林县志》
			垣曲飞蝗入境，蠲免钱粮。	光绪《垣曲县志》
			永嘉至七月旱，晚禾有螽。	《永嘉县志》
			秋，乐清螽，沿海田禾无收。	光绪《乐清县志》
			春，潮州蝗。	《潮州市志》
			春，潮阳蝗。	《潮阳县志》
959	1812 年	清嘉庆十七年	江苏江阴蝗灾。	《中国历代蝗患之记载》
			秋，天津蝗，不为灾。	《续天津县志》
			夏，峄县蝗自西南来，平地深半尺，谷叶一空，入民室啮食衣服，人多流亡。	光绪《峄县志》
			夏，台儿庄飞蝗自西南来，落地深半尺，蝗过后谷菜几空，人流亡。	《台儿庄区志》
			新安①东路蝗食稻。	光绪《广州府志》
960	1813 年	清嘉庆十八年	栾城蝗灾。	《栾城县志》
			汝州螽食麦尽。	《汝州市志》
			夏，方城旱蝗为灾。	《方城县志》
			东海蝗灾。	《东海县志》
961	1814 年	清嘉庆十九年	菏泽、曹县、博兴蝗。	《清史稿·灾异志》
			秋，商河有蝗害稼。	《武定府志》
			秋，陵县有蝗。	光绪《陵县志》
			无棣蝗，不为灾。	民国《无棣县志》
			夏，菏泽宝镇都飞蝗大起，有蜂螫之，蝗尽死。	光绪《新修菏泽县志》
			夏，东明飞蝗遍野。	《东明县志》
			夏，曹县飞蝗遍野，蜂螫蝗死，禾不受害。	光绪《曹州府曹县志》

---

① 新安：旧县名，1914 年改名宝安，今深圳宝安区。

（续）

序号	公元纪年	历史纪年	蝗灾情况	资料来源
961	1814 年	清嘉庆十九年	招远蝗虫为害。	《招远县志》
			肥乡旱，虫蝻灾伤。	民国《肥乡县志》
			夏，高邮旱蝗。	民国《江苏省通志稿》
			夏，宝应旱蝗。	《宝应县志》
			泗洪、盱眙旱蝗。	光绪《盱眙县志稿》
			夏，金湖旱蝗。	《金湖县志》
			萧县蝗蝻如蝇无数，忽有乌鸦自西飞来，食蝗尽。	嘉庆《萧县志》
			夏，阜阳蝗虫为害。	道光《阜阳县志》
962	1815 年	清嘉庆二十年	江苏常州及其邻近县蝗灾。	《中国历代蝗患之记载》
			五月，武进、阳湖①蝗，不为灾。	民国《江苏省通志稿》
			五月，武进飞蝗蔽天而过，不为灾。	光绪《武进阳湖县志》
			临清、馆陶等地蝗灾。	《临清市志》
963	1817 年	清嘉庆二十二年	元氏飞蝗自南至，秋禾一空，民大饥，奉文豁免粮银。	民国《元氏县志》
			高邑蝗。	《高邑县志》
			郁林州蝗灾，损禾稼。	《玉林市志》
			桃江蝗食竹。	《桃江县志》
			益阳蝗虫食竹殆尽。	同治《益阳县志》
			夏六月，三水旱造蝗灾。	嘉庆《三水县志》
964	1818 年	清嘉庆二十三年	高邑蝗。	《高邑县志》
			五河旱，蝗虫成灾。	光绪《五河县志》
			博兴蝗。	咸丰《青州府志》
			秋，寿张飞蝗蔽野。	光绪《寿张县志》
			秋，阳谷飞蝗蔽野。	光绪《阳谷县志》
			秋，台前飞蝗蔽野。	《台前县志》

---

① 阳湖：旧县名，治所在今江苏常州武进区。

（续）

序号	公元纪年	历史纪年	蝗灾情况	资料来源
964	1818 年	清嘉庆二十三年	益阳蝗灾。	《益阳市志》
965	1819 年	清嘉庆二十四年	栾城蝗。	《栾城县志》
			益阳蝗虫食竹殆尽。	同治《益阳县志》
966	1821 年	清道光元年	五月，天津、静海、沧州各属蝻生，宁河、宝坻等县蝻种渐挚。	光绪《畿辅通志》
			山东黄河、黄海及渤海沿岸蝗灾。	《中国历代蝗患之记载》
			五月，沧州、天津、静海、宁河、宝坻、武清等县蝻孽相继萌生，道光颁发《康济录·捕蝗十宜》交顺天、天津等府指导治蝗。七月，天津等二十八州县蝗蝻均已扑捕尽净，令收买遗子，务绝根本，并饬查各州县田禾有无损伤，再行核办。	《天津通志·大事记》
			五月，武清蝗蝻萌生，白日捕打，夜用火烧，扑捕尽净。	《武清县志》
			六月，顺天府属地方设厂收买蝗蝻，以钱米易蝗。	民国《顺义县志》
			六月，固安蝗灾，官府设厂收买，以粮米兑易。	《固安县志》
			夏，海兴蝗。	《海兴县志》
			夏，盐山蝗，不为灾。	同治《盐山县志》
			六月，临清蝗灾。	《临清市志》
			博兴大蝗。	咸丰《青州府志》
			丹阳蝗灾。	《丹阳县志》
			夏，黄梅蝗虫繁殖。	《黄梅县志》
			秋，黎川蝗虫损害庄稼。	《黎川县志》
967	1822 年	清道光二年	五月，滦县蝗伤麦。	《河北省农业厅·志源（1）》

（续）

序号	公元纪年	历史纪年	蝗灾情况	资料来源
967	1822年	清道光二年	五河蝗蝻遍野，民大饥。	光绪《五河县志》
			博兴蝗蝻。	《博兴县志》
			秋，黄县蝗。	光绪《增修登州府志》
968	1823年	清道光三年	莘县、抚宁蝗。	《清史稿·灾异志》
			秋七月，霸州等十州蝗，饬琦善扑蝗。	《清史稿·宣宗本纪》
			山东蝗飞蔽天，盖满田野，食禾麦尽，令捕之。	《中国历代蝗患之记载》
			井陉大蝗，禾苗俱尽。	民国《井陉县志料》
			台前县飞蝗成灾。	《台前县志》
			阳谷蝗为灾。	光绪《阳谷县志》
			六月，博平西南乡蝗蝻生，东北乡飞蝗停落。	道光《博平县志》
			秋八月，蒙阴蝗。	宣统《蒙阴县志》
			安东蝗灾。	《涟水县志》
			琼州蝗灾。	《中国历代蝗患之记载》
			九月，琼山旱，蝗虫漫天遍野，饿殍载道。	《琼山县志》
			平乐蝗虫起。	光绪《平乐县志》
969	1824年	清道光四年	东平、清苑、望都、定州蝗。	《清史稿·灾异志》
			栾城蝗。	同治《栾城县志》
			七月，大城飞蝗至，食禾殆尽。	光绪《大城县志》
			霸县旱蝗。	民国《霸县新志》
			保定府蝗蝻生。	光绪《保定府志》
			新城蝗蝻伤稼。	民国《新城县志》
			定兴大蝗。	光绪《定兴县志》
			容城飞蝗继生蝗蝻，庄稼尽毁。	《容城县志》
			献县蝗，草木皆食。	民国《献县志》

（续）

序号	公元纪年	历史纪年	蝗灾情况	资料来源
969	1824 年	清道光四年	六月，武强蝗，不为灾。	道光《武强县志》
			景县蝗。	民国《景县志》
			枣强蝻生。	《枣强县志》
			隆尧大蝗，县张告示收买蝻蝥。	《隆尧县志》
			秋，永平府飞蝗压境。	光绪《永平府志》
			秋，卢龙飞蝗压境。	民国《卢龙县志》
			抚宁蝻生遍野。	光绪《抚宁县志》
			秋，滦县蝗。	光绪《滦州志》
			秋，滦南蝗。	《滦南县志》
			顺天府有蝗蝥，却属官供张①。	《清史稿·朱为弼传》
			德州蝗虫滋生。	《德州市志》
			春三月，博平蝻复生，北乡、东乡萌动。	道光《博平县志》
			济宁蝗。	道光《济宁直隶州志》
			金乡蝗。	咸丰《金乡县志略》
			嘉祥旱蝗。	《嘉祥县志》
			七月，阳泉蝗，禾稼尽伤。	《阳泉市志》
			七月，平定蝗，禾稼尽伤。	光绪《平定州志》
			夏，濉溪蝗虫成灾。	《濉溪县志》
			夏，固镇旱，蝗灾。	《固镇县志》
			六月，宿州旱蝗，官民协捕，且焚且埋，有群鸦及蛤蟆争食殆尽，禾苗获全。	光绪《宿州志》
			九月至次年八月，海口大旱，蝗虫漫天遍野，饿殍载道。	《海口市志》
			琼州府旱，蝗虫漫天遍野，所过麦禾一空，饿殍载道。	道光《琼州府志》

---

① 供张：陈设帷帐，祭祀蝗神。

（续）

序号	公元纪年	历史纪年	蝗灾情况	资料来源
969	1824年	清道光四年	四月，琼山久旱，蝗虫漫天遍野，所过稻禾一空，饥民满路。	《琼山县志》
			秋，定安飞蝗蔽天，落地盈寸，所至之野禾稼一空。	光绪《定安县志》
			秋，屯昌、新兴、大乡发生蝗灾，蝗群蔽日，所到之处田稻一空。	《屯昌县志》
			文昌蝗灾。	《文昌县志》
970	1825年	清道光五年	秋七月，清苑、定州飞蝗蔽天，三日乃止；内丘、新乐、曲阳、长清、冠县、博兴旱蝗。	《清史稿·灾异志》
			春，永平蝝食苗。夏秋，蝗。	光绪《永平府志》
			六月，临榆飞蝗蔽天，数日蝻生，食禾尽，岁大饥。	民国《临榆县志》
			昌黎蝗。	民国《昌黎县志》
			抚宁蝻生。	光绪《抚宁县志》
			春，卢龙蝻食苗。夏秋，蝗。	民国《卢龙县志》
			春，滦州蝻食苗。秋，旱蝗。	光绪《滦州志》
			秋，滦南蝗。	《滦南县志》
			遵化有蝗。	《遵化县志》
			五月，顺天府蝗，奏准捕蝗事宜六条。	《治蝗全法》
			束鹿旱，蝗食禾。	《河北省农业厅·志源（1）》
			平山蝗蝻为灾。	咸丰《平山县志》
			六月，井陉飞蝗蔽天，从东入山西界，为害犹浅。至七月间，蝻子出，街坊、人家无处不到，所种晚稼全被食尽，寸草不留。	民国《井陉县志料》
			晋县蝗。	民国《晋县志料》

（续）

序号	公元纪年	历史纪年	蝗灾情况	资料来源
970	1825 年	清道光五年	秋，灵寿蝗灾。	《灵寿县志》
			深泽旱，蝗飞蔽日，秋禾殆尽。	《深泽县志》
			夏，正定旱，飞蝗蔽天，禾尽损。	光绪《正定县志》
			定兴蝗蝻害禾稼。	光绪《定兴县志》
			秋，唐县蝗害稼。	光绪《唐县志》
			六月，新城蝗蝻害稼。	道光《新城县志》
			献县蝗。	民国《献县志》
			八月，永年蝗伤麦。	光绪《广平府志》
			九月，邯郸蝗自北而南遮天蔽日，从东入山西界，食麦苗一空，县设厂四门收买蝗虫，每斤给钱二十文。	《邯郸县志》
			六月，昌平蝗。	光绪《顺天府志》
			顺义蝗。	民国《顺义县志》
			夏，天津蝗。	同治《续天津县志》
			蓟县有蝗。	民国《蓟县志》
			宁河飞蝗蔽日，所过田禾一空。	《宁河县志》
			七月，阳曲杨兴、贾庄等二十余村皆蝗，伤食禾稼，知县收捕。	道光《阳曲县志》
			盂县蝗食禾，饥。	《盂县志》
			秋，昔阳飞蝗蔽日。	民国《昔阳县志》
			河南孟县蝗灾。	《中国历代蝗患之记载》
			四月，永城蝗蝻遍野。	光绪《永城县志》
			许州蝗食豆叶殆尽。	道光《许州志》
			六月，许昌螣食豆叶殆尽。	《许昌县志》
			济宁蝗旱。	道光《济宁直隶州志》
			秋，邹县蝗。	《山东蝗虫》

（续）

序号	公元纪年	历史纪年	蝗灾情况	资料来源
970	1825 年	清道光五年	金乡旱蝗，缓收旧赋。	咸丰《金乡县志略》
			东平旱蝗。	光绪《东平州志》
			六月，绥中蝗虫随海潮至，飞蔽天日，不久，蛹生遍野，吃光田苗，大饥。	《绥中县志》
			七月，沙县蝗。	道光《沙县志》
			光泽县螽伤稼十之四。	光绪《重纂邵武府志》
			秋，兴宁晚稻蝗虫为害。	《梅州市志》
971	1826 年	清道光六年	二月，滦州、抚宁蝗。	《清史稿·灾异志》
			夏五月，卢龙蝗自抚宁西北飞来，伤田苗殆尽。	民国《卢龙县志》
			迁安蝗。	民国《迁安县志》
			八月，遵化飞蝗过境。	《遵化县志》
			迁西蝗。	《迁西县志》
			东光螟蝗害稼。	光绪《东光县志》
			夏，正定旱蝗。	光绪《正定县志》
			藁城蝗虫成灾。	《藁城县志》
			七月，栾城蝗。	同治《栾城县志》
			阜平蝗。	同治《阜平县志》
			秋七月，曲周蝗。	同治《曲周县志》
			四月，邱县大旱蝗，无麦。	《邱县志》
			津南蝗灾。	《津南区志》
			秋，东阿大蝗。	道光《东阿县志》
			秋，邹县蝗。	光绪《邹县续志》
			夏，濮阳蝗虫遍野，成灾。	《濮阳县志》
			古县蝗灾。	《古县志》
			阳曲贾庄等六村飞蝗复生，知县雇民夫扑灭。	道光《阳曲县志》
			白河蝗发。	《白河县志》
			巢县西乡湖滩生蝗，蔓延十余里，督捕殆尽。	道光《巢县志》

序号	公元纪年	历史纪年	蝗灾情况	资料来源
971	1826年	清道光六年	七月，黎川蝗虫损害庄稼。	《黎川县志》
			秋，蝗虫两次为害兴宁晚稻。	《梅州市志》
972	1827年	清道光七年	山西代县蝗灾。	《中国历代蝗患之记载》
			六月，栾城飞蝗蔽日。七月，蝻遍地，禾稼尽伤。	同治《栾城县志》
			秋，綦江蝝生，害稼。	道光《重庆府志》
			七月，元氏飞蝗入境，晚禾不收。	民国《元氏县志》
			春，沛县旱，蝗虫遍野，麦禾皆尽，大饥，蝗灾数年乃灭。	民国《沛县志》
			夏五月，宿松洲地蝗蝻延蔓，会大雨，飘荡入江。	《宿松县志》
			春，微山湖水始涸，蝗蝻遍野，麦菽皆啮尽。	《微山县志》
			秋，应山蝗。	《应山县志》
973	1828年	清道光八年	七月，栾城旱蝗。	同治《栾城县志》
			沛县蝗灾。	民国《沛县志》
			秋，诸暨飞蝗成灾。	《诸暨县志》
			七月，随州蝗。	《随州志》
			西藏山南朗县境内遭受蝗灾，减收三分之一。	《灾异志——雹霜虫灾篇》
974	1829年	清道光九年	西藏朗县庄稼遭受严重蝗灾，减免收成中需支付之马饲料粮、青稞与草料。	《灾异志——雹霜虫灾篇》
			秋，历城蝗害稼，饥。	民国《续修历城县志》
			秋，齐河蝗害稼，饥。	《齐河县志》
			平南飞蝗入境，成灾。	《平南县志》

（续）

序号	公元纪年	历史纪年	蝗灾情况	资料来源
974	1829 年	清道光九年	立秋后，资源蝗虫为害，遍及禾稼，风不能扫，雨不能淹，农民无计，扎草龙、燃灯烛，敲锣打鼓，通宵达旦。	《资源县志》
975	1830 年	清道光十年	镇巴飞蝗入境。	光绪《定远厅志》
			长武蝗飞如黑云，食麦苗。	《长武县志》
			来安蝗，附陆曾禹捕蝗法八条。	道光《来安县志》
			电白旱，蝗虫灾害，饥荒。	《茂名市志》
			江陵蝗。	民国《湖北通志》
			三月，南风微起，有飞蝗随风如黑云，落地密似雨，次日遗子而去，是年蝗食麦苗，仅出种子。	民国《重修灵台县志》
976	1831 年	清道光十一年	夏，内丘蝗飞蔽天。	道光《内邱县志》
			八月，诸城蝗灾。	《诸城市志》
			南宁府蝗灾。	《广西通志·大事记》
			横县飞蝗入境，州县带头捕蝗。	《横县县志》
			邕宁飞蝗入境。	《邕宁县志》
			电白蝗害，农作物失收。	《茂名市志》
			江陵复蝗。	民国《湖北通志》
977	1832 年	清道光十二年	马邑①旱蝗。	民国《马邑县志》
			七月，代县蝗起，州人捐钱赈灾。	《代县志》
			朔县旱，蝗虫成灾。	《朔县志》
			神池飞蝗蔽日，大饥。	《神池县志》
			八月，乐亭蝗虫为害。	《乐亭县志》
			六月，郓城飞蝗弥天。	《郓城县志》

---

① 马邑：旧县名，治所在今山西朔州东北马邑村。

（续）

序号	公元纪年	历史纪年	蝗灾情况	资料来源
977	1832 年	清道光十二年	夏，密县蝗蝻蔽野。	民国《密县志》
			迁江①蝗害禾。	民国《迁江县志》
			荔浦蝗。	民国《荔浦县志》
			沭阳旱蝗。	民国《沭阳县志》
			八月，宜昌蝗飞过西坝，食禾稼殆尽。	同治《宜昌府志》
			长阳蝗。	同治《长阳县志》
			秭归蝗为灾。	《秭归县志》
			四月，新宁蝗。	光绪《湖南通志》
978	1833 年	清道光十三年	湖北郧阳、郧县、恩施、黄冈，福建浦城，广西容城蝗灾。	《中国历代蝗患之记载》
			秋，费县飞蝗蔽日，为灾。	光绪《费县志》
			定远旱，蝗灾。	《定远县志》
			夏，龙游蝗灾。	《龙游县志》
			大冶蝗。	《大冶县志》
			秋，郧西蝗虫为灾。	《郧西县志》
			黄石蝗。	《黄石市志》
			宜州蝗飞满天，遮天蔽日。	《宜州市志》
			贵县飞蝗遍野，各乡鸣锣驱逐或扎衫裤、桌围于竹竿，执而挥之。	光绪《贵县志》
			玉林旱蝗。	光绪《玉林州志》
			北流蝗害。	《北流县志》
			贵港飞蝗遍野，损害禾稼。	《贵港市志》
			五月，桂平蝗灾。	同治《浔州府志》
			武鸣有蝗，群飞蔽日，多方捕除，不甚为灾。	《武鸣县志》
			宾阳飞蝗入境。	《宾阳县志》

---

① 迁江：旧县名，1952 年并入今广西来宾。

517

（续）

序号	公元纪年	历史纪年	蝗灾情况	资料来源
978	1833年	清道光十三年	五月，上林飞蝗蔽天，食禾。	《上林县志》
			五月，三宁方[①]蝗。	《邕宁县志》
			隆山飞蝗蔽天。	民国《隆山县志》
			阳朔蝗虫大作，为害甚烈。	《阳朔县志》
			罗城蝗虫伤禾，损失严重。	《罗城仫佬族自治县志》
			秋，藤县蝗虫入境，所到之处庄稼、青草、树叶耗食殆尽。	《藤县志》
			四月，融水飞蝗蔽天，三日方灭。六月，遗卵复生，数日成虫，食禾更烈，歉收。	《融水苗族自治县志》
			四月，融安飞蝗蔽天。六月，遗卵复发，飞蝗成灾，歉收。	《融安县志》
			五月，灵山三宁及武利方蝗。	民国《灵山县志》
			六月，泰宁螟蝗害稼，禾苗不登。	《泰宁县志》
979	1834年	清道光十四年	五月，潜江、枣阳旱蝗，云梦旱蝗。	《清史稿·灾异志》
			巢县、阜阳旱蝗。	光绪《重修安徽通志》
			夏，随州蝗。	民国《湖北通志》
			安徽沿江旱蝗。	《安徽省志·大事记》
			龙游蝗灾。	《龙游县志》
			洋县蝗伤禾苗。	《洋县志》
			夏，滕县蝗。	道光《滕县志》
			秋七月，峄县有蝗。	民国《峄县志》
			浔州、梧州、柳州、庆远蝗灾，捕之。[②]	《广西通志·大事记》

---

① 三宁方：乡镇名，今广西南宁市邕宁区百济、新江、那楼三乡镇。

② 浔州：旧府名，治所在今广西桂平；庆远：旧府名，治所在今广西宜州。

（续）

序号	公元纪年	历史纪年	蝗灾情况	资料来源
979	1834年	清道光十四年	玉林蝗飞蔽天，害稼，大饥。	《玉林市志》
			北流蝗害稼。	《北流县志》
			夏，浔属蝗灾。	同治《浔州府志》
			罗城蝗虫食尽田禾，损失严重。	《罗城仫佬族自治县志》
			宜州蝗飞满天，遮天蔽日。	《宜州市志》
			灵山飞蝗蔽天，食田禾几尽。	《灵山县志》
			陆川蝗害稼。	《陆川县志》
			恭城蝗虫大发，农作物受损六成。	《恭城县志》
			七月，兴安蝗虫食禾稼。	《兴安县志》
			秋七月，全县长万、升平区蝗食禾稼，蝗害亦同。	《全县县志》
			武鸣有蝗。	《武鸣县志》
			马山有蝗，群飞蔽天，集树枝折。	《马山县志》
			桂平蝗灾，早禾被害几尽，蝗漫空如烟雾。	《桂平县志》
			宾阳蝗虫飞蔽天日，禾麦大损。	《宾阳县志》
			上林蝗虫为害。	《上林县志》
			秋八月，藤县蝗虫陡起，所到之处，飞则蔽日遮天，止则遍野满山，所到之境禾稼、青草、树叶耗食殆尽。	同治《藤县志》
			迁江蝗虫害稼。	民国《迁江县志》
			苍梧蝗蝻残害庄稼。	《苍梧县志》
			崇仁旱，飞蝗遍野，富户捐款设厂收买蝗虫，投沸水煮死，蝗渐少。	《崇仁县志》

（续）

序号	公元纪年	历史纪年	蝗灾情况	资料来源
979	1834 年	清道光十四年	秋，黎川蝗虫损害庄稼，大饥。	《黎川县志》
			秋八月，建阳蝗，早稻歉收。	《建阳县志》
			三水有蝗。	光绪《广州府志》
			五月，广宁蝗虫为害。	《广宁县志》
			八九月，封川①蝗食禾。	《封开县志》
980	1835 年	清道光十五年	春，黄安、黄冈、罗田、江陵、公安、石首、松滋大旱蝗。五月，均州、光化蝗。七月，滨州、观城、巨野、博兴、谷城、应城蝗。八月，安陆、玉山、武昌、咸宁、崇阳蝗，黄陂、汉阳大旱蝗。	《清史稿·灾异志》
			湖北宜都、江西宜黄、广东南海及广西容县蝗灾。	《中国历代蝗患之记载》
			溧水、江浦、阜宁、兴化旱蝗。	《昆虫与植病》1936 年第 4 卷第 18 期
			溧水旱蝗。	《溧水县志》
			高淳旱蝗，县令扑捕，给价收买。	《高淳县志》
			秋，宝应旱蝗。	《宝应县志》
			盐城蝗灾。	《盐城市志》
			建湖蝗灾。	《建湖县志》
			滨海蝗虫大发生。	《滨海县志》
			东台旱，蝗灾。	《东台市志》
			秋，盱眙旱蝗。	光绪《盱眙县志稿》
			秋，金湖旱蝗。	《金湖县志》
			秋，泗洪旱蝗。	《泗洪县志》
			宿迁蝗。	同治《徐州府志》

---

① 封川：旧县名，治所在今广东封开县东南封川镇。

（续）

序号	公元纪年	历史纪年	蝗灾情况	资料来源
980	1835 年	清道光十五年	秋，飞蝗蔽空，六安未灾，霍山伤稼十之三。	《六安州志》
			临泉蝗虫。	《临泉县志》
			巢县蝗。	光绪《续修庐州府志》
			庐江旱，蝗灾。	《庐江县志》
			五河蝗生遍野。	光绪《五河县志》
			至秋不雨，祁门蝗，岁饥。	《祁门县志》
			沔阳蝗，谷城蝗飞蔽天。	民国《湖北通志》
			麻城旱蝗。	民国《麻城县志前编》
			远安飞蝗蔽日。	《远安县志》
			当阳蝗虫为灾。	《当阳县志》
			五月，天门蝗蝻为害。七月，蝗遍野。	《天门县志》
			咸宁蝗灾，大饥。	同治《咸宁县志》
			黄石蝗。	《黄石市志》
			云梦水、旱、蝗兼有。	道光《云梦县志》
			秋，均州飞蝗入境，无禾。	光绪《均州志》
			七月，红安飞蝗遍野，禾苗复损。	同治《黄安县志》
			秋，罗田飞蝗蔽空，县率民捕捉。	光绪《罗田县志》
			崇阳旱，飞蝗入境，知县率众捕之。	同治《崇阳县志》
			七月，谷城蝗飞蔽天，禾苗一过乌有。	《谷城县志》
			四月，老河口蝗。七月，又蝗，西乡尤甚。	《老河口市志》
			七月，沔阳蝗飞蔽天，有啮小儿死者。	光绪《沔阳县志》
			黄梅旱，飞蝗蔽天，植物叶吃光。	《黄梅县志》

（续）

序号	公元纪年	历史纪年	蝗灾情况	资料来源
980	1835 年	清道光十五年	大冶蝗。	《大冶县志》
			随州旱蝗。	《随州志》
			英山飞蝗蔽空，遗子入地。	《英山县志》
			广济旱，飞蝗蔽日，竹叶吃光。	《广济县志》
			山阳蝗灾。	《山阳县志》
			九月，安仁①蝗患，群飞蔽天，不见天日，食禾尽。	《鹰潭市志》
			秋，宜阳禾将熟，蝗虫蔽天而至，所过秋禾俱无。	《宜阳县志》
			秋，辉县蝗。	道光《辉县志》
			濮阳蝗害稼。	《濮阳县志》
			六月，台前飞蝗蔽野，食禾。	《台前县志》
			浚县蝗灾。	《浚县志》
			镇平蝗食秋稼，遗蝗子。	光绪《镇平县志》
			六月，方城蝗蝻伤禾。七月，蝗飞向东北经裕州坠田间，乡民捕杀，未成巨灾。	《方城县志》
			夏，绛县有蝗。	《新绛县志》
			秋，平山有蝗。	咸丰《平山县志》
			秋，灵寿蝗吃麦苗。	《灵寿县志》
			河北新城蝗，不害稼。	民国《新城县志》
			济阳蝗蝻遍野，害稼，草木叶俱尽。	民国《济阳县志》
			六月，寿张飞蝗蔽野，灾未甚。	光绪《寿张县志》
			六月，阳谷飞蝗蔽野，诏免钱粮。	光绪《阳谷县志》

---

① 安仁：旧县名，治所在今江西余江锦江镇。

（续）

序号	公元纪年	历史纪年	蝗灾情况	资料来源
980	1835 年	清道光十五年	秋，济宁蝗。	道光《济宁直隶州志》
			秋，嘉祥蝗。	《嘉祥县志》
			秋，东平蝗。	光绪《东平州志》
			秋，肥城蝗。	光绪《肥城县志》
			新泰旱蝗，大饥。	乾隆《新泰县志》
			秋，滨州、蒲台蝗。	咸丰《武定府志》
			利津旱蝗，大饥。	光绪《利津县志》
			费县蝗蝻生，捕打旬日乃灭，不为灾。	光绪《费县志》
			夏六月，峄县蝗。	光绪《峄县志》
			阳春蝗害。	《阳春县志》
			长沙飞蝗蔽天，晚稻无获。	光绪《湖南通志》
			长沙、善化①发生严重蝗灾。	《长沙市志》
			望城旱，稻禾被蝗虫吃尽，大饥。	《望城县志》
			益阳飞蝗为害，禾稻无收。	《益阳县志》
			夏，江永蝗食禾稼。	《江永县志》
			夏，宁远旱，飞蝗蔽天，大饥。	《宁远县志》
			华容及周围各县飞蝗蔽天。	《华容县志》
			湘阴蝗飞蔽天，早、中、晚稻枯槁。	《湘阴县志》
			临湘旱，飞蝗蔽天。	《临湘县志》
			七月，耒阳飞蝗蔽天，稻无收。	《耒阳市志》
			郴县飞蝗蔽天，早、中、晚稻俱尽。	《郴县志》
			安仁旱，飞蝗蔽天，民饥，死者无数。	《安仁县志》

———————————

① 善化：旧县名，1912 年并入今湖南长沙县。

（续）

序号	公元纪年	历史纪年	蝗灾情况	资料来源
980	1835 年	清道光十五年	五月，鄱县飞蝗蔽天，禾稻尽食。	《鄱县志》
			江西大旱蝗，饥。	《江西通志》
			安义飞蝗蔽天，伤稼；南昌蝗，民饥。	《南昌市志》
			夏，建昌、安义旱蝗。	《南康府志》
			永修蝗灾。	《永修县志》
			秋，贵溪螟蝗害稼。	《贵溪县志》
			崇仁飞蝗遍野，富户捐款设厂收买蝗虫，投沸水煮死，蝗渐少。	《崇仁县志》
			六月，新建蝗蝻生。八月中秋，飞蝗蔽天，掩月光芒，久之，值大雨始死。	《新建县志》
			抚州郡境蝗蝻生满山谷。	光绪《抚州府志》
			夏，上高旱，蝗灾，庄稼歉收。	《上高县志》
			九江府大旱蝗。	同治《九江府志》
			八月，武宁蝗自建昌入境，蔓延遍野，知县率兵役出捕，复捐俸募民穴地火攻，弥旬不灭。	《武宁县志》
			秋，奉新螽。	同治《奉新县志》
			七月，楚北蝗渡江来饶州府，声如潮涌，食禾苗、菜蔬、竹木叶俱尽。秋，广信府蝗虫害稼。	《上饶地区志》
			秋，瑞昌蝗为灾。	《瑞昌县志》
			六月，丰城蝗，大饥。饿殍载道。	同治《丰城县志》
			七月，南城蝗灾。	《南城县志》

（续）

序号	公元纪年	历史纪年	蝗灾情况	资料来源
980	1835 年	清道光十五年	闰六月，余干蝗蝻由鄱阳、万年县蔓延入境，庄稼、蔬菜、松竹叶食尽，晚稻及秋作物无收。	《余干县志》
			金溪飞蝗食禾。	《金溪县志》
			九月，余江蝗虫为患，成群蔽天，农作物全被食尽，民饿死无数。	《余江县志》
			秋，湖口蝗为灾，民多流亡。	民国《湖口县志》
			弋阳城郊、湖山、湾里蝗遍野。	《弋阳县志》
			秋，万年旱，飞蝗遍野，全县受灾。	《万年县志》
			至七月未下雨，浮梁蝗虫食禾。	《浮梁县志》
			夏，德兴旱，发蝗蝻，收成大减。	《德兴县志》
			七月，进贤蝗虫遍野，飞蔽天日。	同治《进贤县志》
			至七月大旱，景德镇蝗虫食禾。	《景德镇市志》
			临江①蝗，饥。	同治《临江府志》
			八月，清江蝗，饥。	同治《清江县志》
			秋，广信府蝗害稼。	同治《广信府志》
			五月，东乡初生蝗虫漫山遍谷。	《东乡县志》
			广西蝗灾蔓延。	《广西通志·大事记》
			宜州飞蝗满天遮天蔽日。	《宜州市志》
			春，玉林大旱，飞蝗害稼。	《玉林州志》
			桂林蝗灾甚烈。	《桂林市志》
			桂平蝗灾。	《桂平县志》

---

① 临江：旧府名，治所在今江西樟树西南临江镇。

（续）

序号	公元纪年	历史纪年	蝗灾情况	资料来源
980	1835 年	清道光十五年	迁江大饥，飞蝗蔽天。	民国《迁江县志》
			平南蝗食草木、百谷殆尽。	《平南县志》
			富川蝗虫大作。	《富川瑶族自治县志》
			入夏，邕宁蝗蝻萌动，广西各地蝗灾甚烈。	《邕宁县志》
			夏，灌阳蝗虫成灾。	《灌阳县志》
			临桂蝗虫成灾。	《临桂县志》
			罗城蝗虫食尽田禾，损失严重。	《罗城仫佬族自治县志》
			六月，钟山旱，蝗虫为害庄稼。	《钟山县志》
			夏六月，藤县蝗虫又起，害稼，署县捐俸设局收之。	同治《藤县志》
			夏，柳江有蝗蝻萌动。	《柳江县志》
			十一月，北流大雪，蝗毙竹树间，成球。	《北流县志》
			夏秋间，灵山蝗。	民国《灵山县志》
			五月，永宁州蝗虫入境，飞空蔽日，飞落田间，顷刻禾苗食尽，在草坪亦然，鸣锣警之，亦可逐去。	《永宁州志》
			象州、来宾、武宣等州蝗蝻。闰六月，迁江飞蝗蔽天。	《来宾县志》
			恭城蝗大发，农作物受损六成。	《恭城县志》
			宾阳蝗虫飞蔽天日，禾麦大损，米价腾贵。	《宾阳县志》
			苍梧飞蝗蔽天，禾稻啮食一空。	《苍梧县志》
			夏，武鸣余蝗未尽灭。	《武鸣县志》
			六月，全县万全乡蝗蔽天，食青苗。	《全县县志》

（续）

序号	公元纪年	历史纪年	蝗灾情况	资料来源
980	1835 年	清道光十五年	夏，番禺蝗。	光绪《广州府志》
			闰六月，高明大群蝗虫从广西方面飞入县境，遮天蔽日。八月，蝗虫又到，比上次多一倍，乡民用锣鼓声驱赶，庄稼没受害。	《高明县志》
			夏，顺德蝗灾。	《顺德县志》
			七月，开平长沙镇有蝗从东方来，飞蔽天日，践踏田禾，狂风大雨，蝗溺水而死，堆积如山。	《开平县志》
			闰六月，鹤山蝗骤至，古劳镇蔽日无光。	《鹤山县志》
			闰六月，连山蝗虫残害庄稼，厅同知李云栋亲临山峒捕蝗，不幸中瘴身亡。	《连山壮族瑶族自治县志》
			六月，连南蝗灾，庄稼失收。	《连南瑶族自治县志》
			夏六月，德庆蝗。	《德庆县志》
			夏，建昌①旱蝗。	《建平县志》
			夏，凌源蝗。	《凌源县志》
			六、七月，贵州黎平府蝗虫伤稼。蝗初生曰蝻，长翅曰蝗，黎邑向无此种，适因广西滋生，飞入境内，致伤禾稼，武官遣兵持铳捕灭。	光绪《黎平府志》
981	1836 年	清道光十六年	夏，定远②、紫阳蝗，宜都、黄冈、随州、钟祥旱蝗。七月，谷城、郧县、郧西蝗。	《清史稿·灾异志》
			河北博野，江苏如皋、丹徒，江西建昌蝗灾。	《中国历代蝗患之记载》

① 建昌：旧县名，治所在今辽宁陵源。
② 定远：旧厅名，治所在今陕西镇巴。

（续）

序号	公元纪年	历史纪年	蝗灾情况	资料来源
981	1836 年	清道光十六年	江阴、靖江蝗，江浦、镇江、阜宁、仪征、兴化、高邮旱蝗。	《昆虫与植病》1936 年第 4 卷第 18 期
			秋，通州、句容、江阴、高邮、仪征皆蝗，不为灾。	民国《江苏省通志稿》
			秋，江阴飞蝗自北来，多集于江涯啮食草根。	光绪《江阴县志》
			泰州蝗，不为灾。	民国《续纂泰州志》
			滨海旱，蝗蝻遍地，草木尽食。	《滨海县志》
			东台旱，蝗灾。	《东台市志》
			安东蝗灾。	《涟水县志》
			夏，亳州蝗。	光绪《亳州志》
			秋，和州蝗，不为灾。	光绪《直隶和州志》
			庐江旱，蝗灾。	《庐江县志》
			宿松大旱，蝗害稼。	《宿松县志》
			夏，襄阳旱蝗害稼。	同治《襄阳县志》
			春，英山蝗蝻遍生，捕之。	《英山县志》
			春，均州蝗复为灾，食麦苗殆尽，督民捕而蒸之。	光绪《均州志》
			六月，陨县蝗飞蔽日，县率民捕之。	同治《陨县志》
			春，谷城、郧县飞蝗食麦，县令捐俸捕蝗，购蝗四千五百石，灭之。	《谷城县志》
			六月，浏阳蝗。	光绪《湖南通志》
			六月，浏阳蝗，官渡诸村陨蝗如雨，隔溪不辨人。	同治《浏阳县志》
			三四月间，澧县蝻遍野。	《澧县志》
			四月，商州蝗，募民捕之。	民国《续修陕西通志稿》

（续）

序号	公元纪年	历史纪年	蝗灾情况	资料来源
981	1836 年	清道光十六年	秋，葭州、同州、汉中、兴安、商州蝗大起，损禾十之八九。	《陕西省志·大事记》
			西安、同州、汉中、兴安、商州蝗由河南、湖北飞入。	《临潼县志》
			夏，蓝田蝗灾，县率民捕杀之。	《蓝田县志》
			渭南飞蝗入境。	《渭南县志》
			大荔蝗大起，群飞蔽天，田禾顷刻尽食。	《大荔县志》
			湖北飞蝗入汉中。	《南郑县志》
			镇巴蝗生，县令督捕，幸不成灾。	光绪《定远厅志》
			陕南有蝗自河南、湖北入。	《旬阳县志》
			安康蝗自河南、湖北入。	《安康县志》
			五月，紫阳飞蝗入境，大雨，蝗殒。	《紫阳县志》
			五月，汉阴蝗自东北入境。	《汉阴县志》
			五月，石泉飞蝗入境。	民国《石泉县志》
			四月，丹凤蝗灾。	《丹凤县志》
			神木蝗灾。	《神木县志》
			藁城蝗灾。	《藁城县志》
			新河飞蝗遍野，蝻继生。	民国《新河县志》
			定兴蝻。	光绪《定兴县志》
			新城蝗，不害稼。	民国《新城县志》
			五月，任县蝗，数日蝻遍郊野，县令设厂收买蝗虫。	民国《任县志》
			蔚州飞蝗入境。	光绪《蔚州志》
			秋七月，怀安蝗飞蔽天。	《怀安县志》
			七月，阳原大蝗，民饥，赈之。	民国《阳原县志》

（续）

序号	公元纪年	历史纪年	蝗灾情况	资料来源
981	1836 年	清道光十六年	肥城旱，蝗食谷殆尽。	光绪《肥城县志》
			新泰旱蝗，大饥。	乾隆《新泰县志》
			垣曲飞蝗蔽天，食禾立尽。	《运城地区志》
			七月，虞乡蝗害稼。	光绪《虞乡县志》
			汾阳蝗灾。	《汾阳县志》
			怀仁飞蝗入境，秋禾尽食，鬻子女，流亡过半。	光绪《怀仁县新志》
			安泽蝗虫伤禾，成灾。	《安泽县志》
			文水蝗，不为灾。	光绪《文水县志》
			河曲蝗蝻自西入境。	《河曲县志》
			平鲁全境蝗灾。	《平鲁县志》
			天镇飞蝗入境。	《天镇县志》
			广灵飞蝗。	《广灵县志》
			左云旱，飞蝗成灾。	《左云县志》
			夏，浑源飞蝗入境，伤禾，大饥。	《浑源县志》
			四月，氾水旱蝗，伤麦，岁饥。考城蝗。	《河南东亚飞蝗及其综合治理》
			荥阳旱蝗。	民国《续荥阳县志》
			夏四月，河阴蝗，伤麦，岁饥。	民国《河阴县志》
			中牟蝗。	民国《中牟县志》
			六月，祥符蝗。	光绪《祥符县志》
			六月，汝阳蝗。	《汝阳县志》
			八月，宜阳谷大熟，蝗虫至，民皆连夜收获。	《宜阳县志》
			阌乡飞蝗蔽天，食秋禾尽。	民国《阌乡县志》
			濮阳蝗。	《濮阳县志》
			开州、长垣蝗灾。	咸丰《大名府志》
			八月，夏邑蝗飞蔽天。	民国《夏邑县志》

（续）

序号	公元纪年	历史纪年	蝗灾情况	资料来源
981	1836 年	清道光十六年	六月，柘城蝗从西北入，生蝻，食禾几尽。	《柘城县志》
			五月，商水飞蝗至。六月，蝻生，食禾殆尽。	《商水县志》
			七月，鹿邑蝗蝻伤稼。	光绪《鹿邑县志》
			秋，淮阳蝗。	《淮阳县志》
			六月，沈丘蝗。	《沈丘县志》
			六月，项城飞蝗蔽野伤禾。七月，蝻生，食禾殆尽。	民国《项城县志》
			秋，扶沟蝗。	光绪《扶沟县志》
			七月，许州蝗食谷。	道光《许州志》
			夏，鄢陵蝗食稼，县收买蝗子。	民国《鄢陵县志》
			七月，郾城蝗伤禾稼。	民国《郾城县记》
			七月，临颍蝗伤谷。	民国《重修临颍县志》
			六月，汝州蝗，不为灾。	道光《汝州全志》
			六月，鲁山蝗灾。	《鲁山县志》
			五月，叶县蝗。六月，蝻生。	同治《叶县志》
			夏，宝丰蝗飞过境，少有为灾。	《宝丰县志》
			郏县旱蝗。	《郏县志》
			镇平蝗食秋稼。	《镇平县志》
			七月，内乡蝗虫为害，所到处秋禾食尽。	《内乡县志》
			七月，正阳蝗自西北来，遮天蔽日。	民国《重修正阳县志》
			南昌府旱，蝗灾。	《南昌县志》
			永修蝗灾更甚，邑侯谕民扑治。六月，有黑翼白腹之鸟翔集成群啄食之，蝗渐灭。	《永修县志》

（续）

序号	公元纪年	历史纪年	蝗灾情况	资料来源
981	1836 年	清道光十六年	春，饶州府多蝗。四月雨，蝗始止，死蝗遍地。	《上饶地区志》
			秋，瑞昌飞蝗蔽日，禾尽。	《瑞昌县志》
			宜黄蝗害。	《宜黄县志》
			弋阳蝗虫猖獗，按察使募人捕捉，蝗灾始灭。	《弋阳县志》
			夏四月，波阳多蝗，大雨，蝗乃死。	《波阳县志》
			桂林蝗灾仍烈。	《桂林市志》
			临桂蝗成灾。	《临桂县志》
			恭城蝗大发，农作物受损六成。	《恭城县志》
			永安①受蝗虫灾害。	《蒙山县志》
			平南蝗灾，草木、百谷被食净光。	《平南县志》
			灵山檀圩方蝗。	《灵山县志》
			秋，丰镇蝗虫伤害庄稼。	《丰镇市志》
982	1837 年	清道光十七年	春，应城蝗蝻。五月，郧县旱蝗。秋，复旱蝗。	《清史稿·灾异志》
			春，贷山西朔州等十一州厅县蝗、陕西葭州等九州县蝗、甘肃金州等十三县水灾、旱灾、蝗灾、雹灾、霜灾仓谷口粮、籽种。②	《清史稿·宣宗本纪》
			河南洛宁、江西建昌蝗灾。	《中国历代蝗患之记载》
			秋，芮城蝗害稼。	《芮城县志》
			永济蝗害稼。	光绪《永济县志》
			六月，曲沃飞蝗蔽天。	民国《新修曲沃县志》
			六月，侯马飞蝗蔽天。	《侯马市志》
			七月，平陆飞蝗入境，食田苗，秋无收。	《平陆县志》

---

① 永安：旧州名，治所在今广西蒙山。

② 葭州：旧州名，治所在今陕西佳县；金州：指金县，治所在今甘肃榆中。

（续）

序号	公元纪年	历史纪年	蝗灾情况	资料来源
982	1837年	清道光十七年	夏秋，河曲旱蝗，大饥。	《河曲县志》
			五月，朔州十六个村蝗蝻出土，知县到田间察看，出告示收买蝻子，指示扑捕之法，令十日内捕除尽净，后大雨三天三夜，蝗蝻尽净。	《朔县志》
			阳城旱蝗。	同治《阳城县志》
			六月，新绛飞蝗入境，不为灾。	民国《新绛县志》
			湖南新宁境内蝗虫肆虐，所过树叶皆焦，饥民挖食观音土，多腹胀而死。	《新宁县志》
			定边、佳县、志丹蝗灾。	《陕西蝗区勘察与治理》
			夏，白河飞蝗遍野，结队渡河。	《白河县志》
			子长蝗灾。	《子长县志》
			夏，江阴蝗，如皋蝗蝻生，不为灾。	民国《江苏省通志稿》
			安东蝗。	《安东县志》
			春，泰县设局收买蝗子。六月，蝗大作。	《泰县志》
			夏，怀安蝗蝻生。	《怀安县志》
			中牟蝗。	民国《中牟县志》
			汝阳蝗。	《汝阳县志》
			内黄蝗，设局收买蝗蝻。	光绪《内黄县志》
			夏，灵宝蝗蔽天。秋，蝻食禾殆尽。	光绪《灵宝县志》
			夏，阌乡蝗飞蔽日，知县令捕之，后大雨皆死。秋，蝗食禾几尽。	民国《阌乡县志》
			夏，鲁山旱，蝗灾。	《鲁山县志》
			夏，单县蝗。	民国《单县志》

（续）

序号	公元纪年	历史纪年	蝗灾情况	资料来源
982	1837年	清道光十七年	秋七月，巨野蝗。	道光《巨野县志》
			济宁蝗。	道光《济宁直隶州志》
			金乡蝗灾。	咸丰《金乡县志略》
			泗水蝗蝻伤稼，逃离饿死者众。	光绪《泗水县志》
			嘉祥蝗。	《嘉祥县志》
			东平蝗。	光绪《东平州志》
			肥城蝗蝻，大饥。	光绪《肥城县志》
			费县蝗。	光绪《费县志》
			秋，峄县蝗。	光绪《峄县志》
			秋九月，胶州蝗蝻生。	民国《增修胶志》
			夏，掖县蝗。秋，复蝗。	乾隆《掖县志》
			夏秋，莱州蝗灾。	《莱州市志》
			三水有蝗。	光绪《广州府志》
			秋，高州螣。	光绪《高州府志》
			冬，桂平雪，蝗尽死。	民国《桂平县志》
983	1838年	清道光十八年	夏，郧县蝗，应山大旱蝗，博兴旱蝗。八月，东光蝗，不为灾。	《清史稿·灾异志》
			闰四月，阳谷蝗蝻生。	光绪《阳谷县志》
			闰四月，寿张蝗蝻生。	光绪《寿张县志》
			菏泽飞蝗过境，蝗蝻遍野，大雨，蛤蟆食之，不为灾。	光绪《新修菏泽县志》
			东明蝗蝻遍野，蛤蟆食之，竟不为灾。	《东明县志》
			曹县飞蝗过境，蝻生遍野，雨后蛤蟆食之，禾不受害。	光绪《曹州府曹县志》
			六月，巨野蝗，知县率乡民扑捕。	道光《巨野县志》
			四月，郓城蝗蝻生。	光绪《郓城县志》
			夏，邹县有蝗。	《山东蝗虫》

（续）

序号	公元纪年	历史纪年	蝗灾情况	资料来源
983	1838 年	清道光十八年	泗水蝗蝻伤稼，大饥，饿死甚多。	光绪《泗水县志》
			费县蝗。	光绪《费县志》
			夏，枣庄旱蝗。	《枣庄市志》
			夏，峄县大旱蝗。	光绪《峄县志》
			夏四月，荣成青鱼滩等处蝗蝻孳生，知县率乡民捕打数日净尽，刻有《捕蝗简便法》。	道光《荣成县志》
			六月，阌乡蝗食禾尽，百姓大饥。	民国《阌乡县志》
			陕县蝗。	民国《陕县志》
			夏，鲁山旱，蝗灾。	《鲁山县志》
			秋，栾城飞蝗过境。	《栾城县志》
			夏，邱县旱，蝗蝻生。	《邱县志》
984	1839 年	清道光十九年	应山蝗，知县令民挖掘蝗卵，设局定价收买。	《应山县志》
			六安蝗自西南来，飞蔽天日。	同治《六安州志》
			春，霍山有蝗自西来，飞蔽天。	光绪《霍山县志》
			金寨蝗自西南来，飞蔽天。	《金寨县志》
			春，鸡泽蝗大作。	光绪《广平府志》
			武邑旱，蝻生。	《武邑县志》
			邱县旱、蝗交作。	《邱县志》
			山东曹县蝗蝻遍野，有群蛙食之，不为灾。	《中国历代蝗患之记载》
			秋，湘乡旱，螣臘害稼。	同治《湘乡县志》
			夏，江北蝗灾，高田尤甚。	《重庆市江北区志》
			夏，巴县蝗灾，高田尤甚。	《巴县志》
			六月，武鸣蝗伤禾稼。	《武鸣县志》

（续）

序号	公元纪年	历史纪年	蝗灾情况	资料来源
984	1839 年	清道光十九年	九月，封川蝗飞蔽天，幸不伤禾，然遗蝻遍野，至冬乃绝。	《封开县志》
985	1840 年	清道光二十年	夏，沾化蝗。	民国《沾化县志》
			无棣蝗。	民国《无棣县志》
			夏，阳信蝗。	民国《阳信县志》
			夏，胶州旱蝗。	民国《增修胶志》
			栖霞蝗虫大发生。	《栖霞县志》
			八月，平睦①蝗灾。	《浦北县志》
986	1841 年	清道光二十一年	秋，镇巴蝗伤稼。	光绪《定远厅县志》
			七月，六安蝗，不为灾。	同治《六安州志》
			七月，霍山蝗，不为灾。	光绪《霍山县志》
			秋，莒州蝗虫吃稼尽，又食屋草。	《临沂地区志》
			夏，重庆府属蝝生，害稼。	道光《重庆府志》
987	1842 年	清道光二十二年	夏，灵宝蝗灾。	《灵宝县志》
			十月，商丘地区蝗。	《商丘地区志》
			秋，高密蝗。	民国《高密县志》
			七月，招远蝗虫严重为害。	《招远县志》
			湘乡螟螣害稼。	《湖南省志·农林水利志》
			八月，灵山蝗。	民国《灵山县志》
988	1843 年	清道光二十三年	三月，郧西旱蝗。	《清史稿·灾异志》
			湖北郧县蝗灾。	《中国历代蝗患之记载》
			七月，房县蝗生，食稻叶几尽。	同治《房县志》
			七月，兴化大蝗。	《兴化市志》
			六安蝗蝻遍野，以米易蝗数百石。	同治《六安州志》

---

① 平睦：乡镇名，今广西浦北平睦镇。

（续）

序号	公元纪年	历史纪年	蝗灾情况	资料来源
988	1843 年	清道光二十三年	同官旱蝗。	《铜川市志》
			镇巴蝗复生。	光绪《定远厅志》
			阌乡飞蝗食禾尽。	民国《阌乡县志》
			荣河飞蝗入境，不为灾。	民国《荣河县志》
			夏，郁林州蝗发，大饥。	《玉林市志》
			夏，北流蝗。	《北流县志》
989	1844 年	清道光二十四年	仙居蝗灾。	《台州地区志》
			德庆蒌峒蝗。	《德庆县志》
990	1845 年	清道光二十五年	七月，光化、麻城蝗。	《清史稿·灾异志》
			合肥旱蝗。	光绪《续修庐州府志》
			七月，老河口蝗飞蔽天。	《老河口市志》
			秋，惠民有蝗。	咸丰《武定府志》
			秋，昌乐蝗害稼。	民国《昌乐县续志》
			夏，胶州蝗，未伤稼。	民国《增修胶志》
			夏五月，平度大旱蝗。	道光《平度州志》
			蒙阴患蝗，以文吁神，皆应。	《清史稿·文颖传》
			鄢陵蝗生遍野，秋禾食尽。	《鄢陵县志》
			柳城蝗虫为灾，飞满天空，大饥。	《柳城县志》
991	1846 年	清道光二十六年	六月，峄县蝗，颇伤禾稼。	光绪《峄县志》
			六月，滕县飞蝗过境，害稼。	道光《滕县志》
			五月，台儿庄蝗伤稼十之三四。	《台儿庄区志》
			春，麻城收挖蝗卵。秋，蝗乃炽，率众捕之。	民国《麻城县志前编》
			秋，浏阳螟螣生。	光绪《湖南通志》
			柳城蝗虫为灾。	《柳城县志》

（续）

序号	公元纪年	历史纪年	蝗灾情况	资料来源
991	1846年	清道光二十六年	秋，归化城厅蝗灾。	《呼和浩特市志》
			三月，弋阳蝗虫猖獗人心波动，知县令民捕蝗按量计价，蝗灭平息。	《上饶地区志》
992	1847年	清道光二十七年	夏，应城蝻生，元氏旱蝗，沾化蝗。十月，临邑蝗。	《清史稿·灾异志》
			浙江桐乡、汤溪①蝗灾。	《中国历代蝗患之记载》
			夏秋间，涟水旱蝗。	《涟水县志》
			元氏大旱，飞蝗四至，如云雨天，是岁，荒歉。	民国《元氏县志》
			夏，无棣蝗。	民国《无棣县志》
			夏，阳信蝗。	民国《阳信县志》
			秋，曲沃蝗，不为灾。	《续修曲沃县志》
			秋，陕县蝗蝻生。	《陕县志》
			七月，商南蝗。	民国《商南县志》
			四月，应城湖泽蝗蝻生，未几大雨，蝗尽死。	《应城县志》
			浏阳、湘乡螟螣害稼。	《湖南省志·农林水利志》
			柳城蝗虫为灾。	《柳城县志》
			西藏隆子宗澎达地区连遭旱灾、蝗灾，颗粒无收。	《灾异志——雹霜虫灾篇》
			荔浦蝗，不害稼。	民国《荔浦县志》
993	1848年	清道光二十八年	夏五月，滨海蝗起，捕之，不为灾。	光绪《永平府志》
			五月，滦州蝻起，捕之，不为灾。	光绪《滦州志》
			青县蝗雨伤稼。	民国《青县志》
			鸡泽蝗。	光绪《广平府志》
			六月，肥乡仔蝗生，不食禾稼，食柳叶殆尽。	民国《肥乡县志》

① 汤溪：旧县名，治所在今浙江金华西汤溪镇。

（续）

序号	公元纪年	历史纪年	蝗灾情况	资料来源
993	1848 年	清道光二十八年	嵩县飞蝗东来，遮天蔽日，伤稼。	《嵩县志》
			蒲台有蝗。	咸丰《武定府志》
			夏，宁海州旱蝗。	同治《宁海州志》
			夏，牟平旱蝗。	《牟平县志》
			春，商南蝗虫成灾。	《商南县志》
			北流蝗害稼。	《北流县志》
			宾州、贵县、荔浦、修仁①蝗灾。	《广西通志·大事记》
			上林飞蝗入境，为害早禾，未几大风，蝗抱草木尽死。	《上林县志》
			宾阳蝗虫成灾，为害禾苗。	《宾阳县志》
			贵县飞蝗蔽日，如飘风骤雨而至，飒飒有声，所下之处禾苗、菽麦嚼食一空。	《贵县志》
			荔浦蝗盛，飞蔽日，集害稼。	民国《荔浦县志》
			秋，灵山旱，旧州及武利方蝗。	民国《灵山县志》
			西藏卡孜、萨拉地区庄稼遭蝗灾。	《灾异志——雹霜虫灾篇》
994	1849 年	清道光二十九年	六月，万全飞蝗蔽天，田禾损伤成灾。	《万全县志》
			睢宁蝗，不为灾。	民国《江苏省通志稿》
			六月，马山有蝗，伤禾稼。	《马山县志》
			五月，横县飞蝗蔽日，食禾稼，歉收。	《横县志》
			夏，灵山蝗。	民国《灵山县志》
			向武②土州蝗害，吃禾殆尽。	《天等县志》

---

① 宾州：旧州名，治所在今广西宾阳；修仁：旧县名，治所在今广西荔浦西南修仁镇。

② 向武：旧州名，治所在今广西天等。

（续）

序号	公元纪年	历史纪年	蝗灾情况	资料来源
994	1849年	清道光二十九年	秋七月，德庆蝗。	《德庆县志》
			信宜蝗。	《信宜县志》
			西藏纽谿地区遭受严重蝗灾。萨当地区所有庄稼被蝗虫啃吃一空，小麦、青稞和豌豆均被食殆尽。萨拉地区遭蝗灾已逾五年，今年所种麦子、青稞遭灾。四月，蝗虫遍及整个卡孜地区，秋收无望。澎达地区遭严重蝗灾。朗塘遭受蝗灾。	《灾异志——雹霜虫灾篇》
995	1850年	清道光三十年	郁林州蝗害稼。	《玉林市志》
			北流蝗害稼。	《北流县志》
			秋，灵山旱，檀圩方蝗。	民国《灵山县志》
			秋，全县四维、金山乡蝗害稼。	《全县县志》
			浚县飞蝗蔽天，禾苗被害。	《浚县志》
			冠县蝗灾。	《冠县志》
			大足发生严重竹蝗灾害。	《大足县志》
			西藏澎达地区蝗虫卵繁殖。四月，澎波朗塘出现蝗灾，草场寸草未收，少量豌豆亦为蝗虫吃光。林周宗连年遭受蝗灾，小麦、青稞无收。	《灾异志——雹霜虫灾篇》
996	1851年	清咸丰元年	宁晋旱蝗。	民国《宁晋县志》
			四月，叶县蝗。	同治《叶县志》
			秋，沁水多蝗。	《沁水县志》
			高密蝗蝻伤稼，诏举孝廉方正。	《高密县志》
			八月，洪泽飞蝗蔽野。	《洪泽县志》
			含山、虹乡蝗。	光绪《重修安徽通志》
			七月，镇安蝗灾。	《镇安县志》

（续）

序号	公元纪年	历史纪年	蝗灾情况	资料来源
996	1851年	清咸丰元年	桂林蝗灾严重。	《桂林市志》
			临桂蝗虫成灾。	《临桂县志》
			象州蝗虫满野。	《象州县志》
			郁林州蝗灾，伤禾稼。	《玉林市志》
			陆川蝗害稼。	《陆川县志》
			北流蝗害稼。	《北流县志》
			吴川旱蝗。	光绪《高州府志》
			西藏澎波、达孜、墨竹工卡及德庆地区连遭严重蝗虫灾害。墨工豁堆蝗灾严重，收成不佳。	《灾异志——雹霜虫灾篇》
997	1852年	清咸丰二年	河阴飞蝗为灾。	民国《河阴县志》
			中牟大蝗，飞满城，花木俱尽。	民国《中牟县志》
			七月，莒县飞蝗蔽天日，自南来，庄稼吃光，再吃房草。	《莒县志》
			春，日照旱，蝗虫成灾。	《日照市志》
			宝坻蝗起，督民自捕，集资购之。	《清史稿·刘秉琳传》
			宁国蝗飞蔽天，禾稼立尽。	《宣城地区志》
			柳州蝗灾。	《柳州市志》
			马平①蝗灾。	《柳江县志》
			七月，融安蝗虫为害，农作物损失严重。	《融安县志》
			来宾早稻遭蝗灾，飞蝗蔽天，所至田禾俱尽。四月，迁江蝗。	《来宾县志》
			武宣飞蝗食禾，颗粒无收。	民国《武宣县志》
			夏四月，迁江旱蝗。	民国《迁江县志》
			浔州府蝗灾。	同治《浔州府志》

---

① 马平：旧县名，治所在今广西柳州。

（续）

序号	公元纪年	历史纪年	蝗灾情况	资料来源
997	1852年	清咸丰二年	贵县蝗灾。	光绪《贵县志》
			平南蝗灾。	《平南县志》
			七月，融安蝗虫为害农作物，损失严重。	《融安县志》
			玉林蝗。	《昆虫知识》1964年第8卷第5期
			七月，土思州飞蝗成群，遮天蔽日，所过之处田禾均被啮食，为百年所未见。	《宁明县志》
			电白蝗害严重，作物受损。	《茂名市志》
			墨工谿堆蝗灾严重，收成不佳。	《灾异志——雹霜虫灾篇》
998	1853年	清咸丰三年	平原飞蝗蔽天，禾尽伤。	《平原县志》
			夏，武城旱，飞蝗蔽天，禾苗尽伤。	《武城县志》
			恩县飞蝗蔽天，禾尽伤。	《重修恩县志》
			夏，单县蝗。	民国《单县志》
			夏，武定府飞蝗蔽日。	咸丰《武定府志》
			夏，惠民飞蝗蔽日。	光绪《惠民县志》
			无棣飞蝗蔽日。	民国《无棣县志》
			阳信飞蝗蔽日。	民国《阳信县志》
			夏，费县有蝗，不为灾。	光绪《费县志》
			夏，苍山蝗。	《苍山县志》
			五月，遵化蝗，率民捕除略尽。	《遵化县志》
			八月，睢宁飞蝗蔽日，禾苗尽伤。	《睢宁县志》
			七月，永康螟蝗为灾。	《永康县志》
			七月，磐安蝗灾。	《磐安县志》
			七月，东阳蝗灾。	《东阳市志》
			八月，郧西蝗灾。	民国《郧西县志》

（续）

序号	公元纪年	历史纪年	蝗灾情况	资料来源
998	1853 年	清咸丰三年	七月，莲花飞蝗伤害庄稼。	《莲花县志》
			春，万安有绿虫如蝗遍野，伤苗。	《万安县志》
			广西隆安蝗灾。	《中国历代蝗患之记载》
			夏，隆山蝗。	民国《隆山县志》
			上林蝗害。	《上林县志》
			五月，宾阳飞蝗入境，为害作物。	《宾阳县志》
			四月，武鸣有蝗。	《武鸣县志》
			七月，邕宁有五色蝗害稼，并及草木。	《邕宁县志》
			柳州蝗灾。	《柳州市志》
			七月，融水蝗虫为害。	《融水苗族自治县志》
			柳江飞蝗蔽天，飒飒有声，一落原野，青草如剃。	《柳江县志》
			五月，桂林蝗灾。	《桂林市志》
			临桂蝗虫成灾。	《临桂县志》
			来宾早、晚稻均有蝗，分途捕捉。	《来宾县志》
			贵港蝗群飞蔽日。	《贵港市志》
			武宣再蝗，无收。	民国《武宣县志》
			浔州蝗。	同治《浔州府志》
			贵县蝗群飞过，天如云蔽日。	光绪《贵县志》
			桂平蝗灾。	《桂平县志》
			六月，平南蝗灾。	《平南县志》
			五月，郁林蝗蔽天。秋，蝗伤禾苗。	《玉林市志》
			五月，陆川蝗飞蔽天。	《陆川县志》
			北流蝗飞蔽天。秋，蝗伤苗。	《北流县志》

（续）

序号	公元纪年	历史纪年	蝗灾情况	资料来源
998	1853 年	清咸丰三年	五月，容县飞蝗遍野。	光绪《容县志》
			灵山蝗飞蔽天，田禾俱尽。	民国《灵山县志》
			崇左旱，蝗灾，民饥死过半。	《崇左县志》
			天等蝗食禾殆尽，民多饿死。	《天等县志》
			八月，龙州大蝗，所过禾稻为空。	民国《龙州县志》
			八月，阳春蝗。	《阳春县志》
			秋，信宜蝗虫为害。	《茂名市志》
			五月，石城蝗。八月，吴川蝗。	光绪《高州府志》
			八月，罗定蝗灾，飞蝗遮天蔽日，食禾苗尽，农民鸣锣驱逐。	《罗定县志》
			西藏林周宗蝗灾，小麦、青稞无收。墨工谿堆各村出现大量蝗虫。江谿宗庄稼遭受蝗灾，全无收成。	《灾异志——雹霜虫灾篇》
999	1854 年	清咸丰四年	六月，唐山、滦州、固安、武清蝗。	《清史稿·灾异志》
			秋，正定蝗。	光绪《正定县志》
			晋县大蝗。	民国《晋县志料》
			定兴蝻。	光绪《定兴县志》
			新城蝻。	民国《新城县志》
			蠡县蝗。	《蠡县志》
			七月，枣强蝗。	《枣强县志》
			秋八月，滦南蝗灾。	《滦南县志》
			春，遵化收买蝗蝻，掘坑焚埋。	《遵化县志》
			五月，宜阳飞蝗大至，遮天蔽日，塞窗推户，室无隙地。	《宜阳县志》

（续）

序号	公元纪年	历史纪年	蝗灾情况	资料来源
999	1854 年	清咸丰四年	浚县蝗虫为害甚烈。	《浚县志》
			六月，光山蝗蔽天日。	民国《光山县志约稿》
			荣河飞蝗入境，不为灾。	民国《荣河县志》
			夏，丹凤飞蝗蔽日，禾稼尽伤。	《丹凤县志》
			平原飞蝗入境，生蝻害稼。	《平原县志》
			恩县飞蝗入境，蝻生害稼。	宣统《重修恩县志》
			武城蝗从南来，飞蔽天日，作物受灾。	《武城县志》
			秋，淄博蝗虫害稼。	《淄博市志》
			秋，桓台蝗。	《桓台县志》
			春，惠民蝻生数里，群鸦食之净。	咸丰《武定府志》
			阳信蝗蝻生，被群鸦食之净。	民国《阳信县志》
			夏，苍山蝗。	《苍山县志》
			日照旱蝗。	光绪《修日照县志》
			宝应河西旱蝗。	《宝应县志》
			盱眙旱蝗。	光绪《盱眙县志稿》
			宁国飞蝗蔽天，禾稼立尽。	《宣城地区志》
			秋，霍邱旱蝗，民大饥，人相食。	《霍邱县志》
			夏，桂阳州北蝗、旱、瘟疫成灾。	《桂阳县志》
			广西容县蝗灾。	《中国历代蝗患之记载》
			义宁、武缘、融县、北流、博白蝗灾，督捕之，蠲赋。①	《广西通志·大事记》
			七月，武鸣有蝗。	《武鸣县志》

---

① 义宁：旧县名，治所在今广西临桂西北；武缘：旧县名，治所在今广西武鸣；融县：旧县名，治所在今广西融水。

（续）

序号	公元纪年	历史纪年	蝗灾情况	资料来源
999	1854 年	清咸丰四年	六月，环江蝗虫飞集思恩①全县，蝗灾严重，有一小孩被蝗虫咬死。	《环江毛南族自治县志》
			七月，桂林蝗灾。	《桂林市志》
			永宁②州严重蝗灾。	《永福县志》
			七月，义宁蝗灾。	《临桂县志》
			秋，荔浦蝗，不害稼。	民国《荔浦县志》
			平乐蝗入境。	光绪《平乐县志》
			春，迁江旱蝗。	民国《迁江县志》
			秋，昭平旱，飞蝗扑野，大饥。	《昭平县志》
			七月，蒙山飞蝗遍野，五谷不登。	《蒙山县志》
			五月，灵山蝗。	民国《灵山县志》
			太平③旱，蝗灾。	《崇左县志》
			秋，新宁州、永康州④蝗。	《扶绥县志》
			六月，靖西蝗虫食新圩一带田禾，蔓延一州，歉收。	《靖西县志》
			西藏尼木地区多滚巴与玛朗巴出现蝗虫。	《灾异志——雹霜虫灾篇》
			五月，阳春蝗。	《阳春县志》
			秋，茂名、信宜蝗灾，飞蔽天。	光绪《茂名市志》
			夏四月，茂名飞蝗损禾稼，诸邑均有，悬赏捕之，惟吴川蝗不入境。	光绪《高州府志》
1000	1855 年	清咸丰五年	四月，静海、新乐蝗。	《清史稿·灾异志》

① 思恩：旧县名，治所在今广西环江毛南族自治县。
② 永宁：旧州名，治所在今广西永福西北。
③ 太平：旧府、路名，治所在今广西崇左。
④ 新宁：旧州名，治所在今广西扶绥；永康：旧州名，治所在今广西扶绥北。

（续）

序号	公元纪年	历史纪年	蝗灾情况	资料来源
1000	1855 年	清咸丰五年	河北，山东，江苏，安徽寿县，湖北松滋、枝江、长阳蝗；寿县大蝗，迁移。	《中国东亚飞蝗蝗区的研究》
			夏，天津蝗。	同治《续天津县志》
			三河飞蝗入境，灾。	民国《三河县新志》
			晋县大蝗。	民国《晋县志料》
			新城飞蝗害稼。	民国《新城县志》
			定兴飞蝗害稼。	《定兴县志》
			秋，正定蝗。	光绪《正定县志》
			九月，密云蝗飞蔽天。	《密云县志》
			河南南阳诸地旱蝗，发仓筹赈。	《清史稿·王庆云传》
			四月，宜阳有蝗长寸许，遇麦，口啮穗落。八月，飞蝗大至。	《宜阳县志》
			秋，卢氏飞蝗蔽天。	光绪《卢氏县志》
			秋，淮阳蝗，禾尽伤。	《淮阳县志》
			光州遭旱蝗灾害。	《潢川县志》
			夏，睢宁旱，蝗蝻大作。	光绪《睢宁县志稿》
			宁国、寿县蝗飞蔽天，颗粒无收。	《安徽省志·大事记》
			夏，凤阳旱，飞蝗蔽天，禾稼俱伤。	光绪《凤阳府志》
			六月，萧县旱，蝻子生。	同治《续萧县志》
			宁国连年蝗飞蔽天，禾稼尽。	《宣城地区志》
			石台蝗灾。	《石台县志》
			八月，随州旱，飞蝗蔽日。	《随州志》
			湖北石首蝗灾。	《中国历代蝗患之记载》
			宜昌旱蝗。	《宜昌县志》
			夏，济阳蝗。	民国《济阳县志》

（续）

序号	公元纪年	历史纪年	蝗灾情况	资料来源
1000	1855 年	清咸丰五年	七月，恩县蝗自南来，飞蔽天，集田害稼。	宣统《重修恩县志》
			夏，武城飞蝗蔽天，禾苗尽伤。	《武城县志》
			平原蝗由西南来，食禾叶尽。	《平原县志》
			济宁嘉祥蝗灾。	《济宁市志》
			秋，微山蝗食禾。	《微山县志》
			秋，嘉祥蝗食禾。	《嘉祥县志》
			秋，桓台蝗。	《桓台县志》
			六月，惠民飞蝗蔽天。	光绪《惠民县志补遗》
			夏，阳信蝗虫。	民国《阳信县志》
			夏，沾化蝗。	民国《沾化县志》
			秋，昌乐蝗蝻害稼。	《昌乐县续志》
			高密旱蝗，免民欠租赋。	民国《高密县志》
			六月，苍山飞蝗蔽天，为害庄稼。	《苍山县志》
			六月，费县蝗飞蔽天，害稼。	光绪《费县志》
			栖霞蝗虫大发生。	《栖霞县志》
			秋，莱阳飞蝗蔽日，伤禾。	民国《莱阳县志》
			瑞昌旱，蝗灾。	《瑞昌县志》
			郁林蝗大发，伤稼过半。	《玉林市志》
			平南蝗灾。	《平南县志》
			八月，上思蝗虫至，田禾被食，飞遮半，天日为暗，后遗卵土中，又生蝗崽其名曰蝻，仅能跳跃不可翼飞，日久为害田禾，于是研究捕治之法，乃于田间多挖土灶，架以大锅，煮水至沸，两面用席遮围，	《上思县志》

（续）

序号	公元纪年	历史纪年	蝗灾情况	资料来源
1000	1855 年	清咸丰五年	驱而逐之，使蝗尽跳入锅水而死，锅满即予捞出，卒至堆积如山，蝗乃绝。	《上思县志》
			二月，靖西蝗虫复生。三月大雨，蝗尽死。	《靖西县志》
			夏，陆川蝗飞蔽天，所过食禾过半，农民击铜器以逐之。	《陆川县志》
			夏，北流蝗飞蔽天。秋，蝗食禾苗过半。	《北流县志》
			灵山蝗。	民国《灵山县志》
			黎平岩洞等处蝗灾。	《黎平县志》
			西藏曲水宗区内出现大量蝗虫，当今不仅要确保庄稼及草场不受害，还要防止飞虫蔓延到其他地方。尼木地区蝗虫多如水波。江孜、白朗、日喀则蝗灾，噶厦对各宗谿下达彻底驱赶蝗虫铲除蝗卵的指令。	《灾异志——雹霜虫灾篇》
1001	1856 年	清咸丰六年	三月，青县、曲阳蝗。六月，静海、光化、江陵旱蝗，宜昌飞蝗蔽天，松滋蝗。八月，昌平蝗，邢台蝗，香河、顺义、武邑、唐山蝗。	《清史稿·灾异志》
			河北广平、北平，江苏高淳、江阴，浙江吴兴，安徽滁县、芜湖、凤台及湖南慈利蝗灾。	《中国历代蝗患之记载》
			河南商丘，湖北黄州、襄阳及近畿属县飞蝗成灾。	《中国历代天灾人祸表》
			河北天津、昌平，河南永城，山东益都，江苏徐州、宝应、南通、苏州、上海，	《中国东亚飞蝗蝗区的研究》

（续）

序号	公元纪年	历史纪年	蝗灾情况	资料来源
1001	1856 年	清咸丰六年	浙江定海①、上虞，安徽五河，湖北江陵，湖南大蝗，严重成灾。	
			七月，直隶蝗，布政使司钱炘和印发旧存捕蝗要说二十则、图说十二幅，于各牧令仿照捕除蝗虫。	《捕蝗纪略》
			束鹿、正定、晋县等 57 州县水、旱、蝗，免被灾村庄额赋。	《河北省农业厅·志源（1）》
			玉田、滦县、丰润被水、旱、蝗害。	《唐山市志》
			秋八月，乐亭飞蝗自东南入境，晚禾灾。	光绪《乐亭县志》
			秋，迁安蝗。	《迁安县志》
			秋，迁西蝗。	《迁西县志》
			玉田蝗蝻遍地，禾苗食尽。	《玉田县志》
			秋七月，永平蝗，不为灾。	光绪《永平府志》
			秋，昌黎飞蝗自东南入境。	《昌黎县志》
			临榆蝗。	民国《临榆县志》
			夏不雨，赵州蝗害稼。	光绪《赵州志》
			六月，井陉飞蝗东来，遮天蔽日，后蝻生，禾苗、叶蔬俱尽。	民国《井陉县志料》
			七月，栾城蝗灾。	《栾城县志》
			秋，平山飞蝗过境。	《平山县志》
			秋，保定飞蝗蔽天。十月，蝻生，吃麦苗。	光绪《保定府志》
			易县蝗。	《易县志》
			秋，新城飞蝗蔽天。十月，蝻生，食麦苗。	民国《新城县志》

---

① 定海：旧县名，治所在今浙江舟山市定海区。

（续）

序号	公元纪年	历史纪年	蝗灾情况	资料来源
1001	1856 年	清咸丰六年	秋，望都飞蝗蔽天。十月，蝻生，吃麦苗。	民国《望都县志》
			秋，唐县蝗，禾稼大伤。	光绪《唐县志》
			定兴又蝗。	光绪《定兴县志》
			秋，容城飞蝗蔽天，至十月蝗蝻犹生，继食麦苗。	《容城县志》
			三河蝗蝻遍野，食苗殆尽，大歉。	民国《三河县新志》
			大厂蝗蝻遍野，食禾殆尽，大歉。	《大厂回族自治县志》
			夏，霸县旱蝗。	民国《霸县新志》
			夏，永清多蝗。	光绪《续永清县志》
			文安蝗。	民国《文安县志》
			七月，献县蝗。	民国《献县志》
			秋，盐山蝗，不为灾。	同治《盐山县志》
			七月，海兴蝗。	《海兴县志》
			秋，故城飞蝗蔽天，食稼尽，民大饥。	《故城县志》
			六月，枣强旱蝗。八月，生蝻。	《枣强县志》
			秋，新河飞蝗蔽天。	民国《新河县志》
			七月，永年、肥乡蝗。	光绪《广平府志》
			六月，成安飞蝗蔽天。	民国《成安县志》
			夏，大名旱蝗。	民国《大名县志》
			魏县大蝗。	《魏县志》
			西青区蝗灾。	《西青区志》
			宁河被蝗。	《宁河县志》
			武清旱、蝗、雹、水灾。	《武清县志》
			八月，平谷飞蝗从南来，蔽天，闻江南、河南、山东、直隶皆然，后田中生子，田间小孔如筛，伤晚禾。	光绪《顺天府志》

（续）

序号	公元纪年	历史纪年	蝗灾情况	资料来源
1001	1856 年	清咸丰六年	七月，娄县、上海、南汇、奉贤、青浦蝗。秋，武进、阳湖、句容、溧水蝗，苏州、嘉定蝗食禾稼，通州、泰兴、睢宁、萧县、高邮旱蝗为灾。	民国《江苏省通志稿》
			江宁、句容、溧水、六合、镇江、丹阳、金坛、溧阳、上海、松江、南汇、青浦、奉贤、金山、川沙、太仓、嘉定、宝山、吴县、常熟、昆山、吴江、武进、无锡、宜兴、靖江、如皋、泰兴、涟水、阜宁、盐城、泰县、高邮、铜山、沛县、萧县旱蝗。	《昆虫与植病》1936 年第 4 卷第 18 期
			秋，江浦飞蝗蔽野，饿死者无数。	《江浦县志》
			秋，浦口区大旱，飞蝗遍野，饥死者无数。	《浦口区志》
			六合大旱，飞蝗蔽天。	光绪《六合县志》
			秋，丹徒蝗灾。	光绪《丹徒县志》
			秋，丹阳飞蝗蔽天，庄稼受灾。	《丹阳县志》
			秋，常州蝗灾。	《常州市志》
			八月，金坛蝗飞蔽天，食禾菽过半，民饥。	《金坛县志》
			七月，无锡旱，飞蝗遍野。	《无锡市志》
			七月，苏州蝗从西北来，如云蔽空，伤禾。	同治《苏州府志》
			七月，吴县蝗从西北入境，如云蔽空，伤禾。	民国《吴县志》
			八月，昆山蝗飞蔽天，集田伤禾稼。	《昆山县志》

（续）

序号	公元纪年	历史纪年	蝗灾情况	资料来源
1001	1856 年	清咸丰六年	八月，海安旱，蝗飞蔽天，岁大饥。	《海安县志》
			广陵蝗灾。	《广陵区志》
			八月，兴化飞蝗为灾。	《兴化市志》
			八月，靖江飞蝗自西北来，逾二十日方去，岁大荒。	《靖江县志》
			夏秋，泰兴飞蝗蔽天，歉收。	《泰兴县志》
			射阳飞蝗四起，岁大饥。	《射阳县志》
			建湖蝗虫遍野。	《建湖县志》
			滨海大旱，蝗虫大发生。	《滨海县志》
			响水蝗四起，禾苗吃光，人以草根为粮。	《响水县志》
			八月，金湖旱，飞蝗遍野。	《金湖县志》
			夏，宿迁、安东、桃源、盱眙、山阳旱，飞蝗蔽日，食禾苗尽。	《淮阴市志》
			涟水飞蝗蔽天，禾苗、草木尽食。	《涟水县志》
			泗洪蝗。	《泗洪县志》
			夏，沭阳旱蝗。	民国《沭阳县志》
			夏，睢宁旱，蝗蝻又作。	光绪《睢宁县志稿》
			夏，沛县旱，蝗灾，民饥。	民国《沛县志》
			淮北飞蝗蔽天，遍野如焚。	《连云港市志》
			灌南旱，飞蝗蔽天，禾苗尽食。	《灌南县志》
			夏，上海有蝗自北来，草根、芦叶俱尽，县令收捕至数百斛。八月，飞蝗复来。	《上海县志》
			夏秋，宝山旱，蝗虫成灾。	光绪《宝山县志》

（续）

序号	公元纪年	历史纪年	蝗灾情况	资料来源
1001	1856 年	清咸丰六年	秋七月，金山大旱蝗，大饥。	光绪《金山县志》
			秋，崇明蝗，岁不登。	光绪《崇明县志》
			七月，奉贤有蝗自海滨来，蔽野。	光绪《奉贤县志》
			八月，松江飞蝗蔽天。	《松江县志》
			八月，华亭飞蝗蔽天，城乡俱有。	光绪《重修华亭县志》
			娄县有蝗自北来，田禾被食，中秋后热如夏，飞蝗复来。	光绪《娄县续志》
			八月，南汇飞蝗蔽天，仅食芦叶，未成灾。	光绪《南汇县志》
			秋七月，青浦飞蝗入境，岸草、竹叶几尽，不甚伤稻。	光绪《青浦县志》
			庐州、凤阳、颍州、六安四属蝗甚。	光绪《重修安徽通志》
			霍邱旱蝗。	《霍邱县志》
			庐郡①旱蝗，米价腾贵，野有饿殍。	光绪《续修庐州府志》
			舒城蝗。	《舒城县志》
			太和蝗至，食禾稼几尽。	《太和县志》
			界首飞蝗至，食禾几尽。	《界首县志》
			秋，颍上大旱蝗。	同治《颍上县志》
			亳州蝗。	光绪《亳州志》
			春，涡阳蝗虫食麦。	《涡阳县志》
			夏，宿州旱，飞蝗蔽野。	光绪《宿州志》
			泗县蝗。	《泗虹县志》
			夏四月，凤阳、灵璧旱蝗。	光绪《凤阳府志》

---

① 庐郡：指庐州，旧府名，治所在今安徽合肥。

（续）

序号	公元纪年	历史纪年	蝗灾情况	资料来源
1001	1856 年	清咸丰六年	秋，嘉山蝗，赤地千里，人相食。	《嘉山县志》
			天长旱，飞蝗蔽天，大饥。	《天长县志》
			夏，固镇蝗灾。	《固镇县志》
			庐江旱，蝗灾。	《庐江县志》
			八月，南陵蝗大起。	民国《南陵县志》
			夏，宣城旱蝗，人相食。	《宣城地区志》
			旌德大旱，有蝗。	《旌德县志》
			九月，广德蝗灾。	《广德县志》
			夏，桐城飞蝗蔽日，米价腾贵。	《桐城县志》
			长兴蝗蝻迅起蔽野，自北向南迁移。	《长兴县志》
			秋，平湖蝗。	《平湖县志》
			秋，嘉善蝗灾，米腾贵。	《嘉善县志》
			夏秋间，鄞县、慈溪、余姚蝗遍野。	《宁波市志》
			七月，奉化蝗虫为灾，延及鄞县。	《奉化市志》
			夏秋，杭、嘉、湖、苏、松、常、镇 36 县河涸，大蝗。	《嘉兴市志》
			六月，鄞县东南乡飞蝗遍野，村民捕而煮之，日捕十石。	同治《鄞县志》
			八月，上虞蝗灾，遮天蔽日，晚禾无收。	《上虞县志》
			桐乡蝗飞蔽天，大饥。	《桐乡县志》
			八月，嵊县蝗自北来，飞蔽天。	《新昌县志》
			富阳飞蝗成灾。	《富阳县志》

（续）

序号	公元纪年	历史纪年	蝗灾情况	资料来源
1001	1856 年	清咸丰六年	南昌蝗蝼像下雨一般飞集田间，很多饥民都捉来吃，或用来饲养鸡、猪。	《南昌县志》
			鄂州旱，飞蝗过境。	《鄂州市志》
			秋，通山蝗。	同治《通山县志》
			天门稻蝗为害。	《天门县志》
			监利旱蝗。	同治《监利县志》
			夏，应城大旱蝗。	《应城县志》
			七月，济南府属州县蝗灾。	《济南市志》
			秋，历城蝗。	民国《续修历城县志》
			长清蝗蝻伤禾，岁大饥。	《长清县志》
			平阴飞蝗害稼，禾茎并尽。	光绪《平阴县志》
			秋，陵县蝗害稼。	光绪《陵县志》
			平原旱，蝗遍生，食禾尽，大饥。	《平原县志》
			秋，齐河蝗。	《齐河县志》
			武城旱，蝗蝻遍地，吃尽作物，饥甚。	《武城县志》
			六月，恩县蝗蝻遍野，食禾尽，民大饥。	宣统《重修恩县志》
			七月，寿张蝗蝻生。	光绪《寿张县志》
			秋，高唐蝗遍地，田禾绝产。	《高唐县志》
			秋，濮州①蝻生，禾稼尽食。	宣统《濮州志》
			五月，定陶飞蝗遍野。六月，蝻生，食禾害稼。	民国《定陶县志》
			秋七月，巨野蝗蝻生。	民国《续修巨野县志》
			七月，郓城蝗蝻生。	光绪《郓城县志》
			济宁旱，蝗灾，秋无禾。	咸丰《济宁直隶州续志》

---

① 濮州：旧州名，治所在今河南范县西南濮城镇。

（续）

序号	公元纪年	历史纪年	蝗灾情况	资料来源
1001	1856年	清咸丰六年	金乡旱蝗，缓征钱粮。	咸丰《金乡县志略》
			夏，鱼台蝗食麦。秋，蝗伤禾。	光绪《鱼台县志》
			兖州旱，蝗虫成灾。	《兖州市志》
			滋阳旱蝗。	光绪《滋阳县志》
			六月，汶上飞蝗蔽日，秋禾食尽，野无青草。	《汶上县志》
			东平旱，蝗为灾，秋无禾。	《东平州志》
			宁阳旱蝗，大饥。	光绪《宁阳县志》
			夏，新泰蝗伤禾。	乾隆《新泰县志》
			七月，肥城飞蝗蔽天，害稼。	光绪《肥城县志》
			夏，桓台蝗。	《桓台县志》
			利津旱蝗。	光绪《利津县志》
			秋，潍坊蝗灾。	《潍城区志》
			秋，寒亭区蝗。	《寒亭区志》
			秋，昌乐飞蝗成灾。	民国《昌乐县续志》
			秋，安丘大蝗。冬十月，蝝生，汶河两岸麦苗几尽。	民国《续安丘新志》
			秋七月，临朐蝗，饥。	光绪《临朐县志》
			七月，诸城蝗自南涌来，渡潍水时重重叠叠累若架桥，平地尺许，所经之地青草、树叶、庄稼皆吃光。	《诸城市志》
			高密旱蝗，免民欠租赋。	民国《高密县志》
			秋，莒州不雨，蝗蝻害稼；费县蝗蝻遍野，食禾殆尽；日照亦遭蝗灾。八月，莒州又蝗，飞蝗蔽天，落地深数寸，所过赤地。	《临沂地区志》
			七月，沂南旱，蝗灾严重。	《沂南县志》
			六月，费县蝗蝻食禾几尽。	光绪《费县志》

（续）

序号	公元纪年	历史纪年	蝗灾情况	资料来源
1001	1856 年	清咸丰六年	七月，苍山飞蝗遍野，食禾殆尽。	《苍山县志》
			春，峄县旱，蝗虫成灾。	《枣庄市志》
			春，峄县旱，蝗败稼。	光绪《峄县志》
			夏，台儿庄蝗为灾，民大饥。	《台儿庄区志》
			至六月不雨，莒县蝗虫、步蝻为害，粮歉收。	《莒县志》
			七月，牟平蝗，大疫。	《牟平县志》
			七月，宁海有蝗，大疫。	同治《宁海州志》
			秋，日照飞蝗蔽天。	光绪《日照县志》
			秋，海阳飞蝗蔽日。冬，地多蝻子，知县率民掘取尽净。	光绪《海阳县续志》
			秋，蓬莱蝗灾，农作物受害严重。	《蓬莱县志》
			秋，乳山飞蝗蔽日，庄稼临熟，未成重灾。	《乳山市志》
			武陟、新乡一带蝗灾严重。	《河南省志·大事记》
			郑州、中牟、新郑、巩县蝗灾。	《郑州市志》
			考城蝗。	《兰考县志》
			仪封蝗。	民国《续仪封县志稿》
			秋，新乡旱，蝗自南来，飞则蔽天，落则数尺，秋禾尽伤，民大饥。	《新乡县志》
			八月，原阳飞蝗蔽天，秋禾尽伤。	《原阳县志》
			焦作蝗虫成灾，飞蔽天，遗蝻不绝，损坏田禾无数。	《焦作市志》
			六月，温县蝗灾。	《温县志》

（续）

序号	公元纪年	历史纪年	蝗灾情况	资料来源
1001	1856 年	清咸丰六年	七月，武陟飞蝗蔽天，伤田禾无数，蝻生不绝。	《续武陟县志》
			夏六月，孟县蝗蝻害稼。	《孟县志》
			灵宝蝗。	光绪《灵宝县志》
			卢氏蝗蝻生。	光绪《卢氏县志》
			秋，濮州蝗蝻生，禾稼尽食。	宣统《濮州志》
			夏，台前旱，蝗蝻生。	《台前县志》
			内黄大旱，飞蝗为灾。	《内黄县志》
			浚县飞蝗蔽天，蝻子遍地。	《续浚县志》
			商丘蝗灾。	《商丘县志》
			秋，柘城蝗。	光绪《柘城县志》
			秋，宁陵蝗食禾。	《宁陵县志》
			睢州飞蝗蔽天。七月，蝻伤秋禾。	光绪《续修睢州志》
			虞城大旱，蝗伤禾。	光绪《虞城县志》
			夏邑大旱蝗。	民国《夏邑县志》
			七月，永城蝗食禾尽，惟绿豆收。	光绪《永城县志》
			夏，淮阳、项城、沈丘、鹿邑旱蝗。	《周口地区志》
			夏，沈丘大旱蝗。	《沈丘县志》
			项城大旱蝗。	民国《项城县志》
			秋，淮阳大旱蝗。	《淮阳县志》
			六月，鹿邑蝗落境内，食禾稼殆尽。	《鹿邑县志》
			许昌蝗。	《许昌县志》
			鄢陵有蝗，不为灾。	民国《鄢陵县志》
			禹州旱，蝗灾。	《禹州市志》
			临颍蝗。	民国《重修临颍县志》

（续）

序号	公元纪年	历史纪年	蝗灾情况	资料来源
1001	1856 年	清咸丰六年	夏，宝丰飞蝗遍野，伤禾，遗卵于郊。	《宝丰县志》
			六月，鲁山大批飞蝗从东北来，蔽日遮天，禾苗被食无遗。	《鲁山县志》
			四月，叶县蝗。	同治《叶县志》
			郏县旱蝗。	《郏县志》
			秋，方城蝗蝻为灾，禾稼减产六七成。	《方城县志》
			驻马店蝗虫伤毁庄稼。	《驻马店市志》
			六月，确山蝗伤稼。	民国《确山县志》
			秋，正阳蝗。	民国《重修正阳县志》
			秋，新蔡旱，蝗虫为害，稻、粱无收。	《新蔡县志》
			信阳、光州旱，蝗灾。	《信阳地区志》
			秋，息县蝗遍野，为害庄稼。	《息县志》
			固始蝗灾害稼。	《固始县志》
			光山旱蝗为灾，颗粒不收。	《光山县志》
			七月，陕西有蝗自东方来，飞蔽日。	民国《续修陕西通志稿》
			西安蝗自东方来，飞蔽日。	《西安市志》
			七月，长安蝗自东来，飞蔽日。	《长安县志》
			户县蝗自东方来，飞蔽天。	《户县志》
			七月，周至蝗生，百姓捕捉驱逐。	《周至县志》
			七月，渭南蝗自东来，飞行蔽日。	《渭南县志》
			七月，兴平蝗自东来，飞行蔽天。	《兴平县志》
			七月，旬阳蝗自东方来，蔽天日。秋，蝗伤稼。	《旬阳县志》

（续）

序号	公元纪年	历史纪年	蝗灾情况	资料来源
1001	1856 年	清咸丰六年	七月，岚皋飞蝗蔽天。	《岚皋县志》
			七月，定边蝗飞蔽天。	《定边县志》
			七月，佳县飞蝗蔽日。	《佳县志》
			九月，长治蝗灾。	《长治县志》
			秋，阳城蝗害稼。	同治《阳城县志》
			秋，沁水多蝗。	光绪《沁水县志》
			秋，万荣蝗蝻遍野，食麦苗。	《万荣县志》
			九月，祁阳蝗虫为灾。	《祁阳县志》
			秋，新建旱，蝗飞集如雨，居民多取食，或饲猪、鸡。	《新建县志》
			秋，南昌市近郊和南昌、新建两县大旱，蝗灾，蝗飞集田间如雨，饥民多取而食，或饲猪、鸡，蝻子遗地下，团如粟，民于冬月掘之，多者数十斛。	《南昌市郊区志》
			夏，防城蝗虫为害，饥荒。	《防城县志》
			罗城飞蝗蔽天，食尽五谷之苗，歉收。	《罗城仫佬族自治县志》
			八月，阳江飞蝗蔽天，大伤禾稼。	《阳江县志》
			噶厦对卫藏各宗谿下达"驱赶蝗虫，彻底铲除虫卵"的指令。乃东及尼木门卡地区连遭蝗虫危害，收成无望。	《灾异志——雹霜虫灾篇》
1002	1857 年	清咸丰七年	春，昌平、唐山、望都、乐亭、平乡蝗；平谷蝻生，春无麦；青县蝻子生；抚宁、曲阳、元氏、清苑、无极大旱蝗；邢台有小蝗，名旱蠓，食五谷茎俱尽；武昌飞蝗蔽天；枣阳、房	《清史稿·灾异志》

（续）

序号	公元纪年	历史纪年	蝗灾情况	资料来源
1002	1857 年	清咸丰七年	县、郧西、枝江、松滋旱蝗；宜都有蝗长三寸余。秋，咸宁、汉阳、宜昌、归州、松滋、江陵、枝江、宜都、黄安、蕲水①、黄冈、随州蝗；应山蝗，落城厚尺许，未伤禾；钟祥飞蝗蔽天。亘数十里；潜江蝗。	
			河南洛宁，江苏吴江、丹徒、宜兴，浙江富阳、吴兴、长兴，湖南桃源蝗灾。	《中国历代蝗患之记载》
			高淳、镇江、金坛、松江、南汇、金山、川沙、吴县、溧水、常熟、江阴蝗，萧县旱蝗。	《昆虫与植病》1936 年第 4 卷第 18 期
			春，上海、句容、溧水蝗，高淳、江阴、奉贤、南汇蝗蝻生。七月，苏州、萧县蝗飞蔽天。	民国《江苏省通志稿》
			四月，无锡蝻，以鸭七八百扑灭之。	《治蝗全法》
			七月，如皋蝗灾。	《如皋县志》
			七月，阜宁蝗，不为灾。	光绪《阜宁县志》
			夏，安东蝗。	光绪《安东县志》
			六月，淮阴蝗灾严重。	《淮阴县志》
			春，上海蝗。四月，浦滨蝝生如蚁，得雨而绝。八月，蝗集西南乡，伤晚禾。	同治《上海县志》
			春，华亭蝗孽萌生，浦南尤甚。五月大风雷，遗蝗皆尽。	光绪《重修华亭县志》
			夏，南汇蝗，大雨，蝗群赴海滩死。	光绪《南汇县志》

---

① 归州：旧州名，治所在今湖北秭归；蕲水：旧县名，治所在今湖北浠水。

（续）

序号	公元纪年	历史纪年	蝗灾情况	资料来源
1002	1857 年	清咸丰七年	春，金山蝗蝻萌生，浦南尤甚。	《金山县志》
			春，松江蝗蝻生，浦南尤甚。	《松江县志》
			八月，六安蝗飞蔽天。	同治《六安州志》
			秋，霍邱旱蝗。	《霍邱县志》
			六月，霍山蝗入境，不为灾。	光绪《霍山县志》
			六月，萧县蝗蔽天，各村庄相率扑打，城内设局收买蝻子数百石。	同治《续萧县志》
			界首蝗复至。	《界首县志》
			四月，颍上蝗蝻入城。	同治《颍上县志》
			夏，亳州蝗，填塞市廛。	光绪《亳州志》
			秋，无为蝗，稻禾有伤；巢县蝗。	光绪《续修庐州府志》
			庐江旱，蝗灾。	《庐江县志》
			秋，无为蝗。	《无为县志》
			宣城蝗发。	《宣城县志》
			夏，郎溪旱，蝗灾。	《郎溪县志》
			夏，广德蝗灾。	《广德县志》
			歙县蝗灾。	《歙县志》
			夏，海盐蝗飞蔽天，居民捕逐。	《海盐县志》
			夏，乌程蝗复生。秋，德清飞蝗蔽天，伤禾稼。九月，孝丰蝗灾。	《湖州市志》
			夏，桐乡蝗复生，入水自毙。	《桐乡县志》
			江陵、枝江、松滋、宜都、黄冈、麻城、蕲水、郧西、房县、枣阳旱蝗。	民国《湖北通志》

（续）

序号	公元纪年	历史纪年	蝗灾情况	资料来源
1002	1857年	清咸丰七年	秋，红安飞蝗入境，蔽日无光，未伤禾稼。	同治《黄安县志》
			夏，郧西蝗为害。秋，蝗啮光禾苗。	《郧西县志》
			五月，鄂州蝗飞蔽天。	《鄂州市志》
			八月，通城蝗飞过境，蔽日，不为灾。	同治《通城县志》
			七月，通山蝗自崇阳至，谷未收者尽食。	同治《通山县志》
			当阳蝗虫为灾，无收。	《当阳县志》
			枝江蝗，督捕之，禾未被害。	《枝江县志》
			秋，秭归飞蝗至。	《秭归县志》
			夏，黄石蝗飞蔽天。	《黄石市志》
			大冶蝗飞蔽天。	《大冶县志》
			夏，石首旱，飞蝗蔽天。	《石首县志》
			天门稻蝗为害。	《天门县志》
			五月，应城飞蝗自东而西。	《应城县志》
			秋，长沙、醴陵、湘潭、湘乡、攸县、安化、酃县、祁阳、零陵、清泉、常宁、衡阳、新化、武陵、安福、龙阳、平江等十七州县飞蝗蔽天，竹木叶伤害殆尽，各府县下令捕蝗，设局收买蝗卵蝻子，人民大力烧捕飞蝗挖掘卵块，每州县挖掘卵块百数十万不等。①	《湖南省志·湖南近百年大事纪述》
			八月，浏阳蝗虫为灾。九月，长沙飞蝗蔽天，宁乡飞蝗所过声如风雨，竹叶、草根立尽。	《长沙市志·大事记》

---

① 酃县：旧县名，治所在今湖南炎陵；清泉：旧县名，1912年并入今湖南衡阳县；武陵：旧县名，治所在今湖南常德；安福：旧县名，治所在今湖南临澧。

（续）

序号	公元纪年	历史纪年	蝗灾情况	资料来源
1002	1857 年	清咸丰七年	秋冬，善化旱，飞蝗蔽天，行捕蝗诸法。	光绪《善化县志》
			七月，湘潭飞蝗过境，竹叶食尽。	光绪《湘潭县志》
			八月，宁乡蝗入境，食竹叶、草根殆尽。冬，设收蝗局。	同治《宁乡县志》
			湘乡蝗入境，食竹木叶殆尽。	同治《湘乡县志》
			秋，祁东、衡南、常宁、衡阳蝗飞蔽天，竹木叶均被吃食殆尽。	《衡阳市志》
			秋，衡南飞蝗入境，多如云团，蔽日遮天。	《衡南县志》
			七月，常宁飞蝗入境，竹木叶殆尽，各地群众烧捕飞蝗，挖掘卵块，少则百石，多则千石。	《常宁县志》
			八月，耒阳蝗灾严重，知县设局收买，论功奖励。	《耒阳市志》
			八月，衡东飞蝗过境。	《衡东县志》
			秋，醴陵蝗入境，禾苗、竹叶吃尽，遗种遍野，府县命农民挖取蛹子送官，每升给钱百文。	《醴陵市志》
			七月，攸县忽有食禾蚱蜢入境数无万，晚谷俱损。	同治《攸县志》
			秋后，茶陵飞蝗满天，竹树叶吃光。	《茶陵县志》
			秋，飞蝗入酃县，蔽天，禾稻、竹木叶尽为啮食。	《酃县志》
			秋，零陵县飞蝗蔽天，竹木叶被伤害殆尽。	《零陵地区志》

（续）

序号	公元纪年	历史纪年	蝗灾情况	资料来源
1002	1857年	清咸丰七年	秋，祁阳飞蝗蔽天，竹叶殆尽，经过捕捉挖卵，虫灾得以控制。	《祁阳县志》
			平江蝗虫为害。	《平江县志》
			秋，桃江蝗食竹殆尽，民火蝗，有挖卵块百余石者。	《桃江县志》
			秋，益阳飞蝗蔽天，食竹叶几尽。	《益阳县志》
			秋，湘阴飞蝗蔽天，自北而南，食草叶尽，民烧捕飞蝗，挖掘卵块，少则百石，多则数千石。	《湘阴县志》
			安福县发生蝗灾，竹稻叶被食殆尽，农民大力烧捕飞蝗，挖掘卵块 100 担之多。	《常德地区志》
			八月，临澧飞蝗蔽天，竹木叶食尽。	《临澧县志》
			七月，新化螣伤稼。八月，有蝗自东南飞进新化县境，遮天蔽日，食竹叶殆尽，落地生子，设局收买 700 余担，掺石灰埋之。	同治《新化县志》
			新化、蓝田等地蝗虫肆虐，农作物及竹叶皆被食尽，各地大力烧捕飞蝗，新化县设收蝗局，收蝗 700 多担，杂石灰埋之。	《娄底地区志》
			七月，安化蝗灾严重。	《涟源市志》
			八月，邵阳蝗入境，食棕竹叶，掘蝻子三千余石。	光绪《邵阳县志》
			南昌、南康、九江、袁州①蝗。	光绪《江西通志》

① 袁州：旧府名，治所在今江西宜春。

（续）

序号	公元纪年	历史纪年	蝗灾情况	资料来源
1002	1857 年	清咸丰七年	永修飞蝗蔽日，集处食稻苗、树叶殆尽，邑侯谕民捕治，又谕民掘取蝗子，逾数月尽灭。	《永修县志》
			安义飞蝗蔽天，食稼。	同治《安义县志》
			春，奉新蝗，县令率同城官督乡团捕之，设局收买。五月大水，蝗尽漂没。	同治《奉新县志》
			秋，安福飞蝗由西北入境，群飞如云，时晚稻已熟，不为灾。	同治《安福县志》
			八月，宜春蝗从西北来，遮天蔽日，落地厚数寸，抢食晚稻、杂粮、棕竹等，西南各乡更甚。	《宜春市志》
			秋，瑞昌飞蝗蔽日，止处谷粟、草叶食尽。	《瑞昌县志》
			高安蝗虫蔽日，多伤晚稻，临境皆然，至冬月捕尽。	《高安县志》
			七月，遂川飞蝗入境。	《遂川县志》
			星子飞蝗蔽天。	《星子县志》
			秋，湖口蝗虫为害。	同治《湖口县志》
			七月，万载飞蝗入境，扑捕之。	民国《万载县志》
			七月，德安蝗虫自九江入境食禾。	同治《德安县志》
			八月，靖安飞蝗过境，伤害禾稼。	《靖安县志》
			武宁飞蝗蔽天，乡人鸣金驱逐，县令毙以火器，设局悬赏，有捕者过秤给值。冬，示民掘卵。	《武宁县志》
			秋，万源飞蝗入境。	光绪《太平县志》[①]

---

① 太平：旧县名，1914 年改为万源县，今四川万源市。

（续）

序号	公元纪年	历史纪年	蝗灾情况	资料来源
1002	1857 年	清咸丰七年	虞乡、榆社、静乐、平定、长治、临晋、荣河、辽州、平遥、太原、文水、凤台遭受蝗灾。	《山西通志·大事记》
			七月，榆次有蝗，不为灾。	同治《榆次县志》
			七月，左权蝗从东南来，两日后不知去向，后复返，食禾甚惨。	《左权县志》
			八月，和顺飞蝗入境。	民国《和顺县志》
			秋，昔阳蝗，米价腾贵。	民国《昔阳县志》
			七月，潞城飞蝗入境。	光绪《潞城县志》
			七月，壶关飞蝗从陵川入境，伤禾。	《壶关县志》
			八月，长子蝗，不为灾。	光绪《长子县志》
			七月，黎城蝗自东来，食秋禾、麦苗，庄稼颗粒无收。	《黎城县志》
			七月，平顺飞蝗入境。	《平顺县志》
			七月，蝗虫入襄垣境，数村秋禾被食。	《襄垣县志》
			秋，陵川飞蝗成灾。	《陵川县志》
			运城飞蝗蔽日，为害庄稼。	《运城市志》
			垣曲飞蝗蔽天，邑令率兵民扑灭。	光绪《垣曲县志》
			秋，芮城蝗飞蔽日，为害禾苗。	《芮城县志》
			秋，永济蝗飞蔽日，害稼。	光绪《永济县志》
			秋，万荣蝗飞蔽日，为害庄稼，至同治元年连续六年蝗食禾，歉收。	《万荣县志》
			平陆蝗蔽日，大伤禾苗。	《平陆县志》
			永和飞蝗害禾稼。	民国《永和县志》
			夏，交城城南飞蝗遍野，伤禾。	《交城县志》

（续）

序号	公元纪年	历史纪年	蝗灾情况	资料来源
1002	1857 年	清咸丰七年	灵丘蝗。	光绪《灵丘县补志》
			秋，关中、陕南地区蝗飞蔽天，食禾及树叶殆尽。	《陕西省志·大事记》
			秋，高陵飞蝗蔽天。	《高陵县志》
			秋，忽有豫、晋飞蝗入境，由同、华延及西南地面宽广附近，省城之咸宁、长安一带势颇滋蔓。	《捕除蝗蝻要法三种》
			秋，渭南蝗飞蔽天。	《渭南县志》
			秋，华县飞蝗蔽天，田禾尽食。	《华县志》
			秋，兴平飞蝗蔽天。	《兴平县志》
			六月，宝鸡蝗飞蔽天，食禾稼，民争捕之。	《宝鸡市志》
			勉县蝗。	《勉县志》
			白河飞蝗蔽天，所到处赤地。	《白河县志》
			汉阴飞蝗入境，群飞蔽天。	《汉阴县志》
			孝义①厅飞蝗为灾。	光绪《孝义厅志》
			七月，柞水蝗虫成灾，被食三分之二。	《柞水县志》
			夏，丹凤蝗灾。	《丹凤县志》
			七月，商南蝗，民饥。	《陕西蝗区勘察与治理》
			镇安蝗害。	《镇安县志》
			夏，温县蝗。孟县旱蝗。	《河南东亚飞蝗及其综合治理》
			郑州、中牟、新郑、巩县蝗灾。	《郑州市志》
			中牟蝗。	民国《中牟县志》
			荥阳蝗害稼。	民国《续荥阳县志》
			巩县蝗灾，五谷不收。	《巩县志》

---

① 孝义：旧厅名，治所在今陕西柞水。

（续）

序号	公元纪年	历史纪年	蝗灾情况	资料来源
1002	1857 年	清咸丰七年	栾川连年旱蝗灾害，民饥。	《栾川县志》
			兰考蝗。	《兰考县志》
			灵宝飞蝗蔽天，食禾将尽。	光绪《灵宝县志》
			卢氏蝗蝻生。	光绪《卢氏县志》
			清丰蝗。	民国《清丰县志》
			夏，台前复旱，飞蝗蔽天。七月，蝻生。	《台前县志》
			夏，沈丘蝗。	《沈丘县志》
			秋旱，安阳蝗虫遍野，飞满天日，县境无处无之，蝗飞食禾叶、穗尽秕，大饥。	《安阳县志》
			夏，汤阴蝗食禾。秋，复生蝻，布满田畦不露地面，害晚禾根株不留。	《汤阴县志》
			内黄旱，飞蝗蔽日，禾稼尽伤。	光绪《内黄县志》
			七月，商丘蝗自东南来，落地尺许，树枝折断，秋禾尽，睢州、柘城尤甚。	《商丘地区志》
			七月，睢州蝗自东南来，积地尺许，秋尽。	《续修睢州志》
			秋，沈丘、扶沟、鹿邑飞蝗蔽天，食禾殆尽。	《周口地区志》
			秋，淮阳蝗食禾殆尽。	《淮阳县志》
			项城蝗食禾殆尽。	民国《项城县志》
			五月，扶沟飞蝗蔽天，食禾尽。	光绪《扶沟县志》
			秋七月，鹿邑蝗。	光绪《鹿邑县志》
			鄢陵蝗虫遍野，晚禾殆尽。	《鄢陵县志》
			五月，叶县蝗。六月，复蝗，晚禾尽食。	同治《叶县志》

（续）

序号	公元纪年	历史纪年	蝗灾情况	资料来源
1002	1857 年	清咸丰七年	六月，鲁山大群飞蝗从东北来，蔽日遮光，禾苗被食无遗。	《鲁山县志》
			秋，宝丰蝗蝻为害尤甚。	《宝丰县志》
			八月，镇平飞蝗蔽天，损禾稼。	光绪《镇平县志》
			六月，南阳飞蝗蔽天，食禾殆尽。七月，蝻生遍野，食秋稼。	光绪《南阳县志》
			春，方城蝗灾，岁饥。	《方城县志》
			六月，南召飞蝗蔽天，食禾殆尽。七月，蝻生遍野，食秋稼。八月，又生蝗灾。	《南召县志》
			七月，内乡有蝗自东来遮天，沟渠皆满。	《内乡县志》
			七月，西峡有蝗自东来，遮天映月，沟渠皆满，民执杖挥逐，遍野死蝗成堆，经冬始绝。	《西峡县志》
			六月，驻马店蝗起。	《驻马店市志》
			六月，确山蝗伤稼。	《确山县志》
			六月，西平飞蝗忽至，蔽日无光，草木叶皆尽，惟不食豆、棉、芝麻、山芋等。	民国《西平县志》
			夏，上蔡飞蝗蔽天。	《上蔡县志》
			秋，汝南飞蝗蔽天。	《汝南县志》
			七月，正阳蝗蝻生，如蜂聚而来，过城越池，沟路不绝。九月，蝗飞蔽天，食禾尽。	民国《重修正阳县志》
			六月，平舆飞蝗遮天盖地，禾稼尽。	《平舆县志》

（续）

序号	公元纪年	历史纪年	蝗灾情况	资料来源
1002	1857年	清咸丰七年	七月，新蔡蝗蝻繁生如蜂聚，接连不绝。九月，飞蝗蔽天，秋禾尽食。	《新蔡县志》
			夏秋，信阳飞蝗蔽天，玉米、黍及竹材受损。	民国《重修信阳县志》
			六月，陵县蝗害稼。	光绪《陵县志》
			夏津蝗食禾稼，岁大饥。	民国《夏津县志补编》
			五月，清平飞蝗蔽天。六月，蝻出四乡，食禾尽。	民国《清平县志》
			春夏，宁津蝻蟊萌生。	光绪《宁津县志》
			乐陵旱，有蝗。	咸丰《武定府志》
			武城、恩县旱，蝗灾严重，歉收。	《武城县志》
			平原飞蝗蔽空，米价昂贵。	《平原县志》
			恩县飞蝗蔽空，饥。	宣统《重修恩县志》
			六月，寿张飞蝗蔽天。七月，蝻生。	光绪《寿张县志》
			六月，临清飞蝗蔽天，禾稼皆尽，大饥。	《临清市志》
			七月，濮州蝗生。	宣统《濮州志》
			六月，郓城飞蝗蔽日。七月，蝻生。	光绪《郓城县志》
			五月，定陶飞蝗遍野。六月，蝻生，食禾害稼。	民国《定陶县志》
			济宁蝗，不为灾。	咸丰《济宁直隶州续志》
			春，兖州蝗虫为患，大饥。	《兖州市志》
			曲阜雹、旱、蝗三灾均有，五谷不登，人相食。	民国《续修曲阜县志》
			秋，滋阳旱蝗。	光绪《滋阳县志》
			秋，金乡蝗，不为灾。	咸丰《金乡县志略》
			秋，肥城蝗，不为灾。	光绪《肥城县志》
			夏，新泰蝗伤禾。	乾隆《新泰县志》

（续）

序号	公元纪年	历史纪年	蝗灾情况	资料来源
1002	1857 年	清咸丰七年	秋，淄川飞蝗蔽日，三昼夜不止，害稼。	《淄川区志》
			秋，博山飞蝗蔽日，禾稼尽伤。	民国《续修博山县志》
			五月，新城蝗生，飞虫如蜂啮蝗死，秋禾无害。	民国《重修新城县志》
			秋，桓台蝗。	《桓台县志》
			七月，无棣蝗。	民国《无棣县志》
			广饶蝗。	民国《续修广饶县志》
			乐安蝗。	民国《乐安县志》
			夏，寿光旱蝗。	民国《寿光县志》
			夏五月，益都蝗。	光绪《益都县图志》
			夏，昌乐蝗蝻生。	民国《昌乐县续志》
			夏五月，临朐蝗灾，西境尤甚。	光绪《临朐县志》
			高密旱蝗，免民欠租赋。	民国《高密县志》
			六月，诸城蝗灾，大部豆苗吃光。	《诸城市志》
			夏四月，安丘蝥生。六月，大蝗，自东南来飞蔽天，所过食禾稼俱尽。	民国《续安丘新志》
			六月，莒州飞蝗遍野，庄稼吃尽，唯绿豆、芝麻不食，继而生蝻，村野皆满，后自城西渡水入城，厚数寸，衙署、民居、街巷处处皆是；兰山县亦遭蝗灾。秋，费县蝗蝻为灾，入室集聚达数寸厚，小儿卧者多被咬伤。	《临沂地区志》
			临沂蝗蝻遍野，饥。	民国《临沂县志》
			秋，苍山蝗遍地，咬伤儿童。	《苍山县志》

（续）

序号	公元纪年	历史纪年	蝗灾情况	资料来源
1002	1857 年	清咸丰七年	夏，滕县蝗虫成灾。	《枣庄市志》
			夏，台儿庄旱，蝗蝻孳生，食稼过半。	《台儿庄区志》
			夏，峄县旱，蝗蝻生，败禾稼。	光绪《峄县志》
			日照飞蝗遍野。	光绪《日照县志》
			即墨大蝗，害稼，啮人。	同治《即墨县志》
			八月，黄县蝗蝻生，食禾几尽；栖霞、宁海蝗，不为灾。	《增修登州府志》
			六月，牟平蝗，不为灾。	民国《牟平县志》
			夏，栖霞蝗蝻生，不为灾。	乾隆《栖霞县志》
			七月，掖县飞蝗蔽天。冬，官收蝗子。	光绪《三续掖县志》
			七月，莱州蝗飞蔽天，庄稼吃光。冬，官收蝗子。	《莱州市志》
			夏，文登蝗，不为灾。	光绪《文登县志》
			六月，正定飞蝗蔽天，禾尽损，知县令收买蝗蝻。	光绪《正定县志》
			五月，元氏飞蝗自东南来，丽天蔽日，落地，顷刻禾尽。蝗去蝻生，横行遍野，疾如流水，涌如行军，乡民挖壕防守，昼夜不敢懈，十余日，蝗不能尽城西北诸村尤甚，集满街巷，食难举火，睡不能眠，炕上小儿为蝗吮喙而哭，为害至此极甚，大饥。	民国《元氏县志》
			六月，栾城飞蝗蔽天。七月，蝗蝻遍地，禾稼尽伤。	《栾城县志》
			赞皇蝗蔽日，蝻游城郊，大饥。	光绪《续修赞皇县志》

（续）

序号	公元纪年	历史纪年	蝗灾情况	资料来源
1002	1857 年	清咸丰七年	夏，平山飞蝗过境。秋，蝗蝻成灾。	《平山县志》
			五月，高邑飞蝗蔽天，蝗去蝻生，如水横流，庄稼吃成光秆。	《高邑县志》
			秋将熟，获鹿飞蝗蔽天，食禾尽，饥，男妇扫蒺藜为食。	光绪《获鹿县志》
			秋，新乐大蝗。	民国《重修新乐县志》
			春，赵州蝻生。	光绪《赵州志》
			晋县旱，飞蝗蔽天。	民国《晋县志料》
			井陉蝗起蝻生，大饥。	民国《井陉县志料》
			秋，灵寿蝗灾，百姓大饥。	《灵寿县志》
			六月，大城飞蝗蔽日，天如阴，数日尽去。	光绪《大城县志》
			春，永平府蝻子复生。	光绪《永平府志》
			春，卢龙蝗蝻复生。	民国《卢龙县志》
			春，昌黎蝻生。	民国《昌黎县志》
			春，滦县蝻生。	《滦县志》
			迁安蝻生，伤禾稼。	《迁安县志》
			迁西蝗虫幼虫伤害禾苗。	《迁西县志》
			秋，保定府蝻蝗皆生，食禾几尽。	光绪《保定府志》
			夏，涞水旱蝗。	光绪《涞水县志》
			秋，安国蝗食禾殆尽。	光绪《祁州续志》
			徐水蝗灾。	《徐水县志》
			定兴蝗。	光绪《定兴县志》
			夏秋，新城蝻生，食稼殆尽。	民国《新城县志》
			五月，容城飞蝗又至。闰五月，蝻复生，食谷黍殆尽。六月，又生蝻。七月，蝻成蝗。	《容城县志》

（续）

序号	公元纪年	历史纪年	蝗灾情况	资料来源
1002	1857 年	清咸丰七年	蠡县蝗。	光绪《蠡县志》
			阜平蝗。	同治《阜平县志》
			春，唐县蝻生。秋，蝗。	光绪《唐县志》
			五月，献县蝗。	民国《献县志》
			故城蝗，收买蝗蝻。	光绪《续修故城县志》
			夏，南和蝗飞蔽天。	《南和县志》
			夏，巨鹿蝻生食苗殆尽。秋，飞蝗蔽日，大饥。	光绪《巨鹿县志》
			五月，清河飞蝗蔽天。六月，蝻生遍地，岁大饥。	民国《清河县志》
			六月，新河蝗食禾尽，民大饥。	民国《新河县志》
			任县蝗。	民国《任县志》
			夏，宁晋蝗蝻遍野。	民国《宁晋县志》
			广宗大旱，蝗飞蔽天，岁大饥。	《广宗县志》
			南宫飞蝗蔽野，邑令收买蝗虫解省。	光绪《南宫县志》
			七月，永年、曲周、肥乡、鸡泽、邯郸飞蝗遍野，大饥，发粟赈恤。	光绪《广平府志》
			大名蝗，民捕以粟易蝗，伤麦。	民国《大名县志》
			五月，曲周蝗遍野，伤稼，大饥。	同治《曲周县志》
			馆陶蝗虫成灾，大饥。	民国《馆陶县志》
			七月，成安飞蝗遍野，大饥，发粟赈恤。	民国《成安县志》
			魏县大蝗。	《魏县志》
			昌平旱蝗，固安蝗，平谷蝻生，无麦。	光绪《顺天府志》

（续）

序号	公元纪年	历史纪年	蝗灾情况	资料来源
1002	1857 年	清咸丰七年	房山蝗祸，扰境过半，县召民捕蝗，不十日得蝗二十余石。	《北京市房山区志》
			顺义旱蝗。	民国《顺义县志》
			静海飞蝗之灾。	《静海县志》
			横县蝗灾，歉收。	《横县县志》
			柳州蝗灾。	《柳州市志》
			养利①州发生蝗灾。	《大新县志》
			春，西宁②飞蝗遍野，大饥。	民国《西宁县志》
			春，郁南飞蝗遍野，大饥。	《郁南县志》
			秦州、巩昌③府属旱蝗。	《武山县志》
			狄道沙泥州畔蝗，伤毁禾稼。	《临洮县志》
			会宁旱、雹、蝗成灾，岁大饥。	《会宁县志》
			张家川大旱，蝗成灾。	《张家川回族自治县志》
			清水旱，蝗虫成灾，民饥。	《清水县志》
			西藏乃东地区连遭蝗灾，颗粒无收。尼木门卡灾害严重，应集中全境差民，彻底消灭蝗虫。	《灾异志——雹霜虫灾篇》
1003	1858 年	清咸丰八年	三月，抚宁、元氏蝗蝻生。六月，均州、宜城蝗害稼，应城飞蝗蔽天，房县、保康、黄岩蝗害稼。秋，清苑、望都、蠡县、归州蝻子生。十月，黄陂、汉阳蝗。十一月，宜都、松滋蝗。	《清史稿·灾异志》

———————————

① 养利：旧州名，治所在今广西大新。
② 西宁：旧县名，治所在今广东郁南县南。
③ 巩昌：旧府名，治所在今甘肃陇西。

（续）

序号	公元纪年	历史纪年	蝗灾情况	资料来源
1003	1858年	清咸丰八年	七月，近京各州县均有蝗蝻，诏直隶总督各饬所属，查有蝗蝻，设法扑捕。	光绪《畿辅通志》
			六月，平谷蝻自三河境内至，秋禾半伤。八月，蝗自南大至，一宿而去，不伤禾。	光绪《顺天府志》
			春，正定蝻萌生，各村扑之甚力。	光绪《正定县志》
			七月，栾城蝗灾。	《栾城县志》
			井陉蝗蝻，不为害。	民国《井陉县志料》
			藁城大蝗伤稼。	《藁城县志》
			高邑蝗蝻捕治及时，为灾稍轻。	《高邑县志》
			五月，深泽蝗入境，令民捕捉始尽。六月，蝻子复生。	《深泽县志》
			无极蝻，不为灾。	光绪《无极县续志》
			秋，保定府蝗。	光绪《保定府志》
			秋，涞水蝗。	光绪《涞水县志》
			定兴蝗。	光绪《定兴县志》
			秋，新城蝗。	民国《新城县志》
			春，唐县蝻生。夏，蝗。	光绪《唐县志》
			秋，祁州蝗食禾稼殆尽。	光绪《祁州续志》
			六月，献县飞蝗至，不食苗。	民国《献县志》
			八月，任丘蝗虫为灾。	《任丘市志》
			六月，东光飞蝗过境，无伤。七月，蝻生，扑灭之。	光绪《东光县志》
			夏，永平府蝗。	光绪《永平府志》
			夏，滦县蝗。	光绪《滦州志》
			夏，卢龙蝗。	民国《卢龙县志》
			夏，滦南蝗灾。	《滦南县志》

（续）

序号	公元纪年	历史纪年	蝗灾情况	资料来源
1003	1858 年	清咸丰八年	巨鹿蝗。	光绪《巨鹿县志》
			平乡旱，蝗食禾且尽。	《平乡县志》
			宁晋旱，蝗灾，人乏食。	民国《宁晋县志》
			邯郸复旱，蝗飞遮天，禾稼一空。	民国《邯郸县志》
			静海蝗虫为灾。	《静海县志》
			松江、川沙蝗，阜宁旱蝗。	《昆虫与植病》1936 年第 4 卷第 18 期
			上海蝗，嘉定蝗蝻生，大雨，蝗俱死。秋，睢宁蝗伤稼。	民国《江苏省通志稿》
			盐城旱，蝗虫遍野，食禾尽。	《盐城市志》
			东台旱，蝗虫遍野，食禾苗尽。	《东台市志》
			秋，泗洪旱，蝗食稼几尽。	《泗洪县志》
			秋，睢宁飞蝗蔽日，禾稼尽伤。	光绪《睢宁县志稿》
			合肥、巢县旱蝗。	光绪《续修庐州府志》
			夏秋，六安蝗蝻复作。	同治《六安州志》
			夏，霍山蝗蝻复作。	光绪《霍山县志》
			秋，寿州蝗蝻遍地，禾稼尽伤。	光绪《寿州志》
			秋，舒城旱蝗。	《舒城县志》
			颖上蝗飞蔽天。	同治《颖上县志》
			秋，泗县蝗食禾殆尽。	《泗县志》
			秋，五河蝗食禾稼几尽。	《五河县志》
			宣城蝗大发，伤稼。	《宣城县志》
			太湖飞蝗蔽天三昼夜，稼无害。	《太湖县志》
			孝丰蝗。	《湖州市志》
			秋，兴山蝗。	《兴山县志》

（续）

序号	公元纪年	历史纪年	蝗灾情况	资料来源
1003	1858年	清咸丰八年	三月，黄梅蝗。夏，宜都、松滋、保康蝗害稼。	民国《湖北通志》
			天门稻蝗为害。	《天门县志》
			长阳大旱蝗。	同治《长阳县志》
			七月，谷城飞蝗过境。	《谷城县志》
			八月，宜都有蝗，晚稻受灾。	《宜都县志》
			七月，应山飞蝗蔽天，过几昼夜。	《应山县志》
			秋，竹溪飞蝗蔽日。	《竹溪县志》
			华容、桂东、石门、武冈蝗害稼；临湘旱，飞蝗蔽天。	《湖南通志》
			湖南宁乡、衡阳、桃源、新化、零陵蝗灾。	《中国历代蝗患之记载》
			春，长沙蝻害。	《长沙县志》
			醴陵蝗蝻孳生，督民搜捕灭绝。	《醴陵市志》
			春，善化蝗蝻遍生，官绅设局收捕。五月大雨，蝻种无遗。	光绪《善化县志》
			秋，善化旱，飞蝗食竹。	《望城县志》
			桂东、安仁等蝗虫蔽天，害稼。	《郴州地区志》
			湘乡县蝗灾严重，当局设局收买，交虫一斤奖米一斤，共收蝗10.1万斤，挖蝻2 100余石。	《娄底地区志》
			澧县西北乡蝗灾。	《澧县志》
			夏，常宁蝗灾，害稼。	《常宁县志》
			平江蝗虫为害。	《平江县志》
			双峰蝗遍起，伤禾，知县令分段掘捕，各乡设局收购3 000多担。	《双峰县志》

（续）

序号	公元纪年	历史纪年	蝗灾情况	资料来源
1003	1858 年	清咸丰八年	秋八月，南昌蝗。	同治《南昌府志》
			南康府蝗蝻生。	同治《南康府志》
			四月，抚州蝗满境。	《抚州市志》
			春三月，上高蝗。	《上高县志》
			安义蝗蝻生，知县率民捕之，害始戢。	同治《安义县志》
			安福大捕蝗，初乡民不知捕蝗法，有张委员者陕西人，教民掘地数寸有白子成串如粟米大即蝗也，人掘一升予钱百，成虫跳跃者给半，掘益多钱递减，悉坑焚之，不为灾。	同治《安福县志》
			三月，宜春蝗蝻孳生，邑令设局收买不下数百石，势不能尽。	《宜春市志》
			春，高安各乡掘蝻子多至千余石，蝗害始平。	《高安县志》
			三月，东乡蝗虫起，后遇雨死尽。	《东乡县志》
			二月，莲花蝗虫盛起。三四月，飞食幼禾，民间昼捕夜焚，蝗渐平息。	《莲花县志》
			八月，临江府蝗害稼。	同治《临江府志》
			八月，清江蝗害稼。	同治《清江县志》
			夏，同州、商州、兴安各府蝻生，继而咸宁、长安、蓝田、户县所辖山坡阳面渐次蝻生，李炜撰刻《捕除蝗蝻要法三种》。	《捕除蝗蝻要法三种》
			夏，陕西蝗蝻遍野，饬州县督民捕蝗，昼夜不息。	民国《续修陕西通志稿》
			夏，关中、陕南蝗蝻遍野，贻害不浅。	《陕西省志·大事记》

（续）

序号	公元纪年	历史纪年	蝗灾情况	资料来源
1003	1858 年	清咸丰八年	西安飞蝗过境，食禾几尽。	《西安市志》
			夏秋，长安蝗蝻遍野。	《长安县志》
			蓝田飞蝗由县东过境，飞蔽日，所过食禾几尽。	《蓝田县志》
			夏秋，渭南飞蝗遍野，乡民捕蝗昼夜不停。	《渭南县志》
			夏秋，兴平蝗蝻遍野。	《兴平县志》
			五月，陇县飞蝗入境，扑灭之。	《陇县志》
			夏秋，岚皋蝗蝻遍野。	《岚皋县志》
			夏秋之际，陕西旬阳蝗蝻遍野。	《旬阳县志》
			夏，丹凤蝗灾。	《丹凤县志》
			山阳蝗飞蔽天，民大饥。	《山阳县志》
			夏秋，安塞飞蝗成灾。	《延安地区志》
			夏秋之际，定边蝗虫遍野。	《定边县志》
			夏秋，佳县飞蝗蔽野。	《佳县志》
			壶关蝻生，乌鸦飞集啄食及半。	《壶关县志》
			秋，万荣蝗食禾，歉收。	《万荣县志》
			春，黎城蝻生，收买之，蝗灭。	光绪《黎城县续志》
			德平蝗蝻生。	光绪《德平县志》
			临邑旱蝗。	《临邑县志》
			兖州旱，蝗虫为患。	《兖州市志》
			肥城有蝗，不为灾。	《肥城县志》
			莱芜飞蝗蔽天，食草木叶殆尽，庄稼无羔。	《莱芜市志》
			二月，博山蝗蝻遍野，捕两月始尽。	民国《续修博山县志》
			无棣蝗蝻生。	民国《无棣县志》

（续）

序号	公元纪年	历史纪年	蝗灾情况	资料来源
1003	1858年	清咸丰八年	春，高密螽生，伤禾稼，免民欠租赋。	民国《高密县志》
			秋，费县蝗，饥。	光绪《费县志》
			秋，苍山蝗。	《苍山县志》
			春，即墨蝗生。秋，飞蝗至，饥。	同治《即墨县志》
			福山飞蝗蔽日，禾稼立尽。	民国《福山县志稿》
			栖霞蝗虫大发生。	《栖霞县志》
			夏，汜水旱，蝗灾。	《河南东亚飞蝗及其综合治理》
			六月，中牟蝗食稼尽，压覆茅屋。	民国《中牟县志》
			荥阳又蝗，飞则蔽天。	民国《续荥阳县志》
			巩县屡遭旱蝗为害。	《巩县志》
			伊川蝗虫遍野，作物尽毁。	《伊川县志》
			汝阳蝗虫甚多。	《汝阳县志》
			仪封蝗。	民国《续仪封县志》
			兰考蝗。	《兰考县志》
			清丰蝗。	民国《清丰县志》
			内黄蝗，设局收买蝗蝻。	光绪《内黄县志》
			睢州蝗。	光绪《续修睢州志》
			秋，鹿邑蝗。	光绪《鹿邑县志》
			六月，叶县蝗。	同治《叶县志》
			五月，南阳飞蝗入境。	光绪《南阳县志》
			五月，南召飞蝗入境成灾。	《南召县志》
			五月，潮州蝗害稼。	《潮州市志》
			绥中蝗虫成灾。	《绥中县志》
			宁远蝗灾。	《兴城县志》
			宁海①旱蝗。	《金县志》

---

① 宁海：旧县名，治所在今辽宁大连市金州区。

（续）

序号	公元纪年	历史纪年	蝗灾情况	资料来源
1004	1859 年	清咸丰九年	浙江湖州蝗灾。	《中国历代蝗患之记载》
			藁城大蝗伤禾。	《藁城县志》
			井陉蝗蝻为害。	《井陉县志》
			定州蝗伤禾稼。	《定州市志》
			武邑蝗。	《武邑县志》
			昔阳蝗食禾几尽。	民国《昔阳县志》
			七月，垣曲蝗食禾稼。	光绪《垣曲县志》
			千阳飞蝗蔽日，官府奖励捕蝗。	《宝鸡市志》
			夏，丹凤蝗灾。	《丹凤县志》
			秋，兖州旱，蝗虫为灾。	《兖州市志》
			夏，诸城蝗虫成灾。	《诸城市志》
			秋，高密旱蝗，不为灾。	民国《高密县志》
			福山蝗。	民国《福山县志稿》
			栖霞蝗虫大发生。	《栖霞县志》
			中牟蝗虫食禾。	《郑州市志》
			兰考蝗。	《兰考县志》
			寿州蝗蝻生，扑灭之，禾稼未伤。	光绪《寿州志》
			舒城蝗蝻生。	《舒城县志》
			颍上蝗。	《颍上县志》
			归安蝗。	《湖州市志》
			春，麻城有蝗，逮之。	民国《麻城县志前编》
			八月，阳春蝗。	《阳春县志》
			灵山檀圩方蝗。	《灵山县志》
			春，湖南安仁蝗蝻复生，县率两学、城守、典史及绅民、村会等白昼扫扑，夜则火烧，蝗始息。	同治《安仁县志》
1005	1860 年	清咸丰十年	六月，枣阳、房县蝗。	《清史稿·灾异志》

（续）

序号	公元纪年	历史纪年	蝗灾情况	资料来源
1005	1860 年	清咸丰十年	春，房县蝗生，月余有山麻雀无数啄食之，蝗乃尽。	同治《房县志》
			夏秋，远安飞蝗蔽日。	《远安县志》
			江苏高淳飞鸟食蝗尽。	《中国历代蝗患之记载》
			秋，六安蝗自北蔽天而来，飞四五日，遗子入地。	同治《六安州志》
			寿州蝗蝻生，扑灭之，未伤禾。	光绪《寿州志》
			颍上蝗。	同治《颍上县志》
			南陵蝗大起。	民国《南陵县志》
			七月，慈溪北乡蝗。	《慈溪县志》
			宜丰飞蝗蔽天，西乡尤甚，食草根、竹叶几尽。	《宜丰县志》
			秋，高密旱蝗。	民国《高密县志》
			秋，蒙阴有蝗为害。	《蒙阴县志》
			秋，滕县旱蝗成灾。	《枣庄市志》
			自咸丰七年始，井陉连续四年蝗蝻为害。	《井陉县志》
			藁城大蝗伤禾。	《藁城县志》
			中牟蝗。	民国《中牟县志》
			兰考蝗。	《兰考县志》
			夏，柘城蝗从东南入，食禾殆尽。	光绪《柘城县志》
			方城蝗蝻大盛，食禾几尽。	《方城县志》
			秦、巩属县蝗灾。	《陇西县志》
			岑溪蝗灾。	《岑溪市志》
			昭平蝗虫为害竹林。	《昭平县志》
			秋，石城飞蝗蔽日，食禾稼。	光绪《高州府志》

（续）

序号	公元纪年	历史纪年	蝗灾情况	资料来源
1006	1861 年	清咸丰十一年	六月，岐山蝗飞蔽天，高粱、穈谷多为所食；眉县蝗虫成灾。	《宝鸡市志》
			秋，武功、扶风飞蝗遮天蔽日，食禾苗、树叶尽。	《武功县志》
			秋，扶风飞蝗过境，禾稼尽食，飞至陇县关山皆死，死蝗积数寸。	《扶风县志》
			五月，永城飞蝗蔽天。	光绪《永城县志》
			夏，鹿邑蝗。	光绪《鹿邑县志》
			九月，叶县蝗自东来，沿澧河数十里不绝，食麦苗，忽有群鹊如鸦去蝗首而食之，十余日蝗尽。	同治《叶县志》
			山西解县蝗灾。	《中国历代蝗患之记载》
			六月，运城飞蝗蔽日，食禾立尽，解县特灾。	《运城市志》
			六月，永济飞蝗蔽日，秋禾立尽。	《永济县志》
			芮城蝗灾。	《芮城县志》
			秋，万荣蝗食禾，歉收。	《万荣县志》
			无棣蝗蝻生。	《山东蝗虫》
			颍上蝗。	同治《颍上县志》
			濉溪飞蝗蔽野。	《濉溪县志》
			秋，萧县蝗。	同治《徐州府志》
			罗田蝗蝻遍地，扑灭之。	光绪《罗田县志》
			蒙阴蝗食麦禾。	宣统《蒙阴县志》
			六月，天津蝗灾盛行，有26个村庄受损。	《东丽区志》
			昭平旱，蝗虫为害竹林。	《昭平县志》
			博白蝗虫成群结队飞来，入境覆盖面积大至十多千米^2，小则二三千米^2，所至之处植物被吃光，县北尤甚。	《博白县志》

（续）

序号	公元纪年	历史纪年	蝗灾情况	资料来源
1007	1862 年	清同治元年	六月，直隶蝗。八月，诏顺直捕蝗。	《清史稿·穆宗本纪》
			河北顺天、山西绛县及江苏高淳蝗灾。	《中国历代蝗患之记载》
			六月，肥乡蝗，竭力扑打，不为灾。	民国《肥乡县志》
			夏，平山蝗虫成灾。	《平山县志》
			夏，永年、肥乡蝻生。	光绪《广平府志》
			七月，怀柔蝗灾。	《怀柔县志》
			八月，良乡蝻成灾。	《北京市房山区志》
			通县蝗灾。	《通县志》
			七月，洛宁飞蝗过境，遮蔽天日，伤禾大半。	民国《洛宁县志》
			六月，宜阳蝗飞蔽天，自东而西遍满垄亩。	《宜阳县志》
			六月，嵩县飞蝗蔽天，禾黍皆尽。	《嵩县志》
			新安蝗灾。	《新安县志》
			六月，阌乡飞蝗蔽天，禾苗被食将尽。八月，蝻生。	民国《阌乡县志》
			灵宝蝗。	光绪《灵宝县志》
			六月，陕县蝗。七月，蝻生。	民国《陕县志》
			七月，渑池飞蝗东来，禾苗被食。九月，蝗虫普盖地面，厚寸许，麦苗被毁。	《渑池县志》
			七月，卢氏蝗。	光绪《卢氏县志》
			夏，柘城有蝗。	光绪《柘城县志》
			四月，永城蝻生，飞蝗自北来，麦禾大损。六月，蝗复至，食禾尽。	光绪《永城县志》
			六月，叶县蝗。	同治《叶县志》
			秋，郏县旱，飞蝗蔽天。	《郏县志》

（续）

序号	公元纪年	历史纪年	蝗灾情况	资料来源
1007	1862 年	清同治元年	南阳蝗食秋稼。	光绪《南阳县志》
			南召蝗食秋稼。	《南召县志》
			六月，确山蝗。	民国《确山县志》
			春，高邮旱蝗。七月，苏州飞蝗，声如雷。	民国《江苏省通志稿》
			吴江蝗，镇江、太仓、高邮旱蝗。	《昆虫与植病》1936 年第 4 卷第 18 期
			六月，句容旱蝗，大饥，人相食。	《句容县志》
			六月，丹徒见蝗。	光绪《丹徒县志》
			沭阳蝗，岁饥。	民国《沭阳县志》
			宿迁、淮阴有蝗。	同治《徐州府志》
			五月，沛县蝗伤禾。	民国《沛县志》
			萧县、宿州、定远、庐州、霍邱、和县、贵池旱蝗。	《安徽省志·大事记》
			合肥旱蝗。	光绪《续修庐州府志》
			霍邱蝗灾。	《霍邱县志》
			宿州旱蝗。	光绪《宿州志》
			五河旱，蝗虫为灾。	《五河县志》
			固镇蝗灾。	《固镇县志》
			定远蝗灾。	《定远县志》
			和州蝗，不伤苗。	光绪《直隶和州志》
			贵池蝗飞蔽天，食禾殆尽。	光绪《贵池县志》
			七月，保康飞蝗过境，不为灾。	同治《保康县志》
			七月，随州蝗。	《随州志》
			秋七月，郧县蝗，有飞鸟食之尽。	同治《郧县志》
			七月，郧西飞蝗。	民国《郧西县志》
			七月，房县城南境蝗生。	同治《房县志》
			均州蝗入境，伤禾。	光绪《均州志》

（续）

序号	公元纪年	历史纪年	蝗灾情况	资料来源
1007	1862 年	清同治元年	六月，长治飞蝗入境。	《长治市志》
			七月，壶关飞蝗自河南林县入境，伤禾。	《壶关县志》
			七月，潞城有蝗，不为灾。	光绪《潞城县志》
			阳城蝗蔽天，县督民捕之，计斤给赏。	同治《阳城县志》
			沁水飞蝗遍野。	光绪《沁水县志》
			六月，晋城飞蝗遍野，所到之处庄稼几尽，县组织捕捉按斤奖赏，陵川蝗，设局收买。	《晋城市志》
			六月，高平蝗自南来，遮天蔽日，所到处田禾尽净。七月，蝗蝻如蚁，遍地皆是。	《高平县志》
			陵川旱，飞蝗食禾，设局收买。	《陵川县志》
			六月，猗氏蝗食禾尽，虞乡、垣曲、夏县蝗。七月，安邑、稷山飞蝗害稼，食禾尽。	《运城地区志》
			秋，万荣蝗食禾，歉收。	《万荣县志》
			六月，平陆飞蝗食苗殆尽。	《平陆县志》
			八月，襄汾蝗生。	《襄汾县志》
			曲沃蝗飞蔽天。	民国《新修曲沃县志》
			七月，侯马飞蝗蔽天。	《侯马市志》
			秋，阳谷旱，蝗飞蔽天，晚禾无收。	光绪《阳谷县志》
			秋，冠县蝗，田地荒芜。	《冠县志》
			秋，莘县大旱，蝗飞蔽天，晚禾绝收。	光绪《莘县志》
			四月，定陶蝗蝻生。六月，蝗虫遍野飞去东南，不害稼。	民国《定陶县志》

（续）

序号	公元纪年	历史纪年	蝗灾情况	资料来源
1007	1862 年	清同治元年	夏，桓台蝗。	《桓台县志》
			六月，昌邑蝗灾，农作物产量大减。	《昌邑县志》
			夏五月，临朐蝗。	光绪《临朐县志》
			六月，诸城飞蝗蔽日，幸未落地成灾。	《诸城市志》
			夏六月，潍县蝗。	民国《潍县志稿》
			七月，潍坊蝗虫成灾。	《潍城区志》
			六月，安丘大蝗，飞蔽天日，汶河以北田禾几尽。七月，蝗过处遍地生蝼，捕者束手。	民国《续安丘新志》
			夏，益都蝗。	光绪《益都县图志》
			五月，苍山飞蝗害禾稼。	《苍山县志》
			六月，沂南飞蝗遍野，农作受害。	《沂南县志》
			五月，蒙阴蝗。	宣统《蒙阴县志》
			五月，费县飞蝗遍野，害稼。	光绪《费县志》
			莱阳飞蝗过境，谷叶尽伤。	民国《莱阳县志》
			六月，周至蝗自西向东飞去。乾县飞蝗蔽天，食禾苗殆尽。	《陕西蝗区勘察与治理》
			长安蝗虫成灾。	《长安县志》
			七月，渭南飞蝗蔽日，禾苗一光。	《渭南县志》
			秋，华县蝗虫为灾。	《华县志》
			六月，兴平蝗自西向东飞去。	《兴平县志》
			六月，永寿飞蝗蔽天，秋苗尽食。	《永寿县志》
			六月，乾县飞蝗蔽天，食苗馨尽。	《乾县志》

（续）

序号	公元纪年	历史纪年	蝗灾情况	资料来源
1007	1862年	清同治元年	六月，礼泉飞蝗蔽天。	民国《续修醴泉县志稿》
			六月，岐山飞蝗入境。	《宝鸡市志》
			六月，麟游飞蝗食禾尽。	《麟游县志》
			佳县蝗虫遍野。	《佳县志》
			七月，狄道大旱蝗，巩、秦属亦蝗。	光绪《甘肃新通志》
			三月，陇西飞蝗漫天遍野自东往西而来，捕之愈多，飞落田间禾苗辄尽。秋七月，巩昌、秦州蝗。	《陇西县志》
			秋七月，张家川大旱，蝗成灾。	《张家川回族自治县志》
			秋七月，甘谷飞蝗蔽日，大伤禾稼。	《甘谷县志》
1008	1863年	清同治二年	五月，陕西蝗。	民国《续修陕西通志稿》
			西安飞蝗蔽日，食禾立尽。	《西安市志》
			户县飞蝗蔽日，食禾苗立尽。	《户县志》
			五月，渭南蝗灾。	《渭南县志》
			五月，兴平蝗灾。	《兴平县志》
			五月，陇县蝗。	《陇县志》
			五月，岚皋蝗虫为灾。	《岚皋县志》
			五月，陕西旬阳蝗。	《旬阳县志》
			五月，定边蝗。	《定边县志》
			五月，佳县蝗虫泛滥。	《佳县志》
			五月，米脂蝗。	《米脂县志》
			夏，亳州蝗。	光绪《亳州志》
			夏，涡阳蝗生遍地。	《涡阳县志》
			襄阳蝗。	民国《湖北通志》

（续）

序号	公元纪年	历史纪年	蝗灾情况	资料来源
1008	1863 年	清同治二年	六月，菏泽飞蝗过境，遗蝻遍地，土人收买蚂蚱子数千斤，蝗不为灾。	光绪《新修菏泽县志》
			曹县蝻生遍野，忽出无数小蛤蟆，自北而南，见蝗蝻便吞食，不日而尽，蝗患始息。	光绪《曹州府曹县志》
			夏，东明飞蝗过境，遗蝻遍野。	《东明县志》
			秋，诸城蝗灾。	《诸城市志》
			四月，费县有蝗，不为灾。	《费县志》
			溧水蝗。	《溧水县志》
			河南洛宁蝗灾。	《中国历代蝗患之记载》
			六月，杞县飞蝗入境，食禾殆尽。	《杞县志》
			六月，焦作飞蝗蔽天。	《焦作市志》
			六月，孟县飞蝗蔽天。	《孟县志》
			五月，永城蝗自西来，食禾尽。	光绪《永城县志》
			夏，宁陵蝗灾，继生蝻。	《宁陵县志》
			淮阳蝗食麦。	《淮阳县志》
			沈丘蝗食麦。	《沈丘县志》
			项城蝗食麦。	民国《项城县志》
			五月，叶县蝗。七月，蝻生。	同治《叶县志》
			四月，光山蝗起，所过赤地。	《光山县志》
			商城蝗起，所过成白地。	《商城县志》
			三月，凤台雪，蝗蝻冻死。	光绪《凤台县续志》
			六月，平陆飞蝗蔽日，秋稼无收。	《平陆县志》
			七月，临汾大蝗。	民国《临汾县志》

（续）

序号	公元纪年	历史纪年	蝗灾情况	资料来源
1008	1863年	清同治二年	六月，枣强蝗。	《枣强县志》
			秋，定兴蝗。	《河北省农业厅·志源（3）》
			秋，皋兰县南山及灵台、阶州等处多蝗。	光绪《甘肃新通志》
			秋，康县蝗蔽天，落地食草木叶皆尽。	《康县志》
			灵山蝗，饥。	民国《灵山县志》
			秋七月，阶州属县蝗害，伤禾甚重。	《武都县志》
1009	1864年	清同治三年	温县、孟县蝗。	《河南东亚飞蝗及其综合治理》
			河南洛宁及湖北光化蝗灾。	《中国历代蝗患之记载》
			六月，平陆飞蝗蔽日。	《平陆县志》
			六月，柞水蝗自东而西飞蔽天，食田禾尽。	《柞水县志》
			定兴蝗。	《河北省农业厅·志源（3）》
			秋，昌乐蝗害稼。	民国《昌乐县续志》
			秋，诸城蝗灾。	《诸城市志》
			秋，微山蝗。	《微山县志》
			东明蝗不绝。	民国《东明县新志》
			秋，嘉祥蝗。	《嘉祥县志》
			老河口蝗，县令出示捕灭之，无恙。	《老河口市志》
			秋，长沙、善化旱，飞蝗食竹。	《长沙市志·大事记》
			六月，道县蝗虫为患，白地头、车头、大洞、清塘等地颗粒无收，小坪村一小儿被蝗虫叮死。	《道县志》
			春，望城蝗蝻生，官绅设局收买。五月大雨，蝻种无遗。	《望城县志》

（续）

序号	公元纪年	历史纪年	蝗灾情况	资料来源
1009	1864 年	清同治三年	柳城蝗虫为灾。	《柳城县志》
			黔江讹传有神虫降，其形如蝗。	《黔江县志》
			八月，三亚蝗灾。	《三亚市志》
			八月，崖州蝗食苗。	《崖州志》
1010	1865 年	清同治四年	湖北长阳蝗灾。	《中国历代蝗患之记载》
			秋，嘉祥旱蝗。	《嘉祥县志》
			七月，鸡泽蝗。	光绪《广平府志》
			夏秋，邱县大旱蝗。	《邱县志》
			七月，尉氏飞蝗蔽日，禾苗食尽。	《尉氏县志》
			夏，濮阳蝗，州牧投资收买之。	《濮阳县志》
			高淳蝗。	《昆虫与植病》1936 年第 4 卷第 18 期
			夏，丹凤蝗灾，飞蔽日，落盖地。	《丹凤县志》
			夏，镇安蝗灾。	《镇安县志》
			五月，莲花飞蝗数千过境。	《莲花县志》
			三月，宁远①、清水蝗。	光绪《甘肃新通志》
			三月，宁远蝗灾，伤禾严重。	《武山县志》
			三月，张家川蝗灾，伤禾重。	《张家川回族自治县志》
1011	1866 年	清同治五年	江苏高淳、河北永年及宁夏蝗灾。	《中国历代蝗患之记载》
			六月，怀庆府蝗。	《河南东亚飞蝗及其综合治理》
			陈留蝗。	宣统《陈留县志》
			六月，范县飞蝗盈野，害田禾，树枝多被压折。	《范县志》

---

① 宁远：旧县名，治所在今甘肃武山。

（续）

序号	公元纪年	历史纪年	蝗灾情况	资料来源
1011	1866 年	清同治五年	六月，濮州飞蝗盈野，害田禾，大树枝压折。	宣统《濮州志》
			鄄城飞蝗遍野，落树上，枝被压折。	《鄄城县志》
			溧水蝗。	《昆虫与植病》1936 年第 4 卷第 18 期
			陕西山阳蝗自东来，食田禾尽，饥。	《山阳县志》
			夏，静宁南乡蝗害稼。	光绪《甘肃新通志》
			五月，三江蝗虫由南而北，漫山遍野，飞腾蔽天，响声震地，所到之处禾苗、五谷霎时啮尽。	《三江侗族自治县志》
			七月，洱源蝗虫成灾。	《洱源县志》
1012	1867 年	清同治六年	永清旱蝗。	光绪《续永清县志》
			武邑蝗。	《武邑县志》
			内黄飞蝗为灾。	光绪《内黄县志》
			范县蝗蝻生，后缢死。	光绪《范县志续编》
			清丰蝗蝻为灾。	民国《清丰县志》
			商水蝗蝻生。	《商水县志》
			七月，正阳螟蝗暴发，食苗殆尽，大饥。	民国《重修正阳县志》
			秋，诸城蝗灾。	《诸城市志》
			秋，三水有蝗。	光绪《广州府志》
			秋，德庆螣。	《德庆县志》
			恩平晚稻遭蝗虫为害。	民国《恩平县志》
1013	1868 年	清同治七年	袁州蝗。	光绪《江西通志》
			秋，广饶飞蝗蔽日，及时捕打未成大灾。	《广饶县志》
			六月，安康蝗食稼。	《安康县志》
			紫阳蝗害稼，饥。	《紫阳县志》

（续）

序号	公元纪年	历史纪年	蝗灾情况	资料来源
1013	1868年	清同治七年	六月，岚皋蝗虫为灾。	《岚皋县志》
			镇安蝗灾。	《镇安县志》
			七月，孝义厅蝗飞蔽天。	光绪《孝义厅志》
			五月，萧县里智等四乡蝻子生，扑捕经旬，蝗飞遍野，忽一夜悬抱芦苇、禾稼，以死累累如自缢，纵横二三十里，拔取传观经行百余里，死蝗不坠落，见者以为奇。	同治《续萧县志》
			枣强蝗。	《枣强县志》
			六月，平乡蝗，旋有黑雀食之尽。	《平乡县志》
			湖南桃源及其邻县蝗灾。	《中国历代蝗患之记载》
			益阳蝗虫为害，食竹殆尽。	《益阳县志》
1014	1869年	清同治八年	范县蝗。	《河南东亚飞蝗及其综合治理》
			八月，新乡飞蝗伤禾成灾。	《新乡县志》
			五月，濮州旱，蝻出盈野，继而随河水去，不害稼。	宣统《濮州志》
			秋，滑县蝗虫遍野，禾苗吃尽。	《滑县志》
			夏，鄢陵蝗生遍野，秋禾尽毁。	民国《鄢陵县志》
			夏，寿张蝗。	光绪《寿张县志》
			夏，阳谷蝗。	光绪《阳谷县志》
			夏，临邑旱蝗。	同治《临邑县志》
			冠县蝗灾。	《冠县志》
			夏，巨野飞蝗食禾几尽。	民国《续修巨野县志》
			夏，郓城飞蝗食禾几尽。	光绪《郓城县志》
			夏秋，桓台蝗。	《桓台县志》
			苍山北部蝗灾。	《苍山县志》

（续）

序号	公元纪年	历史纪年	蝗灾情况	资料来源
1014	1869 年	清同治八年	六月，费县蝗。	光绪《费县志》
			秋，宁晋旱蝗。	民国《宁晋县志》
			六安蝗。	光绪《重修安徽通志》
			花垣蝗虫食稼，半收。	《花垣县志》
			夏，秀山旱，蝗虫为害，粮歉收，大饥。	《秀山县志》
1015	1870 年	清同治九年	七月，长清蝗灾，大饥。	《济南市志》
			茌平旱，蝗虫成灾。	《茌平县志》
			秋，泰安蝗伤禾过半。	《重修泰安县志》
			春，密县螣食麦苗。	民国《密县志》
			六安蝗。	光绪《重修安徽通志》
			归善县蝗虫成灾，稻禾遭损。	《惠东县志》
			八月，仁化蝗虫遍野，忽有乌鸦飞集食之，数日俱灭。	《韶关市志》
			十月，饶平蝗咬禾穗，满地皆是。	《饶平县志》
			冬，惠阳蝗，数日而没。	《惠阳县志》
			灵台忽有蝇蟆蔽日而过，遗子化为绿蝗，集啮麦苗，歉收。	民国《重修灵台县志》
1016	1871 年	清同治十年	怀庆府蝗。六月，孟县蝗。	《河南东亚飞蝗及其综合治理》
			五月，定陶四方飞蝗落田，不害稼。	民国《定陶县志》
			夏，陵县蝗入境，大雨，蝗自僵。	光绪《陵县志》
			四月，江山蝗虫为灾。	《江山市志》
			江津等十八县旱蝗并作，饥，道馑相望。	《江津县志》

（续）

序号	公元纪年	历史纪年	蝗灾情况	资料来源
1017	1872 年	清同治十一年	河北顺天及以南部分县，保定及天津蝗灾。	《中国历代蝗患之记载》
			七月，沧州蝗。	《沧县志》
			海兴蝗，不为灾。	《海兴县志》
			霸县大水蝗。	民国《霸县新志》
			庆云蝗，不为灾。	民国《庆云县志》
			正阳蝗。	民国《重修正阳县志》
			秋，万荣蝗。	《万荣县志》
1018	1873 年	清同治十二年	夏，枣强飞蝗过境，被扑灭。八月，蝻生，又扑灭。	《枣强县志》
			新城蝗，不害稼。	民国《新城县志》
			宝应旱蝗。	《宝应县志》
			洪泽旱，蝗灾。	《洪泽县志》
			秋，金湖旱蝗。	《金湖县志》
			濉溪飞蝗遮天蔽日，食禾稼尽，民乞食他乡。	《濉溪县志》
			巫山蝗虫为灾，岁歉无收。	《巫山县志》
1019	1874 年	清同治十三年	八月，河南蝗。	《清史稿·穆宗本纪》
			六月，永城蝗。	光绪《永城县志》
			宝应旱蝗。	《宝应县志》
			洪泽旱，蝗灾。	《洪泽县志》
			金湖旱蝗。	《金湖县志》
			平江蝗虫为害。	《平江县志》
			八月，武宣东乡蝗。	民国《武宣县志》
			夏，乐山旱，有蝗为灾。	民国《乐山县志》
			夏，沙湾旱，蝗虫为灾。	《沙湾区志》
			塔城蝗旱为灾，收成欠薄。	《新疆通志》
1020	1875 年	清光绪元年	六月，杞县蝗毁秋禾。	《杞县志》
			新乡旱蝗灾害。	《新乡县志》
			七月，阌乡蝗。	民国《阌乡县志》

（续）

序号	公元纪年	历史纪年	蝗灾情况	资料来源
1020	1875 年	清光绪元年	镇平膡食麦苗。	光绪《镇平县志》
			大城蝗虫为害。	光绪《大城县志》
			句容、溧水蝗，不为灾。	民国《江苏省通志稿》
			洪泽旱，蝗灾。	《洪泽县志》
			宝应旱蝗。	《宝应县志》
			金湖旱蝗。	《金湖县志》
			宿县蝗灾。	《宿县县志》
			慈溪北乡蝗灾。	《慈溪县志》
			益阳蝗灾。	《益阳县志》
			四月，莲花蝗自东北飞向西南。	《莲花县志》
			全县升平区蝗食苗，乡人鸣锣驱之，稍减。	《全县县志》
			乌苏蝗吃光车排子等处庄稼。	《乌苏县志》
1021	1876 年	清光绪二年	五月，近畿亢旱，谕直隶、山东、河南、河北捕蝗。六月，安徽蝗。	《清史稿·德宗本纪》
			江苏丹徒蝗灾。	《中国历代蝗患之记载》
			丹阳蝗，镇江、靖江、泰兴、淮阴、淮安、盐城、泰县旱蝗。	《昆虫与植病》1936 年第 4 卷第 18 期
			春，泰兴旱蝗，高邮蝗灾，清河蝗蝻生，食禾几尽。秋，睢宁蝗。	民国《江苏省通志稿》
			如皋蝗灾。	《如皋县志》
			宝应旱蝗。	《宝应县志》
			洪泽旱，蝗灾。	《洪泽县志》
			金湖旱蝗。	《金湖县志》
			春，东海遭蝗袭击。秋禾遭蝗啃食，未食芝麻、荞麦、绿豆。	《东海县志》

（续）

序号	公元纪年	历史纪年	蝗灾情况	资料来源
1021	1876 年	清光绪二年	太和蝗灾。	《太和县志》
			界首蝗。	《界首县志》
			夏，亳州旱蝗。	光绪《亳州志》
			蒙城蝗灾。	《蒙城县志》
			宿州多蝗，官民协捕。	光绪《宿州志》
			秋七月，五河蝗生遍野。	光绪《五河县志》
			七月，嘉山蝗灾，蝗蝻生遍野。	《嘉山县志》
			九月，和州飞蝗蔽日。	光绪《直隶和州志》
			九月，含山飞蝗蔽日。	《含山县志》
			无为蝗，不为灾。	《无为县志》
			夏，湖州蝗。	《湖州市志》
			夏，桐乡蝗。	《桐乡县志》
			山西蝗。	《山西通志·农业志》
			永寿飞蝗伤禾。	《永寿县志》
			秋，郓城飞蝗云集，食草殆尽，而豆得收。	光绪《郓城县志》
			秋，昌邑南部飞蝗侵害农作物。	《昌邑县志》
			秋，寒亭区飞蝗过境。	《寒亭区志》
			秋，临沂蝗。	民国《临沂县志》
			秋，苍山蝗灾。	《苍山县志》
			夏，牟平蝗。	《牟平县志》
			七月，荣成大旱，飞蝗遍地，禾草几尽。	《荣成市志》
			深泽蝗灾尤重。	《深泽县志》
			霸县蝗灾。	民国《霸县新志》
			夏，永清遭蝗虫。	《永清县志》
			博野蝗灾，饥民逃荒不绝。	《博野县志》
			涉县蝗灾严重，官民奋捕。	《涉县志》

（续）

序号	公元纪年	历史纪年	蝗灾情况	资料来源
1021	1876 年	清光绪二年	秋，直隶顺天蝗旱，河间为重。	《河北省农业厅·志源（1）》
			顺义旱蝗。	民国《顺义县志》
			军粮城①一带出现蝗灾。	《东丽区志》
			夏，宁河蛹孽萌动。	《宁河县志》
			夏，郑县旱蝗，大饥。	《河南东亚飞蝗及其综合治理》
			六月，杞县蝗毁秋禾，岁歉。	《杞县志》
			新乡旱蝗灾害。	《新乡县志》
			秋，濮州飞蝗云集，食草尽，菽不害。	宣统《濮州志》
			秋，范县蝗灾，田禾受害甚重。	《范县志》
			夏邑旱蝗。	民国《夏邑县志》
			秋，扶沟、淮阳、太康、沈丘旱蝗。	《周口地区志》
			太康旱蝗。	民国《太康县志》
			秋，郾城大旱蝗，歉收。	民国《郾城县记》
			湖北德安府蝗屡见，不为灾。	《德安府志》
			光泽螽伤稼十之五，大饥。	光绪《重纂邵武府志》
			博湖旱蝗成灾，农作物歉收。	《博湖县志》
			巴楚蝗灾，歉收。	《巴楚县志》
			九月，疏勒旱蝗为灾，收成欠薄。	《疏勒县志》
			托克逊旱，蝗灾，歉收。	《托克逊县志》
1022	1877 年	清光绪三年	夏，昌平、武清、滦州、高淳、安化②旱蝗。秋，海盐、柏乡蝗。	《清史稿·灾异志》

---

① 军粮城：乡镇名，今天津东丽区军粮城镇。

② 安化：旧县名，治所在今甘肃庆阳。

（续）

序号	公元纪年	历史纪年	蝗灾情况	资料来源
1022	1877 年	清光绪三年	江苏、安徽、豫东、畿辅蝗蝻。	《中国历代天灾人祸表》
			江苏、安徽、豫东、畿辅蝗蝻。	《中国历代天灾人祸表》
			河北北平，江苏昆山、吴江，浙江嘉兴、吴兴、上虞，宁夏灵武及河南东部部分县蝗灾。	《中国历代蝗患之记载》
			夏，郑县旱蝗，饿毙。	《河南东亚飞蝗及其综合治理》
			夏，中牟旱蝗，大饥。	民国《中牟县志》
			浚县蝗。	《浚县志》
			辉县连年旱蝗，歉收。	《辉县市志》
			夏，淮阳飞蝗成灾。	《淮阳县志》
			六月，商水蝗食禾几尽。	《商水县志》
			秋，鹿邑旱蝗，发义仓谷赈济。	光绪《鹿邑县志》
			六月，项城蝗食秋禾几尽。	民国《项城县志》
			襄城旱蝗频仍。	《襄城县志》
			临颍大旱蝗，秋无禾，民大饥。	民国《重修临颍县志》
			西平蝗蝻生，岁大饥。	民国《西平县志》
			信阳蝗灾，先是蝗蝻怒生，后蝗群南飞三日不绝，最大一群长宽数十里，天为之黑。	民国《重修信阳县志》
			息县蝗遍地，伤害庄稼。	《息县志》
			光山旱蝗，地赤年荒。	《光山县志》
			六月，定陶蝗虫飞落，生蝻害稼。	民国《定陶县志》
			新泰市有蝗，损坏庄稼。	《新泰市志》
			秋，费县、兰山相继发生蝗灾。	《临沂地区志》

（续）

序号	公元纪年	历史纪年	蝗灾情况	资料来源
1022	1877 年	清光绪三年	七月，临沂蝗飞蔽天。	民国《临沂县志》
			春三月，蒙阴有蝗，不为灾。	宣统《蒙阴县志》
			六月，苍山旱，飞蝗蔽天。八月，蝗自南部洼地群起，飞蔽天日，遍及全县，作物近乎绝产，人饿死甚多。	《苍山县志》
			博野蝗灾，饥民逃荒不绝。	《博野县志》
			夏，饶阳大旱蝗。	《饶阳县志》
			六月，香河旱蝗并发，民逃荒甚多。	《香河县志》
			夏旱，永平府滦州、乐亭蝗，谷殆尽。	光绪《永平府志》
			夏，昌平旱蝗。	《北京市海淀区志》
			六月，津南发生特大蝗灾。	《津南区志》
			六月，华北特大旱灾、蝗灾并发，各地灾民涌入天津数万人。	《天津通志·大事记》
			静海等地发生罕见蝗害，区境饥民涌入天津县城。	《河西区志》
			华阴、潼关蝗灾。	《华阴县志》
			潼关蝗虫食禾苗殆尽。	《潼关县志》
			金坛、太仓、上海、松江、太仓、嘉定、靖江、高邮蝗，江浦、六合、溧阳、川沙、武进、宜兴、江阴、阜宁旱蝗。	《昆虫与植病》1936 年第 4 卷第 18 期
			五月，武进、阳湖、高淳飞蝗遍野。六月，娄县蝗。秋，高邮蝗灾，松江安亭、黄渡二镇蝗，睢宁蝗。	民国《江苏省通志稿》
			夏，六合蝗飞蔽天，县令捕蝗，每石给钱数百文，驻浦吴统领派兵分布六合捕蝗，蝗始绝。	民国《六合县续志稿》

（续）

序号	公元纪年	历史纪年	蝗灾情况	资料来源
1022	1877 年	清光绪三年	江宁府蝗，上元邑绅捐积谷、捕蝗蛹。	光绪《续纂江宁府志》
			五月，常州蝗食禾稼。	《常州市志》
			夏五月，溧阳蝗。	光绪《溧阳县续志》
			五月，无锡蝗入境，不为灾。	《无锡市志》
			五月，海门蝗灾。	《海门县志》
			五月，如皋飞蝗蔽日。	《如皋县志》
			阜宁旱，蝗抱草毙。	光绪《阜宁县志》
			兴化飞蝗为灾。	《兴化市志》
			滨海旱，蝗飞蔽日，饥民塞道。五月大风，蝗被刮起摔死。	《滨海县志》
			泗阳蝗。	光绪《泗阳县志稿》
			秋，泗洪蝗。	《泗洪县志》
			秋，睢宁蝗。	光绪《睢宁县志稿》
			赣榆旱蝗。	《赣榆县志》
			秋，上海蝗灾，农作物歉收。	《上海县志》
			秋七月，七、八团有蝗，不害稼。	光绪《川沙县志》
			七月，金山蝗，禾不实。	《金山县志》
			七月，松江蝗食禾，灾。	《松江县志》
			秋七月，华亭蝗，不为灾。	光绪《重修华亭县志》
			宿州捕蝗。	光绪《宿州志》
			秋，泗县蝗。	光绪《泗虹合志》
			秋，五河旱，蝗飞蔽天。	光绪《五河县志》
			芜湖蝗飞蔽天，灾害。	《芜湖市志》
			九月，繁昌飞蝗入境，所到寸草无遗。	《繁昌县志》
			建平旱蝗。	《宣城地区志》

（续）

序号	公元纪年	历史纪年	蝗灾情况	资料来源
1022	1877年	清光绪三年	夏，乌程蝗灾，归安蝗，不为灾。五月，孝丰蝗。	《湖州市志》
			七月，平湖蝗。	《平湖县志》
			七月，桐乡飞蝗入境。	《桐乡县志》
			七月，嘉善飞蝗蔽天，害稼。	《嘉善县志》
			六月，镇海四境多蝗，食草木，禾稼无害。	民国《镇海县志》
			慈溪四境多蝗，食禾稼、草木。	《慈溪县志》
			六月，萧山蝗，不为灾。	《萧山县志》
			沔阳蝗。	民国《湖北通志》
			德安府蝗屡见，不为灾。	光绪《德安府志》
			天门稻蝗为害。	《天门县志》
			秋，汉川蝗。	《汉川县简志》
			邵武䗪虫食禾叶。	光绪《重纂邵武府志》
			安化蝗飞蔽天。	光绪《甘肃新通志》
			六月，民勤飞蝗蔽天，飞入柳村湖大东岔，时夏麦甫熟，秋禾尚未结实，人皆惶恐，无所为计，典史带领各渠坝乡民一体捕捉，有乌鸦万千结阵群飞迎蝗排出，翅挞喙啄，纷纷坠地。	《民勤县志》
			庆阳蝗飞蔽天。	民国《庆阳县志》
			华池蝗飞蔽天。	《华池县志》
			四月，临泽旱，蝗虫遍野，伤稼。	民国《临泽县志》
			是年，乌鲁木齐、昌吉、绥来①蝗虫蔽天，幸只吃草未伤稼。	《昌吉市志》
			呼图壁蝗虫成灾。	《呼图壁县志》

① 绥来：旧县名，治所在今新疆玛纳斯。

（续）

序号	公元纪年	历史纪年	蝗灾情况	资料来源
1022	1877 年	清光绪三年	乌苏车排子等地禾苗被蝗虫吃光。	《乌苏县志》
1023	1878 年	清光绪四年	江苏高淳、南京，湖北郧阳，山西绛县蝗灾。	《中国历代蝗患之记载》
			九月，灵州①蝗。	《清史稿·灾异志》
			精河发生严重蝗灾，尤以贝勒散吉赍辖区受灾严重。	《精河县志》
			安定②蝗蝻萌生。	《定西县志》
			昌平螣。	光绪《顺天府志》
			望都旱蝗。	《望都县志》
			任县旱蝗，民饥，食树皮、草根。	民国《任县志》
			秋，稷山蝗蝻害稼。	《稷山县志》
			七月大雨，文水有禾被蝗食尽，免税。	《文水县志》
			应县蝗灾。	《应县志》
			冠县蝗灾。	《冠县志》
			泰安蝗。	民国《重修泰安县志》
			新泰群蝗过境。	《新泰市志》
			夏，费县蝗，不为灾。	光绪《费县志》
			六月，诸城蝗虫成灾。	《诸城市志》
			夏，日照蝗灾，知县率百姓捕捉。	《日照市志》
			溧水、靖江、高邮蝗。	《昆虫与植病》1936 年第 4 卷第 18 期
			句容、溧水蝗，不害稼。	民国《江苏省通志稿》
			江宁府掘除蝗子。	光绪《续纂江宁府志》
			五月，武进、阳湖蝗遍野，食禾尽。	《武进县志》
			夏，泰州蝗，不为灾。	民国《续纂泰州志》

---

① 灵州：旧州名，治所在今宁夏灵武。
② 安定：旧县名，治所在今甘肃定西。

（续）

序号	公元纪年	历史纪年	蝗灾情况	资料来源
1023	1878 年	清光绪四年	夏，兴化蝗。	《兴化市志》
			宿州捕蝗。	光绪《宿州志》
			秋，郧县飞蝗蔽天，为群鸦食尽。	民国《湖北通志》
			益阳蝗灾。	《益阳县志》
			桃江连续三年蝗灾。	《桃江县志》
			三亚东部蝗灾，禾苗被吃光。	《三亚市志》
			崖州蝗食谷殆尽。	民国《崖州志》
1024	1879 年	清光绪五年	五月，河南蝗。六月，乌拉特、阿拉善等旗蝗。八月，江、皖各属蝗。	《清史稿·德宗本纪》
			五月，延津蝗。	《延津县志》
			宿州旱蝗，麦如烧，奉文令民捕蝗，蝗一石粮一石。秋，蝗虫食禾豆。	光绪《宿州志》
			灵璧蝗伤稼。	光绪《凤阳府志》
			磐安蝗入境，阵飞如黑云蔽日。	《磐安县志》
			东阳罗山蝗入境，形如蚱蜢，阵飞蔽日，稻田受灾。	《东阳市志》
			山西解县蝗灾。	《中国历代蝗患之记载》
			八月，虞乡蝗，捕瘗乃退。	光绪《虞乡县志》
			五月，平陆遍地生蝗蝻。	《平陆县志》
			秋，峄县蝗，不害稼。	光绪《峄县志》
			五月，周至蝗灾。	《周至县志》
			五月，兴平蝗蝻食禾苗。	《兴平县志》
			益阳蝗灾。	《益阳县志》
			定西蝗蝻萌生。	《定西县志》
			巴里坤蝗虫为害严重，豁免田赋。	《巴里坤哈萨克自治县志》

（续）

序号	公元纪年	历史纪年	蝗灾情况	资料来源
1024	1879年	清光绪五年	五原乌拉特至阿拉善蝗灾。	《五原县志》
1025	1880年	清光绪六年	八月，江苏捕蝗。	《清史稿·德宗本纪》
			夏，淮阴蝗灾。	《淮阴县志》
			六月，永寿蝗虫伤稼。	《永寿县志》
			三河蝻生。	民国《三河县新志》
			正阳飞蝗蔽日，草木、庄稼吃秃。	民国《重修正阳县志》
			冠县蝗灾。	《冠县志》
			五月，诸城飞蝗投海。	《诸城市志》
			夏六月，蒙阴旱蝗，饥。	宣统《蒙阴县志》
			秋，寿光蝗害稼。	《寿光县志》
			秋，临沂旱，蝗蝻损豆。	民国《临沂县志》
			秋，苍山八大洼、塘西湖、芦塘湖等蝗蝻孳生地蝗虫群聚群起，蝗蝻损豆。	《苍山县志》
			五月，宁夏飞蝗蔽天，禾稼大损。	《银川市志》
			六月，永宁飞蝗蔽天，稼禾大损。	《永宁县志》
			五月，大批飞蝗起自陇南飞往兰州。六月，又由兰州进入宁夏，使宁夏各县飞蝗蔽天，受害严重。	《中宁县志》
1026	1881年	清光绪七年	六月，武清蝗。七月，临朐蝗。	《清史稿·灾异志》
			三河蝻生遍野，秋大歉。	民国《三河县新志》
			秋，玉田飞蝗大至，伤稼实多。	光绪《玉田县志》
			五月，遵化蝗。	《遵化县志》
			邢台蝗。	民国《邢台县志》
			六月，武清蝗，以米三千四百石换蝗蝻，坑埋三十余万斤，不为灾。	《武清县志》

（续）

序号	公元纪年	历史纪年	蝗灾情况	资料来源
1026	1881年	清光绪七年	秋，宁河禾将熟，飞蝗大至。	《宁河县志》
			新泰群蝗过境。	《新泰市志》
			秋，益都蝗，知府督民捕之，不为灾。	光绪《益都县图志》
			费县飞蝗云集，伤害庄稼。	光绪《费县志》
			八月，蒙阴有蝗，不为灾。	宣统《蒙阴县志》
			夏，三原、临潼、蒲城、泾阳、富平、耀州、高陵土蚂蚱滋生，啮食禾苗。	《陕西省志·大事记》
			夏，飞蝗自中卫东来，几蔽天日，落沙边湖中水草之上，未伤禾稼。	光绪《甘肃新通志》
			宁夏蝗灾。	《中国历代蝗患之记载》
1027	1882年	清光绪八年	五月，直隶蝗。	《清史稿·德宗本纪》
			春，玉田蝗蝻生。	《清史稿·灾异志》
			玉田蝗蝻生，县令集民夫掩捕，城西又有蝗虫蠕动，忽有群鸦啄食而尽。	光绪《玉田县志》
			南皮蝗蝻生。	民国《南皮县志》
			文安蝗。	民国《文安县志》
			夏四月，蒙阴蝗。	宣统《蒙阴县志》
			北流蝗害稼，飞蔽天日，竹木叶群集而食，瞬息叶尽。	《北流县志》
			五月，宜丰黄茅岭一带蝗虫蔽天，田禾尽为所食。	《宜丰县志》
			五月，昌图府螽。	宣统《昌图府志》
			古浪蝗害稼。	光绪《甘肃新通志》
			民勤蝗虫为害，有白鸦驱之。	《民勤县志》
			巴里坤蝗虫为害惨重，祈祷神灵保佑。	《巴里坤哈萨克自治县志》

（续）

序号	公元纪年	历史纪年	蝗灾情况	资料来源
1028	1883 年	清光绪九年	夏，邢台蝗。	《清史稿·灾异志》
			遵化蝗过西南境，知州率民焚捕略尽。	《遵化县志》
			巴里坤县牧民要求官府灭蝗。	《新疆通志》
1029	1884 年	清光绪十年	夏津蝻害稼，大饥。	民国《夏津县志续编》
			夏，博山蝗。	民国《续修博山县志》
			方城蝗。	《方城县志》
			华阴蝗虫遍野。	《华阴县志》
			献县蝗。	民国《献县志》
			新城蝗，不害稼。	民国《新城县志》
			春，泰兴蝗蝻生，有蛤蟆食之尽。	民国《江苏省通志稿》
			赣榆北蝻生，有数千蛤蟆食之。	《赣榆县志》
1030	1885 年	清光绪十一年	秋，兖州旱，蝗虫为灾，歉收。	《兖州市志》
			秋七月，滋阳旱蝗。	光绪《滋阳县志》
			七月，宁津有蝗，南飞蔽日，未集县境。	光绪《宁津县志》
			冠县蝗入境，县设局收买蝗虫。	《冠县志·自然灾害》
			河北新城蝗，不害稼。	民国《新城县志》
			夏，泗洪蝗。	《泗洪县志》
			夏，泗县蝗。	《泗虹合志》
			夏，五河蝗。	光绪《五河县志》
			仁化蝗虫成灾，早稻失收。	《韶关市志》
1031	1886 年	清光绪十二年	德平蝗。	光绪《德平县志》
			七月，博兴蝗蝻生。	民国《重修博兴县志》
			七月，广饶蝗灾严重。	《广饶县志》
			七月，乐安蝗蝻生。	民国《乐安县志》

（续）

序号	公元纪年	历史纪年	蝗灾情况	资料来源
1031	1886 年	清光绪十二年	六月，阳谷蝗生遍野，县令捕之。	光绪《阳谷县志》
			淄川蝗害稼。	《淄川区志》
			邹平旱，蝗蝻生。	《邹平县志》
			秋，寿光蝗害禾稼。	民国《寿光县志》
			四月，南皮蝗伤麦。	民国《南皮县志》
			五月，沧县蝻食麦。	民国《沧县志》
			五月，平乡蝗，蔓延数十村，旋捕尽，不为灾。	《平乡县志》
			曲周蝗灾，县令躬行田间，率民捕灭。	《曲周县志》
			内黄飞蝗过境，遗蝻多，收买之。	光绪《内黄县志》
			六月，台前飞蝗遍野。	《台前县志》
			六月，宿州飞蝗入境，遍地遗子，挖捕两月，又西乡会河南永城县协捕，蝗不为灾。	光绪《宿州志》
			金州①蝗。	《清史稿·庆裕传》
			昭平蝗虫为害，岁大饥。	《昭平县志》
			江津蚱蜢为害，田禾被食殆尽。	民国《江津县志》
1032	1887 年	清光绪十三年	春，寿光蝻生，知县收买蝗蝻。	民国《寿光县志》
			博山飞蝗多落西乡，官府督捕，秋成无大害。	民国《续修博山县志》
			武邑蝻。	《武邑县志》
			遂平旱蝗。	《遂平县志》
			乐业蝗患。	民国《乐业县志》
1033	1888 年	清光绪十四年	秋，长清飞蝗蔽日。	《济南市志》
			秋，齐河飞蝗蔽日。	《齐河县志》

① 金州：旧厅名，治所在今辽宁大连市金州区。

（续）

序号	公元纪年	历史纪年	蝗灾情况	资料来源
1033	1888年	清光绪十四年	夏，武城旱，蝗灾，颗粒未收，多人饿死。	《武城县志》
			夏，故城北地蝗虫害稼，颗粒未收，人多饿死。	《故城县志》
			湘潭蝗。	《湖南省志·农林水利志》
			松溪飞蝗遍野。	《松溪县志》
			秋九月，枣阳蟓食麦苗几尽。	民国《枣阳县志》
			秦州有螽食禾及蔬。	光绪《重纂秦州直隶州新志》
1034	1889年	清光绪十五年	项城蝗蝻生，扑灭之。	民国《项城县志》
			商水蝗蝻生。	《商水县志》
			长清蝗虫生。	《长清县志》
			夏，台儿庄飞蝗蔽天，禾稼几光。	《台儿庄区志》
			八月，舒城螽。	《舒城县志》
			梅县蝗虫成灾，田禾少数生存。	《梅州市志》
1035	1890年	清光绪十六年	夏，博山飞蝗蔽野。	民国《续修博山县志》
			夏，淄川飞蝗遍野。	《淄川区志》
			内黄蝗蝻为灾，设局收买。	光绪《内黄县志》
			夏邑蝗灾。	《夏邑县志》
			景县飞蝗蔽天，落地处春草无存，不久遗卵。至六月，蝻发遍野，践之如行泥淖，鸡不敢啄。是年，河决，蝻结团如斗，渡水至陆地，草根、树叶皆尽。	民国《景县志》
			五月，沧县蝗大至，居民捕蝗交官，每斗换仓谷五升，仓中积蝗如阜。	民国《沧县志》
			和州蝗。	光绪《直隶和州志》
			含山蝗。	《含山县志》

（续）

序号	公元纪年	历史纪年	蝗灾情况	资料来源
1036	1891 年	清光绪十七年	三月，宁津旱蝗伤稼。	《清史稿·灾异志》
			河南夏邑及江苏高淳蝗灾。	《中国历代蝗患之记载》
			蝗虫由正阳皮店南飞一昼夜，逾淮而南。	民国《重修正阳县志》
			夏，宁津飞蝗蔽日，捕逐不为灾，后蝻生损伤禾稼。	光绪《宁津县志》
			恩县蝗蝻生，食禾。	宣统《重修恩县志》
			齐东蝗蝻生。	《邹平县志》
			茌平飞蝗遍野，庄稼被食殆尽。	《茌平县志》
			夏六月，蒙阴有蝗，不为灾。	宣统《蒙阴县志》
			五月，京畿蝗。	《清史稿·德宗本纪》
			新城蝗，不害稼。	民国《新城县志》
			涿县蝗。	民国《涿县志》
			秋，永年蝗。	光绪《广平府志》
			五月，邱县飞蝗遍地。六月，蝗蝻又生，因民驱打，未成大灾。	《邱县志》
			江浦、金坛、盐城旱蝗。	《昆虫与植病》1936 年第 4 卷第 18 期
			丹阳蝗灾。	《丹阳县志》
			常州蝗灾。	《常州市志》
			秋，武进大旱蝗。	《武进县志》
			夏五月，高邮旱蝗。	民国《三续高邮州志》
			宝应旱蝗。	《宝应县志》
			五月，兴化旱蝗。	《兴化市志》
			东台旱，蝗灾。	《东台市志》
			建湖蝗虫成灾。	《建湖县志》
			洪泽蝗灾。	《洪泽县志》
			五月，金湖旱蝗。	《金湖县志》

（续）

序号	公元纪年	历史纪年	蝗灾情况	资料来源
1036	1891年	清光绪十七年	霍山蝗，知县率民捕之。	光绪《霍山县志》
			太和县西北蝗灾。	《太和县志》
			界首飞蝗入境。	《界首县志》
			秋，亳州蝗。	光绪《亳州志》
			秋，五河蝗，不为灾。	光绪《五河县志》
			全椒大蝗。	民国《全椒县志》
			和州大旱蝗。	光绪《直隶和州志》
			秋，英德蝗。	民国《英德县续志》
			景东蝗灾，粮食无收。	《思茅地区志（上）》
			西藏宗嘎出现蝗虫。	《灾异志——雹霜虫灾篇》
1037	1892年	清光绪十八年	京师、江苏、安徽、山西蝗。	《中国历代天灾人祸表》
			五月，合肥等州县旱蝗，赈之。闰六月，京畿蝗。七月，河南蝗。	《清史稿·德宗本纪》
			北平、武清及浙江嘉善蝗。	《中国历代蝗患之记载》
			秋，祥符旱蝗，不为灾。	光绪《祥符县志》
			七月，阌乡飞蝗蔽天，不为灾。	民国《阌乡县志》
			范县蝗。	光绪《范县志续编》
			闰六月，柘城蝗自亳、鹿入境，蔓延买臣寺等处，旋复蝻生，官费千缗，捕买五十余日乃灭，幸不成灾。	光绪《柘城县志》
			夏邑连续三年蝗灾。	《夏邑县志》
			五月，商水飞蝗蔽天，邑西南尤甚。	《商水县志》
			闰六月，鹿邑蝗蝻害稼。	光绪《鹿邑县志》
			五月，扶沟蝗，设局收买。	光绪《扶沟县志》
			六月，许昌蝗。	《许昌县志》
			长葛旱，遭蝗。	《长葛县志》

（续）

序号	公元纪年	历史纪年	蝗灾情况	资料来源
1037	1892 年	清光绪十八年	临颍蝗。	民国《重修临颍县志》
			夏，郾城蝗蝻生。	民国《郾城县记》
			郏县旱蝗。	《郏县志》
			容城蝻孽遍野，知县倡导农民竭力捕灭，幸未大灾。	《容城县志》
			临西飞蝗入境。	《临西县志》
			夏，永年蝻生芦滩；肥乡东蝗蝻生，扑灭之。	光绪《广平府志》
			夏，邱县蝗。	《邱县志》
			蓟县蝗灾。	《蓟县志》
			夏，陕西旱蝗。	民国《续修陕西通志稿》
			夏，韩城蝗虫为灾。	《韩城市志》
			夏，兴平蝗灾。	《兴平县志》
			夏，陇县蝗。	《陇县志》
			夏，岚皋蝗虫为灾。	《岚皋县志》
			夏，陕西旬阳蝗。	《旬阳县志》
			麟游蝗灾。	《麟游县志》
			夏，定边蝗。	《定边县志》
			夏，佳县蝗虫为灾。	《佳县志》
			夏，历城、长清、平阴蝗虫成灾。	《济南市志》
			六月，飞蝗从东北来，遗蝻子遍境，极力扑打，旋扑旋生，至七月，逐渐扑灭，禾稼不损，乃有秋。	光绪《平阴县志》
			德平蝗蝻生。	光绪《德平县志》
			临邑蝗蝻。	《临邑县志》
			夏，茌平旱，蝗虫成灾。	《茌平县志》
			六月，临清飞蝗入境。七月，蝻生。	《临清市志》
			八月，汶上蝗灾。	《汶上县志》

（续）

序号	公元纪年	历史纪年	蝗灾情况	资料来源
1037	1892年	清光绪十八年	夏，新城蝗生。	民国《重修新城县志》
			夏五月，无棣蝗。	民国《无棣县志》
			邹平飞蝗害稼。	《邹平县志》
			六月，潍坊蝗虫成灾。	民国《潍坊市志》
			夏六月，潍县蝗。	《潍县志稿》
			七月，昌乐飞蝗过境。秋，蝗蝻灾。	民国《昌乐县续志》
			六月，寿光蝗灾，知县督捕之。	民国《寿光县志》
			秋，高密蝗，不为灾。	民国《高密县志》
			夏五月，蒙阴旱蝗。	宣统《蒙阴县志》
			六月，昌邑飞蝗过境。	《山东蝗虫》
			句容旱蝗。	民国《江苏省通志稿》
			镇江、丹阳、溧阳、常熟、淮安、盐城旱蝗。	《昆虫与植病》1936年第4卷第18期
			秋，溧水蝗。	《溧水县志》
			丹徒蝗害。	《丹徒县志》
			常州蝗灾。	《常州市志》
			秋，武进蝗飞蔽天，饥。	《武进县志》
			金坛飞蝗蔽天，食禾苗尽，民饥。	《金坛县志》
			如皋蝗灾。	《如皋县志》
			夏，高邮旱蝗。	民国《三续高邮州志》
			夏，兴化蝗。	《兴化市志》
			建湖蝗虫成灾。	《建湖县志》
			夏，山阳旱蝗。	宣统《续纂山阳县志》
			夏，金湖旱蝗。	《金湖县志》
			霍山收买蝻子，遗蝻遂尽。	光绪《霍山县志》
			亳州蝗食粟殆尽。	光绪《亳州志》
			秋，五河蝗，不为灾。	光绪《五河县志》

（续）

序号	公元纪年	历史纪年	蝗灾情况	资料来源
1037	1892 年	清光绪十八年	和州旱蝗，不为灾。	光绪《直隶和州志》
			四月，马鞍山蝗灾，厚积二三寸，弥漫山岗原野。	《马鞍山市志》
			永新蝗虫为害，稻薯歉收，民以野草、树皮充饥。	《永新县志》
			山西蝗虫成灾，匝野蔽天，不可胜数，边外七厅及大同府受灾尤重。	《天镇县志》
			阳曲飞蝗蔽天，作物歉收。	《太原市志》
			夏旱，临晋，多蝗。	《临猗县志》
			七月，洪洞蝗虫遍飞，匝野蔽天，不可胜数。	《洪洞县志》
			夏，永和旱，飞蝗蔽日，食苗殆尽。	民国《永和县志》
			大同南郊区城乡出现蝗害，蝗虫遍野蔽天，不可胜数。	《大同市南郊区志》
			六月，吐鲁番胜金东起蝗蝻，当地政府觅雇民夫捕采蝗蝻，每蝗蝻一斤发工银一钱，连日扑灭。	《吐鲁番市志》
			乌苏蝗虫成灾，厅署令兵勇下乡捕灭。	《乌苏县志》
			西藏达孜玉昂维地界、江孜牙玛地边发现蝗虫幼蝻，应立即予以彻底消灭。朗塘谿堆、墨竹工卡、色谿堆、拉布谿堆对当地政府、贵族、寺庙三方各自之山川、田间有无蝗虫出现进行巡查，若有发现，即予以彻底扑灭。林周宗斋地之擦巴塘等地出现蝗虫，正在竭力扑灭中，并设法不使蝗虫孳生繁殖，予以彻底扑灭。	《灾异志——雹霜虫灾篇》

（续）

序号	公元纪年	历史纪年	蝗灾情况	资料来源
1038	1893 年	清光绪十九年	秋七月，胶州飞蝗蔽日，秋稻被食一空。	民国《增修胶志》
			秋七月，胶南飞蝗蔽日，秋稻被食一空。	《胶南县志》
			春三月，获嘉蝗自东来，捕除四十余日，不为灾。	民国《获嘉县志》
			四月，扶沟蝗蝻蔓延。	光绪《扶沟县志》
			容城蝗孽遍野，知县倡导农民竭力捕灭，幸未大灾。	《容城县志》
			滁县蝗灾。	《滁县地区志》
			来安蝗吃光庄稼，民不聊生。	《来安县志》
			五月，马鞍山蝗灾，大批民夫以竹帚扑蝗，浇以火油烧死蝗虫。	《马鞍山市志》
			房县飞蝗蔽日，禾稼尽食。	《房县志》
			四月，合浦蝗害。	《合浦县志》
			乌苏车排子等地蝗虫肆虐，被一种形如鸲鸽的鸟啄食殆尽。	《乌苏县志》
			乌苏蝗成灾，驻军派兵勇下乡捕捉。	《塔城地区志》
			天暖时，西藏宗嘎蝗虫出现于地面，冬天产卵于地下。	《灾异志——雹霜虫灾篇》
1039	1894 年	清光绪二十年	秋七月，金坛蝗食竹叶、芦苇殆尽。	民国《金坛县志》
			宿迁蝗害稼。	民国《宿迁县志》
			沭阳仔蝗食麦叶殆尽。	民国《沭阳县志》
			九月，合浦蝗害。	《合浦县志》
			饶阳滹沱河北堤多蝗。	《饶阳县志》

（续）

序号	公元纪年	历史纪年	蝗灾情况	资料来源
1039	1894 年	清光绪二十年	天气转暖时，西藏宗嘎经调查，发现无论山地、平原皆有虫卵。若不根除此类蝗虫，边鄙贫困子民将无以为生。	《灾异志——雹霜虫灾篇》
			乌苏甘河子等地连年蝗虫成灾，有鸟形如鸲鸽，首尾皆黑，数千成群，在农田中啄食立尽。	《塔城地区志》
			甘河子、车排子等处蝗灾。	《乌苏县志》
1040	1895 年	清光绪二十一年	四月，馆陶蝗食麦，官劝富室买蝗捕杀，幸未遗种。	《山东蝗虫》
			秋，博山蝗。	民国《续修博山县志》
			夏五月，寿光旱，飞蝗过境。	民国《寿光县志》
			六月，昌乐蝗害稼。	民国《昌乐县续志》
			三河县蝻伤禾稼。	民国《三河县新志》
			金坛蝗蝻生，岁歉。	民国《金坛县志》
			铜山飞蝗遮天盖地，所到处禾稼无存。	《铜山县志》
			固镇蝗灾，大失收成。	民国《固镇县志》
			八月，武宣东乡蝗。	《武宣县志》
			夏，五原后套飞蝗蔽日。	《五原县志》
1041	1896 年	清光绪二十二年	秋，赈新疆蝗灾、雹灾。	《清史稿·德宗本纪》
			秋，新乡生蝗。	《新乡县志》
			长清蝗虫为灾。	《济南市志》
			夏津蝻食稼，大饥。	民国《夏津县志续编》
			稷山蝗害，铺天盖地，所过之处绿色全无。	《稷山县志》
			三河县蝻伤禾稼。	民国河县新志》
			五月，军粮城一带出现蝗灾。	《东丽区志》

（续）

序号	公元纪年	历史纪年	蝗灾情况	资料来源
1041	1896年	清光绪二十二年	夏，宿县旱，飞蝗入境，遮天蔽日，飞声呜呜，民望之心惊胆战，所过之处草木皆空。	《宿县县志》
			塔城地区蝗灾，地域大、面积广。	《塔城地区志》
			夏，临河萨拉齐厅西境之后套飞蝗蔽日，田野密集如沙，禾苗仅余十之一二，告饥。	《临河市志》
			台湾蝗。	《中国的飞蝗》
1042	1897年	清光绪二十三年	秋，赈新疆蝗灾。	《清史稿·德宗本纪》
			呼图壁发生蝗灾。	《呼图壁县志》
			夏，博兴蝗虫成灾，遍地皆是，秋作大减。	《博兴县志》
			平遥蝗灾。	《平遥县志》
			宿县蝗蝻遍野，民挖沟驱埋，火烧两月方尽，伤禾。	《宿县县志》
			秋，青浦蝗蝻伤稼。	民国《青浦县续志》
			七月，蓝田飞蝗自东方来，秋苗被食过半。	《蓝田县志》
			韩城蝗灾。	《韩城市志》
			合浦蝗害。	《合浦县志》
			秋，崇善①蝗虫害禾，损失严重。	《崇左县志》
1043	1898年	清光绪二十四年	十一月，赈吐鲁番等处水灾、蝗灾。	《清史稿·德宗本纪》
			十一月，清廷谕令迪化地区地方官员复勘水、蝗灾情，妥筹赈抚。	《乌鲁木齐市志》
			喀喇沙尔②发生蝗害。	《焉耆回族自治县志》

---

① 崇善：旧县名，治所在今广西崇左西北新和镇。

② 喀喇沙尔：旧厅名，治所在今新疆焉耆回族自治县。

（续）

序号	公元纪年	历史纪年	蝗灾情况	资料来源
1043	1898 年	清光绪二十四年	曲阜蝗灾，毁伤谷穗殆尽。	民国《续修曲阜县志》
			夏，偃师蝗大起，秋禾被食。	《偃师县志》
			五月，献县蝗，不食苗。	民国《献县志》
			益阳蝗食竹。	《益阳县志》
1044	1899 年	清光绪二十五年	恩县蝗蝻生，害稼。	宣统《重修恩县志》
			武城蝗蝻生，为害庄稼。	《武城县志》
			六月，博兴飞蝗成灾，遍地皆是，秋作大减。	《博兴县志》
			新泰蝗灾严重，粮食绝产。	《新泰市志》
			六月，邹平蝗生。	《邹平县志》
			五月，诸城蝗灾，谷子吃得只剩秸秆。	《诸城市志》
			昌邑县南部蝗灾，收成大减。	《昌邑县志》
			六月，广饶飞蝗蔽天。	民国《广饶县志》
			六月，乐安飞蝗遍野。	宣统《乐安县志》
			夏六月，蒙阴蝗食禾尽。	民国《蒙阴县志》
			秋七月，胶州蝗害稼。	《增修胶志》
			秋七月，胶南蝗害稼。	《胶南县志》
			故城北地蝗虫成灾，为害庄稼。	《故城县志》
			五月，新绛蝗。	民国《新绛县志》
			鹿邑麦后生蝗。	《鹿邑县志》
			秋，淮阳蝗蝻生，伤禾。	《淮阳县志》
			秋，南阳蝗食稼。	《南阳县志》
			秋，南召飞蝗蔽天，食坏庄稼。	《南召县志》
			故城北地蝗灾，为害庄稼。	《故城县志》
			太和县西北蝗灾。	《太和县志》
			界首飞蝗至，生子。	《界首县志》

（续）

序号	公元纪年	历史纪年	蝗灾情况	资料来源
1044	1899年	清光绪二十五年	兴国蝗灾，上社严重。	《兴国县志》
			宜北[①]蝗虫四起，食尽禾心，啧啧有声，歉收。	民国《宜北县志》
			思恩北部蝗虫四起，吃尽禾心，庄稼歉收，大饥。	《环江毛南族自治县志》
			七月，新圩有蝗虫，大雨，蝗尽死。	《靖西县志》
			五月，宁化旱，蝗虫为灾。	《宁化县志》
			秋，韶关蝗为灾，荒歉。	《韶关市志》
			秋，乐昌蝗为灾，粮食减收。	民国《乐昌县志》
1045	1900年	清光绪二十六年	六月，青县蝗飞蔽天。	民国《青县志》
			七月，新河螆生，贫民多捕蝗为食。	《河北省农业厅·志源（3）》
			秋，容城飞蝗蔽天，田禾残败。	《容城县志》
			飞蝗自西北来，京畿万亩受灾。	《北京市丰台区志》
			荞麦将熟，飞蝗自西北来，京畿万亩庄稼受灾。	《北京市海淀区志》
			八月，陈留蝗；封丘蝗虫遍野，食禾尽。	《河南东亚飞蝗及其综合治理》
			兰考蝗由邻县入境，飞则蔽日，平地尺余，食禾殆尽。	《兰考县志》
			六月，杞县飞蝗自南向北时落时起，食秋禾几尽。	《杞县志》
			夏，获嘉旱蝗。	民国《获嘉县志》
			焦作旱，蝗虫害稼。	《焦作市志》
			沈丘、商水、项城旱，蝗虫食田禾殆尽。	《周口地区志》

---

①　宜北：旧县名，治所在今广西环江毛南族自治县东北明伦镇。

（续）

序号	公元纪年	历史纪年	蝗灾情况	资料来源
1045	1900 年	清光绪二十六年	夏，修武旱蝗伤稼。	《修武县志》
			夏，飞蝗由邻县入考城，伤禾。秋，民权墨蛹遍野，食禾殆尽。	《民权县志》
			五月，永城飞蝗入境。	光绪《永城县志》
			项城蝗食禾殆尽。	民国《项城县志》
			六月，沈丘蝗食田禾殆尽。	《沈丘县志》
			扶沟旱，蝗虫为害。	《扶沟县志》
			八月，许昌蝗。	《许昌县志》
			七月，长葛、鄢陵、许州城郊、禹州蝗蛹遍野，秋作物被吃光。	《许昌市志》
			禹州旱，蝗灾。	《禹州市志》
			八月，鄢陵蝗蛹遍地，秋禾多毁。	《鄢陵县志》
			郾城旱蝗。	民国《郾城县记》
			临颍蝗，大饥。	民国《重修临颍县志》
			夏，舞阳蝗虫为害，大饥。	《舞阳县志》
			七月，舞钢蝗虫为害。	《舞钢市志》
			山西遭受蝗灾。	《洪洞县志》
			夏，东明蝗不入境。	民国《东明县新志》
			七月，汶上飞蝗蔽天。	《汶上县志》
			八月，博山蝗自北来，经宿皆毙，惟七区受灾最深。	民国《续修博山县志》
			六月，临淄大蝗。	民国《临淄县志》
			六月，淄川飞蝗蔽日。七月，生蛹，数村受害。	《淄川区志》
			邹平旱，蝗飞蔽天，蛹生遍地。	《邹平县志》

（续）

序号	公元纪年	历史纪年	蝗灾情况	资料来源
1045	1900 年	清光绪二十六年	八月，惠民沙河两岸麦苗为蝗所食，莫不更番另种，苗出后，民皆惴惴不安，忽来山鸦成群，将蝗一一啄尽。	光绪《惠民县志补遗》
			八月，阳信蝗，麦苗食尽。	《阳信县志》
			寿光大水，蝗害稼。	《寿光县志》
			临沂蝗。	民国《临沂县志》
			夏五月，蒙阴蝗，不为灾。	宣统《蒙阴县志》
			五月，日照蝗自南来，遮天蔽日。	《日照市志》
			夏，句容蝗，不为灾。	民国《江苏省通志稿》
			海门蝗灾。	《海门县志》
			阜宁大旱，蝗虫遍野。	《滨海县志》
			东台旱，蝗灾。	《东台市志》
			夏，泗洪蝗为灾，庄稼损失严重。	《泗洪县志》
			韩城蝗灾，西原村村民程任子因蝗灾而病死，有顺口溜曰："立立之眉，瞪瞪之眼，只吃叶子不吃秆，蝗虫越吃越凶啦，把任子哥吃得送命啦！"	《韩城市志》
			仁化蝗害，早稻歉收。	《仁化县志》
			奇台蝗灾，庄稼无收，知县奏请朝廷开仓救济灾民。	《奇台县志》
			秋，织金蝗虫为害。	《织金县志》
			夏，五原萨厅西境之后套飞蝗蔽日，田野密集如沙，禾苗仅余十之一二，告饥。	《五原县志》
			台湾澎湖蝗。	《飞蝗概说》
1046	1901 年	清光绪二十七年	万荣多蝗蝻，麦无收。	《万荣县志》
			永济旱，多蝗，麦无收。	《永济县志》

（续）

序号	公元纪年	历史纪年	蝗灾情况	资料来源
1046	1901 年	清光绪二十七年	秋旱，新绛蝗为灾。	民国《新绛县志》
			韩城龙亭蝗灾，秋作歉收。	《韩城市志》
			夏，高邮蝗。	民国《三续高邮州志》
			阜阳蝗虫为害。	《阜阳县志》
			夏，峄县蝗虫成灾。	《枣庄市志》
			考城蝗蝻生，县率民扑灭之。	民国《考城县志》
			仪封蝗，饥。	民国《续仪封县志》
			秋，封丘蝗食禾。	民国《封丘县续志》
			秋，延津蝗，禾稼受害。	《延津县志》
			七月，焦作飞蝗害稼。	《焦作市志》
			七月，孟县飞蝗害稼。	民国《孟县志》
			秋，南乐蝗。	民国《南乐县志》
			秋，滑县飞蝗铺天盖地。	《滑县志》
			五月，永城飞蝗入境。	光绪《永城县志》
			许昌飞蝗过境。	《许昌县志》
			夏，孟津黄河夹心滩蝗大集，盈尺。	《河南东亚飞蝗及其综合治理》
			曲周蝗灾，禾稼不收。	《曲周县志》
			西藏日喀则所属森孜地区于四月间忽然出现大量蝗虫，约有三十朵尔耕地之庄稼颗粒无收。	《灾异志——雹霜虫灾篇》
1047	1902 年	清光绪二十八年	江都旱蝗。	《昆虫与植病》1936 年第 4 卷第 18 期
			江苏南京及山西安泽蝗蝻生。	《中国历代蝗患之记载》
			秋，高邮旱，蝗蝻生。	民国《三续高邮州志》
			秋，兴化蝗蝻生。	《兴化市志》

（续）

序号	公元纪年	历史纪年	蝗灾情况	资料来源
1047	1902 年	清光绪二十八年	川沙飞蝗啮芦声如蚕食，不害禾棉。	民国《川沙县志》
			濉溪蝗虫为灾，赤地千里。	《濉溪县志》
			阜阳蝗虫为灾。	《阜阳县志》
			夏，凤台焦岗湖蝗虫每平方米五六只，受灾 10 万亩，减产 60％。	《凤台县志》
			仁化蝗虫成灾，早稻受不及半。	《韶关市志》
			夏四月，原阳官厂东南河滩蝗，近滩各地食苗几尽。	《河南东亚飞蝗及其综合治理》
			临颍飞蝗过境。	民国《重修临颍县志》
			许昌飞蝗过境。	《许昌县志》
			七月，新蔡蝗虫为害。	《新蔡县志》
			六月，赵县蝗。	《捕蝗纪略》
			五月，华阴、潼关飞蝗自山西渡河入境。	《华阴县志》
			五月，飞蝗自山西渡河入韩城、合阳境。	《韩城市志》
			五月，合阳蝗自晋渡河入境。	《合阳县志》
			秋，河津蝗灾。	《河津县志》
			无棣蝗。	民国《无棣县志》
			阳信蝗虫生。	民国《阳信县志》
			夏，台儿庄蝗伤稼。秋七月，蝗生遍野。	《台儿庄区志》
			夏六月，峄县蝗伤稼。七月，蝻复生，遍野。	光绪《峄县志》
1048	1903 年	清光绪二十九年	秋，赈镇西[①]、绥来蝗灾。	《清史稿·德宗本纪》

---

① 镇西：旧厅名，治所在今新疆巴里坤。

（续）

序号	公元纪年	历史纪年	蝗灾情况	资料来源
1048	1903 年	清光绪二十九年	乌苏境内飞蝗如云，庄稼吃空。	《乌苏县志》
			秋，长清蝗食秋禾殆尽。	《长清县志》
			秋，昌乐蝗。	民国《昌乐县续志》
			川沙飞蝗啮芦，声如蚕食，不害禾棉。	民国《川沙县志》
			五月，清远忽生蝗虫，赤头、青身、两角，专吃稻秧。	《韶关市志》
1049	1904 年	清光绪三十年	怀庆蝗，孟县蝗灾。	《河南东亚飞蝗及其综合治理》
			六月，大名蝗蝻生，食谷叶尽，蝗滚滚团行，人至郊几无措足地。	《大名县志》
			春，盱眙蝗灾。	《盱眙县志》
1050	1905 年	清光绪三十一年	秋，桓台蝗灾。	《桓台县志》
			秋，临泉蝗虫飞过。	《临泉县志》
			台湾南部澎湖蝗。	《飞蝗概说》
1051	1906 年	清光绪三十二年	六月，文安蝗。	民国《文安县志》
			五月，桓台飞蝗蔽天。	《桓台县志》
			六月，莱芜蝗飞蔽天，禾稼无恙。	民国《续修莱芜县志》
			五月，广饶飞蝗蔽空。	《续修广饶县志》
			夏，博兴蝗成灾，遍地皆是，秋作大减。	《博兴县志》
			五月，博山飞蝗蔽日，禾苗尽伤。	民国《续修博山县志》
			七月，邹平蝗蝻生。	《邹平县志》
			五月，乐安飞蝗蔽天。	民国《乐安县志》
			九月，上思蝗灾，晚造无收。	民国《上思县志》

（续）

序号	公元纪年	历史纪年	蝗灾情况	资料来源
1051	1906 年	清光绪三十二年	五月，五原蝗蝻成灾，始自洋堂庙圪堵、鱼洼圪堵、乌梁素三处，东入达拉特地，聚集之多，厚至三四寸至七八寸，长宽数里至20 余里，弥望天际，人难插足，所至惟罂粟、麻豆不食，其余田禾茎叶无遗，经垦局督驻套军兵扑捕，而势盛不能灭，达旗东段受灾最重，继延至中段及杭锦之布袋口、皂火河各处，官购荞麦籽种贷民并免田租。	《五原县志》
1052	1907 年	清光绪三十三年	五月，山丹蝗。	《清史稿·灾异志》
			五月，山丹东南硖口老军寨诸处蝗食禾殆尽，其蝻蓄地寸许。	光绪《甘肃新通志》
			春，五原后套各地遗子解冻后蠕动，挖虫蝗卵如小桶，每桶 99 子，厚积数寸，未几出土生翅，群飞为害，遍布垦界数百里，一望皆黑，刨坑埋之，引火焚之，扑灭迅速，为害尚轻。	《五原县志》
			河南洛阳蝗灾。	《中国历代蝗患之记载》
			夏，博兴蝗虫成灾，遍地皆是，秋作大减。	《博兴县志》
			九月，呼图壁蝗灾，赈济。	《呼图壁县志》
			玛纳斯河流域飞蝗大发生，成群结队，遍地皆是，曾出动上千群众扑打。	《新疆通志》
1053	1908 年	清光绪三十四年	七月，文安蝗。	民国《文安县志》
			六月，新城、鱼台蝗。	宣统《山东通志》

（续）

序号	公元纪年	历史纪年	蝗灾情况	资料来源
1053	1908 年	清光绪三十四年	鱼台旱蝗。	《微山县志》
			冬，青州异暖，三九出蝗。	《青州市志》
			六月，濮州蝗，不为灾。	宣统《濮州志》
			秋，通许蝗蝻生，食尽晚禾，县东南受灾尤甚。	《通许县志》
			夏，永城飞蝗东来，食秋禾过半。	《永城县志》
			六月，范县蝗，不为灾。	《河南东亚飞蝗及其综合治理》
			丰县屡闹蝗灾，蝗虫盖天遮日，换个姓张的县官专来打蚂蚱，人称"张蚂蚱"。	《丰县志》
			秋，新兴蝗虫为害，晚稻不登。	《新兴县志》
			十月，崖州蝗虫食禾。	民国《崖州志》
1054	1909 年	清宣统元年	秋，曹县蝗虫自东南来，谷物被吃光。	《曹县志》
			秋，定陶生蝗虫，谷子吃光。	《定陶县志》
			秋，兖州蝗虫成灾。	《兖州市志》
			夏，蒙阴蝗蝻为灾。	《蒙阴县志》
			六月，孟县蝗蝻遍野。夏，怀庆蝗，中牟旱蝗。	《河南东亚飞蝗及其综合治理》
			七月，滑县生黑蝗虫，飞天蔽日，秋苗吃毁。	《滑县志》
			七月，文安蝗。	民国《文安县志》
			夏，大名大蝗。	民国《大名县志》
			夏，魏县大蝗。	《魏县志》
			曲周飞蝗遍野，大饥。	《曲周县志》
			七月，阳原蝗起，伤苗，民大饥。	民国《阳原县志》
			六月，淮安、扬州属县蝗。	民国《江苏省通志稿》

（续）

序号	公元纪年	历史纪年	蝗灾情况	资料来源
1054	1909 年	清宣统元年	夏，宿迁蝗灾。	《宿迁市志》
			夏秋，泗洪旱、蝗灾并发。	《泗洪县志》
			六月，凤台境内大力捕捉蝗蝻。	《凤台县志》
			随州蝗。	《随州志》
			巴里坤蝗虫蔓延成灾。	《巴里坤哈萨克自治县志》
			五月，孚远①县蝗灾，减免粮草。	《吉木萨尔县志》
			伊宁县境发生蝗灾。	《伊宁县志》
1055	1910 年	清宣统二年	七月，文安蝗。	民国《文安县志》
			武邑蝗，禾吃光。	《武邑县志》
			新安蝗灾。	《新安县志》
			四月，商水蝗食麦。	《商水县志》
			秋，嘉祥旱蝗。	《嘉祥县志》
			六月，淄川蝗蝻成灾，秋无收。	《淄川区志》
			新泰蝗吃大秋，复吃晚秋，粮歉收。	《新泰市志》
			夏，宿县蝗灾，蝗虫群起，蔽日如夜，田禾尽。	《宿县地区志》
			平江蝗虫为害。	《平江县志》
			永川蝗虫为害，竹子受害甚巨。	《永川县志》
			夏，合浦蝗害。	《合浦县志》
1056	1911 年	清宣统三年	怀庆蝗、大水。秋，孟县旱蝗。	《河南东亚飞蝗及其综合治理》
			阳原蝗虫为灾。	民国《阳原县志》
			秋，汉沽蝗灾。	《汉沽区志》
			秋，淄川生蝗蝻。	《淄川区志》

① 孚远：旧县名，治所在今新疆吉木萨尔。

（续）

序号	公元纪年	历史纪年	蝗灾情况	资料来源
1056	1911年	清宣统三年	黄州旱蝗。	民国《湖北通志》
			衡南蝗入侵。	《衡南县志》
			四月，琼山蝗虫食禾，成灾。	《琼山县志》
			西藏卡孜地区遭受严重蝗灾，别说收成，连饲草、麦秆也难以收到。	《灾异志——雹霜虫灾篇》

第七章

民国时期蝗灾

序号	公元纪年	历史纪年	蝗灾情况	资料来源
1057	1912 年	民国元年	青县蝗。	《河北省农业厅·志源（1）》
			金乡大蝗，禾稼尽食。秋，昌邑飞蝗自西北来，蔽日，高粱、谷叶吃光。	《山东蝗虫》
			秋，泰安飞蝗成群自西进入良庄一带，高粱食尽。	《泰安市志》
			秋，辉县飞蝗自南向北遮天蔽日，鸣鸣作响两小时。	《辉县市志》
			夏，临颖蝗灾。	《临颖县志》
			秋，许昌蝗灾。	《许昌县志》
			德化蝗虫成灾，减产。	《泉州市志》
			西藏卡孜地区今年遭受严重蝗灾，饲草、麦秆也难以收到。	《灾异志——雹霜虫灾篇》
1058	1913 年	民国二年	河南蝗。	《中国的飞蝗》
			河南获嘉蝗灾。	《中国历代蝗患之记载》
			温县、孟县蝗灾。	《河南东亚飞蝗及其综合治理》
			夏，清丰遍生蝗蝻，民结伙扑打。	《清丰县志》

（续）

序号	公元纪年	历史纪年	蝗灾情况	资料来源
1058	1913 年	民国二年	浚县蝗蝻成灾，收成锐减。	《浚县志》
			夏，项城蝗。	《项城县志》
			夏，郸城蝗蝻，秋作受害。	《郸城县志》
			夏，临颍有蝗。	民国《重修临颍县志》
			宝丰蝗灾。	《宝丰县志》
			秋，唐河蝗灾，蝗来自东北遮天蔽日，作物吃光。	《唐河县志》
			永济大蝗，食稼。	《永济县志》
			汾阳蝗虫成灾，农民掘坑灭蝗。	《汾阳县志》
			丰润蝗灾，收成大减。	《丰润县志》
			完县蝗。	《完县新志》
			六月，曲阳旱，蝗虫成灾。	《曲阳县志》
			青县蝗，歉收。	《青县志》
			广平蝗灾。	《广平县志》
			夏，西青蝗。	《西青区志》
			秋，菏泽蝗。	《菏泽市志》
			博山蝗。	民国《续修博山县志》
			春夏之交，利津境及广饶北部蝗灾严重。	《东营市志》
			垦利旱，蝗灾严重，农田大部绝产。	《垦利县志》
			利津蝗虫为害，田苗多被啃光。	《利津县志》
			广饶城北一带旱蝗。	《广饶县志》
			秋，滕县沿湖地区蝗灾。	《枣庄市志》
			春夏之交，台儿庄蝗虫成灾，禾苗被食十之七八。	《台儿庄区志》
			日照韩家营蝗灾，庄稼绝产。	《日照市志》
			霍邱蝗灾。	《霍邱县志》

（续）

序号	公元纪年	历史纪年	蝗灾情况	资料来源
1058	1913年	民国二年	蒙城蝗灾。	《蒙城县志》
			夏，泗洪沿湖及双沟、鲍集蝗灾。	《泗洪县志》
			辽阳旱，蝗灾，咬食庄稼绝收。	《辽阳市志》
			灯塔旱，蝗虫遮天盖地，咬食庄稼。	《灯塔县志》
1059	1914年	民国三年	安徽、浙江蝗，台湾蝗。	《中国的飞蝗》
			浙江海宁、嘉兴、嘉善蝗灾。	《中国历代蝗患之记载》
			秋，六合旱蝗，岁饥。	民国《六合县续志稿》
			如皋东北乡飞蝗遍野。	《如皋县志》
			泰县蝗灾百万亩，损失440万元。	《扬州市志》
			夏，靖江蝗灾。	《靖江县志》
			盐城旱，蝗虫起。	《盐城县志》
			丰县蝗灾。	《丰县志》
			秋，全椒大旱蝗。	民国《全椒县志》
			濉溪蝗。	《濉溪县志》
			夏，嘉山蝗蝻为灾。	《嘉山县志》
			六月，肥西蝗灾严重。	《肥西县志》
			五月，宿县飞蝗入境，伤害禾稼。	《宿县县志》
			秋，蒙城蝗灾。	《蒙城县志》
			夏，天门旱蝗。	《天门县志》
			应山蝗虫为害。	《应山县志》
			四、五月，上思蝗蝻复生。	民国《上思县志》
			夏，河南蝗起，飞蔽野，秋禾不收。八月，郑县蝗蝻生。	《河南东亚飞蝗及其综合治理》
			夏五月，巩县蝗。秋七月，蝻食禾殆尽，乡民捕治。	《巩县志》

（续）

序号	公元纪年	历史纪年	蝗灾情况	资料来源
1059	1914 年	民国三年	六月，宜阳飞蝗至。七月，蝻生，东北及西关、丁湾、灵山、桥头一带田禾被食殆尽。	《宜阳县志》
			夏，孟津飞蝗蔽天，秋禾被食殆尽。	《孟津县志》
			六月，飞蝗至杞北燕寨等地，啮食秋禾叶穗殆尽。	《杞县志》
			夏，新乡生蝗漫空蔽野，秋禾殆尽。	《新乡县志》
			五月，获嘉蝗蝻遍地。七月，蝗飞蔽天，食禾殆尽，唯不食芝麻。	民国《获嘉县志》
			闰五月，原阳齐街蝗飞蔽日，禾被吃光。	《原阳县志》
			夏，焦作幼蝗遍地，飞蝗大起蔽日，秋禾叶穗吃光。	《焦作市志》
			夏，修武蝗蝻遍地，飞蝗大起，秋禾叶穗吃光。	《修武县志》
			沁阳、西华、郾城蝗蝻为灾。	《捕蝗意见书》
			夏，武陟飞蝗蔽天，秋禾为灾。	民国《续武陟县志》
			四月，清丰蝗生，督民捕之，不为灾。	民国《清丰县志》
			六月，滑县蝗，秋苗几尽。	《滑县志》
			六月，禹州蝗害庄稼，北从浅井南至颍水，谷子、玉米几乎吃尽。	《禹州市志》
			夏，临颍飞蝗为灾。	民国《重修临颍县志》
			宝丰蝗灾。	《宝丰县志》
			八月，镇平蝗灾，秋禾受害。	《镇平县志》

（续）

序号	公元纪年	历史纪年	蝗灾情况	资料来源
1059	1914 年	民国三年	夏，正阳、泌阳蝗灾，秋粮绝收。	《驻马店地区志》
			入夏不雨，新蔡蝗虫大起。	《新蔡县志》
			春，新县蝗起，麦豆歉收。	《新县志》
			夏，商城旱，蝗起。	《商城县志》
			春，光山蝗虫四起，二麦歉收。	《光山县志》
			夏，东明旱蝗，秋禾不登。	《东明县志》
			曲阜蝗蝻生，不甚为灾。	民国《续修曲阜县志》
			泰安良庄镇蝗蝻生。	《泰安市志》
			七月，蒙阴蝗灾。	《蒙阴县志》
			四月，长治蝗灾，受害1.78万亩。	《长治县志》
			同官蝗食麦。	《铜川市志》
			霸县蝗群飞蔽天，其声如雷。	民国《霸县新志》
			秋，元氏飞蝗蔽野，天日无光，麦苗食尽。	民国《元氏县志》
			灵寿蝗蝻生，西北山区遍野，食草木田禾。	《灵寿县志》
			清苑蝗，被灾300余村。	民国《清苑县志》
			五月，宁晋蝗伤稼。九月，蝗蝻伤麦。	民国《宁晋县志》
			夏，任县蝗飞遍境，所过赤地，邑西督率乡民捕打有法，得免于患。	民国《任县志》
			夏，大名蝗蝻生。	民国《大名县志》
			夏，魏县蝗蝻生。	《魏县志》
			曲周蝗灾。	《曲周县志》
			武清蝗患、河泛相继为灾。	《武清县志》
			四月，寿宁蝗虫成灾，稻谷被毁。	《寿宁县志》

（续）

序号	公元纪年	历史纪年	蝗灾情况	资料来源
1060	1915 年	民国四年	浙江汤溪、杭州、崇德蝗灾。	《中国历代蝗患之记载》
			五月，天津与静海交界处蝻，宁河蝻，直隶巡按使通告赵县发明捕蝻捕飞蝗办法二种，印刷二十份转发各村。六月，任县、南和县交界处蝻，二县协同搜捕。保定蝗，道尹出示布告捕蝻法九种。	《捕蝗纪略》
			永清蝗虫成群，连续交飞。	《永清县志》
			霸县蝗蝻，先有飞蝗至，不害苗，阅半月，蝻出遍地如流水，县长饬民捕之，并设局收买，日获数万斤，竟不成灾。	民国《霸县新志》
			九月，武清蝗群绵飞，乡民惊异。	《武清县志》
			八月，井陉飞蝗蔽天，食麦苗尽。	民国《井陉县志料》
			秋，元氏蝻生遍野，谷叶俱尽。	民国《元氏县志》
			七月，栾城蝗群入城，遍地皆是。	《栾城县志》
			秋，高邑蝗蝻为灾。	《高邑县志》
			六月，迁安飞蝗入境，伤禾稼。	《迁安县志》
			六月，迁西飞蝗入境，伤害庄稼。	《迁西县志》
			夏六月，临榆大蝗。	民国《临榆县志》
			五月，抚宁蝗灾。	《抚宁县志》
			清苑蝗，被灾 200 余村。	《清苑县志》
			五月，定州蝗灾，县收买蝗虫。	《定州市志》
			涿县蝗蝻害稼，歉收。	《涿县志》

（续）

序号	公元纪年	历史纪年	蝗灾情况	资料来源
1060	1915 年	民国四年	易县闹蝗灾。	《易县志》
			秋，容城蝗蝻遍野，庄稼食尽。	《容城县志》
			阜平飞蝗蔽日，食尽禾稼、草木。	《阜平县志》
			七月，交河蝗飞蔽天，落地遍野，食禾稼皆空，后蝻出，为害更甚。	《交河县志》
			青县蝗伤稼。	民国《青县志》
			夏，肃宁蝗。	《肃宁县志》
			海兴蝗灾，害稼。	《海兴县志》
			六月，景县飞蝗蔽天，遍地蝻生，其黑如蚁，食晚禾、野草尽，入村上树缘墙。	民国《景县志》
			春，宁晋蝻伤稼。八月，蝻为灾。	民国《宁晋县志》
			七月，宽城蝗伤禾稼。	《宽城县志》
			夏，中牟蝗。	民国《中牟县志》
			秋，孟津蝗虫成灾，食秋苗，歉收。	《孟津县志》
			兰考先生蝻，后成蝗，食禾大半。	《兰考县志》
			春，武陟蝻生，县令收买而毙之。	民国《续武陟县志》
			封丘蝗遍野，禾被食。秋，孟县蝗。	《河南东亚飞蝗及其综合治理》
			八月，飞蝗从山西永济越过黄河入阌乡境，蝗群长宽约一里，自西北飞向东南，历二十余村，越山向南飞去，为害不甚烈。	民国《阌乡县志》
			七月，台前飞蝗遍野，食尽禾苗，掠食窗纸。	《台前县志》

（续）

序号	公元纪年	历史纪年	蝗灾情况	资料来源
1060	1915 年	民国四年	五月，永城蝗灾。	《商丘地区志》
			秋，温县蝗虫成灾。	《温县志》
			六月，淮阳蝗生，不为灾。	民国《淮阳县志》
			八月，郸城田生蝗蝻。	《郸城县志》
			五月，鄢陵蝗蝻遍地，秋禾多毁。	《鄢陵县志》
			宝丰蝗灾。	《宝丰县志》
			六月，内乡飞蝗自西南来，各地受灾轻重不同。	《内乡县志》
			西峡飞蝗自西南来，为害庄稼。	《西峡县志》
			六月，方城飞蝗蔽日。	《方城县志》
			秋，桐柏蝗灾。	《桐柏县志》
			六月，信阳蝗自北来，蔽日。	民国《信阳县志》
			八月，介休西乡一带发生蝗蝻。	民国《介休县志》
			阳泉大股蝗虫自平山边界铺天盖地而来，青苗踏食一空。	《阳泉市志》
			平定蝗，青苗踏食一空。	《平定县志》
			六月，商南飞蝗入境，成灾。	《商南县志》
			汉阴蝗起。	《汉阴县志》
			长清蝗蝻生，伤禾稼。	《长清县志》
			乐陵旱，蝗灾严重，庄稼基本绝产。	《乐陵县志》
			夏，惠民蝗蝻为害。	《惠民县志》
			六月，无棣飞蝗至。	民国《无棣县志》
			六月，阳信飞蝗自北来，蔽日。	《阳信县志》

（续）

序号	公元纪年	历史纪年	蝗灾情况	资料来源
1060	1915 年	民国四年	六月，临邑飞蝗北来，遮天蔽日，不为灾。	《临邑县志》
			博山飞蝗自淄河下游蔽日而至，继而生蝻，公家设局收买蝗蝻，庄稼不致大伤。	民国《续修博山县志》
			夏，博兴蝗灾，歉收。	《博兴县志》
			淄河下游飞蝗蔽日，食禾成灾。	《淄川区志》
			夏，临淄蝗。	民国《临淄县志》
			秋八月，莱芜飞蝗蔽天。	民国《续修莱芜县志》
			夏，博兴蝗灾，歉收。	《博兴县志》
			八月，常州栖鸾、奔牛等地蝗，群集聚芦苇丛，设局收买，每斤给铜元 4 枚。	《常州市志》
			七月，太仓飞蝗成灾，县令捕捉。	《太仓县志》
			泰州蝗。	《泰州志》
			四月，合肥、庐江、无为、全椒、桐城、怀宁、滁州、来安、定远、盱眙等县遭蝗灾。	《安徽省志·大事记》
			六月，宿县旱蝗。	《宿县地区志》
			夏，全椒蝗食麦。	民国《全椒县志》
			夏，监利旱，遭蝗之害，颗粒无收。	《监利县志》
			汉川蝗由西北来，飞腾数日。	《汉川县简志》
			八月，襄阳飞蝗遮天蔽日，农作物受损严重。	《襄阳县志》
			随州旱，飞蝗蔽天。	《随州志》
			武昌蝗灾。	《武昌县志》
			汉阳蝗灾。	《汉阳县志》

（续）

序号	公元纪年	历史纪年	蝗灾情况	资料来源
1060	1915 年	民国四年	谷城蝗灾，居民提前十天抢收庄稼以避。	《谷城县志》
			枣阳飞蝗蔽日，食禾尽。	《枣阳县志》
			七月，西藏春碑谷①蝻蝗成群，日日自空中飞过，如是者，约有两星期之久。	《西藏志》
1061	1916 年	民国五年	夏六月，巩县蝗害稼，饬民捕治，计斤收买。	民国《巩县志》
			秋七月，长垣飞蝗蔽天，禾稼食尽。	《长垣县志》
			夏，兰考蝗。	《兰考县志》
			濮阳蝗蝻为灾。	《濮阳县志》
			夏，范县蝗灾。	《范县志》
			林县北发生蝗灾，谷子、玉米受害。	《林县志》
			夏，夏邑蝗蝻食禾。	民国《夏邑县志》
			五月，唐河蝗灾，高粱、谷子叶被吃光。秋，蝗蝻遍野。	《唐河县志》
			夏，西峡蝗。	《西峡县志》
			秋，新蔡蝗虫为害。	《新蔡县志》
			秋，平舆旱，蝗虫为虐。	《平舆县志》
			秋，汝南旱蝗。	《汝南县志》
			六月，泌阳蝗灾，减产五成。	《泌阳县志》
			夏，考城蝗，范县蝗灾。秋，温县、孟县蝗。	《河南东亚飞蝗及其综合治理》
			运城沿河飞蝗蔽天。	《运城地区志》
			临晋滨河蝗飞蔽天，巡警率民捕除净尽。	《临猗县志》

① 春碑谷：藏语音译，即春丕谷，在今西藏亚东县。

（续）

序号	公元纪年	历史纪年	蝗灾情况	资料来源
1061	1916 年	民国五年	七月，蝗虫由河北省遮天蔽日飞入本县，因庄稼渐熟，未成大灾。	《昔阳县志》
			秋，无极蝗，扑捕甚力，未成大害。	民国《重修无极县志》
			完县飞蝗入境，伤禾稼。	《完县新志》
			定州蝗灾，警佐率民捕打，捕尽。	《定州市志》
			六月，曲阳旱，蝗虫成灾。	《曲阳县志》
			七月，宁晋飞蝗蔽天。	民国《宁晋县志》
			七月，长清飞蝗蔽日，蝗蝻遍地。	《济南市志》
			夏，商河蝗。	《重修商河县志》
			七月，平原旱，蝗蝻为灾。	《平原县志》
			夏，齐河蝗。	《齐河县志》
			东平蝗虫为灾。	《东平县志》
			无棣蝗。	民国《无棣县志》
			夏，阳信飞蝗入境。六月，蝗蝻为灾。	民国《阳信县志》
			六月，莒县安庄蝗灾，谷叶被吃光。	《临沂地区志》
			新泰蝗灾，歉收。	《新泰市志》
			六月旱，莱芜蝗虫害稼。	民国《续修莱芜县志》
			临淄蝗。	民国《临淄县志》
			夏，博山蝗。秋，蝻生，害禾豆。	民国《续修博山县志》
			夏，蒙阴有蝗为害。	《蒙阴县志》
			八月，华县飞蝗蔽天，北乡尤甚，伤禾苗。	《华县志》
			八月，华阴飞蝗蔽天，北乡尤甚。	《华阴县志》
			定远蝗灾。	《定远县志》

（续）

序号	公元纪年	历史纪年	蝗灾情况	资料来源
1061	1916 年	民国五年	蒙城飞蝗蔽野，伤食禾谷，捕杀 5 万余千克。	《蒙城县志》
			马鞍山蝗灾。	《马鞍山市志》
			七月，睢宁县东南飞蝗遍野，田禾受灾。	《睢宁县志》
			八月，南漳蛮河两岸飞蝗遮天盖地，禾稼损失惨重。	《南漳县志》
			夏，天门蝗灾，庄稼无收。	《天门县志》
			汉川蝗。	《汉川县简志》
			汉阳蝗灾严重，其势蔽日。	《汉阳县志》
			兴国蝗虫成灾，歉收。	《兴国志》
			乐昌蝗虫害稼，驱之遁水，旋复集，歉收。	《韶关市志》
			六月，沙山子一带包括路北苇湖地带，宽 10 余里，发生蝗虫，异常稠密，县政府派蒙古兵与民众以 7 天时间用芦苇、柴草、火药焚烧扑灭。	《精河县志》
1062	1917 年	民国六年	夏至秋，长垣蝗蝻复生，害稼。	《长垣县志》
			秋，卫辉蝗灾。	《卫辉市志》
			秋，浚县蝗灾。	《浚县志》
			秋，淮阳蝗灾，禾被害。	《淮阳县志》
			七月，永清飞蝗连续五昼夜自南遮天蔽日而来，降落田间食尽禾稼，虽经扑打无效，幸降大雨渐灭迹。	《廊坊市志》
			夏，唐县闹蝗虫，飞蝗遮天蔽日，庄稼仅剩光秆。民谣曰："打了飞蝗打蝻子，一打打了个光秆子。"	《唐县志》
			同官旱蝗。	《铜川市志》

（续）

序号	公元纪年	历史纪年	蝗灾情况	资料来源
1062	1917 年	民国六年	七月，华阴蝗飞至赤水，伤禾苗。	《华阴县志》
			七月，华县蝗自华阴来，伤禾苗。	《华县志》
			商河蝗，岁歉，免丁银十分之四。	民国《重修商河县志》
			无棣飞蝗蔽日，草木叶食尽。	《无棣县志》
			利津蝗蝻为灾，多在海滩淤地。	《利津县志》
			昌邑蝗灾，农作物产量大减。	《昌邑县志》
			秋，寿光蝗自西南来，数日始尽。	民国《寿光县志》
			秋，莱芜飞蝗遍野，蝻生。	民国《续修莱芜县志》
			夏旱，台儿庄沿运河两岸蝗成灾。	《台儿庄区志》
			宝应里下河旱蝗。	《宝应县志》
			滨海蝗虫四起，草木尽食。	《滨海县志》
			夏，泗洪蝗食禾稼。	《泗洪县志》
			临泉蝗虫成灾。	《临泉县志》
			马鞍山蝗灾。	《马鞍山市志》
			五月，贵德蝗虫遍地，农作物茎叶大部吃光。	《贵德县志》
			兴国蝗虫成灾，歉收。	《兴国县志》
			岑巩思旸、羊桥、马鞍山蝗灾。	《岑巩县志》
1063	1918 年	民国七年	江苏、浙江蝗。	《中国的飞蝗》
			浙江嘉善和江苏吴江蝗灾。	《中国历代蝗患之记载》
			泰州蝗。	《泰州志》
			是年，泰兴飞蝗蔽天，蝗蝻成灾。	《泰兴县志》

（续）

序号	公元纪年	历史纪年	蝗灾情况	资料来源
1063	1918 年	民国七年	夏，泗县捕灭蝗蝻。六月，灵璧大批飞蝗过境。	《安徽省志·大事记》
			秋，黄冈蝗虫咬伤谷穗。	《黄冈县志》
			望都飞蝗为灾。	民国《望都县志》
			容城蝗虫为害。	《容城县志》
			定州蝗虫为害，捕灭。	《定州市志》
			七月，霸县蝗蝻四出，谷为灾。	民国《霸县新志》
			七月，文安蝗。	民国《文安县志》
			河间蝗虫肆虐，十室九空，斗米千钱。	《河间县志》
			夏，大名蝻生。	《大名县志》
			魏县蝻生。	《魏县志》
			夏，河南蝗。	《河南东亚飞蝗及其综合治理》
			夏，中牟蝗。	民国《中牟县志》
			六月，唐河蝗灾，谷叶吃光。	《唐河县志》
			秋，驻马店蝗灾严重。	《驻马店地区志》
			七月，泌阳蝗灾，谷子吃光。	《泌阳县志》
			夏五月，商河飞蝗入境，岁歉收。	民国《重修商河县志》
			齐河飞蝗入境，大歉。	《齐河县志》
			夏，博山旱蝗。秋，蝻子生。	《博山区志》
			七月，无棣飞蝗蔽日。	民国《无棣县志》
			利津蝗虫成灾。	《利津县志》
			秋七月，寿光飞蝗蔽日，为灾。	《寿光县志》
			夏，台儿庄农作物被蝗食之六七。	《台儿庄区志》

（续）

序号	公元纪年	历史纪年	蝗灾情况	资料来源
1063	1918年	民国七年	七月，山亭区飞蝗过境，作物吃光。	《山亭区志》
			秋，汾阳蝗蝻成灾，谷穗无收。	《汾阳县志》
			兴国蝗虫成灾，歉收。	《兴国县志》
			沙湾小拐、福海乌伦古湖等地发生飞蝗面积达百万亩，虫口密度每平方米300～400只。	《新疆通志》
			芦山旱、洪、蝗灾害相继，庄稼歉收。	《芦山县志》
			秋，连县蝗虫为灾，晚造失收。	《韶关市志》
			景东蝗虫为害乡里。	《景东彝族自治县志》
1064	1919年	民国八年	浙江蝗。	《中国的飞蝗》
			浙江杭州蝗灾。	《中国历代蝗患之记载》
			松江五厍乡蝗蝻生。	《松江县志》
			句容东昌乡蝗灾，民奋力捕打。	《句容县志》
			滨海蝗虫大面积发生。	《滨海县志》
			泗洪沿湖旱，蝗灾严重，稼无收。	《泗洪县志》
			夏，睢宁高作、沙集等乡蝗为灾。	《睢宁县志》
			嘉山蝗蝻成灾。	《嘉山县志》
			夏，汝城蝗虫遍野，禾稻、松叶概被食尽。	《湖南省志·农林水利志》
			益阳县多处蝗灾。	《益阳地区志》
			新化雨水失调，顿起蝗虫，禾苗被食。	《娄底地区志》
			兴国蝗虫成灾，歉收。	《兴国县志》

（续）

序号	公元纪年	历史纪年	蝗灾情况	资料来源
1064	1919年	民国八年	秋，河南蝗。	《河南东亚飞蝗及其综合治理》
			夏，兰考蝗。	《兰考县志》
			夏，武陟城西南一带蝗生。	民国《续武陟县志》
			秋，焦作蝗食禾。	《焦作市志》
			八月，晋县飞蝗遍野。	民国《晋县志料》
			卢龙飞蝗入境。	民国《卢龙县志》
			丰南蝗虫起飞，遮天盖日，所过禾苗一扫而光。	《丰南县志》
			五月，文安蝗。	民国《文安县志》
			七月，大城蝗灾。	《大城县志》
			春，望都螟生，县成立劝业所。	民国《望都县志》
			定州蝗虫为害，捕灭。	《定州市志》
			南皮东区有蝗。	民国《南皮县志》
			六月，故城北地发生蝗灾。	《故城县志》
			平乡蝗灾。	《平乡县志》
			六月，长清蝗灾。秋，蝗飞蔽天。	《济南市志》
			夏，济阳蝗螟遍野，禾谷不收，秋后复将麦苗吃尽。	民国《济阳县志》
			秋，德平儒林寺飞蝗落境，伤禾稼。	民国《德平县续志》
			秋，夏津蝗。	民国《夏津县志续编》
			六月，临邑飞蝗自东北来。	《临邑县志》
			五月，武城发生蝗灾。	《武城县志》
			夏，齐河旱蝗。	《齐河县志》
			七月，聊城发生大面积蝗灾。	《聊城市志》
			济宁旱，蝗灾。	《济宁市志》
			嘉祥蝗灾。	《嘉祥县志》

（续）

序号	公元纪年	历史纪年	蝗灾情况	资料来源
1064	1919年	民国八年	七月，曲阜有蝗西南来，损害秋禾。	民国《续修曲阜县志》
			六月，金乡蝗蝻成灾，庄稼吃光。	《金乡县志》
			秋，汶上蝗灾。	《汶上县志》
			博兴蝗虫遍野，五谷减产。	《博兴县志》
			五月，泰安中、东部飞蝗大至。六月，蝻生岸谷，厚者系二寸，侵及村屋，缘壁入人家，谷菽食尽。	《泰安市志》
			博山飞蝗至，继而生蝻，公家在农会设局收买。	《博山区志》
			七月，莱芜蝗蝻大至。	民国《续修莱芜县志》
			夏，临淄旱蝗。	民国《临淄县志》
			秋，无棣蝗。	《无棣县志》
			秋，惠民飞蝗蔽日，自西南来，未成大害。	《惠民县志》
			六月，阳信飞蝗蔽日，田禾尽食。七月，蝻生遍野，满坑盈沟，两月不绝。	民国《阳信县志》
			利津连岁蝗虫成灾，灾重。	《利津县志》
			夏，桓台旱，蝗蝻为灾。	《桓台县志》
			秋，寿光、益都、临朐等县蝗灾严重，临朐飞蝗落地厚半尺，树枝被压折。	《潍坊市志》
			秋，诸城蝗灾，庄稼吃光。	《诸城市志》
			夏，蒙阴有蝗为害。	《蒙阴县志》
			秋，莱阳飞蝗蔽日，食禾几尽。	民国《莱阳县志》
			即墨飞蝗蔽日，禾稼受害严重。	《即墨县志》
			秋，台儿庄飞蝗蔽日，禾苗被食十之八九。	《台儿庄区志》

（续）

序号	公元纪年	历史纪年	蝗灾情况	资料来源
1064	1919 年	民国八年	七月，榆次蝗突起，由东北向西南飞去，弥天蔽日，农田受害。	《榆次市志》
			益阳蝗虫食竹。	《益阳县志》
			印江蝗灾。	《印江土家族苗族自治县志》
			秋，绥中蝗虫成灾，庄稼叶吃光。	《绥中县志》
			秋，兴城蝗虫成灾，禾叶吃光。	《兴城县志》
			布尔津蝗灾。	《布尔津县志》
1065	1920 年	民国九年	河北、河南、山西、陕西、浙江蝗，山东省 56 县蝗。	《中国的飞蝗》
			山东长清等 56 县、浙江杭县旱蝗，严重伤稼。	《中国历代蝗患之记载》
			夏，汉阴飞蝗入境，伤禾苗。	《汉阴县志》
			兴国蝗虫成灾，歉收。	《兴国县志》
			崇义竹蝗为害，500 亩竹山被毁。	《崇义县志》
			河南久旱，飞蝗肆虐，颗粒无收，民多流离，饥馑相望。	《河南东亚飞蝗及其综合治理》
			秋，尉氏蝗食谷叶尽。	《尉氏县志》
			夏，渑池旱，蝗虫遍野，民饥。	《渑池县志》
			内黄旱，蝗灾，民多无食。	《内黄县志》
			夏，浚县蝗灾。	《浚县志》
			西华、淮阳、沈丘、扶沟、鹿邑、太康旱蝗。	《周口地区志》
			秋，项城飞蝗蔽天，始如空中撒墨，自北而南。	《项城县志》
			长葛旱，遭蝗。	《长葛县志》

（续）

序号	公元纪年	历史纪年	蝗灾情况	资料来源
1065	1920 年	民国九年	秋，鲁山旱蝗成灾。	《鲁山县志》
			八月，桐柏蝗灾，庄稼减产四成。	《桐柏县志》
			嘉山旱，蝗蝻为灾。	《嘉山县志》
			临泉蝗虫成灾。	《临泉县志》
			六月，常州蝗灾。	《常州市志》
			六月，武进尚宜、栖鸾蝗虫无数。	《武进县志》
			夏，商河飞蝗蔽日，无麦。	民国《重修商河县志》
			德州飞蝗成灾。	《德州市志》
			五月，朝城旱，遭蝗蝻，邑令督捕。	《朝城县志》
			济宁蝗灾。	《济宁市志》
			嘉祥旱蝗。	《嘉祥县志》
			东平蝗灾，秋无收。	《东平县志》
			秋，临淄蝗。	民国《临淄县志》
			春夏，桓台蝗，五谷不登，民乏食。	《桓台县志》
			夏，泰安西乡蝗蝻生，不为灾。	民国《重修泰安县志》
			秋，博山又蝗。	民国《续修博山县志》
			八月，齐东飞蝗过境三日。	《邹平县志》
			滕县飞蝗过境，作物吃光。	《枣庄市志》
			夏，莱阳蝗蝻生，有海鸟食之尽。	民国《莱阳县志》
			夏，日照三庄、沈疃一带蝗灾，遮天蔽日，所经之处禾苗无剩。	《日照市志》
			即墨蝗虫遍地，挖沟掩埋。	《即墨县志》
			获鹿庄稼将熟之季，飞蝗突至，五谷几乎吃光。	《获鹿县志》

（续）

序号	公元纪年	历史纪年	蝗灾情况	资料来源
1065	1920 年	民国九年	行唐旱，遭蝗。	《行唐县志》
			新乐旱，复遭蝗害。	《新乐县志》
			井陉大蝗灾，蝗虫遮天蔽日，所到之处庄稼食为光秆。	《井陉县志》
			文安蝗伤田禾。	民国《文安县志》
			霸县蝗灾。	民国《霸县新志》
			清苑大旱蝗。	民国《清苑县志》
			容城境内蝗虫重生，遮天蔽日。	《容城县志》
			定州蝗虫为害，捕灭。	《定州市志》
			夏，蠡县飞蝗为患，麦穗、谷苗无遗。	《蠡县志》
			五月，满城飞蝗入境，食禾苗殆尽。七月，蝻生，大饥。	民国《满城县志略》
			徐水旱蝗。	《徐水县志》
			东光蝗灾。	《东光县志》
			吴桥蝗灾。	《吴桥县志》
			四月，南皮东区蝻生，县署令各村正副督率扑打。	民国《南皮县志》
			秋，南和蝗蔽天，声如风雨，食稼尽。	《南和县志》
			蓟县蝗灾。	《蓟县志》
			顺义旱蝗，马各庄等村受灾。	民国《顺义县志》
			大兴蝗灾严重。	《大兴县志》
			房山飞蝗过境。	《北京市房山区志》
			通县旱、蝗、水灾奇重。	《通县志》
			灵寿、平山、获鹿、元氏、石家庄、赞皇、新乐蝗。	《河北省农业厅·志源（1）》

（续）

序号	公元纪年	历史纪年	蝗灾情况	资料来源
1065	1920 年	民国九年	凌源蝗，无秋。	《凌源县志》
			中江大蝗，西北被灾尤甚。	民国《中江县志》
			布尔津蝗灾。	《布尔津县志》
1066	1921 年	民国十年	永济黄河滩蝗密集，害禾稼，虞、临、解等县乡民帮助扑灭。	《永济县志》
			六月，沛县蝗铺天盖地，庄稼吃光。	《沛县志》
			谷城飞蝗蔽天，苞谷、稻叶尽。	《谷城县志》
			济宁蝗灾。	《济宁市志》
			五月，微山沿湖地区蝗灾，飞蝗遮天盖地，庄稼被吃光。	《微山县志》
			五月，齐东蝗蝻害稼。	《邹平县志》
			博山飞蝗。	民国《续修博山县志》
			秋，潍县飞蝗过境，遮天蔽日，所落处庄稼吃光。	《潍坊市志》
			秋，寒亭区飞蝗过境，遮天蔽日，庄稼尽被吃光。	《寒亭区志》
			夏，滕县沿湖蝗虫为害。	《枣庄市志》
			秋，深泽飞蝗成灾。	《深泽县志》
			赞皇蝗害。	《赞皇县志》
			行唐郑家庄飞蝗蔽日。	《行唐县志》
			霸县蝗害，作物减产。	民国《霸县新志》
			定州蝗虫为害，捕灭。	《定州市志》
			八月，南皮飞蝗过境，不为灾。	民国《南皮县志》
			秋，香河蝗灾，成群飞蝗铺天盖地，成片庄稼变成光秆。	《香河县志》
			丰润蝗起，禾草一扫而光。	《丰润县志》
			秋，温县蝗。	《河南东亚飞蝗及其综合治理》

（续）

序号	公元纪年	历史纪年	蝗灾情况	资料来源
1066	1921年	民国十年	靖州蝗虫为害百多日，减产七成。	《靖州县志》
			兴国蝗虫成灾，歉收。	《兴国县志》
			昭平旱，飞蝗成灾。	《昭平县志》
			五月，平和旱，蝗虫遍野。	《平和县志》
			三台飞蝗损田。	《三台县志》
			中江大蝗，西北被灾尤甚。	《中江县志》
			至秋，芦山旱、洪、蝗、涝灾害不断，粮食多无收成。	《芦山县志》
			贵州全省上半年遭遇蝗、旱灾害。	《贵州省志·大事记》
			布尔津蝗灾。	《布尔津县志》
1067	1922年	民国十一年	江苏南京、南通蝗灾。	《中国历代蝗患之记载》
			春，泗洪蝗虫发生。	《泗洪县志》
			五月，阜南蝗灾。	《阜南县志》
			兴国蝗虫成灾，歉收。	《兴国县志》
			乐平蝗，农作物几被吃光。	《乐平县志》
			平阴旱，有蝗。	《平阴县志》
			平原蝗灾，禾被吃光，又飞上树，枝条压断。	《平原县志》
			冠县蝗灾。	《冠县志》
			东阿蝗灾。	《东阿县志》
			博山蝻子生。	民国《续修博山县志》
			冬，青州异暖，河开出蝗。	《青州市志》
			六月，诸城蝗灾，半数庄稼被毁。	《诸城市志》
			迁安蝻伤稼。	《迁安县志》
			六月，迁西蝗生蝻，伤害庄稼。	《迁西县志》
			霸县蝗灾。	民国《霸县新志》

（续）

序号	公元纪年	历史纪年	蝗灾情况	资料来源
1067	1922 年	民国十一年	秋，献县蝗灾。	《献县志》
			六月，宽城蝻伤禾稼。	《宽城县志》
			沈丘蝗灾。	《沈丘县志》
			七月，新乡蝗灾，伤禾甚重。	《新乡县志》
			秋，内黄蝗虫为灾。	《内黄县志》
			秋，浚县谷物遭蝗灾。	《浚县志》
			布尔津蝗灾。	《布尔津县志》
1068	1923 年	民国十二年	江苏蝗，台湾蝗。	《中国的飞蝗》
			江苏淮阴蝗灾。	《中国历代蝗患之记载》
			淮安、高邮、宝应蝗灾，民不堪苦。	《宝应县志》
			金湖旱蝗成灾。	《金湖县志》
			夏，濉溪飞蝗自东向西飞过，遮天蔽日，庄稼吃光。	《濉溪县志》
			嘉兴、湖州两属蝗患。	《桐乡县志》
			枣阳刘寨蝗灾。	《枣阳县志》
			永顺蝻生。	《湖南省志·农林水利志》
			秋，汉阴蝗。	《汉阴县志》
			夏，孟津旱，飞蝗蔽天，秋无收。	《孟津县志》
			六月，宝丰飞蝗蚕食秋禾，县城附近为害严重。	《宝丰县志》
			四月，襄城蝗虫为害。	《襄城县志》
			春，德平孙家屯一带批现蝗蝻甚夥，西南风作顿消。	民国《德平县续志》
			泰安飞蝗蔽日，自西南进入邱家店，庄稼尽毁。	《泰安市志》
			莱西飞蝗蔽日，禾稼尽食。	《莱西县志》
			青县旱蝗，田禾半收。	民国《青县志》
			秋，三河蝗，歉收。	民国《三河县新志》

（续）

序号	公元纪年	历史纪年	蝗灾情况	资料来源
1068	1923 年	民国十二年	八月，大兴部分地区又遭蝗灾。	《大兴县志》
			秋，太谷蝗，歉收。	民国《太谷县志》
			夏，庄河蝗灾。	《庄河县志》
			布尔津蝗灾。	《布尔津县志》
1069	1924 年	民国十三年	夏，广饶八区孙武路及三区安七、安六各保皆蝗虫为灾。	民国《续修广饶县志》
			七月，兖州蝗灾，作物多被吃光。	《兖州市志》
			夏，灵寿遍地生蝗，草木叶吃光。	《灵寿县志》
			秋，安平发生蝗蝻，禾稼减产四成。	《安平县志》
			宁河蝗蝻为害。	《宁河县志》
			长阳螟蝗为灾。	《长阳县志》
			五月，平江蝗虫为害早稻，无收。	《平江县志》
			四月，大庸①虫蝗，稻麦失收。	《大庸县志》
			六月，田林蝗虫为灾，无收。	《田林县志》
			秋，望谟蝗虫遍及罗炎、王母、桑郎、乐旺等地，收成不及五成。	《望谟县志》
			秋，兴义蝗虫成灾。	《兴义县志》
			四月，册亨蝗灾，收成不到四成。	《册亨县志》
			秋，仁怀蝗虫为害，粮收成欠佳。	《仁怀县志》
1070	1925 年	民国十四年	浙江蝗，台湾蝗。	《中国的飞蝗》
			浙江海宁、海盐蝗灾。	《中国历代蝗患之记载》

---

① 大庸：旧县名，1994 年改名今湖南张家界市。

（续）

序号	公元纪年	历史纪年	蝗灾情况	资料来源
1070	1925 年	民国十四年	河北、广东、广西蝗，损失值银 13 万元。	《飞蝗概说》
			吴县蝗。	《苏州市志》
			五月，泗洪沿湖蝗灾，严重伤稼。	《泗洪县志》
			应城旱，蝗虫为害。	《应城县志》
			房县上龛蝗灾，禾叶几尽。	《房县志》
			六月，商河飞蝗蔽野，庄稼无伤。	民国《重修商河县志》
			广饶西南乡蝗灾。	民国《续修广饶县志》
			六月，泰安飞蝗自西南遮日而来，进北集坡将高粱、玉米、谷子吃光。	《泰安市志》
			日照韩家营蝗灾，庄稼绝产。	《日照市志》
			秋，新乐蝗虫起自化皮，往赵门、柴里、东阳等村蔓延，歉收。	《新乐县志》
			长垣县南飞蝗蔽日，复生蝻，秋禾歉收。	《长垣县志》
			天峨县境蝗灾，粮食无收。	《天峨县志》
			呼图壁西乡农田蝗灾，田禾几乎被吃光，东乡亦相继蝗灾。	《呼图壁县志》
1071	1926 年	民国十五年	江苏灌云、萧县、东海、丰县、铜山及山东蝗灾。	《中国历代蝗患之记载》
			吴县蝗。	《苏州市志》
			春，泗洪蝗虫为灾。	《泗洪县志》
			夏，睢宁蝗虫成灾。	《睢宁县志》
			八月，嘉定南翔飞蝗过境，稻田受损。十月，钱门乡蝗害成灾。	《嘉定县志》

（续）

序号	公元纪年	历史纪年	蝗灾情况	资料来源
1071	1926 年	民国十五年	无为蝗灾。	《无为县志》
			夏，砀山蝗灾。	《砀山县志》
			巢湖旱蝗。	《巢湖市志》
			夏，惠民蝗虫为灾。	《惠民县志》
			邱家店遭蝗灾，减产五成。	《泰安市志》
			同官蝗食麦苗，无收。	《铜川市志》
			仁化蝗虫成灾，早稻收不及半。	《韶关市志》
1072	1927 年	民国十六年	山东旱蝗，罹灾者 900 万人。	《飞蝗概说》
			六月，商河飞蝗过境。	民国《重修商河县志》
			德平旱蝗为灾。	民国《德平县续志》
			陵县 280 个村遭蝗灾，歉收。	《陵县志》
			禹城飞蝗蔽日，落地数寸，秋歉收。	《禹城县志》
			临邑飞蝗过境，禾苗枯槁。	《临邑县志》
			秋，齐河旱，飞蝗遍境，食禾苗尽。	《齐河县志》
			夏，武城、恩县旱，蝗自西北来，后生蝻，遍地皆是，庄稼歉收。	《武城县志》
			平原旱蝗。	《平原县志》
			六月，冠县蝗灾严重，县署加征附捐每亩 2 元。	《冠县志》
			五月，莘县蝻生，岁大饥。	《莘县志》
			高唐旱蝗严重，190 个村受害。	《高唐县志》
			济宁蝗灾，田禾尽食。	《济宁市志》
			秋，曲阜飞蝗蔽天，蝻子遍野，秋禾食之殆尽。	民国《续修曲阜县志》
			泗水蝗虫成灾，庄稼吃光。	《泗水县志》

（续）

序号	公元纪年	历史纪年	蝗灾情况	资料来源
1072	1927 年	民国十六年	广饶城北李佛、万全、马琅各乡，城南安二、安七各保皆蝗虫为灾。	民国《续修广饶县志》
			秋，泰安范镇蝗灾，角峪飞蝗蔽日，地面、墙壁爬满蝗虫，未几蝻虫成堆，玉米、谷子基本吃光。	《泰安市志》
			博兴蝗蝻为灾，五谷歉收。	《博兴县志》
			沾化蝗蝻生，岁饥。	民国《沾化县志》
			郯城飞蝗蔽日，食尽田禾，南下陇海铁路，卧轨厚三尺，火车停开。	《郯城县志》
			蒙阴旱，有蝗灾。	《蒙阴县志》
			四月，莱州蝗食麦叶。秋，蝗食稼。	《莱州市志》
			六月，招远蝗虫成灾。	《招远县志》
			开封北郊蝗灾。	《河南东亚飞蝗及其综合治理》
			六月，范县蝗灾。	《范县志》
			七月，台前蝗虫遮天蔽日，禾草尽食，大饥。	《台前县志》
			秋，周口蝗灾，灾情惨重。	《周口市志》
			春，乐亭飞蝗遍野，沿海一带成灾。	《乐亭县志》
			东光县境遭蝗灾。	《东光县志》
			夏，故城蝗自西北来，遮天蔽日，后又生蝻，灾情严重，庄稼歉收。	《故城县志》
			秋，肥乡蝗遍四境。	民国《肥乡县志》
			七月，魏县蝗蝻生。	《魏县志》
			永年蝗蝻成灾，农产大减。	《永年县志》
			武清蝗灾。	《武清县志》
			夏秋，永济蝗虫严重。	《永济县志》

（续）

序号	公元纪年	历史纪年	蝗灾情况	资料来源
1072	1927 年	民国十六年	崇明西沙蝗群聚田野，吃尽禾苗。	《崇明县志》
			夏，大批飞蝗在常州境内产卵。	《常州市志》
			夏，如皋蝗从东北来，遮天蔽日。	《如皋县志》
			七月，金坛飞蝗蔽天，禾苗尽伤，收成甚差。	《金坛县志》
			四月，盱眙蝗落县城，盖地五六寸，商店无法开门，蝗到处禾草无存。	《盱眙县志》
			夏，洪泽湖区飞蝗蔽野，禾稼、芦苇食光。	《洪泽县志》
			四月，泗洪蝗起，铺天盖地，禾稼、草木荡然无存，屋上茅草亦光。	《泗洪县志》
			夏，睢宁县东南蝗虫成灾。	《睢宁县志》
			无为蝗灾。	《无为县志》
			浙江蝗，山东 63 县蝗。	《中国的飞蝗》
			六月，龙泉蝗虫为害严重。	《龙泉县志》
			浙江海宁、萧山蝗，八月，杭县沿海 10 余里飞蝗突至，食禾苗尽，捕之。	《昆虫与植病》1933 年第 1 卷第 30 - 35 期
			澜沧蝗虫伤禾严重。	《思茅地区志》
			泰和碧溪、桥头、禾市竹蝗蔓延。	《泰和县志》
			乐昌蝗虫害稼，早稻失收。	《韶关市志》
			冬，连平蝗虫灾害，农作歉收。	《连平县志》
			五月，宜章有蝗为灾。	民国《宜章县志》
1073	1928 年	民国十七年	河北、河南、山东、江苏、安徽、浙江蝗，损失值银 1 亿元。	《中国的飞蝗》

（续）

序号	公元纪年	历史纪年	蝗灾情况	资料来源
1073	1928年	民国十七年	安徽颍州、亳州、蚌埠、泗县、盱眙、宿县、天长、宣城，河南开封、西华、郾城、商水、扶沟，山东邹县、滕县、滋阳、郯城、鱼台，河北曲周，江苏仪征、沭阳、盐城，浙江吴兴、海宁、嘉兴、长兴、平湖蝗灾。	《中国历代蝗患之记载》
			夏，南京、镇江等地发生飞蝗，沪宁铁路沿线下蜀地方蝗虫群集路轨，火车不能通行，镇上商店不敢开门营业。	《江苏省志·农业志》
			七月，溧水蝗由句容入境。	《溧水县志》
			江苏58县蝗，捕蝻111.7万石。	《淮阴县志》
			丹徒旱蝗为害，受灾61.9万亩。	《丹徒县志》
			七月，常州飞蝗蔽天，遍地皆是。	《常州市志》
			七月，武进大批飞蝗由北向南，天日为暗，次日又从东南折回，遍地皆是，稻豆尽食。	《武进县志》
			七月，昆山飞蝗成灾，颗粒无收。	《昆山县志》
			七月，大批飞蝗从无锡飞入苏州境内，市内及东桥等地受灾。	《苏州市志》
			七月，大批飞蝗飞临吴县境，自西而东，数日不断。	《吴县志》
			七月，沙洲鹿苑、福山等地蝗从西北飞来，遮天蔽日，所到禾苗尽食，常熟县府合力扑打。	《沙洲县志》

（续）

序号	公元纪年	历史纪年	蝗灾情况	资料来源
1073	1928年	民国十七年	夏，海安旱，蝗灾，庄稼无收。	《海安县志》
			七月，泰州蝗蝻起。九月，飞蝗过境为害。	《泰州志》
			九月，江都忽有大批飞蝗漫天蔽日而来，飞时声浪如狂风暴雨，遍地皆是，渐向西南飞去。	《江都县志》
			春，滨海旱，蝗蝻大发生。	《滨海县志》
			六月，松江飞蝗过境，县城上空似蔽约一刻钟之久。八月，新桥蝗。	《松江县志》
			秋，铜山蝗大作，每平方米密度千头以上，起飞遮天蔽日，降落铺盖大地，秋作几吃光。	《铜山县志》
			麦收时，泗洪旱，大蝗，食禾稼。	《泗洪县志》
			七月，嘉定娄塘发生飞蝗，未几延及各乡，玉米、黄豆被食殆尽。	《嘉定县志》
			崇明庙镇、均安、新河、东庑、堡市蝗虫害禾苗。	《崇明县志》
			七月，宝山飞蝗自西北来，集结城厢、盛桥、月浦、罗店、杨行五市乡，盘旋空际遮天蔽日，全县组织捕蝗至八月底，扑灭。	《宝山县志》
			江苏省东台、沛县、如皋、邳县、南通、常熟、泰兴、铜山、六合、兴化、宿迁、睢宁、太仓、泰县、淮阴、涟水、嘉定、靖江、江阴、无锡、江都、淮安、东海、阜宁、镇江、萧县、江浦、宝山、句容、泗阳、高淳、	《江苏省昆虫局十七、十八年年刊》

（续）

序号	公元纪年	历史纪年	蝗灾情况	资料来源
1073	1928年	民国十七年	灌云、宝应、宜兴、吴县、江宁、金坛、青浦、赣榆、高邮、武进、溧阳、崇明、松江、上海、吴江、丰县、南汇、扬中、溧水、丹阳等51县蝗。江苏省昆虫局先后任用捕蝗员50余人，分赴各县指导治蝗，并设置蝗虫研究所，开展蝗虫研究工作。[1] 同年11月16日，江苏省政府委员会第159次会议通过《江苏省县长治蝗考成章程》及《江苏省各县治蝗人员奖惩规则》。	
			太和、五河、定远、蒙城、霍邱、涡阳、全椒、来安、滁县、东流、青阳等11县蝗，受灾34.93万亩。	《安徽省志·农业志》
			霍邱蝗虫遍地。	《霍邱县志》
			砀山蝗灾。	《砀山县志》
			嘉山蝗灾。	《嘉山县志》
			青阳飞蝗入境，毁稻。	《青阳县志》
			马鞍山蝗灾。	《马鞍山市志》
			七月，天门飞蝗蔽日，稻粟受灾。	《天门县志》
			应城县北蝗灾。	《应城县志》
			浙江省杭县、富阳、嘉善、海盐、桐乡、德清等县蝗。	《昆虫与植病》1933年第1卷第30-35期
			湖州各县蝗蝻生，伤禾稼。	《湖州市志》

---

[1] 据《江苏省昆虫局十七、十八年年刊》，江苏省昆虫局于1928年1月改组成立后，设置蝗虫股，蝗虫股内分设研究、推广二部。关于研究者：设蝗虫研究所于灌云，陈家祥任主任。关于推广者：分别设第一治蝗所，分管铜山、砀山、宿迁、萧县、邳县、丰县、沛县、睢宁8县的治蝗，吴宏吉任主任；第二治蝗所，分管淮阴、淮安、泗阳、宝应、高邮、涟水6县的治蝗，张而耕任主任；第三治蝗所，分管东海、灌云、赣榆、沭阳4县治蝗，杨惟义任主任；第四治蝗所，分管阜宁、盐城、东台的治蝗，戈恩溥任主任。

（续）

序号	公元纪年	历史纪年	蝗灾情况	资料来源
1073	1928 年	民国十七年	富阳蝗虫为害尤甚。	《富阳县志》
			七月，慈溪旱蝗，稻无收。	《慈溪县志》
			秋，晋县飞蝗满野。	民国《晋县志料》
			元氏飞蝗、雹灾亦烈。	民国《元氏县志》
			霸县蝗食麦苗。	民国《霸县新志》
			七月，清苑蝗害颇烈，县府督建设局沿村捕打。	民国《清苑县志》
			秋，青县大蝗。	民国《青县志》
			七月，南皮飞蝗蔽天。	民国《南皮县志》
			衡水蝗灾，400 余村受害。	《衡水市志》
			深县蝗灾。	《深县志》
			武邑蝗。	《武邑县志》
			七月，昌黎蝗灾。	民国《昌黎县志》
			五月，玉田九丈窝、赵官庄等百余村发生蝗蝻，伤禾。	《玉田县志》
			六月，威县蝗起。	《河北省农业厅·志源（1）》
			南宫蝗。	民国《南宫县志》
			清河蝗害稼。	民国《清河县志》
			七月，大名蝗蝻生，甚害苗。	《大名县志》
			春，邱县旱，蝗虫为祸，无麦。	《邱县志》
			六月，成安蝗蝻生。	《成安县志》
			夏，馆陶生蝗虫。	民国《馆陶县志》
			肥乡蝗蝻遍地，十月，蝻皆成蝗。	民国《肥乡县志》
			四月，广平蝗蝻生。七月，飞蝗蔽天，所到之处田禾一空。	《广平县志》
			滦平第三区 51 个村有蝗灾。	《滦平县志》

（续）

序号	公元纪年	历史纪年	蝗灾情况	资料来源
1073	1928年	民国十七年	秋，密云蝗蝻食谷。	《密云县志》
			西青飞蝗成灾，庄稼多被毁食。	《西青区志》
			春，宁河蝗蝻遍地，秋禾尽损。	《宁河县志》
			静海蝗灾，省令捕蝗，并颁灭蝗方法。	《静海县志》
			商南旱，蝗食禾殆尽。	《陕西蝗区勘察与治理》
			白河蝗。	《白河县志》
			四月，平阴飞蝗遍野，早苗无余。五月，蝗蝻生，晚禾殆尽。	《平阴县志》
			德平蝗。	《德平县续志》
			平原遭蝗、水、雹灾。	《平原县志》
			五月，东阿飞蝗遍野，夏苗无收。六月，蝗蝻生，秋苗殆尽。	《东阿县志》
			秋，夏津蝗。	民国《夏津县志续编》
			夏，鄄城蝗遍野，秋稼受害。	《鄄城县志》
			秋，巨野蝗虫成灾。	《巨野县志》
			郓城蝗灾，禾苗被吃大半。	《郓城县志》
			五月，东明飞蝗成灾，田禾被食过半，继而生蝻，绵延遍野，村人挖沟驱逐不能止，高粱、谷禾、玉米俱被食尽，四、五、六区尤为严重。	《东明县志》
			七月，广饶四区及八区北部飞蝗蔽野，继生蝻子。	《续修广饶县志》
			六月，曲阜蝗虫由西南而西北遮天蔽日，徐家村庄稼被吃光。	《曲阜市志》

（续）

序号	公元纪年	历史纪年	蝗灾情况	资料来源
1073	1928 年	民国十七年	济宁蝗灾，田禾尽食。	《济宁市志》
			新泰蝗灾，歉收。	《新泰市志》
			滨州蝗灾。	《滨州市志》
			秋，利津飞蝗蔽野，农业失收。	《利津县志》
			七月，蝗虫在潍县过境，在央子镇一带停留 10 天，草禾被食一空，直至无食，向北飞去，坠海溺死，被风吹到岸上堆积如丘，百姓运回充食作柴。	《潍坊市志》
			八月，寒亭区蝗虫过境，菜禾被食一空，运到场上的高粱、谷子也被食过半，直至无食可觅，方飞越渤海，坠海溺死者被风吹到岸上堆积如丘，人民运回充食、作柴。	《寒亭区志》
			昌邑蝗灾，所到之处农作物被吃光。	《昌邑县志》
			秋，临朐蝗虫遍野，庄稼、树叶吃光。	《临朐县志》
			夏，莒县、临沂蝗灾，飞蝗行如风雨，止如丘山，禾苗吃光；而后，日照、沂水又遭蝗害，莒县、沂水交界处被害尤甚，庄稼、树叶吃光。秋，蒙阴、费县、平邑遭蝗灾，作物绝产。	《临沂地区志》
			临沭旱，蝗蝻生，秋禾几尽。	《临沭县志》
			秋，沂南蝗灾，庄稼、叶草吃光。	《沂南县志》
			七月，沂水蝗遮天蔽日，庄稼吃光。	《沂水县志》
			蒙阴有蝗蝻，大饥。	《蒙阴县志》

（续）

序号	公元纪年	历史纪年	蝗灾情况	资料来源
1073	1928 年	民国十七年	秋，平邑飞蝗自西入境，遍地皆是，除绿豆外，其余禾草殆尽。	《平邑县志》
			峄县受蝗虫为害。	《枣庄市志》
			台儿庄农作遭蝗灾。	《台儿庄区志》
			五月，五莲西部飞蝗蔽天，行如风雨来临，止则食尽禾苗。	《五莲县志》
			七月，栖霞飞蝗自西入境，落地成团，秋作绝收。	《栖霞县志》
			莱州蝗食麦叶，秋，蝗食稼，岁饥。	《莱州市志》
			五月，掖县蝗食麦叶。秋，蝗食稼。	《四续掖县志》
			郑县蝗。孟县旱蝗。温县蝗食苗殆尽，收无几。	《河南东亚飞蝗及其综合治理》
			夏，荥阳蝗灾。	《郑州市志》
			九月，孟津蝗虫成灾，秋禾食尽，滩地野草亦为所食，人心惶惶，不敢种麦。	《孟津县志》
			秋，偃师蝗灾。	《偃师县志》
			秋，原阳蝗蝻食苗，收成无几。	《原阳县志》
			夏，长垣旱，飞蝗食禾，半收，后蝻生，成巨灾。	《长垣县志》
			秋，安阳蝗虫为灾。	《安阳县志》
			秋，周口地区蝗灾，食禾殆尽。	《周口地区志》
			七月，永城飞蝗过境。	《永城县志》
			秋，沈丘蝗灾，食苗殆尽。	《沈丘县志》
			夏，禹州、许昌、鄢陵生蝗虫，秋作物被吃光。	《许昌市志》
			秋，太康有蝗。	《太康县志》

（续）

序号	公元纪年	历史纪年	蝗灾情况	资料来源
1073	1928年	民国十七年	夏，许昌蝗灾。	《许昌县志》
			夏，襄城蝗食禾几尽。秋，蝗食麦叶。	《襄城县志》
			秋，汝州蝗灾。	《汝州市志》
			七月，禹州飞蝗蔽日，秋苗吃尽。八月，蝗虫蔓延至颍南。	《禹州市志》
			鄢陵蝗蝻遂成灾。	《鄢陵县志》
			秋旱，宝丰蝗蝻食苗殆尽。	《宝丰县志》
			七月，桐柏蝗虫遍地。	《桐柏县志》
			秋，西峡蝗虫为灾。	《西峡县志》
			八月，淅川蝗灾。	《淅川县志》
			八月，西平飞蝗成灾，禾叶、树叶殆尽。	《西平县志》
			安化旱，蝗灾严重，仅收三成。	《安化县志》
			夏，常宁雨灾，蝗虫继起。	《常宁县志》
			施秉蝗灾，收成大减。	《施秉县志》
			罗城蝗伤禾稼，歉收。	《罗城仫佬族自治县志》
			秋，绥中四、五、六区蝗虫成灾，庄稼受害。	《绥中县志》
			西藏撒拉地区求瓦附近发现蝗虫，应趁其尚未孳生，以有效方法根除。	《灾异志——雹霜虫灾篇》
1074	1929年	民国十八年	全国11个省168县蝗，受灾3 676万亩，损失值银1.1亿元。江苏省下蜀镇大群蝗蝻从长江直趋内地，当群蝻跳跃铁路时，把轨道盖没，火车无法通行。下蜀镇受成千万蝗蝻袭击，房屋墙壁、屋顶都爬满蝗虫，商店无法开门营业。	《中国的飞蝗》

（续）

序号	公元纪年	历史纪年	蝗灾情况	资料来源
1074	1929 年	民国十八年	河北 48 县、江苏 47 县、山东 29 县、安徽 7 县、河南 14 县、浙江 8 县、山西 4 县、辽宁 2 县、陕西 2 县、湖北 3 县、四川 8 县蝗。	《江苏省昆虫局十七、十八年年刊》
			河北良乡、获鹿、井陉、高邑、赵县、赞皇、束鹿、行唐、安次、霸县、永清、大城、文安、新镇、清苑、容城、安国、徐水、安新、蠡县、高阳、雄县、涞水、沧县、河间、交河、任丘、阜城、饶阳、枣强、安平、武强、景县、故城、卢龙、乐亭、玉田、临榆、邢台、宁晋、南宫、平乡、南和、威县、新河、临城、广宗、邯郸、磁县、临漳、馆陶，山东济阳、平阴、德平、乐陵、冠县、临清、茌平、濮县、郓城、巨野、汶上、邹县、东平、新泰、临淄、高苑、沾化、博兴、广饶、益都、昌邑、寿光、昌乐、临朐、平度、即墨、莱阳、黄县、栖霞、海阳，江苏南京，安徽颍上、涡阳、霍邱、蒙城、亳县、寿县、凤阳、滁县、贵池、五河、定远，河南汲县、封丘、济源、安阳、滑县、淇县、商丘、沈丘、太康、郾城、临颍、镇平、桐柏、商城、固始，浙江长兴、吴兴、海盐、新昌，湖北潜江、宜城、汉川、随县，四川成都、铜梁、巫溪、广元、开江、营山、泸县，辽宁锦县，山西洪洞、襄陵、	《中国历代蝗患之记载》

（续）

序号	公元纪年	历史纪年	蝗灾情况	资料来源
1074	1929 年	民国十八年	绛县、黎城，陕西宝鸡、澄城蝗灾。	
			江苏省宝应、江宁、阜宁、镇江、盐城、句容、江浦、仪征、泰县、南通、溧阳、东台、金坛、海门、宿迁、六合、如皋、高邮、淮安、淮阴、宜兴、高淳、睢宁、邳县、丹阳、启东、涟水、兴化、江都、溧水、灌云、南汇、吴县、扬中、沛县、崇明、东海、泗阳、嘉定、常熟、江阴、武进、铜山、昆山、太仓、沭阳、靖江等 47 县蝗。	《江苏省昆虫局十七、十八年年刊》
			盱眙蝗蝻遍野，波及六合。	《六合县志》
			四月，溧水白鹿、上原、仙坛、山阳、思鹤、赞贤、仪凤等乡蝗害，县成立捕蝗会。	《溧水县志》
			常州蝗蝻生，捕获 400 余石。	《常州市志》
			武进惠化蝗，数千亩麦田受灾。	《武进县志》
			六月，江北都天庙、八蒙、嘉兴桥蝗虫飞渡江南，遍地皆是，高资至龙潭铁轨布满蝗虫，火车滞行。	《丹徒县志》
			苏州蝗，有 17 个区受灾。	《苏州市志》
			吴江旱，蝗虫为害。	《吴江县志》
			夏，泰州蝗蝻为灾。	《泰州志》
			六月，东台旱蝗，损失 500 万元。	《东台市志》
			江都、兴化、泰兴蝗灾，新城、永兴、瓜洲、济善、大桥、邵伯湖等皆蝗，损失 1 万元。	《扬州市志》

（续）

序号	公元纪年	历史纪年	蝗灾情况	资料来源
1074	1929 年	民国十八年	建湖蝗灾。	《建湖县志》
			夏，滨海蝗虫大发生，限期扑灭。	《滨海县志》
			响水蝗蝻遍野。	《响水县志》
			淮安旱，蝗虫成灾。	《淮安市志》
			夏，泗洪蝗虫成灾。	《泗洪县志》
			三月，嘉定蝗蝻。五月，蔓延至各乡。	《嘉定县志》
			八月，崇明飞蝗自东北来，飞满天空，降落田间绵延十余里，农作物受灾。	《崇明县志》
			秋，合肥蝗灾，庄稼殆尽。	《安徽省志·大事记》
			怀宁、全椒、当涂、宣城、和县、繁昌、天长、含山、庐江、凤台、铜陵、灵璧、桐城、来安、无为、宿县16县蝗，受灾325.54万亩。	《安徽省志·农业志》
			秋，砀山、萧县、宿县、灵璧、泗县蝗灾严重。	《宿县地区志》
			夏，怀远蝗灾，歉收。	《怀远县志》
			嘉山旱蝗。	《嘉山县志》
			马鞍山蝗灾。	《马鞍山市志》
			繁昌蝗灾，以县东北严重。	《繁昌县志》
			夏，青阳章埠、五溪发生蝗虫，督民捕杀。	《青阳县志》
			太湖蝗灾。	《太湖县志》
			淳安蝗灾。	《淳安县志》
			浙江省杭县、平湖、萧山蝗。	《昆虫与植病》1933 年第1卷第30－35 期
			六月，嘉善蝗虫为灾，省昆虫局派员督民灭蝗。	《嘉善县志》
			海宁蝗。	《海宁市志》

（续）

序号	公元纪年	历史纪年	蝗灾情况	资料来源
1074	1929 年	民国十八年	六月，平湖蝗灾，减产2 000万石。	《平湖县志》
			夏秋间，台州蝗虫成灾。	《台州地区志》
			八月，临海蝗虫害稼。	《临海县志》
			玉环飞蝗蔽天盖日，减产七成。	《玉环县志》
			六月，宁海蝗害。	《宁波市志》
			嘉鱼蝗虫害稼。	《嘉鱼县志》
			七月，应山县西北发生蝗灾。	《应山县志》
			天门蝗虫为灾。	《天门县志》
			宁乡蝗虫遍野。	《湖南省志·农林水利志》
			益阳蝗食竹严重。	《益阳县志》
			秋，桃江蝗食竹。	《桃江县志》
			江永蝗虫为害。	《江永县志》
			湘乡蝗特重。	《湘乡县志》
			五月，衡南蝗虫大发，为灾严重。	《衡南县志》
			五月，孟津蝗食麦穗，哭声遍野。	《河南东亚飞蝗及其综合治理》
			新郑蝗虫食麦。	《郑州市志》
			秋，濮阳蝗遍野，晚禾尽，民饥。	《濮阳县志》
			夏，永城飞蝗过境。	《永城县志》
			秋，商水生蝗虫，面积约30里宽，高粱、谷子吃光。	《商水县志》
			七月，禹州杏山一带蝗蛹如蚁似蝇，秋禾吃尽。	《禹州市志》
			麦后，社旗生蝗虫。	《社旗县志》
			新野蝗，大荒。	《新野县志》
			夏，长清飞蝗成灾。	《济南市志》

（续）

序号	公元纪年	历史纪年	蝗灾情况	资料来源
1074	1929 年	民国十八年	秋，平原蝗自西来，禾草叶吃光。	《平原县志》
			临邑飞蝗过境，遗蝻，县府及公安局饬民扑灭，禾未大损。	《临邑县志》
			七月，武城飞蝗入境，继生蝻，繁殖不绝，为害作物，恩县受灾最重。	《武城县志》
			济宁蝗灾。	《济宁市志》
			鱼台旱，蝗灾。	《鱼台县志》
			滨州蝗。	《滨州市志》
			六月，齐东蝗蝻害稼。	《邹平县志》
			鲁南蝗严重，禾草、树叶几吃光。	《苍山县志》
			郯城蝗灾严重，禾稼、草、树叶几被吃光，实为百年所罕见。	《郯城县志》
			夏，蓬莱蝗灾，农作物几乎吃光。	《蓬莱县志》
			春，栖霞蝗蝻为害，受灾严重。	《栖霞县志》
			莱州飞蝗为灾，食谷叶殆尽。	《莱州市志》
			六月，华阴、华县蝗。	《华阴县志》
			淳化蝗灾。	《淳化县志》
			陇县旱，蝗蝻为灾。	《陇县志》
			西乡旱蝗。	《西乡县志》
			南郑蝗虫食禾稼。	《南郑县志》
			春，晋县蝻生皆黑色，齐一前跃如流水，禾本科植物皆被咬没。夏，飞蝗遍地皆是，城南特多。	民国《晋县志料》

（续）

序号	公元纪年	历史纪年	蝗灾情况	资料来源
1074	1929 年	民国十八年	大荔蝗虫大发，飞则蔽天，落则盖地，所过禾稼一空。	《大荔县志》
			元氏蝗蝻为灾。	民国《元氏县志》
			平山东南各村蝗蝻遍地，县长及绅民会议悬赏捕捉，每斤洋二角四，捉获万余斤，未成灾。	《平山县志》
			栾城蝗灾。	《栾城县志》
			五月，深泽境蝗灾，延至八月底。	《深泽县志》
			唐山蝗灾。东光蝻遍地，蝗起。	《河北省农业厅·志源（1）》
			八月，迁西飞蝗害稼，各区成立捕蝗会组织捕蝗，收蝗数万斤。	《迁西县志》
			八月，迁安飞蝗伤禾，各区设捕蝗会，收买死蝗数万斤。	民国《迁安县志》
			夏，遵化飞蝗伤农过甚。	《遵化县志》
			丰润蝗灾，受灾面积近百万亩，跳蝻满地，飞蝗蔽天，颗粒无收，人民流离失所。	《丰润县志》
			丰南蝗灾，禾苗尽损，民不聊生。	《丰南县志》
			六月，完县王各庄飞蝗遍野，数日飞去。	《完县新志》
			曲阳朱家峪等 90 余村蝗灾。	《曲阳县志》
			博野宋村、解营、东阳村、城三铺等蝗灾。	《博野县志》
			六月，满城蝻生，令各乡成立治蝗分会，限期扑灭之。	民国《满城县志略》
			七月，昌黎多起蝗灾。	《昌黎县志》

（续）

序号	公元纪年	历史纪年	蝗灾情况	资料来源
1074	1929 年	民国十八年	定兴蝗蝻。	《定兴县志》
			春，青县旱，蝗蝻生，伤麦禾。	《青县志》
			吴桥大蝗。	《吴桥县志》
			五月，肃宁蝗。	《肃宁县志》
			海兴蝗。	《海兴县志》
			四月，南皮蝻生，大风，蝻不见。六月，飞蝗自东北来。	民国《南皮县志》
			五月，衡水蝗，至六月肃清。	《衡水市志》
			武邑蝗蝻遍地，建设局与财政局协商购买蝗虫 3 万斤，每斤 3 角。	《河北省农业厅·志源（2）》
			深县蝗灾重于上年。	《深县志》
			秋，馆陶蝗，愈捕愈多，忽有山蜂无数将蝗蜇死，患乃息。	民国《馆陶县志》
			三月，大名蝻伤二麦。七月，飞蝗起。	民国《大名县志》
			四月，肥乡蝻生，民流离载道。	民国《肥乡县志》
			魏县蝗蝻生，二麦受灾。	《魏县志》
			曲周蝗生，伤禾。	《曲周县志》
			四月，广平飞蝗蔽天，损麦禾。	《广平县志》
			七月，宽城飞蝗伤禾，各区设立捕蝗会，平泉收买死蝗数千斛。	《宽城县志》
			五月，宛平蝗灾。	《北京市海淀区志》
			大兴蝗灾较严重。	《大兴县志》
			五月，津南蝗虫为害严重，作物损失 70％～77％。	《津南区志》

（续）

序号	公元纪年	历史纪年	蝗灾情况	资料来源
1074	1929 年	民国十八年	蓟县蝗虫成灾。	《蓟县志》
			静海蝗灾，捕治有效。	《静海县志》
			春，宁河蝗蝻为灾，禾稼尽绝。	《宁河县志》
			五月，武清蝗蝻为害。	《武清县志》
			六月，宝坻三、四、五、六区蝗虫为害。	《宝坻县志》
			五月，北镇飞蝗成灾，为害甚重。	《北镇县志》
			八月，凌源一区八间房、修杖子、康杖子等地飞蝗群至，所至之地禾稼蚕食无余。	《凌源县志》
			春，兴城蝗虫遍野。	《兴城县志》
			夏，绥中蝗虫成灾，10 天时间捕捉蝗虫 3.9 万千克。	《绥中县志》
			建平沙海、王子坟、马架子等十余村田苗被蝗虫吃尽。	《建平县志》
			夏，敖汉忽起蝗虫，田苗受害。	《敖汉旗志》
			施秉蝗灾，收成大减。	《施秉县志》
			南昌市郊区蝗灾，早晚稻受害。	《南昌市志》
			高安蝗灾，早晚稻受损二三成。	《高安县志》
1075	1930 年	民国十九年	全国 188 县蝗，灾民 873 万人。	《飞蝗概说》
			六月，启东蝗虫大发。	《启东县志》
			太湖蝗灾。	《太湖县志》
			河北省 72 县蝗灾。	《昆虫问题》1936 年第 7 期
			曲阳蝗灾。	《曲阳县志》
			四月，高碑店蝗灾，七月底肃清。	《高碑店市志》

（续）

序号	公元纪年	历史纪年	蝗灾情况	资料来源
1075	1930 年	民国十九年	五月，景县蝗，县伤兵民竭力捕治，损失巨大。	民国《景县志》
			曲周蝗灾。	《曲周县志》
			静海蝗灾，捕治有效。	《静海县志》
			五月，宝坻王各庄等发生蝗虫。	《宝坻县志》
			永济蝗灾。	《山西蝗虫》
			夏，商河蝗蝻生。	民国《重修商河县志》
			五月，飞蝗入恩县，复生蝻。	《平原县志》
			五月，飞蝗入恩县，继生蝻，为害作物。武城蝗。	《武城县志》
			济宁蝗灾。	《济宁市志》
			泰安省庄一带飞蝗自西南遮天盖地而来，呼呼作响，食尽庄稼。	《泰安市志》
			新泰蝗灾，玉米歉收。	《新泰市志》
			邹平旱蝗。	《邹平县志》
			四月，莱州连年飞蝗遗卵，沿海生跳蝻，蝗灭。	《莱州市志》
			夏五月，掖县飞蝗遗卵，沿苇田孵生跳蝻，食麦叶，大有蕃滋之势，县长组织捕蝻会，派警督同民众掘沟截捕掩埋，幸不为灾。	民国《四续掖县志》
			郑县蝻群聚如蚁。	《河南东亚飞蝗及其综合治理》
			夏，中牟旱蝗。	民国《中牟县志》
			巩县蝗。	《巩县志》
			秋，原阳祝楼蝗食禾，绝收；齐街蝗。	《原阳县志》
			沁阳蝗灾，蚕食秋禾。	《沁阳市志》
			温县蝗生，二麦遭害。	《温县志》

（续）

序号	公元纪年	历史纪年	蝗灾情况	资料来源
1075	1930 年	民国十九年	秋，陕县蝻生，食禾稼殆尽，令民捕之，出款购买蝗虫。	《陕县志》
			秋，渑池蝗灾严重，东区 30 余里、南区 40 余里禾苗被蝗吃尽。	《渑池县志》
			商丘旱蝗相交。	《商丘县志》
			睢县蝗灾。	《睢县志》
			春，柘城蝗蝻伤禾。	《柘城县志》
			夏，宁陵旱，蝗灾。	《宁陵县志》
			夏，郏县蝗蝻毁禾稼。	《郏县志》
			陕西等省大蝗，损失值银 1.5 亿元。	《中国的飞蝗》
			七月，陕西飞蝗蔓延，遮天蔽日，所过秋禾多被啮食。	《陕西省志·大事记》
			七月，长安蝗铺天盖地，歉收。	《长安县志》
			早秋吐穗时期，陕西各县忽有蝗虫，飞则遮天蔽日，落则遍陌盈阡，道路布满蝗虫，行人无隙足地，早秋晚作同被啮食罄尽，男哭女号，痛无生路。夏秋之交，平利蝗虫四起，东二、三区及南一、二区延长 300 余里。延安蝗虫大起，禾苗尽食。定边蝗。	《陕西蝗区勘察与治理》
			秋，西安飞蝗蔽日，落地遍陌盈阡，道路布满，行人无隙足地。	《西安市志》
			秋，临潼飞蝗蔽日，遍陌盈阡，落地路满，行人无隙足地，秋禾尽食。	《临潼县志》
			夏，蓝田蝗虫成灾，食禾殆尽。	《蓝田县志》

（续）

序号	公元纪年	历史纪年	蝗灾情况	资料来源
1075	1930 年	民国十九年	秋，户县蝗从东来，蚕食有声，玉米叶全被吃光。	《户县志》
			秋，高陵蝗飞蔽天，食苗殆尽。	《高陵县志》
			秋，渭南蝗蔽日，落地遍陌盈阡，行人无隙足地，作物尽食。	《渭南县志》
			夏，韩城蝗灾，秋粮歉收。	《韩城市志》
			大荔蝗，群飞蔽天，禾稼一空。	《大荔县志》
			九月，合阳皇甫庄突发蝗群，飞蔽天，禾苗一空。	《合阳县志》
			秋，潼关蝗食棉苗。	《潼关县志》
			富平蝗虫成灾，禾稼几尽。	《富平县志》
			八月，澄城蝗虫成灾。	《澄城县志》
			秋，蒲城飞蝗蔽日，禾苗皆尽。	《蒲城县志》
			七月，咸阳、礼泉飞蝗蔽日，食苗殆尽。	《咸阳市志》
			秋，武功蝗虫食禾苗。	《武功县志》
			七月，兴平蝗飞则蔽日，落则遍陌盈阡，道路塞满，行人无隙足地，食禾苗尽。	《兴平县志》
			夏，礼泉蝗自东而西飞来，遮天蔽日，禾苗尽食。	《礼泉县志》
			泾阳旱，蝗虫成灾。	《泾阳县志》
			七月，永寿蝗虫成灾，秋禾尽食。	《永寿县志》
			岐山蝗大起，伤禾稼。	《宝鸡市志》
			乾县蝗虫为虐，南北纵贯五六十里，落于地面啄食田禾嚓嚓作响，飞行起来遮天蔽日呼呼有声，男女	《乾县志》

（续）

序号	公元纪年	历史纪年	蝗灾情况	资料来源
1075	1930 年	民国十九年	老幼追捕田间，或放炮扬鞭，亦无济于事。	
			初秋，陇县蝗飞蔽天，道路布满，行人无隙足地，食秋禾殆尽。	《陇县志》
			八月，眉县蝗灾，伤食玉米、荞麦、谷子。	《眉县志》
			褒城①蝗。	《勉县志》
			西乡蝗灾。	《西乡县志》
			秋，旬阳蝗。	《旬阳县志》
			商南旱蝗。	《商南县志》
			山阳蝗生，自东而西遮天蔽日。	《山阳县志》
			同官县东北蝗灾。	《铜川市志》
			秋，耀县飞蝗蔽日，食禾稼殆尽。	《耀县志》
			志丹蝗灾，收成无几。	《志丹县志》
			秋，佳县飞蝗蔽日，落则遍陌盈阡，行人无落足地，食禾稼尽。	《佳县志》
			秋，益阳县蝗虫害竹。	《益阳地区志》
			凌源蝗。	《凌源县志》
			建昌三、四、五、六区发生蝗蝻。	《建昌县志》
			石城洋地、上洞等地发生竹蝗，为害竹木 6 万余亩。	《石城县志》
			施秉连遭蝗灾，收成大减。	《施秉县志》
			西宁蝗灾。	《西宁市志·大事记》
			都兰县蝗灾。	《海西蒙古族藏族自治州志》

---

① 褒城：旧县名，治所在今陕西勉县东褒城镇。

（续）

序号	公元纪年	历史纪年	蝗灾情况	资料来源
1076	1931 年	民国二十年	河北天津、武清、霸县、青县、沧县、盐山、庆云、南皮、静海、河间、任丘、故城、东光、滦县、临榆、丰润、宁河、满城、徐水、束鹿、高阳、饶阳、濮阳、尧山、清河、冀县、新河、枣强、武邑、隆尧、肃宁、衡水、南宫、宁晋、清苑、武强、深泽、大城、香河、景县、巨鹿、宝坻、文安、献县 44 县蝗。白洋淀、宁晋泊、大陆泽、七里海等湖沼地及运河、永定河、大清河、滹沱河、胡卢河两岸分布更多。五月，河北省政府派员分赴各县调查督捕，并于同年省府第 258 次会议通过《治蝗暂行简章》13 条公布之。	《昆虫与植病》1933 年第 1 卷第 30 - 35 期
			陕西、河北、湖南、热河蝗灾。	《飞蝗概说》
			河北大名及陕西朝邑蝗灾。	《中国历代蝗患之记载》
			博野迁庄等 7 村蝗灾。	《博野县志》
			六月，高碑店大屯、钱家营、恩赐庄等发生蝗灾，肃清。	《高碑店市志》
			曲阳蝗灾。	《曲阳县志》
			海兴蝗灾甚重。	《海兴县志》
			六月二十四日，南皮二区飞蝗起，县令扑打，用钱收买，未几蝻生，又收买，共费洋五千余元，不为灾。	民国《南皮县志》
			南和蝗灾面积占全县 6%，损失 6 万元。	《南和县志》

（续）

序号	公元纪年	历史纪年	蝗灾情况	资料来源
1076	1931 年	民国二十年	夏，武清蝗，经捕打未成灾。	《武清县志》
			西青境内东部村庄发生蝗灾，致使灾民四出。	《西青区志》
			亳州蝗灾。	《亳州市志》
			洪泽蝗灾，90%庄稼吃光。	《洪泽县志》
			秋，长安蝗遮天蔽日，食禾几尽。	《长安县志》
			春，蓝田蝗虫卵孵化，遍地皆是，成翅后成群迁飞，不为灾。	《蓝田县志》
			礼泉蝻。蓝田、宝鸡、合阳、兴平、武功蝻为灾。陇县蝗伤麦。乾县、扶风多蝗。凤翔蝗食苗，夏无收。三原蝗生遍地。眉县、高陵蝗食秋苗尽。长安、临潼蝗起。周至蝗食早禾尽。永寿飞蝗遍野，秋苗净尽，歉收。铜川蝗蝻生。	《陕西蝗区勘察与治理》
			六月，陇县蝗复大起，飞蔽日，蔓延更甚，禾苗多被啮食。	《陇县志》
			天门稻蝗为害，禾稼不收。	《天门县志》
			耒阳蝗灾为害甚烈。	《耒阳市志》
			夏，新宁温塘、安山、油头、檀山等村遭蝗灾。	《新宁县志》
			临邑蝗，大歉。	《临邑县志》
			济宁蝗灾。	《济宁市志》
			八月，兖州蝗虫成灾，秋禾歉收。	《兖州市志》
			秋，嘉祥飞蝗遮天盖地，家家户户敲打盆锣震蝗，农作物毁坏惨重。	《嘉祥县志》

（续）

序号	公元纪年	历史纪年	蝗灾情况	资料来源
1076	1931年	民国二十年	七月，长山飞蝗过境，蝻生遍地。	《邹平县志》
			沾化李家一带蝗灾严重，吃光庄稼，又啃房檐窗纸。	《沾化县志》
			秋，广饶八区耿家井、卢家乡一带蝗虫为灾。	《续修广饶县志》
			秋，伊川飞蝗蔽天。	《伊川县志》
			秋，桐柏蝗灾，食晚禾过半。	《桐柏县志》
			九月，西平蝗灾，秋禾叶穗被食。	《西平县志》
			凌源蝗。	《凌源县志》
			镇沅蝗虫成灾，水稻多无收。	《思茅地区志（上）》
1077	1932年	民国二十一年	河南、河北、山东、江苏等省蝗灾。	《华北的飞蝗》
			河南郑县、洛阳、郾城，江西南康，江苏高邮、兴化、江浦、江宁、宜兴、六合、镇江，河北大名及山东鱼台蝗伤稼。	《中国历代蝗患之记载》
			七月，东明六区蝗蝻蔓延，满地跳跃，食田禾，县政府派员督乡民不分昼夜扑打，扑灭之。	民国《东明县新志》
			济宁蝗灾。	《济宁市志》
			滨州蝗。	《滨州市志》
			夏，阳信蝗。	《阳信县志》
			秋，利津蝗虫为害，减产。	《利津县志》
			广饶城北万全、卢家、袁家、李佛诸乡蝗灾。	民国《续修广饶县志》
			秋，新乡蝗成灾。	《新乡县志》
			八月，孟县蝗害稼。	《孟县志》

（续）

序号	公元纪年	历史纪年	蝗灾情况	资料来源
1077	1932 年	民国二十一年	浚县水蝗为害，收成锐减。	《浚县志》
			夏，商丘地区蝗灾。	《商丘地区志》
			秋，虞城蝗蝻遍野，秋禾遭灾。	《虞城县志》
			八月，太康蝗蝻为灾。	《太康县志》
			五月，扶沟蝗蝻毁伤禾稼。	《扶沟县志》
			五月，鄢陵蝗蝻成灾。	《鄢陵县志》
			七月，汝州二、四、八区蝗蝻灾。	《汝州市志》
			盛夏，唐河蝗蝻相杂由北盖地而来，地面植物片叶难寻。	《唐河县志》
			新野蝗。	《新野县志》
			驻马店蝗伤秋稼。	《驻马店市志》
			秋，栾城西蝗灾。	《栾城县志》
			秋八月，徐水蝗。	民国《徐水县志》
			曲阳连续 4 年发生蝗灾。	《曲阳县志》
			博野东章，大、小西章蝗灾。	《博野县志》
			秋，宽城蝗伤禾。	《宽城县志》
			七月，兴隆蝗伤稼。	《兴隆县志》
			静海蝗灾。	《静海县志》
			夏，丰县、沛县、铜山、泗阳、阜宁、宝应、赣榆、海门、涟水、淮安、如皋、泰兴蝗灾。	《江苏省志·农业志》
			夏，句容蝗灾面积大、范围广。	《句容县志》
			秋，盐城蝗虫遍地。	《盐城市志》
			夏，睢宁朱楼蝗虫成灾。	《睢宁县志》
			淮阴洪泽湖老子山飞蝗蔽日。	《淮阴市志》

（续）

序号	公元纪年	历史纪年	蝗灾情况	资料来源
1077	1932 年	民国二十一年	盱眙飞蝗过境，田禾、屋草一扫而光。	《盱眙县志》
			八月，洪泽老子山蝗，自北向南飞蔽日，禾稼尽。	《洪泽县志》
			五月，泗洪蝗虫为灾，遮天蔽日，禾苗、花草、树叶一扫而尽。	《泗洪县志》
			连云港新浦区蝗灾。	《新浦区志》
			奉贤蝗虫泛滥。	《奉贤县志》
			六月，江山蝗虫为害。	《江山市志》
			安徽蝗灾。	《飞蝗概说》
			秋，安徽东北部蝗灾，尤以亳州、太和、涡阳、宿县、泗县、五河、嘉山、定远、舒城、桐城、合肥、和县、泾县、广德蝗甚。	《安徽省志·大事记》
			秋，舒城蝗虫为灾。	《舒城县志》
			八月，漫天蝗飞蔽蚌埠上空，傍晚方止。	《蚌埠市志》
			砀山蝗灾。	《砀山县志》
			怀远蝗灾，受灾 703 千米^2，5 万人无食。	《怀远县志》
			嘉山蝗灾。	《嘉山县志》
			巢湖蝗灾。	《巢湖市志》
			耒阳蝗灾为害甚烈。	《耒阳市志》
			秋，潼关蝗食禾。	《潼关县志》
			长安蝗灾，农业歉收。	《长安县志》
			旬邑蝗灾，减产三成。	《旬邑县志》
			上林蝗害。	《上林县志》
			宜北蝗虫满田，禾苗受损半收。	《宜北县志》
			恩平晚造蝗虫为害，歉收。	《恩平县志》

（续）

序号	公元纪年	历史纪年	蝗灾情况	资料来源
1077	1932 年	民国二十一年	九月，清远禾稻将熟，生蝗虫。	《韶关市志》
			九月，鹤山蝗虫为害禾苗，宅梧一带尤为严重。	《鹤山县志》
			贞丰蝗害。	《贞丰县志》
			五月，庄河蝗虫成灾。	《庄河县志》
			清水河县境蝗灾，成灾面积 4 266 公顷，莜麦、高粱、谷子等田禾大幅度减产。	《清水河县志》
1078	1933 年	民国二十二年	河北、河南、江苏、山东、安徽、浙江、湖南、山西、陕西、南京等 265 县蝗，被害面积 686 万亩，损失值银 1 500 万元。河北省冀县、永清、大名、安国、濮阳、新镇、新河、献县、容城、南乐、赵县、定县、大城、邢台、行唐、静海、永年、获鹿、清河、枣强、磁县、平乡、深泽、任县、武邑、深县、任丘、南和、博野、满城、安平、景县、高阳、曲阳、隆平、衡水、藁城、南宫、固安、天津、安新、沧县、曲周、宁晋、望都、完县、广宗、清丰、巨鹿、尧山、沙河、文安、雄县、正定、清苑、成安、肥乡、鸡泽、饶阳、昌平、徐水、邯郸、栾城、东光、河间、武强、束鹿、交河、唐县、青县、霸县、柏乡、广平、庆云、肃宁、蠡县、定兴、新城、临城、赞皇、威县、故城、晋县、元氏、盐山等 85 县蝗。河南省内	《中国的飞蝗》

（续）

序号	公元纪年	历史纪年	蝗灾情况	资料来源
1078	1933年	民国二十二年	黄、修武、孟津、西平、洛阳、新乡、叶县、温县、嵩县、郾城、沁阳、安阳、济源、太康、宝丰、武陟、汲县、原武、虞城、阳武、郏县、延津、宜阳、辉县、信阳、郑县、方城、商丘、临颍、中牟、永城、正阳、广武、汤阴、孟县、息县、洛宁、禹县、巩县、夏邑、临漳、浚县、获嘉、封丘、睢县、氾水、偃师、新安、灵宝、阌乡、内乡、邓县、鄢陵、舞阳等54县蝗。江苏省赣榆、阜宁、溧水、江阴、丹阳、宜兴、海门、兴化、东海、江宁、东台、泰县、江浦、如皋、川沙、仪征、砀山、萧县、江都、启东、常熟、南汇、铜山、沭阳、淮阴、宝应、宿迁、南通、丰县、武进、涟水、灌云、金坛、睢宁、淮安、盐城、六合、高邮、邳县、沛县、镇江、靖江、泗阳等43县蝗。南京市蝗。山东省临朐、海阳、新泰、冠县、沾化、博兴、昌邑、东平、益都、寿光、邹平、广饶、临清、巨野、利津、汶上、临沂、宁阳、费县、茌平、青城、邱县、莱阳、无棣、德平、临淄、高苑、德县、夏津、曹县、武城、高唐、齐河、历城、肥城、泗水、峄县、郯城、文登等40县蝗。安徽省怀宁、合肥、凤阳、全椒、涡阳、天长、和县、含山、滁县、	

（续）

序号	公元纪年	历史纪年	蝗灾情况	资料来源
1078	1933 年	民国二十二年	嘉山、当涂、宿县、灵璧、芜湖、定远、繁昌、泗县、舒城、蒙城、六安、来安、盱眙、怀远等 23 县蝗。浙江省萧山、上虞、海宁、杭县、富阳、海盐、余姚、绍兴、长兴等 9 县蝗。湖南省益阳、常德、安化、桃源、汉寿、永兴、邵阳等 7 县蝗。山西省五台、曲沃 2 县蝗。陕西省扶风、三原 2 县蝗。	
			河北临榆及山东掖县蝗灾。	《中国历代蝗患之记载》
			济宁蝗灾。	《济宁市志》
			滨州蝗。	《滨州市志》
			春，原阳旱，蝗灾。	《原阳县志》
			固始蝗灾，庄稼损失七成。	《固始县志》
			海兴发生大面积蝗灾。	《海兴县志》
			完县蝗蝻生，县政府督各局长、村长等设法捕治，布告备价收买，每日运城数车之多。	民国《完县新志》
			韩城蝗飞蔽天，所过高粱几尽。	《韩城市志》
			七月，常州飞蝗自宜兴入境，东安等 14 乡受灾。	《常州市志》
			八月，武进飞蝗由丹阳飞来，旌孝、栖鸾、尚宜等乡受灾。	《武进县志》
			泗洪蝗灾。	《泗洪县志》
			秋，滨海蝗虫大发生，群集如蚁，起飞蔽日。	《滨海县志》
			奉贤蝗虫泛滥。	《奉贤县志》
			七月，嘉定东北乡蝗蝻为害。	《嘉定县志》

（续）

序号	公元纪年	历史纪年	蝗灾情况	资料来源
1078	1933 年	民国二十二年	八月，上虞西华、章家、南江、后村及沥海镇、谢家塘蝗蝻生，所到处玉米、杂草几无存。	《上虞县志》
			耒阳蝗灾为害甚烈。	《耒阳市志》
			平江东南蝗虫为害，中晚稻损失严重。	《平江县志》
			湘阴蝗虫遍野，草木皆尽。	《湘阴县志》
			秋，潮阳蝗虫，晚稻失收。	《潮阳县志》
			乳源蝗虫严重。	《乳源瑶族自治县志》
			惠阳蝗虫成群。	《惠阳县志》
1079	1934 年	民国二十三年	河北、江苏、河南、安徽、浙江、山东、南京、杭州 6 省 2 市 83 县蝗，被害 84.56 万亩，损失值银 102.15 万元。河北省文安、武清、任丘、永年、新镇、庆云、南皮、衡水、南宫、魏县、曲阳、东明、定兴、肥乡、沙河、安次、邢台、安新、濮阳等 19 县蝗。江苏省东台、宿迁、泰县、宝应、淮安、仪征、南通、阜宁、沛县、铜山、江宁、南汇、上海、泗阳、江阴、靖江、常熟、东海、宜兴、溧阳、青浦、六合、吴江、金坛、太仓、江浦、奉贤、泰兴、淮阴、盐城、如皋、镇江、武进、崇明、高淳、溧水、海门等 37 县蝗。安徽省当涂、铜陵、和县、泾县、怀宁、滁县、嘉山、盱眙、来安、繁昌、无为、桐城、青阳等 13 县蝗。浙江省海宁、绍兴、杭县、余姚、萧山等 5 县蝗。河南省	《民国二十三年全国蝗患调查报告》

（续）

序号	公元纪年	历史纪年	蝗灾情况	资料来源
1079	1934 年	民国二十三年	偃师、林县、滑县、上蔡、渑池、息县等 6 县蝗。山东省成武、武城、利津 3 县蝗。南京市、杭州市蝗。	
			五月，国民政府召开江苏、安徽、山东、河北、河南、湖南、浙江七省治蝗会议。①	《飞蝗概说》
			河北通县、保定、博野，河南孟津、郑县、孟县及江西湖口、九江蝗灾。	《中国历代蝗患之记载》
			夏，镇江蝗虫蔓延，受灾 46 万亩。	《丹徒县志》
			夏，丹阳蝗，受灾 104.5 万亩。	《丹阳县志》
			常州东安乡蝗灾。	《常州市志》
			苏州蝗蝻生。	《苏州市志》
			九月，启东蝗灾严重。	《启东县志》
			扬州蝗灾。	《扬州市志》
			泗洪蝗灾。	《泗洪县志》
			夏，大批蝗虫飞进连云港新浦，庄稼严重受害。	《新浦区志》
			丰县蝗灾，禾稼吃光。	《丰县志》
			秋，灌南飞蝗铺天盖地而至，天昏地暗，遍地蝗虫，农民鸣锣驱赶，农作被吃光，民四处逃荒要饭。	《灌南县志》
			芜湖、泗县、宿县等 15 县蝗。	《安徽省志·农业志》

① 据《飞蝗概说》，民国二十三年蝗灾极大，政府鉴于以前全国治蝗缺乏系统组织，治蝗方法墨守旧习且部分农民迷信观念深，治蝗经费不确定，对蝗患无全国调查统计等治蝗缺点，召集江苏、安徽、山东、河北、河南、湖南、浙江七省农政官厅召开全国治蝗会议，讨论关于中央与各省能力之联合，治蝗组织之统一，治蝗技术之改良，经费调整及全国蝗害调查方法等问题。

（续）

序号	公元纪年	历史纪年	蝗灾情况	资料来源
1079	1934年	民国二十三年	霍邱蝗灾。	《霍邱县志》
			秋，蒙城蝗灾。	《蒙城县志》
			濉溪蝗。	《濉溪县志》
			夏，萧县蝗。秋，又蝗。	《萧县志》
			富阳蝗灾又发。	《富阳县志》
			八月，嘉善蝗灾。	《嘉善县志》
			当阳蝗虫为灾，食禾谷殆尽。	《当阳县志》
			黄石蝗灾。	《黄石市志》
			夏，大冶旱，蝗虫成灾，饥。	《大冶县志》
			黄梅含孔垅地区蝗灾，庄稼减产八成。	《黄梅县志》
			秋，黄冈蝗虫肆虐于回龙山，所到庄稼被毁。	《黄冈县志》
			枣阳蝗虫为灾。	《枣阳县志》
			嘉鱼蝗虫为灾。	《嘉鱼县志》
			夏，应山蝗虫为害。	《应山县志》
			耒阳蝗灾为害甚烈。	《耒阳市志》
			安化县蝗虫为害，损毁林木及农作物1.5万亩。	《益阳地区志》
			湘阴蝗虫为害，20万亩受灾。	《湘阴县志》
			陕西蝗。	《旬阳县志》
			岚皋蝗虫为灾。	《岚皋县志》
			渭南蝗虫为灾。	《渭南县志》
			兴平蝗灾。	《兴平县志》
			五月，商南飞蝗入境，禾稼受损。	《商南县志》
			秋，宁陕蝗灾，饥。	《宁陕县志》
			陇县蝗。	《陇县志》

（续）

序号	公元纪年	历史纪年	蝗灾情况	资料来源
1079	1934年	民国二十三年	秋，赵县杨家郭、高庄蝗蝻成灾。	《赵县志》
			赞皇蝗灾。	《赞皇县志》
			七月，易县蝗害玉米、谷子、高粱。	《易县志》
			五月，高碑店蝗灾，为害数村。	《高碑店市志》
			大名蝗害。	《大名县志》
			秋，唐海飞蝗自南来，顷刻大部高粱、玉米叶穗被吃光，收成无几。	《唐海县志》
			嵩县蝗灾。	《嵩县志》
			夏，新安蝗虫伤害庄稼。	《新安县志》
			辉县旱，蝗食禾稼，半收。	《辉县市志》
			焦作蝗灾。	《焦作市志》
			唐河桐寨铺一带蝗虫遍野，地面积蝗寸许，空中飞蝗蔽日，压断树枝，作物吃光。	《唐河县志》
			五月，固始蝗灾。	《固始县志》
			秋，平原飞蝗遍野，继生蝻吃禾叶。	《平原县志》
			济宁蝗灾。	《济宁市志》
			六月，曲阜蝗灾，田间积蝻达四指厚，多数秋作被吃绝产。	《曲阜市志》
			泰安粥店蝗蝻盖地，毁禾无数。	《泰安市志》
			秋，镇远蕉溪、江古、包家寨、寿斗等乡旱，螟蝗复至，人无食。	《镇远县志》
			仁怀蝗虫为害严重。	《仁怀县志》
			巫溪蝗虫为害减产2万石。	《巫溪县志》

（续）

序号	公元纪年	历史纪年	蝗灾情况	资料来源
1079	1934 年	民国二十三年	彭泽一区马湖、辰字号、洪字号，二区江北，三区黄字号、八号圩等处飞蝗蔽天，稻秆剪食一空，农民用煤油喷射、掘沟杀蝗蝻数百担乃止。	《彭泽县志》
			五月，河源蝗虫为害，稻禾损失。	《河源县志》
1080	1935 年	民国二十四年	8 省市 68 县蝗灾。	《飞蝗概说》
			6 省 1 市 40 县蝗，受灾 17 万亩，损失值银 30 万元。	《中国的飞蝗》
			江苏、浙江、安徽、河北、山东、河南 6 省蝗，蒋介石下治蝗令。	《昆虫与植病》1935 年第 3 卷第 18 期
			江西九江，安徽安庆、婺源，湖北蕲春、黄梅、蒲圻，江苏宝应、淮安、金坛、句容、灌云、松江，浙江杭县、萧山，河北曲周、廊坊、邯郸蝗灾。	《中国历代蝗患之记载》
			六月，蝗由吴江飞入苏州境内，大批蝗虫致使农田受灾。	《苏州市志》
			五月，武进灵台乡沿湖蝗蝻生，寨桥、大成、坊前等乡芦苇吃尽。	《武进县志》
			金山蝗。	《金山县志》
			江苏省武进、溧水、南汇、泗阳、如皋、吴县、无锡、吴江、宜兴、江宁、奉贤、南通、常熟蝗，苏州飞蝗遍天，南京、常州蝻。	《昆虫与植病》1935 年第 3 卷第 28 期
			怀宁、舒城、繁昌、泾县、铜陵、无为、桐城、宿松、望江、青阳、滁县、盱眙、来安、嘉山 14 县蝗。	《安徽省志·农业志》

（续）

序号	公元纪年	历史纪年	蝗灾情况	资料来源
1080	1935 年	民国二十四年	五月，彭泽蝗灾，县成立治蝗委员会，组织农民采取挖沟和喷洒煤油等措施灭蝗数百担。	《彭泽县志》
			六月，湖口、彭泽两县蝗蝻成灾，势猛，经半月歼灭。	《湖口县志》
			九月，清远蝗虫为害庄稼，损失五成。	《韶关市志》
			九月，德化水稻被蝗为害。	《泉州市志》
			八月，江口蝗涝交灾。	《江口县志》
			福泉遭受蝗灾。	《福泉县志》
			五月，简阳蝗虫食谷，收成减半。	《简阳县志》
			涞源南城子等村蝗蝻为害作物。	《涞源县志》
			高碑店蝗蝻发生，给县长侯安澜记大过一次。	《高碑店市志》
			七月，滨州蝗虫蔓延。	《滨州市志》
			夏，邹平蝗。	《邹平县志》
			秋，临朐蝗灾，飞蝗自南向北遮天蔽日，庄稼吃光。	《临朐县志》
			日照遭蝗灾，庄稼多无收成。	《临沂地区志》
			荣成飞蝗蔽日，上庄一带尤甚。	《荣成市志》
			秋，巩县蝗害，禾无收。	《河南东亚飞蝗及其综合治理》
			秋，南乐蝗。	民国《南乐县志》
			浚县蝗、旱、风灾。	《浚县志》
			六月，商丘地区蝗灾。	《商丘地区志》
			秋，扶沟蝗自西北入境，食禾。	《扶沟县志》

（续）

序号	公元纪年	历史纪年	蝗灾情况	资料来源
1080	1935 年	民国二十四年	夏，内乡飞蝗遮日，庄稼食尽。	《内乡县志》
			七月，固始飞蝗遍野，颗粒无收。	《固始县志》
			上虞蝗。	《上虞县志》
			七月，当阳蝗虫为灾。	《当阳县志》
			嘉鱼蝗虫为害。	《嘉鱼县志》
			涟源马头山、青烟一带竹蝗成灾。	《涟源市志》
			耒阳蝗灾为害甚烈。	《耒阳市志》
			岐山蝗大起，遍地皆是，秋禾殆尽。	《宝鸡市志》
			白河大蝗，集道，难以下足。	《白河县志》
			龙州、青阳等地蝗虫害稼。	《靖边县志》
			七月，田阳禾苗普遍受蝗虫为害，损失严重。	《田阳县志》
			六月，沙湾县部分地区蝗灾。	《塔城地区志》
			夏，本溪蝗灾空前。	《本溪市志》
1081	1936 年	民国二十五年	全国 7 省 1 市 111 县蝗，掘卵 4 000 斤，捕蝻 290 万斤，损失值银 486 万元。	《中国的飞蝗》
			五月，海州蝗灾。	《海州区志》
			夏，泗阳飞蝗蔽日，禾稼无存。	《泗阳县志》
			秋，舒城蝗虫严重成灾。	《舒城县志》
			余杭蝗灾。	《余杭县志》
			六月，原阳蝗为害，初由下滩生蝻，渐至上滩，相继羽化成蝗，沿西飞向徐庄、阎庄等地，沿东飞至赵厂、张固一带，所过田	《河南东亚飞蝗及其综合治理》

（续）

序号	公元纪年	历史纪年	蝗灾情况	资料来源
1081	1936 年	民国二十五年	禾几尽。孟县蝗虫铺天盖地而来，庄稼茎叶掠食一空，绝收。郑县、巩县、汜水旱蝗。	
			新安蝗灾。	《新安县志》
			秋，偃师旱，遭蝗灾。	《偃师县志》
			五月，通许蝗虫为灾，只收三四成。	《通许县志》
			秋，卫辉旱蝗。	《卫辉市志》
			河南汲县蝗，作物全灭。	《飞蝗概说》
			南乐蝗。	民国《南乐县志》
			六月，浚县大批飞蝗自西北而来，田禾全被吃光，为害方圆数十里。	《浚县志》
			汤阴五陵蝗灾严重。	《汤阴县志》
			六月，周口蝗自西北来，谷子、高粱等叶片被吃光，歉收。	《周口市志》
			七月，太康蝗蝻盖地，飞蝗蔽天，声如刮风。	《太康县志》
			六月，商水蝗虫从北方飞来，玉米、谷子、高粱吃成光秆，连过 3 个年头，均遭灾。	《商水县志》
			禹州、长葛、许昌、鄢陵蝗灾。	《许昌市志》
			沛县沿湖蝗灾，有蝗面积 30 千米^2。	《微山县志》
			阳谷旱，蝗灾。	《阳谷县志》
			秋，沂南飞蝗蔽日，田禾一空。	《沂南县志》
			七月，曲阳蝗灾，受灾面积 6.4 万亩，基本肃清。	《曲阳县志》

（续）

序号	公元纪年	历史纪年	蝗灾情况	资料来源
1081	1936年	民国二十五年	大城蝗灾。	《大城县志》
			南皮双庙、五拨蝗灾严重。	《南皮县志》
			东光蝗虫为灾。	《东光县志》
			七月，邯郸蝗，县督民捕蝗甚严，不为灾。	《邯郸县志》
			六月，津南蝗灾。	《津南区志》
			益阳五区竹山发现二龄蝗虫，漫山遍野，千百成群，损失庄稼百余万元。	《湖南省志·农林水利志》
			益阳山区各县竹蝗成灾。	《益阳地区志》
			五月，开县蝗灾。	《开县志》
			十月，潮阳蝗骤降，稻叶缺穗断，落梗遍地，损失三成。	《潮阳县志》
1082	1937年	民国二十六年	乐陵蝗灾。	《乐陵县志》
			鱼台飞蝗蔽天，所过农作物被吃光，村内水井、灶台到处爬满蝗虫。	《鱼台县志》
			七月，汶上飞蝗自南而北过县境，一夜间作物被吃光，越十数日幼蝗起，啃光新萌叶芽。	《汶上县志》
			昌邑县沿海蝗灾，禾苗无存，大饥。	《昌邑县志》
			雄县蝗灾，小麦歉收。	《雄县志》
			六月，玉田石臼窝、窝洛沽发生飞蝗，从西南飞来，铺天盖地，持续40余天，高粱码被咬掉50%。	《玉田县志》
			夏，许昌飞蝗蔽天，秋禾被毁。	《许昌市志》
			正阳蝗虫大作。	《正阳县志》

（续）

序号	公元纪年	历史纪年	蝗灾情况	资料来源
1082	1937 年	民国二十六年	六月，苏北蝗虫猖獗，蔓延东海等 10 余县，受灾 3 000 余顷。	《江苏省志·农业志》
			夏，滨海蝗虫大发生。	《滨海县志》
			东海蝗灾。	《东海县志》
			金山蝗。	《金山县志》
			泰和碧溪、桥头、禾市竹蝗蔓延。	《泰和县志》
			新疆蝗灾。	《新疆通志》
			六月，迪化①南山蝗灾。	《乌鲁木齐市志》
1083	1938 年	民国二十七年	河北省 5 个县蝗灾。	《飞蝗概说》
			秋，孟村飞蝗遍地，庄稼毁食。	《孟村回族自治县志》
			四月，玉田林南仓、虹桥、石臼窝、窝洛沽等地发生蝗灾，遍地皆是，禾苗食尽，严重地区吃掉窗户纸。	《玉田县志》
			滨州蝗将谷子吃光。	《滨州市志》
			秋，滕县蝗虫成灾。	《枣庄市志》
			六月，浚县蝗灾，秋苗被毁大半。	《浚县志》
			八月，韩城蝗蝻自黄河滩蜂拥而至，散布田野减产三成。	《韩城市志》
			秋，茶陵旱，蝗灾。	《茶陵县志》
			七月，张家川龙山镇蝗，数日密集满野，田苗遭食。	《张家川回族自治县志》
			德保蝗虫。	《德保县志》
			凉城蝗灾。	《凉城县志》
			泰和碧溪、桥头、禾市竹蝗蔓延。	《泰和县志》

① 迪化：旧县、市名，1953 年改名乌鲁木齐市。

（续）

序号	公元纪年	历史纪年	蝗灾情况	资料来源
1084	1939 年	民国二十八年	河北 24 县蝗，以冀东为多。	《飞蝗概说》
			博野潴龙河蝗灾，村民挖沟、驱赶、掩埋。	《博野县志》
			夏，唐海飞蝗入境为灾，过后农作物只剩光秆，歉收。	《唐海县志》
			夏，成安蝗蝻生，至成虫飞蔽日月，谷类无收。	《成安县志》
			黄骅旱蝗迭生，人民生活困难。	《黄骅县志》
			春，饶阳旱蝗。	《饶阳县志》
			宁河蝗蝻生。	《宁河县志》
			夏，社旗青台蝗蝻盖地。	《社旗县志》
			滨州蝗。	《滨州市志》
			六月，曲阜蝗虫由南来，田禾吃光。	《曲阜市志》
			邹平南部山区蝗灾，草木皆尽。	《邹平县志》
			台儿庄农作遭蝗灾。	《台儿庄区志》
			春，泗洪蝗灾。	《泗洪县志》
			洪泽蝗虫飞越洪泽湖至湖东，遮天蔽日，农作受灾严重。	《洪泽县志》
			松桃蝗灾，大饥。	《松桃苗族自治县志》
			七月，巴里坤蝗虫蔓延，县东 70 里，城西 180 里。	《巴里坤哈萨克自治县志》
			乌苏蝗灾遍境。	《乌苏县志》
1085	1940 年	民国二十九年	河北、河南、山东蝗。	《中国东亚飞蝗蝗区的研究》
			大城飞蝗吃光庄稼。	《大城县志》
			大名蝗虫成灾。	《大名县志》

（续）

序号	公元纪年	历史纪年	蝗灾情况	资料来源
1085	1940 年	民国二十九年	是年，西青区张家窝、高村、老君堂等村庄蝗灾甚重，作物被毁食。	《西青区志》
			七八月，宁河蝗虫为害。	《宁河县志》
			八月，辉县蝗自西南向东北飞去，遮天蔽日，方圆数十里，落地二三寸厚，禾苗基本吃光。	《辉县市志》
			夏，原阳蝗食禾麦，基本绝收。	《原阳县志》
			南乐蝗。	《南乐县志》
			七月，获嘉飞蝗压境，蔓延全县。	《获嘉县志》
			夏，西华蝗虫遮天蔽日，跳蝻遍野，逾墙过屋，秋禾无存。	《西华县志》
			秋，鹿邑飞蝗蔽天，蝗蝻盖地，秋作全被吃光。	《鹿邑县志》
			内乡马口山一带蝗虫为害。	《内乡县志》
			秋，项城飞蝗自北而南遮天蔽日，秋禾殆尽。	《项城县志》
			济宁蝗灾。	《济宁市志》
			五月，泰安良庄镇飞蝗遮天蔽日自西南来，禾苗食尽。六月，蝻生，良庄捕蝻者逾万人。	《泰安市志》
			春，桓台蝗灾。	《桓台县志》
			利津蝗蝻为害。	《利津县志》
			七月，寒亭区飞蝗由西北向东南迁飞，所过禾草吞噬一空。	《寒亭区志》
			秋，滕县湖涸，蝗虫为害。	《枣庄市志》

（续）

序号	公元纪年	历史纪年	蝗灾情况	资料来源
1085	1940 年	民国二十九年	夏，日照蝗。秋，复蝗，遮天盖地，庄稼、野草被吃光。	《日照市志》
			白水蝗虫遍地，秋禾被食。	《白水县志》
			苏北蝗灾。	《泗洪县志》
			铜山蝗灾，每平方米密度达 2 000 只，麦叶吃光。	《铜山县志》
			秋，盐城飞蝗过境，禾歉收。	《盐城县志》
			高安蝗。	《高安县志》
			石城洋地河脚下、社公湾、禾仓下发生竹蝗，受灾面积万亩。	《石城县志》
			五月，连县蝗灾 6 000 亩，损失稻谷 10 万担。	《韶关市志》
			六月，前山地区发生蝗灾，设治局，组织人力用药水拌马粪灭蝗。	《伊吾县志》
			七月，乌苏赛里克提、谢家地等方圆 340 千米^2 发生蝗灾。	《乌苏县志》
1086	1941 年	民国三十年	河北蝗。	《中国的飞蝗》
			秋，藁城飞蝗蔽日，秋粮基本绝收。	《藁城县志》
			四月，曲阳燕赵、西羊平两区蝗灾。	《曲阳县志》
			九月，高碑店蝗灾。	《高碑店市志》
			平乡蝗为害。	《平乡县志》
			大名飞蝗蔽日，蝗蝻滚团。	《大名县志》
			秋，内邱大蝗，禾食尽。	《内邱县志》
			八月，巩县蝗灾，秋绝收。	《郑州市志》
			登封飞蝗成灾。	《登封县志》

（续）

序号	公元纪年	历史纪年	蝗灾情况	资料来源
1086	1941年	民国三十年	九月，孟津蝗灾，落地厚尺余，禾苗被食，受灾很重。	《孟津县志》
			七月，伊川蝗自东来，秋苗被毁。	《伊川县志》
			秋，获嘉蝗蝻遍地。	《获嘉县志》
			汤阴蝗。	《汤阴县志》
			浚县蝗灾，饿殍载道。	《浚县志》
			秋，鹿邑、周口、商水旱，蝗虫铺天盖地，每平方米达千头，浮水过河，所到之处，除绿豆、红薯外，作物全无。	《周口地区志》
			夏，商水蝗虫从泛区飞来，遮天蔽日，密密麻麻，飞起嗡嗡作响，吃起来唰唰有声，除绿豆、红芋外，秋作全被吃光，飞蝗走后，生下的蝗卵又成蝻子，又成飞蝗，作物受害惨重。	《商水县志》
			秋，桐柏旱，蝗灾。	《桐柏县志》
			秋，南召飞蝗遍野，晚秋绝收。	《南召县志》
			六月，汝南飞蝗成灾。	《汝南县志》
			息县蝗，聚成一里宽、数里长的蝗带，所过庄稼吃光。	《息县志》
			秋，巨野蝗成灾。	《巨野县志》
			平阴蝗虫为害。	《平阴县志》
			夏，博兴蝗蝻为害严重。	《博兴县志》
			秋，临沂县部分乡村飞蝗蔽日，蝗粪如雨，禾苗被吃光，连收至场间庄稼亦未幸免，当地农民群起扑打，将蝗虫煮熟，再行晒干，以备粮荒。	《临沂地区志》

（续）

序号	公元纪年	历史纪年	蝗灾情况	资料来源
1086	1941年	民国三十年	春，滕县旱，蝗灾。	《枣庄市志》
			黎城蝗灾。	《黎城县志》
			秋，阳城部分地区蝗灾，庄稼被吃。	《阳城县志》
			麦收前夕，孝义蝗灾，蝗虫遮天蔽日，田中蝗虫过苗儿光。	《孝义县志》
			夏，亳州蝗遍野，秋禾受灾严重。	《亳州市志》
			东阳蝗灾，损失严重。	《东阳市志》
			秋，铜山蝗虫成灾，每平方米密度达千头以上，受灾范围南达三堡乡，东至吴桥乡，庄稼、杂草、树叶均吃光。	《铜山县志》
			应城县东南发生蝗灾。	《应城县志》
			乐安石陂一带蝗伤禾，歉收。	《乐安县志》
			灌阳蝗虫成灾。	《灌阳县志》
			新疆蝗灾，东起哈密、巴里坤、木垒河，西至伊犁、博乐、温泉、霍尔果斯，发生的农田和牧场面积达70余万公顷，蝗虫如雨，使北疆整个农业处于蝗虫恐怖局面，动员民众、士兵、学生5.5万余人，从哈密到迪化、伊犁展开了捕蝗战斗。	《新疆通志》
			博、温地区蝗虫灾害激烈，发生面积15万～17万公顷，组织5000人挖沟、捕打、火烧，均未奏效，后请苏联派飞机喷药，于六月全部控制。	《博乐市志》

（续）

序号	公元纪年	历史纪年	蝗灾情况	资料来源
1086	1941 年	民国三十年	七月，精河三台、四台地区发生蝗虫，县政府奉伊犁区行政长指令，协同伊犁派来的农牧指导员，前往大河沿子发动群众 80 人，调拨马车 12 辆，以麦麸拌入毒蝗药物，在蝗区洒药灭蝗 3 天。	《精河县志》
			六月，除下马崖外，伊吾各地均发生蝗灾，尤以吐葫芦、前山两地严重，设治局捕打。	《伊吾县志》
			五月，呼图壁蝗，全县 863 亩小麦被蝗虫吃光。	《呼图壁县志》
			五月，温泉发现蝗虫流动区 9 处，发动民众 3 000 余人，采取挖沟、捕打、火烧等办法灭蝗，并电请派飞机一架喷洒灭蝗药物，至六月二十七日灭蝗工作结束，受灾农田 1 868 亩，免征受灾 89 户农民当年田赋。	《温泉县志》
			七月，巴里坤蝗灾严重。	《巴里坤哈萨克自治县志》
			霍尔果斯发生蝗虫灾害。	《霍城县志》
			塔城地区蝗灾。	《塔城地区志》
1087	1942 年	民国三十一年	河北、河南、江苏 3 省 42 县蝗，受灾 2 247 万亩。	《中国的飞蝗》
			六月，大城飞蝗甚广，遭灾严重。	《大城县志》
			望都大旱蝗。	《望都县志》
			东光飞蝗蔽天，禾苗、树叶殆尽。	《东光县志》
			吴桥蝗飞蔽天。	《吴桥县志》
			秋，隆尧蝗虫大作，无收。	《隆尧县志》

（续）

序号	公元纪年	历史纪年	蝗灾情况	资料来源
1087	1942年	民国三十一年	夏秋间，临城山区丘陵地蝗灾，飞蝗遮天蔽日，谷子整块吃光。	《临城县志》
			秋，内邱蝗虫遍地，秋禾食尽。	《内邱县志》
			大名蝗虫成灾，挖沟捕打。	《大名县志》
			盐城蝗灾，蝗蝻之多，百年所仅见。	《江苏省志·农业志》
			夏，安徽皖西、皖北蝗害。	《安徽省志·大事记》
			舒城蝗害。	《舒城县志》
			秋，临泉蝗灾。	《临泉县志》
			界首大蝗。	《界首县志》
			马鞍山蝗灾。	《马鞍山市志》
			当涂蝗虫遮日蔽天，玉米叶全被吃光。	《当涂县志》
			河南西华、安徽一带数十县蝗虫特大发生，农业无收成。	农牧渔业部文件〔1986〕农农字第13号
			河南蝗飞蔽天，辽阔中原饿殍遍野。开封市郊蝗飞蔽天，饿殍遍野。八月，封丘蝗遍天，减户八成。秋，郑县大蝗，从东向西漫布全县，禾稼食尽，赤地千里。原武蝗灾32.5万亩，减产八成。濮阳蝗灾。	《河南东亚飞蝗及其综合治理》
			六月，巩县蝗飞蔽天，庄稼、树叶吃光，蝗灾严重。	《郑州市志》
			七月，成群蝗蝻自北向南过黄河，抱成团滚成蛋，小如斗大如筛，一望无际，向南爬行，在中牟刘集，村里村外、街头巷尾、房上房下、院里院外、庄稼	《中牟县志》

（续）

序号	公元纪年	历史纪年	蝗灾情况	资料来源
1087	1942 年	民国三十一年	树上，到处都爬满蝗虫，有的棚屋压塌，各家各户锅灶不敢掀，高粱、谷子吃成光秆，树叶吃光，群众抢收的庄稼装上车拉不到家，穗叶就被蝗虫吃光，后变成飞蝗，飞起来遮天蔽日，所到之处犹如狂风暴雨，天昏地暗，一片轰鸣声，压塌房屋，压折树枝，庄稼一扫而光，县北四区东西近百里、南北 40 里，除黄豆外，全成白地，大灾不可避免。	
			荥阳飞蝗蔽日，树为之折，蝗蝻孳生，人行受阻。	《荥阳县志》
			登封飞蝗成灾。	《登封县志》
			新安飞蝗由黄泛区以东掠河而西，所至禾苗无存。	《新安县志》
			七月，偃师蝗灾，人以树皮、草根、观音土充饥。	《偃师县志》
			夏秋，尉氏旱蝗为灾。	《尉氏县志》
			秋，新乡飞蝗蔽日，收成全无。	《新乡县志》
			夏，卫辉旱蝗成灾。	《卫辉市志》
			获嘉大蝗。	《获嘉县志》
			五月，辉县蝗灾。	《辉县市志》
			阳武 32 万亩庄稼遭蝗灾。	《原阳县志》
			秋，封丘蝗虫遮天蔽日，秋苗被噬光。	《封丘县志》
			秋，焦作旱，蝗灾，庄稼绝收。	《焦作市志》
			秋，博爱飞蝗从东南遮天盖地而来，全县庄稼被蝗虫噬食殆尽，灾荒严重。	《博爱县志》

（续）

序号	公元纪年	历史纪年	蝗灾情况	资料来源
1087	1942 年	民国三十一年	八月，济源飞蝗蔽日，庄稼无收。	《济源市志》
			孟县旱蝗成灾。	《孟县志》
			武陟旱，蝗灾，秋禾吃成光秆。	《武陟县志》
			渑池遭蝗灾，民不聊生。	《渑池县志》
			内黄蝗灾。	《内黄县志》
			商丘地区蝗灾，农作物减产。	《商丘地区志》
			七月，柘城飞蝗自西向东遮盖天日，食禾殆尽。	《柘城县志》
			周口旱，蝗蝻为灾，赤地千里。	《周口地区志》
			商水泛区各乡又生蝗虫，禾苗被吃殆尽，受害面积55.5万亩，麦收仅三成。	《商水县志》
			扶沟蝗灾。	《扶沟县志》
			七月，鹿邑飞蝗自西北铺天盖地入境，落地产卵，后孵化黑蝻，每平方米达600～1 000只，一渔网捕捉三四十斤，地头挖沟，片刻捕杀一布袋，灾民晒蝻干备荒，秋作尽食，蝗蝻外迁方向一致，遇河聚成蝻团大如斗，凭水漂浮而过。	《鹿邑县志》
			麦后，许昌飞蝗至，似云遮日，声如刮风，秋禾被害。	《许昌县志》
			鄢陵飞蝗遮天盖地，禾苗吃尽。	《鄢陵县志》
			漯河蝗灾，飞蝗铺天盖地，所到处禾苗秆光叶净，人工捕打无济于事，农民望蝗兴叹，束手无策。	《漯河市志》

（续）

序号	公元纪年	历史纪年	蝗灾情况	资料来源
1087	1942 年	民国三十一年	郾城大蝗，所至草木皆空。	《郾城县志》
			七月，舞阳飞蝗入境，遮天蔽日，高粱、谷子、玉米叶吃光，几乎绝产。	《舞阳县志》
			六月，汝州蝗。	《汝州市志》
			七月，宝丰蝗虫从东北入境，遮天盖地捕杀不尽，秋禾变成光秆。	《宝丰县志》
			夏，郏县飞蝗蔽日，麦秋无收。	《郏县志》
			夏，方城旱，飞蝗蔽日，秋禾无收。	《方城县志》
			秋，桐柏蝗灾，秋粮几乎绝收。	《桐柏县志》
			南召旱蝗相加，大饥。	《南召县志》
			淅川蝗灾严重。	《淅川县志》
			驻马店蝗伤秋稼。	《驻马店市志》
			秋，沁阳蝗灾。	《沁阳市志》
			秋，遂平特重蝗灾，飞蝗之来遮天盖地，其形若云，其声似风，飞蝗之后幼蝻遍野，凡禾本科作物尽食一空。	《遂平县志》
			秋，上蔡飞蝗从北部铺天盖地而来，所到处田禾尽无。	《上蔡县志》
			七月，平舆蝗虫成灾。	《平舆县志》
			信阳蝗群由北向南，每群宽一里、长数里，历时 3 天，高粱、玉米、谷子、水稻受灾严重。	《信阳县志》
			潢川旱，蝗灾。	《潢川县志》
			七月，光山蝗虫为灾。	《光山县志》

（续）

序号	公元纪年	历史纪年	蝗灾情况	资料来源
1087	1942 年	民国三十一年	黎城连续蝗灾。	《黎城县志》
			晋城、高平、沁水蝗灾。	《晋城市志》
			夏，绛州蝗灾，飞则蔽天，落则盖地，食禾稼尽。	《运城地区志》
			秋，高平飞蝗入境，伤麦毁秋。	《高平县志》
			临猗蝗灾，飞蔽天，落盖地，食禾尽，县长率众捕蝗换盐。	《临猗县志》
			夏，新绛蝗灾，飞则蔽天，落则盖地，食禾尽。	《新绛县志》
			平陆蝗食禾。	《平陆县志》
			闻喜蝗灾，飞蝗自河南济源来，飞蔽天，落盖地，积地寸余厚，芦苇被压断，稼禾食为光秆。	《闻喜县志》
			古县飞蝗蔽日，蝗蝻成群，政府发动群众捕打一个月，蝗蝻始尽。	《古县志》
			秋，交城蝗虫遍野，伤禾。	《交城县志》
			秋，商河蝗灾，饥民载道。	《商河县志》
			陵县旱，蝗灾严重。	《陵县志》
			乐陵蝗害。	《乐陵县志》
			阳谷蝗灾。	《阳谷县志》
			秋，冠县飞蝗蔽天，庄稼大部吃光。	《冠县志》
			夏，东阿蝗虫成灾。	《东阿县志》
			东明旱蝗，庄稼绝收。	《东明县志》
			秋，堂邑县飞蝗蔽天，落地成灾，地无青苗，人们以蝗虫、草籽充饥。	《聊城市志》
			茌平蝗虫遍野，遮天蔽日。	《茌平县志》

（续）

序号	公元纪年	历史纪年	蝗灾情况	资料来源
1087	1942 年	民国三十一年	菏泽飞蝗过境，遮天盖地，有如黄风，落于树则枝干压断，落于田则禾苗立尽，收成大减。	《菏泽市志》
			七月，成武蝗灾严重，县抗日民主政府发动群众采取多种方式开展灭蝗与生产自救。	《成武县志》
			秋，飞蝗自西北入巨野，遮天盖地，高粱、谷子每棵有蝗数十个，每人每天可手捉飞蝗 30 余千克，庄稼减产七成，许多树木也被蝗虫吃得光秃无叶。	《巨野县志》
			嘉祥蝗灾。	《嘉祥县志》
			秋，泗水先蝗，后遭米螟，庄稼吃光。	《泗水县志》
			七月，兖州蝗虫成灾。	《兖州市志》
			秋，汶上飞蝗蔽日，树枝压折，屋顶房檐、锅台炕头比比皆是，庄稼、树叶啃光。	《汶上县志》
			滨州蝗。	《滨州市志》
			夏，临沭飞蝗遮天蔽日，草木、禾苗一空，并危及人畜。	《临沭县志》
			五月，滕县蝗虫为害，歉收。	《枣庄市志》
			七月，薛城蝗虫遍野，禾苇殆尽。	《薛城区志》
			秋，荣成蝗灾，庄稼几乎绝产。	《荣成市志》
			七月，郧西飞蝗从河南省飞入县境，稻苗、包谷苗多被啃光。	《郧西县志》

（续）

序号	公元纪年	历史纪年	蝗灾情况	资料来源
1087	1942 年	民国三十一年	夏，建始蝗灾，饥荒。	《建始县志》
			贵溪蝗虫遍地，晚稻受害。	《鹰潭市志》
			贵溪普安乡蝗虫遍地，晚稻受害。	《贵溪县志》
			德保蝗虫。	《德保县志》
			夏，黔西旱，蝗虫为害。	《黔西县志》
			秋，高要旱，蝗虫害禾。	《高要县志》
			塔城部分地区蝗灾。	《塔城地区志》
			六月，绥定[①]、霍尔果斯两县蝗灾。	《霍城县志》
1088	1943 年	民国三十二年	河北省黄骅县的蝗虫吃完了芦苇和庄稼，又像洪水一样冲进村庄，连糊窗纸都被吃光，甚至婴儿的耳朵也被咬破。	《蝗虫防治法》
			高邑蝗灾，大部庄稼叶被吃光。	《高邑县志》
			夏，赵县蝗成灾。秋，生蝗蝻，减产。	《赵县志》
			献县蝗灾严重。	《献县志》
			海兴蝗灾严重。	《海兴县志》
			衡水蝗灾，所至之处遮天蔽日。	《衡水市志》
			武邑蝗。	《武邑县志》
			故城北地蝗灾 15 万亩，其中 10 万亩农作物叶被吃光。	《故城县志》
			广宗蝗蝻盖地，飞蝗遮天蔽日，秋禾无存，民大饥。	《广宗县志》
			邯郸蝗灾严重。	《邯郸县志》

---

① 绥定：旧县名，治所在今新疆霍城水定镇。

（续）

序号	公元纪年	历史纪年	蝗灾情况	资料来源
1088	1943 年	民国三十二年	八月，平乡蝗虫从南铺天盖地而来，群蝗飞过遮天蔽日，所过庄稼净光，县委县政府率领广大群众开展大规模捕蝗运动。	《平乡县志》
			八月，清河蝗飞蔽天，群众开展捕蝗运动。	《清河县志》
			八月，柏乡蝗四起，蝗群所到之处禾草净光，饥民争食蝗虫充饥。	《柏乡县志》
			六月，威县蝗虫遍野，飞天蔽日，庄稼被吃光。	《威县志》
			五月，磁武①抗日根据地发生蝗蝻，飞蝗过后，庄稼、树叶、杂草一扫而光，破坏麦田 6 574 亩。	《磁县志》
			八月，元城、大名蝗虫成灾，蝗如乌云遮日，自北向南从天而降，秋季大减产。	《大名县志》
			八月，魏县飞蝗蔽日，落地成群，禾、树叶吃光。	《魏县志》
			六月，馆陶蝗虫遍地，禾草吃光。	《馆陶县志》
			邱县旱，蝗遍地遮天，食禾。	《邱县志》
			临漳特大蝗灾，蝗虫盖地三寸厚，粮食绝收。	《临漳县志》
			七月，广平飞蝗自东南来，遮天蔽日，所落处成堆成蛋，庄稼、树叶俱吃光。	《广平县志》
			宁河蝗灾。	《宁河县志》

① 磁武：旧县名，隶属晋冀鲁豫边区政府太行区，1945 年抗日战争胜利后撤销。

（续）

序号	公元纪年	历史纪年	蝗灾情况	资料来源
1088	1943 年	民国三十二年	大港蝗灾，芦苇、庄稼叶俱被吃光，蝗蝻进村，吃光糊窗纸，咬婴儿耳朵。	《大港区志》
			章丘蝗灾，尺地数百只，麦无收。	《章丘县志》
			平阴旱，蝗灾。	《平阴县志》
			德州飞蝗成灾。	《德州市志》
			秋，临邑蝗。	《临邑县志》
			乐陵蝗虫灾害。	《乐陵县志》
			高唐部分晚作物遭受蝗灾。	《高唐县志》
			东阿旱，蝗虫成灾，交多少斤蝗虫，奖励等量小米。	《东阿县志》
			夏，成武蝗，大片禾苗被吃光，县委根据行署关于"扑灭蝗灾，抢救秋禾"的指示，动员区县干部组织广大群众统一指挥，划片负责，分工扑打，昼夜奋战在灭蝗第一线，基本战胜了蝗灾，保住了禾苗。	《成武县志》
			七月，鄄城飞蝗成灾。	《鄄城县志》
			七月，单县蝗害，飞蝗由北向南遮天蔽日，蝗落处禾苗、树叶吃光。	《单县志》
			秋，郓城飞蝗蔽日，声若风雨，蝗过禾秃，民大饥。	《郓城县志》
			六月，梁山发生大面积蝗灾，冀鲁豫行署发出关于"扑灭蝗灾，抢救秋禾"的指示。	《梁山县志》
			秋，兖州蝗虫由南向北飞落，农作物绝收。	《兖州市志》
			秋，泰安道朗、夏张、西往、角峪蝗灾，庄稼绝产，夏张一带蝗虫落在树上，树枝折断。	《泰安市志》

（续）

序号	公元纪年	历史纪年	蝗灾情况	资料来源
1088	1943年	民国三十二年	东平蝗灾。	《东平县志》
			秋，肥城蝗飞蔽天，庄稼失收。	《肥城县志》
			沾化蝗虫成灾。	《沾化县志》
			五月，垦利发生大面积蝗蝻灾害，全县党政军民学齐上阵捕打，至七月，取得灭蝗胜利。	《垦利县志》
			昌邑县北部沿海蝗灾，人民政府组织捕蝗，免受其害。	《昌邑县志》
			台儿庄农作物被蝗食之八九。	《台儿庄区志》
			莒南壮岗、坪上一带发生蝗灾，自西而来，遮天蔽日，多的每平方米百余只，一人一天能捉60千克，十几万亩庄稼被吃光。	《莒南县志》
			秋，滕县蝗虫遮天蔽日，一经落地，禾苗顿时被吃光，歉收。	《枣庄市志》
			河南92县蝗，受灾5 708万亩。	《中国的飞蝗》
			八月，郑州、新郑、密县、荥阳飞蝗蔽天，颗粒无收。	《郑州市志》
			武陟蝗飞蔽天如云，来如风雨，落地成层，所至秋禾全光，落于村庄集成球如斗大，秋绝收，外出逃荒者十余万人，卖儿卖女，人相食。原武蝗灾4.57万亩。荥阳飞蝗蔽日，树为之折，草房压塌，人行受阻，乡民摇旗敲锣追赶，幼蝗挖坑掩埋，庄稼绝收，大饥，人相食。中牟飞蝗	《河南东亚飞蝗及其综合治理》

（续）

序号	公元纪年	历史纪年	蝗灾情况	资料来源
1088	1943 年	民国三十二年	蔽天，禾稼吃光。秋，封丘旱蝗，飞蔽天，蝻生。孟津蝗自东来遮天蔽日，聚落树，压折树枝，乡民驱蝗，沟埋、火烧无济于事，庄稼吃光，灾情极重。濮阳蝗灾。	
			八月，新郑蝗飞蔽日，自东北向西南，似乌云密布，食尽树叶、秋禾，压断树枝，男女老少捕蝗晒干作粮。	《新郑县志》
			七月，密县飞蝗蔽日，伤禾稼。	《密县志》
			秋，巩县蝗灾严重。	《巩县志》
			秋，登封庄稼长势很好，不料飞蝗从东飞来，遮天蔽日，秋禾全被吃光，大灾。	《登封县志》
			嵩县蝗自东来，秋禾毁于一旦。	《嵩县志》
			偃师蝗灾。	《偃师县志》
			五月，伊川飞蝗从东飞来，吃光麦叶咬掉穗。	《伊川县志》
			秋，汝阳飞蝗自东来遮天蔽日，秋禾尽毁。	《汝阳县志》
			七月，洛宁飞蝗东来，遮天蔽日，秋禾全被吃光。	《洛宁县志》
			新乡旱，蝗虫成灾，除棉花、豆类外，皆遭蝗食。	《新乡县志》
			开封蝗灾严重。	《开封县志》
			阳武 356 万亩庄稼遭蝗灾。	《原阳县志》
			秋，郾城遭蝗虫侵害，秋禾侵蚀殆尽。	《郾城县志》
			延津蝗灾，受害面积 30 余万亩。	《延津县志》

（续）

序号	公元纪年	历史纪年	蝗灾情况	资料来源
1088	1943 年	民国三十二年	孟县旱蝗灾害。	《孟县志》
			秋，温县蝗成灾，所到庄稼吃光。	《温县志》
			焦作蝗虫遮天盖地，来如风雨，飞如云阵，所过之处庄稼全成光秆，落于村庄，集结成球如斗大，数以万计，入室则锅灶皆盈，秋粮绝收。	《焦作市志》
			夏，博爱小麦将熟，蝗灾发生，小麦被食殆尽，收成不及一二成。	《博爱县志》
			沁阳遭罕见蝗灾，小麦受害。	《沁阳市志》
			八月，济源王屋飞蝗成灾，县委领导人民全力灭蝗救灾。	《济源市志》
			秋，陕县飞蝗蔽天，玉米、谷子吃光。	《陕县志》
			八月，渑池飞蝗东来，遮天蔽日，几遍渑境，玉米、谷子遭害。	《渑池县志》
			夏，安阳蝗，共产党和抗日政府领导解放区人民围剿歼灭蝗虫。	《安阳县志》
			夏，林县飞蝗遮天蔽日，树叶、庄稼一扫而光，被广大军民剿灭。	《林县志》
			八月，内黄蝗灾，减产。	《内黄县志》
			汤阴大蝗，先后组织群众五千余人并请林县援助三千余人捕打蝗虫，大部田苗获七八成收。	《汤阴县志》
			夏，滑县飞蝗蔽天，秋苗受害严重。	《滑县志》

（续）

序号	公元纪年	历史纪年	蝗灾情况	资料来源
1088	1943年	民国三十二年	夏秋，浚县蝗灾，秋禾无收。	《浚县志》
			五月，淇县旱，飞蝗遮天蔽日，颗粒不收，逃荒要饭者甚多。	《淇县志》
			春，鹿邑蝗灾，粮食奇缺。	《鹿邑县志》
			夏，沈丘过飞蝗。秋，起跳蝻，遮天盖地，谷子、高粱被吃净。	《沈丘县志》
			秋，扶沟飞蝗蔽天，禾被害。	《扶沟县志》
			秋，郸城蝗蝻盖地，秋禾被食殆尽。	《郸城县志》
			秋，长葛旱蝗。	《长葛县志》
			秋，许昌蝗蝻遍地，逾墙越屋，谷物吃光。	《许昌县志》
			禹州蝗蝻成灾，盖地一层，秋绝收。	《禹州市志》
			秋，鄢陵蝗遍野，禾多被毁。	《鄢陵县志》
			漯河蝗虫蔽日，秋禾食之殆尽。	《漯河市志》
			七月，襄城蝗自北向南飞入县境，遮天蔽日，所到之处除烟草外，粮食作物全被食尽。	《襄城县志》
			秋，舞阳遍地蝗蝻。	《舞阳县志》
			汝州特大蝗灾，群飞遮日，除豆、红薯外，玉米谷叶吃光。	《汝州市志》
			七月，舞钢遍遭蝗灾，飞蝗遮天盖地，所过禾苗、草类被吃光。八月，生黑色蝗蝻，庄稼叶被吃掉。	《舞钢市志》

（续）

序号	公元纪年	历史纪年	蝗灾情况	资料来源
1088	1943 年	民国三十二年	六月，鲁山飞蝗自北向南遮天盖地而至，除豆类、红薯外，其余秋庄稼全被吃净。	《鲁山县志》
			夏，叶县蝗自扶沟泛区飞来，遮天蔽日，遍地生蝻，谷子、玉米吃光。	《叶县志》
			宝丰蝗蝻遍地生，爬墙越屋、穿沟渡河无所阻挡，所过草禾殆尽。	《宝丰县志》
			郏县蝗虫成灾。	《郏县志》
			秋，南阳蝗虫成灾，秋禾殆尽。	《南阳市志》
			七月，社旗飞蝗遮天蔽日，庄稼食尽，绝收。	《社旗县志》
			秋，镇平三次蝗灾，作物殆尽。	《镇平县志》
			秋，方城蝗蝻遍野，秋禾被食严重。	《方城县志》
			唐河黑龙镇以北地区过蝗虫一天一夜，作物吃光。	《唐河县志》
			七月，南召蝗虫蜂拥飞至，自东北向西南，若黄尘卷滚，后又两次飞蝗如雨，秋禾被食殆尽。	《南召县志》
			七月，平舆飞蝗蔽日，庄稼叶、草树叶全被吃光。	《平舆县志》
			秋，桐柏蝗灾，秋禾被食8 700亩。	《桐柏县志》
			七月，驻马店飞蝗遍及，秋禾多遭蝗食。八月，飞蝗幼虫跳蝻大如蝇，弥漫田间，为害较飞蝗更甚。	《驻马店市志》
			八月，泌阳蝗灾，秋禾食尽。	《泌阳县志》

（续）

序号	公元纪年	历史纪年	蝗灾情况	资料来源
1088	1943 年	民国三十二年	夏秋间，上蔡蝗虫成灾，飞翔于空遮天蔽日，栖于地下积厚寸余，农作物茎叶、籽实被食尽净。	《上蔡县志》
			五月，汝南飞蝗蔽日，芦苇、树叶、禾苗、野草均被吃净。	《汝南县志》
			八月，新蔡飞蝗自南来，田禾食尽，至秋跳蝻遍地。	《新蔡县志》
			夏，罗山飞蝗蔽日。	《罗山县志》
			夏，息县飞蝗蔽日，田禾、树叶吃光。	《息县志》
			夏，固始飞蝗自东北蜂拥而至，遮天蔽日，落聚成堆，覆盖田野，民众日夜捕蝗旬余，城郊禾稼殆尽。	《固始县志》
			秋，潢川蝗灾，飞蝗过境宽 2.5 公里、长 4 公里，形似一股黄烟，过后豆黍、稻粱株棵无存。	《潢川县志》
			秋，光山蝗灾，飞蝗遮天蔽日。	《光山县志》
			襄垣蝗灾。	《襄垣县志》
			太行区、太岳区遭受特大旱、蝗灾。	《山西通志·大事记》
			阳城部分地区发生蝗害。	《阳城县志》
			春，高平旱，蝗蝻盖地，田禾一空。	《高平县志》
			太行山地发生大面积蝗灾，境内夺火、横水一带更为严重，几十里内遮天蔽日，庄稼顷刻吃光。	《陵川县志》
			沁水蝗灾严重，捕捉蝗虫11.29 万公斤，晋城、高平亦蝗灾。	《晋城市志》

（续）

序号	公元纪年	历史纪年	蝗灾情况	资料来源
1088	1943 年	民国三十二年	秋，永济蝗灾，飞蔽日，乡民扑打，禾苗啃食大半，民大饥。	《永济县志》
			秋，芮城黄河滩蝗吃光豆谷叶。	《芮城县志》
			七月，夏县蝗蝻大作，秋禾几尽。	《夏县志》
			万荣蝗虫为灾，禾稼几尽。	《万荣县志》
			平陆蝗灾。	《平陆县志》
			垣曲蝗飞蔽日，落则无立足之地，食禾尽，饥民大量外逃，饿死者甚众。	《垣曲县志》
			八月，稷山蝗害，尽使汾北庄稼成光秆，小蝗遍地皆是，爬满锅灶，民以火烧、铣拍无济于事。	《稷山县志》
			秋，翼城大蝗，严重地区秋禾吃光。	《翼城县志》
			古县旱，蝗食禾苗，歉收。	《古县志》
			七月，汾阳遭蝗灾，农田受损。	《汾阳县志》
			四月，柞水蝗为灾，田禾被食半数。	《柞水县志》
			八月，飞蝗自豫经晋飞陕西，集韩城、朝邑、大荔、合阳等县。	《韩城市志》
			兴化蝗灾，动员 5 万民众扑灭。	《扬州市志》
			七月，大丰疆北、南团、沈灶、九灶、王港、竹港、祥丰、新东、鼎新、韦团、南造等地蝗。	《大丰县志》
			四月，泗洪蝗灾，政府组织灭蝗。	《泗洪县志》

（续）

序号	公元纪年	历史纪年	蝗灾情况	资料来源
1088	1943 年	民国三十二年	连云港新浦飞蝗突至，遮天蔽日，遍地皆是，蝗灾严重。	《新浦区志》
			东海境东蝗虫为灾，颗粒无收。	《东海县志》
			霍邱蝗灾。	《霍邱县志》
			夏，界首蝗又至，禾稼尽。	《界首县志》
			马鞍山蝗灾。	《马鞍山市志》
			临泉过飞蝗，遮天蔽日，后蝻生，覆盖地皮，河流、院墙皆不能挡，高粱、谷子、甘蔗叶穗皆被吃光。	《临泉县志》
			夏，颍上蝗，谷子、高粱、玉米被吃光。秋，起跳蝻，盖地皆是。	《颍上县志》
			枣阳旱，蝗虫为灾。	《枣阳县志》
			秋，应山蝗虫为灾。	《应山县志》
			泰和桥头、碧溪一带 4 万多亩竹林被竹蝗为害 40%。	《泰和县志》
			九月，丹江口大批飞蝗从河南飞入，石鼓、麻界、金葫等乡捕杀之，但已产卵遍地。	《丹江口市志》
			来宾蝗虫为害颇烈。	《来宾县志》
			秋，德庆蝗。	《德庆县志》
			施秉蝗灾，作物歉收。	《施秉县志》
			秋，黔西蝗虫四起。	《黔西县志》
			秋，广南蝗害，稻叶被蝗虫吃光。	《广南县志》
			新疆蝗灾。	《新疆通志》
			乌苏飞蝗为害庄稼、牧草。	《乌苏县志》
			玛纳斯蝗虫为害草原。	《玛纳斯县志》

（续）

序号	公元纪年	历史纪年	蝗灾情况	资料来源
1088	1943 年	民国三十二年	秋，平安蝗灾。	《平安县志》
1089	1944 年	民国三十三年	河北、河南、山西 3 省 129 县蝗，受灾面积 5 900 余万亩。	《中国的飞蝗》
			太行区发生数十年来未见的特大蝗灾。本年春，边区政府组织群众挖卵，共灭蝗蛹 910 万斤。5 月，河南蝗虫再次向太行区东部 20 余县 900 多个村庄袭来，蝗群遮天蔽日，有地头婴儿被蝗咬死，据不完全统计，蝗虫吃光禾苗 27 万亩，部分禾苗吃光 29 万亩，太行区党委、政府建立剿蝗指挥部，拨出公粮 15 万斤奖励灭蝗人员，打蝗时，踏坏庄稼给予赔偿，至 8 月底，全区战胜蝗灾，延安《解放日报》刊有太行剿蝗经验专文，同时，太岳区晋城等县也开展剿蝗运动。8 月，中共太行区委召开地委联席会议，区党委副书记赖若愚在会议上作了《生产运动的初步总结》，总结了太行区的生产情况及灭蝗运动。	《山西通志·大事记》
			八月，左权、和顺两县组织 1 万人开展剿蝗运动。	《晋中地区志》
			永济蝗灾，秋作无收。	《永济县志》
			八月，松烟、马连曲一带飞蝗遍野，为害秋稼，中共和东县委县政府组织军民灭蝗。	《和顺县志》
			万荣蝗灾，秋作无收。	《万荣县志》

（续）

序号	公元纪年	历史纪年	蝗灾情况	资料来源
1089	1944 年	民国三十三年	五月，榆社县成立灭蝗委员会，开展全民灭蝗运动。	《榆社县志》
			白露，蝗从邢台浆水、路罗蜂拥而至，先后落于东山、上庄、关滩、土棚、下庄、漳漕、四里庄、禅房、圪道、高家井、水陂、新店、水泉、后庄、磨沟、小羊角一带，遮天蔽日，农作物损失惨重。	《左权县志》
			夏四月，潞城飞蝗入境，抗日民主政府组织人民灭蝗。	《潞城市志》
			夏，运城蝗虫为灾，由中条山一带蔓延至安邑、临晋、虞乡之间，所过田亩一扫而光。	《运城市志》
			五至七月，芮城蝗灾，麦苗被吃。	《芮城县志》
			夏县蝗蝻大作，起飞如浮云遮日，落地禾苗叶全被吃光。	《夏县志》
			秋，稷山蝗虫蔽天遮日呼啸而来，所到处食尽庄稼，无收成。	《稷山县志》
			七月，襄汾蝗虫遮天蔽日，田间道路不见地皮，继而越城入户，遍及民宅，所经处高粱、谷子、玉米叶均被吃光，群众捕打、赶埋无济于事，是秋，颗粒无收。	《襄汾县志》
			曲沃蝗灾，蝗群沿县东南飞向西北，遮天蔽日，所落禾苗一空，蝗虫过后蝗卵孵化为蝻，结队爬行，农作物受灾严重。	《曲沃县志》

（续）

序号	公元纪年	历史纪年	蝗灾情况	资料来源
1089	1944 年	民国三十三年	侯马境内蝗灾，秋粮绝收，村民纷纷挖卵、埋蛹灭蝗。	《侯马市志》
			河津蝗灾，遮天蔽日，秋作被害。	《河津县志》
			秋，皖中以巢县、无为为中心蝗灾严重，中共皖中区委行署发动全区军民灭蝗救灾，是年，皖西蝗灾。	《安徽省志·大事记》
			金寨县境蝗灾。	《金寨县志》
			立煌①、霍邱等 14 县蝗，受灾 230 万亩。	《安徽省志·农业志》
			秋，阜阳蝗虫为害。	《阜阳县志》
			夏秋之交，亳州蝗灾。	《亳州市志》
			八月，太和蝗蝻遍地，聚结大如瓜斗，禾苗、芦苇尽食，村庄积蝗尺许，居民 3 天捕蝗4 000斤。	《太和县志》
			无为蝗灾严重。	《无为县志》
			六月，泗洪由成子湖飞来大批飞蝗，泗南、泗阳、洪泽组织突击灭蝗 1 万石。	《泗洪县志》
			六月，灌云县东草滩蝗蝻生，成虫后从云台山飞往伊山、南岗、王集、李集，组织民众扑灭。	《灌云县志》
			在解放区，南起黄河北岸的修武、沁博，北至正太路南的赞皇、临城、磁武、邢台、沙河及山西和顺、左权等 23 县 879 村蝗患大发，分布范围南北长 800 余里、东西宽 100 余里，严重蝗情。太行区赞皇、临	《打蝗斗争》

---

① 立煌：旧县名，1947 年改名今安徽金寨县。

（续）

序号	公元纪年	历史纪年	蝗灾情况	资料来源
1089	1944 年	民国三十三年	城、磁县、武安、邢台、沙河等县蝗，一大批飞蝗从磁武暴风雨般飞来，经过武安磁山、八特向岗西一带降落，一个多小时，满山遍野落了很厚一层，多的地方有一二尺厚，落在树上，竟将树枝压弯、压断。有十六平方里的地方变成了蝗虫世界。	
			夏，广武特大蝗群如浓云密布从西向东而来，落地压弯树枝，树叶、庄稼吃光，无收成。入夏以来，孟县蝻蔓延遍野，七月，飞蝗落地，乡民扬旗鸣锣赶杀数日无效，秋禾食尽。孟津飞蝗为灾。秋，冀鲁豫边区遭受蝗灾，濮、范二县尤重，庄稼、树叶尽光。封丘蝻蝗交加，田禾受灾。郑县蝗盖地无隙，挑沟阻止，顷刻而满，食禾几尽。武陟蝗灾 1.2 万亩，只五成收。	《河南东亚飞蝗及其综合治理》
			新郑蝗蝻为害甚烈。	《新郑县志》
			嵩县落蝗累累，树枝压断。	《嵩县志》
			登封飞蝗成灾。	《登封县志》
			汝阳蝗蝻丛生如蚁群，秋禾尽。	《汝阳县志》
			夏，宜阳飞蝗遮天盖地，谷苗吃光。	《宜阳县志》
			六月，新安飞蝗成灾。	《新安县志》
			九月，洛宁飞蝗再起，禾毁过半，竹木遭殃。	《洛宁县志》

（续）

序号	公元纪年	历史纪年	蝗灾情况	资料来源
1089	1944 年	民国三十三年	夏至秋，栾川蝗虫遍野，秋禾无存。	《栾川县志》
			秋，兰考蝗从西南入境，飞蔽天日，落地食禾尽。	《兰考县志》
			原阳蝗灾。	《原阳县志》
			七月，长垣飞蝗自南来，遮天蔽日，势如狂风，五昼夜不息，全县秋禾十伤八九。	《长垣县志》
			焦作飞蝗蔽日。	《焦作市志》
			秋，修武飞蝗遍野，粮食无收。	《修武县志》
			秋，陕县飞蝗蔽天，蝗蝻满地。	《陕县志》
			秋，冀鲁豫边区遭蝗灾，濮、范二县发动军民捕打蝗虫，灾不重。	《范县志》
			七月，清丰飞蝗蔽日，减产五成。	《清丰县志》
			五月，台前飞蝗如云，遮天盖地，侵袭寿张、阳谷、东阿等地，抗日军民采用人工扑打、挖沟掩埋等办法灭蝗，至八月，战胜了这场罕见大蝗灾。	《台前县志》
			春，安阳蝗虫滋生，中共太行五地委、专署成立安、林两县剿蝗联合指挥部，地委宣传部长任总指挥，安阳、林县两县县长任副总指挥，下设联防大队、中队和小队，万人会战，围剿蝗虫，提出了"从蝗虫口里夺麦子"的口号。	《安阳县志》

（续）

序号	公元纪年	历史纪年	蝗灾情况	资料来源
1089	1944 年	民国三十三年	林县蝗灾，540 个村的 77 万亩庄稼，除豆类外，其他作物叶净秆光，粮食减产 50% 左右。	《林县志》
			九月，内黄蝗继发，压折树枝。	《内黄县志》
			夏，滑县白道口以南蝗生，树枝压断。	《滑县志》
			浚县部分地区发生蝗灾。	《浚县志》
			夏，睢县蝗灾，状如云雾，落地成团，飞蝗过后，遍地生蝻，禾苗一空。	《商丘地区志》
			夏邑蝗虫遍野，禾稼殆尽。	《夏邑县志》
			秋，长葛蝗灾，谷子、高粱多被食。	《长葛县志》
			七月，周口蝗虫自淮阳、西华飞来，持续 3 天，高粱、谷子等叶片全被吃光。	《周口市志》
			四月，蝗生，中共太行区委发出扑灭蝗蝻的紧急通知，淇、汤两县联合建立剿蝗指挥部，组织各村群众打蝗蝻，白天用木棍、鞋底、铁锨、扫帚、树枝打，晚上点火诱杀、挖沟土埋、集中围歼等办法，减少了蝗蝻为害。	《淇县志》
			六月，商水自淮阳、西华一带飞来成群蝗虫，宽约 20 里，3 天后才减少，秋作叶穗全被吃光。	《商水县志》
			九月，镇平蝗灾，秋粮减产。	《镇平县志》
			五月，鲁山蝗蝻破土而出，漫山遍野皆是，自南而北	《鲁山县志》

（续）

序号	公元纪年	历史纪年	蝗灾情况	资料来源
1089	1944 年	民国三十三年	跳动，遇墙爬越、遇水抱成团漂渡，所过除豆类、红薯外，其他秋庄稼全被吃净。	
			四月，南召九分垛、青山崖一带方圆四公里内跳蝻状如蝇蚁，县政府召开捕蝗会议，机关人员分赴各乡督促捕蝗、挖卵，开展捕蝗周活动。	《南召县志》
			秋，西峡境飞蝗蔽日，落下盖地，所过处禾苗、树叶多被吃光。	《西峡县志》
			秋，内乡蝗虫遍及 15 乡镇，秋禾食尽，村民捕捉蝗虫 18.5 万千克。	《内乡县志》
			七月，新蔡旱，飞蝗遮天蔽日，由东北延向西南，秋禾尽为所食。	《新蔡县志》
			夏，息县蝗蝻遍地，为害庄稼。	《息县志》
			夏，商城蝗起。	《商城县志》
			四月，潢川蝗虫为害，县提出了"捕蝗等于抗战"的口号，县长率队督战，日捕杀蝗虫 3 000 余斤。	《潢川县志》
			秋，固始蝗虫奇多，作物大歉收。	《固始县志》
			五月，赞皇蝗，根据地政府积极组织农民捕蝗。	《赞皇县志》
			六月，深泽飞蝗成灾，数千亩庄稼吃尽。	《深泽县志》
			夏，平山数十个村庄大面积蝗虫，县委县政府发动群众除蝗。	《平山县志》

（续）

序号	公元纪年	历史纪年	蝗灾情况	资料来源
1089	1944 年	民国三十三年	六月，行唐西城子、阳关、上方等七村蝗灾，800 多亩禾苗被吃光，县长赴灾区组织灭蝗。	《行唐县志》
			六月，栾城飞蝗自东南入境，遮天蔽日，庄稼多被吃净，半月后生蛹，为害更甚，县区党政军民都参加了灭蝗斗争。	《栾城县志》
			六月，曲阳燕赵、西羊平、城关 3 个区 40 余个村庄发生蝗灾。有民谣称："经过淹，经过旱，经过蚂蚱滚成蛋。"	《曲阳县志》
			四月，阜平城厢、青沿、大道等村蝗灾。七月，蝗蛹蔓延全县。	《阜平县志》
			蠡县潴龙河南北部分村庄蝗灾。	《蠡县志》
			夏，饶阳蝗灾。	《饶阳县志》
			夏，枣强特大蝗灾。	《枣强县志》
			武强蝗灾。	《武强县志》
			唐海飞蝗入境，农作物吃得只剩秸秆。	《唐海县志》
			临西蝗。	《临西县志》
			南和蝗虫，粮价暴涨，饥荒严重。	《南和县志》
			夏，隆平蝗蛹生。	《隆尧县志》
			七月，大批飞蝗从沙河进入本县，县委发出"立即动员起来，坚决消灭飞蝗"的紧急号召，并成立县剿蝗指挥部，代理县长郭成允任指挥，半月时间，全县消灭飞蝗 39.5 万千克，	《邢台县志》

（续）

序号	公元纪年	历史纪年	蝗灾情况	资料来源
1089	1944 年	民国三十三年	取得剿蝗的胜利。至九月，剿蝗运动基本结束，总计捕打蝗虫 50.1 万千克，消灭蝗蝻 12.5 万千克。	
			五月，清河大蝗，受灾 30 万亩，6 万人捕蝗 10 余万千克。	《清河县志》
			七月，馆陶蝗灾严重，蝗蝻蚕食秋苗，县成立捕蝗指挥部，进行灭蝗大会战。	《馆陶县志》
			五月，临城二、三、六、七区发生土色蝗蝻灾。六月，两股飞蝗落到石城一带，区政府组织群众 6 天将蝗虫消灭，又三股飞蝗落到赵庄、石家栏、都丰、白鸽井一带，后蔓延全县，农作物遭受损失。	《临城县志》
			春，平乡蝗虫自南而北向县境蔓延，县委组织灭蝗。	《平乡县志》
			七月，邯郸蝗灾严重，飞蝗遮天蔽日，除绿豆外，庄稼几乎被吃光。	《邯郸县志》
			五月，太行区党委和军区政治部发出扑灭蝗蝻的紧急号召，根据地军民立即投入灭蝗战斗，下旬从安阳水冶等敌占区飞来一群飞蝗，长约 10 里、宽约 5 里，遮天蔽日，在根据地军民努力下飞蝗被歼。	《武安县志》
			魏县蝗蝻遍地。	《魏县志》
			六月，内丘境内两次飞入蝗虫，后又发生蝗蝻，遍地皆是，吃光青苗 1.47 万	《内邱县志》

（续）

序号	公元纪年	历史纪年	蝗灾情况	资料来源
1089	1944 年	民国三十三年	亩。七月，成群飞蝗由平汉线东和邢台境内飞来，蝗群约长 10 公里、宽 5 公里，遮天蔽日，所经之处秋禾吃光。另一批蝗虫由邢台县宋家庄一带飞入，蝗群长约 2 公里、宽约 1 公里，落地厚 6～7 寸，60 余亩谷物被吃光，这次受灾面积 12.14 万亩，吃光秋禾 5.75 万亩。	
			四月，广平蝗蝻生，遍地皆是，抗日政府发动全民捕打，仍造成灾害。	《广平县志》
			四月，发生特大蝗灾。飞蝗南来，数以亿计，遮天盖日，天呈灰黄色，浩浩荡荡，声传数里。后发生蝗蝻盖地，满目皆是，登堂入室，人畜不惧，所过之处田禾、青草一扫而光，树叶无一幸存，为千古罕见之奇灾。80 万亩农作物全毁，一年两季无收，时值日伪盘踞曲周，群众苦不堪言。	《曲周县志》
			涉县蝗。	《涉县志》
			四月，磁县蝗灾，飞蝗由安阳水冶经武吉、上七垣、时村营、庆和峪向西北飞去，长 10 里、宽 5 里、厚 2 尺左右，遮天蔽日，草木皆无，数万军民开展大规模剿蝗战。	《磁县志》
			夏，应山蝗虫为灾。	《应山县志》
			四月，谷城蝗，蔓延十九乡。	《谷城县志》

（续）

序号	公元纪年	历史纪年	蝗灾情况	资料来源
1089	1944 年	民国三十三年	六月，大悟宣化、惠明、丰乐、吕黄等地蝗灾。	《大悟县志》
			八月，襄阳飞蝗几次由豫南侵入本县，所过庄稼悉毁，有 35 个乡遭受蝗灾，减产 186 余万石。	《襄阳县志》
			八月，蝗虫由豫侵入襄阳境内，飞蔽天，禾苗尽，大饥。	《襄樊市志》
			夏，郧西特大蝗灾，飞蝗日夜啮食禾苗，沙沙作声，县川、土秀、津祥、安道、观闫、夹黄尤甚。	《郧西县志》
			河南蝗虫经湖北均县蔓延至十堰，白浪、茅箭、花果、黄龙发生蝗灾，蝗势如海潮蜂拥而入，自东而西遮天蔽日，所到之处禾苗被啮食，颗粒无收。	《十堰市志》
			秋，竹溪蝗由陕西至，为害甚烈，将大同乡稻穗食尽。	《竹溪县志》
			六月，丹江口市五灵、老马、仁和、土山、金石、紫远、大柏、茯苓、丁道、浪河、城关、草店、白浪等地蝗虫结队起飞，遮天蔽日，禾苗尽食，全县民众不分昼夜奋力围捕，杀死蝗虫 20 余万石。	《丹江口市志》
			五峰忠孝、信义、民族三乡蝗灾。	《五峰县志》
			四月，兴山蝗虫为灾，古夫、妃台、三溪、三阳、屈洞、南阳、平水、湘萍、仙侣等九乡受灾严重。	《兴山县志》

（续）

序号	公元纪年	历史纪年	蝗灾情况	资料来源
1089	1944 年	民国三十三年	秋，冠县蝗灾，县政府组织群众扑灭。	《冠县志》
			秋，东阿蝗灾，县组建捕蝗指挥部和捕蝗队，按捕蝗斤数发奖。	《东阿县志》
			七月，东明飞蝗自南来，遮蔽天日，势如狂风，五昼夜不停，秋禾十伤八九。	《东明县志》
			五月，菏泽飞蝗入境，捕之无数，毁之不尽，禾稼皆被嚼食。	《菏泽市志》
			五月，定陶飞蝗入境，早向阳行，午向北行，方向一致如行军，禾苗被食殆尽。	《定陶县志》
			夏，泰安夏张镇蝗蝻成灾。	《泰安市志》
			八月，五莲以东飞蝗蔽天。	《五莲县志》
			四月，梁山飞蝗暴发，蝗蝻盖地，县区政府组织群众挖沟土埋、人工捕打。	《梁山县志》
			麦收后，曹县飞蝗由东南飞来。六月，蝗蝻生，遍地皆是，早晨向东行，午向北行，房屋墙垣不能阻，所到之处作物一空。	《曹县志》
			四月，垦利蝗灾严重，县委县政府组织捕蝗委员会，带领全县人民投入灭蝗战斗，取得胜利。	《垦利县志》
			七月，滕县遭受蝗灾，中共滕县县委、县政府召开会议，要求以村为单位组织捕蝗队，所有干部和群众一道参与捕蝗救灾。	《枣庄市志》

序号	公元纪年	历史纪年	蝗灾情况	资料来源
1089	1944 年	民国三十三年	夏秋，陕北榆林等县蝗，大荔飞蝗遍野，伤禾苗；韩城安瑜乡蝗伤秋禾 1.8 万亩。	《陕西蝗区勘察与治理》
			商南、富平、平民、朝邑蝗灾，乡民捕杀蝗虫。	《陕西省志·大事记》
			秋，未央区蝗蝻甚多，所过之处禾苗悉被损伤。	《未央区志》
			临潼蝗灾。	《临潼县志》
			夏，高陵蝗灾。秋，蝗蝻生。	《高陵县志》
			七月，华县蝗虫食禾稼。	《华县志》
			华阴、潼关蝗蝻成灾。	《华阴县志》
			秋，潼关蝗自阌底镇飞入食禾。	《潼关县志》
			澄城蝗灾。	《澄城县志》
			兴平蝗灾，秋，蝗蝻生。	《兴平县志》
			夏，韩城蝗虫由黄河滩起飞，自咎村北而南，遍及全境，飞时几乎遮住太阳。八月，蝗虫布满田间，行人受阻，蝗蝻成群结队、纵横南北，农田渐赤。	《韩城市志》
			七月，武功、岐山、扶风蝗伤禾。	《武功县志》
			乾县城镇、杨庄、注泔、杨子、薛王、新河、临平等乡蝗灾，秆叶啮食殆尽。	《乾县志》
			六月，三原蝗灾，除治后灭迹。	《三原县志》
			八月，眉县蝗灾。	《眉县志》
			豫省蝗大起，波及陇县。	《陇县志》
			七月，安康蝗灾延蔓，稻叶、苞谷受损。	《安康县志》

（续）

序号	公元纪年	历史纪年	蝗灾情况	资料来源
1089	1944 年	民国三十三年	紫阳蝗虫为灾。	《紫阳县志》
			白河蝗虫猖獗。	《白河县志》
			六月，旬阳蝗灾。八月，蝗蝻生，禾稼尽食。	《旬阳县志》
			六月，丹凤飞蝗蔽天，自豫西而来，铺天盖地，道路塞满，禾稼殆尽。	《丹凤县志》
			六月，镇安蝗灾。	《镇安县志》
			商南飞蝗入境，县成立治蝗总队捕治蝗虫。	《商南县志》
			六月，山阳太安等 6 个乡镇蝗生，伤禾稼殆尽。	《山阳县志》
			延安蝗虫成灾。	《延安地区志》
			夏秋，延长蝗灾，庄稼无收。	《延长县志》
			夏秋，子长蝗灾。	《子长县志》
			延川东阳、清延区发生蝗虫。	《延川县志》
			夏秋，甘泉蝗灾。	《甘泉县志》
			夏秋，佳县蝗灾。	《佳县志》
			夏秋，米脂蝗灾。	《米脂县志》
			九月，福田蝗虫为患，多方捕杀无效，收不及四成。	《巫山县志》
			施秉蝗灾，农作物歉收。	《施秉县志》
			乌苏飞蝗为害牧草、庄稼。	《乌苏县志》
1090	1945 年	民国三十四年	五月，武强、献县、安新、蠡县、高阳、宁晋、深县、束鹿、晋县等继发蝗蝻。	《河北省农业厅·志源（1）》
			灵寿四、五区遍生蝗蝻，为害严重。	《灵寿县志》
			六月，平山沿庄滩88顷土地蝗虫，出动民众 1 652人，3 天将蝗消灭。	《平山县志》

（续）

序号	公元纪年	历史纪年	蝗灾情况	资料来源
1090	1945 年	民国三十四年	阜平旱，蝗灾。	《阜平县志》
			黄骅蝗灾。	《黄骅县志》
			七月，任丘飞蝗受灾面积 8 万亩。	《任丘市志》
			衡水蝗灾，受灾面积 32.15 万亩。	《衡水市志》
			七月，隆平蝗灾。	《隆尧县志》
			大名蝗虫成灾，挖沟捕打。	《大名县志》
			夏，馆陶生蝗蝻，庄稼受害。	《馆陶县志》
			春，涉县旱，飞蝗蔽天，所过之处树叶、禾稼俱尽。	《涉县志》
			四月，太行山区 15 县蝗蝻出土，从陵川、高平到赞皇，蔓延达 250 千米，其中以平顺为重，至六月逐渐肃清。	《山西通志·大事记》
			襄垣蝗虫为害。	《襄垣县志》
			五月，黎城蝗虫。	《黎城县志》
			灵石飞蝗由北而南遮天盖地，所过庄稼被吃光，群众捕打、烟熏、坑埋几昼夜扑灭，减产五成。	《灵石县志》
			五月，壶关蝗灾，县成立灭蝗指挥部，组织扑灭 3 万亩，免遭虫害。	《壶关县志》
			春，阳城固隆、孤山等地蝗害。	《阳城县志》
			宝井大蝗，由河西飞来，路难行。	《山西蝗虫》
			二月，平顺动员 3 000 人刨蝗卵。是年，中共平顺县委、县政府成立打蝗指挥部，派十余名干部到灾区组织群众打蝗虫，在 110 天	《平顺县志》

（续）

序号	公元纪年	历史纪年	蝗灾情况	资料来源
1090	1945年	民国三十四年	的灭蝗战斗中，挖蝗卵12 614千克，灭幼蝗3 881千克，抓飞蝗7 150万个，涌现模范突击队100个、模范村9个、灭蝗英雄28人，蝗灾被扑灭。	
			夏，平陆旱蝗为灾，大伤禾苗。	《平陆县志》
			文水蝗灾，由汾阳进入本县，马西、孝义二乡20余村遭灾最重。	《文水县志》
			秋，汶上发生蝗虫65.7万亩，经济损失7 256万元。	《汶上县志》
			七月，博兴蝗虫大发生。	《博兴县志》
			无棣飞蝗蔽日，庄稼吃尽。	《无棣县志》
			四月，沾化县东蝗灾，县长带领4万人扑灭蝗灾。	《沾化县志》
			四月，垦利出现大面积蝗蝻，全县3万人上阵，连续捕打33天，面积20余万亩，捕蝗1.8万千克。	《垦利县志》
			六月，渤海区蝗灾蔓延，垦利、沾化、广饶、寿光、昌邑、潍县受灾面积432万亩，渤海行署组织男女老幼灭蝗。	《潍坊市志》
			五月，寿光北部地区蝗灾。	《寿光县志》
			六月，莱州后坡、西由、午城区发生蝗虫，7天捕打1.5万余千克。	《莱州市志》
			垦利沿海荆荒处蝗，群众13万人，经一周捕打，消灭蝻61.8万斤，救出禾苗113万亩，挖封锁沟及灭蝗沟300里。	《渤海日报》

（续）

序号	公元纪年	历史纪年	蝗灾情况	资料来源
1090	1945 年	民国三十四年	临潼蝗。	《临潼县志》
			夏秋，华阴飞蝗成灾。	《华阴县志》
			华县蝗自东来，捕杀以石计。	《华县志》
			七月，潼关蝗食秋田棉苗。	《潼关县志》
			蒲城贾曲、内府等地蝗蝻为灾。	《蒲城县志》
			八月，韩城咎村蝗虫向南蔓延至芝川、龙亭等村。	《韩城市志》
			四月，武功蝗蝻生。秋，蝗大起。	《武功县志》
			五月，白河蝗虫为灾，玉米、稻叶尽食。	《白河县志》
			六月，山阳蝗虫群飞至镇安灵龙等地，百余里庄稼受害。	《镇安县志》
			延川清延区蝗虫成灾。	《延川县志》
			子长蝗灾，63 垧农田遭灾。	《子长县志》
			河南 91 县蝗，受灾 2 591 万亩，捕杀蝻 835 万斤。	《中国的飞蝗》
			八月，洛宁飞蝗遮天蔽日，东去。	《洛宁县志》
			八月，伊川蝗灾，玉米、谷子减产。	《伊川县志》
			六月，卫辉飞蝗入境，县委县政府组织军民灭蝗。	《卫辉市志》
			七月，获嘉飞蝗入境，禾苗殆尽。	《获嘉县志》
			原武蝗灾面积 7 万亩，阳武蝗灾面积 34 万亩。	《原阳县志》
			延津旱、蝗、风三灾并发。	《延津县志》
			夏，长垣蝗蝻为灾。	《长垣县志》

（续）

序号	公元纪年	历史纪年	蝗灾情况	资料来源
1090	1945 年	民国三十四年	夏，修武飞蝗忽来，为害全县。	《修武县志》
			汤阴旱，蝗灾。	《汤阴县志》
			春，林县 197 个村 13 万亩土地发现蝗卵。	《林县志》
			滑县白道口、瓦岗等地蝗虫。	《滑县志》
			虞城旱，蝗灾。	《虞城县志》
			扶沟旱蝗。	《扶沟县志》
			方城蝗。	《方城县志》
			桐柏蝗灾。	《桐柏县志》
			光山蝗灾不亚于 1942 年。	《光山县志》
			阜宁蝗，民众灭蝗蝻 11.4 万担。	《江苏省志·农业志》
			栖霞区太平、仙鹤、尧化、龙潭等地蝗蝻成灾，乡设灭蝗队，乡长任队长，保长任分队长，甲长任小队长，限期消灭。	《栖霞区志》
			七月，大批飞蝗自东而西飞入六合，群众大力扑灭之。	《六合县志》
			七月，武进丰南、丰北飞蝗自西北来，遮天蔽日，散落田间，田禾遭灾。	《武进县志》
			泰兴蝗灾。	《扬州市志》
			六月，响水六套、七套、老舍等地草滩发生蝗蝻 30 千米^2，来势凶猛，庄稼吃光；王集、陈家港发生蝗蝻 10 千米^2，经捕打，消灭蝗蝻 3 000 担以上。	《响水县志》
			江都蝗蝻成灾。	《江都县志》

（续）

序号	公元纪年	历史纪年	蝗灾情况	资料来源
1090	1945 年	民国三十四年	盐城蝗虫为害。	《盐城县志》
			秋，建湖蝗灾。	《建湖县志》
			沛县沿湖蝗灾暴发，食害禾苗。	《沛县志》
			七月，灌云县东北大批蝗虫飞落，晚苗多被蝗虫吃光，县委组织民众灭蝗。	《灌云县志》
			立煌、阜阳、庐江、含山、寿县、太和、颍上、凤台等 8 县蝗，受灾 24.98 万亩。	《安徽省志·农业志》
			砀山飞蝗过境，酿成灾害。	《砀山县志》
			马鞍山蝗灾。	《马鞍山市志》
			宜都蝗虫为灾。	《宜都县志》
			枣阳蝗灾。	《枣阳县志》
			宜昌黄陵、庙乡等地蝗虫为灾，稻谷歉收。	《宜昌县志》
			湘潭蝗虫为害，霞城乡蝗虫蔽日五里，禾苗、竹叶咬尽。	《湘潭县志》
			永川九龙、普莲、石庙等乡发生竹蝗。	《永川县志》
			秋，铜仁阴雨连绵，且为蝗害，歉收。	《铜仁市志》
			水城蝗虫为害，作物减产二成。	《六盘水市志》
			秋，黔西蝗虫又起，受灾面积 3 945 亩，城关、礼贤、通衢、太来、定新、钟山、金坡等地严重。	《黔西县志》
			岑巩蝗灾惨重。	《岑巩县志》
			秋，天柱蝗虫盛行，粮食歉收。	《天柱县志》

（续）

序号	公元纪年	历史纪年	蝗灾情况	资料来源
1090	1945 年	民国三十四年	古浪王府沟一带蝗灾，满山遍地是蝗虫，走路无放足地，1 000 亩地被吃光，是年，裴家营的中川和新堡的崖头亦发生蝗灾，几天内把庄稼吃光。	《古浪县志》
			乌苏飞蝗连年为害牧草、庄稼。	《乌苏县志》
1091	1946 年	民国三十五年	河北、河南、江西、安徽、江苏、山东、山西、湖北、台湾、南京 9 省 1 市 66 县蝗，受灾 121 万亩，损失值银 52 亿元。	《中国的飞蝗》
			夏，长垣蝻生为灾。	《河南东亚飞蝗及其综合治理》
			汝南遭蝗灾。	《汝南县志》
			夏，新县沙窝地区蝗灾。	《新县志》
			平原蝗灾。	《平原县志》
			夏，临邑蝗。	《临邑县志》
			四月，庆云蝗灾，全县奋力捕杀。	《庆云县志》
			无棣蝗蝻暴发。	《无棣县志》
			七月，利津蝗虫严重发生。	《利津县志》
			安国蝗灾。	《安国县志》
			大名部分地区蝗虫成灾，用碗盛蝻子，飞蝗遮太阳。	《大名县志》
			军粮城发生蝗蝻灾，受灾面积 2 000 亩，县政府发动农民消灭蝗蝻 2 500 千克，并以 2 500 千克面粉奖给农民。	《东丽区志》
			五月，潞城飞蝗入境，生蝻，食麦苗。	《潞城市志》

（续）

序号	公元纪年	历史纪年	蝗灾情况	资料来源
1091	1946 年	民国三十五年	七月，韩城飞蝗自东向西群起迁飞，所过禾草一空。	《韩城市志》
			秋，蒲河①流域蝗灾严重。	《佛坪县志》
			五月，阜宁蝗虫遍野，损害禾稼。	《阜宁县志》
			秋，邳县蝗虫蔽空而来，声如风雨，庄稼、树叶吃光。	《邳县志》
			夏，滨海蝗虫大发生，庄稼歉收。	《滨海县志》
			沛县沿湖蝗灾暴发，害禾苗。	《沛县志》
			东海境东蝗虫遍野，每平方米密度 300 头以上，田作严重受灾。	《东海县志》
			泗县、灵璧、宿县、涡阳、蚌埠、亳县、阜阳、临泉、太和、颍上、霍邱等 19 县蝗灾，受灾面积 324.67 万亩。蝗灾惨重，野无青草。六月，一批飞蝗飞入寿县，遥望如云，遮天盖日，聚集大孤堆、水家湖一带，连绵数十里，禾稼、青苗蚕食十之七八。	《安徽省志·农业志》
			安徽东至等 13 县蝗，发动 55.8 万人，收蝗蝻 35 万斤，发面粉 26.3 万斤。	《安徽灾害史料》
			濉溪蝗虫为害高粱，减产七成。	《濉溪县志》
			定远、合肥、滁县、嘉山、怀远、凤台、凤阳、蒙城、全椒、盱眙、寿县等地发生蝗害。	《安徽省志·大事记》

---

① 蒲河：在今陕西佛坪县东，为子午河支流。

（续）

序号	公元纪年	历史纪年	蝗灾情况	资料来源
1091	1946年	民国三十五年	怀远蝗灾，受灾19.4万亩，损失20.7万担。	《怀远县志》
			滁县蝗灾。	《滁县地区志》
			马鞍山蝗灾。	《马鞍山市志》
			绩溪岭北蝗虫为害田禾，只收四五成。	《绩溪县志》
			兴山蝗虫为灾，豆麦无收。	《兴山县志》
			六月，安化水、蝗灾。	《安化县志》
			遂川中晚稻发生蝗害。	《遂川县志》
			六月，湖口蝗虫为害。	《湖口县志》
			凤仪①县受蝗灾，收成只七成。	《大理市志》
			璧山梓潼、福禄、大路、河边、定林等乡发生蝗灾。	《璧山县志》
			八月，永福百寿蝗灾，损失严重。	《永福县志》
			六月，迪化市发生蝗虫。	《乌鲁木齐市志》
			六月，文昌、定安蝗虫盛发成灾。	《海南省志·农业志》
			八月，屯昌南吕镇一带遭蝗害，全乡有1 543亩水稻被吃光。	《屯昌县情》
1092	1947年	民国三十六年	河北、河南、安徽、江苏4省20县蝗，新疆迪化、伊犁蝗。	《中国的飞蝗》
			七月，苏北淮安、邳县、睢宁、灌云发生蝗灾。	《江苏省志·农业志》
			高邮蝗灾。	《扬州市志》
			沛县沿湖蝗灾暴发，害禾苗。	《沛县志》
			夏秋，连云港新浦蝗灾。	《新浦区志》

---

① 凤仪：旧县名，治所在今云南大理东凤仪镇。

（续）

序号	公元纪年	历史纪年	蝗灾情况	资料来源
1092	1947 年	民国三十六年	八月，鄞县蝗灾 4 万亩，飞蝗飞扰城区，居民捕蝗 4 588 斤。	《宁波市志》
			五月，深县百余村蝗蝻成灾，县成立扑蝗指挥部，组织群众扑蝗。	《深县志》
			秋，景县蝗灾，县委县政府组织捕打，未造成严重损失。	《景县志》
			阳原 4 个区发生蝗灾。	《阳原县志》
			汉沽茶淀一带蝗灾，万亩农田受害。	《汉沽区志》
			七月，韩城龙亭等地蝗虫为害玉米、糜谷。	《韩城市志》
			山西遭受严重蝗灾，平定、昔阳、寿阳、榆次、太谷等地严重。	《山西通志·大事记》
			夏，孟县蝻集结成团，六区率领学生、干部捕打、撵埋十余天。	《河南东亚飞蝗及其综合治理》
			嵩县蝗灾严重。	《嵩县志》
			江北区蝗虫为害，损失颇大。	《重庆市江北区志》
			安化竹蝗猖獗，稻田失收。	《安化县志》
			永川竹蝗蔓延到复兴、金鼎、茶店、东南、万寿、罗汉、新店等乡，专员公署在璧山召开永川、大足、铜梁、璧山联防治虫会议，制定防治实施办法控制灾害。	《永川县志》
			益阳地区山区各县竹蝗成灾。	《益阳地区志》
			秋，湘潭飞蝗蔽天，竹叶多遭食。	《湘潭县志》

（续）

序号	公元纪年	历史纪年	蝗灾情况	资料来源
1092	1947年	民国三十六年	甘肃省旱、雹、水、蝗成灾。	《甘南州志》
			塔城大面积蝗灾发生。	《塔城地区志》
			裕民境内发生蝗灾，塔城专署拨专款5万元治蝗。	《裕民县志》
			五月，米泉北部蝗虫成灾，县政府动员3 000余人扑打半月。	《米泉县志》
			六月，精河县城周围及大河沿子、白庙乡等地发生不同程度蝗虫为害，县政府组织群众及机关人员扑灭。	《精河县志》
1093	1948年	民国三十七年	武陟蝗蝻生于黄河滩3 000亩。	《河南东亚飞蝗及其综合治理》
			林县3.86万亩小麦遭蝗袭击。	《林县志》
			安阳蝗灾。	《安阳县志》
			西华蝗灾，政府领导人民捕杀蝗虫31.13万斤。	《西华县志》
			深泽蝗灾。	《深泽县志》
			夏，涉县旱，六、七、八区发生蝗灾。	《涉县志》
			大名蝗灾，秋苗受损。	《大名县志》
			静海蝗灾，禾稼尽食。	《静海县志》
			和县西埠蝗灾。	《和县志》
			广德蝗灾，收成减少。	《广德县志》
			夏，临邑蝗。	《临邑县志》
			夏，利津、垦利蝗灾，两县组织人力、药物灭蝗。	《东营市志》
			七月，乳山汤泉、午极、育黎、夏村等地发生蝗虫灾害。	《乳山市志》

（续）

序号	公元纪年	历史纪年	蝗灾情况	资料来源
1093	1948 年	民国三十七年	潮阳成田乡飞蝗成灾，为害稻田 3 000 亩、杂粮 850 亩，损失稻谷 600 吨，杂粮损失八成。	《潮阳县志》
			夏，韶山蝗虫成灾。	《韶山志》
			七月，湘潭姜畲乡、仙女乡遭蝗虫为害。	《湘潭县志》
			秋，南川兴隆场虫蛹数日，谷穗多成粃壳。	《南川县志》
			五月，将乐蝗灾，受灾面积 10.7 万亩。	《将乐县志》
			秋，黔西蝗虫为害，损失更重。	《黔西县志》
			秋，湟中蝗虫为害。	《湟中县志》
			玛纳斯北五岔一带蝗灾严重。	《玛纳斯县志》
			塔城大面积蝗灾发生。	《塔城地区志》
			五月，精河大河沿子地区蝗害，县政府组织民众扑灭。	《精河县志》
			鄯善县东 20 里柳树泉发生蝗灾，被侵耕地 1 000 亩，驻军民众和省捕蝗队经 6 天捕杀，蝗灭净。	《鄯善县志》
			六月，昌吉土墩子、新坝湾等地 1 200 亩农田发生蝗灾，民众与军队用土办法灭蝗，省政府拨款补助治蝗。	《昌吉市志》
			五月，呼图壁发生蝗灾，北乡将蝗虫赶到下湖的 7 500 亩麦田里点火焚烧，全县有 4 523 人参加灭蝗。	《呼图壁县志》
1094	1949 年	民国三十八年	河北 43 县蝗，受灾 123 万亩。	《中国的飞蝗》

（续）

序号	公元纪年	历史纪年	蝗灾情况	资料来源
1094	1949 年	民国三十八年	藁城部分村庄发生蝗害。	《藁城县志》
			高邑蝗灾。	《高邑县志》
			五月，栾城龙门等村蝗灾，咬光谷子 21.1 万亩。	《石家庄市志》
			春，灵寿三、四区发生蝗虫，吃麦苗，政府以斤卵换斤米，鼓励群众挖掘蝗卵。	《灵寿县志》
			秋，玉田蝗虫大发生，干部、群众捕捉蝗虫 4.31 吨。	《唐山市志》
			七月，迁安蔡滩子、西李铺之间东西 1 公里、南北 15 公里范围内发生蝗蝻，每平方米 27 头。	《迁安县志》
			七月，玉田亮甲店、大韩庄、彩亭桥、石臼窝发生蝗蝻，捕捉蝗蝻 8 620 斤。	《玉田县志》
			八月，安国蝗。	《安国县志》
			南皮蝗灾面积 3 万亩。	《南皮县志》
			六月，徐水 80 余村蝗蝻生，大如蝇、小如麦粒，受灾 4 万亩。	《徐水县志》
			五月，曲阳蝗灾，受灾面积 12.5 万亩，2 000 余亩禾苗被吃尽。	《曲阳县志》
			五月，蠡县 35 村蝗灾，面积 6.71 万亩，县委组织捕打，未成灾。	《蠡县志》
			海兴蝗害。	《海兴县志》
			六月，深县蝗灾。	《深县志》
			夏，枣强蝗灾，面积 1.05 万亩。	《枣强县志》
			武强普遭蝗灾。	《武强县志》

（续）

序号	公元纪年	历史纪年	蝗灾情况	资料来源
1094	1949 年	民国三十八年	夏，饶阳旱蝗。	《饶阳县志》
			景县蝗灾。	《景县志》
			六月，邢台蝗灾，7 万亩农田受灾，严重地区每平方尺有蝗 50 头。	《邢台市志》
			隆尧大部地区蝗蝻生，一株秋苗伏蝻六七个。	《隆尧县志》
			南和蝗灾，冀南第四行政督察教导员公署颁布《捕蝗奖惩办法》。	《南和县志》
			五月，柏乡一些村庄发生大面积蝗灾，群众进行捕杀。	《柏乡县志》
			永年洼蝗蝻为害，政府集中消灭，全县 240 村 1.4 万亩受蝗害。	《永年县志》
			五月，武安 316 个村庄 53 万亩禾苗发生蝗虫，吃毁谷苗 3.5 万亩，出动 13 万人灭蝗。	《武安县志》
			六月，涉县境内 4 个区发生蝗灾，面积 5 309 亩。	《涉县志》
			大名有 71 个村庄发生蝗虫 13.5 万亩，蝗虫成团。	《大名县志》
			四月，广平全县发生蝗蝻，人民政府组织群众扑打。	《广平县志》
			六月，军粮城北方圆 20 公里发现二、三龄蝗蝻。	《东丽区志》
			六月，宁河七里海、金钟河一带方圆 30 余公里发生蝗虫，捕蝗 3 万余千克。	《宁河县志》
			夏，长清蝗虫为灾，受害 11 万亩。	《长清县志》
			宁津蝗虫发生 3.2 万亩。	《宁津县志》

（续）

序号	公元纪年	历史纪年	蝗灾情况	资料来源
1094	1949 年	民国三十八年	夏，陵县蝗灾发生 6 480 亩，出动 3 500 人捕蝗。	《陵县志》
			五月，禹城郭辛、石屯区发生蝗蝻，县委组织捕打，禾苗受损轻微。	《禹城县志》
			六月，齐禹①县四、六、十区发生蝗蝻。	《齐河县志》
			秋，冠县一、二、七、八区蝗灾，县委领导群众扑灭蝗虫。	《冠县志》
			曹县 273 个村发生蝗虫，损害谷地 8 008 亩。	《曹县志》
			五月，滨州 9 个区发生蝗灾，县委县政府发出紧急指示，发动群众歼灭蝗虫。	《滨州市志》
			惠民蝗虫为害严重。	《惠民县志》
			五月，垦利蝗灾严重，县成立捕蝗指挥部，全县 3 万人参加灭蝗。	《垦利县志》
			夏，郯城蝗灾，受害庄稼 15 万亩。	《郯城县志》
			七月，福山门楼土蝗为害。	《福山区志》
			六月，莱州全县 235 个村受蝗灾，捕打 2 000 余千克，害稼 4 万亩，减产五成。	《莱州市志》
			阳泉蝗虫自元氏县来，新城等村谷苗被害。	《阳泉市志》
			平定蝗虫自元氏县涌来，雁过口、改道庙、新城等 9 村谷苗被害。	《平定县志》
			永济蝗，伤害庄稼。	《永济县志》

---

① 齐禹：旧县名，治所在今山东齐河南，1950 年撤销。

（续）

序号	公元纪年	历史纪年	蝗灾情况	资料来源
1094	1949 年	民国三十八年	秋，汉阴蝗。	《汉阴县志》
			七月，汜水周沟、西关等处蝗灾。	《河南东亚飞蝗及其综合治理》
			嵩县有蝗灾。	《嵩县志》
			五月，新乡全县四十六村发生严重蝗蝻，平均每平方寸一个。	《新乡县志》
			六月，获嘉蝗蝻生。	《获嘉县志》
			武陟黄河滩发生蝗蝻 2.8 万亩。	《武陟县志》
			五月，博爱蝗灾，吞噬庄稼 6 180 亩，县委动员 7.3 万人投入灭蝗。	《博爱县志》
			六月，修武 107 个村发生蝗虫，吃光秋苗 4 317 亩，县委和人民政府组织群众打死蝗虫 9 000 余斤。	《修武县志》
			林县 325 个村庄发生蝗害，受灾面积 7.9 万亩，严重的 2.59 万亩。	《林县志》
			汤阴蝗。	《汤阴县志》
			六月，浚县蝗灾。	《浚县志》
			和县西埠蝗灾。	《和县志》
			怀远蝗，50 万亩庄稼受灾。	《怀远县志》
			夏，滨海蝗灾，3 000 亩玉米吃光。	《滨海县志》
			新化蝗虫为害严重。	《新化县志》
			大足蝗虫为害水稻。	《大足县志》
			塔城大面积蝗灾发生。	《塔城地区志》
			六月，大河沿子蝗害，县政府组织灭蝗委员会，发动群众灭蝗。	《精河县志》

（续）

序号	公元纪年	历史纪年	蝗灾情况	资料来源
1094	1949 年	民国三十八年	迪化、哈密发生蝗虫，损失禾苗 6 000 余亩，减产 2 500 万大石，为害牧草 6 000 余公顷，防治耗人工 10 万个以上；伊犁、塔城、阿山三区动员 1 万人捕蝗，耗省币 350 余万元，当时防治药品缺乏，多以人力驱赶、捕打或举火焚烧。	《新疆通志》
			玛纳斯北五岔一带发生蝗虫。	《玛纳斯县志》
			五月，查干苏木等地发生蝗灾，受灾 1 504 公顷，参加灭蝗 3.3 万余人次，全部控制。	《博乐市志》
			五月，昌吉第三乡蝗灾，民众与省捕蝗队扑灭。	《昌吉市志》
			五月，呼图壁发生蝗灾 1 000 亩，秋粮受害。七月，北乡东河坝千亩秋禾被蝗虫吃光。	《呼图壁县志》
			阜新丹桂、营子等 11 村蝗害，吃光谷子 25 垧、豆子 20 垧。	《阜新蒙古族自治县志》

···第八章···

中华人民共和国时期蝗灾

公元纪年	蝗灾情况	资料来源
1950 年	5 省飞蝗发生面积 262 万亩。	《农业部植保局统计资料》
	据对津海、运河、卫河三区调查，夏蝗发生并不算严重，土、飞蝗混生，发生较多的地方有内黄的硝河，密度 80～100 头/米²；德县曹村亦有发现，且多为散栖型及中间型，未发现群居型，汤阴一带亦有少数散栖型和中间型飞蝗。	《农业科学通讯》1950 年第 7 期
	山东、河南、新疆及其他地区在 493 万人的治蝗运动中，扑灭了连续发生的蝗灾。华北各地发生的蝗虫，由于发生面积和数量超过了以往，为害程度加重了，有些地区的捕蝗运动，不仅灭飞蝗，还用很多人工扑打土蚂蚱。	《中国农报》1951 年第 2 卷第 4 期
	山东省飞蝗发生 284.92 万亩，其中夏蝗 145.88 万亩、秋蝗 139.04 万亩。	《山东省志·农业志》
	东营地区夏蝗重发生 15 万亩，平均密度 50 头/米²，最高密度 130 头/米²。	《东营市东亚飞蝗的发生与治理》
	6 月，苏联政府派灭蝗团，支持新疆扑灭蝗灾。	《植保参考》1987 年第 3 期
	安徽省飞蝗发生 38.52 万亩，其中夏蝗 12.24 万亩、秋蝗 26.28 万亩。	《安徽省志·农业志》
	宜阳蝗灾，城关、赵保、寻村、韩城、程屋等 6 区 73 乡食毁秋苗 2 700 亩。	《宜阳县志》
	辉县坝前、鹿庄等 38 村蝗，吃麦苗 1.4 万亩。	《辉县市志》

（续）

公元纪年	蝗灾情况	资料来源
1950 年	汤阴蝗，设治蝗指挥部，发动群众大规模灭蝗。	《汤阴县志》
	山东沾化蝗灾。	《沾化县志》
	9 月，湖南南县 16 万亩农田遭受蝗灾。	《南县志》
	湖北黄石保安、长灵等地蝗虫受灾 5.28 万亩。	《黄石市志》
1951 年	全国发生蝗虫 1 300 多万亩。	《蝗虫防治法》
	5 月份以来，发生蝗蝻的地区有皖北、苏北、山东、河南、湖北、河北、平原、山西、新疆 9 个省区 150 个县市，面积为 280 余万亩。	《中国农报》1951 年第 3 卷第 4 期
	蝗灾严重地区如皖北泗洪、河北省黄骅及山东省铜北等地，皖北嘉山、五河、山东凫山已有蝗群起飞，河北天津专区也有半数跳蝻化为飞蝗。河北省 6 月 25 日已有 62 个县发生蝗蝻，为害面积达 90 万亩。山东省有 23 个县发生蝗蝻，面积 16.76 万亩，动员 13.8 万人进行扑打。新疆吐鲁番、绥来、昌吉、博乐、乌苏、沙湾、通古、哈密、镇西等县发生蝗蝻 110 余万亩，中国人民解放军每日有 500～600 人参加扑打。平原省内黄、曹县、梁山、鱼台、洪县、汤阴、辉县、东阿、成武 9 个县发生蝗蝻。北京大兴县发生蝗蝻 2 万亩。	《中国农报》1951 年第 3 卷第 2 期
	春久旱，有利飞蝗发生，长江以北 8 省区，尤其安徽北部与河北南部蝗蝻蔓延极广。6 月 11 日，农业部决定调 4 架飞机前往安徽、河北治蝗。	《科学通报》1951 年第 2 卷第 8 期
	山东省飞蝗发生 230.36 万亩，其中夏蝗 152.38 万亩、秋蝗 77.98 万亩。	《山东省志·农业志》
	安徽省飞蝗发生 316.19 万亩，其中夏蝗 246.7 万亩、秋蝗 69.49 万亩。	《安徽省志·农业志》
	河南省发生蝗灾 484 万亩，在原阳、濮阳设治蝗站，组织群众捕打蝗虫。	《河南省志·农业志》
	孟津、偃师、伊川、宜阳、嵩县、汝阳、新安 7 县土蝗发生 35 万亩。	《洛阳市志》
	6 月，通许孙营蝗蝻面积 4 千米^2，县政府组织群众轰赶围杀、挖沟掩埋进行剿灭。	《通许县志》

（续）

公元纪年	蝗灾情况	资料来源
1951 年	汝阳 33 个乡 2 万亩农田土蝗成灾，县政府组织 2.1 万人捕杀蝗虫。	《汝阳县志》
	台前蝗虫大发生。	《台前县志》
	民权蝗虫发生 24 万亩，防治 24 万亩。	《民权县志》
1952 年	河北、平原、山东、安徽、河南、广西、湖北、湖南、福建、辽东、山西、陕西、青海、新疆、绥远、四川、甘肃、察哈尔及苏北等 19 个省区 75 个专区 594 个县市 1 个盐区和 1 个盟旗发生蝗虫 3 779 万亩。其中，飞蝗夏蝗在河北、平原、山东、安徽、河南、新疆及苏北 7 省区发生 1 426 万亩；秋蝗在以上 6 省（新疆除外）发生 391 万亩。土蝗在 13 个省区发生 1 470 万亩；稻蝗在 6 省区发生 280 万亩；竹蝗在福建、湖南、广西、四川 4 省发生 210 万亩。蝗虫密度一般 180～450 头/米²，高者 10 000～20 000 头/米²。防治蝗虫 2 970 万亩，挽回粮食约 174.96 亿斤。	《科学通报》1953 年 3 月
	华北区蝗虫发生 1 100 万亩（其中夏蝗 1 000 余万亩、秋蝗 100 余万亩），平原省南旺县 1 万亩作物被夏蝗吃掉。	《中国农报》1952 年第 21 期
	山东省飞蝗发生 716.93 万亩，其中夏蝗 483.10 万亩、秋蝗 233.83 万亩。	《山东省志·农业志》
	东营地区夏蝗发生 7 万亩，平均密度 22 头/米²，最高密度 86 头/米²。	《东营市东亚飞蝗的发生与治理》
	山东德州专区发生蝗虫 121 万亩，吃毁麦苗几万亩，花费 203 万个工日才扑灭下去。	农业部〔1952〕农防字第 1091 号
	河北、山东、平原 3 省 21 县推广毒饵治蝗 80 万亩。	《农业科学通讯》1953 年第 2 期
	安徽省飞蝗发生 373.36 万亩，其中夏蝗 333.04 万亩、秋蝗 40.32 万亩。	《安徽省志·农业志》
	山东东平发生蝗蝻，受灾面积 12 万亩。	《东平县志》
	6 月，沾化发生蝗蝻 29.6 万亩。	《沾化县志》
	商丘黄河故道发生蝗虫，县成立治蝗指挥部灭蝗。	《商丘县志》
	民权蝗虫发生 45.6 万亩，防治 45.6 万亩。	《民权县志》

（续）

公元纪年	蝗灾情况	资料来源
1952年	6月，宝丰402个村蝗蝻为害农田8万亩。	《宝丰县志》
	汝南西部8万亩农田遭受蝗虫侵袭。	《汝南县志》
	夏，湖北老河口市蝗灾，组织7.5万人捕灭。	《老河口市志》
	西藏雪卡谿堆耐仲地区遭受严重蝗灾，秋收时节，别说粮食，连麦秆亦无收。	《灾异志——雹霜虫灾篇》
	洪泽湖与微山湖蝗区大发生，洪泽湖夏蝗发生面积达128万亩，飞蝗为密度一般每平方丈（约11.1米²）达3 000头左右的群居型飞蝗，微山湖秋蝗发生面积达36.45万亩，飞蝗密度一般每平方丈达1万头以上。	《江苏省志·农林志》
	山西省万荣县一、二、四区（即今黄河沿岸各乡镇）发生蝗虫，11个村组织群众、学生2 000余人捕捉蝗虫135千克。	《万荣县志》
	新疆亚洲飞蝗1952—1956年在博斯腾湖畔暴发危害，受灾面积30万亩。	《中国蝗虫预测预报与综合防治》
1953年	全国除新疆，夏蝗发生面积350余万亩，密度小，孵化不整齐，一般3～4头/米²，最密的约1 000头/米²。	《中国农报》1953年第18期
	5月中旬，新疆、江苏、安徽、山东、河南等省发生蝗害地区，蝗蝻已进入3龄，现正积极有效地展开灭蝗工作。	《新华日报》1953年5月31日
	各蝗区共发动组织95 000多人，消灭夏蝗168.4万亩（其中人工扑打78.5万亩、药械除治89.9万亩），这次各地灭蝗大多贯彻了"以药剂为主"的方针，掌握有利时机将蝗蝻消灭在3龄以前。	《新华日报》1953年6月28日
	据报告，江苏宝应、高邮两县秋蝗蔓延达10余万亩，多是群居型，密度一般30～50头/米²，个别地方达500～1 000头/米²。江苏铜山、安徽霍邱、山东梁山、峄县亦有类似情况，以上各地正组织群众除治。	《中国农报》1953年第16期
	河北、江苏、山东、安徽和河南5省在夏蝗时期用毒饵治蝗面积占药剂治蝗面积的52.8%。	《农业科学通讯》1954年第2期
	山东省飞蝗发生348.67万亩，其中夏蝗193.1万亩、秋蝗155.57万亩。	《山东省志·农业志》

（续）

公元纪年	蝗灾情况	资料来源
1953 年	河北东亚飞蝗发生 165 万亩。	《河北省东亚飞蝗的发生与治理》
	安徽省飞蝗发生 241.11 万亩，其中夏蝗 179.51 万亩、秋蝗 61.6 万亩。	《安徽省志·农业志》
	山东聊城开始转向用手摇喷粉器药剂治蝗。	《聊城市志》
	新疆阜康蝗虫发生 231 万亩，平均密度 20～200 头/米^2，6 100 亩农作物被吃光。	《阜康县志》
	内蒙古地区土默川哈素海一带飞蝗发生面积 18.8 万亩，为害穈谷、高粱等，采用人工捕打和挖沟封锁撒六六六粉、撒施六六六毒饵进行防治。1953 年内蒙古全区土蝗发生面积 100 万亩。	《中国植物保护五十年》
1954 年	全国蝗卵面积达 511.2 万亩，一般密度 0.5～1.1 块/米^2；江苏灌云、赣榆，安徽嘉山、灵璧，山东昌潍等地 2.5 块/米^2 以上；安徽泗洪、江苏高邮等个别地区达 40 块/米^2。	《中国农报》1954 年第 8 期
	河北东亚飞蝗发生 171 万亩。	《河北省东亚飞蝗的发生与治理》
	新疆、江苏、安徽 3 省发生蝗虫较重，共出动飞机 21 架，飞行一个多月，治蝗面积近 100 万亩。	《中国农报》1954 年第 14 期
	山东省飞蝗发生 520.02 万亩，其中夏蝗 326.05 万亩、秋蝗 193.97 万亩。	《山东省志·农业志》
	东营飞蝗重发面积 24 万亩，平均密度 30 头/米^2，最高密度 260 头/米^2。	《东营市东亚飞蝗的发生与治理》
	安徽省飞蝗发生 63.57 万亩，其中夏蝗 60.17 万亩、秋蝗 3.4 万亩。	《安徽省志·农业志》
	安徽灵璧县发生蝗虫 12 万亩，最高密度 270 头/米^2。	《安徽蝗区勘察资料》
	河南全省 44 县发生蝗虫 58 万亩。	《河南省志·农业志》
	封丘蝗虫发生 9 万亩，除治 3.5 万亩。	《封丘县志》
	民权蝗虫发生 25.7 万亩，防治 25 万亩。	《民权县志》
	内蒙古全区土蝗发生面积 100 万亩，防治 47.7 万亩，其中萨拉齐共防治 32.3 万亩。	《中国植物保护五十年》

（续）

公元纪年	蝗灾情况	资料来源
1954 年	新疆裕民大面积粮田发生蝗灾，密度 3 000～4 000头/米²，经人工捕打、药剂喷杀和飞机灭蝗，共作业 7 315 公顷，死亡率 80％以上。	《裕民县志》
1955 年	河北、山东、河南、江苏、安徽共发生夏秋蝗 1 464 万亩，防治 1 210 万亩，被害面积 13.7 万亩，损失粮食 142 万千克。	农业部〔55〕农保东字第 190 号
	6 月下旬，河北省蝗蝻面积突增至 110 多万亩，虫龄大，沧县有 800 亩成虫起飞。山东、安徽等省报告夏残蝗已集中交尾产卵，山东微山湖残蝗集中 5 万亩，7 月 10 日秋蝻出土。	农业部〔55〕农保东字第 101 号
	广西柳江、柳城、贵县飞蝗为害，损失稻谷 100 多万千克。	《昆虫知识》1964 年第 8 卷第 5 期
	河北保定等内涝地区秋蝗大发生，中央及时派出专家和飞机进行抢治。	《植保参考》1987 年第 3 期
	山西省雁北专区普遍发生蝗虫危害，面积达 1.9 万公顷，其中近 0.54 万公顷庄稼受害；怀仁县有近 400 公顷庄稼被害成光杆，另有 5 333.3 公顷减产 50％以上。	《前进中的山西植保》
	山东省飞蝗发生 479.26 万亩，其中夏蝗 288.93 万亩、秋蝗 190.33 万亩。	《山东省志·农业志》
	河南全省 31 县发生蝗虫 69 万亩，省成立治蝗指挥部，省长任指挥长，在武陟县黄河滩最早使用飞机喷洒六六六粉，防治蝗虫 4.88 万亩。	《河南省志·农业志》
	安徽省飞蝗发生 198.96 万亩，其中夏蝗 106.66 万亩、秋蝗 92.3 万亩。	《安徽省志·农业志》
	安徽灵璧县发生蝗虫 15 万亩，平均密度 110 头/米²，最高达 900 头/米²。	《安徽蝗区勘察资料》
	夏，广东电白蝗虫为害，约 8 万亩水稻歉收。	《茂名市志》
	广东徐闻大黄乡发生蝗害，1 000 亩甘蔗受灾。	《徐闻县志》
	江苏省铜山、沛县发生秋蝗 11.8 万亩，因秋雨连绵，难以除治，先后动员 7.4 万只鸭群治蝗，历时 20 天，灭蝗 10.3 万亩。	《农业科学通讯》1955 年第 5 期
	内蒙古地区蝗蝻发生面积压缩到 1 371 亩。	《中国植物保护五十年》

（续）

公元纪年	蝗灾情况	资料来源
1955 年	新疆吉木萨尔发生蝗灾 51 万亩，经飞机喷药、人工扑打，未成灾。	《吉木萨尔县志》
	海南岛蝗。	《植保参考》1988 年第 1 期
1956 年	河北、山东、江苏、安徽、河南 5 省和天津市发生夏秋蝗 1 250 万亩，其中夏蝗 870 万亩、秋蝗 380 万亩，蝗虫密度一般 3～5 头/米^2，河北省永定河泛区和山东省昌潍专区寿光县密度高达 1 000 头/米^2。夏秋蝗药剂和人工防治 1 100 万亩。	《农作物病虫发生规律及其预测预报》
	山东省飞蝗发生 336.73 万亩，其中夏蝗 235.03 万亩、秋蝗 101.7 万亩。	《山东省志·农业志》
	无棣县发生面积 43.6 万亩，一般每平方米 4～8 头，最低 1 头。据各区任务大小，建立了治蝗队伍，全县除组织长期侦察员 195 名，又组织喷粉队 66 个计 1 440 人，毒饵队 60 个计 1 320 人。各区、乡村设立专门治蝗组织，并发动了 70％以上的妇女参加捕蝗，大打了一场人民群众灭蝗战争。	《滨州治蝗工作总结》
	山西省大同、阳高、怀仁、天镇等 16 个县市发生蝗虫，为害面积 45 万亩，以怀仁县为害最重，虫口密度 100 头/米^2。	《前进中的山西植保》
	河南夏蝗发生 100 万亩。	《河南省志·农业志》
	安徽省飞蝗发生 81.84 万亩，其中夏蝗 56.35 万亩、秋蝗 25.49 万亩。	《安徽省志·农业志》
	安徽灵璧县发生蝗虫 32 万亩，平均密度每平方米 36 头，最高达 270 头。	《安徽蝗区勘察资料》
1957 年	河北、河南、山东、江苏、安徽及天津市夏蝗发生和扩散面积共 1 550 万亩，是新中国成立以来最严重的一年。据统计，共防治 1 250 万亩，其中药剂防治 936 万亩（飞机防治 191 万亩）。	农业部〔57〕农保瑞字第 43 号
	夏蝗发生严重地区主要在山东、河北及河南 3 省的内涝农田蝗区，而山东省的临清、馆陶、武城，河北省的魏县、大名、邱县，河南省的内黄等毗连县份的内涝蝗区尤为严重。6 月中	《农业科学通讯》1957 年第 8 期

（续）

公元纪年	蝗灾情况	资料来源
1957 年	旬发生面积 200 余万亩，密度一般每平方米 3～20 头，高者 1 000 头以上。河北省夏蝗发生涉及 8 专区 79 县 554.65 万亩，最高密度每平方米 1 000～2 000 头；河南 6 专区 43 县 309 万亩，密度每平方米 3～10 头；山东省 8 专区 52 县 438.6 万亩，密度每平方米 10～20 头；江苏省 4 专区 28 县 159 万亩，密度每平方米 10～15 头；安徽省 3 专区 16 个县 85 万亩；天津市 8 个区县，发生 28.5 万亩。	
	河北、山东、河南、安徽、江苏、天津 6 省市秋蝗发生和扩散面积共 1 272 万亩，其中河北蝗情比较严重，据 8 个专区 85 个县统计，发生面积达 560 万亩，一般每平方米有蝗蝻 3～5 头，高的 100～1 000 头，山东 182 万亩，河南 138 万亩，安徽 55 万亩，江苏 35 万亩，天津 0.95 万亩。	农业部〔57〕农保轩字第 68 号
	河北东亚飞蝗发生 1 635 万亩，其中夏蝗发生 627 万亩。	《河北省东亚飞蝗的发生与治理》
	河南夏蝗发生 332 万亩。	《河南省志·农业志》
	山东省飞蝗发生 660.23 万亩，其中夏蝗 324.47 万亩、秋蝗 335.76 万亩。	《山东省志·农业志》
	山东无棣县夏秋蝗大发生，发生面积达 118.5 万亩，仅防治了 57.6 万亩，该县的人力物力已不能有效地控制蝗虫的发生。	《滨州治蝗工作总结》
	山东冠县在漳卫河沿岸飞机喷粉治蝗。	《冠县志》
	山东夏津发生飞蝗 7 万亩，农田受害。	《夏津县志》
	山东沾化发生蝗虫 70.6 万亩，飞机防治 10.6 万亩。	《沾化县志》
	山西省大同、阳高、怀仁、天镇、运城、阳城等 25 个县市发生蝗虫，为害面积达 60 万亩。6 月下旬，阳城县发生土蝗，为害面积 2.4 万多亩，损失幼苗达 40%。	《前进中的山西植保》
	安徽省飞蝗发生 199.04 万亩，其中夏蝗 96.83 万亩、秋蝗 102.21 万亩。	《安徽省志·农业志》
	新疆吉木萨尔发生蝗灾 8.5 万亩。	《吉木萨尔县志》

（续）

公元纪年	蝗灾情况	资料来源
1957 年	内蒙古包头市郊区土蝗发生面积 10 万亩，危害小麦、莜麦、谷子、高粱等作物，受害损失 10%～15%，每平方米有土蝗 80～120 头。	《中国植物保护五十年》
1958 年	全国共发生夏秋蝗 4 600 多万亩。	农业部杨显东副部长 1959 年 4 月在五省灭蝗会议上的讲话
	山东菏泽、济宁两专区发现飞蝗，仅成武、滕县、金乡、嘉祥、定陶 5 县迁飞来的飞蝗 12.92 万亩，迁飞时间为 8 月 27—31 日。其中，嘉祥县从 29—30 日飞来 2 批蝗虫，张楼乡一天发动 3 500 人，一人一天捕蝗 5 斤多，31 日晚 8—10 时由梁保寺乡上空（从西南飞向东北）飞过 3 批蝗虫，有一批密度最大的把月光遮住了。	农业部〔58〕农保轩字第 67 号
	山东省飞蝗发生 1 783.7 万亩，其中夏蝗 1 100.58 万亩、秋蝗 683.12 万亩。	《山东省志·农业志》
	河南全省 65 县夏蝗发生 582 万亩，秋蝗发生 295 万亩，最高密度每平方米可达 1 000 头以上。	《河南省志·农业志》
	安徽省飞蝗发生 380.05 万亩，其中夏蝗 193.68 万亩、秋蝗 186.37 万亩。	《安徽省志·农业志》
	甘肃夏河甘加乡发生蝗灾 20 万亩，牧草损失 30%～50%。	《夏河县志》
	海南岛蝗。	《植保参考》1988 年第 1 期
	内蒙古全区土蝗发生面积 123 万亩（以乌盟为主），兴和县发生 25 万亩，其中 20 万亩莜麦、糜黍、谷子、豆类等受到严重危害，卓资县组成 6 000 人大军分工协作，苦战 9 昼夜，在 97.5 万亩农田中全部消灭蝗虫危害。	《中国植物保护五十年》
1959 年	5 省发生夏蝗面积 2 400 多万亩，防治 2 100 多万亩，其中一半用 33 架飞机防治。山东济宁、菏泽专区，河南滑县，河北武清等夏蝗发生面积广、密度大。	农业部〔59〕农保伟字第 68 号
	河南秋蝗发生 625 万亩。	《河南省志·农业志》
	中牟黄河滩地发生蝗虫，1.2 万亩受害，与邻县合用飞机喷洒农药除治蝗虫。	《中牟县志》

（续）

公元纪年	蝗灾情况	资料来源
1959年	宁津发生蝗虫 5 万亩。	《宁津县志》
	山东省飞蝗发生 1 999.95 万亩，其中夏蝗 998.09 万亩、秋蝗 1 001.86 万亩。	《山东省志·农业志》
	山东无棣县飞蝗大发生，夏蝗防治 40 天，秋蝗防治 50 天，防治面积达 100.43 万亩。人工地面防治已不能控制蝗情，虽然解决了化学药物，但治蝗机械又上升为主要矛盾。	《滨州治蝗工作总结》
	山东潍坊北部发生蝗虫 40 万亩，组织 55 万人治蝗。	《潍城区志》
	安徽省飞蝗发生 224 万亩，其中夏蝗 94.2 万亩、秋蝗 129.8 万亩。	《安徽省志·农业志》
	内蒙古全区土蝗发生面积 64.7 万亩，防治面积 18 万亩。	《中国植物保护五十年》
1960年	冀、鲁、豫、苏、皖 5 省夏秋蝗发生 3 800 万亩（夏蝗发生 2 500 万亩），防治 2 700 万亩（飞机防治 1 900 万亩）。发生程度轻于 1959 年，密度一般 0.2～0.5 头/米^2，密的 10 头/米^2 以上。	农业部〔60〕农保伟字第 83 号
	河南夏蝗发生 611 万亩，飞机防治 448 万亩，是河南省蝗虫发生除治规模最大的一年。	《河南省志·农业志》
	山东省飞蝗发生 1 566.95 万亩，其中夏蝗 993.85 万亩、秋蝗 573.1 万亩。	《山东省志·农业志》
	20 世纪 50 年代末，无棣县在杨家庄子建立简易农用飞机场。1960 年，夏蝗发生 45.63 万亩，秋蝗发生 40.5 万亩，共计 86.13 万亩。地面防治很难控制蝗害，决定动用飞机治蝗。1960 年飞机灭蝗以来，灭蝗队伍的力量也有所增加。组成了由县委书记任政委，县长任指挥，以及各有关单位负责人为成员的灭蝗指挥部，指导全县的治蝗工作。	《滨州治蝗工作总结》
	山东潍坊飞机灭蝗 11 万亩。	《潍城区志》
	安徽省飞蝗发生 140.7 万亩，其中夏蝗 97 万亩、秋蝗 43.7 万亩。	《安徽省志·农业志》
	新疆亚洲飞蝗在乌苏县、精河县、博乐市等地发生危害。	《中国蝗虫预测预报与综合防治》

（续）

公元纪年	蝗灾情况	资料来源
1961 年	全国蝗虫发生面积 2 400 万亩。	《农业部防蝗报告》
	天津蝗虫大发生，夏蝗发生 117 万亩，秋蝗 103 万亩。	《天津市蝗区勘察资料》
	安徽省飞蝗发生 149 万亩。	《安徽省志·农业志》
	山东省飞蝗发生 1 613.75 万亩，其中夏蝗 887.04 万亩、秋蝗 726.71 万亩。	《山东省志·农业志》
	山东无棣县夏蝗发生 23.55 万亩，用飞机防治 20.6 万亩。由于防治和 85％的蝗区积水，秋蝗发生面积 2 万亩，基本控制。	《滨州治蝗工作总结》
	鄢陵蝗灾伤稼 70 万亩。	《鄢陵县志》
	湖北、广西飞蝗发生 100 多万亩。	国农〔79〕办字 25 号
1962 年	5 省夏蝗发生 2 600 余万亩，其中河北 456 万亩、河南 329 万亩、山东 1 570 万亩（比上年扩大 680 万亩）、江苏 223 万亩、安徽 117 万亩。严重地区主要是河北沧州专区和山东聊城、德州专区，受害作物面积 100 万亩。此外，湖北飞蝗和稻蝗夹杂发生 58 万亩。	国务院农林办〔62〕农林发文 29 号
	山东省飞蝗发生 2 662.73 万亩，其中夏蝗 1 267.35 万亩、秋蝗 1 395.38 万亩。	《山东省志·农业志》
	东营飞蝗重发面积 30 万亩，平均密度 300 头/米^2，最高密度 2 000 头/米^2。	《东营市东亚飞蝗的发生与治理》
	安徽省飞蝗发生 207.47 万亩，其中夏蝗 140.23 万亩、秋蝗 67.24 万亩。	《安徽省志·农业志》
	8 月，中央责成民航局增派 5 架飞机协助山东突击消灭蝗虫。	《植保参考》1987 年第 3 期
	6 月，山东禹城发生蝗灾 40 万亩，农田受害。	《禹城县志》
1963 年	河北、河南、山东、江苏、安徽 5 省发生飞蝗 2 500 多万亩。	各省蝗情报告
	山西省芮城县飞蝗大发生，面积达 160 万亩，虫口密度以西部的汉渡滩、姬家滩较大，有 7 650 亩玉米、高粱、谷子被吃成光秆。同年，在阳高、大同、怀仁等县发生土蝗，面积 23 万亩。山西省芮城县城关修建了治蝗专用机场和治蝗农药储备库。	《前进中的山西植保》

（续）

公元纪年	蝗灾情况	资料来源
1963 年	天津蝗虫大发生，其中夏蝗发生 67 万亩、秋蝗发生 122 万亩。	《天津市蝗区勘察资料》
	7 月，灵宝沿黄河 80 里长、面积 13 万亩的滩地发生蝗灾，每平方米有蝗达 1 800 头以上，灾情严重。	《三门峡市志》
	山东省飞蝗发生 1 716.19 万亩，其中夏蝗 968.29 万亩、秋蝗 747.9 万亩。	《山东省志·农业志》
	7 月，山东利津盐窝、陈庄、利城、明集蝗灾。	《利津县志》
	安徽省飞蝗发生 69.28 万亩，其中夏蝗 50.9 万亩、秋蝗 18.38 万亩。	《安徽省志·农业志》
	湖北、广西发生东亚飞蝗 46 万亩。	国农〔79〕办字 25 号
	内蒙古乌梁素海飞蝗发生面积 3 万亩，其中农田 0.7 万亩，每平方米虫口密度 200～300 头，严重达 500 头，2 尺多高的一株芦苇上有蝗蝻 50 头。	《中国植物保护五十年》
1964 年	河北、河南、山东、江苏、安徽 5 省夏秋蝗共发生 5 700 万亩（包括部分扩散面积），是新中国成立以来发生面积最大的一年。防治面积 4 400 多万亩，其中飞机防治 1 700 多万亩，人工喷粉 1 500 多万亩，毒饵防治 560 多万亩，人工扑打 600 多万亩。	农业部植保局〔65〕农植防字第 16 号
	安徽省飞蝗发生 46.65 万亩，其中夏蝗 12.41 万亩、秋蝗 34.24 万亩。	《安徽省志·农业志》
	山东省飞蝗发生 2 308.64 万亩，其中夏蝗 1 365.61万亩、秋蝗 943.03 万亩。	《山东省志·农业志》
	内蒙古地区土蝗在乌兰察布、赤峰市、巴彦淖尔部分地区发生面积 210 万亩，其中农田发生 5.33 万公顷，平均每平方米 10～20 头，严重地块 40～60 头。	《中国植物保护五十年》
1965 年	山东省飞蝗发生 1 792.66 万亩，其中夏蝗 734.5 万亩、秋蝗 1 058.16 万亩。	《山东省志·农业志》
	安徽省飞蝗发生 130.1 万亩，其中夏蝗 72.9 万亩、秋蝗 57.2 万亩。	《安徽省志·农业志》
	延津飞机灭蝗 10 万亩。	《延津县志》

（续）

公元纪年	蝗灾情况	资料来源
1965 年	风陵渡至城关公社黄河滩，在东西长 20 余千米、南北宽 2～5 千米的范围内发生蝗虫，其密度少者每平方米 100 多头，多者 2 000 头以上，滩内 8 万亩秋作物受蝗虫为害。	《芮城县志》
	西藏飞蝗在青海省首次发现，当时 8 月 5 日—9 月 24 日捕捉到成虫 21 头、跳蝻 26 头。	《青海省治蝗资料》
1966 年	天津北大港发生蝗虫 12 万亩，密度每平方米 1 000 头。	《天津市蝗区勘察资料》
	山东省飞蝗发生 1 637.1 万亩，其中夏蝗 900.69 万亩、秋蝗 736.41 万亩。	《山东省志·农业志》
	安徽省飞蝗发生 211.77 万亩，其中夏蝗 85.21 万亩、秋蝗 126.56 万亩。	《安徽省志·农业志》
	6 月，山东东平 19.6 万亩农田蝗灾，东平湖、稻屯洼等低洼地区严重，省派飞机灭蝗。	《东平县志》
1967 年	山东省飞蝗发生 919.16 万亩，其中夏蝗 517.15 万亩、秋蝗 402.01 万亩。	《山东省志·农业志》
	河南飞蝗发生 194.72 万亩，其中夏蝗 101.6 万亩、秋蝗 93.12 万亩。	《河南省蝗虫灾害史》
1968 年	内蒙古地区乌梁素海飞蝗发生 4 万亩。巴彦淖尔发生土蝗 100 万亩，巴彦淖尔农技站、乌拉特中后旗农业局、内蒙古农牧学院等单位参加调查和防治。	《中国植物保护五十年》
	山东省飞蝗发生 461.86 万亩，其中夏蝗 261.17 万亩、秋蝗 200.69 万亩。	《山东省志·农业志》
	东营飞蝗重发面积 1 万亩，平均密度每平方米 70 头，最高密度 900 头。	《东营市东亚飞蝗的发生与治理》
	山东无棣县由于连续 8 年动用飞机防治，使蝗区面貌大有改观，发生面积逐渐减小，发生密度有所降低。此期加强了蝗区的改造，使大部分蝗区变为内涝型，又逐年转化为农田，蝗区面积减少为 62.71 万亩。	《滨州治蝗工作总结》
	陕西华阴市和华阴农场夏蝗严重，飞机防治 12 万亩。	《中国东亚飞蝗发生与治理》
	新疆亚洲飞蝗在博斯腾湖畔暴发危害，受灾面积 30 万亩。	《中国蝗虫预测预报与综合防治》

（续）

公元纪年	蝗灾情况	资料来源
1969 年	内蒙古乌梁素海发生 12.1 万亩，当年进行大面积飞机防治，巴彦淖尔农业技术推广站、乌拉特中后旗农业局、内蒙古农牧学院部分师生参加了防治。巴彦淖尔盟乌拉特中后旗、乌拉特前旗土蝗发生面积 57 万亩，其中农田 4.5 万亩，当时进行飞机防治，有效地控制了危害。	《中国植物保护五十年》
	山东省飞蝗发生 483.44 万亩，其中夏蝗 322.2 万亩、秋蝗 161.24 万亩。	《山东省志·农业志》
	东营飞蝗重发面积 1.6 万亩，平均密度每平方米 230 头，最高密度 1 000 头。	《东营市东亚飞蝗的发生与治理》
	新疆亚洲飞蝗在博斯腾湖畔暴发危害，受灾面积 30 万亩。	《中国蝗虫预测预报与综合防治》
1970 年	山东省飞蝗发生 337.03 万亩，其中夏蝗 234.38 万亩、秋蝗 102.65 万亩。	《山东省志·农业志》
	陕西华县、大荔秋蝗严重发生，防治 16.05 万亩。	《中国东亚飞蝗发生与治理》
	河南飞蝗发生 65.31 万亩、其中夏蝗 44.15 万亩、秋蝗 21.16 万亩。	《河南省蝗虫灾害史》
	新疆亚洲飞蝗在博斯腾湖畔暴发危害，受灾面积 30 万亩。	《中国蝗虫预测预报与综合防治》
1971 年	山东省飞蝗发生 295.93 万亩，其中夏蝗 163.52 万亩、秋蝗 132.41 万亩。	《山东省志·农业志》
	河南飞蝗发生 103.51 万亩，其中夏蝗 65.22 万亩、秋蝗 38.29 万亩。	《河南省蝗虫灾害史》
	新疆亚洲飞蝗在博斯腾湖畔暴发危害，受灾面积 30 万亩。	《中国蝗虫预测预报与综合防治》
1972 年	山东省飞蝗发生 250.84 万亩，其中夏蝗 133.31 万亩、秋蝗 117.53 万亩。	《山东省志·农业志》
	河南飞蝗发生 167.08 万亩，其中夏蝗 98.09 万亩、秋蝗 68.99 万亩。	《河南省蝗虫灾害史》
1973 年	津、冀、鲁、豫、苏、皖 6 省（市）蝗虫又有不同程度回升，夏蝗发生比较严重。全年发生 698 万余亩，其中夏蝗发生 454 万亩。在沿海、沿黄河主要蝗区，出现了点片高密度群居	农林部〔74〕农林农字第 2 号

（续）

公元纪年	蝗灾情况	资料来源
1973 年	型蝗群，这是近几年来少见的。全年防治 301 万亩，其中飞机防治 118 万亩。	
	安徽省飞蝗发生 45 万亩。	《安徽省志·农业志》
	山东省飞蝗发生 250.92 万亩，其中夏蝗 147.69 万亩、秋蝗 103.23 万亩。	《山东省志·农业志》
	河南封丘蝗虫发生 7 万亩，除治 0.5 万亩。	《封丘县志》
	1973 年内蒙古发生蝗虫 228.6 万亩，实际损失 1 714.8 吨，当时乌兰察布的察右前旗、武川县、卓资县共发生 109 万亩。每平方米虫口密度 300～1 000 头，高的达 2 637 头。乌兰察布发动群众进行了防治，但由于虫口密度高、危害严重，造成草荒、人无口粮。	《中国植物保护五十年》
1974 年	内蒙古全区土蝗发生 680 万亩，主要发生在乌兰察布、巴彦淖尔、包头市、伊克昭盟等地，虫口每平方米 30～40 头，严重者 200 头，在中央农林部和农科院协助下，全区防治 35 万亩，其中飞机防治 18 万亩，基本控制了土蝗蔓延危害。	《中国植物保护五十年》
	河南飞蝗发生 163.1 万亩，其中夏蝗 84.2 万亩、秋蝗 78.9 万亩。	《河南省蝗虫灾害史》
	山东省飞蝗发生 157.83 万亩，其中夏蝗 85.51 万亩、秋蝗 72.32 万亩。	《山东省志·农业志》
1975 年	内蒙古全区土蝗发生 430 万亩，防治 62 万亩。	《中国植物保护五十年》
	山东省飞蝗发生 171.85 万亩，其中夏蝗 82.46 万亩、秋蝗 89.39 万亩。	《山东省志·农业志》
	河南飞蝗发生 195.1 万亩，其中夏蝗 105.2 万亩、秋蝗 89.9 万亩。	《河南省蝗虫灾害史》
	山西省大同县有 12 个公社土蝗严重为害，发生面积 13 万亩，其中 7 500 亩被吃成光秆。	《前进中的山西植保》
1976 年	山东省飞蝗发生 236.91 万亩，其中夏蝗 113.49 万亩、秋蝗 123.42 万亩。	《山东省志·农业志》
	河南飞蝗发生 217 万亩，其中夏蝗 127.1 万亩、秋蝗 89.9 万亩。	《河南省蝗虫灾害史》

（续）

公元纪年	蝗灾情况	资料来源
1976年	新疆亚洲飞蝗在博斯腾湖畔暴发危害，受灾面积30万亩。	《中国蝗虫预测预报与综合防治》
	山西省雁北、大同、忻州、太原、临汾、晋东南等地市蝗虫大发生，发生面积606万亩，据阳高县调查，发生土蝗面积39万余亩，虫口密度每平方米50头以上，严重的达150～200只，最高达540头。	《耕耘与收获：山西农业60年》
	山东惠民地区夏蝗发生严重，面积48.9万亩，主要集中在黄河入海口，是近10年来最严重的一年。垦利比大发生的1966年还严重，最高密度每平方米100～400头。	《惠民农业局病虫情报》1976年第9期
	安徽省飞蝗发生83.68万亩。	《安徽省志·农业志》
1977年	山东省飞蝗发生197.53万亩，其中夏蝗109.49万亩、秋蝗88.04万亩。	《山东省志·农业志》
	河南飞蝗发生117.53万亩，其中夏蝗73.01万亩、秋蝗44.52万亩。	《河南省蝗虫灾害史》
1978年	全国夏秋蝗发生面积1 200余万亩，比1977年增加近一倍。	国农〔79〕办字25号
	1976—1977年连续干旱，洪泽湖水位下降，湖滩暴露，蝗虫在退水区集聚，导致沿湖秋蝗发生24万亩。	国家农委国农〔79〕办字25号
	河北发生飞蝗360万亩。	《河北省东亚飞蝗的发生与治理》
	安徽省飞蝗发生140.73万亩。	《安徽省志·农业志》
	1978年淮北地区遭到特大旱灾，洪泽湖湖水干涸，湖内出现大面积草滩，原已控制的飞蝗迅速回升，秋蝗发生面积达54万亩。	《江苏省志·农林志》
	内蒙古全区发生617万亩，主要发生在乌兰察布、赤峰市、巴彦淖尔、包头市等地，虫口密度一般每平方米50～136头，高的赤峰市阿鲁科尔沁旗500余头/米^2。重发区进行了飞机防治，防治面积20.7万亩，挽回损失1 050.08吨，实际损失262.6吨。	《中国植物保护五十年》
	山东省飞蝗发生266.9万亩，其中夏蝗122.5万亩、秋蝗144.4万亩。	《山东省志·农业志》

（续）

公元纪年	蝗灾情况	资料来源
1978 年	新疆亚洲飞蝗在博斯腾湖畔暴发危害，受灾面积 30 万亩。	《中国蝗虫预测预报与综合防治》
1979 年	内蒙古全区飞蝗发生面积达 3.5 万亩。土蝗发生 604 万亩，防治 144 万亩。	《中国植物保护五十年》
	山东省飞蝗发生 415.34 万亩，其中夏蝗 252.55 万亩、秋蝗 162.79 万亩。	《山东省志·农业志》
	东营飞蝗重发面积 0.5 万亩，平均密度每平方米 450 头，最高密度 2 000 头。	《东营市东亚飞蝗的发生与治理》
	河南发生飞蝗 173.3 万亩，其中夏蝗 104.3 万亩、秋蝗 69 万亩。	《河南蝗虫灾害史》
	新疆亚洲飞蝗在博斯腾湖畔暴发危害，受灾面积 30 万亩。	《中国蝗虫预测预报与综合防治》
1980 年	山东省飞蝗发生 327.76 万亩，其中夏蝗 202.35 万亩、秋蝗 125.41 万亩。	《山东省志·农业志》
	河南发生飞蝗 209.8 万亩，其中夏蝗 125.1 万亩、秋蝗 84.7 万亩。	《河南蝗虫灾害史》
	山西省永济县张营乡约有 2 200 亩黄河滩芦苇地飞蝗大发生，每平方米有蝗虫 200～1 000 头，个别严重地方高达 2 000 头以上。	《前进中的山西植保》
1981 年	山东省飞蝗发生 277.48 万亩，其中夏蝗 130.31 万亩、秋蝗 147.16 万亩。	《山东省志·农业志》
	河南发生飞蝗 202.9 万亩，其中夏蝗 110.4 万亩、秋蝗 92.5 万亩。	《河南蝗虫灾害史》
1982 年	山东省飞蝗发生 275.83 万亩，其中夏蝗 146.19 万亩、秋蝗 129.64 万亩。	《山东省志·农业志》
	河南发生飞蝗 182.73 万亩，其中夏蝗 91.94 万亩、秋蝗 90.79 万亩。	《河南蝗虫灾害史》
1983 年	蝗情有所回升，山东、河北的沿海蝗区，河南、山东的黄河滩蝗区，出现了高密度的群居型蝗蝻。	农牧渔业部〔84〕农保站字第 4 号
	安徽省飞蝗发生 42.33 万亩。	《安徽省志·农业志》
	山东省飞蝗发生 287.61 万亩，其中夏蝗 141.03 万亩、秋蝗 146.58 万亩。	《山东省志·农业志》

（续）

公元纪年	蝗灾情况	资料来源
1983 年	河南发生飞蝗 201.36 万亩，其中夏蝗 74.76 万亩、秋蝗 126.6 万亩。	《河南蝗虫灾害史》
	滨州开始进行筛选代替六六六的治蝗农药，筛选出各种含量的马拉硫磷油剂、1.5% 的甲基 1605 粉、D-M 粉、乙酰甲胺磷、杀灭菊酯粉、敌杀死等治蝗农药。	《滨州治蝗工作总结》
	山西省阳城县 14 个乡 113 个大队发生蝗虫，每平方米高达 52 头，发生面积 5.25 万亩，为害严重的主要是小车蝗、负蝗。	《耕耘与收获：山西农业 60 年》
	河南封丘蝗虫发生 12 万亩，除治 6.2 万亩。	《封丘县志》
	内蒙古全区土蝗发生 443 万亩。其中乌兰察布最重，发生面积 386 万亩。虫口密度每平方米 30~50 头，全区防治 76 万亩，挽回损失 1 764.4 吨，实际损失 5 276.4 吨。	《中国植物保护五十年》
1984 年	山东省飞蝗发生 251.41 万亩，其中夏蝗 169.13 万亩、秋蝗 82.28 万亩。	《山东省志·农业志》
	河南发生飞蝗 259.5 万亩，其中夏蝗 143.5 万亩、秋蝗 116 万亩。	《河南蝗虫灾害史》
1985 年	全国发生夏秋蝗面积共 850 万亩。天津北大港水库脱水，秋蝗大发生，将天津境内 10 余万亩芦苇吃光，周围几百亩玉米被吃成光秆。9 月 20 日，北大港蝗虫起飞南迁，沿途经过河北黄骅、沧县、海兴、盐山、孟村和中捷、南大港两个农场，遗蝗范围东西宽 60 里、南北长 200 余里，蝗虫遗卵面积 250 万亩左右，这是新中国成立以来飞蝗首次跨省迁飞。	各省蝗情报告
	China Daily reported that the locust-affected areas included Tianjin and Hebei, Henan and Shandong Provinces where weather has provided the dry conditions needed for the insects to breed in large numbers（蝗虫受灾的地区包括天津、河北、河南、山东，这些地区气候干旱，造成了飞蝗的大量繁殖）.	《中国日报》1986 年 2 月 26 日
	山东省飞蝗发生 224.52 万亩，其中夏蝗 106.45 万亩、秋蝗 118.07 万亩。	《山东省志·农业志》

（续）

公元纪年	蝗灾情况	资料来源
1985 年	山西省蝗虫发生面积 157.95 万亩。河津、万荣、临猗、永济、芮城、平陆 6 个县的黄河滩汾河入口处飞蝗大发生，发生面积 99 万亩。稷山县稷王山脚的沟坡地带以及部分农田土蝗暴发，发生面积 16.95 万亩。	《前进中的山西植保》
	安徽省飞蝗发生 54.79 万亩。	《安徽省志·农业志》
	河南发生飞蝗 252 万亩，其中夏蝗 117.7 万亩、秋蝗 134.3 万亩。	《河南蝗虫灾害史》
	河南封丘蝗虫发生 11.6 万亩，除治 1.05 万亩。	《封丘县志》
1986 年	河北、河南、山东、安徽、江苏、陕西、山西和天津市共发生飞蝗 1 500 万亩，其中夏蝗发生 772.5 万亩，秋蝗 727.5 万亩；新疆亚洲飞蝗发生 7.5 万亩。河南、河北、山东、天津发生较重，北大港水库高密度者每平方米达 1 000 头。	农牧渔业部〔1987〕农农植字第 20 号
	山东省飞蝗发生 169.65 万亩，其中夏蝗 71.59 万亩、秋蝗 98.06 万亩。	《山东省志·农业志》
	山西省汾河、滹沱河两岸、桑干河两岸、金沙滩及沿山丘陵、台地等地的小车蝗、负蝗大暴发，发生面积 14.87 万公顷。	《前进中的山西植保》
	太原市南郊、北郊、清徐 3 个县区的 105 万亩稻田发生稻蝗面积达 96.75 万亩，严重的每平方米有蝗虫 50 头左右，最严重的每平方米有蝗蝻 1 400 头以上。	《耕耘与收获：山西农业60 年》
	夏蝗在河南巩县康店乡密度较高，秋蝗在巩县、中牟、开封、范县、孟津、长垣和郑州郊区黄河滩出现高密度蝗群。以巩县最重，发生蝗虫 4 万亩，高密度蝗群 86 个，约 4 000 亩，密度每平方米 500～2 000 头，有的聚集成团，密度高达 10 000 头，险些起飞。其他县也出现了 100～500 头高密度点片，面积 2 万多亩。	《河南省蝗情报告》
	陕西韩城县城东部农田秋蝗危害 1.5 万亩。	《中国东亚飞蝗发生与治理》
	安徽省飞蝗发生 87.59 万亩。	《安徽省志·农业志》

（续）

公元纪年	蝗灾情况	资料来源
1986 年	1986 年内蒙古全区发生面积 468 万亩，主要发生区乌兰察布，发生面积 386 万亩，虫口密度 25～60 头/米^2，全区共防治 36 万亩，挽回损失 820 吨，实际损失 2 799 吨。	《中国植物保护五十年》
1987 年	河南、河北、山东、天津、江苏、安徽、山西、陕西、新疆、海南 10 省（区、市）飞蝗发生面积 1 428 万亩，其中夏蝗 910 万亩、秋蝗 518 万亩；防治面积 510.7 万亩（飞机防治 120 万亩），其中夏蝗防治 368 万亩、秋蝗防治 142.7 万亩。	全国植物保护总站〔88〕农植总防字第 27 号
	海南岛西南部发生蝗虫 75 万亩，其中东方县 12 万亩，密度高达每平方米 1 000～2 000 头。此外，夏蝗在河南巩县、孟津、原阳等黄河滩也出现了 200～500 头的局部蝗蝻群。陕西黄河鸡心滩出现了新的蝗情。	各省蝗情报告
	洛阳各县发生土蝗 50 万亩。	《洛阳市志》
	安徽省飞蝗发生 49.63 万亩。	《安徽省志·农业志》
	山西省晋城、临汾、运城等地约 60 万亩秋播小麦受土蝗严重为害，各地均有大片靠近荒坡、荒山、荒滩的麦苗被吃光。	《前进中的山西植保》
	河北发生飞蝗 426 万亩。	《河北省东亚飞蝗的发生与治理》
	河南发生飞蝗 194 万亩，其中夏蝗 109.8 万亩、秋蝗 84.2 万亩。	《河南蝗虫灾害史》
	山东省飞蝗发生 215.03 万亩，其中夏蝗 135.18 万亩、秋蝗 79.85 万亩。	《山东省志·农业志》
	秋季，东亚飞蝗在陕西韩城县的苏东、芝川、昝村镇，大荔县黄河滩和华阴县渭河滩重发生，重发面积 5.3 万亩，用大中型喷雾器喷洒 1605 粉和甲敌粉防治得以有效控制，防效 85% 左右。	渭南市农业技术推广中心档案
	新疆亚洲飞蝗在塔城南湖地区严重发生。	《中国蝗虫预测预报与综合防治》
1988 年	河南、河北、山东、安徽、陕西、山西、江苏、海南、天津、广西 10 省（区、市）飞蝗发生 1 455 万亩，其中夏蝗发生 771 万亩、秋	全国植物保护总站〔89〕农植总防字第 41 号

（续）

公元纪年	蝗灾情况	资料来源
1988 年	蝗 684 万亩。防治 497 万亩，其中夏蝗防治 321 万亩、秋蝗 176 万亩。	
	夏季，河北平山等地水库干涸，夏蝗出现每平方米 1 000～5 000 头蝗蝻群。秋蝗在安徽淮南洛河湾，陕西大荔、韩城出现 500～1 000 头/米² 点片蝗蝻群，部分农作物受害。海南省蝗虫发生 22 万亩，受害作物 15 万亩，其中 4 万亩水稻被吃光。乐东等地密度在 1 000 头/米² 以上，最高 10 000 头/米²。8 月下旬，广西武宣、宾阳、来宾 3 县发生 20 多年来未有过的飞蝗，密度 100～800 头/米²，甘蔗、水稻、高粱受害 7 000 多亩。山东烟台福山区也发生多年未见的飞蝗，密度 50 头/米² 以上。	各省蝗情报告
	山西省晋城市土蝗大发生，全市土蝗发生面积 19.95 万亩，近 2 万亩复播谷子约 1/3 的叶片被食，损失严重。	《前进中的山西植保》
	山东省飞蝗发生 315.09 万亩，其中夏蝗 140.12 万亩、秋蝗 174.97 万亩。	《山东省志·农业志》
	东营飞蝗零星重发，平均密度每平方米 200 米，最高密度 2 000 头。	《东营市东亚飞蝗的发生与治理》
	台前蝗虫大发生。	《台前县志》
1989 年	全国夏秋蝗发生 1 550 万亩，防治 600 万亩（其中飞机防治 140 万亩）。发生面积较大的，山东发生 450 万亩、河北 300 万亩、河南 230 万亩，其余 7 省（区、市）发生 570 万亩。	陈耀邦副部长在 1990 年 3 月 8 日全国治蝗工作暨先进表彰会议上的讲话
	夏蝗在河北献县、河南武陟、山东黄河入海口、东平湖、微山湖发生较重。秋蝗在微山湖区大发生，面积 20 多万亩，密度高达每平方米 1 000～10 000 头，地面蝗蝻成片、成群，中午空中蝗虫成群在湖上空盘旋，经飞机防治未造成迁飞。山东省飞蝗发生 453.74 万亩，其中夏蝗 259.05 万亩、秋蝗 194.69 万亩。东营飞蝗零星重发，平均密度 200 头/米²，最高密度 1 100 头/米²。夏季东亚飞蝗在陕西大荔县的鸡心滩、沙苑农场和韩城的沿黄农田重发生，重发面积 6.4 万亩，用大中型喷雾器喷洒 1605 粉和甲敌粉防治得以有效控制，防效 85% 左右。	各省蝗情报告

（续）

公元纪年	蝗灾情况	资料来源
1990 年	全国夏秋蝗共发生 1 380 万亩，其中夏蝗在天津北大港水库发生最重，有 7 万多亩高密度蝗虫，密度每平方米 100～500 头，局部达 1 000 头以上，一个牲畜脚印中有蝗蝻 300 头。山东省飞蝗发生 335.89 万亩，其中夏蝗 224.23 万亩、秋蝗 111.66 万亩，垦利最高密度点 2 600 头/米²。此外，山东东平湖、河北南大港、河南中牟、武陟等地也出现了 500～1 000 头/米² 的蝗虫点片。	各省蝗情报告
1991 年	夏蝗发生 700 万亩，防治 300 多万亩（其中飞机防治 70 多万亩），天津北大港、静海县，河南中牟，山东垦利、东平，河北献县等部分地区密度较高。夏蝗在河北献县、孟村、南皮出现了每平方米 100 头左右的蝗虫。其中献县已经改造的老蝗区子牙河套大洼发生蝗虫 2.9 万亩（郭庄乡 6 500 亩，垒头乡 6 500 亩，十五级乡 1.6 万亩），虫口密度一般为 40～50 头/米²，高者超过 100 头/米²，麦收后蝗虫扩散到春播作物为害，2 200 亩谷子、高粱和夏播玉米基本被吃光。秋蝗在河北辛集、高邑农田突然发生多年未见的飞蝗，面积 2 万亩，密度高达 100～500 头/米²；山西芮城黄河滩也发生 5 万亩蝗虫，密度达 1 000 头米² 以上。内蒙古发生飞蝗面积 3 000 亩。	各省蝗情报告
	山西省芮城县黄河滩发生高密度群居型飞蝗，飞蝗滚球几乎起飞，每平方米有蝗蝻少者 300～400 头，多者达 1 500～2 000 头，动用全县机动车碾压，才得以控制。	《前进中的山西植保》
1992 年	全国夏秋蝗共发生 1 372 万亩。夏蝗在河北磁县岳城水库突然发生 3 万亩飞蝗，密度高达 100～300 头/米²；河南长垣、中牟最高密度 167～270 头/米²，灵宝县局部黄河滩密度 1 000 头/米² 以上，有 20 个高密度点，面积约 4 000 亩，封丘发生 4 000 亩，密度在 150～500 头/米²。	各省蝗情报告
	山西省高平市土蝗在麦田大发生，近 5 000 亩麦苗受害严重。	《前进中的山西植保》

（续）

公元纪年	蝗灾情况	资料来源
1993 年	全国夏秋蝗共发生 1 374 万亩。夏蝗在山东东平湖大发生，蝗群密度每平方米 1 000 头以上的面积 1 万亩，每平方米 100 头以上的面积 3 万亩，部分小麦、芦苇被吃成光秆。河北衡水湖、平山岗南水库、白洋淀、岳城水库、东武士水库都出现 200～500 头/米² 高密度，最高 1 000 头/米² 以上，发生总面积 30 万亩。海南 7 月份后干旱少雨，第三代蝗虫发生 53 万亩，乐东、三亚大发生，乐东县 17 万亩，有 205 个高密度蝗群约 850 亩，九所镇密度达 800～2 000 头/米²；三亚市的梅山、崖城最高密度 1 200 头/米²，东方、陵水、昌江、儋州也出现了 100 头/米² 以上的点片。	各省蝗情报告
1994 年	全国夏秋蝗共发生 1 713 万亩。秋蝗在天津北大港水库发生 20 多万亩，其中高密度区 10 余万亩，蝗蝻成片、成带、成团，密度每平方米 1 000～10 000 头，发生程度重于 1985 年。7—8 月，海南的乐东、东方、三亚等地，第三代蝗虫在荒坡地和甘蔗地发生较重，一般密度 10 头/米² 以上，高者 1 000 头/米²。河南省汝南、上蔡、遂平、西平秋蝗发生 70 万亩。河北霸州与天津静海县接壤的子牙河及大清河沿岸农田也发生了 20 万亩多年未有的高密度飞蝗，密度高达 1 000 头/米² 以上，农作物受害严重。	各省蝗情报告
	内蒙古全区发生面积 855 万亩，是新中国成立以来发生危害最重的一年，主要发生在锡林郭勒的多伦县，面积 373 万亩；当时乌兰察布的达茂旗、武川县、四子王旗、兴和县、察右后旗等旗县，发生面积 457 万亩；赤峰市、通辽市、呼伦贝尔等部分地区也有不同程度发生。虫口密度一般每平方米 50 头，高的达 100～200 头，最高 759 头，土蝗发生后，各地积极组织飞机和地面人工化学防治，防治面积 120 万亩，防治效果均在 90% 以上。	《中国植物保护五十年》
1995 年	全国夏秋蝗共发生 2 300 万亩。郑州段黄河断流 104 天，山东利津段黄河断流 120 天。夏蝗在天津静海、北大港独流减河分洪道，山东寿光、河口、无棣，陕西大荔，河南驻马店、嵩县，河北	各省蝗情报告

（续）

公元纪年	蝗灾情况	资料来源
1995 年	黄骅、海兴、献县、沧县、青县、安新白洋淀，安徽濉溪等 30 个县市区蝗虫大发生，密度高达每平方米 500～1 000 头，河口最高密度点 3 000 头。秋蝗在河南中牟、封丘、长垣、邙山区、灵宝等黄河滩和嵩县发生严重，密度高达 100～1 000 头/米²；此外，陕西大荔、华阴也出现了 100～200 头/米² 的点片。秋季华北阴雨较多，秋蝗发生轻于夏蝗。	
	山东无棣县高密度地块一般密度 200 头/米²，最高密度 1 000 头/米² 以上面积 8 000 亩，面积和密度均为近十几年最重的一年，6 月 19—28 日，突击防治十天，防治飞蝗 13.4 万亩，有效控制了蝗灾。秦口河岛屿蝗区飞机灭蝗三架次，防治面积 2 万亩。	各省蝗情报告
1996 年	全国夏蝗共发生 1 030 万亩，秋蝗 800 多万亩，但程度较轻。山东夏蝗发生 220 多万亩，秋蝗发生 229 万亩，重点在东营和滨州，面积虽大，但密度较低。河南封丘、长垣、中牟、开封等县夏蝗出现高密度蝗群，一般密度每平方米 100～200 头，最高达 1 000 头以上。河北夏蝗发生 214 万亩，但密度低。	各省蝗情报告
	夏季东亚飞蝗在陕西大荔县鸡心滩、苏村乡、西寨乡，华阴北社乡，华县毕家乡和临渭区龙背乡、孝义乡重发生，重发面积 7.2 万亩。大中型喷雾器喷洒甲敌粉和菊酯类农药有效控制，防效 85% 左右。	各省蝗情报告
1997 年	全国夏蝗发生 1 020 万亩次，10 多万亩偏重发生，河南中牟、封丘及山东薛城等县出现每平方米 50～60 头的高密度蝗群，防治 400 万亩次；秋蝗发生 680 万亩次，防治 200 万亩次。山东夏蝗在枣庄重发生 7 万亩，最高密度每平方米 1 000 头以上；秋蝗在潍坊出现 0.3 万亩的高密度蝗群。河北蝗虫密度较低。河南夏蝗发生 382 万亩，出现 321 处每平方米 50 头以上的高密度蝗群；秋蝗重于夏蝗，发生 171 万亩，在原阳、中牟、巩义、灵宝、三门峡等地密度较高。	各省蝗情报告

（续）

公元纪年	蝗灾情况	资料来源
1997 年	山西省蝗虫大发生，东亚飞蝗发生 97.2 万亩。发生土蝗 1 024.95 万亩，其中农田 204 万亩，平均每平方米有蝗虫 30～50 头的面积占发生面积的 30％以上，70 头以上的占 25％以上，高密度蝗虫主要集中在农田，200 头以上的高达 79.95 万亩，有近 10 万亩农田因土蝗为害而绝收。发生特点是面积大、范围广、密度高、来势猛、为害重。此次山西北部土蝗的大发生受到了国务院的高度重视，要求积极控制为害。全省共防治蝗虫 671.55 万亩。	《前进中的山西植保》
	内蒙古全区农田及农田周围草场上土蝗发生面积 586 万亩，威胁农田面积 150 万亩，虫口密度一般在每平方米 80～100 头，高的 500 头左右，主要发生在乌兰察布、锡林郭勒盟、赤峰市、通辽市等地。	《中国植物保护五十年》
1998 年	夏蝗在全国 120 个县发生，发生面积达 1 300 万亩，虫口密度达每平方米 1 000～5 000 头，地面防治 600 多万亩，飞机防治 220 万亩。山东黄河口夏蝗大发生，发生面积 430 万亩，最高密度达每平方米 430 头，无棣县出现 30 万亩高密度蝗区，最高达每平方米 10 000 头。河北黄骅、南大港、安新、平山等蝗区夏蝗重发生，最高密度达每平方米 1 000 头以上。河南夏蝗发生 280 万亩，最高密度达每平方米 1 500 头；秋蝗发生 990 万亩。河北秋蝗大发生，发生 230 万亩，沧州秋蝗重发生，发生 122 万亩，局部地区出现每平方米 3 000 头的高密度蝗群。	各省蝗情报告
	该年是山东滨州市近 30 年来飞蝗发生最严重的年份，夏蝗大发生区 33.3 万亩；重发生区 11 万亩，虫口密度每平方米最高 100 头；暴发区 6 万亩，虫口密度 500 头以上，最高 10 000头。5 月 28 日，全国夏蝗防治工作会议在无棣县召开。6 月 6—22 日，完成防治面积 45 万亩次，参加治蝗达 1 800 余人，地、县、乡财政筹集资金 105 万元，使用农药 166 吨，发生区普治一遍，部分蝗区防治 2～3 次，防效 99％以上。	各省蝗情报告

（续）

公元纪年	蝗灾情况	资料来源
1998 年	山西省蝗虫大发生，其中土蝗发生面积 820 万亩（农田发生面积 198.9 万亩），虫口密度严重地区每平方米 200 头。飞蝗全省发生 96.15 万亩，以芮城、永济和临猗等地发生最重，夏蝗出现 1 000 头/米² 的高密度群居型蝗蝻。全省防治飞蝗 61 万亩次，防治土蝗 372.15 万亩次。全省共组织治蝗专业队 500 个，出动劳力 35 万人次，机动车 1 500 余台次，机动喷雾器 6 760 台，共防治蝗虫 427.35 万亩。	《前进中的山西植保》
1999 年	全国夏蝗共发生 1 400 万亩次，防治 900 万亩次；秋蝗发生 1 000 多万亩次，防治 600 多万亩次；夏蝗在冀鲁豫津等地多处出现高密度群居型蝗群，密度达每平方米 1 000～5 000 头。天津夏蝗出现 4 万亩、秋蝗出现 2 万亩高密度蝗群，大港区、静海县最高密度达每平方米 200～2 000 头，高密度区集中在独流减河和北大港水库。河北冀州、黄骅、安新、海兴等地多处出现每平方米 800～1 000 头高密度群居型蝗群。山东东营、滨州、菏泽、济南等地多处出现高密度蝗群，一般密度为每平方米 100～200 头，重发区每平方米 1 000 头，最高达每平方米 3 000 头。河南黄河滩区出现高密度蝗群，最高密度达每平方米 600～700 头。	各省蝗情报告
	滨州飞蝗大发生，夏蝗发生面积 39 万亩，暴发区面积 9.5 万亩，蝗蝻最高密度达每平方米 100 头以上。6 月 7 日，地区在无棣县召开夏蝗防治现场会，除地、县两级 14 名治蝗专业干部，无棣、沾化两县组建了 100 人的查蝗员队伍，组成了 50 人的飞机防治信号队，有蝗乡镇落实治蝗人员 1 000 人开展蝗虫防治工作。全区在财政困难情况下，筹集 80 余万元资金投入治蝗工作，调用运-5 飞机 2 架，飞防 9 个架次，历时 18 天，全面完成夏蝗防治任务。	各省蝗情报告
	哈萨克斯坦国暴发蝗灾，意大利蝗多次迁移进入塔城盆地，农田、草地蝗灾大暴发，迁入蝗虫扩散面积 727 万亩，严重危害面积 531 万亩，	《中国植物保护五十年》

（续）

公元纪年	蝗灾情况	资料来源
1999 年	其中农田 208 万亩，约 30 万亩农田绝收，直接经济损失 3.2 亿元。当年大批亚洲飞蝗从博尔塔拉蒙古自治州博乐市的阿拉山口迁入艾比湖产卵。伊犁地区霍城县边境线上迁入第二批意大利蝗，危害面积 10 万亩。内蒙古全区土蝗发生面积 597 万亩，重发生面积 35 万亩，虫口密度每平方米 50～80 头，最高 500 头；中等至中等偏重发生面积 447 万亩，虫口密度 30～40 头，高的近 50 头；中等偏轻以下发生 23 万亩，虫口密度 10～20 头。主要发生在乌兰察布、呼和浩特市、包头市、锡林郭勒盟、赤峰市等地。	
	山西省土蝗发生 927 万亩，其中 300 万亩农田遭受为害，有 10 万亩农田绝收，每平方米有蝗虫 100 头以上的就达到 370.5 万亩。全省共组建防蝗专业队 2 575 个，出动劳动力 30 万人次，动用机动喷雾器 24 300 余台，手动喷雾器近 5 万余台，汽车 6 500 辆，飞机 92 架，飞行 147.3 小时，用农药 680 吨，投入资金达 1 121 万元，全省蝗虫防治面积达 537.75 万亩，挽回粮食损失 3 亿千克。	《前进中的山西植保》
2000 年	全国夏蝗发生 1 400 多万亩，防治 1 100 多万亩。天津大发生，发生面积达 61.9 万亩，高密度区达 2 000～3 000 头/米²，高密度区主要分布在独流减河分流域、北大港水库。河北夏蝗发生 301 万亩，安新、冀州出现了 1 000～2 000 头/米² 的高密度蝗群，海兴出现了每平方米 5 000 头以上的高密度蝗群。山东秋蝗严重发生，发生面积 430 万亩，出土不整齐。	各省蝗情报告
	西藏日喀则市桑珠孜区发生飞蝗危害青稞面积 1 500 亩，防效达 90%。	各省蝗情报告
	山东滨州市夏蝗发生面积 53 万亩，最高密度每平方米 100 头，春季调查平均单雌产卵量 258 粒，为近几年最高；秋蝗发生面积 39.3 万亩，1 万亩虫口密度每平方米 10 头，无棣县发生重。	各省蝗情报告

（续）

公元纪年	蝗灾情况	资料来源
2000 年	亚洲飞蝗、意大利蝗由哈萨克斯坦扩散迁飞进入新疆塔城地区的额敏、裕民、乌苏甘家湖，最远处迁飞进入克拉玛依市区域内，遭受损失农田达 110 万亩，草场受害 536 万亩。内蒙古全区共发生土蝗 1 483 万亩，达标面积 422 万亩，防治 433 万亩，其中，化学防治 218 万亩、生物防治 2 万亩、生态调控 213 万亩。	《中国植物保护五十年》
2001 年	全国夏蝗共发生 1 611 万亩，地面防治 888 万亩，飞机防治 292 万亩。重点集中在黄淮海地区河北安新、黄骅、南大港、海兴，河南中牟、封丘、开封、兰考，山东垦利、无棣、沾化，天津北大港、静海、汉沽等 30 个县出现高密度蝗虫，一般密度为 50～500 头/米²，最高密度达 3 000 头/米²。辽宁葫芦岛发生的东亚飞蝗为 1929 年以来首次出现，共发生 69.8 万亩，其中农田 29.5 万亩，荒山、荒坡 40.3 万亩，高密度区农田虫口密度达 282 头/米²、荒地达 1 080 头/米²，部分地块农田青苗被吃光。秋蝗发生 1 200 万亩。	各省蝗情报告
	滨州夏蝗有蝗面积占蝗区总面积的 70% 以上，48 万亩达到防治指标，20 万亩暴发，最高密度 5 000 头/米² 以上，无棣县 1 000 头/米² 以上的 0.7 万亩。5 月 29 日，沾化苇场蝗区出现 2 000～5 000 头/米² 的高密度蝗片。	各省蝗情报告
	7 月初，博尔塔拉蒙古自治州博乐市东南部靠近艾比湖处发现亚洲飞蝗，平均虫口密度 25～35 头/米²，造成危害面积 1 万亩。7 月 9 日，塔城地区甘家湖发生亚洲飞蝗灾情。	各省蝗情报告
	2001 年 6 月，北京市蝗虫重发生。主要分布于延庆官厅水库、密云水库干旱区、怀柔喇叭沟门、七道河山区。发生面积 8.3 万亩，其中密云 3 万亩、延庆 5 万亩、怀柔 0.3 万亩。蝗虫密度一般在每平方米 50～100 头，严重者每平方米达 800 头以上。延庆一般在每平方米 20～30 头，重者每平方米达 80 头以上；怀柔山区成片发生，一般一片达 1 000 头，高者一片达 10 000 头以上。密云、延庆 90% 以上为	各省蝗情报告

（续）

公元纪年	蝗灾情况	资料来源
2001 年	稻蝗，其他为黑背蝗、尖翅蝗、菱蝗、东亚飞蝗；怀柔以小车蝗为主。全市防治工作在 6 月 22—30 日，防治面积 6.3 万亩次，防效在 90％以上。	
	内蒙古全区共发生土蝗 1 539 万亩，达标面积 314 万亩，防治 387 万亩。其中，化学防治 164 万亩、生物防治 3 万亩、生态调控 220 万亩。	各省蝗情报告
2002 年	全国夏蝗共发生 1 841 万亩，防治 1 488 万亩。天津市高密度区 1 000 多处，高密度区一般密度 500 头/米²，最高密度达 4 000～5 000 头/米²，集中在天津大港、宁河、汉沽、武清、静海。河北高密度区达 60 多万亩，高密度区集中在黄骅、海兴、沧县、献县、中捷、盐山、玉田、丰南、唐海、南大港等地，其中平山岗南水库出现 6 万亩 2 000 头/米² 以上的高密度区。	各省蝗情报告
	山东东营耿井沉沙池最高密度点 1 200 头/米²。无棣县 5 月 5 日始见蝗虫出土，有 2 万亩密度达到 1 000 头/米²，最高点 6 000 头/米²，沾化县 0.6 万亩蝗蝻密度 300 头/米² 以上，出土早，面积大，密度高。	各省蝗情报告
	辽宁省发生 55.7 万亩，其中耕地发生 18.6 万亩，荒山、荒坡 37.1 万亩。最高虫口密度达每平方米 1 000 头以上。	各省蝗情报告
	四川省甘孜藏族自治州西藏飞蝗发生 65 万亩，最高密度在石渠县正科乡、洛须镇，每平方米达到 710 头，甘孜县卡攻乡每平方米达到 150 头。防治西藏飞蝗 82 万亩。	各省蝗情报告
	7 月 25 日，新疆维吾尔自治区阿勒泰地区苟苟苏盐湖突发亚洲飞蝗近 10 万亩。塔城南湖、乌苏甘家湖发生小批量飞蝗，塔城、托里、裕民等地发生意大利蝗灾。	各省蝗情报告
	吉林省农安县莫波泡子、老雁坑泡子周边发生亚洲飞蝗危害 7.5 万亩。政府动用直升机防治 7.5 万亩。	各省蝗情报告

（续）

公元纪年	蝗灾情况	资料来源
2002 年	北京市密云、怀柔和延庆的库区周边土蝗发生较重。7 月 9—15 日，区县城区和市区突发蝗虫，发生地主要集中在晚上灯光较强和长明灯的地方，如公园、街道、工地、办公楼等场所。当夜间灯光打开后，成群的蝗虫扑向灯光，致使灯下聚集大量蝗虫，天亮前部分蝗虫迁飞，剩余的蝗虫藏于草地上或墙上、地上。全市各城区均有发生，发生种类为亚洲小车蝗。严重发生地区每平方米 10～20 头，高的聚集点达 100 头，虫量高于2001 年。	各省蝗情报告
	内蒙古自治区共发生土蝗 1 587 万亩，达标面积 413 万亩，防治 426 万亩。其中，化学防治 183 万亩、生物防治 3 万亩、生态调控 240 万亩。	各省蝗情报告
2003 年	全国夏秋蝗发生 3 018.5 万亩次。山东东营、滨州和河北沧州的芦苇荒地以及河北廊坊、宝坻的部分麦田出现高密度群居型蝗蝻，最高密度为 1 000～6 000 头/米^2。山东滨州东亚飞蝗平均密度为每平方米 1.23 只，最高密度达 350 头。	各省蝗情报告
	7 月底，新疆吉木乃县亚洲飞蝗迁飞危害并产卵区域达 50 万亩，阿克苏地区乌什县边境草场发生亚洲飞蝗危害 75 万亩，其中严重危害面积 1.4 万亩，最高密度达 400 头/米^2。	各省蝗情报告
	吉林省大安市安广镇、红岗子乡新荒泡为中心发生亚洲飞蝗危害 7.5 万亩，最高密度达 50只/米^2，重发生面积 2 万亩，政府组织地面防治作业面积 7.5 万亩。	各省蝗情报告
	内蒙古全区共发生土蝗 1 749 万亩，达标面积 502 万亩，防治 518 万亩。其中，化学防治 260 万亩、生物防治 3 万亩、生态调控 240 万亩。	各省蝗情报告
	四川甘孜藏族自治州西藏飞蝗发生 83 万亩，最高密度在石渠县正科乡、洛须镇，每平方米达到 500～9 500 头，甘孜县卡攻乡每平方米达到 120 头。防治西藏飞蝗 92 万亩。	各省蝗情报告

（续）

公元纪年	蝗灾情况	资料来源
2003 年	秋季，土蝗在陕西澄城县的寺前乡、韦庄乡，大荔县的段家、范家乡，合阳县的路井镇、洽川镇重发生，重发面积 11.2 万亩。用大中型喷雾器喷洒化学药剂防治，防效 87% 左右。	各省蝗情报告
2004 年	全国夏秋蝗发生 2 894 万亩次，其中夏蝗发生 1 550 万亩次、秋蝗 1 344 万亩次。秋蝗在河南黄河滩区、河北和山东沿海蝗区、华南局部蝗区偏重发生，沿淮蝗区偏轻发生。广西北海出现每平方米 500 头以上的高密度群居型蝗虫。山东滨州飞蝗大发生，最高密度为每平方米 70 头。	各省蝗情报告
	四川甘孜藏族自治州西藏飞蝗发生面积 175 万亩。石渠县正科乡发生高密度蝗虫 1.9 万亩，平均虫口密度每平方米达 55～75 头，最高密度 4 500～11 000 头。防治面积 125 万亩。	各省蝗情报告
	新疆吉木乃县亚洲飞蝗发生危害面积 30 万亩，5 月 21 日，发现意大利蝗、亚洲飞蝗蝗蝻多次从边境线扩散迁入危害，7 月 17 日以后，先后有 6 批亚洲飞蝗迁飞入境危害纵深约 10 公里、面积 1.75 万亩，平均密度每平方米 200 头，最高密度每平方米 2 000 头。	各省蝗情报告
	内蒙古全区共发生土蝗 2 731 万亩，达标面积 444 万亩，防治 469 万亩。其中，化学防治 219 万亩、生物防治 3 万亩、生态调控 247 万亩。	各省蝗情报告
	山西省土蝗发生 730 余万亩，主要发生在大同、朔州、忻州和吕梁四市的退耕还草还林区和农牧交错区的农田，虫口密度一般为每平方米 30～50 头，最高达 200 头以上。危害农田面积达 150 万亩，受害严重的豆类、谷子、胡麻等作物被咬食成光秆。	《耕耘与收获：山西农业60 年》
2005 年	全国夏秋蝗发生 2 635.8 万亩次，其中夏蝗 1 456.4 万亩次、秋蝗 1 179.4 万亩次，主要在河北、河南、山东、天津、陕西等环渤海湾蝗区、黄河滩区和湖库区蝗区以及海南大部和广西局部等地发生。天津静海独流减河蝗区出现每平方米 20 头以上较高密度蝗虫面积 2 000 亩。海南重发生，发生 170 万亩次，一般密度	各省蝗情报告

（续）

公元纪年	蝗灾情况	资料来源
2005 年	为每平方米 0.5～15 头，最高达 2 000 头以上。广西来宾市兴宾区出现高密度蝗群，发生面积 20 多万亩，甘蔗地和荒地一般密度为每平方米 1～10 头，最高达 1 500 头以上。	
	新疆亚洲飞蝗中等偏重发生，发生面积 209 万亩，虫口密度每平方米 4～71 头，无境外迁飞入境。	各省蝗情报告
	四川甘孜藏族自治州西藏飞蝗发生 197.5 万亩，主要分布在石渠正科乡、甘孜卡攻乡，石渠县正科乡西藏飞蝗严重发生 6 000 亩，一般密度为每平方米 200～500 头，最高达 1 000 头以上，对当地青稞生产构成了严重威胁。西藏飞蝗防治 145.4 万亩次。	各省蝗情报告
	5 月中下旬，河北张家口、承德，内蒙古赤峰发生土蝗 315 万亩，最高密度达每平方米 3 000～5 000 头，一些地方树叶均被吃光。	各省蝗情报告
	内蒙古全区共发生土蝗 1 971 万亩，达标面积 470 万亩，防治 538 万亩。通辽市亚洲小车蝗成虫陆续迁飞侵入市区、5 个县城和 33 个乡镇。	各省蝗情报告
2006 年	全国夏秋蝗发生 2 524.44 万亩，其中夏蝗 1 420.87万亩、秋蝗 1 103.57 万亩。河北省沧县出现了较高密度的蝗情，每平方米 30 头，面积 0.8 万亩。山东省东营市河口区和利津县发生高密度东亚飞蝗 4 万亩，一般密度达每平方米 50～100 头，高者达每平方米 500～1 000头。	各省蝗情报告
	四川甘孜藏族自治州蝗虫发生面积为 151 万亩次。主要分布在石渠、白玉、道孚、甘孜、理塘等地，其中石渠洛须片区大发生，道孚八美镇、白玉的河坡、盖玉等乡偏重发生（4级）。西藏飞蝗最高密度达每平方米 2 000 头以上。	各省蝗情报告
	广西来宾市兴宾区发生高密度秋蝗，蝗情中心区域虫口密度最高达 1 764 头/米^2，最低 423 头/米^2，平均 724 头/米^2。	各省蝗情报告

（续）

公元纪年	蝗灾情况	资料来源
2006 年	新疆亚洲飞蝗中等偏重发生，发生面积 167 万亩，最高密度每平方米 70 头，境外迁飞入境危害情况较轻。	各省蝗情报告
	内蒙古全区共发生土蝗 2 039 万亩，达标面积 329 万亩，防治 533 万亩。其中，化学防治 248 万亩、生物防治 10 万亩、生态调控 275 万亩。	各省蝗情报告
2007 年	全国夏秋蝗发生 2 400 万亩次，其中夏蝗 1 360 万亩次、秋蝗 1 040 万亩次。山东省受蝗区积水影响，夏蝗产卵相对集中，秋蝗蝻出土后向有利环境集中，导致出现多处高密度点片，个别点片密度高达每平方米 5 000 多头，垦利利林水库最高密度点每平方米达 2 000 头。河北省黄骅市毕孟洼农田夹荒地发生高密度群居型蝗蝻后，在盐山县盐山镇、边务乡，黄骅市腾庄子，沧县军马站等农田夹荒地发现高密度群居型东亚飞蝗蝗蝻群，高密度蝗群 4 万亩，其中黄骅市 2 万亩、盐山县 1.5 万亩、沧县 0.5 万亩，最高密度达到每平方米 1 000 头左右，部分农田玉米叶片已经被吃光。天津大港水库蝗区出现了高密度蝗群，蝗虫每平方米密度高达 300 头，面积达 4 万亩以上。	各省蝗情报告
	西藏飞蝗在四川石渠、甘孜，西藏江达、林芝、扎囊、日喀则等县市出现高密度蝗蝻点片，最高密度达每平方米 600 头以上。内蒙古局部地区蝗虫迁入农田量大，一般为每平方米 80～100 头，最高达 200 头。青海省玉树县巴塘乡和称多县歇武镇沿金沙江河谷地带农区调查发现西藏飞蝗 6 800 多亩，密度为每平方米 20～30 头，青稞受害面积近 5 400 亩，绝收 108 亩。	各省蝗情报告
	越北腹露蝗在广东粤北和粤西发生 40 万亩，最高密度达每平方米 500 头。	各省蝗情报告
	新疆亚洲飞蝗中等发生，发生面积 126.37 万亩，无境外迁飞入境。土蝗中等发生，局部偏重发生，察布查尔县出现最高密度每平方米 1 707 头，造成部分红花绝收。	各省蝗情报告

（续）

公元纪年	蝗灾情况	资料来源
2007 年	内蒙古全区共发生土蝗 1 726 万亩，防治 446 万亩。农田周边草滩平均虫口密度为 15～40 头/米²，最高达 100～200 头/米²；农田虫口密度平均 15～30 头/米²，最高达 50～100 头/米²。	各省蝗情报告
2008 年	全国夏秋蝗共发生 2 342 万亩，其中夏季东亚飞蝗 1 317 万亩、秋季东亚飞蝗 1 025 万亩。天津北大港水库夏秋蝗均出现高密度蝗群，夏蝗最高密度每平方米达 10 000 头，秋蝗最高密度每平方米达 500 头。河北安新、黄骅、海兴等地出现了高密度重发生点片，最高密度达每平方米 5 000 头，面积 0.5 万亩。	各省蝗情报告
	亚洲飞蝗发生 99.7 万亩，西藏飞蝗发生 93.3 万亩。内蒙古全区共发生土蝗 2 580 万亩，达标面积 1 178 万亩，蝗群一般密度达到每平方米 20～70 头，高的超过每平方米 150 头；防治 1 296 万亩，其中，化学防治 958 万亩、生物防治 28 万亩、生态调控 310 万亩，挽回损失 1.3 亿元。	各省蝗情报告
	四川甘孜藏族自治州西藏飞蝗发生面积 106.87 万亩，达标面积 72.1 万亩，防治 89.2 万亩次。主要分布在乡城、理塘、巴塘、甘孜、孜、石渠、德格、炉霍、白玉、道孚等县；高密度蝗群主要分布在理塘县的热科乡、藏坝乡、雄坝乡，石渠县洛须片区的正科乡、曾达乡、洛须镇、麻呷乡，德格县的汪布顶乡，甘孜县的卡攻乡，炉霍县的宜木乡、斯木乡，高密度蝗群发生面积约 10.8 万亩，理塘县的雄坝乡最高密度每平方米 1 975 头。	各省蝗情报告
2009 年	全国飞蝗发生 2 426 万亩，防治 2 172 万亩。其中，东亚飞蝗发生 2 077 万亩，防治 1 836 万亩；亚洲飞蝗发生 216 万亩，防治 223 万亩；西藏飞蝗发生 116 万亩，防治 94 万亩。天津市北大港水库东亚飞蝗重发生，高密度区面积达 5 万亩，最高密度达每平方米 5 000 头以上。	各省蝗情报告

（续）

公元纪年	蝗灾情况	资料来源
2009 年	黑龙江省近 80 年来首次发生高密度飞蝗，7 月中旬，齐齐哈尔市龙江县哈拉海农场湿地以及大庆市肇州和肇源两县交界处的草场内苇塘湿地出现亚洲飞蝗高密度蝗群，发生面积 31.8 万亩，高密度区 12.81 万亩，一般密度为每平方米 1 000～5 000 头，最高密度达每平方米 1 万头以上。采取飞机与地面防治相结合，共出动飞机 3 架，飞防作业 26 架次，湿地专用大型喷药机械 6 台，机动弥雾机 1 596 台，出动人力 11 250 人次，喷洒农药 19.3 吨，防治面积近 40 万亩次。	各省蝗情报告
	吉林省农安县波罗湖苇塘发生亚洲飞蝗 4.5 万亩，最高密度达每平方米 2 000～3 000 头，高密度区 2.1 万亩，政府组织飞防作业面积 4.5 万亩。	各省蝗情报告
	四川甘孜藏族自治州西藏飞蝗发生面积 104.35 万亩，防治面积 68.4 万亩次，高密度蝗群主要分布在理塘县、石渠县、甘孜县、道孚县，高密度蝗群发生面积约 8.2 万亩，甘孜县的卡攻乡最高密度每平方米 278 头。	各省蝗情报告
	内蒙古土蝗偏重发生，发生面积达 2 711 万亩。翁牛特旗、巴林左旗、克什克腾旗、松山区局部重发区虫口密度可达每平方米 800～1 000 头，个别地块谷子已被蝗虫吃光，乌兰察布市毁种面积达 3.7 万亩，呼和浩特市武川县绝收面积 5 万亩。	各省蝗情报告
	新疆亚洲飞蝗轻发生，发生面积 121.57 万亩，侵入农田 34.81 万亩，无境外迁飞入境。土蝗中等发生，局部偏重发生，奇台县、巩留县重发生，重发生区平均密度每平方米 28.5 头，最高密度每平方米达 760 头。	各省蝗情报告
2010 年	全国飞蝗发生 2 261 万亩，防治 1 781 万亩。其中，东亚飞蝗发生 2 007 万亩，防治 1 590 万亩；亚洲飞蝗发生 137 万亩，防治 95 万亩；西藏飞蝗发生 101 万亩，防治 80 万亩。	各省蝗情报告
	吉林省大安市海坨乡苇塘区发现亚洲飞蝗高密度蝗群 7 500 亩，重发区面积 3 000 亩以上，最高密度达每平方米 300 头以上。	各省蝗情报告

（续）

公元纪年	蝗灾情况	资料来源
2010 年	四川甘孜藏族自治州西藏飞蝗发生面积 93.68 万亩，防治面积 74.1 万亩次。高密度蝗群主要分布在理塘县、石渠县、甘孜县、道孚县、乡城县，高密度蝗群发生面积约 2.4 万亩，甘孜县的呷拉乡最高密度每平方米 128 头。	各省蝗情报告
	新疆伊犁察布查尔县发生高密度蝗虫，主要以意大利蝗为主，重发区 2 万亩，最高密度为每平方米 5 000 头以上；昌吉回族自治州奇台县约 1 万亩农田严重受害，蝗蝻平均密度为每平方米 550 头，最高密度为每平方米 1 000 头，农牧交错地带最高密度达 5 000 头。	各省蝗情报告
	内蒙古全区共发生土蝗 2 192 万亩，侵入农田 159 万亩，毁种面积 4.7 万亩，防治 710 万亩，防蝗出动劳力万余人次，动用大型药械 4 000 台，农药 149 吨。	各省蝗情报告
2011 年	全国飞蝗发生 2 257 万亩，防治 1 570 万亩。其中，东亚飞蝗夏蝗发生 1 225 万亩、防治 926 万亩，秋蝗发生 798 万亩次、防治 540 万亩次；亚洲飞蝗发生 93 万亩，防治 19 万亩；西藏飞蝗发生 138 万亩，防治 102 万亩。	各省蝗情报告
	全国蝗虫发生面积和程度为近年最轻，但山西省每平方米发生蝗蝻 100 头以上的面积有 1.12 万亩，永济市突发 2 万余亩高密度群居型东亚飞蝗，最高密度达每平方米 1 500 头。	各省蝗情报告
	吉林省大安市安广镇新荒泡蒲草塘突发 7.5 万亩高密度亚洲飞蝗，最高密度每平方米 200 头左右，严重危害面积达 2 万亩。政府组织飞防作业面积 2.5 万亩，地面防治作业面积 5 万亩。共出动植保机械 160 台，人员 755 人次，其中安广镇政府组织出动 132 台植保机械、617 人次；红岗子乡出动 28 台植保机械、138 人次；使用药剂 7.5 吨，其中地面防治使用药剂 5 吨，飞防作业共完成 5 个架次，使用药剂 2.5 吨，总防治面积达 7.5 万亩。	各省蝗情报告
	新疆亚洲飞蝗轻发生，发生面积 66.8 万亩，侵入农田 10.5 万亩，无境外迁飞入境。土蝗中等发生，在特克斯县、乌苏市、奇台县、巴	各省蝗情报告

（续）

公元纪年	蝗灾情况	资料来源
2011 年	里坤县、乌鲁木齐县重发生，重发生区平均密度每平方米 50～500 头，最高密度每平方米达 5 000 头。	
	四川甘孜藏族自治州西藏飞蝗发生面积 90.36 万亩，防治面积 76.3 万亩次。高密度蝗群发生面积 2 万亩，理塘县藏坝乡最高密度每平方米 115 头。	各省蝗情报告
	内蒙古全区共发生土蝗 1 557 万亩，防治 760 万亩，其中化学防治 460 万亩次、生物防治 30 万亩次、生态调控 270 万亩。使用农药 230 吨，其中生物农药 24 吨。	各省蝗情报告
2012 年	全国飞蝗发生 2 265 万亩，防治 1 513 万亩。其中，东亚飞蝗夏蝗发生 1 134 万亩、防治 815 万亩，秋蝗发生 902 万亩次、防治 552 万亩次；亚洲飞蝗发生 104 万亩，防治 30 万亩；西藏飞蝗发生 123 万亩，防治 115 万亩。	各省蝗情报告
	新疆亚洲飞蝗轻发生，发生面积 61.3 万亩，侵入农田 11.7 万亩，无境外迁飞入境。新疆北疆伊犁河谷草原和农牧交错区发生高密度土蝗，严重危害面积达 65 万亩，在察布查尔县、特克斯县、新源县、塔城市重发生，重发生区平均密度每平方米 20～300 头，最高密度每平方米达 3 000 头。	各省蝗情报告
	四川甘孜藏族自治州西藏飞蝗发生面积 118.38 万亩，防治面积 113.57 万亩次，高密度蝗群发生面积 4.8 万亩，石渠县正科乡最高密度每平方米 710 头。	各省蝗情报告
	山西省东亚飞蝗夏蝗中等发生，局部偏重发生，主要发生区域在永济的蒲州滩和韩阳滩、临猗的角杯滩、万荣的宝井滩、芮城的永乐、风陵渡滩等，发生面积 28.7 万亩。土蝗中等发生，发生面积 355 万亩。6 月，忻州市汾河滩个别地块土蝗达到每平方米 40 头，少部分进入农田。全省东亚飞蝗防治面积 41.22 万亩次，土蝗防治面积 92.54 万亩次。	各省蝗情报告
	内蒙古全区共发生土蝗 1 666 万亩，防治 250	各省蝗情报告

（续）

公元纪年	蝗灾情况	资料来源
2012 年	万亩，其中化学防治 172 万亩次、生物防治 68 万亩次、生态调控 10 万亩。农田周边草滩平均虫口密度每平方米 20～50 头，最高达 130 头。	
2013 年	全国飞蝗发生 2 176 万亩，防治 1 658 万亩。其中，东亚飞蝗夏蝗发生 1 134 万亩、防治 868 万亩，秋蝗发生 827 万亩次、防治 619 万亩次；亚洲飞蝗发生 81 万亩，防治 56 万亩；西藏飞蝗发生 130 万亩，防治 114 万亩。全国蝗虫发生区发生密度总体较低，蝗情比较平稳。	各省蝗情报告
	天津北辰区永金水库和大港区北大港水库局部地区出现每平方米 200 头高密度东亚飞蝗蝗情。	各省蝗情报告
	新疆亚洲飞蝗轻发生，发生面积 58.4 万亩，侵入农田 12.8 万亩，无境外迁飞入境。土蝗中等发生，在察布查尔县、伊宁县、乌什县、温宿县重发生区密度每平方米 50～500 头，最高密度每平方米达 5 000 头。	各省蝗情报告
	四川甘孜藏族自治州西藏飞蝗发生面积 123.6 万亩，防治面积 112.8 万亩次，高密度蝗群发生面积 0.85 万亩，最高密度 45 头/米^2（石渠县的正科乡）。	各省蝗情报告
	山西省代县土蝗偏重发生，每平方米 40 头左右，多者 150 头以上。	各省蝗情报告
	内蒙古全区共发生土蝗 1 521 万亩，防治 447 万亩。农田周边草滩平均虫口密度为每平方米 20～50 头，最高达 200 头。	各省蝗情报告
2014 年	全国飞蝗发生 2 023 万亩，防治 1 519 万亩。其中，东亚飞蝗夏蝗发生 1 074 万亩、防治 792 万亩，秋蝗发生 834 万亩次、防治 609 万亩次；亚洲飞蝗发生 53 万亩，防治 32 万亩；西藏飞蝗发生 138 万亩，防治 128 万亩。全国蝗虫总体中等发生，局部地区出现高密度群居型蝗蝻。安徽省淮北市烈山区化家湖发生高密度蝗群 6 000 余亩，一般每平方米 50～60 头蝗蝻，最高密度每平方米近 10 000 头蝗蝻。	各省蝗情报告

（续）

公元纪年	蝗灾情况	资料来源
2014 年	新疆亚洲飞蝗轻发生，发生面积 40.6 万亩，侵入农田 13.8 万亩。土蝗中等发生，在察布查尔县、特克斯县、新源县、塔城市重发生区密度每平方米 20～300 头，最高密度每平方米达 3 000 头。	各省蝗情报告
	四川甘孜藏族自治州西藏飞蝗发生面积 123.1 万亩次，防治面积 124.7 万亩次。高密度蝗群发生面积 3.9 万亩（其中农田 9 200 亩），石渠县正科乡最高密度达 300 头/米²。	各省蝗情报告
	内蒙古全区共发生土蝗 1 335 万亩，防治 512 万亩。平均虫口密度每平方米 15 头，最高 500 头。	各省蝗情报告
2015 年	全国飞蝗发生 1 939 万亩，防治 1 329 万亩。其中，东亚飞蝗夏蝗发生 991 万亩、防治 646 万亩，秋蝗发生 780 万亩次、防治 530 万亩次；亚洲飞蝗发生 33 万亩，防治 23 万亩；西藏飞蝗发生 134 万亩，防治 131 万亩。	各省蝗情报告
	海南省东方、昌江和儋州等市县均出现最高 1 000 头/米² 的高密度蝗蝻危害甘蔗地的情况。	各省蝗情报告
	四川甘孜藏族自治州西藏飞蝗发生面积 121.11 万亩次，防治面积 123.54 万亩次，乡城县青德乡高密度蝗群发生面积 100 亩，最高密度 79 头/米²。	各省蝗情报告
	内蒙古通辽市、巴彦淖尔市、呼伦贝尔市、乌兰察布市、包头市和赤峰市等地的草原和农牧交错区大面积发生高密度蝗虫，最高密度每平方米 70 头，发生面积达 1 600 万亩（农田发生 99 万亩），防治 379.2 万亩。其中呼和浩特市武川县、赤峰市阿鲁科尔沁旗偏重发生，两旗县共发生 100 万亩。	各省蝗情报告
	新疆亚洲飞蝗轻发生，发生面积 25.63 万亩。土蝗中等发生，在察布查尔县、巩留县、新源县、温泉县重发生，重发生区平均密度每平方米 80～600 头，最高密度每平方米达 5 000 头。	各省蝗情报告
2016 年	全国飞蝗发生 1 928 万亩，防治 1 340 万亩。其中，东亚飞蝗夏蝗发生 949 万亩、防治 665 万亩，秋蝗发生 815 万亩次、防治 523 万亩	各省蝗情报告

（续）

公元纪年	蝗灾情况	资料来源
2016 年	次；亚洲飞蝗发生 25 万亩，防治 15 万亩；西藏飞蝗发生 139 万亩，防治 138 万亩。	
	天津北大港水库夏蝗高密度蝗区面积 8 万亩左右，100 头/米² 以上的面积达 1 万亩，最高密度在 1 000 头/米² 以上。	各省蝗情报告
	新疆亚洲飞蝗轻发生，发生面积 21.23 万亩，侵入农田 6.95 万亩。土蝗中等发生，在察布查尔县、温泉县、额敏县重发生区密度每平方米 40～500 头，最高密度每平方米达 3 000 头。	各省蝗情报告
	四川甘孜藏族自治州西藏飞蝗发生面积 121.6 万亩次，防治面积 122.9 万亩次。高密度蝗虫发生面积 150 亩，主要分布在理塘县藏坝乡、石渠县正科乡、甘孜县卡攻乡，理塘县藏坝乡最高密度每平方米 59 头。	各省蝗情报告
	内蒙古全区共发生土蝗 794 万亩次，农田发生 177 万亩，防治 164 万亩。大部分地区农田周边草滩虫口密度一般每平方米 5～20 头，发生严重地区虫口密度最高每平方米 100 头左右。	各省蝗情报告
2017 年	全国飞蝗发生 1 794 万亩，防治 1 278 万亩。其中，东亚飞蝗夏蝗发生 884 万亩、达标防治 481 万亩，秋蝗发生 715 万亩、达标防治 378 万亩；亚洲飞蝗发生 22 万亩，防治 15 万亩；西藏飞蝗发生 172 万亩，防治 167 万亩。	各省蝗情报告
	吉林省农安县万顺乡平山村元宝洼附近的荒地和芦苇丛发生亚洲飞蝗 3.5 万亩，高密度发生区 1.16 万亩，平均虫口密度每平方米为 50～60 头，最大密度达 1 000 头以上。政府动用无人机 1 600 架次，防治面积 1.76 万亩；直升机 42 架次，防治 2.1 万亩；人工地面 200 台静电喷雾器共作业 0.8 万亩，共动用机动车 63 台、人员 482 人，转移牲畜 420 头，修建临时道路 2 千米，共防治 4.66 万亩次。	各省蝗情报告
	山东峡山水库出现高密度蝗情，发生面积 8 000 多亩，虫口密度为每平方米 10～20 头，最高密度达 100 头以上。	各省蝗情报告
	四川甘孜藏族自治州西藏飞蝗发生面积 114.98 万	各省蝗情报告

（续）

公元纪年	蝗灾情况	资料来源
2017 年	亩次，防治面积 117.26 万亩次。高密度蝗虫发生面积 200 亩，石渠县正科乡最高密度 66 头/米²。	
	新疆土蝗中等发生，察布查尔县、温泉县、额敏县出现高密度蝗蝻点片，重发生区平均密度每平方米 30～100 头，最高密度每平方米达 1 100 头。	各省蝗情报告
	内蒙古全区共发生土蝗 710 万亩次，达标 180 万亩，全区防蝗生态调控 100 万亩、生物防治 40 万亩、化学防控 86.7 万亩。发生严重地区虫口密度最高 165 头/米²。	各省蝗情报告
2018 年	全国飞蝗发生面积 1 503.29 万亩，防治面积 988.40 万亩。其中，东亚飞蝗夏蝗发生 730.61 万亩、防治 483.54 万亩，秋蝗发生 617.85 万亩、防治 360 万亩；亚洲飞蝗发生 29.17 万亩，防治 17.71 万亩；西藏飞蝗发生 125.66 万亩，防治 127.09 万亩。	各省蝗情报告
	天津市滨海新区北大港水库蝗区东亚飞蝗夏蝗最高密度每平方米 181 头，每平方米 10 头以上的面积有 2.1 万亩；秋蝗最高密度每平方米 193 头，每平方米 10 头以上的面积有 2.6 万亩。	各省蝗情报告
	山东省潍坊市峡山水库库区发生东亚飞蝗约 3 万亩，其中高密度面积 7 000 亩，虫口密度一般每平方米 50～60 头，最高 100 头以上，采用喷洒微孢子虫、苦参碱、印楝素等生物防治措施进行防治，对远离水源地使用高效氯氰菊酯防治。	各省蝗情报告
	西藏阿里地区西藏飞蝗发生约 2.9 万亩，其中噶尔县 2.87 万亩、日土县 272 亩，重发区 1.6 万亩，每平方米蝗虫 50～400 头，最高密度每平方米 700 头以上。发生密度高、蝗群大、龄期极其不整齐，发生地海拔 4 200 米以上，作业难度大、效率低。防治作业面积 3.07 万亩次，投入资金 500 万元，作业人员 4 194 人次，使用药剂 31.4 吨、器械 1 097 台次、帐篷 130 顶，实施人工降雨 2 次，高密度蝗群得到有效控制。	各省蝗情报告

（续）

公元纪年	蝗灾情况	资料来源
2018 年	新疆伊犁地区察布查尔县农牧交错区蝗蝻发生面积 2.2 万亩，密度每平方米 110 头，最高 600 头；塔城地区农牧交错区蝗蝻最高密度达 2 300 头。	各省蝗情报告
	内蒙古武川县农田周边草滩土蝗虫口密度最高 80 头/米^2，农田虫口密度 40～60 头/米^2，最高 100 头/米^2；包头市固阳县、达茂旗、锡林郭勒盟南部旗县农田及周边草滩虫口密度最高 65 头/米^2。	各省蝗情报告
	9 月，老挝黄脊竹蝗迁飞至云南省勐腊县境内，距老挝边境仅 3 公里远的易武镇部分村寨竹林、芦苇等植物受到蝗灾肆虐。	各省蝗情报告
2019 年	全国飞蝗发生面积 1 422.45 万亩，防治面积 931.99 万亩。其中，东亚飞蝗夏蝗发生 693.07 万亩、防治 438.59 万亩，秋蝗发生 584.26 万亩、防治 354.79 万亩；亚洲飞蝗发生 21.61 万亩，防治 11.49 万亩；西藏飞蝗发生 123.51 万亩，防治 127.12 万亩。	各省蝗情报告
	天津北大港水库发生点片高密度飞蝗，夏蝗最高密度每平方米 1 000 头左右，发生面积约 500 亩，出动直升机喷洒苦参碱防治；秋蝗每平方米 10～30 头的面积 5 000 亩，30 头以上的面积 2 000 亩。	各省蝗情报告
	安徽省淮南市潘集区高皇镇后集村发生 3 200 亩东亚飞蝗，一般密度为每平方米 1～10 头，高密度区域每平方米 100 头以上。	各省蝗情报告
	海南省儋州市海头镇和雅星镇发生每平方米 200 头群居型蝗蝻点片，东方市感城镇和大田镇点片成虫密度达 300～600 头。	各省蝗情报告
	西藏自治区阿里地区噶尔县西藏飞蝗发生区域约 6.7 万亩，每平方米蝗虫 70～500 头，最高密度每平方米 700 头以上。发生地海拔 4 200 米以上，拉萨、山南局部地方也发生高密度种群。	各省蝗情报告
	新疆吐鲁番市托克逊县郭勒布依乡切克曼村 5 月中旬在农牧交错区发生亚洲飞蝗 5 000 亩，	各省蝗情报告

（续）

公元纪年	蝗灾情况	资料来源
2019 年	平均密度每平方米 14 头，有 1 000 亩密度达 70 头/米^2。塔城地区额敏县巴克辛布鲁克村 550 亩的草场土蝗密度 100～700 头/米^2；上户镇库玛克村 70 亩食用向日葵田土蝗密度 50～200 头/米^2，邻近苜蓿田土蝗密度 200～1 000 头/米^2，最高密度达 1 800～3 500 头/米^2。	各省蝗情报告

·第九章·

正史中的蝗灾叙录

　　本章根据上海古籍出版社、上海书店 1986 年联合影印的清乾隆四年（1739 年）武英殿本二十四史和关外二次本《清史稿》，以及中华书局出版的二十五史标点本，逐代、逐年地整理其蝗灾发生记载情况。以《二十五史·郡国志》《二十五史·地理志》、《辞海》（上海辞书出版社 1980 年版）、《中国历史地图集》（谭其骧主编，中国地图出版社 1996 年版）、《中国历史地名大辞典》（史为乐主编，中国社会科学出版社 2005 年版）等工具书作为主要参考依据，对二十五史记载的蝗灾发生地地名进行考证、说明。为便于查阅，在蝗灾记载后面附注了页码，其中"上"表示上海古籍出版社、上海书店联合版二十五史总页码，"中"表示中华书局二十五史标点本各史的页码。

　　除了《南齐书》和《梁书》未见蝗灾记载，正史累计记载蝗灾 815 年（表 9-1），占历史蝗灾记载总数的 74%，可见历代蝗灾的严重性和社会经济影响力。

表 9-1　正史中的蝗灾记载情况

史书名	蝗灾记载次数	史书名	蝗灾记载次数
《史记》	5	《陈书》	1
《汉书》	30	《魏书》	15
《后汉书》	44	《北齐书》	3
《三国志》	5	《周书》	2
《晋书》	18	《隋书》	6
《宋书》	10	《南史》	2

（续）

史书名	蝗灾记载次数	史书名	蝗灾记载次数
《北史》	10	《辽史》	10
《旧唐书》	24	《金史》	21
《新唐书》	34	《元史》	73
《旧五代史》	10	《明史》	62
《新五代史》	6	《清史稿》	119
《宋史》	86	人物传记	221

一、《史记》

（汉）司马迁撰

1. 秦王政四年（前 243 年）

十月，蝗虫从东方来，蔽天，天下疫。　　　　　中 224；上 28（秦始皇本纪）

注：蝗虫从东方来，从今陕西长安以东或从今陕西潼关以东飞来。

2. 西汉后元六年（前 158 年）

天下旱蝗，帝加惠，令诸侯毋入贡。发仓庾以振贫民，民得卖爵。

中 432；上 46（孝文本纪）

3. 西汉前元三年（前 154 年）

吴王濞者，高帝兄刘仲之子也。及孝景帝即位，三年冬，乃使中大夫应高诮胶西王。高曰："彗星出，蝗虫数起，此万世一时，而愁劳圣人之所起也。"

中 2826；上 313（吴王濞列传）

注：三年冬，据《资治通鉴·汉纪》载，为汉景帝前三年（前 154 年）。

4. 西汉中元四年（前 146 年）

大蝗。　　　　　　　　　　　　　　　　　　　中 445；上 49（孝景本纪）

5. 西汉太初元年（前 104 年）

是岁，西伐大宛，蝗大起。

中 483；上 50（孝武本纪）中 1402；上 172（封禅书）

是岁，而关东蝗大起，飞西至敦煌。贰师将军军既西过盐水，当道小国恐，各坚城守，不肯给食。攻之不能下。

中 3175；上 344（大宛列传）

注："关东蝗大起，飞西至敦煌"，此条亦被《资治通鉴》采用。但是哪个关东？《陕西省志·大事记》认为："八月，关东蝗大起，飞经关中，西至敦煌。"据陈元光 1961 年报道，东亚飞蝗羽化 7 天后才可作远距离飞翔，飞翔时，最高飞行速度为每秒 2.5 米，1 天可飞翔 216 千米，飞行时体温还要增加 4～5℃。而从陕西关东，经关中至敦煌，距离达 2 500 余千米，需连续飞行 10 余天才能到达，飞行这么远的距离，几乎是不可能的。关东的关，泛指要塞，汉武帝时在敦煌西北置玉门关，司马光编著《资治通鉴》时，玉门关已迁至今甘肃瓜州县东双塔堡，而称汉时玉门关为故关。关东，当指今甘肃瓜州县以东。敦煌，在河西走廊西端。但这些地区不分布东亚飞蝗。据郑哲民《甘肃蝗虫图志》载：亚洲飞蝗在河西走廊的敦煌、玉门、金塔、酒泉、张掖等地均有分布，因此，这次迁飞的蝗虫是亚洲飞蝗。

二、《汉书》

(东汉) 班固撰 (唐) 颜师古注

1. 鲁桓公五年（前 707 年）

秋，螽。刘歆以为贪虐取民则螽，介虫之孽也，与鱼同占。刘向以为介虫之孽属言不从。是岁，公获二国之聘，取鼎易邑，兴役起城。诸螽略皆从董仲舒说云。

中 1431；上 505（五行志）

注：螽，《汉书·五行志》曰："于春秋为螽，今谓之蝗，皆其类也"，现指飞蝗。《春秋公羊传》曰："何以书，记灾也。"刘歆，刘向之子，刘歆、刘向均为西汉文学家。二国，指宋、郑二国。易邑，今河北易县。起城，指兴建祝丘。

2. 鲁僖公十五年（前 645 年）

八月，螽。

中 1432；上 505（五行志）

3. 鲁文公三年（前 624 年）

秋，雨螽于宋。刘向以为先是宋杀大夫而无罪，有暴虐赋敛之应。董仲舒以为宋三世内取，大夫专恣，杀生不中，故螽先死而至。刘歆以为螽为谷灾，卒遇贼阴，坠而死也。

中 1432；上 505（五行志）

注：雨螽，飞蝗迁飞过程中遇大雨而死，大量死蝗坠落于地。宋，古国名，建都今河南商丘南。

4. 鲁文公八年（前619年）

十月，螽。时公伐邾取须朐，城郚。　　　　　　中1433；上505（五行志）

师古曰："冬，螽。"　　　　　　　　　　　　　中1939；上546（楚元王传）

注：邾，古国名，在今山东曲阜东南。须朐，在今山东东平县西北。郚，古邑名，在今山东安丘西南。

5. 鲁宣公六年（前603年）

八月，螽。刘向以为，先是时宣伐莒向，后比再如齐，谋伐莱。

中1433；上505（五行志）

6. 鲁宣公十三年（前596年）

秋，螽。公孙归父会齐伐莒。　　　　　　　　中1433；上505（五行志）

7. 鲁宣公十五年（前594年）

秋，螽。　　　　　　　　　　　　　　　　　中1433；上505（五行志）

冬，蝝生。董仲舒、刘向以为蝝，螟始生也，一曰蝗始生。是时，民患上力役，解于公田。宣是时初税亩。税亩，就民田亩择美者税其什一，乱先王制而为贪利，故应是而蝝生，属蠃虫之孽。　　　　　　　　中1434；上505（五行志）

师古曰：冬，蝝生，饥。　　　　　　　　　　中1939；上546（楚元王传）

注：蝝，蝗蝻名称，指飞蝗幼虫。1936年世界书局《春秋三传》载："春秋之秋，夏时之夏；春秋之冬，夏时之秋。螽灾于夏，蝝生于秋，一岁而再为灾，故谨志之。"

8. 鲁襄公七年（前566年）

八月，螽。　　　　　　　　　　　　　　　　中1433；上505（五行志）

9. 鲁哀公十二年（前483年）

十二月，螽。是时，哀用田赋。刘向以为，春用田赋，冬而螽。

中1434；上505（五行志）

冬十二月流火，非建戌之月也。是月也螽，故《传》曰："火伏而后蛰者毕，今火犹西流，司历过也。"《诗》曰："七月流火。" 　　中 1022；上 464（律历志）

注：火犹西流，司历过也，是说蝗灾发生于冬，是由于司历计算有过错。《传》，即《春秋左氏传》，春秋史学家左丘明撰。

10. 鲁哀公十三年（前 482 年）

九月，螽；十二月，螽。比三螽，虐取于民之效也。刘歆以为，周十二月，夏十月也，火星既伏，蛰虫皆毕，天之见变，因物类之宜，不得以螽，是岁，再失闰矣。周九月，夏七月，故《传》曰："火犹西流，司历过也。"

中 1434；上 505（五行志）

注：比，频频之意。

11. 西汉后元六年（前 158 年）

夏四月，大旱蝗。师古注曰："蝗，即螽也，食苗为灾。"发仓庾以振民。民得卖爵。　　中 131；上 380（文帝本纪）

12. 西汉前元三年（前 154 年）

吴王濞，高帝兄仲之子也。及景帝即位，三年冬，于是乃使中大夫应高口说胶西王。高曰："彗星出，蝗虫起，此万世一时，而愁劳，圣人所以起也。"

中 1903；上 545（吴王濞传）

注：三年冬，据《资治通鉴·汉纪》载，为汉景帝前三年（前 154 年）。

13. 西汉中元三年（前 147 年）

秋九月，蝗。　　　　　　　　　　中 147；上 381（景帝本纪）
秋，蝗。先是，匈奴寇边，中尉不害将车骑材官士屯代高柳。

中 1434；上 505（五行志）

14. 西汉中元四年（前 146 年）

夏，大蝗。　　　　　　　　　　中 147；上 381（景帝本纪）

15. 西汉建元五年（前 136 年）

五月，大蝗。　　　　　　　　　　中 159；上 382（武帝本纪）

复蝗，民生未复。　　　　　　　　　　　　中 2779；上 622（严助传）

16. 西汉元光六年（前 129 年）

夏，大旱蝗。　　　　　　　　　　　　中 166；上 383（武帝本纪）

夏，蝗。是岁，四将军征匈奴。　　　　中 1435；上 505（五行志）

17. 西汉元鼎五年（前 112 年）

秋，蝗。是岁，四将军征南越及西南夷，开十余郡。

中 1435；上 505（五行志）

18. 西汉元封六年（前 105 年）

秋，大旱蝗。　　　　　　　　　　　　中 199；上 385（武帝本纪）

秋，蝗。先是两将军征朝鲜，开四郡。　中 1435；上 505（五行志）

19. 西汉太初元年（前 104 年）

夏，蝗从东方飞至敦煌。贰师将军征大宛，天下奉其役连年。

中 1435；上 505（五行志）

秋八月，遣贰师将军李广利发天下谪民西征大宛。蝗从东方飞至敦煌。

中 200；上 385（武帝本纪）

是岁，西征大宛，蝗大起。　　　　　　中 1246；上 487（郊祀志）

注：敦煌，治所在今甘肃敦煌西，地处河西走廊西端，这次蝗虫迁飞，是指亚洲飞蝗（郑哲民《甘肃蝗虫图志》）。贰师，城名，大宛属地，在今吉尔吉斯斯坦西南，《史记·大宛列传》："宛有善马在贰师城。"

20. 西汉太初二年（前 103 年）

秋，蝗。遣浚稽将军赵破奴二万骑出朔方，击匈奴，不还。

中 201；上 385（武帝本纪）

注：浚稽，浚稽山，在今甘肃武威北。

21. 西汉太初三年（前 102 年）

秋，复蝗。　　　　　　　　　　　　　中 1435；上 505（五行志）

22. 西汉征和三年 (前 90 年)

秋，蝗。　　　　　　　　　　　　　　　中 210；上 386（武帝本纪）

秋，蝗。贰师七万人没，不还。　　　　　中 1435；上 505（五行志）

23. 西汉征和四年 (前 89 年)

夏，蝗。　　　　　　　　　　　　　　　中 1435；上 505（五行志）

24. 西汉神爵四年 (前 58 年)

河南界中又有蝗虫，府丞义出行蝗。　　　中 3670；上 704（严延年传）

注：河南，郡名，治所在今河南洛阳东北。府丞，官职名。义，人名。出行蝗，外出察看蝗情。严延年，时任河南太守。据《资治通鉴》记载，此次蝗灾发生在汉神爵四年。

25. 西汉元始二年 (公元 2 年)

夏四月，郡国大旱蝗，青州尤甚，民流亡。遣使者捕蝗，民捕蝗诣吏，以石斗受钱。天下民赀不满二万，被灾之郡不满十万，勿租税。民疾疫者，舍空邸第，为置医药。募徙贫民，县次给食。至徙所，赐田宅什器，假与犁牛、种、食。

中 353；上 397（平帝本纪）

秋，蝗遍天下。是时，王莽秉政。　　　　中 1436；上 505（五行志）

注：郡国，西汉时实行郡、国制，先后有异姓七国和同姓九国的分封，除中央管辖少数郡，大多数郡为各国管辖。景帝后（前 140 年后）各国的权力不断削弱，辖郡日逐减少，至武帝后，每国只辖一郡，已名存实亡，多数郡已为中央管辖。郡国，这里指各分封国，西汉时，各国主要分布在今河北、山东、安徽、河南四省。青州，汉十三刺史部之一，主要辖今山东德州以东、马颊河以南的广大地区。民捕蝗诣吏，以石斗受钱，人民把捕捉到的蝗虫交到官府，量蝗多少而赏钱。这段记载，多被后人称之为汉代捕蝗诏。王莽，新王朝的国君，公元 8—23 年在位。

26. 新莽始建国三年 (11 年)

是岁，濒河郡蝗生。　　　　　　　　　　中 4127；上 746（王莽传）

注：濒河郡，指靠近黄河，今黄河南北的一些郡县。

27. 新莽天凤四年（17 年）

莽又令公卿以下至郡县黄绶吏，皆保养军马，吏尽复以与民。民摇手触禁，不得耕桑，徭役烦剧，而枯旱、蝗虫相因。又用制作未定，上自公侯，下至小吏，皆不得俸禄，而私赋敛，货赂上流，狱讼不决。吏用苛暴立威，旁缘莽禁，侵刻小民。富者不得自保，贫者无以自存。及莽未诛，而天下户口减半矣。

中 1185；上 478（食货志）

注：《汉书·食货志》中未记载时间，据《资治通鉴》，为新莽天凤四年。

28. 新莽地皇元年（20 年）

七月，莽复下书曰："惟即位以来，阴阳未和，风雨不时，数遇枯旱、蝗螟为灾。"

中 4160；上 750（王莽传）

29. 新莽地皇二年（21 年）

秋，关东大饥，蝗。

中 4167；上 750（王莽传）

注：关东，泛指今陕西潼关或今河南新安函谷关以东广大地区。

30. 新莽地皇三年（22 年）

四月，莽曰："惟阳九之阸，与害气会，究于去年。枯旱霜蝗，饥馑荐臻，百姓困乏，流离道路，于春尤甚，予甚悼之。今使开东方诸仓，赈贷穷乏。"夏，蝗从东方来，飞蔽天，至长安，入未央宫，缘殿阁。莽发吏民设购赏捕击。流民入关者数十万人，乃置养赡官禀食之。使者监领，与小吏共盗其禀，饥死者十七八。

中 4175－4177；上 751（王莽传）

末年，流民入关者数十万人，置养赡官以禀之，吏盗其禀，饥死者十七八。莽耻为政所致，乃下诏曰："予遭阳九之阸，百六之会，枯旱霜蝗，饥馑荐臻，蛮夷猾夏，寇贼奸轨，百姓流离。予甚悼之，害气将究矣。"岁为此言，以至于亡。

中 1145；上 478（食货志）

注：蝗虫从东方来，从今陕西长安或潼关以东飞来。未央宫，在今陕西长安故城西南，是皇帝朝见大臣之处。设购赏捕击，设置收购部门，鼓励百姓捕蝗，并给以奖赏。末年，指新莽地皇三年。害气将究，气数将尽意。

三、《后汉书》 (宋) 范晔撰   (梁) 刘昭补志   (唐) 李贤注

1. 新莽地皇三年 (22年)

莽末，天下连岁灾蝗，寇盗锋起。地皇三年，南阳荒饥。

中 2；上 765 （光武帝纪）

注：据《汉书·王莽传》载：地皇三年夏，"蝗从东方来，飞蔽天，至长安，入未央宫，缘殿阁。莽发吏民设购赏捕击"。南阳，今河南南阳。

2. 新莽地皇四年 (23年)

莽末，天下连岁灾蝗。   中 2；上 765 （光武帝纪）

初，王莽末，天下旱蝗，黄金一斤易粟一斛，是至野谷旅生，麻菽尤盛。

中 32；上 768 （光武帝纪）

注：莽末，莽亡时为地皇四年。斤，金意。斛，古代容量单位，汉代以十斗为一斛。

3. 东汉建武五年 (29年)

夏四月，旱蝗。   中 38；上 768 （光武帝纪）

4. 东汉建武六年 (30年)

春正月，诏曰："往岁水、旱、蝗虫为灾，谷价腾跃，人用困乏。朕惟百姓无以自赡，恻然愍之。其命郡国有谷者，给禀高年、鳏、寡、孤、独及笃癃、无家属贫不能自存者，如《律》。二千石勉加循抚，无令失职。"夏，蝗。

中 47-49；上 769 （光武帝纪）   中 3318；上 824 （五行志）

注：《大戴礼》曰："六十无妻曰鳏，五十无夫曰寡。"《礼记》曰："幼而无父曰孤，老而无子曰独。"《尔雅》曰："笃，困也。"《仓颉篇》曰："癃，病也。"二千石，是汉代对郡守的通称，郡守的俸禄为二千石，因有此称。

5. 东汉建武二十二年 (46年)

三月，京师、郡国十九蝗。   中 3318；上 824 （五行志）

是岁，青州蝗。   中 74；上 771 （光武帝纪）

单于舆死。而匈奴中连年旱蝗，赤地数千里，草木尽枯，人畜饥疫，死耗太半。

中 2942；上 1059（南匈奴列传）

注：东汉京师，治所在今河南洛阳。青州，治所在今山东淄博临淄北。

6. 东汉建武二十三年（47 年）

京师、郡国十八大蝗旱，草木尽。　　　　　　　中 3318；上 824（五行志）

7. 东汉建武二十七年（51 年）

臧宫与杨虚侯马武上书曰："匈奴贪利，无有礼信，穷则稽首，安则侵盗。房今人畜疫死，旱蝗赤地，疫困之力，不当中国一郡。岂宜固守文德而堕武事乎？命将攻其左、击其右。如此，北房之灭，不过数年。"　　　中 695；上 867（臧宫传）

注：匈奴，古代中国少数民族之一，长期在北方蒙古高原游牧，时不断对汉朝进行攻扰，汉武帝时，即开始对其采取攻势。稽首，跪拜，臣拜君的最高礼式。房，汉人对匈奴人的蔑称。

8. 东汉建武二十八年（52 年）

三月，郡国八十蝗。　　　　　　　　　　　　中 3318；上 824（五行志）

注：1965 年中华书局《后汉书》校补记曰："光武时，郡国九十三，如八十蝗，蝗几遍全国矣。八十盖是十八误倒。"

9. 东汉建武二十九年（53 年）

四月，武威、酒泉、清河、京兆、魏郡、弘农蝗。

中 3318；上 824（五行志）

注：武威，今甘肃武威。酒泉，今甘肃酒泉。清河，治所在今山东临清东北。京兆，方域名，今陕西长安。魏郡，治所在今河北临漳西南。弘农，治所在今河南灵宝北。

10. 东汉建武三十年（54 年）

六月，郡国十二大蝗。　　　　　　　　　　　中 3318；上 824（五行志）

11. 东汉建武三十一年（55 年）

是夏，蝗。　　　　　　　　　　　　　　　　中 81；上 771（光武帝纪）

郡国大蝗。 中 3318；上 824（五行志）

12. 东汉中元元年（56 年）

三月，郡国十六大蝗。 中 3318；上 824（五行志）

秋，郡国三蝗。 中 83；上 772（光武帝纪）

山阳、楚、沛多蝗，其飞至九江界者，辄东西散去。

中 1413；上 927（宋均传）

注：山阳，郡名，治所在今山东巨野东南。楚，国名，治所彭城，今江苏徐州。沛，国名，治所在今安徽淮北西北。九江，郡名，治所在今安徽寿县。

13. 东汉永平四年（61 年）

十二月，酒泉大蝗，从塞外入。 中 3318；上 824（五行志）

注：塞外，泛指塞北，即长城以北地区。这次蝗虫的迁飞，是指亚洲飞蝗。

14. 东汉永平十年（67 年）

郡国十八或雨雹，蝗。 中 3313；上 824（五行志）

15. 东汉永平十五年（72 年）

蝗起泰山，弥行兖、豫。 中 3318；上 824（五行志）

蝗起泰山，流被郡国，过邹界不集。郡因以状闻，诏书以为不然，遣使案行，如言。 中 1155；上 905（郑弘传）

蝗发泰山，流徙郡国，荐食五谷，过寿张界，飞逝不集。

中 2714；上 1039（谢夷吾传）

注：据《谢沈书》曰：“未数年，豫章遭蝗，谷不收，民饥死县数千百人。”豫章，郡名，治所在今江西南昌。泰山，郡名，治所在今山东泰安东北。兖豫，指今山东西南部、河南东部及安徽北部等地方。邹界，今山东邹城。郡，郡守，官职名。案，调查。寿张，在今山东东平西南。

16. 东汉建初元年（76 年）

时皋林温禺犊王复将众还居涿邪山，南单于闻知，遣轻骑与缘边郡及乌桓兵出塞击之，斩首数百级。其年，南部苦蝗，大饥，肃宗禀给其贫人三万余口。

中 2950；上 1059 （南匈奴列传）

注：涿邪山，山名，在今蒙古人民共和国。肃宗，指汉章帝刘炟。

17. 东汉章和元年 （87 年）

马棱，字伯威，章和元年，迁广陵太守。《东观汉记》曰："棱在广陵，蝗虫入江海，化为鱼虾。"

中 862 - 863；上 881 （马棱传）

注：广陵，治所在今江苏扬州西北。

18. 东汉章和二年 （88 年）

时北虏大乱，加以饥蝗，降者前后而至。南单于将并北庭，会肃宗崩，窦太后临朝。

中 2952；上 1059 （南匈奴列传）

注：此次蝗灾发生在今蒙古人民共和国。

19. 东汉永元四年 （92 年）

是夏，旱蝗。十二月壬辰，诏："今年郡国秋稼为旱蝗所伤，其什四以上勿收田租、刍稿；有不满者，以实除之。"

中 174；上 778 （孝和帝纪）

蝗。

中 3317；上 824 （五行志）

注：什即十，什四，十分之四。刍稿，稻、麦秸秆类饲草。

20. 东汉永元八年 （96 年）

五月，河内、陈留蝗。九月，京师蝗。吏民言事者，多归责有司。诏曰："蝗虫之异，殆不虚生，万方有罪在予一人，而言事者专咎自下，非助我者也。朕寤寐恫矜，思弭忧衅。昔楚严无灾而惧，成王出郊而反风。将何以匡朕不逮，以塞灾变？百僚师尹勉修厥职，刺史、二千石详刑辟，理冤虐，恤鳏寡，矜孤弱，思惟致灾兴蝗之咎。"

中 181 - 182；上 779 （孝和帝纪）　　中 3318；上 824 （五行志）

注：河内，郡名，治所在今河南武陟西南。陈留，郡名，治所在今河南开封东南。京师，治所在今河南洛阳。

21. 东汉永元九年 （97 年）

六月，蝗旱。戊辰，诏："今年秋稼为蝗虫所伤，皆勿收租、更、刍稿；若有所

805

损失，以实除之，余当收租者亦半入。其山林饶利，陂池渔采，以赡元元，勿收假税。"秋七月，蝗虫飞过京师。　　　　　　　　中 183；上 779（孝和帝纪）

蝗从夏至秋。西羌数反，遣将军将北军五校征之。

中 3318；上 824（五行志）

注：租，田租。更，人夫。元元，泛指民众、百姓。假税，即租赁、借贷之税。京师，今河南洛阳。

22. 东汉永初四年（110 年）

夏四月，六州蝗。　　　　　　　　　　　　　　中 215；上 781（安帝纪）

夏，蝗。是时西羌寇乱，军众征距，连十余年。《谶》曰："主失礼烦苛，则旱之，鱼螺变为蝗虫。"

中 3318；上 824（五行志）

注：《东观汉记》曰：司隶、豫、兖、徐、青、冀六州。司隶，即司隶校尉部，治所在今河南洛阳东北。豫州，治所在今安徽亳州。兖州，治所在今山东巨野东南。徐州，治所在今山东郯城。青州，治所在今山东淄博临淄北。冀州，治所在今河北柏乡北。

23. 东汉永初五年（111 年）

夏，九州蝗。《京房占》曰："今蝗虫四起，此为国多邪人，朝无忠臣，虫与民争食，居位食禄如虫矣。"

中 3318；上 824（五行志）

闰三月，诏曰："灾异蜂起，盗贼纵横，夷狄猾夏，戎事不息，百姓匮乏，疲于征发。重以蝗虫滋生，害及成麦，秋稼方收，甚可悼也。公、卿、大夫将何以匡救？其令三公、特进、侯、中二千石、二千石、郡守、诸侯相，举贤良方正、有道术、达于政化、能直言极谏之士各一人，及至孝与众卓异者，并遣诣公车，朕将亲览焉。"是岁，九州蝗。　　　　　　　　　　　　　　中 217；上 781（安帝纪）

春，羌既转盛，朝廷遂移陇西徙襄武，安定徙美阳，北地徙池阳，上郡徙衙。百姓恋土，不乐去旧，遂乃刈其禾稼，发彻室屋，夷营壁，破积聚。时连旱蝗饥荒，而驱蹙劫掠，流离分散，随道死亡，丧其太半。　　　　中 2887；上 1052（西羌传）

注：《辞海》释九州"泛指全中国"，"实际上九州都只是当时学者各就其所知的大陆所划分的九个地理区域"。《周礼·职方》有冀、兖、青、幽、并、扬、荆、豫、雍九州之说。《后汉书·郡国志》载：后汉有司隶、冀、豫、兖、徐、青、荆、扬、幽、并、益、凉、交十三州部。是岁，九州蝗，可见蝗灾发生面积是相当大的，以至安帝刘祜下诏举贤才，献良策，求灭蝗救灾之法。悼，恐惧。匡，帮助。道术，治道方法，包括有

效的治蝗方法。政化，将方法转化为政令。卓异，优秀。遣诣公车，遣诣，派遣委任意，公车，官署名。亲览，皇帝亲自阅览。陇西，古郡名，治所在今甘肃临洮南；安定，古郡名，治所在今甘肃镇原东南；北地，古郡名，治所在今甘肃庆阳西北；上郡，古郡名，治所在今陕西北部一带。

24. 东汉永初六年（112 年）

三月，十州蝗。 中 218；上 781（安帝纪）

三月，去蝗处复蝗子生。《古今注》曰："郡国四十八蝗。"

中 3318；上 824（五行志）

25. 东汉永初七年（113 年）

八月丙寅，京师大风，蝗虫飞过洛阳。诏赐民爵："郡国被蝗伤稼十五以上，勿收今年田租；不满者，以实除之。" 中 220；上 782（安帝纪）

夏，蝗。 中 3318；上 824（五行志）

26. 东汉元初元年（114 年）

夏四月，京师及郡国五旱蝗。诏三公、特进、列侯、中二千石、二千石、郡守举敦厚质直者各一人。 中 221；上 782（安帝纪）

夏，郡国五蝗。 中 3318；上 824（五行志）

27. 东汉元初二年（115 年）

五月，河南及郡国十九蝗。诏曰："朝廷不明，庶事失中，灾异不息，忧心悼惧。被蝗以来，七年于兹，而州郡隐匿，裁言顷亩。今群飞蔽天，为害广远，所言所见，宁相副邪？三司之职，内外是监，既不奏闻，又无举正。天灾至重，欺罔罪大。今方盛夏，且复假贷，以观厥后。其务消救灾眚，安辑黎元。"

中 222-223；上 782（安帝纪）

马融上《广成颂》以讽谏，其辞曰："虽尚颇有蝗虫，今年五月以来，雨露时澍，祥应将至。" 中 1954-1955；上 973（马融传）

夏，郡国二十蝗。 中 3319；上 824（五行志）

注：裁，才意。副，符合意。三司，指司徒、司空、大司农官员，后汉司徒主掌四方民事，司空主掌四方水土功课，大司农主掌诸钱粮金帛货币。内外是监，泛指宫内外诸侯及有关地方官署官员。罔，欺骗之意。假贷，宽容的意思。厥后，其后之意。

灾眚，灾害，指蝗灾。《广成颂》，马融撰，广成，亦称广成苑，帝王狩猎的园林，在今河南汝州西。讽谏，马融上《广成颂》，讽刺帝王只顾去广成打猎游玩，不顾百姓遭蝗灾为害。

28. 东汉延光元年（122年）

　　六月，郡国蝗。　　中235；上783（安帝纪）　　中3319；上824（五行志）

　　陈忠转为仆射，上疏曰："兖、豫蝗蟓滋生。"　　中1562；上940（陈忠传）

　　注：兖豫，东汉时兖州、豫州相连，辖区为今山东西部、安徽北部及河南东部交界处的广大地区。蟓，蝗蝻。据《资治通鉴》记载，这次蝗灾为延光元年。

29. 东汉延光二年（123年）

　　杨震，字伯起，弘农华阴人也。延光二年，代刘恺为太尉。复上疏曰："臣闻古者九年耕必有三年之储，故尧遭洪水，人无菜色。臣伏念方今灾害发起，弥弥滋甚，百姓空虚，不能自赡。重以蝥蝗，羌虏抄掠，三边镇扰，战斗之役至今未息，兵甲军粮不能复给。"　　中1764；上957（杨震传）

30. 东汉永建四年（129年）

　　厚上言："今夏必盛寒，尚有疾疫、蝗虫之害。"是岁，果六州大蝗。

中1049；上896（杨厚传）

31. 东汉永建五年（130年）

　　夏四月，京师及郡国十二蝗。　　中257；上784（顺帝纪）

　　郡国十二蝗。是时鲜卑寇朔方，用众征之。　　中3319；上824（五行志）

32. 东汉永和元年（136年）

　　秋七月，偃师蝗。　　中265；上785（顺帝纪）　　中3319；上824（五行志）

　　注：偃师，旧县名，治所在今河南偃师。

33. 东汉永兴元年（153年）

　　秋七月，郡国三十二蝗。　　中298；上787（桓帝纪）

　　七月，郡国三十二蝗。是时梁冀秉政无谋宪，苟贪权作虐。《春秋考异邮》曰：

"贪扰生蝗。"   中 3319；上 824（五行志）

34. 东汉永兴二年（154 年）

六月，诏司隶校尉、部刺史曰："蝗灾为害，水变仍至，五谷不登，人无宿储。其令所伤郡国种芜菁，以助人食。"京师蝗。九月，又诏："川灵涌水，蝗螽孳蔓，残我百谷，太阳亏光，饥馑荐臻。其不被害郡县，当为饥馁者储。天下一家，趣不糜烂，则为国宝。其禁郡国不得卖酒，祠祀裁足。"

中 299-300；上 787（桓帝纪）

六月，京都蝗。   中 3319；上 824（五行志）

注：京师、京都，今河南洛阳。芜菁，十字花科，根肥大，球形，可食用。

35. 东汉永寿三年（157 年）

六月，京都蝗。   中 3319；上 824（五行志）
六月，京师蝗。   中 303；上 787（桓帝纪）

36. 东汉延熹元年（158 年）

夏五月，京师蝗。   中 303；上 787（桓帝纪）
五月，京都蝗。刘歆《传》："皆逆天时，听不聪之祸也。"

中 3319；上 824（五行志）

37. 东汉延熹九年（166 年）

扬州六郡连水、旱、蝗害。   中 3319；上 824（五行志）

注：扬州，治所历阳，今安徽和县。六郡，《后汉书·郡国志》载，扬州辖九江，治所在今安徽寿县；丹阳，治所在今安徽宣州；庐江，治所在今安徽舒城；会稽，治所在今浙江绍兴；吴郡，治所在今江苏苏州；豫章，治所在今江西南昌。

38. 东汉熹平四年（175 年）

时频有蝗虫之害。   中 1992；上 976（蔡邕传）

39. 东汉熹平六年（177 年）

夏四月，大旱，七州蝗。   中 339；上 789（灵帝纪）

夏，七州蝗。先是鲜卑前后三十余犯塞，是岁护乌桓校尉夏育、破鲜卑中郎将田晏、使匈奴中郎将臧旻将南单于以下，三道并出，讨鲜卑。大司农经用不足，殷敛郡国，以给军粮。三将无功，还者少半。　　　　　中 3319；上 825（五行志）

40. 东汉光和元年（178 年）

诏策问曰："连年蝗虫至冬踊，其咎焉在？"蔡邕对曰："臣闻《易传》曰：'大作不时，天降灾，厥咎蝗虫来。'《河图秘征篇》曰：'帝贪则政暴而吏酷，酷则诛深必杀，主蝗虫。'蝗虫，贪苛之所致也。""蝗虫出，息不急之作，省赋敛之费，进清仁，黜贪虐，分损承安，屈省别藏，以赡国用，则其救也。"

中 3319 - 3320；上 825（五行志）

注：诏策，汉灵帝召见众臣商议对策。踊，上升，不止。咎，灾害。

41. 东汉光和二年（179 年）

时连有灾异，郎中梁人审忠乃上书曰："虫蝗为之生。"

中 2526；上 1023（审忠传）

42. 东汉兴平元年（194 年）

夏六月，大蝗。　　　　　　　　　　　　　中 376；上 791（献帝纪）

夏，大蝗。是时天下大乱。　　　　　　　　中 3320；上 825（五行志）

布为兖州牧，据濮阳。曹操闻而引军击布，累战，相持百余日。是时旱蝗少谷，百姓相食，布移屯山阳。　　　　　　　中 2446；上 1016（吕布传）

注：布，吕布。兖州牧，兖州军政长官名。据，占据。濮阳，今河南濮阳。山阳，郡名，治所昌邑，在今山东巨野昌邑乡。

43. 东汉兴平二年（195 年）

瓒遂保易京，开置屯田，稍得自支。相持岁余，麹义军粮尽，士卒饥困，余众数千人退走。是时旱蝗谷贵，民相食。　　　中 2357；上 1008（公孙瓒传）

44. 东汉建安二年（197 年）

夏五月，蝗。　　　中 380；上 792（献帝纪）　中 3320；上 825（五行志）

注：易京，古城名，在今河北雄县西北。

四、《三国志》　　　　　　〔晋〕陈寿撰　　　〔宋〕裴松之注

1. 东汉兴平元年（194年）

与布相守百余日，蝗虫起，百姓大饿，布粮食亦尽，各引去。

中12；上1069（魏书·武帝纪）

太祖引军还，与布战于濮阳，太祖军不利，相持百余日。是时，岁旱、虫蝗、少谷，百姓相食，布东屯山阳。　　　　　中222；上1093（魏书·张邈传）

注：太祖，曹操。布，指吕布。濮阳，今河南濮阳。

2. 东汉建安三年（198年）

太祖自徐州还，惇从征吕布，为流矢所中，伤左目。复领陈留、济阴太守，加建武将军，封高安乡侯。时大旱，蝗虫起。　　中268；上1099（魏书·夏侯惇传）

注：《夏侯惇传》只记载夏侯惇与吕布大战，为吕布流矢伤左目，复领济阴太守时发生蝗灾之事，未记载时间。又查《后汉书·吕布传》考证，建安三年时，曹操遣夏侯惇救刘备为吕布流矢伤目，领济阴太守。济阴，治所在今山东定陶西北。

3. 东汉建安八年（203年）

袁尚攻兄谭于平原，谭使毗诣太祖求和。太祖将征荆州，毗见太祖致谭意，太祖大悦。辛毗曰："袁氏本兄弟相伐，国分为二，连年战伐，而介胄生虮虱，加以旱蝗，饥馑并臻，国无困仓，行无裹粮，天灾应于上，人事困于下，皆知土崩瓦解，此乃天亡尚之时也。"　　　　　　　　　　　中695；上1150（魏书·辛毗传）

注：上述记载是辛毗受袁谭派遣向曹操求和时说的一段话。据《三国志·武帝纪》载，建安八年八月，袁谭与袁尚争冀州，为尚所败，袁谭遣辛毗乞降请救。太祖，指曹操。介胄，士兵打仗穿的盔甲。虮虱，虱子，可吸人血。

4. 三国魏黄初元年（220年）

汉帝以众望在魏，使兼御史大夫张音持节奉玺绶禅位。改延康为黄初，大赦。辛亥，太史丞许芝条魏代汉见谶纬于魏王曰："今蝗虫见，应之也。"

中62；上1075（魏书·文帝纪）

5. 三国魏黄初三年（222 年）

秋七月，冀州大蝗，民饥，使尚书杜畿持节开仓廪以振之。

中 80；上 1077（魏书·文帝纪）

注：冀州，旧州名，三国魏时移至今河北冀州。

五、《晋书》

（唐）房玄龄等撰　李淳风等考证

1. 东汉永兴元年（153 年）

郡国少半遭蝗，所在廪给。　　　　　　　　中 781；上 1335（食货志）

2. 三国魏黄初三年（222 年）

七月，冀州大蝗，人饥。案蔡邕说："蝗者，在上贪苛之所致也。"是时，孙权归顺，帝因其有西陵之役，举大众袭之，权遂背叛也。　中 880；上 1345（五行志）

注：《晋书·五行志》曰："《春秋》'螽'，刘歆：从介虫之孽，与鱼同占。"

3. 西晋泰始十年（274 年）

六月，是夏，大蝗。　　　　　　　　　　中 64；上 1255（武帝纪）

六月，蝗。是时，荀、贾任政，疾害公直。　中 881；上 1345（五行志）

4. 西晋咸宁四年（278 年）

秋，大霖雨，蝗虫起。预上疏多陈农要。　中 1028；上 1362（杜预传）

5. 西晋太康九年（288 年）

是时，帝听谗谀，宠任贾充、杨骏，故有虫蝗之灾。

中 890；上 1346（五行志）

6. 西晋永宁元年（301 年）

郡国六蝗。　　　中 99；上 1258（惠帝纪）　中 881；上 1345（五行志）

7. 西晋永嘉四年（310 年）

五月，幽、并、司、冀、秦、雍等六州大蝗，食草木、牛马毛皆尽。

中 120；上 1260（怀帝纪）

五月，大蝗，自幽、并、司、冀至于秦、雍，草木、牛马毛鬣皆尽。是时，天下兵乱，竞为暴刻，经略无章，故有此孽。　　　　　　中 881；上 1345（五行志）

注：晋时幽州，治所在今河北涿州。并州，治所晋阳，在今山西太原西南。司州，治所在今河南洛阳东北。冀州，治所房子，在今河北高邑西南。秦州，治所在今甘肃天水。雍州，治所长安，在今陕西西安西北。

8. 西晋建兴四年（316 年）

六月，大蝗。　　　中 130；上 1261（愍帝纪）　　中 881；上 1345（五行志）

河东大蝗，唯不食黍豆。靳准率部人收而埋之，哭声闻于十余里，后乃钻土飞出，复食黍豆。平阳饥甚。　　　　　　中 2673；上 1557（刘聪载记）

时，聪境内大蝗，平阳、冀、雍尤甚。靳准讨之。

中 2675；上 1557（刘聪载记）

时大蝗，中山、常山尤甚。　　　中 2725；上 1563（石勒载记）

注：河东，郡名，治所在今山西夏县西北。靳准，匈奴人，汉刘聪部下。收而埋之，即人工捕捉蝗虫后，掘坑埋掉。哭声，即未被打死的蝗虫在松浅土中骚动的声音。据《晋书·刘聪载记》载，河东大蝗后，刘聪改元麟嘉元年（316 年）。平阳，郡名，在今山西临汾西南。冀，在今河北高邑西南。雍，治所在今陕西西安西北。中山，郡名，治所在今河北定州。常山，郡、国名，治所在今河北石家庄东北。

9. 西晋建兴五年（317 年）

秋七月，司、冀、青、雍等四州蝝蝗，石勒亦竞取百姓禾，时人谓之"胡蝗"。

中 131；上 1261（愍帝纪）

司、冀、青、雍蝝。　　　中 881；上 1345（五行志）

河朔大蝗，初穿地而生，二旬则化状若蚕，七八日而卧，四日蜕而飞，弥亘百草。唯不食三豆及麻。并、冀尤甚。　　中 2726 - 2727；上 1563（石勒载记）

注：蝝蝗，指飞蝗。"胡蝗"，贬义词，形容石勒像蝗虫一样残食百姓。司州，治所

在今河南洛阳东北。青州，治所在今山东淄博临淄北。河朔，泛指黄河以北地区。二旬，二十天。卧，蜕皮时卧而不动。蜕而飞，蜕皮为成虫。三豆，即绿豆、豇豆和豌豆。并州，治所在今山西太原西南。冀州，治所在今河北高邑西南。

10. 东晋太兴元年（318年）

六月，兰陵、合乡蝗，害禾稼。乙未，东莞蝗虫纵广三百里，害苗稼。七月，东海、彭城、下邳、临淮四郡蝗虫害禾豆。八月，冀、青、徐三州蝗，食生草尽，至于二年。是时，中州沦丧，暴乱滋甚也。　　　　　　　　　中881；上1345（五行志）

八月，冀、徐、青三州蝗。　　　　　　　　中151；上1263（元帝纪）

诏曰："徐、扬二州土宜三麦，可督令燸地，投秋下种，至夏而熟，继新故之交，于以周济，所益甚大。昔汉遣轻车使者氾胜之督三辅种麦，而关中遂穰。勿令后晚。"其后频年麦虽有旱蝗，而为益犹多。　　　　　　　中791；上1333（食货志）

注：兰陵，古县名，在今山东兰陵县兰陵镇。合乡，古县名，在今山东滕州东。东莞，旧县名，在今山东沂水东北。东海，郡名，在今山东郯城。彭城，郡名，今江苏徐州。下邳，郡名，在今江苏睢宁西北。临淮，郡名，在今江苏盱眙东北。这次蝗灾，主要发生在今山东、江苏、安徽省的沿微山湖、洪泽湖四周地区。冀州，在今河北高邑西南。青州，治所在今山东淄博临淄北。

11. 东晋太兴二年（319年）

五月，淮陵、临淮、淮南、安丰、庐江等五郡蝗虫食秋麦。是月癸丑，徐州及扬州、江西诸郡蝗，吴郡百姓多饿死。是年，王敦并领荆州，苛暴之衅自此兴矣。

中881；上1345（五行志）

五月，徐、扬及江西诸郡蝗，吴郡大饥。　中152；上1263（元帝纪）

注：淮陵，古县名，在今安徽明光市东北。临淮，郡名，治所在今江苏盱眙东北。淮南，今安徽寿县。安丰，郡名，在今安徽霍邱西南。庐江，郡名，今安徽舒城。徐州，治所彭城，今江苏徐州。扬州，治所建邺，今江苏南京。江西，地区名，泛指长江下游北岸、淮水以南地区。吴郡，今江苏苏州。

12. 东晋咸和八年（333年）

广阿蝗。季龙密遣其子邃率骑三千游于蝗所。中2751；上1566（石勒载记）

注：据《资治通鉴》，此次蝗灾发生在晋成帝咸和八年。广阿，古县名，治所在今河

北隆尧东。季龙，即后赵帝王石虎。游于蝗所，借调查蝗情捕蝗为名，实为观察石勒动静。

13. 东晋咸康四年（338 年）

冀州八郡大蝗，司隶请坐守宰，季龙曰："此政之失和，朕之不德，而欲委咎守宰，岂禹汤罪己之义邪！司隶不进谠言，佐朕不逮，而归咎无辜，所以重吾之责，可白衣领司隶。"

中 2768；上 1568（石季龙载记）

注：冀州，治所在今河北高邑西南。司隶，司隶校尉简称，官职名，捕督各郡犯法的官员。季龙，即后赵帝王石虎。谠言，正确的言论。逮，到位、称职。白衣，黜去品位，同于庶民。领司隶，代理司隶职务。据《资治通鉴》，此事件发生在晋成帝咸康四年。

14. 东晋永和八年（352 年）

慕容儁送闵既至龙城，斩于遏陉山。山左右七里草木悉枯，蝗虫大起。

中 2797；上 1569（石季龙载记）

注：闵，即冉魏开国皇帝冉闵。龙城，旧县名，今辽宁朝阳市。

15. 东晋永和十年（354 年）

蝗虫大起，自华泽至陇山，食百草无遗，牛马相啖毛。蠲百姓租税。

中 2871；上 1580（苻坚载记）

注：华泽，湿地大洼名，在今陕西华阴市西。陇山，山名，在今陕西陇县西北。啖，咬食。蠲，免除。

16. 东晋太元七年（382 年）

幽州蝗，广袤千里，坚遣其散骑常侍刘兰持节为使者，发青、冀、幽、并百姓讨之。所司奏刘兰讨蝗幽州，经秋冬不灭，请征下廷尉诏狱。坚曰："灾降自天，殆非人力所能除也。此自朕之政违所致，兰何罪焉！"

中 2910-2914；上 1584-1585（苻坚载记）

注：坚，即前秦帝王苻坚。散骑常侍，官职名。幽州，治所在今河北涿州。青州，治所在今山东青州。冀州，治所在今河北高邑西南。并州，治所在今山西太原西南。

17. 东晋太元十五年（390 年）

八月，兖州蝗。是时，慕容氏逼河南，征戍不已，故有斯孽。

中 881；上 1345（五行志）

八月，兖州又蝗。 中 349，380；上 1278，1284（天文志）

注：兖州，治所在今山东郓城西。

18. 东晋太元十六年（391 年）

五月，飞蝗从南来，集堂邑县界，害苗稼。边将连有征役，故有斯孽。

中 881；上 1345（五行志）

注：堂邑，旧县名，治所在今江苏六合北。

六、《宋书》 （梁）沈约撰

1. 三国魏黄初三年（222 年）

七月，冀州大蝗，民饥。案蔡邕说："蝗者，在上贪苛之所致也。"

中 971；上 1745（五行志）

注：冀州，今河北冀州。

2. 西晋泰始十年（274 年）

六月，蝗。 中 971；上 1745（五行志）

3. 西晋永嘉四年（310 年）

五月，大蝗，自幽、并、司、冀至于秦、雍，草木、牛马毛鬣皆尽。

中 971；上 1745（五行志）

注：幽州，今河北涿州。并州，在今山西太原西南。司州，在今河南洛阳东北。冀州，在今河北高邑西南。秦州，治所在今甘肃天水。雍州，治所在今陕西西安西北。

4. 西晋建兴四年（316 年）

六月，大蝗。 中 971；上 1745（五行志）

5. 东晋太兴元年（318 年）

六月，兰陵、合乡蝗，害禾稼。乙未，东莞蝗虫纵广三百里，害苗稼。七月，东海、彭城、下邳、临淮四郡蝗虫害禾豆。八月，冀、青、徐三州蝗食生草尽，至于二年。

中 971；上 1745（五行志）

注：兰陵，古县名，在今山东兰陵县兰陵镇。合乡，古县名，在今山东滕州东。东莞，旧县名，在今山东沂水东北。东海，郡名，在今山东郯城。彭城，郡名，今江苏徐州。下邳，郡名，在今江苏睢宁西北。临淮，郡名，在今江苏盱眙东北。这次蝗灾，主要发生在今山东、江苏、安徽省的沿微山湖、洪泽湖四周地区。冀州，在今河北高邑西南。青州，治所在今山东淄博临淄北。

6. 东晋太兴二年（319 年）

五月，淮陵、临淮、淮南、安丰、庐江诸郡蝗食秋麦。

中 971；上 1745（五行志）

注：淮陵，在今安徽明光市东北。临淮，在今江苏盱眙东北。淮南，今安徽寿县。安丰，在今安徽霍邱西南。庐江，今安徽舒城。

7. 东晋太兴三年（320 年）

五月，徐州及扬州、江西诸郡蝗，吴民多饿死。　中 972；上 1745（五行志）

注：徐州，今江苏徐州。扬州，今江苏南京。江西，泛指长江下游北岸至淮水以南广大地区。吴民，指吴郡人民，今江苏苏州。

8. 东晋太元十五年（390 年）

八月，兖州蝗。　　　　　　　　　　　　中 972；上 1745（五行志）
八月，兖州蝗。　　　　　　　　　　　　中 725；上 1716（天文志）

注：兖州，在今山东郓城西。

9. 东晋太元十六年（391 年）

五月，飞蝗从南来，集堂邑县界，害苗稼。　中 972；上 1745（五行志）

注：堂邑，郡名，在今江苏六合北，辖江苏六合及安徽天长西部等地区。

10. 南朝宋元嘉三年（426 年）

秋，旱蝗。又上表曰："有蝗之处，县官多课民捕之，无益于枯苗，有伤于杀害。臣闻蝗生有由，非所宜杀。"

中 1621；上 1814（范泰传）

七、《陈书》 （唐）姚思廉撰

南朝陈永定三年（559 年）

夏，闰四月庚寅，诏曰："吴州、缙州去岁蝗旱，百姓不足。遣中书舍人江德藻衔命东阳，与令长二千石问民疾苦。仍以入台仓见米分恤。"

中 39；上 2120（高祖本纪）

注：吴州，治所在今江西鄱阳。缙州，古州名，治所在今浙江金华。中书舍人、二千石均为官职名。

八、《魏书》 （齐）魏收撰

1. 什翼犍建国十六年（353 年）

前凉重华末年（353 年），有螽斯虫集安昌门外，缘壁逆行。都尉常据谏曰："螽斯是祚小字，今乃逆行，灾之大者，愿出之。"重华曰："子孙繁昌之征，何为灾也？吾昨梦祚摄位，方委以周公之事，辅翼世子。"而祚终杀曜灵焉。自署凉王。

中 2196；上 2421（私署凉州牧张寔传附张祚传）

注：据《魏书·序纪》记载，什翼犍建国十六年，张重华死，重华兄张祚杀重华子曜灵，十七年称凉王，改号和平元年。

2. 北魏兴安元年（452 年）

十有二月，诏："以营州蝗，开仓赈恤。" 中 112；上 2185（高宗纪）

注：营州，治所龙城，今辽宁朝阳。

3. 北魏太安三年 (457 年)

十有二月, 以州镇五蝗, 民饥, 使使者开仓以赈之。

中 116; 上 2186 (高宗纪)

4. 北魏太和元年 (477 年)

十有二月, 诏以州郡八水、旱、蝗, 民饥, 开仓赈恤。

中 145; 上 2189 (高祖纪)

5. 北魏太和二年 (478 年)

夏四月, 京师蝗。

中 145; 上 2189 (高祖纪)

注: 京师, 北魏定都平城, 在今山西大同东北古城村。

6. 北魏太和五年 (481 年)

七月, 敦煌镇蝗, 秋稼略尽。

中 2921; 上 2494 (灵征志)

注: 敦煌镇, 今甘肃敦煌。《魏书·灵征志》曰: "《洪范论曰》: '刑罚暴虐, 取利于下; 贪饕无厌, 以兴师动众; 取邑治城, 而失众心, 则虫为害矣。'"

7. 北魏太和六年 (482 年)

八月, 徐、东徐、兖、济、平、豫、光七州, 平原、枋头、广阿、临济四镇蝗害稼。

中 2921; 上 2494 (灵征志)

注: 徐州, 今江苏徐州。东徐, 治所团城, 今山东沂水。兖州, 今山东兖州。济州, 在今山东茌平西南。平州, 治所肥如, 在今河北卢龙北。豫州, 今河南汝南。光州, 今山东莱州。平原, 在今山东平原西南。枋头, 在今河南浚县西南。广阿, 在今河北隆尧东。临济, 旧县名, 在今山东高青西南。

8. 北魏太和七年 (483 年)

四月, 相、豫二州蝗害稼。

中 2921; 上 2494 (灵征志)

注: 相州, 治所邺镇, 在今河北临漳西南。豫州, 今河南汝南。

9. 北魏太和八年（484 年）

四月，济、光、幽、肆、雍、齐、平七州蝗。　　中 2921；上 2494（灵征志）

注：济州，在今山东茌平西南。光州，今山东莱州。幽州，在今北京西南。肆州，今山西忻州。雍州，在今陕西西安西北。齐州，治所历城，今山东济南。平州，在今河北卢龙北。

10. 北魏太和十六年（492 年）

十月，枹罕镇蝗害稼。　　中 2921；上 2494（灵征志）

注：枹罕，古县名，治所在今甘肃临夏。

11. 北魏景明四年（503 年）

六月，河州大蝗。　　中 2921；上 2494（灵征志）

注：河州，治所枹罕镇，今甘肃临夏。

12. 北魏正始元年（504 年）

六月，夏、司二州蝗害稼。　　中 2921；上 2494（灵征志）

注：夏州，治所岩绿，在今陕西靖边北。司州，治所在今河南洛阳东北。

13. 北魏正始四年（507 年）

八月，泾州蝗虫，凉州、司州恒农郡蝗虫并为灾。

中 2922；上 2494（灵征志）

注：泾州，治所在今甘肃泾川北。凉州，今甘肃武威。恒农，亦称弘农，在今河南灵宝北。

14. 北魏永平元年（508 年）

六月，凉州蝗害稼。　　中 2922；上 2494（灵征志）

注：凉州，今甘肃武威。

15. 北魏永平五年（512 年）

七月，蝗虫。 中 2922；上 2494（灵征志）

九、《北齐书》 （唐）李百药撰

1. 北齐天保八年（557 年）

自夏至九月，河北六州、河南十二州、畿内八郡大蝗，是月，飞至京师，蔽日，声如风雨。诏："今年遭蝗之处，免租。" 中 64；上 2517（文宣帝纪）

注：京师，治所邺，在今河北临漳西南。河北，指黄河以北，包括今河北、河南两省的蝗区。河南，指黄河以南，主要包括今河南及山东两省广大蝗区。

2. 北齐天保九年（558 年）

夏四月，山东大蝗，差夫役捕而坑之。秋七月戊申，诏："赵、燕、瀛、定、南营五州及司州广平、清河二郡去年蝅涝损田，免今年租赋。"

中 64-65；上 2517（文宣帝纪）

羊烈，字信卿，太山巨平人。羊烈除阳平太守，治有能名。是时，频有灾蝗，犬牙不入阳平境，敕书褒美焉。 中 576；上 2568（羊烈传）

注：赵州，治所广阿，在今河北隆尧东。燕州，今北京市。瀛州，今河北河间。定州，今河北定州。南营，在今河北徐水西。广平，在今河北鸡泽东南。清河，治所在今河北清河县西。阳平，古郡名，治所在今河北馆陶。蝅，即飞蝗。

3. 北齐乾明元年（560 年）

夏四月，诏："河南、定、冀、赵、瀛、沧、南胶、光、青九州，往因蝅水，颇伤时稼，遣使分涂赡恤。" 中 75；上 2518（废帝本纪）

注：据中华书局《北史》点校本注释，河南处漏排"北"字，南胶处漏排一个青字，修改后的记载为"河南北定、冀、赵、瀛、沧、南青、胶、光、青九州"。定州，今河北定州。冀州，今河北冀州。赵州，在今河北隆尧东。瀛州，今河北河间。沧州，在今河北盐山西南千童镇。南青，今山东沂水。胶州，今山东诸城。光州，今山东莱州。青州，今山东青州。

十、《周书》

（唐）令狐德棻等撰

1. 北周建德元年（572 年）

去秋，灾蝗，年谷不登。　　　　　　　　　中 80；上 2588（武帝本纪）

注：去秋，指北周天和六年（571 年）秋。

2. 北周建德二年（573 年）

八月，关内大蝗。　　　　　　　　　　　　中 82；上 2590（武帝本纪）

注：关内，泛指今陕西关中盆地，亦称关中。

十一、《隋书》

（唐）魏征等撰

1. 南朝梁大同三年（537 年）

大蝗，篱门松柏叶皆尽。《洪范五行志》曰："介虫之孽也，与鱼同占。"《京房易飞候》曰："食禄不益圣化，天视以虫，虫无益于人，而食万物。"

中 652；上 3334（五行志）

注：原文为"梁大同初"，未注明年份。据《梁书·武帝纪》，大同年间只有大同三年（537 年）记有"九月，南兖州大饥"及"是岁，饥"等语，其他各史大同年间均无灾害记载。大同初，应为梁大同三年。梁南兖州，治所小黄，今安徽亳州。

2. 北齐天保八年（557 年）

河北六州、河南十二州蝗。畿人皆祭之。帝问魏尹丞崔叔瓒曰："何故虫？"叔瓒对曰："《五行志》云：'土功不时，则蝗虫为灾。'今外筑长城，内修三台，故致灾也。"帝大怒，殴其颊，擢其发，溷中物涂其头。　　中 652；上 3334（五行志）

注：河北、河南，泛指黄河南北，今河北、河南两省及山东省的部分地区。后齐定都邺，在今河北临漳西南，畿人，指临漳附近人。魏尹丞，魏郡官员。擢，拔。溷，粪汁。见《北史·崔鉴传附崔叔瓒传》。

3. 北齐天保九年（558 年）

山东又蝗。   中 652；上 3334（五行志）

4. 北齐天保十年（559 年）

幽州大蝗。《洪范五行志》曰："刑罚暴虐，贪饕不厌，兴师动众，取城修邑，而失众心，则虫为灾。"是时帝用刑暴虐，劳役不止之应也。

中 652；上 3334（五行志）

注：幽州，治所在今北京西南。

5. 北周建德二年（573 年）

关中大蝗。   中 652；上 3334（五行志）

注：关中，泛指今陕西关中盆地，亦称关内。

6. 隋开皇十六年（596 年）

六月，并州大蝗。中 41；上 3256（高祖本纪）   中 652；上 3334（五行志）

注：并州，治所晋阳，在今山西太原西南。

十二、《南史》   （唐）李延寿撰

1. 南朝宋元嘉三年（426 年）

秋，旱且蝗。   中 39；上 2677（宋本纪）

秋，旱蝗，范泰又上表言："有蝗之处，县官多课人捕之，无益于枯苗，有伤于杀害。"

中 848；上 2763（范泰传）

注：课人，即课丁，国家征集的劳役。

2. 南朝梁大宝元年（550 年）

时江南大饥，江、扬弥甚，旱蝗相系，年谷不登，百姓流亡，死者涂地。

中 2009；上 2885（侯景传）

十三、《北史》

（唐）李延寿撰

1. 北魏兴安元年（452 年）

十二月癸亥，诏："以营州蝗，开仓振恤。" 　　　中 65；上 2902（魏本纪）

注：营州，治所龙城，今辽宁朝阳。

2. 北魏太安三年（457 年）

十二月，州镇五蝗，百姓饥，使开仓振给之。 　　　中 68；上 2902（魏本纪）

3. 北魏太和元年（477 年）

十二月，州郡八水、旱、蝗，人饥，诏开仓振恤。中 94；上 2904（魏本纪）

4. 北齐天保八年（557 年）

自夏至九月，河北六州、河南十三州，畿内八郡大蝗，飞至邺，蔽日，声如风雨。诏："今年遭蝗处，免租。" 　　　　　　　中 254；上 2920（齐本纪）

注：北齐建都邺，在今河北临漳西南。河南、河北泛指黄河南北，这次蝗灾主要包括今河北、河南、山东三省的一些地区。

5. 北齐天保九年（558 年）

是夏，山东大蝗，差人夫捕而坑之。秋七月戊申，诏："赵、燕、瀛、定、南营五州及司州广平、清河二郡，去年螽涝损田，免今年租税。"

中 255；上 2920（齐本纪）

注：赵州，在今河北隆尧东。燕州，今北京市。瀛州，今河北河间。定州，今河北定州。南营，在今河北徐水西。广平，在今河北鸡泽东南。清河，在今河北清河县西。

6. 北齐乾明元年（560 年）

夏四月癸亥，诏："河南定、冀、赵、瀛、沧、南胶、光、南青九州，往因螽水，颇伤时稼，遣使分涂赡恤。" 　　　　　　　中 265；上 2921（齐本纪）

注：据 1974 年中华书局《北史》点校本注释：这次蝗灾发生在"河北定、冀、赵、瀛、沧及河南南青、胶、光、青九州"。定州，今河北定州。冀州，今河北冀州。赵州，在今河北隆尧东。瀛州，今河北河间。沧州，在今河北盐山西南千童镇。南青，今山东沂水。胶州，今山东诸城。光州，今山东莱州。青州，今山东青州。

7. 北周建德元年（572 年）

三月，诏曰："去秋灾蝗，年谷不登。自今正调以外，无妄征发。"

中 357；上 2930（周本纪）

注：正调，指正税，旧指主要赋税。

8. 北周建德二年（573 年）

八月，关中大蝗。

中 359；上 2930（周本纪）

注：关中，亦称关内，泛指今陕西关中盆地。

9. 隋开皇元年（581 年）

隋文帝受禅，下诏曰："去岁四时，竟无雨雪，川枯蝗暴，卉木烧尽，饥疫死亡，人畜相半。"

中 3291 - 3292；上 3240（突厥传）

注：去岁，为北周大象二年（580 年）。

10. 隋开皇十六年（596 年）

夏六月，并州大蝗。

中 420；上 2937（隋本纪）

注：并州，治所晋阳，在今山西太原西南。

十四、《旧唐书》

（后晋）刘昫等撰

1. 唐贞观二年（628 年）

六月，京畿旱，蝗食稼。太宗在苑中掇蝗，咒之曰："人以谷为命，而汝害之，是害吾民也。百姓有过，在予一人，汝若通灵，但当食我，无害吾民。"将吞之，侍臣恐上致疾，遽谏止之。上曰："所冀移灾朕躬，何疾之避？"遂吞之。是岁蝗不为患。

中 1363；上 3652（五行志）

注：唐建都长安，京畿，今陕西长安附近。掇，拾起。遽，急忙。冀，希望。躬，身体。

2. 唐永徽元年（650 年）

是岁，雍、绛、同等九州旱蝗。　　　　　　　　　　中 68；上 3493（高宗本纪）

注：雍州，治所在今陕西西安。绛州，治所在今山西新绛。同州，治所在今陕西大荔。

3. 唐永徽二年（651 年）

春正月，诏曰："去岁关辅之地，颇弊蝗螟，其遭虫水处有贫乏者，得以正、义仓赈贷。"　　　　　　　　　　　　　　　　中 68；上 3493（高宗本纪）

注：关辅，泛指今陕西中、东部地区。弊，有害意。蝗螟，意指飞蝗。正、义，唐有正仓和义仓之分，正仓为国库粮仓，又称常平仓；义仓为地方防荒粮仓，又称社仓。

4. 唐仪凤元年（676 年）

河西蝗，独不入肃州。　　　　　　　　　　中 4134；上 4550（王方翼传）

注：原文为"仪凤间，河西蝗"，未注明年份。据《酒泉市志》记载，仪凤元年"河西蝗伤禾"而增改年份。河西，方镇名，治所在今甘肃武威。肃州，今甘肃酒泉。时王方翼任肃州刺史。

5. 唐永淳元年（682 年）

六月，京兆、岐、陇螟蝗食苗并尽。　　　　　　　中 110；上 3497（高宗本纪）

注：京兆，府名，治所在今陕西西安。岐州，治所在今陕西凤翔。陇州，治所在今陕西陇县。螟蝗，泛指飞蝗。

6. 唐开元三年（715 年）

六月，山东诸州大蝗，飞则蔽景，下则食苗稼，声如风雨。紫微令姚崇奏请差御史下诸道，促官吏遣人驱、扑、焚、瘗，以救秋稼，从之。是岁，田收有获，人不甚饥。　　　　　　　　　　　　　　　　　中 175；上 3504（玄宗本纪）

注：紫微令，唐官名，亦称中书令。姚崇，唐宰相，陕州人。驱、扑、焚、瘗，即驱赶、人工扑打、焚烧、埋瘗四种蝗虫除治方法。

7. 唐开元四年（716 年）

五月，山东螟蝗害稼，分遣御史捕而埋之。汴州刺史倪若水拒御史，执奏曰："蝗是天灾，自宜修德。刘聪时，除既不得，为害滋深。"宰相姚崇牒报之曰："刘聪伪主，德不胜妖；今日圣朝，妖不胜德。古之良守，蝗虫避境，若言修德可免，彼岂无德致然。今坐看食苗，忍而不救，因此饥馑，将何以安？"卒行埋瘗之法，获蝗一十四万，乃投之汴河，流者不可胜数。朝议喧然，上复以问崇，崇对曰："凡事有违经而合道，反道而适权者，彼庸儒不足以知之。纵除之不尽，犹胜养之以成灾。"帝曰："杀虫太多，有伤和气，公其思之。"崇曰："若救人杀虫致祸，臣所甘心。"八月四日，敕河南、河北检校捕蝗使狄光嗣、康瓘、敬昭道、高昌、贾彦璿等，宜令待虫尽而刈禾将毕，即入京奏事。谏议大夫韩思复上言曰："伏闻河北蝗虫，顷日益炽，经历之处，苗稼都尽。臣望陛下省咎责躬，发使宣慰，损不急之务，去至冗之人。上下同心，君臣一德，持此至诚，以答休咎。前后捕蝗使望并停之。"上出符疏付中书姚崇，乃令思复往山东检视虫灾之所，及还，具以闻。
中 1364；上 3652（五行志）

是夏，山东、河南、河北蝗虫大起，遣使分捕而瘗之。
中 176；上 3504（玄宗本纪）

山东蝗虫大起，崇奏曰："《毛诗》云：'秉彼蟊贼，以付炎火。'又，汉光武诏曰：'勉顺时政，劝督农桑，去彼螟蜮，以及蟊贼。'此并除蝗之义也。虫既解畏人，易为驱逐。又苗稼皆有地主，救护必不辞劳。蝗既解飞，夜必赴火，夜中设火，火边掘坑，且焚且瘗，除之可尽。承山东百姓皆烧香礼拜，设祭祈恩，眼看食苗，手不敢近。自古有讨除不得者，只是人不用命，但使齐心戮力，必是可除。"乃遣御史分道杀蝗。汴州刺史倪若水执奏曰："蝗是天灾，自宜修德。刘聪时除既不得，为害更深。"仍拒御史不肯应命。崇大怒，牒报若水曰："刘聪伪主，德不胜妖；今日圣朝，妖不胜德。古之良守，蝗虫避境，若其修德可免，彼岂无德致然！今坐看食苗，何忍不救，因以饥馑，将何自安？幸勿迟回，自招悔吝。"若水乃行焚瘗之法，获蝗一十四万石，投汴渠流下者不可胜纪。时朝廷喧议，皆以驱蝗为不便，上闻之，复以问崇，崇曰："庸儒执文，不识通变。凡事有违经而合道者，亦有反道而适权者。昔魏时山东有蝗伤稼，缘小忍不除，致使苗稼总尽，人至相食；后秦时有蝗，禾稼及草木俱尽，牛马至相啖毛。今山东蝗虫所在流满，仍极繁息，实所稀闻。河北、河南无多贮积，倘不收获，岂免流离，事系安危，不可胶柱。纵使除之不尽，犹胜养以成灾。陛下好生恶杀，此事请不烦出敕，乞容臣出牒处分。

若除不得，臣在身官爵，并请削除。"上许之。黄门监卢怀慎谓崇曰："蝗是天灾，岂可制以人事？外议咸以为非。又杀虫太多，有伤和气。今犹可复，请公思之。"崇曰："楚王吞蛭，厥疾用瘳；叔敖杀蛇，其福乃降。赵宣至贤也，恨用其犬；孔丘将圣也，不爱其羊。皆志在安人，思不失礼。今蝗虫极盛，驱除可得，若其纵食，所在皆空。山东百姓，岂拟饿杀！此事崇已面经奏定讫，请公勿复为言。若救人杀虫，因缘致祸，崇请独受，义不仰关。"怀慎既庶事曲从，竟亦不敢逆崇之意，蝗因此亦渐止息。 　　中 3023－3025；上 3840（姚崇传）

注：刘聪，十六国时汉国君，匈奴人，杀兄夺位，俘获西晋二帝，广建宫殿，不得民心。310—318 年在位期间，多次发生蝗灾，316 年曾派遣靳准率部人捕蝗，但没有成功，以后蝗灾愈发严重。倪若水据此认为蝗虫除既不得，为害滋深，而姚崇认为刘聪是伪主，治不住蝗虫，今朝圣明，可治住蝗虫，古之良吏，蝗虫避境，《后汉书·卓茂传》和《后汉书·宋均传》曾记载卓茂和宋均分别任河南密县县令和安徽九江太守时，由于他们举善而教，视民如子办事公正，民称之为良吏，传说在闹蝗灾时，蝗虫"独不入密县界"或"飞至九江界者，辄东西散去"。这些记载则成为倪若水"蝗是天灾，自宜修德"而不主张治蝗的借口。对此，姚崇反驳说："如修德可免除蝗灾，那么出现蝗灾则是无德所致了？"并质问倪若水，"汴州闹蝗灾，你是有德还是无德？"倪若水不愿承担无德的责任，只好积极治蝗，获蝗十四万石。卒，于是。汴州，治所在今河南开封。汴河，在河南省，从黄河分流出水，经开封流入淮河的古河道。检校捕蝗使，唐捕蝗专职官员。顷日益炽，短时间内蝗虫繁殖增大，密度很高。迟回，迟误治蝗的意思。胶柱，迟疑不决意。咸，都、全。今犹可复，现在还可以改变原来办法。楚王吞蛭，是说楚王吃了没有煮熟的碎肉，腹有疾而不能吃饭，令尹问疾，王曰："吾食菹而得蛭，不行其罪，是法废而威不立，谴而诛之，恐监食者皆死，遂吞之。"令尹曰："天道无亲，唯德是辅，王有仁德，疾不为伤。"王疾果愈。叔敖断蛇，是说春秋时河南人孙叔敖少儿时出游，见两头蛇，杀而埋之，还家而哭，母亲问其原因，曰："吾见两头蛇，恐怕要死，听说人见两头蛇就要死掉，我怕别人再看到它，就杀而埋之。"母亲说："勿忧，汝不死矣，有阴德者天必报福。"赵宣，春秋晋灵公大元帅，救过一位装扮成将饿死之人的仙人，在他因数谏被晋灵公放出高大凶猛的猎犬攻击时，他被仙人救出，第二年，赵宣族弟杀死晋灵公，立赵宣为晋成公。爱，可惜之意。按春秋周制，天子每年颁历书，诸侯都将历书藏于祖庙，每月初一杀活羊祭祖后再去听政。到子贡做官时，鲁国将这种制度变成了只杀活羊而不听政的虚应故事。子贡说："不如连羊也不用杀了。"孔子曰："尔爱其羊，我爱其礼。"孔子认为，保留了这种形式，比什么都不留要好。姚崇用春秋时的这四个典故，说明捕蝗是为百姓办的一件好事，好事必有好的报应，不失礼度。

8. 唐开元五年（717 年）

二月，河南、河北遭涝及蝗虫处，无出今年地租。

中 177；上 3505（玄宗本纪）

9. 唐开元二十五年（737 年）

贝州蝗食苗，有白鸟数万群飞食蝗，一夕而尽。中 1364；上 3652（五行志）

注：贝州，治所在今河北清河西北。

10. 唐广德二年（764 年）

自七月大雨未止，蝗食田。是秋，蝗食田殆尽，关辅尤甚，米斗千钱。

中 276；上 3516（代宗本纪）

注：关辅，泛指今陕西中、东部地区。

11. 唐兴元元年（784 年）

秋，关辅大蝗，田稼食尽，百姓饥。捕蝗为食，蒸，曝，扬去足翅而食之。

中 1365；上 3652（五行志）

是秋，螟蝗蔽野，草木无遗。冬闰十月，诏："宋亳、淄青、泽潞、河东、恒冀、幽、易定、魏博等八节度，螟蝗为害，蒸民饥馑，每节度赐米五万石，河阳、东畿各赐三万石。"
中 346 - 347；上 3525（德宗本纪）

时仍岁旱蝗。　　　　　　　　　　　　　　中 3494；上 3897（李怀光传）

时天下蝗旱，谷价翔贵，选人不能赴调。　　中 3752；上 3929（刘滋传）

注：关辅，泛指今陕西中、东部地区。宋亳，即宋州，今河南商丘，商丘，古时亦称亳。淄青，唐方镇名，治所在今山东青州。泽潞，唐方镇名，亦称昭义军，治所潞州，今山西长治。河东，唐方镇名，治所在今山西太原西南。恒冀，唐方镇名，亦称成德，镇冀，治所在今河北正定。幽，唐方镇名，亦称范阳，治所在今北京西南。易定，唐方镇名，治所在今河北定州。魏博，唐方镇名，治所在今河北大名东北。节度，唐方镇的官职名，即节度使。

12. 唐贞元元年（785 年）

正月，改元贞元。戊戌，大风雪，寒。去秋螟蝗，冬旱，至是雪，寒甚，民饥冻死者踣于路。夏四月，关中饥民蒸蝗虫而食之。五月，蝗自海而至，飞蔽天，每下则草木及畜毛无复孑遗，谷价腾踊。秋七月，关中蝗食草木都尽。甲子，诏："虫蝗继臻，弥亘千里。菽粟翔贵，稼穑枯瘁，嗷嗷蒸人，聚泣田亩，兴言及此，实切痛伤。遍祈百神，曾不获应，方悟祷祠非救灾之术。朕自今视朝不御正殿，有司供膳并宜减省，不急之务，一切停罢。除诸军将士外，应食粮人诸色用度，本司本使长官商量减罢，以救凶荒。"　　　　　　　　　中 348－350；上 3525（德宗本纪）

夏，蝗尤甚，自东海，西尽河、陇，群飞蔽天，旬日不息。经行之处，草木、牛畜毛，靡有孑遗。关辅已东，谷大贵，饿殣枕道。　　中 1365；上 3652（五行志）

是岁，天下蝗旱，物价腾踊，军乏粮饷。　　　　中 3689；上 3922（马燧传）

注：踣，倒地死人。关中，泛指今陕西关中盆地。海，古指渤海，亦称北海。河，泛指黄河；陇，指陇山，在今陕西陇县西北；河陇指今陕西黄河至陇山广大地区。《春秋左氏传》注中载：僖公四年（前 656 年），齐伐楚，楚使问齐："君处北海，何故涉吾地？"齐卿管仲对曰："东至于海，西至于河，南至于穆陵，北至于无棣，是齐国之地。""自东海，西尽河陇"，是引用了管仲这句话，形容蝗灾在全国发生面积很大。关辅，指今陕西中、东部地区。继臻，不断发生。靡，无，没有。孑遗，剩余。

13. 唐贞元二年（786 年）

河北蝗旱，米斗一千五百文，复大兵之后，民无蓄积，饿殍相枕。
　　　　　　　　　　　　　　　中 3857；上 3939（张孝忠传）

时京畿兵乱之后，仍岁蝗旱，府无储积。　　中 3626；上 3913（崔造传）

14. 唐贞元二十一年（805 年）

七月，关东蝗食田稼。　　　　　　　　　　中 408；上 3532（顺宗本纪）

注：关东，泛指今陕西潼关以东或今河南新安以东地区。

15. 唐元和元年（806 年）

夏，镇、冀蝗害稼。　　　　　　　　　　　中 1365；上 3652（五行志）

注：镇，镇州，今河北正定。冀，冀州，今河北冀州。

16. 唐长庆三年（823 年）

秋，洪州旱，蟓蝗害稼八万顷。　　　　　　中 1365；上 3652（五行志）

注：洪州，治所豫章，今江西南昌。蟓蝗，指飞蝗。顷，田地面积单位，一顷等于
一百亩。

17. 唐开成二年（837 年）

六月，魏博、泽潞、淄青、沧、德、兖海、河南府等州并奏蝗害稼。郓州奏蝗得
雨自死。秋七月，以蝗旱诏诸司疏决系囚。己丑，遣使下诸道巡复蝗虫。汴州李绅
奏，蝗虫入境，不食田苗，诏书褒美，仍刻石于相国寺。

中 570；上 3553（文宗本纪）

是岁，夏，蝗，大旱。 中 1333；上 3646（天文志）

河南、河北旱蝗害稼。 中 1365；上 3652（五行志）

夏秋旱，大蝗，独不入汴、宋之境，诏书褒美。

中 4499；上 4018（李绅传）

注：魏博，方镇名，治所在今河北大名东北。泽潞，方镇名，治所在今山西长治。
淄青，方镇名，治所在今山东青州。沧州，在今河北沧县东南。德州，今山东陵县。兖
海，方镇名，亦称泰宁军，治所在今山东临沂。河南府，治所在今河南洛阳。郓州，治
所须昌，在今山东东平西北。汴州，今河南开封。

18. 唐开成三年（838 年）

春正月，诏："去秋蝗虫害稼处放逋赋，仍以本处常平仓赈贷。"八月，魏博六州
蝗食秋苗并尽。 中 573–574；上 3554（文宗本纪）

注：逋，拖欠。常平仓，亦称常平义仓，地方政府或里社为防备荒歉而设置，丰年
向农民征粮积储，灾荒时则向农民放赈。魏博，治所在今河北大名东北。

19. 唐开成四年（839 年）

五月，天平、魏博、易定等管内蝗食秋稼。八月，镇、冀四州蝗食稼，至于野
草、树叶皆尽。 中 577–578；上 3554（文宗本纪）

六月，天下旱，蝗食田，祷祈无效，上忧形于色。宰臣曰："星官奏天时当
尔，乞不过劳圣虑。"文宗憖然改容曰："朕为天下主，无德及人，致此灾旱。若
三日内不雨，当退归南内，卿等自选贤明之君以安天下。"宰臣呜咽流涕不能已。
是岁，河南、河北蝗害稼都尽。镇、定等州田稼既尽，至于野草、树叶、细枝
亦尽。 中 1365；上 3652（五行志）

注：天平，军名，治所郓州，在今山东东平西北。易定，方镇名，治所在今河北定州。镇州，今河北正定。冀州，今河北冀州。

20. 唐会昌元年（841 年）

三月，山南东道蝗害稼。七月，关东大蝗伤稼。

中 586－588；上 3556（武宗本纪）

山南邓、唐等州蝗害稼。 中 1365；上 3652（五行志）

注：关东，指今陕西潼关以东或今河南新安以东的地区。邓州，今河南邓州。唐州，今河南泌阳。唐时，邓州、唐州均由山南东道管辖。

21. 唐咸通三年（862 年）

夏，淮南、河南蝗旱，民饥。 中 652；上 3563（懿宗本纪）

22. 唐咸通九年（868 年）

是岁，江、淮蝗食稼。 中 664；上 3565（懿宗本纪）

注：江淮，泛指长江与淮河之间今江苏、安徽一些地区。

23. 唐咸通十年（869 年）

六月戊戌，制曰："昨陕虢中使回，方知蝗旱有损处，诸道长史，分忧共理，宜各推公，共思济物。内有饥歉，切在慰安。"

中 668；上 3566（懿宗本纪）

注：陕州，今河南陕县。虢州，今河南灵宝。共理，共同采用补救措施。

24. 唐光启二年（886 年）

五月，荆南、襄阳仍岁蝗旱，米斗三十千，人多相食。

中 724；上 3573（僖宗本纪）

淮南饥，蝗自西来，行而不飞，浮水缘城而入府第。道院竹木，一夕如剪，经像幢节，皆啮去其首。扑之不能止。旬日之内，蝗自食啖而尽。

中 4711；上 4042（高骈传）

注：荆南，方镇名，治所在今湖北荆州。襄阳，今湖北襄阳。

十五、《新唐书》　　　　　　　　　　　　　〔宋〕宋祁、欧阳修撰

1. 唐武德六年（623 年）

夏州蝗。蝗之残民，若无功而禄者然，皆贪挠之所生。先儒以为人主失礼，烦苛则旱，鱼蠉变为虫蝗，故以属鱼孽。　　　　　　　　　中 938；上 4232（五行志）

注：夏州，治所在今陕西靖边北。人主，泛指皇帝。鱼孽，《宋书·五行志》曰："鱼孽，刘歆《传》以为介虫之孽，为蝗属也。"

2. 唐贞观二年（628 年）

三月，以旱蝗责躬，大赦。　　　　　　　　　　　中 29；上 4138（太宗本纪）

六月，京畿旱蝗。太宗在苑中掇蝗，祝之曰："人以谷为命，百姓有过，在予一人，但当蚀我，无害百姓。"将吞之，侍臣惧帝致疾，遽以为谏。帝曰："所冀移灾朕躬，何疾之避？"遂吞之。是岁，蝗不为灾。　　　　　　中 938；上 4232（五行志）

注：京畿，指今陕西长安附近。蚀，蛀蚀，意同食。

3. 唐贞观三年（629 年）

五月，徐州蝗。秋，德、戴、廓等州蝗。　　　　中 938；上 4232（五行志）

注：徐州，今江苏徐州。德州，治所安德，今山东陵县。戴州，治所在今山东成武。廓州，治所在今青海化隆西。

4. 唐贞观四年（630 年）

秋，观、兖、辽等州蝗。　　　　　　　　　　　中 938；上 4232（五行志）

注：观州，在今河北阜城县东北。兖州，今山东兖州。辽州，今山西左权。

5. 唐贞观二十一年（647 年）

秋，渠、泉二州蝗。　　　　　　　　　　　　　中 938；上 4232（五行志）

注：渠州，今四川渠县。泉州，治所晋江，今福建泉州。

6. 唐永徽元年（650 年）

夔、绛、雍、同等州蝗。　　　　　　　　　　中 939；上 4232（五行志）

注：夔州，治所在今四川奉节。绛州，治所在今山西新绛。雍州，治所在今陕西西安。同州，治所在今陕西大荔。

7. 唐仪凤元年（676 年）

河西蝗，独不入肃州。　　　　　　　　　中 4134；上 4550（王方翼传）

注：原文为"仪凤间，河西蝗"，未注明年份。据《酒泉市志》载，仪凤元年，河西蝗伤禾。河西，方镇名，治所在今甘肃武威。肃州，今甘肃酒泉。时王方翼任肃州刺史。

8. 唐永淳元年（682 年）

三月，京畿蝗，无麦苗。六月，雍、岐、陇等州蝗。

中 939；上 4232（五行志）

六月，大蝗，人相食。　　　　　　　　　中 77；上 4142（高宗本纪）

注：京畿，今陕西长安附近。雍州，治所在今陕西西安。岐州，治所在今陕西凤翔。陇州，治所在今陕西陇县。

9. 唐长寿二年（693 年）

台、建等州蝗。　　　　　　　　　　　　中 939；上 4232（五行志）

注：台州，治所在今浙江临海。建州，治所在今福建建瓯。

10. 唐开元三年（715 年）

七月，河南、河北蝗。　　　　　　　　　中 939；上 4232（五行志）

11. 唐开元四年（716 年）

夏，山东蝗蚀稼，声如风雨。　　　　　　中 939；上 4232（五行志）

山东大蝗，民祭且拜，坐视食苗不敢捕。崇奏："《诗》云：'秉彼蟊贼，付畀炎火。'汉光武诏曰：'勉顺时政，劝督农桑。去彼螟蜮，以及蟊贼。'此除蝗谊也。且蝗畏人易驱，又田皆有主，使自救其地，必不惮勤。请夜设火，坎其旁，且焚且瘗，蝗乃可尽。古有讨除不胜者，特人不用命耳。"乃出御史为捕蝗使，分道杀蝗。汴州刺史倪若水上言："除天灾者当以德，昔刘聪除蝗不克而害愈甚。"拒御史不应命。崇移书诮之曰："聪伪主，德不胜祆，今祆不胜德。古者良守，蝗避其境，谓修德可免，彼将无德致然乎？今坐视食苗，忍而不救，因以无年，刺史其谓何？"若水惧，乃纵捕得蝗十四万石。时议者喧哗，帝疑，复以问崇，对曰："庸儒泥文不知变。事固有违经而合道，反道而适权者。昔魏世山东蝗，小忍不除，至人相食；后秦有蝗，草木皆尽，牛马至相啖毛。今飞蝗所在充满，加复蕃息。且河南、河北家无宿藏，一不获则流离，安危系之。且讨蝗纵不能尽，不愈于养以遗患乎？"帝然之。黄门监卢怀慎曰："凡天灾安可以人力制也！且杀虫多，必戾和气。愿公思之。"崇曰："昔楚王吞蛭而厥疾瘳，叔敖断蛇福乃降。今蝗幸可驱，若纵之，谷且尽，如百姓何？杀虫救人，祸归于崇，不以诿公也！"蝗害讫息。　　中 4384－4385；上 4579（姚崇传）

注：蟊、贼、螟、蟘，指四种为害庄稼的害虫。《诗经·小雅·大田》曰："去其螟螣，及其蟊贼，无害我田稚。田祖有神，秉畀炎火。"此四种虫，西汉犍为文学在其《毛诗草木鸟兽虫鱼疏》中释为"四种虫皆蝗也"，给后人解释该词义造成了混乱。螣，多数人认为为蝗，贼、螟、蟊则是其他农业害虫。惮，怕。蕃息，繁殖生息。讫息，完毕，止息。

12. 唐开元五年（717 年）

二月，免河南、北蝗水州今岁租。　　中 126；上 4146（玄宗本纪）

13. 唐开元二十五年（737 年）

贝州蝗，有白鸟数千万，群飞食之，一夕而尽，禾稼不伤。

中 939；上 4232（五行志）

注：贝州，治所在今河北清河西北。

14. 唐广德二年（764 年）

秋，蝗，关辅尤甚，米斗千钱。　　中 939；上 4232（五行志）

注：关辅，泛指今陕西中、东部地区。

15. 唐兴元元年（784 年）

秋，螟蝗自山而东，际于海，晦天蔽野，草木叶皆尽。

中 939；上 4232（五行志）

旱蝗相仍。 中 4523；上 4595（刘子玄传附滋传）

李抱真以山东蝗，食少，归于潞，武俊亦还。 中 5955；上 4763（王武俊传）

注：螟蝗，指飞蝗。山，古时指华山。海，指渤海。相仍，频繁。

16. 唐贞元元年（785 年）

夏，蝗，东自海，西尽河、陇，群飞蔽天，旬日不息，所至草木叶及畜毛靡有孑遗，饿馑枕道。民蒸蝗，曝，扬去翅足而食之。 中 939；上 4232（五行志）

于时天下蝗，兵艰食，物货翔踊。 中 4889；上 4640（马燧传）

注：海，古代泛指渤海。河陇，陕西黄河至陇山的广大地区，河，指黄河，陇，指陇山，在今陕西陇县西北。靡，没有。孑遗，剩余。《马燧传》中关于天下蝗的记载，虽无发生年份，但《旧唐书·马燧传》中记有唐贞元元年"是岁，天下旱蝗"。

17. 唐贞元二年（786 年）

韩滉，字太冲。贞元二年诏加度支诸道转运、盐铁等使。左丞董晋白宰相刘滋、齐映曰："昨关辅用兵，方旱蝗，琇不增一赋，而军兴皆济，可谓劳臣。"

中 4436；上 4585（韩休传附韩滉传）

河北蝗，民饿死如积，孝忠与其下同粗淡，日膳才豆豉而已，人服其俭，推为贤将。 中 4769；上 4625（张孝忠传）

18. 唐永贞元年（805 年）

秋，陈州蝗。 中 939；上 4232（五行志）

注：陈州，治所在今河南淮阳。

19. 唐元和元年（806 年）

夏，镇、冀等州蝗。 中 939；上 4232（五行志）

注：镇州，治所在今河北正定。冀州，治所在今河北冀州。

20. 唐长庆三年（823 年）

秋，洪州螟蝗害稼八万顷。 中 939；上 4232（五行志）

注：洪州，治所豫章，今江西南昌。螟蝗，指飞蝗。

21. 唐开成元年（836 年）

夏，镇州、河中蝗害稼。　　　　　　　　　　　中 939；上 4233（五行志）

注：镇州，今河北正定。河中，府名、方镇名，治所在今山西永济蒲州镇。

22. 唐开成二年（837 年）

六月，魏博、昭义、淄青、沧州、兖海、河南蝗。

中 939；上 4233（五行志）

注：魏博，方镇名，治所在今河北大名东北。昭义，方镇名，治所潞州，今山西长治，长期辖泽、潞、磁、邢、洺五州。淄青，方镇名，治所在今山东青州。沧州，在今河北沧县东南。河南，旧府名，治所在今河南洛阳。兖海，方镇名，治所在今山东临沂。

23. 唐开成三年（838 年）

秋，河南、河北镇、定等州蝗，草木叶皆尽。　　中 939；上 4233（五行志）

注：镇州，今河北正定。定州，今河北定州。

24. 唐开成五年（840 年）

夏，幽、魏博、郓、曹、濮、沧、齐、德、淄青、兖海、河阳、淮南、虢、陈、许、汝等州螟蝗害稼。占曰："国多邪人，朝无忠臣，居位食禄，如虫与民争食，故比年虫蝗。"

中 939；上 4233（五行志）

六月，河北、河南、淮南、浙东、福建蝗，疫，除其徭。

中 240；上 4157（武宗本纪）

注：幽州，唐方镇名，治所在今北京西南。魏博，唐方镇名，治所在今河北大名东北。沧州，在今河北沧县东南。郓州，治所在今山东东平西北。曹州，治所在今山东曹县西北。濮州，治所在今山东鄄城北。齐州，今山东济南。德州，今山东陵县。淄青，唐方镇名，治所在今山东青州。兖海，唐方镇名，治所在今山东临沂。河阳，治所在今河南孟州南。淮南，唐方镇名，治所在今江苏扬州，辖江苏，安徽在长江以北、淮河以南的广大区域。虢州，治所在今河南灵宝。陈州，今河南淮阳。许州，今河南许昌市。汝州，今河南汝州。浙东，唐方镇名，治所在今浙江绍兴。

25. 唐会昌元年（841 年）

七月，关东、山南邓、唐等州蝗。　　　　　　　中 940；上 4233（五行志）

注：关东，今陕西潼关以东或今河南新安以东地区。山南，唐山南东道名，邓、唐二州隶属山南东道管辖。邓州，今河南邓州。唐州，今河南泌阳。

26. 唐大中八年（854 年）

七月，剑南东川蝗。　　　　　　　　　　　　中 940；上 4233（五行志）

注：剑南东川，唐方镇名，治所在今四川三台。

27. 唐咸通三年（862 年）

六月，淮南、河南蝗。　　　　　　　　　　　中 940；上 4233（五行志）

注：淮南，唐方镇名，治所在今江苏扬州，长期辖长江以北、淮河以南广大地区。河南，唐方镇名，治所在今河南开封。

28. 唐咸通六年（865 年）

八月，东都、同、华、陕、虢等州蝗。　　　　中 940；上 4233（五行志）

注：东都，今河南洛阳。同州，治所在今陕西大荔。华州，治所在今陕西华县。陕州，治所在今河南陕县。虢州，治所在今河南灵宝。

29. 唐咸通七年（866 年）

夏，东都、同、华、陕、虢及京畿蝗。　　　　中 940；上 4233（五行志）

注：京畿，唐道名，治所在今陕西长安。

30. 唐咸通九年（868 年）

江淮、关内及东都蝗。　　　　　　　　　　　中 940；上 4233（五行志）

注：江淮，指长江与淮河间广大地区。关内，今陕西关中盆地。东都，今河南洛阳。

31. 唐咸通十年（869 年）

夏，陕、虢等州蝗。　　　　　　　　　　　　中 940；上 4233（五行志）

蝗旱。   中261；上4158（懿宗本纪）

注：陕州，今河南陕县。虢州，今河南灵宝。

32. 唐乾符二年（875年）

蝗自东而西蔽天。   中940；上4233（五行志）

七月，以蝗避正殿，减膳。   中265；上4159（僖宗本纪）

注：以蝗避正殿，减膳，意为因蝗灾，帝王不在正殿办公，减少伙食种类，是皇帝
自责的一种方式。

33. 唐光启元年（885年）

秋，蝗自东方来，群飞蔽天。   中940；上4233（五行志）

34. 唐光启二年（886年）

荆、襄蝗，米斗钱三千，人相食。淮南蝗，自西来，行而不飞，浮水缘城入扬州
府署，竹树幢节，一夕如剪，幡帜画像，皆啮去其首，扑不能止。旬日，自相食尽。

中940；上4233（五行志）

注：荆，荆州，在今湖北荆州。襄州，治所在今湖北襄阳。淮南，唐方镇名，治所
在今江苏扬州。

十六、《旧五代史》　（宋）薛居正等撰　（清）邵晋涵等考证

1. 后梁开平元年（907年）

六月，许、陈、汝、蔡、颍五州蝝生，有野禽群飞蔽空，食之皆尽。

中1887；上5057（五行志）

注：许州，治所在今河南许昌。陈州，治所在今河南淮阳。汝州，治所在今河南汝
州。蔡州，治所在今河南汝南。颍州，治所在今安徽阜阳。蝝，指飞蝗蝻。

2. 后梁开平二年（908年）

五月己丑，令下诸州，去年有蝗虫下子处，盖前冬无雪，至今春亢阳，致为灾

渗，实伤陇亩。必虑今秋重困稼穑，自知多在荒陂榛芜之内，所在长吏各须分配地界，精加蔫扑，以绝根本。　　　　　　中 61；上 4856（梁书·太祖纪）

3. 后梁开平四年 （910 年）

七月，时陈、许、汝、蔡、颍五州境内有蝝为灾，俄而许州上言，有野禽群飞蔽空，旬日之间，食蝝皆尽，是岁乃大有秋。　　中 84；上 4859（梁书·太祖纪）

4. 后梁龙德元年 （921 年）

五月丙戌朔，制曰："朕闻惟辟动天，惟圣时宪，故君为善则降之以福，为不善则降之以灾。而又水潦为灾，蛊蝗作沴，戒谴作于上，怨咨闻于下。其贞明七年，宜改为龙德元年。应欠贞明三年、四年诸色残欠，五年、六年夏秋残税，并放。"

中 147；上 4865（梁书·末帝纪）

5. 后唐同光三年 （925 年）

八月，青州大水蝗。　　　　　　　中 455；上 4900（唐书·庄宗纪）
九月，镇州奏飞蝗害稼。　　　　　　中 1887；上 5057（五行志）

注：青州，治所在今山东青州。镇州，治所在今河北正定。

6. 后晋天福四年 （939 年）

七月，山东、河南、关西诸郡蝗害稼。　　中 1887；上 5057（五行志）

注：关西，泛指今陕西潼关以西广大地区。该记载，中华书局版为天福七年（942年）四月，上海古籍出版社、上海书店联合版为天福四年（939 年）七月，二书有异。

7. 后晋天福七年 （942 年）

是春，郓、曹、澶、博、相、洺诸州蝗。夏四月，州郡十六处蝗。五月，州郡十八奏旱蝗。　　　　　　中 1059－1061；上 4967（晋书·高祖纪）
四月，山东、河南、关西诸郡蝗害稼。　　中 1887；上 5057（五行志）
六月，河南、河北、关西并奏蝗害稼。秋七月，帝御正殿，宣制："天下有虫蝗处，并与除放租税。"是月，州郡十七蝗。八月，河中、河东、河西、徐、晋、商、汝等州蝗。　　　　　　中 1068－1071；上 4968（晋书·少帝纪）
时天下大蝗，惟不入河东界。　　中 1323；上 4997（汉书·高祖纪）

注：郓州，治所在今山东东平西北。曹州，治所在今山东曹县西北。博州，在今山东聊城东南。澶州，今河南濮阳。相州，今河南安阳。洺州，在今河北永年东南。关西，泛指今陕西潼关以西。河中，府名，治所在今山西永济蒲州镇。河东，方镇名，治所在今山西太原晋源镇。河西，方镇名，治所凉州，今甘肃武威。徐州，今江苏徐州。晋州，今山西临汾。商州，今陕西商洛市商州区。汝州，今河南汝州。

8. 后晋天福八年 (943 年)

正月，时州郡蝗旱，百姓流亡，饿死者千万计。夏四月，河南、河北、关西诸州旱蝗，分命使臣捕之。五月己亥，飞蝗自北翳天而南。甲辰，诏："诸道州府见禁罪人，除十恶五逆、行劫杀人、伪行印信、合造毒药、官典犯赃各减一等外，余并放。"是时所在旱蝗，故有是诏。六月庚戌，以螟蝗为害，诏侍卫马步军都指挥使李守贞往皋门祭告，仍遣诸司使梁进超等七人分往开封府界捕之。宿州奏，飞蝗抱草干死。开封府界飞蝗自死。庚申，河南府奏，飞蝗大下，遍满山野，草苗、木叶食之皆尽，人多饿死。陕州奏，飞蝗入界，伤食禾稼及竹木之叶，逃户凡八千一百。是月，诸州郡大蝗，所至草木皆尽。九月，州郡二十七蝗，饿死者数十万。

中 1074-1082；上 4969-4970（晋书·少帝纪）

四月，天下诸州飞蝗害田，食草木叶皆尽，诏州县长吏捕蝗。华州节度使杨彦询、雍州节度使赵莹命百姓捕蝗一斗，以禄粟一斗偿之。时蝗旱相继，人民流移，饥者盈路，关西饿殍尤甚，死者十七八。朝廷以军食不充，分命使臣诸道括粟麦，晋祚自兹衰矣。

中 1887；上 5057（五行志）

是时，天下大蝗，境内捕蝗者获蝗一斗，给粟一斗，使饥者获济，远近嘉之。

中 1170；上 4980（赵莹传）

注：皋门，古代皇宫最外面的门。宿州，今安徽宿州。陕州，今河南陕县。华州，今陕西华县。雍州，今陕西西安。关西，指今陕西潼关以西。禄粟，官员俸禄。括，搜括，搜刮。祚，皇位。据《旧五代史·张允传》载：张允，镇州束鹿人。转左散骑常侍。晋天福初，张允进《驳赦论》曰："窃观自古帝王，皆以水旱则降德音而宥过，开狴牢以放囚，冀感天心以救其灾者，非也。假有二人讼，一有罪，一无罪，若有罪者见赦，则无罪者衔冤，衔冤者彼何疏，见赦者此何亲乎？如此则是致灾之道，非救灾之术也。自此小民遇天灾则喜，皆相劝为恶，曰国家好行赦，必赦我以救灾，如此即是国家教民为恶也。且天道福善祸淫，若以赦为恶之人，而更变灾为福，则又是天助其恶民也。细而究之，必不然矣。倘或天降之灾，盖欲警诫人主，节嗜欲，务勤俭，恤鳏寡，正刑罚，不滥赦有罪，不僭杀无辜，使美化行于下，圣德闻于上，则虽有水旱，亦不为沴矣。岂

以滥赦有罪，而反能救其灾乎？彰其德乎？是知赦之不可行也，明哉！"帝阅而嘉之，降诏奖饰，乃付史馆。张允在天福初对因灾而大赦罪犯就有不同的见解。

9. 后汉乾祐元年（948 年）

六月，青州蝗。秋七月，开封府言，阳武、雍丘、襄邑三县蝗为鸲鹆聚食，诏："禁捕鸲鹆。"　　　　　　　　中 1348－1349；上 5000（汉书·隐帝纪）

七月，青、郓、兖、齐、濮、沂、密、邢、曹皆言蝝生。开封府奏，阳武、雍丘、襄邑等县蝗，开封尹侯益遣人以酒肴致祭，寻为鸲鹆食之皆尽。敕"禁罗弋鸲鹆"，以其有吞蝗之异。　　　　　　　　中 1887－1888；上 5057（五行志）

注：阳武，在今河南原阳东南。雍丘，今河南杞县。襄邑，今河南睢县。鸲鹆，鸟名，即八哥。青州，今山东青州。郓州，治所在今山东东平西北，兖州，今山东兖州。齐州，今山东济南。濮州，在今山东鄄城北。沂州，今山东临沂。密州，今山东诸城。曹州，在今山东曹县西北。邢州，今河北邢台。

10. 后汉乾祐二年（949 年）

五月己未，右监门大将军许迁上言，奉使至博州博平县界，睹蝝生，弥亘数里，一夕并化为蝶飞去。辛酉，兖、郓、齐三州奏蝝生。丁卯，宋州奏，蝗抱草而死。六月，兖州奏，捕蝗二万斛，魏、博、宿三州蝗抱草而死。己卯，滑、濮、澶、曹（漕）、兖、淄、青、齐、宿、怀、相、卫、博、陈等州奏蝗，分命中使致祭于所在川泽山林之神。开封府滑、曹（漕）等州蝗甚，遣使捕之。秋七月，兖州奏，捕蝗四万斛。　　　　　　　　中 1358－1360；上 5001（汉书·隐帝纪）

五月，博州奏，有蝝生，化为蝶飞去。宋州奏，蝗一夕抱草而死，差官祭之。　　　　　　　　　　　　　　　　中 1888；上 5057（五行志）

注：博州，在今山东聊城东南。博平，旧县名，博州置，今山东茌平。兖州，今山东兖州。郓州，在今山东东平西北。齐州，今山东济南。宋州，治所宋城，今河南商丘南。魏州，在今河北大名东北。宿州，今安徽宿州。滑州，治所在今河南滑县东南。澶州，今河南濮阳。曹（漕），中华书局版为曹，曹州，治所在今山东曹县西北，上海古籍出版社、上海书店联合版为漕，漕即曹，在今山东曹县西北。淄，即淄川，今山东淄博淄川区。青州，今山东青州。怀州，治所在今河南沁阳。相州，今河南安阳。卫州，今河南卫辉。陈州，今河南淮阳。

十七、《新五代史》　　（宋）欧阳修撰　　（宋）徐无党注

1. 后晋天福六年（941 年）

是岁，镇州大旱蝗。　　　　　　　　　　　　中 585；上 5133（安重荣传）

注：镇州，今河北正定。

2. 后晋天福七年（942 年）

闰三月，天兴蝗食麦。　　　　　　　　　　中 86；上 5081（晋高祖纪）
是年，旱蝗。　　　　　　　　　　　　　　中 91；上 5081（晋出帝纪）

注：天兴，旧县名，治所在今陕西凤翔。

3. 后晋天福八年（943 年）

三月，蝗。夏四月，供奉官张福率威顺军捕蝗于陈州。五月，泰宁军节度使安审信捕蝗于中都。甲辰，以旱蝗大赦。六月庚戌，祭蝗于皋门。癸亥，供奉官七人帅奉国军捕蝗于京畿。辛未，括借民粟，杀藏粟者。秋七月甲辰，供奉官李汉超帅奉国军捕蝗于京畿。八月丁未朔，募民捕蝗，易以粟。中 91-92；上 5081（晋出帝纪）
时天下旱、蝗，民饿死者岁十数万，而君臣穷极奢侈以相夸，尚如此。
中 323；上 5105（景延广传）
高祖崩，出帝即位，二年（943 年），是时，天下旱蝗，晋人苦兵。
中 895；上 5167（四夷附录）

注：陈州，今河南淮阳。泰宁节度使，官职名，驻地今山东兖州。中都，古县名，今山东汶上。京畿，今河南开封四周地区。帅，同率。

4. 后晋开运三年（946 年）

延煦拜镇宁军节度使。是时，天下旱蝗，民饿死者百万计，而诸镇争为聚敛。赵在礼所积巨万，为诸侯王最。出帝利其赀，乃以延煦娶在礼女，在礼献绢三千匹，前后所献不可胜数。　　　　　　　　中 186；上 5090（晋家人传·延煦）

注：镇宁军，治所澶州，在今河南濮阳南。

5. 后汉乾祐元年 (948 年)

五月，旱蝗。秋七月，鸲鹆食蝗，禁捕鸲鹆。　　中 104；上 5083 （汉隐帝纪）

隐帝即位，时天下旱蝗。　　　　　　　　　　　中 336；上 5106 （李业传）

注：鸲鹆，即八哥鸟。隐帝即位，在后汉乾祐元年。

6. 后汉乾祐二年 (949 年)

六月，蝗。　　　　　　　　　　　　　　　　　中 105；上 5083 （汉隐帝纪）

十八、《宋史》　　　　　　　　　　　　　　　　（元）脱脱等撰

1. 宋建隆元年 (960 年)

七月，澶州蝗。　　　　　　　　　　　　　　　中 1355；上 5343 （五行志）

注：澶州，旧州名，金改称开州，治所在今河南濮阳。

2. 宋建隆二年 (961 年)

五月，范县蝗。　　　　　　　　　　　　　　　中 1355；上 5343 （五行志）

注：范县，今河南范县。

3. 宋建隆三年 (962 年)

秋七月，兖、济、德、磁、洺五州蝝。　　　　中 12；上 5190 （太祖本纪）

七月，深州螟虫生。　　　　　　　　　　　　　中 1355；上 5343 （五行志）

注：兖州，今山东兖州。济州，在今山东巨野南。德州，治所在今山东陵县。磁州，今河北磁县。洺州，今河北永年东南。深州，今河北深州。蝝，古指飞蝗蝻，亦称螟虫。

4. 宋乾德元年 (963 年)

六月，澶、濮、曹、绛蝗。　　　　　　　　　　中 14；上 5190 （太祖本纪）

六月，澶、濮、曹、绛等州有蝗。七月，怀州蝗生。

　　　　　　　　　　　　　　　　　　　　　　中 1355；上 5343 （五行志）

注：澶州，今河南濮阳。濮州，今山东鄄城北旧城镇。曹州，治所在今山东曹县西北。绛州，今山西新绛。怀州，今河南沁阳。

5. 宋乾德二年（964 年）

四月，相州螟虫食桑。五月，昭庆县有蝗，东西四十里，南北二十里。是时，河北、河南、陕西诸州有蝗。　　中 1355；上 5354（五行志）

六月，河南、北及秦诸州蝗，惟赵州不食稼。　中 17；上 5190（太祖本纪）

注：相州，今河南安阳。昭庆县，旧县名，治所在今河北隆尧旧城乡。赵州，今河北赵县。秦，今陕西省。

6. 宋乾德三年（965 年）

七月，诸路有蝗。　　　　　　　　　　　中 1355；上 5343（五行志）

注：路，地方区域名，宋初时置二十一路，后不断有所更变；诸路，意指各地。

7. 宋开宝二年（969 年）

八月，冀、磁二州蝗。　　　　　　　　　中 1355；上 5343（五行志）

注：冀州，今河北冀州。磁州，今河北磁县。

8. 宋太平兴国二年（977 年）

闰七月，卫州螟虫生。　　　　　　　　　中 1355；上 5343（五行志）
八月，巨鹿步蝻生。　　　　　　　　　　中 56；上 5194（太宗本纪）

注：卫州，今河南卫辉。巨鹿，今河北巨鹿。步蝻，即蝗蝻。

9. 宋太平兴国六年（981 年）

七月，河南府、宋州蝗。

中 1355；上 5343（五行志）中 66；上 5195（太宗本纪）

注：河南府，治所在今河南洛阳。宋州，治所宋城，今河南商丘。

10. 宋太平兴国七年（982 年）

三月，北阳县蝗，飞鸟数万食之尽。五月，陕州蝗。秋七月，阳谷县蝗。九月，

邠州蝗。　　　　　　　　　　　　　　　　　中 67－69；上 5196（太宗本纪）

四月，北阳县螟虫生，有飞鸟食之尽。滑州螟虫生。是月，大名府、陕州、陈州蝗。七月，阳谷县螟虫生。　　　　　　　　　　　　中 1355；上 5343（五行志）

注：北阳，比阳县，今河南泌阳。滑州，治所在今河南滑县东南。陕州，今河南陕县。陈州，今河南淮阳。阳谷，今山东阳谷。邠州，今陕西彬县。

11. 宋雍熙二年（985 年）

五月，天长军蟓生。　　　　　　　　　　　　中 76；上 5196（太宗本纪）

注：天长，军名，治所在今安徽天长。蟓，蝗蝻。

12. 宋雍熙三年（986 年）

是岁，濮州蝗。　　　　　　　　　　　　　　中 80；上 5197（太宗本纪）

七月，鄄城县有蛾蝗，自死。　　　　　　　　中 1355；上 5343（五行志）

飞蝗入境，吏民请坎瘗火焚之，德彝曰："上天降灾，守臣之罪也。"乃责躬引咎，斋戒致祷，既而蝗自殪。　　　中 8673；上 6145（魏王延美传附德彝传）

注：濮州，治所在今山东鄄城北。《宋史·魏王延美传附德彝传》中无发生年份，据《续资治通鉴》记载，此飞蝗入境为宋雍熙三年。

13. 宋淳化元年（990 年）

是岁，曹、单二州有蝗，不为灾。　　　　　　中 86；上 5197（太宗本纪）

七月，淄、澶、濮州、乾宁军有蝗，沧州蝗蝻虫食苗，棣州飞蝗自北来，害稼。
　　　　　　　　　　　　　　　　　　　　　中 1355；上 5343（五行志）

注：曹州，治所在今山东曹县西北。单州，今山东单县。淄州，治所在今山东淄博淄川区。澶州，今河南濮阳。濮州，在今山东鄄城北。乾宁，军名，治所在今河北青县。沧州，在今河北沧县东南。棣州，在今山东惠民东南。

14. 宋淳化二年（991 年）

闰二月，鄄城县蝗。三月己巳，以岁蝗旱祷雨弗应，手诏宰相吕蒙正等："朕将自焚，以答天谴。"翌日而雨，蝗尽死。六月，楚丘、鄄城、淄川三县蝗。秋七月，乾宁军蝗。　　　　　　　　　　　　　　中 87－88；上 5198（太宗本纪）

注：鄄城，今山东鄄城旧城。楚丘，在今山东曹县东南。淄川，今山东淄博淄川区。乾宁军，治所在今河北青县。弗应，不应之意。

15. 宋淳化三年 (992年)

六月，飞蝗自东北来蔽天，经西南而去，是夕大雨，蝗尽死。秋七月，许、汝、兖、单、沧、蔡、齐、贝八州蝗。　　　　中 89-90；上 5198（太宗本纪）

六月，京师有蝗起东北，趣至西南，蔽空如云翳日。七月，真（贝）、许、沧、沂、蔡、汝、商、兖、单等州，淮阳军、平定、彭城蝗，蛾抱草自死。

中 1355；上 5343（五行志）

夏，旱蝗，既雨。　　　　　　　　　　中 9135；上 6197（李昉传）

注：京师，今河南开封。真，上海古籍出版社、上海书店联合版为真，中华书局版更正为贝，贝州，在今河北清河西北。许州，今河南许昌。沧州，在今河北沧县东南。沂州，今山东临沂。汝州，今河南汝州。蔡州，今河南汝南。商州，今陕西商州。兖州，今山东兖州。单州，今山东单县。齐州，今山东济南。淮阳军，治所在今江苏睢宁西北。平定，今山西平定。彭城，今江苏徐州。

16. 宋至道二年 (996年)

六月，亳州蝗。秋七月，许、宿、齐三州蝗抱草死。八月，密州言蝗不为灾。

中 99；上 5199（太宗本纪）

六月，亳州、宿、密州蝗生，食苗。七月，长葛、阳翟二县有蝻虫食苗，历城、长清等县有蝗。　　　　　　　　中 1355；上 5343（五行志）

注：亳州，今安徽亳州。许州，今河南许昌。宿州，今安徽宿州。齐州，今山东济南。密州，今山东诸城。长葛，今河南长葛。阳翟，今河南禹州。历城，今山东历城。长清，今山东长清。

17. 宋至道三年 (997年)

七月，单州蝻虫生。　　　　　　　　中 1355；上 5343（五行志）

注：单州，今山东单县。

18. 宋景德元年 (1004年)

是岁，陕、滨、棣州蝗害稼，命使振之。　中 127；上 5202（真宗本纪）

注：陕州，今河南陕县。滨州，今山东滨州。棣州，今山东惠民东南。

19. 宋景德二年（1005 年）

是岁，京东螟生。　　　　　　　　　　　中 129；上 5202（真宗本纪）

六月，京东诸州螟虫生。　　　　　　　　中 1356；上 5343（五行志）

注：京东，路名，治所宋州，今河南商丘南。

20. 宋景德三年（1006 年）

是岁，博州蝝，不为灾。　　　　　　　　中 132；上 5203（真宗本纪）

八月，德、博蝝生。　　　　　　　　　　中 1356；上 5343（五行志）

注：博州，今山东聊城。德州，治所安德，今山东陵县。蝝，指飞蝗蝗蝻。

21. 宋景德四年（1007 年）

是岁，宛丘、东阿、须成县蝗，不为灾。　中 135；上 5203（真宗本纪）

九月，宛丘、东阿、须城三县蝗。　　　　中 1356；上 5343（五行志）

注：宛丘，今河南淮阳。东阿，今山东东阿。须城，在今山东东平西南州城镇。

22. 宋大中祥符二年（1009 年）

五月，雄州螟虫食苗。　　　　　　　　　中 1356；上 5343（五行志）

注：雄州，今河北雄县。

23. 宋大中祥符三年（1010 年）

六月，开封府尉氏县螟虫生。　　　　　　中 1356；上 5343（五行志）

注：尉氏，今河南尉氏。

24. 宋大中祥符四年（1011 年）

是岁，畿内蝗。　　　　　　　　　　　　中 150；上 5205（真宗本纪）

六月，祥符县蝗。七月，河南府及京东蝗生，食苗叶。八月，开封府祥符、咸平、中牟、陈留、雍丘、封丘六县蝗。　　中 1356；上 5343（五行志）

注：祥符，宋开封府治所，今河南开封。咸平，今河南通许。中牟，今河南中牟。陈留，治所在今河南开封东南。雍丘，今河南杞县。封丘，今河南封丘。河南府，治所在今河南洛阳。京东，路名，治所在今河南商丘。

25. 宋大中祥符九年（1016 年）

六月，京畿蝗。秋七月，开封府祥符县蝗附草死者数里。以畿内蝗下诏戒郡县，诏京城禁乐一月。八月，磁、华、瀛、博等州蝗，不为灾。九月，督诸路捕蝗，丁巳，诏："以旱蝗得雨，宜务稼穑省事及罢诸营造。"戊辰，青州飞蝗赴海死，积海岸百余里。己巳，诏："民有出私廪振贫乏者，三千石至八千石第授助教、文学、上佐之秩。"　　　　　　　　　　　　　　　　　中 160 - 161；上 5206（真宗本纪）

六月，京畿、京东西、河北路蝗蝻继生，弥覆郊野，食民田殆尽，入公私庐舍。七月辛亥，过京师，群飞翳空，延至江、淮南，趣河东，及霜寒始毙。

　　　　　　　　　　　　　　　　　　　　　　　　中 1356；上 5343（五行志）

天下大蝗，使人于野得死蝗，帝以示大臣。明日，执政遂袖死蝗进曰："蝗实死矣，请示于朝，率百官贺。"旦独不可。后数日方奏事，飞蝗蔽天，帝顾旦曰："使百官方贺，而蝗如此，岂不为天下笑耶？"　　　　　　　中 9546；上 6244（王旦传）

注：京畿，即开封附近。磁州，今河北磁县。华州，今陕西华县。瀛州，今河北河间。博州，今山东聊城。青州，治所在今山东青州。京东西，指京东路和京西路而言，京东路，治所在今河南商丘，京西路，治所在今河南洛阳。河北路，治所在今河北大名东北。江淮南，路名，分江南路（治所在今江苏南京）、淮南路（治所在今江苏扬州）。河东，旧县名，在今山西永济蒲州镇。《宋史·五行志》记载的这次蝗灾，主要分布在黄河南北今河北、河南、山西、山东及江苏、安徽等省。趣，飞快之意。《宋史·王旦传》中关于天下大蝗的记载，据《续资治通鉴》，为大中祥符九年。

26. 宋天禧元年（1017 年）

五月，诸路蝗食苗，诏："遣内臣分捕，仍命使安抚。"六月，陕西、江、淮南蝗，并言自死。九月，以蝗罢秋宴。是岁，诸路蝗，民饥，诏发廪振之，蠲租赋，贷其种粮。　　　　　　　　　　　　　　　　　　中 162 - 164；上 5206（真宗本纪）

二月，开封府、京东西、河北、河东、陕西、两浙、荆湖百三十州军蝗蝻复生，多去岁蛰者；和州蝗生卵，如稻粒而细。六月，江、淮大风，多吹蝗入江海，或抱草木僵死。　　　　　　　　　　　　　　　　　　　　中 1356；上 5343（五行志）

注：江、淮南，路名，江南路和淮南路的简称，指长江、淮河之间今安徽、江苏两省的部分地区。京东西，指京东路和京西路而言，京东路，治所在今河南商丘，京西路，治所在今河南洛阳。河东，路名，治所在今山西太原。陕西，路名，治所在今陕西西安。两浙，路名，治所在今浙江杭州。荆湖，荆湖北路名，治所在今湖北荆州。和州，今安徽和县。廪，粮仓。蠲，免除。蛰，众多意。

27. 宋天禧二年 (1018 年)

是岁，江阴军螟，不为灾。　　　　　　　　中 166；上 5206（真宗本纪）

四月，江阴军螟虫生。　　　　　　　　　　中 1356；上 5343（五行志）

注：江阴，今江苏江阴。

28. 宋乾兴元年 (1022 年)

范讽通判淄州。岁旱蝗，他谷皆不立，民以蝗不食菽，犹可艺，而患无种。讽行县至邹平，发官廪贷民。县令争不可，讽曰："有责，令无预也。"即出贷三万斛。比秋，民皆先期而输。　　　　　　　　　中 10061；上 6304（范讽传）

注：淄州，治所在今山东淄博西南淄川区。邹平，今山东邹平。立，植，栽培意。菽，泛指豆类作物。艺，种植。患无种，忧虑没有种子。输，送还意。据《续资治通鉴》此年为宋乾兴元年。

29. 宋天圣五年 (1027 年)

七月，邢、洺州蝗，赵州蝗。十一月，京兆府旱蝗。

中 1356；上 5343（五行志）

十一月，以陕西旱蝗，减其民租赋。是岁，京兆府、邢、洺州蝗。

中 184；上 5208（仁宗本纪）

注：邢州，今河北邢台。洺州，今河北永年东南。赵州，今河北赵县。京兆府，治所在今陕西西安。

30. 宋天圣六年 (1028 年)

五月，河北、京东蝗。　　　　　　　　　　中 1356；上 5343（五行志）

注：京东，路名，治所在今河南商丘。

31. 宋明道二年（1033 年）

秋七月戊子，诏以蝗旱去尊号"睿圣文武"四字，以告天地宗庙，仍令中外直言阙政。是岁，畿内、京东西、河北、河东、陕西蝗。

中 196－197；上 5209（仁宗本纪）

太后崩，仲淹召为右司谏。岁大蝗旱，江、淮、京东滋甚，仲淹请遣使循行，未报。乃请间曰："宫掖中半日不食，当何如？"帝恻然，乃命仲淹安抚江、淮，所至开仓振之，且禁民淫祀。　　中 10267－10268；上 6328－6329（范仲淹传）

是岁，旱蝗，士逊请如汉故事册免，不许。及帝自损尊号。士逊又请降官一级，以答天变，帝慰勉之。　　　　　　中 10216；上 6322（张士逊传）

注：畿内，今河南开封附近。京东西，指京东路和京西路而言，京东路，治所在今河南商丘，京西路，治所在今河南洛阳。河北，路名，治所在今河北大名东北。河东，路名，治所在今山西太原。陕西，路名，治所在今陕西西安。据《宋史·仁宗本纪》记载，太后崩，及范仲淹召为右司谏之时，是在宋明道二年。是年，本纪中并有"是岁，京东西蝗，安抚，除其租"的记载。

32. 宋景祐元年（1034 年）

春正月，诏："募民掘蝗种，给菽米。"是岁，开封府、淄州蝗。

中 197－199；上 5209－5210（仁宗本纪）

六月，开封府、淄州蝗。诸路募民掘蝗种万余石。

中 1356；上 5343（五行志）

注：开封，今河南开封。淄州，治所在今山东淄博西南淄川区。

33. 宋宝元二年（1039 年）

六月，曹、濮、单三州蝗。

中 1356；上 5343（五行志）　　中 206；上 5210（仁宗本纪）

注：曹州，在今山东曹县西北。濮州，今山东鄄城北旧城镇。单州，今山东单县。

34. 宋宝元四年（1041 年）

淮南旱蝗。是岁，京师飞蝗蔽天。　　　　中 1356；上 5343（五行志）

注：宋宝元四年，即庆历元年（1041年）。淮南，宋路名，治所在今江苏扬州，主要辖今江苏、安徽广大地区。京师，今河南开封。

35. 宋庆历三年（1043年）

时有旱蝗，日食、地震之变，襄以为："灾害之来，皆由人事。数年以来，天戒屡至。原其所以致之，由君臣上下皆阙失也。"　　　中10397；上6344（蔡襄传）

36. 宋皇祐五年（1053年）

冬十月，诏："以蝗旱，令监司谕亲民官上民间利害。"

中235；上5213（仁宗本纪）

建康府蝗。　　　　　　　　　　　　　　中1356；上5343（五行志）

注：谕亲民官上民间利害，意为命各州县官员汇报民间灾情。建康府，今江苏南京。

37. 宋嘉祐五年（1060年）

三月，诏："以蝗涝相仍，敕转运使、提点刑狱督州县振济，仍察不称职者。"

中245；上5214（仁宗本纪）

注：转运使，掌管中央钱粮财赋、督察地方官吏的官员。提点刑狱，掌察狱讼的检法官员。

38. 宋熙宁元年（1068年）

秀州蝗。　　　　　　　　　　　　　　　中1356；上5343（五行志）

注：秀州，旧州名，治所在今浙江嘉兴。

39. 宋熙宁五年（1072年）

河北大蝗。　　　　　　　　　　　　　　中1356；上5343（五行志）

注：河北，路名，治所在今河北大名东北。

40. 宋熙宁六年（1073年）

四月，河北诸路蝗。是岁，江宁府飞蝗自江北来。

中1356；上5343（五行志）

大蝗。 中 10436；上 6349（郑侠传）

注：宋熙宁六年，河北路始分为东西两路，河北东路，治所在今河北大名东北，河北西路，治所在今河北正定。江宁，今江苏南京。

41. 宋熙宁七年（1074 年）

夏，开封府界及河北路蝗。七月，咸平县鸲鹆食蝗。

中 1357；上 5343（五行志）

秋七月癸亥，诏河北两路捕蝗。又诏开封、淮南提点、提举司检覆蝗旱。以米十五万石振河北西路灾伤。冬十月癸巳，以常平米于淮南西路易饥民所掘蝗种，以振河北东路流民。 中 286；上 5218（神宗本纪）

注：咸平，今河南通许。鸲鹆，鸟名，即八哥。河北两路，即河北东路（治所在今河北大名东北）和河北西路（治所在今河北正定）。开封，今河南开封。淮南，路名，熙宁时始分东西两路，治所分别在今江苏扬州和安徽凤台。提点、提举司，均为宋时各地区的办事机构。

42. 宋熙宁八年（1075 年）

八月，淮西蝗，陈、颖州蔽野。 中 1357；上 5343（五行志）

八月，募民捕蝗易粟，苗损者偿之，仍复其赋。

中 288；上 5219（神宗本纪）

注：淮西，即淮南西路，治所在今安徽凤台。陈州，治所在今河南淮阳。颖州，治所在今安徽阜阳。

43. 宋熙宁九年（1076 年）

夏，开封府畿、京东、河北、陕西蝗。 中 1357；上 5343（五行志）

秋七月，关以西蝗蝻生。 中 291；上 5219（神宗本纪）

注：开封府畿，今河南开封附近。京东，路名，治所在今河南商丘。关以西，今陕西潼关以西，亦指关中盆地。

44. 宋熙宁十年（1077 年）

三月，诏州县捕蝗。 中 293；上 5219（神宗本纪）

45. 宋元丰四年（1081 年）

六月，河北诸郡蝗生。命提点开封府界诸县公事、提举开封府界常平等督诸县捕蝗。 中 304；上 5220（神宗本纪）

六月，河北蝗。秋，开封府界蝗。 中 1357；上 5343（五行志）

注：提点、提举均为宋时官职名。

46. 宋元丰五年（1082 年）

夏，又蝗。 中 1357；上 5343（五行志）

注：又蝗，指去年发生蝗灾的河北路及开封府界又发生蝗灾。

47. 宋元丰六年（1083 年）

夏，又蝗。五月，沂州蝗。 中 1357；上 5343（五行志）

注：又蝗，指河北路及开封府界又蝗。沂州，今山东临沂。

48. 宋元符元年（1098 年）

八月，高邮军蝗抱草死。 中 1357；上 5343（五行志）

注：高邮，宋军名，治所在今江苏高邮。

49. 宋建中靖国元年（1101 年）

是岁，京畿蝗。 中 363；上 5227（徽宗本纪）

注：京畿，今河南开封附近州县。

50. 宋崇宁元年（1102 年）

夏，开封府界、京东、河北、淮南等路蝗。 中 1357；上 5343（五行志）

是岁，京畿、京东、河北、淮南蝗。 中 366；上 5227（徽宗本纪）

京师蝗，庠上书论时政得失。 中 11657；上 6489（王庠传）

注：京畿，今河南开封附近。京东，治所在今河南商丘。河北路，分东西两路，治所分别在今河北大名东北和河北正定。淮南路，分淮东路（治所在今江苏扬州）和淮西

路（治所在今安徽凤台）。

51. 宋崇宁二年 (1103 年)

是岁，诸路蝗。　　　　　　　　　　　　　　中 368；上 5227（徽宗本纪）

诸路蝗，令有司醮祭。　　　　　　　　　　　中 1357；上 5343（五行志）

注：醮祭，旧时聚众求神保佑的祭祀活动，醮，神名，相传为灾害之神。

52. 宋崇宁三年 (1104 年)

是岁，诸路蝗。　　　　　　　　　　　　　　中 371；上 5228（徽宗本纪）

连岁大蝗，其飞蔽日，来自山东及府界，河北尤甚。

中 1357；上 5343（五行志）

注：府界，指京师开封府界，今河南开封。

53. 宋崇宁四年 (1105 年)

连岁大蝗，其飞蔽日，来自山东及府界，河北尤甚。

中 1357；上 5343（五行志）

54. 宋宣和三年 (1121 年)

是岁，诸路蝗。　中 409；上 5231（徽宗本纪）　中 1357；上 5343（五行志）

55. 宋宣和五年 (1123 年)

蝗。　　　　　　　　　　　　　　　　　　　中 1357；上 5343（五行志）

56. 宋建炎二年 (1128 年)

六月，京畿、淮甸蝗。秋七月辛丑，以春霖、夏旱蝗，诏监司、郡守条上阙政，州郡灾甚者蠲田赋。　　　　　　　　　中 456－457；上 5237（高宗本纪）

六月，京师、淮甸大蝗。八月，令长吏修醮祭。中 1357；上 5343（五行志）

注：京畿，南宋初建都今河南商丘，今河南商丘附近。淮甸，意指淮河两岸，今安徽部分地区。阙，皇宫，条上阙，意指有关部门向皇帝提出治理措施。

57. 宋绍兴十八年 (1148 年)

叶衡，字梦锡，婺州金华人。知临安府於潜县。岁灾，蝗不入境。治为诸邑最。

郡以政绩闻，即召对，上曰："闻卿作县有法。"　　　　中 11822；上 6508（叶衡传）

58. 宋绍兴二十九年（1159 年）

七月，盱眙军、楚州金界三十里，蝗为风所坠，风止，复飞还淮北。

中 1357；上 5343（五行志）

九月，蠲江、浙蝗潦州县租。　　　　　　　中 593；上 5253（高宗本纪）

注：盱眙，今江苏盱眙。楚州，治所在今江苏淮安。淮北，泛指淮河以北地区。江浙，江南东路和两浙西路，今安徽、江苏及浙江的一些地区。潦，指涝灾。

59. 宋绍兴三十二年（1162 年）

六月，江东、淮南北郡县蝗，飞入湖州境，声如风雨。至七月，遍于畿县，余杭、仁和、钱塘皆蝗。丙午，蝗入京城。八月，山东大蝗，颁祭醋礼式。

中 1357；上 5343（五行志）

六月，蝗。秋七月，以雨水、飞蝗，令侍从、台谏条上民间利害。

中 618；上 5256（孝宗本纪）

注：江东，即江南东路，治所在今江苏南京。淮南北，淮河南北，包括今安徽和江苏部分地区。南宋绍兴八年（1138 年），已定都临安（今浙江杭州），畿县，指今浙江杭州附近县。余杭，今浙江杭州。仁和、钱塘均为旧县名，治所在今浙江杭州。侍从、台谏为宋时官名。条上民间利害，指汇报民间灾情。祭醋礼式，据光绪三十二年《安国县新志稿》载："绍兴三十二年八月，礼部太常言：看详醋祭事，欲依绍兴祀令，虫蝗为灾，则祭之。"又曰："历代悉无祭醋仪式，欲准祭马步仪施行，坛在国城西北，祭仪礼料并属小祠，乞差官就马坛设祭，称为醋神。祝文曰：维某年岁次月朔日，某州县官姓名，敢昭告于醋神，蝗蝶洊生，害于嘉谷，惟神降佑，应时消殄，请以清酒制币嘉荐，昭告于神，尚飨。"

60. 宋隆兴元年（1163 年）

秋七月，以旱蝗、星变，诏侍从、台谏、两省官条上时政阙失。八月，以飞蝗、风、水为灾，避殿、减膳，罢借诸路职田之令。是岁，以两浙旱蝗，悉蠲其租。

中 624－625；上 5257（孝宗本纪）

七月，大蝗。八月，飞蝗过都，蔽天日，徽、宣、湖三州及浙东郡县害稼，京东大蝗，襄、随尤甚，民为乏食。　　　　中 1357；上 5343（五行志）

胡铨，字邦衡，庐陵人。隆兴元年迁秘书少监，擢起居郎。时旱蝗、星变，诏问政事阙失。铨应诏上书数千言，始终以《春秋》书灾异之法，言政令之阙有十，而上下之情不合亦有十。　　　　　　　　　中 11579；上 6480（胡铨传）

注：时政阙失，意为有关农业政令是否有失误的地方。悉蠲，全部免除。两浙，路名，南宋后分为两浙东路和两浙西路，治所分别为浙江绍兴和浙江杭州，辖今浙江和江苏的部分地区。都，首都，南宋建都今浙江杭州。徽州，今安徽歙县。宣州，今安徽宣城。湖州，今浙江湖州。京东，路名，辖今山东大部。襄州，今湖北襄樊襄阳城。随州，今湖北随州。

61. 宋隆兴二年（1164 年）

五月，蝗。　　　　　　　　　　　　中 626；上 5257（孝宗本纪）
夏，余杭县蝗。　　　　　　　　　　中 1357；上 5343（五行志）

注：余杭，旧县名，治所在今浙江杭州。

62. 宋乾道元年（1165 年）

六月，淮西蝗，宪臣姚岳贡死蝗为瑞，以佞坐黜。
　　　　　　　　　　　　　　　　　中 1357；上 5343（五行志）
六月，以淮南转运判官姚岳言境内飞蝗自死，夺一官罢之。
　　　　　　　　　　　　　　　　　中 632；上 5258（孝宗本纪）

注：淮西，淮南西路，治所在今安徽凤台。宪臣，古对官员的尊称。瑞，吉祥。佞，献媚。罢，罢免官职。

63. 宋乾道三年（1167 年）

是岁，江东西、湖南北路蝗，振之。　中 642；上 5259（孝宗本纪）
八月，江东郡县螟螣。　　　　　　　中 1476；上 5356（五行志）

注：江东西，即江南东路（治所在今江苏南京）和江南西路（治所在今江西南昌）。湖南北路，即荆湖南路（治所在今湖南长沙）和荆湖北路（治所在今湖北荆州）。

64. 宋淳熙三年（1176 年）

八月，淮北飞蝗入楚州、盱眙军界，如风雷者，逾时遇大雨，皆死，稼用不害。
　　　　　　　　　　　　　　　　　中 1358；上 5343（五行志）

注：淮北，淮河以北，泛指今安徽凤台至亳州东南一带。楚州，今江苏淮安。盱眙，今江苏盱眙。

65. 宋淳熙五年（1178年）

昭州荐有螟螣。　　　　　　　　　　　　　　　中 1476；上 5356（五行志）

注：昭州，旧州名，治所在今广西平乐。

66. 宋淳熙九年（1182年）

六月，临安府蝗，诏守臣亟加焚瘞。八月，淮东、浙西蝗。壬子，定诸州官捕蝗之罚。　　　　　　　　　　　　　　　　　　　　中 678；上 5263（孝宗本纪）

六月，全椒、历阳、乌江县蝗。飞蝗过都，遇大雨，坠仁和县界。七月，淮甸大蝗，真、扬、泰州窖捕蝗五千斛，余郡或日捕数十车，群飞绝江，坠镇江府，皆害稼。　　　　　　　　　　　　　　　　　　中 1358；上 5343（五行志）

注：临安府，治所钱塘，今浙江杭州。淮东，淮南东路，治所在今江苏扬州。浙西，两浙西路名，治所在今浙江杭州。全椒，今安徽全椒。历阳，今安徽和县。乌江，旧县名，在今安徽和县乌江镇。都，京城，今浙江杭州。仁和，今浙江杭州。真州，今江苏仪征。扬州，今江苏扬州。泰州，今江苏泰州。镇江，今江苏镇江。窖，挖洞坑。斛，计量单位，南宋时，一斛为五斗。

67. 宋淳熙十年（1183年）

春正月，命州县掘蝗。　　　　　　　　　　　　中 679；上 5263（孝宗本纪）

六月，蝗遗种于淮、浙，害稼。　　　　　　　　中 1358；上 5343（五行志）

注：淮，淮南路，治所在今江苏扬州。浙，今浙江地方。

68. 宋淳熙十四年（1187年）

秋七月，命临安府捕蝗，募民输米振济。　　　　中 687；上 5264（孝宗本纪）

七月，仁和县蝗。　　　　　　　　　　　　　　中 1358；上 5343（五行志）

注：临安府，治所在今浙江杭州。仁和县，治所在今浙江杭州。

69. 宋绍熙二年（1191年）

七月，高邮县蝗，至于泰州。　　　　　　　　　中 1358；上 5343（五行志）

注：高邮，今江苏高邮。泰州，今江苏泰州。

70. 宋绍熙五年（1194 年）

八月，楚、和州蝗。　　　　　　　　　　　中 1358；上 5343（五行志）

注：楚州，今江苏淮安。和州，今安徽和县。

71. 宋嘉泰二年（1202 年）

浙西诸县大蝗。自丹阳入武进，若烟雾蔽天，其坠亘十余里。常之三县捕八千余石，湖之长兴捕数百石。时浙东近郡亦蝗。　　中 1358；上 5343（五行志）

注：嘉泰，上海古籍出版社、上海书店联合版为嘉定，中华书局版校补本为嘉泰，今从校补本。浙西，两浙西路名，治所在今浙江杭州。浙东，两浙东路名，治所在今浙江绍兴。丹阳，今江苏丹阳。武进，今江苏常州市武进区。常，今江苏常州。长兴，今浙江长兴。

72. 宋开禧元年（1205 年）

帝以蝗灾，令刺举监司不才者，畴若同台监考察上之。会旱蝗复炽，御笔令在朝百执事条上封事，畴若奏"官吏苛刻、科役频并、赋敛繁重、刑法淹延"四事。

中 12446；上 6581（黄畴若传）

73. 宋开禧三年（1207 年）

是岁，浙西旱蝗。　　　　　　　　　　　中 747；上 5271（宁宗本纪）
夏秋久旱，大蝗，群飞蔽天，浙西豆粟皆既于蝗。

中 1358；上 5343（五行志）

注：浙西，路名，治所在今浙江杭州。既，尽。

74. 宋嘉定元年（1208 年）

五月，江、浙大蝗。六月，有事于圆丘、方泽祭醋。七月，又醋，颁醋式于郡县。　　　　　　　　　　　　　　　　中 1358；上 5343（五行志）
五月，以飞蝗为灾，减常膳。诏侍从、台谏疏奏阙政，监司、守令条上民间利害。六月，以蝗祷于天地、社稷。秋七月，以飞蝗为灾，诏三省疏奏宽恤未尽之事。　　　　　　　　　　　　　　　　中 750；上 5271（宁宗本纪）

注：侍从、台谏、监司、守令均为宋时职官名。三省，宋时门下省、中书省、尚书省三省的通称。浙江，上海古籍出版社、上海书店联合版为浙江，中华书局版为江、浙，即江南东西路和两浙路，今江苏和浙江两省地方。

75. 宋嘉定二年（1209 年）

夏四月，诏诸路监司督州县捕蝗。五月，申命州县捕蝗。是岁，诸路旱蝗。

中 752-754；上 5271（宁宗本纪）

四月，又蝗。五月，令诸郡修酺祀。六月，飞蝗入畿县。

中 1358；上 5343（五行志）

注：又蝗，指今江苏和浙江又蝗。畿县，今浙江杭州附近地区。

76. 宋嘉定三年（1210 年）

五月，以去岁旱蝗，百官应召封事，命两省择可行者以闻。八月，临安府蝗。

中 755；上 5272（宁宗本纪）

临安府蝗。

中 1358；上 5343（五行志）

注：临安府，治所在今浙江杭州。

77. 宋嘉定七年（1214 年）

六月，浙郡蝗。

中 1358；上 5343（五行志）

注：浙郡，今浙江各郡县。

78. 宋嘉定八年（1215 年）

四月，飞蝗越淮而南，江、淮郡蝗，食禾苗、山林、草木皆尽。乙卯，飞蝗入畿县，祭酺，令郡有蝗者如式以祭。自夏至秋，诸道捕蝗者以千百石计，饥民竟捕，官出粟易之。

中 1358；上 5343（五行志）

绍兴祀令，虫蝗为害，则祭酺神。六月，以飞蝗入临安界，诏差官祭告。又诏两浙、淮东西路州县，遇有蝗入境，守臣祭告酺神。

中 2523；上 5518（礼志）

八月，蝗，祷于霍山。

中 2503；上 5515（礼志）

是岁，两浙、江东西路旱蝗。

中 763；上 5272（宁宗本纪）

注：越淮而南，从淮河北岸迁飞至淮河以南。江淮，长江与淮河之间今江苏、安徽一些郡县。畿县，指今浙江杭州附近县。两浙，路名，即两浙东路（治所在今浙江绍兴）和两浙西路（治所在今浙江杭州）。江东西，路名，即江南东路（治所在今江苏南京）和江南西路（治所在今江西南昌）。

79. 宋嘉定九年（1216年）

春正月，罢诸路旱蝗州县和籴。　　　　　　　　中 763；上 5272（宁宗本纪）

五月，浙东蝗，令郡国酺祭。是岁，饥，官以粟易蝗者千百斛。

中 1358；上 5343（五行志）

六月，蝗，祷群祀。　　　　　　　　　　　　　中 2503；上 5515（礼志）

陈宓，字师复。对曰："人主之德贵乎明。今赤地千里，蝗飞蔽天，如此其可畏，犹或讳晦以旱不为灾、蝗不害稼，其他诬罔，抑又可知。臣故曰人主之德贵乎明。"　　　　　　　　　　　　　　　　　　　　　　中 12310；上 6565（陈宓传）

注：和籴，封建社会，官府强制向百姓用低价征购粮食的一种措施。罢，免除。浙东，两浙东路名，治所在今浙江绍兴。斛，计量单位，宋时五斗为一斛。

80. 宋嘉定十年（1217年）

四月，楚州蝗。　　　　　　　　　　　　　　　中 1358；上 5343（五行志）

注：楚州，治所山阳，今江苏淮安。

81. 宋嘉定十四年（1221年）

明、台、温、婺、衢蝝螣为灾。　　　　　　　　中 1477；上 5356（五行志）

注：明，明州，今浙江宁波。台，台州，今浙江临海。温，今浙江温州。婺，婺州，今浙江金华。衢，衢州，今浙江衢州。

82. 宋绍定三年（1230年）

福建蝗。　　　　　　　　　　　　　　　　　　中 1358；上 5343（五行志）

83. 宋端平元年（1234年）

五月，当涂县蝗。　　　　　　　　　　　　　　中 1359；上 5343（五行志）

端平初，徐侨与诸贤俱被召，趣入觐。帝顾见其衣履垢敝，恻然谓曰："卿可谓清贫。"侨对曰："臣不贫，陛下乃贫耳。"帝曰："朕何为贫？"侨曰："陛下国本未建，疆宇日蹙；权幸用事，将帅非材；旱蝗相仍，盗贼并起；经用无艺，帑藏空虚；民困于横敛，军怒于掊克，群臣养交而于子孤立，国势阽危而陛下不悟：臣不贫，陛下乃贫耳。"帝为之感动改容，而赐侨金帛甚厚。侨固辞不受。

中 12614；上 6601（徐侨传）

会出师，诏令嵩之筹画粮饷，嵩之奏言："荆、襄连年水涝、蟓蝗之灾，饥馑流亡之患，极力振生，尚不聊救，征调既繁，夫岂堪命？其势必至于主户弃业以逃亡，役夫中道而窜逸，无归之民，聚而为盗，饥馑之卒，未战先溃。当此之际，正恐重贻宵旰之虑矣。然事关根本，谨而审之。"

中 12423；上 6579（史嵩之传）

注：当涂，今安徽当涂。《徐侨传》中关于"旱蝗相仍"的记载只说宋端平初，据《续资治通鉴》记载，为宋端平元年。

84. 宋嘉熙四年（1240 年）

六月甲午朔，江、浙、福建大旱蝗。秋七月，诏："今夏六月恒阳，飞蝗为孽，朕德未修，民瘼尤甚，中外臣僚其直言阙失毋隐"。又诏："有司振灾恤刑"。

中 820；上 5278（理宗本纪）

建康府蝗。 中 1359；上 5343（五行志）

注：江，江苏。浙，浙江。恒阳，干旱意。民瘼，百姓疾苦。阙失，宫廷政令有无失误之处。建康府，治所江宁，今江苏南京。

85. 宋淳祐二年（1242 年）

五月，两淮蝗。 中 1359；上 5343（五行志）

注：两淮，即淮南东路（治所在在今江苏扬州）和淮南西路（治所在今安徽凤台）。

86. 宋景定三年（1262 年）

八月，两浙蝗。 中 1359；上 5343（五行志）

注：两浙，路名，指两浙东路（治所在今浙江绍兴）和两浙西路（治所在今浙江杭州）。

十九、《辽史》　　　　　　　　　　　　（元）脱脱等撰

1. 辽乾亨五年　统和元年（983年）

九月，以东京、平州旱乾亨五年　蝗，诏振之。　　中111；上6800（圣宗本纪）

圣宗乾亨五年（983年），诏曰："五稼不登，开帑而代民税。蝻蝗为灾，罢徭役以恤饥贫。"　　　　　　　　　　　　中924；上6868（食货志）

注：东京，辽五京道名，治所在今辽宁辽阳老城。平州，治所在今河北卢龙北。五稼，即五谷，《汉书·食货志》注曰："五谷，麻、黍、稷、麦、豆也。"蝻蝗，意指飞蝗。徭役，旧社会强迫农民无偿劳役的一种制度。

2. 辽开泰六年（1017年）

六月，南京诸县蝗。　　　　　　　　　　中180；上6807（圣宗本纪）

注：南京，辽五京道名，治所析津，亦称燕京，在今北京西南。

3. 辽清宁二年（1056年）

六月，中京蝗蝻为灾。　　　　　　　　　中254；上6813（道宗本纪）

注：中京，辽五京道之一，治所在今内蒙古宁城西。《续资治通鉴·宋纪》记载为辽南京蝗蝻为灾，辽南京，治所在今北京西南。

4. 辽咸雍三年（1067年）

是岁，南京旱蝗。　　　　　　　　　　　中267；上6814（道宗本纪）

5. 辽咸雍九年（1073年）

秋七月，南京奏归义、涞水两县蝗飞入宋境，余为蜂所食。

中275；上6814（道宗本纪）

注：南京，治所在今北京西南。归义，今河北雄县。涞水，今河北涞水。

6. 辽大康二年（1076年）

九月，以南京蝗，免明年租税。　　　　　中278；上6815（道宗本纪）

7. 辽大康三年（1077 年）

五月，玉田、安次蝝伤稼。　　　　　　　　　　中 279；上 6815（道宗本纪）

注：玉田，今河北玉田。安次，在今河北廊坊东南。

8. 辽大康七年（1081 年）

夏五月，有司奏永清、武清、固安三县蝗。　　中 285；上 6815（道宗本纪）

注：永清，今河北永清。武清，今天津武清。固安，今河北固安。

9. 辽大安四年（1088 年）

八月，有司奏宛平、永清蝗为飞鸟所食。　　　中 297；上 6816（道宗本纪）

注：宛平，旧县名，治所在今北京西南。永清，今河北永清。

10. 辽乾统四年（1104 年）

秋七月，南京蝗。　　　　　　　　　　　　　中 321；上 6818（天祚本纪）

注：南京，辽五京道之一，治所在今北京西南。

二十、《金史》　　　　　　　　　　　　　（元）　脱脱等撰

1. 金天会二年（1124 年）

曷懒移鹿古水霖雨害稼，且为蝗所食。　　　　中 535；上 6982（五行志）

注：曷懒，亦称合懒，金路名，治所在今朝鲜吉州。移鹿古水，又称乙离骨水，是靠近朝鲜吉州的一条河流，据《金史·地理志》载，移鹿古水西北至上京（今内蒙古巴林左旗）1 800 里，东南至高丽（今朝鲜）界 500 里，也指今朝鲜吉州。这次蝗灾发生在今朝鲜。

2. 金皇统元年（1141 年）

秋，蝗。　　　　中 77；上 6934（熙宗本纪）　中 536；上 6982（五行志）

3. 金皇统二年（1142 年）

七月，北京、广宁府蝗。　　　　　　　　　　　　　中 79；上 6934（熙宗本纪）

注：北京，金路名，治所在今内蒙古巴林左旗南。广宁府，治所在今辽宁北宁。

4. 金正隆二年（1157 年）

六月，蝗飞入京师。秋，中都、山东、河东蝗。　　中 536；上 6982（五行志）

是秋，中都、山东、河东蝗。　　　　　　　　　　中 108；上 6937（海陵本纪）

注：京师，首都的旧称，金贞元元年（1153 年），迁都今北京，京师，今北京市。中都，路名，今北京大兴。山东，今山东省。河东，金分河东北路（治所在今山西太原）和河东南路（治所平阳，今山西临汾）。

5. 金正隆三年（1158 年）

六月，蝗入京师。　　　　　　　　　　　　　　　中 108；上 6937（海陵本纪）

注：京师，今北京市。

6. 金大定三年（1163 年）

三月，中都以南八路蝗。　　　　　　　　　　　　中 537；上 6982（五行志）

三月，中都以南八路蝗，诏尚书省遣官捕之。五月，中都蝗，诏参知政事完颜守道按问大兴府捕蝗官。　　　　　　　　　　　　　　　　　中 130；上 6940（世宗本纪）

梁肃，字孟容，奉圣州人。大定二年（1162 年），改大兴少尹。三年，坐捕蝗不如期，贬川州刺史，削官一阶，解职。　　　　　　　　中 1982；上 7129（梁肃传）

注：中都，今北京大兴。按问，审问。坐，指定罪。

7. 金大定四年（1164 年）

八月，中都南八路蝗，飞入京畿。　　　　　　　　中 537；上 6982（五行志）

九月乙酉，上谓宰臣曰："平、蓟二州近复蝗旱，百姓艰食，父母、兄弟不能相保，多冒鬻为奴，朕甚悯之。可速遣使阅实其数，出内库物赎之。"

中 134 - 135；上 6940（世宗本纪）

注：平州，在今河北卢龙北。蓟州，今天津蓟州区。冒鬻，冒通帽，作记号出卖自己。

8. 金大定五年 (1165 年)

正月，复命有司，旱、蝗、水溢之处，与免租赋。

中 135；上 6940 （世宗本纪）

诏命有司："凡罹蝗、旱、水溢之地，蠲其赋税。"

中 1057；上 7031 （食货志）

9. 金大定七年 (1167 年)

九月己巳，右三部检法官韩赞以捕蝗受赂，除名。诏："吏人但犯赃罪，虽会赦，非特旨不叙。"

中 139；上 6941 （世宗本纪）

注：右，属尚书工部的部门。三部，即京东、京西、京南三路。检法官，掌检察支军粮、差役、劝农等工作的官员。受赂，接受贿赂。

10. 金大定十六年 (1176 年)

六月，山东两路蝗。

中 164；上 6944 （世宗本纪）

是岁，中都、河北、山东、陕西、河东、辽东等十路旱蝗。

中 538；上 6983 （五行志）

注：山东两路，即山东东路（治所在今山东青州）和山东西路（治所在今山东东平）。中都，今北京大兴。河东，金时亦分为两路，即河东北路（治所在今山西太原）和河东南路（治所在今山西临汾）。辽东，金置辽东路转运司名，治所咸平府，在今辽宁开原东北。

11. 金大定十七年 (1177 年)

三月，诏："免河北、山东、陕西、河东、西京、辽东等十路去年被旱蝗租税。"

中 166；上 6944 （世宗本纪）中 1058；上 7031 （食货志）

注：西京，路名，治所在今山西大同。

12. 金大定二十二年 (1182 年)

五月，庆都蝗蝻生，散漫十余里，一夕大风，蝗皆不见。

中 538；上 6983 （五行志）

注：庆都，今河北望都。蝗蝻，飞蝗蝻。

13. 金承安二年（1197 年）

十二月乙酉，谕宰臣："今后水潦旱蝗、盗贼窃发，命提刑司预为规画。"

中 243；上 6951（章宗本纪）

14. 金泰和六年（1206 年）

六月，定："除飞蝗入境虽不损苗稼亦坐罪法。"

中 276；上 6956（章宗本纪）

山东连岁旱蝗，沂、密、莱、莒、潍五州尤甚。

中 2105；上 7142（张万公传）

注：除，除治。虽不损苗稼亦坐罪，意指发生了蝗灾，就要追查罪责。

15. 金泰和七年（1207 年）

三月，初定："虫蝻生发地主及邻主首不申之罪。"六月，遣使捕蝗。

中 280‑281；上 6957（章宗本纪）

河南旱蝗，诏维翰体究田禾分数以闻。七月雨，复诏维翰曰："雨虽沾足，秋种过时，使多种蔬菜，犹愈于荒莱也。蝗蝻遗子，如何可绝？旧有蝗处来岁宜菽麦，谕百姓使知之。"

中 2647；上 7204（王维翰传）

注：虫蝻，指蝗蝻。不申，不向官府报告。

16. 金泰和八年（1208 年）

闰四月，河南路蝗。六月，飞蝗入京畿。

中 540；上 6983（五行志）

夏四月，诏谕有司："以苗稼方兴，宜速遣官分道巡行农事，以备虫蝻。"五月丁卯，遣使分路捕蝗。六月戊子，飞蝗入京畿。秋七月庚子，诏："更定蝗虫生发坐罪法。"乙巳，朝献于衍庆宫。诏："颁《捕蝗图》于中外。"

中 283‑284；上 6957（章宗本纪）

注：河南，路名，治所在今河南洛阳。京畿，今北京市附近。巡行，巡视，查看。备，预防。

17. 金贞祐三年（1215 年）

夏四月，河南路蝗，遣官分捕。上谕宰臣曰："朕在潜邸，闻捕蝗者止及道旁，

867

使者不见处即不加意，当以此意戒之。"　　　　　　　中308；上6959（宣宗本纪）

五月，河南大蝗。　　　　　　　　　　　　　　　　中542；上6983（五行志）

比岁河东旱蝗，加以邀籴，物价踊贵，人民流亡，诚可闵也。

中1104；上7036；（食货志）

注：河南，路名，治所在今河南洛阳。潜邸，深宫，意指皇帝住所。河东，金路名，分河东北路（治所在今山西太原）和河东南路（治所在今山西临汾）闵，同悯，怜恤。

18. 金贞祐四年（1216年）

夏四月，河南、陕西蝗。五月，凤翔及华、汝等州蝗。京兆、同、华、邓、裕、汝、亳、宿、泗等州蝗。六月，河南大蝗伤稼，遣官分道捕之。秋七月，飞蝗过京师，以旱蝗诏中外。　　　　　　　中318-319；上6961（宣宗本纪）

五月，河南、陕西大蝗。七月，飞蝗过京师。

中542-543；上6983（五行志）

时河南粟麦不令兴贩渡河，胥鼎又言："河东兵革之余，疲民稍复，然丁牛既少，莫能耕稼，重以亢旱蝗螟，而馈饷所须，征科颇急，贫无依者俱已乏食，富户宿藏亦盗发，盖绝无而仅有焉。"　　　　　　　中2376；上7173（胥鼎传）

七月，陈规上章条陈八事，其四曰："选守令以结民心。加之连年蝗旱，百姓荐饥，行赈济则仓廪悬乏，免征调则用度不足，欲其实惠及民，惟得贤守令而已。"

中2406；上7177（陈规传）

完颜伯嘉，字辅之。五月，充宣差河南提控捕蝗。

中2211；上7154（完颜伯嘉传）

注：河南，路名，治所在今河南洛阳。陕西，路名，治所在今陕西西安。凤翔，路名，治所在今陕西凤翔。京兆，府名，治所在今陕西西安。同州，治所在今陕西大荔。华州，治所在今陕西华县。邓州，今河南邓州。裕州，今河南方城。汝州，今河南汝州。亳州，今安徽亳州。宿州，今安徽宿州。泗州，治所在今江苏盱眙西北，清康熙年间陷入洪泽湖。京师，首都，今北京市。

19. 金兴定元年（1217年）

三月，上宫中见蝗，遣官分道督捕，仍戒其勿以苛暴扰民。

中328；上6962（宣宗本纪）

三月，宫中有蝗。　　　　　　　　　　　　　　　中543；上6983（五行志）

注：上，指皇上。

20. 金兴定二年（1218 年）

四月，河南诸郡蝗。　　　　　　　　　　　　　　中 543；上 6983（五行志）

夏四月，河南诸郡蝗。五月，诏遣官督捕河南诸路蝗。

中 336；上 6963（宣宗本纪）

21. 金正大三年（1226 年）

夏四月，遣使捕蝗。六月，京东大雨雹，蝗尽死。

中 377；上 6968（哀宗本纪）

四月，旱蝗。六月，京东雨雹，蝗死。　　　中 544；上 6983（五行志）

注：金贞祐二年（1214 年）金迁都汴京，今河南开封。京东，今河南开封以东。

二十一、《元史》　　　　　　　　　　　（明）宋濂等撰

1. 蒙古太宗十年（1238 年）

秋八月，陈时可、高庆民等言诸路旱蝗，诏："免今年田租，仍停旧未输纳者，俟丰岁议之。"　　　　　　　　　　　　　中 36；上 7243（太宗本纪）

2. 蒙古太宗十三年（1241 年）

因近年蝗旱，民力艰难，往往在逃。　　　　中 2510；上 7525（兵志）

3. 蒙古中统三年（1262 年）

五月，真定、顺天、邢州蝗。

中 85；上 7248（世祖本纪）　中 1072；上 7368（五行志）

注：真定，路名，今河北正定。顺天，路名，今河北保定。邢州，路名，今河北邢台。

4. 蒙古中统四年（1263 年）

六月，河间、益都、燕京、真定、东平诸路蝗。八月，滨、棣二州蝗。

中 93－94；上 7249（世祖本纪）

六月，燕京、河间、益都、真定、东平蝗。八月，滨、棣等州蝗。

中 1072；上 7368（五行志）

注：河间，路名，治所在今河北河间。益都，路名，治所在今山东青州。燕京，路名，治所在今北京市西南。真定，路名，治所在今河北正定。东平，路名，治所在今山东东平。滨州，今山东滨州。棣州，今山东惠民。

5. 蒙古至元二年（1265 年）

秋七月，益都大蝗，饥，命减价粜官粟以赈。是岁，西京、北京、益都、真定、东平、顺德、河间、徐、宿、邳蝗旱。中 108 - 109；上 7250 - 7251（世祖本纪）

七月，益都大蝗。十二月，西京、北京、顺德、益都、徐、宿、邳等州郡蝗。

中 1072；上 7368（五行志）

陈祐，字庆甫，赵州宁晋人。至元二年，调官法行，改南京路治中。适东方大蝗，徐、邳尤甚，责捕至急，祐部民丁数万人至其地，谓左右曰："捕蝗虑其伤稼，今蝗虽盛，而谷以熟，不如令早刈之，庶力省而有得。"或以事涉专擅，不可，祐曰："救民获罪，亦所甘心。"即谕之使散去，两州之民皆赖焉。三年，朝廷以祐降官无名，乃赐虎符，援嘉议大夫、卫辉路总管。 中 3939 - 3940；上 7689（陈祐传）

注：西京，路名，治所在今山西大同。北京，路名，治所在今内蒙古宁城西。顺德，路名，治所在今河北邢台。徐，徐州，今江苏徐州。宿，宿州，今安徽宿州。邳，邳州，在今江苏睢宁西北。南京，路名，治所在今河南开封。治中，职官名。

6. 蒙古至元三年（1266 年）

是岁，东平、济南、益都、平滦、真定、洺磁、顺天、中都、河间、北京蝗。

中 113；上 7251（世祖本纪）

注：济南，路名，治所在今山东济南。平滦，路名，治所在今河北卢龙。洺磁，路名，治所在今河北永年东南广府镇。顺天，路名，治所在今河北保定。中都，路名，在今北京大兴。北京，路名，在今内蒙古宁城西。

7. 蒙古至元四年（1267 年）

是岁，山东、河南北诸路蝗。 中 117；上 7251 - 7252（世祖本纪）

注：山东，区域名，泛指今山东省。河南北，泛指黄河南北，今河南、河北省的一

些地区。

8. 蒙古元至元五年（1268 年）

六月，东平等处蝗。　　　　　　　　　　中 118；上 7252（世祖本纪）

六月，东平等郡蝗。　　　　　　　　　　中 1072；上 7368（五行志）

注：东平，路名，治所在今山东东平。

9. 蒙古至元六年（1269 年）

六月，河南、河北、山东诸郡蝗。敕："真定等路旱蝗，其代输、筑城役夫户赋悉免之。"　　　　　　　　　　　　　　中 122；上 7252（世祖本纪）

洧川县达鲁花赤贪暴，盛夏役民捕蝗，禁不得饮水，民不胜忿，击之而毙。

中 3998；上 7697（袁裕传）

注：真定，今河北正定。役夫，出劳役的民众，代输、筑城是百姓出夫无偿劳动的一种徭役。户赋，赋税、田租。悉，全部。洧川，旧县名，治所在今河南长葛东北。达鲁花赤，人名。

10. 蒙古至元七年（1270 年）

三月，益都、登、莱蝗旱，诏："减其今年包银之半。"五月，南京、河南等路蝗，减今年银丝十之三。秋七月，山东诸路旱蝗，免军户田租，戍边者给粮。冬十月，以南京、河南两路旱蝗，减今年差赋十之六。

中 128 - 131；上 7253（世祖本纪）

帝以蝗旱为忧，命德辉录囚山西、河东。　　中 3816；上 7675（李德辉传）

五月，尚书省奏括天下户口，既而御史台言："所在捕蝗，百姓劳扰，括户事宜少缓。"遂止。　　　　　　　　　　中 4559；上 7760（阿合马传）

南京、河南蝗旱，减差徭十分之六。　　中 2472；上 7521（食货志·赈恤）

七月，南京、河南诸路大蝗。　　　　　　中 1072；上 7368（五行志）

是年，立司农司，又颁农桑之制一十四条，第十四条曰："每年十月，令州县正官一员巡视境内，有虫蝗遗子之地，多方设法除之。"

中 2355；上 7507（食货志·农桑）

注：益都，今山东青州。登，州名，治所在今山东蓬莱。莱，州名，治所在今山东莱州。南京，路名，今河南开封。河南，路名，治所在今河南洛阳。

11. 元至元八年（1271年）

六月，上都、中都、河间、济南、淄莱、真定、卫辉、洺磁、顺德、大名、河南、南京、彰德、益都、顺天、怀孟、平阳、归德诸州县蝗。

中 136；上 7254（世祖本纪）

六月，上都、中都、大名、河间、益都、顺天、怀孟、彰德、济南、真定、卫辉、平阳、归德、顺德等路，淄、莱、洺、磁等州蝗。

中 1072；上 7368（五行志）

王磐，字文炳，广平永年人。中统元年（1260年）即拜益都等路宣抚副使，出为真定、顺德等路宣慰使。未几，蝗起真定，朝廷遣使者督捕，役夫四万人，以为不足，欲牒邻道助之。磐曰："四万人多矣，何烦他郡。"使者怒，责磐状，期三日尽捕蝗。磐不为动，亲率役夫走田间，设方法督捕之，三日而蝗尽灭，使者惊以为神。

中 3752；上 7668（王磐传）

注：上都，路名，治所在今内蒙古正蓝旗东。中都，今北京大兴。河间，今河北河间。济南，路名，治所在今山东济南。淄莱，路名，治所淄州，今山东淄博淄川区。真定，今河北正定。卫辉，路名，治所在今河南卫辉。洺磁，路名，治所在今河北永年东南。顺德，路名，治所在今河北邢台。大名，在今河北大名东北。河南，路名，治所在今河南洛阳。南京，路名，治所在今河南开封。彰德，路名，治所在今河南安阳。益都，今山东青州。顺天，路名，治所在今河北保定。怀孟，路名，治所在今河南沁阳。平阳，路名，治所在今山西临汾。归德，府名，治所在今河南商丘市睢阳区。《王磐传》中"蝗起真定"虽无记载发生年份，但据《正定县志》载，"至元八年六月蝗，王磐扑灭之"，应为至元八年。

12. 元至元九年（1272年）

二月，以去岁东平及西京等州县旱、蝗、水潦，免其租赋。

中 140；上 7256（世祖本纪）

13. 元至元十年（1273年）

是岁，诸路虫蛹灾五分。

中 152；上 7256（世祖本纪）

注：虫蛹，蝗蛹。五分，一半，意半灾。

14. 元至元十五年（1278 年）

秋七月，濮州蝗。　　　　　　　　　　　　　　中 203；上 7262（世祖本纪）

属县盐城境内旱蝗，维祯祷而雨，蝗亦息。　　中 4357；上 7739（许维祯传）

注：濮州，治所在今山东鄄城北。

15. 元至元十六年（1279 年）

夏四月，大都等十六路蝗。六月，左、右卫屯田蝗蝻生。

　　　　　　　　　　　　　　中 211 - 213；上 7263 - 7264（世祖本纪）

四月，大都十六路蝗。　　　　　　　　　　　中 1072；上 7368（五行志）

注：大都，元路名，今北京市。左、右卫，职官名，掌宿卫扈从，兼屯田。屯田，利用士兵或农民开垦荒地。

16. 元至元十七年（1280 年）

五月，真定、咸平、忻州、涟、海、邳、宿诸州郡蝗。

　　　　　　　　　　　　　　　　　　中 224；上 7265（世祖本纪）

五月，忻州及涟、海、邳、宿等州蝗。　　　　中 1072；上 7368（五行志）

注：咸平，府名，治所在今辽宁开原东北。忻州，治所在今山西忻州。涟，今江苏涟水。海州，路名，治所在今江苏连云港西南海州区。邳州，在今江苏睢宁西北。宿州，今安徽宿州。

17. 元至元十九年（1282 年）

四月，别十八里部东三百余里蝗害麦。　　　　中 1072；上 7368（五行志）

五月，别十八里城东三百余里蝗害麦。　　　　中 243；上 7267（世祖本纪）

注：别十八里，亦称别失八里，古城名，治所在今新疆吉木萨尔北。部，部落、部族，部东，即城东。

18. 元至元二十一年（1284 年）

六月，中卫屯田蝗。　　　　　　　　　　　　中 267；上 7270（世祖本纪）

注：中卫屯田，元至元四年（1267 年）置，在今天津武清、河北香河等县，为田 1 000 余顷。

19. 元至元二十二年（1285 年）

　　夏四月，大都、汴梁、益都、庐州、河间、济宁、归德、保定蝗。秋七月，京师蝗。
　　　　　　　　　　　　　　　　　　中 276－278；上 7271－7272（世祖本纪）

　　注：大都，路名，治所在今北京市。汴梁，路名，今河南开封。庐州，路名，今安徽合肥。济宁，路名，治所在今山东巨野。归德，路名，治所在今河南商丘市睢阳区。保定，路名，治所在今河北保定。京师，今北京市。

20. 元至元二十三年（1286 年）

　　五月，霸州、潞州蝻生。
　　　　　　　　　中 289；上 7273（世祖本纪）　中 1081；上 7369（五行志）

　　注：霸州，今河北霸州。潞州，在今北京通州东南潞县镇。

21. 元至元二十五年（1288 年）

　　六月，资国、富昌等十六屯雨水、蝗害稼。秋七月，真定、汴梁路蝗。八月，赵、晋、冀三州蝗。　　　　　　　　　　　　中 313－315；上 7276（世祖本纪）
　　七月，真定、汴梁蝗。八月，赵、晋、冀三州蝗。
　　　　　　　　　　　　　　　　　　　　中 1072；上 7368（五行志）

　　注：赵州，今河北赵县。晋州，今河北晋州。冀州，今河北冀州。

22. 元至元二十六年（1289 年）

　　秋七月，东平、济宁、东昌、益都、真定、广平、归德、汴梁、怀孟蝗。
　　　　　　　　　　　　　　　　　　　　中 324；上 7278（世祖本纪）

　　注：东平，今山东东平。东昌，路名，治所在今山东聊城。益都，今山东青州。真定，今河北正定。广平，元至元十五年（1278 年）改洺磁路为广平路，治所在今河北永年东南广府镇。怀孟，路名，治所在今河南沁阳。

23. 元至元二十七年（1290 年）

　　夏四月，河北十七郡蝗。
　　　　　　　　　中 336；上 7279（世祖本纪）　中 1072；上 7368（五行志）

注：河北，黄河以北，泛指今河北省。

24. 元至元二十九年（1292 年）

闰六月，东昌路蝗。济南、般阳蝗。八月，以广济署屯田既蝗复水，免今年田租九千二百十八石。　　　　　　　　　中 364‑365；上 7283（世祖本纪）

六月，东昌、济南、般阳、归德等郡蝗。　　　中 1072；上 7368（五行志）

注：般阳，治所在今山东淄博淄川区。归德，今河南商丘市睢阳区。广济署屯田，在今河北沧州、青县一带。

25. 元至元三十年（1293 年）

六月，大兴县蝗。九月，登州蝗。是岁，真定、宁晋等处被水、旱、蝗、雹灾者二十九。　　　　　　　　　　　　　中 373‑376；上 7284（世祖本纪）

注：大兴，今北京大兴。登州，今山东蓬莱。真定，今河北正定。宁晋，今河北宁晋。

26. 元至元三十一年（1294 年）

六月，东安州蝗。

中 385；上 7285（成宗本纪）　中 1072；上 7368（五行志）

注：东安州，旧州名，治所在今河北廊坊西旧州。

27. 元元贞元年（1295 年）

六月，汴梁陈留、太康、考城等县，睢、许等州蝗。

中 1072；上 7368（五行志）

六月，汴梁路蝗。　　　　　　中 395；上 7286（成宗本纪）

注：汴梁，路名，治所在今河南开封。陈留，在今河南开封东南。太康，今河南太康。考城，旧县名，在今河南民权东北。睢州，今河南睢县。许州，今河南许昌。

28. 元元贞二年（1296 年）

六月，大都、真定、保定、太平、常州、镇江、绍兴、建康、澧州、岳州、庐州、汝宁、龙阳州、汉阳、济宁、东平、大名、滑州、德州蝗。秋七月，平阳、大名、归德、真定蝗。八月，德州、彰德、太原蝗。

中 404‑406；上 7287‑7288（成宗本纪）

六月，济宁任城、鱼台县，东平须城、汶上县，开州长垣、清丰县，德州齐河县，滑州，太和县，内黄县蝗。八月，平阳、大名、归德、真定等郡蝗。

中 1072；上 7368（五行志）

注：大都，今北京市。真定，今河北正定。保定，今河北保定。太平，今安徽当涂。常州，今江苏常州。镇江，今江苏镇江。绍兴，今浙江绍兴。建康，今江苏南京。澧州，今湖南澧县。岳州，今湖南岳阳。庐州，今安徽合肥。汝宁，今河南汝南。龙阳州，今湖南汉寿。汉阳，今湖北汉阳。济宁，今山东巨野。东平，今山东东平。大名，在今河北大名东北。滑州，在今河南滑县东南。德州，今山东陵县。平阳，今山西临汾。归德，今河南商丘睢阳区。彰德，今河南安阳。太原，今山西太原。任城，在今山东济宁南。鱼台，今山东鱼台。须城，今山东东平州城镇。汶上，今山东汶上。开州，今河南濮阳。长垣，今河南长垣。清丰，上海古籍出版社、上海书店联合版为靖丰，中华书局版为清丰，今河南清丰。齐河，今山东齐河。太和县，上海古籍出版社、上海书店联合版为大和州，中华书局版为太和县，今安徽太和。内黄，今河南内黄。

29. 元大德元年（1297 年）

六月，归德、邳州、徐州蝗。　　　　　　中 1072；上 7368（五行志）
六月，归德、徐、邳州蝗。　　　　　　　中 412；上 7288（成宗本纪）

注：归德，府名，在今河南商丘睢阳区。邳州，在今江苏睢宁西北。徐州，今江苏徐州。

30. 元大德二年（1298 年）

二月，归德等处蝗。夏四月，江南、山东、江浙、两淮、燕南属县百五十处蝗。六月，山东、河南、燕南、山北五十处蝗，山北辽东道大宁路金源县蝗。十二月，扬州、淮安两路旱蝗，以粮十万石赈之。　中 418-420；上 7289-7290（成宗本纪）

四月，燕南、山东、两淮、江浙、江南属县百五十处蝗。

中 1072；上 7368（五行志）

注：江南，江南湖北道名，治所在今湖北武昌。山东，山东东西道名，治所在今山东济南。江浙，江南浙西道名，治所在今浙江杭州。两淮，淮西江北道名，治所在今安徽合肥。燕南，燕南河北道名，治所在今河北正定。河南，江北河南道名，治所在今河南开封。金源，县名，治所在今辽宁建平东北。

31. 元大德三年（1299 年）

五月，江陵路旱蝗。秋七月，扬州、淮安属县蝗，在地者为鹙啄食，飞者以翅击死，诏：“禁捕鹙。”冬十月，陇、陕蝗，并免其田租。十一月，江陵路蝗，并发粟赈之。

中 428－429；上 7290（成宗本纪）

五月，淮安属县蝗，有鹙食之。十月，陇、陕蝗。

中 1072；上 7368（五行志）

以旱蝗，除扬州、淮安两路税粮。 中 4273；上 7521（食货志·赈恤）

注：江陵，路名，在今湖北荆州区。扬州，路名，治所在今江苏扬州。淮安，路名，治所在今江苏淮安。陇，今陕西陇县。陕，今河南陕县。鹙，水鸟名，相传似鹤而大。

32. 元大德四年（1300 年）

五月，扬州、南阳、顺德、东昌、归德、济宁、徐、濠、芍陂旱蝗。

中 431；上 7291（成宗本纪）

注：扬州，今江苏扬州。南阳，今河南南阳。顺德，今河北邢台。东昌，治所在今山东聊城。归德，治所在今河南商丘睢阳区。济宁，今山东巨野。徐，今江苏徐州。濠，濠州，治所钟离，在今安徽凤阳东北。芍陂，在今安徽寿县南。

33. 元大德五年（1301 年）

六月，顺德、怀孟蝗。秋七月，广平、真定蝗。是岁，汴梁、归德、南阳、邓州、唐州、陈州、和州、襄阳、汝宁、高邮、扬州、常州蝗。

中 435－438；上 7291－7292（成宗本纪）

六月，顺德路、淇州蝗。七月，广平、真定等路蝗。八月，河南、淮南、睢、陈、唐、和等州，新野、汝阳、江都、兴化等县蝗。中 1072；上 7368（五行志）

注：顺德，路名，治所在今河北邢台。怀孟，今河南沁阳。广平，路名，治所在今河北永年东南。真定，路名，今河北正定。汴梁，路名，今河南开封。南阳，府名，今河南南阳。邓州，今河南邓州。唐州，今河南沁阳。陈州，今河南淮阳。和州，今安徽和县。襄阳，路名，治所在今湖北襄阳。汝宁，府名，治所在今河南汝南。高邮，府名，治所在今江苏高邮。扬州，路名，治所在今江苏扬州。常州，路名，治所在今江苏常州。淇州，今河南淇县。河南，路名，治所在今河南洛阳。淮南，道名，治所在今江苏扬州。睢，睢州，今河南睢县。新野，今河南新野。汝阳，今河南汝南。江都，今江苏扬州。

兴化，今江苏兴化。

34. 元大德六年 (1302 年)

夏四月，真定、大名、河间等路蝗。五月，扬州、淮安路蝗。秋七月，大都诸县及镇江、安丰、濠州蝗。　　　　　中 441 - 442；上 7292 （成宗本纪）

四月，真定、大名、河间等路蝗。七月，大都涿、顺、固安三州及濠州钟离、镇江丹徒二县蝗。　　　　　中 1073；上 7368 （五行志）

注：大都，路名，治所在今北京市。镇江，路名，治所在今江苏镇江。安丰，路名，治所在今安徽寿县。濠州，治所钟离，在今安徽凤阳东北。涿州，今河北涿州。顺州，今北京顺义。固安，今河北固安。

35. 元大德七年 (1303 年)

五月，东平、益都、济南等路蝗。六月，大宁路蝗。

　　　　　中 452 - 453；上 7293 （成宗本纪）　中 1073；上 7368 （五行志）

五月，益都、济南等路蝗。六月，大宁路蝗。　　中 1073；上 7368 （五行志）

注：东平，今山东东平。益都，今山东青州。济南，今山东济南。大宁路，治所大宁，在今内蒙古宁城西。

36. 元大德八年 (1304 年)

四月，益都临朐、德州齐河县蝗。六月，益津县蝗。

　　　　　中 1073；上 7368 （五行志）　中 459 - 460；上 7294 （成宗本纪）

吴国宝，雷州人，境内蝗害稼，惟国宝田无损。

　　　　　中 4448；上 7748 （吴国宝传）

注：临朐，今山东临朐。齐河，今山东齐河。益津，今河北霸州。雷州，今广东雷州。

37. 元大德九年 (1305 年)

六月，通、泰、靖海、武清蝗。八月，涿州、东安州、河间、嘉兴蝗。

　　　　　中 464 - 465；上 7295 （成宗本纪）

六月，通、泰、靖海、武清等州县蝗。八月，涿州良乡、河间南皮、泗州天长等县及东安、海盐等州蝗。　　　　　中 1073；上 7368 （五行志）

七月，桂阳郡螽。　　　　　中 1081；上 7369 （五行志）

注：通州，治所静海，今江苏南通。泰州，今江苏泰州。靖海，即静海，今天津静海。武清，今天津武清。涿州，今河北涿州。东安，州名，在今河北廊坊西旧州。良乡，旧县名，治所在今北京西南。河间，今河北河间。嘉兴，今浙江嘉兴。南皮，今河北南皮。天长，今安徽天长，元时为泗州置。海盐，今浙江海盐。桂阳，路名，治所在今湖南桂阳。蝝，指蝗蝻。

38. 元大德十年（1306年）

夏四月，真定、河间、保定、河南蝗。五月，大都、真定、河间蝗。六月，龙兴、南康诸郡蝗。　　　　　　　中 469-470；上 7295-7296（成宗本纪）

四月，大都、真定、河间、保定、河南等郡蝗。六月，龙兴、南康等郡蝗。

中 1073；上 7368（五行志）

注：真定，今河北正定。保定，今河北保定。大都，今北京市。河南，路名，治所在今河南洛阳。龙兴，路名，今江西南昌。南康，路名，今江西星子。

39. 元大德十一年（1307年）

五月，真定、河间、顺德、保定等郡蝗。六月，保定属县蝗。七月，德州蝗。八月，河间、真定等郡蝗。　　　　　中 480-485；上 7296-7297（武宗本纪）

武宗临御，旱蝗为灾，民多因饥为盗，有司捕治，论以真犯。狱既上，朝议互有从违，俨曰："民饥而盗，迫于不得已，非故为也。且死者不可复生，宜在所矜贷。"用是得减死者甚众。　　　　　中 4094；上 7708（敬俨传）

注：真定，今河北正定。河间，今河北河间。顺德，今河北邢台。保定，今河北保定。德州，今山东陵县。武宗临御，武宗于大德十一年五月即位。

40. 元至大元年（1308年）

二月，汝宁、归德二路旱蝗，民饥，给钞万锭赈之。五月，晋宁等处蝗，东平、东昌、益都蝝。六月，保定、真定蝗。八月，扬州、淮安蝗。

中 495-502；上 7298-7300（武宗本纪）

五月，晋宁路蝗，东平、东昌、益都等郡蝝。六月，保定、真定二郡蝗。八月，淮东蝗。　　　　　中 1073-1081；上 7368-7369（五行志）

注：汝宁，治所在今河南汝南。归德，治所在今河南商丘睢阳区。晋宁，治所在今山西临汾。东平，今山东东平。东昌，今山东聊城。益都，今山东青州。保定，今河北

保定。真定，今河北正定。扬州，今江苏扬州。淮安，今江苏淮安。淮东，宣慰司名，治所在今江苏扬州，辖扬州、淮安二路。

41. 元至大二年（1309年）

夏四月壬午，召中都创皇城角楼。中书省臣言："今农事正殷，蝗蝝遍野，百姓艰食，乞依前旨罢其役。"帝曰："皇城若无角楼，何以壮观？先毕其功，余者缓之。"益都、东平、东昌、济宁、河间、顺德、广平、大名、汴梁、卫辉、泰安、高唐、曹、濮、德、扬、滁、高邮等处蝗。六月癸亥，选官督捕蝗。霸州、檀州、涿州、良乡、舒城、历阳、合肥、六安、江宁、句容、溧水、上元等处蝗。秋七月，济南、济宁、般阳、曹、濮、德、高唐、河中、解、绛、耀、同、华等州蝗。八月，真定、保定、河间、顺德、广平、彰德、大名、卫辉、怀孟、汴梁等处蝗。

中 511－514；上 7300－7301（武宗本纪）

四月，益都、东平、东昌、顺德、广平、大名、汴梁、卫辉等郡蝗。六月，檀、霸、曹、濮、高唐、泰安等州，良乡、舒城、历阳、合肥、六安、江宁、句容、溧水、上元等县蝗。七月，济南、济宁、般阳、河中、解、绛、耀、同、华等州蝗。八月，真定、保定、河间、怀孟等郡蝗。

中 1073；上 7368（五行志）

注：中书省，官署名，元中书省总领百官。中都，治所在今北京大兴，亦称燕京。济宁，今山东巨野。河间，今河北河间。顺德，今河北邢台。广平，在今河北永年东南。大名，在今河北大名东北。汴梁，今河南开封。卫辉，今河南卫辉。泰安，今山东泰安。高唐，今山东高唐。曹，今山东菏泽。濮，今山东鄄城北。德，今山东陵县。扬，今江苏扬州。滁，今安徽滁州。高邮，今江苏高邮。霸州，今河北霸州。檀州，今北京密云。涿州，今河北涿州。良乡，旧县名，在今北京西南。舒城，今安徽舒城。历阳，今安徽和县。合肥，今安徽合肥。六安，今安徽六安。江宁，今江苏南京。句容，今江苏句容。溧水，今江苏溧水。上元，今江苏南京。济南，今山东济南。般阳，治所在今山东淄博淄川区。河中，在今山西永济蒲州镇。解，在今山西运城西南解州镇。绛，今山西新绛。耀，今陕西铜川市耀州区。同，今陕西大荔。华，今陕西华县。彰德，今河南安阳。怀孟，今河南沁阳。

42. 元至大三年（1310年）

夏四月，盐山、宁津、堂邑、茌平、阳谷、高唐、禹城等县蝗。五月，合肥、舒城、历阳、蒙城、霍邱、怀宁等县蝗。秋七月，磁州、威州诸县旱蝗。八月，汴梁、怀孟、卫辉、彰德、归德、汝宁、南阳、河南等路蝗。

中 524－526；上 7302－7303（武宗本纪）

四月，宁津、堂邑、茌平、阳谷、平原、齐河、禹城七县蝗。七月，磁州、威州、饶阳、元氏、平棘、滏阳、元城、无棣等县蝗。中 1073；上 7368（五行志）

注：盐山，今河北盐山。宁津，今山东宁津。堂邑，今山东聊城西北堂邑镇。茌平，今山东茌平。阳谷，今山东阳谷。禹城，今山东禹城。平原，今山东平原。齐河，今山东齐河。合肥，今安徽合肥。蒙城，今安徽蒙城。霍邱，今安徽霍邱。怀宁，今安徽怀宁。磁州，今河北磁县。威州，今河北威县。饶阳，今河北饶阳。元氏，今河北元氏。平棘，今河北赵县。滏阳，今河北磁县。元城，在今河北大名东北。无棣，今山东无棣。南阳，今河南南阳。河南，路名，治所在今河南洛阳。

43. 元皇庆元年（1312 年）

夏四月，彰德安阳县蝗。

中 552；上 7306（仁宗本纪）　中 1073；上 7368（五行志）

注：彰德，路名，治所在今河南安阳。

44. 元皇庆二年（1313 年）

五月，檀州及获鹿县螟。秋七月，兴国属县螟，发米赈之。

中 556－558；上 7306－7307（仁宗本纪）

五月，檀州及获鹿县螟。

中 1081；上 7369（五行志）

注：檀州，今北京密云。获鹿，今河北鹿泉。兴国，路名，今湖北阳新。

45. 元延祐七年（1320 年）

夏四月，左卫屯田旱蝗。六月，益都蝗。秋七月，霸州及堂邑县螟。

中 602－605；上 7311－7312（英宗本纪）

六月，益都路蝗。七月，霸州及堂邑县螟。

中 1073－1081；上 7368－7369（五行志）

注：左卫，职官名，管理屯田事宜，至元十四年（1277 年）始设淮东、淮西屯田打捕总管府，管理九处屯田打捕提举司。屯田，开垦荒地。霸州，今河北霸州。堂邑，今山东聊城西北堂邑镇。益都，今山东青州。

46. 元至治元年（1321 年）

五月，霸州蝗。六月，卫辉、汴梁等处蝗。秋七月，卫辉路胙城县蝗，通许、临淮、盱眙等县蝗，清池县蝗。八月，泰兴、江都等县蝗。十二月，宁海州蝗。

中 611 - 615；上 7313（英宗本纪）

五月，霸州蝗。六月，卫辉、汴梁等处蝗。七月，江都、泰兴、胙城、通许、临淮、盱眙、清池等县蝗。十二月，宁海州蝗。　　中 1073；上 7368（五行志）

注：卫辉，今河南卫辉。汴梁，今河南开封。胙城，今河南延津北胙城乡。通许，今河南通许。临淮，古县名，在今江苏泗洪东南，清康熙年间陷入洪泽湖。盱眙，今江苏盱眙。清池，在今河北沧县东南。泰兴，今江苏泰兴。江都，今江苏扬州。宁海州，今山东烟台牟平区。

47. 元至治二年（1322 年）

夏四月，洪泽、芍陂屯田去年旱蝗，并免其租。五月，禁民集众祈神。十二月，汴梁、顺德、河间、保定、庆元、济宁、濮州、益都诸属县及诸卫屯田蝗。

中 627；上 7315（英宗本纪）

汴梁祥符县蝗，有群鹜食蝗，既而复吐，积如丘垤。

中 1073 - 1074；上 7368（五行志）

注：顺德，今河北邢台。河间，今河北河间。保定，今河北保定。庆元，今浙江宁波。济宁，今山东巨野。濮州，在今山东鄄城北。益都，今山东青州。祥符，今河南开封。鹜，水鸟名。垤，土山包。

48. 元至治三年（1323 年）

五月，保定路归信县蝗。秋七月，真定路诸州属县蝗。

中 631 - 632；上 7315（英宗本纪）

五月，保定路归信县蝗。　　　　　　　中 1074；上 7368（五行志）

注：归信，今河北雄县。真定，今河北正定。

49. 元泰定元年（1324 年）

六月，顺德、大名、河间、东平等二十一郡蝗。

中 648；上 7317（泰定本纪）

六月，大都、顺德、东昌、卫辉、保定、益都、济宁、彰德、真定、般阳、广平、大名、河间、东平等郡蝗。　　　　　　　　　中 1074；上 7368（五行志）

注：大都，路名，今北京市。顺德，今河北邢台。东昌，今山东聊城。卫辉，今河南卫辉。保定，今河北保定。益都，今山东青州。济宁，今山东巨野。彰德，今河南安阳。真定，今河北正定。般阳，今山东淄博南淄川区。广平，在今河北永年东南。大名，在今河北大名东北。河间，今河北河间。东平，今山东东平。

50. 元泰定二年（1325 年）

五月，彰德路蝗。六月，济南、河间、东昌等九郡蝗。秋七月，般阳新城县蝗。十二月，宋董熠所编《救荒活民书》颁州县。

　　　　　　　　　中 656 - 658；上 7318 - 7319（泰定本纪）

五月，彰德路蝗。六月，德、濮、曹、景等州，历城、章丘、淄川、柳城、茌平等县蝗。九月，济南、归德等郡蝗。　　　中 1074；上 7368（五行志）

注：济南，今山东济南。新城，古县名，治所在今山东桓台西。德，德州，今山东陵县。濮，濮州，在今山东鄄城北。曹，曹州，治所在今山东菏泽。景，景州，今河北景县。历城，今山东济南历城区。章丘，今山东章丘。淄川，今山东淄博淄川区。茌平，今山东茌平。柳城，今辽宁朝阳。归德，今河南商丘睢阳区。

51. 元泰定三年（1326 年）

六月，中书省臣言："比郡县旱蝗，由臣等不能调燮，故灾异降戒。今当恐惧儆省，力行善政，亦冀陛下敬慎修德，悯恤生民。"帝嘉纳之。东平属县蝗。秋七月，大名、顺德、卫辉、淮安等路，睢、赵、涿、霸等州及诸卫屯田蝗。九月，庐州、怀庆二路蝗。　　　　　　　　　中 671 - 673；上 7320（泰定本纪）

六月，东平须城县、兴国永兴县蝗。七月，大名、顺德、广平等路，赵州、曲阳、满城、庆都、修武等县蝗。淮安、高邮二郡，睢、泗、雄、霸等州蝗。八月，永平、汴梁、怀庆等郡蝗。　　　　中 1074；上 7368（五行志）

注：淮安，今江苏淮安。睢，今河南睢县。赵，今河北赵县。涿，今河北涿州。霸，今河北霸州。庐州，今安徽合肥。怀庆，今河南沁阳。须城，今山东东平州城镇。兴国，路名，治所在今湖北阳新。永兴，旧县名，今湖北阳新。曲阳，今河北曲阳。满城，今河北满城。庆都，今河北望都。修武，今河南修武。高邮，今江苏高邮。泗州，治所在今江苏盱眙西北，清康熙年间陷入洪泽湖。雄，今河北雄县。永平，今河北卢龙。汴梁，

今河南开封。

52. 元泰定四年（1327 年）

五月，大都、南阳、汝宁、庐州等路属县旱蝗。河南路洛阳县有蝗可五亩，群乌食之既，数日蝗再集，又食之。六月，大都、河间、济南、大名、峡州属县蝗。秋七月，御史台臣言："内郡、江南旱蝗荐至，非国细故，丞相塔失帖木儿、倒剌沙，参知政事不花、史惟良，参议买奴，并乞解职。"有旨："毋多辞，朕当自儆，卿等亦宜各钦厥职。"是月，籍田蝗。八月，大都、河间、奉元、怀庆等路蝗。是岁，济南、卫辉、济宁、南阳八路属县蝗。　　　　中 679－684；上 7321－7322（泰定本纪）

五月，洛阳县有蝗五亩，群乌尽食之，越数日，蝗又集，又食之。七月，籍田蝗。八月，冠州、恩州蝗。十二月，保定、济南、卫辉、济宁、庐州五路，南阳、河南二府蝗，博兴、临淄、胶西等县蝗。　　　　中 1074；上 7368（五行志）

注：南阳，今河南南阳。汝宁，今河南汝南。河南，路名，治所在今河南洛阳。峡州，今湖北宜昌。奉元，路名，治所在今陕西西安。冠州，今山东冠县。恩州，古州名，治所在今山东平原西恩城。博兴，今山东博兴。临淄，今山东淄博东北旧城。胶西，旧县名，今山东胶州。内郡，亦称内地，中书省直辖地的通称。江南，泛指长江以南地区。籍田，古代皇帝、诸侯征用民力耕种的田地。既，尽。

53. 元致和元年（1328 年）

夏四月，蓟州及岐山、石城二县蝗。五月，汝宁府颍州、卫辉路汲县蝗。
中 686－687；上 7322（泰定本纪）
十一月，汴梁、河南等路及南阳府频有蝗旱，禁其境内酿酒。
中 719；上 7326（文宗本纪）
四月，大都蓟州、永平路石城县蝗。凤翔岐山县蝗，无麦苗。五月，颍州及汲县蝗。六月，武功县蝗。　　　　中 1074；上 7368（五行志）

注：蓟州，今天津蓟州区。石城，旧县名，今河北唐山市开平区。岐山，今陕西岐山。颍州，治所在今安徽阜阳。汲县，今河南卫辉。武功，今陕西武功。

54. 元天历二年（1329 年）

夏四月，黄河以西所部旱蝗，凡千五百户，命赈粮两月。大宁兴中州、怀庆孟州、庐州无为州蝗。六月，益都莒、密二州夏旱、蝗，饥民三万一千四百户，赈粮一月。永平屯田府昌国、济民、丰赡诸署，以蝗及水灾，免今年租。汴梁蝗。秋七月，真定、河间、汴梁、永平、淮安、大宁、庐州诸属县及辽阳之盖州蝗。八月，保定之行唐县蝗。 中 733－740；上 7327－7328（文宗本纪）

四月，大宁兴中州、怀庆孟州、庐州无为州蝗。六月，益都莒、密二州蝗。七月，真定、汴梁、永平、淮安、庐州、大宁、辽阳等郡属县蝗。

中 1074；上 7368（五行志）

淮安、庐州、安丰三路属县蝻。 中 1081；上 7369（五行志）

注：大宁，路名，治所在今内蒙古宁城西。兴中州，今辽宁朝阳。怀庆，今河南沁阳。庐州，今安徽合肥。汴梁，今河南开封。真定，今河北正定。河间，今河北河间。淮安，今江苏淮安。安丰，路名，治所在今安徽寿县。无为，今安徽无为。莒州，今山东莒县。密州，今山东诸城。盖州，今辽宁盖州。行唐，今河北行唐。永平屯田府，据《元史·百官三》载，至元二十四年（1287 年）始立永平屯田总管府，治所滦州马城县，辖昌国、济民、丰赡三署，均在今河北乐亭东部地区。

55. 元至顺元年（1330 年）

五月，广平、河南、大名、般阳、南阳、济宁、东平、汴梁等路，高唐、开、濮、辉、德、冠、滑等州及大有、千斯等屯田蝗。六月，大都、益都、真定、河间诸路，献、景、泰安诸州及左都威卫屯田蝗。秋七月，奉元、晋宁、兴国、扬州、淮安、怀庆、卫辉、益都、般阳、济南、济宁、河南、河中、保定、河间等路及武卫、宗仁卫、左卫率府诸屯田蝗。 中 758－761；上 7331（文宗本纪）

五月，广平、大名、般阳、济宁、东平、汴梁、南阳、河南等郡，辉、德、濮、开、高唐五州蝗。六月，漷、蓟、固安、博兴等州蝗。七月，解州、华州及河内、灵宝、延津等二十二县蝗。 中 1074；上 7368（五行志）

注：广平，在今河北永年东南。般阳，今山东淄博南淄川区。东平，今山东东平。大都，今北京市。益都，今山东青州。奉元，今陕西西安。晋宁，今山西临汾。兴国，今湖北阳新。扬州，今江苏扬州。卫辉，今河南卫辉。河中，府名，治所在今山西永济蒲州镇。保定，今河北保定。济南，今山东济南。高唐，今山东高唐。开州，今河南濮阳。濮州，今山东鄄城北旧城镇。辉州，今河南辉县。德州，今山东陵县。冠州，今山东冠县。滑州，今河南滑县东南城关镇。献，今河北献县。景，今河北景县。泰安，今山东泰安。漷，漷州，在今北京通州东南。蓟，今天津蓟州区。固安，今河北固安。博兴，今山东博兴。解州，今山西运城西南解州镇。华州，今陕西华县。河内，旧县名，

今河南沁阳。灵宝，今河南灵宝。延津，今河南延津。大有、千斯，京师二十二仓名之一。左都威卫、武卫、宗仁卫、左卫率府均为元时军垦屯田名。屯田，利用军队开垦荒地耕种。左都威卫，屯田在今北京通州及天津武清和河北廊坊一带。武卫，元至元十八年（1281年）置，屯田在今河北涿州、霸州、保定、定兴一带。宗仁卫，元至治二年置，屯田在今内蒙古宁城一带。左卫，中统三年（1262年）置，屯田在今河北廊坊、永清一带。

56. 元至顺二年（1331年）

三月，陕州诸县蝗。夏四月，衡州路属县比岁旱蝗，仍大水，民食草木殆尽，又疫疠，死者十九，请赈粮米万石，从之。河中府蝗。六月，河南、晋宁二路诸属县蝗。秋七月，河南、奉元属县蝗。　　中780－788；上7334－7335（文宗本纪）

三月，陕州诸路蝗。六月，孟州济源县蝗。七月，河南阌乡、陕县，奉元蒲城、白水等县蝗。　　　　　　　　　中1074；上7368（五行志）

注：陕州，今河南陕县。衡州，治所在今湖南衡阳。济源，今河南济源。阌乡，旧县名，治所在今河南灵宝西北。蒲城，今陕西蒲城。白水，今陕西白水。

57. 元元统元年（1333年）

朵尔直班，元统元年擢监察御史。是时，河北、山东旱蝗为灾，乃复条陈九事上之。　　　　　　　　　　　　中3356；上7622（朵尔直班传）

58. 元元统二年（1334年）

六月，大宁、广宁、辽阳、开元、沈阳、懿州水、旱、蝗，大饥，诏以钞二万锭，遣官赈之。八月，南康路诸县旱蝗，民饥。　　中823；上7339（顺帝本纪）

注：大宁，路名，治所在今内蒙古宁城西。广宁，路名，治所在今辽宁北宁。开元，路名，治所在今吉林农安。懿州，路名，治所在今辽宁阜新东北。南康，路名，治所在今江西星子。

59. 元至元二年（1336年）

秋七月，黄州蝗，督民捕之，人日五斗。　　中835；上7340（顺帝本纪）
七月，黄州蝗。　　　　　　　　　　　　中1108；上7371（五行志）

注：黄州，路名，治所在今湖北黄州。

60. 元至元三年（1337 年）

秋七月，河南武陟县禾将熟，有蝗自东来，县尹张宽仰天祝曰："宁杀县尹，毋伤百姓。"俄有鱼鹰群飞啄食之。　　　　　　　　　中 841；上 7341（顺帝本纪）

六月，怀庆温县、汴梁阳武县蝗。　　　　　　　　中 1108；上 7371（五行志）

注：武陟，今河南武陟。怀庆，今河南沁阳。温县，原文为温州，怀庆有温县而无温州，今改温县。汴梁，今河南开封。阳武，旧县名，1949 年并入今河南原阳。鱼鹰，鸟名，学名鹗。

61. 元至元五年（1339 年）

七月，胶州即墨县蝗。　　　　　　　　　　　　中 1108；上 7371（五行志）

注：即墨，今山东即墨。

62. 元至元六年（1340 年）

秋七月，以星文示异，地道失宁，蝗旱相仍，颁罪己诏于天下。享于太庙。

中 857；上 7343（顺帝本纪）

崔敬，字伯恭，大宁惠州人。由掾史累迁至枢密院都事，拜监察御史。至元六年，时帝数以历代珍宝分赐近侍，敬又上疏曰："臣闻世皇时，大臣有功，所赐不过盘革，重惜天物，为后世法，虑至远也。今山东大饥，燕南亢旱，海潮为灾，天文示儆，地道失宁，京畿南北蝗飞蔽天，正当圣主恤民之日。近侍之臣不知虑此，奏禀承请，殆无虚日，甚至以府库百年所积之宝物，遍赐仆御阉寺之流、乳稚童孩之子，帑藏或空。万一国有大事，人有大功，又将何以为赐乎？乞追回所赐，以示恩不可滥。"

中 4241－4243；上 7725（崔敬传）

注：京畿，今北京市附近地区。

63. 元至正二年（1342 年）

七月，河间运司申："去岁河间等路旱蝗缺食，累蒙赈恤，民力未苏，食盐者少。"　　　　　　　　　　　　　　　　中 2489；上 7522（食货志·盐法）

王思诚，字致道，兖州滋阳人。至正二年，拜监察御史，上疏言："京畿去年秋不雨，冬无雪，方春首月蝗生，黄河水溢。……敕有司行祷百神，陈牲币，祭河伯，发卒塞其缺。被灾之家，死者给葬具。庶几可以召阴阳之和，消水旱之变，此应天以实不以文也。"   中 4211；上 7721（王思诚传）

64. 元至正三年（1343 年）

据河间运司申："行盐地方旱蝗相仍，百姓焉有买盐之资。"

中 2489；上 7522（食货志·盐法）

65. 元至正四年（1344 年）

归德府永城县及亳州蝗。   中 1108；上 7371（五行志）

注：归德，府名，治所在今河南商丘南。永城，今河南永城。亳州，今安徽亳州。

66. 元至正十二年（1352 年）

六月，大名路开、滑、浚三州，元城十一县水、旱、虫蝗，饥民七十一万六千九百八十口，给钞十万锭赈之。   中 900；上 7348（顺帝本纪）

注：大名，路名，在今河北大名东北。开州，今河南濮阳。滑州，在今河南滑县东南。浚州，今河南浚县。元城，旧县名，在今河北大名东北。

67. 元至正十七年（1357 年）

东昌茌平县蝗。   中 1108；上 7371（五行志）

注：东昌，路名，治所在今山东聊城。茌平，今山东茌平。

68. 元至正十八年（1358 年）

五月，辽州蝗。秋七月，京师大水蝗，民大饥。

中 943－944；上 7353（顺帝本纪）

夏，蓟州、辽州、潍州昌邑县、胶州高密县蝗。秋，大都、广平、顺德及潍州之北海、莒州之蒙阴、汴梁之陈留、归德之永城皆蝗。顺德九县民食蝗，广平人相食。

中 1108；上 7371（五行志）

注：辽州，治所辽山，今山西左权。京师，今北京市。蓟州，今天津蓟州区。潍州，今山东潍坊。昌邑，今山东昌邑。高密，今山东高密。北海，古县名，今山东潍坊。蒙阴，今山东蒙阴。陈留，今开封东南陈留镇。永城，今河南永城。大都，路名，今北京市。广平，路名，在今河北永年东南。

69. 元至正十九年（1359 年）

五月，山东、河东、河南、关中等处蝗飞蔽天，人马不能行，所落沟堑尽平，民大饥。秋七月，霸州及介休、灵石县蝗。八月，蝗自河北飞渡汴梁，食田禾一空。是月，大同路蝗，襄垣螟蝝。　　　　　　　　　　中 948；上 7353 - 7354（顺帝本纪）

大都霸州、通州，真定、彰德、怀庆、东昌、卫辉，河间之临邑，东平之须城、东阿、阳谷三县，山东益都、临淄二县，潍州、胶州、博兴州，大同、冀宁二郡，文水、榆次、寿阳、徐沟四县，忻、汾二州及孝义、平遥、介休三县，晋宁潞州及壶关、潞城、襄垣三县，霍州赵城、灵石二县，隰之永和，沁之武乡，辽之榆社、奉元及汴梁之祥符、原武、鄢陵、扶沟、杞、尉氏、洧川七县，郑之荥阳、氾水，许之长葛、郾城、襄城、临颍，钧之新郑、密县皆蝗，食禾稼、草木俱尽，所至蔽日，碍人马不能行，填坑堑皆盈。饥民捕蝗以为食，或曝干而积之，又罄，则人相食。七月，淮安清河县飞蝗蔽天，自西北来，凡经七日，禾稼俱尽。

中 1108；上 7371 - 7372（五行志）

五月，济南章丘、邹平二县蝻，五谷不登。　　中 1111；上 7372（五行志）

注：山东，山东东西道名，今山东省。河东，河东山西道名，泛指今山西省。河南，江北河南道名，今河南省。关中，泛指今陕西关中盆地，在今陕西中部。河北，燕南河北道名，今河北省。大同，路名，今山西大同。冀宁，路名，今山西太原。晋宁，路名，今山西临汾。文水，今山西文水。榆次，今山西榆次。寿阳，今山西寿阳。徐沟，旧县名，在今山西清徐东南。忻，忻州，原文为沂州，山西无沂州，而有忻州，今改忻州。汾州，今山西汾阳。孝义，今山西孝义。平遥，今山西平遥。介休，今山西介休。潞州，今山西长治。壶关，今山西壶关。潞城，今山西潞城。襄垣，今山西襄垣。霍州，今山西霍州。赵城，旧县名，在今山西洪洞北。灵石，今山西灵石。隰，今山西隰县。永和，今山西永和。沁，今山西沁县。武乡，今山西武乡。辽州，今山西左权。榆社，今山西榆社。奉元，今陕西西安。彰德，今河南安阳。怀庆，今河南沁阳。卫辉，今河南卫辉。汴梁，治所在今河南开封。祥符，旧县名，今河南开封。原武，今河南原阳。鄢陵，今河南鄢陵。扶沟，今河南扶沟。杞，今河南杞县。尉氏，今河南尉氏。洧川，旧县名，今河南长葛东北老城镇。郑，郑州，今河南郑州。荥阳，今河南荥阳。氾水，旧县名，在今河南荥阳西北。许，许州，今河南许昌。长葛，今河南长葛。郾城，今河南郾城。襄城，今河南襄城。临颍，今河南临颍。钧，钧州，今河南禹州。新郑，今河南新郑。密县，今河南新密。大都，路名，治所在今北京市。霸州，今河北霸州。通州，今北京通州。真定，今河北正定。河间，今河北河间。临邑，今山东临邑。东昌，今山东聊城。

东平，今山东东平。须城，今山东东平州城镇。东阿，今山东东阿。阳谷，今山东阳谷。益都，今山东青州。临淄，今山东淄博东北临淄区。潍州，今山东潍坊。胶州，今山东胶州。博兴州，今山东博兴。章丘，今山东章丘。邹平，今山东邹平。淮安，今江苏淮安。清河，今江苏淮安市清江浦区。

70. 元至正二十年（1360 年）

益都临朐、寿光二县，凤翔岐山县蝗。　　　　　　中 1108；上 7372（五行志）

注：益都，今山东青州。临朐，今山东临朐。寿光，今山东寿光。凤翔，府名，治所在今陕西凤翔。岐山，今陕西岐山。

71. 元至正二十一年（1361 年）

六月，河南巩县蝗，食稼俱尽。七月，卫辉及汴梁荥泽县、郑州蝗。

中 1108；上 7372（五行志）

注：巩县，今河南巩义市老城。卫辉，今河南卫辉。汴梁，今河南开封。荥泽，旧县名，在今河南郑州西北。郑州，今河南郑州。

72. 元至正二十二年（1362 年）

秋，卫辉及汴梁开封、扶沟、洧川三县，许州及钧之新郑、密二县蝗。

中 1108；上 7372（五行志）

注：扶沟，今河南扶沟。洧川，今河南长葛东北老城镇。许州，今河南许昌。钧州，今河南禹州。密县，今河南新密。

73. 元至正二十五年（1365 年）

凤翔岐山县蝗。　　　　　　　　　　　　　　　中 1108；上 7372（五行志）

注：凤翔，府名，治所在今陕西凤翔。岐山，今陕西岐山。

二十二、《明史》 　　　　　　　　　　　（清）张廷玉等修

1. 元至正四年（1344 年）

旱蝗，大饥疫。　　　　　　　　　　　　　　　中 1；上 7787（太祖本纪）

2. 明洪武五年（1372 年）

六月，济南属县及青、莱二府蝗。七月，徐州、大同蝗。

中 437；上 7832（五行志）

注：济南，府名，治所在今山东济南。青州，府名，今山东青州。莱州，府名，今山东莱州。徐州，府名，今江苏徐州。大同，府名，今山西大同。

3. 明洪武六年（1373 年）

七月，北平、河南、山西、山东蝗。 中 437；上 7832（五行志）

注：北平，府名，治所在今北京市。河南、山西、山东，行省名，明制方域，分设山东、山西、陕西、河南、浙江、江西、湖广、四川、福建、广东、广西、云南、贵州13 个行省，各设布政使司官职，分辖诸道。后同。

4. 明洪武七年（1374 年）

二月，平阳、太原、汾州、历城、汲县蝗。六月，怀庆、真定、保定、河间、顺德、山东、山西蝗。 中 437；上 7832（五行志）

二月，平阳、太原、汾州、历城、汲县旱蝗，并免租税。六月，山西、山东、北平、河南蝗，并蠲田租。 中 29；上 7790（太祖本纪）

注：平阳，府名，治所在今山西临汾。太原，府名，治所在今山西太原。汾州，今山西汾阳。历城，旧县名，今山东济南历城区。汲县，今河南卫辉。怀庆，府名，治所在今河南沁阳。真定，府名，治所在今河北正定。顺德，府名，治所在今河北邢台。北平，府名，治所在今北京市。

5. 明洪武八年（1375 年）

夏，北平、真定、大名、彰德诸府属县蝗。 中 437；上 7832（五行志）

注：大名，府名，治所在今河北大名东北。彰德，府名，治所在今河南安阳。

6. 明建文四年（1402 年）

夏，京师飞蝗蔽天，旬余不息。 中 437；上 7832（五行志）

注：京师，明洪武元年（1368 年）定都南京，今江苏南京，洪武十一年曰京师。

7. 明永乐元年（1403 年）

五月，捕山东蝗。河南蝗，免今年夏税。　　　　中 80；上 7795（成祖本纪）

夏，山东、山西、河南蝗。　　　　　　　　　　中 437；上 7832（五行志）

河南蝗，有司不以闻，新劾治之。　　　　　　　中 4158；上 8207（郁新传）

8. 明永乐三年（1405 年）

五月，延安、济南蝗。　　　　　　　　　　　　中 437；上 7832（五行志）

注：延安，府名，今陕西延安。济南，府名，今山东济南。

9. 明永乐十一年（1413 年）

九月壬午，诏："自今郡县官每岁春行视境内，蝗蝻害稼即捕绝之，不如诏者，二司并罪。"　　　　　　　　　　　　　　　　　　中 91；上 7797（成祖本纪）

注：二司，指布政使司和按察使司，布政使，是各省的最高行政官员，按察使则主管各省的司法官员。

10. 明永乐十四年（1416 年）

秋七月，遣使捕北京、河南、山东州县蝗。　　中 96；上 7797（成祖本纪）

七月，畿内、河南、山东蝗。　　　　　　　　中 437；上 7832（五行志）

注：北京，明永乐元年（1403 年），成祖朱棣将北平府改为顺天府，建立北京，今北京市。畿内，今北京市附近。

11. 明宣德四年（1429 年）

六月，顺天州县蝗。　　　　　　　　　　　　　中 437；上 7832（五行志）

注：顺天，府名，治所在今北京市。

12. 明宣德五年（1430 年）

六月己卯，遣官捕近畿蝗。谕户部曰："往年捕蝗之使，害民不减于蝗，宜知此弊。"因作《捕蝗诗》示之。　　　　　　　　中 121；上 7800（宣宗本纪）

注：近畿，今北京附近。户部，明六部之一，掌天下户籍田赋的机构，捕蝗政令则

由户部负责制定。

13. 明宣德八年 (1433 年)

李贤，字原德，邓人。宣德八年成进士。奉命察蝗灾于河津，授验封主事。

中 4673；上 8263 （李贤传）

14. 明宣德九年 (1434 年)

七月，两畿、山西、山东、河南蝗蝻覆地尺许，伤稼。

中 437；上 7832 （五行志）

秋七月，遣给事中、御史、锦衣卫官督捕两畿、山东、山西、河南蝗，蠲秋粮十之四。

中 124；上 7800 （宣宗本纪）

注：两畿，明永乐十九年 (1421 年) 称北京为京师，今北京市，称应天府为南京，今江苏南京，两畿指北京和南京附近州县。给事中、御史、锦衣卫均为明职官名。

15. 明宣德十年 (1435 年)

四月，两京、山东、河南蝗蝻伤稼。　　　　中 437；上 7832 （五行志）
夏四月，遣给事中、御史捕畿南、山东、河南、淮安蝗。

中 128；上 7800 （英宗本纪）

注：两京，指今北京和江苏南京两市。畿南，指今北京市南面部分州县。河南，府名，治所在今河南洛阳。淮安，府名，治所在今江苏淮安。

16. 明正统二年 (1437 年)

四月，北畿、山东、河南蝗。　　　　　　中 437；上 7832 （五行志）
奉命捕蝗大名。　　　　　　　　　　　　中 4321；上 8224 （鲁穆传）

注：北畿，属顺天府辖地，今北京市附近州县。

17. 明正统五年 (1440 年)

夏，顺天、河间、真定、顺德、广平、应天、凤阳、淮安、开封、彰德、兖州蝗。

中 437；上 7832 （五行志）

注：顺天，府名，治所在今北京市。河间，府名，治所在今河北河间。真定，府名，

治所在今河北正定。顺德，府名，治所在今河北邢台。广平，府名，治所在今河北永年东南。应天，府名，治所在今江苏南京。凤阳，府名，治所在今安徽凤阳。淮安，府名，治所在今江苏淮安。开封，府名，治所在今河南开封。彰德，府名，治所在今河南安阳。兖州，府名，治所在今山东兖州。

18. 明正统六年（1441 年）

夏，顺天、保定、真定、河间、顺德、广平、大名、淮安、凤阳蝗。秋，彰德、卫辉、开封、南阳、怀庆、太原、济南、东昌、青、莱、兖、登诸府及辽东广宁前、中屯二卫蝗。　　　　　　　　　　　　　中 437；上 7832（五行志）

注：保定，府名，治所在今河北保定。大名，府名，治所在今河北大名东北。卫辉，府名，治所在今河南卫辉。南阳，府名，治所在今河南南阳。怀庆，府名，治所在今河南沁阳。济南，府名，治所在今山东济南。东昌，府名，治所在今山东聊城。青州，府名，治所在今山东青州。莱州，府名，治所在今山东莱州。登州，府名，治所在今山东蓬莱。辽东，辽东都司名，治所在今辽宁辽阳，为明朝九边之一。广宁，明初设广宁卫，广宁前屯卫，治所在今辽宁绥中西南，广宁中屯卫，治所在今辽宁锦州。

19. 明正统七年（1442 年）

五月，顺天、广平、大名、河间、凤阳、开封、怀庆、河南蝗。

中 437 - 438；上 7832（五行志）

注：河南，治所在今河南洛阳。

20. 明正统八年（1443 年）

夏，两畿蝗。　　　　　　　　　　　　　　　中 438；上 7832（五行志）

张骥，字仲德，安化人。命巡视济宁至淮、扬饥民。骥立法捕蝗，停不急务，蠲逋发廪，民赖以济。　　　　　　　　　　　中 4591；上 8254（张骥传）

注：两畿，今北京市和江苏南京附近州县。

21. 明正统十二年（1447 年）

夏，保定、淮安、济南、开封、河南、彰德蝗。秋，永平、凤阳蝗。

中 438；上 7832（五行志）

注：永平，府名，治所在今河北卢龙。凤阳，府名，治所在今安徽凤阳。

22. 明正统十三年（1448 年）

五月，遣使捕山东蝗。　　　　　　　　　　中 137；上 7802（英宗本纪）

七月，飞蝗蔽天。　　　　　　　　　　　　中 438；上 7832（五行志）

23. 明正统十四年（1449 年）

夏，顺天、永平、济南、青州蝗。　　　　　中 438；上 7832（五行志）

注：顺天，今北京市。永平，今河北卢龙。济南，今山东济南。青州，今山东青州。

24. 明景泰元年（1450 年）

叶盛，字与中，昆山人。景泰元年还朝，言："畿辅旱蝗相仍，请加宽恤。"帝多
采纳。　　　　　　　　　　　　　　　　　中 4722；上 8269（叶盛传）

25. 明景泰五年（1454 年）

六月，宁国、安庆、池州蝗。　　　　　　　中 438；上 7832（五行志）

注：宁国，府名，治所在今安徽宣城。安庆，府名，治所在今安徽安庆。池州，府
名，治所在今安徽贵池。

26. 明景泰七年（1456 年）

五月，畿内蝗蝻延蔓。六月，淮安、扬州、凤阳大旱蝗。九月，应天及太平七
府蝗。　　　　　　　　　　　　　　　　　中 438；上 7832（五行志）

注：扬州，府名，治所江都，今江苏扬州。应天，今江苏南京。太平，府名，治所
在今安徽当涂。

27. 明天顺元年（1457 年）

七月，济南、杭州、嘉兴蝗。　　　　　　　中 438；上 7832（五行志）

注：杭州，府名，治所在今浙江杭州。嘉兴，府名，治所在今浙江嘉兴。

28. 明天顺二年（1458 年）

四月，济南、兖州、青州蝗。　　　　　　　中 438；上 7832（五行志）

年富，字大有，怀远人。天顺元年（1457 年）革巡抚官，明年以廷臣荐，起南京兵部右侍郎，未上，改户部，巡抚山东。道闻属邑蝗，驰疏以闻。

中 4705；上 8267（年富传）

注：济南，今山东济南。兖州，今山东兖州。青州，今山东青州。

29. 明成化三年（1467 年）

七月，开封、彰德、卫辉蝗。 　　　　　　中 438；上 7832（五行志）

注：开封，今河南开封。彰德，今河南安阳。卫辉，今河南卫辉。

30. 明成化九年（1473 年）

六月，河间蝗。七月，真定蝗。八月，山东旱蝗。

中 438；上 7832（五行志）

注：河间，今河北河间。真定，今河北正定。

31. 明成化十九年（1483 年）

五月，河南蝗。 　　　　　　中 438；上 7832（五行志）

32. 明成化二十二年（1486 年）

三月，平阳蝗。四月，河南蝗。七月，顺天蝗。　中 438；上 7832（五行志）

注：平阳，府名，今山西临汾。河南，府名，今河南洛阳。顺天，府名，治所在今北京市。

33. 明弘治三年（1490 年）

北畿蝗。 　　　　　　中 438；上 7832（五行志）

刘吉又言："今两畿、河南、山西、陕西旱蝗。"中 4529；上 8247（刘吉传）

34. 明弘治四年（1491 年）

夏，淮安、扬州蝗。 　　　　　　中 438；上 7832（五行志）

注：淮安，府名，治所在今江苏淮安。扬州，府名，治所在今江苏扬州。

35. 明弘治六年 (1493 年)

六月，飞蝗自东南向西北，日为掩者三日。　　　中 438；上 7832（五行志）

六月，捕蝗。　　　中 188；上 7806（孝宗本纪）

注：据《明会要》载，六月，飞蝗过京师，顺天府督捕。京师，今北京市。

36. 明弘治七年 (1494 年)

三月，两畿捕蝗。　　　中 188；上 7806（孝宗本纪）

三月，两畿蝗。　　　中 438；上 7832（五行志）

注：两畿，今北京和江苏南京两市附近的州县。

37. 明弘治八年 (1495 年)

崇简王见泽，英宗第六子。弘治八年七月，皇太后春秋高思一见王，帝特敕召之。礼部尚书倪岳言："今召王复来，往返劳费，兼水溢旱蝗，舟车所经，恐有他虞。"帝重违太后意，不允。　　　中 3636；上 8149（崇王见泽传）

38. 明嘉靖三年 (1524 年)

六月，顺天、保定、河间、徐州蝗。　　　中 438；上 7832（五行志）

韦商臣，字希尹，长兴人。嘉靖二年（1523 年）进士。明年冬，乃上疏曰："比者水旱疫疠，星陨地震，山崩泉涌，风雹、蝗蝻之害，殆遍天下，有识莫不寒心。及今平反庶狱，复戍者之官，录死者之后，释逮系者之囚，正告讦者之罪，亦弭灾禳患之一道也。"帝责以沽名卖直，谪清江丞。　　　中 5500；上 8359（韦商臣传）

注：顺天，府名，治所在今北京市。保定，府名，治所在今河北保定。河间，府名，治所在今河北河间。徐州，府名，治所在今江苏徐州。

39. 明嘉靖七年 (1528 年)

三月，灵宝县黄河清，帝遣使祭河神。御史鄞周相抗疏言："愿罢祭告，诏天下臣民毋奏祥瑞，水旱、蝗蝻即时以闻。"帝大怒，下相诏狱，拷掠之。

中 5525；上 8362（杨爵传）

40. 明嘉靖十八年 (1539 年)

李中，字子庸，吉水人。世宗践阼，复故官。十八年擢右佥都御史，巡抚山东。

岁歉，令民捕蝗者倍予谷，蝗绝而饥者济。　　　　　　　中 5362；上 8344（李中传）

41. 明隆庆三年（1569 年）

闰六月，山东旱蝗。　　　　　　　　　　　　　　　　　中 438；上 7832（五行志）

42. 明万历十五年（1587 年）

秋七月，江北蝗。中 271；上 7814（神宗本纪）　中 438；上 7832（五行志）

注：江北，指长江以北，明南京直隶省辖区，主要分布在今江苏、安徽两省。

43. 明万历十八年（1590 年）

王家屏，字忠伯，大同山阴人。万历十二年（1584 年）擢礼部右侍郎。十八年，以久旱乞罢，言："川竭河涸，加以旱潦蝗螟，乞赐罢归，用避贤路。"不报。

中 5728；上 8385（王家屏传）

44. 明万历十九年（1591 年）

夏，顺德、广平、大名蝗。　　　　　　　　　　中 438；上 7832（五行志）

是年，畿内蝗。　　　　　　　　　　　　　　　中 274；上 7814（神宗本纪）

注：顺德，今河北邢台。广平，在今河北永年东南。大名，在今河北大名东北。畿内，今北京市附近。

45. 明万历二十七年（1599 年）

冯琦，字用韫，临朐人。举万历五年（1577 年）进士，尚书李戴倚重之。万历二十七年九月，偕尚书戴上言："水、旱、蝗灾，流离载道。"

中 5703；上 8383（冯琦传）

46. 明万历三十年（1602 年）

孙玮，字纯玉，渭南人。万历五年（1577 年）进士，擢兵科给事中。万历三十年以右副都御史巡抚保定。岁比不登，旱蝗、大水相继，玮多方赈救，帝亦时出内帑佐之。　　　　　　　　　　　　　　　　　　中 6271；上 8449（孙玮传）

47. 明万历三十四年（1606 年）

六月，畿内大蝗。　　　　　　　　　　　　　　　中 285；上 7815（神宗本纪）

48. 明万历三十七年（1609 年）

 是秋，畿内、山东、徐州蝗。 中 287；上 7815（神宗本纪）

 九月，北畿、徐州、山东蝗。 中 438；上 7832（五行志）

 注：徐州，府名，治所在今江苏徐州。

49. 明万历四十三年（1615 年）

 七月，山东旱蝗。 中 438；上 7832（五行志）

50. 明万历四十四年（1616 年）

 四月，复蝗。七月，常州、镇江、淮安、扬州、河南蝗。九月，江宁、广德蝗蝻
大起，禾黍、竹树俱尽。 中 438；上 7832（五行志）

 秋七月，河南、淮、扬、常、镇蝗。 中 291；上 7816（神宗本纪）

 注：常州，府名，治所在今江苏常州。镇江，府名，治所丹徒，今江苏镇江。淮安，
府名，今江苏淮安。扬州，府名，今江苏扬州。河南，府名，今河南洛阳。江宁，今江
苏南京。广德，直隶州，今安徽广德。

51. 明万历四十五年（1617 年）

 北畿旱蝗。 中 438；上 7832（五行志）

52. 明万历四十六年（1618 年）

 畿南四府又蝗。 中 438；上 7832（五行志）

53. 明万历四十七年（1619 年）

 八月，济南、东昌、登州蝗。 中 438；上 7832（五行志）

 秋八月，山东蝗。 中 292；上 7816（神宗本纪）

 注：济南，今山东济南。东昌，今山东聊城。登州，今山东蓬莱。

54. 明天启元年（1621 年）

 七月，顺天蝗。 中 438；上 7832（五行志）

55. 明天启五年（1625 年）

六月，济南飞蝗蔽天，田禾俱尽。　　　　　中 438；上 7832（五行志）

56. 明天启六年（1626 年）

是夏，江北、山东旱蝗。是秋，河南蝗。　　中 305；上 7817（熹宗本纪）

十月，开封旱蝗。　　　　　　　　　　　　中 438；上 7832（五行志）

注：江北，指长江以北，今江苏、安徽广大地区。开封，今河南开封。

57. 明崇祯八年（1635 年）

七月，河南蝗。　　　　　　　　　　　　　中 438；上 7832（五行志）

58. 明崇祯十年（1637 年）

六月，山东、河南蝗。　　　　　　　　　　中 438；上 7832（五行志）

秋七月，山东、河南蝗，民大饥。　　　　　中 321；上 7819（庄烈帝纪）

注：六月，上海古籍出版社、上海书店联合版为六月，中华书局版更定为七月。

59. 明崇祯十一年（1638 年）

六月，两畿、山东、河南大旱蝗。　　　　　中 325；上 7819（庄烈帝纪）

六月，两京、山东、河南大旱蝗。　　　　　中 438；上 7832（五行志）

60. 明崇祯十二年（1639 年）

六月，畿内、山东、河南、山西旱蝗。　　　中 327；上 7819（庄烈帝纪）

61. 明崇祯十三年（1640 年）

五月，两京、山东、河南、山西、陕西大旱蝗。　中 438；上 7832（五行志）

秋七月，畿内捕蝗，发帑振被蝗州县。是年，两畿、山东、河南、山、陕旱蝗，人相食。　　　　　　　　　　　　　　中 328；上 7820（庄烈帝纪）

注：两京和两畿，均指今北京市和江苏南京。畿内，指今北京市附近。山、陕，指今山西和陕西两省。帑，国库存藏的金钱。

62. 明崇祯十四年（1641 年）

六月，两畿、山东、河南、浙江、湖广旱蝗。　　中 329；上 7820（庄烈帝纪）

六月，两京、山东、河南、浙江大旱蝗。　　　　中 438；上 7832（五行志）

王锡衮，禄丰人。崇祯十三年（1640 年）擢礼部右侍郎。明年，频岁旱蝗。

中 7150；上 8552（王锡衮传）

注：湖广，行省名，因辖荆湖南路、荆湖北路、广南西路而得名，后广南西路另置广西省，湖广辖区包括今湖南、湖北两省的地区，但省名仍用湖广。

二十三、《清史稿》 　　　　　　　　　　（民国）赵尔巽等撰

1. 清顺治三年（1646 年）

七月，延安蝗；安定蝗；栾城蝗，蔽天而来；元氏蝗，初蝗未来时，先有大鸟类鹤蔽空而来，各吐蝗数升；浑源州蝗。九月，洪洞蝗，宁乡蝗。

中 1510；上 9020（灾异志）

注：延安，今陕西延安。安定，旧县名，在今陕西子长安定镇。栾城，今河北栾城。元氏，今河北元氏。浑源州，今山西浑源。洪洞，今山西洪洞。宁乡，原文为宣乡，经查无此地名，而乾隆《汾州府志》和康熙《宁乡县志》均有顺治三年"宁乡蝗"的记载，宣乡应为宁乡误。宁乡，今山西中阳。

2. 清顺治四年（1647 年）

三月，元氏、无极、邢台、内丘、保定蝗。六月，益都、定陶旱蝗，介休蝗，山阳、商州雹蝗。七月，太谷、祁县、徐沟、岢岚蝗；静乐飞蝗蔽天，食禾殆尽；定襄蝗，坠地尺许；吉州、武乡、陵川、辽州、大同蝗；广灵、潞安蝗；长治飞蝗蔽天，集树折枝；灵石飞蝗蔽天，杀稼殆尽。八月，宝鸡蝗，延安蝗，榆林蝗，泾州、庄浪等处蝗。九月，交河蝗，落地积尺许。　　　中 1510；上 9020（灾异志）

胡全才，山西文水人。明崇祯进士，官兵部主事。顺治三年（1646 年）擢宁夏巡抚。四年，是岁山、陕蝗见，全才为扑蝗法授州县吏，蝗至，如法捕辄尽，不伤稼。因以其法上闻，命传示诸直省。　　　中 9535；上 9849（胡全才传）

注：无极，今河北无极。邢台，今河北邢台。内丘，今河北内丘。保定，今河北保

定。交河，旧县名，在今河北泊头西交河镇。益都，今山东青州。定陶，今山东定陶。介休，今山西介休。太谷，今山西太谷。祁县，今山西祁县。徐沟，旧县名，在今山西清徐东南。岢岚，今山西岢岚。静乐，今山西静乐。定襄，今山西定襄。吉州，今山西吉县。武乡，今山西武乡。陵川，原文为陵州，山西无陵州而有陵川，今改山西陵川。辽州，今山西左权。大同，今山西大同。广灵，今山西广灵。潞安，今山西长治。灵石，今山西灵石。山阳，今陕西山阳。商州，今陕西商洛商州。宝鸡，今陕西宝鸡。延安，今陕西延安。榆林，今陕西榆林。泾州，今甘肃泾川。庄浪，今甘肃永登。山、陕，指今山西、陕西两省。为，制定。上闻，顺治帝听到。直省，直隶省，时分南北直隶，南直隶，治所在今江苏南京，北直隶，亦称京师，今北京市。

3. 清顺治五年（1648年）

五月，衡水蝗。　　　　　　　　　　　　　中1510；上9021（灾异志）

注：衡水，今河北衡水。

4. 清顺治六年（1649年）

三月，阳曲蝗，盂县蝗。五月，阳信蝗害稼。六月，德州、堂邑、博兴蝗。

　　　　　　　　　　　　　　　　　　　　中1510；上9021（灾异志）

注：阳曲，今山西阳曲。盂县，今山西盂县。阳信，今山东阳信。德州，今山东德州。堂邑，旧县名，今山东聊城西北堂邑镇。

5. 清顺治七年（1650年）

七月，太平、岢岚蝗，介休、宁乡蝗。　　　中1510；上9021（灾异志）

刘弘遇，汉军正蓝旗人，初籍辽东。顺治七年授山西巡抚。时姜瓖乱初定，弘遇请免逋赋，疏言："兵后民田荒芜殆尽，值二麦未收，秋禾遇蝗灾，农失耕时。"得旨，下所司蠲赈。　　　　　　　　　　中9537；上9849（刘弘遇传）

注：太平，旧县名，在今山西襄汾西南汾城镇。岢岚，今山西岢岚。介休，今山西介休。宁乡，今山西中阳。

6. 清顺治十年（1653年）

十一月，文安、府谷蝗。　　　　　　　　　中1510；上9021（灾异志）

注：文安，今河北文安。府谷，今陕西府谷。

7. 清顺治十三年（1656 年）

正月，徐沟蝗。三月，玉田大旱蝗。五月，定陶大旱蝗。七月，昌平、密云、新乐、临榆蝗，滦河蝗，东平蝗。冬，昌黎大雨蝗。　　中 1510；上 9021（灾异志）

注：徐沟，原文为徐海，经查无此地名，而雍正《山西通志》、乾隆《太原府志》记有顺治十三年徐沟"蝗"，《清徐县志》有顺治十三年徐沟"飞蝗食苗"的记载，徐海为徐沟误。徐沟，在今山西清徐东南。玉田，今河北玉田。昌平，今北京昌平。密云，今北京密云。新乐，今河北新乐。临榆，旧县名，治所在今河北秦皇岛山海关区。滦河，旧县名，在今河北迁安北。昌黎，今河北昌黎。定陶，今山东定陶。东平，今山东东平。

8. 清顺治十五年（1658 年）

三月，邢台、交河、清河大旱，蝗害稼。　　中 1510；上 9021（灾异志）

注：邢台，今河北邢台。交河，旧县名，今河北泊头西交河镇。清河，今河北清河。

9. 清康熙四年（1665 年）

四月，东平、真定、日照大旱蝗。　　中 1511；上 9021（灾异志）

注：东平，今山东东平。日照，今山东日照。真定，今河北正定。

10. 清康熙五年（1666 年）

五月，萧县蝗；任县飞蝗自东来蔽日，伤禾；日照、江浦大旱蝗。
中 1511；上 9021（灾异志）

注：萧县，今安徽萧县。任县，今河北任县。江浦，今江苏江浦。

11. 清康熙六年（1667 年）

六月，杭州大旱蝗；灵寿、高邑大旱，蝗害稼。八月，东明、滦州、灵寿蝗。
中 1511；上 9021（灾异志）

注：杭州，今浙江杭州。灵寿，今河北灵寿。高邑，今河北高邑。滦州，今河北滦县。东明，今山东东明。

12. 清康熙八年 (1669 年)

八月，海宁飞蝗蔽天而至，食稼殆尽。　　　　　　　中 1511；上 9021（灾异志）

注：海宁，今浙江海宁。

13. 清康熙九年 (1670 年)

七月，阳信大旱，蝗食稼殆尽；丽水、桐乡、江山、常山大旱蝗。

中 1511；上 9021（灾异志）

注：阳信，原文为阳□，据民国《阳信县志》康熙九年"秋蝗害稼"的记载而补信字，阳信，今山东阳信。丽水，今浙江丽水。桐乡，今浙江桐乡。江山，今浙江江山。常山，今浙江常山。

14. 清康熙十年 (1671 年)

六月，宁海、天台、仙居大旱蝗，定陶大旱蝗，虹县、凤阳、巢县、合肥、溧水大旱蝗。七月，全椒、含山、六安州、吴山大旱蝗，济南府属旱蝗害稼，丽水蝗，桐乡、海盐、淳安大旱蝗，元城、龙门、武邑蝗。　　　　中 1511；上 9021（灾异志）

注：宁海，今浙江宁海。天台，今浙江天台。仙居，今浙江仙居。定陶，今山东定陶。虹县，旧县名，今安徽泗县。凤阳，今安徽凤阳。巢县，今安徽巢湖。合肥，今安徽合肥。溧水，今江苏溧水。全椒，今安徽全椒。含山，今安徽含山。六安，今安徽六安。吴山，在今安徽长丰西南吴山镇。济南，今山东济南。丽水，今浙江丽水。桐乡，今浙江桐乡。海盐，今浙江海盐。淳安，今浙江淳安。元城，旧县名，在今河北大名东北。龙门，旧县名，治所在今河北赤城西南龙关镇。武邑，今河北武邑。

15. 清康熙十一年 (1672 年)

二月，武定、阳信蝗害稼。三月，献县、交河蝗。五月，平度、益都飞蝗蔽天，行唐、南宫、冀州蝗。六月，长治、邹县、邢台、东安、文安、广平蝗，定州、东平、南乐蝗。七月，黎城、芮城蝗，昌邑蝗飞蔽天，莘县、临清、解州、冠县、沂水、日照、定陶、菏泽蝗。　　　　　　　中 1511；上 9021（灾异志）

注：武定，今山东惠民。阳信，今山东阳信。献县，今河北献县。交河，今河北泊头西交河镇。平度，今山东平度。益都，今山东青州。邹县，今山东邹城。东平，今山

东东平。昌邑，今山东昌邑。莘县，今山东莘县。临清，今山东临清。冠县，今山东冠县。沂水，今山东沂水。日照，今山东日照。定陶，今山东定陶。菏泽，今山东菏泽。行唐，今河北行唐。南宫，今河北南宫。冀州，今河北冀州。邢台，今河北邢台。东安，旧县名，今河北廊坊安次区。文安，今河北文安。广平，今河北广平。定州，今河北定州。南乐，今河南南乐。长治，今山西长治。黎城，今山西黎城。芮城，今山西芮城。解州，在今山西运城西南解州镇。

16. 清康熙十六年（1677年）

三月，来安蝗，三河、内丘蝗。　　　　　　中1511；上9021（灾异志）

注：来安，今安徽来安。三河，今河北三河。内丘，今河北内丘。

17. 清康熙十八年（1679年）

正月，苏州飞蝗蔽天。夏，全椒蝗。七月，宁津、抚宁、五河、含山蝗。

中1511；上9021（灾异志）

白登明，字林九，奉天盖平人。康熙十八年，起授高邮知州。值岁旱蝗，登明严禁胥吏克减，役者踊跃从事。　　　　　　中12968；上10273（白登明传）

注：苏州，今江苏苏州。全椒，今安徽全椒。宁津，今山东宁津。抚宁，今河北抚宁。五河，今安徽五河。含山，今安徽含山。

18. 清康熙二十一年（1682年）

信阳、莒州蝗。　　　　　　中1511；上9021（灾异志）

注：信阳，今河南信阳。莒州，今山东莒县。

19. 清康熙二十三年（1684年）

四月，东安蝗，永年蝗。　　　　　　中1511；上9021（灾异志）

注：东安，今河北廊坊安次区。永年，今河北永年。

20. 清康熙二十五年（1686年）

春，章丘、德平蝗。六月，平定、无极、饶阳、井陉蝗。

中1511；上9021（灾异志）

注：章丘，今山东章丘。德平，旧县名，在今山东临邑德平镇，1956年划归今山东德州、临邑、商河、乐陵等市县。平定，今山西平定。无极，今河北无极。饶阳，今河北饶阳。井陉，今河北井陉。

21. 清康熙二十六年（1687年）

东明、藁城蝗。　　　　　　　　　　　　　　　　中1511；上9021（灾异志）

注：东明，今山东东明。藁城，今河北藁城。

22. 清康熙二十九年（1690年）

五月，临邑、东昌、章丘蝗。七月，平陆、武清蝗。

中1511；上9021（灾异志）

注：临邑，今山东临邑。东昌，府名，治所在今山东聊城。章丘，今山东章丘。平陆，今山西平陆。武清，今天津武清。

23. 清康熙三十年（1691年）

五月，登州府属蝗。六月，浮山、翼城、岳阳蝗，万泉飞蝗蔽天，沁州、高平落地积五寸，乾州飞蝗蔽天，宁津、邹平、蒲台、莒州飞蝗蔽天。七月，昌邑、潍县、真定、卢龙、平度、曲沃、临汾、襄陵蝗，平阳、猗氏、安邑、河津、蒲县、稷山、绛县、垣曲、中部、宁乡、抚宁等县蝗。　　　中1511；上9021（灾异志）

注：登州，治所在今山东蓬莱。宁津，今山东宁津。邹平，今山东邹平。蒲台，旧县名，治所在今山东滨州东南蒲城乡。莒州，今山东莒县。昌邑，今山东昌邑。潍县，今山东潍坊。平度，今山东平度。浮山，今山西浮山。翼城，今山西翼城。岳阳，旧县名，今山西古县。万泉，旧县名，在今山西万荣西南。沁州，今山西沁县。高平，今山西高平。曲沃，今山西曲沃。临汾，今山西临汾。襄陵，原文为襄阳，《襄阳县志》无蝗灾记载，而光绪《襄陵县志》有"六月蝗发"的记载，襄阳应为襄陵误。襄陵，治所在今山西襄汾西北襄陵镇。平阳，府名，治所在今山西临汾。猗氏，旧县名，1954年与临晋县合并为今山西临猗县。安邑，旧县名，在今山西运城东北。河津，今山西河津。蒲县，今山西蒲县。稷山，今山西稷山。绛县，今山西绛县。垣曲，今山西垣曲。宁乡，旧县名，治所在今山西中阳。正定，今河北正定。卢龙，今河北卢龙。抚宁，今河北抚宁。中部，旧县名，治所在今陕西黄陵。乾州，今陕西乾县。

24. 清康熙三十一年（1692 年）

春，洪洞、临汾、襄陵、河津蝗。夏，浮山蝗。中 1512；上 9021（灾异志）

注：洪洞、今山西洪洞。临汾，今山西临汾。襄陵，在今山西襄汾西北。河津，今山西河津。浮山，今山西浮山。河津后面，在原文中无"蝗"字，今据光绪《河津县志》康熙三十一年"旱蝗"的记载补。

25. 清康熙三十三年（1694 年）

五月，高苑、乐安蝗，宁阳蝗。中 1512；上 9021（灾异志）

注：高苑，旧县名，在今山东高青南。宁阳，今山东宁阳。乐安，原文为乐□蝗，据咸丰《青州府志》康熙三十三年"高苑、乐安蝗"的记载，今补"安"字。乐安，今山东广饶。

26. 清康熙三十六年（1697 年）

文安、元氏蝗。中 1512；上 9021（灾异志）

注：文安，今河北文安。元氏，今河北元氏。

27. 清康熙三十八年（1699 年）

遵化州、晋州、卢龙、抚宁蝗。中 1512；上 9021（灾异志）

注：遵化，今河北遵化。晋州，今河北晋州。卢龙，今河北卢龙。抚宁，今河北抚宁。

28. 清康熙三十九年（1700 年）

秋，祁州、卢龙、抚宁蝗。中 1512；上 9021（灾异志）

注：祁州，旧州名，治所在今河北安国。卢龙，今河北卢龙。抚宁，今河北抚宁。

29. 清康熙四十三年（1704 年）

武定、滨州蝗。中 1512；上 9021（灾异志）

注：武定，今山东惠民。滨州，今山东滨州。

30. 清康熙四十四年（1705年）

九月，密云、卢龙、新乐、保安州蝗。　　　　　　中1512；上9021（灾异志）

注：密云，今北京密云。卢龙，今河北卢龙。新乐，今河北新乐。保安州，今河北涿鹿。

31. 清康熙四十六年（1707年）

邢台、肃宁、平乡蝗。　　　　　　　　　　　　中1512；上9021（灾异志）

注：邢台，今河北邢台。肃宁，今河北肃宁。平乡，今河北平乡。

32. 清康熙四十八年（1709年）

秋，昌邑、卢龙、昌黎蝗。　　　　　　　　　　中1512；上9021（灾异志）

注：昌邑，今山东昌邑。卢龙，今河北卢龙。昌黎，今河北昌黎。

33. 清康熙五十年（1711年）

夏，莘县、邹县、庐州蝗。　　　　　　　　　　中1512；上9021（灾异志）

注：莘县，今山东莘县。邹县，今山东邹城。庐州，府名，治所在今安徽合肥。

34. 清康熙五十三年（1714年）

秋，沛县、合肥、庐江、舒城、无为、巢县蝗。中1512；上9021（灾异志）

注：沛县，今江苏沛县。合肥，今安徽合肥。庐江，今安徽庐江。舒城，今安徽舒城。无为，今安徽无为。巢县，今安徽巢湖。

35. 清康熙五十七年（1718年）

二月，江浦、天镇蝗。　　　　　　　　　　　　中1512；上9021（灾异志）

注：江浦，今江苏江浦。天镇，今山西天镇。

36. 清康熙五十九年（1720年）

胶州、掖县蝗。　　　　　　　　　　　　　　　中1512；上9021（灾异志）

注：胶州，治所在今山东胶州。掖县，治所在今山东莱州。

37. 清雍正元年（1723 年）

四月，铜陵、无为蝗，乐安、临朐大旱蝗，江浦、高淳旱蝗，栖霞、临朐蝗。

中 1512；上 9021（灾异志）

注：铜陵，今安徽铜陵。无为，今安徽无为。乐安，今山东广饶。临朐，今山东临朐。江浦，今江苏江浦。高淳，今江苏高淳。栖霞，今山东栖霞。

38. 清雍正二年（1724 年）

高其位，字宜之，汉军镶黄旗人。秋，奏飞鸦食蝗，秋禾丰茂。上以蝗不成灾，传示王大臣，赐诗褒之。

中 10261；上 9938（高其位传）

陈世倌，字秉之，浙江海宁人。雍正二年，擢内阁学士，出为山东巡抚。时山东境旱蝗，粮运浅阻，世倌单车周历，密察灾轻重、吏能否，乃视事。趣捕蝗略尽，并疏治运道，世宗书扇以赐。

中 10473；上 9965（陈世倌传）

39. 清雍正三年（1725 年）

冬，海阳、普宁蝗。

中 1512；上 9021（灾异志）

注：海阳，旧县名，治所在今广东潮州。普宁，原文为普宣，查无此地名，据乾隆《普宁县志》雍正三年"蝗"的记载，普宣为普宁误。普宁，今广东普宁。

40. 清雍正七年（1729 年）

卫哲治，字我愚，河南济源人。雍正七年，以拔贡生廷试优等，发江南委用。初属赣榆知县，调盐城。值蝗灾。

中 10606；上 9982（卫哲治传）

41. 清雍正十三年（1735 年）

九月，东光、获鹿、蒲台蝗。

中 1512；上 9021（灾异志）

注：东光，今河北东光。获鹿，今河北鹿泉。蒲台，旧县名，在今山东滨州蒲城乡。

42. 清雍正年间

若夫直省御灾捍患有功德于民者，则锡封号，建专祠，所在有司秩祀如典。世宗朝，各省祀猛将军元刘承忠。先是直隶总督李维钧奏："蝗灾，土人祷猛将军庙，患辄除。"于是下各省立庙祀。已，两江总督查弼纳亦言："猛将军庙祀所在无蝗害，无庙处皆为灾。"被诃责。诏言："水、旱、蝗灾，疆吏当修省，勿专事祈祷。"

中 2546；上 9139（礼志）

43. 清乾隆三年（1738 年）

六月，震泽、日照旱蝗。　　　　　　　　中 1512；上 9021（灾异志）

八月，江苏海州、山东郯城等州县蝗。　　中 358；上 8858（高宗本纪）

注：震泽，旧县名，治所在今江苏吴江。日照，今山东日照。海州，旧州名，治所在今江苏连云港海州区。

44. 清乾隆四年（1739 年）

六月，山东济南等七府蝗。秋七月，江苏淮安、安徽凤阳等府州蝗。

中 361-362；上 8859（高宗本纪）

六月，东平、宁津蝗。　　　　　　　　　中 1512；上 9021（灾异志）

注：东平，今山东东平。宁津，今山东宁津。

45. 清乾隆五年（1740 年）

六月，命山东、江苏、安徽捕除蝻子。　　中 364；上 8859（高宗本纪）

八月，三河飞蝗来境，抱禾稼而毙，不为灾。　中 1512；上 9021（灾异志）

注：三河，今河北三河。蝻子，指蝗蝻。

46. 清乾隆九年（1744 年）

七月，阜阳、亳州、滕县、滋阳、宁阳、鱼台蝗，献县、景州蝗。

中 1512；上 9021（灾异志）

九月，江南、河南、山东蝗。　　　　　　中 381；上 8861（高宗本纪）

注：阜阳，今安徽阜阳。亳州，今安徽亳州。滕县，今山东滕州。滋阳，旧县名，今山东兖州。宁阳，今山东宁阳。鱼台，今山东鱼台。献县，今河北献县。景州，今河北景县。江南，旧省名，康熙六年（1667 年）分置为江苏、安徽二省，但习惯上仍称此二省为江南。

47. 清乾隆十三年（1748 年）

夏，兰山、郯城、费县、沂水、蒙阴旱蝗；诸城、福山、栖霞、文登、荣成蝗；

高密、栖霞尤甚，平地涌出，道路皆满。　　　　中 1512；上 9021（灾异志）

　　注：兰山，原文为兰州，而兰州各志均无蝗灾记载。旱蝗，原文中本无"蝗"字，据乾隆《沂州府志》载乾隆十三年"兰山、郯城、费县、沂水、蒙阴旱蝗，赈济"的记载，今增改。兰山，旧县名，治所在今山东临沂。郯城，今山东郯城。费县，今山东费县。沂水，今山东沂水。蒙阴，今山东蒙阴。诸城，今山东诸城。福山，旧县名，在今山东烟台西南。栖霞，今山东栖霞。文登，今山东文登。荣成，今山东荣成。高密，今山东高密。

48. 清乾隆十五年（1750 年）

　　夏，掖县飞蝗蔽天。　　　　　　　　　　　中 1512；上 9021（灾异志）

　　注：掖县，治所在今山东莱州。

49. 清乾隆十六年（1751 年）

　　六月，诸城、交河、祁州蝗；河间蝗，有鸟数千自西南来，尽食之。
　　　　　　　　　　　　　　　　　　中 1512；上 9021（灾异志）
　　闰五月，直隶河间等州县蝗。　　　中 412；上 8865（高宗本纪）
　　吴士功，字惟亮，河南光州人。乾隆七年（1742 年），调直隶大名道。改山东兖沂曹道，属县饥，上南巡，迎驾，召对，以闻。为截留粮米六十万石赈之，命士功董其事。旱蝗为灾，督吏捕治，昼夜巡阅，未及旬，蝗尽。调山东粮道。
　　　　　　　　　　　　　　中 10615；上 9983（吴士功传）

　　注：交河，今河北泊头西交河镇。祁州，今河北安国。河间，今河北河间。据《清史稿·高宗本纪》载："十六年春正月，初次南巡"，"夏四月，上驻跸泰安府"，上南巡，吴士功迎驾在乾隆十六年。

50. 清乾隆十七年（1752 年）

　　四月，柏乡、鸡泽、元氏、东明、祁州蝗。七月，东阿、乐陵、惠民、商河、滋阳、范县、定陶、东昌蝗。　　　　　　中 1512；上 9021（灾异志）
　　五月，直隶东光、武清等四十三州县蝗，山东济南等八府蝗，江南上元等十二州县生蝻。　　　　　　　　　　　中 415；上 8866（高宗本纪）

　　注：柏乡，今河北柏乡。鸡泽，今河北鸡泽。元氏，今河北元氏。东明，今山东东

明。祁州，治所在今河北安国。东阿，今山东东阿。乐陵，今山东乐陵。惠民，今山东惠民。商河，今山东商河。滋阳，今山东兖州。范县，今河南范县。定陶，今山东定陶。东昌，旧府名，治所在今山东聊城。东光，今河北东光。武清，今天津武清。上元，今江苏南京。江南，今江苏、安徽二省的俗称。蝻，泛指蝗蝻。

51. 清乾隆十八年（1753 年）

五月，山东济宁、汶上等州县蝻。六月，天津等州县蝗。秋七月，顺天宛平等三十二州县卫蝗。　　　　　　　　　　　　中 418；上 8866（高宗本纪）

秋，永年、临榆、乐亭蝗。　　　　　　　　中 1512；上 9021（灾异志）

曹秀先，字恒所，江西新建人。近畿蝗，秀先请御制文以祭，举蜡礼，州县募捕蝗，毋藉吏胥。上曰："蝗害稼，惟实力捕治，此人事所可尽。若欲假文辞以期感格，如韩愈祭鳄鱼，鳄鱼远徙与否，究亦无稽。朕非有泰山北斗之文笔，好名无实，深所弗取。"下部议，罢蜡礼。　　　　　　　中 10781；上 10004（曹秀先传）

李因培，云南晋宁人。乾隆十八年，署刑部侍郎，兼顺天府尹。蝗起，因培劾通永道王楷等不力捕，皆夺职。　　　　　　　中 11062；上 10039（李因培传）

注：顺天，府名，治所在今北京市，辖今河北、北京、天津广大地区。宛平，旧县名，治所在今北京市。永年，今河北永年。临榆，旧县名，治所在今河北秦皇岛山海关。乐亭，今河北乐亭。蜡礼，祭祀活动。罢，去掉。

52. 清乾隆二十年（1755 年）

六月，苏州大雨蝗。　　　　　　　　　　　中 1512；上 9021（灾异志）

注：苏州，今江苏苏州。

53. 清乾隆二十三年（1758 年）

六月，直隶元城等州县蝗。　　　　　　　　中 444；上 8869（高宗本纪）

夏，德平、泰安蝗，有群鸟食之，不为灾。　中 1512；上 9021（灾异志）

注：元城，今河北大名。德平，旧县名，治所在今山东临邑东北。泰安，今山东泰安。

54. 清乾隆二十四年（1759 年）

三月，江苏淮安等三府州蝗。六月，江苏海州等州县、山东兰山等县蝗，谕裘曰修、海明捕蝗。秋七月，以捕蝗不力，夺陈宏谋总督衔。山西平定等州县蝗。冬十月，禁州县捕蝗派累民间。　　　　　　中 447-448；上 8870（高宗本纪）

夏，高邮大旱，蝗集数寸。　　　　　中 1512-1513；上 9021（灾异志）

刘纶，字慎函，江苏武进人。六月，奏蓟州、宝坻等县蝻子萌动，州县官事繁，督捕未能周遍，饬千把、外委同佐杂分捕，参将偕监司巡察勤惰，报可。

中 10462；上 9963（刘纶传）

陈宏谋，字汝咨，广西临桂人。以督属捕蝗不力，夺总督衔，仍留巡抚任。

中 10559；上 9976（陈宏谋传）

注：海州，今江苏连云港海州区。兰山，旧县名，今山东临沂。高邮，今江苏高邮。蓟州，今天津蓟州区。宝坻，今天津宝坻。派累民间，意为接连不断地指派捕蝗劳役于民间。千把、外委、佐杂均为清朝军队中的下级职官名。

55. 清乾隆二十五年（1760 年）

夏四月，山东兰山等县蝻生，命直隶预防之。秋七月，谕热河捕蝗，山西宁远等厅、直隶广昌等州县蝗。　　　　　　　中 452；上 8870（高宗本纪）

注：兰山，今山东临沂。热河，旧厅名，治所在今河北承德。宁远厅，在山西边外，治所在今内蒙古凉城西南。广昌，旧县名，治所在今河北涞源。

56. 清乾隆二十七年（1762 年）

窦光鼐，字元调，山东诸城人。上以光鼐迁拙，不胜副都御史，命署内阁学士。授顺天府府尹。坐属县蝗不以时捕，左迁四品京堂，仍留任。旋赴三河、怀柔督捕蝗，疏言：“近京州县多旗地，嗣后捕蝗，民为旗地佃，当一体拨夫应用。”上从所请，以谕直隶部督杨廷璋。廷璋言，自方观承始设护田夫，旗、民均役。上复以诘光鼐，召还京师，令从军机大臣入见。　　　中 10792；上 10005（窦光鼐传）

注：三河，今河北三河。怀柔，今北京怀柔。迁拙，不切实际，笨拙。坐，坐罪。左迁，降职，窦光鼐原为副都御史，正三品。疏，奏折。旗地，清代旗人所占有的土地。方观承，乾隆二十一年（1756 年）任直隶总督，乾隆二十五年饬司道议设护田夫，巡视蝗虫。护田夫，为保护农田免遭蝗害而巡视蝗情的农夫。诘，问话。

57. 清乾隆二十八年（1763 年）

三月，临邑、静海、滦州、文安、霸州、蒲台飞蝗七日不绝。

中 1513；上 9021（灾异志）

六月，山东历城等州县蝗。秋七月，顺直大城、沧州等州县蝗。

中 464；上 8872（高宗本纪）

注：临邑，今山东临邑。静海，今天津静海。滦州，今河北滦县。文安，今河北文安。霸州，今河北霸州。蒲台，旧县名，在今山东滨州蒲城乡。大城，今河北大城。沧州，今河北沧州。

58. 清乾隆二十九年（1764 年）

六月，奉天、宁远等州县蝗。　　　　中 466；上 8872（高宗本纪）

夏，吴川大旱，蝗损禾；东昌、安丘蝗。　中 1513；上 9021（灾异志）

注：奉天，府名，治所在今辽宁沈阳。宁远，州名，治所在今辽宁兴城。吴川，今广东吴川。东昌，今山东聊城。安丘，今山东安丘。

59. 清乾隆三十年（1765 年）

三月，黄安、宁阳、滋阳蝗。　　　　中 1513；上 9021（灾异志）

注：黄安，旧县名，今湖北红安。宁阳，今山东宁阳。滋阳，旧县名，今山东兖州。

60. 清乾隆三十一年（1766 年）

八月，伊犁蝗。　　　　　　　　　　中 474；上 8873（高宗本纪）

注：伊犁，指今新疆维吾尔自治区。

61. 清乾隆三十三年（1768 年）

七月，武清、庆云蝗。　　　　　　　中 1513；上 9021（灾异志）

注：武清，今天津武清。庆云，今山东庆云。

62. 清乾隆三十四年（1769 年）

裘曰修，家叔度，江西新建人。三十四年，召授刑部尚书。初，江南、山东蝗起，命曰修捕治。是岁畿南蝗，复命捕治。曰修至武清，令顺天府尹窦光鼐行求蝗起处。上责曰修不亲勘，左授顺天府府尹。寻迁工部侍郎。

中 10776；上 10003（裘曰修传）

注：江南，省名，治所在今江苏南京，俗称江苏、安徽二省为江南。畿南，首都北京南部地区。武清，今天津武清。左授，降职。

63. 清乾隆三十五年（1770 年）

三月，天津蝗，命杨廷璋督捕。闰五月，命裘曰修赴蓟州、宝坻一带捕蝗。甲子，裘曰修以捕蝗不力免。六月，河南永城、江苏砀山、安徽宿州等州县蝗。

中 484；上 8874（高宗本纪）

注：蓟州，今天津蓟州区。宝坻，今天津宝坻。砀山，在今安徽砀山东。

64. 清乾隆三十七年（1772 年）

二月，景宁飞蝗蔽天，大可骈三尺；淄川、新城蝗；凤阳旱蝗。

中 1513；上 9021（灾异志）

注：景宁，今浙江景宁。淄川，旧县名，治所在今山东淄博西南淄川区。新城，旧县名，治所在今山东桓台西。凤阳，今安徽凤阳。骈，相连意。

65. 清乾隆三十八年（1773 年）

秋七月，齐齐哈尔蝗。　　　　　　　　　中 495；上 8873（高宗本纪）

66. 清乾隆三十九年（1774 年）

二月，安丘、寿光、沂水蝗。八月，文登蝗。　中 1513；上 9021（灾异志）
夏四月，顺天大兴等州县蝗。七月，乌鲁木齐额鲁特部蝗。

中 497 - 498；上 8876（高宗本纪）

注：安丘，今山东安丘。寿光，今山东寿光。沂水，今山东沂水。文登，今山东文登。顺天，府名，治所在今北京市。乌鲁木齐，州名，治所在今新疆乌鲁木齐。额鲁特，亦称卫拉特，清朝对西部蒙古各部的统称。部，部族。清时，额鲁特共分为杜尔伯特、准噶尔、土尔扈特、和硕特四部，主要在今新疆乌鲁木齐及伊犁哈萨克自治州游牧。

67. 清乾隆四十三年（1778 年）

三月，黄安、南陵旱蝗。九月，武昌蝗，江夏县、潜江大旱蝗。

中 1513；上 9021（灾异志）

注：黄安，旧县名，今湖北红安。南陵，今安徽南陵。武昌，今湖北武昌。江夏，旧县名，今湖北武昌。潜江，今湖北潜江。

68. 清乾隆四十八年（1783 年）

十一月，饬玉田附近州县掘蝗蝻。　　　　　　　　中 526；上 8879（高宗本纪）

注：玉田，今河北玉田。掘蝗蝻，意指挖掘蝗卵。

69. 清乾隆四十九年（1784 年）

冬，济南大旱蝗。　　　　　　　　　中 1513；上 9021（灾异志）

注：济南，今山东济南。

70. 清乾隆五十年（1785 年）

六月，日照县大旱，飞蝗蔽天，食稼；苏州、湖州、泰州大旱蝗。

中 1513；上 9021（灾异志）

注：日照，今山东日照。苏州，今江苏苏州。湖州，今浙江湖州。泰州，今江苏泰州。

71. 清乾隆五十一年（1786 年）

五月、七月，房县、宜城、枣阳、阳春旱蝗，罗田、麻城大旱蝗。

中 1513；上 9021（灾异志）

注：房县，今湖北房县。宜城，今湖北宜城。枣阳，今湖北枣阳。阳春，今广东阳春。罗田，今湖北罗田。麻城，今湖北麻城。

72. 清乾隆五十二年（1787 年）

四月，麻城蝗，积地寸许。七月，黄冈、宜都、麻城、罗田、荆门州蝗。

中 1513；上 9021（灾异志）

注：麻城，今湖北麻城。黄冈，今湖北黄冈黄州区。宜都，今湖北宜都。罗田，今湖北罗田。荆门，治所在今湖北荆门。

73. 清乾隆五十三年（1788 年）

六月，平度县大旱，飞蝗蔽天，田禾俱尽。　　中 1513；上 9021（灾异志）

注：平度，今山东平度。

74. 清乾隆五十六年（1791 年）

六月，宁津、东光大旱，飞蝗蔽天，田禾俱尽。中 1513；上 9021（灾异志）

注：宁津，今山东宁津。东光，今河北东光。

75. 清乾隆五十七年（1792 年）

五月，武城、黄县、高唐旱蝗。　　　　　　中 1513；上 9021（灾异志）

秋七月，顺直宛平、玉田等州县蝗。　　　中 553；上 8882（高宗本纪）

注：武城，今山东武城。黄县，旧县名，治所在今山东龙口城关镇。高唐，今山东高唐。顺直，指顺天府，今北京市。宛平，旧县名，治所在今北京市。玉田，今河北玉田。

76. 清乾隆五十八年（1793 年）

春，历城旱蝗，有虫如蜂附于蝗背，蝗立毙，不成灾。七月，安丘、章丘、临邑、德平蝗。　　　　　　　　　　　中 1513；上 9021（灾异志）

注：历城，今山东济南历城区。安丘，今山东安丘。章丘，今山东章丘。临邑，今山东临邑。德平，旧县名，治所在今山东临邑东北。

77. 清嘉庆七年（1802 年）

蓬莱、莘县、高唐、邹平、诸城、即墨、文登、招远、黄县蝗。

中 1513；上 9021（灾异志）

和瑛字太菴，蒙古镶黄旗人。嘉庆七年，以匿蝗灾事觉，谴戍乌鲁木齐。

中 11282；上 10066（和瑛传）

注：蓬莱，今山东蓬莱。莘县，今山东莘县。高唐，今山东高唐。邹平，今山东邹平。诸城，今山东诸城。即墨，今山东即墨。文登，今山东文登。招远，今山东招远。黄县，今山东龙口城关镇。

78. 清嘉庆十年（1805 年）

春，博兴、昌邑、诸诚蝗，临榆蝻生。夏，滕县飞蝗蔽天，食草皆尽。秋，昌邑

蝗食稼，宁海蝗。　　　　　　　　　　　　中 1513；上 9021（灾异志）

注：博兴，今山东博兴。昌邑，今山东昌邑。诸城，今山东诸城。临榆，今河北秦皇岛山海关区。滕县，今山东滕州。宁海，州名，治所在今山东烟台牟平区。

79. 清嘉庆十九年（1814 年）

菏泽、曹县、博兴蝗。　　　　　　　　　　中 1513；上 9021（灾异志）

注：菏泽，今山东菏泽。曹县，今山东曹县。

80. 清道光三年（1823 年）

秋七月，饬琦善扑蝗。　　　　　　　　　　中 629；上 8891（宣宗本纪）
莘县、抚宁蝗。　　　　　　　　　　　　　中 1513；上 9021（灾异志）

注：琦善，满洲正黄旗人，时任山东巡抚。莘县，今山东莘县。抚宁，今河北抚宁。

81. 清道光四年（1824 年）

东平、清苑、望都、定州蝗。　　　　　　　中 1513；上 9021（灾异志）
朱为弼，字右甫，浙江平湖人。道光四年，擢顺天府府丞，迁府尹。有蝗孽，单骑驰视，却属官供张，曰："吾为蝗来，乃以我为蝗耶?"

中 11575；上 10102（朱为弼传）

注：东平，今山东东平。清苑，今河北清苑。望都，今河北望都。定州，今河北定州。

82. 清道光五年（1825 年）

七月，清苑、定州飞蝗蔽天，三日乃止；内丘、新乐、曲阳、长清、冠县、博兴旱蝗。　　　　　　　　　　　　　　　中 1513；上 9021（灾异志）

注：清苑，今河北清苑。定州，今河北定州。内丘，今河北内丘。新乐，今河北新乐。曲阳，今河北曲阳。长清，今山东长清。冠县，今山东冠县。博兴，今山东博兴。

83. 清道光六年（1826 年）

二月，滦州、抚宁蝗。　　　　　　　　　　中 1513；上 9021（灾异志）

注：滦州，今河北滦县。抚宁，今河北抚宁。

84. 清道光十四年（1834年）

五月，潜江、枣阳旱蝗，云梦旱蝗。　　　　　中 1514；上 9021（灾异志）

注：潜江，今湖北潜江。枣阳，今湖北枣阳。云梦，今湖北云梦。

85. 清道光十五年（1835年）

春，黄安、黄冈、罗田、江陵、公安、石首、松滋大旱蝗。五月，均州、光化蝗。七月，滨州、观城、巨野、博兴、谷城、应城蝗。八月，安陆、玉山、武昌、咸宁、崇阳蝗，黄陂、汉阳大旱蝗。　　　　中 1514；上 9021（灾异志）

注：黄安，今湖北红安。黄冈，今湖北黄冈市黄州区。罗田，今湖北罗田。江陵，在今湖北荆州市荆州区。公安，今湖北公安。石首，今湖北石首。松滋，今湖北松滋。均州，今湖北丹江口西北。光化，今湖北老河口东北。滨州，今山东滨州。观城，旧县名，治所在今山东莘县西南观城镇。巨野，今山东巨野。博兴，今山东博兴。谷城，今湖北谷城。应城，今湖北应城。安陆，今湖北安陆。玉山，今江西玉山。武昌，今湖北武昌。咸宁，今湖北咸宁。崇阳，今湖北崇阳。黄陂，今湖北黄陂。汉阳，今湖北汉阳。

86. 清道光十六年（1836年）

夏，定远蝗，紫阳蝗，宜都、黄冈、随州、钟祥旱蝗。七月，谷城、郧县、郧西蝗。　　　　　　　　　　　　　　　中 1514；上 9021（灾异志）

注：定远，厅名，今陕西镇巴。紫阳，今陕西紫阳。宜都，今湖北宜都。黄冈，今湖北黄冈黄州区。随州，今湖北随州。钟祥，今湖北钟祥。谷城，今湖北谷城。郧县，今湖北十堰市郧阳区。郧西，今湖北郧西。

87. 清道光十七年（1837年）

春正月，贷山西朔州等十一州厅县、陕西葭州等九州县、甘肃金州等十三州县水灾、旱灾、蝗灾、雹灾、霜灾仓谷口粮、籽种。　中 669；上 8896（宣宗本纪）

春，应城蝗蝻。五月，郧县旱蝗。秋，复旱蝗。中 1514；上 9021（灾异志）

注：葭州，今陕西佳县。金州，即金县，治所在今甘肃榆中。郧县，今湖北十堰市郧阳区。

88. 清道光十八年（1838 年）

夏，郧县蝗，应山大旱蝗，博兴旱蝗。八月，东光蝗，不为灾。

中 1514；上 9021（灾异志）

注：郧县，今湖北十堰市郧阳区。应山，旧县名，今湖北广水。博兴，今山东博兴。东光，今河北东光。

89. 清道光十九年（1839 年）

九月，应山蝗。

中 1514；上 9021（灾异志）

注：应山，旧县名，今湖北广水。

90. 清道光二十三年（1843 年）

三月，郧西旱蝗。

中 1514；上 9021（灾异志）

注：郧西，今湖北郧西。

91. 清道光二十五年（1845 年）

七月，光化、麻城蝗。

中 1514；上 9021（灾异志）

注：光化，今湖北老河口东北。麻城，今湖北麻城。

92. 清道光二十七年（1847 年）

夏，应城螟生，元氏旱蝗，沾化蝗。十月，临邑蝗。

中 1514；上 9021（灾异志）

注：应城，今湖北应城。元氏旱蝗，原文为元氏旱，缺一"蝗"字，据民国《元氏县志》道光二十七年"元氏大旱，飞蝗四至"的记载，今增改。沾化，今山东沾化。临邑，今山东临邑。

93. 清咸丰二年（1852 年）

刘秉琳，字昆圃，湖北黄安人。咸丰二年进士，授顺天宝坻知县。蝗起，督民自捕，集资购之，被蝗者得钱以代赈，且免践田苗。

中 13072；上 10286（刘秉琳传）

注：宝坻，今天津宝坻。

94. 清咸丰四年 (1854 年)

六月，唐山、滦州、固安、武清蝗。 中 1514；上 9021 （灾异志）

注：唐山，旧县名，治所在今河北隆尧西尧城镇。滦州，今河北滦县。固安，今河北固安。武清，今天津武清。

95. 清咸丰五年 (1855 年)

四月，静海、新乐蝗。 中 1514；上 9021 （灾异志）

王庆云，字雁汀，福建闽县人。咸丰五年，以河南南阳诸地旱蝗，请饬发仓筹赈。 中 12239；上 10184 （王庆云传）

注：静海，今天津静海。新乐，今河北新乐。

96. 清咸丰六年 (1856 年)

三月，青县、曲阳蝗。六月，静海、光化、江陵旱蝗，宜昌飞蝗蔽天，松滋蝗。八月，昌平蝗，邢台蝗，香河、顺义、武邑、唐山蝗。

中 1514；上 9021 （灾异志）

注：青县，今河北青县。曲阳，今河北曲阳。静海，今天津静海。光化，今湖北老河口东北。江陵，今湖北荆州市荆州区。宜昌，今湖北宜昌。松滋，今湖北松滋。昌平，今北京昌平。邢台，今河北邢台。香河，今河北香河。顺义，今北京顺义。武邑，今河北武邑。唐山，在今河北隆尧西尧城镇。

97. 清咸丰七年 (1857 年)

春，昌平、唐山、望都、乐亭、平乡蝗；平谷蝻生，春无麦；青县蝻子生；抚宁、曲阳、元氏、清苑、无极大旱蝗；邢台有小蝗，名曰蠕，食五谷茎俱尽；武昌飞蝗蔽天；枣阳、房县、郧西、枝江、松滋旱蝗；宜都有蝗长三寸余。秋，咸宁、汉阳、宜昌、归州、松滋、江陵、枝江、宜都、黄安、蕲水、黄冈、随州蝗；应山蝗，落城厚尺许，未伤禾；钟祥飞蝗蔽天，亘数十里；潜江蝗。

中 1514；上 9021 （灾异志）

注：昌平，今北京昌平。唐山，治所在今河北隆尧西尧城镇。望都，今河北望都。

乐亭，今河北乐亭。平乡，今河北平乡。平谷，今北京平谷。青县，今河北青县。抚宁，今河北抚宁。曲阳，今河北曲阳。元氏，今河北元氏。清苑，今河北清苑。无极，今河北无极。邢台，今河北邢台。武昌，今湖北武昌。枣阳，今湖北枣阳。房县，今湖北房县。郧西，今湖北郧西。枝江，今湖北枝江。松滋，今湖北松滋。宜都，今湖北宜都。咸宁，今湖北咸宁。汉阳，今湖北汉阳。宜昌，今湖北宜昌。归州，今湖北秭归。江陵，在今湖北荆州。宜都，今湖北宜都。黄安，今湖北红安。蕲水，旧县名，今湖北浠水。黄冈，今湖北黄冈黄州区。随州，今湖北随州。应山，今湖北广水。钟祥，今湖北钟祥。潜江，今湖北潜江。

98. 清咸丰八年（1858 年）

三月，抚宁、元氏蝗蝻生。六月，均州、宜城蝗害稼，应城飞蝗蔽天，房县、保康、黄岩蝗害稼。秋，清苑、望都、蠡县、归州蝻子生。十月，黄陂、汉阳蝗。十一月，宜都、松滋蝗。　　　　　　　　　中 1514 - 1515；上 9021（灾异志）

注：抚宁，今河北抚宁。元氏，今河北元氏。均州，在今湖北丹江口西北。宜城，今湖北宜城。应城，今湖北应城。房县，今湖北房县。保康，今湖北保康。黄岩，今浙江台州黄岩区。清苑，今河北清苑。望都，今河北望都。蠡县，今河北蠡县。归州，今湖北秭归。黄陂，今湖北黄陂。汉阳，今湖北汉阳。宜阳，今湖北宜都。松滋，今湖北松滋。

99. 清咸丰十年（1860 年）

六月，枣阳、房县蝗。　　　　　　　　　中 1515；上 9021（灾异志）

注：枣阳，今湖北枣阳。房县，今湖北房县。

100. 清咸丰十一年（1861 年）

方大湜，字菊人，湖南巴陵人。十一年，大湜被吏议，革职留任。调署襄阳，飞蝗遍野，大湜蹑屩持竿，躬率农民扑捕，三日而尽。

中 13082；上 10288（方大湜传）

注：襄阳，今湖北襄樊襄阳。蹑屩，足踏草鞋。躬率，亲自率领。

101. 清同治元年（1862 年）

六月，直隶蝗。八月，诏顺直捕蝗。　　中 780 - 782；上 8909（穆宗本纪）

注：顺直，指顺天府，治所北京，辖今北京市及河北、天津的部分州县。

102. 清同治十三年（1874 年）

八月，河南蝗。　　　　　　　　　　　　中 847；上 8914（穆宗本纪）

103. 清光绪二年（1876 年）

五月，以近畿亢旱，直隶、山东暨河南、河北等府小民艰食，谕长官抚恤，并捕蝗蝻。六月，安徽蝗。　　　　　　中 856－857；上 8918（德宗本纪）

注：直隶，清直隶指今河北省。

104. 清光绪三年（1877 年）

夏四月，江苏、安徽蝗。　　　　　　　中 859；上 8919（德宗本纪）
夏，昌平、武清、滦州、高淳、安化旱蝗。秋，海盐、柏乡蝗。

　　　　　　　　　　　　　　　　　中 1515；上 9021（灾异志）

注：昌平，今北京昌平。武清，今天津武清。滦州，今河北滦县。高淳，今江苏高淳。安化，今甘肃庆阳。海盐，今浙江海盐。柏乡，今河北柏乡。

105. 清光绪四年（1878 年）

九月，灵州蝗。　　　　　　　　　　　中 1515；上 9021（灾异志）

注：灵州，今宁夏灵武。

106. 清光绪五年（1879 年）

五月，河南蝗。六月，乌拉特、阿拉善等旗蝗。八月，江、皖各属蝗。

　　　　　　　　　　　　　　　中 864－865；上 8919（德宗本纪）

注：乌拉特，旧旗名，在今内蒙古包头市西。阿拉善，旧旗名，今内蒙古阿拉善左旗。江皖，泛指今江苏、安徽两省。

107. 清光绪六年（1880 年）

八月，江苏捕蝗。　　　　　　　　　　中 867；上 8920（德宗本纪）

108. 清光绪七年（1881 年）

六月，武清蝗。七月，临朐蝗。　　　　　　　　中 1515；上 9021（灾异志）

注：武清，今天津武清。临朐，今山东临朐。

109. 清光绪八年（1882 年）

春，玉田蝻生。　　　　　　　　　　　　　　　中 1515；上 9021（灾异志）
五月，直隶蝗。　　　　　　　　　　　　　　　中 872；上 8920（德宗本纪）

注：玉田，今河北玉田。直隶，今河北省。

110. 清光绪九年（1883 年）

夏，邢台蝗。　　　　　　　　　　　　　　　　中 1515；上 9021（灾异志）

注：邢台，今河北邢台。

111. 清光绪十二年（1886 年）

庆裕，字兰圃，满洲正白旗人。光绪九年，除盛京将军。十二年，金州蝗。
　　　　　　　　　　　　　　　　　　　中 12595；上 10228（庆裕传）

注：金州，今辽宁大连金州区。

112. 清光绪十七年（1891 年）

三月，宁津旱蝗伤稼。　　　　　　　　　　　　中 1515；上 9021（灾异志）
五月，京畿蝗。　　　　　　　　　　　　　　　中 899；上 8923（德宗本纪）

注：宁津，今山东宁津。京畿，今北京市附近。

113. 清光绪十八年（1892 年）

五月，合肥等州县旱蝗，赈之。闰六月，京畿蝗。秋七月，河南蝗。
　　　　　　　　　　　　　　　　　　　中 901；上 8924（德宗本纪）

注：合肥，今安徽合肥。

114. 清光绪二十二年（1896年）

是秋，赈新疆蝗灾、雹灾。　　　　　　　　　中 918；上 8925（德宗本纪）

115. 清光绪二十三年（1897年）

是秋，赈新疆蝗灾。　　　　　　　　　　　　中 920；上 8926（德宗本纪）

116. 清光绪二十四年（1898年）

十一月，赈土鲁番等处水灾、蝗灾。　　　　　中 928；上 8927（德宗本纪）

注：土鲁番，今新疆吐鲁番。

117. 清光绪二十六年（1900年）

赛因诺颜部，称喀尔喀中路，至京师三千余里。二十六年，崇欢奏，以古城一带蝗灾，改采购戍守官兵日需米面于归化城。

中 14432；上 10449（藩部传附喀尔喀赛因诺颜部）

注：赛因诺颜部，在今蒙古人民共和国境内。

118. 清光绪二十九年（1903年）

是秋，赈镇西、绥来蝗灾。　　　　　　　　　中 946；上 8929（德宗本纪）

注：镇西，上海古籍出版社、上海书店联合版为镇浙，中华书局版校定为镇西，今从中华书局版。镇西，旧厅名，今新疆巴里坤。绥来，旧县名，今新疆玛纳斯。

119. 清光绪三十三年（1907年）

五月，山丹蝗。　　　　　　　　　　　　　　中 1515；上 9021（灾异志）

注：山丹，今甘肃山丹。

二十四、正史人物传记中的蝗灾

1.《史记·吴王濞列传》

吴王濞者，高帝兄刘仲之子也。及孝景帝即位，三年冬，乃使中大夫应高誂胶西王，

高曰："彗星出，蝗虫数起，此万世一时，而愁劳圣人之所起也。"　　中2826；上313

　　注：三年冬，据《资治通鉴·汉纪》载，为汉景帝前三年（前154年）。

2.《汉书·严助传》

严助，会稽吴人，严夫子子也。建元三年，闽越举兵围东瓯。后三岁，淮南王安上书谏曰："间者，数年岁比不登。五年（前136年）复蝗，民生未复。"

中2775－2779；上622

3.《汉书·夏侯胜传》

夏侯胜，字长公。宣帝初即位，欲褒先帝，而庙乐未称。于是群臣大议廷中，皆曰："宜如诏书。"长信少府胜独曰："武帝虽有攘四夷广土斥境之功，然多杀士众，竭民财力，奢泰亡度，天下虚耗，百姓流离，物故者半。蝗虫大起，赤地数千里，或人民相食，畜积至今未复。亡德泽于民，不宜为立庙乐。"丞相蔡义、御史大夫田广明劾奏胜非议诏书，毁先帝，不道，下狱。　　　　　中3156；上656

4.《汉书·严延年传》

严延年，字次卿，东海下邳人也。宣帝神爵三年（前59年），迁河南太守。其治务在摧折豪强，扶助贫弱。众人所谓当死者，一朝出之；所谓当生者，诡杀之。吏民莫能测其意，深浅战栗，不敢犯禁。冬月，传属县囚，会论府上，流血数里，河南号曰"屠伯"。令行禁止，郡中清正。

时黄霸在颍川，以宽恕为治，郡中亦平，屡蒙丰年，凤皇下，上贤焉，下诏称扬其行，加金爵之赏。延年素轻霸为人，及比郡为守，褒赏反在己前，心内不服。河南界中又有蝗虫，府丞义出行蝗，还见延年，延年曰："此蝗岂凤皇食耶？"丞义年老颇悖，素畏延年，恐见中伤。延年本尝与义俱为丞相史，实亲厚之，无意毁伤也，馈遗之甚厚。义愈益恐，自筮得死卦，忽忽不乐，取告至长安，上书言延年罪名十事。已拜奏，因饮药自杀，以明不欺。事下御史丞按验，有此数事，以结延年，坐怨望非谤政治不道弃市。　　　　　中3667－3671；上704

　　注：颍川，古郡名，治所在今河南禹州。据《资治通鉴》记载，此次蝗灾为神爵四年（前58年）。

5.《汉书·王莽传》

新莽始建国三年（11年），是岁，濒河郡蝗虫生。　　　　　中4127；上746

新莽地皇二年（21年），秋，关东大饥，蝗。　　　　　　中 4167；上 750

新莽地皇三年（22年），夏，蝗从东方来，飞蔽天，至长安，入未央宫，缘殿阁。莽发吏民设购赏捕击。　　　　　　　　　　　　中 4176；上 751

注：莽，王莽，新王朝的国君，公元 8—23 年在位。

6.《后汉书·臧宫传》

后汉建武二十七年（51年），臧宫与杨虚侯马武上书曰："匈奴贪利，无有礼信，穷则稽首，安则侵盗。虏今人畜疫死，旱蝗赤地，疫困之力，不当中国一郡。岂宜固守文德而堕武事乎？命将攻其左、击其右。如此，北虏之灭，不过数年。"

中 695；上 867

7.《后汉书·马棱传》

马棱，字伯威，章和元年（87年），迁广陵太守。时谷贵民饥，奏罢盐官，以利百姓，赈贫羸，薄赋税，兴复陂湖，溉田二万余顷，吏民刻石颂之。《东观汉记》曰："棱在广陵，蝗虫入江海，化为鱼虾，兴复陂湖，增岁租十余万斛。"

中 863；上 881

注：盐官，地名，在今浙江海宁西南盐官镇。

8.《后汉书·卓茂传》

卓茂，字子康，南阳宛人也。元帝时学于长安，习《诗》《礼》及历算。性宽仁恭爱。乡党故旧皆爱慕欣欣焉。后迁密（洛州密县也）令，劳心谆谆，视人如子，举善而教，口无恶言，吏人亲爱而不忍欺之。数年，教化大行，道不拾遗。平帝时，天下大蝗，河南二十余县皆被其灾，独不入密县界。督邮言之，太守不信，自出案行，见乃服焉。后迁茂为京部丞，密人老少皆涕泣随送。光武初即位，先访求茂，下诏封褒德侯，食邑二千户。建武四年（28年）薨。　　　中 869 - 871；上 882

注：据《资治通鉴·汉桓帝》载：延熹八年（165年）夏四月，诏郡国拆除滥设祠庙，特留洛阳王涣、密县卓茂二祠。

9.《后汉书·赵熹传》

赵熹，字伯阳，南阳宛人也。更始即位（23年），乃拜熹为五威偏将军。后拜怀令。其年，迁熹平原太守。时平原多盗贼，熹与诸郡讨捕，斩其渠帅，余党当坐者数千人。熹上言："恶恶止其身，可一切徙京师近郡。"帝从之，乃悉移置颍川、陈留。后青州大蝗，侵入平原界辄死，岁屡有年，百姓歌之。光武二十六年（50年），征熹入为太仆，厚加赏赐。 中 912－914；上 885

注：据《平原县志》记载，汉建武二十五年（49年），青州蝗，入平原境，辄死。更始，西汉淮阳王刘玄年号。

10. 《后汉书·杨厚传》

杨厚，字仲桓，广汉新都人。永建四年（129年），厚上言："今夏必盛寒，尚有疾疫、蝗虫之害。"是岁，果六州大蝗。 中 1049；上 896

11. 《后汉书·郑弘传》

郑弘，字巨君，会稽山阴人。拜为邹令。《谢承书》曰"永平十五年（72年），蝗起泰山，流被郡国，过邹界不集，郡因以状闻，诏书以为不然，遣使案行，如言。" 中 1155；上 905

12. 《后汉书·宋均传》

宋均，字叔庠，南阳安众人也。迁九江太守，中元元年（56年），山阳、楚、沛多蝗，其飞至九江界者，辄东西散去。由是名称远近，民共祠之。 中 1413；上 927

13. 《后汉书·陈庞传》

陈庞子忠，字伯始。忠以久次，转为仆射。忠上疏曰："青、冀之域淫雨漏河，徐、岱之滨海水盆溢，兖、豫蝗蟓滋生。" 中 1562；上 940

注：据《资治通鉴·汉纪》记载，此年为延光元年（122年）。

14. 《后汉书·杨震传》

杨震，字伯起，弘农华阴人也。延光二年（123年），代刘恺为太尉。震复上疏曰："臣闻古者九年耕必有三年之储，故尧遭洪水，人无菜色。臣伏念方今灾害发起，弥弥滋甚，百姓空虚，不能自赡。重以螟蝗，羌虏抄掠，三边镇扰，战斗之役至今未息，兵甲军粮不能复给。" 中 1764；上 957

15.《后汉书·刘陶传》

刘陶,字子奇,颍川颍阴人。时大将军梁冀专朝,而桓帝无子,连岁荒饥,灾异数见。陶乃上疏陈事曰:"人非天地无以为生,天地非人无以为灵,是故帝非人不立,人非帝不宁。夫天之与帝,帝之与人,犹头之与足,相须而行也。伏惟陛下年隆德茂,中天称号,袭常存之庆,循不易之制,目不视鸣条之事,耳不闻檀车之声,天灾不有痛于肌肤,震食不即损于圣体,故箴三光之谬,轻上天之怒。故天降众异,以戒陛下。"时有上书言:"人以货轻钱薄,故致贫困,宜改铸大钱。"陶上议曰:"窃见比年以来,良苗尽于蝗螟之口,杼柚空于公私之求,所急朝夕之餐,所患靡盬之事,岂谓钱货之厚薄,铢两之轻重哉?就使当今沙砾化为南金,瓦石变为和玉,使百姓渴无所饮,饥无所食,虽皇羲之纯德,唐虞之文明,犹不能以保萧墙之内也。盖民可百年无货,不可一朝有饥,故食为至急也。议者不达农殖之本,多言铸冶之便,或欲因缘行诈,以贾国利。"

中 1842-1846;上 964

注:《后汉书·五行志》曰:永兴元年(153 年)七月,郡国三十二蝗。是时梁冀秉政无谋宪,苟贪权作虐。中天,当天之中。鸣条,古地名,在今山西运城东北,《尚书》曰:"汤伐桀,遂与桀战于鸣条之野。"檀车,指兵车。杼柚,织布机上主纬、经的部件。靡盬,《诗经·唐风·鸨羽》曰:"王事靡盬,不能艺稷黍。"盬者,息也。皇羲,即伏羲氏,中国神话中人类的始祖。唐虞,唐,古国名,相传尧的后裔在今山西翼城建国,后为叔虞的封地。

16.《后汉书·马融传》

马融,字季长,扶风茂陵人也。元初二年(115 年),上《广成颂》以讽谏。其辞曰:"圣主贤君,以增盛美,岂徒为奢淫而已哉!伏见元年以来,遭值厄运,陛下戒惧灾异,躬自菲薄,荒弃禁苑,废弛乐悬,勤忧潜思,十有余年,以过礼数。……臣愚以为虽尚颇有蝗虫,今年五月以来,雨露时澍,祥应将至。方涉冬节,农事间隙,宜幸广成,览原隰,观宿麦,劝收藏,因讲武校猎,使寮庶百姓,复睹羽旄之美,闻钟鼓之音,欢嬉喜乐,鼓舞疆畔,以迎和气,招致休庆。"

中 1954-1955;上 973

注:元年,指汉安帝永初元年(107 年)。厄运,指水旱地震等自然灾害。广成,亦称广成苑,帝王狩猎的场所,在今河南汝州西。

17. 《后汉书·蔡邕传》

蔡邕，字伯喈，陈留圉人也。熹平四年（175年），"时频有雷霆疾风，伤树拔木，地震、陨雹、蝗虫之害。"六年七月，邕上封事曰："夫权不在上，则雹伤物；政有苛暴，则虎狼食人；贪利伤民，则蝗虫损稼。"仅条宜所施行七事。一事：明堂月令，天子以四立及季夏之节，迎五帝于郊，所以导致神气，祈福丰年。（章帝元和二年制曰："山川百神应典礼者，尚未咸秩，其议修群祀，以祈丰年"。）二事：国之将兴，至言数闻，内知己政，外见民情。三事：求贤之道，未必一涂，或以德显，或以言扬。（《汉名臣奏》张文上疏，其略曰："《春秋义》曰：'蝗者贪扰之气所生，天意若曰：贪狼之人，蚕食百姓，若蝗食禾稼而扰万民。'"）四事：司隶校尉、诸州刺史，所以督察奸枉，分别白黑者也。五事：古者取士，必使诸侯岁贡。孝武之世，郡举孝廉，又有贤良、文学之选，于是名臣辈出，文武并兴。六事：墨绶长吏，职典理人，皆当以惠利为绩，日月为劳。七事：今虚伪小人，本非骨肉，既无幸私之恩，又无禄仕之实，恻隐思慕，情何缘生？

光和元年（178年）七月，诏召邕与光禄大夫杨赐、谏议大夫马日磾、议郎张华、太史令单飏诣金商门，引入崇德殿，就问灾异及消改变故所宜施行，邕悉心以对。（《续汉志》曰：光和元年，诏问曰："连年蝗虫，其咎焉在？"邕对曰："《易传》云，大作不时天降灾，厥咎蝗虫来。"《河图秘征篇》曰："帝贪则政暴，吏酷则诛惨。生蝗虫，贪苛之所致也。"）　　　　　　　　　中 1979－2000；上 976－977

18. 《后汉书·公孙瓒传》

公孙瓒，字伯珪，辽西令支人也。家世二千石。乌桓峭王与袁绍将曲义合兵十万，共攻瓒。兴平二年（195年），瓒遂保易京，开置屯田，稍得自支。相持岁余，曲义军粮尽，士卒饥困，余众数千人退走。是时旱蝗谷贵，民相食。建安三年，袁绍复大攻瓒。　　　　　　　　　　　　　　　　　　　　中 2357；上 1008

注：易京，古城名，在今河北雄县西北。此次蝗灾为建安二年（197年）。

19. 《后汉书·吕布传》

兴平元年（194年），吕布为兖州牧，据濮阳，郡县皆应之。曹操闻而引军击布，累战，相持百余日。是时旱蝗少谷，百姓相食，布移屯山阳。建安三年（198年），布遂复从袁术，遣顺攻刘备于沛，破之，曹操遣夏侯惇救备。《魏志》曰："夏侯惇从

征吕布，为流矢伤左目，领陈留、济阴太守，加建武将军。" 　中 2446；上 1016

20. 《后汉书·曹节传》

光和二年（179 年），时连有灾异，郎中梁人审忠乃上书曰："群公卿士杜口吞声，莫敢有言。州牧郡守承顺风旨，辟召选举，释贤取愚，故虫蝗为之生，夷寇为之起。……愿陛下留漏刻之听，裁省臣表，扫灭丑类，以答天怒。"章寝不报。

中 2526；上 1023

21. 《后汉书·戴封传》

戴封，字平仲，济北刚人也。后举孝廉，光禄主事，遭伯父丧去官。诏书求贤良方正直言之士，有至行能消灾伏异者，公卿郡守各举一人。郡及大司农俱举封。公车征，陛见，对策第一，擢拜议郎。迁西华令，时汝、颍有蝗灾，独不入西华界。时督邮行县，蝗忽大至，督邮其日即去，蝗亦顿除，一境奇之。永元十二年（100 年），征拜太常，卒官。　　　　　　　　　中 2684；上 1036

注：刚县，古县名，在今山东宁阳县东北。

22. 《后汉书·谢夷吾传》

谢夷吾，字尧卿，会稽山阴人。举孝廉，为寿张令。《谢承书》曰："永平十五年（72 年），蝗发泰山，流徙郡国，荐食五谷，过寿张界，飞逝不集。"

中 2714；上 1039

23. 《三国志·魏书·董卓传》

天子走陕，北渡河，失辎重，步行。唯皇后、贵人从，至大阳，止人家屋中。是时，蝗虫起，岁旱无谷，从官食枣菜。诸将不能相率，上下乱，粮食尽。

中 186；上 1088

24. 《三国志·魏书·张邈传》

张邈，字孟卓，东平寿张人。兴平元年（194 年），太祖引军还，与布战于濮阳，太祖军不利，相持百余日。是时，岁旱、虫蝗、少谷，百姓相食，布东屯山阳。

中 222；上 1093

注：太祖，曹操。布，吕布。濮阳，今河南濮阳。山阳，郡名，今山东巨野昌邑乡。

25. 《三国志·魏书·公孙瓒传》

《英雄记》曰："刘虞为博平令，治正推平，高尚纯朴，境内无盗贼，灾害不生。时邻境接壤，蝗虫为害，至博平界，飞过不入。"　　　　　　中 240；上 1095

26. 《三国志·魏书·夏侯惇传》

建安三年（198 年），太祖自徐州还，惇从征吕布，为流矢所中，伤左目。复领陈留、济阴太守，加建武将军，封高安乡侯。时大旱，蝗虫起。中 268；上 1099

注：《夏侯惇传》只记载夏侯惇与吕布大战，为吕布流矢伤左目，复领济阴太守时发生蝗灾之事，未记载时间。据《后汉书·吕布传》记载，曹操遣夏侯惇救刘备从征吕布，为吕布流矢伤左目，领济阴太守加建武将军的时间为建安三年。济阴，治所在今山东定陶。

27. 《三国志·魏书·程昱传》

太祖与吕布战于濮阳，数不利。蝗虫起，乃各引去。　　　　中 427；上 1117

28. 《三国志·魏书·常林传》

《魏略》以常林及吉茂、沐并、时苗四人为《清介传》。沐并，字德信，河间人也。黄初中，为成皋令。校事刘肇出过县，遣人呼县吏，求索稿谷。是时蝗旱，官无有见。未辨之间，肇人从入并之阁下，响呼骂吏。并怒，因躧履提刀而出，多从吏，并欲收肇。肇觉知驱走，具以状闻。有诏："肇为牧司爪牙吏，而并欲收缚，无所忌惮，自恃清名邪？"遂收欲杀之。肇髡决减死，刑竟复吏，由是放散十余年。至正始中，为三府长史。　　　　　　　　　　　　　　　　中 661；上 1144

29. 《三国志·魏书·高柔传》

《陈留耆旧传》曰：高甚，子式，至孝，常尽力供养。永初中，螟蝗为害，独不食式麦，圉令周强以表州郡。太守杨舜举式孝，子让不行。后以孝廉为郎。

中 682；上 1147

30. 《三国志·魏书·辛毗传》

辛毗，字佐治，颍川阳翟人。建安八年（203 年），袁尚攻兄谭于平原，谭使毗诣太祖求和。太祖将征荆州，毗见太祖致谭意，太祖大悦。数日后，太祖谓毗曰：

"尚可克否?"毗对曰:"袁氏本兄弟相伐,国分为二,连年战伐,而介胄生虮虱,加以旱蝗,饥馑并臻,国无困仓,行无裹粮,天灾应于上,人事困于下,民无愚智,皆知土崩瓦解,此乃天亡尚之时也。"

中 695;上 1150

注:据《三国志·武帝纪》记载,建安八年八月,谭、尚争冀州,谭为尚所败,走保平原,尚攻之急,谭遣辛毗乞降请救,诸将皆疑,荀攸劝公许之。又据《资治通鉴·汉纪》记载,尚、谭征战亦为建安八年。

31.《晋书·杜预传》

杜预,字元凯,京兆杜陵人。咸宁四年(278 年)秋,大霖雨,蝗虫起。预上疏多陈农要。

中 1028;上 1362

32.《晋书·王沉传》

王沉子浚,字彭祖。以矜豪日甚,不亲为政,所任多苛刻,加以旱灾蝗,士卒衰弱。

中 1149;上 1376

33.《宋书·范泰传》

范泰,字伯伦,顺阳山阴人。宋元嘉三年(426 年)秋,旱蝗。又上表曰:"有蝗之处,县官多课民捕之,无益于枯苗,有伤于杀害。臣闻蝗生有由,非所宜杀。"

中 1621;上 1814

34.《魏书·高祐传》

高祐,字子集,勃海人也。高祖孝文帝拜为秘书令。高祖问祐曰:"比水旱不调,五谷不熟,何以止灾而致丰稔?"祐对曰:"但当旌贤佐政,敬授民时,则灾消穰至矣。"又问止盗之方,祐曰:"昔卓茂善政,蝗虫不入其境。" 中 1259;上 2314

35.《魏书·苻健传》

关中大饥,蝗虫生于华泽,西至陇山,百草皆尽,牛马至相啖毛。

中 2074;上 2406

注:据《晋书·苻健载记》记载,此次蝗灾为晋永和十年(354 年)。

36.《魏书·私署凉州牧张寔传附张祚传》

张祚,字太伯。自称大将军、凉州牧、凉公。初,重华末年,有蚕斯虫集安昌门

933

外，缘壁逆行。都尉常据谏曰："螽斯是祚小字，今乃逆行，灾之大者，愿出之。"重华曰："子孙繁昌之征，何为灾也？吾昨梦祚摄位，方委以周公之事，辅翼世子。"而祚终杀曜灵焉。自署凉王。　　　　　　　　　　　　　　　　中 2196；上 2421

> 注：据《魏书·序纪》记载，什翼犍建国十六年（353 年），张重华死，重华兄张祚杀重华子曜灵，十七年称凉王，改号和平元年。

37.《北齐书·羊烈传》

羊烈，字信卿，太山巨平人。天保九年（558 年），除阳平太守，治有能名。是时，频有灾蝗，犬牙不入阳平境，敕书褒美焉。　　　　　　　　　　　中 576；上 2568

38.《南史·范泰传》

宋元嘉三年（426 年）秋，旱蝗，范泰又上表言：有蝗之处，县官多课人捕之，无益于枯苗，有伤于杀害。　　　　　　　　　　　　　　　　　　　中 848；上 2763

39.《南史·鄱阳忠烈王恢传附谘弟脩传》

鄱阳忠烈王恢，字弘达，文帝第十子也。恢子范。范弟谘。谘弟脩，字世和。帝以脩识量宏达，徙为梁、秦二州刺史。在汉中七年，移风改俗，人号慈父。长吏范洪胄有田一顷，将秋遇蝗，脩躬至田所，深自咎责。功曹史王廉劝脩捕之，脩曰："此由刺史无德所至，捕之何补。"言卒，忽有飞鸟千群蔽日而至，瞬息之间，食虫遂尽而去，莫知何鸟。适有台使见之，具言于帝，玺书劳问，手诏曰："犬牙不入，无以过也。"州人表请立碑颂德。承圣元年（552 年），魏将达奚武来攻，脩遣记室参军刘璠至益州，求救于武陵王纪，遣将杨乾运援之。　　　　中 1294 - 1299；上 2810

40.《南史·裴邃传附邃子之礼传》

裴邃，河东闻喜人。子之礼，字子义，为西豫州刺史。大同初，都下旱蝗，四篱门外桐凋尽，惟邃墓犬牙不入，当时异之。　　　　　　　　　中 1440；上 2826

41.《南史·侯景传》

大宝元年（550 年），时江南大饥，江、扬弥甚，旱蝗相系，年谷不登，百姓流亡，死者涂地。父子携手共入江湖，或兄弟相要俱缘山岳。芰实荇花，所在皆罄，草根木叶，为之凋残。虽假命须臾，亦终死山泽。其绝粒久者，鸟面鹄形，俯伏床帷，不出户牖者，莫不衣罗绮，怀金玉，交相枕藉，待命听终。于是千里绝烟，人迹罕见，白骨成聚如丘陇焉。 中 2009；上 2885

42. 《北史·崔鉴传附崔叔瓒传》

崔鉴长子忻，忻子长瑜，长瑜弟叔瓒。叔瓒颇有学识，性好直言。文宣擢为魏尹丞。属蝗虫为灾，帝以问叔瓒。对曰："案《汉书·五行志》：'土功不时，蝗虫作厉。'当今外筑长城，内兴三台，故致此灾。"帝大怒，令左右殴之，又擢其发，以溷汁沃其头，曳以出，由是废顿久之。后卒于阳平太守。 中 1161；上 3014

注：文宣，即北齐文宣帝，建都邺，今河北临漳西南。阳平，郡名，治所在今河北馆陶。

43. 《北史·羊祉传附羊烈传》

羊祉弟灵引，灵引子烈。烈，字信卿，少通敏，好读书，能言明理，以玄学知名。天保中，累迁尚书祠部、左右户郎中，在官咸为称职。除阳平太守，时，频有灾蝗，犬牙不入阳平境，敕书褒美焉。 中 1435；上 3044

44. 《旧唐书·姚崇传》

山东蝗虫大起，崇奏曰："《毛诗》云：'秉彼蟊贼，以付炎火。'又，汉光武诏曰：'勉顺时政，劝督农桑，去彼螟蜮，以及蟊贼。'此并除蝗之义也。虫既解畏人，易为驱逐。又苗稼皆有地主，救护必不辞劳。蝗既解飞，夜必赴火，夜中设火，火边掘坑，且焚且瘗，除之可尽。承山东百姓皆烧香礼拜，设祭祈恩，眼看食苗，手不敢近。自古有讨除不得者，只是人不用命，但使齐心戮力，必是可除。"乃遣御史分道杀蝗。汴州刺史倪若水执奏曰："蝗是天灾，自宜修德。刘聪时除既不得，为害更深。"仍拒御史不肯应命。崇大怒，牒报若水曰："刘聪伪主，德不胜妖；今日圣朝，妖不胜德。古之良守，蝗虫避境，若其修德可免，彼岂无德致然！今坐看食苗，何忍不救，因以饥馑，将何自安？幸勿迟回，自招悔吝。"若水乃行焚瘗之法，获蝗一十四万石，投汴渠流下者不可胜纪。时朝廷喧议，皆以驱蝗为不便，上闻之，复以问崇，崇曰："庸儒执文，不识通变。凡事有违经而合道者，亦有反道而适权者。昔魏时山东有蝗伤稼，缘小忍不除，致使苗稼总尽，人至相食；后秦时有蝗，禾稼及草木俱尽，牛马至相啖毛。今山东蝗虫所在流满，仍极繁息，实所稀闻。河北、河南无多贮积，倘不收获，岂免流离，事系安危，不可胶柱。纵使除之不尽，犹胜养以成灾。陛下好生恶杀，此事请不烦出敕，乞容臣出牒处分。若除不得，臣在身官爵，并请削除。"上许之。黄门监卢怀慎谓崇曰："蝗是天灾，岂可制以人事？外议咸以为非。又杀虫太多，有伤和气。今犹可复，请公思之。"崇曰："楚王吞蛭，厥疾用瘳；叔敖杀蛇，其福乃降。赵宣至贤也，恨用其犬；孔丘将圣也，不爱其羊。皆志在安人，思不失礼。今蝗虫极盛，驱除可得，若其纵食，所在皆空。山东百姓，岂拟饿杀！此事崇已面经奏定讫，请公勿复为言。若救人杀虫，因缘致祸，崇请独受，义不仰关。"怀慎既庶事曲从，竟亦不敢逆崇之意，蝗因此亦渐止息。　中 3023－3025；上 3840

45.《旧唐书·李怀光传》

李怀光，渤海靺鞨人，兴元元年（784 年），时仍岁旱蝗。　中 3494；上 3897

46.《旧唐书·班宏传》

班宏，卫州汲人也。贞元初，仍岁旱蝗。　　　　　　中 3519；上 3900

47.《旧唐书·王绍传》

王绍，本家于太原，今为京兆万年人。贞元中，为仓部员外郎。时属兵革、旱蝗之后，令户部收阙官俸，兼税茶及诸色无名之钱，以为水旱之备。

中 3519；上 3901

48.《旧唐书·韩滉传》

韩滉，字太冲。建中冬，德宗出幸，关中多难。明年正月，关中饥馑，加之以灾蝗，江南、两浙转运粟帛，府无虚月。　　　　　　中 3601；上 3910

49.《旧唐书·崔造传》

崔造，字玄宰，博陵安平人。贞元二年，时京畿兵乱之后，仍岁蝗旱，府无储积。　　　　　　　　　　　　　　　　　中 3626；上 3913

50.《旧唐书·李芃传》

李芃，字茂初，赵郡人。兴元初，芃将请告，谓所亲曰："今年夏被蝗旱，人主厌兵革。"　　　　　　　　　　　　　　　中 3655；上 3916

51.《旧唐书·马燧传》

马燧，字洵美，汝州郏城人。贞元元年（785 年），是岁，天下蝗旱，物价腾踊，

军乏粮饷。 中 3689；上 3922

52.《旧唐书·李齐运传》

李齐运，建中末为京兆尹。贞元中，蝗旱方炽，齐运无政术，乃以韩洄代之。

中 3730；上 3926

53.《旧唐书·刘滋传》

刘滋，字公茂。兴元元年（784 年），时天下蝗旱，谷价翔贵，选人不能赴调。

中 3752；上 3929

54.《旧唐书·卢迈传》

卢迈，字子玄，范阳人。迁侍御史、刑部吏部员外郎。迈以叔父兄弟姊妹悉在江介，属蝗虫岁饥，恳求江南上佐，由是授滁州刺史。 中 3753；上 3929

55.《旧唐书·齐抗传》

齐抗，字遐举。德宗时拜侍御史。德宗还京，大盗之后，天下旱蝗，国用尽竭。

中 3756；上 3929

56.《旧唐书·韦夏卿传》

韦夏卿，字云客，杜陵人。大历中（766—779 年）累迁刑部员外郎。时，久旱蝗。 中 4297；上 3994

57.《旧唐书·李绅传》

李绅，字公垂，润州无锡人。开成元年（836 年），绅为河南尹。六月为汴州刺史。开成二年夏秋，旱，大蝗，独不入汴、宋之境，诏书褒美。

中 4499；上 4018

58.《旧唐书·郑畋传》

郑畋，字台文，荥阳人。中和元年（881 年），畋承制招谕，又传檄天下曰："近岁螟蝗作害，旱暵延灾。" 中 4635；上 4034

59.《新唐书·王方翼传》

唐仪凤元年（676 年），河西蝗，独不入肃州。 中 4134；上 4550

注：原文为"仪凤间河西蝗"，未注明年份。据《酒泉市志》载，仪凤元年"河西蝗伤禾"。河西，方镇名，治所在今甘肃武威。时王方翼任肃州刺史。肃州，今甘肃酒泉。

60.《新唐书·韩思复传》

韩思复，字绍出，京兆长安人。开元初为谏议大夫。山东大蝗，宰相姚崇遣使分道捕瘗。思复上言："夹河州县，飞蝗所至，苗辄尽，今游食至洛。使者往来，不敢显言。且天灾流行，庸可尽瘗？望陛下悔过责躬，损不急之务，任至公之人，持此诚实以达谴咎，其驱蝗使一切宜罢。"玄宗然之，出其疏付崇，崇建遣思复使山东按所损，还，以实言。　　　　　　　　　　　　　　中 4272；上 4565

61.《新唐书·姚崇传》

山东大蝗，民祭且拜，坐视食苗不敢捕。崇奏："《诗》云：'秉彼蟊贼，付畀炎火。'汉光武诏曰：'勉顺时政，劝督农桑。去彼螟蜮，以及蟊贼。'此除蝗谊也。且蝗畏人易驱，又田皆有主，使自救其地，必不惮勤。请夜设火，坎其旁，且焚且瘗，蝗乃可尽。古有讨除不胜者，特人不用命耳。"乃出御史为捕蝗使，分道杀蝗。汴州刺史倪若水上言："除天灾者当以德，昔刘聪除蝗不克而害愈甚。"拒御史不应命。崇移书诮之曰："聪伪主，德不胜祆，今祆不胜德。古者良守，蝗避其境，谓修德可免，彼将无德致然乎？今坐视食苗，忍而不救，因以无年，刺史其谓何？"若水惧，乃纵捕得蝗十四万石。时议者喧哗，帝疑，复以问崇，对曰："庸儒泥文不知变。事固有违经而合道，反道而适权者。昔魏世山东蝗，小忍不除，至人相食；后秦有蝗，草木皆尽，牛马至相啖毛。今飞蝗所在充满，加复蕃息。且河南、河北家无宿藏，一不获则流离，安危系之。且讨蝗纵不能尽，不愈于养以遗患乎？"帝然之。黄门监卢怀慎曰："凡天灾安可以人力制也！且杀虫多，必戾和气。愿公思之。"崇曰："昔楚王吞蛭而厥疾瘳，叔敖断蛇福乃降。今蝗幸可驱，若纵之，谷且尽，如百姓何？杀虫救人，祸归于崇，不以诿公也！"蝗害讫息。　　　　　　中 4384－4385；上 4579

62.《新唐书·韩休传附韩滉传》

韩滉，字太冲。贞元二年（786 年），诏加度支诸道转运、盐铁等使。左丞董晋白宰相刘滋、齐映曰："昨关辅用兵，方旱蝗，琇不增一赋，而军兴皆济，可谓劳臣。"　　　　　　　　　　　　　　　　　　　　中 4436；上 4585

63.《新唐书·刘子玄传附滋传》

刘子玄，子贶，贶子滋。滋，字公茂。兴元元年（786 年），以吏部侍郎知南选。

时旱蝗相仍，吏不能诣京师，故命滋至洪州调补，以振职闻。　中 4523；上 4595

64.《新唐书·李泌传》

李泌，字长源。德宗时，李怀光叛，岁又旱蝗，议者欲赦怀光。帝博问群臣，泌破一桐叶附使以进。由是不赦。　中 4634；上 4609

65.《新唐书·王翃传附凝传》

王翃，并州晋阳人。翃曾孙凝，字成庶。乾符四年（877 年），迁宣歙池观察使。明年，贼大至，都将王涓自永阳赴敌，凝大宴，谓涓曰："贼席胜而骄，可持重待之，甚毋战。"涓意锐，日趋四舍，至南陵，未食即阵，死焉。监军收余卒数千，还走城，沮桡无去意，卒又恣横不能禁，凝让曰："吏捕蝗者，不胜而仰食于民，则卒暴以济灾也。今兵不能捍敌，又恣之犯民生业，何以称朝廷待将军意？"监军词屈，趣亲吏入民舍夺马，凝乘门望见，麾左右捕取杀之。

中 4693－4694；上 4616

66.《新唐书·李芃传》

李芃，字茂初，赵州人。兴元初，为检校尚书右仆射，以疾将请老，谓所亲曰："岁方旱蝗，上厌征伐。"　中 4756；上 4624

67.《新唐书·张孝忠传》

兴元初，诏同中书门下平章事。贞元二年（786 年），河北蝗，民饿死如积，孝忠与其下同粗淡，日膳才豆豆昔而已，人服其俭，推为贤将。　中 4769；上 4625

68.《新唐书·班宏传》

班宏，卫州汲人。贞元初，仍旱蝗，赋调益急，以户部侍郎副度支使韩滉。

中 4802；上 4629

69.《新唐书·马燧传》

于时天下蝗，兵艰食，物货翔踊。　中 4889；上 4640

注：《新唐书·马燧传》关于天下蝗的记载，虽无发生年份，但《旧唐书·马燧传》中有唐贞元元年（785 年）天下蝗旱的记载。

70. 《新唐书·韦夏卿传》

韦夏卿,字云客,京兆万年人。大历中,授高陵主簿,累迁刑部员外郎,时,仍岁旱蝗,诏以郎官宰畿甸。   中 4995;上 4652

71. 《新唐书·李齐运传》

李齐运,德宗时,诏拜京兆尹。久之,大旱蝗,齐运不能政,乃以韩洄代之,改宗正卿、闲厩宫苑使。   中 5111;上 4666

72. 《新唐书·王播传》

王播,弟王起,字举之。穆宗时,入拜尚书左丞。灵武、邠、宁多旷土,奏为营田,以有馈挽。历河中节度使。方旱蝗,粟价腾踊,起下令家得储三十斛,斥其余以市,否者死。神策士怙势不从,置于法。由是廥积咸出,民赖以生。

中 5117;上 4667

73. 《新唐书·李绅传》

李绅,字公垂。开成初,迁宣武节度使,大旱,蝗不入境。

中 5349;上 4694

74. 《新唐书·王武俊传》

王武俊,字元英。兴元元年(784 年),赦天下。李抱真以山东蝗,食少,归于潞,武俊亦还。   中 5955;上 4763

75. 《新唐书·董昌传》

董昌,杭州临安人。始,为治廉平,人颇安之。爵陇西郡王。而小人意足,托神以诡众。始立生祠,刻香木为躯,内金玉纨素为肺腑,冕面坐,妻媵侍别帐,百倡鼓吹于前,属兵列护门所。属州为土马献祠下,列牲牢祈请。蝗集祠旁,使人捕沈镜湖。告曰:"不为灾。"客有言:"尝游吴隐之祠,止一偶人。"昌闻,怒曰:"我非吴隐之比!"支解客祠前。   中 6467;上 4826

76. 《旧五代史·冯行袭传》

冯行袭,字正臣,武当人也。天祐元年,兼领洋州节度使。迁匡国军节度使。在许三年。行袭性严烈，为政深刻，然所至有天幸，境内尝大蝗，寻有群鸟啄食，不为害。

中 209；上 4872

77.《旧五代史·朱汉宾传》

朱汉宾，字绩臣，亳州谯县人也。天成末，为潞州节度使，移镇晋州。在曹日，飞蝗去境，父老歌之。

中 857；上 4945

78.《旧五代史·赵莹传》

赵莹，字元辉，华阴人。少帝嗣位，拜守中书令。明年，后晋天福八年（943年），出为晋昌军节度使。是时，天下大蝗，境内捕蝗者获蝗一斗，给粟一斗，使饥者获济，远近嘉之。

中 1170；上 4980

注：晋昌军，五代方镇名，治所在今陕西西安。

79.《旧五代史·赵在礼传》

赵在礼，字干臣，涿州人。唐清泰三年（936年），授宋州节度使。天福六年（941年），授许州节度使。在礼历十余镇，善治生殖货，积财巨万。在宋州日，值天下飞蝗为害，在礼使比户张幡帜，鸣鼙鼓，蝗皆越境而去，人亦服其智焉。

中 1178；上 4981

80.《旧五代史·马全节传》

马全节，字大雅，魏郡元城人也。天福八年（943年）秋，契丹侵寇，加之蝗旱，国家有所征发。

中 1180；上 4981

81.《旧五代史·杨彦询传》

杨彦询，字成章，河中宝鼎人。天福七年（942年）春，授华州节度使。在任二年，属部内蝗旱，道殣相望，彦询以官粟假贷，州民赖之存济者甚众。

中 1187；上 4982

82.《旧五代史·刘铢传》

刘铢，陕州人也。乾祐中，淄、青大蝗，铢下令捕蝗，略无遗漏，田苗无害。

中 1415；上 5007

注：据《旧五代史·汉隐帝纪》载，后汉乾祐二年（949年）淄、青蝗。

83.《旧五代史·杨凝式传》

杨凝式，华阴人。晋天福初，改太子宾客。汉乾祐中，历少傅、少师。凝式长于歌诗。（《别传》云："凝式诗什，亦多杂以诙谐。张从恩尹洛，凝式自汴还，时飞蝗蔽日，偶与之俱，凝式先以诗寄曰：'押引蝗虫到洛京，合消郡守远相迎。'从恩弗怪也。"）   中1684；上5036

84.《新五代史·晋家人传·延煦》

后晋开运三年（946年），延煦拜镇宁军节度使。是时，天下旱蝗，民饿死者百万计，而诸镇争为聚敛。赵在礼所积巨万，为诸侯王最。出帝利其货，乃以延煦娶在礼女，在礼献绢三千匹，前后所献不可胜数。   中186；上5090

85.《新五代史·景延广传》

景延广，字航川，陕州人也。出帝立，延广有力，颇伐其功。天福八年（943年）秋，出帝幸大年庄还，置酒延广第。延广所进器服、鞍马、茶床、椅榻皆裹金银，饰以龙凤。又进帛五千匹，绵一千四百两，马二十二匹，玉鞍、衣袭、犀玉、金带等，请赐从官。帝亦赐延广及其母、妻、从事、押衙、孔目官等称。是时，天下旱蝗，民饿死者岁十数万，而君臣穷极奢侈，以相夸尚如此。   中321；上5105

86.《新五代史·李业传》

李业，高祖皇后之弟也。隐帝即位，时天下旱蝗。   中336；上5106

注：隐帝，后汉君主刘承祐，于乾祐元年（948年）即位。

87.《新五代史·冯行袭传》

冯行袭，字正臣，均州人也。行袭为人严酷少恩，而所至辄天幸，境旱有蝗，则飞鸟食之。   中464；上5120

88.《新五代史·安重荣传》

安重荣，朔州人也。天福六年（941年）其冬，安从进反襄阳，重荣闻之，乃亦举兵。是岁，镇州大旱蝗。重荣聚饥民数万，驱以向邺，声言入觐。

    中585；上5132

89. 《宋史·魏王延美传附德彝传》

德彝，字可久，代兄德隆判沂州，时年十九。飞蝗入境，吏民请坎瘗火焚之，德彝曰："上天降灾，守臣之罪也。"乃责躬引咎，斋戒致祷，既而蝗自殪。淳化四年，为右监门卫大将军。　　　　　　　　　　　　　　中 8673；上 6145

注：据《续资治通鉴》记载，此飞蝗入境为宋雍熙三年（986 年）。

90. 《宋史·希言传》

希言，字若讷。淳熙十四年（1187 年）登第。调衢州司户。授临安府司法，改淮西总所干办。知临安仁和县。适大旱，蝗集御前芦场中，亘数里。希言欲去芦以除害，中使沮其策，希言驱卒燔之。　　　　　　　　　　中 8750；上 6153

91. 《宋史·彦倓传》

彦倓，字安卿。开禧初，知兴国军。岁旱蝗，而军需急，属邑令吴格负上供银尤多，彦倓坐累贬秩，格愧谢。　　　　　　　　　　　　　　中 8765；上 6155

92. 《宋史·陈思让传》

陈思让钦祚子若拙。若拙，字敏之，幽州卢龙人。淳化三年，就命为西川转运副使，未几，改正使。久之，又移知凤翔府，入拜给事中、知澶州。蝗旱之余，勤于政治，郡民列状乞留。天禧二年（1018 年），卒。　　　　　　中 9041；上 6185

93. 《宋史·边光范传》

边光范，字子仪，并州阳曲人。晋天福二年（937 年）拜太府少卿。少帝即位，拜右谏议大夫，权知开封府事，迁给事中。会蝗灾，遣使亳州括借军粮，称为平允。

中 9079；上 6190

注：少帝，指出帝石重贵，后晋天福八年即位。

94. 《宋史·李昉传》

李昉，字明远，深州饶阳人。淳化三年（992 年）夏，旱蝗，既雨。

中 9135；上 6197

95.《宋史·段思恭传》

段思恭，泽州晋城人。开运初，出为华、商等州观察支使，汉祖建国（947 年）授左补阙。隐帝时（949—950 年），蝗，诏遍祈山川。思恭上言："赦过宥罪，议狱缓刑，苟狱讼平允，则灾害不生。望令诸州速决重刑，无致淹滥，必召和气。"从之。

中 9271；上 6212

96.《宋史·赵延进传》

赵延进，澶州顿丘人。改知邓州。淳化初，飞蝗不入境，诏褒之。

中 9298；上 6215

97.《宋史·王旦传》

王旦，字子明，大名莘人。天下大蝗，使人于野得死蝗，帝以示大臣。明日，执政遂袖死蝗进曰："蝗实死矣，请示于朝，率百官贺。"旦独不可。后数日方奏事，飞蝗蔽天，帝顾旦曰："使百官方贺，而蝗如此，岂不为天下笑耶？"

中 9546；上 6244

注：《宋史·王旦传》中关于天下大蝗的记载，据《续资治通鉴》，为大中祥符九年（1016 年）。

98.《宋史·谢绛传》

谢绛，字希深，富阳人。天圣中，天下水旱、蝗起，河决滑州，绛上书曰："今阳骄莫解，虫孽渐炽，河水妄行。古者，谷不登则亏膳，灾屡至则降服，凶年不涂墍。愿下诏引咎，损太官之膳，避路寝之朝，许士大夫斥讳上闻，讥切时病。罢不急之役，省无名之敛，勿崇私恩，更进直道，宣德流化，以休息天下。至诚动乎上，大惠浃于下，岂有时泽之艰哉！"仁宗嘉纳之。还权开封府判官，言："蝗亘田野，坌入郛郭，跳掷官寺，井匽皆满。"

中 9842－9845；上 6279

99.《宋史·查道传》

查道，字湛然，歙州休宁人。大中祥符三年（1010 年），为龙图阁待制。加刑部郎中、判吏部选事，纠察在京刑狱。天禧元年（1017 年），得知虢州。将行，上御龙图阁饮饯之。秋，蝗灾，民歉，道不候报，出官廪米赈之，又设粥糜以救饥者，给州

麦四千斛为种于民，民赖以济，所全活万余人。　　　中 9877 - 9879；上 6283

100. 《宋史·司马池传附子旦传》

司马池子旦，字伯康。以父任，为秘书省校书郎，历郑县主簿。吏捕蝗，因缘搔民，旦言："蝗，民之仇，宜听自捕，输之官。"后著为令。以熙宁八年致仕，历官十七年迁，元祐二年卒。　　　中 9905 - 9906；上 6286

101. 《宋史·燕肃传附子度传》

燕肃子度，字唐卿，知陈留县。京东蝗。皇祐甲午（1054 年），乃命度出使备不虞。权河北转运副使。　　　中 9910；上 6287

102. 《宋史·李仕衡传》

李仕衡，字天均，秦州成纪人。真宗时，以为河北都转运使。明年旱蝗，发积粟赈民，又移五万斛济京西。　　　中 9936；上 6290

103. 《宋史·孙冲传》

孙冲，字升伯，赵州平棘人。累迁太常博士。除殿中侍御史，徙知襄州。会京西蝗，真宗遣中使督捕，至襄，怒冲不出迎，乃奏蝗唯襄为甚，而州将日置酒，无恤民意。帝怒，命即州置狱。冲得属县言岁稔状，驰驿上之。时使者犹未还，帝悟，为追使者答之。以侍御史为京西转运。　　　中 9945 - 9946；上 6291

104. 《宋史·李行简传》

李行简，字易从，同州冯翊人。王旦数称其才，真宗雅亦知之，再迁侍御史。陕西旱蝗，命往安抚，发仓粟救乏绝，又蠲耀州积年逋租。　　　中 9991；上 6296

105. 《宋史·范讽传》

范讽，字补之。举进士第，迁大理评事。通判淄州。岁旱蝗，他谷皆不立，民以蝗不食菽，犹可艺，而患无种。讽行县至邹平，发官廪贷民。县令争不可，讽曰："有责，令无预也。"即出贷三万斛。比秋，民皆先期而输。

中 10061；上 6304

注：据《续资治通鉴》此年为宋乾兴元年（1022 年）。

106.《宋史·李迪传》

李迪，字复古，其先赵郡人，后徙幽州。以尚书吏部员外郎为三司盐铁副使。真宗时，徙陕西都转运使，入为翰林学士。时频岁蝗旱，问何以济，迪请发内藏库以佐国用，则赋敛宽，民不劳矣。又言："今蝗旱之灾，殆天意所以儆陛下也。"帝深然之。

中 10171－10175；上 6317

107.《宋史·吕夷简传》

吕夷简，字坦夫，寿州人。祥符中，岁蝗旱，夷简请责躬修政，严饬辅相，思所以共顺天意。

中 10207；上 6321

108.《宋史·张士逊传》

张士逊，字顺之。明道二年（1033 年），是岁旱蝗，士逊请如汉故事册免，不许。及帝自损尊号。士逊又请降官一级，以答天变，帝慰勉之。

中 10216；上 6322

109.《宋史·范仲淹传》

范仲淹，字希文，苏州吴县人。太后崩，召为右司谏。岁大蝗旱，江、淮、京东滋甚，仲淹请遣使循行，未报。乃请间曰："宫掖中半日不食，当何如？"帝恻然，乃命仲淹安抚江、淮，所至开仓振之，且禁民淫祀。

中 10267；上 6328

注：据《宋史·仁宗本纪》记载，太后崩及范仲淹召为右司谏的时间，是在宋明道二年（1033 年）。是年，本纪中还有"是岁，京东西蝗"的记载。

110.《宋史·赵抃传》

赵抃，字阅道，衢州西安人。神宗立，知杭州，改青州。时京东旱蝗，青独多麦，蝗来及境，遇风退飞，尽坠水死。元丰七年，薨。

中 10321－10325；上 6335

111.《宋史·钱彦远传》

钱彦远，字子高。擢尚书祠部员外郎、知润州。时旱蝗，民乏食，彦远发常平仓赈救之。

中 10345；上 6338

112.《宋史·刘敞传》

刘敞，字原父，临江新喻人。举庆历进士。徙郓州。先是，久旱，地多蝗。敞至而雨，蝗出境。　　　　　　　　　　　　　中 10383－10385；上 6342

113.《宋史·蔡襄传》

蔡襄，字君谟，光化仙游人。庆历三年（1043 年），帝亦用襄知谏院。时有旱蝗、日食、地震之变，襄以为："灾害之来，皆由人事。数年以来，天戒屡至。原其所以致之，由君臣上下皆阙失也。"　　　　　　　中 10397；上 6344

114.《宋史·孙洙传》

孙洙，字巨源，广陵人。治平中（1064—1067 年）求言，以洙应诏疏《时弊要务十七事》后多施行，兼史馆检讨、同知谏院。方春旱，发运使调民浚漕渠以通盐舸，洙持之不下，三上奏乞止其役。旱蝗为害，致祷于朐山，撤奠，大雨，蝗赴海死。　　　　　　　　　　　　　中 10422－10423；上 6347

注：朐山，旧县名，治所在今江苏连云港海州镇。

115.《宋史·郑侠传》

郑侠，字介夫，福州福清人。自熙宁六年（1073 年）七月不雨，至于熙宁七年之三月，人无生意。东北流民，扶携塞道，羸瘠愁苦，身无完衣。郑侠悉绘所见为图，奏疏诣阁门，不纳。乃假称密急，发马递上之银台司。其略云："去年大蝗，秋冬亢旱，麦苗焦枯，五种不入，群情惧死。愿陛下开仓廪赈贫乏，取有司掊克不道之政，一切罢去。"　　　　　　　　　　　中 10434－10436；上 6349

116.《宋史·任福传附桑怿传》

桑怿，开封雍丘人。明道末，京西旱蝗。　　　　中 10510；上 6357

117.《宋史·卢革传附子秉传》

卢革子秉，字仲甫。检正吏房公事，提点两浙、淮东刑狱。东南饥，诏损上供米价以籴。秉言："价虽贱，贫者终艰得钱，请但偿籴本，而以其余振赡。"是岁上计，神宗问曰："闻滁、和民捕蝗充食，有诸？"对曰："有之，民饥甚，殍死相枕藉。"帝

恻然曰："前此独赵抃为朕言之耳。" 　　　　　　　　中 10670；上 6375

118.《宋史·吕大防传附兄大忠传》

吕大防兄大忠，字进伯。元丰中，徙提点淮西刑狱。时河决，飞蝗为灾，大忠入对，极论之，诏归故官。　　　　　　　　　　　　　　　中 10844；上 6395

119.《宋史·孙觉传》

孙觉，字莘老，高邮人。登进士第，调合肥主簿。岁旱，州课民捕蝗输之官。觉言："民方艰食，难督以威。若以米易之，必尽力，是为除害而享利也。"守悦，推其说下之他县。　　　　　　　　　　　　　　　　　　　　　中 10925；上 6405

120.《宋史·黄廉传》

黄廉，字夷仲，洪州分宁人。熙宁初，或荐之王安石。安石与之言，问免役事，廉据旧法以对，甚悉。白神宗，召访时务，对曰："陛下意在便民，法非不良也，而吏非其人。朝廷立法之意则一，而四方推奉，纷然不同，所以法行而民病，陛下不尽察也。河朔被水，河南、齐、晋旱，淮、浙飞蝗，江南疫疠，陛下不尽知也。"帝即命廉体量振济东道，除司农丞。　　　　　　　　　　　　　中 11002；上 6414

121.《宋史·徐处仁传》

徐处仁，字择之，应天府谷熟县人。知济州金乡县。以荐者召见，徽宗问京东岁事，处仁以旱蝗对。问："邑有盗贼乎？"曰："有之。"上谓处仁不欺，除宗正寺丞、太常博士。　　　　　　　　　　　　　　　　　　　　　　中 11518；上 6472

122.《宋史·胡铨传》

胡铨，字邦衡，庐陵人。隆兴元年（1163 年）迁秘书少监，擢起居郎。时旱蝗、星变，诏问政事阙失。铨应诏上书数千言，始终以《春秋》书灾异之法，言政令之阙有十，而上下之情不合亦有十。　　　　　　　　　　　中 11579；上 6480

123.《宋史·王庠传》

王庠，字周彦，荣州人。崇宁壬午岁（1102 年），应能书为首选。京师蝗，庠上书论时政得失。　　　　　　　　　　　　　　　　　　　中 11657；上 6489

124. 《宋史·叶衡传》

叶衡，字梦锡，婺州金华人。绍兴十八年（1148年）进士第，知临安府於潜县。岁灾，蝗不入境。治为诸邑最。郡以政绩闻，即召对，上曰："闻卿作县有法。"

中 11822；上 6508

125. 《宋史·张大经传》

张大经，字彦文，建昌南城人。孝宗时，迁大理少卿，言："诸路荒政不实，飞蝗颇多。愿益加恐惧，申饬大臣，俾内而百官有司输忠谠、修厥职，外而监司守臣察贪理冤、去苛敛、宽民力。"上皆嘉纳。

中 11953；上 6523

126. 《宋史·庄夏传》

庄夏，字子礼，泉州人。庆元六年（1200年），夏时知赣州兴国县，上封事曰："君者阳也，臣者君之阴也。今威福下移，此阴胜也。积阴之极，阳气散乱而不收，其弊为火灾，为旱蝗。愿陛下体阳刚之德，使后宫戚里、内省黄门，思不出位，此抑阴助阳之术也。"

中 12052；上 6534；

127. 《宋史·项安世传》

项安世，字平父，后家江陵。宁宗即位，诏求言，安世应诏言："宫中之嫔嫔、宦寺，陛下事也。宫中之器械、工役，陛下事也。陛下肯省则省之。宫中既省，则外廷之官吏，四方之州县，从风而省，奔走不暇，简朴成风，民志坚定，民生日原，虽有水旱虫蝗之灾，可活也。"

中 12088；上 6538

128. 《宋史·赵方传》

赵方，字彦直，衡山人。淳熙八年（1181年），举进士，调蒲圻尉。知青阳县。主管江西安抚司机宜文字。南北初讲和，旱蝗相仍，方亲走四郊以祷，一夕大雨，蝗尽死，岁大熟。

中 12203；上 6552

129. 《宋史·许奕传》

许奕，字成子，简州人。宁宗亲擢进士第一，授签书剑南东川节度判官。迁起居舍人，权礼部侍郎。夏旱，诏求言，奕言："当以实意行实政，活民于死，不可责偿于祷祠之间而已也。蝗至都城，然后下礼寺讲醮祭，孰非王土，顾及境而惧，偶不至輦下，则终不以为灾乎。”

中 12267；上 6560

130.《宋史·杨简传》

杨简，字敬仲，慈溪人。嘉定元年（1208 年）授秘书郎。迁秘书省著作佐郎兼权兵部郎官。诏以旱蝗求直言，简上封事，言：“旱蝗根本，近在人心。”

中 12289；上 6562

131.《宋史·陈宓传》

陈宓，字师复。嘉定九年（1216 年），转对曰：“人主之德贵乎明。今赤地千里，蝗飞蔽天，如此其可畏，犹或讳晦以旱不为灾、蝗不害稼，其他诬罔，抑又可知。臣故曰人主之德贵乎明。”

中 12310；上 6565

132.《宋史·娄机传》

娄机，字彦发，嘉兴人。乾道二年（1166 年）进士，后为太常博士、秘书郎。飞蝗为灾，机应诏言：“和议甫成，先务安静，葺罅漏以成纪纲，节财用以固邦本，练士卒以壮国威。”

中 12335；上 6568

133.《宋史·杜杲传》

杜杲，字子昕，邵武人。杲上封曰：“沿淮旱蝗，不任征役；中原赤立，无粮可因。若虚内事外，移南实北，腹心之地，必有可虑。”淳祐元年（1241 年），擢工部尚书。

中 12381；上 6574

134.《宋史·史嵩之传》

史嵩之，字子由，庆元府鄞人。端平元年（1234 年），会出师，诏令嵩之筹画粮饷，嵩之奏言：“荆襄连年水涝螟蝗之灾，饥馑流亡之患，极力振生，尚不聊救，征调既繁，夫岂堪命？其势必至于主户弃业以逃亡，役夫中道而窜逸，无归之民，聚而为盗，饥馑之卒，未战先溃。当此之际，正恐重贻宵旰之虑矣。然事关根本，谨而审之。”

中 12423；上 6579

135.《宋史·黄畴若传》

黄畴若，字伯庸，隆兴丰城人。开禧元年（1205 年），迁太府寺主簿，拜监察御史。帝以蝗灾，令刺举监司不才者，畴若同台监考察上之。会旱蝗复炽，御笔令在朝百执事条上封事，畴若奏"官吏苛刻、科役频并、赋敛繁重、刑法淹延"四事。

中 12446；上 6581

136.《宋史·杨栋传》

杨栋，字元极，眉州青城人。绍定二年（1229 年）进士。迁校书郎、枢密院编修官。入对言："飞蝗蔽天，愿陛下始终一德，庶几感格天心，消弭灾咎"。

中 12585；上 6598

137.《宋史·常楙传》

常楙，字长孺。淳祐七年（1247 年）举进士，调常熟尉、知广德军，度宗时迁司农卿，后迁户部侍郎。以集英殿修撰知平江。值旱，飞蝗几及境，疾风飘入太湖。节浮费，修府库。既代，有送还事例，自给吏卒外，余金万楮，楙悉不受。吏惊曰："人言常侍郎不爱钱，果然。"德祐元年（1275 年）拜吏部尚书。

中 12595－12597；上 6599

138.《宋史·徐侨传》

徐侨，字崇甫，婺州义乌人。端平初，与诸贤俱被召，迁秘书少监、太常少卿。趣入觐。帝顾见其衣履垢敝，愀然谓曰："卿可谓清贫。"侨对曰："臣不贫，陛下乃贫耳。"帝曰："朕何为贫?"侨曰："陛下国本未建，疆宇日蹙；权幸用事，将帅非材；旱蝗相仍，盗贼并起；经用无艺，帑藏空虚；民困于横敛，军怨于掊克，群臣养交而天子孤立，国势阽危而陛下不悟：臣不贫，陛下乃贫耳。"帝为之感动改容，而赐侨金帛甚厚。侨固辞不受。

中 12614；上 6601

注：《徐侨传》中关于"旱蝗相仍"的记载，只说在宋端平初，据《续资治通鉴》记载，为宋端平元年（1234 年）。

139.《宋史·徐鹿卿传》

徐鹿卿，字德夫，隆兴丰城人。嘉定十六年（1223 年）廷试进士。会守当涂，兼领太平。弛苛征，蠲采石、芜湖两务芦税。江东诸郡飞蝗蔽天，入当涂境，鹿卿露香默祷，忽飘风大起，蝗悉渡淮。

中 12648－12650；上 6605

140.《宋史·朱熹传》

朱熹，字元晦，徽州婺源人。淳熙五年（1178 年）除知南康军。会浙东大饥，改熹提举浙东常平茶盐公事。熹以前后奏请多所见抑，幸而从者，率稽缓后时，蝗旱相仍，不胜忧愤，复奏言："为今之计，独有断自圣心，沛然发号，责躬求言，然后君臣相戒，痛自省改。其次惟有尽出内库之钱，以供大礼之费为收籴之本，诏户部免征旧负，诏漕臣依条检放租税，诏宰臣沙汰被灾路分州军监司、守臣之无状者，遴选贤能，责以荒政，庶几犹足下结人心，消其乘时作乱之意。不然，臣恐所忧者，不止于饥殍，而将在于盗贼；蒙其害者，不止于官吏，而上及于国家也。"

中 12751；上 6617

141.《宋史·黄干传》

黄干，字直卿，福州闽县人。因命受业朱熹。宁宗即位，授迪功郎监台州酒务。辟为临川令，岁旱，劝粜捕蝗极其力，改知新淦县。　　　　中 12777；上 6620

142.《辽史·萧文传》

萧文字国华，外戚之贤者也。寿昌末（1101 年），知易州，兼西南面安抚使。高阳土沃民富，吏其邑者，每黩于货，民甚苦之。文始至，悉去旧弊，务农桑，崇礼教，民皆化之。时大旱，百姓忧甚，文祷之辄雨。属县又蝗，议捕除之，文曰："蝗，天灾，捕之何益！"但反躬自责，蝗尽飞去，遗者亦不食苗，散在草莽，为鸟鹊所食。高阳勒石颂之。　　　　　　　　　　　　　中 1461；上 6911

143.《金史·宗宁传》

宗宁，本名阿土古，大定二年（1162 年）为会宁府路押军万户，擢归德军节度使。时方旱蝗，宗宁督民捕之，得死蝗一斗，给粟一斗，数日捕绝。

中 1677；上 7095

注：据《古今图书集成》记载，此次蝗灾发生在金大定四年（1164 年）。

144.《金史·移剌温传》

移剌温，本名阿撒，辽横帐人。正隆伐宋，移临海军。移镇武定，岁旱且蝗，温割指，以血沥酒中，祷而酹之，既而雨霑足，有群鸦啄蝗且尽，由是岁熟。

中 1848；上 7114

145.《金史·梁肃传》

梁肃，字孟容，奉圣州人。大定二年（1162 年），肃自中都转运副使改大兴少

尹，三年，坐捕蝗不如期，贬川州刺史，削官一阶，解职。　　中 1982；上 7129

146.《金史·张万公传》

张万公，字良辅，东平东阿人。泰和六年（1206 年），山东连岁旱蝗，沂、密、莱、莒、潍五州尤甚。　　中 2105；上 7142

147.《金史·完颜伯嘉传》

完颜伯嘉，字辅之。贞祐四年（1216 年）五月，充宣差河南提控捕蝗。

中 2211；上 7154

148.《金史·胥鼎传》

胥鼎，字和之。贞祐四年（1216 年），时河南粟麦不令兴贩渡河，鼎又言："河东兵革之余，疲民稍复，然丁牛既少，莫能耕稼，重以亢旱蝗螟，而馈饷所须，征科颇急，贫无依者俱已乏食，富户宿藏亦盗发，盖绝无而仅有焉。"

中 2376；上 7173

149.《金史·陈规传》

陈规，字正叔，绛州稷山人。贞祐四年（1216 年）七月，上章条陈八事，其四曰："选守令以结民心。加之连年蝗旱，百姓荐饥，行赈济则仓廪悬乏，免征调则用度不足，欲其实惠及民，惟得贤守令而已。"　　中 2406；上 7177

150.《金史·王维翰传》

金泰和七年（1207 年），河南旱蝗，诏维翰体究田禾分数以闻。七月，雨，复诏维翰曰："雨虽沾足，秋种过时，使多种蔬菜犹愈于荒莱也。蝗蝻遗子，如何可绝？旧有蝗处来岁宜菽麦，谕百姓使知之。"　　中 2647；上 7204

151.《金史·女奚烈守愚传》

女奚烈守愚，字仲晦。中明昌二年（1191 年）进士。调深泽主簿，治有声。秩满为临沂令。蝗起莒、密间，独不入临沂境。　　中 2768；上 7217

152.《元史·塔海传》

塔海，大德四年（1300 年）授中书直省舍人。武宗即位（1308 年），赐中统钞五百锭，以旌其能。历和宁路总管，改汴梁。后改任庐州，时有飞蝗北来，民患之，塔海祷于天，蝗乃引去，亦有堕水死者，人皆以为异。　　　　　　中 3005；上 7582

153.《元史·朵尔直班传》

朵尔直班，元统元年（1333 年）擢监察御史。是时，河北、山东旱蝗为灾，乃复条陈九事上之。　　　　　　　　　　　　　　　　　　中 3356；上 7622

154.《元史·董文炳传》

董文炳，字彦明。岁乙未（1235 年）以父任为藁城令。同列皆父时人，轻文炳年少，吏亦不之惮。文炳明于听断，以恩济威。县贫，重以旱蝗，而征敛日暴，民不聊生。文炳以私谷数千石与县，县得以宽民。　　　　　　　中 3667；上 7658

155.《元史·王磐传》

王磐，字文炳，广平永年人。正大四年（1227 年）年二十六，授归德府录事判官，不赴。中统元年（1260 年）即拜益都等路宣抚副使，出为真定、顺德等路宣慰使。未几，蝗起真定，朝廷遣使者督捕，役夫四万人以为不足，欲牒邻道助之。磐曰："四万人多矣，何烦他郡。"使者怒，责磐状，期三日尽捕蝗。磐不为动，亲率役夫走田间，设方法督捕之，三日而蝗尽灭，使者惊以为神。年至九十二，卒。

中 3751－3755；上 7668

注：据《正定县志》记载，此次蝗灾发生在至元八年（1271 年）。

156.《元史·李德辉传》

李德辉，字仲实，通州潞县人。至元五年（1268 年）征为右三部尚书。至元七年，帝以蝗旱为忧，命德辉录囚山西、河东。　　　　　　中 3816；上 7675

157.《元史·陈祐传》

陈祐，字庆甫，赵州宁晋人。中统元年（1260 年），真除祐为总管。至元二年（1265 年），调官法行，改南京路治中。适东方大蝗，徐、邳尤甚，责捕至急，祐部民丁数万人至其地，谓左右曰："捕蝗虑其伤稼，今蝗虽盛，而谷以熟，不如令早刈之，庶力省而有得。"或以事涉专擅，不可，祐曰："救民获罪，亦所甘心。"即谕之使散去，两州之民皆赖焉。三年，朝廷以祐降官无名，乃赐虎符，授嘉议大夫、卫辉

路总管。 中 3939 - 3940；上 7689

158.《元史·袁裕传》

袁裕，字仲宽，洛阳人。中统初，由聊城县丞，辟中书右司掾。至元六年（1269年），迁开封府判官。洧川县达鲁花赤贪暴，盛夏役民捕蝗，禁不得饮水，民不胜忿，击之而毙，有司当以大逆置极刑者七人，连坐者五十余人。裕曰："达鲁花赤自犯众怒而死，安可悉归罪于民。"议诛首恶者一人，余各杖之有差。 中 3998；上 7697

159.《元史·敬俨传》

敬俨，字威卿，其先河东人。大德九年（1305年）授吏部郎中。武宗临御，旱蝗为灾，民多因饥为盗，有司捕治，论以真犯。狱既上，朝议互有从违，俨曰："民饥而盗，迫于不得已，非故为也。且死者不可复生，宜在所矜贷。"用是得减死者甚众。至大元年（1308年），授左司郎中。 中 4094；上 7708

160.《元史·张起岩传》

张起岩，字梦臣，其先章丘人。起岩幼从其父学，年弱冠，以察举为福山县学教谕。值县官捕蝗，移摄县事，久之听断明允，政成，迁安丘。中延祐进士。

中 4193；上 7719

161.《元史·欧阳玄传》

欧阳玄，字原功，浏阳人。延祐元年（1314年），诏设科取士，玄以尚书与贡。明年，赐进士出身，授岳州路平江州同知。调太平路芜湖县尹。县多疑狱，久不决，玄察其情，皆为平翻。豪右不法，虐其驱奴，玄断之从良。贡赋征发及时，民乐趋事，教化大行，飞蝗独不入境。 中 4196；上 7719

162.《元史·王思诚传》

王思诚，字致道，兖州滋阳人。至正二年（1342年），拜监察御史，上疏言："京畿去年秋不雨，冬无雪，方春首月蝗生，黄河水溢。……敕有司行祷百神，陈牲币，祭河伯，发卒塞其缺。被灾之家，死者给葬具。庶几可以召阴阳之和，消水旱之变，此应天以实不以文也。" 中 4211；上 7721

163.《元史·崔敬传》

崔敬，字伯恭，大宁惠州人。由掾史累迁至枢密院都事，拜监察御史。至元六年

（1340 年）时帝数以历代珍宝分赐近侍，敬又上疏曰："臣闻世皇时大臣有功，所赐不过盘革，重惜天物，为后世法，虑至远也。今山东大饥，燕南亢旱，海潮为灾，天文示徵，地道失宁，京畿南北蝗飞蔽天，正当圣主恤民之日。近侍之臣不知虑此，奏禀承请，殆无虚日，甚至以府库百年所积之宝物，遍赐仆御阍寺之流、乳稚童孩之子，帑藏或空。万一国有大事，人有大功，又将何以为赐乎？乞追回所赐，以示恩不可滥。"

中 4241-4243；上 7725

164.《元史·许维祯传》

许维祯，字周卿，遂州人。至元十五年（1278 年），为淮安总管府判官。属县盐城境内旱蝗，维祯祷而雨，蝗亦息。

中 4357；上 7739

165.《元史·观音奴传》

观音奴，字志能，居新州。登泰定四年（1327 年）进士第。再转而知归德府。亳州有蝗食民禾，观音奴以事至亳，民以蝗诉，立取蝗向天祝之，以水研碎而饮，是岁蝗不为灾。

中 4368；上 7740

166.《元史·刘天孚传》

刘天孚，字裕民，大名人。由中书译史为东平总管府判官，改都漕运司判官，再知许州，所至有治绩。岁大旱，天孚祷即雨。野有蝗，天孚令民出捕，俄群鸟来，啄蝗为尽。许人立碑颂焉。

中 4386-4387；上 7742

167.《元史·吴国宝传》

吴国宝，雷州人。性孝友，父丧庐坟。大德八年（1304 年），境内蝗害稼，惟国宝田无损。人皆以为孝感所致云。

中 4448；上 7748

168.《元史·訾汝道传》

訾汝道，德州齐河人。以孝闻。性尤友爱。乡人刘显等贫无以为生，汝道割己田各畀之，使食其租终身。有死者，复赠以槥椟，人咸感之。至秋，蝗食稼，人无以偿，汝道聚其券焚之。县令李让为请旌其家。

中 4461；上 7750

169.《元史·阿合马传》

阿合马，回回人也。至元七年（1270 年）五月，尚书省奏括天下户口，既而御

史台言："所在捕蝗，百姓劳扰，括户事宜少缓。"遂止。　　　　中 4559；上 7760

170.《明史·崇王见泽传》

崇简王见泽，英宗第六子。弘治八年（1495 年）七月，皇太后春秋高思一见王，帝特敕召之。礼部尚书倪岳言："今召王复来，往返劳费，兼水溢旱蝗，舟车所经，恐有他虞。"帝重违太后意，不允。　　　　中 3636；上 8149

171.《明史·福王常洵传》

福恭王常洵，神宗第三子。崇祯时，河南大旱蝗，人相食，民间藉藉。

中 3650；上 8150

172.《明史·郁新传》

郁新，字敦本，临淮人。成祖即位，召掌户部事。永乐元年（1403 年），河南蝗，有司不以闻，新劾治之。　　　　中 4158；上 8207

173.《明史·魏骥传》

魏骥，字仲房，萧山人。永乐中，以进士副榜授松江训导。正统三年（1438 年）召试行在吏部左侍郎。逾年实授。屡命巡视畿甸遗蝗，问民疾苦。八年改礼部。

中 4318；上 8224

174.《明史·鲁穆传》

鲁穆，字希文，天台人。永乐四年（1406 年）进士。英宗即位（正统元年，1436 年），擢右佥都御史。明年奉命捕蝗大名。　　　　中 4321；上 8224

175.《明史·刘吉传》

刘吉，字祐之，博野人。成化十八年（1482 年），加太子太保。久之，进户部尚书。弘治二年（1489 年），旱。明年十二月，星变，刘吉又言："今两畿、河南、山西、陕西旱蝗。"　　　　中 4529；上 8247

176.《明史·张骥传》

张骥，字仲德，安化人。宣德初授御史。正统八年（1443 年），吏部尚书应诏，博举廷臣公廉有学行者，骥与焉。迁大理右寺丞，巡抚山东。还朝，进右少卿。命巡视济宁至淮、扬饥民。骥立法捕蝗，停不急务，蠲逋发廪，民赖以济。

中 4590；上 8254

177.《明史·李贤传》

李贤，字原德，邓人。宣德八年（1433 年）成进士。奉命察蝗灾于河津，授验封主事。

中 4673；上 8263

178.《明史·年富传》

年富，字大有，怀远人。天顺元年（1457 年）革巡抚官，明年以廷臣荐，起南京兵部右侍郎，未上，改户部。巡抚山东，道闻属邑蝗，驰疏以闻。

中 4705；上 8267

179.《明史·叶盛传》

叶盛，字与中，昆山人。景泰元年（1450 年）还朝，言："畿辅旱蝗相仍，请加宽恤。"帝多采纳。

中 4722；上 8269

180.《明史·李中传》

李中，字子庸；吉水人。嘉靖十八年（1539 年），擢右金都御史，巡视山东。岁歉，令民捕蝗者倍予谷，蝗绝而饥者济。

中 5362；上 8344

181.《明史·韦商臣传》

韦商臣，字希尹，长兴人。嘉靖二年（1523 年）进士，授大理评事。明年冬，乃上疏曰："比者水旱疫疠，星陨地震，山崩泉涌，风雹蝗螟之害，殆遍天下，有识莫不寒心。及今平反庶狱，复戍者之官，录死者之后，释逮系者之囚，正告讦者之罪，亦弭灾禳患之一道也。"帝责以沽名卖直，谪清江丞。

中 5500；上 8359

182.《明史·杨爵传》

杨爵，字伯珍，富平人。嘉靖七年（1528 年）三月，灵宝县黄河清，帝遣使祭河神。御史鄞周相抗疏言："愿罢祭告，诏天下臣民毋奏祥瑞，水、旱、蝗螟即时以闻。"帝大怒，下相诏狱，拷掠之。

中 5525；上 8362

183.《明史·冯琦传》

冯琦，字用韫，临朐人。举万历五年（1577 年）进士，尚书李戴倚重之。万历

二十七年九月，偕尚书戴上言："水、旱、蝗灾，流离载道。" 中 5703；上 8383

184. 《明史·王家屏传》

王家屏，字忠伯，大同山阴人。万历十二年（1584 年）擢礼部右侍郎。十八年，以久旱乞罢，言："川竭河涸，加以旱潦蝗螟，乞赐罢归，用避贤路。"不报。

中 5728；上 8385

185. 《明史·汪应蛟传》

汪应蛟，字潜夫，婺源人。万历二年（1574 年）进士，授南京兵部主事。移抚保定。岁旱蝗，赈恤甚力。 中 6266；上 8449

186. 《明史·孙玮传》

孙玮，字纯玉，渭南人。万历五年（1577 年）进士，擢兵科给事中。万历三十年以右副都御史巡抚保定。岁比不登，旱蝗、大水相继，玮多方赈救，帝亦时出内帑佐之。 中 6271；上 8449

187. 《明史·丘民仰传》

邱民仰，字长白，渭南人。万历中举于乡，以教谕迁顺天东安知县。河啮，岁旱蝗，为文祭祷。河他徙，蝗亦尽。 中 6768；上 8508

188. 《明史·傅宗龙传》

傅宗龙，字仲纶，昆明人。万历三十八年（1610 年）进士，除铜梁知县。调巴县。久之，授御史。崇祯十二年（1639 年）五月，召为兵部尚书，去蜀。十四年，以兵部右侍郎兼右佥都御史，总督陕西三边军务。当是之时，李自成有众五十万，自陷河、洛，犯开封，罗汝才复自南阳趋邓、淅，与合兵。帝命宗龙专办自成。议尽括关中兵饷以出，然属郡旱蝗，已不能应。 中 6775 - 6780；上 8509

189. 《明史·王家彦传》

王家彦，字开美，莆田人。天启二年（1622 年）进士。万历十二年（1584 年）起吏科都给事中。上疏曰："又旧制捕蝗令，吏部岁九月颁勘合于有司，请实意举行。" 中 6848；上 8517

190.《明史·王锡衮传》

王锡衮，禄丰人。崇祯十三年（1640年）擢礼部右侍郎。明年，频岁旱蝗。

中 7150；上 8552

191.《明史·谢子襄传》

谢子襄，新淦人。永乐七年（1409年），擢子襄处州知府。子襄治处州，声绩益著。岁旱蝗，祷于神，大雨二日，蝗尽死。　　　中 7193；上 8558

192.《明史·陈幼学传》

陈幼学，字志行，无锡人。万历十七年（1589年）进士，授确山知县。汝宁知府言于抚按，调繁中牟。秋成时，飞蝗蔽天，幼学捕蝗，得千三百余石，乃不为灾。中牟祠祀之。　　　中 7217；上 8560

193.《明史·潘府传》

潘府，字孔修，上虞人。值宪宗崩，孝宗践阼，谒选得长乐知县。迁南京兵部主事，父丧，补刑部。值旱蝗、星变，疏请内修外攘，以谨天戒。

中 7254；上 8564

194.《清史稿·胡全才传》

胡全才，山西文水人。明崇祯进士，官兵部主事。顺治三年（1646年）擢宁夏巡抚。四年，是岁山、陕蝗见，全才为扑蝗法授州县吏，蝗至，如法捕辄尽，不伤稼。因以其法上闻，命传示诸直省。　　　中 9535；上 9849

195.《清史稿·卫既齐传》

卫既齐，字伯严，山西猗氏人。康熙三十年（1691年）授顺天府尹。寻擢副都御史。闻山、陕蝗见，平阳以南尤甚，疏请赈恤，上责其悬揣。

中 10081；上 9916

196.《清史稿·刘弘遇传》

刘弘遇，汉军正蓝旗人，初籍辽东。顺治元年（1644年），迁山西朔州道。七年授山西巡抚。时姜瓖乱初定，弘遇请免逋赋，疏言："兵后民田荒芜殆尽，值二麦未

收，秋禾遇蝗灾，农失耕时。"得旨，下所司蠲赈。 中 9537；上 9850

197.《清史稿·高其位传》

高其位，字宜之，汉军镶黄旗人。雍正二年（1724年）秋，奏飞鸦食蝗，秋禾丰茂。上以蝗不成灾，传示王大臣，赐诗褒之。 中 10261；上 9938

198.《清史稿·刘纶传》

刘纶，字慎函，江苏武进人。乾隆十九年（1754年）兼顺天府尹。二十四年六月，奏蓟州、宝坻等县蝻子萌动，州县官事繁，督捕未能周遍，饬千总、外委同佐杂分捕，参将偕监司巡察勤惰，报可。 中 2546

199.《清史稿·陈世倌传》

陈世倌，字秉之，浙江海宁人。雍正二年（1724年），擢内阁学士，出为山东巡抚。时山东境旱蝗，粮运浅阻，世倌单车周历，密察灾轻重、吏能否，乃视事。趣捕蝗略尽，并疏治运道，世宗书扇以赐。 中 10473；上 9965

200.《清史稿·卫哲治传》

卫哲治，字我愚，河南济源人。雍正七年（1729年），以拔贡生廷试优等，发江南委用。初属赣榆知县，调盐城。值蝗灾。 中 10606；上 9982

201.《清史稿·吴士功传》

吴士功，字惟亮，河南光州人。乾隆七年（1742年），调直隶大名道。改山东兖沂曹道，属县饥，上南巡，迎驾，召对，以闻。为截留粮米六十万石赈之，命士功董其事。旱蝗为灾，督吏捕治，昼夜巡阅，未及旬，蝗尽。调山东粮道。

中 10615；上 9983

注：据《清史稿·高宗本纪》载："十六年春正月，初次南巡"，"夏四月，上驻跸泰安府"，上南巡于乾隆十六年。

202.《清史稿·陈宏谋传》

陈宏谋，字汝咨，广西临桂人。乾隆二十二年（1757年）调江苏，十二月迁两广总督。乾隆二十四年，上又以督属捕蝗不力，夺总督衔，仍留巡抚任。

中 10559；上 9976

203.《清史稿·裘曰修传》

裘曰修，字叔度，江西新建人。乾隆三十四年（1769 年），召授刑部尚书。初，江南、山东蝗起，命曰修捕治。是岁畿南蝗，复命捕治。曰修至武清，令顺天府尹窦光鼐行求蝗起处。上责曰修不亲勘，左授顺天府府尹。寻迁工部侍郎。

中 10776；上 10003

204.《清史稿·曹秀先传》

曹秀先，字恒所，江西新建人。乾隆十八年（1753 年），近畿蝗，秀先请御制文以祭，举蜡礼，州县募捕蝗，毋藉吏胥。上曰："蝗害稼，惟实力捕治，此人事所可尽。若欲假文辞以期感格，如韩愈祭鳄鱼，鳄鱼远徙与否，究亦无稽。朕非有泰山北斗之文笔，好名无实，深所弗取。"下部议，罢蜡礼。 中 10781；上 10004

205.《清史稿·窦光鼐传》

窦光鼐，字元调，山东诸城人。乾隆二十七年（1762 年），上以光鼐迁拙，不胜副都御史，命署内阁学士。授顺天府府尹。坐属县蝗不以时捕，左迁四品京堂，仍留任。旋赴三河、怀柔督捕蝗，疏言："近京州县多旗地，嗣后捕蝗，民为旗地佃，当一体拨夫应用。"上从所请。以谕直隶部督杨廷璋。廷璋言，自方观承始设护田夫，旗、民均役。上复以诘光鼐，召还京师，令从军机大臣入见。问："民为旗地佃，不肯拨夫应用，属何人庄业？"光鼐不能对，请征东北二路同知及三河、顺义知县质证。退又疏请罢护田夫，别定派夫捕蝗事例。上以光鼐所见迁鄙纰缪，下部议；夺职。

中 10792；上 10005

206.《清史稿·范宜宾传》

范宜宾，汉军镶黄旗人。以荫生官户部郎中，累迁太常寺少卿，出安徽布政使，授左副都御史。宜宾奏言属县蝗见，屡请捕治，巡抚胡文伯执不可。上为黜文伯，而宜宾亦以捕蝗不力下吏议，当左迁。 中 10795；上 10005

207.《清史稿·李因培传》

李因培，云南晋宁人。乾隆十年（1745 年）进士。十八年，署刑部侍郎，兼顺天府尹。蝗起，因培劾通永道王楷等不力捕，皆夺职。 中 11062；上 10039

208.《清史稿·和瑛传》

和瑛，字太菴，蒙古镶黄旗人。嘉庆五年（1800 年），出为山西巡抚。七年，以匿蝗灾事觉，谴戍乌鲁木齐。　　　　　　　　　中 11282；上 10066

209.《清史稿·朱为弼传》

朱为弼，字右甫，浙江平湖人。道光四年（1824 年），擢顺天府府丞，迁府尹。有蝗孽，单骑驰视，却属官供张，曰："吾为蝗来，乃以我为蝗耶？"

中 11575；上 10102

210.《清史稿·王庆云传》

王庆云，字雁汀，福建闽县人。咸丰四年（1854 年），寻调山西巡抚。五年，以河南南阳诸地旱蝗，请饬发仓筹赈。　　　　　　　中 12239；上 10184

211.《清史稿·庆裕传》

庆裕，字兰圃，满洲正白旗人。光绪九年（1883 年），除盛京将军。十一年，安东十二州县告灾，庆裕筹赈抚恤，民获苏。是秋淫雨，辽河、大凌河暴涨，田禾被淹。发仓以济，设粥厂收养之。明年，金州蝗，旱魃为虐。　中 12595；上 10228

注：安东，县名，今辽宁丹东。金州，今辽宁大连市金州区。

212.《清史稿·赵尔丰传》

赵尔丰，字季和，汉军正蓝旗人。尔丰以盐大使改知县，选山西静乐。历永济。躬捕蝗，始免灾。擢河东监掣同知，获河东道。　　　　中 12791；上 10250

213.《清史稿·白登明传》

白登明，字林九，奉天盖平人。康熙十八年（1679 年），起授高邮知州。值岁旱蝗，登明严禁胥吏克减，役者踊跃从事。　　　　　中 12968；上 10273

214.《清史稿·荫爵传》

荫爵，字子和，奉天铁岭人。康熙初，授直隶蠡县知县。夏旱，蝗起，捕蝗尽。

中 12991；上 10276

215.《清史稿·刘秉琳传》

刘秉琳，字昆圃，湖北黄安人。咸丰二年（1852 年）进士，授顺天宝坻知县。蝗起，督民自捕，集资购之，被蝗者得钱以代赈，且免践田苗。 中 13072；上 10286

216.《清史稿·夏子龄传》

夏子龄，字百初，江苏江阴人。咸丰初，调饶阳。比岁旱蝗。

中 13074；上 10287

217.《清史稿·方大湜传》

方大湜，字菊人，湖南巴陵人。咸丰十一年（1861 年），大湜被吏议，革职留任。调署襄阳，飞蝗遍野，大湜躏属持竿，躬率农民扑捕，三日而尽。

中 13082；上 10288

218.《清史稿·冷鼎亨传》

冷鼎亨，字镇雄，山东招远人。同治四年（1865 年）进士，即用知县，发江西，署瑞昌。调署德化，境内肃然。旱，蝗起，徒步烈日中，掩捕经月，露宿祷神，得雨，蝗皆死。

中 13088；上 10288

219.《清史稿·文颖传》

文颖，字鲁斋，汉军正蓝旗人。道光二十五年（1845 年）进士，用知县，发山东，补蒙阴。邑患蝗，两以文吁神，皆应。 中 13585；上 10349

220.《清史稿·梁以樟传》

梁以樟，字公狄，清苑人。崇祯己卯（1639 年），举乡试第一，明年成进士。授河南太康知县。河南比年大旱蝗，人相食。 中 13818；上 10376

221.《清史稿·藩部传附喀尔喀赛因诺颜部》

赛因诺颜部，称喀尔喀中路，至京师三千余里。光绪二十六年（1900 年），崇欢奏，以古城一带蝗灾，改采购戌守官兵日需米面于归化城。 中 14432；上 10449

注：赛因诺颜部，在今蒙古人民共和国境内。

··· 第十章 ···
其他史书史料中的蝗灾叙录

除了正史中对历史蝗灾的梳理与记载，不少学者从不同角度对不同历史阶段的蝗灾发生情况进行了统计和研究。本章详细收录了古代和近代学者的蝗灾记载，对当代的蝗灾研究记载情况仅作蝗灾记载次数统计，不呈现各书具体的蝗灾叙录（表10-1）。

表 10 - 1　其他史书史料中的蝗灾记载情况

文献名	蝗灾记载次数	文献名	蝗灾记载次数
《诗经》	9	《续文献通考》	91
《春秋三传》	10	《资治通鉴》	71
《吕氏春秋》	8	《续资治通鉴》	79
《西汉会要》	10	《十国春秋》	5
《论衡》	4	《明实录》	91
《艺文类聚》	30	《明会要》	26
《唐会要》	12	《名山藏》	23
《救荒活民书》	9	《古今图书集成·庶征典·蝗灾部》	403
《五代会要》	6	《中国历代蝗患之记载》	794
《文献通考》	173	《中国历代天灾人祸表》	278

一、《诗经集传》

（南宋）朱熹撰

上海世界书局　1936年版

注：《诗经集传》是南宋朱熹于淳熙四年（1177年）撰写探求《诗经》本义的书。《诗经》，为中国最早的诗歌总集，成书于春秋时期，相传为孔子修订而成。现摘录其中9首与蝗虫有关的诗句如下。

1.《周南·螽斯》

螽斯羽，诜诜兮，宜尔子孙，振振兮。螽斯羽，薨薨兮，宜尔子孙，绳绳兮。螽斯羽，揖揖兮，宜尔子孙，蛰蛰兮。　　　　　　　　　　　　　　　　　　　　3

注：《周南·螽斯》是产生于前541年以前陕西东部至河南一带的民间诗歌。诗歌中以蝗虫子孙众多、聚集群飞的习性，祝福自己的民族或部落多子多孙、繁盛强大。螽，飞蝗。斯，之也。诜诜，众多意。振振，多而成群。薨薨，蝗虫群飞时的声音。绳绳，多而不绝。揖揖，多而群集。蛰蛰，众多意。尔，意指蝗虫。诗歌不但描述了飞蝗群飞时发出"薨薨"的声音，也表达了蝗虫群集在一起时成群结队、数量众多的生物学特性。

2.《小雅·大田》

既方既皂，既坚既好，不稂不莠。去其螟螣，及其蟊贼，无害我田稚。田祖有神，秉畀炎火。　　　　　　　　　　　　　　　　　　　　　　　　　107

注：《小雅·大田》是前771年以前西周时期农奴主祭祀田祖时所作的诗文，全诗四章，此文为第二章的诗句。诗句反映了当时庄稼长得既坚实又美好，一派丰收景象，但还是担心各种虫灾为害，希望田祖有神，帮助他们用火烧的办法消灭害稼之虫。西周建都今陕西西安附近，北山又是指今陕西关中平原北部诸山，《大田》之诗当产生于今陕西。方，通房，谷抽穗后尚未结实之意。皂，庄稼灌浆而果实尚未坚者。稂、莠，皆害苗之草。螟、螣、蟊、贼，朱熹注：食心曰螟，食叶曰螣，食根曰蟊，食节曰贼，皆害苗之虫也。螟指谷稻钻心虫类，螣指蝗虫类，蟊指果树食心虫类，贼指地下害虫类。田稚，田间幼苗，意指尚未成熟的庄稼。

3.《召南·草虫》《小雅·出车》

喓喓草虫，趯趯阜螽。未见君子，忧心忡忡。　　　　　　　　　　　6；73

注：诗句反映妻子在田野中见到喓喓叫唤的蝈蝈和蹦蹦跳跳的蝗虫，想起了在外打仗（或行役）的丈夫而忧心忡忡。阜螽，《康熙字典》引《陆玑疏》曰："今人谓蝗子为螽子，《诗》云'喓喓草虫，趯趯阜螽'是也。"《辞海》释阜螽为"蝗的幼虫"。蝗虫幼虫善于蹦跳，《出车》和《草虫》均描述了蝗虫幼虫的这一习性。

5.《豳风·七月》

五月斯螽动股。六月莎鸡振羽，七月在野，八月在宇，九月在户。十月蟋蟀，入我床下。　　　　　　　　　　　　　　　　　　　　　　　　　　61

注：这是西周时期反映蝗虫、纺织娘、蟋蟀三种昆虫活动情况的诗句，五月的蝗虫蹦蹦跳跳，这也和我们现在的调查结果相吻合。

6.《小雅·无羊》

牧人乃梦，众维鱼矣，旐维旟矣。大人占之：众维鱼矣，实维丰年；旐维旟矣，室家溱溱。　　　　　　　　　　　　　　　　　　　　　　　　86

注：《小雅·无羊》是前782年以前周宣王时期的作品。这里的"众"字，是借为"螽"字，也就是蝗虫。意思是说，有一个牧人做了个梦，梦见蝗虫变成了鱼，就问占卜先生。占卜先生说：梦见蝗虫变成了鱼，来年丰收谷满仓。在这首诗中，最早提到了"蝗虫变成鱼"的故事。受此影响，到西汉末年，古文经博士刘歆在解释蝗灾原因时以为："螽，介虫之孽，与鱼同占"，将蝗虫与鱼联系在了一起。后来，这一说法被东汉班固写入了《汉书·五行志》中，"蝗虫变成鱼"的问题在正史中得到了确认。之后，东汉文学家蔡邕又说：蝗，"虽自有种，其为灾，云是鱼子在水中化为之"，首次提出了"鱼子化蝗"之说。南朝范晔《后汉书·五行志》又将"鱼孽，刘歆《传》以为介虫之孽，谓蝗属也"写进了正史。"鱼子化蝗"之说，从此也就广泛传布起来了。在现实当中，干旱时湖水干涸，水干鱼死，常会从四周吸引大批蝗虫前来产卵而发生蝗灾，湖泊就变成了蝗虫窝子。一些古代学者利用这种现象，推行"鱼子变蝗虫"之说，因此在很长时间以来，"鱼子变蝗虫"之说在中国广为流传。

7.《鲁颂·駉》

駉駉牡马，在坰之野。薄言駉者，有驈有皇，有骊有黄。　　　　　　162

注：《駉》产生于前626年以前的鲁僖公时期。诗句描述牧马人在广阔的原野上放牧膘肥体壮的公马，马的颜色有黑白色、黄白色、纯黑色、纯黄色等十余种。据高亨《诗

经今注》解释："鹨之名疑出于鹬。鹬即翡翠的别名。马的毛色似翡翠，所以名鹬。皇之名疑出于蝗。蝗虫灰黄色。马的毛色似蝗，所以名蝗。"证明在西周至东周时期，有些地方是将蝗虫称之为"皇虫"的，追其原因，一方面是蝗虫子孙众多，群飞时可发出轰轰的声音，具有壮大、众多、强盛"皇"字字义的精神；另一方面蝗虫具有正如北宋陆佃所说："蝗字从皇，今其首腹背皆有王字"的体纹。这一时期，文字的使用极不规范，人们称蝗虫为"皇虫"，并用蝗虫的体色比作马的颜色是很有可能的。

8.《豳风·东山》

之子于归，皇驳其马。 63-64

注：《豳风·东山》为西周早期的作品。描述女子出嫁，乘坐黄白色或驳杂色的马。这里的"皇"字，借用了蝗虫的体色，借为"蝗"字。

9.《大雅·桑柔》

天降丧乱，灭我立王。降此蟊贼，稼穑卒痒。哀恫中国，具赘卒荒。靡有旅力，以念穹苍。 142

注：《大雅·桑柔》为西周厉王末期的作品，此为第七段。讲述当时百姓的苦难生活。百姓虽然赶走了周厉王，但是又发生了虫灾，庄稼几乎被吃光，可怜的中国，面对虫灾后的荒凉景象，再也无法抗拒，只能靠苍天保佑了。厉王，指周厉王。蟊贼，泛指虫灾，其中也包括蝗灾。

二、《春秋三传》

上海世界书局 1936年版

注：《春秋三传》是春秋战国时期鲁左丘明、齐公羊高、鲁穀梁赤三人对孔子所编《春秋》作出的阐述经义文章，即《春秋左传》《春秋公羊传》《春秋穀梁传》的合集。1987年，上海古籍出版社重新影印了《春秋三传》，并单独发行。《春秋三传》共记载前476年以前的蝗灾10年，现摘录如下。

1. 鲁桓公五年（前707年）

秋，大雩，螽。 卷二：72-73

注：大雩，古代大旱时求雨的祭典活动。《公羊传》曰："大雩者何？旱祭也"，"螽，何以书？记灾也"。《穀梁传》曰："螽，虫灾也。"许慎《说文解字》曰："螽，蝗也，从虫。"杨国峻 1983 年《春秋左传注》又云："春秋所书之'螽'，皆飞蝗，成灾甚大，故书之。"

2. 鲁僖公十五年（前 645 年）

八月，螽。　　　　　　　　　　　　　　　　　　　　　卷五：173

3. 鲁文公三年（前 624 年）

秋，雨螽于宋。　　　　　　　　　　　　　　　　　　　卷七：219

注：《左传》曰："雨螽于宋，坠而死也。"是说在飞蝗迁飞过程中，蝗飞于下，雨降于上，使大量飞蝗坠地而死。《公羊传》曰："雨螽者何？死而坠也。何以书？记异也。"《穀梁传》曰："外灾不志，此何以志？曰灾甚也。其甚奈何？茅茨尽矣。"茅茨，茅草房屋顶盖。宋，古国名，建都在今河南商丘南。

4. 鲁文公八年（前 619 年）

冬十月，螽。　　　　　　　　　　　　　　　　　　　　卷七：227

5. 鲁宣公六年（前 603 年）

秋八月，螽。　　　　　　　　　　　　　　　　　　　　卷八：262

6. 鲁宣公十三年（前 596 年）

秋，螽。　　　　　　　　　　　　　　　　　　　　　　卷八：278

7. 鲁宣公十五年（前 594 年）

秋，螽。冬，蝝生。饥。　　　　　　　　　　　　　卷八：283-284

注：蝝，飞蝗的幼虫，古称之为蝝，今称之为蝻。秋、冬，孙觉曰："春秋之秋，夏时之夏，春秋之冬，夏时之秋。螽为灾于夏，而蝝生于秋，一岁而再为灾，故谨志之。"家铉翁曰："冬蝝生，气燠也。"燠，暖和，冬季燠热的意思。

8. 鲁襄公七年（前 566 年）

秋八月，螽。　　　　　　　　　　　　　　　　　　　　卷十：344

9. 鲁哀公十二年（前483年）

冬十有二月，螽。   卷十六：534

注：《公羊传》曰："十二月，螽，何以书？记异也。何异尔？不时也。"孙复曰："周之十二月，夏之十月。"《左传》曰："冬十二月，螽。季孙问诸仲尼，仲尼曰：'丘闻之，火伏而后蛰者毕，今火犹西流，司历过也。'"意指蝗灾发生于热气向西流行时，暖气尚在，当为九月的天气，是司历计算有过错。

10. 鲁哀公十三年（前482年）

九月，螽。十有二月，螽。   卷十六：536

三、《吕氏春秋校释》   （秦）吕不韦撰   陈奇猷校释

学林出版社   1984年版

注：关于《吕氏春秋》的成书时间，清孙星衍考订为秦八年，《吕氏春秋·序意篇》有"维秦八年，岁在涒滩"一语，"考秦庄襄王灭周后二年癸丑岁至始皇六年，共八年，适得庚申岁，申为涒滩"；陈奇猷认为："可以肯定，秦八年，是秦庄襄王灭东周后的第八年，即秦始皇六年（前241年）庚申岁。"即《吕氏春秋》成书于此年。现将有关蝗虫的资料摘录如下。

1.《仲春纪》

仲春行夏令，则国乃大旱，暖气早来，虫螟为害。   卷二

注：仲春，指春二月。行夏令，气候像夏天一样炎热。虫螟，包含蝗虫。

2.《孟夏纪》

孟夏行春令，则虫蝗为败，暴风来格，秀草不实。   卷四

注：《礼记·月令》曰："孟夏行春令，则虫蝗为灾。"《淮南子》曰："孟夏行春令，则蝥蝗为败。"孟夏，指夏四月。行春令，如果实行应在春天实行的政令。

3.《仲夏纪》

仲夏行春令，则五谷晚熟，百螣时起，其国乃饥。   卷五

注：仲夏，指夏五月。百螣，泛指各种害虫，螣指蝗虫。

4.《孟冬纪》

孟冬行夏令，则国多暴风，方冬不寒，蛰虫复出。 卷十

注：孟冬，指冬十月。行夏令，如果实行应在夏天实行的政令。蛰虫，泛指昆虫。

5.《仲冬纪》

仲冬行春令，则虫螟为败，水泉减竭，民多疾疠。 卷十一

注：《礼记·月令》曰："仲冬行春令，则蝗虫为败。"仲冬，指冬十一月。

6.《不屈》

匡章谓惠子于魏王之前曰："蝗螟，农夫得而杀之，奚故？为其害稼也。"

卷十八

注：《辞海》释："匡章，又称章子、匡子，战国时齐将，齐威王（前356—前320年）时，曾率军击退秦的进攻。"陈奇猷引司马云："匡子名章，齐人。"惠子，指惠施，《辞海》释："惠施（前370—前310年），战国时哲学家，名家的代表人物，宋国人，曾任魏相。"魏王，指魏惠王（前335—前319年）。"蝗"螟，东汉高诱注："蝗，蟊也，食心曰螟，食叶曰螣，今兖州谓蝗为螣。"此处蝗螟之"蝗"字有争议，清王念孙校本改正作"螣螟"，改高诱注"蝗，蟊也"为"螣，蟊也"；而清前《吕氏春秋》大多为蝗螟。

7.《任地》

上田弃亩，下田弃畎。五耕五耨，必审以尽。其深殖之度，阴土必得。大草不生，又无螟蜮。今兹美禾，来兹美麦。 卷二十六

注：上田弃亩：上田，高旱的田。亩，地经耕整后田中所起的高垄。指在高旱田中，不把庄稼种在高的田垄上。下田弃畎：下田，低湿的田。畎，垄和垄间凹下的小沟。指在低湿田中，不把庄稼种在沟中。蜮，一种食禾苗的害虫，东汉高诱注："蜮，或作螣，兖州谓蜮为螣。螣，蝗也。"

8.《审时》

得时之麻，必芒以长，疏节而色阳，小本而茎坚，厚枲以均，后熟多荣，日夜分

复生。如此者不蝗。 卷二十六

注：麻，泛指大麻，种子有毒，像这样的麻不受蝗虫危害。枲，陈奇猷注："《说文》：'枲，麻也。'此'枲'字乃'秸'之异文。秸秆坚硬，厚而均匀。"荣，花也。

四、《西汉会要》

(宋）徐天麟撰

上海人民出版社 1977 年版

注：《西汉会要》，南宋徐天麟撰，成书于嘉定四年（1211 年）。全书分帝系、礼、乐、舆服、学校、运历、祥异等十五门，其中《祥异·蝗螟》的记载，对今后研究西汉蝗灾情况很有参考价值。

1. 西汉文帝后六年（前 158 年）

大旱蝗，发仓庾以振民。 食货·振贷：630

2. 西汉景帝中三年（前 147 年）

秋，蝗。 祥异·蝗螟：320

3. 西汉武帝元光六年（前 129 年）

夏，蝗。 祥异·蝗螟：321

4. 西汉武帝元鼎五年（前 112 年）

秋，蝗。 祥异·蝗螟：321

5. 西汉武帝元封六年（前 105 年）

秋，蝗。 祥异·蝗螟：321

6. 西汉武帝太初元年（前 104 年）

夏，蝗从东方飞至敦煌。 祥异·蝗螟：321

注：敦煌，今甘肃敦煌，地处河西走廊西端。

7. 西汉武帝太初三年（前 102 年）

秋，复蝗。 祥异·蝗螟：321

8. 西汉武帝征和三年（前90年）

秋，蝗。　　　　　　　　　　　　　　　　　　祥异·蝗螟：321

9. 西汉武帝征和四年（前89年）

夏，蝗。　　　　　　　　　　　　　　　　　　祥异·蝗螟：321

10. 西汉平帝元始二年（2年）

秋，蝗遍天下。　　　　　　　　　　　　　　　祥异·蝗螟：321

郡国大旱蝗，青州尤甚，民流亡。遣使者捕蝗，民捕蝗诣吏，以石斗受钱。

食货·荒政：629

注：青州，汉十三刺史部之一，主要管辖德州以东、马颊河以南的今山东北部地区。

五、《论衡》

（东汉）王充著

上海人民出版社　1974年版

注：《论衡》共20多万字，为王充（27—97年）用三十多年时间完成。该书用古代唯物主义方法论，批判了当时风行的"天人感应论"及灾异、鬼神等方面的唯心主义观点。书中有关蝗虫的资料也很多，现摘录如下。

1. 《感虚篇》

世称："南阳卓公为缑氏令，蝗不入界。盖以贤明至诚，灾虫不入其县也。"此又虚也。夫贤明至诚之化，通于同类，能相知心，然后慕服。蝗虫，闽虻之类也，何知何见，而能知卓公之化？使贤者处深野之中，闽虻能不入其舍乎？闽虻不能避贤者之舍，蝗虫何能不入卓公之县？如谓蝗虫变，与闽虻异，夫寒温，亦灾变也，使一郡皆寒，贤者长一县，一县之界能独温乎？夫寒温不能避贤者之县，蝗虫何能不入卓公之界？夫如是，蝗虫适不入界，卓公贤名称于世，世则谓之能却蝗虫矣。何以验之？夫蝗之集于野，非能普博尽蔽地也，往往积聚多少有处。非所积之地，则盗跖所居；所少之野，则伯夷所处也。集过有多少，不能尽蔽覆也。夫集地有多少，则其过县有留去矣。多少不可以验善恶，有无安可以明贤不肖也？盖时蝗自过，不谓贤人界不入，明矣。

83

　　注：世，世人。卓公，卓茂，西汉南阳人，见《后汉书·卓茂传》。缑氏，古县名，在今河南偃师东南。盖，发语词。此又虚也，此说法不正确。夫，凡是意。化，意指精神或风气。同类，指人类。闽虻，虻科昆虫，可吸食人血，这里指蚊蝇类。何知何见，如何知道。使贤者，贤者，意指卓茂。处，居住。舍，住所，房屋。如谓，如果说。变，变化。异，不同。寒温亦灾变，温度高低是发生蝗灾的主要原因。郡，县级地方行政管理机构。贤者长一县，让卓茂掌管一个县。适，恰巧，偶然意。验之，证明。非能普博尽蔽地，不可以全部地遮蔽土地。积聚多少有处，蝗虫聚集有多有少。盗跖，跖，战国时人，横行天下，被贬称之为盗跖。伯夷，商朝人，周灭商，伯夷不食周粟而亡，成为忠义人士的代表，其事迹见《史记·伯夷传》。王充列举二位历史人物，是说蝗虫不会因盗跖所居而积聚，也不会因为伯夷所处而减少，蝗虫多少不可以验证人的善恶。安，怎能。不肖，不贤明。明矣，不可以说"贤人之界蝗虫不入"，道理很明白了。

2.《状留篇》

　　蝗虫之飞，能至万里，麒麟须献，乃达阙下；然而蝗虫为灾，麒麟为瑞。

219

　　注：蝗虫迁飞能力非常远，所以蝗虫是灾害性虫灾。

3.《顺鼓篇》

　　蝗虫时至，或飞或集，所集之地，谷草枯索。吏卒部民，堑道作坎，榜驱内于堑坎，杷蝗积聚以千斛数。正攻蝗之身，蝗犹不止。

240

　　注：时至，到达。枯索，索，搜索，收获粮食需搜索，意指蝗虫所到之处，草枯禾稼少。吏卒部民，官吏率领部落人民。卒，汉时设置有卒史。堑，壕沟。坎，坑。榜，榜文，告示。杷。农具，木制有齿。斛，容量单位，汉时十斗为一斛。

4.《商虫篇》

　　鲁宣公履亩而税，应时而有蝝生者，或言若蝗。蝗时至，蔽天如雨，集地食物，不择谷草。察其头身，象类何吏？变复之家，谓蝗何应？建武三十一年（55年），蝗起太山郡，西南过陈留、河南，遂入夷狄。所集乡县以千百数，当时乡县之吏，未皆履亩。蝗食谷草，连日老极，或飞徙去，或止枯死。当时乡县之吏，未必皆伏罪也。

252

　　注：履亩而税，亦称初税亩，《春秋》载：宣公十五年（前594年）"秋，初税亩"，

创造了以土地面积为依据向田主征收田赋的先河。《汉书·五行志》载："宣公十五年，冬蝝生，是时初税亩，乱先王制，故应是而蝝生"，认为发生蝗灾是由于实行初税亩造成的。《论衡·商虫篇》中的这段论述，表达了王充对"履亩而税，应时而有蝝生"的不同意见。蝝，亦称若蝗，飞蝗幼蝻。太山郡，汉郡名，亦称泰山郡，治所奉高，在今山东泰安东北。陈留，郡名，在今河南开封东南。河南，郡名，治所在今河南洛阳东北。夷狄，夷，多指东方，狄，多指北方，亦称北狄，这里指黄河以北地区。未必皆伏罪，《汉书·五行志》认为履亩而蝝生，而这次蝗灾时乡县未皆履亩，蝗食谷草，治乡吏罪，未必皆信服。

六、《艺文类聚》 （唐）欧阳询撰

上海古籍出版社 1985年版

注：《艺文类聚》，共100卷，唐欧阳询（557—641）等奉唐高祖李渊之命而编修。该书根据1 400多种古籍分门别类，摘录汇编，用三年时间于武德七年（624年）编成，赖此书而保存下来不少唐前有关蝗虫的珍贵资料，现摘录如下。

1.《尔雅》

食苗心曰螟，食叶曰䗲，食根曰蟊，食节曰贼，四蝗虫名也。

灾异部·蝗：1728

注：《尔雅》，由汉初学者相继增益而成，是我国最早的一部解释词义的书。螟，䗲，蟊，贼，最早见于《诗经·小雅·大田》。

2.《说文》

蝗，螽也。 灾异部·蝗：1728

注：《说文》，即《说文解字》，东汉许慎撰，是中国第一部考究字原的字书。

3.《广雅》

螽，蝗也。 灾异部·蝗：1728

注：《广雅》，三国张揖撰，是研究古代词汇的书籍。

4.《毛诗》

去其螟螣，及其蟊贼。　　　　　　　　　　　　　　灾异部·蝗：1729

注：《毛诗》，诗指《诗经》，是我国最早的诗歌总集，编成于春秋时期，《史记》认为由孔子删定成书。《毛诗》，指西汉毛苌等人所传下来的《诗经》。螣亦作蟘，陆玑释："螣，蝗也。"陆玑，三国吴人，撰有《毛诗草木鸟兽虫鱼疏》二卷。

5.《诗义疏》

赤螣，蝗也。许慎曰："使乞贷则生螣。旧说螟、螣、蟊、贼一种虫也，如言寇、贼、奸、宄，内外言之耳。故犍为文学曰，此四种虫皆蝗也。实不同，故分别释之。又曰，蝗也，今谓蝗子为蟊，一名蚕蟊，兖州人谓之螣。"蔡伯喈曰："蝗，螣也，当为灾则生，故水处泽中，数百或数十里，一朝蔽地，而食禾粟，苗尽复移，虽自有种，其为灾，云是鱼子在水中化为之。"　　　　　　灾异部·蝗：1729

注：《诗义疏》，解释《诗经》的书，《隋书·经籍志》列举此书名达七种之多。赤螣，初生红色蝗虫，指蝗蝻。旧说，指犍为文学说，犍为文学，西汉武帝时舍人，是螟、螣、蟊、贼四种虫皆为蝗虫的最早提出者。旧说这段文字记载，皆引自陆玑《毛诗草木鸟兽虫鱼疏》一书。蔡伯喈，即蔡邕，东汉文学家。复移，迁移。自有种，自身能繁殖后代。

6.《穀梁传》

雨螽于宋。外灾不书，此何书？灾甚也。奈何？茅茨尽也。

灾异部·蝗：1729

注：《穀梁传》，即《春秋穀梁传》，战国鲁穀梁赤撰，是一部解释《春秋》经义的书。雨螽于宋，始见于《春秋》鲁文公三年（前624年）秋。雨螽，飞蝗迁飞遇雨，大量蝗虫坠地而死，宋，在今河南商丘南。外灾，别的灾。茅茨，用茅草盖的屋顶。

7.《洪范五行传》

春秋之螽者，虫灾也，以刑罚暴虐，贪叨无厌，兴师动众，虫为害矣。雨螽于宋，是时宋公暴虐刑重，赋敛无已，故应是而雨螽。又曰，介虫有甲，能飞扬之类，阳气所生，于春秋为螽，今谓之蝗，皆其类也，旱气动象至矣，故曰有介虫之孽也。

灾异部·蝗：1729

注：《洪范五行传》，又称《洪范五行志》，西汉文学家刘向撰，是《尚书》一书中的篇名，是用水、火、木、金、土五行解释自然现象的作品。介虫有甲，介虫，外壳坚硬的昆虫，甲，意为昆虫外皮坚硬，或指飞翅。飞扬，飞翔。阳气，温和的气温。旱气，干旱气候。

8.《春秋佐助期》

螽之为虫，赤头甲身，而翼飞行，阴中阳也。螽之为言众，暴众也。

灾异部·蝗：1729

注：《春秋佐助期》，书名。赤头甲身，意为红色头顶，身体比较坚硬。翼，双翅。阴中阳，从地下土壤中孵化出来的意思。言众，数量众多。暴众，损害巨大而突然。

9.《春秋汉含孳》

蝗起于贪，螽者飞而甲为害，故天雨螽，则刑法丑。　灾异部·蝗：1729

注：《春秋汉含孳》，书名。螽，飞蝗。甲，第一，意在严重。天雨螽，天降大雨惩罚蝗虫大量死亡。

10.《吕氏春秋》

匡章，孟子弟子，谓惠子于魏王之前曰："蝗螟，农夫得而杀之，奚故？为其害稼也。"蔽天，状如严雪，是岁，天下失瓜瓠。　灾异部·蝗：1729

注：《吕氏春秋》，亦称《吕览》，秦始皇秦相吕不韦集门客编著而成。匡章，曾在齐威王（前356—前320年）时任将军。魏王，魏惠王（前335—前318年）。瓜瓠，瓜菜类。

11.《汉书》

武帝元光五年（前130年）秋，蝗。四将征南越。元封六年（前105年）秋，蝗。两将征朝鲜。太初元年（前104年）夏，蝗，从东方飞至敦煌。三年秋，复蝗。贰师征大宛。征和三年（前90年），蝗。四年，夏，蝗。三将征匈奴，贰师七万人没不还。又《五行志》曰：刘歆以为蜚，负螽也，性不食谷，食谷为灾，介虫之孽。又曰：严延年为河南太守，多杀害。时，黄霸在颍川，凤皇下，而河南界中又有蝗虫。延年曰："此蝗岂凤皇食耶？"又曰：王莽地皇三年（22年）夏，蝗从东方来，飞蔽天，至长安，入未央宫，缘殿。

灾异部·蝗：1729

注：《汉书》，东汉班固撰，正史类。武帝，汉武帝刘彻。蜚，虫名，蝽象类。负蠜，亦称阜螽，始见于《诗经·小雅·出车》，《尔雅义疏》《康熙字典》等均释"阜螽"为蝗子，《辞海》释为蝗虫幼虫。严延年，参见《汉书·严延年传》。

12.《东观汉记》

马棱为广陵太守，郡连有蝗虫，谷价贵，棱奏罢盐官，振贫羸，薄赋税，蝗虫飞入海化为鱼虾。又曰，永初七年（113年），郡国蝗飞过。又曰，宋均为九江太守，建武中，山阳、楚郡多蝗，飞南到九江，辄东西别去，由是名称。又曰，司部灾蝗，台召三府驱之，司空掾梁福曰："普天之下，莫非王土，不审使臣，驱蝗何之？灾蝗当以德消，不闻驱逐。"时号福为直掾。 　　灾异部·蝗：1729－1730

注：《东观汉记》，东汉刘珍等撰，东观，东汉时洛阳宫中一殿名，著书的地点。马棱，见《后汉书·马棱传》。宋均，见《后汉书·宋均传》。山阳，郡名，在今山东巨野昌邑乡。楚郡，国名，今江苏徐州。九江，郡名，在今安徽定远西北。司部，东汉时设司隶校尉部，亦称司部，治所在今河南洛阳东北。台，上级官员，也是对上级官员的尊称。司空，官职名。不闻，没听说。

13.《谢承后汉书》

吴郡徐栩为小黄令，时陈留遭蝗，过小黄，飞逝不集，刺史行部，责栩不治，栩弃官，蝗应声而至，刺史谢，令还寺舍，蝗即皆去。又曰：谢夷吾为寿张令，是时，蝗食五谷，野无生草，过寿张界，飞逝不集。又曰，许季长为湖令，州郡皆被蝗灾，过湖县飞去不入。 　　灾异部·蝗：1730

注：谢承，三国吴人，所撰《后汉书》成为东晋袁宏撰写《后汉纪》的重要史料。吴郡，治所在今江苏苏州。徐栩，人名。小黄，古县名，治所在今河南开封东北。陈留，旧县名，治所在今河南开封东南，晋时入小黄县。谢，道歉。谢夷吾，见《后汉书·谢夷吾传》。寿张，旧县名，在今山东东平西南。是时，蝗食五谷，据《后汉书·谢夷吾传》载，此记载是指永平十五年（72年）。湖，湖县，在今河南灵宝西北。

14.《续汉书》

和帝永元四年（92年），蝗。八年，五月河内、陈留蝗，九月京师蝗。九年，蝗从夏至秋。先是西羌数反，遣将军将北军五校征之。安帝永初四年（110年）夏，蝗。是时西羌寇乱，军众征距，连十余年。五年，夏，九州蝗。六年，三月，去年蝗处复蝗子生。七年，二月，郡国蝗。顺帝永建五年（130 年），郡国十二蝗。是时鲜卑寇朔方，用众征之。永和七年（142 年），偃师蝗。桓帝永兴元年（153 年）七月，郡国三十二蝗。是时梁冀执政，无谋虑，苟贪作虐。二年六月，京都蝗。永寿三年（157 年）六月，京都蝗。延熹元年（158 年）五月，京都蝗。灵帝熹平六年（177 年）夏，七州蝗。鲜卑前后三十余犯塞，是岁获乌桓校尉夏育，破鲜卑中郎将田晏，使匈奴中郎将威旻讨鲜卑，大司农给用不足，亩敛郡国，以给军粮，三将无功，还着少半。光和元年（178 年），诏策问曰：连年蝗虫至，贪苟之所致也。是时百官迁徙，皆私上礼西园。少帝兴平元年（194 年）夏，大蝗。是时天下大乱。

灾异部·蝗：1730

注：《续汉书》，晋司马彪撰，是范晔编著《后汉书·志》的主要依据。河内，治所在今河南武陟西南。陈留，在今河南开封东南。京师，今河南洛阳。诏策问曰，后汉灵帝刘宏诏文学家蔡邕讨论蝗虫发生原因。"永和七年，偃师蝗"，《后汉书·五行志》《文献通考》等均记为永和元年。各书有异。

15.《论衡》

世称：南阳卓公为缑氏令，蝗虫不入界，盖以贤明至诚，灾虫不入其县。

灾异部·蝗：1730

注：《论衡》，东汉王充著，是我国最早的用唯物主义观点解释自然现象的书籍。南阳，今河南南阳。卓公，即卓茂。缑氏，古县名，今河南偃师东南。见《后汉书·卓茂传》。王充在《论衡·感虚篇》中深刻批判了"贤明至诚，蝗不入其县"的说法。认为蝗不入其界，是因为气候变化的原因，跟卓茂贤明没有关系。

16.《典论》

议郎马融，以永兴中，帝猎广城，融从。是时，北州遭水涝蝗虫，融撰《上林颂》以讽。

灾异部·蝗：1730

注：《典论》，三国魏文帝曹丕撰。马融，东汉文学家，官拜议郎。永兴，东汉桓帝年号，而据《后汉书·马融传》载，元初二年（115 年），马融"上《广成颂》以讽谏"。广成，即广成苑，在今河南汝州西，帝王打猎的园林。《上林颂》以讽，时北方水涝蝗灾，帝王却校猎广成，马融上谏，名为歌颂帝王狩猎时旗帜招展，鼓乐欢欣，实为讽刺帝王只知玩乐，不顾百姓遭灾。林，林苑，即广成。见《后汉书·马融传》。

17.《魏志》

黄初三年（222年）七月，冀州大蝗，民饥，使尚书杜畿持节，开仓廪以振之。

灾异部·蝗：1731

注：《魏志》，晋陈寿撰。冀州，今河北冀州。节，符节，使者办事的凭证。廪，粮仓。见《三国志·魏志·魏文帝纪》。

18.《吴书》

袁术在寿春，谷石百余万，载金钱之市求籴，市无米，而弃钱去，百姓饥穷，以桑葚、蝗虫为干饭。

灾异部·蝗：1731

注：《吴书》，吴韦昭撰，是记载三国时吴国的书，见《三国志·吴志注》。袁术，东汉中郎将，建安二年（197年）在寿春称帝。寿春，今安徽寿县。谷石百余万，每石谷百余万钱。求籴，买粮。桑葚，桑树的果实，可入中药。另据《资治通鉴》载：建安二年，夏五月，蝗，袁术求粮于陈，拒绝之，时天旱岁荒，术由是遂衰。

19.《广州先贤传》

黄豪，交趾人，除外黄令。豪均己节俭，粗衣蔬食，所得俸秩悉赐贫民，一县称平。当时邻县蝗虫为灾，而独外黄无有，岁皆丰熟。民先流移者，悉归附之。

灾异部·蝗：1731

注：《广州先贤传》，陆胤撰。黄豪，人名。交趾，今越南河内。外黄，古县名，今河南民权西北。

20.《会稽典录》

郑弘为邹令。永平十五年（72年），蝗发太山，郡国被害，过邹不集，郡以状上。诏书以为不然，"自朕治京师，尚不能攘蝗，邹令何人，而令消弭"。遣案验之。

灾异部·蝗：1731

注：《会稽典录》，东晋虞预撰。会稽，今浙江绍兴。邹，今山东邹县。太山，古郡名，又称泰山郡，治所在今山东泰安东北。攘，排除。消弭，除灾。见《后汉书·郑弘传》。

21.《陈留耆旧传》

高慎，子式至孝，常尽力供养。永初中，蝝蝗为灾，独不食式麦。围令以表州郡。

灾异部·蝗：1731

注：《陈留耆旧传》，东汉苏林撰。永初，东汉安帝年号。

22.《益部耆旧传》

任昉，蜀郡成都人。父修，字伯庆，为固始侯相。天下大蝗，独不入界。又传曰，杨琳为茂陵令，比县连岁蝗灾，曲折不入茂陵。　　　　　　　灾异部·蝗：1731

注：《益部耆旧传》，西晋陈寿撰。蜀，三国时蜀国。成都，今四川成都。茂陵，古县名，在今陕西兴平东北。

23.《先贤行状》

公沙穆为鲁相，时有蝗灾，穆躬露坐界上，蝗集疆畔，不为害。　　　　　　　灾异部·蝗：1731

注：《先贤行状》，即《海内先贤行状》，李氏撰。公沙穆，胶东人，东汉时曾任沂州丞。见《后汉书·公沙穆传》。

24.《晋令》

常以蝗向生时，各部吏案行境界，行其所由，勒生苗之内，皆令周遍。　　　　　　　灾异部·蝗：1731

注：《晋令》，西晋贾充撰。常，时常。向生，发生。部吏，部门官吏。案行，出行考察。行，巡视，调查。由，原因。勒，勒令，强制意。

25.《晋阳秋》

司、冀、青、雍蝗，茅草皆尽。石勒与螽竞取民禾，百姓谓之"胡蝗"。　　　　　　　灾异部·蝗：1731

注：《晋阳秋》，东晋孙盛撰。司州，治所在今河南洛阳东北。冀州，治所在今河北高邑西南。青州，治所在今山东淄博临淄北。雍州，治所在今陕西西安西北。石勒，羯族，后赵王朝建立者。胡，古代对北方及西部少数民族的泛称，"胡蝗"形容石勒像蝗虫一样蚕食百姓。

26.《搜神记》

何敞，吴郡人，少好道艺，隐居。里以大旱，民物憔悴，太守庆洪遣户曹掾致谒，奉印绶，烦守无锡。敝不受。退，叹而言曰："郡界有灾，安能得怀道？"因跋涉之县，驻明星屋中，蝗螽消死，敝即遁去。后举方正、博士，皆不就，卒于家。

灾异部·蝗：1731

注：《搜神记》，志怪小说集，东晋干宝撰，多为民间传说的古怪故事。何敝，曾任汝南太守，见《后汉书·何敝传》。

27.《赵书》

石勒十四年（332年）五月，飞蝗穿地而生，二十日化如蚕，七八日作虫，四日则飞，周遍河朔，百草无遗，唯不食三豆及麻。

灾异部·蝗：1731

注：《赵书》，亦称《二石集记》，后燕田融撰，是记载石勒、石虎事的书。石勒十四年，即后赵建平三年。河朔，地区名，泛指黄河以北地区。见《晋书·石勒载记》。

28.《凉记》

凉王吕光麟嘉二年（390年），以且渠罗仇为西宁太守。往年蝗虫所到之处，产子地中，是月尽生，或一顷二顷，覆地跳跃，宿昔变异。王乃躬临扑虫，幸扬川荡水北，大驾所到，虫寻殪尽，是以麦苗损耗无几。

灾异部·蝗：1731－1732

注：《凉记》，西凉段龟龙撰。吕光，后凉王朝建立者，建都凉州，治所在今甘肃武威。且渠罗仇，后凉官员。西宁，今青海西宁。顷，市顷，1顷等于100亩。宿昔，宿夕，很短的时间。躬，亲自。扬川荡水，意指荒漠芦苇荡人烟稀少的地方。据印象初《青藏高原的蝗虫》载，西宁分布为亚洲飞蝗。

29. 师觉授《孝子传》

魏连，事父至孝，和帝时，拜昌邑令，百姓不忍欺，大蝗连熟。

灾异部·蝗：1732

注：师觉授，南北朝宋人，撰《孝子传》八卷。事父，侍奉父亲。和帝，东汉和帝刘肇。昌邑，在今山东巨野南。

30.《何祯笺》

凡言蝗生，此谓见其始生，知其处所，可得言。初上蝗事云，县及下部，各不早见，至今生翅能飞，臣辄躬亲扑灭。又云，布在及下部各不早见，至一顷田中，往往

十步五步一头，按其言事，蝗之数枚数，可得而知也。　　　　灾异部·蝗：1732

注：《何祯笺》，何祯撰，笺，书札文体名。凡言蝗生，凡是说蝗虫发生，不但要见到其开始发生情况，而且要了解发生地点，只有这样才可以说蝗虫发生。旱，通罕，旱见，罕见，难以发现。布，告示。各，各处。顷田，面积较大的田野或农田。数枚数，数一数蝗虫数量。

七、《唐会要》

（宋）王溥撰

中华书局　1955年版

注：《唐会要》，共100卷，分514目，宋王溥（922—982）在唐人两次编撰《会要》的基础上增补、编订，编成于961年。该书存录了唐代有关蝗虫的珍贵资料，现摘录如下。

1. 唐贞观二年（628年）

六月，终南等县蝗。上至苑中掇蝗数枚，咒之曰：人以谷为命，而汝食之，是害吾百姓也。百姓有过，在予一人，尔若有灵，但当食我，无害百姓。将吞之，侍臣曰恐致疾，遽来谏止。上曰：所冀移灾朕躬，何疾之避？遂吞之，自是蝗不为灾。

卷四十四·螟蝝：789

2. 唐开元四年（716年）

五月，山东诸州大蝗，分遣御史捕而埋之。汴州刺史倪若水拒御史执奏曰：蝗是天灾，自宜修德，刘聪时，除既不得，为害滋深。宰相姚崇牒报之曰：刘聪伪主也，德不胜妖，今日圣朝也，妖不胜德，古之良守，蝗虫避境，若言修德可免，彼岂无德致然。今坐看食苗，何忍不救，因此饥馑，将何自安。卒行焚瘗之法，获蝗一十四万石，投之汴水流下者不可胜数。朝议喧然。上复以问崇，崇对曰：凡事有违经而合道，有反道而适权者，彼庸儒不足以知之。纵使除之不尽，犹胜养以成灾。上又曰又杀虫太多，有伤和气，公其思之。崇对曰若救人杀虫致祸，崇所甘心。八月二十四日，敕河南、河北检校杀蝗虫使狄光嗣、康瓘、敬昭道、高昌、贾彦璇等，宜令待虫尽看刈禾有次序，即入京奏事。谏议大夫韩思复以为：蝗是天灾，当修德以禳之，恐非人力所能翦灭。上书曰臣闻河南、河北蝗虫顷日更益繁炽，经历之处，苗稼都损，今渐翔飞向西游食至洛，使命来往，不敢倡言，山东数州甚为恐惧，且天灾流行，埋瘗难尽。臣望陛下悔过责躬，发使宣慰，损不急之务，召至公之人，上下同心，君臣一德，持此至诚，以答休咎，前后驱蝗使等，伏望总停。上出韩疏付姚崇，崇乃请思复往山东，检视蝗虫所损之处，还，具实奏。

卷四十四·螟蜮：789

3. 唐兴元元年（784 年）

关中有蝗，百姓捕之，蒸，曝，扬去足翅而食之。　卷四十四·螟蜮：790

4. 唐贞元元年（785 年）

五月，有蝗起自东海，西至陇坻，群飞蔽天，旬日不息，所知禾苗无遗。

卷四十四·螟蜮：790

5. 唐开成二年（837 年）

六月，魏博、淄青、河南府并奏蝗害稼。七月，京兆尹李绅奏，蝗入京畿，不食民田，诏书褒美，仍刻石于相国寺以纪之。　卷四十四·螟蜮：790

6. 唐开成三年（838 年）

八月，魏博六州蝗食秋苗并尽。　卷四十四·螟蜮：790

7. 唐开成四年（839 年）

十二月，郑、滑两州蝗。兖海、中都等县并蝗。　卷四十四·螟蜮：790

8. 唐开成五年（840 年）

四月，郓州、兖海管内并蝗；汝州管内蝗；兖海、临沂等五县有蝗虫于土中生子，食田苗。六月，淄、青、登、莱四州蝗虫；河阳飞蝗入境；幽州管内有蝻虫食田苗；魏博、河南府、河阳等九县，沂、密两州，沧州、易、定、郓州、陕府、虢州六县蝗。　卷四十四·螟蜮：790

9. 唐会昌元年（841 年）

三月，邓州穰县蝗。　卷四十四·螟蜮：790

注：穰县，旧县名，明废入邓州，在今河南邓州市。

10. 唐咸通三年（862年）

五月，淮南、河南蝗。 卷四十四·螟蜮：790

11. 唐咸通九年（868年）

江夏飞蝗害稼。 卷四十四·螟蜮：791

注：江夏，旧县名，今湖北武昌。

12. 唐光启二年（886年）

三月，荆、襄仍岁蝗，米斗三十千，人相食。 卷四十四·螟蜮：791

八、《救荒活民书》

（宋）董煟撰

商务印书馆 1936年版

注：王云五主编《丛书集成初编》收录有宋董煟撰写的《救荒活民书（附拾遗）》三卷。董煟在书前自序中写道："上卷考古以证今；中卷条陈救荒之策；下卷备述本朝名臣贤士之所议论施行，可为法戒者。"现将其中有关蝗灾记录内容摘录如下。

1. 西汉后元六年（前158年）

大旱蝗，弛山泽，发仓庾以济民。

煟曰：汉家救荒，大抵厚下。 上卷：6

2. 东汉建武六年（30年）

春，诏曰：往岁旱，蝗虫为灾，人用困乏。其令郡国有谷者廪给。 上卷：9

3. 东汉永兴二年（154年）

诏：五谷不登，其令郡国种芜菁，以助人食。

煟曰：饥年食蕨根，煮野菜，拾橡子，采圣米，凡可以度命之计者，随所在而为之，无遗活。要是上之人，当有以通融之，使下无遏籴抑价闭粜之患，斯为上也。

上卷：9

4. 三国魏黄初二年（221年）

冀州大蝗，岁饥。使尚书杜畿持节，开仓廪以赈之。 上卷：10

5. 唐贞观二年（628年）

畿内有蝗。上入苑中，见蝗，掇数枚，祝之曰："民以谷为命，而汝食之，宁食吾之肺肝？"举手欲食之，左右谏曰："恶物，或成疾。"上曰："朕为民受灾，何疾之避？"遂吞之。是岁，蝗不为灾。

煟曰：太宗诚心爱民，观其"朕为民受灾，何疾之避"之语，其爱民之心，真切如此。宜其一念感通，蝗不能为害也。 上卷：11

6. 唐懿宗年间

煟曰：唐太宗时，元年饥，二年蝗，三年大水。上忧，勤而抚之。至四年，而米斗四五钱。观此，则知广明之乱，虽起于饥荒之余，亦上之人无忧民之念耳。盖天下非有水旱之可忧，而无水旱之备者为可惧。 上卷：13

7. 唐仁宗年间

煟曰：范仲淹为江淮宣抚使，见民间以蝗虫和野菜煮食，即自取以奏御，乞宣示六宫。 上卷：16

8. 唐嘉祐年间

嘉祐中，河北蝗涝。 上卷：18

9. 宋建炎二年（1128年）

七月十九日，御批：大水、飞蝗为害最重之处，仰百姓自陈，州县监司次第保明奏闻，量轻重与免租税。

煟曰：今御批欲与免税，政合唐人免调之意。高宗真中兴圣主哉！ 上卷：20

九、《五代会要》

（宋）王溥撰

上海古籍出版社 1978年版

注：《五代会要》，北宋王溥撰，成书于北宋太祖初年，庆历六年（1046年）文彦博初刊于蜀。汇编后梁、后唐、后晋、后汉、后周五代典章制度及其损益沿革的史书。

1. 后梁开平元年（907年）

六月，许、陈、汝、蔡、颍五州蝝生，有野禽群飞蔽空，食之皆尽。

卷十一·蝗：183

注：许州，今河南许昌。陈州，今河南淮阳。汝州，今河南汝州。蔡州，今河南汝南。颍州，今安徽阜阳。蝝，飞蝗蝗蝻。

2. 后唐同光三年（925年）

九月，镇州奏飞蝗害稼。

卷十一·蝗：183

注：镇州，今河北正定。

3. 后晋天福七年（942年）

四月，山东、河南、关西诸郡蝗害稼。

卷十一·蝗：183

注：关西，泛指今陕西潼关以西，亦称关中。

4. 后晋天福八年（943年）

四月，天下诸道州飞蝗害稼，食草木叶皆尽，诏州县长吏捕蝗。华州、雍州节度使命百姓捕蝗一斗，以禄粟一斗赏之。

卷十一·蝗：183

注：华州，今陕西华县。雍州，今陕西西安。禄粟，官库存储粮。

5. 后汉乾祐元年（948年）

七月，青、郓、兖、齐、濮、沂、密、邢、曹皆言蝝生。开封府奏，阳武、雍丘、襄邑等县蝗，开封尹遣人以酒肴致祭，寻为鸲鹆食之皆尽。

卷十一·蝗：184

注：青州，今山东青州。郓州，在今山东东平西北。兖州，今山东兖州。齐州，今山东济南。濮州，在今山东鄄城北。沂州，今山东临沂。密州，今山东诸城。邢州，今河北邢台。曹州，在今山东曹县西北。阳武，在今河南原阳东南。雍丘，今河南杞县。襄邑，今河南睢县。

6. 后汉乾祐二年（949年）

五月，博州奏，有蝻生。宋州奏，蝗一夕抱草而死，差官祭之。

卷十一·蝗：184

注：博州，治所在今山东聊城东南。宋州，在今河南商丘南。

十、《文献通考》 （元）马端临撰

商务印书馆　1936年版

注：《文献通考》，共348卷，元代史学家马端临用二十余年时间于延祐六年（1319年）撰成。其中《物异考·蝗虫》，对春秋至宋嘉定十年（1217年）之间记载的蝗灾发生情况进行了整理，共173次，是对我国历代蝗灾记载情况的首次整理。马端临，字贵与，江西乐平人，元初首任慈湖、柯山两书院山长。

1. 春秋桓公五年（前707年）

秋，螽。

物异考·蝗虫：2461

注：螽，泛指飞蝗。

2. 春秋僖公十五年（前645年）

八月，螽。

物异考·蝗虫：2461

3. 春秋文公三年（前624年）

秋，雨螽于宋。《穀梁传》曰："上下皆合，言甚。"刘歆以为，螽为谷灾，卒遇贼阴，坠而死也。

物异考·蝗虫：2461

注：雨螽，飞蝗在迁飞过程中，遇雨坠地而死。宋，古国名，建都今河南商丘南。言甚，言螽之多。

4. 春秋文公八年（前619年）

十月，螽。

物异考·蝗虫：2461

5. 春秋宣公六年（前603年）

八月，螽。 物异考·蝗虫：2461

6. 春秋宣公十三年（前596年）

秋，螽。 物异考·蝗虫：2461

7. 春秋宣公十五年（前594年）

秋，螽。冬，蝝生。 物异考·蝗虫：2461

8. 春秋襄公七年（前566年）

八月，螽。 物异考·蝗虫：2461

9. 春秋哀公十二年（前483年）

十二月，螽。 物异考·蝗虫：2461

10. 春秋哀公十三年（前482年）

九月，螽。十二月，螽。刘歆以为，周十二月，夏十月也。周九月，夏七月，故《传》曰："火犹西流，司历过也。" 物异考·蝗虫：2461

注：周、夏，均朝代名，因朝代不同，而使用的历法亦不相同。刘歆，西汉文学家。《传》，指《春秋左氏传》，春秋左丘明撰。火犹西流，司历过也，热气向西流行，气候发生了变化。

11. 秦王政四年（前243年）

十月，蝗虫自东方来，蔽天。 物异考·蝗虫：2461

注：蝗虫从东方来，当从今陕西长安以东或从陕西潼关以东飞来。

12. 西汉中元三年（前147年）

秋，蝗。 物异考·蝗虫：2461

13. 西汉中元四年（前146年）

夏，蝗。 物异考·蝗虫：2461

14. 西汉建元五年（前 136 年）

五月，大蝗。 物异考·蝗虫：2461

15. 西汉元光六年（前 129 年）

夏，蝗。 物异考·蝗虫：2461

16. 西汉元鼎五年（前 112 年）

秋，蝗。 物异考·蝗虫：2461

17. 西汉元封六年（前 105 年）

秋，蝗。 物异考·蝗虫：2461

18. 西汉太初元年（前 104 年）

夏，蝗从东方飞至敦煌。 物异考·蝗虫：2461

注：敦煌，今甘肃敦煌，地处河西走廊西端。据 1985 年郑哲民《甘肃蝗虫图志》载，河西走廊分布亚洲飞蝗，不分布东亚飞蝗，这次蝗虫迁飞，是指亚洲飞蝗。

19. 西汉太初三年（前 102 年）

秋，复蝗。 物异考·蝗虫：2461

20. 西汉征和三年（前 90 年）

秋，蝗。 物异考·蝗虫：2461

21. 西汉征和四年（前 89 年）

夏，蝗。 物异考·蝗虫：2461

22. 西汉元始二年（2 年）

秋，蝗遍天下。 物异考·蝗虫：2461

23. 新莽地皇三年（22 年）

夏，蝗从东方来，飞蔽天，至长安，入未央宫，缘殿阁，草木尽。

物异考·蝗虫：2461

注：蝗从东方来，从今陕西长安以东或潼关以东飞来。缘殿阁，蝗虫爬满皇宫殿阁。

24. 东汉光武二十八年（52 年）

郡国共八十蝗。 物异考·蝗虫：2461

25. 东汉光武二十九年（53 年）

四月，武威、酒泉、清河、京兆、魏郡、弘农蝗。 物异考·蝗虫：246

注：武威，今甘肃武威。酒泉，今甘肃酒泉。清河，国名，治所在今山东临清东。京兆，今陕西长安。魏郡，治所在今河北临漳邺镇。弘农，在今河南灵宝北。

26. 东汉光武三十一年（55 年）

郡国大蝗。 物异考·蝗虫：2461

27. 东汉永平四年（61 年）

酒泉大蝗，从塞外入。 物异考·蝗虫：2461

注：酒泉，今甘肃酒泉。塞外，指塞北，今甘肃长城以北。这次蝗灾是指亚洲飞蝗。

28. 东汉永平十五年（72 年）

蝗起泰山，弥行兖、豫。 物异考·蝗虫：2461

注：泰山，郡名，治所在今山东泰安东北。兖豫，区域名，泛指今山东西南部和河南东部及安徽亳州连接处广大地区。

29. 东汉永元四年（92 年）

蝗。 物异考·蝗虫：2461

30. 东汉永元八年（96 年）

五月，河内、陈留蝗。九月，京都蝗。 物异考·蝗虫：2461

注：河内，今河南武陟西南。陈留，在今河南开封东南。京都，后汉定都洛阳，今河南洛阳。

31. 东汉永元九年（97 年）

从夏至秋，蝗。

物异考·蝗虫：2461

32. 东汉永初四年（110 年）

夏，蝗。

物异考·蝗虫：2461

33. 东汉永初五年（111 年）

夏，九州蝗。

物异考·蝗虫：2461

注：九州，泛指全中国，指蝗灾发生面积很大。

34. 东汉永初六年（112 年）

三月，去蝗处复蝗，子生。《古今注》曰："郡国四十八蝗。"

物异考·蝗虫：2461

注：《古今注》，西晋崔豹著，可供研究古代名物者参考。

35. 东汉永初七年（113 年）

夏，蝗。

物异考·蝗虫：2461

36. 东汉元初元年（114 年）

夏，郡国五蝗。

物异考·蝗虫：2461

37. 东汉元初二年（115 年）

夏，郡国二十蝗。

物异考·蝗虫：2461

38. 东汉延光元年（122 年）

六月，郡国蝗。

物异考·蝗虫：2461

39. 东汉永建五年（130 年）

郡国十二蝗。

物异考·蝗虫：2461

40. 东汉永和元年（136 年）

秋，偃师蝗。　　　　　　　　　　　　　　　　物异考·蝗虫：2461

注：偃师，县名，今河南偃师。

41. 东汉永兴元年（153 年）

七月，郡国三十二蝗。　　　　　　　　　　　　物异考·蝗虫：2461

42. 东汉永兴二年（154 年）

六月，京都蝗。　　　　　　　　　　　　　　　物异考·蝗虫：2461

注：京都，后汉京都今河南洛阳。

43. 东汉永寿三年（157 年）

六月，京都蝗。　　　　　　　　　　　　　　　物异考·蝗虫：2461

44. 东汉延熹元年（158 年）

五月，京都蝗。　　　　　　　　　　　　　　　物异考·蝗虫：2461

45. 东汉延熹九年（166 年）

《谢沈书》曰："扬州六郡连水、旱、蝗害也。"　　物异考·蝗虫：2461

注：谢沈，晋人，曾作《后汉书》。扬州，治所历阳，今安徽和县。六郡，据《后汉书·郡国志》载，扬州辖九江、丹阳、庐江、会稽、吴郡、豫章六郡。九江，治所在今安徽定远西北。丹阳，治所在今安徽宣州。庐江，治所在今安徽舒城。会稽，治所在今浙江绍兴。吴郡，治所在今江苏苏州。豫章，治所在今江西南昌。

46. 东汉熹平六年（177 年）

夏，七州蝗。　　　　　　　　　　　　　　　　物异考·蝗虫：2461

47. 东汉光和元年（178 年）

诏策问曰："连年蝗虫，至冬踊，其咎焉在？"　　物异考·蝗虫：2461

注：诏策，灵帝刘宏召见众臣商议对策。踊，上升，不止意。咎，灾害意。

48. 东汉兴平元年（194 年）

夏，大蝗。 物异考·蝗虫：2461

49. 东汉建安二年（197 年）

五月，蝗。 物异考·蝗虫：2461

50. 三国魏黄初三年（222 年）

七月，冀州大蝗，人饥。 物异考·蝗虫：2461

注：冀州，今河北冀州。

51. 西晋泰始十年（274 年）

六月，蝗。 物异考·蝗虫：2462

52. 西晋永宁元年（301 年）

郡国六蝗。 物异考·蝗虫：2462

53. 西晋永嘉四年（310 年）

五月，大蝗，自幽、并、司、冀，至于秦、雍，草木、牛马毛鬣皆尽。

物异考·蝗虫：2462

注：幽州，今河北涿州。并州，在今山西太原西南。司州，在今河南洛阳东北。冀州，在今河北高邑西南。秦、雍，泛指今甘肃和陕西中、西部地区。

54. 西晋建兴四年（316 年）

五月，大蝗。 物异考·蝗虫：2462

刘聪末年，河东大蝗，唯不食黍豆。靳准率部人收而埋之，哭声闻于十余里，后乃钻土飞出，复食黍豆。 物异考·蝗虫：2462

注：刘聪，十六国汉国国君，310—318 年在位。末年，河东大蝗，《文献通考》未注明发生年份，据《晋书·刘聪载记》载：河东大蝗后，改元麟嘉，即建兴四年（316年）。另《资治通鉴》及《中国历代天灾人祸表》也均载，建兴四年，秋七月，河东大

蝗。河东，郡名，治所在今山西夏县西北。靳准，人名，刘聪部下官员。收而埋之，捕捉蝗虫掘沟埋掉。哭声，未被打死的蝗虫在松散的土中骚动之声。

55. 西晋建兴五年 (317 年)

司、冀、青、雍螽。 物异考·蝗虫：2462

注：司州，今河南洛阳东北。冀州，在今河北高邑西南。青州，在今山东淄博临淄北。雍州，在今陕西西安西北。螽，指飞蝗。

56. 东晋太兴元年 (318 年)

六月，兰陵、合乡蝗害禾稼。乙未，东莞蝗虫纵横三百里，害苗稼。七月，东海、彭城、下邳、淮西郡蝗虫害禾豆。八月，冀、青、徐三州蝗食生草尽，至于二年。 物异考·蝗虫：2462

注：兰陵，古县名，治所在今山东兰陵县兰陵镇。合乡，旧县名，在今山东滕州东。东莞，旧县名，在今山东沂水东北。东海，郡名，治所在今山东郯城。彭城，郡名，治所在今江苏徐州。下邳，郡名，治所在今江苏睢宁西北。淮西，泛指淮河以西。冀州，在今河北高邑西南。青州，在今山东淄博临淄北。徐州，今江苏徐州。

57. 东晋太兴二年 (319 年)

五月，淮陵、临淮、淮南、安丰、庐江等五郡蝗虫食秋麦。是月癸丑，徐州及扬州、江西诸郡蝗，吴郡百姓多饿死。 物异考·蝗虫：2462

注：淮陵，在今安徽明光市东北。临淮，在今江苏盱眙东北。淮南，今安徽寿县。安丰，在今安徽霍邱西南。庐江，今安徽舒城。徐州，今江苏徐州。扬州，今江苏南京。吴郡，今江苏苏州。江西，地区名，指长江下游北岸和淮河以南今安徽及江苏的一些地区。

58. 前秦和平元年 (354 年)

苻坚时，蝗虫大起，自华阴至陇山，食百草无遗，牛马相啖毛。

物异考·蝗虫：2462

注：苻坚时，《文献通考》未注明发生年份，据《晋书·苻坚载记》，永和十年（354年），蝗虫大起，自华泽至陇山，食百草无遗。苻坚，十六国前秦国君，351—355 年在

位。华阴，今陕西华阴。陇山，山名，在今陕西陇县西北。

59. 东晋太元十五年（390 年）

八月，兖州蝗。 物异考·蝗虫：2462

注：兖州，在今山东郓城西。

60. 东晋太元十六年（391 年）

五月，飞蝗从南来，集堂邑县界，害苗稼。 物异考·蝗虫：2462

注：堂邑，在今江苏六合北，辖今江苏六合及安徽天长西部一些地区。

61. 宋元嘉三年（426 年）

秋，旱且蝗。 物异考·蝗虫：2462

62. 南朝梁大同三年（537 年）

大同初，大蝗，篱门松柏叶皆尽。 物异考·蝗虫：2462

注：大同初，《文献通考》未注明发生年份，但据《梁书·武帝纪》考证，大同三年（537 年），记载有"南兖州大饥"和"是岁饥"等语，其他各志书大同初均无灾害记载，这次蝗灾可能在大同三年。梁南兖州，治所小黄，今安徽亳州。

63. 北齐天保八年（557 年）

河北六州、河南十二州蝗，畿人皆祭之。 物异考·蝗虫：2462

注：河北、河南，泛指黄河北、南，今河北、河南及山东部分地区。畿人，北齐定都邺，今河北临漳西南，畿人，临漳附近人。

64. 北齐天保九年（558 年）

山东又蝗。 物异考·蝗虫：2462

注：山东，今山东省。

65. 北齐天保十年（559 年）

幽州大蝗。 物异考·蝗虫：2462

注：幽州，治所在今北京西南。

66. 后周建德二年（573 年）

关中大蝗。 物异考·蝗虫：2462

注：关中，泛指今陕西关中盆地为关中。

67. 隋开皇十六年（596 年）

并州蝗。 物异考·蝗虫：2462

注：并州，在今山西太原西南。

68. 唐武德六年（623 年）

夏州蝗。 物异考·蝗虫：2462

注：夏州，治所在今陕西靖边北。

69. 唐贞观二年（628 年）

六月，京畿旱蝗，太宗在苑中掇蝗祝之曰："人以谷为命，百姓有过，在予一人，但当蚀我，无害百姓。"将吞之，侍臣惧帝致疾，遽以为谏。帝曰："所冀移灾朕躬，何疾之避?"遂吞之。是岁，蝗不为灾。 物异考·蝗虫：2462

注：京畿，指今陕西长安附近地区。掇，拾起。蚀，通食。冀，希望意。

70. 唐贞观三年（629 年）

五月，徐州蝗。秋，德、戴、廓等州蝗。 物异考·蝗虫：2462

注：徐州，今江苏徐州。德州，今山东陵县。戴州，今山东成武。廓州，在今青海化隆西。

71. 唐贞观四年（630 年）

秋，观、兖、辽等州蝗。 物异考·蝗虫：2462

注：观州，今河北阜城东北。兖州，今山东兖州。辽州，今山西左权。

72. 唐贞观二十一年（647 年）

秋，渠、泉二州蝗。   物异考·蝗虫：2462

注：渠州，今四川渠县。泉州，今福建泉州。

73. 唐永徽元年（650 年）

夔、绛、雍、同等州蝗。秋，陈州蝗。   物异考·蝗虫：2462

注：夔州，今重庆奉节。绛州，今山西新绛。雍州，今陕西西安。同州，今陕西大荔。陈州，今河南淮阳。

74. 唐永淳元年（682 年）

三月，京畿蝗，无麦苗。六月，雍、岐、陇等州蝗。   物异考·蝗虫：2462

注：京畿，今陕西长安附近地区。岐州，今陕西凤翔。陇州，今陕西陇县。

75. 唐武周长寿二年（693 年）

台、建等州蝗。   物异考·蝗虫：2462

注：台州，今浙江临海。建州，今福建建瓯。

76. 唐开元三年（715 年）

七月，河南、河北蝗。   物异考·蝗虫：2462

注：河南、河北，均为唐道名，主要辖今河南、河北地。

77. 唐开元四年（716 年）

夏，山东蝗食稼，声如风雨。   物异考·蝗虫：2462

注：山东，地区名，泛指今山东省。

78. 唐开元二十五年（737 年）

贝州蝗，有白鸟数千万，群飞食之，一夕而尽，禾稼不伤。

物异考·蝗虫：2462

注：贝州，在今河北清河西北。

79. 唐广德二年（764 年）

秋，蝗，关辅尤甚，斗米千钱。 物异考·蝗虫：2462

注：关辅，泛指潼关以西今陕西中、东部地区。

80. 唐兴元元年（784 年）

秋，蟓蝗自山而东，际于海，晦天蔽野，草木皆尽。 物异考·蝗虫：2462

注：山，古指华山或太行山。海，泛指渤海。

81. 唐贞元元年（785 年）

夏，蝗东自海，西尽河、陇，群飞蔽天，旬日不息，所至草木叶及畜毛靡有孑遗，饿殍枕道，民蒸蝗，曝，扬去翅足而食之。 物异考·蝗虫：2462

注：海，泛指渤海。河、陇，区域名，指今陕西黄河至陇山之间广大区域。

82. 唐元和元年（806 年）

夏，镇、冀等州蝗。 物异考·蝗虫：2462

注：镇州，今河北正定。冀州，今河北冀州。

83. 唐长庆三年（823 年）

秋，洪州蟓蝗害稼八万顷。 物异考·蝗虫：2462

注：洪州，今江西南昌。顷，面积单位，1 顷等于 100 亩。

84. 唐开成元年（836 年）

夏，镇州、河中蝗害稼。 物异考·蝗虫：2462

注：河中，府名，治所在今山西永济市蒲州镇。

85. 唐开成二年（837 年）

六月，魏博、昭义、淄青、沧州、兖海、河南蝗。 物异考·蝗虫：2462

注：魏博，方镇名，治所魏州，在今河北大名东北。昭义，方镇名，治所在今山西长治。淄青，方镇名，治所在今山东青州。沧州，在今河北沧县东南。兖海，亦称泰宁，治所在今山东临沂。河南，旧府名，治所在今河南洛阳。

86. 唐开成三年（838 年）

秋，河南、河北镇、定等州蝗，草木叶皆尽。　　　　物异考·蝗虫：2462

注：河南，治所在今河南洛阳。镇州，今河北正定。定州，今河北定州。

87. 唐开成五年（840 年）

夏，幽、魏博、郓、曹、濮、沧、齐、德、淄青、兖海、河阳、淮南、虢、陈、许、汝等州螟蝗害稼。　　　　物异考·蝗虫：2462

注：幽州，方镇名，治所在今北京西南。郓州，在今山东东平西北。曹州，在今山东曹县西北。濮州，在今山东鄄城北。齐州，今山东济南。德州，今山东陵县。河阳，古县名，在今河南孟州南。淮南，方镇名，治所在今江苏扬州。虢州，今河南灵宝。陈州，今河南淮阳。许州，今河南许昌。汝州，今河南汝州。

88. 唐会昌元年（841 年）

七月，关东、山南邓、唐等州蝗。　　　　物异考·蝗虫：2462

注：关东，泛指今陕西潼关或今河南新安以东广大地区。山南，唐山南东道道名。邓州，今河南邓州。唐州，今河南泌阳。

89. 唐大中八年（854 年）

七月，剑南东川蝗。　　　　物异考·蝗虫：2462

注：剑南东川，方镇名，治所在今四川三台。

90. 唐咸通三年（862 年）

六月，淮南、河南蝗。　　　　物异考·蝗虫：2462

注：淮南，方镇名，治所在今江苏扬州。河南，方镇名，治所在今河南开封。

91. 唐咸通六年（865 年）

八月，东都、同、华、陕、虢等州蝗。　　　　物异考·蝗虫：2462

注：东都，今河南洛阳。同州，今陕西大荔。华州，今陕西华县。陕州，今河南陕县。虢州，今河南灵宝。

92. 唐咸通七年（866 年）

夏，东都、同、华、陕、虢及京畿蝗。 物异考·蝗虫：2462

注：京畿，道名，治所在今陕西长安。

93. 唐咸通九年（868 年）

江淮、关内及东都蝗。 物异考·蝗虫：2462

注：江淮，区域名，泛指长江、淮河之间广大区域。关内，区域名，泛指今陕西中部关中盆地。东都，今河南洛阳。

94. 唐咸通十年（869 年）

夏，陕、虢等州蝗。 物异考·蝗虫：2462

95. 唐乾符二年（875 年）

蝗自东而西蔽天。 物异考·蝗虫：2462

96. 唐光启元年（885 年）

秋，蝗自东方来，群飞蔽天。 物异考·蝗虫：2462

97. 唐光启二年（886 年）

荆、襄蝗，斗米钱三千，人相食。淮南蝗自西来，行而不飞，浮水缘城入扬州府署，竹树幢节，一夕如剪，幡帜画像，皆啮去其首，扑不能止，旬日，自相食尽。

物异考·蝗虫：2462

注：荆州，治所在今湖北荆州市荆州区。襄州，今湖北襄阳市襄州区。淮南，方镇名，今江苏扬州。

98. 后梁开平元年（907 年）

六月，许、陈、汝、蔡、颍五州蝝生，有野禽群飞蔽空，食之皆尽。

物异考·蝗虫：2462

注：许州，今河南许昌。陈州，今河南淮阳。汝州，今河南汝州。蔡州，今河南汝南。颍州，今安徽阜阳。螽，蝗蝻。

99. 后唐同光三年（925 年）

九月，镇州飞蝗害稼。　　　　　　　　　　　物异考·蝗虫：2462

注：镇州，今河北正定。

100. 后晋天福七年（942 年）

四月，山东、河南、关西诸郡蝗害稼。　　　　　物异考·蝗虫：2462

注：关西，泛指今陕西潼关以西广大地区。

101. 后晋天福八年（943 年）

四月，天下诸道州飞蝗害稼，草木叶皆尽。诏州县长吏捕蝗。华州、雍州节度使命百姓捕蝗一斗，以禄粟一斗赏之。时，蝗旱相继，人民流迁，饥者盈路，关西饿殍尤甚，死者十有七八。朝廷以军食不充，分命使臣诸道括借粟麦。晋氏自此衰矣。

物异考·蝗虫：2462

注：华州，今陕西华县。雍州，今陕西西安。

102. 后汉乾祐元年（948 年）

七月，青、郓、兖、齐、濮、沂、密、邢、曹皆言螽生。开封府奏，阳武、雍丘、襄邑等县蝗，寻为鸲鹆食之，皆尽。敕"禁罗弋鸲鹆"，以其有吞蝗之异也。

物异考·蝗虫：2462

注：青州，今山东青州。郓州，在今山东东平西北。兖州，今山东兖州。齐州，今山东济南。濮州，在今山东鄄城北。沂州，今山东临沂。密州，今山东诸城。邢州，今河北邢台。曹州，在今山东曹县西北。阳武，在今河南原阳东南。雍丘，今河南杞县。襄邑，今河南睢县。鸲鹆，鸟类，即八哥。

103. 后汉乾祐二年（949 年）

五月，博州有螽生，化为蝶飞去。宋州蝗，一夕抱草而死。

物异考·蝗虫：2462

注：博州，治所在今山东聊城东南。宋州，在今河南商丘南。

104. 宋建隆元年（960 年）

七月，澶州蝗。 物异考·蝗虫：2463

注：澶州，今河南濮阳。

105. 宋建隆二年（961 年）

五月，濮州范县蝗。 物异考·蝗虫：2463

注：范县，今河南范县。

106. 宋建隆三年（962 年）

七月，兖、济、德、磁、洺五州有蝝生，真定府深州螟虫生。

物异考·蝗虫：2463

注：兖州，今山东兖州。济州，今山东巨野。德州，今山东陵县。磁州，今河北磁
县。洺州，在今河北永年东南。深州，今河北深州。蝝，飞蝗蝻。

107. 宋建隆四年（963 年）

六月，澶、濮、曹、绛等州有蝗，怀州蝗生。 物异考·蝗虫：2463

注：濮州，在今山东鄄城北。曹州，在今山东曹县西北。绛州，今山西新绛。怀州，
今河南沁阳。

108. 宋乾德二年（964 年）

四月，相州螟虫食桑。五月，赵州昭庆县有蝗，东西四十里，南北二十里。是
夏，河南、河北、陕西诸州皆蝗。 物异考·蝗虫：2463

注：相州，今河南安阳。昭庆，今河北隆尧东旧城乡。

109. 宋乾德三年（965 年）

七月，诸路有蝗。 物异考·蝗虫：2463

110. 宋开宝二年（969 年）

八月，真定府冀、磁州蝗。 物异考·蝗虫：2463

注：冀州，今河北冀州。磁州，今河北磁县。

111. 宋太平兴国二年（977 年）

闰七月，卫州蝻虫生。 物异考·蝗虫：2463

注：卫州，今河南卫辉。

112. 宋太平兴国六年（981 年）

七月，河南府、宋州蝗。 物异考·蝗虫：2463

注：河南府，治所在今河南洛阳。宋州，治所在今河南商丘南。

113. 宋太平兴国七年（982 年）

四月，唐州北阳县蝻虫生，有飞鸟食之尽。河南府、滑州蝻虫生。五月，大名府、陕州、陈州蝗。七月，郓州阳谷县蝻虫生。 物异考·蝗虫：2463

注：北阳，即比阳，唐州置，今河南泌阳。河南府，治所在今河南洛阳。滑州，治所在今河南滑县东南。大名府，治所在今河北大名东北。陕州，今河南陕县。陈州，今河南淮阳。阳谷，治所在今山东阳谷。

114. 宋太平兴国九年（984 年）

七月，泗州蝝虫食桑。 物异考·蝗虫：2463

注：泗州，治所临淮，在今江苏盱眙西北，清康熙年陷入洪泽湖。

115. 宋雍熙二年（985 年）

四月，天长军蝝虫食苗。 物异考·蝗虫：2463

注：天长军，治所在今安徽天长。

116. 宋雍熙三年（986 年）

七月，濮州鄄城县有蝗，俄自死。 物异考·蝗虫：2463

注：濮州，治所在今山东鄄城北。

117. 宋淳化元年（990 年）

四月，郓州中都县蝻虫生。七月，单州砀山县蝗，曹州济阴县有蝗自北来，飞亘天有声。 物异考·蝗虫：2463

注：中都，古县名，治所在今山东汶上，属郓州。砀山，在今安徽砀山东，时属单州管辖。曹州，治所济阴，在今山东曹县西北。

118. 宋淳化二年（991 年）

三月，亳州蝻虫生，遇雨而死。六月，淄、澶、濮州、乾宁军并蝗生。七月，宁边军有蝻，沧州蝻虫食苗，棣州有飞蝗自北来，害稼。 物异考·蝗虫：2463

注：亳州，今安徽亳州。淄州，治所在今山东淄博淄川区。澶州，今河南濮阳。濮州，在今山东鄄城北。乾宁军，治所在今河北青县。宁边军，治所在今河北蠡县。沧州，在今河北沧县东南。棣州，在今山东惠民东南。

119. 宋淳化三年（992 年）

六月，京师有蝗，起东北，趣西南，蔽空，如云翳日。七月，贝、许、沧、沂、蔡、汝、商、兖、单等州，淮阳、平定、静戎军蝗，俄抱草自死。

物异考·蝗虫：2463

注：京师，宋京师，今河南开封。贝州，在今河北清河西北。许州，今河南许昌。沧州，在今河北沧县东南。沂州，今山东临沂。蔡州，今河南汝南。汝州，今河南汝州。商州，今陕西商洛市商州区。兖州，今山东兖州。单州，今山东单县。淮阳军，治所在今江苏睢宁西北。平定，今山西平定。静戎军，亦称安肃军，治所在今河北徐水。

120. 宋至道二年（996 年）

六月，亳、宿、密州蝗生，食苗。七月，许州长葛、阳翟二县有蝻虫食苗，齐州历城、长青等县有蝗。 物异考·蝗虫：2463

注：亳州，今安徽亳州。宿州，今安徽宿州。密州，今山东诸城。长葛，今河南长葛。阳翟，今河南禹州。历城，今山东历城。长青，今山东长清。

121. 宋至道三年（997 年）

七月，单州蝻虫生。 物异考·蝗虫：2463

注：单州，今山东单县。

122. 宋景德元年（1004 年）

八月，陕、滨、棣州蝗害稼。　　　　　　　　　　物异考·蝗虫：2463

注：陕州，今河南陕县。滨州，今山东滨州。棣州，在今山东惠民东南。

123. 宋景德二年（1005 年）

六月，京东诸州蝻虫生。　　　　　　　　　　　　物异考·蝗虫：2463

注：京东，路名，治所宋州，在今河南商丘南。

124. 宋景德三年（1006 年）

八月，德、博州蟓生。　　　　　　　　　　　　　物异考·蝗虫：2463

注：德州，今山东陵县。博州，治所在今山东聊城。蟓，飞蝗蝻。

125. 宋景德四年（1007 年）

九月，陈州宛丘县，郓州东阿、须城二县蝗。　　物异考·蝗虫：2463

注：陈州，治所宛丘，今河南淮阳。东阿，今山东东阿。须城，今山东东平州城镇。

126. 宋大中祥符二年（1009 年）

五月，雄州蝗蝻食苗。　　　　　　　　　　　　　物异考·蝗虫：2463

注：雄州，今河北雄县。

127. 宋大中祥符三年（1010 年）

六月，开封府咸平、尉氏二县蝻虫生。　　　　　物异考·蝗虫：2463

注：咸平，今河南通许。尉氏，今河南尉氏。

128. 宋大中祥符四年（1011 年）

六月，开封府祥符县有蝗。七月，河南府及京东蝗生，食苗叶。八月，开封府祥符、咸平、中牟、陈留、雍丘、封丘六县蝗生。　　　　　　　物异考·蝗虫：2463

注：河南府，治所在今河南洛阳。京东，路名，治所在今河南商丘南。祥符，开封府治所，今河南开封。咸平，今河南通许。中牟，今河南中牟。陈留，古县名，治所在今河南开封东南。雍丘，今河南杞县。封丘，今河南封丘。

129. 宋大中祥符九年 (1016 年)

六月，京畿、京东西、河北路蝗蝻继生，弥覆郊野，食民田殆尽，入公私庐舍。七月，过京师，群飞翳空，至淮南，趣河东，及霜寒始毙。物异考·蝗虫：2463

注：京畿，今河南开封附近。京东西，京东路，治所在今河南商丘南，京西路，治所在今河南洛阳。河北路，治所在今河北大名。淮南，路名，治所在今江苏扬州。河东，旧县名，今山西永济蒲州镇。

130. 宋天禧元年 (1017 年)

二月，开封府、京东西、河北、河东、陕西、江淮、两浙、荆湖百三十州军蝗蝻复生，多去岁蛰者。和州蝗生卵，如稻粒而细。六月，江淮大风，多吹蝗入江海，或抱草木僵死。物异考·蝗虫：2463

注：河东，路名，治所在今山西太原。陕西，路名，治所在今陕西西安。江淮，江南路和淮南路合称，江南路，治所在今江苏南京，淮南路，治所在今江苏扬州。两浙，路名，治所在今浙江杭州。荆湖，宋荆湖北路名，治所在今湖北荆州荆州区。和州，今安徽和县。蛰，众多意。

131. 宋天禧二年 (1018 年)

四月，江阴军蝻虫生。物异考·蝗虫：2463

注：江阴，今江苏江阴。

132. 宋天圣五年 (1027 年)

七月，邢、洺州蝗。甲寅，赵州蝗，不食苗。是岁，京兆府旱蝗。物异考·蝗虫：2463

注：邢州，今河北邢台。洺州，在今河北永年东南。赵州，今河北赵县。京兆府，治所在今陕西西安。

133. 宋天圣六年（1028 年）

五月，河北、京东蝗。 物异考·蝗虫：2463

注：河北，路名，治所在今河北大名东。京东，路名，治所在今河南商丘南。

134. 宋明道元年（1032 年）

十月，濠州蝗。 物异考·蝗虫：2463

注：濠州，治所钟离，在今安徽凤阳东北。

135. 宋明道二年（1033 年）

七月，开封府界、京东西、河北、河东、陕西蝗。 物异考·蝗虫：2463

注：开封府，治所在今河南开封。京东西，京东路，治所在今河南商丘南，京西路，治所在今河南洛阳。河北，路名，治所在今河北大名东。河东，路名，治所在今山西太原。陕西，路名，治所在今陕西西安。

136. 宋景祐元年（1034 年）

六月，开封府、淄州蝗。诸路募民掘蝗子万余石。 物异考·蝗虫：2463

注：淄州，今山东淄博淄川区。蝗子，蝗卵。石，计量单位，1 石等于 10 斗。

137. 宋宝元元年（1038 年）

六月，曹、濮、单三州蝗。 物异考·蝗虫：2463

注：曹州，在今山东曹县西北。濮州，今山东鄄城北旧城镇。单州，今山东单县。

138. 宋庆历四年（1044 年）

春，淮南旱蝗。是岁，京师飞蝗蔽天。 物异考·蝗虫：2463

注：淮南，路名，治所在今江苏扬州。京师，今河南开封。

139. 宋熙宁元年（1068 年）

秀州蝗。 物异考·蝗虫：2463

注：秀州，今浙江嘉兴。

140. 宋熙宁五年 (1072 年)

河北大蝗。 物异考·蝗虫：2463

141. 宋熙宁六年 (1073 年)

四月，河北诸路蝗。是岁，江宁府飞蝗自江北来。 物异考·蝗虫：2463

注：河北诸路，宋熙宁六年（1073 年），河北路始分为河北东路（治所在今河北大名）和河北西路（治所在今河北正定）。江宁，府名，治所在今江苏南京。江北，长江以北。

142. 宋熙宁七年 (1074 年)

夏，开封府界及河北路蝗。七月，咸平县鸲鹆食蝗。 物异考·蝗虫：2463

注：咸平，今河南通许。鸲鹆，鸟名，即八哥。

143. 宋熙宁八年 (1075 年)

八月，淮西蝗，陈、颍州蔽野。 物异考·蝗虫：2463

注：淮西，淮南西路，治所在今安徽凤台。陈州，今河南淮阳。颍州，今安徽阜阳。

144. 宋熙宁九年 (1076 年)

夏，开封府畿、京东、河北、陕西蝗。 物异考·蝗虫：2463

注：开封府畿，今河南开封附近。京东，路名，治所在今河南商丘南。

145. 宋元丰四年 (1081 年)

六月，河北蝗。秋，开封府界蝗。 物异考·蝗虫：2463

146. 宋元丰五年 (1082 年)

夏，又蝗。 物异考·蝗虫：2463

注：又蝗，指河北路及京畿开封附近又蝗，今河北及河南开封。

147. 宋元丰六年（1083 年）

夏，又蝗，五月，沂州蝗。　　　　　　　　物异考·蝗虫：2463

注：沂州，今山东临沂。

148. 宋元符元年（1098 年）

八月，高邮军飞蝗抱草死。　　　　　　　　物异考·蝗虫：2463

注：高邮，今江苏高邮。

149. 宋崇宁元年（1102 年）

夏，开封府界、京东、河北、淮南等路蝗。　　物异考·蝗虫：2463

注：开封，今河南开封。京东，路名，治所在今河南商丘南。河北，路名，分为东路（治所在今河北大名）和西路（治所在今河北正定）。淮南，路名，分为淮南东路（治所在今江苏扬州）和淮南西路（治所在今安徽凤台）。

150. 宋崇宁二年（1103 年）

诸路蝗，令有司醊祭。　　　　　　　　　　物异考·蝗虫：2463

注：醊，神名，相传为灾害之神。

151. 宋崇宁三年（1104 年）

大蝗，其飞蔽日，来自山东及府界，惟河北尤甚。物异考·蝗虫：2463

注：府界，开封府，今河南开封。

152. 宋崇宁四年（1105 年）

连岁大蝗，其飞蔽日，来自山东及府界，惟河北尤甚。物异考·蝗虫：2463

153. 宋宣和三年（1121 年）

诸路蝗。　　　　　　　　　　　　　　　　物异考·蝗虫：2463

154. 宋建炎二年（1128 年）

六月，京师、淮甸大蝗，令长吏修醊祭。　　物异考·蝗虫：2463

注：京师，今河南商丘。淮甸，淮河两岸低洼湿地，今安徽部分地区。

155. 宋绍兴二十九年 (1159 年)

七月，盱眙军、楚州军界三十里蝗，为风所坠，风止，复飞淮北。

物异考·蝗虫：2463

注：盱眙，今江苏盱眙。楚州，今江苏淮安。淮北，指淮河以北地区。

156. 宋绍兴三十二年 (1162 年)

六月，江东、淮南北郡国蝗，飞入湖州境，声如风雨。自癸巳至于七月丙申，飞遍畿县，余杭、仁和、钱塘皆蝗。丙午，蝗入京城。八月，山东大蝗。癸丑，颁祭醣礼式。

物异考·蝗虫：2463

注：江东，江南东路，治所在今江苏南京。淮南北，淮河南北，今江苏，安徽地区。畿县，杭州附近，宋绍兴八年 (1138 年)，南宋定都临安 (今浙江杭州)。余杭，今浙江杭州。仁和、钱塘，均旧县名，同治今浙江杭州。山东，区域名，泛指今山东省。

157. 宋隆兴元年 (1163 年)

七月，大蝗。诏群臣言阙失。八月，飞蝗过都，蔽天日，徽、宣、湖三州及浙东郡县害稼。下捕蝗之令。九月，京东大蝗，襄、随蝗甚，民为乏食。

物异考·蝗虫：2463

注：都，首都，南宋都城今浙江杭州。徽州，今安徽歙县。宣州，今安徽宣州。湖州，今浙江湖州。浙东，两浙东路名，治所在今浙江绍兴。京东，路名，治所在今山东青州。襄州，今湖北襄樊襄阳城。随州，今湖北随州。

158. 宋隆兴二年 (1164 年)

夏，畿县余杭大蝗。

物异考·蝗虫：2463

注：余杭，旧县名，治所在今浙江杭州。

159. 宋乾道元年 (1165 年)

六月，淮西蝗，宪臣姚岳贡死蝗为瑞，上斥其佞，坐黜。

物异考·蝗虫：2463

注：淮西，路名，治所在今安徽凤台。宪臣，古代对官员的尊称。瑞，吉祥。佞，献媚。坐黜，坐罪，罢官。

160. 宋淳熙三年 (1176 年)

八月，淮北飞蝗，楚州、盱眙军界如云阵、风雷者，逾时，遇大雨皆死，稼用不害。

物异考·蝗虫：2463

注：淮北，指淮河以北。楚州，今江苏淮安。盱眙，今江苏盱眙。这次蝗灾，主要发生在今江苏、安徽两省及洪泽湖地区。

161. 宋淳熙九年 (1182 年)

六月，滁州全椒县，和州历阳、乌江县蝗。飞蝗过都，遇大雨，坠仁和界芦荡茅穗。令徙瘗之。七月，淮甸大蝗，真、扬、泰州窖捕蝗五千斛，余郡或日捕数十车，群飞绝江，坠镇江府，皆害稼。令淮、浙郡国捕除。

物异考·蝗虫：2463

注：全椒，今安徽全椒。历阳，今安徽和县。乌江，旧县名，在今安徽和县东北。都，首都，今浙江杭州。仁和，今浙江杭州。徙，流放犯人。瘗，掘坑埋之。淮甸，淮河两岸湿地。真州，今江苏仪征。扬州，今江苏扬州。泰州，今江苏泰州。斛，计量单位。古代一斛为一石，但南宋末年改一斛为五斗。镇江，今江苏镇江。淮、浙郡国，淮南路及两浙路今江苏、安徽及浙江的一些州县。

162. 宋淳熙十年 (1183 年)

六月，淮、浙旧蝗遗育害稼。

物异考·蝗虫：2463

注：旧蝗，去年发生蝗虫的地方。遗育，遗种，繁殖。

163. 宋淳熙十四年 (1187 年)

七月，畿县仁和蝗。蝗始生，令捕除之，不为灾。

物异考·蝗虫：2463

注：仁和，旧县名，治所在今浙江杭州。

164. 宋绍熙二年 (1191 年)

七月，泰州蝗，自高邮县。

物异考·蝗虫：2463

注：泰州，今江苏泰州。高邮，今江苏高邮。

165. 宋绍熙五年（1194 年）

八月，楚、和州蝗。　　　　　　　　　　　　　物异考·蝗虫：2463

注：楚州，今江苏淮安。和州，今安徽和县。

166. 宋嘉泰二年（1202 年）

浙西大蝗，自丹阳入武进，若烟雾蔽天，其坠亘十余里。常之三县捕八千余石，湖之长兴捕数百石。时，浙东近郡亦蝗。　　　物异考·蝗虫：2463

注：浙西，两浙西路，治所在今浙江杭州。丹阳，今江苏丹阳。武进，今江苏常州武进区。常，今江苏常州。长兴，今浙江长兴。浙东，两浙东路，治所在今浙江绍兴。

167. 宋开禧三年（1207 年）

夏秋旱，大蝗，群飞蔽天。先是，浙西郡县首种不入，或种豆粟，皆既于蝗。

物异考·蝗虫：2463

注：浙西，两浙西路，治所在今浙江杭州。既，尽，被蝗虫吃尽意。

168. 宋嘉定元年（1208 年）

五月，江、浙大蝗。六月，祭酺。　　　　　物异考·蝗虫：2463－2464

169. 宋嘉定二年（1209 年）

四月，又蝗。下捕蝗令。五月，令诸郡修酺祀。六月，飞蝗入畿县。

物异考·蝗虫：2464

注：又蝗，江、浙又蝗，今江苏、浙江两省。畿县，今浙江杭州附近县。

170. 宋嘉定七年（1214 年）

六月，浙郡蝗。　　　　　　　　　　　　　　物异考·蝗虫：2464

注：浙郡，今浙江各州县。

171. 宋嘉定八年（1215 年）

四月，北境飞蝗越淮而南，江淮郡蝗，食禾苗、山林、草木皆尽。乙卯，飞蝗入畿县。己亥，祭醋，令蝗郡如式以祭。是岁，自夏徂秋，蝗患不息，诸道捕蝗者以千万石计，饥民竞捕，官以粟易之。 物异考·蝗虫：2464

注：北境，指金朝边境。越淮，飞越淮河。江淮，长江与淮河之间，今江苏、安徽一些郡县。畿县，今浙江杭州附近县。

172. 宋嘉定九年（1216 年）

五月，浙东蝗。丁巳，令郡国酺祭。令诸道部使者督捕之。是岁，荐饥，官以粟易蝗者，计千百斛。 物异考·蝗虫：2464

注：浙东，两浙东路，治所在今浙江绍兴。部，部属，安排布置。

173. 宋嘉定十年（1217 年）

四月，楚州蝗。 物异考·蝗虫：2464

注：楚州，治所山阳，今江苏淮安。

十一、《续文献通考》

（明）王圻撰

万历三十年版

注：《续文献通考》，其 254 卷，原载《续修四库全书》第 766 册，史部·政书类，明王圻于万历三十年（1602 年）撰成。其《物异考·蝗》对宋末至明嘉靖八年（1529 年）之间的蝗灾发生情况进行了整理，共 91 次，这是继元马端临《文献通考》历代蝗灾记载后的继续整理。

1. 宋嘉定元年（1208 年）

徽郡飞蝗大起，田野惊扰。

2. 宋嘉定七年（1214 年）

六月，浙东、西郡县蝗。

3. 宋嘉定八年（1215 年）

两浙、江东、西路旱蝗。四月，飞蝗入畿县，自夏至秋，蝗患不息，诸道捕蝗者以千万石计，民争捕，官以粟易。

4. 宋绍定三年（1230 年）

福建蝗。

5. 辽统和三年（985 年）

九月，东京、平州旱蝗。

6. 辽咸雍三年（1067 年）

南京旱蝗。

7. 辽咸雍九年（1073 年）

七月，南京奏：归义、涞水县蝗飞入宋境，余为蜂所食。

8. 辽大康七年（1081 年）

夏五月，有司奏：永清、武清、固安三县蝗。

9. 辽大安四年（1088 年）

八月，有司奏：宛平、永清蝗为飞鸟所食。

10. 辽寿昌四年（1098 年）

七月，南京蝗。时萧文知易州，属县议捕除之，文曰：蝗乃天灾，捕之何益！但反躬自责，于是蝗尽飞去，遗者亦不食苗，散在草莽，间为鸟鹊所食。

11. 金天会二年（1124 年）

曷懒移鹿古水霖雨害稼，且为蝗所食。

12. 金皇统二年（1142 年）

七月，广宁府蝗。

13. 金正隆三年（1158 年）

六月，蝗入京师。秋，中都、山东、河东蝗。

14. 金大定三年（1163 年）

三月，中都以南八路蝗。

15. 金大定四年（1164 年）

八月，中都南八路蝗，飞入京畿。时完颜宗宁为归德军节度使，督民捕蝗，得死蝗一斗给粟一斗数日捕绝。

16. 金大定十六年（1176 年）

五月，中都、河北、山东、陕西、河东、辽东等十路旱蝗。

17. 金大定二十二年（1182 年）

五月，庆都蝗蝝生，散漫十余里，一夕大风，蝗皆不见。

18. 金泰和八年（1208 年）

四月，河南路蝗，遣使分路捕之。六月，飞蝗入京畿。七月，诏颁《捕蝗图》于中外。

19. 金贞祐三年（1215 年）

五月，河南大蝗。

20. 金贞祐四年（1216 年）

五月，陕西蝗。七月，飞蝗过京师。

21. 金兴定元年（1217 年）

三月，宫中有蝗。

22. 金兴定二年（1218 年）

四月，河南诸郡蝗。

23. 金正大三年（1226 年）

四月，旱蝗。

24. 蒙古中统三年（1262 年）

五月，真定、顺天、邢州蝗。八月，滨、棣州蝗。

25. 蒙古中统四年（1263 年）

六月，燕京、河间、益都、真定、东平蝗。

26. 蒙古至元元年（1264 年）

七月，益都大蝗。是岁，西京、北京、顺德、徐、宿、邳等州郡蝗。

27. 蒙古至元三年（1266 年）

东平、济南、益都、平滦、洺磁、顺天、中都、河间、北京、禄丰县、真定路蝗。

28. 蒙古至元四年（1267 年）

山东，河南、北诸路蝗。

29. 蒙古至元五年（1268 年）

六月，东平等处及真定蝗。

30. 蒙古至元六年（1269 年）

六月，河南、河北、山东诸郡蝗。

31. 蒙古至元七年（1270 年）

三月，益都、登、莱蝗。七月，南京、河南、山东诸路蝗。

32. 元至元八年（1271 年）

六月，上都、中都、大名、河间、益都、顺天、怀孟、彰德、济南、真定、卫辉、平阳、归德、顺德等路；淄、莱、洺、磁等州蝗。

33. 元至元十五年（1278 年）

七月，濮州蝗。

34. 元至元十六年（1279 年）

四月，大都十六路蝗。六月，左、右卫屯田蝗蝻生。

35. 元至元十七年（1280 年）

五月，忻州及涟、海、邳、宿等州蝗。

36. 元至元十八年（1281 年）

顺德九县蝗。

37. 元至元十九年（1282 年）

四月，别十八里部东三百余里蝗害麦。夏，东平、东阿、阳谷等处大蝗。

38. 元至元二十一年（1284 年）

中卫屯田蝗。

39. 元至元二十二年（1285 年）

大都、汴梁、益都、庐州、河间、济宁、归德、保定、京师大蝗害稼。

40. 元至元二十三年（1286 年）

五月，霸州、漷州蝻。

41. 元至元二十五年（1288 年）

七月，真定、汴梁路蝗。八月，赵、晋、冀三州蝗。

42. 元至元二十七年（1290 年）

四月，河北十七郡蝗。

43. 元至元二十九年（1292 年）

六月，东昌、济南、般阳、归德等郡蝗。

44. 元至元三十年（1293 年）

九月，登州蝗。

45. 元至元三十一年（1294 年）

六月，东安州蝗。释者谓：蝗虫有甲，飞扬之类，阳气所生也。恒阳则有介虫之孽，于《春秋》为螽，今谓之蝗。按，刘歆云：贪虐取民则螽，与鱼同占。

46. 元元贞元年（1295 年）

六月，汴梁、陈留、太康、考城等县，睢、许等州蝗。

47. 元元贞二年（1296 年）

六月，济宁任城、鱼台县，东平须城、汶上县，开州长垣、靖丰县，德州齐河县，滑州，大和州，内黄县蝗。八月，平阳、大名、归德等郡蝗。

48. 元大德元年（1297 年）

六月，归德、顺德、邳州、徐州蝗。

49. 元大德二年（1298 年）

四月，江南、山东、两淮、江浙、燕南属县百五十处蝗。

50. 元大德三年（1299 年）

五月，淮安属县蝗，有鹜食之。十月，陇、陕蝗。

51. 元大德五年（1301 年）

六月，顺德路淇州蝗。七月，广平、真定等路蝗。八月，河南、淮南、睢、陈、唐、和州等州，新野、汝阳、江都、兴化等县蝗。

52. 元大德六年（1302 年）

四月，真定、大名、河间等路蝗。七月，大都涿、顺、固安三州及濠州、钟离、镇江、丹徒蝗。

53. 元大德七年（1303 年）

五月，益都、济南等路蝗。六月，大都路蝗。

54. 元大德八年（1304 年）

四月，益都临朐、德州齐河蝗。

55. 元大德九年（1305 年）

四月，真定蝗。六月，通、泰、静海、武清等州县蝗。七月，桂阳郡螟。八月，涿州、良乡、河间、南皮、泗州、天长等县及东安、海盐等州蝗。

56. 元大德十年（1306 年）

四月，大都、真定、河间、保定、河南郡蝗。六月，龙兴、南康等郡蝗。

57. 元至大元年（1308 年）

澶、濮、曹、高唐等州蝗。五月，晋宁路蝗；东平、东昌、益都等郡螟。六月，保定、真定蝗。八月，淮东蝗。

58. 元至大二年（1309 年）

四月，益都、东平、东昌、顺德、广平、大名、汴梁、卫辉等郡蝗。六月，檀、霸、曹、濮、德、高唐、六安等州，良乡、舒城、历阳、合肥、大宁、江宁、句容、溧水、上元等县蝗。七月，济南、济宁、般阳、河中、解、绛、耀、同、华等州蝗。八月，真定、保定、河间、怀孟等郡蝗。

59. 元至大三年（1310 年）

四月，盐山、宁津、堂邑、茌平、阳谷、高唐、禹城七县蝗。七月，磁州、威州、饶阳、元氏、平棘、滏阳、元城、无棣等县蝗。

60. 元皇庆元年（1312 年）

彰德安阳县蝗。

61. 元皇庆二年（1313 年）

五月，檀州及获鹿县蝻。

62. 元延祐七年（1320 年）

六月，益都路蝗。七月，霸州及堂邑县蝻。

63. 元至治元年（1321 年）

五月，霸州蝗。七月，江都、泰兴、胙城、通许、临淮、盱眙、清池等县蝗。十二月，宁海州蝗。

64. 元至治二年（1322 年）

汴梁祥符县蝗，有群鹜食之，既而复吐，积如丘垤。十二月，济宁蝗。

65. 元至治三年（1323 年）

五月，保定路归信县蝗。

66. 元至治五年（1325 年）

大名蝗。

67. 元泰定元年（1324 年）

永兴蝗。六月，大都、顺德、东昌、卫辉、保定、益都、济宁、彰德、真定、般阳、广平、大名、河间、东平等郡蝗。

68. 元泰定二年（1325 年）

汴梁十五县蝗。五月，彰德路蝗。六月，德、濮、曹、景等州，历城、章丘、淄川、柳城、茌平等县蝗。九月，济南、归德等郡蝗。

69. 元泰定三年（1326 年）

六月，东平须城县，兴国永兴县蝗。七月，大名、顺德、广平等路，赵州、曲阳、满城、庆都、修武等县蝗；淮安、高邮二郡，睢、泗、雄、霸等州蝗。八月，永平、汴梁、怀庆等郡蝗。

70. 元泰定四年（1327 年）

五月，洛阳县有蝗五亩，群鸟尽食之，越数日又集，鸟又食之。六月，畿内江南蝗。七月，籍田蝗。八月，冠州蝗。十二月，保定、济南、卫辉、济宁、庐州五路，南阳、河南二府，博野、临淄、胶西县蝗。

71. 元致和元年（1328 年）

四月，大都、蓟州、永平路石城县蝗，凤翔岐山县蝗，无麦苗。五月，颍州及汲县蝗。六月，武功县蝗。

72. 元天历二年（1329 年）

大名路诸州县，开、滑诸州蝗。四月，河南、大宁兴中州，怀庆孟州、庐州无为州蝗。六月，益都莒、密二州蝗。七月，真定、汴梁、永平、淮安、庐州、大宁、辽阳等郡属邑蝗。

73. 元至顺元年（1330 年）

五月，广平、大名、般阳、济宁、东平、汴梁、南阳、河南等郡，德、濮、开、高唐等州蝗。六月，真定、漷、蓟、固安、博兴等州蝗。七月，解州、华州及河内灵宝、延津等二十二县蝗。永城又蝗。

74. 元至顺二年（1331 年）

三月，陕州诸县蝗。六月，孟州济源县蝗。七月，河内阌乡、陕县，奉元蒲城、白水等县蝗。

75. 元元统二年（1334 年）

六月，辽西蝗。

76. 元至元二年（1336 年）

七月，黄州蝗。

77. 元至元三年（1337 年）

六月，怀孟、隰州、汴梁阳武县蝗。

78. 元至元五年（1339 年）

七月，胶州即墨县蝗。

79. 元至正四年（1344 年）

归德府永城县及亳州蝗。

80. **元至正十二年**（1352 年）

六月，大名蝗。

81. **元至正十七年**（1357 年）

东昌茌平县蝗。

82. **元至正十八年**（1358 年）

夏，蓟州、辽州、潍州昌邑县、胶州高密县蝗。秋，大都、广平、顺德及潍州之北海，莒州之蒙阴，汴梁之陈留，归德之永城皆蝗。顺德九县民食蝗，广平人相食。

83. **元至正十九年**（1359 年）

大都霸州、通州、真定、彰德、怀庆、东昌、卫辉、河间之临邑、博兴州、大同、宁冀二郡，文水、榆次、寿阳、徐沟四县，忻、汾二州及孝义、平遥、介休三县，晋宁二州及壶关、潞城、襄垣三县，霍州赵城、灵石二县，隰州之永和，沁之武乡，辽之榆社、奉元及汴梁之祥符、原武、鄢陵、扶沟、杞、尉氏、洧川七县，郑之荥阳、汜水，许之长葛、郾城、襄城、临颍，钧之新郑、密县皆蝗，食禾稼草木且尽，马不能行，填坑堑皆盈，饥民捕蝗以为食，或曝干而积之，又尽，则人相食。五月，大蝗。七月，淮安清河县飞蝗蔽天，自西北来凡经七日，禾稼俱尽。济南、章丘、邹平三县蝻，五谷不登。

84. **元至正二十年**（1360 年）

益都、临朐、寿光三县，凤翔岐山县蝗。

85. **元至正二十一年**（1361 年）

六月，河南巩县蝗，食稼俱尽。七月，卫辉及汴梁荥泽县、郑州蝗。

86. **元至正二十二年**（1362 年）

秋，卫辉及汴梁开封、扶沟、洧川三县，许州及钧之新郑、密二县蝗。

87. **元至正二十五年**（1365 年）

凤翔岐山县蝗。绩溪县有蝗，自西北蔽空而至。

88. 明正统元年（1436 年）

夏四月，河北旱蝗。

89. 明正统八年（1443 年）

五月，畿内旱蝗。

90. 明成化三年（1467 年）

七月，巡抚王恕奏：开封、彰德、卫辉地方蝗蝻伤稼。九月，河间府蝗。

91. 明嘉靖八年（1529 年）

陕西佥事齐之鸾言：河南光、息、蔡，颍诸处及陕西陕、阌、潼关蝗食禾穗殆尽。

十二、《资治通鉴》　　（宋）司马光编著　　（元）胡三省音注

中华书局　1956 年版

注：《资治通鉴》，北宋司马光编撰，多卷本编年体史书。全书按朝代分为《周纪》《秦纪》《汉纪》《魏纪》等 16 纪 294 卷，主要以时间为纲，事件为目，记载了上起周威烈王二十三年（前 403 年），下迄后周显德六年（959 年）共十六朝的历史。元祐七年（1092 年）刊印行世，今通行本为中华书局 1956 年标点校勘本。

1. 秦王政四年（前 243 年）

七月，蝗，疫。蝗子始生曰蝝，翅成而飞曰蝗，以食苗为灾。　　秦纪一：210

2. 西汉后元六年（前 158 年）

夏四月，大旱蝗。师古曰："蝗，即螽也，食苗为灾。"　　　　　　汉纪七：507

3. 西汉前元三年（前 154 年）

廷臣方议削吴。于是使中大夫应高口说胶西王，高曰："彗星出，蝗虫起，此万世一时；而愁劳，圣人所以起也。"　　　　　　　　　　汉纪八：517 - 518

4. 西汉中元三年（前 147 年）

秋九月，蝗。 汉纪八：538

5. 西汉中元四年（前 146 年）

夏，蝗。 汉纪八：539

6. 西汉建元五年（前 136 年）

夏五月，大蝗。间者，数年岁比不登。五年复蝗，民生未复。

汉纪九：567 - 570

7. 西汉元光六年（前 129 年）

夏，大旱蝗。 汉纪十：597

8. 西汉元封六年（前 105 年）

秋，大旱蝗。 汉纪十三：695

9. 西汉太初元年（前 104 年）

关东蝗大起，飞西至敦煌。 汉纪十三：701

注：关东，关，泛指要塞，汉武帝时在敦煌西北置玉门关，司马光编著《资治通鉴》时，玉门关已迁至今甘肃瓜州县东双塔堡，而称汉时玉门关为故关。关东，当指今甘肃瓜州县以东。敦煌，在今甘肃敦煌西，为河西走廊西端。这次蝗虫迁飞，据郑哲民《甘肃蝗虫图志》载，亚洲飞蝗在河西走廊的敦煌、玉门、金塔、酒泉、张掖等地均有分布，但不分布东亚飞蝗，因此，迁飞的蝗虫是亚洲飞蝗。

10. 西汉太初二年（前 103 年）

秋，蝗。 汉纪十三：701

11. 西汉征和三年（前 90 年）

秋，蝗。 汉纪十四：736

12. 西汉本始二年（前72年）

夏五月，诏曰："孝武皇帝躬仁谊，厉威武，功德茂盛，而庙乐未称，朕甚悼焉。其与列侯、二千石、博士议。"于是群臣大议庭中，皆曰："宜如诏书。"长信少府夏侯胜独曰："武帝虽有攘四夷、广土境之功，然多杀士众，竭民财力，奢泰无度，天下虚耗，百姓流离，物故者半，蝗虫大起，赤地数千里，或人民相食，畜积至今未复，无德泽于民，不宜为立庙乐"。公卿共难胜曰："此诏书也。"胜曰："诏书不可用也。"于是丞相、御史劾奏胜非议诏书，毁先帝，不道；及丞相长史黄霸阿纵胜，不举劾；俱下狱。有司遂请尊孝武帝庙为世宗庙。　　　　　汉纪十六：796-797

13. 西汉神爵四年（前58年）

河南界中又有蝗虫，府丞义出行蝗，还，见延年，延年曰："此蝗岂凤皇食耶？"
　　　　　　　　　　　　　　　　　　　　　　　　汉纪十九：865

注：河南，郡名，治所在今河南洛阳东北。义，人名。行蝗，出行查看蝗情。延年，指河南太守严延年。见《汉书·严延年传》。

14. 西汉元始二年（公元2年）

郡国大旱蝗，青州尤甚，民流亡。　　　　　　　汉纪二十七：1135

注：青州，汉十三刺史部之一，辖平原、千乘、济南、齐、北海、东莱等郡及淄川、胶东、高密三王国，今山东德州以东、马颊河以南广大区域。

15. 新莽始建国三年（11年）

是岁，濒河郡蝗生。　　　　　　　　　　　　　汉纪二十九：1196

注：濒，紧靠，临近意。河，泛指黄河。濒河郡，指今河南靠近黄河的一些地区。

16. 新莽天凤四年（17年）

是岁，莽复下诏申明六筦，犯者罪至死。法令烦苛，民摇手触禁，不得耕桑。徭役烦剧，而枯旱、蝗虫相因，狱讼不决。吏用苛暴立威，旁缘莽禁，侵刻小民，富者不能自保，贫者无以自存，于是并起为盗贼。　　　　汉纪三十：1214

注：六筦，指盐、酒、铁、名山大泽、五均赊贷、铁布铜冶。

17. 新莽地皇二年 (21 年)

秋，关东大饥，蝗。   汉纪三十：1226

注：关东，今陕西潼关或今河南新安以东广大地区。

18. 新莽地皇三年 (22 年)

夏四月，蝗从东方来，飞蔽天。流民入关者数十万人，乃置养赡官禀食之。使者监领，与小吏共盗其禀，饥死者什七八。   汉纪三十：1231 - 1232

注：东方，今陕西潼关以东或河南函谷关以东的地方。入关，指函谷关，在今河南新安东。禀，通廪，救济给灾民粮食。什，通十，意为十分之七八。

19. 东汉建武五年 (29 年)

夏四月，旱蝗。   汉纪三十三：1326

20. 东汉建武二十二年 (46 年)

是岁，青州蝗。青州部济南、平原、乐安、北海、东莱、齐国。匈奴单于舆死，匈奴中连年旱蝗，赤地数千里，人畜饥疫，死耗太半。   汉纪三十五：1402

注：青州，汉十三刺史部之一，辖今山东省北部广大地区。

21. 东汉建武二十七年 (51 年)

郎陵侯臧宫、扬虚侯马武上书曰："匈奴贪利，无有礼信，穷则稽首，安则侵盗。虏今人畜疫死，旱蝗赤地，疲困乏力，不当中国一郡，万里死命，悬在陛下；福不再来，时或易失，岂宜固守文德而堕武事乎！今命将临塞，厚悬购赏，喻告高句丽、乌桓、鲜卑攻其左，发河西四郡、天水、陇西羌胡击其右，如此，北虏之灭，不过数年。"   汉纪三十六：1417

注：匈奴，古代民族之一，亦称胡人，长期游牧于燕、赵、秦以北的蒙古高原，时不断对汉进行攻扰，武帝时，汉开始对匈奴采取攻势。稽首，跪拜，臣拜君王的最高礼式。虏，汉对匈奴人的蔑称。不当，挡不住。

22. 东汉建武三十一年 (55 年)

夏五月，蝗。   汉纪三十六：1423

23. **东汉中元元年（56年）**

秋，郡国三蝗。 汉纪三十六：1426

24. **东汉永元四年（92年）**

六月，旱蝗。 汉纪四十：1533

25. **东汉永元八年（96年）**

五月，河内、陈留蝗。九月，京师蝗。 汉纪四十：1544-1545

注：河内，古郡名，治所在今河南武陟西南。陈留，古郡名，治所在今河南开封东南陈留镇。京师，后汉京师治所在今河南洛阳。

26. **东汉永元九年（97年）**

六月，旱蝗。 汉纪四十：1545

27. **东汉永初四年（110年）**

夏四月，六州蝗。 汉纪四十一：1585

注：《东观汉记》曰：司隶、豫、兖、徐、青、冀六州。司隶，治所在今河南洛阳。豫州，治所在今安徽亳县。兖州，在今山东巨野东南。徐州，今山东郯城。青州，治所在今山东淄博临淄北。冀州，今河北高邑。

28. **东汉永初五年（111年）**

时，连旱蝗饥荒。是岁，九州蝗。 汉纪四十一：1587-1588

29. **东汉永初六年（112年）**

三月，十州蝗。 汉纪四十一：1589

30. **东汉永初七年（113年）**

秋，蝗。 汉纪四十一：1590

31. **东汉元初元年（114年）**

夏四月，京师及郡国五旱蝗。 汉纪四十一：1590

32. 东汉元初二年（115 年）

五月，河南及郡国十九蝗。   汉纪四十一：1592

注：河南，古郡名，治所在今河南洛阳东北。

33. 东汉延光元年（122 年）

六月，郡国蝗。是岁，尚书仆射陈忠上疏曰："青、冀之域，淫雨漏河，徐、岱之滨，海水盆溢，兖、豫蝗蝝滋生。"   汉纪四十二：1620－1621

注：兖、豫，东汉时兖州、豫州相连，辖今山东西南部、河南东部及安徽北部的部分地区。蝗蝝，蝗虫幼蝻。

34. 东汉永建五年（130 年）

夏四月，京师及郡国十二蝗。   汉纪四十三：1655

注：京师，后汉京师在今河南洛阳。

35. 东汉和平元年（150 年）

增封大将军冀万户，封冀妻孙寿为襄城君。侍御史朱穆自以冀故吏，奏记谏曰："加以水虫为害。"贤曰："水灾及蝗虫也。"   汉纪四十五：1717－1719

注：襄城，今河南襄城。

36. 东汉永兴元年（153 年）

秋七月，郡国三十二蝗，百姓饥穷，流冗者数十万户，冀州尤甚。

汉纪四十五：1728

注：冀州，治所在今河北高邑。流冗，指逃难者。

37. 东汉永兴二年（154 年）

夏，蝗。   汉纪四十五：1730

38. 东汉永寿三年（157 年）

闰四月，京师蝗。太学生刘陶上议曰："当今之忧，不在于货，在乎民饥。窃见

比年以来，良苗尽于蝗螟之口，杼轴空于公私之求。" 　　　　汉纪四十六：1736

注：京师，今河南洛阳。

39. 东汉延熹元年（158 年）

夏五月，京师蝗。 　　　　汉纪四十六：1738

40. 东汉熹平六年（177 年）

夏四月，大旱，七州蝗。 　　　　汉纪四十九：1839

41. 东汉光和二年（179 年）

郎中梁人审忠上书曰："苟营私门，多蓄财货，缮修第舍，连里竟巷，车马服玩，拟于天家。群公卿士，杜口吞声，莫敢有言，州牧郡守，承顺风旨，辟召选举，释贤取愚。故虫蝗为之生，夷寇为之起。 　　　　汉纪四十九：1853

42. 东汉兴平元年（194 年）

八月，濮阳大姓田氏为反间，操得入城，烧其东门，示无反意。及战，军败，布骑得曹而不识，问曰："曹操何在？"操曰："乘黄马走者是也。"布骑乃释曹而追黄马者。操突火而出，至营，自力劳军，令军中促为攻具，进，复攻之，与布相守百余日。蝗虫起，百姓大饿，布粮食亦尽，各引去。 　　　　汉纪五十三：1955

注：濮阳，今河南濮阳。布骑，吕布部下骑兵。

43. 东汉建安二年（197 年）

夏五月，蝗。 　　　　汉纪五十四：1996

44. 东汉建安八年（203 年）

辛毗对曹曰："国分为二，连年战伐，介胄生虮虱，加以旱蝗，饥馑并臻，此乃天亡尚之时也。今往攻邺，尚不还救，即不能自守。" 　　　　汉纪五十六：2051

注：辛毗，三国袁谭的谋士。曹，指曹操。袁谭、袁尚均为三国袁绍之子，时，兄弟二人征战不断。建安八年，袁谭为袁尚打败，袁谭派遣辛毗向曹操求救，此为辛毗对曹操说的一段话。邺，袁尚驻地，今河北临漳西南邺镇。

45. 三国魏黄初元年（220 年）

帝欲徙冀州士卒家十万户实河南，时天旱蝗，民饥，群司以为不可，而帝意甚盛。 魏纪一：2184

注：帝，魏文帝曹丕。冀州，今河北冀州。徙，迁移。实，充实意。河南，郡名，在今河南洛阳东北，魏时都城。

46. 三国魏黄初三年（222 年）

秋七月，冀州大蝗，饥。 魏纪二：2205

注：冀州，今河北冀州。

47. 西晋永嘉四年（310 年）

幽、并、司、冀、秦、雍六州大蝗，食草木、牛马毛皆尽。 晋纪九：2749

注：幽州，治所在今河北涿州。并州，治所在今山西太原西南。司州，治所在今河南洛阳东北。冀州，治所在今河北高邑西南。秦州，治所在今甘肃天水。雍州，治所在今陕西西安西北。

48. 西晋建兴元年（313 年）

十一月，王浚始者唯恃鲜卑、乌桓以为强，既而皆叛之。加以蝗旱连年，兵势益弱。 晋纪十：2804

49. 西晋建兴四年（316 年）

秋七月，河东、平阳大蝗，民流殍者什五六。 晋纪十一：2833

注：河东，郡名，治所在今山西夏县西北。平阳，郡名，治所在今山西临汾西南。流，流落他乡。殍，饿死野外的人。什，通十。

50. 东晋建武元年（317 年）

秋七月，大旱，司、冀、并、青、雍州大蝗。 晋纪十二：2847

注：司州，治所在今河南洛阳东北。冀州，治所在今河北高邑西南。并州，治所在今山西太原西南。青州，治所在今山东淄博临淄北。雍州，治所在今陕西西安西北。

51. 东晋咸和八年 (333 年)

广阿有蝗，虎密使其子冀州刺史邃帅骑三千游于蝗所。　　晋纪十七：2986

注：广阿，古县名，治所在今河北隆尧东。冀州，治所在今河北高邑。虎，后赵帝王石虎。帅，通率。游于蝗所，借捕蝗的名义，监视石勒的动态，以便争夺王权。

52. 东晋咸康四年 (338 年)

五月，冀州八郡大蝗，赵司隶请坐守宰。赵王虎曰："此朕失政所致，而欲委咎守宰，岂罪己之意邪！司隶不进谠言，佐朕不逮，而欲妄陷无辜，可白衣领职。"

晋纪十八：3021

注：冀州，治所在今河北高邑，据《晋书·地理志》载："冀州，汉武置十三州……以其地，后汉至晋不改。"冀州统郡国十三，而有八郡大蝗，可见蝗灾面积是很大的。司隶，赵王国司隶校尉部的官员。坐，坐罪。守宰，当地郡守官员。赵王虎，后赵帝王石虎。谠言，正确的意见。不逮，不尽职尽力。白衣领职，黜去官位，废同庶民，但仍可代理当前的职务。

53. 东晋永和八年 (352 年)

五月，燕人斩冉闵于龙城。会大旱蝗，燕王俊谓闵为祟，遣使祀之。

晋纪二十一：3127

注：龙城，古县名，治所在今辽宁朝阳。祟，鬼祟。

54. 东晋永和十一年 (355 年)

二月，秦大蝗，百草无遗，牛马相啖毛。　　晋纪二十二：3145

注：秦，泛指今陕西省。

55. 东晋太元七年 (382 年)

五月，幽州蝗生，广袤千里，秦王坚使散骑常侍彭城刘兰发幽、冀、青、并民扑除之。　　晋纪二十六：3300

秦刘兰讨蝗，经秋冬不能灭。十二月，有司奏征兰下廷尉。秦王坚曰："灾降自天，非人力所能除，此由朕之失政，兰何罪乎？"是岁，秦大熟，蝗不出幽州之境，

不食麻豆。 晋纪二十六：3305

注：幽州，治所在今河北涿州。秦王坚，前秦帝王苻坚。散骑常侍，职官名。冀，冀州，治所在今河北高邑。青州，治所在今山东青州。并州，在今山西太原西南。廷尉，职官名，主掌刑狱。下廷尉，治罪意。

56. 南朝宋元嘉三年（426 年）

九月，大旱蝗。 宋纪二：3788

57. 南朝梁太清三年（549 年）

时，江南旱蝗。 梁纪十九：5039

注：江南，梁建都建康，治所在今江苏南京，此泛指长江以南今江苏、安徽一些地区。

58. 南朝梁大宝元年（550 年）

时，江南连年旱蝗，江、扬尤甚，百姓流亡，相与入山谷、江湖，采草根、木叶、菱芡而食之，所在皆尽，死者蔽野。富室无食，皆乌面鹄形，衣罗绮，怀珠玉，俯伏床帷，待命听终。千里绝烟，人迹罕见，白骨成聚，如丘陇焉。

梁纪十九：5039

注：江、扬，指今江苏扬州。

59. 南朝陈永定元年（557 年）

秋七月，河南、北大蝗。齐王问魏郡丞崔叔瓒曰："何故致蝗？"对曰："《五行志》：'土功不时，蝗虫为灾，今外筑长城，内兴三台，殆以此乎！'"齐王怒，使左右殴之，擢其发，以溷沃其头，曳足以出。 陈纪一：5164

注：齐王，北齐文宣帝高洋，建都邺，治所在今河北临漳西南。魏郡，治所在今河北大名东北。擢，拔。溷沃，用粪汁浇。曳，拖意。

60. 唐贞观二年（628 年）

三月，诏："今兹旱蝗，赦天下。" 唐纪八：6049
畿内有蝗。辛卯，上入苑中，见蝗，掇数枚，祝之曰："民以谷为命，而汝食之，宁食吾之肺肠。"举手欲吞之，左右谏曰："恶物，或成疾。"上曰："朕为民受灾，何疾之避！"遂吞之。是岁，蝗不为灾。　　　　　　　　唐纪八：6053－6054

天下蝗。　　　　　　　　　　　　　　　　　　　唐纪九：6084

注：上，指唐太宗李世民。唐定都今陕西长安，苑，指皇宫玄武门以北的禁苑。掇，拾起。恶物，此指从地上拾起来的蝗虫。避，躲开。

61. 唐永淳元年（682 年）

五月，关中先水后旱蝗，斗米四百，两京间死者相枕于路，人相食。

唐纪十九：6410

注：关中，亦称关内，泛指今陕西关中盆地。两京，今陕西西安和今河南洛阳。

62. 唐景云二年（711 年）

辛替否上疏："自顷以来，水旱相继，兼以霜蝗，人无所食，未闻赈恤。"

唐纪二十六：6668

注：辛替否，陕西人，时任左拾遗。顷，不久之前。

63. 唐开元三年（715 年）

山东大蝗，民或于田旁焚香膜拜设祭而不敢杀，姚崇奏遣御史督州县捕而瘗之。议者以为蝗众多，除不可尽；上亦疑之，崇曰："今蝗满山东，河南、北之人，流亡殆尽，岂可坐视食苗，曾不救乎！借使除之不尽，犹胜养以成灾。"上乃从之。卢怀慎以为杀蝗太多，恐伤和气。崇曰："昔楚庄吞蛭而愈疾，孙叔杀蛇而致福，奈何不忍于蝗而忍人之饥死乎！若使杀蝗有祸，崇请当之。"　唐纪二十七：6710－6711

注：瘗，掘坑埋之。上，唐玄宗李隆基。借使，假使。

64. 唐开元四年（716 年）

山东蝗复大起，姚崇又命捕之。倪若水谓："蝗乃天灾，非人力所及，宜修德以襄之。刘聪时，常捕埋之，为害益甚。"拒御史，不从其命。崇牒若水曰："刘聪伪主，德不胜妖；今日圣朝，妖不胜德。古之良守，蝗不入境。若其修德可免，彼岂无德致然！"若水乃不敢违。夏五月，敕委使者详察州县捕蝗勤惰者，各以名闻。由是连岁蝗灾，不至大饥。　　　　　　　　　　　　　　　　唐纪二十七：6717

65. 唐广德二年（764 年）

九月，关中虫蝗，斗米千余钱。　　　　　　　　　唐纪三十九：7167

注：关中，泛指陕西关中盆地。今陕西中部地区。

66. 唐兴元元年（784 年）

十一月，李泌遂上章，请以百口保韩滉。他日，上谓泌曰："如何其为朝廷？"对曰："今天下旱蝗，关中米斗千钱，仓廪耗竭，而江东丰稔。愿陛下早下臣章，以解朝众之惑。"　　　　　　　　　唐纪四十七：7448

是岁，蝗遍远近，草木无遗，惟不食稻，大饥，道殣相望。

唐纪四十七：7450

注：蝗虫，尤其飞蝗，是以食禾本科植物为主的昆虫，稻为禾本科作物，蝗虫不是不食稻，而是偶然未食之，或是蝗虫发生于荒野，远离稻田，没迁移过来。道殣，道路上掩埋饿死者的尸体。

67. 唐贞元元年（785 年）

时，连年旱蝗。　　　　　　　　　唐纪四十七：7453

68. 唐咸通九年（868 年）

是岁，江、淮旱蝗。　　　　　　　　　唐纪六十七：8138

注：江、淮，泛指今江苏、安徽长江、淮河之间一些地区。

69. 唐乾符二年（875 年）

秋七月，蝗自东而西蔽日，所过赤地。京兆尹杨知至奏："蝗入京畿，不食稼，皆抱荆棘而死。"宰相皆贺。　　　　　　　　　唐纪六十八：8181

注：京兆，府名，治所在今陕西西安。京畿，首都，今陕西长安。

70. 唐乾符五年（878 年）

时，连岁旱蝗。　　　　　　　　　唐纪六十九：8203

71. 后晋天福八年（943 年）

是岁，春夏旱，秋冬水，蝗大起，东自海堧，西距陇坻，南逾江淮，北抵幽蓟，原野、山谷、城郭、庐舍皆满，竹木叶皆尽。重以官括民谷，使者督责严急，至封碓硙，不留其食，有坐匿谷抵死者。县令往往以督趣不办，纳印自劾去。民馁死者数十万口，流亡不可胜数。 后晋纪四：9257－9258

注：海堧，海边。陇坻，陇山山底，在今陕西陇县西北。江淮，泛指今江苏、安徽长江与淮河之间地区。幽蓟，幽州，在今北京西南，幽蓟，泛指今北京地区。《资治通鉴·后晋纪》中的这段记载，第一次概述了中国蝗灾的发生范围。碓硙，农民舂米、磨面用的农具。劾，法决有罪。

十三、《续资治通鉴》

（清）毕沅编著

中华书局 1957 年版

注：《续资治通鉴》，清毕沅撰。全书共 220 卷，记载了上起宋太祖建隆元年（960 年），下迄元顺帝至正二十八年（1368 年）共 400 余年的历史，是一部记述详明、文字简要、史料较为完备的宋、辽、金、元四朝兴衰治乱编年史。

1. 宋建隆三年（962 年）

是岁，河北、陕西、京东诸州旱蝗，悉蠲其租。 宋纪二：52

注：京东，路名，治所宋州，在今河南商丘南。

2. 宋太平兴国七年（982 年）

五月，陕州蝗。 宋纪十一：267

注：陕州，治所在今河南陕县。

3. 宋太平兴国八年（983 年）

九月，辽以东京、平州旱蝗，暂停关征，以通山西籴易。 宋纪十一：283

注：东京，辽京道之一，治所辽阳府，在今辽宁辽阳。平州，治所在今河北卢龙北。暂停关征，暂停收取出入山海关的关税。

4. 宋雍熙三年（986 年）

德彝嗣侯，判沂州。属飞蝗入境，吏民请坎瘗、火焚之。德彝曰："上天降灾，守臣之罪也。"乃责躬引咎，斋戒致祷，既而蝗自殪。 　　　　宋纪十三：309

注：德彝，字可久，代兄德隆赴沂州任职，时年仅 19 岁。沂州，治所在今山东临沂。属，适值。坎瘗，掘坑埋之。殪，死亡。

5. 宋淳化二年（991 年）

三月，帝以岁旱蝗，诏吕蒙正等曰："元元何罪，盖朕不德之所致也。"翌日而雨，蝗尽死。 　　　　宋纪十五：365

注：吕蒙正，宋太宗时宰相。元元，泛指庶民百姓。

6. 宋淳化三年（992 年）

六月，有蝗自东北来，蔽天，经西南而去，帝谓宰相曰："此虫必害田稼，朕忧心如捣，亟遣人驰诣所集处视之。"对曰："此虫因旱乃生，频雨则不能飞，圣心忧念黎庶，固当感通天地。"是夕，大雨，蝗尽殪。 　　　　宋纪十六：379

注：据《宋史·五行志》载，这次蝗虫迁飞，蝗起东北，经河南开封，向西南飞去。驰诣，急快到达。

7. 宋大中祥符九年（1016 年）

六月辛巳，京畿蝗，命建道场以祷之。秋七月，飞蝗过京城，帝诣玉清昭应宫、开宝寺、灵感塔焚香祈祷，禁宫城音乐五日。先是帝出死蝗以示大臣曰："朕遣人遍于郊野视蝗，多自死者。"翌日，执政有袖死蝗以进者曰："蝗实死矣，请示于朝。"率百官贺。王旦曰："蝗出为灾，灾弭，幸也，又何贺焉？"众力请，旦固称不可，乃止。于是二府方奏事，飞蝗蔽天，有坠于殿廷间者。帝顾谓旦曰："使百官方贺而蝗若此，岂不为天下笑邪！"乙卯，分命内臣与转运使、诸州通判、职官案视蝗伤苗稼，仍许即时改种，悉除其租。癸亥，上封者言："蝗旱由大臣子弟恣横所致。"诏曰："近以蝗蝼伤于苗稼，考前书之所记，由部吏之侵渔。属者郡县之官，冒法不检，子弟之辈，怙势肆求。自今士大夫各务敦修，更思教勖。仍令所在官司谨察视之。"八月己卯，中使张文昱等言分路检视，蝗伤民田约十之一二，帝命所定蠲税分数，更加优厚。九月甲寅，令诸路转运使督民捕蝗。丁巳，诏："诸州蝗旱，今始得雨，方在劝农，罢诸营造。"己未，又诏："诸州县七月以后诉灾伤者，准格例不许；今岁蝗旱，特听受其牒诉。"戊辰，青州言飞蝗投海死。

先是京畿、京东、西、河北路蝗生，弥覆郊野。七月，过京师，延至江、淮，及霜寒始尽。飞蝗之过京城也，帝方坐便殿，左右以告，帝起，临轩仰视，则蝗势连云障日，莫见其际。帝默然还坐，意甚不怿，乃命撤膳。冬十月，祠部员外郎吕夷简提点两浙路刑狱。岁蝗旱，夷简请责躬修政，严饬辅相，思所以恭顺天意。

宋纪三十三：728-735

注：京城，今河南开封。灾殄，蝗灾消除。蝗蝝，飞蝗蝗蝻。中使、转运使，均为宋时职官名。牒诉，文书报告。青州，治所在今山东青州。京东，路名，治所宋州，在今河南商丘南。京西，路名，治所在今河南洛阳。河北，路名，宋熙宁时分东西两路，东路治所在今河北大名，西路治所在今河北正定。

8. 宋天禧元年（1017 年）

夏四月，王旦至自兖州，言："曹、济、徐、郓州、广济、淮阳军去岁蝗旱，望免夏税。"诏可。命龙图阁待制查道知虢州。时虢州蝗灾。道既至，不俟报，出官廪米设糜粥赈饥者，发州麦四千斛给农民种，所全活万余人。五月，诏以仍岁蝗旱，遣使分路安抚。开封府及京东、陕西、江、淮、两浙、荆湖路百三十州军，并言二月后蝗蝻食苗，诏："遣使臣与本县官吏焚捕，每三五州命内臣一人提举之。"六月，辽南京诸县蝗。秋七月，以蝗蝻再生，遣官分祷京城宫观、寺庙，仍令诸州公署设祭坛。九月，李迪为给事中、参知政事。时仍岁旱蝗，帝忧不给，问何以济，迪言："今旱蝗之灾，殆天意所以儆陛下也。"帝深然之。以蝗罢秋宴。

宋纪三十三：743-751

注：虢州，治所在今河南灵宝。廪，粮仓。斛，计量单位，宋时十斗为一斛。开封府，治所在今河南开封。京东，路名，治所在今河南商丘南。陕西，路名，治所在今陕西西安。江、淮，长江与淮河之间的安徽、江苏部分地区。两浙，路名，治所在今浙江杭州。荆湖，路名，治所在今湖北荆州区。焚捕，用火烧法捕杀蝗虫。提举，管理之意。辽南京，古都名，治所在今北京西南。

9. 宋天禧三年（1019 年）

秋七月，屯田员外郎钟离瑾上言："见诸州长吏，才境内雨足苗长，即奏丰稔，其后霜旱蝗螟灾沴，皆隐而不言。请自今诸州有灾伤处，即时腾奏，命官检视。隐而不言，则论其罪。"从之。

宋纪三十四：771

注：屯田员外郎，主管农垦工作的官员。腾，迅速。

10. 宋乾兴元年（1022 年）

范讽，正辞子也，先知平阴县。及通判淄州，岁旱蝗，他谷皆不粒，民以蝗不食菽，犹可艺，而患无种，讽行县至邹平，发官廪贷民，即出三万斛。比秋，民皆先期而输。

宋纪三十五：797

注：及，到任。淄州，治所在今山东淄博淄川区。菽，大豆或豆科作物。艺，种植。患无种，忧虑没有种子。斛，计量单位，宋时一斛为十斗。

11. 宋明道二年（1033 年）

夏四月，先是范讽出知青州，时山东旱蝗，前宰相王曾家多积粟，讽发取数千斛济饥民，因请遣使安抚。秋七月，诏以蝗旱自责，去尊号"睿圣文武"四字，仍令中外直言阙政。八月，宰臣张士逊等言："比郡道旱蝗，请用汉故事册免，蒙赐诏不许。今陛下既减损尊名，愿各降官一等，以塞天异。"帝慰勉之。时仍岁蝗旱，执政谓宜有变更以导迎和气。诏改明年元曰景祐。

宋纪三十九：893

注：青州，今山东青州。

12. 宋景祐元年（1034 年）

三月，开封府判官谢绛言："蝗亘田野，坌入郛郭，跳掷官寺、井匽皆满，而使者数出，府县监捕驱逐，蹂践田舍，民不聊生。以臣愚所闻，似吏不甚称职而召其变。"

宋纪三十九：908

注：亘，贯通意。坌，一齐，并且。郛郭，城池外部。匽，水坑或水池。

13. 宋皇祐五年（1053 年）

冬十月，诏以蝗旱，命监司谕亲民官上民间利害。蝗蝻为灾。

宋纪五十四：1304

14. 宋嘉祐元年（1056 年）

六月，辽南京蝗蝻为灾。

宋纪五十六：1363

注：辽南京，治所幽州，在今北京西南。

15. 宋治平三年（1066 年）

十一月，司马光奏曰："今岁飞蝗害稼。却尊号而弗受，更下诏书，深自咎责，广开言路，求所以事天养民、转灾为福之道。"　　　　　　宋纪六十四：1581

16. 宋治平四年（1067 年）

是岁，辽南京旱蝗。　　　　　　宋纪六十五：1614

注：辽南京，治所在今北京西南。

17. 宋熙宁五年（1072 年）

闰七月，监察御史里行张商英言："判刑部立法，凡蝗蝻为害，须捕尽乃得闻奏。今大名府、祁、保、邢、莫州、顺安、保定军所奏，凡四十九状，而三十九状除捕未尽，进奏院以不应法，不敢通奏。夫蝗蝻几遍河朔，而邸吏拘文，封还奏牍，必俟其扑尽方许上闻。陛下即欲于此时恐惧修省，以上答天戒而下恤民隐，亦晚矣。"御批："进奏院遍指挥诸路转运、安抚司，今后有灾伤，令所在画时奏闻。"是岁，河北大蝗。　　　　　　宋纪六十九：1726 - 1733

注：大名府，治所在今河北大名东。祁州，今河北安国。保州，今河北保定。邢州，今河北邢台。莫州，今河北任丘。顺安，军名，治所在今河北高阳东。保定军，治所在今河北文安新镇镇。河朔，地区名，泛指黄河以北地区。牍，公文。画时，画押，署名并及时上报。

18. 宋熙宁六年（1073 年）

秋七月，辽南京奏，归义、涞水两县蝗飞入宋境，余为蜂所食。

宋纪六十九：1741

注：归义，今河北雄县。涞水，今河北涞水。

19. 宋熙宁七年（1074 年）

夏四月，光州司法参军福清郑侠乃绘所见为图。上之银台司。其略曰："去年大蝗，秋冬亢旱，麦苗焦枯，五种不入，群情惧死。愿陛下开仓廪，赈贫乏，取有司掊克不道之政。"帝反复观图，长吁数四，遂命开封体放免行钱，三司察市易，司农发

常平仓。 宋纪七十：1750 - 1752

注：光州，今河南潢川。掊克，贪敛钱财，苛刻百姓。

20. 宋熙宁八年（1075 年）

秋八月，募民捕蝗易粟，苗损者偿之，仍复其赋。 宋纪七十一：1779

注：募民，招募民众。复，返还。赋，赋税。

21. 宋熙宁九年（1076 年）

九月，辽以南京蝗，免明年租税。 宋纪七十一：1793

注：辽南京，治所在今北京西南。

22. 宋熙宁十年（1077 年）

三月，诏州县捕蝗。五月，赵抃知越州时，两浙旱蝗，米价踊贵，饿死者什五六。诸州皆榜衢路，立告赏，禁人增米价。抃独榜衢路，令有米者任增价粜之，于是诸州米商辐辏诣越，米价更贱，民无饿死者。帝问曰："闻滁、和民食蝗以济，有之乎？"对曰："有之。民饥甚，死者相枕籍"。是月，辽玉田、安次县有蝝伤稼。

宋纪七十二：1804 - 1808

注：越州，今浙江绍兴。两浙，路名，治所在今浙江杭州。什，通十。衢，四通八达意。辐辏，聚集意。滁州，今安徽滁州。和州，今安徽和县。玉田，今河北玉田。安次，在今河北廊坊东南。蝝，飞蝗蝗蝻。

23. 宋元丰四年（1081 年）

五月，辽永清、武清、固安三县蝗。六月，河北诸郡蝗生。诏："闻河北飞蝗极盛，渐已南来，速令开封府界提举司，京东、西路转运司遣官督捕；仍告谕州县，收获先熟禾稼。"命提点开封府界诸县镇公事杨景略、提举开封府界常平等事王得臣督诸县捕蝗。

宋纪76：1892 - 1894

注：永清，今河北永清。武清，今天津武清。固安，今河北固安。提举司、转运司均为宋代官署名称。京东、西，路名，指京东路（治所在今河南商丘南）和京西路（治所在今河南洛阳）。仍，乃意。

24. 宋元祐三年（1088 年）

八月，辽有司奏，宛平、永清蝗为飞鸟所食。　　　　　　　宋纪八十一：2042

注：宛平，旧县名，治所在今北京西南。永清，今河北永清。

25. 宋元符元年（1098 年）

辽国舅萧文知易州兼西南面安抚使，高阳土沃民富，属县有蝗。方议捕除，萧文曰："蝗天灾，捕之何益！"但反躬自责，蝗尽飞去，遗者亦不食苗，散在草莽，为鸟鹊所食。高阳勒石颂之。　　　　　　　　　　　　　　　　　宋纪八十五：2181

注：易州，今河北易县。鸟鹊，泛指鸟类。见《辽史·萧文传》。

26. 宋建中靖国元年（1101 年）

是岁，京畿蝗。　　　　　　　　　　　　　　　　　　　　宋纪八十七：2227

注：京畿，今河南开封附近州县。

27. 宋崇宁元年（1102 年）

是岁，京畿、京东、河北、淮南蝗。　　　　　　　　　　　宋纪八十八：2248

注：京畿，今河南开封附近。京东，路名，治所在今河南商丘南。河北，路名，宋熙宁时分东西两路，东路治所在今河北大名，西路治所在今河北正定。淮南，路名，宋熙宁时分东西两路，淮西路，治所在今安徽凤台，淮东路，治所在今江苏扬州。

28. 宋崇宁二年（1103 年）

是岁，诸路蝗。　　　　　　　　　　　　　　　　　　　　宋纪八十八：2263

29. 宋崇宁三年（1104 年）

是岁，诸路蝗。　　　　　　　　　　　　　　　　　　　　宋纪八十九：2278

30. 宋宣和三年（1121 年）

是岁，诸路蝗。　　　　　　　　　　　　　　　　　　　　宋纪九十四：2436

31. 宋绍兴十一年（1141 年）

是秋，金境多蝗。 宋纪一百二十四：3292

注：金境，金灭北宋之后，南宋建都临安，今浙江杭州。南宋与金朝以淮河为界，金境，是指淮河以北地区。

32. 宋绍兴十二年（1142 年）

七月，金北京、广宁府蝗。 宋纪一百二十五：3316

注：北京，金路名，治所在今内蒙古巴林左旗南。广宁府，治所在今辽宁北宁。

33. 宋绍兴二十九年（1159 年）

秋七月，淮东安抚司言："北边蝗虫为风所吹，有至盱眙军、楚州境上者，然不食稼，比复飞过淮北，皆已净尽。"九月，诏："浙东、江西民田为螟螣损稻者，其租赋皆蠲之。" 宋纪一百三十三：3514 - 3517

注：淮东，路名，治所在今江苏扬州。盱眙，治所在今江苏盱眙。楚州，今江苏淮安。淮北，泛指淮河以北。浙东，路名，治所在今浙江绍兴。江西，江南西路名，治所在今江西南昌。螟螣，指蝗虫。

34. 宋绍兴三十二年（1162 年）

建康府张浚言："访得东北今岁蝗虫大作，米价踊贵，中原之人，极艰于食。"诏，以米万石予之。 宋纪一百三十七：3642

注：建康府，治所在今江苏南京。东北，指南京东北。中原，泛指黄河中下游地区。

35. 宋隆兴元年（1163 年）

三月，金中都以南八路蝗，诏尚书省遣官捕之。五月，中都蝗，命参知政事完颜守道按问大兴府捕蝗官。秋七月，以旱蝗、星变，诏侍从、台谏、两省官条上时政阙失。八月，以飞蝗、风、水为灾，避殿、减膳，罢借诸路职田之令。是岁，两浙旱蝗，悉蠲其赋。 宋纪一百三十八：3662 - 3679

注：中都，今北京大兴。中都以南八路蝗，主要指河北省各路。按问，审查，讯问。大兴府捕蝗官，据《金史·梁肃传》载，金大定三年（1163 年），梁肃为大兴少尹，捕

蝗不如期，削官一阶，解职，贬川州刺史。时政阙失，有关农业政令有无失误之处。两浙，路名，即两浙东路（治所在今浙江绍兴）和两浙西路（治所在今浙江杭州）。

36. 宋隆兴二年 （1164 年）

九月，金主谓宰臣曰："平、蓟二州，近复蝗旱，百姓艰食，父母、兄弟不能相保，多冒鬻为奴，朕甚悯之，可速遣使阅实其数，出内库物赎之。"

宋纪一百三十八：3689

注：金主，金世宗完颜雍。平州，在今河北卢龙北。蓟州，今天津蓟州区。冒，通帽，记号，鬻，出卖。冒鬻，意指作记号出卖自己。

37. 宋乾道元年 （1165 年）

春正月，金以和议成诏中外，复命有司，旱蝗、水溢之处，与免租赋。六月，淮南运判姚岳奏蝗自淮北飞渡，皆抱草木自死，仍封死蝗以进。帝曰："岳取以为嘉祥，更欲寻付史馆，可降一官，放罢，为中外佞邪之戒。"

宋纪一百三十九：3697－3703

注：中外，朝廷内外。淮南，路名，治所在今江苏扬州。据《宋史·孝宗本纪》载，姚岳官职为淮南转运判官。淮北，指淮河以北。寻付史馆，在史馆内收藏。佞邪，花言巧语献媚之人。

38. 宋乾道三年 （1167 年）

九月，金右三部检法官韩赞，以捕蝗受赂除名。诏："吏人但犯赃罪，虽会赦，非特旨不叙。"

宋纪一百四十：3736

39. 宋淳熙三年 （1176 年）

六月，金山东两路蝗。

宋纪一百四十五：3869

注：山东两路，即山东东路（治所在今山东青州）和山东西路（治所在今山东东平）。

40. 宋淳熙四年 （1177 年）

三月，金免河北七路去年旱蝗租税。五月，盱眙军报淮北多蝗。

宋纪一百四十五：3880－3883

注：盱眙军，治所在今江苏盱眙。淮北，指淮河以北金界地，时，金与南宋以淮河为界，宋盱眙军在淮河南岸，金在淮河北岸。

41. 宋淳熙九年（1182年）

六月，临安蝗，诏守臣亟加焚瘗。八月，淮东、浙西蝗。壬子，定诸州捕蝗赏罚。

宋纪一百四十八：3959－3960

注：临安，宋建炎三年（1129年），升钱塘为临安府，绍兴八年（1138年）南宋定都于此，今浙江杭州。淮东，路名，即淮南东路，治所在今江苏扬州。浙西，路名，即两浙西路，治所临安，今浙江杭州。诸州捕蝗赏罚，即淳熙敕，宋朝治蝗法规。全文最早见诸董煟《救荒活民书》。

42. 宋淳熙十四年（1187年）

七月，命临安府捕蝗，募民输米赈济。　　　　宋纪一百五十一：4028

注：临安，今浙江杭州。

43. 宋庆元六年（1200年）

五月，知兴国县庄夏上封事曰："君者，阳也，臣者，君之阴也。今阳之气散乱而不收，其弊为火灾，为旱蝗。愿陛下体阳刚之德，使后宫戚里、内省黄门思不出位，此抑阴助阳之术也。"召为太学博士。　　　宋纪一百五十五：4178

44. 宋开禧二年（1206年）

九月，山东连岁旱蝗，沂、密、莱、莒、潍五州尤甚。

宋纪一百五十七：4247

注：沂州，今山东临沂。密州，今山东诸城。莱州，今山东莱州。莒州，今山东莒县。潍州，今山东潍坊。

45. 宋开禧三年（1207年）

七月，大旱，飞蝗蔽天，食浙西豆粟皆尽。　　　宋纪一百五十八：4266

注：浙西，指两浙西路，治所临安，今浙江杭州。

46. 宋嘉定元年（1208 年）

五月，以蝗灾诏侍从、台谏疏奏阙政，监司、守令修上民间利害。金遣使分路捕蝗。秋七月，金朝献于衍庆宫，诏颁《捕蝗图》于中外。 宋纪一百五十八：4278

47. 宋嘉定二年（1209 年）

五月，命州县捕蝗。 宋纪一百五十八：4288

48. 宋嘉定三年（1210 年）

春正月，下诏："岁比旱蝗，民食不登。"五月，以去岁旱蝗，百官应诏封事，命两省择可行者以闻。八月，临安府蝗。 宋纪一百五十九：4296

49. 宋嘉定四年（1211 年）

著作佐郎真德秀论灾异曰："近岁以来，旱蝗频仍，饥馑相踵。"

宋纪一百五十九：4308

注：相踵，接连不断。

50. 宋嘉定八年（1215 年）

是岁，两浙、江东西路旱蝗。 宋纪一百六十：4354

注：两浙，即两浙东路（治所在今浙江绍兴）和两浙西路（治所在今浙江杭州）。江东西，即江南东路（治所在今江苏南京）和江南西路（治所在今江西南昌）。

51. 宋端平元年（1234 年）

五月，召江东提点刑狱徐侨为太常少卿，趣入觐。帝顾见其衣履垢敝，愀然谓曰："卿何以清贫若此?"侨对曰："臣不贫，陛下乃贫耳。"帝曰："何为?"侨曰："陛下国本未建，疆宇日蹙，权幸用事，将帅非材，旱蝗相仍，盗贼并起，经用无艺，帑藏空虚，民困于横敛，军怨于掊克，群臣养交而天子孤立，国势阽危而陛下不悟。臣不贫，陛下乃贫耳。"帝为之改容太息。赐侨金帛甚厚，侨固辞不受。六月，淮西运判杜杲上言："切见沿淮旱蝗连岁。" 宋纪一百六十七：4560－4561

注：帝，南宋理宗赵昀。垢敝，又脏又破，有失礼节。愀，改颜，不高兴。蹙，急迫，缩小。掊克，聚敛贪狠。阽危，危险。太息，深深叹息。

52. 宋嘉熙二年（1238 年）

八月，蒙古诸路旱蝗，诏："免今年田租。"　　　　宋纪一百六十九：4613

注：蒙古，国名，元朝前身。当时，蒙古尚未灭宋。

53. 宋嘉熙四年（1240 年）

六月，江、浙、福建旱蝗。诏曰："且闻飞蝗为孽，朕心惕然，自七月一日避正殿，减常膳，应中外臣僚，并许直言朝廷阙失。"　　　　宋纪一百七十：4625

注：江、浙，区域名，南宋有江南东路及两浙西路、两浙东路，指今江苏、浙江一些地区。阙，通缺，缺点，失误。

54. 宋淳祐元年（1241 年）

六月，以旱蝗，录行在系囚。　　　　宋纪一百七十：4633

注：录，通虑，录囚，省察在押犯人，平反冤滞人员。

55. 宋景定三年　蒙古中统三年（1262 年）

五月，蒙古真定、顺天、邢州蝗。　　　　宋纪一百七十六：4822

注：蒙古，元朝前身。真定，今河北正定。顺天，今河北保定。邢州，今河北邢台。

56. 宋景定四年　蒙古中统四年（1263 年）

六月，蒙古河间、益都、燕京、真定、东平诸路蝗。八月，蒙古滨、棣二州蝗。

宋纪一百七十七：4836－4839

注：河间，今河北河间。益都，今山东青州。燕京，亦称中都，今北京大兴。真定，今河北正定。东平，今山东东平。滨州，今山东滨州。棣州，今山东惠民。

57. 宋咸淳元年　蒙古至元二年（1265 年）

秋七月，蒙古益都大蝗，饥，减价粜官粟以赈。　　　　宋纪一百七十八：4857

58. 宋咸淳二年　蒙古至元三年（1266 年）

是岁，蒙古东平、济南、益都、平滦、真定、洺磁、顺天、中都、河间、

北京蝗。 宋纪一百七十八：4869

注：东平，今山东东平。济南，今山东济南。益都，今山东青州。平滦，今河北卢龙。真定，今河北正定。洺磁，治所在今河北永年东南。顺天，今河北保定。中都，今北京大兴。河间，今河北河间。北京，在今内蒙古宁城西。

59. 宋咸淳五年　蒙古至元六年（1269 年）

五月，蒙古洧川县达噜噶齐贪暴，盛夏役民捕蝗，禁不得饮水。民不胜忿，击之而毙。有司当以大逆，置极刑者七人，连坐者五十余人。开封判官袁裕曰："达噜噶齐自犯众怒而死，安可悉归罪于民？"议诛首恶一人，余各杖之有差。部使者录囚至县，疑其太宽，裕辨之益力，遂陈其事于中书，刑曹竟从裕议。是岁，蒙古河南、河北、山东诸郡蝗。 宋纪一百七十九：4887－4890

注：盛夏役民捕蝗，禁不得饮水之事见《元史·袁裕传》。

60. 宋咸淳九年　元至元十年（1273 年）

是岁，元诸路大水蝗，赈米凡五十四万余石。 宋纪一百八十：4923

注：石，容量单位，十斗为一石。

61. 元至元十六年　宋祥兴二年（1279 年）

夏四月，大都等十六路蝗。 元纪二：5030

注：大都，路名，治所在今北京市。

62. 元至元二十七年（1290 年）

夏四月，河北十七郡蝗，敕赈之。 元纪七：5163

63. 元元贞二年（1296 年）

六月，大都、真定等路蝗，发粟赈之。 元纪十：5240

注：大都，路名，治所在今北京市。真定，路名，治所在今河北正定。

64. 元大德二年（1298 年）

夏四月，江南、山东、浙江、两淮、燕南属县多蝗。 元纪十一：5258

注：江南，道名，治所在今浙江杭州。两淮，道名，分淮西江北道（治所在今安徽六安）和淮东道（治所在今江苏扬州）。燕南，区域名，泛指今北京以南的河北省地。

65. 元大德三年（1299 年）

五月，江陵路旱蝗，以粮赈之。　　　　　　　　　元纪十一：5264

注：江陵，在今湖北荆州区。

66. 元至大二年（1309 年）

四月，诏中都创皇城角楼，中书省言，"农事正殷，蝗蝝遍野，百姓艰食，请依前旨罢其役。"帝曰："皇城若无角楼，何以壮观？先毕其功，余者缓之。"是月，益都诸路蝗。六月，选官督捕蝗。　　　　　　　　　元纪十四：5348

注：中书省，政区名，治所在今北京市。益都，今山东青州。蝗蝝，飞蝗蝗蝻。

67. 元至大三年（1310 年）

九月，监察御史上时政书，其略曰："累年山东、河南诸郡，蝗旱洊臻，郊关之外十室九空，民之扶老携幼就食他所者络绎道路，其他父子、兄弟、夫妇至相与鬻为食者，比比皆是。"　　　　　　　　　元纪十五：5366

注：累年，连年意。洊臻，连续发生。鬻，出卖。

68. 元泰定三年（1326 年）

六月，中书省臣言："比来郡县旱蝗，臣等不能调燮，固灾异降戒。今当恐惧修省，力行善政。"帝嘉纳之。　　　　　　　　　元纪二十一：5528

注：比来，近来意。

69. 元泰定四年（1327 年）

五月，河南路洛阳县有蝗四五亩，群鸟食之既，数日蝗再集，又食之。秋七月，御史台言，内郡、江南旱蝗洊至。　　　　　　　　　元纪二十一：5538

注：洛阳，今河南洛阳。既，食尽。内郡，内地。江南，泛指长江以南江苏、安徽部分地区。洊，接连。

70. 元至顺二年（1331 年）

夏四月，衡州路比岁旱蝗，仍大水，民食草木殆尽。湖南道宣慰司请赈粮米万石，从之。　　　　　　　　　　　　　　　　　　　　元纪二十四：5610

注：衡州，路名，治所在今湖南衡阳。比岁，连岁。

71. 元元统二年（1334 年）

八月，南康路旱蝗，赈之。　　　　　　　　　　　　元纪二十五：5633

注：南康，路名，治所在今江西星子。

72. 元至元二年（1336 年）

秋七月，黄州蝗，督民捕之，日有五斗。　　　　　　元纪二十五：5646

注：黄州，路名，治所在今湖北黄冈黄州区。

73. 元至元三年（1337 年）

秋七月，河南武陟县禾将熟，有蝗自东来，县尹张宽仰天祝曰："宁杀县尹，毋伤百姓。"俄有鱼鹰群飞啄食之。　　　　　　　　　　元纪二十五：5651

注：鱼鹰，学名鸬鹚，可捕鱼。

74. 元至元六年（1340 年）

秋七月，地道失宁，蝗旱相仍。颁罪己诏于天下。　　元纪二十六：5664

75. 元至正元年（1341 年）

六月，帝又数以历代珍宝分赐近侍，监察御史崔敬复上疏曰："今京畿南北蝗飞蔽天，正当圣主恤民之时。宜追回所赐，以示恩不可滥。"　　元纪二十六：5669

注：京畿南北，北京周围，指今河北省部分地区。

76. 元至正四年（1344 年）

元璋先世家沛，后自句容。年十七，值四方旱蝗，民饥疫。

元纪二十八：5736

注：据《明史·太祖纪》，朱元璋年十七，时为元至正四年。

77. 元至正十二年（1352 年）

六月，大名路旱蝗，饥民七十余万口，给钞十万锭赈之。元纪二十八：5741

注：大名，路名，治所元城，在今河北大名东北。

78. 元至正十八年（1358 年）

秋七月，京师大水蝗，民大饥。 元纪三十二：5837

注：京师，今北京市。

79. 元至正十九年（1359 年）

五月，山东、河东、河南及关中等处飞蝗蔽天，人马不能行，所落沟堑尽平，民大饥。八月，蝗自河北飞渡汴梁，食田禾尽。 元纪三十三：5852－5856

注：河东，泛指今山西省。关中，亦称关内，泛指今陕西关中盆地。河北，区域名，黄河以北地区。汴梁，路名，治所在今河南开封。

十四、《十国春秋》

（清）吴任臣撰

中华书局 1983 年版

注：《十国春秋》，清吴任臣撰，是一部记录五代时期十国史事的纪传体史书。全书共 114 卷，写十国君主之事迹，是十国史研究的基本参考书。康熙八年（1669 年）成书，乾隆五十三年（1788 年）重刊。

1. 杨吴太和四年（932 年）

是岁，钟山之阳，积飞蝗尺余厚，有数千僧白昼聚首，啗之尽。吴本纪：70

注：钟山，紫金山，在今江苏南京东。阳，山的南面，向阳面。太和，亦作大和。

2. 后唐保大十一年（953 年）

夏六月，旱蝗，民饥。 南唐本纪：220

3. 后蜀广政四年 (941 年)

夏四月，蝗。 后蜀本纪：711

4. 后蜀广政二十四年 (961 年)

螟蝗见成都。 后蜀本纪：730

注：螟蝗，泛指飞蝗。成都，今四川成都。

5. 吴越宝正三年 (928 年)

夏六月，大旱，有蝗蔽日而飞，昼为之黑，庭户衣帐悉充塞，是夕大风，蝗坠浙江而死。 吴越世家：1101

注：悉，全部。塞，满，指飞蝗将衣帐都塞满了。浙江，即钱塘江。

十五、《明实录类纂·自然灾异卷》 李国祥、杨昶主编

武汉出版社 1993 年版

注：《明实录》是记载明代 16 朝 270 余年历史的编年史长编，保存着大量明代自然灾异的史料，补充了很多《明史》及其他史料所阙的蝗灾记载。李国祥、杨昶《明实录类纂·自然灾异卷》，将明代自然灾异按事项归为 10 大类进行收录，兹转录该书灾伤变异、蝗螟为害、干旱肆虐、饥馑疫疠、蠲免赈济等章节中的蝗灾记载。

1. 元至正十四年 (1354 年)

甲午冬十月，又旱蝗相仍，人民饥馑。 《太祖实录》卷一

注：甲午，甲午年，此指元至正十四年。

2. 明洪武三年 (1370 年)

七月，河南府田间生斑猫虫，食麻、豆，命有司捕之。 《太祖实录》卷五十四

七月，青州蝗。 《太祖实录》卷五十四

3. 明洪武五年 (1372 年)

六月，济南府历城等县蝗。青州、莱州二府蝗。

《太祖实录》卷七十四

七月，徐州、大同府并蝗。 《太祖实录》卷七十五

4. 明洪武六年 (1373 年)

五月，开封府封丘县蝗。 《太祖实录》卷八十二

六月，北平河间、河南开封、陕西延安诸府州县蝗。七月，北平、河南、山西、山东蝗。 《太祖实录》卷八十三

八月，华州临潼、咸阳、渭南、高陵四县蝗，诏免其田租。

《太祖实录》卷八十四

5. 明洪武七年 (1374 年)

二月，济南府历城等县蝗，诏免田租。 《太祖实录》卷八十七

三月，西安府咸宁、华阴二县，济南府长清县，北平府武清县并蝗，命有司捕之。四月，顺德府平乡县、任县，保定府雄县，青州府寿光县、胶州，河南府巩县，永平府乐亭县，河间府莫州、清州，东昌府聊城县并蝗，命捕之。

《太祖实录》卷八十八

注：咸宁，旧县名，治所在今陕西西安。

五月，河间府任丘、宁津二县，永平府昌黎县，保定府安肃县，真定府宁晋县，济南府海丰县，北平府文安县，顺德府唐山县并蝗，命捕之。

《太祖实录》卷八十九

九月，河间府河间县蝗。 《太祖实录》卷九十三

6. 明洪武八年 (1375 年)

四月，河南彰德府安阳等县，北平、大名府内黄等县蝗。

《太祖实录》卷九十九

五月，真定府平山等县蝗。八月，涿州房山、赵州宁晋等县蝗。

《太祖实录》卷一百

十二月，诏以北平府宛平县今岁蝗，免其田租。 《太祖实录》卷一百二

7. 明洪武十年（1377 年）

四月，济宁府蝗。 《太祖实录》卷一百十一

8. 明洪武十一年（1378 年）

十一月，平凉府华亭县言："霜蝗害稼"，诏免今年田租。

《太祖实录》卷一百二十一

9. 明洪武十九年（1386 年）

六月，河南开封府郑州旱蝗，命户部遣官赈济饥民。

《太祖实录》卷一百七十八

10. 明洪武二十五年（1392 年）

四月，江西吉安府龙泉县王均德言："去岁旱、蝗、严霜伤稼，田无所收。"

《太祖实录》卷二百十七

注：龙泉县，旧县名，治所在今江西吉安遂川。

11. 明永乐元年（1403 年）

正月，大名府清丰等县蝗，民饥，户部请以赈之。 《太宗实录》卷十六

三月，陕西乾州言："今其地蝗，田稼无收。"浙江台州府临海县言："本县去岁旱蝗，禾稼不登。" 《太宗实录》卷十八

四月，直隶淮安及安庆等府蝗，上命户部遣人捕之，仍验所伤稼，免其租税。

《太宗实录》卷十九

五月，河南蝗，免其民今年夏税。 《太宗实录》卷二十

十一月，河南阌乡县王霖言："累岁蝗旱，民铠。" 《太宗实录》卷二十五

十二月，北京行部尚书郭资等奏："真定枣强县蝗旱，流殍者众。"河南、陕西耆民赵八等言："州连岁蝗旱，人民饥困。" 《太宗实录》卷二十六

注：枣强，原文为枣张，真定府无枣张而有枣强，今改。

12. 明永乐二年（1404 年）

正月，河南郑州荥泽县言："蝗蝻伤稼，税粮乞以豆菽代输。"

《太宗实录》卷二十七

13. 明永乐四年（1406 年）

八月，山东济南等郡县蝗。 　　　　　　　　　　　《太宗实寻》卷五十八

14. 明永乐五年（1407 年）

七月，山东兖州府武城等处蝗。 　　　　　　　　　《太宗实录》卷六十九

15. 明永乐六年（1408 年）

五月，户部言："山东青州蝗"，命布政司、按察司速遣官分捕。

《太宗实录》卷七十九

16. 明永乐十年（1412 年）

六月，山西布政司言："平阳、荣河、太原、交城县蝗，督捕已绝。"

《太宗实录》卷一百二十九

17. 明永乐十一年（1413 年）

五月，山东诸城等县蝗，淮安府盐城县蝗。 　　《太宗实录》卷一百四十

九月，上谓行在户部臣曰："近山东蝗生，有司坐视不问，及朝廷知之遣人督捕，则已滋蔓矣。" 　　　　　　　　　　　　　　　《太宗实录》卷一百四十三

18. 明永乐十四年（1416 年）

七月，户部言："河南卫辉府新乡县、山东乐安州、北京通州及顺义、宛平二县蝗"，命速遣人捕瘗。 　　　　　　　　　　　《太宗实录》卷一百二十九

彰德府属县蝗。 　　　　　　　　　　　　　《太宗实录》卷一百七十八

注：乐安州，旧州名，治所在今山东惠民。

19. 明宣德元年（1426 年）

六月，顺天府霸州及固安、永清二县，保定府新城县各奏蝗蝻，上命有司急捕勿缓。河南布政司奏："安阳、临漳二县蝗。" 　　　　　《宣宗实录》卷十八

七月，保定府安肃县、顺天府顺义县、真定府新乐县各奏："蝗蝻生。"

《宣宗实录》卷十九

20. 明宣德四年（1429 年）

五月，永清县奏："蝗蝻生。" 《宣宗实录》卷五十四

六月，顺天府通州、蓟州、霸州并东安、武清、良乡三县各奏："蝗蝻生"，命行在户部遣属官、部察院遣御史同往督捕。 《宣宗实录》卷五十五

21. 明宣德五年（1430 年）

二月，免顺天府房山、良乡二县民三百八十户蝗灾田地一百一十九顷七十八亩。 《宣宗实录》卷六十三

四月，易州奏："蝗蝻生"，上谓右部御史曰："今禾苗方生，宿麦渐茂，而蝗蝻为灾，若不早捕，民食无望。"直隶保定府满城等县奏蝗生，上命行在户部遣人往捕，必尽绝乃已。 《宣宗实录》卷六十五

六月，永平兴州左屯卫及直隶河间府静海县各奏："蝗蝻生。" 《宣宗实录》卷六十七

九月，大名府奏："浚县虫蝻生。" 《宣宗实录》卷七十

十二月，保定府定兴县奏："连年蝗涝，田谷不收，徭役频繁，人民逃窜。" 《宣宗实录》七十三

注：兴州左屯卫，旧卫名，治所在今河北玉田县。

22. 明宣德六年（1431 年）

六月，山东济宁州及滋阳县奏："蝗蝻生"，命行在户部遣人驰驿，往督有司捕之。 《宣宗实录》卷八十

七月，兖州府鱼台县蝗蝻生，命行在户部遣人驰视、督捕。 《宣宗实录》卷八十一

23. 明宣德八年（1433 年）

八月，兖州府济宁、东平二州及汶上县、济南府阳信、长山、历城、淄川四县虫蝻生，已委官捕瘗，而尤未熄，命行在户部遣人驰驿督捕。 《宣宗实录》卷一百四

24. 明宣德九年（1434 年）

五月，山东济宁州及滋阳、邹二县、河南开封府祥符县各奏："蝗蝻生"，命行在

户部遣官驰驿督捕。 《宣宗实录》卷一百十

七月，山东济南府历城、长清、齐河、齐东、禹城、肥城、平原、邹平、商河九县，登州府文登县、直隶淮安府沭阳、盐城二县，山西平阳府蒲州、河津县各奏："蝗蝻生"，命行在户部亟遣官驰驿督捕。 《宣宗实录》卷一百十一

八月，命行在兵部，凡南、北直隶府州县及山东布政司今年水、旱、蝗蝻灾伤之处，军民原养孳牧及乘操马倒死、亏欠者，悉免追偿。直隶扬州府高邮州奏："六月以来蝗蝻生，已发民捕瘗"，命行在户部再遣人驰驿督之。

《宣宗实录》卷一百十二

25. 明宣德十年（1435 年）

四月，山东、河南、顺天府，直隶保定、真定、顺德、淮安等府各奏："蝗蝻伤禾稼"，上命驰驿往捕。 《英宗实录》卷四

五月，广平府邯郸县奏："今旱蝗相继，灾伤尤甚，乞为宽贷。"

《英宗实录》卷五

五月，礼部办事官言："应天、凤阳、庐州、太平、池州、扬州、淮安等府俱蝗旱灾伤，人民艰食，无以赈济"。六月，应天府六合等县，直隶扬州府高邮等州，兴化、宝应、泰兴等县蝗，少保兼户部尚书黄福差官督捕，至是以闻。

《英宗实录》卷六

九月，司左通政周铨自保定捕蝗还，言："其始至时，蝗势滋甚。"

《英宗实录》卷九

26. 明正统元年（1436 年）

夏四月，保定府清苑县奏："本县旱蝗无收，人民艰难。"

《英宗实录》卷十六

闰六月，河间府静海县奏四月蝗蝻遍野，田禾被伤。顺天府所属州县蝗蝻伤稼，官员考满着，暂留督捕。 《英宗实录》卷十九

七月，辽东广宁等卫、直隶高邮州、山西平定州、山东兖州府各奏："蝗蝻生发，扑之未绝"，上命行在户部遣官覆视以闻。 《英宗实录》卷二十

十月，保定府唐县奏："本县连年旱蝗相仍，蝗蝻生发，田禾灾伤。"

《英宗实录》卷二十三

27. 明正统二年（1437 年）

四月，行在户部奏："去年山东、河南、顺天等府蝗，今恐复生"，上命卫、所、

府、州、县设法捕之，既而蝗果复滋蔓，复命户部差至事等官驰驿督捕。直隶广平、顺德二府所属各县蝗，未能尽捕，黍谷俱伤，已令覆实。《英宗实录》卷二十九

五月，河南诸处连年蝗虫、水、旱。淮安、邳州蝗，上命行在户部遣官驰驿往督军卫、有司捕之。 《英宗实录》卷三十

六月，陕西西安等府、秦州卫、阶州右千户所、河南怀庆府各奏："天久不雨，蝗蝻伤稼"，上命行在户部官覆视以闻。 《英宗实录》卷三十一

28. 明正统三年（1438 年）

七月，归德州蝗。 《英宗实录》卷四十四

29. 明正统四年（1439 年）

五月，直隶凤阳、淮安二府，徐州、河南开封府、山东兖州、济南二府各奏属县有蝗，上谓户部臣曰："不速扑灭，恐遗民患"，即遣人驰，传令所司捕之。

《英宗实录》卷五十五

七月，旱蝗相仍，人民饥窘。顺天府蓟州及遵化县、直隶保定府易州涞水县各奏："境内蝗伤稼"，宜驰文令巡按监察御史严督军民、衙门扑捕。直隶宿州、徐州，并浙江萧山县各奏："境内蝗"，上命行在户部移文巡按御史，严督军民官司扑灭尽绝，以闻。

《英宗实录》卷五十七

十一月，寿州奏境内蝗，上命所司多集军民捕瘗。 《英宗实录》卷六十一

30. 明正统五年（1440 年）

四月，保定府奏："所属清苑等县蝗生"，委官扑捕。河南开封、彰德二府，并山东兖州府所属州县俱蝗，上命行在户部遣人驰驿，令所在官司捕绝，毋使滋蔓。

《英宗实录》卷六十六

五月，顺天、广平、顺德、河间四府蝗。应天、凤阳、淮安三府多蝗，上命行在户部速令有司设法捕之。 《英宗实录》卷六十七

六月，山东德州清平、观城、临清、馆陶、范、冠、丘、恩八县蝗。

《英宗实录》卷六十八

七月，河南怀庆、卫辉二府蝗生。 《英宗实录》卷六十九

31. 明正统六年（1441 年）

五月，山东武城县、直隶静海县蝗旱相继，麦尽槁死，上命户部覆视以闻。应天

府江浦县蝗，命户部遣监察御史严督捕瘗，毋使滋蔓。　　《英宗实录》卷七十九

六月，四月以来，亢旱不雨，蝗蝻为患。顺天等府蝗旱，谷草少收。山东乐陵、阳信、海丰因与直隶沧州天津卫地相接，蝗飞入境，延及章丘、历城、新城，并青、莱等府、博兴等县，已专委设法捕瘗。山东寿光、临淄二县奏："旱蝗，民食不给。"镇远侯顾兴祖、安乡伯张安等官捕蝗事竣，还京；大同都司、蓟州、永平亦奏："捕灭已尽。"顺天府所属捕蝗，所过涿州等一十州县，谷麦间有伤损，尤未为害，惟房山县地僻蝗多，麦苗殆尽，其民饥乏损伤。　　《英宗实录》卷八十

七月，河南彰德、卫辉、开封、南阳、怀庆五府，山西太原府，山东济南、东昌、青、莱、兖、登六府，辽东广宁前、中屯二卫，直隶东胜、兴州二卫蝗生，上命行在户部速移文，严督军卫、有司捕灭。直隶河间、顺德二府所属州县复蝗，命大理寺少卿并监察御史分捕之。　　《英宗实录》卷八十一

八月，直隶并山东等处春夏亢旱，蝗蝻生发。河南所属府、州、县蝗灾。　　《英宗实录》卷八十二

九月，直隶保定、大名、广平、永平诸府，德州、卢龙、山海、兴州、东胜、抚宁诸卫各奏："蝗伤禾稼"，命有司设法捕灭之。顺天府所属州县蝗，民贫民艰，房山尤甚。安肃县奏："去岁蝗，民困之食。"巡按直隶监察御史邢端奏："顺天府所属宛平等七县并隆庆等卫所俱蝗，黍谷被伤。"直隶河间府所属州县蝗伤禾稼。　　《英宗实录》卷八十三

十月，顺天府蓟州奏："不意今秋苗稼又为蝗蝻所害。"

十一月，增给辽东、广宁等十卫官吏、军士口粮，以各卫今年旱蝗无收。　　《英宗实录》卷八十四

春夏，山西旱蝗。　　《英宗实录》卷八十五

闰十一月，户部言："山东济南府淄川县蝗灾。"　　《英宗实录》卷八十六

十二月，今岁辽东广宁、宁远等十卫屯田，俱被飞蝗食伤禾稼，屯民缺食。　　《英宗实录》卷八十七

注：东胜，旧卫名，明永乐元年分东胜左卫（治所在今河北卢龙）和东胜右卫（治所在今河北遵化市）。兴州，旧州名，治所在今河北承德滦河镇西南。隆庆，旧卫名，治所在今北京昌平区西北。广宁，旧卫名，治所在今辽宁北镇。宁远，旧卫名，治所在今辽宁兴城。

32. 明正统七年（1442年）

正月，河间府沧州知州奏："连岁涝蝗旱相仍，民食匮乏。"

《英宗实录》卷八十九

四月，上以河南、山东并直隶凤阳、真定等府去岁蝗灾，虑有遗种复生，命侍郎等官往督军卫、有司。河南布政司奏："开封等府所属州、县蝗蝻生发，伤害苗稼。"上命遣官督捕，毋令殃民。 　　　　　　　　　　　《英宗实录》卷九十一

五月，顺天府并直隶广平、大名、凤阳三府、河南开封、怀庆、河南三府所属州县各奏："蝗蝻生发。" 　　　　　　　　　　　《英宗实录》卷九十二

七月，陕西西安府同州奏："蝗虫伤透。" 　　　　　《英宗实录》卷九十三

山西大理寺左少卿于谦奏："河南水、旱、蝗虫相仍。"

　　　　　　　　　　　　　　　　　　　　　　《英宗实录》卷九十四

33. 明正统八年（1443年）

四月，山东济南等府，长清、历城等县蝗蝻生发，已委官督捕，所掘种子少有一二百石，多至一二千石。 　　　　　　　　　　《英宗实录》卷一百三

六月，山东济南府邹平县奏："飞蝗骤盛"，上命户部遣官覆视以闻。

　　　　　　　　　　　　　　　　　　　　　　《英宗实录》卷一百五

34. 明正统九年（1444年）

正月，户部尚书言："去岁南北直隶府、州、县俱蝗，恐今春复生，宜委在京堂上官前去巡视，提督军民官司巡掘蝗种，毋令尽绝，遇有生发，随即捕灭。"

　　　　　　　　　　　　　　　　　　　　《英宗实录》卷一百十二

35. 明正统十年（1445年）

七月，直隶保定、真定等府、清苑等县、山东兖州府济宁州曹县等县各奏："蝗蝻间发"，上命户部遣人令各有司设法扑捕，毋遗民害。

　　　　　　　　　　　　　　　　　　　　《英宗实录》卷一百三十一

十月，湖广茶陵县奏：去年闰七月螟灾。 　　《英宗实录》卷一百三十四

十一月，陕西右都御史奏："陕西连年荒旱、蝗、涝。"

　　　　　　　　　　　　　　　　　　　　《英宗实录》卷一百三十五

36. 明正统十二年（1447年）

闰四月，直隶淮安府、保定府、山东济南府各奏："所属州县蝗"，上命户部遣官督军民捕灭之。 　　　　　　　　　　《英宗实录》卷一百五十三

五月，河南开封、河南、彰德三府各奏旱蝗，上命户部遣官覆视。

《英宗实录》卷一百五十四

七月，直隶永平、凤阳并河南开封等六府旱蝗。真定、大名二府蝗，上命户部移文严督扑灭，勿遗民患。　　　　《英宗实录》卷一百五十六

八月，应天、安庆、广德等府、州，建阳、新安等卫，山东兖州等府、济宁等卫所州县各奏："旱蝗相仍，军民饥窘，鬻子女易食。"

《英宗实录》卷一百五十七

八月，山东莱州、青州府各奏："雨涝、蝗生，禾稼无收。"

《英宗实录》卷一百五十八

注：建阳卫，治所在今安徽当涂，新安卫，治所在今安徽歙县。

37. 明正统十三年（1448年）

正月，户部奏："去岁山东、河南并直隶府、州、县多有蝗蝻，今春恐遗种复生，其山东、河南宜令都、布、按三司各委官分巡严督；南北直隶宜令巡抚官遣官分巡，严督军民官司寻掘扑灭。"　　　　《英宗实录》卷一百六十二

四月，江西布政司奏："所属新昌、高安、上高三县去年旱蝗灾伤，人民缺食。"山东诸城境内旱蝗。南、北直隶凤阳、保定等府、卫捕蝗。

《英宗实录》卷一百六十五

六月，淮安府海州等十一州县连岁水涝、蝗、旱相仍。开封府及汝阳县蝗，有秃鹙万余下食之，蝗因尽绝，禾稼无损。　　《英宗实录》卷一百六十七

七月，京师飞蝗蔽天。　　　　　　　　《英宗实录》卷一百六十八

十二月，直隶邢台县奏："今岁蝗蝻，发民捕瘗，践伤禾苗计地二百四十二顷。"

《英宗实录》卷一百七十三

38. 明正统十四年（1449年）

正月，户部奏："畿内、山东、河南去岁蝗，恐今春遗种复生，分遣廷臣捕之。"

《英宗实录》卷一百七十四

五月，户部奏："顺天府所属州县，今旱蝗相继，二麦无收。"顺天、永平二府所属州县蝗，上命户部移文所司捕之。　　《英宗实录》卷一百七十八

六月，河南布政司奏："开封府诸县蝗。"巡按山东监察御史奏："济南、青州二府蝗。"直隶淮安府奏："上年飞蝗遗种。"　　《英宗实录》卷一百七十九

39. 明景泰元年（1450 年）

正月，户部奏："去岁南北直隶并山东、河南间有蝗蝻，恐今春遗种复生。"

《英宗实录》卷一百八十七

三月，顺天等八处比年蝗。 《英宗实录》卷一百九十

四月，京师等处蝗飞蔽天。 《英宗实录》卷一百九十一

六月，丰润县、直隶兴州前屯卫蝗生。 《英宗实录》卷一百九十三

40. 明景泰三年（1452 年）

六月，山东济南府历城、长清二县蝗生，命户部移文三司严督所属捕瘗之。

《英宗实录》卷二百十七

闰九月，免宣府前等十六卫所屯粮，以其旱蝗等灾。

《英宗实录》卷二百二十一

注：宣府前卫，治所在今河北宣化，清改为宣化府。

41. 明景泰四年（1453 年）

八月，直隶松江府奏："今夏蝗蝻生发，伤害禾稼，租税无征。"

《英宗实录》卷二百三十二

42. 明景泰五年（1454 年）

九月，直隶宁国、安庆、池州府属县今年六月以来，旱蝗伤稼，令户部覆视以闻。

《英宗实录》卷二百四十五

43. 明景泰六年（1455 年）

五月，户部尚书李敏奏："庆元并苏、松等府，建阳等卫军民田禾被水、旱、蝗灾，乞免粮草。" 《英宗实录》卷二百五十二

注：庆元，旧府名，治所在今浙江宁波；苏、松，旧府名，治所分别在今江苏苏州和上海松江。建阳卫，治所在今安徽当涂。

44. 明景泰七年（1456 年）

九月，应天并直隶太平等七府州蝗。巡按直隶监察御史奏："松、常、镇四府今

岁以蝻生发，优望特赐矜恻。"　　　　　　　　　　《英宗实录》卷二百七十

45. 明景泰八年　天顺元年（1457 年）

春正月，户部奏："去年山东、河南并直隶等处虫蝻，今春恐遗种复生，宜令各巡抚官委官巡视扑捕。"　　　　　　　　　　《英宗实录》卷二百七十四

秋七月，山东济南、浙江杭州、嘉兴诸府各奏："飞蝗众多，伤害稼穑，租税无征，事下户部覆视以闻。"　　　　　　　　　　《英宗实录》卷二百八十

九月，山东济南、兖州、青州三府各奏："三月以来，雨泽愆期，蝗蝻生发，食伤禾稼。"　　　　　　　　　　《英宗实录》卷二百八十二

十一月，直隶泗州并天长、石埭、青阳县，山东泰安州并禹城县俱奏："六、七月旱蝗伤稼"，命户部覆视之。　　　　　　　　　　《英宗实录》卷二百八十四

46. 明天顺二年（1458 年）

夏四月，山东济南、兖州、青州三府所属州县及平山等卫蝗生，伤麦。

《英宗实录》卷二百九十

五月，户部右侍郎年富奏："闻顺天府武清县，直隶河间府沧州、静海、兴济、东光、吴桥、青县蝗生，山东平原、乐陵、海丰、阳信诸处亦皆延蔓"，上命移文，督属捕瘗。　　　　　　　　　　《英宗实录》卷二百九十一

注：平山卫，旧卫名，治所在今山东聊城东。

47. 明成化三年（1467 年）

秋七月，河南开封、彰德、卫辉三府地方间有飞蝗过落，及虫蝻生发，食伤禾稼，除严督督捕外，切惟蝗蝻生发，固虽无灾，实关人事。

《宪宗实录》卷四十四

48. 明成化九年（1473 年）

六月，直隶河间府蝗。　　　　　　　　　　《宪宗实录》卷一百十七

49. 明成化二十二年（1486 年）

三月，山西平阳府蝗。　　　　　　　　　　《宪宗实录》卷二百七十六
夏四月，河南蝗。　　　　　　　　　　《宪宗实录》卷二百七十七

50. 明成化二十三年（1487 年）

六月，直隶徐州蝗。 　　　　　　　　　　　　《宪宗实录》卷二百九十一

51. 明弘治六年（1493 年）

四月，以蝗蝻免直隶永平府迁安、抚宁二县及抚宁、兴州右屯二卫、建昌等营、河流口等弘治五年分粮草子粒有差。 　　　　　　　　《孝宗实录》卷七十四

注：兴州右屯卫，治所在今河北迁安市。建昌营，治所在今河北迁安东北建昌营镇。河流口，长城关口之一，在今河北迁安市东北。

52. 明弘治七年（1494 年）

正月，马兰峪等营堡蝗灾，免弘治六年粮草有差。 　《孝宗实录》卷八十四

注：马兰峪，又称马兰关，长城关口之一，在今河北遵化市西马兰峪镇。

53. 明弘治八年（1495 年）

三月，当涂县蝗虫生，食草枝、秧苗略尽。 　　　　《孝宗实录》卷九十八
四月，直隶当涂县蝗。 　　　　　　　　　　　　《孝宗实录》卷九十九

54. 明弘治九年（1496 年）

五月，以蝗灾免山东青州府弘治八年税粮有差。 　《孝宗实录》卷一百十三

55. 明弘治十六年（1503 年）

四月，以水旱蝗虫灾免山东济、兖、青、登四府，及青州左等二卫弘治十五年粮草子粒有差。 　　　　　　　　　　　　　　《孝宗实录》卷一百九十八

56. 明正德二年（1507 年）

福建建宁、邵武二府自八月始旱、涝、蝗虫递作。 　《武宗实录》卷三十三

57. 明正德五年（1510 年）

五月，免陕西西镇番卫屯粮，以去年蝗灾故也。 　《武宗实录》卷六十三

注：西镇，山名，在今陕西陇县西南。

58. 明正德七年（1512年）

十二月，以蝗灾免保定、河间等府并沧州等卫秋税。《武宗实录》卷九十五

59. 明嘉靖三年（1524年）

六月，顺天、保定、河间及徐州蝗，户部请敕有司捕蝗，上曰："蝗蝻损稼，小民难食，朕心恻然。"　　　　　　　　　　　　　　　《世宗实录》卷四十

八月，以旱蝗灾减免顺天、永平、保定、河间四府各州县夏税。

《世宗实录》卷四十二

九月，以旱蝗免辽东广宁、宁远诸卫屯粮。　　《世宗实录》卷四十三

60. 明嘉靖五年（1526年）

正月，以蝗灾诏免镇江丹徒、丹阳二县钱粮。　　《世宗实录》卷六十

61. 明嘉靖八年（1529年）

五月，以蝗蝻免山东沂州费县嘉靖七年分未征折色马一百九十八匹。

《世宗实录》卷一百一

六月，以旱蝗减免山西代州、阳城等州县、直隶凤阳、淮安、扬州府属各州县夏税。以旱蝗减免山东济南、兖州、东昌、青州、莱州府各州县及平山等卫夏税有差。

《世宗实录》卷一百二

十月，以旱蝗免顺天、永平二府夏税及山东秋粮有差。

《世宗实录》卷一百六

十一月，以河南蝗灾免开封等府所属州县并宣武等卫秋粮。

《世宗实录》卷一百七

注：宣武，旧卫名，治所在今河南开封。

62. 明嘉靖十年（1531年）

八月，以旱蝗免扬州、淮安二府各属州县田粮有差。

《世宗实录》卷一百二十九

九月，以庐、凤、淮、扬四府及徐、滁、和三州水、旱、虫蝗，诏以兑运粮二仓支运。　　　　　　　　　　　　　　　　　《世宗实录》卷一百三十

63. 明嘉靖十一年（1532 年）

九月，以旱蝗诏改折庐、凤、淮、扬四府和徐、滁、和三州正兑米八万石改兑米三万石，仍免租有差。　　　　　　　　　　　　《世宗实录》卷一百四十二

64. 明嘉靖十二年（1533 年）

七月，以旱蝗免顺天、永平二府所属夏税有差。《世宗实录》卷一百五十二

九月，以河南开封府旱蝗，许折征起运钱粮。　《世宗实录》卷一百五十四

65. 明嘉靖十五年（1536 年）

六月，以旱蝗免山西大同等府税粮有差。　　　《世宗实录》卷一百八十九

十月，以旱蝗免山东济南等府税粮有差。　　　《世宗实录》卷一百九十二

闰十二月，以旱蝗免山西大同等卫所屯粮有差。《世宗实录》卷一百九十五

66. 明嘉靖十九年（1540 年）

十月，以旱蝗免山东济南等府、德州等州、历城等县、涿鹿等卫并宣府、大同二镇各民屯军粮有差。　　　　　　　　　　　　《世宗实录》卷二百四十二

67. 明嘉靖二十九年（1550 年）

十月，以旱蝗免南京英武并直隶寿州等卫所屯粮有差。

《世宗实录》卷三百六十六

注：英武卫，治所在今安徽定远县东北。

68. 明嘉靖三十四年（1555 年）

九月，以蝗灾诏免山东济南、兖州、东昌、青州等府秋粮有差。

《世宗实录》卷四百二十六

69. 明嘉靖三十九年（1560 年）

九月，以水灾、蝗蝻免南京锦衣卫并直隶连阳、泗州等卫所屯粮有差。以旱蝗免山东济南等府税有差。　　　　　　　　　　　《世宗实录》卷四百八十八

注：连阳，即今广东连州、连南、连山、阳山四县的简称。

70. 明隆庆三年 (1569 年)

六月，河间蝗灾。 　　　　　　　　　　　　　　　《穆宗实录》卷三十三

71. 明万历十二年 (1584 年)

十月，以水、旱、蝗灾，诏免湖广、山东各被灾伤地方屯钱粮。

《神宗实录》卷一百五十四

72. 明万历十五年 (1587 年)

八月，江北蝗虫。 　　　　　　　　　　　　　　《神宗实录》卷一百八十八

73. 明万历十九年 (1591 年)

九月，以真、顺、广、大各被蝗旱灾伤，蠲免有差。

《神宗实录》卷二百四十

74. 明万历二十八年 (1600 年)

七月，保定巡抚汪应蛟以畿内荒疫、旱蝗相继为虐，乞敕尽罢矿税。

《神宗实录》卷三百四十九

75. 明万历三十一年 (1603 年)

七月，清苑县蝗蝻甚生，蚕食禾稼，聚若蚁，起如蜂。

《神宗实录》卷三百八十六

76. 明万历三十三年 (1605 年)

保定巡抚孙玮奏："清苑、安肃、清河等处蝗蝻食残。"

《神宗实录》卷四百十一

77. 明万历三十四年 (1606 年)

六月，顺天文安、永清、武清、三河、宝坻等县大蝗。

《神宗实录》卷四百二十二

七月，畿南累岁洊灾，冰雹未已，继之蝗蝻，救荒之策惟是蠲、赈两项。

《神宗实录》卷四百二十三

78. 明万历三十五年（1607 年）

六月，东昌、兖州二府去岁蝗灾异常。　　　　　　《神宗实录》卷四百三十四

79. 明万历三十七年（1609 年）

八月，徐州以北、畿南六郡及济南、青州等郡蝗。

《神宗实录》卷四百六十一

十一月，畿辅旱蝗特甚。　　　　　　　　　　　《神宗实录》卷四百六十四

80. 明万历三十八年（1610 年）

六月，山东德州、平原、禹城、齐河蝗蝻为灾。《神宗实录》卷四百七十二

81. 明万历三十九年（1611 年）

兵部奏：蓟州镇团营地亩春夏旱蝗。　　　　　《神宗实录》卷四百八十

六月，徐州以北阴雨连绵，到处蝗飞蔽天，所过之处，千里如扫，房屋倾颓，万室无烟。淮安、凤阳蝗旱灾伤，分别蠲赈。　　　　《神宗实录》卷四百八十四

八月，河南巡按奏："今春至夏，开、归、汝等处飞蝗蔽天，禾麦一空。"

《神宗实录》卷四百八十六

82. 明万历四十年（1612 年）

凤、泗、淮、徐等处先罹蝗旱，后遭淫雨。　　《神宗实录》卷四百九十三

83. 明万历四十四年（1616 年）

六月，山西平阳府蝗，蒲、解方甚。　　　　　《神宗实录》卷五百四十六

七月，河南报蝗蝻。　　　　　　　　　　　　《神宗实录》卷五百四十七

九月，河南通省旱蝗为厉。江宁、广德等处蝗蝻大起，按臣骆骎曾疏陈其状云："蝗不渡江，渡江乃异。今垂天蔽日而来，集于田而禾黍尽，集于地而菽粟尽，集于山林而草皮不实，柔桑、疏竹之属条干、枝叶都尽。"《神宗实录》卷五百四十九

84. 明万历四十五年（1617 年）

七月，北直隶、山东、山西、河南、江西以及大江南北或大旱、或大水、或蝗蝻，又或水而旱、旱而复蝗。　　　　　　　　　《神宗实录》卷五百五十九

九月，沈丘等五十州县因旱蝗为虐，漕粟难输。《神宗实录》卷五百六十一

十一月，畿南六郡，数年以来，水旱、蝗蝻相继为虐。

《神宗实录》卷五百六十三

85. 明万历四十六年（1618 年）

正月，兵部复奏：山东济属武定、滨州等十四州县荒旱蝗蝻，东、兖、青三府亦然。山东巡抚以东省旱蝗，乞罢临清关税及通省包税，不报。

《神宗实录》卷五百六十五

户部奏，畿南去岁旱蝗为灾。　　《神宗实录》卷五百六十六

86. 明泰昌元年（1620 年）

八月，山东巡按言："登、莱两郡今且苦水、苦蝗。"　　《光宗实录》卷七

87. 明天启元年（1621 年）

七月，顺天等处旱蝗。　　　　　　　　　　　　《熹宗实录》卷十二

88. 明天启五年（1625 年）

九月，定兴等处飞蝗蔽天。　　　　　　　　《熹宗实录》卷六十三

十月，天津等处旱蝗，请议蠲恤。　　　　　《熹宗实录》卷六十四

89. 明天启六年（1626 年）

五月，顺天巡抚刘诏言："北直、河南、山东等处苦旱，又苦蝗。"

《熹宗实录》卷七十一

七月，山东巡抚以东省旱蝗，条上方略。　《熹宗实录》卷七十四

九月，淮、扬、庐、凤各府属春夏旱蝗为灾。　《熹宗实录》卷七十六

十二月，巡按直隶御史奏："至秋，旱蝗肆虐，饥馑相望。"

《熹宗实录》卷七十九

90. 明天启七年（1627 年）

凤阳等地方一岁而水、旱、蝗蝻三灾叠至，禾稼尽伤。《熹宗实录》卷八十

91. 明崇祯元年（1628 年）

正月，常州府蝻贼为灾，田禾食尽。　　　　　《崇祯长编》卷五

十六、《明会要》

（清）龙文彬纂

中华书局 1956 年版

1. 明洪武六年（1373 年）

六月，山西、北平、河南、山东蝗。 祥异·蝗：1367

注：山西，明十三布政司分辖道名，亦称行省名，今山西省。北平，府名，后改顺天府，治所在今北京市，管辖今北京、天津及河北省的部分地区。河南，分辖道名，今河南省。山东，分辖道名，今山东省。

2. 明建文四年（1402 年）

京师飞蝗蔽天。 祥异·蝗：1367

注：京师，明洪武元年（1368 年）建都南京，今江苏南京，明洪武十一年曰京师，今江苏南京。明制京师，不设布政使司，府、州直隶于京师管辖。

3. 明永乐元年（1403 年）

夏，山东、山西、河南蝗。 祥异·蝗：1367

谓户部曰："近因兵戈蝗旱，民流徙废业，不及今劝相尽力南亩，将不免有所失者，其遣人督劝毋忽。" 食货：1005

注：南亩，泛指农田，由于兵戈、蝗旱，农田不免有所荒废，劝农耕种。

4. 明永乐十一年（1413 年）

九月，诏："郡县官每岁春秋行视境内，蝗蝻害稼，即捕绝之。不如诏者，并罪其布、按二司。" 食货：1005

注：布、按二司，指布政使司和按察使司。布政使，为各行省的最高行政官员，按察使，为各省司法官员。

5. 明永乐十四年（1416 年）

七月，畿内、河南、山东蝗。 祥异·蝗：1367

注：畿内，明永乐元年建立北京，畿内，今北京附近。

6. 明宣德五年 (1430 年)

遣使捕畿内蝗，帝谕户部曰："往年捕蝗之使，害民不减于蝗，宜知此弊。"因作《捕蝗诗》示之。 祥异·蝗：1368

注：户部，掌天下户籍田赋的机构，并负责捕蝗政令的制定。

7. 明宣德九年 (1434 年)

七月，两畿、山西、山东蝗蝻覆地尺许，伤稼。 祥异·蝗：1368

注：明永乐十九年 (1421 年)，改北京为京师，今北京市。两畿，指北畿 (今北京附近) 和南畿 (今江苏南京附近)。

8. 明宣德十年 (1435 年)

四月，两京、山东、河南蝗蝻伤稼。 祥异·蝗：1368

9. 明正统二年 (1437 年)

四月，北畿、山东、河南蝗。 祥异·蝗：1368

10. 明正统七年 (1442 年)

夏，两畿、山东、山西、河南、陕西旱蝗。 祥异·蝗：1368

11. 明正统十三年 (1448 年)

七月，京师飞蝗蔽天。 祥异·蝗：1368

12. 明正统十四年 (1449 年)

夏，顺天、永平、济南、青州蝗。 祥异·蝗：1368

注：顺天，府名，治所在今北京市。永平，府名，治所在今河北卢龙。济南，府名，治所在今山东济南。青州，府名，治所在今山东青州。

13. 明景泰五年 (1454 年)

六月，宁国、安庆、池州蝗。 祥异·蝗：1368

注：宁国，府名，治所在今安徽宣城。安庆，府名，治所在今安徽安庆。池州，府名，治所在今安徽贵池。

14. 明天顺元年（1457 年）

七月，济南、杭州、嘉兴蝗。 祥异·蝗：1368

注：济南，府名，治所在今山东济南。杭州，府名，治所在今浙江杭州。嘉兴，府名，治所在今浙江嘉兴。

15. 明成化三年（1467 年）

七月，开封、彰德、卫辉蝗。 祥异·蝗：1368

注：开封，府名，治所在今河南开封。彰德，府名，治所在今河南安阳。卫辉，府名，治所在今河南卫辉。

16. 明弘治三年（1490 年）

北畿蝗。 祥异·蝗：1368

17. 明弘治四年（1491 年）

夏，淮安、扬州蝗。 祥异·蝗：1368

注：淮安，府名，治所在今江苏淮安。扬州，府名，治所在今江苏扬州。

18. 明弘治六年（1493 年）

六月，飞蝗过京师，自东南而西北，日为掩者三日，户部请遣顺天府丞行县督捕。

祥异·蝗：1369

19. 明弘治七年（1494 年）

三月，两畿蝗，命捕蝗一斗给米倍之。 祥异·蝗：1369

20. 明嘉靖三年（1524 年）

六月，顺天、保定、河间、徐州蝗。 祥异·蝗：1369

注：顺天，府名，治所在今北京市。保定，府名，治所在今河北保定。河间，府名，

治所在今河北河间。徐州，府名，治所在今江苏徐州。

21. 明隆庆三年（1569 年）

闰六月，山东旱蝗。 祥异·蝗：1369

22. 明万历十九年（1591 年）

秋，畿内蝗。 祥异·蝗：1369

23. 明万历三十四年（1606 年）

六月，畿内蝗。 祥异·蝗：1369

24. 明天启元年（1621 年）

七月，顺天蝗。 祥异·蝗：1369

25. 明崇祯十一年（1638 年）

六月，两畿、山东、河南大旱蝗。 祥异·蝗：1369

26. 明崇祯十四年（1641 年）

六月，两畿、山东、河南、浙江、湖广旱蝗。 祥异·蝗：1369

注：浙江，明分辖道名，今浙江省。湖广，明分辖道名，辖有荆湖南路、荆湖北路，包括今湖南、湖北两省地区。

十七、《名山藏》 （明）何乔远撰

崇祯十三年版

注：《名山藏》，共 100 卷，分 37 记，明何乔远撰。该书记载了明太祖至穆宗（1368—1572 年）13 朝的史事，保存了不少明代有关蝗虫的珍贵史料。原载《续修四库全书》第 425—427 册，史部·杂史类。清代将此书列入《禁书总目》。仅有明崇祯十三年（1640 年）刊本传世。

1. 明洪武四年（1371 年）

七月，命侍臣编《存心录》成，命中书省毋奏祥瑞灾异，蝗旱即时报闻。

卷之二·典谟记

2. 明建文元年（1399 年）

燕王即还北平，复上书曰："蝗虫生陇亩，占书曰：蝗虫生陇亩者，邪臣在位则虫食苗叶，君用才不当、臣不任职则虫食苗茎，佞臣在朝则虫食田苗，任用奸贼则虫食苗根也。"

卷之五·典谟记

3. 明永乐元年（1403 年）

五月，近州县练习讲读，念四方水旱蝗蝻，道殣相望，修葺供亿，劳费军民。九月，河南数处蝗旱，朕用不宁。十一月，谕都御使陈瑛曰："河南蝗旱数岁，南阳县言县民逃徙，赋役靡出，乞下令捕归。"上曰："民谁乐去其乡哉，河南连岁水旱蝗灾，守令鲜抚字之，夫其田庐生业已废，弃捕归益之困耳。" 卷之六·典谟记

4. 明永乐五年（1407 年）

五月，敕左都御使陈瑛曰："每岁春夏，郡县浚沟渠、筑圩岸、修陂池、捕蝗虫，遇饥荒即赈。" 卷之六·典谟记

5. 明永乐十一年（1413 年）

五月，诸城等县蝗，命有司捕瘗之。谕曰："蝗，苗蠹也，尔不能除，则亦民蠹也。"

卷之七·典谟记

6. 明永乐二十二年（1424 年）

五月，浚县蝗蝻生，知县王士廉斋祷八蜡，以失政自责，越三日有鸟数百食之殆尽。皇太子闻而嘉赐之。 卷之八·典谟记

7. 明宣德元年（1426 年）

六月，畿内、河南蝗，命使者驿捕。 卷之十·典谟记

8. 明宣德五年（1430 年）

二月，敕曰：水、旱、蝗蝻地速视其灾。六月，太监郑和持诏谕诸番遣捕蝗畿内。命行在户部尚书郭敦曰：往岁捕蝗之使闻不减蝗，卿尚饬而后遣之，因制《捕蝗诗》示敦。诗曰："蝗螽虽微物，为患良不细。其生实繁滋，殄灭端非易。方秋禾黍成，芃芃各生遂。所忻岁将登，淹忽蝗已至。害苗及根节，而况叶与穗。伤哉陇亩

植，民命之所系。一旦尽于斯，何以卒年岁。上帝仁下民，讵非人所致。修省勿敢怠，民患可坐视。去螟古有诗，捕蝗亦有使。除患与养患，昔人论以备。拯民于水火，勖哉勿玩愒。"

卷之十·典谟记

9. 明宣德九年（1434 年）

七月，两畿、山东、河南诸郡县蝗覆地尺，遣驿捕。 卷之十·典谟记

10. 明宣德十年（1435 年）

四月，两畿、山东、河南诸郡府蝗蝻伤稼，命御史给事中驰驿往捕。九月，龙州献瑞麦，上以所在旱蝗相望，独此瑞麦何以免民饥，自今天下凡若此类皆毋献。

卷之十一·典谟记

11. 明正统元年（1436 年）

四月，两畿、山东、河南诸府蝗蝻伤稼，命御史给事中驰驿往捕；命行在礼部右侍郎王士嘉等五人捕蝗畿内。六月，静县蝗饥。 卷之十一·典谟记

12. 明正统二年（1437 年）

四月，遣官督捕蝗于畿内。 卷之十一·典谟记

13. 明正统四年（1439 年）

五月，凤阳、开封、兖州、济南诸府蝗，命捕之。 卷之十一·典谟记

14. 明正统五年（1440 年）

正月，谕行在户部臣曰：去岁畿甸及山东、西、河南蝗，恐遗种于今岁，速下所司捕灭之。四月，两畿、河南、山东蝗，遣捕之。 卷之十一·典谟记

15. 明正统六年（1441 年）

四月，命行在户部右侍郎陈瑺、通政司右参议王锡、大理寺少卿顾惟敬等，分督捕蝗于畿内及南京、江北诸府，以去冬迄今雨雪稀少，烈风屡兴，蝗蝻萌发，遣分告于天地社稷、山川诸神。五月，敕分镇诸勋臣，督军卫、有司于镇所捕蝗。六月，监察御史曹泰言："蝗蝻、水涝皆大小臣奉职亡状所致"；敕曰："畿内旱蝗，朕心警惕，有言大臣所致，朕明下其章，俾之修省。" 卷之十一·典谟记

16. 明正统七年（1442 年）

正月，命吏部左侍郎魏骥等五人分往北京及南京、江北诸郡，督有司预绝蝗种。

卷之十一·典谟记

17. 明正统八年（1443 年）

正月，命吏部左侍郎魏骥等八人分往南、北两京灭蝗种。 卷之十一·典谟记

18. 明正统九年（1444 年）

正月，命兵部右侍郎虞祥等五人分往南畿，巡视督捕蝗种。

卷之十一·典谟记

19. 明正统十二年（1447 年）

七月，永平、真定、大名、凤阳、开封诸府蝗，下所司扑灭，赈济之。八月，应天、山东诸府、州、县、卫、所各奏旱蝗相仍，军民饥殍。 卷之十二·典谟记

20. 明正统十三年（1448 年）

四月，遣刑部右侍郎薛希琏、都察院右佥都御史张楷，分诣南北直隶、凤阳等府捕蝗。张楷，慈溪人，永乐二十二年进士，正统十二年驿召升佥都御史，巡抚畿甸，至是被命捕蝗真定，守捕不力，奏戒之。八郡震谏蝗不为灾。五月，以河南、山东旱蝗，敕刑部右侍郎丁镱巡视之。 卷之十二·典谟记

21. 明景泰七年（1456 年）

六月，淮安、扬州、凤阳三府大旱蝗。七月，两畿、山东、西、江浙诸省虫蝻。

卷之十三·典谟记

22. 明弘治六年（1493 年）

六月，飞蝗蔽日者三日，遣顺天府行县督捕。 卷之十八·典谟记

23. 明正德元年（1506 年）

四月，刑科给事中汤礼敬言：陛下更始之初，灾异屡出，旱涝、蝻蝗之类累见。

卷之二十·典谟记

十八、《古今图书集成·庶征典·蝗灾部》 （清）蒋廷锡辑

中华书局　1934 年影印版

注：《古今图书集成》，原名《古今图书汇编》，清康熙年间由陈梦雷等编辑。雍正初，世宗雍正帝命蒋廷锡等重辑，并于雍正四年（1726 年）完成。全书 1 万卷，仅印 64 部。书中《蝗灾部》，属历象汇编庶征典，按汇考、艺文、纪事、杂录四个部分收集整理了我国自春秋至康熙三十四年（1695 年）之间的蝗灾记载 403 年，这是继元马端临第一次整理全国蝗灾发生情况以来，第二次全面整理全国蝗灾记载情况。其资料来源，在明代以前主要为《春秋》《册府元龟》《十国春秋》《续文献通考》及正史中的本纪、五行志等，明代的资料来源主要为《名山藏》《大政纪》《明会典》及各省通志。

1.《诗经·小雅·大田》

去其螟螣，及其蟊贼，无害我田稚。田祖有神，秉畀炎火。注：食心曰螟，食叶曰螣，食根曰蟊，食节曰贼，皆害苗之虫也。稚，幼禾也。言其苗既盛矣，又必去此四者，然后可以无害田中之禾，然非人力所及也，故愿田祖之神，为我持此四虫，而付之炎火之中也。姚崇遣使捕蝗引此为证，夜中设火，火边掘坑，且焚且瘗，盖古之遗法如此。 蝗灾部汇考一之一

注：陆玑注：螣，蝗也。《诗经·小雅·大田》产生于前 711 年以前，后由孔子修订而成。唐姚崇遣使捕蝗，夜中设火，火边掘坑，且焚且瘗。所以说此乃为古之遗法。

2.《礼记·月令》

孟夏行春令，则蝗虫为灾。注：蝗虫寅之气乘之也，必以蝗虫为灾者，寅有启蛰之气，行于初暑，则当蛰者大出矣。仲夏行春令，则百螣时起。注：螣，蝗之属。言百者，明众类并为害。孔疏：螣食苗叶，春之气盛于末，故虫之为害者特及叶而已。仲冬行春令，则蝗虫为败。 蝗灾部汇考一之一

注：孟夏，阴历四月。行春令，指实行应在春天实行的法令。《礼记集说》陈澔注曰："孟夏行孟春之令，寅木之气所淫也。寅有蛰之气，行于初暑，当蛰者大出矣。"东汉高诱注曰："行春启蛰之令，故有虫蝗之败。"败，凶年而歉收，意为灾年。仲冬，阴历十月。

3.《汉书·五行志》

介虫孽者谓小虫有甲，飞扬之类，阳气所生也，于《春秋》为螽，今谓之蝗，皆其类也。……温燠主虫，故有羸虫之孽，谓螟螣之类，当死不死，未当生而生或多于，故而为灾也。

蝗灾部汇考一之二

注：介虫，指外皮坚硬的昆虫，或指飞翅之类昆虫。阳气，温和气温。温燠，燠，冬季气候温暖之意。见《汉书·五行志第七》。《春秋》，儒家经典之一，编年体春秋史，相传孔子依据鲁国史官所编《春秋》，加以整理修订而成。

4.《后汉书·五行志》

注：谶曰："上失礼烦苛则旱，鱼螺变为蝗虫。"《京房占》曰："天生万物百谷以给民用，天地之性，人为贵。今蝗虫四起，此为国多邪人，朝无忠臣，虫与民争食，居位食禄如虫矣。……人君无施泽惠利于下则致旱也，不救，必蝗虫害谷。"

蝗灾部汇考一之二

注：谶，预言意，汉代流行的谶语或图谶，迷信的说法，把自然界的某些偶然现象加以神秘化解说的书。烦，多意。鱼螺，指鱼子。京房，西汉人，《易学·京氏学》的创始人，元帝时立为博士。

5. 周桓王十三年（前 707 年）

秋，鲁螽。按《春秋》："鲁桓公五年，秋，螽。"

蝗灾部汇考二之二

6. 周襄王七年（前 645 年）

鲁螽。按《春秋》："鲁僖公十五年，八月，螽。"按《榖梁传》："螽，虫灾也，甚，则月，不甚，则时。"

蝗灾部汇考二之二

7. 周襄王三十三年（前 619 年）

鲁螽。按《春秋》："鲁文公八年，秋，螽。"注：杜氏曰："为灾故书。"按《汉书·五行志》："文公八年，十月，螽。"

蝗灾部汇考二之二

8. 周定王六年（前 601 年）

鲁螽。按《春秋》："鲁宣公六年，秋八月，螽。"注：杜氏曰："为灾故书。"按

《汉书·五行志》："宣公六年，八月，螽。"　　　　　蝗灾部汇考二之二

注：按《春秋》及《汉书·五行志》记载均为鲁宣公六年（前603年），此处周定王六年（前601年），可能为鲁宣公六年之误，备考。

9. 周定王十一年（前596年）

秋，鲁螽。按《春秋》："鲁宣公十有三年，秋，螽。"按《汉书·五行志》："宣公十三年，秋，螽。"　　　　　蝗灾部汇考二之二

10. 周定王十三年（前594年）

秋，鲁螽。冬，蝝生。按《春秋》："鲁宣公十五年，秋，螽。冬，蝝生。"　　　　　蝗灾部汇考二之二

11. 周灵王六年（前566年）

鲁螽。按《春秋》："鲁襄公七年，八月，螽。"注："为灾故书。"按《汉书·五行志》："襄公七年，八月，螽。"　　　　　蝗灾部汇考二之三

12. 周敬王三十七年（前483年）

冬，鲁螽。按《春秋》："鲁哀公十有二年，冬十有二月，螽。"按《左传》："季孙问诸仲尼，仲尼曰：'丘闻之，火伏而后蛰者毕，今火犹西流，司历过也。'"按《公羊传》："何以书？记异也。何异？尔不时也。"按《汉书·五行志》："哀公十二年，十二月，螽。是时，哀用田赋。刘向以为，春用田赋，冬而螽。"

蝗灾部汇考二之三

13. 周敬王三十八年（前482年）

鲁螽。按《春秋》："哀公十有三年，秋九月，螽，十有二月，螽。"大全高氏曰："周之九月，夏之七月也，其为农灾，又非冬十二月之比也。"吕氏曰："此年九月螽，又十二月螽，阴阳错乱甚矣，当世君臣亦可以自省矣。"襄陵许氏曰："《春秋》书鲁人事，至用田赋，书鲁大灾，至于二年二螽，见其重赋害民、伤禾、致异。民力已穷，天命以去，君子之心于鲁已矣。"按《汉书·五行志》："哀十三年，九月，螽，十二月，螽，比二螽，虐取于民之效也。刘歆以为，周十二月，夏十月也，火星既伏，蛰虫皆毕，天之见变，因物类之宜，不得以螽，是岁，再失闰矣。周九月，夏七

月，故《传》曰：火犹西流，司历过也。" 　　　　　　　　蝗灾部汇考二之三

14. 秦王政四年（前 243 年）

十月，蝗虫从东方来，蔽天。按《史记·秦始皇本纪》云云。

蝗灾部汇考二之三

15. 西汉中元三年（前 147 年）

秋，蝗。按《汉书·景帝本纪》："中元三年，秋，九月，蝗。"按《汉书·五行志》："中元三年，秋，蝗。先是匈奴寇边，中尉不害将车骑材官士屯代高柳。"

蝗灾部汇考二之四

16. 西汉中元四年（前 146 年）

蝗。按《汉书·景帝本纪》："中元四年，夏，蝗。" 　　蝗灾部汇考二之四

17. 西汉建元五年（前 136 年）

大蝗。按《汉书·武帝本纪》："建元五年，五月，大蝗。"

蝗灾部汇考二之四

18. 西汉元光六年（前 129 年）

夏，螟。按《汉书·武帝本纪》："元光六年，夏，大旱蝗。"按《汉书·五行志》："六年，夏，蝗。是岁，四将军征匈奴。" 　　蝗灾部汇考二之四

19. 西汉元鼎五年（前 112 年）

秋，蝗。按《汉书·五行志》："元鼎五年，秋，蝗。" 　　蝗灾部汇考二之四

20. 西汉元封六年（前 105 年）

秋，蝗。按《汉书·武帝本纪》："元封六年，秋，大旱蝗。"按《汉书·五行志》："元封六年，秋，蝗。" 　　蝗灾部汇考二之四

21. 西汉太初元年（前 104 年）

夏，蝗。按《汉书·武帝本纪》："太初元年，秋，八月，蝗从东方飞至敦煌。"按《汉书·五行志》作夏，互异。 　　蝗灾部汇考二之四

22. 西汉太初二年（前 103 年）

秋，蝗。按《汉书·武帝本纪》云云。

蝗灾部汇考二之四

23. 西汉太初三年（前 102 年）

秋，蝗。按《汉书·五行志》："三年，秋，蝗。"

蝗灾部汇考二之四

24. 西汉征和三年（前 90 年）

秋，蝗。按《汉书·武帝本纪》云云。

蝗灾部汇考二之四

25. 西汉征和四年（前 89 年）

夏，蝗。按《汉书·五行志》："四年，夏，蝗。"

蝗灾部汇考二之四

26. 西汉元始二年（公元 2 年）

蝗。按《汉书·平帝本纪》："元始二年，四月，郡国大旱蝗，青州尤甚，民流亡。"按《汉书·五行志》："元始二年，秋，蝗遍天下，是时王莽秉政。"

蝗灾部汇考二之四

27. 新莽地皇三年（22 年）

蝗。按《汉书·王莽传》："地皇三年，夏，蝗从东方来，飞蔽天，至长安，入未央宫，缘殿阁，草木尽。"

蝗灾部汇考二之四

28. 东汉建武五年（29 年）

蝗。按《后汉书·光武帝本纪》："建武六年，春正月辛酉，诏曰：'往岁水、旱、蝗虫为灾，谷价腾跃，人用困乏，朕惟百姓无以自赡，恻然愍之，其命郡国有谷者，给禀高年鳏、寡、孤、独及笃癃、无家属贫不能自存者，如《律》。二千石勉加循抚，无令失职。'"

蝗灾部汇考二之四

29. 东汉建武二十二年（46 年）

蝗。按《后汉书·光武帝本纪》："二十二年，青州蝗。"按《后汉书·五行志》注："春三月，京师郡国十九蝗。"

蝗灾部汇考二之五

30. 东汉建武二十三年（47 年）

蝗。按《后汉书·五行志》注："京师、郡国十八大蝗旱，草木尽。"

蝗灾部汇考二之五

31. 东汉建武二十八年（52 年）

蝗。按《后汉书·五行志》注："春三月，郡国八十蝗。"蝗灾部汇考二之五

32. 东汉建武二十九年（53 年）

蝗。按《后汉书·五行志》注："夏四月，武威、酒泉、清河、京兆、魏郡、弘农蝗。"

蝗灾部汇考二之五

33. 东汉建武三十年（54 年）

蝗。《后汉书·五行志》注："六月，郡国十二大蝗。"　蝗灾部汇考二之五

34. 东汉建武三十一年（55 年）

蝗。按《后汉书·光武帝本纪》："夏，蝗。"按《后汉书·五行志》注："郡国大蝗。"

蝗灾部汇考二之五

35. 东汉中元元年（56 年）

蝗。按《后汉书·光武帝本纪》："郡国三蝗。"按《后汉书·五行志》注："三月，郡国十六大蝗。"

蝗灾部汇考二之五

36. 东汉永平四年（61 年）

蝗。按《后汉书·五行志》注："十二月，酒泉大蝗，从塞外入。"

蝗灾部汇考二之五

37. 东汉永平十五年（72 年）

蝗。按《后汉书·五行志》注："《谢承书》曰：'永平十五年，蝗起泰山，弥行兖、豫。'《谢沈书·钟离意〈讥起北宫表〉》云："未数年，豫章遭蝗，谷不收，民饥死县数千百人。'"

蝗灾部汇考二之五

38. 东汉永元四年（92 年）

蝗。按《后汉书·和帝本纪》："夏，旱蝗。" 蝗灾部汇考二之五

39. 东汉永元八年（96 年）

蝗。按《后汉书·和帝本纪》："九月，京师蝗。吏民言事者，多归责有司。诏曰：'蝗虫之异，殆不虚生，万方有罪，在予一人，而言事者专咎自下，非助我者也。朕寤寐恫矜，思弭忧衅，昔楚严无灾而惧，成王出郊而反风，将何以匡朕不逮，以塞灾变？百僚师尹勉修厥职，刺史、二千石详刑辟，理冤虐，恤鳏寡，矜孤弱，思惟致灾兴蝗之咎。'"按《后汉书·五行志》："五月，河内陈留蝗。九月，京都蝗。"

蝗灾部汇考二之五

40. 东汉永元九年（97 年）

蝗旱。按《后汉书·和帝本纪》："六月，蝗旱。戊辰，诏：'今年秋稼为蝗虫所伤，皆勿收租、更、刍稿，若有所损失，以实除之，余当收租者亦半入。其山林饶利，陂池渔采，以赡元元，勿收假税。'秋七月，蝗虫飞过京师。"按《后汉书·五行志》："蝗虫从夏至秋。" 蝗灾部汇考二之六

41. 东汉永初四年（110 年）

蝗。按《后汉书·安帝本纪》："夏四月，六州蝗。"注：《东观汉记》曰："司隶、豫、兖、徐、青、冀六州蝗。"按《后汉书·五行志》："夏，蝗。是时西羌寇乱，军众征距，连十余年。"注：谶曰："主失礼烦苛则旱之，鱼螺变为蝗虫。"

蝗灾部汇考二之六

42. 东汉永初五年（111 年）

蝗。按《后汉书·安帝本纪》："九州蝗。"按《后汉书·五行志》注：《京房占》曰："天生万物、百谷，以给民用，天地之性，人为贵。今蝗虫四起，此为国多邪人，朝无忠臣，虫与民争食，居位食禄如虫矣。" 蝗灾部汇考二之六

43. 东汉永初六年（112 年）

蝗。按《后汉书·安帝本纪》："三月，十州蝗。"按《后汉书·五行志》："三月，去蝗处复蝗，子生。"注：《古今注》曰："郡国四十八蝗。" 蝗灾部汇考二之六

44. 东汉永初七年 (113 年)

蝗。按《后汉书·安帝本纪》："八月丙寅，京师大风，蝗虫飞过洛阳。诏：'郡国被蝗伤稼十五以上，勿收今年田租；不满者，以实除之。'"蝗灾部汇考二之六

45. 东汉元初元年 (114 年)

蝗。按《后汉书·安帝本纪》："夏四月，京师及郡国五旱蝗。"

蝗灾部汇考二之六

46. 东汉元初二年 (115 年)

蝗。按《后汉书·安帝本纪》："五月，京师旱，河南及郡国十九蝗。甲戌，诏曰：'朝廷不明，庶事失中，灾异不息，忧心惶惧。被蝗以来，七年于兹，而州郡隐匿，裁言顷亩，今群飞蔽天，为害广远，所言所见，宁相副邪？三司之职，内外是监，既不奏闻，又无举正，天灾至重，欺罔罪大。今方盛夏，且复假贷，以观厥后，其务消救灾眚，安辑黎元。'"按《后汉书·五行志》："夏，郡国二十蝗。"

蝗灾部汇考二之六

47. 东汉延光元年 (122 年)

蝗。按《后汉书·安帝本纪》："六月，郡国蝗。"　　　蝗灾部汇考二之六

48. 东汉永建四年 (129 年)

《后汉书·杨厚传》："厚上言：'今夏必盛暑，当有疾疫、蝗虫之害。'是岁，果六州大蝗。"　　　　　　　　　　　　　　　　　蝗灾部纪事之一

49. 东汉永建五年 (130 年)

蝗。按《后汉书·顺帝本纪》："夏四月，京师及郡国十二蝗。"按《后汉书·五行志》："郡国十二蝗。是时，鲜卑寇朔方，用众征之。"　　蝗灾部汇考二之六

50. 东汉永和元年 (136 年)

蝗。按《后汉书·顺帝本纪》："七月，偃师蝗。"按《后汉书·五行志》："秋七月，偃师蝗。"

蝗灾部汇考二之六

51. 东汉永兴元年（153 年）

蝗。按《后汉书·桓帝本纪》："秋七月，郡国三十二蝗。"按《后汉书·五行志》："是时，梁冀秉政无谋宪苟，贪权作虐。"注：《春秋考异邮》曰："贪扰生蝗。"

　　　　　　　　　　　　　　　　　　　　蝗灾部汇考二之七

52. 东汉永兴二年（154 年）

蝗。按《后汉书·桓帝本纪》："六月，京师蝗。"　　蝗灾部汇考二之七

53. 东汉永寿三年（157 年）

蝗。按《后汉书·桓帝本纪》："六月，京师蝗。"　　蝗灾部汇考二之七

54. 东汉延熹元年（158 年）

蝗。按《后汉书·桓帝本纪》："夏五月，京师蝗。"　　蝗灾部汇考二之七

55. 东汉延熹九年（166 年）

蝗。按《后汉书·五行志》注："《谢承书》曰：'扬州六郡连水、旱、蝗害也。'"

　　　　　　　　　　　　　　　　　　　　蝗灾部汇考二之七

56. 东汉熹平六年（177 年）

蝗。按《后汉书·灵帝本纪》："夏四月，七州蝗。"按《后汉书·五行志》："夏，七州蝗。"

　　　　　　　　　　　　　　　　　　　　蝗灾部汇考二之七

57. 东汉光和元年（178 年）

蝗。按《后汉书·五行志》："诏策问曰：'连年蝗虫至冬踊，其咎焉在？'蔡邕对曰：'臣闻《易传》曰：大作不时，天降灾，厥咎蝗虫来。《河图秘征篇》曰：帝贪则政暴而吏酷，酷则诛深必杀，主蝗虫。蝗虫，贪苛之所致也。'"注："蔡邕对曰：'蝗虫出，息不急之作，省赋敛之费，进清仁，黜贪虐，分损承安，屈省别藏，以赡国用，则其救也。'"

　　　　　　　　　　　　　　　　　　　　蝗灾部汇考二之七

58. 东汉兴平元年（194 年）

大蝗。按《后汉书·献帝本纪》："夏六月，大蝗。"　　蝗灾部汇考二之七

59. 东汉建安二年（197 年）

五月，蝗。按《后汉书·献帝本纪》："夏五月，蝗。"　　蝗灾部汇考二之七

60. 三国魏黄初三年（222 年）

大蝗。按《魏志·文帝本纪》："秋七月，冀州大蝗。"按《晋书·五行志》："七月，冀州大蝗，人饥。按蔡邕说：'蝗者，在上贪苛之所致也。'是时，孙权归顺，帝因其有西陵之役，举大众袭之，权遂背叛也。"　　蝗灾部汇考二之七

61. 西晋泰始十年（274 年）

蝗。按《晋书·武帝本纪》："夏，大蝗。"按《晋书·五行志》："六月，蝗。是时，荀、贾任政，疾害公直。"　　蝗灾部汇考二之八

62. 西晋太康九年（288 年）

螟。按《晋书·武帝本纪》："郡国二十四螟。"按《晋书·五行志》："是时，帝听谗谀，宠任贾充、杨骏，故有虫蝗之灾，不绌无德之罚。"　蝗灾部汇考二之八

63. 西晋永宁元年（301 年）

蝗螟。按《晋书·惠帝本纪》："郡国六蝗。"　　蝗灾部汇考二之八

64. 西晋永嘉四年（310 年）

蝗。按《晋书·怀帝本纪》："五月，幽、并、司、冀、秦、雍等六州大蝗，食草木、牛马毛皆尽。"按《晋书·五行志》："五月，大蝗，自幽、并、司、冀，至于秦、雍，草木、牛马毛鬣皆尽。是时，天下兵乱，渔猎黔黎，存亡所继，惟司马越、苟晞而已。竞为暴刻，经略无章，故有此孽。"　　蝗灾部汇考二之八

65. 西晋建兴四年（316 年）

蝗。按《晋书·愍帝本纪》："六月，大蝗。"按《晋书·五行志》："六月，大蝗。"　　蝗灾部汇考二之八

66. 西晋建兴五年（317 年）

螽蝗。按《晋书·愍帝本纪》："秋七月，司、冀、青、雍等四州螽蝗。"

蝗灾部汇考二之八

67. 东晋太兴元年（318 年）

蝗。按《晋书·元帝本纪》："八月，冀、青、徐三州蝗。"按《晋书·五行志》："六月，兰陵、合乡蝗害禾稼。乙未，东莞蝗虫纵广三百里，害苗稼。七月，东海、彭城、下邳、临淮四郡蝗虫害禾豆。八月，冀、青、徐三州蝗食生草尽，至于二年。是时，中州沦丧，暴乱滋甚也。"　　　　　　　　蝗灾部汇考二之八

68. 东晋太兴二年（319 年）

蝗。按《晋书·元帝本纪》："五月，徐、扬及江西诸郡蝗。"按《晋书·五行志》："五月，淮陵、临淮、淮南、安丰、庐江等五郡蝗虫食秋麦。是月癸丑，徐州及扬州、江西诸郡蝗，吴郡百姓多饥死。"　　　　　蝗灾部汇考二之八

69. 东晋太元十五年（390 年）

蝗。按《晋书·五行志》："八月，兖州蝗。"　　　蝗灾部汇考二之九

70. 东晋太元十六年（391 年）

蝗。按《晋书·五行志》："五月，飞蝗从南来，集堂邑县界，害禾稼。是年，边将连有征役，故有斯孽。"　　　　　　　　　　蝗灾部汇考二之九

71. 宋元嘉三年（426 年）

秋，旱蝗。按《南史·宋文帝本纪》："秋，蝗。"按《宋书·范泰传》："其年秋，旱蝗。又上表曰：'有蝗之处，县官多课民捕之，无益于枯苗，有伤于杀害。……臣闻蝗生有由，非所宜杀。'"　　　　　　　　蝗灾部汇考三之一

72. 南朝梁武帝大同三年（537 年）

大蝗。按《隋书·五行志》："梁大同初，大蝗，篱门松柏叶皆尽。《洪范五行传》曰：'介虫之孽也。'与鱼同占。"　　　　　　　蝗灾部汇考三之一

注：大同年，据《梁书·武帝纪》考证，应为大同三年（537 年）。

73. 北魏兴安元年（452 年）

蝗。按《魏书·高宗本纪》："十有二月癸亥，诏以营州蝗，开仓赈恤。"

　　　　　　　　　　　　　　　　　　　　　蝗灾部汇考三之一

74. 北魏兴光三年（456 年）

蝗。按《北史·魏文成帝本纪》："十二月，州镇五蝗，百姓饥，使开仓赈给之。"

蝗灾部汇考三之一

75. 北魏太安三年（457 年）

蝗。按《魏书·高宗本纪》："十有二月，以州镇五蝗，民饥，使使者开仓以赈之。"

蝗灾部汇考三之一

76. 北魏太和元年（477 年）

蝗。按《魏书·高祖本纪》："十有二月丁未，诏以州郡八蝗，民饥，开仓赈恤。"

蝗灾部汇考三之二

77. 北魏太和二年（478 年）

蝗。按《魏书·高祖本纪》："夏四月，京师蝗。"　　蝗灾部汇考三之二

78. 北魏太和五年（481 年）

蝗。按《魏书·灵征志》："七月，敦煌镇蝗，秋稼略尽。"

蝗灾部汇考三之二

79. 北魏太和六年（482 年）

蝗。按《魏书·灵征志》："八月，徐、东徐、兖、济、平、豫、光七州，平原、枋头、广阿、临济四镇蝗害稼。"　　蝗灾部汇考三之二

80. 北魏太和七年（483 年）

蝗。按《魏书·灵征志》："四月，相、豫二州蝗害稼。"　蝗灾部汇考三之二

81. 北魏太和八年（484 年）

蝗害稼。按《魏书·灵征志》："四月，济、光、幽、肆、雍、齐、平七州蝗。"

蝗灾部汇考三之二

82. 北魏太和十六年（492 年）

蝗。按《魏书·灵征志》："十月癸巳，枹罕镇蝗害稼。"　蝗灾部汇考三之二

83. 北魏景明四年（503 年）

蝗螟。按《魏书·灵征志》："六月己巳，河州大蝗。"　蝗灾部汇考三之二

84. 北魏正始元年（504 年）

蝗。按《魏书·灵征志》："六月，夏、司二州蝗害稼。"　蝗灾部汇考三之二

85. 北魏正始四年（507 年）

蝗生。按《魏书·灵征志》："八月，泾州蝗虫。凉州、司州恒农郡蝗虫并为灾。"

蝗灾部汇考三之二

86. 北魏永平元年（508 年）

蝗。按《魏书·灵征志》："六月己巳，凉州蝗害稼。"　蝗灾部汇考三之二

87. 北魏延昌元年（512 年）

蝗生。按《魏书·灵征志》："七月，蝗虫。"　蝗灾部汇考三之二

88. 北齐天保八年（557 年）

大蝗。按《北齐书·宣帝本纪》："自夏至九月，河北六州、河南十二州、畿内八郡大蝗，是月，飞至京师，蔽日，声如风雨。甲辰，诏：'今年遭蝗之处免租。'"按《隋书·五行志》："河北六州、河南十二州蝗，畿人皆祭之。帝问魏尹丞崔叔瓒曰：'何故虫？'叔瓒对曰：'《五行志》云：土功不时，则蝗虫为灾。今外筑长城，内修三台，故致灾也。'帝大怒，殴其颊，擢其发，溷中物涂其头。役者不止。"

蝗灾部汇考三之三

89. 北齐天保九年（558 年）

大蝗。按《北齐书·文宣本纪》："四月，山东大蝗，差夫役捕而坑之。"

蝗灾部汇考三之三

90. 北齐天保十年（559 年）

幽州大蝗。按《隋书·五行志》："幽州大蝗。《洪范五行传》曰：'刑罚暴虐，贪饕不厌，兴师动众，辄修城邑，而失众心，则虫为灾。'是时，帝用刑暴虐，劳役不

止之应也。" 蝗灾部汇考三之三

91. 北周建德二年（573 年）

大蝗。按《周书·武帝本纪》："八月丙午，关内大蝗。" 蝗灾部汇考三之三

92. 隋开皇十六年（596 年）

大蝗。按《隋书·文帝本纪》："六月，并州大蝗。"按《隋书·五行志》："并州蝗。"

蝗灾部汇考三之三

93. 唐武德六年（623 年）

蝗。按《新唐书·五行志》："夏州蝗。蝗之残民，若无功而禄者，然皆贪扰之所生。先儒以为人主失礼烦苛则旱，鱼螺变为虫蝗，故以属鱼孽。"

蝗灾部汇考三之三

94. 唐贞观二年（628 年）

蝗。按《新唐书·太宗本纪》："三月庚午，以旱蝗责躬，大赦。"按《新唐书·五行志》："六月，京畿旱蝗。太宗在苑中掇蝗，祝之曰：'人以谷为命。百姓有过，在予一人，但当蚀我，无害百姓。'将吞之，侍臣惧帝致疾，遽以为谏。帝曰：'所冀移灾朕躬，何疾之避？'遂吞之。是岁，蝗不为灾。" 蝗灾部汇考三之三

95. 唐贞观三年（629 年）

蝗。按《新唐书·五行志》："五月，徐州蝗。秋，德、戴、廓等州蝗。"

蝗灾部汇考三之三

96. 唐贞观四年（630 年）

蝗。按《新唐书·五行志》："秋，观、兖、辽等州蝗。" 蝗灾部汇考三之三

97. 唐贞观二十一年（647 年）

蝗。按《新唐书·五行志》："八月，渠、泉二州蝗。" 蝗灾部汇考三之三

98. 唐永徽元年（650 年）

蝗。按《新唐书·五行志》："夔、绛、雍、同等州蝗。" 蝗灾部汇考三之三

99. 唐永淳元年（682 年）

　　大蝗。按《新唐书·高宗本纪》："六月，大蝗，人相食。"按《新唐书·五行志》："三月，京畿蝗，无麦苗。六月，雍、岐、陇等州蝗。"　　蝗灾部汇考三之三

100. 唐长寿二年（693 年）

　　蝗。按《新唐书·五行志》："台、建等州蝗。"　　蝗灾部汇考三之四

101. 唐开元三年（715 年）

　　蝗。《新唐书·五行志》："七月，河南、河北蝗。"　　蝗灾部汇考三之四

102. 唐开元四年（716 年）

　　大蝗。按《新唐书·五行志》："夏，山东蝗食稼，声如风雨。"按《新唐书·姚崇传》："山东大蝗，民祭且拜，坐视食苗不敢捕，崇奏：'《诗》云：秉彼蟊贼，付畀炎火。汉光武诏曰：勉顺时政，劝督农桑，去彼螟蜮，以及蟊贼。此除蝗诏也。且蝗畏人易驱，又田皆有主，使自救其地，必不惮勤。请夜设火，坎其旁，且焚且瘗，乃可尽。古有讨除不胜者，特人不用命耳。'乃出御史为捕蝗使分道杀蝗。汴州刺史倪若水上言：'除天灾者，当以德，昔刘聪除蝗不克而害愈甚'，拒御史不应命。崇移书谓之曰：'聪伪主，德不胜妖，今妖不胜德。古者良守，蝗避其境，谓修德可免，彼将无德致然乎？今坐视食苗，忍而不救，因以无年，刺史其谓何？'若水惧，乃纵捕，得蝗十四万石。时，议者喧哗。帝疑，复以问崇，对曰：'庸儒泥文不知变，事固有违经而合道，反道而适权者。昔魏世山东蝗，小忍不除至人相食；后秦有蝗，草木皆尽，牛马至相啖毛。今飞蝗所在充满，加复蕃息，且河南、河北家无宿藏，一不获则流离，安危系之，且讨蝗纵不能尽，不愈于养以遗患乎？'帝然之。黄门监卢怀慎曰：'凡天灾，安可以人力制也？且杀虫多，必戾和气，愿公思之。'崇曰：'昔楚王吞蛭而厥疾瘳，叔敖断蛇福乃降。今蝗幸可驱，若纵之，谷且尽，如百姓何？杀虫救人，祸归于崇，不以诿公也。'蝗害讫息。"按《传信记》："开元初，山东大蝗，姚元崇请分遣使捕蝗埋之。上曰：'蝗天灾也，诚由不德而致焉，卿请捕蝗，得无违而伤义乎？'元崇进曰：'臣闻《大田》诗曰：秉畀炎火者，捕蝗者之术也。古人行之于前，陛下用之于后，古人行之所以安农，陛下行之所以除害。臣闻安农非伤义也，农安则物丰，除害则人丰，乐兴农去害有国之大事也，幸陛下熟思之。'上喜曰：'事既师古，用可救时，是朕心也。'遂行之。时，中外咸以为不可，上谓左右曰：'吾与贤相

讨论已定，捕蝗之事敢议者死。'是岁，所司结奏捕蝗虫九百余万石。时无饥馑，天下赖焉。"

蝗灾部汇考三之四

103. 唐开元二十五年（737 年）

蝗。按《新唐书·五行志》："贝州蝗，有白鸟数千万群飞食之，一夕而尽，禾稼不伤。"

蝗灾部汇考三之四

104. 唐广德二年（764 年）

蝗。按《新唐书·五行志》："秋，蝗，关辅尤甚，米斗千钱。"

蝗灾部汇考三之五

105. 唐兴元元年（784 年）

螟蝗。按《新唐书·五行志》："秋，螟蝗自山而东，际于海，晦天蔽野，草木叶皆尽。"

蝗灾部汇考三之五

106. 唐贞元元年（785 年）

蝗。按《新唐书·五行志》："夏，蝗，东自海，西尽河、陇，群飞蔽天，旬日不息，所至草木叶及畜毛靡有子遗，饿馑枕道，民蒸蝗，曝，扬去翅足而食之。"

蝗灾部汇考三之五

107. 唐永贞元年（805 年）

秋，陈州蝗。按《新唐书·五行志》云云。

蝗灾部汇考三之五

108. 唐元和元年（806 年）

蝗。按《新唐书·五行志》："夏，镇、冀等州蝗。"

蝗灾部汇考三之五

109. 唐长庆三年（823 年）

螟蝗。按《新唐书·五行志》："秋，洪州螟蝗害稼八万顷。"

蝗灾部汇考三之五

110. 唐开成元年（836 年）

蝗。按《新唐书·五行志》："夏，镇州、河中蝗害稼。" 蝗灾部汇考三之五

111. 唐开成二年（837 年）

蝗。按《新唐书·五行志》："六月，魏博、昭义、淄青、沧州、兖海、河南蝗。"

蝗灾部汇考三之五

112. 唐开成三年（838 年）

蝗。按《新唐书·五行志》："秋，河南、河北镇、定等州蝗，草木叶皆尽。"

蝗灾部汇考三之五

113. 唐开成五年（840 年）

螟蝗。按《新唐书·五行志》："夏，幽、魏博、郓、曹、濮、沧、齐、德、淄青、兖海、河阳、淮南、虢、陈、许、汝等州螟蝗害稼。《占》曰：'国多邪人，朝无忠臣，居位食禄，如虫与民争食，故比年虫蝗。'"

蝗灾部汇考三之五

114. 唐会昌元年（841 年）

蝗。按《新唐书·五行志》："七月，关东、山南邓、唐等州蝗。"

蝗灾部汇考三之五

115. 唐大中八年（854 年）

蝗。按《新唐书·五行志》："七月，剑南东川蝗。" 蝗灾部汇考三之五

116. 唐咸通三年（862 年）

蝗。按《新唐书·五行志》："六月，淮南、河南蝗。" 蝗灾部汇考三之五

117. 唐咸通六年（865 年）

蝗。按《新唐书·五行志》："八月，东都、同、华、陕、虢等州蝗。"

蝗灾部汇考三之五

118. 唐咸通七年（866 年）

蝗。按《新唐书·五行志》："夏，东都、同、华、陕、虢及京畿蝗。"

蝗灾部汇考三之五

119. 唐咸通九年（868 年）

蝗。按《新唐书·五行志》："江淮、关内及东都蝗。"　　蝗灾部汇考三之六

120. 唐咸通十年（869 年）

蝗。按《新唐书·懿宗本纪》："六月戊戌，以蝗理囚。"按《新唐书·五行志》："夏，陕、虢等州蝗。"按《册府元龟》："六月戊戌，制曰：昨陕虢中使回，方知蝗旱有损处，诸道长吏分忧共理，宜各推公，共思济物，界内有饥歉，切在慰安。"

蝗灾部汇考三之六

121. 唐乾符二年（875 年）

蝗。按《新唐书·僖宗本纪》："七月，以蝗避正殿，减膳。"按《新唐书·五行志》："蝗自东而西蔽天。"　　蝗灾部汇考三之六

122. 唐光启元年（885 年）

蝗。按《新唐书·五行志》："秋，蝗自东方来，群飞蔽天。"

蝗灾部汇考三之六

123. 唐光启二年（886 年）

蝗。按《新唐书·五行志》："荆、襄蝗，米斗钱三千，人相食。淮南蝗，自西来，行而不飞，浮水缘城入扬州府署，竹树幢节，一夕如剪，幡帜画像，皆啮去其首，扑不能止，旬日，自相食尽。"按《册府元龟》："高骈为淮南节度使。七月，有蝗行而不飞，自郭西浮濠水缘城而入，飞至骈道院之中，驱扑不止，凡松竹之属，一夕如剪，所悬画像，皆啮去其首，数日之后，又相食啖。"　　蝗灾部汇考三之六

124. 后唐天成三年　吴越宝正三年（928 年）

吴越蝗。按《十国春秋·吴越武肃王世家》："宝正三年，夏六月，大旱，有蝗，蔽日而飞，昼为之黑，庭户衣帐悉充塞。王亲祀于都会堂，是夕大蝗，坠浙江而死。"

蝗灾部汇考三之七

125. 后唐长兴三年　杨吴太和四年（932 年）

蝗。按《十国春秋·吴睿帝本纪》："钟山之阳，积飞蝗尺余厚，有数千僧白昼聚

首，啗之尽。"   蝗灾部汇考三之七

126. 后晋天福五年 后蜀广政四年（941年）

蜀蝗。按《十国春秋·后蜀后主本纪》："夏四月，蝗。" 蝗灾部汇考三之七

127. 南唐升元六年 后汉天福七年（942年）

蝗。按陆游《南唐书·烈祖本纪》："六月，大蝗，自淮北蔽空而至。辛巳，命州
县捕蝗瘗之。"   蝗灾部汇考三之七

128. 后晋天福八年（943年）

大蝗。按《新五代史·晋出帝本纪》："夏四月，供奉官张福率威顺军捕蝗于陈
州。五月，泰宁军节度使安审信捕蝗于中都。甲辰，以旱蝗大赦。六月庚戌，祭蝗于
皋门，癸亥，供奉官七人帅奉国军捕蝗于京畿。秋七月甲辰，供奉官李汉超帅奉国军
捕蝗于京畿。八月丁未朔，募民捕蝗易以粟。"按《册府元龟》："六月庚戌，宣差侍
卫马军都指挥使李守贞以蝗为害，往皋门村祭告；丁巳，宣供奉官朱彦威等七人，各
部领奉国兵士于封丘、长垣、阳武、浚仪、酸枣、中牟、开封等县捕蝗。"

蝗灾部汇考三之七

129. 后周广顺三年 南唐保大十一年（953年）

蝗。按陆游《南唐书·元宗本纪》："保大十一年，夏六月，旱蝗，民饥，流入周境。"

蝗灾部汇考三之七

130. 辽统和元年（983年）

蝗。按《辽史·圣宗本纪》："九月癸丑，以东京、平州旱蝗，诏振之。"

蝗灾部汇考三之七

131. 辽开泰六年（1017年）

蝗。按《辽史·圣宗本纪》："六月，南京诸县蝗。" 蝗灾部汇考三之七

132. 辽清宁二年（1056年）

蝗蝻。按《辽史·道宗本纪》："六月乙亥，中京蝗蝻为灾。"

蝗灾部汇考三之八

133. 辽咸雍三年 (1067 年)

南京蝗。按《辽史·道宗本纪》云云。　　　　　蝗灾部汇考三之八

134. 辽咸雍九年 (1073 年)

蝗。按《辽史·道宗本纪》："秋七月丙寅，南京奏，归义、涞水两县蝗飞入宋境，余为蜂所食。"　　　　　蝗灾部汇考三之八

135. 辽太康二年 (1076 年)

蝗。按《辽史·道宗本纪》："九月戊午，以南京蝗，免明年租税。"

蝗灾部汇考三之八

136. 辽太康三年 (1077 年)

蝝。按《辽史·道宗本纪》："五月丙辰，玉田、安次蝝伤稼。"

蝗灾部汇考三之八

137. 辽太康七年 (1081 年)

蝗。按《辽史·道宗本纪》："夏五月癸丑，有司奏：永清、武清、固安三县蝗。"

蝗灾部汇考三之八

138. 辽太安四年 (1088 年)

蝗。按《辽史·道宗本纪》："六月庚辰，有司奏：宛平、永清蝗，为飞鸟所食。"

蝗灾部汇考三之八

139. 辽乾统四年 (1104 年)

蝗。按《辽史·天祚本纪》："七月，南京蝗。"　　　蝗灾部汇考三之八

140. 宋建隆元年 (960 年)

七月，澶州蝗。按《宋史·五行志》云云。　　　　蝗灾部汇考三之八

141. 宋建隆二年　后蜀广正二十四年 (961 年)

蝗。按《宋史·五行志》："五月，范县蝗。"按《十国春秋·后蜀后主本纪》：

"自春至夏无雨，螟蝗见成都。" 蝗灾部汇考三之八

142. 宋建隆三年（962 年）

蝻螽。按《宋史·太祖本纪》："秋七月癸未，兖、济、德、磁、洺五州螽。"按《宋史·五行志》："七月，深州蝻虫生。" 蝗灾部汇考三之八

143. 宋乾德元年（963 年）

蝗。按《宋史·太祖本纪》："六月己亥，澶、濮、曹、绛蝗，命以牢祭。"按《宋史·五行志》："建隆四年，七月，怀州蝗生。" 蝗灾部汇考三之八

144. 宋乾德二年（964 年）

蝗蝻。按《宋史·太祖本纪》："六月辛未，河南北及秦诸州蝗，惟赵州不食稼。"按《宋史·五行志》："四月，相州蝻虫食桑。五月，昭庆县有蝗，东西四十里、南北二十里。是时，河北、河南、陕西诸州有蝗。" 蝗灾部汇考三之八

145. 宋开宝二年（969 年）

蝗。按《宋史·五行志》："八月，冀、磁二州蝗。" 蝗灾部汇考三之八

146. 宋太平兴国二年（977 年）

蝻。按《宋史·太宗本纪》："八月，巨鹿步蝻生。"按《宋史·五行志》："闰七月，卫州蝻虫生。" 蝗灾部汇考三之八

147. 宋太平兴国六年（981 年）

蝗。按《宋史·太宗本纪》："七月，宋州蝗。" 蝗灾部汇考三之九

148. 宋太平兴国七年（982 年）

蝗蝻生。按《宋史·太宗本纪》："三月，北阳县蝗，飞鸟数万食之尽。五月，陕州蝗。秋七月，阳谷县蝗。九月甲寅，邠州蝗。"按《宋史·五行志》："四月，北阳县蝻虫生，有飞鸟食之尽，滑州蝻虫生。是月，大名府、陕州、陈州蝗。七月，阳谷县蝻虫生。" 蝗灾部汇考三之九

149. 宋雍熙三年（986 年）

蝗。按《宋史·太宗本纪》："是岁，濮州蝗。"按《宋史·五行志》："七月，鄄

城县有蛾，蝗自死。"　　　　　　　　　　　　　　　蝗灾部汇考三之九

150. 宋淳化元年（990年）

蝗。按《宋史·太宗本纪》："曹、单二州有蝗，不为灾。"按《宋史·五行志》："七月，淄、澶、濮州、乾宁军有蝗，沧州蝗蝻虫食苗，棣州飞蝗自北来，害稼。"

蝗灾部汇考三之九

151. 宋淳化二年（991年）

蝗。按《宋史·太宗本纪》："闰三月，鄄城县蝗。三月己巳，以岁蝗祷雨不应，诏宰相吕蒙正等：'朕将自焚，以答天谴。'翌日而雨，蝗尽死。六月，楚丘、鄄城、淄川三县蝗。秋七月，乾宁军蝗。"　　　　　　　　　蝗灾部汇考三之九

152. 宋淳化三年（992年）

蝗。按《宋史·太宗本纪》："六月甲申，飞蝗自东北来，蔽天，经西南而去。是夕，大雨，蝗尽死。秋七月，许、汝、兖、单、沧、蔡、齐、贝八州蝗。"按《宋史·五行志》："六月甲申，京师有蝗起东北，趣至西南，蔽空如云翳日。七月，贝、许、沧、沂、蔡、汝、商、兖、单等州，淮阳军、平定、彭城军蝗，俄抱草自死。"

蝗灾部汇考三之九

153. 宋至道二年（996年）

蝗。按《宋史·太宗本纪》："六月，亳州蝗。秋七月，许、宿、齐三州蝗抱草死。八月辛丑，密州言，蝗不为灾。"按《宋史·五行志》："六月，亳州、宿、密州蝗生，食苗。七月，长葛、阳翟二县有蝻虫食苗，历城、长清等县有蝗。"

蝗灾部汇考三之九

154. 宋至道三年（997年）

蝻。按《宋史·五行志》："七月，单州蝻虫生。"　　　蝗灾部汇考三之九

155. 宋景德元年（1004年）

蝗螟。按《宋史·真宗本纪》："陕、滨、棣州蝗害稼，命使振之。"

蝗灾部汇考三之九

156. 宋景德二年（1005 年）

蝻生。按《宋史·真宗本纪》："京东蝻生。"　　　蝗灾部汇考三之九

157. 宋景德三年（1006 年）

螽。按《宋史·五行志》："八月，德、博螽生。"　　　蝗灾部汇考三之十

158. 宋景德四年（1007 年）

蝗。按《宋史·真宗本纪》："宛丘、东阿、须成县蝗，不为灾。"

蝗灾部汇考三之十

159. 宋大中祥符二年（1009 年）

蝻。按《宋史·五行志》："五月，雄州蝻虫食苗。"　　蝗灾部汇考三之十

160. 宋大中祥符三年（1010 年）

蝻。按《宋史·五行志》："六月，开封府尉氏县蝻虫生。"

蝗灾部汇考三之十

161. 宋大中祥符四年（1011 年）

蝗。按《宋史·真宗本纪》："畿内蝗。"按《宋史·五行志》："六月，祥符县蝗。七月，河南府及京东蝗生，食苗叶。八月，开封府祥符、咸平、中牟、陈留、雍丘、封丘六县蝗。"　　　蝗灾部汇考三之十

162. 宋大中祥符九年（1016 年）

蝗。按《宋史·真宗本纪》："六月癸未，京畿蝗。秋七月丙辰，开封府祥符县蝗，附草死者数里。癸亥，以畿内蝗，下诏戒郡县。八月，磁、华、瀛、博等州蝗，不为灾。九月甲寅，督诸路捕蝗，戊辰，青州飞蝗赴海死，积海岸百余里。"按《宋史·五行志》："六月，京畿、京东西、河北路蝗蝻继生，弥覆郊野，食民田殆尽，入公私庐舍。七月辛亥，过京师，群飞翳空，延至江、淮南，趣河东，及霜寒始毙。"按《王文正笔录》："秋稼将登，郡县颇云蝗虫为灾。一日，真宗皇帝坐便殿阁中御晚膳，左右声言飞蝗且至，上起至轩仰视，则连云翳日莫见其际。帝默然，坐意甚不安，命撤七箸，自是遂不豫。"　　　蝗灾部汇考三之十

163. 宋天禧元年（1017 年）

蝗。按《宋史·真宗本纪》："五月，诸路蝗食苗，诏遣内外分捕，仍命使安抚。六月戊寅，陕西、江淮南蝗，并言自死。九月戊申，以蝗罢秋宴。是岁，诸路蝗。"按《宋史·五行志》："二月，开封府、京东西、河北、河东、陕西、两浙、荆湖百三十州军蝗蝻复生，多去岁蛰者，和州蝗生卵，如稻粒而细。六月，江、淮大风，多吹蝗入江海，或抱草木僵死。" 蝗灾部汇考三之十

164. 宋天禧二年（1018 年）

蝻。按《宋史·真宗本纪》："四月，江淮军蝻，不为灾。"

蝗灾部汇考三之十

165. 宋天圣五年（1027 年）

蝗生。按《宋史·仁宗本纪》："十一月丁酉朔，以陕西蝗，减其民租赋。是岁，京兆府、邢、洺州蝗。"按《宋史·五行志》："七月丙午，邢、洺州蝗，甲寅，赵州蝗。十一月丁酉朔，京兆府旱蝗。" 蝗灾部汇考三之十

166. 宋天圣六年（1028 年）

蝗。按《宋史·五行志》："五月乙卯，河北、京东蝗。" 蝗灾部汇考三之十

167. 宋明道二年（1033 年）

蝗。按《宋史·仁宗本纪》："畿内、京东西、河北、河东、陕西蝗。"

蝗灾部汇考三之十一

168. 宋景祐元年（1034 年）

蝗。按《宋史·仁宗本纪》："开封府、淄州蝗。"按《宋史·五行志》："六月，开封府、淄州蝗。诸路募民掘蝗种万余石。" 蝗灾部汇考三之十一

169. 宋宝元二年（1039 年）

蝗。按《宋史·仁宗本纪》："曹、濮、单州蝗。" 蝗灾部汇考三之十一

170. 宋皇祐五年（1053 年）

蝗。按《宋史·仁宗本纪》："九月丁巳，诏以蝗，令监司谕亲民官上民间利害。"

按《宋史·五行志》："建康府蝗。" 　　　　　蝗灾部汇考三之十一

171. 宋熙宁元年（1068 年）

蝗。按《宋史·五行志》："秀州蝗。" 　　　　　蝗灾部汇考三之十一

172. 宋熙宁五年（1072 年）

河北大蝗。按《宋史·五行志》云云。 　　　　　蝗灾部汇考三之十一

173. 宋熙宁六年（1073 年）

蝗。按《宋史·五行志》："四月，河北诸路蝗。是岁，江宁府飞蝗自江北来。"

蝗灾部汇考三之十一

174. 宋熙宁七年（1074 年）

蝗。按《宋史·神宗本纪》："秋七月癸亥，诏河北两路捕蝗。又诏开封、淮南提点、提举司检覆蝗旱，以米十五万石振河北西路灾伤。"按《宋史·五行志》："夏，开封府界及河北路蝗。七月，咸平县鸲鹆食蝗。" 　　　蝗灾部汇考三之十一

四月，王荆公罢相，镇金陵。是岁，江左大蝗，有无名子题诗赏心亭曰："青苗免役两妨农，天下嗷嗷怨相公。唯有蝗虫感恩德，又随钧旆过江东。"

蝗灾部纪事之四

注：王荆公，即王安石，北宋政治家，熙宁三年（1070 年）拜相，积极推行青苗、免役、水利等新法，抑制大官僚地主特权，遭保守派反对，熙宁七年罢相。钧旆，对王安石的尊称。见《宋史·王安石传》。

175. 宋熙宁八年（1075 年）

蝗。按《宋史·神宗本纪》："八月癸巳，募民捕蝗易粟，苗损者偿之，仍复其赋。"按《宋史·五行志》："八月，淮西蝗，陈、颍州蔽野。"

蝗灾部汇考三之十一

176. 宋熙宁九年（1076 年）

蝗蝻生。按《宋史·神宗本纪》："秋七月庚申，关以西蝗蝻生。"按《宋史·五行志》："夏，开封府畿、京东、河北、陕西蝗。" 　　蝗灾部汇考三之十一

177. 宋熙宁十年（1077年）

蝗。按《宋史·神宗本纪》："三月壬申，诏州县捕蝗。"

蝗灾部汇考三之十一

178. 宋元丰四年（1081年）

蝗。按《宋史·神宗本纪》："六月戊午，河北诸郡蝗生。癸未，令提点开封府界诸县公事杨景略、提举开封府界常平等事王德臣督诸县捕蝗。"按《宋史·五行志》："六月，河北蝗。秋，开封府界蝗。"

蝗灾部汇考三之十一

179. 宋元丰五年（1082年）

蝗。按《宋史·五行志》："夏，蝗。"

蝗灾部汇考三之十一

180. 宋元丰六年（1083年）

蝗。按《宋史·五行志》："夏，蝗。五月，沂州蝗。"

蝗灾部汇考三之十一

181. 宋元符元年（1098年）

蝗。按《宋史·五行志》："八月，高邮军蝗抱草死。"

蝗灾部汇考三之十一

182. 宋建中靖国元年（1101年）

蝗。按《宋史·徽宗本纪》："京畿蝗。"

蝗灾部汇考三之十二

183. 宋崇宁元年（1102年）

蝗。按《宋史·徽宗本纪》："京畿、京东、河北、淮南蝗。"按《宋史·五行志》："夏，开封府界、京东、河北、淮南等路蝗。"

蝗灾部汇考三之十二

184. 宋崇宁二年（1103年）

蝗。按《宋史·徽宗本纪》："诸路蝗。"按《宋史·五行志》："诸路蝗，令有司酺祭。"

蝗灾部汇考三之十二

185. 宋崇宁三年（1104年）

蝗。按《宋史·徽宗本纪》："诸路蝗。"

蝗灾部汇考三之十二

186. 宋崇宁四年（1105 年）

蝗。按《宋史·五行志》："连岁大蝗，其飞蔽日，来自山东及府界，河北尤甚。"

蝗灾部汇考三之十二

187. 宋宣和三年（1121 年）

蝗。按《宋史·徽宗本纪》："诸路蝗。"

蝗灾部汇考三之十二

188. 宋宣和五年（1123 年）

蝗。按《宋史·五行志》云云。

蝗灾部汇考三之十二

189. 宋建炎二年（1128 年）

蝗。按《宋史·高宗本纪》："六月，京畿、淮甸蝗。秋七月辛丑，旱蝗，诏监司、郡守条上阙政，州郡灾甚者蠲田赋。"

蝗灾部汇考三之十二

190. 宋建炎三年（1129 年）

蝗。按《宋史·五行志》："六月，淮甸大蝗。八月庚午，令长吏修酺祭。"

蝗灾部汇考三之十二

191. 宋绍兴二十九年（1159 年）

蝗螟。按《宋史·高宗本纪》："九月，蠲江、浙蝗潦州县租。"按《宋史·五行志》："七月，盱眙军、楚州金界三十里，蝗为风所坠，风止，复飞还淮北。"

蝗灾部汇考三之十二

192. 宋绍兴三十年（1160 年）

螟蝝。按《宋史·五行志》："十月，江、浙郡国螟蝝。"

蝗灾部汇考三之十二

193. 宋绍兴三十二年（1162 年）

蝗。按《宋史·孝宗本纪》："五月癸巳，蝗。"按《宋史·五行志》："六月，江东、淮南北郡县蝗，飞入湖州境，声如风雨。自癸巳至于七月丙申，遍于畿县，余杭、仁和、钱塘皆蝗，丙午，蝗入京城。八月，山东大蝗，癸丑，颁祭酺

礼式。" 蝗灾部汇考三之十二

194. 宋隆兴元年（1163 年）

蝗螟。按《宋史·孝宗本纪》："秋七月乙巳，以蝗诏侍从、台谏、两省官条上时政阙失。八月丙子，以飞蝗为灾，避殿减膳。是岁，以两浙蝗，悉蠲其租。按《宋史·五行志》，七月，大蝗。八月壬申、癸酉，飞蝗过都，蔽天日，徽、宣、湖三州及浙东郡县害稼，京东大蝗，襄、随尤甚，民为乏食。" 蝗灾部汇考三之十二

195. 宋隆兴二年（1164 年）

蝗。按《宋史·孝宗本纪》："五月，蝗。"按《宋史·五行志》："夏，余杭县蝗。"
蝗灾部汇考三之十二

196. 宋乾道元年（1165 年）

蝗。按《宋史·孝宗本纪》："六月壬辰，淮南转运判官姚岳言：境内飞蝗自死。"按《宋史·五行志》："六月，淮西蝗。宪臣姚岳贡死蝗为瑞，以佞坐黜。"
蝗灾部汇考三之十二

197. 宋乾道三年（1167 年）

蝗。按《宋史·孝宗本纪》"江东西、湖南北路蝗，振之。"按《宋史·五行志》："八月，江东郡县蟓螣。" 蝗灾部汇考三之十三

198. 宋淳熙三年（1176 年）

蝗螟螣。按《宋史·五行志》："八月，淮北飞蝗入楚州、盱眙军界，如风雷者，逾时遇大雨，皆死，稼用不害。" 蝗灾部汇考三之十三

199. 宋淳熙五年（1178 年）

螟螣。按《宋史·五行志》："昭州荐有螟螣。" 蝗灾部汇考三之十三

200. 宋淳熙八年（1181 年）

蝗螟。按《宋史·孝宗本纪》："秋七月乙巳，以旱蝗，诏侍从、台谏、两省官条上时政阙失。八月丙子，以飞蝗为灾，避殿、减膳，罢借诸路职田之令。"

蝗灾部汇考三之十三

注：此次蝗灾，在《宋史》中未查到。

201. 宋淳熙九年（1182 年）

蝗。按《宋史·孝宗本纪》："六月，临安府蝗，诏守臣亟加焚瘗。八月，淮东、浙西蝗。壬子，定诸州官捕蝗之罚。"按《宋史·五行志》："六月，全椒、历阳、乌江县蝗。乙卯，飞蝗过都遇大雨，坠仁和县界。七月，淮甸大蝗，真、扬、泰州窖捕蝗五千斛，余郡或日捕数十车，群飞绝江，坠镇江府，皆害稼。"

蝗灾部汇考三之十三

202. 宋淳熙十年（1183 年）

蝗。按《宋史·孝宗本纪》："春正月丁丑，命州县掘蝗。"按《宋史·五行志》："六月，蝗遗种于淮、浙，害稼。" 蝗灾部汇考三之十三

203. 宋淳熙十四年（1187 年）

蝗螟。按《宋史·孝宗本纪》："七月丙辰，命临安府捕蝗。"

蝗灾部汇考三之十三

204. 宋绍熙二年（1191 年）

蝗。按《宋史·五行志》："七月丙辰，高邮县蝗，至于泰州。"

蝗灾部汇考三之十三

205. 宋绍熙五年（1194 年）

蝗。按《宋史·五行志》："八月，楚、和州蝗。" 蝗灾部汇考三之十三

206. 宋嘉泰二年（1202 年）

蝗。按《宋史·五行志》："浙西诸县大蝗，自丹阳入武进，若烟雾蔽天，其坠亘十余里。常之三县捕八千余石，湖之长兴捕数百石，时浙东近郡亦蝗。"

蝗灾部汇考三之十四

207. 宋开禧三年（1207 年）

蝗。按《宋史·宁宗本纪》："浙西蝗。"按《宋史·五行志》："夏秋久旱，大蝗，群飞蔽天，浙西豆粟皆既于蝗。"

蝗灾部汇考三之十四

208. 宋嘉定元年 （1208 年）

蝗。按《宋史·宁宗本纪》："五月乙丑，以飞蝗为灾，减常膳。六月乙酉，以蝗祷于天地社稷。秋七月壬戌，以飞蝗为灾，诏三省疏奏宽恤未尽之事。"按《宋史·五行志》："五月，浙、江大蝗。六月乙酉，有事于圆丘、方泽，且祭醅。七月，又醅，颁醅式于郡县。" 蝗灾部汇考三之十四

209. 宋嘉定二年 （1209 年）

蝗。按《宋史·宁宗本纪》："夏四月乙丑，诏诸路监司督州县捕蝗。五月辛丑，命州县捕蝗。"是岁，诸路蝗。按《宋史·五行志》："四月，蝗。五月丁酉，令诸郡修醅祀。六月辛未，飞蝗入畿县。" 蝗灾部汇考三之十四

《金坛县志》："邑旱，飞蝗蔽天而下。" 蝗灾部纪事之五

210. 宋嘉定三年 （1210 年）

蝗。按《宋史·宁宗本纪》："八月，临安府蝗。" 蝗灾部汇考三之十四

211. 宋嘉定七年 （1214 年）

蝗。按《宋史·五行志》："六月，浙江郡蝗。" 蝗灾部汇考三之十四

212. 宋嘉定八年 （1215 年）

蝗。按《宋史·宁宗本纪》："两浙、江东西路旱蝗。"按《宋史·礼志》："八月，蝗，祷于霍山。"按《宋史·五行志》："四月，飞蝗越淮而南，江、淮郡蝗，食禾苗、山林、草木皆尽。乙卯，飞蝗入畿县，己亥祭醅，令郡有蝗者如式以祭。自夏徂秋，诸道捕蝗者以千百石计，饥民竞捕，官出粟易之。" 蝗灾部汇考三之十四

213. 宋嘉定九年 （1216 年）

蝗。按《宋史·礼志》："六月，蝗，祷群祀。"按《宋史·五行志》："五月，浙东蝗，丁巳，令郡国醅祭，是岁，荐饥，官以粟易蝗者千百斛。"

蝗灾部汇考三之十四

214. 宋嘉定十年 （1217 年）

蝗。按《宋史·五行志》："四月，楚州蝗。" 蝗灾部汇考三之十四

215. 宋嘉定十四年（1221 年）

螣。按《宋史·五行志》："明、台、温、婺、衢螽螣为灾。"

蝗灾部汇考三之十四

216. 宋绍定三年（1230 年）

蝗。按《宋史·五行志》："福建蝗。"

蝗灾部汇考三之十四

217. 宋端平元年（1234 年）

螟蝗。按《宋史·五行志》："五月，当涂县蝗。"

蝗灾部汇考三之十四

218. 宋嘉熙四年（1240 年）

蝗。按《宋史·理宗本纪》："六月甲午朔，江、浙、福建蝗。秋七月乙丑，诏：'今夏六月恒阳，飞蝗为孽，朕德未修，民瘼尤甚，中外臣僚其直言阙失毋隐。'"

蝗灾部汇考三之十四

219. 宋淳祐二年（1242 年）

蝗。《宋史·五行志》："五月，两淮蝗。"

蝗灾部汇考三之十五

220. 宋景定三年（1262 年）

蝗。按《宋史·五行志》："两浙蝗。"

蝗灾部汇考三之十五

221. 金天会二年（1124 年）

蝗。按《续文献通考》："曷懒移鹿古水霖雨害稼，且为蝗所食。"

蝗灾部汇考四之一

222. 金皇统元年（1141 年）

秋，蝗。按《金史·熙宗本纪》云云。

蝗灾部汇考四之一

223. 金皇统二年（1142 年）

秋，蝗。按《金史·熙宗本纪》："七月，北京、广宁府蝗。"

蝗灾部汇考四之一

224. 金正隆二年（1157 年）

蝗。按《金史·海陵本纪》："秋，中都、山东、河东蝗。"按《金史·五行志》："六月壬辰，蝗飞入京师。"　　　　　　　　　　　　　　蝗灾部汇考四之一

225. 金正隆三年（1158 年）

蝗。按《金史·海陵本纪》："六月壬辰，蝗入京师。"　　蝗灾部汇考四之一

226. 金大定三年（1163 年）

蝗。按《金史·世宗本纪》："三月丙申，中都以南八路蝗，诏尚书省遣官捕之。五月，中都蝗，诏参知政事完颜守道按问大兴府捕蝗官。"　　蝗灾部汇考四之一

227. 金大定四年（1164 年）

蝗。按《金史·五行志》："八月，中都南八路蝗飞入京畿。"按《续文献通考》："时完颜宗宁为归德军节度使，督民捕蝗，得死蝗一斗，给粟一斗，数日捕绝。"

蝗灾部汇考四之一

228. 金大定五年（1165 年）

蝗。按《金史·世宗本纪》："正月辛未，诏中外，复命有司，旱、蝗、水溢之处，与免租赋。"　　　　　　　　　　　　　　　　蝗灾部汇考四之一

229. 金大定十六年（1176 年）

蝗。按《金史·五行志》："中都、河北、山东、陕西、河东、辽东等十路旱蝗。"

蝗灾部汇考四之一

230. 金大定二十二年（1182 年）

蝗。按《金史·五行志》："五月，庆都蝗蝝生，散漫十余里，一夕大风，蝗皆不见。"

蝗灾部汇考四之一

231. 金泰和七年（1207 年）

蝗。按《金史·章宗本纪》："六月乙丑，遣使捕蝗。"按《金史·王维翰传》："维翰，为行省左右司郎中。泰和七年，河南旱蝗，诏维翰体究田禾分数以闻。七月，

雨，复诏维翰曰：'雨虽沾足，秋种过时，使多种蔬菜尤愈于荒莱也。蝗螟遗子，如何可绝？旧有蝗处，来岁宜菽麦，谕百姓使知之。'"　　　　　蝗灾部汇考四之一

232. 金泰和八年（1208 年）

蝗。按《金史·章宗本纪》："五月丁卯，遣使分路捕蝗。六月戊子，飞蝗入京畿。秋七月庚子，诏：'更定蝗虫生发坐罪法。'乙巳，诏：'颁《捕蝗图》于中外。'"按《金史·五行志》："四月甲午，河南路蝗。"　　　　　蝗灾部汇考四之二

233. 金贞祐三年（1215 年）

蝗。按《金史·宣宗本纪》："夏四月丙申，河南路蝗，遣官分捕。上谕宰臣曰：'朕在潜邸，闻捕蝗者止及道旁，使者不见处即不加意，当以此意戒之。'"　　　　　蝗灾部汇考四之二

234. 金贞祐四年（1216 年）

蝗。按《金史·宣宗本纪》："夏四月，河南、陕西蝗。五月甲寅，凤翔及华、汝等州蝗。戊寅，京兆、同、华、邓、裕、汝、亳、宿、泗等州蝗。六月丁未，河南大蝗伤稼，遣官分道捕之。七月癸丑，飞蝗过京师，乙卯，以旱蝗诏中外。"按《金史·五行志》："五月，河南、陕西大蝗。七月，旱，癸丑，飞蝗过京师。"　　　　　蝗灾部汇考四之二

235. 金兴定元年（1217 年）

蝗。按《金史·宣宗本纪》："三月乙酉，上宫中见蝗，遣官分道督捕，仍戒其勿以苛暴扰民。"　　　　　蝗灾部汇考四之二

236. 金兴定二年（1218 年）

蝗。按《金史·宣宗本纪》："四月丁卯，河南诸郡蝗。五月丙子，诏遣官督捕河南诸路蝗。"　　　　　蝗灾部汇考四之二

237. 金正大三年（1226 年）

蝗。按《金史·哀宗本纪》："夏四月己酉，遣使捕蝗。六月辛卯，京东大雨雹，蝗尽死。"　　　　　蝗灾部汇考四之二

238. 蒙古中统三年（1262 年）

蝗。按《元史·世祖本纪》："五月，真定、顺天、邢州蝗。"

蝗灾部汇考四之二

239. 蒙古中统四年（1263 年）

蝗。按《元史·世祖本纪》："六月壬子，河间、益都、燕京、真定、东平诸路蝗。八月，滨、棣二州蝗。"

蝗灾部汇考四之二

240. 蒙古至元二年（1265 年）

蝗。按《元史·世祖本纪》："七月辛酉，益都大蝗，饥，命减价粜官粟以赈。是岁，西京、北京、益都、真定、东平、顺德、河间、徐、宿、邳蝗。"

蝗灾部汇考四之二

241. 蒙古至元三年（1266 年）

蝗。按《元史·世祖本纪》："东平、济南、益都、平滦、真定、洺磁、顺天、中都、河间、北京蝗。"

蝗灾部汇考四之二

242. 蒙古至元四年（1267 年）

蝗。按《元史·世祖本纪》："山东、河南北诸路蝗。" 蝗灾部汇考四之二

243. 蒙古至元五年（1268 年）

蝗。按《元史·世祖本纪》："六月戊申，东平等处蝗。" 蝗灾部汇考四之二

244. 蒙古至元六年（1269 年）

蝗。按《元史·世祖本纪》："六月丁亥，河南、河北、山东诸郡蝗。"

蝗灾部汇考四之二

245. 蒙古至元七年（1270 年）

蝗。按《元史·世祖本纪》："三月戊午，益都、登、莱蝗。五月，南京、河南等路蝗，减今年银丝十之三。十月，南京、河南两路蝗。" 蝗灾部汇考四之二

246. 元至元八年（1271 年）

　　蝗。按《元史·世祖本纪》："六月甲午，上都、中都、河间、济南、淄莱、真定、卫辉、洺磁、顺德、大名、河南、南京、彰德、益都、顺天、怀孟、平阳、归德诸州县蝗。"　　　　　　　　　　　　　　　　　蝗灾部汇考四之三

247. 元至元十五年（1278 年）

　　蝗。按《元史·世祖本纪》："七月甲戌，濮州蝗。"　　　蝗灾部汇考四之三

248. 元至元十六年（1279 年）

　　蝗。按《元史·世祖本纪》："四月，大都等十六路蝗。六月丙戌，左、右卫屯田蝗蝻生。"　　　　　　　　　　　　　　　　　　　蝗灾部汇考四之三

249. 元至元十七年（1280 年）

　　蝗。按《元史·世祖本纪》："五月辛酉，真定、咸平、忻州、涟、海、邳、宿诸州郡蝗。"　　　　　　　　　　　　　　　　　　　　蝗灾部汇考四之三

250. 元至元二十二年（1285 年）

　　蝗。按《元史·世祖本纪》："七月戊寅，京师蝗。"　　　蝗灾部汇考四之三

251. 元至元二十三年（1286 年）

　　蝻。按《元史·世祖本纪》："五月辛卯，霸州、漷州蝻生。"

　　　　　　　　　　　　　　　　　　　　　　　　　　蝗灾部汇考四之三

252. 元至元二十五年（1288 年）

　　蝗。按《元史·世祖本纪》："六月癸未，资国、富昌等一十六屯蝗害稼。七月丙戌，真定、汴梁路蝗。八月丙子，赵、晋、冀三州蝗。"　　蝗灾部汇考四之三

253. 元至元二十六年（1289 年）

　　蝗。按《元史·世祖本纪》："七月甲午，东平、济宁、东昌、益都、真定、广平、归德、汴梁、怀孟蝗。"　　　　　　　　　　　　　　蝗灾部汇考四之三

254. 元至元二十七年（1290 年）

蝗。按《元史·世祖本纪》："四月癸巳，河北十七郡蝗。"

蝗灾部汇考四之三

255. 元至元二十九年（1292 年）

蝗。按《元史·世祖本纪》："闰六月丁酉，东昌路蝗。乙卯，济南、般阳蝗。八月丙午，广济署屯田蝗。"

蝗灾部汇考四之三

256. 元至元三十年（1293 年）

蝗。按《元史·世祖本纪》："六月壬子，大兴县蝗。九月辛巳，登州蝗。是岁，真定、宁晋等处蝗。"

蝗灾部汇考四之三

257. 元至元三十一年（1294 年）

蝗。按《元史·成宗本纪》："六月，东安州蝗。"

蝗灾部汇考四之三

258. 元元贞元年（1295 年）

蝗蟆。按《元史·成宗本纪》："六月，汴梁路蝗。"按《元史·五行志》："六月，汴梁、陈留、太康、考城等县，睢、许等州蝗。"

蝗灾部汇考四之三

259. 元元贞二年（1296 年）

蝗。按《元史·成宗本纪》："六月，大都、真定、保定、太平、常州、镇江、绍兴、建康、澧州、岳州、庐州、汝宁、龙阳州、汉阳、济宁、东平、大名、滑州、德州蝗。七月，平阳、大名、归德、真定蝗。八月，德州、彰德、太原蝗。"按《元史·五行志》："六月，济宁任城、鱼台县，东平须城、汶上县，开州长垣、靖丰县，德州齐河县，滑州，大和州，内黄县蝗。八月，平阳、大名、归德等郡蝗。"

蝗灾部汇考四之三

260. 元大德元年（1297 年）

蝗。按《元史·成宗本纪》："六月，归德、徐、邳州蝗。"

蝗灾部汇考四之四

261. 元大德二年（1298 年）

蝗。按《元史·成宗本纪》："二月丙子，归德等处蝗。四月庚申，江南、山东、浙江、两淮、燕南属县百五十处蝗。六月壬戌，山东、河南、燕南、山北五十处蝗，山北辽东道大宁路金源县蝗。十二月，扬州、淮安两路旱蝗。"

蝗灾部汇考四之四

262. 元大德三年（1299 年）

蝗。按《元史·成宗本纪》："五月，江陵路蝗。七月丙申，扬州、淮安属县蝗。十月，汴梁、归德、陇、陕蝗。十一月己亥，江陵路蝗。"按《元史·五行志》："五月，淮安属县蝗，有鹙食之。"

蝗灾部汇考四之四

263. 元大德四年（1300 年）

蝗。按《元史·成宗本纪》："五月，扬州、南阳、顺德、东昌、归德、济宁、徐、濠、芍陂蝗。"

蝗灾部汇考四之四

264. 元大德五年（1301 年）

蝗。按《元史·成宗本纪》："七月癸亥，广平、真定蝗。是岁，汴梁、归德、南阳、邓州、唐州、陈州、和州、襄阳、汝宁、高邮、扬州、常州蝗。"按《元史·五行志》："六月，顺德路、淇州蝗。八月，河南、淮南、睢等州，新野、江都、兴化等县蝗。"

蝗灾部汇考四之四

265. 元大德六年（1302 年）

蝗。按《元史·成宗本纪》："四月庚寅，真定、大名、河间等路蝗。五月丁巳，扬州、淮安路蝗。七月辛酉，大都诸县及镇江、安丰、濠州蝗。"按《元史·五行志》："七月，涿、顺、固安三州及钟离、丹徒蝗。"

蝗灾部汇考四之四

266. 元大德七年（1303 年）

蝗。按《元史·成宗本纪》："五月乙卯，东平、益都、济南等路蝗。六月，大宁路蝗。"

蝗灾部汇考四之四

267. 元大德八年（1304 年）

蝗。按《元史·成宗本纪》："四月丁未，益都临朐、德州齐河蝗。六月丁酉，益津蝗。"

蝗灾部汇考四之四

《元史·李忠传附吴国宝传》："雷州境内蝗害稼，惟国宝田未损。"

蝗灾部纪事之六

268. 元大德九年（1305年）

蝗蝝。按《元史·成宗本纪》："六月甲午，通、泰、静海、武清蝗。八月，涿州、东安州、河间、嘉兴蝗。"按《元史·五行志》："八月，良乡、南皮、泗州、天长等县及东安、海盐等州蝗。七月，桂阳郡蝝。"

蝗灾部汇考四之四

269. 元大德十年（1306年）

蝗。按《元史·成宗本纪》："四月，真定、河间、保定、河南蝗。五月丁亥，大都、真定、河间蝗。六月壬戌，龙兴、南康诸郡蝗。"

蝗灾部汇考四之四

270. 元大德十一年（1307年）

蝗。按《元史·武宗本纪》："五月，真定、河间、顺德、保定等郡蝗。六月辛酉，保定属县蝗。七月，德州蝗。"

蝗灾部汇考四之四

271. 元至大元年（1308年）

蝗蝝。按《元史·武宗本纪》："二月癸巳，汝宁、归德二路蝗，民饥。五月甲申，晋宁等处蝗，东平、东昌、益都蝝。六月，保定、真定蝗。八月，扬州、淮安蝗。"

蝗灾部汇考四之五

272. 元至大二年（1309年）

蝗。按《元史·武宗本纪》："四月，益都、东平、东昌、济宁、河间、顺德、广平、大名、汴梁、卫辉、泰安、高唐、曹、濮、德、扬、滁、高邮等处蝗。六月，霸州、檀州、涿州、良乡、舒城、历阳、合肥、六安、江宁、句容、溧水、上元等处蝗。七月，济南、济宁、般阳、曹、濮、德、高唐、河中、解、绛、耀、同、华等州蝗。八月己卯，真定、保定、河间、顺德、广平、彰德、大名、卫辉、怀孟、汴梁等处蝗。"

蝗灾部汇考四之五

273. 元至大三年（1310年）

蝗。按《元史·武宗本纪》："四月丙子，盐山、宁津、堂邑、茌平、阳谷、高唐、禹城等县蝗。五月，合肥、舒城、历阳、蒙城、霍邱、怀宁等县蝗。七月己亥，磁州、威州诸县旱蝗。八月己巳，汴梁、怀孟、卫辉、彰德、归德、汝宁、南阳、河南等路蝗。”按《元史·五行志》："四月，平原、齐河等七县蝗。七月，饶阳、元氏、平棘、滏阳、元城、无棣等县蝗。"

274. 元皇庆元年（1312 年）

蝗。按《元史·仁宗本纪》："四月庚寅，彰德安阳县蝗。"

275. 元皇庆二年（1313 年）

蝻蝗。按《元史·仁宗本纪》："五月辛丑，檀州及获鹿县蝻。七月丁巳，兴国属县蝗。"

276. 元延祐二年（1315 年）

蝗。按《元史·仁宗本纪》："九月丁未，陕州诸县蝗。"

277. 元延祐七年（1320 年）

蝗蝻。按《元史·英宗本纪》："四月，左卫屯田旱蝗。六月丁丑，益都蝗。七月，霸州及堂邑县蝻。"

278. 元至治元年（1321 年）

蝗。按《元史·英宗本纪》："五月丁丑，霸州蝗。六月戊戌，卫辉、汴梁等处蝗。七月癸酉，卫辉路胙城县蝗，壬午，通许、临淮、盱眙等县蝗，庚寅，清池县蝗。八月丙午，泰兴、江都等县蝗。十二月乙未，宁海州蝗。"按《元史·五行志》："七月，江都、泰兴、胙城、通许、临淮、盱眙、清池等县蝗。"

279. 元至治二年（1322 年）

蝗。按《元史·英宗本纪》："十二月辛卯，汴梁、顺德、河间、保定、庆元、济宁、濮州、益都诸属县及诸卫屯田蝗。"按《元史·五行志》："汴梁祥符县蝗，有群鹙食蝗，既而复吐，积如丘垤。"

280. 元至治三年（1323 年）

蝗。按《元史·英宗本纪》："五月戊午，保定路归信县蝗。七月丙辰，真定路诸州属县蝗。"
　　　　　　　　　　　　　　　　　　　　　　　　　　　　蝗灾部汇考四之五

281. 元泰定元年（1324 年）

蝗。按《元史·泰定本纪》："六月己卯，顺德、大名、河间、东平等二十一郡蝗。"按《元史·五行志》："六月，大都、顺德、东昌、卫辉、保定、益都、济宁、彰德、真定、般阳、广平、大名、河间、东平等郡蝗。"　　　蝗灾部汇考四之五

282. 元泰定二年（1325 年）

蝗。按《元史·泰定本纪》："五月丙子，彰德路蝗。六月丁未，济南、河间、东昌等九郡蝗。七月壬申，般阳新城县蝗。"按《元史·五行志》："六月，德、濮、曹、景等州，历城、章丘、淄川、柳城、茌平等县蝗。九月，济南、归德等郡蝗。"
　　　　　　　　　　　　　　　　　　　　　　　　　　　　蝗灾部汇考四之六

283. 元泰定三年（1326 年）

蝗。按《元史·泰定本纪》："六月己亥，东平属县蝗。七月庚申，大名、顺德、卫辉、淮安等路，睢、赵、涿、霸等州及诸卫屯田蝗。九月戊辰，庐州、怀庆二路蝗。"按《元史·五行志》："六月，东平须城县、兴国永兴县蝗。七月，广平路，赵州、曲阳、满城、庆都、修武等县蝗。淮安、高邮二郡，睢、泗、雄、霸等州蝗。八月，永平、汴梁等郡蝗。"　　　　　　　　　　　　蝗灾部汇考四之六

284. 元泰定四年（1327 年）

蝗，好蚄生。按《元史·泰定本纪》："五月丁卯，大都、南阳、汝宁、庐州等路属县旱蝗，河南路洛阳县有蝗可五亩，群鸟食之既，数日蝗再集，又食之。六月乙未，大都、河间、济南、大名、陕州属县蝗。七月，籍田蝗。八月，大都、河间、奉元、怀庆等路蝗。是岁，济南、卫辉、济宁、南阳八路属县蝗。"按《元史·五行志》："八月，冠州、恩州蝗。十二月，保定、济南、卫辉、济宁、庐州五路，南阳、河南二府蝗，博兴、临淄、胶西等县蝗。"　　　　　　蝗灾部汇考四之六

285. 元致和元年（1328 年）

蝗。按《元史·泰定本纪》："四月，蓟州及岐山、石城二县蝗。五月，汝宁府颍

州、卫辉路汲县蝗。"按《元史·五行志》："四月，大都、永平路蝗，凤翔蝗，无麦苗。六月，武功县蝗。"

蝗灾部汇考四之六

286. 元天历二年（1329 年）

蝗蝻。按《元史·文宗本纪》："四月丙辰，大宁兴中州，怀庆孟州、庐州无为州蝗。诸王忽剌荅儿言：'黄河以西所部旱蝗。'六月，益都莒、密二州夏旱、蝗。永平屯田府昌国、济民、丰赡诸署蝗，汴梁蝗。七月辛巳，真定、河间、汴梁、永平、淮安、大宁、庐州诸属县及辽阳之盖州蝗。"按《元史·五行志》："淮安、庐州、安丰三路属县蝗。"

蝗灾部汇考四之六

287. 元至顺元年（1330 年）

蝗。按《元史·五行志》："五月，广平、大名、般阳、济宁、东平、汴梁、南阳、河南等郡，辉、德、濮、开、高唐五州蝗。"按《元史·文宗本纪》："五月，广平、河南、大名、般阳、南阳、济宁、东平、汴梁等路，高唐、开、濮、辉、德、冠、滑等州及大有、千斯等屯田蝗。六月，大都、益都、真定、河间诸路，献、景、泰安诸州及左都威卫屯田蝗。七月，奉元、晋宁、兴国、扬州、淮安、怀庆、卫辉、益都、般阳、济南、济宁、河南、河中、保定、河间等路及武卫、宗仁卫、左卫率府诸屯田蝗。"

蝗灾部汇考四之六

288. 元至顺二年（1331 年）

蝗。按《元史·文宗本纪》："四月壬申，衡州路属县比岁旱蝗，仍大水，民食草木殆尽，又疫疠，死者十九。河中府蝗。六月，河南、晋宁二路诸属县蝗。八月癸巳，河南、奉元属县蝗。"按《元史·五行志》："三月，陕州诸路蝗。六月，孟州济源县蝗。七月，河南阌乡、陕县，奉元蒲城、白水等县蝗。" 蝗灾部汇考四之七

289. 元元统二年（1334 年）

蝗。按《元史·顺帝本纪》："六月，大宁、广宁、辽阳、开元、沈阳、懿州水、旱、蝗。八月，南康路诸县旱蝗。" 蝗灾部汇考四之七

290. 元至元二年（1336 年）

蝗。按《元史·顺帝本纪》："七月庚戌，黄州蝗，督民捕之，人日五斗。"

蝗灾部汇考四之七

291. 元至元三年（1337 年）

蝗。按《元史·顺帝本纪》："七月庚戌，河南武陟县禾将熟，有蝗自东来，县尹张宽仰天祝曰：'宁杀县尹，无伤百姓。'俄有鹰群飞啄食之。"按《元史·五行志》："六月，怀庆、温州、汴梁阳武县蝗。" 蝗灾部汇考四之七

292. 元至元五年（1339 年）

蝗。按《元史·五行志》："七月，胶州即墨县蝗。" 蝗灾部汇考四之七

293. 元至正四年（1344 年）

蝗。按《元史·五行志》："归德府永城县及亳州蝗。" 蝗灾部汇考四之七

294. 元至正十二年（1352 年）

蝗。按《元史·顺帝本纪》："六月，大名路开、滑、浚三州，元城十一县水、旱、虫蝗。" 蝗灾部汇考四之七

295. 元至正十七年（1357 年）

蝗。按《元史·五行志》："东昌茌平县蝗。" 蝗灾部汇考四之七

296. 元至正十八年（1358 年）

蝗。按《元史·顺帝本纪》："五月，辽州蝗。七月，京师蝗。"按《元史·五行志》："夏，蓟州、辽州、潍州昌邑县、胶州高密县蝗。秋，大都、广平、顺德及潍州之北海、莒州之蒙阴、汴梁之陈留、归德之永城皆蝗。顺德九县民食蝗，广平人相食。"

蝗灾部汇考四之七

297. 元至正十九年（1359 年）

蝗螽蝼蝻。按《元史·顺帝本纪》："五月，山东、河东、河南、关中等处蝗，飞蔽天，人马不能行，所落沟堑尽平。八月己卯，蝗自河北飞渡汴梁，食田禾一空。大同路蝗，襄垣县螽蝻。"按《元史·五行志》："大都霸州、通州、真定、彰德、怀庆、东昌、卫辉，河间之临邑，东平之须城、东阿、阳谷三县，山东益都、临淄二县，潍州、胶州、博兴州，大同、冀宁二郡，文水、榆次、寿阳、徐沟四县，忻、汾二州及孝义、平遥、介休三县，晋宁潞州及壶关、潞城、襄垣三县，霍州赵城、灵石二县，

隰之永和，沁之武乡，辽之榆社、奉元及汴梁之祥符、原武、鄢陵、扶沟、杞、尉氏、洧川七县，郑之荥阳、汜水，许之长葛、郾城、襄城、临颍、钧之新郑、密县皆蝗，食禾稼、草木俱尽，所至蔽日，碍人马不能行，填坑堑皆盈，饥民捕蝗以为食，或曝干而积之，又罄，则人相食。七月，淮安清河县飞蝗蔽天自西北来，凡经七日，禾稼俱尽。五月，济南章丘、邹平二县蛹，五谷不登。" 蝗灾部汇考四之七

298. 元至正二十年（1360年）

蝗。按《元史·五行志》："益都临朐、寿光二县，凤翔岐山县蝗。"

蝗灾部汇考四之八

299. 元至正二十一年（1361年）

蝗。按《元史·五行志》："六月，河南巩县蝗，食稼俱尽。七月，卫辉及汴梁荥泽县、郑州蝗。" 蝗灾部汇考四之八

300. 元至正二十二年（1362年）

蝗生。按《元史·五行志》："秋，卫辉及汴梁开封、扶沟、洧川三县，许州及钧之新郑、密二县蝗。" 蝗灾部汇考四之八

301. 元至正二十五年（1365年）

蝗。按《元史·五行志》："凤翔岐山县蝗。"按《续文献通考》："绩溪县蝗自西北蔽空而至。" 蝗灾部汇考四之八

302. 明洪武五年（1372年）

六月，开封府诸县蝗。按《河南通志》云云。 蝗灾部汇考四之八

303. 明洪武十九年（1386年）

九月辛未，赈旱蝗郡县。按《大政纪》云云。 蝗灾部汇考四之八

304. 明洪武三十一年（1398年）

浑源县大蝗。 蝗灾部纪事之六

305. 明建文元年（1399年）

蝗。按《名山藏》："燕王还北平，传檄天下。二月，蝗虫生陇亩。《占书》曰：

'蝗虫生陇亩者，邪臣在位。'"按《正气纪·惠宗本纪》："秋七月，江北蝗，有司请督捕。帝曰：'朕以不德致蝗，又杀蝗，以重朕过。俾得改有司，其赦疑狱，揖逋逃，周穷乏，以修实政，是岁，不为灾，更有秋。'"　　　　　　　　　蝗灾部汇考四之八

306. 明建文五年　永乐元年（1403 年）

蝗。按《浙江通志》："六月，衢州、金华、兰溪、台州飞蝗自北来，禾穗及竹木叶食皆尽。"按《明会典》："令吏部行文各处有司，春初差人巡视境内，遇有蝗虫初生，设法扑捕，务要尽绝。如是坐视，致使滋蔓为患者，罪之。若布、按二司官不行严督所属巡视打捕者，亦罪之。每年九月行文，至十一月再行，军卫令兵部行文，永为定例。"　　　　　　　　　　　　　　　　　　蝗灾部汇考四之八

307. 明永乐三年（1405 年）

蝗。按《大政纪》："二月己丑，户部言：河南、怀庆等府比岁蝗，请以钞代输租税从之。"　　　　　　　　　　　　　　　　　　　　　　　蝗灾部汇考四之九

308. 明永乐十年（1412 年）

蝗。按《大政纪》："六月戊辰，山西左布政使周璟言：平阳、荣河、太原、交城捕蝗已绝。命巡按御史验之。"　　　　　　　　　　　　　　蝗灾部汇考四之九

309. 明永乐十一年（1413 年）

蝗。按《名山藏》："五月，诸城等县蝗，命有司捕瘗之。"

蝗灾部汇考四之九

310. 明永乐十四年（1416 年）

蝗。按《大政纪》："七月丁酉，户部言：河南卫辉府新乡县、山东乐安州、北京通州及顺义、宛平二县蝗，命遣人捕瘗。彰德府属县蝗。"　　蝗灾部汇考四之九

311. 明永乐十五年（1417 年）

五月，山东蝗。按《大政纪》云云。　　　　　　　　　　蝗灾部汇考四之九

312. 明永乐二十二年（1424 年）

蝗蝻。按《明昭代典则》："夏五月，大名府浚县蝗蝻生，知县王士廉斋戒僚耆民

祷于八蜡庙，士廉以失政自责。越三日，有鸟万数食蝗殆尽。"

蝗灾部汇考四之九

313. 明宣德元年（1426 年）

蝗。按《名山藏》："六月，畿内、河南蝗，命使者驿捕。"

蝗灾部汇考四之九

《江南通志》："磁州蝗大发，眈虞祷于神，忽秃鹙飞集，啄蝗殆尽。"

蝗灾部纪事之六

314. 明宣德四年（1429 年）

蝗蝻。按《大政纪》："五月己酉，永清县奏'蝗蝻生'，命户部遣人督捕。上曰：'蝗生必滋蔓，不可谓偶有'，命行在户部速遣人驰往督捕，若滋蔓，驰驿来闻。"

蝗灾部汇考四之九

315. 明宣德五年（1430 年）

蝗。按《名山藏》："六月，遣捕蝗畿内。命行在户部尚书郭敦曰：往岁捕蝗之使闻不减蝗。因制《捕蝗诗》示敦，诗曰：'蝗螽虽微物，为患良不细。其生实蕃滋，殄灭端非易。方秋禾黍成，芄芄各生遂。所忻岁将登，奄忽蝗已至。害苗及根节，而况叶与穗。伤哉陇亩植，民命之所系。一旦尽于斯，何以卒年岁。上帝仁下民，讵非人所致。修省弗敢怠，民患可坐视。去螟古有诗，捕蝗亦有使。除患与养患，昔人论已备。拯民于水火，勖哉勿玩愒。'"

蝗灾部汇考四之九

316. 明宣德九年（1434 年）

遣官捕蝗。按《明会典》："差给事中、御史、锦衣卫官往山东、河南打捕蝗虫。"

蝗灾部汇考四之九

317. 明正统元年（1436 年）

蝗。按《名山藏》："夏四月，命行在礼部右侍朗王嘉等五人捕蝗畿内"，"四月，两畿、山东、河南诸府蝗蝻伤稼，命御史等驰驿往捕。闰六月，静海县蝗，饥"。按《明昭代典则》："夏四月，河北旱蝗，遣工部侍郎邵旻督捕之。"

蝗灾部汇考四之十

318. 明正统二年（1437 年）

蝗。按《名山藏》："四月，遣官督捕蝗于畿内。" 　　　蝗灾部汇考四之十

319. 明正统四年（1439 年）

蝗。按《名山藏》："五月，凤阳、开封、兖州、济南诸府蝗，命捕之。"按《畿辅通志》："大蝗。" 　　　蝗灾部汇考四之十

320. 明正统五年（1440 年）

蝗。按《名山藏》："正月，谕行在户部臣曰：'去岁畿甸及山东西、河南蝗，恐遗种于今岁，速下所司捕灭之'"，"四月，两畿、河南、山东蝗，遣捕之"。按《大政纪》："八月，畿内广平等府旱蝗，命往视之，严令捕蝗，乃息。"

蝗灾部汇考四之十

321. 明正统六年（1441 年）

蝗。按《名山藏》："四月，命行在户部右侍郎陈常、通政司右参议王锡、大理寺少卿顾惟敬等分督捕蝗于畿内及南京、江北诸府，遣分告于天地社稷山川诸神。"按《广东通志》："春二月，广州蝗。" 　　　蝗灾部汇考四之十

322. 明正统七年（1442 年）

遣官预绝蝗种。按《名山藏》："正月，命吏部左侍郎魏骥等分往北京及南京、江北诸郡督有司预绝蝗种。" 　　　蝗灾部汇考四之十

323. 明正统八年（1443 年）

蝗。按《大政纪》："五月，畿内旱蝗，命刑部侍郎薛希琏捕蝗。"按《名山藏》："正月，命吏部左侍郎魏骥等人分往南、北两京灭蝗种。"按《明昭代典则》："五月，畿内旱蝗。" 　　　蝗灾部汇考四之十

324. 明正统九年（1444 年）

蝗。按《名山藏》："正月，命兵部右侍郎虞祥等分往南畿巡视督捕蝗种。"

蝗灾部汇考四之十

325. 明正统十二年 (1447 年)

蝗。按《大政纪》："四月，畿甸蝗，命金都御史张楷捕蝗。"按《名山藏》："八月，应天、山东诸府州县卫所各奏旱蝗相仍，军民饥殍。" 蝗灾部汇考四之十

326. 明正统十三年 (1448 年)

蝗。按《名山藏》："四月，遣刑部右侍郎薛希琏、都察院右金都御史张楷分诣南北直隶、凤阳等府捕蝗。五月，以河南、山东旱蝗，敕刑部右侍郎丁镠巡视之。"

蝗灾部汇考四之十

327. 明景泰二年 (1451 年)

蝗。按《大政纪》："六月，畿内蝗，命巡视之。" 蝗灾部汇考四之十一

328. 明景泰六年 (1455 年)

蝗。按《大政纪》："五月，山东旱蝗，巡抚尚书薛希琏经营赈贷，活饥民百八十余万口。" 蝗灾部汇考四之十一

329. 明景泰七年 (1456 年)

蝗。按《名山藏》："六月，淮安、扬州、凤阳三府蝗。"

蝗灾部汇考四之十一

330. 明天顺元年 (1457 年)

杭州、嘉兴蝗。按《浙江通志》云云。 蝗灾部汇考四之十一

331. 明成化元年 (1465 年)

禄丰蝗，无秋。按《贵州通志》云云。 蝗灾部汇考四之十一

332. 明成化三年 (1467 年)

蝗。按《大政纪》："七月，开封、彰德、卫辉地方蝗灾。"

蝗灾部汇考四之十一

333. 明成化五年 (1469 年)

石门蝗。按《湖广通志》云云。 蝗灾部汇考四之十一

334. 明成化九年（1473 年）

六月，直隶河间府蝗。按《大政纪》云云。　　　　　蝗灾部汇考四之十一

335. 明成化十一年（1475 年）

台州蝗。按《浙江通志》云云。　　　　　　　　　　蝗灾部汇考四之十一

336. 明成化十三年（1477 年）

处州蝗。按《浙江通志》云云。　　　　　　　　　　蝗灾部汇考四之十一

337. 明成化二十年（1484 年）

宁夏大蝗。按《陕西通志》云云。　　　　　　　　　蝗灾部汇考四之十一

338. 明成化二十一年（1485 年）

蝗。按《垣曲县志》："大旱，飞蝗兼至，人相食，流亡者大半，时饥民啸聚山林，朝廷命抚臣赈之。"按《山西通志》："太平县蝗，群飞蔽天，禾穗、树叶食之殆尽。"

蝗灾部汇考四之十一

339. 明弘治元年（1488 年）

春正月，广东蝗。按《广东通志》云云。　　　　　　蝗灾部汇考四之十一

340. 明弘治十四年（1501 年）

余姚蝗。按《浙江通志》云云。　　　　　　　　　　蝗灾部汇考四之十一

341. 明正德三年（1508 年）

秋九月，新宁蝗。按《广东通志》云云。　　　　　　蝗灾部汇考四之十一

342. 明正德四年（1509 年）

蝗。按《福建通志》："漳浦蝗入境，食禾稼，知县为文以祭之，害亦旋息。"

蝗灾部汇考四之十一

343. 明正德七年（1512 年）

蝗。按《山东通志》："武定大蝗，蔽空。"按《广东通志》："正月，惠州飞蝗

蔽天。”   蝗灾部汇考四之十一

344. 明正德八年（1513 年）

蝗。按《山西通志》：“泽州蝗。”按《广东通志》：“增城蝗害稼。”按《广西通志》：“北流蝗，大饥。”   蝗灾部汇考四之十二

345. 明正德九年（1514 年）

蝗。按《湖广通志》：“秋，蝗害稼。”按《广东通志》：“东莞蝗害稼。”按《贵州通志》：“都匀蝗。”   蝗灾部汇考四之十二

346. 明正德十一年（1516 年）

蝗蝻。按《湖广通志》：“辰州蝗。”   蝗灾部汇考四之十二

347. 明正德十二年（1517 年）

蝗蝻。按《四川总志》：“永川、荣昌界大蝗。” 蝗灾部汇考四之十二

348. 明嘉靖二年（1523 年）

蝗。按《大政纪》：“四月，畿内旱蝗，发帑金赈之。” 蝗灾部汇考四之十二

349. 明嘉靖三年（1524 年）

余姚蝗。按《浙江通志》云云。   蝗灾部汇考四之十二

350. 明嘉靖五年（1526 年）

蝗。按《山东通志》：“秋七月，武定蝗。”按《浙江通志》：“义乌蝗，飞蔽天。”
                                          蝗灾部汇考四之十二

351. 明嘉靖六年（1527 年）

蝗蝻。按《全辽志》：“六月，河西蝗飞蔽天，损害禾稼。七月，蝻生，平地深数尺。”按《陕西通志》：“华阴飞蝗蔽天。”按《浙江通志》：“诸暨蝗。”

                                          蝗灾部汇考四之十二

352. 明嘉靖七年（1528 年）

蝗。按《山西通志》：“平阳诸州县、阳城大旱蝗。” 蝗灾部汇考四之十二

353. 明嘉靖八年（1529 年）

蝗蝻。按《永陵编年史》："七月，蔡、颍间蝗，食禾穗殆尽，及经陕、阌、潼关，晚禾无遗，流民载道。"按《山东通志》："济南郡县蝗。"按《山西通志》："六月，蝗，太原、平阳、潞州诸县蔽天匝地，食民田将尽，蝗自相食，民大饥。"按《潞安府志》："夏，蝗自河南来，食稼。"按《垣曲县志》："飞蝗蔽天，食田既尽，蝗自相食，民大饥，发帑金六千两、粟千石赈之。"按《陕西通志》："陕西飞蝗蔽天，自河南来。"按《长洲县志》："长洲蝗飞入境，伤禾，生蝻遍野。"按《吴县志》："六月，吴县飞蝗入境，高乡豆竹无存，生蝻遍野。七月，大风雨三日，夕皆死。"按《浙江通志》："余姚蝗。"按《贵州通志》："六月，河西飞蝗蔽天，害禾稼。七月，蝻生，平地深数尺。" 　　　　　　蝗灾部汇考四之十二

354. 明嘉靖十年（1531 年）

蝗蝻。按《山东通志》："济南复蝗。"按《湖广通志》："麻城蝗杀稼。秋，谷城蝗蝻并生。" 　　　　　　蝗灾部汇考四之十三

355. 明嘉靖十一年（1532 年）

蝗。按《陕西通志》："庆阳飞蝗蔽天。"按《江西通志》："夏，建昌蝗。"按《湖广通志》："崇阳、襄郡县蝗。" 　　　　　　蝗灾部汇考四之十三

356. 明嘉靖十二年（1533 年）

蝗。按《全辽志》："飞蝗蔽天。"按《贵州通志》："河西大旱，蝗飞蔽天。" 　　　　　　蝗灾部汇考四之十三

357. 明嘉靖十三年（1534 年）

夏，谷城蝗蝻生，害稼。按《湖广通志》云云。　　　蝗灾部汇考四之十三

358. 明嘉靖十四年（1535 年）

寿阳大蝗，食禾稼无余。按《山西通志》云云。　　　蝗灾部汇考四之十三

359. 明嘉靖十五年（1536 年）

蝗。按《山西通志》："秋七月，大同蝗，群飞蔽天，食禾殆尽，边境从无蝗，见

者大骇。"   蝗灾部汇考四之十三

360. 明嘉靖十六年 (1537 年)

蝗。按《山西通志》: "六月, 临汾、泽州蝗。"   蝗灾部汇考四之十三

361. 明嘉靖十八年 (1539 年)

蝗。按《明外史·李中传》: "山东岁歉, 令民捕蝗者倍于谷, 蝗绝而饥者济。"
按《浙江通志》: "嘉兴大蝗。"   蝗灾部汇考四之十三

362. 明嘉靖十九年 (1540 年)

蝗。按《浙江通志》: "嘉兴、湖州、衢州、会稽、诸暨、余姚、新昌、处州大
蝗。"按《湖广通志》: "七月, 黄陂、襄阳蝗。"   蝗灾部汇考四之十三

363. 明嘉靖二十年 (1541 年)

蝗。按《浙江通志》: "严州、诸暨蝗。"按《湖广通志》: "沔阳、松滋大蝗。"

蝗灾部汇考四之十三

364. 明嘉靖二十一年 (1542 年)

衢州蝗。按《浙江通志》云云。   蝗灾部汇考四之十三

365. 明嘉靖二十五年 (1546 年)

杭州大蝗。按《浙江通志》云云。   蝗灾部汇考四之十四

366. 明嘉靖二十八年 (1549 年)

蝗。按《贵州通志》: "冬十月, 诏免秋粮, 以旱蝗故。"

蝗灾部汇考四之十四

367. 明嘉靖三十二年 (1553 年)

富民蝗飞蔽天。按《云南通志》云云。   蝗灾部汇考四之十四

《江南通志》: "广平岁旱蝗, 江一麟徒步斋祷三日, 雨集蝗死。"

蝗灾部纪事之六

368. 明嘉靖三十六年（1557 年）

汝宁飞蝗蔽野。按《河南通志》云云。 蝗灾部汇考四之十四

369. 明嘉靖四十年（1561 年）

蝗。按《畿辅通志》："顺德飞蝗蔽天。"按《贵州通志》："蝗飞蔽天，禾有伤者。"

蝗灾部汇考四之十四

370. 明嘉靖四十五年（1566 年）

远安雨蝗杀稼。按《湖广通志》云云。 蝗灾部汇考四之十四

371. 明隆庆四年（1570 年）

蝗。按《湖广通志》："石门、慈利旱蝗。" 蝗灾部汇考四之十四

372. 明隆庆六年（1572 年）

蝗。按《湖广通志》："桂阳、江陵、松滋、绥宁蝗。" 蝗灾部汇考四之十四

373. 明万历元年（1573 年）

蝗。按《湖广通志》："松滋、宜都蝗。八月，靖州蝗杀稼。"

蝗灾部汇考四之十四

374. 明万历二年（1574 年）

江陵蝗。按《湖广通志》云云。 蝗灾部汇考四之十四

375. 明万历七年（1579 年）

正月，蝗。按《福建通志》云云。 蝗灾部汇考四之十四

376. 明万历十年（1582 年）

卫辉蝗。按《河南通志》云云。 蝗灾部汇考四之十四

377. 明万历十五年（1587 年）

蝗。按《山西通志》："临晋、猗氏蝗。" 蝗灾部汇考四之十四

378. **明万历十六年** (1588 年)

蝗。按《山西通志》："秋七月，绛县大蝗，飞蔽天，日食稼殆尽。"

蝗灾部汇考四之十四

379. **明万历十七年** (1589 年)

安邑大蝗。按《山西通志》云云。

蝗灾部汇考四之十四

380. **明万历二十四年** (1596 年)

蝗。按《河南通志》："秋，卫辉蝗食禾殆尽，至啮人衣。"

蝗灾部汇考四之十四

381. **明万历二十六年** (1598 年)

夏，鹤庆旱蝗。按《贵州通志》云云。

蝗灾部汇考四之十四

382. **明万历四十一年** (1613 年)

蝗。按《河南通志》："秋，洛阳飞蝗蔽天，食禾尽，草木叶一空。"

蝗灾部汇考四之十四

383. **明万历四十二年** (1614 年)

蝗。按《湖广通志》："罗田蝗食苗，德安蝗入城，岁大祲。"

蝗灾部汇考四之十四

384. **明万历四十三年** (1615 年)

蝗。按《山西通志》："夏，沁州蝗飞蔽天日，禾稼大损。"按《湖广通志》："黄安蝗。"

蝗灾部汇考四之十四

385. **明万历四十四年** (1616 年)

蝗蝻。按《山西通志》："六月，文水、蒲州、安邑、闻喜、稷山、猗氏、万泉飞蝗蔽天，复生蝻，禾稼立尽。"按《临晋县志》："六月，飞蝗蔽日，禾稼一空。七月，蝻生，寸草不遗。八月，翅满飞去。"按《垣曲县志》："飞蝗自东来，遮天蔽日，捕之易粟，仓廒积满。次年春，蝻生遍野，民饥，困饿死者甚多。"按《河南通志》：

1129

"开封蝗。"按《陕西通志》："夏六月，兰田飞蝗蔽天。"按《湖广通志》："襄阳飞蝗食稼。"

蝗灾部汇考四之十四

386. 明万历四十五年（1617年）

蝗。按《城武县志》："城武飞蝗蔽天，赈荒直指使过庭训奏以入粟为庠生，时谓之粟生，又以捕蝗应格亦许入庠，时谓之蝗生。"按《山西通志》："秋七月，岳阳、蒲州、绛州、稷山、闻喜、安邑、沁州蝗，头翅尽赤，蔽天翳日。"按《湖广通志》："黄安飞蝗蔽天，襄阳、谷城飞蝗害稼，汉阳蝗。"

蝗灾部汇考四之十五

387. 明万历四十六年（1618年）

蝗。按《湖广通志》："黄安蝗复为灾，汉阳蝗。"

蝗灾部汇考四之十五

388. 明万历四十八年（1620年）

夏县蝗。按《山西通志》云云。

蝗灾部汇考四之十五

389. 明天启六年（1626年）

湖州蝗灾。按《浙江通志》云云。

蝗灾部汇考四之十五

390. 明崇祯元年（1628年）

遂昌蝗。按《浙江通志》云云。

蝗灾部汇考四之十五

391. 明崇祯七年（1634年）

蝗螟。按《陕西通志》："秋，陕西全省蝗，大饥。"

蝗灾部汇考四之十五

392. 明崇祯八年（1635年）

蝗螟。按《山西通志》："稷山、垣曲蝗。"按《河南通志》："汤阴县蝗。"

蝗灾部汇考四之十五

393. 明崇祯九年（1636年）

蝗螟。按《山东通志》："七月，蝗，大饥，斗粟千钱。"按《山西通志》："稷山蝻害甚于蝗。"按《潞安府志》："七月，潞安蝗食禾，生蝻。"按《湖广通志》："八月，钟祥蝗。"

蝗灾部汇考四之十五

394. 明崇祯十年 (1637 年)

蝗螟。按《畿辅通志》："秋，保定飞蝗蔽天，遗子复生。"按《陕西通志》："秋，蝗飞蔽天，食禾无遗。"

蝗灾部汇考四之十五

395. 明崇祯十一年 (1638 年)

蝗。按《陕西通志》："螟生食麦，及秋成，蝗食禾，民大饥。"按《山西通志》："夏六月，蒲州蝗。秋，交城蝗伤禾。"按《河南通志》："洛阳蝗。"

蝗灾部汇考四之十五、十六

396. 明崇祯十二年 (1639 年)

蝗。按《山东通志》："七月，益都大蝗，大饥，人相食，流民载道。"按《山西通志》："秋，太平、闻喜、安邑、绛州、霍州、孝义、垣曲、蒲州蝗。"按《河南通志》："怀庆旱蝗，缘雉堞，入城遇物皆吃，结块渡河。"按《浙江通志》："嘉兴、诸暨大蝗。"

蝗灾部汇考四之十六

397. 明崇祯十三年 (1640 年)

蝗。按《山东通志》："大蝗，饥，人相食。"按《河南通志》："开封大蝗，秋禾尽伤人相食。汝宁蝗螟生，人相食。洛阳蝗，草木、兽皮、虫蝇皆食尽，父子、兄弟、夫妇相食，死亡载道。"

蝗灾部汇考四之十六

398. 崇祯十四年 (1641 年)

蝗。按《河南通志》："卫辉大蝗。"按《湖广通志》："蝗飞蔽天，四月，蝗入城。八月，沔阳、钟祥、京山大蝗，岳州飞蝗蔽天，禾苗、草木叶俱尽。"

蝗灾部汇考四之十六

399. 明崇祯十五年 (1642 年)

蝗。按《山东通志》："飞蝗蔽天。"按《山西通志》："六月，万泉蝗。"按《浙江通志》："处州蝗。"按《湖广通志》："黄州郡县蝗，大饥，继以疫，人相食。"

蝗灾部汇考四之十六

400. 清康熙三十年 (1691 年)

九月十八日，上谕户部：朕顷巡行边外，入喜峰口，见有民间田亩为蝗螟所伤，又闻榛子镇及丰润等处地方被蝗灾者亦所在间有。秋成失望，则粮食维艰。朕心深切轸念，倘及今不为区划储蓄，恐至来岁不免饥馑之虞，著行该抚亲历直隶被灾各州县通加察勘，悉心筹划应作何积贮，该抚详议具奏。其被灾各地方明岁钱粮仍照例催科，小民必致苦累，著俟该抚察报，分数到日，将康熙三十一年春夏二季应征钱粮缓至秋季征收用称。朕体恤民生，休息爱养至意，尔部即遵谕行。特谕。

蝗灾部汇考四之十七

401. 清康熙三十二年（1693 年）

十月初十日，上谕内阁：闻山东今年田收之后，九月中，蝗螟丛生，必已遗种于田矣，而今岁雨水连绵，来春少旱，蝗则复生，未可知也。先事豫图可不为之计欤！乘时竭力尽耕其田，庶几，蝗种瘗于土而糜烂，不复更生矣。若遗种即有未尽，来岁复萌，地方官即各于疆理区划逐捕，不使滋蔓，其亦大有益也。命户部速牒直隶、山东、河南、山西、陕西巡抚等，示所领郡县咸令悉知，田则必于今岁来春皆勉力耕耨，蝗螟之灾务令消灭，若郡县有不能尽耕其田者，蝗或更生，则必力为捕灭，毋使蝗灾为吾民患。

蝗灾部汇考四之十七

402. 清康熙三十三年（1694 年）

四月十三日，上谕内阁：朕处深宫之中，日以闾阎生计为念，每巡历郊甸，必循视农桑，周咨耕耨田间事宜。昨岁因雨水过溢，即虑入春微旱，则蝗虫遗种，必致为害。随命传谕直隶、山东、河南等省地方官，令晓示百姓，即将田亩亟行耕耨，使覆土尽压蝗种，以除后患。今时已入夏，恐蝗有遗种在地，日渐蕃生，已播之谷，难免损蚀。或有草野愚民云蝗虫不可伤害，宜听其自去者，此等无知之言，切宜禁绝。捕蝗弭灾，全在人事。应差户部司官一员前往直隶、山东巡抚，令申饬各州县官亲履陇亩，如某处有蝗，即率小民设法耨土覆压，勿致成灾。其河南、山西、陕西等省，亦行文该抚一体晓谕，钦依尔等将此事交与户部遵行。

蝗灾部汇考四之十七

403. 清康熙三十四年（1695 年）

正月二十六日，上谕内阁：去岁于直隶、山东、河南、山西、陕西、江南诸省下诏捕蝗，诸郡国尽皆捕灭，蝗不为灾，农田大获，惟凤阳一郡未能尽捕。去岁雨水连绵，今岁春时若或稍旱，蝗所遗种至复发生，遂成灾沴，以困吾民，未可知也。凡事必预防而备之，斯克有济，其下户部速敕直隶、山东、河南、山西、陕西、江南诸巡抚，准前制亟宜耕耨田亩，令土瘗蝗种，毋致成患，若或田亩有不能尽耕者，蝗始发

生，即力为扑灭，毋使滋蔓为灾。　　　　　　蝗灾部汇考四之十七

十九、《中国历代蝗患之记载》　　　　　　陈家祥撰

浙江省昆虫局民国二十四年年刊（年刊第 5 号）

注：陈家祥，浙江奉化人，1928 年任江苏省昆虫局治蝗研究所主任，1935 年在《浙江省昆虫局民国二十四年年刊》上以英文发表《中国历代蝗患之记载》，共记载自前 707 年至 1935 年发生在我国各地的蝗灾记载 794 年，主要发生区域以河北、山东、河南、江苏最多，安徽、浙江次之，山西、陕西、湖北、湖南又次之。为便于读者了解，兹详细列出了唐前时期 118 年和民国时期 20 年的蝗灾记载中译文。

时期	年份	发生区域	灾情
唐前时期	前 707 年	山东	秋，蝗。
	前 645 年	山东	秋，蝗。
	前 624 年	河南	秋，蝗像雨落下。
	前 619 年	山东	秋、冬，蝗。
	前 603 年	山东	蝗。
	前 601 年	山东	蝗。
	前 596 年	山东	秋，成虫。冬，蝻，民饥。
	前 592 年	山东	又蝗。
	前 566 年	山东	蝗。
	前 483 年	山东	冬，蝗。
	前 482 年	山东	秋、冬，蝗。
	前 243 年	陕西	蝗从东方来。
	前 174 年	陕西白水	旱蝗。
	前 158 年	河北大名等	秋，蝗，民饥。
	前 147 年	河北	秋，蝗。
	前 146 年	河北	夏，蝗。
	前 136 年	河北	夏，蝗灾大发生。
	前 130 年	河北	秋，蝗。
	前 129 年	河北	夏，蝗。
	前 112 年	河北	秋，蝗。

（续）

时期	年份	发生区域	灾情
唐前时期	前105年	河北	秋，蝗。
	前104年	甘肃敦煌，陕西等	蝗从东方来。
	前103年	甘肃	秋，蝗。
	前102年	甘肃	秋，蝗。
	前90年	甘肃	秋，蝗。
	前89年	甘肃	夏，蝗。
	公元2年	山东益都、青州，河北大名等	蝗害稼，民饥。
	22年	陕西长安以东，河南等	蝗从东方来，吃光庄稼。
	29年	陕西长安，河南等	蝗灾。
	46年	山东、河南等19郡县	春，蝗灾。
	47年	河南等18郡县	蝗灾严重，草木吃光。
	48年	江西九江	大蝗。
	49年	山东青州、平原	大蝗。
	52年	河南等80郡县	蝗。
	53年	甘肃武威、酒泉，河北清河，河南，陕西等	夏，蝗。
	54年	12郡县	夏，大蝗。
	55年	12郡县	夏，大蝗。
	56年	江苏徐州、萧县、淮安，安徽，江西九江等	蝗灾，一部分蝗虫飞入九江后散去。
	61年	甘肃酒泉等	很多蝗虫从酒泉北方飞来。
	72年	山东泰山等，河南息县等	很多蝗虫从泰山迁移，庄稼吃光。
	75年	江西	蝗灾，谷不收，民多饥死。
	82年	河南中牟及附近	蝗。
	87年	江苏淮安	蝗。
	91年	山东兖州	夏，蝗。
	92年	四川等	蝗害稼，免税。
	96年	河南洛阳、陈留、河内等，河北大名	夏、秋，蝗。
	97年	四川等	蝗害稼，免税。
	110年	河南，河北，山东青州、兖州，江苏徐州	夏，蝗。

（续）

时期	年份	发生区域	灾情
唐前时期	111年	河南，山东曲阜等	夏，蝗。
	112年	河南、山东等48郡县	春、夏，蝗。
	113年	河南洛阳及邻近，江苏邳州	秋，蝗虫飞过洛阳，庄稼被毁。
	114年	河南洛阳等	夏，蝗。
	115年	河南等19郡县	夏，蝗。
	122年	河南等19郡县	夏，蝗。
	129年	6州	大蝗。
	130年	河南洛阳等12郡县	夏，蝗。
	136年	河南开封、偃师	秋，蝗。
	137年	山东黄县	蝗。
	142年	河南偃师	蝗。
	153年	河北天津等32郡县	秋，蝗。
	154年	河南洛阳	夏，蝗。
	157年	河南洛阳	夏，蝗。
	166年	安徽，江苏扬州等	蝗灾，造成巨大损失。
	177年	河北广平等	夏，蝗。
	178年	河北广平等	冬，蝗。
	194年	河北交河、山东东昌	大蝗。
	197年	河北交河、山东东昌	夏，蝗。
	221年	河北天津、冀州	蝗灾大发生，民饥。
	222年	河北天津、冀州	蝗灾大发生，民饥。
	274年	河北保定等	夏，蝗。
	275年	山东安丘	秋，蝗。
	278年	河南祥符	夏，蝗。
	281年	江苏徐州等	夏，蝗。
	301年	甘肃显美等6郡县	蝗。
	304年	山东平原	秋，蝗灾大发生。
	305年	江西	蝗，大饥。
	310年	河北保定、大名等，河南，山西，甘肃秦州	大蝗，草木、牛马毛皆尽。
	316年	河北保定，河南，陕西	夏，大蝗。

（续）

时期	年份	发生区域	灾情
唐前时期	317年	河北大名，河南，山东青州、沂州、益都、安丘，陕西，甘肃	秋，蝗。
	318年	河北，山东青州、沂州、东昌、益都、寿光等，江苏徐州、邳州、淮安，安徽盱眙等	夏、秋，广泛发生蝗灾，吃毁掉庄稼、豆类和牧草。
	319年	江苏徐州、淮安、南京、扬州，浙江杭州、湖州等，安徽庐州、盱眙，江西	蝗灾，民多饥死。
	320年	江苏徐州、扬州、镇江，安徽，江西	蝗灾，民多饥死。
	332年	河北	夏，蝗食草尽。
	337年	河北冀州等，山东东昌	夏，大蝗。
	338年	河北大名、清苑	夏，大蝗。
	355年	陕西凤翔、富平、华阴、千阳	大蝗，草木、牛马毛皆尽。
	374年	察哈尔宣化	蝗。
	381年	江西九江	蝗虫从南来，害稼。
	382年	河北清苑、阳原	蝗。
	390年	山东沂州、曲阜，江苏扬州	秋，蝗。
	391年	山东堂邑等，江苏六合	夏，蝗虫从南来，害稼。
	426年	山东堂邑等，江苏六合	秋，蝗。
	452年	河北邢州等	蝗，造成损害。
	457年	5郡县	蝗，造成损害，民饥。
	477年	8郡县	蝗，造成损害，民饥。
	478年	山西大同	夏，蝗。
	481年	河北顺天、甘肃敦煌	秋，蝗，很多庄稼没了。
	482年	江苏徐州、泗阳、宿迁，山东曲阜、平原、掖县等，河南，河北，辽宁	秋，蝗害稼。
	483年	河南相州、豫州	夏，蝗害稼。
	484年	陕西、山西、山东、河北、辽宁	夏，蝗。
	492年	甘肃枹罕镇	冬，蝗害稼。
	503年	甘肃河州	夏，大蝗。
	504年	陕西榆林、横山，山西，山东，河北大名	夏，大蝗。

（续）

时期	年份	发生区域	灾情
唐前时期	507 年	甘肃武威、泾州、凉州等，山西	秋，大蝗。
	508 年	甘肃凉州	夏，蝗害稼。
	512 年	甘肃凉州	夏，蝗害稼。
	516 年	山东齐州	夏，蝗。
	530 年	山东齐州	大蝗，树叶全部吃光。
	550 年	江苏苏州	蝗灾，大饥。
	554 年	河北大名	秋，蝗。
	556 年	河北广平、清河	蝗。
	557 年	河北大名、保定、天津，河南济源、杞县、尉氏、汲县、获嘉、安阳等	蝗飞蔽日，声如风雨。
	558 年	山东，浙江金华	大蝗，民捕捉而埋之。
	559 年	河北保定、顺天、清苑	大蝗。
	573 年	陕西潼关以西	大蝗。
	594 年	山西太原	蝗。
	596 年	山西并州	夏，大蝗。
民国时期	1913 年	河南获嘉	秋初，蝗飞蔽天，降落盖满地，食禾稼穗殆尽。
	1914 年	安徽全椒，浙江海宁、嘉兴、嘉善	浙江官府出资令捕蝗。
	1915 年	安徽全椒，河北交河，浙江汤溪、杭州、崇德	全椒蝗食麦；汤溪蝗蝻伤稼。秋，交河飞蝗蔽天，落地遍满田野，食稼尽。初冬，崇德、杭州蝗蝻生。
	1916 年	河南夏邑	夏，蝗食禾稼。
	1918 年	浙江嘉善、嘉兴，江苏吴江	秋，成群飞蝗由吴江飞到嘉善，很快又迁飞到嘉兴。
	1919 年	浙江杭州	秋，蝗伤稼。
	1920 年	山东长清等 56 县，浙江杭县，河南，河北，山西，陕西	旱蝗严重伤稼，秋初，杭县蝗食蔗叶尽。
	1922 年	江苏南通、南京	秋，蝗。
	1923 年	江苏淮阴	夏，蝗蝻生，禾草如刈。
	1925 年	浙江海宁、海盐	秋，蝗灾。
	1926 年	江苏灌云、萧县、东海、丰县、铜山、砀山，山东	夏、秋，很多地方蝗虫生。
	1927 年	浙江萧山、杭县、海宁	秋，飞蝗伤稼。

（续）

时期	年份	发生区域	灾情
民国时期	1928年	安徽颍州、亳州、涡阳、蒙城、滁县、蚌埠、五河、泗县、盱眙、宿县、天长、来安、宣城等，河南开封、西华、郾城、商水、鄢陵、扶沟、太康、永城等，山东济宁、邹县、滕县、曲阜、滋阳、掖县、郯城、鱼台，河北曲周等，江苏东台、铜山、淮阴、淮安、句容、江宁、南京、六合、沛县、涟水、东海、泗阳、金坛、如皋、兴化、嘉定、阜宁、高淳、镇江、灌云、邳县、南通、睢宁、江阴、宿迁、萧县、宝应、高邮、江浦、常熟、宜兴、武进、泰县、江都、吴县、丹阳、崇明、溧阳、丰县、溧水、扬中、仪征、南汇、砀山、宝山、松江、太仓、吴江、上海、无锡、沭阳、赣榆、昆山、青浦、泰兴、盐城，浙江吴兴、海宁、嘉兴、嘉善、海盐、杭县、长兴、平湖、德清	从春到初冬，很多省蝗虫大发生，江苏56县民捕蝗11.71万担，夏，东海、赣榆、灌云4 000平方里内蝗盖地；河南食禾稼尽，野无青草，产卵遍野；山东蝗伤麦和其他庄稼。
	1929年	河北良乡、永清、安次、河间、景县、吴桥、故城、沧县、卢龙、迁安、乐亭、获鹿、遵化、丰润、新镇、满城、临榆、徐水、容城、安国、安新、高阳、井陉、赞皇、晋县、涞水、深泽、饶阳、平乡、蠡县、南和、博野、蓟县、磁县、邢台、广平、枣强、南宫、威县、新河、临城、武邑、昌黎、天津、高邑、武清、霸县、文安、赵县、静海、任丘、清苑、大城、阜城、宁河、安平、束鹿、玉田、元氏、定兴、肃宁、大名、雄县、广宗、曲周、邯郸、宁晋、交河、武强、曲阳、行唐、平山，江苏灌云、东海、沭阳、沛县、邳县、睢宁、宿迁、泗阳、涟水、淮阴、淮安、阜宁、盐城、东台、兴化、宝应、高邮、泰县、江都、江浦、江宁、	据江苏省昆虫局年度系统调查报告，蝗虫地理分布范围在北纬30°～40°、东经5°～西经50°之间，有黄海、直隶海湾沿海流域，有黄河、扬子江、淮河流域，分布范围较大的长宽达300英里，主要伤食小麦、玉米、谷子、黍类、水稻、芦苇等作物，受灾10%～99%不等，估计损失达1 126.5万元。

（续）

时期	年份	发生区域	灾情
民国时期	1929年	高淳、南京、仪征、六合、句容、溧水、丹阳、溧阳、镇江、扬中、武进、金坛、宜兴、江阴、吴县、常熟、昆山、太仓、嘉定、如皋、南汇、崇明、启东、南通、海门、泰兴、清江，山东齐东、新泰、乐陵、沾化、即墨、博兴、高苑、邹县、汶上、馆陶、茌平、平原、广饶、平阴、濮县、范县、黄县、栖霞、海阳、莱阳、昌邑、临邑、寿光、昌乐、临朐、东平、德平、冠县、济阳、邹平、益都、平度、郓城、临淄、临清、巨野、蓬莱，安徽合肥、当涂、含山、颍上、涡阳、全椒、霍邱、蒙城、来安、亳县、宿县、凤台、寿县、怀远、凤阳、泗县、滁县、贵池、五河、盱眙、定远，河南禹县、商丘、沈丘、郾城、汲县、安阳、封丘、济源、镇平、桐柏、商城、临颍、太康、固始、临漳、淇县、滑县，浙江萧山、长兴、海宁、杭县、平湖、吴兴、海盐、新昌，湖北天门、潜江、宜城、汉川、随县，四川成都、铜梁、巫溪、广元、开江、营山、泸县，辽宁锦县、兴城，山西洪洞、襄陵、绛县、黎城，陕西宝鸡、澄城	
	1930年	陕西咸阳	秋初，飞蝗蔽天，食禾稼尽。
	1931年	河北大名、宁河、天津、宝坻、武清、盐山、青县，陕西宝鸡、蓝田、朝邑、陇县	夏，宁河和陕西4县蝗伤稼。
	1932年	河南郑县、孟县、太康、洛阳、郾城等，江西南康，江苏淮阴、铜山、淮安、高邮、兴化、泗阳、江浦、江宁、宜兴、沛县、六合、宝应、砀山、镇江、阜宁，河北大名等，山东鱼台	秋，蝗伤稼。

（续）

时期	年份	发生区域	灾情
民国时期	1933年	河北冀县、永清、新河、大名、濮阳、新镇、安国、武邑、献县、容城、赵县、获鹿、定县、大城、邢台、行唐、静海、永年、清河、磁县、枣强、平乡、深泽、南乐、任县、深县、景县、南和、任丘、博野、满城、曲阳、安平、高阳、隆平、衡水、藁城、南宫、固安、宁晋、天津、安新、沧县、曲周、望都、完县、广宗、束鹿、文安、清丰、雄县、元氏、正定、清苑、尧山、鸡泽、昌平、成安、肥乡、沙河、栾城、徐水、邯郸、河间、东光、武强、交河、肃宁、蠡县、饶阳、唐县、霸县、柏乡、广平、庆云、临榆、定兴、新城、临城、盐山、青县、赞皇、威县、故城、晋县，河南郑县、内黄、修武、孟津、嵩县、西平、洛阳、新乡、叶县、新安、温县、郾城、沁阳、安阳、济源、太康、宝丰、巩县、武陟、汲县、原武、浚县、虞城、阳武、延津、辉县、郏县、信阳、方城、舞阳、商丘、临颍、洛宁、中牟、永城、正阳、宜阳、禹县、广武、汤阴、孟县、息县、临漳、获嘉、封丘、睢县、汜水、灵宝、阌乡、邓县、偃师、内乡、鄢陵、夏邑，江苏赣榆、阜宁、江阴、海门、丹阳、溧水、泗阳、宜兴、如皋、兴化、东海、江宁、东台、泰县、江浦、川沙、仪征、砀山、萧县、江都、启东、常熟、南汇、铜山、金坛、沭阳、淮阴、宝应、睢宁、宿迁、南通、丰县、武进、涟水、灌云、淮安、盐城、高邮、邳县、沛县、清江、六合、镇江，山东海阳、临淄、新泰、冠县、寿光、沾化、馆陶、昌邑、东平、博兴、邹平、广饶、临清、益都、巨野、利津、汶上、临朐、临沂、	在很多地方蝗虫大发生，带来重大伤害。吴福桢、郑同善《1933年全国蝗患调查报告》摘要如下：（1）全国蝗灾发生地域有9省265县，地理分布区域在北纬30°～41°、东经107°～121.15°之间，地势在海拔50米以下；（2）蝗虫繁殖周期有2个，秋蝗从6月中旬到10月中旬，最盛期在8月中上旬20天；（3）秋蝗产卵面积计有270万亩；（4）秋蝗产卵环境主要在平地，丘陵、山坡、荒地、坟地、道旁、江河堤岸、湖泊苇荡都适宜，河北则产在盐碱地带；（5）全国蝗虫分布主要有以下7个区域类型：钱塘江入海口区域；太湖区域；长江下游滩地；洪泽湖区域；黄河滩区域；沿海芦苇荡区域；河北盐碱地区域；（6）飞蝗迁飞方向各省不同，河北大多向西南迁飞，河南向北或东南方向迁飞，安徽向北迁，江苏向东南或西南迁飞；（7）蝗虫为害面积达686.3万余亩，估计值银约计1 477.9万元；（8）蝗虫为害作物有水稻、玉米、高粱、小麦、粟、黍、芦苇、棉花、甘蔗、竹、牛草等；（9）治蝗方法有掘沟、围打、鸭啄、网捕、火烧、挖卵、毒饵、政府论斤收购蝗卵和蝗虫等；（10）全年总计杀灭蝗虫884.7万余斤，掘除蝗卵7.13万余斤。

（续）

时期	年份	发生区域	灾情
民国时期	1933年	宁阳、费县、茌平、无棣、青城、莱阳、德平、高苑、德县、夏津、曹县、武城、邱县、高唐、历城、肥城、齐河、泗水、掖县、郯城、文登，安徽怀宁、合肥、当涂、凤阳、全椒、涡阳、滁县、天长、和县、含山、嘉山、宿县、灵璧、芜湖、定远、来安、繁昌、泗县、舒城、蒙城、六安、盱眙、怀远，浙江杭县、富阳、海盐、绍兴、海宁、萧山、上虞、余姚、长兴，湖南邵阳、常德、安化、桃源、汉寿、永兴、益阳，山西五台、曲沃，陕西扶风、三原，南京	
	1934年	江苏东台、宿迁、泰县、宝应、江宁、南通、南汇、江阴、靖江、淮安、仪征、阜宁、沛县、铜山、上海、泗阳、常熟、东海、江浦、宜兴、溧阳、青浦、六合、武进、金坛、泰兴、盐城、镇江、崇明、高淳、溧水、海门、吴江、太仓、奉贤、如皋、淮阴，河北通县、南宫、曲阳、文安、武清、任丘、东明、大名、新镇、永年、庆云、衡水、定兴、肥乡、南皮、沙河、邢台、保定、博野、安新、安次，安徽当涂、无为、铜陵、和县、泾县、嘉山、怀宁、滁县、来安、繁昌、盱眙、桐城、青阳，浙江海宁、绍兴、杭县、余姚、杭州、萧山，河南渑池、偃师、林县、上蔡、孟津、息县、郑县、孟县、滑县，山东城武、武城、利津，江西湖口、彭泽、九江，南京	吴福桢、郑同善《1934年全国蝗患调查报告》摘要如下：已查明本年度蝗患有东亚飞蝗和竹蝗两个种类，前者主要分布在我国北部的江苏、安徽、山东、河北、河南和浙江，后者则分布在湖南；根据报告，全国发生蝗患区域有83县；繁殖滋生环境主要是黄海之滨、江河堤岸草滩、湖泊苇荡、河北盐碱地等；全国蝗虫为害作物面积84.57万亩，总计损失102.15万元；本年度总计捕杀蝗虫196.95万余斤，掘除蝗卵1 756斤；据23县报告，政府共投入治蝗经费1.42万元，本年度蝗患发生较轻于1933年。
	1935年	江西湖口、彭泽、九江，安徽怀宁、安庆、宿松、望江、婺源，湖北蕲春、黄梅、嘉鱼、蒲圻，江苏宝应、如皋、南通、泗阳、淮安、溧水、江宁、吴县、吴江、金坛、句容、灌云、武进、无锡、常熟、	五、六月，湖口、彭泽2县发生蝗灾，伤芦苇，县政府组织歼灭；本年度未见系统调查报告发表，普遍认为1935年蝗虫发生没有1934年严重。

（续）

时期	年份	发生区域	灾情
民国时期	1935 年	奉贤、南汇、松江、宜兴，浙江杭县、萧山，河北曲周、廊坊、邯郸，南京	

二十、《中国历代天灾人祸表》 陈高佣撰

上海国立暨南大学丛书 1939 年

注：陈高佣，上海国立暨南大学教授。1935 年由何炳松先生提倡，陈与杜佐周、郑振铎、周予同等人共同商酌了《中国历代天灾人祸表》的编纂计划。1937 年八一三事变后，上海沦为战区，学校毁于战火，编纂工作至 1939 年夏才大体完成。定稿后，学校将其列入上海国立暨南大学丛书之一，正式印刷出版（本书保存于中国农业科学院图书馆）。该书上起秦始皇元年（前 246 年），下至清宣统三年（1911 年），收集整理了中国蝗灾 278 次，资料来源多取之于二十五史、《资治通鉴》《续资治通鉴》《古今图书集成·庶征典》《清鉴》以及各朝会典、会要、实录等史籍。书中对蝗灾发生情况的记载，采用点到为止的方法，记载较为简略，以至史籍中很多蝗灾发生地点、发生情况省略未记。

1. 秦王政四年（前 243 年）

七月，蝗，疫。 1

2. 西汉后元六年（前 158 年）

四月，大旱蝗。令诸侯无入贡，弛山泽，减诸服御，损郎吏员，发仓庾以振民，民得卖爵。 25

3. 西汉中元三年（前 147 年）

九月，蝗。 28

4. 西汉中元四年（前 146 年）

夏，蝗。 28

5. **西汉建元五年（前 136 年）**

　　五月，大蝗。　　　　　　　　　　　　　　　　　　　　　　　29

6. **西汉元光六年（前 129 年）**

　　夏，蝗。　　　　　　　　　　　　　　　　　　　　　　　　　32

7. **西汉元封六年（前 105 年）**

　　蝗。　　　　　　　　　　　　　　　　　　　　　　　　　　　39

8. **西汉太初元年（前 104 年）**

　　关东蝗大起飞，西至敦煌。　　　　　　　　　　　　　　　　　40

9. **西汉太初二年（前 103 年）**

　　秋，蝗。　　　　　　　　　　　　　　　　　　　　　　　　　40

10. **西汉征和三年（前 90 年）**

　　秋，蝗。　　　　　　　　　　　　　　　　　　　　　　　　　43

11. **西汉神爵四年（前 58 年）**

　　河南界中又有蝗虫。　　　　　　　　　　　　　　　　　　　　48

12. **西汉元始二年（公元 2 年）**

　　蝗。　　　　　　　　　　　　　　　　　　　　　　　　　　　57

13. **新莽始建国三年（11 年）**

　　濒河郡蝗生。　　　　　　　　　　　　　　　　　　　　　　　59

14. **新莽地皇二年（21 年）**

　　秋，陨霜杀菽，关东大饥，蝗。　　　　　　　　　　　　　　　66

15. **新莽地皇三年（22 年）**

　　蝗从东方来，飞蔽天，流民入关者数十万人，乃置养赡官禀食之，使者监领与小

吏共盗其稟，饥死者什七八。 67

16. 东汉建武五年（29 年）

蝗。 80

17. 东汉建武二十二年（46 年）

是岁，青州蝗。匈奴中连年旱蝗，赤地数千里，人畜饥疫，死耗太半。 90

18. 东汉建武三十一年（55 年）

蝗。 91

19. 东汉中元元年（56 年）

秋，郡国三蝗。 91

20. 东汉永平十年（67 年）

郡国十八雨雹，蝗。 93

21. 东汉永元四年（92 年）

蝗。 99

22. 东汉永元八年（96 年）

五月，河内、陈留蝗。九月，京师蝗。 102

23. 东汉永元九年（97 年）

三月，陇西蝗。 103

24. 东汉永初四年（110 年）

四月，六州蝗。 107

25. 东汉永初五年（111 年）

九州蝗。 108

26. 东汉永初六年（112 年）

　　三月，十州蝗。　　　　　　　　　　　　　　　　　　108

27. 东汉永初七年（113 年）

　　二月，郡国四十八蝗。　　　　　　　　　　　　108 - 109

28. 东汉元初元年（114 年）

　　京师及五郡国旱蝗。　　　　　　　　　　　　　　　109

29. 东汉元初二年（115 年）

　　五月，河南及郡国十九蝗。　　　　　　　　　　　　109

30. 东汉延光元年（122 年）

　　六月，郡国蝗。　　　　　　　　　　　　　　　　　115

31. 东汉永建五年（130 年）

　　京师及郡国十二蝗。　　　　　　　　　　　　　　　118

32. 东汉永兴元年（153 年）

　　七月，郡国三十二蝗。　　　　　　　　　　　　　　126

33. 东汉永兴二年（154 年）

　　夏，蝗。　　　　　　　　　　　　　　　　　　　　126

34. 东汉永寿三年（157 年）

　　京师蝗。　　　　　　　　　　　　　　　　　　　　127

35. 东汉延熹元年（158 年）

　　夏，京师蝗。　　　　　　　　　　　　　　　　　　127

36. 东汉熹平六年（177 年）

　　七州蝗。　　　　　　　　　　　　　　　　　　　　135

37. 东汉兴平元年（194 年）

　　大蝗。濮阳蝗虫起，百姓大饥。 　　　　　　　　　　　　　　　　151－152

38. 东汉建安二年（197 年）

　　五月，蝗。 　　　　　　　　　　　　　　　　　　　　　　　　　　　154

39. 东汉建安八年（203 年）

　　蝗。 　　　　　　　　　　　　　　　　　　　　　　　　　　　　　157

40. 三国魏黄初元年（220 年）

　　十二月，蝗。 　　　　　　　　　　　　　　　　　　　　　　　　　169

41. 三国魏黄初三年（222 年）

　　七月，冀州大蝗，饥。 　　　　　　　　　　　　　　　　　　　　　170

42. 西晋永宁元年（301 年）

　　郡国六蝗。 　　　　　　　　　　　　　　　　　　　　　　　　　　206

43. 西晋永嘉四年（310 年）

　　五月，大蝗，自幽、并、司、冀，至于秦、雍，草木、牛马毛皆尽。 　216

44. 西晋建兴四年（316 年）

　　七月，河东、平阳大蝗，民流殍者什五六。 　　　　　　　　　　　220

45. 东晋建武元年（317 年）

　　七月，司州、冀州、并州、青州、雍州大蝗。 　　　　　　　　　　221

46. 东晋太兴元年（318 年）

　　六月，兰陵、合乡蝗，东莞蝗害苗稼。七月，东海、彭城、下邳、临淮四郡蝗虫害禾豆。八月，冀、青、徐三州蝗。 　　　　　　　　　　222－223

47. 东晋太兴二年（319 年）

五月，淮陵、临淮、淮南、安丰、庐江五郡蝗食秋麦，徐州、扬州、江西诸郡蝗。

224

48. 东晋咸康四年（338 年）

五月，冀州八郡大蝗。

237

49. 东晋永和十一年（355 年）

二月，秦大蝗，百草无遗，牛马相啖毛。

255

50. 东晋太元七年（382 年）

五月，幽州蝗生，广袤千里。

271

51. 东晋太元十五年（390 年）

八月，兖州蝗。

284

52. 东晋太元十六年（391 年）

五月，堂邑飞蝗从南来，集县界，害禾稼。

285

53. 宋元嘉三年（426 年）

九月，蝗。

320

54. 北魏太安三年（457 年）

十二月，北魏州镇五蝗，民饥。

344

55. 北魏太和元年（477 年）

十二月，北魏州郡八水、旱、蝗，民饥。

354

56. 北齐天保八年（557 年）

七月，河南、北大蝗。

419

57. 隋开皇十六年（596 年）

并州蝗。 437

58. 唐贞观二年（628 年）

六月，河南、河北、终南等县蝗。 485

59. 唐永淳元年（682 年）

五月，关中大旱蝗，饥。 517

60. 唐景云元年（710 年）

霜蝗为灾。 528

61. 唐开元三年（715 年）

五月，山东诸州大蝗，河南、北之人流亡殆尽。 529

62. 唐开元四年（716 年）

山东诸州蝗大起。 531

63. 唐开元九年（721 年）

江夏飞蝗害稼。 533

64. 唐广德二年（764 年）

九月，关中虫蝗，米斗千余钱。 584

65. 唐兴元元年（784 年）

蝗遍远近，草木无遗，惟不食稻，大饥，道殣相望。 609

66. 唐元和元年（806 年）

夏、镇、冀三州蝗害稼。 623

67. 唐长庆三年（823 年）

秋，洪州旱，螟蝗害稼八万顷。 637

68. 唐开成二年（837 年）

河南、河北、京师旱蝗害稼。　　　　　　　　　　　　　　　646

69. 唐开成四年（839 年）

河南、河北蝗害稼都尽，镇、定等州田稼既尽，至于野草、树叶、细枝亦尽。

　　　　　　　　　　　　　　　　　　　　　　　　　　　647

70. 唐会昌元年（841 年）

山南邓、唐等州蝗害稼。　　　　　　　　　　　　　　　　648

71. 唐咸通九年（868 年）

江淮蝗。　　　　　　　　　　　　　　　　　　　　　　657

72. 唐乾符二年（875 年）

七月，蝗自东而西，所过赤地。　　　　　　　　　　　　　662

73. 唐光启元年（885 年）

二月，荆、襄仍岁蝗，米斗三十千，人相食。　　　　　　　679

74. 后唐同光三年（925 年）

九月，镇、魏、博、徐、宿州飞蝗害稼。　　　　　　　　　763

75. 后晋天福四年（939 年）

七月，山东、河南、关西诸郡蝗害稼。　　　　　　　　　　775

76. 后晋天福八年（943 年）

四月，天下诸州飞蝗害田，食草木叶皆尽。　　　　778 - 779

77. 宋建隆元年（960 年）

七月，泽州蝗。　　　　　　　　　　　　　　　　　　　796

注：泽州，治所在今山西晋城。《宋史·五行志》为澶州蝗。二书有异。

78. 宋建隆二年（961 年）

五月，范县蝗。 797

79. 宋建隆三年（962 年）

七月，深州螟虫生，兖州又蝝生。十二月，河北、陕西、京东诸州旱蝗。

797－798

80. 宋乾德元年（963 年）

六月，澧、濮、曹、绛等州蝗。七月，怀州蝗。 798

注：澧州，今湖南澧县。《宋史·五行志》为澶、濮、曹、绛等州有蝗。二书有异。

81. 宋乾德二年（964 年）

四月，相州螟虫食桑。五月，昭庆蝗，河北、河南蝗。 799

82. 宋乾德三年（965 年）

七月，诸路蝗。 801

83. 宋开宝二年（969 年）

八月，冀、磁二州蝗。 804

84. 宋太平兴国二年（977 年）

闰七月，卫州蝗生。 812

85. 宋太平兴国六年（981 年）

七月，河南府、宋州蝗。 815

86. 宋太平兴国七年（982 年）

四月，北阳县螟虫生。滑州、大名府、陕州、陈州蝗。 816

87. 宋淳化元年（990 年）

七月，淄、澶、濮州蝗，乾宁军蝗，沧州蝗蝻虫食苗，棣州飞蝗害稼。

826

88. 宋淳化三年（992 年）

六月，京师有蝗起东北，趣至西南，蔽空如云翳日。

830

89. 宋至道二年（996 年）

六月，亳、宿、密州蝗生，食苗。七月，长葛、阳翟蝻虫食苗，历城、长清蝗。

835 - 836

90. 宋至道三年（997 年）

七月，单州蝻虫生。

837

91. 宋景德二年（1005 年）

六月，京东诸州蝻生。

843

92. 宋景德三年（1006 年）

八月，德、博蝝生。

843

93. 宋景德四年（1007 年）

九月，宛丘、东阿、须城蝗。

844

94. 宋大中祥符二年（1009 年）

五月，雄州蝻虫食苗。

844

95. 宋大中祥符三年（1010 年）

六月，尉氏蝻虫生。

845

96. 宋大中祥符四年（1011 年）

六月，祥符蝗。七月，河南府及京东蝗生，食叶苗。八月，开封府祥符、咸平、

中牟、陈留、雍丘、封丘六县蝗。 845－846

97. 宋大中祥符九年（1016年）

六月，京畿、京东西、河北路、江淮、河东蝗蝻继生，弥覆郊野，食民田殆尽，入公私庐舍。七月，过京师，群飞翳空，延至江、淮南，趣河东。 849

98. 宋天禧元年（1017年）

二月，开封府、京东西、河北、河东、陕西、两浙、荆湖百三十州军蝗蝻复生，和州蝗生，卵如稻粒而细。 850

99. 宋天禧二年（1018年）

四月，江阴军蝻生。 851

100. 宋天圣五年（1027年）

七月，邢、洺蝗，赵州蝗。十一月，京兆府蝗。 855

101. 宋天圣六年（1028年）

五月，河北、京东蝗。 856

102. 宋明道二年（1033年）

七月，蝗。 857

103. 宋景祐元年（1034年）

六月，开封、淄州蝗。诸路募民掘蝗种万余石。 858

104. 宋宝元二年（1039年）

蝗。 862

105. 宋皇祐四年（1052年）

淮南旱蝗。是岁，京师飞蝗蔽天。 870

106. 宋皇祐五年（1053年）

建康府蝗。十月，蝗。 871

107. 宋熙宁元年（1068 年）

　　秀州蝗。　　　　　　　　　　　　　　　　　877

108. 宋熙宁五年（1072 年）

　　河北大蝗。　　　　　　　　　　　　　　　　879

109. 宋熙宁六年（1073 年）

　　四月，河北诸路蝗，江宁府飞蝗自江北来。　　880

110. 宋熙宁七年（1074 年）

　　夏，开封府界及河北路蝗。　　　　　　　　　881

111. 宋熙宁八年（1075 年）

　　八月，淮西蝗，陈、颍二州蔽野。　　　　　　882

112. 宋熙宁九年（1076 年）

　　夏，开封府、京畿东、河北、陕西蝗。　　　　882

113. 宋元丰四年（1081 年）

　　六月，河北蝗。秋，开封府蝗。　　　　886 - 887

114. 宋元丰五年（1082 年）

　　夏，蝗。　　　　　　　　　　　　　　　　　888

115. 宋元丰六年（1083 年）

　　五月，沂州蝗。夏，又蝗。　　　　　　　　　889

116. 宋建中靖国元年（1101 年）

　　京畿蝗。　　　　　　　　　　　　　　　　　896

117. 宋崇宁元年（1102 年）

　　夏，开封府界，京东、河北、淮南等路蝗。　　896

118. 宋崇宁二年（1103 年）

是岁，诸路蝗。 897

119. 宋崇宁三年（1104 年）

大蝗。 897

120. 宋崇宁四年（1105 年）

诸路连岁大蝗，其飞蔽日，来自山东及府界，河北尤甚。 897

121. 宋宣和三年（1121 年）

蝗。 904

122. 宋建炎二年（1128 年）

六月，京师、淮甸大蝗。 916

123. 宋绍兴二十九年（1159 年）

七月，盱眙、楚州金界三十里蝗，为风所坠，风止复飞还淮北。 953

124. 宋绍兴三十年（1160 年）

十月，江、浙郡国螟蝝。 954

125. 宋绍兴三十二年（1162 年）

六月，江东、淮南、北郡县蝗，飞入湖州境，声如风雨。自癸巳至于七月丙申，遍于畿县，余杭、仁和、钱塘皆蝗，丙午，蝗入京城。八月，山东大蝗。

960 - 961

126. 宋隆兴元年（1163 年）

七月，浙东、西郡国大蝗。八月，飞蝗过都，蔽天日，徽、宣、湖三州及浙东郡县蝗害稼。京东大蝗，襄、随尤甚，民为乏食。秋，浙东、西郡国、绍兴府湖州蝗害谷。

963 - 964

127. 宋隆兴二年（1164 年）

夏，余杭县蝗。 964

128. 宋乾道元年（1165 年）

六月，淮西蝗。 965

129. 宋乾道三年（1167 年）

八月，江东郡县螟螣。 966

130. 宋淳熙五年（1178 年）

昭州荐有螟螣。 977

131. 宋淳熙九年（1182 年）

六月，全椒蝗。七月，河阳、乌江、淮甸大蝗，真、扬、泰州窖捕蝗五千斛，余郡或日捕数十车，群飞绝江，坠镇江府，皆害稼。 981

132. 宋淳熙十年（1183 年）

六月，蝗遗种于淮、浙，害稼。 983

133. 宋淳熙十四年（1187 年）

七月，仁和蝗。 987

134. 宋绍熙二年（1191 年）

七月，泰州、高邮蝗。 993

135. 宋绍熙五年（1194 年）

八月，楚、和州蝗。 1000

136. 宋开禧三年（1207 年）

七月，飞蝗蔽天，食浙西豆粟皆尽。 1013

137. 宋嘉定元年（1208 年）

五月，浙江大蝗。 1014

138. 宋嘉定二年（1209 年）

四月，蝗。大蝗自丹阳入武进，若烟雾蔽天，其坠五十余里。浙东近郡蝗。六月，飞蝗入畿县。 1015

139. 宋嘉定三年（1210 年）

临安府蝗。 1016

140. 宋嘉定七年（1214 年）

六月，浙郡蝗。 1020

141. 宋嘉定八年（1215 年）

四月，飞蝗越淮而南，江淮郡蝗，食禾苗、山林、草木皆尽。飞蝗入畿县，自夏徂秋，诸道捕蝗者以千百计，饥民竞捕，官出粟易之。 1023

142. 宋嘉定九年（1216 年）

五月，浙东蝗，荐饥，官以粟易蝗者千百斛。 1025

143. 宋嘉定十年（1217 年）

四月，楚州蝗。 1028

144. 宋嘉定十四年（1221 年）

明、台、温、婺、衢螽螣为灾。 1038

145. 宋宝庆三年（1227 年）

夏秋，久旱，浙西大蝗，群飞蔽天，豆粟皆既于蝗。 1047

146. 宋绍定三年（1230 年）

福建蝗。 1049

147. 宋端平元年（1234 年）

　　五月，当涂蝗。 　　　　　　　　　　　　　　　　　　　　　1058

148. 宋嘉熙四年（1240 年）

　　六月，江、浙、福建旱蝗。建康府蝗。 　　　　　　　　　　　1061

149. 宋淳祐二年（1242 年）

　　五月，两淮螟蝗。 　　　　　　　　　　　　　　　　　　　　1061

150. 宋景定三年（1262 年）

　　五月，真定、顺天、邢州蝗。浙西蝗。 　　　　　　　　　　　1070

151. 宋景定四年（1263 年）

　　八月，滨、棣二州蝗。 　　　　　　　　　　　　　　　　　　1071

152. 宋咸淳元年（1265 年）

　　七月，蒙古、益都大蝗，饥。 　　　　　　　　　　　　　　　1073

153. 宋咸淳二年（1266 年）

　　是岁，东平、济南、益都、平滦、真定、洺磁、顺天、中都、河间、北京蝗。

　　　　　　　　　　　　　　　　　　　　　　　　　　　　　　　1073

154. 宋咸淳五年（1269 年）

　　河南、河北、山东诸郡蝗。 　　　　　　　　　　　　　　　　1074

155. 宋咸淳九年（1273 年）

　　元诸路蝗。 　　　　　　　　　　　　　　　　　　　　　　　1077

156. 元至元十六年（1279 年）

　　四月，大都等十六路蝗。 　　　　　　　　　　　　　　　　　1086

157. 元至元十七年（1280 年）

五月，忻、涟、海、邳、宿等州蝗。　　　　　　　　　　　1087

158. 元至元十九年（1282 年）

四月，别十八里部东三百余里蝗害麦。　　　　　　　　　1087

159. 元至元二十五年（1288 年）

七月，真定、汴梁蝗。八月，赵、晋、冀三州蝗。　　　　1091

160. 元至元二十七年（1290 年）

四月，河北十七郡蝗。　　　　　　　　　　　　　　　　1094

161. 元至元二十九年（1292 年）

六月，东昌、济南、般阳、归德等郡蝗。　　　　　　　　1096

162. 元至元三十一年（1294 年）

六月，东安州蝗。　　　　　　　　　　　　　　　　　　1097

163. 元元贞元年（1295 年）

六月，汴梁陈留、太康、考城等县，睢、许等州蝗。　　　1097

164. 元元贞二年（1296 年）

六月，济宁任城、鱼台，东平须城、汶上，开州长垣、靖丰，德州齐河，滑州，太和州，内黄蝗。八月，平阳、大名、归德、真定等郡蝗。　1099

165. 元大德元年（1297 年）

归德、邳州、徐州蝗。　　　　　　　　　　　　　　　　1101

166. 元大德二年（1298 年）

四月，燕南、山东、两淮、江浙属县百五十处蝗。　　　　1102

167. 元大德三年（1299 年）

　　五月，淮安属县蝗。　　　　　　　　　　　　　　　　　　　1103

168. 元大德五年（1301 年）

　　六月，顺德路、淇州蝗。七月，广平、真定等路蝗。八月，河南、淮南、睢、陈、唐、和等州，新野、汝阳、江都、兴化等县蝗。　　　　　1103 - 1104

169. 元大德六年（1302 年）

　　四月，真定、大名、河间等路蝗。七月，大都涿、顺、固安三州及濠州钟离、镇江丹徒二县蝗。　　　　　　　　　　　　　　　　　　　1105

170. 元大德七年（1303 年）

　　五月，益都，济南等路蝗。六月，大宁路蝗。　　　　　　　1106

171. 元大德八年（1304 年）

　　四月，益都临朐、德州齐河蝗。六月，益津蝗。　　　　　　1107

172. 元大德九年（1305 年）

　　六月，通、泰、静海、武清等州县蝗。八月，涿州良乡、河间南皮、泗州天长等县及东安、海盐等州蝗。　　　　　　　　　　　　　　　　1108

173. 元大德十年（1306 年）

　　四月，大都、真定、河间、保定、河南等郡蝗。六月，龙兴、南康等郡蝗。
　　　　　　　　　　　　　　　　　　　　　　　　　　　　　　1109

174. 元至大元年（1308 年）

　　五月，晋宁路蝗。六月，保定、真定二郡蝗。八月，淮东蝗。　1110

175. 元至大二年（1309 年）

　　四月，益都、东平、东昌、顺德、广平、大名、汴梁、卫辉等郡蝗。六月，檀、霸、曹、濮、高唐、泰安等州，良乡、舒城、历阳、合肥、六安、江宁、句容、溧水、上元等县蝗。七月，济南、济宁、般阳、河中、解、绛、耀、同、华等州蝗。八月，真定、保定、河间、怀孟等郡蝗。 1111-1112

176. 元至大三年（1310年）

四月，宁津、堂邑、茌平、阳谷、平原、齐河、禹城七县蝗。七月，磁州、威州、饶阳、元氏、平棘、滏阳、元城、无棣等县蝗。 1112-1113

177. 元皇庆元年（1312年）

六月，彰德、安阳蝗。 1114

178. 元至治元年（1321年）

五月，霸州蝗。六月，濮、郓、汴梁等处蝗。七月，江都、泰兴、胙城、通许、临淮、盱眙、清池等县蝗。十二月，宁海州蝗。 1120

179. 元至治二年（1322年）

汴梁祥符蝗。 1121

180. 元至治三年（1323年）

五月，保定路归信蝗。 1122

181. 元泰定元年（1324年）

六月，大都、顺德、东昌、卫辉、保定、益都、济宁、彰德、真定、般阳、广平、大名、河间等郡蝗。 1123

182. 元泰定二年（1325年）

五月，彰德路蝗。六月，德、濮、曹、景等州，历城、章丘、淄川、聊城、茌平等蝗。九月，济南、归德等郡蝗。 1125

183. 元泰定三年（1326年）

六月，东平须城、兴国永兴蝗。七月，大名、顺德、广平等路，赵州、曲阳、满城、庆都、修武等县，淮安、高邮二郡，睢、泗、雄、霸等州蝗。八月，永平、汴梁、怀庆等郡蝗。 1127-1128

184. 元泰定四年（1327 年）

五月，洛阳蝗。七月，蝗。八月，冠州、恩州蝗。十二月，保定、济南、卫辉、济宁、庐州五路，南阳、河南二府蝗。　　　　　　　　　　　　　　　1130

185. 元天历元年（1328 年）

四月，大都蓟州、永平路石城蝗。凤翔岐山蝗，无麦苗。五月，颍州、汲县蝗。六月，武功蝗。　　　　　　　　　　　　　　　　　　　　　　　　　　1131

186. 元天历二年（1329 年）

四月，大宁兴中州、怀庆孟州、庐州无为州蝗。六月，益都莒、密二州蝗。七月，真定、汴梁、永平、淮安、庐州、大宁、辽阳等郡蝗。　　　　　　1133-1134

187. 元至顺元年（1330 年）

五月，广平、大名、般阳、济宁、东平、汴梁、南阳、河南等郡，辉、德、濮、开、高唐五州蝗。六月，漷、蓟、固安、博兴等州蝗。七月，解州、华州及河内灵宝、延津二十二县蝗。　　　　　　　　　　　　　　　　　　　1135－1136

188. 元至顺二年（1331 年）

三月，陕州诸路蝗。六月，孟州蝗。七月，济源、河南阌乡、奉元蒲城、白水等蝗。　　　　　　　　　　　　　　　　　　　　　　　　　　　　　　1138

189. 元元统二年（1334 年）

南康路蝗。　　　　　　　　　　　　　　　　　　　　　　　　　　　1141

190. 元至元二年（1336 年）

七月，黄州蝗。　　　　　　　　　　　　　　　　　　　　　　　　　1142

191. 元至元三年（1337 年）

六月，怀庆温县、汴梁阳武蝗。七月，河南武陟蝗。　　　　　　　　　1143

注：温县，原文为温州，怀庆有温县而无温州，今改温县。

192. 元至元五年 (1339 年)

七月，胶州即墨蝗。   1144

193. 元至正四年 (1344 年)

归德府永城县及亳州蝗。   1149

194. 元至正十二年 (1352 年)

六月，大名路旱蝗，饥民七十余万。   1158

195. 元至正十七年 (1357 年)

东昌茌平蝗。   1176

196. 元至正十八年 (1358 年)

夏，蓟州、辽州、潍州昌邑、胶州高密蝗。秋，大都、广平、顺德及潍州之北海、莒州之蒙阴、汴梁之陈留、归德之永城皆蝗，广平人相食。七月，京师蝗，民大饥。

1181

注：北海，旧县名，治所在今山东潍坊。辽州，今山西左权。

197. 元至正十九年 (1359 年)

五月，山东、河东、河南及关中等处飞蝗蔽天，人马不能行，填沟堑皆盈，平民大饥，人相食。秋，淮安、清河飞蝗蔽天自西北来，凡经七日，禾稼俱尽。八月，蝗自河北飞渡汴梁，食田禾尽。   1186

198. 元至正二十年 (1360 年)

益都临朐、寿光，凤翔岐山蝗。   1190

199. 元至正二十一年 (1361 年)

六月，河南巩县蝗，食稼俱尽。七月，卫辉、汴梁荥泽、郑州蝗。   1193

注：巩县，今河南巩义市老城。荥泽，旧县名，治所在今河南郑州西北。

200. **元至正二十二年**（1362 年）

　　卫辉，汴梁开封、扶沟、洧川，许州，钧州新郑、密二县蝗。　　　　1197

　　注：洧川，旧县名，治所在今河南长葛东北。密县，今河南新密。

201. **元至正二十五年**（1365 年）

　　凤翔岐山蝗。　　　　　　　　　　　　　　　　　　　　　　　1205

202. **明洪武五年**（1372 年）

　　六月，济南属县及青、莱二府蝗。七月，徐州、大同蝗。　　　　1226

203. **明洪武六年**（1373 年）

　　七月，北平、河南、山西、山东蝗。　　　　　　　　　　　　　1228

204. **明洪武七年**（1374 年）

　　二月，平阳、太原、汾州、历城、汲县蝗。六月，怀庆、真定、保定、河间、顺
德、山东、山西蝗。　　　　　　　　　　　　　　　　　　　　　　1229

205. **明洪武八年**（1375 年）

　　夏，北平、真定、大名、彰德诸府属县蝗。　　　　　　　　　　1230

206. **明建文四年**（1402 年）

　　夏，京师飞蝗蔽天，旬余不息。　　　　　　　　　　　　　　　1243

207. **明永乐元年**（1403 年）

　　夏，山东、山西、河南蝗。　　　　　　　　　　　　　　　　　1245

208. **明永乐三年**（1405 年）

　　五月，延安、济南蝗。　　　　　　　　　　　　　　　　　　　1246

209. **明永乐十四年**（1416 年）

　　七月，畿内、河南、山东州县蝗。　　　　　　　　　　　　　　1251

210. 明宣德四年（1429 年）

六月，顺天州县蝗。 1259

211. 明宣德九年（1434 年）

七月，两畿、山西、山东、河南蝗蝻覆地尺许，伤稼。 1261

212. 明宣德十年（1435 年）

四月，两京、山东、河南蝗蝻伤稼。 1262

213. 明正统二年（1437 年）

四月，北畿、山东、河南蝗。 1262

214. 明正统五年（1440 年）

夏，顺天、河间、真定、顺德、广平、应天、凤阳、淮安、开封、彰德、兖州蝗。
1264

215. 明正统六年（1441 年）

夏，顺天、保定、真定、河间、顺德、广平、大名、淮安、凤阳蝗。秋，彰德、
卫辉、开封、南阳、怀庆、太原、济南、东昌、青、莱、兖、登诸府及辽东广宁前、
中屯二卫蝗。 1265

216. 明正统七年（1442 年）

五月，顺天、广平、大名、河间、凤阳、开封、怀庆、河南蝗。 1265

217. 明正统八年（1443 年）

夏，两畿蝗。 1266

218. 明正统十二年（1447 年）

夏，保定、淮安、济南、开封、河南、彰德蝗。秋，永平、凤阳蝗。 1268

219. 明正统十四年（1449 年）

夏，顺天、永平、济南、青州蝗。 1269

220. 明景泰五年（1454 年）

　　六月，宁国、安庆、池州蝗。　　　　　　　　　　　　1274

221. 明景泰七年（1456 年）

　　畿内蝗蝻延蔓。九月，应天、太平七府蝗。　　　　　1275

222. 明天顺元年（1457 年）

　　七月，济南、杭州、嘉兴蝗。　　　　　　　　　　　1276

223. 明天顺二年（1458 年）

　　四月，济南、兖州、青州蝗。　　　　　　　　　　　1277

224. 明成化三年（1467 年）

　　七月，开封、彰德、卫辉蝗。　　　　　　　　　　　1284

225. 明成化九年（1473 年）

　　六月，河间蝗。七月，真定蝗。八月，山东蝗。　　　1288

226. 明成化十九年（1483 年）

　　五月，河南蝗。　　　　　　　　　　　　　　　　　1293

227. 明成化二十二年（1486 年）

　　三月，平阳蝗。四月，河南蝗。七月，顺天蝗。　　　1295

228. 明弘治三年（1490 年）

　　北畿蝗。　　　　　　　　　　　　　　　　　　　　1297

229. 明弘治四年（1491 年）

　　夏，淮安、扬州蝗。　　　　　　　　　　　　　　　1297

230. 明弘治七年（1494 年）

　　三月，两畿蝗。　　　　　　　　　　　　　　　　　1299

231. 明嘉靖三年（1524 年）

六月，顺天、保定、河间、徐州蝗。 1329

232. 明隆庆三年（1569 年）

闰六月，山东蝗。 1360

233. 明万历十五年（1587 年）

七月，江北蝗。 1372

234. 明万历十九年（1591 年）

夏，顺德、广平、大名蝗。 1374

235. 明万历三十三年（1605 年）

台州旱蝗。 1386

236. 明万历三十四年（1606 年）

五月，畿内大蝗。 1387

237. 明万历三十七年（1609 年）

九月，北畿、徐州、山东蝗。 1388

238. 明万历四十三年（1615 年）

七月，山东蝗。 1392

239. 明万历四十四年（1616 年）

七月，常州、镇江、淮安、扬州、河南蝗。九月，江宁、广德蝗蝻大起，禾黍、竹树俱尽。襄阳蝗食稼，民饥。 1392

240. 明万历四十五年（1617 年）

北畿蝗。 1393

241. 明万历四十六年（1618年）

畿南四府蝗。   1394

242. 明天启元年（1621年）

七月，顺天蝗。   1396

243. 明天启五年（1625年）

六月，济南飞蝗蔽天，田禾俱尽。   1401

244. 明天启六年（1626年）

六月，江北、山东蝗。十月，开封蝗。   1401

245. 明崇祯八年（1635年）

（河南）蝗。   1418

246. 明崇祯十年（1637年）

六月，山东、河南蝗。   1423

247. 明崇祯十一年（1638年）

两畿、山东、河南蝗。   1425

248. 明崇祯十三年（1640年）

五月，两京、山东、河南、山西、陕西蝗。七月，河南蝗。   1427－1428

249. 明崇祯十四年（1641年）

两京、山东、河南、浙江蝗。   1430

250. 清顺治四年（1647年）

六月，山阳、商州雹蝗，静乐、灵石蝗食禾殆尽。   1448－1449

251. 清顺治五年（1648年）

山东夏津蝗。   1453

252. 清顺治六年（1649 年）

　　阳信蝗害稼。　1456

253. 清顺治十一年（1654 年）

　　湖广天门蝗。　1462

254. 清顺治十二年（1655 年）

　　夏，直隶蝗雹。　1463

255. 清顺治十三年（1656 年）

　　直隶新乐、河南彰德蝗，玉田、定陶蝗。　1464

256. 清顺治十五年（1658 年）

　　邢台、交河、清河大旱，蝗害稼。　1466

257. 清康熙四年（1665 年）

　　东平、正定、日照大旱蝗。　1474

258. 清康熙五年（1666 年）

　　江南桃源、赣榆蝗，任县蝗伤禾，日照、江浦大旱蝗。　1475

259. 清康熙六年（1667 年）

　　杭州、灵寿、高邑大旱，蝗害稼。　1476

260. 清康熙八年（1669 年）

　　海宁蝗伤稼。　1478

261. 清康熙九年（1670 年）

　　山东潍县、阳谷蝗害稼，济南蝗害稼。　1478

262. 清康熙十年（1671 年）

　　江宁、徐、海等府州蝗。秋，直隶文安、安肃等州县蝗。　1479

263. 清康熙十一年（1672 年）

武定、阳信蝗害稼。 1482

264. 清康熙三十年（1691 年）

陕西蝗，江南兴化蝗。 1500

注：江南，古省名，清康熙六年（1667 年）分置为江苏、安徽两省，但习惯上仍称
此二省为江南。

265. 清康熙三十二年（1693 年）

山西平阳、泽州、沁州蝗。 1502

266. 清乾隆三年（1738 年）

江南蝗灾。 1545

267. 清乾隆四年（1739 年）

四月，饬直隶、江南捕蝗。 1546

268. 清乾隆二十年（1755 年）

七月，沂州蝝生，棉谷不实。 1561

269. 清乾隆二十八年（1763 年）

交河蝗。 1568

270. 清乾隆三十五年（1770 年）

直隶蓟州、宝坻一带蝗。 1573

271. 清乾隆五十年（1785 年）

日照蝗食稼。 1584

272. 清乾隆五十三年（1788 年）

平度大旱蝗，田禾俱尽。 1587

273. 清乾隆五十六年（1791 年）

宁津大蝗，田禾俱尽。 1590

274. 清咸丰六年（1856 年）

河南商丘等县，湖北黄州、襄阳等县及近畿各属县飞蝗成灾。 1634

275. 清咸丰七年（1857 年）

邢台蝗，五谷俱尽。 1635

276. 清咸丰八年（1858 年）

房县、保康、黄岩蝗害稼。 1636

277. 清光绪三年（1877 年）

江苏、安徽、豫东及畿辅蝗蝻。 1661

278. 清光绪十八年（1892 年）

京师、江苏、安徽、山西蝗。 1670

图书在版编目（CIP）数据

中国蝗灾发生防治史. 第二卷, 中国蝗灾史编年 /
朱恩林主编. —北京：中国农业出版社，2021.10
国家出版基金项目
ISBN 978-7-109-28324-4

Ⅰ.①中… Ⅱ.①朱… Ⅲ.①飞蝗－植物虫害－防治
－历史－中国 Ⅳ.①S433.2

中国版本图书馆 CIP 数据核字（2021）第 108546 号

审图号：GS（2020）3705 号

中国蝗灾发生防治史 第二卷 中国蝗灾史编年

**ZHONGGUO HUANGZAI FASHENG FANGZHI SHI DI-ER JUAN
ZHONGGUO HUANGZAI SHI BIANNIAN**

中国农业出版社出版
地址：北京市朝阳区麦子店街 18 号楼
邮编：100125
责任编辑：孙鸣凤 姚 红 赵 刚 张 丽 邓琳琳 杨 春
文字编辑：王玉水 宫晓晨 李大旗 丁晓六 齐向丽 张 毓
责任校对：吴丽婷 版式设计：王 晨 责任印制：王 宏
印刷：北京通州皇家印刷厂
版次：2021 年 10 月第 1 版
印次：2021 年 10 月北京第 1 次印刷
发行：新华书店北京发行所
开本：787mm×1092mm 1/16
印张：73.75
字数：1395 千字
定价：680.00 元（全四卷）